DIE

BAU- UND KUNSTZIMMEREI

MIT BESONDERER

BERÜCKSICHTIGUNG DER ÄUSSEREN FORM

HERAUSGEGEBEN

VON

THEODOR KRAUTH

ARCHITEKT, GROSSH. PROFESSOR UND REGIERUNGSRAT IN KARLSRUHE

UND

FRANZ SALES MEYER

ARCHITEKT UND PROFESSOR AN DER GROSSH. KUNSTGEWERBESCHULE IN KARLSRUHE

MIT 131 VOLLTAFELN UND 361 WEITEREN ABBILDUNGEN IM TEXT

ZWEITE VERMEHRTE UND VERBESSERTE AUFLAGE

ERSTER BAND: TEXT

E.A.S.

1895.

Reprint nach dem Original aus dem Jahre 1895.

5. Auflage 2025

Umschlaggestaltung: Nele Schütz Design
unter Verwendung von Illustrationen
aus dem Buch sowie Shutterstock
Druck und Bindung: DZS Grafik d.o.o.
Printed in Slovenia

ISBN: 978-3-86820-653-1

@ info@nikol-verlag.de
www.nikol-verlag.de

VORWORT ZUR ERSTEN AUFLAGE.

Die gute Aufnahme, welche unser Schreinerbuch und unser Schlosserbuch gefunden haben, waren bestimmend, denselben das vorliegende Zimmermannsbuch folgen zu lassen und zwar in einer Ausstattung und Gesamtveranlagung, wie sie derjenigen der genannten zwei Werke entspricht.

Das Zimmermannsbuch behandelt in seinem ersten Abschnitte das Material und seine Eigenschaften, also das Holz und die einzelnen Holzarten, die Fehler und die Zerstörung des Holzes nebst ihren Kennzeichen, sowie das Verhalten in Bezug auf das „Arbeiten“ des Holzes und auf seine Festigkeit. Da von einem besondern Abschnitte über Festigkeitslehre abgesehen wurde, ist das Nötigste in gedrängter Kürze und Bündigkeit mit Einflechtung von Berechnungsbeispielen angereiht.

Während der zweite Abschnitt sich mit den Werkzeugen und Einrichtungen des Zimmermanns befafst, bespricht der dritte die vorbereitende Behandlung, die Bearbeitung und die Konservierung des Bauholzes. Im vierten Abschnitte werden die Holzverbindungen an und für sich nebst den dabei nötig werdenden Hilfsmitteln erörtert und im fünften Abschnitte folgt die Anwendung der Verbindungen zu Verbänden. Der letztere Abschnitt ist der umfangreichste des Werkes, weil er nicht allein die allgemeinen Grundsätze der Konstruktion, sondern auch die Wand- und Deckenbildungen und vor allem die Dachverbände zu bringen hatte, die in der Zimmerei die Hauptrolle spielen.

Der sechste Abschnitt ist der künstlerischen Formgebung der Einzelheiten gewidmet und der siebente befafst sich mit den schmückenden Beiwerken des Aufsenbaues. Auf eine eingehende Behandlung dieser beiden Abschnitte ist ganz besonders Wert gelegt, wogegen eine Raumersparnis bezüglich der heute veralteten Verbindungen und Konstruktionen als Ersatz angestrebt wurde und grofse Prachtstücke, die nur gelegentlich zur Ausführung kommen, fortgelassen sind.

Der Vollständigkeit wegen bringt Abschnitt VIII aus dem Innenbau, was für den Zimmermann von Belang ist. Mit entsprechenden Weglassungen und Erweiterungen ist das Betreffende über Fufsböden, Thüren, Decken und Treppen dem Schreinerbuch entlehnt.

Allerlei selbständige Zimmerwerke, meist kleinerer Art, sind im neunten Abschnitt vereinigt und ähnliche Dinge, in Naturholz ausgeführt, bilden den Vorwurf des zehnten und letzten Abschnittes.

Die vorstehenden Andeutungen werden durch das nachfolgende Inhaltsverzeichnis ergänzt und da das Buch eine gröſsere Zahl von Tabellen enthält, so ist des leichtern Aufsuchens halber auch ein Verzeichnis dieser angefügt. Die kleineren Abbildungen sind in den Text eingesetzt, die gröſseren bilden einen getrennten Tafelband. Die Tafeln beziehen sich hauptsächlich auf die Abschnitte V bis X und um das Nachschlagen zu erleichtern, ist denselben ebenfalls ein Verzeichnis vorausgeschickt.

Die für den Holzbau maſsgebenden Grundsätze sind überall dieselben, da sie auf den natürlichen Eigenschaften des Materials und auf den Gesetzen der Statik beruhen. Nicht das Gleiche gilt von den in das Einzelne gehenden Ausführungen. Wenn das Zimmermannsbuch an manchen Stellen den örtlichen Gepflogenheiten nicht entspricht, so bitten wir zu bedenken, daſs es in Süddeutschland geschrieben ist, also in erster Linie die dort übliche Bauweise zum Ausdruck bringt. Zunächst ist das Buch für das Handwerk geschaffen, für die Zimmerleute und in zweiter Reihe für die Bautechniker und solche, die es werden wollen, also auch für die Schule. Aus dem letzteren Grunde ist manches aufgenommen, was der Zimmermann hätte entbehren können, da es sich für ihn von selbst versteht.

Wo das Werk Mängel aufweist, sind wir zur Beseitigung bei einer Neuauflage gerne bereit und jedem dankbar, der sich in diesem Sinne an uns wendet.

Karlsruhe, 1893.

VORWORT ZUR ZWEITEN AUFLAGE.

Die nach kurzer Zeit nötig gewordene Neuauflage hat das Buch nicht wesentlich verändert, weil darauf abzielende Wünsche nicht geltend gemacht wurden. Es ist jedoch im ganzen durchgesehen; verschiedenes ist klarer und einfacher gefaſst; einiges ist fortgefallen, anderes ist nachgetragen. Die Tafeln sind unverändert beibehalten, die Figuren im Texte haben sich von 339 auf 361 vermehrt.

Karlsruhe, 1895

Die Herausgeber.

INHALT.

VERZEICHNIS DER TABELLEN.

I. DAS MATERIAL UND SEINE EIGENSCHAFTEN.

1. Das Holz. — 2. Die Holzarten. — 3. Die Fehler des Holzes und ihre Kennzeichen. — 4. Die Verwesung des Holzes. — 5. Das Arbeiten des Holzes, das Schwinden und Quellen. — 6. Die Festigkeit, Elastizität und Biegsamkeit des Holzes.

---

1. Das Holz.

Unter Holz versteht man im allgemeinen die Hauptmasse der Wurzeln, Stämme, Aeste und Zweige der Bäume und Sträucher. Das einfachste Gebilde, aus welchem das Holz sich aufbaut, ist die Zelle. Ursprünglich ein schleimiges Klümpchen, wird sie zunächst ein dünnwandiges Bläschen, welches sich später in die Länge streckt, seine Wandung verdickt und damit zur Holzfaser wird. Die Holzfasern sind der Hauptbestandteil des Holzes und bedingen seine Festigkeit. Wachsen einzelne Zellen in die Weite und vereinigen sich der Länge nach durch Auflösung der abschliefsenden Zwischenwände zu feinen Röhrchen, so entstehen die Gefäfse für die Luft- und Saftzufuhr, welche auf dem Querschnitt des Holzes*) als Poren erscheinen, während die gewöhnlichen Zellen meist mit freiem Auge einzeln nicht sichtbar sind, sondern erst in ihrer Anordnung zu Gruppen und Bündeln zur Geltung kommen und dem Holz in seinen einzelnen Teilen eine Zeichnung, abweichende Farbe und Festigkeit geben. Die Nadelhölzer besitzen an Stelle der Fasern und Gefäfse eine Art Mittelding, die sog. Tracheïden.

In der Mitte des Stammes liegt das Grundgewebe, das Mark. Von ihm aus schieben sich trennende Gewebewände zwischen die einzelnen Faserbündel; es sind dies die Markstrahlen. Während die übrigen Zellen senkrecht gelagert sind, liegen die Markstrahlenzellen der Quere nach horizontal. Dem Umfang zu schieben sich stets weitere Markstrahlen zwischen die Faserbündel, so dafs jeder Markstrahl auf dem Querschnitt bis zum Rand, aber nicht bis zur Mitte verfolgt werden kann. Je nachdem die Markstrahlen aus wenig oder mehr Zellenreihen bestehen, sind sie im Querschnitt weniger oder mehr als feine Linien sichtbar. Im einzelnen unsichtbare, wohl aber in Gruppen wahrnehmbare Markstrahlen bezeichnet man als falsche (Hainbuche, Erle). Im Radialschnitt*) erscheinen die Markstrahlen bei einzelnen Holzarten als glänzende Spiegel von rechteckiger Form (Eiche, Buche). Neben den breiten und hohen Markstrahlen sind dann gewöhnlich noch feine, nicht oder kaum erkennbare vorhanden.

---

*) Ein Schnitt senkrecht zur Axe des Stammes heifst Quer- oder Hirnschnitt; ein Schnitt in der Richtung der Markstrahlen, vom Umfang durch die Axe gehend, heifst Radial-, Spiegel- oder Spaltschnitt; ein Schnitt, nicht durch die Axe, aber parallel zu dieser gehend, heifst Sehnen- oder Fladerschnitt. (Fig. 1.)

In den Nadelhölzern entstehen durch Auseinanderrücken der Zellen kanalartige Lücken, die **Harzgänge**, welche sich durch Ausschwitzung von den Zellenwänden her anfüllen. In altem Holze bilden sich ebenfalls lückenartige Spalten von beliebiger Grösse, durch Zersetzung von Zellen- und Gefäſspartien entstehend.

Am Umfang des Holzes befindet sich der sog. **Bildungs-** oder **Cambiumring**. Er bildet nach

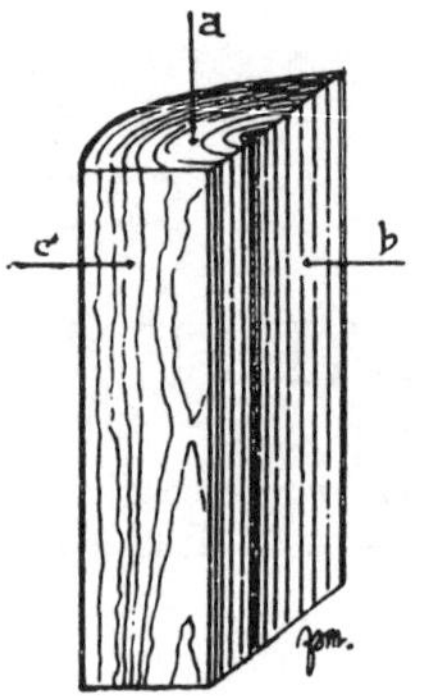

Fig. 1.
a. Querschnitt oder Hirnschnitt; b. Radial-, Spiegel- oder Spaltschnitt; c. Schnen- oder Fladerschnitt.

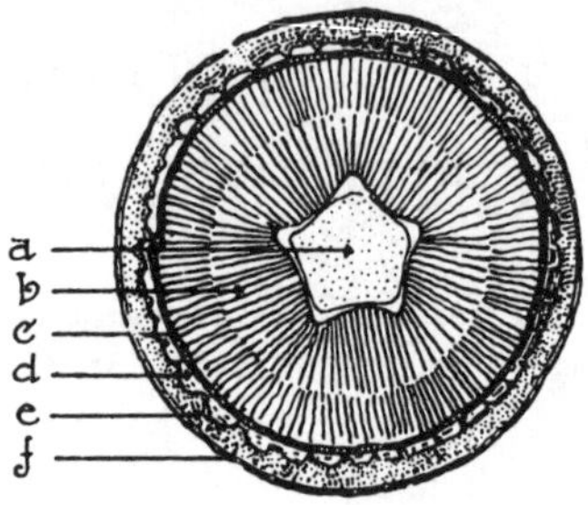

Fig. 2.
Vergröſserter Durchschnitt durch einen jungen Zweig.
a. Mark; b. Holz; c. Bildungsring (Cambium); d. Bast; e. Rinde; f. Oberhaut.

innen und auſsen neue Zellenbündel (durch Spaltung von Mutterzellen in Tochterzellen) und zwar nach innen Holzzellen, nach auſsen Bastzellen. Auf diese Weise wächst das Holz und nimmt an Dicke zu. (Fig. 2.) Bei unseren einheimischen Hölzern geschieht die Neubildung der verschiedenen Jahreszeiten

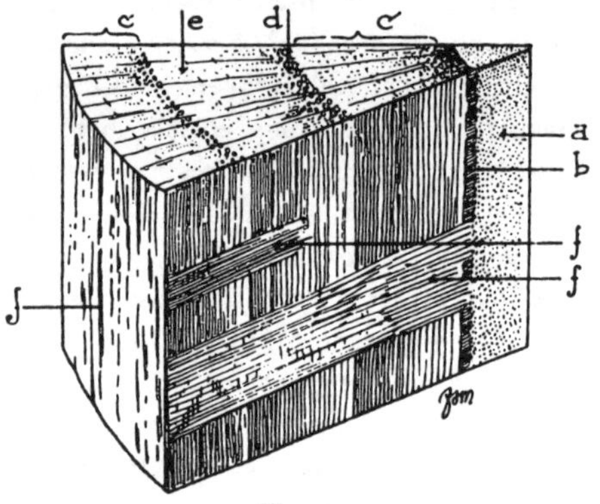

Fig. 3.
a. Mark; b. Markscheide; c. Jahresringe; d. Frühjahrsholz; e. Herbstholz; f. Markstrahlen.

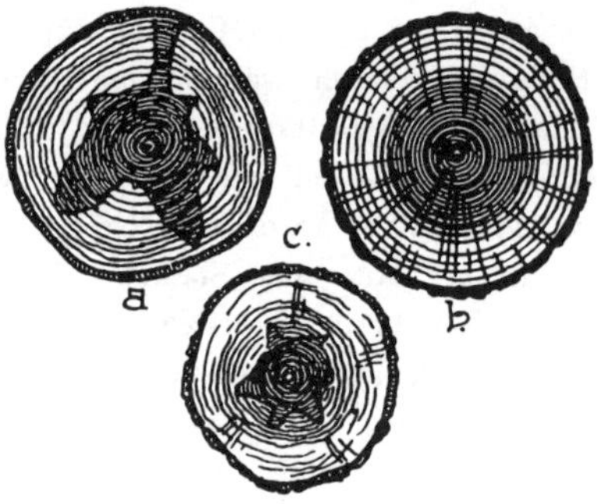

Fig. 4.
Verschiedene Arten der Kernbildung.

wegen ungleich. Im Frühjahr ist sie lebhaft, es entstehen groſszellige Schichten, im Sommer nimmt sie allmählich ab, im Winter steht sie still. Deswegen ist eine mehr oder weniger scharfe Scheidung zwischen Herbst- und Frühlingsholz vorhanden, die auf dem Querschnitt in den **Jahresringen** zum Vorschein kommt und das Alter des Holzes bestimmen läſst. (Fig. 3.) Die Breite der Jahresringe ist bei rasch wachsenden Bäumen gröſser, als bei langsam wachsenden; bei der einzelnen Holzart ist die Ringbreite in der Jugend am gröfsten und nimmt im Alter mehr und mehr ab; guter Boden und Stand geben breitere Ringe als magerer Boden und ungünstiger Stand. Kalte und trockene Sommer geben schmälere Ringe, als feuchte und warme. Wenn unter Umständen die Bäume zweimal im Jahre ausschlagen, so bilden sich in einem Jahr zwei Ringe, was die Altersbestimmung erschwert. Dasselbe Holz ist bei engen Ringen im allgemeinen fester und mehrwertig als mit weiten Ringen. Am wichtigsten sind gleichmässige Jahresringe. Nadelhölzer sind engringig, Laubhölzer mässig weitringig vorzuziehen. Geschlossener Wuchs (Waldschlufs) verengt die Ringe und säubert den Baum.

Die Gefäfse sind in manchen Hölzern zerstreut (Nufsbaum) oder in radiale Gruppen geordnet (Eiche) oder zu umlaufenden Reihen vereinigt (Ulme); bei fast allen Hölzern sind sie im Frühjahrholz gehäuft und besonders grofs (ringporige Hölzer, Esche, Robinie etc.). Die Farbe des Holzes im ganzen, abgesehen vom Wechsel in den Jahresringen, ist bei den meisten Hölzern auf dem Querschnitt nicht durchweg gleichmäfsig. Man unterscheidet das jüngere Splintholz und den älteren Kern. Der Splint ist heller, saftreicher und leichter als der Kern. Bei manchen Holzarten kann man eine Unterscheidung in drei Teile machen. Zwischen Splint und Kern liegt dann ein Teil, der nicht viel dunkler als der

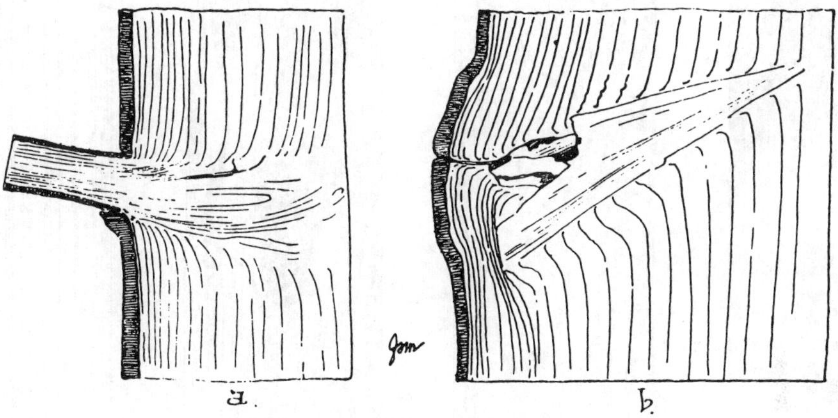

Fig. 5.
a. Lebender mit dem Stamm verwachsener Ast; b. toter, überwallter Ast.

Splint, aber fafst so trocken und fest ist, als der Kern. Diese Schicht heifst Reifholz. Die Abgrenzung der Schichten geht meist mit den Jahresringen, aber nicht immer, da auch sternförmiger und unregelmäfsiger Kern vorkommt. (Fig. 4.) Das Auftreten der genannten Schichten ist nicht zufällig, sondern eine Eigentümlichkeit der Holzart, so dafs man die Bäume darnach einteilen kann. Bei den Kernbäumen grenzt der Kern unmittelbar an den Splint; das Reifholz fehlt. Bei den Reifholzbäumen umschliefst der Splint das festere, trockene Reifholz; der Kern fehlt. Bei den Splintbäumen fehlen Kern- und Reifholz, ihr Holz ist durchweg gleichmäfsig. Bei den Kern-Reifholzbäumen sind alle drei Schichten vertreten: Splint, Reifholz und Kern. Das Kernholz ist gewöhnlich das beste Holz, der Splint ist vielfach minderwertig oder unbrauchbar; das Reifholz hält die Mitte. Beim nämlichen Baume ist der Splint im Vergleich zum Reif- und Kernholz um so geringer, je älter der Baum ist, was besonders bei solchen Holzarten in Betracht zu ziehen ist, deren Splint minderwertig oder wertlos ist.

Während vom Cambiumring aus das Holz wächst und an Dicke zunimmt, so bilden sich nach aufsen Bast und Rinde. Dabei findet eine Dehnung statt, bei welcher die äufseren Schichten schliefslich bersten, verkorken und eine Borke bilden. Die abgestorbene Borke ist der natürliche Schutz der dahinterliegenden, lebendigen Schichten. Es ist naturgemäſs, daſs das Aufreiſsen besonders der Breite und weniger der Höhe nach zur Geltung kommt. Die Art der Borkenbildung ist für viele Bäume kennzeichnend, ebenso wie die Farbe der Rinde und die Zeit des Eintritts der Borkenbildung. Manche Bäume werfen die Borke in Schuppen oder Platten nach und nach ab (Kiefer, Platane). Eine besonders lebhafte Rindenbildung tritt ein, wenn derselben die Aufgabe zufällt, Wunden des Stammes und tote Aeste zu überwallen. Tote, abgestorbene Aeste fallen in dünnem Schnittholz gewöhnlich durch (Tanne), während lebende, in das Holz eingewachsene Aeste demselben an den Aststellen ein verändertes Gefüge geben. (Fig. 5.)

Unter wimmerigem Wuchs oder Maserwuchs versteht man eine unregelmäſsige Holzbildung, hervorgerufen durch Aeste, Verwundungen, Krankheiten etc. Maserbildung erfolgt mit Vorliebe an dem Wurzel- und Kronenanfang des Stammes, ist bei Bauholz meist ein Fehler, bei Zierholz unter Umständen

Fig. 6.
a. Gemasert oder gewimmert; b. gefladert; c. gewässert; d. schlicht.

eine hochgeschätzte Eigenschaft. Von den Masern sind zu unterscheiden die Fladern. Sie sind bei jedem Holze in gewissem Maſse vorhanden, sobald es nach der Sehne geschnitten wird, weil das Gefüge selten so vollkommen ist, daſs nur parallele Streifen hierbei entstehen. Bei ringporigen Hölzern und solchen mit lebhaftem Farbenunterschied in Frühjahr- und Herbstholz kommen die Fladern besonders deutlich zur Geltung (Esche, Kiefer). Eine gewässerte Zeichnung des Holzes ist hauptsächlich dann vorhanden, wenn unrund gewachsenes Holz oder solches mit unregelmäſsigem Kern im Sehnenschnitt zerlegt wird. Schlicht heiſst das Holz bei regelmäſsigem, geradem, langfaserigem Wuchs. (Fig. 6.)

Die Ausdrücke harzreich und gerbsäurehaltig erklären sich von selbst. Harzreiche Hölzer finden sich hauptsächlich unter den Nadelholzbäumen und sind infolge des Harzgehaltes im Nassen verwendet von gröſserer Dauer als harzarme. Gerbsäurehaltige Hölzer (Eiche, Kastanie etc.) färben sich in der Berührung mit Eisen schwarz, dunkelblau oder dunkelgrün. Die Gerbsäure wirkt der Fäulnis entgegen, weshalb sich die genannten Hölzer insbesondere unter Wasser gut erhalten.

Die Farbe des Holzes spielt, soweit es sich um eigentliches Bauholz handelt, keine wesentliche Rolle. Im allgemeinen ist das Holz um so wertvoller, je dunkler es ist (z. B. das Lärchenholz), aber nicht immer; so wird gelb- oder rötlich-graues Eichenholz von heller Farbe dem dunkelen vorgezogen.

Fein heifst ein Holz, wenn es sich gleichmäfsig aus feinen Bestandteilen aufbaut; im entgegengesetzten Fall heifst es grob. Deshalb sind Hölzer mit deutlichen Jahresringen und Markstrahlen im allgemeinen grob und deshalb ist auf magerem Boden gewachsenes Holz durchschnittlich feiner, als rasch und üppig gewachsenes.

Man unterscheidet ferner zwischen harten und weichen Hölzern. Harte Hölzer haben durchschnittlich dicht gelagerte Zellen, weiche Hölzer sind mehr schwammig im Aufbau, weshalb auch im nämlichen Holz der Frühjahrring weicher ist als das Herbstholz. Kernholz ist härter als Reifholz, und beide sind härter als Splint. Die Trocknung des Holzes macht es im allgemeinen härter, weshalb es, aber nicht immer, nafs besser zu bearbeiten ist als in trockenem Zustande, insbesondere geht das Zersägen des Stammes der Quere nach bei nicht trockenem Holze leichter vor sich. Weichhölzer sind die Nadelhölzer, ferner das Linden-, Pappel-, Birken- und Erlenholz. Harthölzer sind die Eiche, die Buche, die Kastanie, der Ahorn, die Esche, die Ulme, die Hainbuche, die Robinie und der Nufsbaum.

Es giebt schwere und leichte Hölzer. Zu den ersteren zählen hauptsächlich die Harthölzer, zu den letzteren die Weichhölzer. Grünes Holz derselben Sorte ist schwerer als getrocknetes, weil das Wasser mitwiegt. Um einen Vergleich der einzelnen Hölzer zu ermöglichen, wird er für alle im gleichen Stadium gemacht, wozu man gewöhnlich den lufttrockenen Zustand erwählt. Man bezieht das Gewicht des Holzes auf dasjenige des Wassers bei gleichem körperlichen Inhalt (spezifisches Gewicht). Unsere einheimischen Hölzer sind lufttrocken alle leichter als Wasser; das Holz schwimmt. Man drückt das spezifische Gewicht als Dezimalzahl aus. Wenn ein Holz als spezifisches Gewicht 0,8 hat, so ist sein Gewicht $^8/_{10}$ des gleichen Raumteiles Wasser, und da der Kubikmeter Wasser 1000 Kilo oder eine Tonne (20 Zentner) wiegt, so ist die Umrechnung sehr einfach: der Kubikmeter dieses Holzes wiegt eben dann 800 Kilo. Ganz genau läfst sich das spezifische Gewicht der Hölzer nicht angeben, weil je nach Wuchs und Qualität das Gewicht etwas veränderlich bleibt, ganz abgesehen von dem Grad der mehr oder weniger fortgeschrittenen Trocknung. Es lassen sich als Anhalt nur sogen. Mittelwerte feststellen, entnommen einer Reihe von Wägungen.

Auf Seite 6 geben wir eine Tabelle des Trockengewichtes der Bauhölzer nach Dr. H. Nördlinger: Die gewerblichen Eigenschaften der Hölzer. Stuttgart, Cotta.

Die angegebenen Werte sind, wie gesagt, nur die Durchschnittszahlen aus einer Reihe von Wägungen und werden also mehr oder weniger im gegebenen Fall dem wirklichen Gewicht nahe kommen. Für das Grüngewicht eine Tabelle zu geben, hat wenig Zweck, da in Bezug auf dieses die zufälligen Schwankungen noch viel bedeutender sind. Der Saftgehalt frischgefällter Hölzer schwankt bei Laubhölzern zwischen 40 und 50%, bei Nadelhölzern zwischen 50 und 60% des Gewichtes. Ist das Holz lufttrocken, so enthält es noch 10 bis 15% Wasser und dieser Gehalt ist schwankend, je nachdem das Holz in feuchter oder trockener Luft sich befindet, wobei es abwechselnd Wasser aufnimmt oder abgiebt und bei diesem hygroskopischen Vorgang quillt und schwindet. Will man dem Holz das Wasser vollständig entziehen, so mufs es bei einer Temperatur von etwa 110° C. künstlich getrocknet werden. Es arbeitet dann nicht mehr, es ist tot geworden. Da dem Arbeiten des Holzes ein besonderes Kapitel gewidmet ist, so mag diese Andeutung hier genügen.

Was die Spaltbarkeit des Holzes betrifft, so ist dieselbe in erster Linie abhängig von dem Aufbau desselben. Da die Fasern und Gefäfse parallel zur Axe des Stammes gelagert sind, so kann das Holz nur in der Längsrichtung spalten und am leichtesten naturgemäfs nach der Richtung der Markstrahlen, weniger leicht in der Richtung von Sehnen, wobei die Jahresringe schräg zerrissen werden und die Spaltung vielfach staffelig ausfällt. Einzelne Holzarten spalten leicht, so z. B. Tanne, Fichte, Kiefer, Lärche,

TABELLE I. (Spezifisches Trockengewicht.)

Bezeichnung der Holzart	Der Kubikmeter wiegt lufttrocken Kilogramm
Tanne (A. pectinata *DC.*), vom Schwarzwald	478
„ „ schwammig gewachsen	443
„ „ jung, sehr engjährig	776
Fichte (A. excelsa *DC.*), vom Gebirg und Hügelland	420
„ „ auf Hochpunkten gewachsen	717
„ „ aus moorigen Niederungen	357
Kiefer, gemeine (P. sylvestris *L.*)	551
Schwarzkiefer (P. austriaca *Höss.*) mit Kern	744
Weymuthskiefer (P. strobus *L.*)	447
Lärche (L. europaea *L.*)	620
Eiche, Stieleiche (Qu. pedunculata *Ehrh.*)	757
„ Steineiche (Qu. sessiliflora *Salisb.*)	803
Erle, Schwarzerle, Roterle (A. glutinosa *Gaert.*)	526
„ Weifserle, Grauerle (A. incana *DC.*)	482
Esche (Fr. excelsior *L.*)	733
Buche, Rotbuche (F. sylvatica *L.*)	742
Ulme, Rotulme (U. campestris *Sm.*)	735
Flatterulme (U. effusa *Willd.*)	660
Berg- oder Haselulme (U. montana *Sm.*)	690
Zitterpappel, Aspe (P. tremula *L.*)	513
Silberpappel (P. alba *L.*)	449
Waldpappel; kanadische (P. canadensis *Mnch.*)	437
Linde, kleinblätterige (T. parvifolia *Ehrh.*)	522
„ grofsblätterige (T. grandifolia *Ehrh.*	494
Bergahorn (A. Pseudo-Platanus *L.*)	672
Spitzahorn (A. platanoïdes *L.*)	740
Feldahorn, Mafsholder (A. campestre *L.*)	674
Birke (B. alba *L.*)	687
Hainbuche (C. Betulus *L.*)	753
Robinie, Akazie (R. Pseudacacia *L.*)	769
Kastanie (C. vesca *Gaert.*)	611
Nufsbaum (L. regia *L.*)	532

Pappel, Linde, Eiche, Erle, Buche, Kastanie und Nufsbaum; andere wieder sind schwerspaltig, so z. B. Mafsholder, Birke, Hainbuche, Robinie, Ulme und Platane. Einzelne Hölzer spalten glatt und feinfaserig, andere schuppig, splitterig, grobfaserig, rinnenförmig etc. Drehwüchsiges und wimmerwüchsiges Holz hat auch dementsprechende Spaltflächen. Trockenes Holz spaltet durchschnittlich weniger leicht, als grünes. Geschlossen aufgewachsenes Holz spaltet leichter, weil im entgegengesetzten Fall die Aeste die Spaltbarkeit verringern. Splintholz spaltet leichter als Reifholz und dieses wieder leichter als Kernholz. Stockiges und faules Holz hat an Spaltbarkeit eingebüfst.

Die Dauerhaftigkeit des Holzes ist je nach der Art verschieden und aufserdem in Bezug auf die einzelne Holzart von Zufälligkeiten abhängig, so z. B. von der Art des Wuchses, dem Boden, der Fällzeit etc. Schwere, massige und harte Hölzer sind im allgemeinen dauerhafter als leichte, weiche. Holz von mittlerem Alter ist durchschnittlich dauerhafter als junges und zu altes. Splintholz ist weniger dauerhaft als Reif- und Kernholz. Ständig trocken und der Luft ausgesetzt, hält das Holz sich im allgemeinen am längsten. Aber auch ständig feucht oder unter Wasser sind manche Holzarten von grofser Dauer (Eiche, Erle, Ulme, Kiefer). In geschlossener, feuchter Luft werden manche Hölzer gern stockig und mürbe. Am meisten aber wird die Dauer des Holzes durch den Wechsel von nafs und trocken beeinträchtigt und es sind nur wenige Holzarten, welche dieser Anforderung gewachsen sind.

Um gefälltes Holz auf seine Dauerhaftigkeit zu beurteilen, genügt gewissermafsen der Augenschein. Je gesunder, fester, trockener und harzreicher es ist, desto mehr wird man auf Dauer rechnen können. Stehendes Holz ist in dieser Hinsicht schwer zu beurteilen. Gesunde, tadellose Stämme empfehlen sich auch hier. Abgebrochene, angefaulte Aeste, schlecht überwallte Stellen sind wenig gute Anzeichen. Kurz gesagt: ein im Stand nicht dauerhafter Baum liefert auch kein dauerhaftes Holz.

Der Festigkeit, Biegsamkeit und Federkraft des Holzes wird ein besonderes Kapitel gewidmet werden und ebenso werden die Artikel über die Fällung, die Bearbeitung und die Fehler des Holzes die vorstehenden Ausführungen ergänzen, welche der Beschreibung der einzelnen Holzarten des besseren Verständnisses wegen vorausgeschickt wurden.

2. Die Holzarten.

Das Hauptmaterial der Zimmerei ist das Holz und aus der Reihe der verschiedenen Holzarten sind es nur wenige, die eine ganz allgemeine Verwendung finden. Jeder Erdteil und jedes Land richtet sich selbstverständlich nach den vorhandenen Verhältnissen und dementsprechend finden bei uns die am häufigsten vorkommenden einheimischen Waldbäume auch die belangreichste Verwendung als Bauholz.

Es sind insbesondere die Nadelhölzer, welche ihres geraden, schlanken Wuchses und ihres geringen Gewichtes wegen sich zu Bauholz eignen; aber auch verschiedene Laubhölzer finden in der Zimmerei eine mehr oder weniger weitgehende Verwendung. Aus der Reihe der ersteren spielen die Hauptrolle das Tannen-, Fichten-, Kiefern- und Lärchenholz; aus der Reihe der Laubhölzer kommt hauptsächlich das Eichenholz in Betracht und nach diesem das Erlen-, Eschen-, Buchen- und Ulmenholz. Verhältnismäfsig selten werden verwendet die Hölzer der Pappeln und Linden, des Ahorns, der Birke, der Hainbuche, der Robinie, der Kastanie und des Nufsbaums.

Von ausländischen Hölzern kommt das amerikanische Pitchepine in Anwendung und die einheimischen und exotischen Zier- und Möbelhölzer werden nur gelegentlich im inneren Ausbau zur Ausstattung der Treppen etc. benutzt.

Ein im allgemeinen minderwertiges Bauholz kann für bestimmte Zwecke seiner besonderen Eigenschaften halber sich jedoch ganz hervorragend eignen, wie z. B. das Erlenholz im Wasserbau. Selbstredend spielt auch der Preis des Holzes mit, und da dieser hauptsächlich durch das örtliche Vorkommen der verschiedenen Holzarten bedingt ist, so wird beispielsweise im Süden das Tannenholz, im Norden das Kiefernholz bevorzugt. Auch die ortsübliche Bauweise und gewisse Herkömmlichkeiten machen ihre Einflüsse geltend, so dafs eine allgemein giltige Rangordnung nach der baulichen Verwertbarkeit nicht zulässig erscheint. Allgemein kann man sagen, wo Tannen vorherrschen, gelten sie als das beste Bauholz, wo Fichten: die Fichten, und wo Kiefern: die Kiefern. Wo alle drei nebeneinander auftreten, benutzt man alle drei mit und ohne Wahl für bestimmte Zwecke und ohne wesentliche Bevorzugung.

In Nachstehendem sollen die oben erwähnten Holzarten einzeln etwas eingehender beschrieben werden:

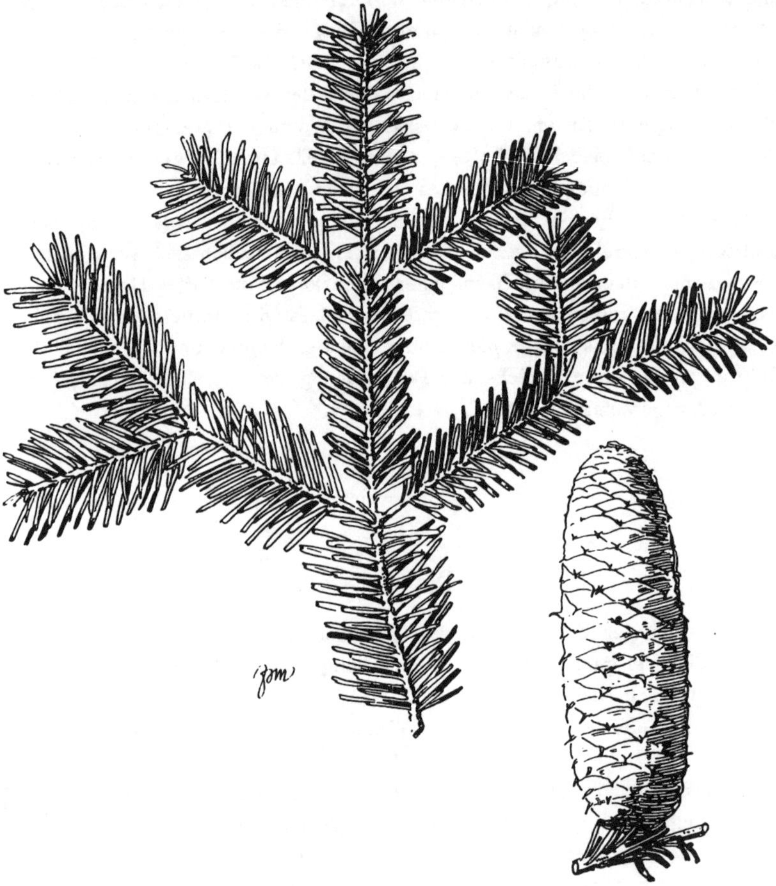

Fig. 7.
Tannenzweig (Abies pectinata *DC.*). $^2/_3$ nat. Gr

a. Das Tannenholz.

Wenn man von örtlichen, zum Teil irrtümlichen und nicht allgemein anerkannten Benennungen absieht, so ist Tannenholz das Holz der

Weifstanne, Silbertanne oder **Edeltanne** (Abies pectinata *DC.*). Dieser in den Gebirgen Mitteleuropas (Alpen, Schwarzwald, Vogesen, Thüringer Wald etc.) wachsende Nadelholzbaum ist einer unserer schönsten Bäume. Sein Hauptlängenwachstum ist mit 80 bis 120 Jahren erreicht, während das Wachstum nach der Dicke sich von da ab oft noch steigert; er erreicht eine Höhe von 30 bis 40 m, wird ausnahmsweise auch bis zu 65 m hoch, bei einer Stammdicke bis zu 2 m; hat einen schnurgeraden Stamm mit kegelförmiger, im Alter sich verflachenden Krone, mit glatter, weifslich-grauer, mit Harzbeulen bedeckter

Rinde und rauhen, wagrecht wirtelständigen Aesten. Die oberseits glänzend dunkelgrünen, auf der Unterseite mit zwei bläulich-weiſsen Streifen versehenen Blätter oder Nadeln stehen flach zweizeilig, was für die Gattung der Tannen charakteristisch ist. (Fig. 7.)

Die Tanne ist ein Reifholzbaum mit breitem Splint, ausgeprägten, harten Jahresringen und dünnem Mark. Dem schlanken Wuchse entsprechend ist das Holz schlicht und langfaserig, dabei leicht, elastisch, fast harzfrei, gut zu spalten und zu verarbeiten. Die Farbe des Holzes ist weiſs mit gelblichem oder rötlichem Anflug. Im dichten Bestand gewachsen hat das Holz wenig Aeste, weshalb es sich zu Schnittwaren ganz besonders eignet. Die dunkeln, beinahe schwarz vom Holz sich abhebenden Aststellen sind

Fig. 8.
Fichtenzweig (Abies excelsa *DC.* — Picea excelsa *Lk.*) $^2/_3$ nat. Gr.

kennzeichnend als Merkmal zur Unterscheidung vom Fichtenholz. Das Astholz springt beim Beschlagen ab und fällt bei dünnen Schnittwaren unter leichtem Druck oder von selbst durch.

Seiner Leichtigkeit und Federkraft wegen ist das Tannenholz zu Unterzügen, Balkenlagen und Dachkonstruktionen, sowie zu Bauarbeiten anderer Art vorzüglich. Im Wechsel von Nässe und Trockenheit ist es des geringen Harzgehaltes halber weniger haltbar und steht in dieser Hinsicht dem Kiefernholz nach.

Die meist vorkommenden Fehler sind Rindenbrand und Rindenkrebs; der letztere hervorgerufen durch einen, die sog. Hexenbesen erzeugenden Pilz (Aecidium elatinum). Auch die Mistel (Viscum album L.) beschädigt den Holzkörper der Tanne in den Wipfeln.

b. Das Fichtenholz.

Der bei uns für dieses Holz in Betracht kommende Baum ist die

Fichte, Gemeine Fichte, auch **Rottanne** genannt (Picea excelsa *Lk.* — Abies excelsa *DC.*).

Dieser Baum ist über ganz Deutschland verbreitet und wächst sowohl in den Bergen, wie auf der Ebene. Er ist das Hauptnadelholz der mitteldeutschen Gebirge und das Fichtelgebirge führt nach ihm seinen Namen. Jedes Kind lernt ihn schon als Christbaum kennen. Das Wachstum verhält sich wie bei der Tanne; die Fichte erreicht eine Höhe von 20 bis 40 m und gelegentlich auch mehr bei einer Stammdicke bis zu 1,3 m. Sie wächst am schnellsten auf dem Diluvium der Vorberge, auf mildem, humusreichem, sandigem Lehm oder lehmigem Sand und gedeiht auch in rauhen, nördlichen Lagen, wo sie dann das beste Holz liefert, während in sonnigen, tiefen Lagen der raschere Wuchs ein schwammiges Gefüge bedingt, das der Kernfäule günstiger ist.

Der Wuchs ist ähnlich wie bei der Weifstanne; jedoch ist die Verjüngung des Stammes nach obenhin bedeutender. Der gerade, schlanke Stamm hat eine rotbraune, schuppige Rinde. Die Zweige sind glatt und stehen wirtelständig, überhängend. Die Nadeln sind lebhaft grün und glänzend, vierkantig, pfriemenförmig und sitzen einzeln rund um den ganzen Zweig, unten etwas weniger dicht. (Fig. 8.)

Die Fichte ist ebenfalls ein Reifholzhaum mit weniger harten und ausgesprochenen Jahresringen und schmälerem Splint. Das Holz ist rötlich oder gelblich-weifs (nicht ganz so hell wie bei der Weifstanne), leicht, weich, gut zu spalten und zu verarbeiten, etwas fester und harzreicher als Tannenholz. Der Quere nach sägt sich das Holz leichter als nach der Länge, wobei sich die Sägeblätter leicht klemmen. Die Aststellen sind zahlreicher als beim Tannenholz, weniger auffallend von Farbe und im Holze sitzen bleibend.

Als Bauholz ist das Fichtenholz dem Tannenholz ziemlich gleichwertig. Je nach Umständen ist es fester und des Harzgehaltes wegen dauerhafter; dagegen hat Tannenholz den Vorzug einer gleichmäfsigeren Stammdicke. Abwechselnd nafs und trocken neigt das Fichtenholz zum Stockigwerden.

Die Fichte leidet insbesondere unter der Einwirkung von Rotfäule, Rindenbrand, Windwurf, Nonnenfrafs und Borkenkäfern.

c. Das Kiefernholz.

Das in Deutschland zu Bauzwecken verwendete Kiefernholz stammt fast ausschliefslich von der

Kiefer, auch **Forle, Föhre, Gemeine Kiefer, Kiene** genannt (Pinus sylvestris *L.*).

Dieser über ganz Deutschland verbreitete Nadelholzbaum bildet im nördlichen Teil desselben ausgedehnte Waldungen und gedeiht auf ebenem, sandigem, ja sogar sumpfigem Boden ganz wohl, liefert auf ersterem aber ein zäheres, dauerhafteres, weniger zu Kernfäule neigendes Holz. Die Kiefer erhält ihre eigentliche Reife und beste Verwendbarkeit erst mit etwa 120 Jahren, während junges Holz weniger fest und harzreich ist. Der Baum erreicht eine durchschnittliche Höhe von 20 bis 40 m bei einer Stammdicke von etwa 1 m.

Der Stamm ist gerade, im Alter bis zur flachen, schirmartigen Krone astfrei. Die Rinde junger Bäume ist gelbrot, schuppig, an alten Stämmen rotbraun oder graubraun, borkig, mit tiefen Längsfurchen und kleineren Querrissen, in Lamellen abblätternd, hauptsächlich nach oben hin, so dafs gegen den Gipfel die Rinde dünner und hellfarbiger ist. Die Aeste sind weit aushängend, wirtelständig, je um einen Jahrestrieb von einander entfernt. Die Nadeln sind lang, pfriemenförmig, spitz, graugrün, zu je 2 in Büscheln die Zweige umstehend. (Fig. 9.)

Die Kiefer ist ein Kernholzbaum mit breitem (oft handbreitem) Splint, dünnem Mark und sehr deutlichen, etwas welligen Jahresringen, im Frühjahr- und Sommerholz scharf abgegrenzt. Die Farbe des Holzes ist im Splint gelblich oder rötlich-weifs, im Kernholz mehr rotbraun (nach dem Fällen nachdunkelnd). Das Holz ist grob, langfaserig, harzreich (Kienholz), etwas härter und schwerer als Tannen- und Fichtenholz.

Als Bauholz ist das Kiefernholz für bestimmte Zwecke vorzüglich; im Wasser, an feuchten Stellen und im Freien ist es dem Tannen- und Fichtenholz seines Harzgehaltes wegen vorzuziehen und von nahezu doppelter Dauer. Für Schwellen, niedrige Pfosten und kleinere Verbandstücke ist es ebenfalls wohlgeeignet. Für weittragende Balkenlagen und Dachkonstruktionen steht es dem Tannen- und Fichtenholz nach, weil es schwerer, spröder und weniger elastisch ist. Für Brunnendeicheln wird Kiefernholz bevorzugt. Besonders gut gewachsenes, altes, sehr harzreiches Kiefernholz steht bei richtiger Verwendung dem Eichenholz kaum nach. In der Bauschreinerei ist das Kiefernholz besonders für Fenster und Thüren im Freien in Anwendung; auch als Blindholz ist dasselbe geeignet.

Die in Oesterreich wachsende, auch anderwärts auf Kalkboden angebaute **Schwarzkiefer** (Pinus austriaca *Höss.* — Pinus nigra *Lk.*) hat dunklere Rinde und dunklere Belaubung, unterscheidet sich im übrigen nicht wesentlich als Bauholz.

Die besonders geschätzte Riga-Kiefer ist nur eine Spielart (Standortsform) der gemeinen Kiefer mit etwas schlankerem Wuchs.

Die weiteren einheimischen Kiefern:

Die **Zirbelkiefer** oder **Arve** (Pinus Cembra *L.* — P. montana *Lam.*) und die **Knieholzkiefer, Zwergkiefer** oder **Legföhre** (Pinus Mughus *Scop.* — P. Pumilio *Haenke*) kommen als Bauholz kaum in Betracht.

Fig. 9.
Kiefernzweig (Pinus sylvestris *L.*). $^{2}/_{3}$ nat. Gr.

Zum Kiefernholz zählt auch das amerikanische **Pitche-Pine.** Während H. Semler in seinem Buche „Tropische und nordamerikanische Waldwirtschaft und Holzkunde“ behauptet, dafs das Holz der Pechkiefer (Pinus rigida *Mill.*) nach englischen und anderen europäischen Häfen ausgeführt werde, erklärt Dr. H. Mayr in seinem Werke: „Die Waldungen von Nordamerika“, dafs das Pechkiefernholz nur als Brennholz benutzt werde. Die Pechkiefer führe in Amerika den Namen Pitche-Pine; was aber unter diesem Namen nach Europa komme und dort verarbeitet werde, sei das Holz von Pinus australis, synonym P. palustris, welcher Baum in Amerika als „longleaved Pine“, „Southern-Pine“, „südliche Gelbkiefer“ etc. bezeichnet werde. Das amerikanische Kiefernholz ist hübscher in der Färbung als unser einheimisches und wird deshalb im inneren Ausbau neuerdings häufig auf Böden, Täfelungen, Decken und Aehnliches verarbeitet. Nordamerika, das überhaupt reich an Kiefernarten ist, verdanken wir auch die

Weymuthskiefer, auch **Strobe** genannt (Pinus Strobus *L.*), die schon längst in Anlagen und neuerdings auch vereinzelt in Wäldern angebaut wird. Dieser Baum gehört zu den fünfnadeligen Kiefern und liefert ein ähnliches Holz, wie die einheimische, ist aber etwas minderwertig. Das junge Holz ist leichter, weniger fest und harzreich, als bei unserer Kiefer; im Alter übertrifft die Weymuthskiefer die unsrige dagegen an Harzgehalt. (Fig. 10.)

Die Kiefer leidet hauptsächlich an Ring- oder Kernschäle, hervorgerufen durch einen Pilz (Trametes Pini).

d. Das Lärchenholz.

Europa besitzt nur eine Lärchenart, die, ursprünglich in den Alpen heimisch, sich weithin nach Norden verbreitet hat, wenn auch nicht in der Ausdehnung, wie sie für die Zwecke der Zimmerei wünschenswert erscheint. Es ist dies die

Lärche (Larix europaea *L.*).

Der hauptsächlich in den süddeutschen Gebirgen wachsende und neuerdings in gröſseren Beständen angebaute Baum unterscheidet sich von den übrigen Nadelhölzern vor allem dadurch, daſs er nicht wie jene immergrün ist, sondern im Spätjahr die Blätter abwirft. Er wird durchschnittlich 20 bis 30 m hoch, erreicht aber auch die Höhe von 50 m bei einer Stammdicke bis zu 1,2 m und mehr. Der gerade, schlanke Stamm hat eine anfangs gelbbraune oder aschgraue, später rot- oder graubraune und rissige Rinde und eine kegelförmige Krone mit verteilt stehenden (nicht ausgesprochen wirtelständigen) weit auslangenden Aesten und dünnen, herabhängenden Zweigen. Die zarten, freudig-grünen Nadeln stehen in Büscheln, bis zu 60 in einer Scheide, um die Zweige verteilt, was den Baum schon von weitem kenntlich macht. (Fig. 11.)

Fig. 10.
Zweig der Weymuthskiefer (Pinus Strobus *L.*).
$^2/_3$ nat. Gr.

Die Lärche ist ein Kernholzbaum mit verschieden breitem (etwa fingerbreitem) Splint, deutlichen, feinwelligen Jahresringen, die eine breite, dunkle, scharf abgesetzte Sommerholzzone zeigen, und sehr dünnem Mark. Die Farbe des Holzes ist im Splint gelblich, im Kern (schon im frischen Zustande) rot oder rotbraun und zwar dunkler als bei der Kiefer, bei alten Stämmen zuweilen auch geflammt. Das Holz ist grob, gut spaltbar, weniger harzreich als Kiefer, sehr dauerhaft und im allgemeinen mehrwertig als das der übrigen Nadelhölzer. Die Aststellen sind im Holz zufällig verteilt, während sie bei der Kiefer sich nach dem Jahrestrieb zusammenhäufen.

Das Lärchenholz ist ein sehr gutes und wohl das beste Bauholz. Es findet ferner im Wasser-, Gruben- und Schiffbau, in der Bauschreinerei etc. Verwendung. Die Dachkonstruktionen mittelalterlicher Kirchen sind häufig aus diesem Holze und bezeugen seine groſse Dauerhaftigkeit. Seine Leichtigkeit, Federkraft und gleichmäſsige Harzverteilung, verbunden mit der Eigenschaft, von Würmern nicht angegangen zu werden und sich gleich gut im Trockenen, in der Nässe und im Wechsel beider zu halten, machen es in Anbetracht der leichten Bearbeitung zum wertvollsten der einheimischen Nadelhölzer. Aus diesem Grunde ist es mit Freuden zu begrüſsen, daſs die Forstverwaltungen dem Anbau der Lärche in gröfseren Beständen ihre Aufmerksamkeit zuwenden. Leider sind die Bemühungen nicht von dem erhofften Erfolg gekrönt worden, da der Baum vielfach an Krebs, hervorgerufen durch einen Pilz (Peziza Willkommii) und unter der Verheerung der Lärchenmotte (Coleophora Laricella) zu leiden hat.

e. Das Eichenholz.

Unter den einheimischen Laubhölzern nimmt das Eichenholz als Bauholz unbestritten und weitaus den ersten Platz ein. Die Bäume, welche es liefern, sind:

Die **Stieleiche** oder **Sommereiche** (Quercus Robur *L.* — Q. pedunculata *Ehrh.*) und

die **Steineiche** oder **Wintereiche** (Quercus sessiliflora *Salisb.*).

Die erste hat langgestielte Früchte und kurzgestielte Blätter; bei der zweiten ist es umgekehrt. Die erste ist in Bezug auf Belaubung und Entlaubung etwas früher, als die andere, daher die Bezeichnung Sommer- und Wintereiche. Die Sommereiche wächst rascher als die Wintereiche und hat demzufolge eine kürzere Reifezeit und ein geringeres Alter.

Die Sommereiche wächst mit Vorliebe in der Ebene, in den Flufsniederungen und in den sonnigen Thälern der Vorberge; die Wintereiche zieht das Gebirge vor. Das Holz beider Arten ist nicht wesentlich verschieden; die Meinungen bezüglich der Bevorzugung sind auseinandergehend und durch den Zweck und durch Zufälligkeiten bedingt; im allgemeinen wird das Holz der Sommereiche vorgezogen. (Fig. 12.)

Fig. 11.
Lärchenzweig (Larix europaea *L.*). $^2/_3$ nat. Gr.

Die Eiche wächst durch ganz Deutschland, in gröfseren Beständen am Niederrhein und in Westfalen, geht aber nicht so hoch ins Gebirge als die Nadelhölzer. Sie erreicht eine durchschnittliche Höhe von 30 m, wird aber auch bis zu 50 m hoch bei einer Stammdicke bis 2 m und mehr. Die Eiche erreicht ein hohes Alter, wird aber mit etwa 200 Jahren gewöhnlich kernfaul und auf ungenügendem Boden frühzeitig kopfdürr. Der Stamm ist ziemlich gerade und zylindrisch, hier und da drehwüchsig und hat eine graubraune, zerrissene Rinde. Die knorrigen, mannigfaltig gebogenen Aeste und Zweige bilden eine rundliche, mehr interessante als schöne Krone von dunkler Färbung. Die beiderseits grünen, unten etwas helleren Blätter sind buchtig gelappt und kommen bei der Wintereiche grün, bei der Sommereiche braun aus den Knospen.

Die Eiche ist ein Kernholzbaum mit scharf getrenntem, schmalem und wenig haltbarem Splint, mit gleichmäfsigen Jahresringen und den bekannten Markstrahlenspiegeln, welche das Eichenholz sofort als solches erkennen lassen. Das Holz ist schwer, hart, dauerhaft, langfaserig, leicht spaltbar, zähe, gerbsäurehaltig und frisch von eigentümlichem Geruch. Die Farbe ist im Splint hellgelb, im Kern gelb, gelblich-, rötlich oder graubraun und bei der Wintereiche etwas dunkler, als bei der Sommereiche. Auch ist das Holz der Wintereiche etwas härter und weniger leicht spaltbar.

Das Eichenholz ist unter günstigen Bedingungen und im freien Stande erwachsen das beste Bauholz. Für Unterzüge und weitgesprengte Balkenlagen steht es, seines grofsen Eigengewichtes wegen, dem Nadelholz allerdings nach; dagegen hat es für Stützen und Hängesäulen die gröfste Tragfähigkeit. Gleichzeitig hat es die gröfste Dauer und zwar unter Dach, im Wind und Wetter, im Boden und hauptsächlich im Wasser, wo es sogar fester und unverwüstlich wird. Auch im Wechsel von nafs und trocken hält sich das Eichenholz gut. (Im Wechsel etwa 50 Jahre, im Trockenen 500 Jahre, im Wasser unbegrenzte Zeit.) Unter Wasser kann es sofort nach dem Fällen verwendet werden, zu anderen Zwecken mufs es trocken und mehrjährig gelagert sein. Weil sehr weich und dem Wurmfrafs unterworfen, ist der Splint unbrauchbar. Eichenholz erster Güte soll breite (aber nicht zu breite), gleichmäfsige Jahresringe, möglichst feine Poren, eine mehr helle als dunkle, aber gleichmäfsige Farbe und eine lange Faser haben.

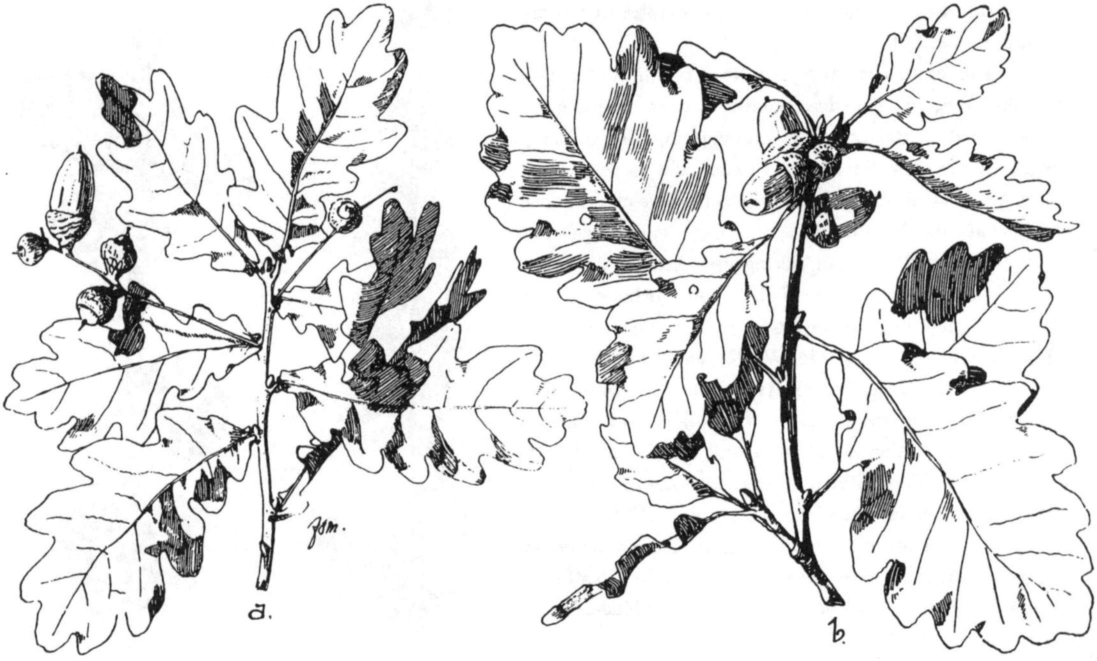

Fig. 12.
Eichenzweige a. Stiel- oder Sommereiche (Quercus pedunculata *Ehrh.*); b. Stein- oder Wintereiche (Qu. sessiliflora *Salisb.*). $^2/_3$ nat. Gr.

Da das Eichenholz zu vielerlei Zwecken, zu Bahnschwellen, im Erd- und Wasserbau, im Schiffsbau, zur Parkettfabrikation und in der Bau- und Möbelschreinerei aufserordentlich häufig benutzt wird, so ist es im Preise leider derartig gestiegen, dafs es als Bauholz nicht mehr so allgemein wie ehedem verwendet werden kann.

Brunnendeicheln aus Eichenholz geben dem Wasser einen eigentümlichen Beigeschmack.

Eisen in fester Berührung mit Eichenholz rostet rasch und macht das benachbarte Holz mürbe.

f. Das Erlenholz.

Für dieses Holz kommen bei uns zwei Bäume in Betracht, welche durch ganz Mitteleuropa sich finden und besonders in der Ebene, auf sumpfigem Boden und an den Ufern der Wasserläufe gedeihen. Die Erle führt auch den Namen Eller oder Else.

Schwarzerle, auch Roterle genannt (Alnus glutinosa *Gaert.*). (Fig. 13.)

Weifserle, auch Grauerle genannt (Alnus incana *DC.*).

Die Schwarzerle ist die gewöhnlichste. Die Bezeichnung Schwarz- und Weifserle bezieht sich auf die Rinde, welche bei ersterer dunkelgraubraun, fast schwarz und dabei im Alter rissig und schuppenborkig, bei der Weifserle aber grau und glatt ist. Die Schwarzerle hat unbehaarte, in der Jugend klebrige, die Weifserle dagegen stets behaarte, nie klebrige Zweige. Die Schwarzerle verlangt feuchten, die Weifserle mehr trockenen, leichten Boden. Das Holz beider ist ähnlich, hat bei der Weifserle etwas mehr Glanz und eine hellere, mehr graue als rote Farbe, ist aber minderwertig. Die Schwarzerle erreicht eine Höhe bis zu 25 m, die Weifserle bis zu 10 m.

Fig. 13.
Erlenzweige. a. Schwarzerle (Alnus glutinosa *Gaert.*). b. Weifserle (A. incana *DC.*). 2/3 nat. Gr.

Die Erle ist ein Splintholzbaum mit breiten Jahresringen und Markstrahlen. Das Holz ist leicht weich, gut spaltbar, leicht brüchig, trocken und im Wechsel von nafs und trocken nicht dauerhaft, wohl aber in ständiger Nässe. Trocken wird es mehr wie alle anderen Hölzer von Würmern angegangen. Die Farbe des Holzes ist in frischem Zustand weifslich, später rotbraun oder graurot, vielfach auch gewässert maserig.

Das Erlenholz, welches in der Schreinerei, zu Drechslerarbeiten und anderweitig verwendet wird, ist kein Bauholz für den Hochbau; dagegen ist es für den Grund- und Wasserbau nach der Eiche das beste Bauholz und sofort nach dem Fällen verwendet von grofser Dauer, weshalb es sich besonders zu Grundpfählen und Rostschwellen empfiehlt.

g. Das Eschenholz.

Der mutmaſslich aus dem Orient stammende und fast über ganz Europa verbreitete, in verschie denen Abarten angebaute Baum, der dieses Holz liefert, ist die

Esche (Fraxinus excelsior *L.*). (Fig. 14.)

Fig. 14.
Eschenzweig (Fraxinus excelsior *L.*). $^2/_3$ nat. Gr.

Dieser schöne Waldbaum, in der Ebene und auf den Vorbergen wachsend, wird bis zu 40 m hoch und hat einen schlanken, schön gewachsenen Stamm. Die Rinde ist bis zum 40. Jahre glatt und graugrün, später borkig mit breiten Längsrissen und scharfen Querrissen. Die etwas offene, gut gebildete Krone zeigt gegenüberstehende, gefiederte Blätter mit 9 bis 13 Blättchen, die aus schwarzen, sammetartigen Knospen hervorbrechen.

Die Esche ist ein Kernreifholzbaum mit sehr breitem Splint, grofser Markröhre, kaum erkennbaren Markstrahlen und breiten Jahresringen, in denen das kleinporige Sommerholz sich scharf von den grofsporigen Kreisen abhebt. Das Holz ist schwer, hart, glänzend, nicht schwerspaltig, fest, zäh und elastisch, etwas grobfaserig, im Trockenen dauerhaft, im Wechsel dagegen weniger. Die Farbe des Holzes ist gelbweifs oder grauweifs, im Alter dunkler und im Kern braun, im schrägen Anschnitt gefladert.

Das in der Schreinerei, in der Wagnerei und Dreherei und auf Geräte vielerlei Art (Turngeräte, Werkzeug- und Maschinenteile) verarbeitete Holz ist trotz seiner guten Eigenschaften kein eigentliches Bauholz, weil es für Konstruktionsteile im allgemeinen zu biegsam ist. Seiner Federkraft und Zähigkeit wegen kann es dagegen für bestimmte Zwecke wohl in Betracht kommen.

Zwischen Splint-, Reif- und Kernholz besteht kein wesentlicher Unterschied, so dafs alles verwendet werden kann. Das Eschenholz wird am besten in der Saftruhe gefällt, sofort in die richtige Form geschnitten und gründlich getrocknet. Auf diese Weise wird eine grofse Haltbarkeit erzielt. Andernfalls zeigt ein Uebergang zu schwarzgrauer Farbe bald die Minderwertigkeit des Holzes an und rund liegenbleibende Stämme erhalten Risse.

h. Das Buchenholz.

Die Buchenwälder bilden sich alle aus demselben Baum; es ist dies die

Buche oder **Rotbuche** (Fagus sylvatica *L.*), denn die Weifsbuche oder Hainbuche ist trotz dieses Namens in Wirklichkeit keine Buche.

Die Buche wird in gemischten und reinen Beständen besonders in Nordwestdeutschland gebaut, gedeiht in der Ebene und in den Bergen bis zu einer gewissen Höhe und liebt kräftigen, kalkhaltigen Lehmboden und feuchte Luft; sie gedeiht auch unter weniger günstigen Verhältnissen, wird aber nicht so vollkommen. Die Buche ist einer unserer schönsten Waldbäume und erreicht ein hohes Alter, eine bedeutende Stärke und eine durchschnittliche Höhe von 20 bis 40 m. Der Stamm ist gerade und schön rund, hat eine graue oder graugrüne, glatte Rinde, welche im Alter zuweilen „versteint“ und dabei rauh und rissig wird. Die schön geformte Krone ist rundlich und dicht, aus mäfsig starken Aesten und leichten Zweigen sich bildend, bei junger Belaubung besonders schön. Die Blätter sind glatt, glänzend grün, am Rande flach buchtig und zottig gewimpert. (Fig. 15.)

Fig. 15.
Buchenzweig (Fagus sylvatica *L.*). $^2/_3$ nat. Gr.

Die Buche ist ein Reifholzbaum ohne Kern mit sehr dünnem Mark, deutlichen Jahresringen und Markstrahlenspiegeln, welche sich auf dem Hirn- und Querholz hell, auf dem Langholz dunkel abheben. Das Holz ist mittelschwer, hart, fest, stark schwindend und „arbeitend“, gut spaltbar und dauerhaft, aber nicht im Wechsel von trocken und nafs, wobei es stockig wird. Die Farbe ist schön rötlich oder licht rötlich-braun, frisch etwas heller. Von offenen Wunden oder Spaltflächen im Innern aus verbreitet sich infolge Zersetzungsbeginnes oft in den Stamm hinein eine braunrote Färbung (sog. falscher Kern), besonders bei hohem Alter.

Ein eigentliches Bauholz ist das Buchenholz ebenfalls nicht; dagegen kann es für Konstruktionen

Fig. 16. Ulmenzweige. ²/₃ nat. Gr.

unter Wasser in Betracht kommen und seiner Härte und Festigkeit halber für Boden- und Treppenbelag etc. Eine Hauptverwendung findet das Buchenholz als Brennmaterial und bei der Herstellung von im Dampf gebogenen Möbelteilen (System Thonet). Für Werkzeuggriffe ist das Buchenholz ungeeignet, weil es in der Hand „brennt“, d. h. sich unangenehm rauh anfafst. Das Stockigwerden des Holzes zeigt sich durch gelbe Flecken an.

i. Das Ulmenholz.

Von den drei europäischen Ulmenarten mit ihren verschiedenen Abarten kommen in Betracht:

Die **Gemeine Ulme** oder **Rüster, Feldulme, Rotulme** (Ulmus campestris *Sm.*),

die **Flatterulme** oder **Flatterrüster** (Ulmus effusa *Willd.*),

die **Waldulme, Berg-** oder **Haselrüster** (Ulmus montana *Sm.* — U. scabra *Mill.*) u. a. m.

Die **Korkulme** (U. suberosa *Ehrh.*) ist eine Abart der gemeinen Ulme, mit korkig geflügelten Zweigen, langsamerem Wuchs, schwächerem Stamm und zäherem Holz. (Fig. 16.)

Die Ulmen sind stattliche, schöne Bäume (das keltische „elm" bedeutet einen stattlichen Baum), durch ganz Deutschland wachsend und angebaut und unter günstigen Verhältnissen eine mächtige Ausdehnung und ein hohes Alter erreichend. Sie gedeihen in jedem kräftigen, mäſsig feuchten Boden und sind dabei raschwüchsig.

Der durchschnittlich 20 bis 30 m hoch werdende Baum hat für gewöhnlich einen geraden, ziemlich runden Stamm. Die Rinde ist borkig, der Eichenrinde ähnlich. Die hoch ansetzenden Aeste bilden eine hübsche Krone. Die Zweige sind zweizeilig mit doppeltgesägten, am unteren Ansatz unsymmetrischen Blättern besetzt.

Die Ulme ist ein Kernreifholzbaum mit gelbem Splint, dessen Breite von dem mehr oder weniger raschen Wachstum abhängt. Die Jahresringe zeigen im Frühjahrholz groſse Poren, im Herbstholz querlaufende Striche. Das Holz ist schwer, hart, fest, elastisch, zäh, schwerspaltig und dauerhaft, besonders bei der Rotulme. Die Farbe des Holzes ist im Splint gelb, im Kern rotbraun, oft fleckig, maserig und geflammt, bei der Rotulme dunkler, bei der Flatter- und Waldulme lichter.

Das Ulmenholz ist schwierig zu bearbeiten; ständig naſs oder ständig vollkommen trocken ist es sehr dauerhaft, im Wechsel dagegen weniger. Der Splint kann mit benutzt werden, was wenig Abfall zur Folge hat. Das Holz wird nicht von Würmern angegangen, um so mehr die Rinde von Insekten (Ulmenkäfer, Scolytus destructor). Das Ulmenholz kann als Bauholz dienen, was auch verschiedenerorts der Fall ist; richtig am Platze ist es da, wo seine Schwerspaltigkeit sich nützlich erweist.

Die beginnende Verwesung des Holzes zeigt sich durch Lichtwerden der Farbe an. Es wird am besten unter Wasser gelagert.

k. Das Pappelholz.

Die Pappeln sind hohe, raschwüchsige Bäume mit mehr oder weniger pyramidalen Kronen, zum Teil einheimisch, zum Teil eingebürgert. Sie sind wenig wählerisch bezüglich des Bodens und gedeihen fast überall, wo sie genügende Feuchtigkeit finden. Es kommen folgende Arten in Betracht:

Die **Zitterpappel, Aspe** oder **Espe** (Populus tremula *L.*),

die **Schwarzpappel** (Populus nigra *L.*),

die **Weiſspappel** oder **Silberpappel** (Populus alba *L.*),

die **kanadische Pappel** oder **Waldpappel** (P. canadensis *Mnch.*),

die **Pyramidenpappel, Chausseepappel, italienische Pappel** (Populus pyramidalis *Roz.*). (Fig. 17.)

Die Zitterpappel erreicht eine Höhe bis zu 25 m, die Schwarzpappel bis zu 30 m, die Weiſspappel ebenso, die kanadische Pappel desgleichen, während die Pyramidenpappel bis zu 40 m hoch wird. Die Zitterpappel hat eine sperrige, wenig schöne, die Schwarzpappel eine dünne, durchsichtige Krone, während die Weiſspappel und die kanadische Pappel stattliche, volle Kronen haben und die Pyramidenpappel mit ihrer schmalen, hohen Krone allgemein bekannt ist. Die Blätter der Zitterpappel sind rund, im leichtesten Wind sich wiegend; diejenigen der kanadischen Pappel sind dreieckig-eiförmig; die Weiſspappel hat gelappte, oberseits glänzend grüne, unterseits weifs-filzige Blätter, während die Schwarz- und die Pyramidenpappel rautenförmige Blätter haben.

Die Pappeln sind Kernholzbäume (die Zitterpappel ist Splintbaum), ohne ausgesprochene Jahresringe, Markstrahlen und Strukturverschiedenheiten. Dem raschen Wuchse entsprechend ist das Holz leicht, weich, schwammig, glatt spaltbar, nur im Trockenen dauerhaft, sehr wenig schwindend und arbeitend. Die Farbe des Holzes ist hell, weifslich oder grauweifs, seltener gelb, bräunlich, geflammt und geadert. Das Aspenholz ist das zäheste, dichteste Pappelholz und hat die hellste Farbe, nach ihm kommt das Holz der kanadischen Pappel.

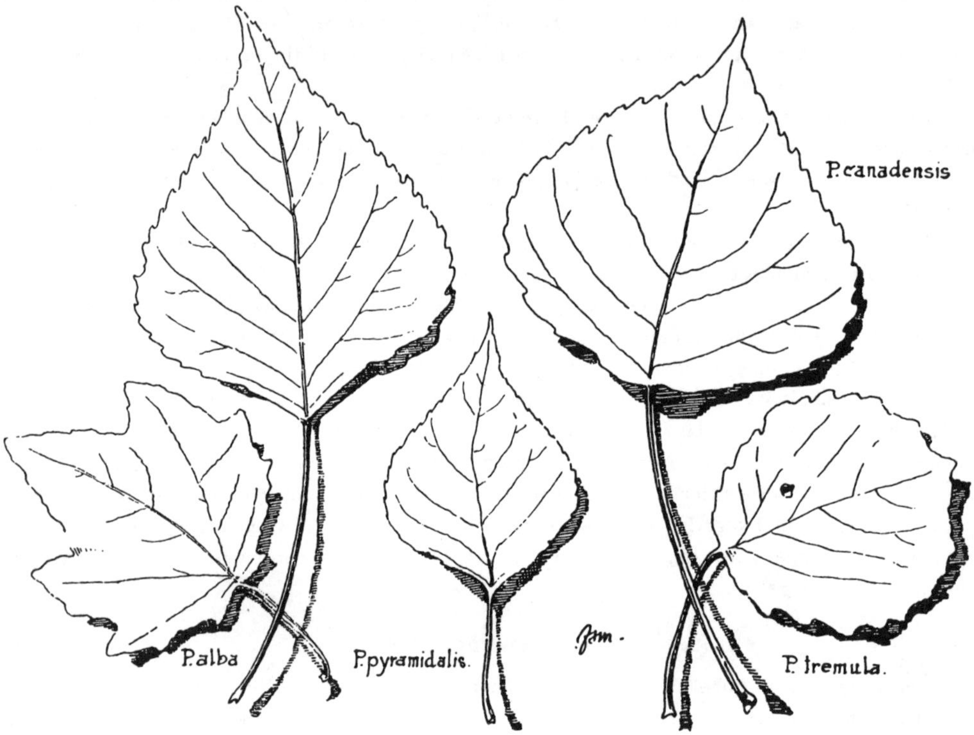

Fig. 17.
Typische Blätter von Pappeln. a. Zitterpappel (Populus tremula *L.*); b. Schwarzpappel (P. nigra *L.*); c. Silberpappel (P. alba *L.*); d. kanadische Pappel (P. canadensis *Mnch.*); e. Pyramidenpappel (P. pyramidalis *Roz.*). $^{2}/_{3}$ nat. Gr.

Die Hauptverwendung ist diejenige zu Blindholz in der Schreinerei, als Konstruktionsholz ist das Pappelholz wenig geeignet. Es kann sich im allgemeinen also nur um die Verwertung im inneren Ausbau handeln und wo man besonderen Wert auf ein leichtes, nicht arbeitendes Holz legt.

1. Das Lindenholz.

Von den durch ganz Mittel- und Nordeuropa wachsenden und in vielen Spielarten angebauten Linden kommen in Betracht:

Die **Winterlinde** oder **kleinblätterige Linde** (Tilia parvifolia *Ehrh.*),
die **Sommerlinde** oder **grofsblätterige Linde** (T. grandifolia *Ehrh.*). (Fig. 18.)

Die Steinlinde hat kleine (höchstens 7 cm breite) Blätter, die unten blaugrün und in den Nervenwinkeln rostfarbig gebartet sind. Die Blätter der Sommerlinde sind viel gröſser, unterseits graugrün und weichhaarig. Die Blätter der Sommerlinde erscheinen am frühesten, diejenigen der Winterlinde zwei Wochen später. Als Waldbaum ist nur die letztere von Belang.

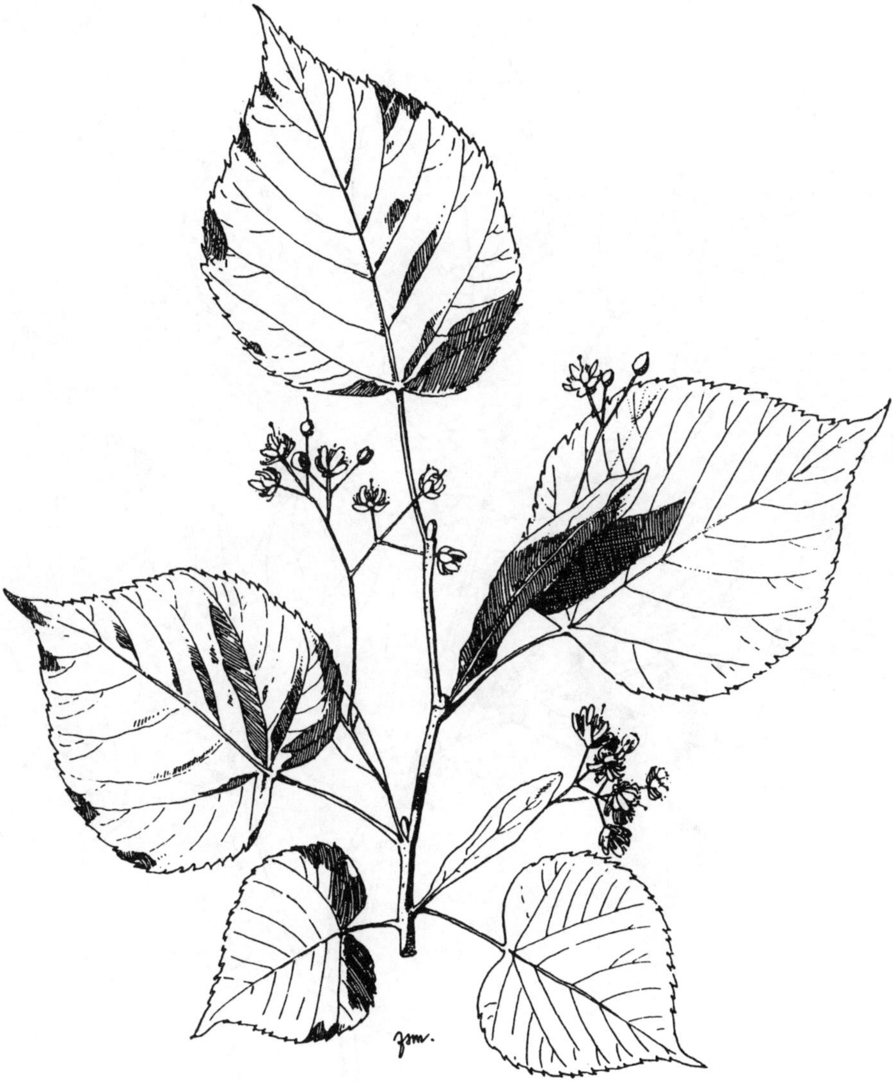

Fig. 18. Lindenzweig. $^2/_3$ nat. Gr.

Die Linde ist der Lieblingsbaum des deutschen Volkes von Alters her. Die Linden sind stattliche, bis 30 m hoch werdende Bäume mit rundlichen, schönen, dichten Kronen. Sie lieben guten, etwas feuchten Boden und sind raschwüchsig. Für bergige und mehr trockene Lagen eignet sich die Winterlinde am besten. Sie ist die gewöhnliche Dorf- und Burghoflinde. Die Linde hat einen geraden, runden Stamm mit lange glatt bleibender, im Alter flachrissig-borkiger Rinde. Die Blätter der vielfach verzweigten Aeste sind herzförmig-rundlich mit schiefgezogener Spitze und doppelt gesägt.

Die Linde ist ein Reifholzbaum mit breitem Splint und dünnem Mark, sichtbaren Jahresringen

Fig. 19.
Bergahorn (Acer Pseudo-Platanus *L.*). $^{2}/_{3}$ nat. Gr.

und Markstrahlen. Das Holz ist weich, leicht, gut aber nicht eben spaltend, gut zu schnitzen, wenig schwindend und von mäſsiger Dauer. Die Farbe des Holzes ist rötlich-weiſs, im Splint weiſslich. Das Holz der Winterlinde ist etwas gröber, fester, zäher, dauerhafter und dunkler von Farbe als dasjenige der Sommerlinde.

Das Lindenholz ist hauptsächlich in der Schnitzerei, in der Drechslerei und in der Schreinerei verwendet, in der letzteren vornehmlich als Blindholz beim Fournieren. Ein Konstruktionsholz ist das Lindenholz nicht und es kann in der Zimmerei nur ausnahmsweise für geschnitzte Verzierungen etc. benutzt werden.

Fig. 20.
Spitzahorn (A. platanoïdes *L.*). $^2/_3$ nat. Gr.

Da die Linden keine eigentlichen Nutzholzbäume sind, so werden sie forstlich nicht gebaut, sondern nur geduldet. Dagegen sind dieselben als Alleebäume beliebt und häufig.

m. Das Ahornholz.

Abgesehen von den zwergigen Arten und den verschiedenen Spielarten des Ahorns hat Europa folgende drei unter seinen Waldbäumen:

Der **Bergahorn** oder **stumpfblätterige Ahorn** (Acer Pseudo-Platanus *L.*) (Fig. 19),
der **Spitzahorn, spitzblätteriger A.** oder die **Lenne** (A. platanoïdes *L.*) (Fig. 20),
der **Feldahorn** oder **Maſsholder** (A. campestre *L.*) (Fig. 21).

Die Blätter des Bergahorns sind groſs, fünf- oder dreilappig, grobgesägt und unbehaart; der Spitzahorn hat kleinere, buchtig gelappte, in lange Spitzen verlaufende Blätter, während der Feldahorn noch kleinere, drei- oder fünflappige, ganzrandige, unterseits behaarte Blätter zeigt.

Die Ahornarten sind schöne Wald-, Allee- und Parkbäume mit raschem Wuchs und groſsen Kronen. Sie sind nicht wählerisch in Bezug auf den Boden; wenn dieser hinreichend feucht ist, kann er auch sandig sein. Der meist gut und gerade gewachsene Stamm erreicht eine Höhe von 20 bis 30 m und bleibt etwa

Fig. 21.
Feldahorn (A. campestre *L.*). $^2/_3$ nat. Gr.

10 m astfrei. Die Rinde bleibt beim Bergahorn lange glatt und stöſst die später sich bildende Borke in Platten ab; die Rinde des Spitzahorns bildet frühzeitig eine rissige Borke und der Feldahorn hat eine weiche, hellfarbige, korkige Rinde.

Der Ahorn ist ein Splintbaum mit wenig ausgesprochenen Jahresringen und deutlichen, glänzenden Markstrahlen. Das Holz ist mittelschwer, hart, fein, schön spaltbar und im Trockenen dauerhaft. Die Farbe des Holzes ist weiſs oder gelblichweiſs, beim Feldahorn mehr rötlichweiſs, häufig mit braunen Stellen und eigentümlicher Maserbildung.

Das Ahornholz ist in der Schreinerei und Drechslerei ein beliebtes Material, da es gut getrocknet nicht reiſst und sich wenig wirft. Im inneren Ausbau kann es bei der Ausstattung der Treppen etc. in Betracht kommen, als eigentliches Bauholz hat es keine Bedeutung.

n. Das Birkenholz.

Die mit den Erlen verwandte, genügsame und bis in den hohen Norden gedeihende **Birke** (Betula alba *L.*) ist ein malerischer, bis zu 30 m hoch werdender Baum mit schlankem Stamm. Die in der Jugend gelbbraune Rinde wird später weifs, durch Ablösung der seidenartigen Oberhaut dunkel quergestreift und im Alter nach unten hin grobborkig grau. Die zierlichen, oft abhängenden, dunkeln Zweige tragen rautenförmig-dreieckige, ungleich gezahnte Blätter. (Fig. 22.)

Die Birke ist ein Splintbaum mit deutlichen Jahresringen und gleichmäfsiger Struktur. Das Holz ist leicht, weich, fein, ziemlich schwer spaltbar, stark arbeitend, nicht dauerhaft, von Farbe weifslich, gelblich oder graurötlich, an den Stammenden und Wurzelstöcken häufig gemasert.

Das Birkenholz wird in der Wagnerei verwendet, gelegentlich auch in der Schreinerei. Als Bauholz kommt es nur in Betracht, wo kein anderes zu haben ist.

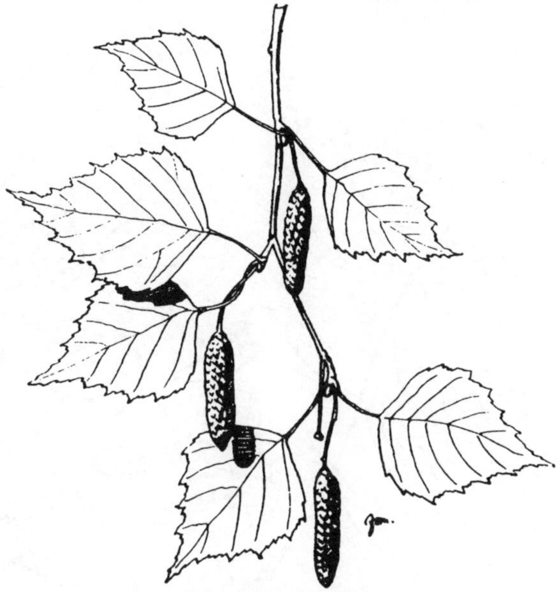

Fig. 22.
Birkenzweig (Betula alba *L.*) $^2/_3$ nat. Gr.

o. Das Weifsbuchenholz.

Der dieses Holz liefernde Baum, der, wie bereits bemerkt, übrigens keine Buche ist, führt die Namen

Weifsbuche, Hainbuche (oder kurzweg **Haine**) und **Hornbaum** (Carpinus Betulus *L.*).

Der bis zu 25 m hoch werdende, sperrige Baum zweiter Gröfse hat einen unrunden, aus- und eingebuchteten, „spannrückigen" und drehwüchsigen Stamm von einer Stärke bis zu 0,5 m, mit glatter, grauer und meist grünbemooster Rinde. Die Blätter sind länglich-eiförmig zugespitzt, ungleich gezahnt. (Fig. 23.)

Die Weifsbuche ist ein Splintbaum mit undeutlichen Jahresringen, welche sich zwischen den einzelnen Markstrahlenstreifen nach dem Umfang hin ausbuchten. Das Holz ist schwer, sehr hart, dicht und elastisch, sehr zähe und schwer zu bearbeiten. Die Farbe des Holzes ist weifs, grauweifs oder mit grünlichem Anflug, etwas glänzend, im Alter auch bräunlich-streifig.

Die grofse Zähigkeit, Härte und Federkraft machen das Holz für bestimmte Zwecke sehr wertvoll, so z. B. für Wagnerarbeiten, für

Fig. 23.
Hainbuchenzweig (Carpinus Betulus *L.*). $^2/_3$ nat. Gr.

Geräte und Maschinen. In diesem Sinne kann es gelegentlich auch in der Zimmerei benützt werden; ein eigentliches Bauholz kann es schon des schlechten Wuchses und der bescheidenen Abmessungen wegen nicht sein.

p. Das Akazienholz, richtiger Robinienholz.

Die **Akazie, falsche Akazie** oder **Robinie** (Robinia Pseudacacia *L.*) ist kein einheimischer Baum, stammt aus Nordamerika, wird aber bei uns vielfach als Zierbaum und auch in den Waldungen angebaut.

Fig. 24.
Robinienzweig (Robinia Pseudacacia *L.*). $^2/_3$ nat. Gr.

Sie gedeiht am besten auf **sandigem, trockenem, lockerem, nahrhaftem Lehmboden** und auf verwittertem vulkanischen Erdreich und liebt einen freien, sonnigen, gegen Wind geschützten Stand. Auf magerem Boden bleiben die Robinien zwerghaft und neigen zum Hohlwerden. Die Robinie ist raschwüchsig, liefert mit 50 Jahren das beste Holz, kann aber einige hundert Jahre alt werden, wie das im Jahre 1630 in Paris (das erste in Europa) gepflanzte Exemplar zeigt. (Fig. 24.)

Die Robinie erreicht durchschnittlich eine Höhe von 15 m, wird aber auch bis zu 25 m hoch bei einer Stammdicke von 60 bis 100 cm. Der Schaft ist ziemlich gerade und rund; die Rinde wird frühzeitig rissig, ist im Alter sehr dick und von breit aufklaffenden Längsrissen zerklüftet. Die langen, leicht brüchigen, mit Dornen bewehrten Aeste und Zweige bilden eine malerische, ziemlich offene Krone. Die sehr spät erscheinende Belaubung besteht aus hellgrünen, gefiederten Blättern mit 11 bis 15 glatten, elliptischen Blättchen.

Die Robinie ist ein Kernbaum. Der Splint ist bei langsamem Wuchs schmal, bei raschem aber breit. Das Holz ist schwer, hart, elastisch, sehr zähe, schwer zu spalten und zu bearbeiten (dagegen leicht zu drehen) und unter allen Umständen von grofser Dauerhaftigkeit. Die Farbe des Holzes ist im Splint

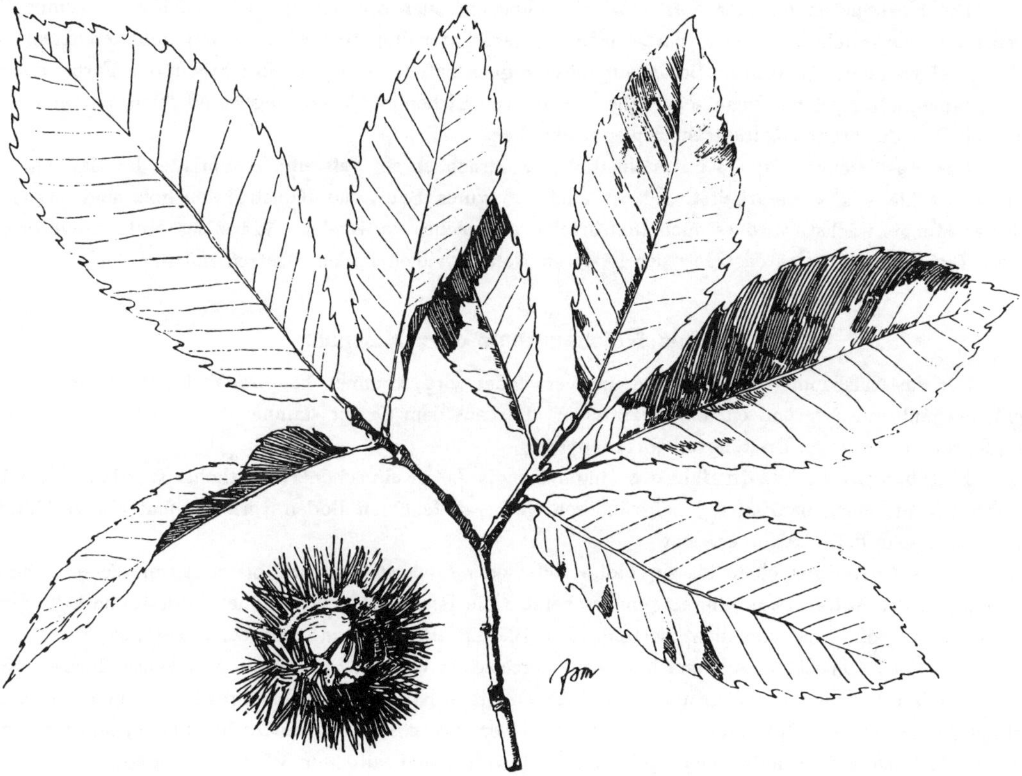

Fig. 25.
Kastanienzweig (Castanea vesca *Gaertn.*). $^2/_3$ nat. Gr.

gelblichweifs, im Kern gelbbraun oder grüngelb (auch geflammt und gestreift) und nach der Bodenart verschieden. In der Heimat des Baumes gilt das rotbraune Holz für das beste, das weifsliche für das geringste, das grüngelbe hält die Mitte.

Das Robinienholz ist nach seinen Eigenschaften ein sehr gutes Nutzholz für allerlei Zwecke; insbesondere gesucht zu Drechsler- und Wagnerarbeiten. Da es aufserdem nicht von Würmern angegangen wird, ist es auch ein gutes Bau- und Konstruktionsholz, das in diesem Sinne jedenfalls auch viel mehr benützt würde, wenn es in gröfseren Mengen zur Verfügung stände.

q. Das Kastanienholz.

Dieses Holz stammt von der echten oder efsbaren Kastanie. Die Rofskastanie hat mit jener nur den Namen und ähnlich aussehende Früchte gemein und ist eine ganz andere Baumart, deren Holz als minderwertig hier nicht in Betracht kommt.

Die **Kastanie, efsbare Kastanie** oder **Edelkastanie** (Castanea vesca *Gaertn.*) wächst durch ganz Südeuropa, bildet vereinzelt in Süddeutschland noch Waldungen, kommt aber in Norddeutschland nur unter besonderem Schutze fort. Die Kastanie liebt einen kräftigen, tiefgründigen Boden und eine trockene, geschützte Lage; sie erreicht eine Höhe von 20 bis 35 m und ist ein starker, stattlicher Baum. Der Stamm ist rund und gerade; die Rinde ist in der Jugend graugrün, bleibt lange glatt und wird im Alter flachrissig-borkig. Die abstehenden Aeste sind dicht belaubt mit grofsen, schmalen, glatten, lang zugespitzten, spitzig gesägten Blättern. (Fig. 25.)

Die Kastanie ist ein Kernholzbaum mit schmalem oder breitem Splint je nach dem Tempo des Wachstums. Das Holz ist schwer, hart, elastisch, gerbsäurehaltig, trocken oder nafs gehalten dauerhaft, im Wechsel weniger. Sowohl in Bezug auf diese Eigenschaften als auch hinsichtlich der Farbe kommt das Kastanienholz dem der Eiche sehr nahe. Es ist von Eichenholz jedoch deswegen leicht zu unterscheiden, weil ihm die breiten Markstrahlenspiegel abgehen.

Das Kastanienholz ist ein gutes Nutzholz, hauptsächlich auf Fafsreife, Rebpfähle, Fafsdauben, Geräteteile, Stühle u. s. w. verarbeitet. Es ist auch ein gutes Bau- und Konstruktionsholz, und wo es in gröfserer Menge wächst, wird es auch thatsächlich als solches verwendet. Wäre das Holz so verbreitet wie die Eiche, so würde es das Holz der letzteren wohl in vielen Fällen ersetzen müssen.

r. Das Nufsbaumholz oder Nufsholz.

Für das Nufsbaumholz, wie es bei uns verwendet wird, kommen hauptsächlich zwei Bäume in Betracht, ein einheimischer und ein amerikanischer. Der aus dem Orient stammende, in Südeuropa überall angepflanzte, bis zum 50. Breitengrad fortkommende

Nufsbaum oder **Wallnufsbaum** (Juglans regia *L.*) ist ein schöner, stattlicher Obstbaum, der bis 25 m hoch wird, einen nahrhaften, tiefgründigen, nicht zu feuchten Boden verlangt und ein verhältnismäfsig nicht sehr hohes Alter erreicht.

Der Nufsbaum hat einen bis zur Höhe von 5 oder 6 m astfreien und bis zu 1,5 m dicken Stamm, der häufig in der Mitte etwas eingezogen erscheint. Die Rinde ist schon frühe tiefrissig-borkig, grau. Die Krone ist grofs, rund und dicht belaubt. Die Blätter sind grofs und gefiedert. (Fig. 26.)

Der Nufsbaum ist ein Kernholzbaum mit verschieden breitem Splint von grauweifser Farbe, während das Holz selbst von Farbe graubraun bis schwarzbraun ist und häufig eine gewässerte und gemaserte Zeichnung aufweist. Das Nufsbaumholz ist mäfsig schwer und hart, fein, leicht zu bearbeiten, stark schwindend, im Trockenen dauerhaft. Der Splint ist wenigwertig und wird von Würmern angegangen.

Das Nufsbaumholz ist in der Möbelschreinerei neben dem Eichenholz das meist verwendete Material, insbesondere für fournierte Arbeiten, und im innern Ausbau kommt es für Täfelungen, Decken, Treppenausstattungen u. s. w. in Betracht. Als Bauholz wird es nicht verwendet, schon weil es zu teuer ist. Da alte Nufsbäume bei uns selten und aufgekauft sind, so wird italienisches, türkisches, spanisches Holz eingeführt und aufserdem das amerikanische Nufsbaumholz, von dem schwarzen Wallnufsbaum (Juglans nigra *L.*) stammend. Der Baum, der auch bei uns gedeiht, ist schlanker; sein Holz ist etwas anders von Farbe und insbesondere in den schlichten parallelstreifigen Sorten gesucht und verwendet.

Von **überseeischen Holzarten,** als für den Zimmermann in Betracht kommend, ist nur das Holz zu erwähnen, das bei uns als Pitche-Pine bezeichnet wird und neuerdings in gröfseren Mengen aus Amerika nach Europa eingeführt wird.

Der betreffende Baum ist Pinus australis *Mich.* (synonym auch Pinus palustris), die Terpentinkiefer, auch als südliche oder östliche Kiefer, als südliche Gelbkiefer, langblättrige Kiefer, harte Kiefer, Georgiakiefer, Longleaved Pine, Southern-Pine bezeichnet. Sie gehört zu den dreinadeligen Kiefern, Section

Taeda, wächst in den ersten Jahren langsam, erreicht ihr nutzbares Alter mit 150 bis 200 Jahren, wird 18 bis 30 m hoch und hat dabei einen Durchmesser von 0,6 bis 1,2 m. Das Verbreitungsgebiet reicht vom 26. bis 37. Grad nördlicher Breite, von der mexikanischen Grenze bis nach Virginien, umfaſst also hauptsächlich Georgia und Carolina und zwar in den tiefer gelegenen Strecken vom Meer ab bis 270 Kilometer in das Land hinein.

Fig. 26.
Nuſsbaumzweig (Juglans regia *L.*). ²/₃ nat. Gr.

Das Holz der Terpentinkiefer hat ein mittleres spezifisches Gewicht von 0,7, ist also schwer, sehr hart, sehr stark, zäh, grobfaserig, dicht, dauerhaft und sehr harzreich. Die Farbe ist schön gelb oder gelbrot; der Splint ist weiſs, schwer, aber unbrauchbar. Als das beste Holz gilt nicht das schwerste, sondern dasjenige mit gleichmäſsigen Fasern bis in den Markkern. Als allgemeine Vorzüge sind die gleichmäſsige Faserung, das Freisein von Fehlern und die Eigenschaft, in kurzer Zeit zu trocknen, besonders zu erwähnen.

Das Holz der Terpentinkiefer gilt in Nordamerika als das beste Bauholz; es wird auſserdem im Schiffsbau verwendet, insbesonders zu Raastangen und Zwischendeckplanken. Ebenso werden Bahnschwellen, Telegraphenstangen, Brunnenstöcke und Deicheln, sowie Einfriedigungen mit Vorliebe aus diesem Holz gefertigt.

Bei uns in Deutschland ist die Verwendung bis jetzt hauptsächlich auf Fufsböden und Täfelungen beschränkt; zweifellos ist sie aber im Wachsen begriffen und wird sich von Jahr zu Jahr steigern.

Was in Amerika selbst als Pitche-Pine bezeichnet wird, ist etwas anderes, ein verhältnismäfsig wertloses Holz, von der Pechkiefer (Pinus rigida *Mill.*) stammend. Dieser doppelte Sprachgebrauch hat schon zu vielen Mifsverständnissen Anlafs gegeben, weshalb dieser Zusatz gemacht sein möge.

Wie aus dem Vorausgegangenen zur Genüge erhellen dürfte, so ist die Zahl unserer eigentlichen Bauhölzer eine sehr beschränkte. Es sind deren fünf, vier Nadelhölzer (Tanne, Fichte, Kiefer, Lärche) und ein Laubholz, die Eiche. Alle anderen Holzarten finden nur gelegentlich und ausnahmsweise Verwendung; sei es, weil sie zu bestimmten Zwecken sich besonders gut vereigenschaftet erweisen; sei es, weil sie in bestimmten Gegenden vorherrschen und billiger zu beschaffen sind, als die eigentlichen Konstruktionshölzer.

---

3. Die Fehler des Holzes und ihre Kennzeichen.

Die Fehler des Holzes sind mannigfacher Art, zum Teil durch Boden und Wuchs, zum Teil durch äufserliche Schädigungen und Zufälligkeiten bestimmt.

Rasch und schwammig aufgewachsenes Holz ist weniger fest und dauerhaft, als langsam gewachsenes. Krumm, wimmerig und verdreht gewachsenes Holz ist als Bauholz naturgemäfs viel weniger wert, als schlank, schlicht und gerade gewachsenes. (Fig. 27.) Geschlossen aufgewachsene Stämme liefern deshalb ein besseres Material, als freistehend oder am Waldsaum erwachsene Bäume, die der Einwirkung des Windes mehr ausgesetzt sind.

Stämme mit excentrischer Kernbildung sind ebenfalls minderwertig. Sie kann verschiedene Ursachen haben und entsteht beispielsweise, wenn Bäume dicht an einer Mauer aufwachsen. (Fig. 28.)

Die Gipfeldürre befällt meist ältere Bäume auf wenig tiefgründigem, magerem Boden. Die Pappeln, Birken, Kastanien, Eichen und Linden haben besonders daran zu leiden.

Der Sonnenbrand äufsert sich durch Absterben und Abschälen der Rinde, hauptsächlich auf der Sonnenseite nach vorausgegangenen Frösten. Da hierbei auch das Holz leidet, so kann man von einem wirklichen Fehler reden; besonders häufig ist er bei Buche und Bergahorn. (Fig. 29.)

Der Krebs ist eine krankhafte Wucherung, erzeugt durch Verwundungen, Pilze etc., und erzeugt Kröpfe und Anschwellungen am Stamme, die bei bedeutender Gröfse und Zahl ein Holz minderwertig machen können (Tanne, Eiche, Ulme, Birke, Lärche, Buche etc.).

Die erwähnten Fehler sind, weil äufserlich sichtbar, leicht und auch am stehenden Baume zu erkennen. Nicht das Gleiche gilt von einer Reihe von Fehlern, die innerlich auftreten. Im allgemeinen läfst ein schlanker gerader Stamm mit glatter Rinde und voller Krone auf gesundes Holz schliefsen; es können aber anderseits diese Eigenschaften vorhanden sein und nach dem Fällen des Baumes zeigen sich dennoch Fehler, die auch gute Kenner nicht voraussetzen konnten. Als Kernrisse bezeichnet man das Aufreifsen und Klüften des Stammes in seiner Mitte. In Fig. 30a, b und c sind drei Arten von Kernrissen dargestellt, ein einfacher, ein Kreuzrifs und ein Sternrifs. Die Kernrisse sind hauptsächlich schädlich, wenn das Holz zu Schnittwaren bestimmt ist. Wenn sie gerade im Stamm verlaufen, ist die Sache weniger schlimm, als wenn dies schräg und windschief-schraubenförmig geschieht. Auch wird der Mifsstand schlimmer, wenn die Kernrisse sich nicht auf die Mitte beschränken, sondern bis zur Rinde durchreifsen (Fig. 30d). Als **Kreisrisse** oder **Ringklüfte** bezeichnet man den Fall, wenn das Aufreifsen zwischen den Jahresringen erfolgt, was meistens davon herrührt, dafs der Sturm die Bäume derart hin- und hergebogen hat, dafs das Innere schliefslich klüften mufste (Fig. 30e). Doppelt bedenklich gestaltet

Fig. 27.
Querschnitt einer wimmerwüchsigen Schwarzpappel.

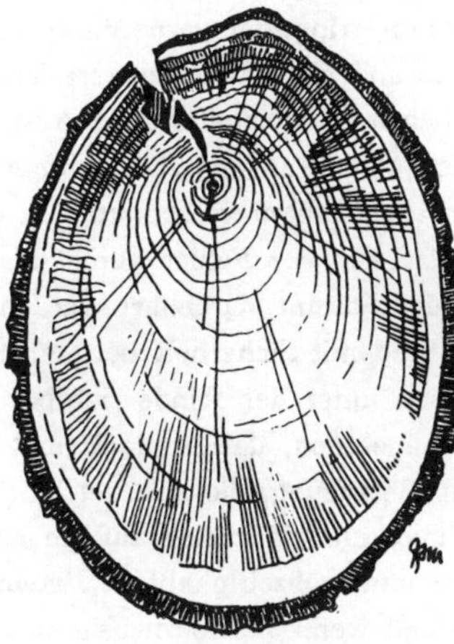

Fig. 28.
Querschnitt einer excentrisch gewachsenen Eiche.

Fig. 29.
Querschnitt eines durch Sonnenbrand geschädigten Stammes.

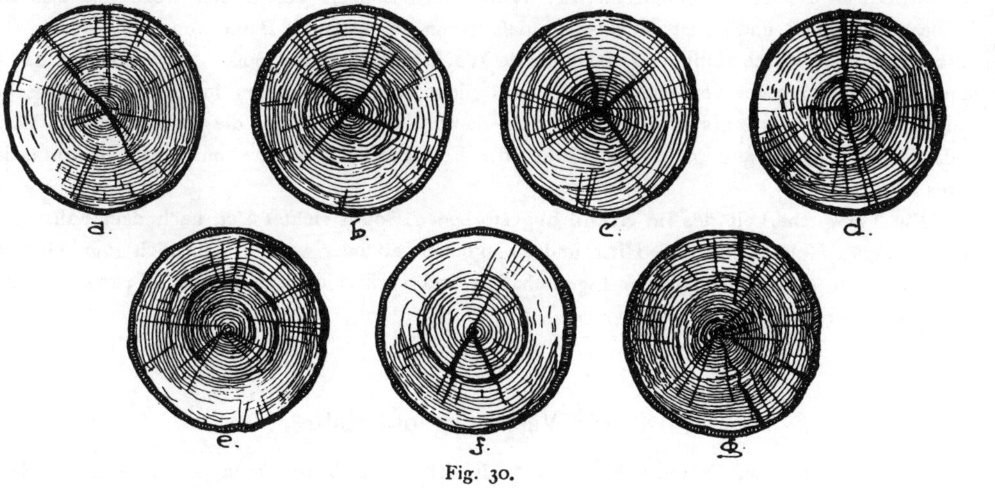

Fig. 30.
Kernrisse, Ringklüfte und Aufsenrisse.

sich die Vereinigung von Stern- und Kreisrissen (Fig. 30f). Die Ringklüfte bilden sich mit Vorliebe an der Scheide von mehr oder weniger dichtem Holz (**Kernschäle**) infolge von wechselnder Ringbreite, Sonnenbrand etc. Die **Aufsenrisse** verlaufen von der Rinde dem Innern zu in der Richtung der Markstrahlen (Spiegelrisse Fig. 30g) und entstehen infolge von Trockenhitze oder Frost (Frostrisse). Die Aufsenrisse geben weniger Veranlassung zur Fäulnis, als die ganz im Innern liegenden Kernrisse und

Ringklüfte. Kernrisse zeigen häufig Eiche, Buche und Ulme; zur Kernschäle neigen Eiche, Ulme, Kastanie, Silberpappel, auch Esche, weniger die Nadelhölzer.

Als Mondring oder falschen Splint bezeichnet man den Fall, wenn einige Jahresringe sich in auffallend heller Farbe vom übrigen abheben. Der Mondring, dessen Entstehung nicht sicher erklärt ist, zeigt sich nur auf bestimmten Standorten häufig und befällt hauptsächlich die Eiche. Der falsche Mondring ist ein durch den Frost geschädigter Jahresring, der gerne Veranlassung zu Ringklüften giebt und besonders an empfindlichen Bäumen, wie Esche und Nufsbaum, zu verzeichnen ist.

Astwunden, von abgestorbenen oder abgerissenen Aesten herrührend, sind ein Fehler, wenn sie sich nicht ordentlich überwallt haben und wenn das eindringende Regenwasser Anlafs zur Fäulnis giebt, die sich im Stamm vom Astloch aus nach unten verbreitet. Da die Fäulnis oft auch trotz nachträglicher Ueberwallung weiterschreitet, so läfst sich der Fehler durch das blofse Ansehen nicht immer feststellen. Um Gewifsheit zu erhalten, müfste der Stamm angebohrt werden.

Von den Fehlern im Innern sind mit Sicherheit bei stehendem Stamm nur die Aufsenrisse festzustellen, wenn sie grofs genug sind, um unter der Rinde sichtbar zu werden.

Im allgemeinen kann man annehmen, dafs schlank und kräftig gewachsene Bäume mit gleichmäfsiger Rinde, mit frischer, grüner Belaubung, die spät im Herbst abfällt, ein gesundes, zu Bauzwecken geeignetes Holz liefern werden. Umgekehrt läfst sich auf ein minderwertiges Holz schliefsen, wenn das Laub spärlich, matt und gelblich ist und frühzeitig abfällt, wenn die Rinde nicht gleichmäfsig ist, wenn sie sich an einzelnen Stellen loslöst und wenn sie übermäfsig mit Flechten und Moosen bedeckt erscheint, ohne dafs es durch den Stand besonders bedingt ist. Ist ein Baum am untern Ende auffallend verdickt, so ist dies ein ziemlich sicheres Zeichen von innern Fehlern (Ringklüften etc.).

Auch dadurch, dafs das Holz von Insekten angegangen wird, kann es bedeutend minderwertig werden. „Die Würmer bohren dem Saft nach"; die besonders gefährdeten Teile sind also Bildungsring, Bast und Splint und es ist naheliegend, dafs, wenn der stehende Baum von den Borken-, Bast- und Splintkäfern u. s. w. durchwühlt wird, das normale Wachstum notleiden mufs. Aber nicht nur das lebende, sondern auch das bereits verwendete Holz wird nicht selten, besonders im Alter, von Insekten angegangen; es wird „wurmstichig", was sich durch die Bohrlöcher, die ausgestofsenen Bohrpulver und das Bohrgeräusch anzeigt. Dafs hierbei die Festigkeit des Holzes nur verlieren kann, ist ohne weiteres klar.

Die Verwertbarkeit des im Stand abgestorbenen Holzes richtet sich nach dem Fall. Stirbt gesundes stehendes Holz infolge von Hitze und Trockenheit ab oder wird es künstlich zum Absterben gebracht, so behält es seine wertvollen Eigenschaften und verliert die schlechten. Krank abgestorbenes Holz ist nicht verwendbar.

---

4. Die Verwesung des Holzes.

Die Holzfaser oder Cellulose hat an und für sich wenig Veranlagung zur Zersetzung, da sie nur in Kupferoxydammoniak löslich ist. Das Holz enthält aber noch eine Menge anderer Bestandteile, welche schliefslich mannigfache Verbindungen eingehen, Gärungen hervorrufen und die Verwesung einleiten, wobei Pilze und Mikroorganismen veranlassend und fördernd beteiligt sind. Es hat wenig Zweck, diese Prozesse auf ihr Entstehen zu verfolgen; wichtiger ist das Ergebnis. Die Verwesung des Holzes, welche als ein langsames Verbrennen bezeichnet werden kann, tritt hauptsächlich in folgenden Formen auf:

Als Anlaufen bezeichnet man das Ersticken oder Stockigwerden des Holzes unter der Rinde. Bleibt saftreiches, frischgefälltes Holz mit der Rinde liegen, so nimmt es unter der letztern eine graue, bläuliche oder schwärzliche Farbe an bis zu einer gewissen Tiefe, welche um so bedeutender ist, je mehr

Saft vorhanden ist. Deshalb zeigt sich der Vorgang hauptsächlich bei Splintbäumen und manche Hölzer erfordern deshalb ein sofortiges Aufarbeiten nach dem Fällen, und aus dem gleichen Grunde dürfen frisch geschnittene Waren nicht unmittelbar aufeinander gelegt werden; sie sind „aufzuholzen".

In Bezug auf die eigentliche Fäulnis unterscheidet man die Weifsfäule und Rotfäule, auch als Trocken- und Nafsfäule bezeichnet. (Fig. 31 und 32.)

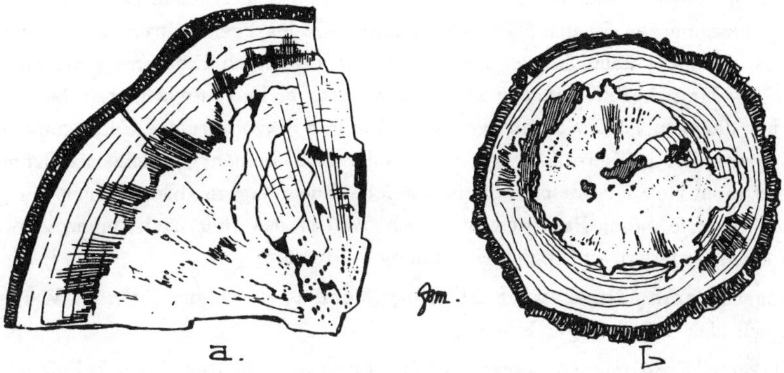

Fig. 31.
a. Querschnitt eines weifsfaulen Buchenstammes. — b. Querschnitt eines weifsfaulen Weidenstammes.

An stehenden Bäumen mit Saftüberschufs befällt die Weifsfäule mit Vorliebe den Splint, aber auch Reif- und Kernholz. Die Rotfäule zeigt sich hauptsächlich als Kernfäule im Inneren von alten Bäumen (Eichen, Fichten, Nufsbäumen etc.). Die Bezeichnungen stammen von der Farbe des sich bei beiden Arten bildenden Zersetzungsproduktes. Die Ausdrücke kernfaul, astfaul, stockfaul, wurzelfaul u. s. w. beziehen sich auf die Stellen, an denen die Fäulnis ansetzt. Der Fäulniszustand im Innern lebender Bäume zeigt sich häufig schon äufserlich durch ein heruntergekommenes Aussehen des Baumes, durch Modergeruch, durch Ausschwitzungen etc. an, aber nicht immer und besonders nicht zu Beginn, so dafs auch geübte Kenner in dieser Beziehung sich täuschen können.

Aber auch das bereits verarbeitete Holz unterliegt der Fäulnis, wenn die Bedingungen für dieselbe vorhanden sind. Wenig dauerhafte Hölzer werden schliefslich im Trockenen stockig und brüchig und im Wechsel von nafs und trocken wird endlich das beste Holz trockenfaul; es vermodert, läfst sich zerbröckeln und zerreiben. Wenn nicht genügend getrocknetes Holz am Austrocknen gehindert ist, z. B. durch Oelfarbanstrich, so wird es ebenfalls trockenfaul. Bei bedeutender Feuchtigkeit wird das Holz dagegen rotfaul oder nafsfaul; der Zerstörungsprozefs verläuft rascher und gründlicher unter Auftritt eines schleimigen, schmierigen, übelriechenden Zersetzungsproduktes.

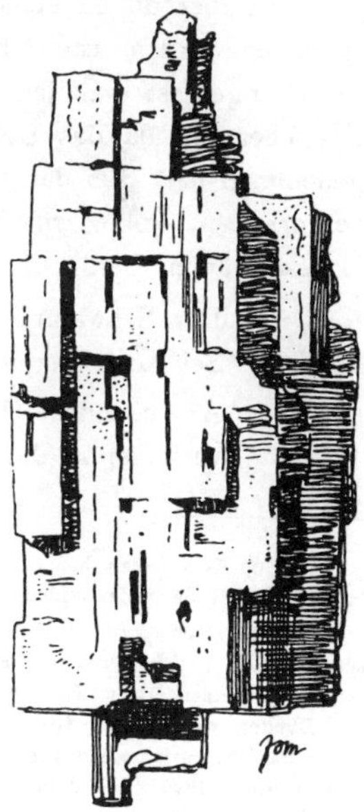

Fig. 32.
Rotfaules Holz, durch Mafsverringerung der Länge und Quere nach sich aufspaltend und zerbröckelnd.

Die Anzeichen einer beginnenden Fäulnis sind in einer Veränderung der Holzfarbe vorhanden; manche Hölzer, wie Eichen, werden spreufleckig, d. h. sie überziehen sich mit heller gefärbten Flecken, bevor die eigentliche Fäulnis beginnt. Da durch die Fäulnis das Holz kurz und brüchig wird, an Festigkeit und hauptsächlich an Federkraft verliert, so giebt auch das Eintreiben eines Nagels, Bohrers oder Keils einen Anhalt, weil diese Werkzeuge beim Eintreiben nicht mehr ordentlich „ziehen". Wenn die Fasern des Holzes sich wollig zeigen, wenn die Hobelspäne leicht bröckeln, wenn das Holz, mit dem Hammer angeschlagen, einen dumpfen Ton giebt, so sind dies — genügende Trocknung vorausgesetzt — ebenfalls Zeichen einer beginnenden Zersetzung.

Die einmal eingeleitete Fäulnis greift um sich und zerstört das benachbarte Holz, doch geschieht dies verhältnismäfsig langsam und nur in dem Umfange, als die natürlichen Bedingungen sich erstrecken. Fufsböden unter Waschbecken, in der Nähe von Thüren, die ins Freie führen u. s. w. verfaulen in einem gewissen Umkreis, der nicht überschritten wird. Man hat also durch Erneuerung der angegriffenen Stelle ein Mittel gegen das Umsichgreifen in der Hand, wenn man nicht von vornherein bessere Vorkehrungen trifft. Gefährlicher dagegen ist die durch den Hausschwamm hervorgerufene Zersetzung, weil sie weit um sich greift. Es giebt eine gröfsere Zahl von Pilzen oder Schwämmen*), welche als Schmarotzer sich auf dem lebenden und toten Holz ansiedeln. Stämme, welche feucht lagern, bieten ihnen ein geeignetes Fortkommen. Der schlimmste dieser Parasiten ist jedoch, weil er das Holz nach seiner Verwendung im Bau — und zwar in einem geradezu unheimlichen Umfang — zerstört,

der **Hausschwamm, thränender Fältling** (Merulius lacrymans). Dr. O. Wünsche beschreibt ihn in seinem Buch „Die Pilze" folgendermafsen:

„Sporenlager von rostbraunen Sporen staubig. Flach ausgebreitet, mehrere Fufs grofs, schwammigfleischig, feucht, ockergelb oder rostbraun, unterseits faserig-sammthaarig, violettwerdend, am Rande geschwollen, filzig, weifs, bei üppigem Wachstum eine wässerige, klare, übelschmeckende, später milchartige Feuchtigkeit tropfenweise absondernd. Falten netzartig verbunden, mit dazwischen liegenden, runden, langen oder gekrümmten Poren. Von betäubendem, ekelhaftem Geruch. Abgestorbene Baumstämme, faulende Balken und Bretter in Wohnungen anfangs schimmelähnlich überziehend."

Ueber diesen Feind des Holzes und die Gegenmittel ist schon unendlich viel behauptet und geschrieben worden, was sich als mehr oder weniger richtig erwiesen hat. Erst auf Grundlage der neueren Forschungen ist man jedoch von veralteten und unhaltbaren Ansichten abgekommen, was um so erfreulicher ist, da das Uebel gerade in neuester Zeit infolge unserer hastigen Bauweise bedenklich zugenommen hat. Bei der Wichtigkeit der Sache wollen wir das Feststehende in den wichtigsten Punkten hervorheben, wobei wir im allgemeinen den Ausführungen von Dr. Hartig in München (Der echte Hausschwamm, Berlin, Springer, 1885) folgen:

1. Der Schwamm kann sich nicht (von selbst) entwickeln, ohne dafs eine Uebertragung von Schwammsporen oder Schwammteilen stattgefunden hätte.
2. An lebendem Holze kommt der Schwamm nicht vor; er wird von totem Holze auf totes Holz verschleppt (durch Bauschutt etc.).

---

*) Es kommen hauptsächlich in Betracht die verschiedenen Porlinge (Polyporus dryadeus, inquiarius, sulphureus etc.), die Stachelinge (Hydnum diversidens etc.), Ochroporus, Telephora u. a. m.

Telephora perdix ruft den als Rebhuhnholz bezeichneten Zustand des Eichenholzes hervor. Das Holz wird erst tief rotbraun; später treten weifse, scharf umgrenzte Höhlungen auf. *Stereum hirsutum* macht Eichenholz gelb- und weifspfeifig; auf dem Querschnitt erscheinen erst weifse Flecke, später gröfsere, weifse Pilzmassen, aus feinen Fäden bestehend. *Hydnum diversidens* befällt Eichen und Buchen, das zerstörte Holz erst hellbräunlich, später gelblich-aschgrau färbend. *Polyporus dryadeus* bringt im Eichenholz weifse, unregelmäfsige Striche und Flecken hervor. Von *Polyporus igniarius* wird Eichenholz erst rotbraun, später hellgestreift, schliefslich gleichmäfsig gelbweifs mit dunkelbraunen Rändern. *Polyporus sulphureus* färbt Eichenholz erst fleischfarben, später rotbraun, Strahlen- und Ringrisse mit Schwammmasse ausfüllend (rotfaul). *Polyporus fomentarius* (Zunderschwamm) macht Laubhölzer, insbesonders Buchen, weifsfaul. *Polyporus fulvus* macht Tannen- und Fichtenholz schmutzig hellgelb mit wenig scharf hervortretenden weifsen Flecken, während Fichtenholz durch *Polyporus borealis* bei wenig veränderter Farbe in kleine Würfel zerlegt wird. *Trametes Pini* macht Kiefernholz rotbraun mit im Frühjahrsholz auftretenden unregelmäfsigen, weifsen Löchern (ringfaul). *Trametes radiciperda* zerstört Kiefern von der Wurzel aus, so dafs die Bäume plötzlich absterben. Das Holz wird hellbräunlich gelb und zeigt kleine, schwarze Flecken, mit einer weifsen Zone umgeben u. s. w. (Nach Frank Schwarz, Forstliche Botanik.)

3. Im Sommer gefälltes und richtig getrocknetes Holz erzeugt weder den Schwamm, noch ist es für sein Fortkommen mehr geeignet, als Winterholz.
4. Zum Fortkommen des Pilzes ist geschlossene, feuchte Luft erforderlich. Trockenes Holz in trockener, offener Lage schliefst die Entwickelung aus.
5. Vorhandene Alkalien, Ammoniak, wenn auch nur in geringer Menge, begünstigen die Schwammbildung; ebenso fördert Dunkelheit dieselbe, wenngleich der Pilz auch im Licht gedeiht, wenn die übrigen Bedingungen vorhanden sind.
6. Bei Temperaturen unter -5° und über $+50^\circ$ C. stirbt der Pilz ab.
7. Steinkohlenschlacke als Füllmaterial ist der Schwammbildung besonders günstig.
8. Die völlig sichere Feststellung des echten Hausschwammes ist oft nicht möglich, weil andere ähnliche Pilze das Holz ebenfalls heimsuchen. Eine solche gewährt nur die mikroskropische Untersuchung.

Das Auftreten des Hausschwammes verrät sich durch folgende Kennzeichen:

Zahlreiche, weifse oder graue, wie Spinnweben aussehende Fäden überziehen das Holz und dringen in dasselbe ein; bei genügender Feuchtigkeit wachsen sie zu lappigen Schwämmen aus, die an den Rändern tropfen und schliefslich die roten Sporen als Pulver umherstreuen. Die Farbe des Holzes verändert sich und wird gelblichbraun. Die Dielen wölben sich und ziehen die Nägel aus den bereits angegriffenen Lagern aus. Die Dielen beginnen zu schwinden; es entstehen grofse, offene Fugen; das Holz wird querbrüchig und zerbröckelt in gröfsere und kleinere Würfel, welche sich leicht zerreiben lassen. Die Schwammbildung ist, besonders im entwickelten Zustande, mit einem eigenartigen, unangenehmen Geruche, dem charakteristischen Schwammgeruche, verbunden.

In Bezug auf die Gegenmittel ist zu unterscheiden zwischen den vorbeugenden und den abhelfenden.

Als vorbeugende Mittel zur Verhütung der Schwammbildung empfehlen sich nach dem oben Ausgeführten:

1. Verwendung von möglichst trockenem, gesundem Holz.
2. Verhütung einer Ueberschleppung, sei es durch Bauschutt, Werkzeuge, Kleider etc. oder durch Zusammenlagern mit angegriffenem Holze.
3. Ausschlufs von zweifelhaftem Füllmaterial (Steinkohlenlösche, Humuserde etc.) und Verwendung von reinem, gewaschenem und geröstetem Sand oder Kies. Reinhaltung in Bezug auf Urin und Exkremente.
4. Möglichste Vermeidung geschlossener, feuchter Luft durch Anbringung einer Ventilation etc.
5. Vermeidung einer Zuleitung von Feuchtigkeit durch Theeranstrich, Isolierung etc.
6. Vernünftige, nicht überhastete Bauweise; richtiges Austrocknen des ganzen Baues und Ausfrierenlassen über Winter; genügende Trockenlegung und Entwässerung im allgemeinen; Isolierung der der Feuchtigkeit ausgesetzten Mauern u. s. w., Ersatz des Holzes durch Eisen an denjenigen Stellen, wo die Bedingungen zur Schwammbildung vorliegen und nicht beseitigt werden können.

Als Mittel zur Bekämpfung des Schwammes, wenn er bereits vorhanden ist, empfehlen sich:

1. Sofortiges Eingreifen und Aufreifsen der gefährdeten Stellen.
2. Peinlichste Beseitignng alles angegriffenen Holzes (auch in seinen anscheinend gesunden Teilen), des gesamten Füllmaterials und aller Schwammspuren am Boden und Mauerwerk und Vernichtung des angegriffenen Teils durch Verbrennung.
3. Sorgfältiges Abkehren der Flächen, Auskratzen der Fugen, Abwaschen mit Säure, Verputzen mit Zement etc.

4. Verwendung von völlig trockenem Holz für die Erneuerung, Anstrich desselben mit Kreosotöl, Antinonnin oder Karbolineum; Sorge für Luftzuzug.
5. Ersatz der besonders gefährdeten Teile durch Eisen.

Es ist schon aufserordentlich oft dagewesen, dafs ein anscheinend beseitigter Schwammfall sich über Jahresfrist wieder eingestellt hat; deswegen kann nicht oft genug darauf hingewiesen werden, bei der Reparatur möglichst peinlichst zu Werke zu gehen.

5. Das Arbeiten des Holzes, das Schwinden und Quellen.

Unter dem Arbeiten des Holzes versteht man eine Reihe von Vorgängen, die man für sich wieder als Schwinden, Quellen, Sichwerfen, Windschiefwerden, Reifsen u. s. w. bezeichnet. Die Ursache all dieser Vorgänge steht mit dem wechselnden Feuchtigkeitsgehalt des Holzes im Zusammenhang und je geringer der Feuchtigkeitsgehalt überhaupt ist, mit andern Worten: je trockener das Holz, desto weniger arbeitet es. Frisch gefälltes Holz hat einen Saftgehalt von 40 bis 60 auf 100 Teile. Beim Trocknen des Holzes verdunstet das Wasser zum grofsen Teil, und wenn es lufttrocken geworden ist, so beträgt der Wassergehalt noch 10 bis 15 %. Ohne Anwendung einer weitern künstlichen Trocknung verbleibt dem Holze dieser Gehalt; er schwankt in gewissen Grenzen; das Holz ist hygroskopisch, d. h. es nimmt in feuchter Luft wieder Wasser an sich und giebt es in trockener Luft wieder ab. Die Schwankung ist um so gröfser, je weniger die Austrocknung fortgeschritten ist, und um so geringer, je länger ein Holz lagert, je älter es wird.

Mit der Wasserabgabe vermindert sich das Volumen des Holzes; es zieht sich zusammen, es schwindet. Da die Zellen und Fasern hierbei hauptsächlich dünner werden und in der Längsrichtung sich kaum verändern, so schwindet das Holz nach der Länge fast gar nicht (etwa 1 Tausendstel), dagegen quer zur Faser sehr (3 bis 10 Hundertstel). Das Schwinden geht nicht gleichmäfsig vor sich. Weiche Hölzer schwinden mehr als harte; Splint schwindet stärker als Reifholz und dieses wieder mehr als Kernholz. Deshalb schwindet ein dem Umfang des Stammes entnommenes Brett mehr als eines aus der Mitte und deshalb bleibt ein Brett der letztern Art in der Mitte dicker als an den Rändern. (Fig. 33a.) Von den unter I, 2. aufgeführten Holzarten schwinden die einen mehr, die andern minder. Die Reihenfolge ist, mit dem am wenigsten schwindenden Fichtenholz beginnend, etwa diese: Fichte — Lärche — Kiefer — Tanne — Eiche — Nufsbaum — Pappel — Esche — Erle — Ulme — Ahorn — Buche — Linde — Akazie. Doch hängt das auch sehr von Zufälligkeiten ab, vom Stand, von Wachstum und Boden etc. In der Richtung der Markstrahlen (Radialschnitt) schwindet das Holz weniger als nach der Sehne (Sehnenschnitt). Deswegen schwinden Bretter, welche nicht der Mitte des Stammes entnommen sind, auf beiden Seiten nicht gleichmäfsig; sie werfen sich, d. h. sie runden sich zu flachen Rinnen. (Fig. 33b.) Das Gleiche tritt ein, wenn ein ebenes Brett einerseits der Nässe ausgesetzt ist, während es anderseits trocken ist. Die Rinne ist hierbei auf der trockenen Seite.

Werden die Jahresringe des Holzes in der Längsrichtung schräg zerschnitten, was fast immer der Fall ist, da jedes Holz mehr oder weniger spiralig wächst, so dreht sich beim Schwinden das Schnittholz; es wird in geringerem oder stärkerem Mafse windschief. (Fig. 33c.)

Bei den genannten Vorgängen wird die Faser im Innern des Holzes verschieden in Anspruch genommen. Während sie an den einen Stellen zusammengeprefst wird, wird sie an andern gestreckt, oder gedehnt. Das letztere hat seine natürlichen Grenzen; wenn die Dehnung über ein Gewisses hinausgeht, so trennt sich die Faser; das Holz reifst, es bekommt Sprünge und Risse.

Werden saftreiche Stämme entrindet, so trocknet zunächst das äufsere Splintholz, und da dieses überhaupt mehr schwindet als der Kern, so ist die naturgemäfse Folge, dafs der Stamm am Umfang aufreifst. (Fig. 33 d.) Deswegen werden die gefällten Stämme nicht vollständig entrindet, sondern nur „gereppelt", d. h. die Rinde wird nur zum Teil, gewöhnlich in spiraligen Gängen abgelöst. Entfernt man das Herz des Stammes durch Ausbohren, wie es bei Brunnendeicheln geschieht, so wird die Spannung aufgehoben; das Holz reifst nicht oder nur wenig. (Fig. 33 e.)

Auf den Hirnholzflächen entstehen fast immer Strahlenrisse, gleichgültig ob das Holz entrindet ist oder nicht. Wenn sie vermieden werden sollen, müssen die Endflächen der Stämme durch Aufnageln eines Brettes, durch Ueberkleben mit Papier oder durch Bestreichen mit einer steifen Lehmbrühe geschützt werden. Beschlagenes Holz reifst mehr als Holz in der Rinde, aber weniger als runde entrindete Stämme.

Halbholz oder halbiertes Holz pflegt nur an den Enden aufzureifsen; es wird nicht leicht windschief, dagegen wölben sich die Schnittflächen nach Fig. 33f. Viertelholz oder gevierteltes Holz reifst noch weniger als halbes, wölbt sich auf den Schnittflächen ebenfalls weniger, wird aber leichter windschief und hat Neigung, sich zu drehen und zu verziehen. (Fig. 33 g.)

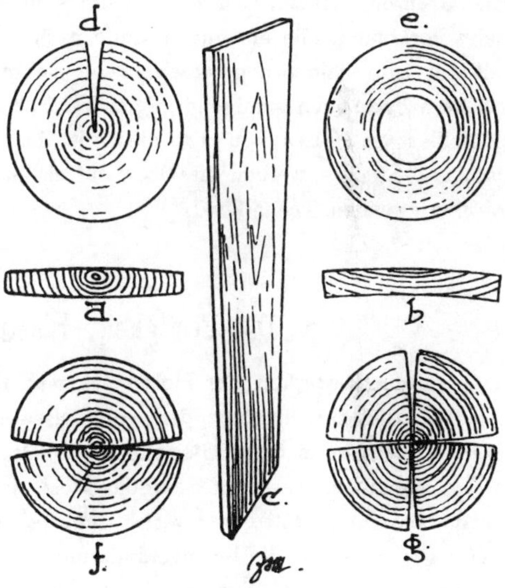

Fig. 33.
Schwinden, Werfen und Reifsen des Holzes.

Unter Quellen versteht man die Wiederaufnahme von Wasser mit der damit verbundenen Ausdehnung des Holzes. Getrocknetes Holz nimmt in feuchter Luft schliefslich wieder Wasser bis zur Hälfte des ursprünglichen Gehaltes auf und quillt dementsprechend. Wird trockenes Holz in das Wasser gelegt, so quillt es ebenfalls und schliefslich bis zur Abmessung des Grünzustandes; es kann sogar der Fall eintreten, dafs der saftarme Kern des Grünholzes hierbei mehr Wasser ansaugt, als er ursprünglich hatte. Das Quellen läfst nach und geht in Schwinden über, sobald das Holz der feuchten Luft oder dem Wasser entnommen und wieder getrocknet wird.

Durch Unregelmäfsigkeiten des Wuchses, durch Aeste, Wimmer- und Drehwuchs, excentrischen Kern etc. (Fig. 27 u. 28) erfährt das Holz auch Abweichungen in Bezug auf die normale Art des Arbeitens; insbesonders geben diese Umstände Anlafs zum Verziehen und Windschiefwerden.

Was die Gegenmittel bezüglich des Arbeitens des Holzes betrifft, so giebt es eigentlich keine brauchbaren. Wohl kann man durch Reppelung, durch Bedeckung der Hirnflächen etc. das Reifsen vermindern, dem Werfen und Verziehen durch einen vernünftigen Schnitt entgegenarbeiten und das Schwinden und Quellen durch Abhalten der natürlichen Ursachen und eine geeignete Trocknung in gewissen Grenzen halten; so lange das Holz aber nicht tot ist, wird es immer noch arbeiten. Krank abgestorbenes Holz, stockiges und faules Holz und Holz, welchem alles Wasser künstlich entzogen ist, arbeitet allerdings wenig oder gar nicht mehr; aber dieses tote Holz hat auch seine technisch wichtigsten Eigenschaften, die Festigkeit, Biegsamkeit, Elastizität etc. in hohem Mafse eingebüfst. In der Schreinerei läfst sich totes Holz unter Umständen wohl verwerten; als Konstruktionsholz aber ist es unbrauchbar.

Es ist eine der interessantesten Aufgaben des konstruierenden Technikers, die Eigenart des Holzes in Bezug auf das Arbeiten richtig zu verstehen und auszunützen. Wo eine Maſsverringerung nicht auftreten darf, ist Langholz am Platze. Kommen zwei weitere Abmessungen in Bezug auf ihre Verkürzung in Betracht, so ist zu bedenken, daſs das Schwinden nach dem Radius geringer ist als nach der Sehne u. s. w. Soll eine ganze Fläche ihre Form möglichst wenig ändern. so wird ein Rahmen zu bilden sein, der nur Langholz aufweist, auf welchem Prinzip die gestemmte Arbeit der Schreinerei beruht. Ein anderes Mittel die beim Schwinden des Holzes entstehenden Fugen zu verringern, besteht darin, daſs viele schmale Teile gereiht werden, wobei an Stelle der groſsen Fugen viele kleine entstehen, die weniger auffallen und schaden, ein Grundsatz, welcher beispielsweise bei den Riemenböden praktisch durchgeführt ist. Manches läſst sich auch dadurch erzielen, daſs das Holz gewissermaſsen gegen sich selbst ausgespielt wird, daſs man zwei oder mehr Hölzer so miteinander verbindet, daſs sie sich entgegenarbeiten, wobei ein Ausgleich, eine Aufhebung der Wirkungen eintritt (kreuzweises Verleimen etc.). Das Arbeiten des Holzes überwindet, wie alle elementaren Kräfte im allgemeinen ziemlich groſse Widerstände. Doch hat das auch seine Grenzen. Haben sich z. B. die Pfosten einer Veranda, die stumpf auf den Sockelsteinen aufstehen, wie es vorkommt, alle am untern Ende nach einer Seite gedreht (infolge Wetterschlags etc.), so wäre dies vielleicht zu verhindern gewesen, wenn sie in festen eisernen Schuhen gesteckt hätten und gleichzeitig am obern Ende auch genügend gegen Verdrehung geschützt gewesen wären. Bei vernünftiger Ausnützung der Fehler des Holzes — und zu diesen ist das Arbeiten desselben nun einmal zu rechnen im Vergleich mit Eisen und Stein — werden dieselben auf ein Mindestmaſs herabgedrückt und darin beruht eben die Stärke des überlegenden Technikers.

---

6. Die Festigkeit, Elastizität und Biegsamkeit des Holzes.

Unter Festigkeit des Holzes versteht man im allgemeinen den Widerstand, welchen es bei verschiedener Inanspruchnahme den von auſsen einwirkenden Kräften entgegensetzt. Ein Holz ist um so fester, je mehr es in dieser Beziehung aushält.

Wenn äuſsere Kräfte auf das Holz einwirken, so findet eine mehr oder weniger wahrnehmbare Formveränderung statt; es streckt sich, es biegt sich, es dreht sich u. s. w. Sind die einwirkenden Kräfte gering, so ist die Formveränderung vorübergehend, sie verschwindet wieder mit dem Aufhören der Inanspruchnahme. Sind dieselben dagegen groſs, so verschwindet die Formveränderung nicht mehr ganz; es tritt eine bleibende Formveränderung auf; die Elastizitätsgrenze ist überschritten worden. Sind die einwirkenden Kräfte aber derart groſs, daſs die Holzfasern nicht genügenden Widerstand leisten können, daſs sie getrennt und zerrissen werden, dann tritt Bruch und Zerstörung des Materials ein.

Man bezieht die Widerstände gegen äuſsere Kräfte auf Flächeneinheiten des Querschnitts und drückt die Kräfte in Gewichten aus. Als Flächeneinheit gilt der Quadratcentimeter, als Krafteinheit das Kilogramm.

Je nach der Gröſse der Inanspruchnahme oder Spannung unterscheidet man Tragmodul und Bruchmodul. Der Tragmodul entspricht der Spannung an der Elastizitätsgrenze, der Bruchmodul derjenigen bei eintretendem Bruch. Unter dem Elastizitätsmodul versteht man diejenige Spannung, bei welcher ein Stab um seine eigene Länge ausgedehnt oder zusammengedrückt würde, wenn das Material dies zulieſse, ohne daſs die Elastizitätsgrenze überschritten würde.

Bei Konstruktionen soll die Elastizitätsgrenze niemals überschritten werden. Diejenige Spannung oder Inanspruchnahme, welche dem Material nach den Erfahrungen der Praxis zugemutet werden kann, nennt man die zulässige Inanspruchnahme. Sie ist ein Bruchteil des Bruchmoduls und Tragmoduls. Man bezeichnet den echten Bruch, welcher mit dem Bruchmodul multipliziert die zulässige Belastung ergiebt, als Sicherheitscoefficienten. Der letztere wird durch verschiedene Umstände bedingt und wechselt nach Art und Qualität des Materials, nach dem Zwecke, der Art und Dauer des Baues u. s. w. Für Holzkonstruktionen wird er gewöhnlich mit $^1/_{10}$ angesetzt, d. h. man konstruiert mit 10facher Sicherheit.

In allgemein üblicher Weise bezeichnet man den Bruchmodul mit K, den Tragmodul mit T und die zulässige Inanspruchnahme mit k.

Ganz bestimmte Zahlen lassen sich für diese Werte nach Lage der Sache nicht geben: man rechnet eben mit den Mittelwerten aus vielfachen Untersuchungen und wie sie die Erfahrung giebt oder die Baupolizei vorschreibt. Selbstredend zeigen nicht nur die verschiedenen Holzarten eine verschiedene Festigkeit, sondern auch bei ein und demselben Holze kann sie wesentlich schwanken. Gesundes Kernholz ist fester als Splintholz, engringiges Holz ist fester, als schwammig aufgewachsenes; trockenes Holz ist fester als saftreiches; harzreiches fester als harzarmes, solange der Harzgehalt nicht gar zu groſs wird; in Zersetzung begriffenes oder totgemachtes Holz hat weniger Festigkeit, als gesundes, normales Holz u. s. w. Die Festigkeit des Holzes nimmt ferner erfahrungsgemäſs mit der Zeit ab und beträgt bei Nadelhölzern nach 15 Jahren noch etwa $^1/_4$, nach 30 Jahren $^1/_5$, nach 45 Jahren $^1/_6$ der ursprünglichen. Aus diesen und anderen Gründen und um Zufälligkeiten Rechnung zu tragen, konstruiert man eben mit 10- oder 12facher Sicherheit.

Wenn ein Holz verschiedene Querschnitte aufweist, wie beispielsweise eine profilierte Hängesäule, so muſs der Berechnung der kleinste Querschnitt zu Grunde gelegt werden. Auch von diesem ist noch etwas abzurechnen, weil ein profiliertes Holz nicht so viel aushält, als ein gleichdickes vom kleinsten Querschnitt des ungleich dicken. Je weniger schroff die Querschnittsveränderung ist, desto geringer ist der betreffende Festigkeitsunterschied. Aus diesem Grunde empfiehlt es sich sehr, alle Schwächungen der Konstruktionshölzer, wie sie in den Ueberblattungen, Durchbohrungen, Profilierungen etc. gegeben sind, auf ein Minimum zu beschränken und sie bei etwaigen Berechnungen nicht auſser Acht zu lassen oder aber an den gefährdeten Stellen auf andere Weise, so z. B. durch Eisenverstärkungen, nachzuhelfen.

Je nach der Art der Inanspruchnahme unterscheidet man verschiedene Festigkeiten. Es lassen sich folgende Fälle unterscheiden:

1. Die Kraft wirkt in der Längsrichtung des Holzes; das Holz wird auf Zug in Anspruch genommen. Der Widerstand gegen die Dehnung und das Zerreiſsen heiſst Zugfestigkeit oder absolute Festigkeit.

2. Die Kraft wirkt in der Längsrichtung des Holzes; das Holz wird auf Druck in Anspruch genommen. Der Widerstand heiſst Druckfestigkeit oder rückwirkende Festigkeit. Es können dabei wieder zwei verschiedene Fälle vorkommen.
   a) Das Holz hat, verglichen mit der Dicke, eine geringe Länge; die Kraft staucht das Holz und drückt seine Teilchen ineinander. Der Widerstand gegen das Zerdrücken heiſst Zerdrückungsfestigkeit oder absolut-rückwirkende Festigkeit.
   b) Das Holz hat eine stabförmige Gestalt; die Länge übertrifft die Dicke um das Mehrfache, die Kraft biegt das Holz aus und zerknickt es. Der Widerstand heiſst Zerknickungsfestigkeit.

3. Die Kraft wirkt senkrecht oder schräg zur Längsrichtung des Holzes; das Holz wird auf Durchbiegung in Anspruch genommen. Der Widerstand heiſst Biegungsfestigkeit oder relative Festigkeit.

4. Die Kraft wirkt derart, daſs nur ein bestimmter Querschnitt in Anspruch genommen wird. Der Widerstand gegen die Trennung der Faser in diesem Querschnitt, gegen die Abscherung, heiſst Schub- oder Abscherungsfestigkeit.

5. Die Kraft wirkt derart, daſs sie das Holz in seiner Längsrichtung zu verdrehen, zu winden sucht. Der Widerstand hiergegen heiſst Windungs- oder Torsionsfestigkeit.

Unter den genannten 6 Fällen sind die wichtigsten und meistvorkommenden die unter 1, 2b und 3 genannten.

Für gewöhnlich werden alle Konstruktions- und Verbandshölzer in erster Linie oder alleinig auf die eine oder andere der verschiedenen Festigkeiten in Anspruch genommen. Aber auch zusammengesetzte Fälle sind nicht selten, in denen Holz gleichzeitig oder abwechselnd auf verschiedene Festigkeit beansprucht wird. Es ist dann Sache des denkenden Konstrukteurs, die bestmögliche Wahl und Anordnung nach Lage des Falles zu treffen.

Es kann nicht die Aufgabe dieses Buches sein, eine vollständige Festigkeitslehre der Holzkonstruktionen zu geben, hauptsächlich schon deshalb, weil eine gründliche Behandlung ohne mathematische Formeln und Auseinandersetzungen nicht möglich ist, für welche ein genügendes Verständnis nicht allseitig vorausgesetzt werden kann. Wir werden uns bemühen, indem wir im nachstehenden etwas näher auf die einzelnen Festigkeiten eingehen, unter thunlichster Vermeidung wissenschaftlicher Formeln, das Wichtigste so einfach und allgemein verständlich wie möglich vorzubringen. Wer sich auf diesem Gebiete weitern Rat holen will und die nötigen Vorkenntnisse besitzt, findet das Betreffende in den speziellen Festigkeitslehren, die in genügender Zahl vorhanden sind.*)

a. Die Zugfestigkeit oder absolute Festigkeit.

Sie wird probeweise festgestellt, indem man ein prismatisches oder cylindrisches Langholz am obern Ende lotrecht einspannt und am untern Ende mit Gewichten belastet, bis es abreiſst.

Die Versuche an völlig lufttrockenem, gesundem und normalwüchsigem Holze ergeben nach Nördlinger (Die gewerblichen Eigenschaften der Hölzer. Stuttgart, Cotta's Nachfolger. 1890. 2 ℳ.) für den Bruchmodul K folgende Zahlen:

Robinie 1833, Birke 1756, Ulme 1096 bis 2107, Weiſsbuche 1393, Buche 1208 bis 1636, Ahorn 1301 bis 1664, Esche 1345, Eiche 1311 bis 1510, Erle 1190, Lärche 941 bis 1390, Kastanie 1079, Tanne 1087, Kiefer 1065, Linde 986 bis 1016, Nuſsbaum 948, Pappel 767 bis 1104, Fichte 734. Das heiſst mit anderen Worten: ein Stab von 1 □cm Querschnitt reiſst ab, wenn er mit so viel Kilogramm belastet wird, als die beigesetzten Zahlen angeben.

Einen Wert für die Praxis haben diese Zahlen nur insofern, als sie zeigen, welche Holzarten für die Inanspruchnahme auf Zug, also für Hängesäulen, Zangen u. Aehnl., ganz besonders geeignet sind, abgesehen von ihren übrigen Eigenschaften. Wichtiger für die Praxis ist die Angabe der zulässigen Belastung, wie sie allgemein angenommen wird und sich aus nachstehender Tabelle ergiebt. Es ist dabei den Zufälligkeiten Rechnung getragen, dem minderwertigen Holze, der nicht völligen Austrocknung u. s. w. Wir beschränken uns dabei auf die meist verwendeten Hölzer, da ein Vergleich mit den obengenannten Zahlen auch naheliegende Schlüsse auf die übrigen zuläſst.

---

*) Beispielsweise seien genannt:

R. Lauenstein, die Festigkeitslehre. Elementares Lehrbuch für den Schul- und Selbstunterricht, sowie zum Gebrauch in der Praxis nebst einem Anhang, enthaltend Tabellen der Potenzen, Wurzeln, Kreisumfänge und Kreisinhalte. 120 Seiten. Stuttgart, Cotta's Nachfolger. 1889. Preis ℳ 2.50.

L. Hintz, die Baustatik. 388 Seiten. 8°. Weimar, F. Voigt. 1892. 8 ℳ.

Dr. *P. I. Johnen*. Elemente der Festigkeitslehre. 322 Seiten. 8°. Weimar, F. Voigt. 1889. ℳ 6.50.

Th. Landsberg, die Statik der Hochbaukonstruktionen. Darmstadt, Ph. Diehl. 1882. (Dieses Werk bildet mit der „Technik der wichtigern Baustoffe" von H. Hauenschild u. a. einen Band des Handbuches der Architektur, erster Teil, Allgemeine Hochbaukunde.) 20 ℳ.

TABELLE II. (Belastung auf Zug.)

Bezeichnung der Holzart	Bruchmodul K Kilogr. pro □cm	Tragmodul T Kilogr. pro □cm	Zulässige Beanspruchung für bleibende Bauten k	Zulässige Beanspruchung für vorübergehende Bauten k'
Fichtenholz	500	270	60	120
Kiefernholz	800	270	80	160
Tannenholz.	800	270	80	160
Eichenholz	1000	270	100	180

Wie hiernach die betreffenden Berechnungen in der Praxis gemacht werden können, mögen zwei Beispiele zeigen.

1. Wie stark mufs eine Hängesäule aus Kiefernholz bei quadratischem Querschnitt für ein bleibendes Bauwerk mindesten sein, wenn die Belastung 14 000 Kilogr. beträgt?

   Lösung: Teilt man die Zahl 14 000 durch 80, so ergiebt sich die Anzahl der □cm des nötigen Querschnittes. $14\,000 : 80 = 175$. Um die Holzstärke zu finden, ist die Quadratwurzel aus 175 zu ziehen. Da $13 \times 13 = 169$ und $14 \times 14 = 196$, so ist die Holzstärke mindestens 13×13, besser aber 14×14 cm zu nehmen.

2. Was trägt ein eichenes Rundholz von 20 cm Durchmesser unter Zugrundelegung der zulässigen Belastung für provisorische Bauten?

   Lösung: Zunächst ist die Querschnittsfläche des Rundholzes zu berechnen oder aus einer Tabelle für den Flächeninhalt des Kreises zu entnehmen. Dieselbe ist gleich $\pi \cdot r^2 = 3{,}14 \times 100 = 314$ □cm. Demnach kann dem Rundholz eine Belastung von $314 \times 180 = 56520$ Kilogr. zugemutet werden. Dabei ist selbstredend angenommen, dafs eine Schwächung des Holzes durch Zapfenlöcher oder anderes nicht vorhanden ist. Andernfalls wäre der kleinste Querschnitt des Stückes zu Grunde zu legen, der unter Umständen auch nicht voll genommen werden darf, wie weiter oben ausgeführt wurde. Eigentlich müfste auch das Eigengewicht des Holzes mit einberechnet werden; da es aber für gewöhnlich gegen die übrige Belastung verschwindend gering ist, so wird es nicht berücksichtigt oder durch eine geringe Zugabe der Stärke ausgeglichen.

Derartige Berechnungen haben ja nur den Zweck, wesentlichen Verstöfsen vorzubeugen und man thut der Sicherheit halber lieber ein übriges.

Aus dem Aufbau des Holzes ergiebt sich die naheliegende Thatsache, dafs schlichtes, geradfaseriges Holz am festesten auf Zuganspruch sein mufs, während anderseits Aeste, schlafende Knospen, wimmeriger und unregelmäfsiger Wuchs die Festigkeit um ein Bedeutendes herabsetzen können. Rundholz und beschnittenes ist an und für sich bei gleichem Querschnitt gleich stark, nicht aber dann, wenn beim Beschneiden ein erheblicher Teil der Längsfasern abgeschnitten wird, was bei unregelmäfsigem Wuchs der Fall ist. Dafs Querholz nach der Markstrahlenrichtung und noch erheblicher nach der Sehne schwächer ist, als in der Längsrichtung, versteht sich von selbst, weshalb es niemandem einfallen wird, Holz in diesen Richtungen auf Zug in Anspruch zu nehmen.

b. Die Zerdrückungsfestigkeit oder absolut rückwirkende Festigkeit.

Die Festigkeit gegen das Zerdrücken kommt hauptsächlich in Betracht in Anwendung auf Pfosten und Säulen. Zur weitern Begründung der in der Einleitung gemachten Trennung der rückwirkenden Festigkeit für zwei verschiedene Fälle ist hier anzuführen, dafs freistehende Pfosten und Säulen sich nicht ausbiegen, wenn ihre Höhe das 7 oder 8fache der Dicke nicht übersteigt. Bei übermäfsiger Belastung sitzen sie in diesem Falle ab, wie man sich technisch ausdrückt, d. h. an der schwächsten Stelle wird die Faser ineinander geschoben ohne vorausgehende Durchbiegung. Bei Nadelhölzern tritt die Durchbiegung durchschnittlich erst auf, wenn die Höhe die Dicke 12 bis 15 mal übertrifft, und bei Laubhölzern, wenn sie 7 bis 11 mal so hoch, wie dick sind. Dies gilt für die gewöhnlichen Bauhölzer; einige andere, wie die Hainbuche, Rofskastanie etc. sitzen schon bei geringer Höhe ab, sind also in Bezug auf Druck die wenigst tauglichen.

Die Nördlingerschen Versuche ergeben für die Druckfestigkeit und die hier in Betracht kommenden Hölzer folgende Zahlen: Robinie 637, Ahorn 494 bis 588, Eiche 511 bis 546, Hainbuche 522, Birke 516, Lärche 406 bis 625, Kastanie 507, Ulme 426 bis 540, Buche 420 bis 612, Kiefer 444, Esche 439, Tanne 425, Erle 424, Nufsbaum 385, Linde 350 bis 398, Fichte 363, Pappeln 302 bis 421.

Aus diesen Zahlen ergiebt sich zunächst das Verhältnis der Druckfestigkeit für die einzelnen Hölzer zu einander. Ferner zeigen sie, dafs die Druckfestigkeit aller Hölzer weit geringer ist als die Zugfestigkeit, d. h. dafs die Faser leichter zerdrückt als zerrissen wird.

Nachstehend folgt eine Tabelle für die Praxis, ähnlich, wie sie für die Zugfestigkeit gegeben wurde.

TABELLE III. (Belastung auf Druck.)

Bezeichnung der Holzart	Bruchmodul K Kilogr. pro □cm	Tragmodul T Kilogr. pro □cm	Zulässige Beanspruchung	
			für bleibende Bauten k	für vorübergehende Bauten k
Fichtenholz	300	120	40	75
Kiefernholz	400	120	60	110
Tannenholz	400	120	50	90
Eichenholz	500	120	70	120

Die Berechnungen nach dieser Tabelle erfolgen auf dieselbe Art, wie es anläfslich der Zugfestigkeit angegeben wurde.

Schliefslich sei noch erwähnt, dafs ein geradfaseriges, schlichtes Holz auch in Bezug auf Druck mehr aushält, als ein unregelmäfsig gewachsenes, dafs dagegen Aeste und Wimmerwuchs die Druckfestigkeit unter Umständen auch erhöhen können, weil sie gewissermafsen als Querversteifungen der Faser im Innern des Stammes gelten. Aehnlich kann durch Kernbildung und Verharzung eine Versteifung der Faser eintreten.

Nicht freistehende Pfosten, die seitlich an der Durchbiegung verhindert sind, können selbstredend verhältnismäfsig höher sein, als es oben angegeben wurde.

c. Die Zerknickungsfestigkeit.

Wenn ein Pfosten oder eine Säule aus Holz verhältnismäfsig schlank ist oder mit andern Worten mehr als 7 bis 15 mal so lang wie dick ist und übermäfsig belastet wird, so ist die Gefahr der Durchbiegung gröfser als die des Zerdrücktwerdens. Für hohe Stützen dieser Art wird also die Tragfähigkeit nicht nur auf die Zerdrückungsfestigkeit, sondern auch auf die Zerknickungsfestigkeit zu untersuchen sein.

Wenn ein Holz auf Durchbiegung beansprucht wird, so tritt bei grofser Belastung eine Krümmung des stabförmigen Körpers ein, die bei eintretendem Bruch zur Zerknickung führt. Bei dieser Krümmung wird die Holzfaser auf der Einbiegungsseite gestaucht und ineinander geschoben, auf der Ausbiegungsseite aber gedehnt, beziehungsweise zerrissen. Die einwärts gebogene Seite ist also auf Druck, die auswärts gebogene auf Zug in Anspruch genommen. Der Fall ist also ein zusammengesetzter und da, wie wir gesehen haben, das Holz in der Richtung seiner Längsfaser weniger aushält in Bezug auf Druck wie auf Zug, so wird die Druckfestigkeit in erster Linie in Betracht kommen. Die Stauchung und Dehnung sind an den äufserst gelegenen Fasern am stärksten, nach der Mitte des Stabes nehmen sie ab und in der Mitte selbst liegt die neutrale Faserschicht, welche weder gedrückt noch gedehnt, sondern nur gebogen wird und zwar nach der sog. elastischen Linie. Die Mittellinie dieser neutralen Faserschicht aber ist die neutrale Axe des Stabes, welche durch den Schwerpunkt sämtlicher Querschnitte geht. Für kreisrunde, quadratische und rechteckige Querschnitte fällt der Schwerpunkt dieser Figuren mit den betreffenden Mittelpunkten zusammen.

Die zulässige Belastung, also die Gröſse der Last P, welche ein Stab ohne bleibende Formveränderung tragen kann, ist einerseits abhängig von der Festigkeit des Materials, anderseits von der Gröſse und Form des Querschnittes, welche Faktoren in den Berechnungen durch den Elastizitätsmodul und das sog. Trägheitsmoment*) ausgedrückt werden. Der Elastizitätsmodul wird für gewöhnlich für die meist verwendeten Bauhölzer durchschnittlich mit rund 120 000 Kilo pro □cm angenommen. Das Trägheitsmoment aber ist für jede Querschnittsform besonders zu berechnen. Wir übergehen diese Berechnungsart und geben statt dessen eine Tabelle, welche für den quadratischen und kreisförmigen Querschnitt von gangbaren Maſsen die betreffenden Zahlen enthält.

TABELLE IV. (Trägheitsmoment bei quadratischem und kreisförmigem Querschnitt.)

Quadratischer Querschnitt		Kreisförmiger Querschnitt	
Seite a	Trägheitsmoment J	Durchmesser d	Trägheitsmoment J
10	835	10	491
11	1 221	11	719
12	1 728	12	1 018
13	2 379	13	1 402
14	3 199	14	1 886
15	4 222	15	2 485
16	5 464	16	3 217
17	6 961	17	4 100
18	8 748	18	5 153
19	10 858	19	6 397
20	13 330	20	7 854
21	16 212	21	9 547
22	19 525	22	11 499
23	23 322	23	13 737
24	27 648	24	16 286
25	32 550	25	19 175
26	38 081	26	22 432
27	44 287	27	26 087
28	51 222	28	30 172
29	58 940	29	34 719
30	67 500	30	39 761
31	76 960	31	45 333
32	87 381	32	51 472
33	98 827	33	58 214
34	111 360	34	65 597
35	125 150	35	73 662
36	140 070	36	82 448

*) Das Trägheitsmoment eines Querschnittes ist gleich dem Widerstandsmoment desselben, multipliziert mit dem Abstand der äuſsersten Faser von der neutralen Axe. Von dem Widerstandsmoment wird anläſslich der relativen Festigkeit zu sprechen sein. Das Trägheitsmoment ist für den quadratischen Querschnitt $= \frac{a^4}{12}$ und für den kreisförmigen $\frac{d^4 \cdot \pi}{64}$, wenn a die Quadratseite und d den Durchmesser in cm bedeutet.

Bezüglich der Belastung einer Stütze sind nun verschiedene Fälle möglich, von welchen insbesondere folgende vier in Betracht kommen (vergl. Fig. 34):

1. Fall: Der Stab ist am untern Ende fest eingeklemmt, am obern Ende aber frei beweglich. (Fig. 34. 1.)

2. Fall: Beide Enden des Stabes sind lose, aber in der Richtung der Stabaxe geführt (Fig. 34. 2), d. h. die Enden sind drehbar, aber nicht seitlich verrückbar.

3. Fall: Das eine Ende ist fest eingeklemmt, das andere ist in der Richtung der Stabaxe geführt. (Fig. 34. 3.)

4. Fall: Beide Enden sind eingeklemmt oder eingespannt und in der Richtung der Stabaxe geführt. (Fig. 34. 4.)

Der erste Fall kommt mit einer erheblichen Belastung am freien Ende in der Praxis kaum vor. Der häufigste Fall ist der zweite. Wenn die Enden stumpf aufstehen oder mit kurzen Zapfen eingreifen

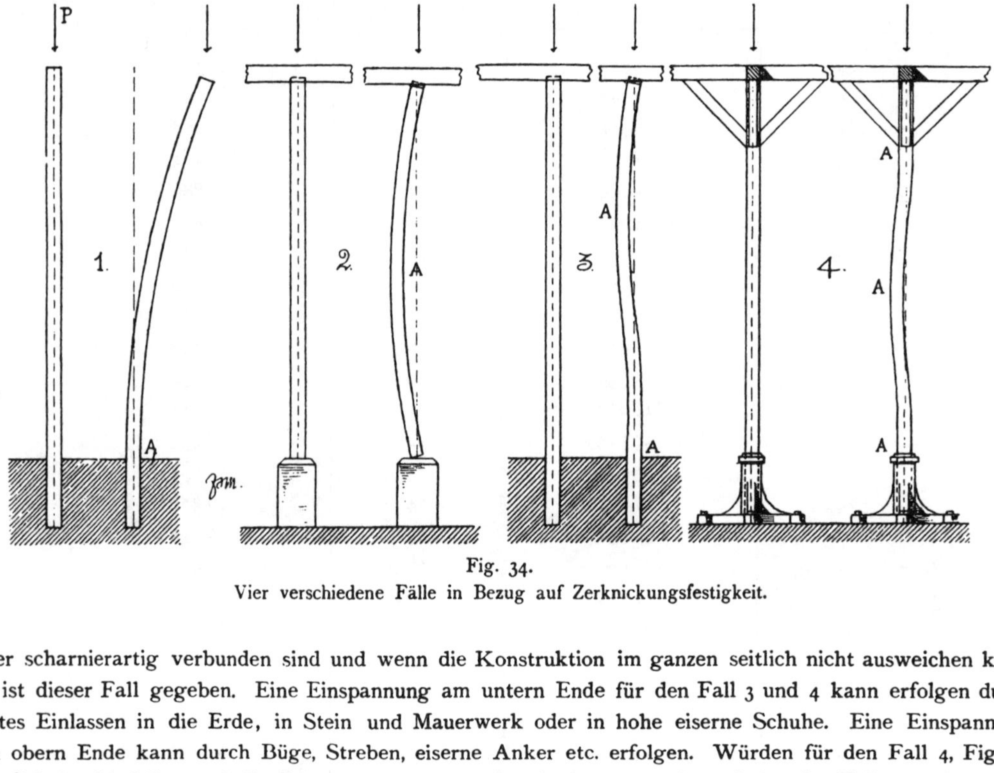

Fig. 34.
Vier verschiedene Fälle in Bezug auf Zerknickungsfestigkeit.

oder scharnierartig verbunden sind und wenn die Konstruktion im ganzen seitlich nicht ausweichen kann, so ist dieser Fall gegeben. Eine Einspannung am untern Ende für den Fall 3 und 4 kann erfolgen durch festes Einlassen in die Erde, in Stein und Mauerwerk oder in hohe eiserne Schuhe. Eine Einspannung am obern Ende kann durch Büge, Streben, eiserne Anker etc. erfolgen. Würden für den Fall 4, Fig. 34, die Schuhe fortfallen und die Stützen unten stumpf aufstehen, so wäre wieder der Fall 3 gegeben mit Umtausch der Enden u. s. w.

Am wenigsten fest gegen Zerknicken ist die Stütze im Fall 1; im Fall 2 ist die Festigkeit 4mal gröſser, im Fall 3 aber 8mal gröſser und im Fall 4 sogar 16mal gröſser, wie die theoretische Rechnung ergiebt. Es ist dies ein nicht zu übersehender Fingerzeig, auf welche Weise die Festigkeit einer Stütze ganz erheblich vermehrt werden kann und man sollte, wo immer thunlich, auch die praktische Nutzanwendung machen.

Die am meisten gefährdeten Querschnitte für die 4 verschiedenen Fälle befinden sich am freien Ende der Einspannung und in der Mitte der Ausbiegungen, also an den Stellen, welche auf Fig. 34 mit A bezeichnet sind. Hieraus wird man die Nutzanwendung machen, dafs an diesen Stellen eine Schwächung des Holzes durch etwaige Profilierung etc. am wenigsten angezeigt erscheint. Für den Fall 1 ergiebt sich ferner, dafs das eingespannte Ende bei Verwendung einer verjüngten Stütze auch das dicke Ende sein mufs, was sich übrigens schon aus andern Gründen empfiehlt und für die Fälle 2, 3 und 4 sind etwa beabsichtigte Schwellungen am geeignetsten an den mit A bezeichneten Stellen anzubringen.

Bezeichnet man mit P die Kraft oder zulässige Belastung, mit E den Elastizitätsmodul, mit J das Trägheitsmoment, mit s den Sicherheitskoeffizienten, mit L die Länge der Stütze, so ist für den

Fall 1. $P = \frac{5}{2} \frac{EJ}{sL^2}$

Fall 2. $P = 10 \frac{EJ}{sL^2}$

Fall 3. $P = 20 \frac{EJ}{sL^2}$

Fall 4. $P = 40 \frac{EJ}{sL^2}$

Aus diesen Formeln ergiebt sich, dafs mit dem Wachsen der Länge einer Stütze die Festigkeit auf Zerknickung mit dem Quadrat, also rasch abnimmt, während bei der Druckfestigkeit die Länge, abgesehen vom Eigengewicht, nicht in Betracht kommt.

Nimmt man den Elastizitätsmodul für die üblichen Bauhölzer mit 120 000 an und den Sicherheitskoeffizienten s mit 12 (12fache Sicherheit), so lauten obige Formeln folgendermafsen:

Fall 1. $P = 25000 \frac{J}{L^2}$

Fall 2. $P = 100000 \frac{J}{L^2}$

Fall 3. $P = 200000 \frac{J}{L^2}$

Fall 4. $P = 400000 \frac{J}{L^2}$

Bei den Berechnungen in Bezug auf die Zerknickungsfestigkeit kann nun gefragt sein:

a) nach der zulässigen Belastung, wenn die Stärke und Länge der Stütze gegeben ist. Hierfür gelten die vier letzten Formeln, wobei L in Centimetern auszudrücken und mit sich selbst zu multiplizieren ist. Die Zahl für das Trägheitsmoment J ist der Tabelle IV auf Seite 43 zu entnehmen. Die Rechnung giebt die Belastung in Kilogramm.

Beispiele: Wie grofs ist die zulässige Belastung für eine oben und unten lose, aber geführte Stütze (also Fall 2), wenn der kleinste Durchmesser des Rundholzes 15 cm und die Länge der Stütze 300 cm beträgt?

Antwort: $P = 100000 \frac{2485}{300 \cdot 300} = \frac{24850}{9} = 2761$ Kilo.

Wie stellt sich die zulässige Belastung unter sonst gleichen Umständen für ein Kantholz mit quadratischem Querschnitt von 15 cm Seite?

Antwort: $P = 100000 \frac{4222}{300 \cdot 300} = \frac{42220}{9} = 4691$ Kilo.

b) es kann gefragt sein nach der Holzstärke, wenn die Belastung und die Länge der Stütze gegeben sind. In diesem Fall sind die betreffenden Formeln nach J umzustellen.

Fall 1. $J = \frac{P \cdot L^2}{25000}$

Fall 2. $J = \frac{P \cdot L^2}{100000}$

Fall 3. $J = \frac{P \cdot L^2}{200000}$

Fall 4. $J = \frac{P \cdot L^2}{400000}$

Beispiele: Wie grofs mufs der kleinste Durchmesser eines unten eingespannten, oben geführten Rundholzes (also Fall 3) sein, wenn es bei einer Länge von 3,6 m 6600 Kilo zu tragen hat?

Antwort:
$$J = \frac{6600 \cdot 360 \cdot 360}{200000} = 4276,$$

Das Trägheitsmoment J beträgt also 4276 und wir haben in Tabelle IV auf Seite 43 nach dem zugehörigen Durchmesser zu suchen. Die Zahl findet sich dort nicht, sie liegt aber zwischen den Zahlen 4100 und 5153. Danach hätte der Durchmesser 18 cm zu betragen, mindestens aber 17 cm.

Wie grofs müfste die Seite eines quadratischen Kantholzes sein unter sonst gleichen Bedingungen?

Antwort: Die Rechnung ist dieselbe, aber diesmal ist die Zahl 4276 in der vorderen Kolonne zu suchen. Dort steht sie auch nicht, aber eine um wenig geringere, nämlich 4222. Das Kantholz müfste also 15 cm stark sein.

c) es kann gefragt sein nach der Länge der Stütze, wenn die Stärke derselben und die zulässige Belastung gegeben sind. Für diese Frage sind die Formeln nach L umzustellen:

Fall 1. $$L = \sqrt{25000 \frac{J}{P}}$$

Fall 2. $$L = \sqrt{100000 \frac{J}{P}}$$

Fall 3. $$L = \sqrt{200000 \frac{J}{P}}$$

Fall 4. $$L = \sqrt{400000 \frac{J}{P}}$$

Hier gestaltet sich die Rechnung etwas schwieriger, da Quadratwurzeln auszuziehen sind, was nicht jedermanns Sache ist.

Beispiele: Wie hoch darf eine Kantholzstütze von quadratischem Querschnitt und 20 cm Stärke höchstens werden, wenn sie oben und unten fest eingespannt und unverrückbar geführt ist (also Fall 4) und zuverlässig eine Last von 10000 Kilo tragen soll?

Antwort: Die Tabelle ergiebt für J die Zahl 13330, daher
$$L = \sqrt{\frac{400000 \cdot 13330}{10000}} = \sqrt{533200} = 730 \text{ cm} = 7{,}3 \text{ m}.$$

d) schliefslich kann in Bezug auf eine vorhandene Konstruktion nach dem Sicherheitsgrad gefragt sein, wobei alles übrige bekannt ist. Die ursprünglichen Gleichungen sind nach s umzustellen.

Fall 1. $$s = \frac{300000 \cdot J}{P \cdot L^2}$$

Fall 2. $$s = \frac{1200000 \cdot J}{P \cdot L^2}$$

Fall 3. $$s = \frac{2400000 \cdot J}{P \cdot L^2}$$

Fall 4. $$s = \frac{4800000 \cdot J}{P \cdot L^2}$$

Beispiel: Eine 4 m hohe, oben und unten lose, aber geführte Stütze (also Fall 2) aus Rundholz von 16 cm Stärke ist mit 3000 Kilo belastet. Welche Sicherheit entspricht dieser Konstruktion?

Antwort: Die Tabelle IV ergiebt für J den Wert 3217, demnach ist
$$s = \frac{1200000 \cdot 3217}{3000 \cdot 400 \cdot 400} = 8{,}04.$$

Die Konstruktion ist mit 8facher Sicherheit ausgeführt.

Die vorstehenden Annahmen verstehen sich alle unter der Bedingung, dafs bei ungleich starkem Holze das Trägheitsmoment des kleinsten Querschnittes zu Grunde gelegt wird und dafs die betreffenden Kräfte oder Belastungen zentral und axial wirken, d. h. in der Mitte des Querschnittes und in der Richtung der Stütze angreifend. Auf excentrische Belastung und zusammengesetzte Fälle, wo aufser der eigentlichen Belastung noch drehende und schiebende Kräfte auftreten, können wir uns hier nicht einlassen und verweisen auf die Spezialwerke über Festigkeit.

Wenn die Kraft excentrisch, also aufser der Mitte des Querschnittes angreift, so ist die Holzfaser ungleich beansprucht, einerseits mehr, anderseits weniger und es kann vorkommen, wenn der Angriff aufserhalb des mittleren Drittels erfolgt, dafs auf der entgegengesetzten Seite sogar Zug- statt Druckanspruch eintritt, was die Tragfähigkeit naturgemäfs erheblich vermindert. Es kann deshalb nur dringend empfohlen werden, der Bearbeitung der Stützen an den Enden alle Sorgfalt zu widmen und für ein regelrechtes Auflager zu sorgen, einen etwaigen Stofs der aufliegenden Träger genau in die Mitte zu verlegen u. s. w.

Der stärkste Querschnitt gegen die Zerdrückung ist der kreisrunde und nach ihm derjenige der regelmäfsigen Vielecke, wozu auch das Quadrat gehört. Soll eine Stütze mit rechteckigem Querschnitt verwendet werden, so legt man der Berechnung am einfachsten das Quadrat zu Grunde, dessen Seite gleich ist der kleineren Rechteckseite. Für 16 auf 18 cm würde man also rechnen 16 auf 16 u. s. w.

Der Fall 1 kommt, wie bemerkt, praktisch kaum vor. Man mufs ihn aber dann zu Grunde legen, wenn eine seitliche Verschiebung der obern Gesamtkonstruktion nicht ausgeschlossen erscheint. Wenn für die Fälle 3 und 4 die gründliche und völlig sichere Einspannung zweifelhaft erscheinen sollte, so wird man gut thun, auch hier den Fall 2 der Rechnung zu Grunde zu legen und die mutmafsliche gröfsere Tragfähigkeit infolge der Einspannung nur als eine Vergröfserung der üblichen Sicherheit aufzufassen.

Das Eigengewicht der Stützen wurde bei den obigen Ausführungen aufser Betracht gelassen. Es ist verhältnismäfsig so gering im Vergleich zu den üblichen Belastungen, dafs es bei Annahme 12facher Sicherheit anstandslos vernachlässigt werden kann.

Dafs die Zerknickungsfestigkeit nicht nur für senkrechte Stützen in Betracht kommt, sondern unter Umständen auch für Streben und andere Konstruktionshölzer, ist selbstredend.

Ueber die Berechnung der meist vorkommenden Belastungen wird an anderer Stelle das Nötige gebracht werden.

d. Die Biegungsfestigkeit oder relative Festigkeit.

Mit der Biegungsfestigkeit oder dem Widerstand gegen den senkrechten Druck zur Längsfaser verhält es sich ähnlich, wie es anläfslich der Zerknickungsfestigkeit beschrieben wurde. Die eine Seite wird auf Zug, die andere auf Druck beansprucht, inmitten bleibt eine neutrale Schicht, die blofs gebogen wird. Da das Holz sich verschieden in Bezug auf Druck und Zug verhält, so ergeben sich schon hieraus einige praktische Regeln. Knorrige und knotige Teile werden besser auf die Druck-, als auf die Zugseite verlegt, ähnliches gilt für Kernholz und verharztes Holz. Ein regelmäfsig gewachsener und regelmäfsig beschnittener Balken wird nach allen vier Seiten gleich fest sein; dagegen wird ein Balken, entnommen dem Teil zwischen Mark und Rinde, mehr tragen, wenn die Jahresringe aufrecht stehen, als wenn sie platt liegen, schon deshalb, weil im letztern Falle leicht eine Trennung des gedrückten und gezogenen Teils eintreten kann. Ein schlichtes, geradfaseriges Holz wird mehr tragen, weil beim Beschneiden weniger Fasern schräg abgeschnitten werden, was naturgemäfs einer Schwächung gleichkommt.

Die verschiedenen Holzarten verhalten sich bezüglich der Biegungsfestigkeit nicht gleich. Die meisten Hölzer haben die Eigenschaft, dafs, wenn erst eine Faser reifst, die übrigen alsbald nachfolgen, der Bruch also plötzlich eintritt. Einige wenige Hölzer, zu denen u. a. die Rotulme gehört, reifsen dagegen gewissermafsen bündelweise. Die Festigkeit der verschiedenen Hölzer gegen Durchbiegung ist ebenfalls durch vielfache Proben festgestellt worden. Unter der Annahme völlig tadellosen und lufttrockenen Materials geben wir zur Vergleichung der Hölzer unter sich die betreffenden Zahlen nach Nördlinger: Robinie 1307, Birke 1191, Hainbuche 1176, Ulme 954 bis 1381, Lärche 988 bis 1323, Esche 1155,

Buche 1025 bis 1153, Kastanie 1033, Eiche 1020, Kiefer 973, Ahorn 855 bis 1062, Tanne 838, Erle 833, Nufsbaum 755, Pappel 665 bis 820, Linde 686 bis 743, Fichte 688. Demnach wäre das stärkste Holz auf Biegung die Robinie, das schwächste die Fichte und die gewöhnlichen Bauhölzer Eiche, Kiefer, Tanne und Fichte kämen in dieser Reihenfolge vom stärksten zum schwächsten. Diese Zahlen eignen sich nur zum Vergleich; für die Praxis müssen den Rechnungen viel geringere Werte zu Grunde gelegt werden in Anbetracht der Zufälligkeiten, der Fehler und der unvollständigen Austrocknung des Holzes.

Die Berechnung der Biegungsfestigkeit gestaltet sich etwas anders als bei der Zerknickungsfestigkeit und die Zahl der verschiedenen Fälle in Bezug auf Belastung und Befestigung ist viel gröfser. Wählen wir zur Feststellung des Grundgedankens den einfachsten Fall des am freien Ende belasteten Freiträgers mit Aufserachtlassung des Eigengewichts. Ist der Balken an einem Ende fest eingespannt, hat die Länge L und ist am andern Ende mit P belastet, so ist die Inanspruchnahme gleich dem Produkt aus Last und Länge $= P \cdot L$. Man benennt dieses Moment als Kraft-, Bruch- oder Biegungsmoment und bezeichnet es mit M. Es ist also

$$M = P \cdot L$$

Dieser äufsern Inanspruchnahme mufs der Stab einen inneren Widerstand entgegensetzen. Dieser Widerstand ist ebenfalls von zwei Faktoren abhängig; der eine ist der Bruchmodul, der in der Einleitung mit K bezeichnet wurde und je nach der Holzart verschieden ist; der andere Faktor ist das sog. Widerstandsmoment W, welches von der Form des Querschnittes abhängt, ähnlich wie das Trägheitsmoment bei der Zerknickungsfestigkeit. Wenn die äufsere Inanspruchnahme und der innere Widerstand sich aufheben sollen, so ist also auch:

$$M = K \cdot W \text{ oder } PL = K \cdot W$$

Von dieser Grundgleichung mufs für alle Fälle ausgegangen werden und es erscheint zweckmäfsig, zunächst den Bruchmodul und das Widerstandsmoment einer Betrachtung zu unterziehen, wobei wir uns auf das Material des Holzes und die gewöhnlichen Querschnitte beschränken.

Da man mit ungefähr 10facher Sicherheit rechnen mufs, so ist den Berechnungen für die Praxis nicht der Bruchmodul K, sondern der Sicherheitsmodul der üblichen zulässigen Belastung zu Grunde zu legen, also k; und da ferner das Holz auf Druck weniger aushält wie auf Zug (bei Gufseisen ist es z. B. gerade umgekehrt), so ist der Wert für k nicht der Tabelle II, sondern der Tabelle III auf Seite 42 zu entnehmen. Für vorübergehende Bauten kann auch k an Stelle von k oder ein zwischen beiden liegender Wert eingesetzt werden.

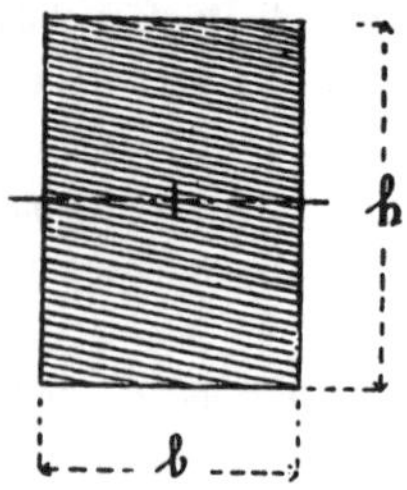

Fig. 35.
Rechteckiger Querschnitt.

Das Widerstandsmoment, welches nur von der Form und Gröfse des Querschnittes abhängig ist, also mit dem Material und den Kräften nichts zu thun hat, ist die Summe aller Produkte, gebildet aus den Querschnittsflächenteilchen und dem Quadrat ihrer Abstände von der neutralen Axe. Weil diese Abstände sich nicht einfach, sondern im Quadrat geltend machen, ist für hölzerne Balken der zweckmäfsigste Querschnitt das hochstehende Rechteck. Bezeichnet man, wie in Figur 35 geschehen, die Breite des Querschnittes mit b und die Höhe mit h, so ist das Widerstandsmoment

$$W = \frac{bh^2}{6}$$

Den quadratischen Querschnitt betrachten wir als ein Rechteck von gleichen Seiten, so dafs dieselbe Tabelle für beide Formen gelten kann.

Für den kreisförmigen Querschnitt beträgt das Widerstandsmoment

$$W = \frac{\pi \cdot D^3}{32} = 0{,}0982\, D^3$$

TABELLE V. (Widerstandsmoment für den quadratischen und hochgestellten rechteckigen Querschnitt.)

Breite b	Höhe h	Widerstandsmoment W	Breite b	Höhe h	Widerstandsmoment W	Breite b	Höhe h	Widerstandsmoment W	Breite b	Höhe h	Widerstandsmoment W	Breite b	Höhe h	Widerstandsmoment W	Breite b	Höhe h	Widerstandsmoment W	Breite b	Höhe h	Widerstandsmoment W
10	10	167	13	13	366	15	15	563	17	17	819	19	19	1143	21	21	1544	23	23	2028
10	11	202	13	14	425	15	16	640	17	18	918	19	20	1267	21	22	1694	23	24	2208
10	12	240	13	15	488	15	17	723	17	19	1023	19	21	1397	21	23	1852	23	25	2396
10	13	282	13	16	555	15	18	810	17	20	1133	19	22	1533	21	24	2016	23	26	2591
10	14	327	13	17	626	15	19	901	17	21	1250	19	23	1675	21	25	2183	23	27	2795
10	15	375	13	18	702	15	20	1000	17	22	1371	19	24	1824	21	26	2366	23	28	3005
			13	19	782	15	21	1103	17	23	1499	19	25	1979	21	27	2552	23	29	3224
11	11	222	13	20	867	15	22	1210	17	24	1632	19	26	2141	21	28	2744	23	30	3450
11	12	264				15	23	1323	17	25	1771	19	27	2309	21	29	2944	23	31	3684
11	13	315	14	14	457							19	28	2483	21	30	3150	23	32	3925
11	14	359	14	15	525	16	16	683	18	18	972				21	31	3364	23	33	4431
11	15	413	14	16	597	16	17	771	18	19	1083	20	20	1333						
11	16	469	14	17	674	16	18	864	18	20	1200	20	21	1470	22	22	1775	24	24	2304
11	17	530	14	18	756	16	19	963	18	21	1323	20	22	1613	22	23	1940	24	25	2500
			14	19	842	16	20	1067	18	22	1452	20	23	1763	22	24	2112	24	26	2704
12	12	228	14	20	933	16	21	1176	18	23	1587	20	24	1920	22	25	2292	24	27	2916
12	13	338	14	21	1029	16	22	1291	18	24	1728	20	25	2083	22	26	2479	24	28	3136
12	14	392				16	23	1411	18	25	1875	20	26	2253	22	27	2673	24	29	3364
12	15	450				16	24	1536	18	26	2028	20	27	2430	22	28	2875	24	30	3600
12	16	512							18	27	2187	20	28	2613	22	29	3084	24	31	3844
12	17	578										20	29	2803	22	30	3300	24	32	4096
12	18	648										20	30	3000	22	31	3524	24	33	4356
															22	32	3755	24	34	4624
															22	33	3993	24	35	4900
																		24	36	5184

NB. Für Abmessungen, die in der Tabelle nicht enthalten sind, kann das Widerstandsmoment jederzeit berechnet werden nach der Formel $W = \frac{b h^2}{6}$; also z. B. für den Querschnitt 25 auf 36 cm ist $W = \frac{25 \cdot 36 \cdot 36}{6} = 5400$ u. s. w.

TABELLE VI. (Widerstandsmoment für den kreisförmigen Querschnitt.)

Durchmesser in cm	15	16	17	18	19	20	21	22	23	24	25
Widerstandsmoment W	331	402	482	572	673	785	909	1045	1194	1357	1534

Durchmesser in cm	26	27	28	29	30	31	32	33	34	35	36
Widerstandsmoment W	1726	1932	2155	2394	2651	2925	3217	3528	3859	4209	4581

NB. Für die in dieser Tabelle nicht enthaltenen Durchmesser wird das Widerstandsmoment berechnet nach der Formel $W = 0{,}0982\, D^3$, demnach ist z. B. das Widerstandsmoment bei einem Durchmesser von 40 cm $= 0{,}0982 \cdot 40 \cdot 40 \cdot 40 = 6284$.

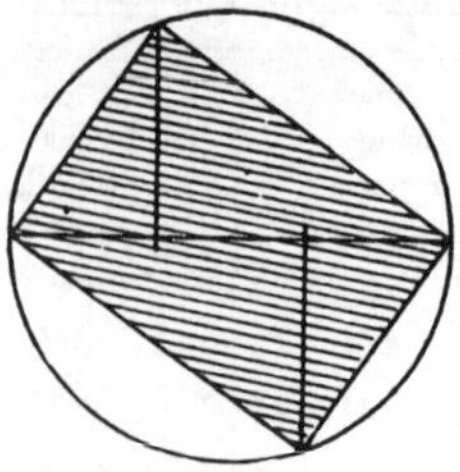

Fig. 36.

Nachdem wir auf Seite 49 zwei Tabellen mit der Berechnung der Widerstandsmomente gegeben haben, wollen wir noch bemerken, daſs der stärkste Balken von rechteckigem Querschnitt, welcher sich aus einem Rundholz schneiden läſst, das ungefähre Verhältnis von 5 zu 7 in Bezug auf Breite und Höhe hat. (Genau ist das Verhältnis $\sqrt{3} : \sqrt{6}$ oder 1 : 1,4142 oder 0,7071 : 1.) Dieser Querschnitt wird erhalten, wenn man den Durchmesser in drei gleiche Teile teilt und in den Teilpunkten Senkrechte zieht. (Fig. 36.) Die Abmessungen der Breite und Höhe des stärksten rechteckigen Querschnittes in den Rundhölzern von 15 bis 53 cm Dicke ergeben sich aus folgender Zusammenstellung:

TABELLE VII. (Stärkster rechteckiger Querschnitt in Rundholz.)

Rundholzdurchmesser / Diagonale des Rechtecks in cm	15	16	17	18	19	20	21	22	23	24	25	26	27
Rechtecksbreite in mm . . .	86	92	98	104	110	115	121	127	133	138	144	150	156
Rechteckshöhe in mm	122	130	138	147	155	163	171	180	188	196	204	212	220

Rundholzdurchmesser / Diagonale des Rechtecks in cm	28	29	30	31	32	33	34	35	36	37	38	39	40
Rechtecksbreite in mm . . .	162	167	173	179	185	190	196	202	208	213	219	225	230
Rechteckshöhe in mm	229	237	245	253	261	269	278	286	294	302	310	318	327

Rundholzdurchmesser / Diagonale des Rechtecks in cm	41	42	43	44	45	46	47	48	49	50	51	52	53
Rechtecksbreite in mm . . .	236	242	248	254	260	266	271	277	283	288	294	300	306
Rechteckshöhe in mm	335	343	351	359	367	375	384	392	400	408	416	424	432

Bevor wir zur Betrachtung der einzelnen Fälle übergehen, ist zu bemerken, daſs wir vorläufig das Eigengewicht der Träger als kaum von Belang auſser acht lassen werden und daſs, wenn von einem Querschnitt derselben die Rede ist, stets der kleinste gemeint ist. Die Querschnitte sind nicht alle gleich in Anspruch genommen, ein rationeller Träger könnte seinen Querschnitt nach der Beanspruchung ändern und dadurch auf den geringsten Materialverbrauch gebracht werden. (Parabolischer Träger etc.)

Da man aus praktischen Gründen aber einen gleichmäſsigen Querschnitt vorzuziehen pflegt, so wird das Holz an einzelnen Stellen überflüssig stark sein. Jedenfalls ist bei allen Konstruktionen im Auge zu behalten, daſs die meist beanspruchten Querschnitte nicht durch Zapfenlöcher u. a. geschwächt werden und daſs diese Stellen zunächst in Betracht kommen, wenn es sich um eine etwaige Verstärkung durch Eisenteile etc. handelt. Aus diesen Gründen sind die meist gefährdeten Querschnitte auf den betreffenden Abbildungen mit A bezeichnet.

Die Anzahl der verschiedenen Fälle im Anspruch auf Biegungsfestigkeit ist weit gröfser, als bei der Zerknickungsfestigkeit. Wir werden uns auf die wichtigsten beschränken, das übrige der Entnehmung aus Spezialwerken überlassend.

Was die Berechnungen betrifft, so werden wir einschlägige Beispiele anfügen. Um nicht zu weitläufig zu werden, wird auch dabei eine Beschränkung erfolgen. In den meisten Fällen ist nach der zulässigen Belastung, nach der Kraft P gefragt, wenn das übrige bekannt ist. Es kann aber auch nach der Stärke des Holzes, nach der Länge des Trägers oder nach dem Festigkeitsgrad gefragt sein, wonach dann die Formeln nach den gefragten Werten umzustellen sind. Wir werden die Gleichungen jeweils zunächst für P aufstellen, die Umstellungen für die Werte L und W anfügen und die Ausführung der Rechnung abwechselnd an einigen Beispielen zeigen. Ueber die Feststellung der Belastungen, wie sie an Bauwerken aufzutreten pflegen, wird weiter unten das Nötige gebracht werden

Fall A. Der am freien Ende belastete Freiträger (Fig. 37).

Der Balken ist einerseits fest eingeklemmt und am anderen Ende durch P belastet.

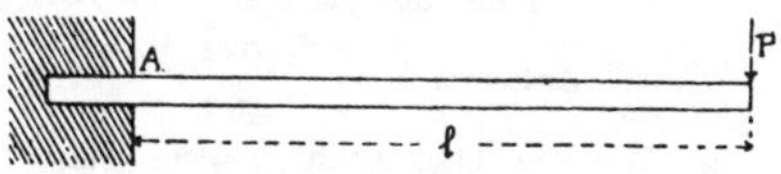

Fig. 37. Fall A.

Das äufsere Moment, Last mal Balkenlänge ist gleich dem inneren Moment, Sicherheitsmodul mal Widerstandsmoment, also $L \cdot P = k \cdot W$, woraus sich ergiebt:

$$1.\quad P = \frac{k \cdot W}{L},$$

$$2.\quad W = \frac{L \cdot P}{k},$$

$$3.\quad L = \frac{k \cdot W}{P}.$$

Der meist gefährdete Querschnitt ist an der Befestigungsstelle.

Beispiele: Welche Belastung am Ende kann ein tannener Freiträger von 21 auf 24 cm Stärke bei einer Länge von 5 m aufnehmen?

Antwort: $P = \frac{k \cdot W}{L}$. Hierbei ist L in cm ausgedrückt gleich 500, den Wert für k giebt die Tabelle. III, Seite 42 mit 50 an und das Widerstandsmoment W findet sich in Tabelle V, Seite 49 mit 2016 verzeichnet, also ist die zulässige, bleibende Belastung

$$P = \frac{50 \cdot 2016}{500} = 201 \text{ kg}.$$

Wie lang kann ein Freiträger aus Kiefernholz gemacht werden, wenn er vorübergehend am freien Ende eine Belastung von 1000 kg tragen soll und der kleinste Durchmesser des Rundholzes 25 cm beträgt?

Antwort: $L = \frac{k' \cdot W}{P}$ und da Tabelle III für k' die Zahl 110, die Tabelle VI für W die Zahl 1534 giebt,

$$L = \frac{110 \cdot 1534}{1000} = 168 \text{ cm} = 1{,}68 \text{ m}.$$

Welche Stärke mufs ein Freiträger aus Fichtenholz erhalten, wenn er bei bleibender Belastung auf eine Länge von 3 m 720 kg tragen soll?

Antwort: $W = \frac{300 \cdot 720}{40} = 5400$. Suchen wir dieses Widerstandsmoment in Tabelle V, so findet es sich zufällig in der Schlufsbemerkung, wo es für ein Kantholz von 25 auf 36 cm berechnet ist. Die Tabelle VI für Rundholz geht nicht soweit, wir hätten also nach der dortigen Schlufsbemerkung zu setzen $5400 = 0{,}0982\, D^3$,

woraus sich der Durchmesser berechnet $D = \sqrt[3]{\frac{5400}{0{,}0982}} = 38 \text{ cm}$.

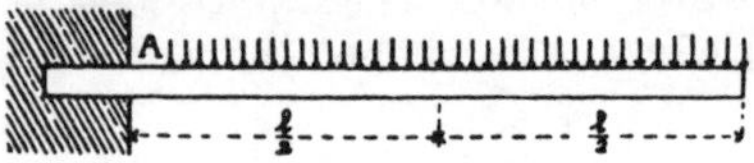

Fig. 38. Fall B.

Fall B. Der gleichmäfsig belastete Freiträger (Fig. 38). Der Balken ist einerseits fest eingeklemmt. Da die Last gleichmäfsig verteilt ist, wirkt sie wie in der Mitte des Balkens vereinigt. Der Träger kann also das Doppelte tragen, wie im Fall A. Demnach ist

1. $P = \frac{2k \cdot W}{L}$,

2. $W = \frac{L \cdot P}{2k}$,

3. $L = \frac{2k \cdot W}{P}$.

Der meist gefährdete Querschnitt liegt an der Befestigungsstelle.

Beispiele: Ein gleichmäfsig belasteter Freiträger aus Eichenholz von 20 auf 20 cm Stärke und 2 m Länge kann auf die Dauer wie viel tragen?

Antwort: $P = \frac{2 \cdot 70 \cdot 1333}{200}$ (nach Tabelle III und V) $= 933$ kg.

Welchen Querschnitt müfste dieser Träger haben, wenn er unter sonst gleichen Umständen das Doppelte tragen soll?

Antwort: $W = \frac{200 \cdot 2 \cdot 933}{2 \cdot 70} = 2665$. Dieser Wert findet sich in Tabelle V für quadratischen Querschnitt nicht mehr, dagegen mit naheliegenden Zahlen für rechteckige Querschnitte, so z. B. von 20 auf 28 cm, 21 auf 28 cm, 22 auf 27 cm und 24 auf 26 cm.

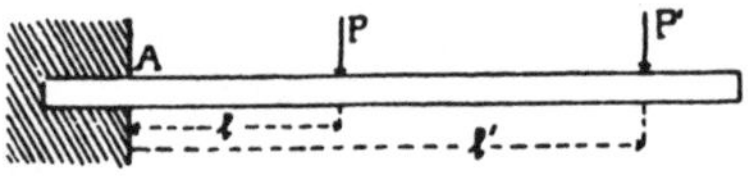

Fig. 39. Fall C.

Fall C. Der durch verschiedene Einzellasten beanspruchte Freiträger (Fig. 39).

Das äufsere Gesamtmoment ist gleich der Summe der einzelnen Momente, also

$$P \cdot L + P' \cdot L' \ldots = k \cdot W,$$

woraus sich ebenfalls wieder Gleichungen für alle Einzelwerte bilden lassen. Wir beschränken uns auf die eine:

$$W = \frac{P \cdot L + P' \cdot L' \ldots}{k}.$$

Aufserdem kann sich der Fall einer gleichmäfsigen Belastung verbinden mit einer solchen durch Einzellasten. Die Aufstellung der betreffenden Formeln geschieht immer nach dem Grundsatz, dafs die Summe der äufseren Momente gleich ist dem inneren Moment.

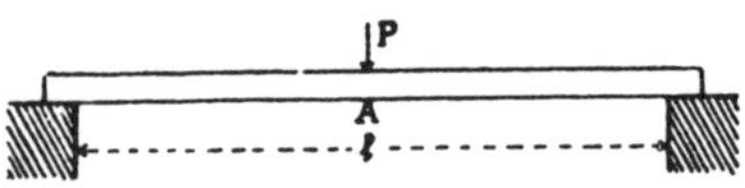

Fig. 40. Fall D.

Fall D. Der an den Enden unterstützte Träger mit Mittelbelastung (Fig. 40).

In diesem Fall ist

1. $P = \frac{4k \cdot W}{L}$,

2. $W = \frac{P \cdot L}{4k}$,

3. $L = \frac{4k \cdot W}{P}$.

Der meist gefährdete Querschnitt liegt in der Mitte.

Beispiel: Welche Stärke soll ein beiderseits unterstützter tannener Träger von 6 m Länge haben, wenn er in seiner Mitte mit 1500 kg belastet wird?

Antwort: $W = \frac{1500 \cdot 600}{4 \cdot 50} = 4500$. Diesem Widerstandsmoment entspricht in Tabelle V die Abmessung von 24 auf 34 cm und schliefslich auch von 23 auf 33 cm.

Fall E. Der an den Enden unterstützte Träger ist gleichmäſsig belastet (Fig. 41).

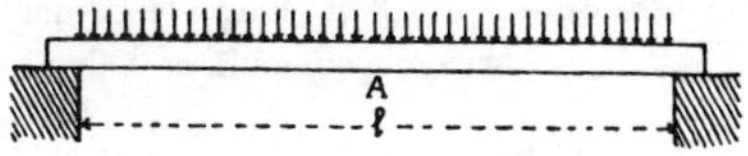

Fig. 41. Fall E.

In diesem Fall trägt der Balken das Doppelte wie im Fall D und das 8fache wie im Fall A. Es ist

1. $P = \frac{8k \cdot W}{L}$,

2. $W = \frac{P \cdot L}{8k}$,

3. $L = \frac{8k \cdot W}{P}$.

Der meist gefährdete Querschnitt liegt ebenfalls in der Mitte.

Beispiele: Was kann unter der Voraussetzung gleichmäſsiger Lastverteilung ein 5 m langer, an beiden Enden unterstützter Balken aus Eichenholz von 20 auf 28 cm zuverlässig tragen?

Antwort: $P = \frac{8 \cdot 70 \cdot 2613}{500} = 2926$ kg.

Was dürfte im gleichen Fall bei einem provisorischen Bauwerk dem Träger zugemutet werden?

Antwort: $P = \frac{8 \cdot 120 \cdot 2613}{500} = 5016$ kg.

Denselben Wert erhält man selbstredend, wenn der vorige mit $\frac{12}{7}$ vervielfacht wird.

$$\frac{12 \cdot 2926}{7} = 5016 \text{ kg.}$$

Fall F. Der an beiden Enden unterstützte, in ungleichen Abständen von den Enden belastete Träger. (Fig. 42.)

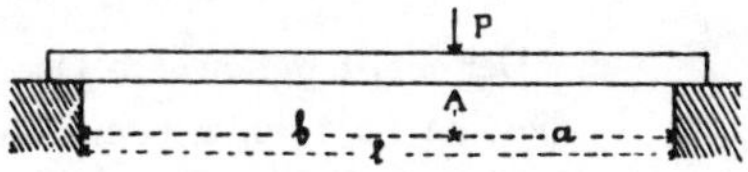

Fig. 42. Fall F.

Sind die ungleichen Abstände mit a und b bezeichnet, so ist in diesem Fall

1. $P = \frac{L \cdot k \cdot W}{a \cdot b}$,

2. $W = \frac{a \cdot b \cdot P}{L \cdot k}$.

Der meist gefährdete Querschnitt ist an der Stelle der Belastung.

Beispiel: Ein beiderseits unterstützter Träger aus Kiefernholz von 5 m Länge ist 2 m vom einen Ende ab mit 1200 kg zu belasten, welche Stärke ist dem rechteckigen Querschnitt zu geben?

Antwort: Da $L = 500$ cm, ist $a = 200$ und $b = 300$ cm und demnach $W = \frac{200 \cdot 300 \cdot 1200}{500 \cdot 60} = 2400$, welchem Widerstandsmoment in Tabelle V folgende Abmessungen entsprechen: 19 auf 28, 20 auf 27, 22 auf 26 und 23 auf 25 cm.

Fall G. Der an beiden Enden unterstützte Träger ist in gleichen Abständen von den Enden mit gleichen Lasten beschwert. (Fig. 43.)

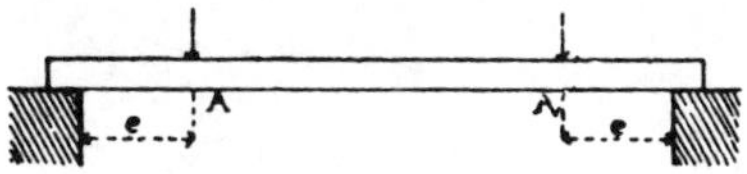

Fig. 43. Fall G.

Bezeichnet man die Abstände von den Enden mit e, so ist in diesem Fall

1. $P = \frac{k \cdot W}{e}$,

2. $W = \frac{P \cdot e}{k}$.

Wenn man vom Eigengewicht des Trägers absieht, so ist die Länge des Balkens ohne Einfluſs. Die meist gefährdeten Querschnitte sind an den Belastungsstellen.

Beispiel: Ein 8 m langer eichener Träger ist 2 m weit von jedem Ende mit je 3000 kg belastet. Welche Abmessungen mufs er haben?

Antwort: $W = \frac{3000 \cdot 200}{70} = 8571.$

Da für dieses Widerstandsmoment die Tabelle V keine Werte mehr enthält, so sind sie nach der Formel

$$W = \frac{b\,h^2}{6}$$

zu berechnen. Nehmen wir für die Breite einen ungefähren Wert an mit 30 cm, um die zugehörige Höhe zu finden, so ist $W = \frac{30 \cdot h^2}{6}$ und demnach

$$5\,h^2 = 8571 \text{ und } h = \sqrt{\frac{8571}{5}} = \sqrt{1714} = 42 \text{ cm.}$$

Da ein 8 m langer eichener Träger von diesen Abmessungen ein grofses Eigengewicht hat, so dürfte es sich empfehlen, der Stärke noch etwas zuzugeben und 30 auf 50 cm zu wählen.

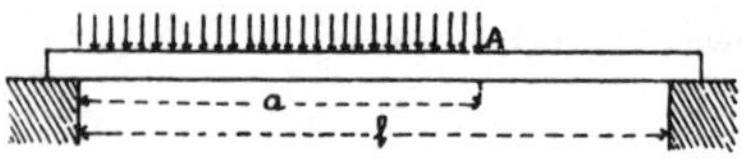

Fig. 44. Fall H.

Fall H. Der an beiden Enden unterstützte Träger ist auf eine bestimmte Länge gleichmäfsig belastet (Fig. 44.)

In diesem Fall ist

1. $P = \frac{2L \cdot k \cdot W}{L \cdot a - a^2},$

2. $W = \frac{P}{2k \cdot L}(L \cdot a - a^2)$

Der meist gefährdete Querschnitt befindet sich am Ende der Belastung und es ist gleich, ob dieselbe Last auf a oder L — a verteilt ist.

Beispiel: Ein tannener Träger von 6 m Länge ist auf 4 m vom einen Ende ab mit 2200 kg gleichmäfsig belastet. Welche Stärke ist ihm zu geben?

Antwort: $W = \frac{2200}{2 \cdot 50 \cdot 600}(600 \cdot 400 - 160000) = 2933.$

Diesem Widerstandsmoment entsprechen die Stärken 20 auf 30, 21 auf 29, 23 auf 28 und 24 auf 27 cm.

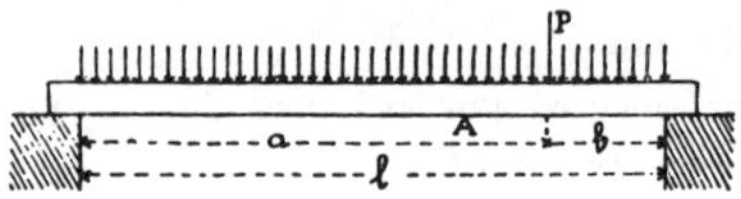

Fig. 45. Fall I.

Fall I. Der an beiden Enden unterstützte Träger ist gleichmäfsig und aufserdem mit einer Einzellast beschwert. (Fig. 45.)

Es ist dies eine Verbindung von Fall E und F und die betreffenden Momente sind einfach zu addieren, daher

1. $P = \frac{8k \cdot W}{L} + \frac{L \cdot k \cdot W}{a \cdot b},$

2. $W = \frac{P \cdot L}{8k} + \frac{a \cdot b \cdot P}{L \cdot k}.$

Der meist gefährdete Querschnitt liegt zwischen Mitte und Einzellast. Ist die Einzellast inmitten des Trägers wirkend, so sind die Werte der Fälle D und E zu addieren.

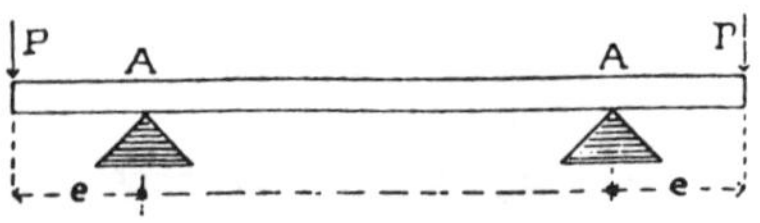

Fig. 46. Fall K.

Fall K. Der Träger ist beiderseits gleichweit von den Enden unterstützt und an den Enden gleich belastet. (Fig. 46.)

In diesem Fall gelten die Formeln von Fall G. Die meist gefährdeten Querschnitte liegen an den Unterstützungspunkten.

Fall L. Der Träger ragt einerseits über die Unterstützung hinaus und trägt an diesem Ende die Last. (Fig. 47.)

Es ist dann

$$1.\quad P = \frac{k \cdot W}{a},$$

$$2.\quad W = \frac{a \cdot P}{k}.$$

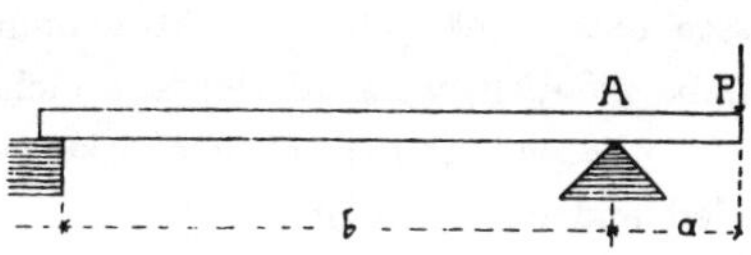

Fig. 47. Fall L.

Der meist gefährdete Querschnitt liegt an der Unterstützungsstelle.

Fall M. Die Träger sind beiderseits eingeklemmt.

Die theoretische Berechnung ergiebt, daſs diese Träger weit mehr tragen als die frei aufliegenden. Ein derartig sicheres Einklemmen, daſs der Träger absolut nicht nachgeben kann, ist aber praktisch kaum zu erreichen und die Belastung durch Mauerwerk bietet auch keine genügende Gewähr, so daſs man gut thuen wird, alle diese Träger als frei aufliegend zu betrachten und zu berechnen und die gröſsere Tragfähigkeit, welche sich durch das Einspannen ergiebt, nur als eine Vergröſserung der angenommenen Sicherheit aufzufassen.

Nach der Theorie würde ein eingeklemmter Träger mit Mittelbelastung das Doppelte tragen wie in Fall D. Die meist gefährdeten Querschnitte liegen in der Mitte und an den Enden, die wenigst gefährdeten $^1/_4$ der Balkenlänge von den Enden ab.

Ein eingeklemmter gleichmäſsig belasteter Träger würde das $1^1/_2$fache tragen wie im Fall E. Die meist gefährdeten Querschnitte liegen wieder an den Enden und in der Mitte, die wenigst gefährdeten liegen $\frac{L}{3{,}46}$ von der Mitte ab, also näher den Enden als bei Einzelbelastung.

Ein einerseits eingeklemmter, anderseits frei aufliegender Träger mit Mittelbelastung trägt $^4/_3$ mal so viel als in Fall D. Die gefährdeten Querschnitte liegen in der Mitte und am eingespannten Ende.

Ein einerseits eingeklemmter, anderseits frei aufliegender Träger mit gleichmäſsiger Belastung trägt gleichviel wie im Fall E. Die meist gefährdeten Querschnitte liegen am eingespannten Ende und $^3/_8$ der Balkenlänge vom nicht eingespannten ab, der wenigst gefährdete Querschnitt liegt $^1/_4$ der Länge von der Einspannung ab etc. etc.

Fall N. Der Träger auf drei und mehr Stützen. (Kontinuierlicher Träger.)

Dieser Fall kommt im Holzbau verhältnismäſsig häufig vor. Die theoretische Berechnung ergiebt, daſs ein derartiger Träger unter der Voraussetzung, daſs die Unterstützungspunkte genau auf gleicher Höhe liegen, etwas mehr trägt, als wenn an seine Stelle einzelne Träger von einer Stütze zur andern gelegt würden. Da der Unterschied jedoch nicht wesentlich ist und die Bedingung genau gleich hoch liegender Stützpunkte praktisch nicht immer einzuhalten ist, so empfiehlt es sich, einer etwaigen Berechnung die Fälle D bis J je nach Lage der Sache zu Grunde zu legen und die Stärke so zu wählen, daſs sie der gröſsten Beanspruchung der Einzelträger entspricht.

e. Die Schub- oder Abscherungsfestigkeit.

Sie spielt im Holzbau eine geringe Rolle. Es kommt kaum vor, daſs ein Konstruktionsholz senkrecht zur Längsfaser abgeschert wird, weil der Widerstand hiergegen nach dem Bau des Holzes ein bedeutender ist. Der Fall kann aber immerhin in Bezug auf Zapfen und Dübel vorkommen, weshalb sich empfiehlt, dieselben nicht zu schwach zu wählen.

Geringer ist die Scherfestigkeit des Holzes in der Richtung der Faser, da es ja sogar vorkommt, daſs dasselbe ohne äuſsere Kraft in dieser Richtung sich klüftet (infolge fehlerhaften Wuchses, von Frostrissen etc.). Der Fall einer Abscherung in dieser Richtung ist beispielsweise bei der Versatzung einer Strebe möglich, wenn die letztere nicht weit genug vom Ende des Trägers angebracht wird.

Bezeichnet man die einwirkende Kraft mit P, die abzuscherende Fläche mit F und den Sicherheitswiderstand mit t, so ist

$$1.\quad P = F \cdot t$$

$$2.\quad F = \frac{P}{t}$$

wonach sich etwaige Berechnungen anstellen lassen.

Für t kann man die Werte der folgenden Tabelle annehmen.

TABELLE VIII. Sicherheitswiderstand gegen Abscherung.

Holzart	in der Richtung der Faser t	senkrecht zur Richtung der Faser t'
Eichenholz	8	55
Kiefernholz	6	50
Tannenholz	4	40
Fichtenholz	3	32

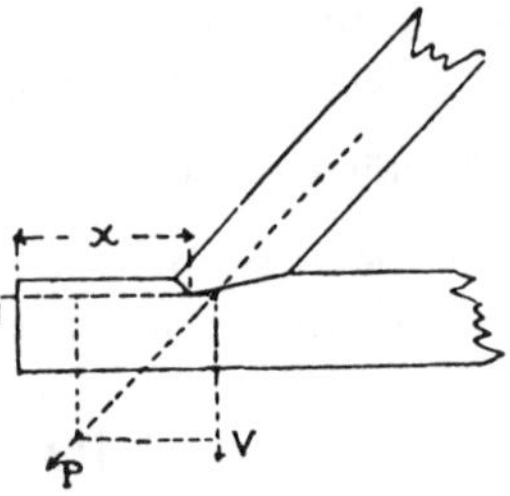

Fig. 48. Strebenversatzung.

Beispiele: Wie grofs ist die Entfernung x bei der tannenen Strebenversatzung nach Fig. 48 mindestens zu nehmen, wenn die Balken- und Strebenbreite 20 cm beträgt und der durch die Strebe hervorgerufene Horizontalschub auf 2400 kg berechnet ist?

Antwort: $F = \frac{P}{t}$ oder, da die abzuscherende Fläche in diesem Fall gleich $x \cdot 20$ und $t = 4$ ist,

$$x \cdot 20 = \frac{2400}{4} \text{ und}$$

$$x = \frac{2400}{4 \cdot 20} = 30 \text{ cm.}$$

Welcher Abscherungsbelastung widersteht ein cylindrischer eichener Dübel von 5 cm Durchmesser (Fig 49)?

Antwort: $P = F \cdot t'$. Dabei ist t' laut Tabelle = 55 kg und F ergiebt sich, wenn aus dem Durchmesser der kreisförmige Querschnitt berechnet wird ($\pi \cdot 2{,}5^2 = 19{,}63$), daher

$$P = 19{,}63 \cdot 55 = 1080 \text{ kg.}$$

Wie stark müfste dieser Dübel sein, wenn er einer Belastung von 2200 kg sicher widerstehen soll?

Antwort: $F = \frac{2200}{55} = 40$ □cm und demnach

$$\frac{\pi \cdot D^2}{4} = 40 \text{ und } D = \sqrt{\frac{40 \cdot 4}{3{,}14}} = 7{,}2 \text{ cm.}$$

Fig. 49.
Verdübelung.

f. Die Windungs- oder Torsionsfestigkeit.

Auch diese Festigkeit spielt keine wesentliche Rolle in Bezug auf die Baukonstruktionen, wohl aber in Hinsicht auf Wellen, Kelterspindeln u. Aehnl., was uns hier aber nicht berührt. Ein Konstruktionsholz wird selten auf Windung in Anspruch genommen sein, da eine vernünftige Konstruktionsweise diese Möglichkeit eben ausschliefsen soll. Aber nicht nur äufsere Kräfte können eine Drehung des Holzes in seiner Längsrichtung verursachen, sondern das Holz windet sich nicht selten von selbst infolge von Wuchsfehlern, fehlerhaften Schnittes, einseitiger Trocknung etc. Es kommt vor, daſs Stützen im Freien infolge von regelmäſsig sich wiederholendem Wetterschlag und Sonnenschein sich winden. Das beste Mittel hiergegen ist eine ausreichende Einspannung an den Enden, sei es durch eiserne Schuhe, Bugversteifungen oder anderweitige Vorkehrungen. (Vergl. Fig. 34, 4.) Bei Anbringung eiserner Schuhe ist übrigens für eine genügende Dichtung gegen das Eindringen von Wasser zu sorgen, welches ein Faulen der Stütze zur Folge haben kann. Besser ist es jedoch, den Schuh mit einem Wasserablauf zu versehen oder entsprechend durchbrochen zu gestalten.

Berechnungen über den Widerstand gegen Windung dürften praktisch für Bauhölzer wohl kaum gemacht werden, weshalb das Betreffende hier übergangen wird.

g. Einiges über Belastung.

Nachdem im vorangegangenen die verschiedenen Festigkeiten behandelt wurden, wobei vielfach von Belastungen die Rede war, erscheint es angezeigt, auch hierüber einiges anzuschlieſsen.

Die an Bauten vorkommenden Belastungen setzen sich zusammen aus dem Eigengewicht der Konstruktion und den zufälligen Belastungen. Die letztern sind zum Teil durch den Zweck des Bauwerks bedingt (Menschengedränge, Belastung durch Materialien etc.), zum Teil durch Einflüsse von auſsen (Winddruck und Schneedruck). Das Eigengewicht der Konstruktion wird gefunden, indem man ihre einzelnen Teile mit Hilfe des Kubikinhaltes und des spezifischen Gewichts der Baustoffe berechnet. Wir geben hierfür in nachstehendem eine Tabelle für die wichtigsten Baumaterialien:

TABELLE IX. (Gewicht der Baumaterialien.)

Bezeichnung der Baumaterialien	Ein Kubikmeter wiegt Kilogramm ungefähr
Eichenholz	800
Kiefernholz	650
Tannenholz	650
Fichtenholz	600
Guſseisen	7200
Schmiedeisen und Fluſseisen	7800
Sandstein und Kalkstein	2400
Marmor und Granit	2700
Kies	1800
Trockener Sand	1500
Asphalt	1500
Beton	2000
Gipsguſs	1000
Kohlenschlacken	600
Erde und Lehm	1600
Bruchsteinmauerwerk	2400
Ziegelmauerwerk	1600
Mauerwerk aus porigen und hohlen Steinen	900 bis 1300

TABELLE X. (Eigengewicht der Dächer.)

Bezeichnung der Art der Eindeckung	Das □m wirklicher Dachfläche wiegt kg
Einfaches Ziegeldach, samt Lattung und Sparren, 16/13 cm stark, in Abständen von 1,0 m liegend	90
Doppelziegeldach, sonst wie vorher	120
Ziegelkronendach, „ „ „	130
Falzziegeldach, „ „ „	110
Schieferdach auf 2 cm starker Schalung	85
Zinkdach mit 2,5 cm „ „	40
Theerpappdach mit 2,5 cm „ „	35
Wellenblechdach auf Winkeleisen, Blech 150/40/1,5 mm, Winkeleisen 2 m freitragend in Abständen von 2 m	25
Glasdach auf Sprosseneisen, bei einer Glasstärke von 4 mm	20
„ „ „ „ „ „ „ 5 mm	25
„ „ „ „ „ „ „ 6 mm	30
Holzzementdach, Sparren 18/13 cm, Schalung 3,5 cm, Kiesschüttung 7 cm	180
Rohr- und Strohdach	70

TABELLE XI. (Eigengewicht der Zwischendecken.)

Bezeichnung der Konstruktion	pro □m in kg
1. Balkenlage, 24/26 cm stark, 1,0 m von Mitte zu Mitte, mit Dielen von 3,5 cm Stärke	70
2. Desgleichen mit halbem Windelboden	220
3. „ „ „ „ unterseits, verschalt, verrohrt und verputzt	250
4. „ „ gestrecktem Windelboden	230
5. „ „ ganzem Windelboden	360
6. „ „ Stulpdecke und 10 cm starkem Lehmschlag	210
7. Gewölbte Decke, ¼ Stein stark, mit Hintermauerung, Sandschüttung, Lagerhölzern und Dielenboden, ohne die eisernen Träger	250
8. Desgleichen, ½ Stein stark	375
9. „ für Spannweiten von 2 bis 3 m	580
10. Betondecke, 1,5 Spannweite, 1/10 Stich, im Scheitel 7 cm stark, mit Sandschüttung und Dielung	510
11. Decke aus Wellenblech, Buckelplatten oder Belageisen, mit 13 cm starkem Beton, ohne Träger	250
12. Französische Decke aus Eisen mit Gipsfüllungen und Dielung	270

NB. Wenn die Stärke der Balken um 1 cm zu- oder abnimmt, so sind dem Eigengewicht durchschnittlich 10 kg zu- oder abzuschreiben. Die Schwankungen im Gewicht, die sich durch eine veränderte Balkenlage ergeben, sind verschieden je nach der gewählten Konstruktion.

Da die Berechnung des Eigengewichtes insbesondere bei Dachkonstruktionen und Zwischendecken umständlich ist, so legt man häufig zur Abkürzung die aus der Praxis gewonnenen Durchschnittswerte zu Grunde. Wir geben für die Eigengewichte der Dächer eine solche Tabelle, wobei wir bemerken, daſs die Dachbinder nicht mit einbegriffen sind und daſs die Gewichte pro □m der wirklichen Dachfläche angegeben sind. Siehe Tabelle X auf Seite 58. (Es giebt auch Tabellen, die auf die Horizontalprojektion, den Grundriſs, zurecht gemacht sind, wobei aber die Neigung als veränderlicher Faktor berücksichtigt werden muſs.)

Für einfache Dachbinder und Hängeböcke bei Spannweiten von 10 bis 18 m kann man pro □m schräger Dachfläche so viel kg nehmen, als die Spannweite m hat; für freitragende Dachbinder und komplizierte Hänge- und Sprengwerke etwas mehr bis zum Doppelten.

In ähnlicher Weise giebt die Tabelle XI die Gewichte der meistüblichen Zwischendeckenkonstruktionen in kg pro □m an.

Die durch den Zweck eines Bauwerkes bedingte Belastung bezeichnet man auch als Nutzlast. Man berechnet dieselbe gewöhnlich nach den aus der Praxis erhaltenen Durchschnittswerten, wofür wir ebenfalls eine Tabelle anschlieſsen.

TABELLE XII. (Nutzlastwerte.)

Bezeichnung der Nutzlast	Man rechnet pro □m kg	Man rechnet pro cbm kg
Belastung durch Menschen, Möbel etc. in Wohn- und Dienstgebäuden gewöhnlicher Art	250	—
Desgleichen in groſsen Gebäuden und Versammlungsräumen	400	—
Nutzlast für Decken unter Durchfahrten und Höfen	800	—
Nutzlast für Treppen	400	—
Belastung durch Heu und Stroh	—	100
„ „ Holz	—	400
„ „ Steinkohlen	—	900
„ „ Koks	—	450
„ „ Torf	—	600
„ „ Braunkohlen	—	650
„ „ Eis	—	910
„ „ Salz	—	800
„ „ Kartoffeln	—	700
„ „ Weizen und Roggen	—	750
„ „ Hafer und Gerste	—	600
„ „ Hülsenfrüchte	—	800
„ „ Mehl	—	700
„ „ Akten und Bücherschränke	—	500

NB. Sind die Materialien in Säcke geschichtet, so geht für die Zwischenräume ungefähr $^1/_5$ des Gewichtes ab.

Für den Winddruck ist zu rechnen pro □m schräger Dachfläche 16 bis 80 kg je nach der Neigung. Drücken wir die Dachneigung als Bruch aus, wobei der Zähler die Höhe, der Nenner die Grundlinie (des Satteldaches) bedeutet, so ist die Normalbelastung durch Winddruck pro □m schräger Dachfläche in kg:

TABELLE XIII. (Winddruck.)

Dachneigung	1/2	1/3	1/4	1/5	1/6	1/7	1/8	1/9	1/10
kg	80	57	43	34	27	23	20	18	16.

Bei freistehenden, besonders dem Wind ausgesetzten Gebäuden sind die Werte nach Lage der Sache bis auf das Doppelte zu erhöhen. Ebenso wird man für senkrechte Flächen den vollen Winddruck mit 120 kg pro □m rechnen können, entsprechend weniger bei durchbrochenen, offenen Konstruktionen.

Für den Schneedruck sind ebenfalls Durchschnittswerte aufgestellt; wobei ebenfalls die Neigung des Daches in Betracht kommt. Nimmt man pro □m Horizontalprojektion 75 kg an und sieht man von den durch besondere Umstände veranlafsten Schneesäcken oder Schneewinkeln ab, so ist die Maximalbelastung durch Schneedruck pro □m schräger Dachfläche in kg:

TABELLE XIV. (Schneedruck.)

Dachneigung	1/2	1/3	1/4	1/5	1/6	1/7	1/8	1/9	1/10
kg	53	62	67	70	71	72	73	73	73.

Wir bringen nun schliefslich noch eine Tabelle, in welcher die Total- oder Volllasten zusammengestellt sind, einschliefslich Schnee- und Winddruck für die Dächer, womit der Berechnung möglichst einfache Grundlagen gegeben werden. Die Eigengewichte und Nutz- und Verkehrslasten sind hierbei zusammengerechnet. Selbstredend kann es sich nur um durchschnittliche Werte handeln, bei denen nach Lage der Sache ab- und zuzugeben ist.

TABELLE XV. (Totalbelastung.)

Bezeichnung der Konstruktion, des Zweckes etc.	kg pro □m
1. Balkenlage mit einfacher Dielung	280
2. Gestreckter Windelboden mit Lehmestrich	430
3. Gestakte und verschalte Decke für Wohnräume	500
4. „ „ „ „ „ Tanzsäle	750
5. Dachbalkenlage in Wohngebäuden	735
6. Balkenlage in Fabrik- und Lagergebäuden	750
7. „ „ Korn- und Salzspeichern	800—1000
8. Gewölbte Decke, 1/4 Stein stark	525
9. „ „ 1/2 Stein stark	750
10. Gewölbte Decken in Fabrikgebäuden	1000
11. „ „ unter Durchfahrten und Höfen	1250
12. Gewölbte Treppen	1000
13. Dachflächen, in der Horizontalprojektion gemessen, einschliefslich Schnee- und Winddruck, je nach Neigung:	
a) Metall- und Glasdächer	125—150
b) Ziegeldächer	250—300
c) Schieferdächer	200—240
d) Holzzementdächer	350
e) Mansard- und andere steile Dächer	400

Beispiel: Ein zum Tanzsaal bestimmter Raum von 9 m Länge und 5,40 m Breite soll eine Balkenlage aus Kiefernholz erhalten. Wie ist die Stärke der Balken zu bemessen?

1. wenn dieselben der Breite nach im Abstand, von 90 cm von Mitte zu Mitte gemessen, liegen (Fig. 50a);
2. wenn der Balkenabstand statt 90 cm 100 cm beträgt (Fig. 50b);

3. wenn die Balken im Abstand von 90 cm der Länge nach liegen und über einem eisernen Unterzug in der Mitte gestofsen sind (Fig. 50c); wie viele Kubikmeter Holz werden in jedem der drei Fälle beansprucht?

Antwort: Nach Tabelle XV ist die Totalbelastung mit 750 kg pro □m anzunehmen, demnach für den ganzen Saal mit $9 \cdot 5{,}40 \cdot 750 = 36450$ kg.

Unter der Annahme gleichmäfsiger Belastung liegt der Fall E vor (Seite 53) und das Widerstandsmoment

$$W = \frac{P \cdot L}{8k};$$

1. bei einem Abstand von 90 cm verteilt sich die Last auf 11 Balken; die Belastung eines Balkens ist also $36450 : 11 = 3313$ kg; also ist

$$W = \frac{3313 \cdot 540}{8 \cdot 60} = 3727,$$

da die Balkenlänge 540 cm beträgt und k nach Tabelle III gleich 60 zu nehmen ist.

Dem Wert 3727 entspricht in Tabelle V ungefähr die Abmessung von 22 auf 32 cm;

2. bei einem Abstand von 1 m verteilt sich die Last auf 10 Balken; die Belastung eines Balkens ist also 3645 kg; demnach

$$W = \frac{3645 \cdot 540}{8 \cdot 60} = 4100,$$

welchem Wert nach derselben Tabelle ungefähr die Abmessung 24 auf 32 cm entspricht.

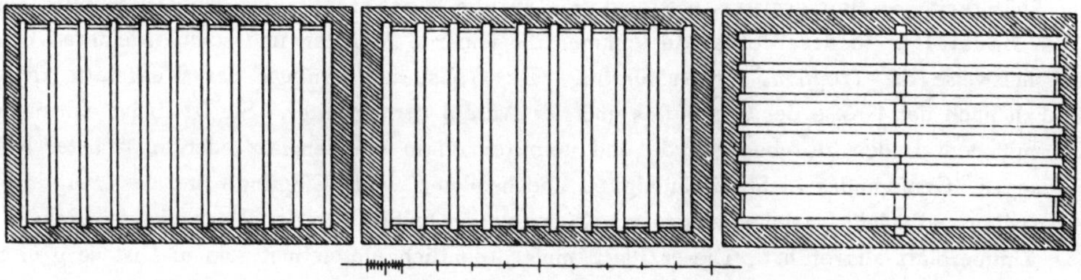

Fig. 50. Gebälklagen.

3. Die Balken sind als gestofsen zu berechnen, auch wenn sie es nicht alle sind. Die Belastung verteilt sich demnach auf 2mal 7 oder 14 Balken, das macht auf einen Balken

$36450 : 14 = 2604$, demnach ist, da $L = 450$ cm,

$$W = \frac{2604 \cdot 450}{8 \cdot 60} = 2441,$$

welchem Wert nach Tabelle V ungefähr folgende Abmessungen entsprechen: a) 19 auf 28 cm, b) 20 auf 27 cm und c) 22/26 cm.

Der Holzaufwand berechnet sich im 1. Fall mit $22 \cdot 32 \cdot 540 \cdot 11 = 4181760 = 4{,}181$ Kubikmeter, im 2. Fall mit $24 \cdot 32 \cdot 540 \cdot 10 = 4147200 = 4{,}147$ Kubikmeter, also etwas weniger.

Im 3. Fall ist der Holzaufwand selbstverständlich bedeutend geringer, wofür aber anderseits der eiserne Träger zu beschaffen ist.

a) $19 \cdot 28 \cdot 450 \cdot 14 = 3{,}351$ Kubikmeter
b) $20 \cdot 27 \cdot 450 \cdot 14 = 3{,}402$ „
c) $22 \cdot 26 \cdot 450 \cdot 14 = 3{,}603$ „

Den geringsten Holzverbrauch erfordert demnach die Abmessung 19 auf 28. Will man blos dieses wissen, ohne den Kubikinhalt zu berechnen, so genügt es, je die beiden ersten Faktoren auszumultiplizieren, da die beiden andern Faktoren dieselben bleiben, also das Ergebnis nicht verändern. Mit andern Worten: der dem Quadratinhalt nach kleinste Querschnitt verbraucht das wenigste Holz; nun ist aber:

Querschnitt a) $= 19 \cdot 28 = 532$ □cm
„ b) $= 20 \cdot 27 = 540$ „
„ c) $= 22 \cdot 26 = 572$ „

also a) mit 19 auf 28 cm der kleinste.

II. DIE WERKZEUGE, MASCHINEN UND VORRICHTUNGEN DES ZIMMERMANNS.

Die Thätigkeit des Zimmermanns erstreckt sich auf die Werkstätte, auf den Zimmerplatz und auf die Baustelle. In der Werkstätte kommen die feineren Arbeiten und solche kleineren Umfanges, also beispielsweise die Treppen, zur Ausführung. Die Gröfse und Anlage der Werkstätte richtet sich vornehmlich nach der Gröfse des Geschäftes und der Anzahl der Arbeiter. Sie ist meist ein einstöckiger Holzbau mit dem Boden zu ebener Erde und unmittelbar am Zimmerplatz oder in nächster Nähe desselben gelegen. Genügendes Licht, Geräumigkeit und bequeme, weite Eingänge sind das Haupterfordernis. Grobe Arbeiten und solche, welche der grofsen Abmessungen halber sich der Werkstätte entziehen, werden auf dem Zimmerplatz ausgeführt. Dieser Platz mufs ordentlich eingeebnet sein und ist je gröfser desto besser. Er liegt für gewöhnlich inmitten einiger Umbauten, der Werkstätten, der Geräte- und Wagenschuppen, Holzlager etc. Eine offene geräumige Halle für die Zeiten schlechten Wetters und grofser Hitze, ist ein nicht unbedingt nötiges aber sehr zweckmäfsiges Zubehör eines ordentlichen Zimmerplatzes. Sägegruben, Sägegerüste und die üblichen Zimmerböcke bilden die Ausstattung des Zimmerplatzes, der eine gepflasterte oder anderweitig genügend fest hergestellte Zufahrt haben soll. Wo, wie in Städten vielfach der Fall, der Zimmerplatz hinter einer geschlossenen Häuserfront liegt, da ist ein breiter Thorweg unbedingt nötig, weil sonst die Zu- und Abfuhr von Langholz gar nicht möglich ist. Als Mindestmafs kann die Weite von 3 m gelten. Dafs auf einem ordentlichen Zimmerplatz auch für geeignete Unterbringung des Abfalls und der Späne Sorge zu tragen ist, versteht sich von selbst, wenngleich es nicht überall geschieht. Ordnung ist hier, wie überall, die goldene Regel, die Zeit und Mühe und damit auch Geld sparen hilft.

Aufser dem zum Geschäft gehörigen Zimmerplatze sind zu erwähnen die improvisierten Plätze, welche gelegentlich in der Nähe einer weit abgelegenen Baustelle erstehen. Inwieweit diese Einrichtung vorteilhaft und berechtigt ist, hängt vom gegebenen Fall ab. Aehnlich verhält es sich bezüglich derjenigen Arbeiten, die sowohl auf dem Platz oder in der Werkstätte des Geschäftes als an Ort und Stelle am Bau selbst erledigt werden können. Ein gewisser Teil verbleibt ja immer, der, wie das Aufschlagen, nur im Bau selbst erfolgen kann.

Zu den wichtigen Erfordernissen gehört ferner ein ordentlicher und genügend grofser Reifsboden, zum Aufreifsen von Treppen und schwierigen Konstruktionen dienend. Er findet seinen Platz am besten in einer offenen oder geschlossenen geräumigen Halle zu ebener Erde.

Das Werkzeug des Zimmermanns in Bezug auf die meist und gewöhnlich vorkommenden Arbeiten ist verhältnismäfsig einfach und klein beisammen. Da es sich wie beim Schreiner um die Holzbearbeitung handelt, so ist das Werkzeug vielfach dasselbe oder wenigstens ähnlich. Die gröbere Arbeit und der gröfsere Mafsstab verändern das Werkzeug entsprechend. Da als Grenze zwischen Zimmer- und Schreinerarbeit für gewöhnlich die Verwendung und Nichtverwendung von Leim angenommen wird, so vereinfacht sich das Werkzeug der erstern wesentlich in diesem Sinne. Mit Zuziehung aller vorbereitenden, zurüstenden und gelegentlichen Nebenarbeiten erreicht das Zimmermannswerkzeug jedoch einen bedeutenden Umfang und eine grofse Vielseitigkeit. Es möge zunächst mit einer namentlichen Aufzählung desselben gedient sein. Vielleicht bietet eine spätere Ausgabe des Zimmermannsbuches Veranlassung, diesen Abschnitt eingehender zu behandeln.

An unumgänglich nötigen Werkzeugen, welche infolgedessen sich in jedem Zimmermannswerkzeugkasten befinden und dem Arbeiter vom Meister gestellt zu werden pflegen, sind zu nennen:

1 Axt, 1 Bund- oder Fällaxt, 1 Stich- oder Stofsaxt, 1 Quer- oder Zwerchaxt, 1 Breitbeil, 1 Handsäge, 1 Sägenfeile, 1 Rauh- oder Fugbank, 1 Doppelhobel, 1 Schropphobel, 1 Schlichthobel, 1 Simshobel, 1 Klopfholz, 1 Stemmeisen, 2 Stecheisen, 1 Winkeleisen, 1 Latthammer, 1 Beifszange.

Von Holzbearbeitungswerkzeugen, welche in der Werkstätte den Arbeitern gemeinsam zur Verfügung zu stehen flegen, nebst dem nötigen Zubehör, seien erwähnt:

Hobelbänke, Nuthobel, Falzhobel, Grathobel, Grundhobel, Kehlhobel, Fluchthobel, Schiffhobel, Rundstabhobel, Plattbänke, Kehleisen, Hohlmeifsel, Lochbeitel, Schneidmesser, Bundsägen, Schweifsägen, Lochsägen, Gratsägen, Fuchsschwänze, Dollenbohrer, Riegelbohrer, Leistbohrer, Zentrumbohrer, Bohrwinden, Handbeile, Dexel, Schlichtfeilen, Raspeln, Feilkluppen, Schleifsteine, Rutscher, Abziehsteine, Schraubenzieher, Schraubenschlüssel, Knechte etc.

Zum Messen, Richten etc. dienen folgende Werkzeuge:

Mafsstäbe, Mefslatten, Bandmafse, Mefskluppen (zum Bestimmen der Rundholzstärke), Gehrmafse, Schrägmafse, Zirkel, Holzwinkel, Setzlatten, Richtscheite, Schwinglatten (die Kurvenlineale des Zimmermanns zum Aufreifsen flacher Bögen, die nicht mit Zirkel oder Schnur gezogen werden), Wasserwagen, Bleiwagen, Senkel, Schnurtröge und Schnurhaspel etc.

Zum Hebezeug zählen hauptsächlich:

Hebeeisen (in der bekannten Weise, als ein- und zweiarmiger Hebel dienend), amerikanische Umkehrhaken (zum Wenden und Umkanten schwerer Stämme dienend), Wagenwinden, Zugwinden Hebeladen, Stock- oder Schraubenwinden, Haspel, Aufzugmaschinen, Rollen- und Flaschenzüge, Flaschenseile, Schwungseile, Packseile, Packketten, Sattel mit Rolle und Nagel, Kastenwalzen, Eckrollen, Sticher (Spiefse zum Lenken des schwebenden Holzes) u. a. m.

Zum Gerüstzeug gehören:

Zimmerböcke, Gerüstböcke, Gerüstklammern, Stricke etc.

Zum Rammzeug gehören:

Handrammen, Zugrammen, Kunstrammen, Pfahleisen, Pfahlauszieher etc.

Zum Transport des Holzes, der fertigen Arbeiten und des Geschirrs sind nötig:

Zimmerwagen, Kastenwagen, Walzen etc.

An allgemeinen, auch sonst gebräuchlichen Werkzeugen und Geräten sind erforderlich:

Schaufeln, Spaten, Brecheisen, Pickel etc.

III. DIE BEHANDLUNG UND BEARBEITUNG DES HOLZES.

1. Das Fällen des Holzes. — 2. Die weitere Behandlung des gefällten Holzes und das Trocknen. — 3. Das Beschlagen und Schneiden des Holzes. — 4. Die Erhaltung (Konservierung) des Holzes.

1. Das Fällen des Holzes.

Die Saftbewegung im Baume ist je nach der Jahreszeit verschieden. Sie ist am lebhaftesten im Frühjahr und im Spätsommer. Am meisten ruht sie im Winter. Hieraus ist ohne weiteres verständlich, daſs die geeignetste Zeit zum Fällen des Holzes der Winter ist, weil es dann eben am wenigsten Saft enthält und am leichtesten auf den erwünschten Stand der Austrocknung zu bringen ist. Diese Regel wird im allgemeinen auch eingehalten. Es spielen aber gelegentlich auch andere Gründe mit, die eine andere Fällzeit nötig machen. Einerseits sind ja im Winter die Tagelöhne billiger als im Sommer und wenig fahrbare Wege sind bei Frostwetter günstiger als zu anderen Zeiten; andererseits aber machen gerade im Hochgebirge bedeutende Schneefälle die Winterfällung unmöglich und man ist dann auf andere Zeiten angewiesen.

Man hat früher den Qualitätsunterschied zwischen Sommer- und Winterholz offenbar übertrieben hoch angeschlagen. Man hat u. a. behauptet, daſs der Mondwechsel von Einwirkung sei, und daſs im Sommer gefälltes Holz eher vom Schwamme befallen würde, was denn doch wohl noch zu beweisen wäre. Nur im Falle ungenügender Austrocknung wird das Sommerholz dem Winterholz nachstehen, während umgekehrt ein schlecht getrocknetes Winterholz minderwertiger sein kann als ein gut getrocknetes Sommerholz. Wir wollen die Untersuchung über die zweckmäſsigste Fällzeit nicht weiter ausspinnen und kurzweg behaupten, die Winterfällung sei vorzuziehen, wo sich dieselbe ausführen läſst, ohne deshalb die Sommerfällung verdammen zu wollen. Die letztere kommt überhaupt nicht in Betracht gegenüber denjenigen Holzarten, welche, im Safte gefällt, blau oder schwarz anlaufen, wie es z. B. bei Kiefer und Buche vorzukommen pflegt. Als geeignetster Monat gilt von alters her der Dezember.

Daſs Tage mit heftigem Wind zum Fällen nicht geeignet sind, ist ohne weiteres klar; aber auch groſse Kälte ist insofern ungünstig, als gefrorenes Holz eben spröde ist, wodurch die Gefahr des Zerschellens der Stämme vergröſsert wird.

Man fällt die Stämme mit der Axt oder mit der Säge oder unter Anwendung von beiden. Das sog. Ausroden, d. h. das Fällen durch allmähliches Untergraben und Ablösen des Wurzelwerkes empfiehlt sich da, wo die Bäume wenig verzweigte und wenig tief gehende Wurzeln haben, was sich nach der Holzart und dem Boden richtet oder wo ein leichtspaltiges, hochwertiges Nutzholz, wie Eichen, bei andersartiger Fällung der Gefahr des Aufschlitzens ausgesetzt erscheint. Wird der Baum mit der Säge gefällt, so geschieht dies bis zu 25 cm über dem Boden*); beim Fällen mit der Axt soll die Stockhöhe 15 cm nicht überschreiten. Von der einen Seite her wird eine horizontale Kerbe in den Baum gehauen, etwas über die Stammaxe hinaus reichend, dann wird von der anderen Seite her, etwas höher ansetzend, eine zweite Kerbe eingehauen, bis der Stamm fällt (Schroten), oder es wird statt dessen ein entsprechender Sägeschnitt geführt. Stehendes Holz von 25 cm Stärke an wird meist halb geschrotet, halb gesägt. Liegendes Holz soll von 12 cm Stärke ab nicht geschrotet werden. Der Angriff erfolgt von derjenigen Seite aus, nach welcher der Baum fallen soll. Diese Seite bestimmt sich auf Grund verschiedener Erwägungen. Der zu fällende Baum soll möglichst geschont werden, dasselbe gilt aber auch für die benachbarten Bäume. Man will den Baum am liebsten so fällen, daſs er am besten zur Abfuhr bereit liegt; man umgeht Wurzelstöcke und Felsblöcke, auf welchen der Stamm sich zerschlagen könnte etc. Im übrigen kann man durch Abhauen weit ausladender Aeste und durch Anseilen ein übriges thuen, so daſs man es wohl in der Hand hat, den fallenden Stamm dahin zu bringen, wo er hin soll. Von groſser Wichtigkeit ist die weitere Behandlung des gefällten Holzes.

---

2. Die weitere Behandlung des gefällten Holzes und das Trocknen.

Das gefällte Holz wird zunächst „gezöpft" und von den Aesten befreit; derjenige Teil der Krone, welcher kein Bauholz mehr giebt, wird abgeschnitten. Der Durchmesser an diesem Zopfende heiſst die Zopfstärke. Die derart zurecht gemachten Stämme werden nun baldthunlichst, so wie sie sind, abgefahren oder sie werden bewaldrechtet, d. h. im Walde roh vierkantig zubehauen und von dem wertlosen Splint befreit. Dieses Verfahren hat den Zweck, das Holz für den Transport leichter zu machen, ist aber sonst nicht zu empfehlen und kommt neuerdings auch weniger zur Anwendung, weil man heutzutage eben auch für den Abfall an Schwarten etc. Verwendung hat.

Die Abfuhr aus dem Walde geschieht auf Wagen oder Schlitten mit getrenntem Vorder- und Hintergestell, wobei die Stämme aufgelegt oder angehängt werden. In holzreichen Gegenden legt man auch besondere Schlittwege, Riesen und Rutschen an und benutzt die Wasserläufe zum Flöſsen. Die letztere Transportweise ist insbesondere auf groſse Entfernungen die weitaus billigere, aber durch den Eisenbahntransport trotzdem sehr in Abnahme gekommen. Abfuhr und Transport spielen bezüglich der Holzpreise eine nicht auſser acht zu lassende Rolle.

Laubholzstämme werden vielfach sofort nach dem Fällen entrindet, weil die Rinde dem Holz weiter nichts nützt, nur die Austrocknung verhindert und dem Angriff der Insekten ein willkommenes Feld bietet. Völlig entrindetes Holz ist aber dem Reiſsen ausgesetzt, weshalb man gewöhnlich den Mittelweg einschlägt und nur teilweise entrindet. Man reppelt die Stämme, indem man die Rinde spanweise abschlägt, gewöhnlich in schraubenförmigem Gang um den Stamm. Nadelhölzer werden gar nicht oder nur teilweise entrindet, um das Ausflieſsen des Harzes zu verhindern und demselben Zeit zu lassen, im Stamme selbst eine festere Form zu gewinnen. Daſs die Entrindung der Stämme sich viel leichter bewerkstelligen läſst bei der Sommer- als bei der Winterfällung, ist naheliegend. Holz zu sog. Naturholzbauten wird man aus diesem Grunde im Winter fällen, wenn sie mit der Rinde, und im Sommer, wenn sie ohne Rinde zur Ausführung kommen sollen.

*) In Amerika bedient man sich zum Baumfällen neuerdings vielfach sog. Sägemaschinen, die sich über kurz oder lang auch bei uns einbürgern dürften. Als besonders praktisch wird die Folding Sawing Machine geschildert. Sie ist zusammenlegbar, wiegt nur 18 kg, wird in Chicago gefertigt und kostet 63 M. Sie wird von einem Mann bedient, sägt Stämme bis zu 1,3 m Dicke. Sie wird gelegt, wenn der Stamm direkt über dem Boden abgesägt werden, gestellt, wenn der Stamm etwa 80 cm über dem Erdboden abgeschnitten werden soll; auſserdem ermöglicht eine dritte Lage das Zersägen gefällter Stämme.

In anderen Ländern herrscht zum Teil die Sitte, die Bäume im Stand zu entrinden und erst nach dem Austrocknen zu fällen, was sich bei uns jedoch weniger empfehlen dürfte.

Was nun den wichtigen Vorgang des Trocknens betrifft, so ist folgendes zu bemerken:

Frisch gefälltes Holz hat 25 bis 65 % Wasser je nach Holzart, Alter und Fällzeit. Weiche, junge und Sommers gefällte Hölzer haben mehr Wasser als harte, alte und Winters gefällte. Der durchschnittliche Wassergehalt ist etwa 45 %, bei Winterfällung nach der Versteigerung 35 %. Wird nun Holz an der Luft getrocknet, so verliert es an Wassergehalt, erst rasch und immer langsamer, bis nach etwa 1½ Jahren eine belangreiche Abnahme nicht mehr zu verzeichnen ist. Ein gewisser Wassergehalt von 15 bis 20 % verbleibt dem Holz und schwankt dann nach der Temperatur und dem Feuchtigkeitsgehalt der Luft. Der Trockenprozeſs kann also praktisch als erledigt gelten, wenn das Holz ungefähr den sechsten oder fünften Teil seines Gewichtes verloren hat. Diesen Prozeſs möglichst abzukürzen, hat verschiedene Vorteile, so z. B. diejenigen der Raum- und Zinsenersparnis und es läſst sich in dieser Hinsicht bei vernünftiger Behandlung vieles erreichen. Von einer künstlichen Trocknung in Oefen und Trockenkammern, wie sie für Möbel- und Bauschreinereiholz vielfach in Anwendung ist, kann ja bei Bauhölzern nicht wohl die Rede sein, man ist hier auf die natürlichen Wege angewiesen und dazu zählt folgendes:

Nadelhölzer trocknen schneller, wenn ihnen nach dem Fällen die Aeste belassen werden, bis die Nadeln abfallen, weil diese bis dahin Feuchtigkeit ausdünsten. Bei Laubhölzern ist die Sache belanglos, weil die Blätter zu rasch welken.

Gefällte Stämme sollten sofort auf Holzstücke oder Steine gelegt werden, weil von einem ordentlichen Austrocknen nicht die Rede sein kann, so lang sie auf oder gar zum Teil in dem feuchten Boden liegen.

Die Stämme können, wenn man sie vor der Sonne zu schützen vermag, auch sofort nach der Anfuhr behauen und beschnitten werden, weil der Prozeſs hierdurch wesentlich gefördert wird. Die Lagerung muſs aber dann an trockenen, luftigen Plätzen erfolgen in der Weise, daſs die Luft allseitig Zutritt hat. Wind, Regen und Sonne sind wenig günstig, weshalb sich ein Lagern in gedeckten offenen Hallen empfiehlt.

Erfahrungsgemäſs trocknen gestellte Hölzer rascher als liegende, was nicht zu verwundern ist wenn man bedenkt, daſs die Saftwege des Holzes parallel zur Stammaxe liegen. Wo sich das Aufstellen ohne Schwierigkeit machen läſst, ist es demnach dem Legen vorzuziehen.

Die Trocknung soll gleichmäſsig und nicht jählings wechselnd vor sich gehen, weil im letzteren Fall das Holz gerne reiſst; deshalb empfiehlt sich eben Schutz gegen Sonne, Regen und Wind. Rundholz reiſst mehr als geschnittenes und zwar hauptsächlich deswegen, weil der Splint weniger dicht ist als das Kernholz und weil der Splint am geschnittenen Holz eben gröſstenteils in Wegfall gekommen ist.

Die Schnittflächen an den Enden, die Stirn- oder Hirnflächen trocknen natürlicherweise rascher, als das Holz im Inneren des Stammes, weshalb sich Risse und Sprünge an diesen Stellen mit Vorliebe zeigen. Man kann diesem Miſsstande vorbeugen, indem man die Stirnflächen mit Papier oder Packleinwand beklebt oder mit einer durch Kalk neutralisierten Salzsäurelösung bestreicht. Weniger empfiehlt sich das Bestreichen mit Lehm, Kalk oder Farbe, weil hierdurch die Poren zugeschmiert werden und die Trocknung verhindert wird. Derartige Anstriche sind am Platze, wenn das Holz vollständig trocken ist um die Wiederaufnahme von Feuchtigkeit zu verhüten. Häufig werden die Stirnflächen auch mit Brettstücken „vernagelt".

Die Holzfaser selbst ist im Wasser nicht löslich, also der Zersetzung schwer zugänglich. Dagegen gehen die übrigen Bestandteile, besonders die Eiweiſsstoffe, leicht in Gärung über, erst in die weinige, dann in die saure und schlieſslich in die faulige, wobei dann die Holzfaser auch zerstört wird. Diese Gärung wird vermieden, wenn durch Austrocknen genügend Wasser entzogen wird. Ein anderer Erhaltungsprozeſs beruht nun darin, dem Holz durch A u s l a u g e n die löslichen Stoffe zu entziehen. Dieses Auslaugen wird bewirkt, indem man das Holz unter Wasser legt, welches Verfahren aber geraume Zeit beansprucht, wenn es überhaupt wirksam sein soll. Die Hölzer müssen aber vollständig unter Wasser gebracht werden (durch Beschweren oder Befestigen) oder sie müssen schwimmend von Zeit zu Zeit gewendet werden. Geflöſstes Holz macht ja aus anderen Gründen ein derartiges Wasserbad mit, weshalb das Flöſsen nur als ein Vorteil betrachtet werden kann. Ausgelaugtes Holz trocknet dann schneller, als anderes und wird auch leichter als solches, was nicht zu verwundern ist.

Beim Austrocknen verliert das Holz nicht nur an Gewicht, sondern auch an Raummaſs. In der Richtung der Holzfaser beträgt die Schwindung nur wenig, dagegen in der Breite unter Umständen bis zu 10 %. Durch das Austrocknen wird die Festigkeit des Holzes erhöht, bei Nadelhölzern um etwa 10 %, bei Eichenholz bis zu 25 %.

Daſs Holz, welches zu Grundbauten verwendet werden soll, nicht erst getrocknet zu werden braucht, ist naheliegend und ebenso, daſs das Holz vor dem Trocknen von allen faulen und ungesunden Stellen zu befreien ist, weil von diesen aus die Gärungsprozesse ihren Anfang nehmen.

Das Stockigwerden, das Anlaufen und Verfärben des Holzes sind die Anfänge der Gärungsprozesse. Wo sie also auftreten, ist sofort Abhilfe zu schaffen durch Umsetzen des Holzes, durch Verbesserung des Luftzuges etc.

---

3. Das Beschlagen und Schneiden des Holzes.

Um den runden Stamm auf die kantige Form zu bringen, bedient man sich des Beschlagens oder des Beschneidens. Die erstere Art war früher die allgemein übliche, heute ist sie durch die zweite fast vollständig verdrängt. Beschlagenes Holz mag immerhin einige Vorteile gehabt haben; so konnte man z. B. geringen Fehlern im Wuchs ohne Schaden Rechnung tragen, was beim Schneiden viel weniger angeht; dagegen ist das letztere eben weitaus billiger, seit unsere Sägewerke sich darauf eingerichtet und dem Zimmermann einen Teil der Arbeit abgenommen haben. Das geschnittene Bauholz ist auſserdem regelmäſsiger, gleichmäſsiger im Querschnitt, sieht besser aus und läſst sich leichter und rascher abbinden, als beschlagenes, so daſs die Aenderung des Verfahrens nicht zu bedauern ist. Was beim Beschlagen in die Späne geht, läſst sich beim Schneiden zum Teil noch auf schwächere Schnitttwaren (Dielen, Latten etc.) verwerten.

Das Beschlagen kann sofort im Walde erfolgen, geschieht aber meist erst auf den Zimmerplätzen. Die Stämme werden an den Enden senkrecht zur Axe abgesägt und an diesen Stirnenden wird der Querschnitt des Kantholzes aufgezeichnet oder aufgeschnürt. Von einem Querschnitt zum andern werden dann der Länge nach die verbindenden Linien ebenfalls aufgeschnürt, so daſs der Anhalt für den abzuarbeitenden Teil damit gegeben ist. Hierauf werden auf den Seitenflächen in Abständen von etwa 1 m rinnenförmige Querkerben bis zur ungefähren Tiefe eingehauen und schlieſslich werden die dazwischenliegenden Partien entfernt und mit dem Breitbeil glatt geschlagen.

Das Schneiden kann nicht nur auf den Sägewerken, sondern auch von Hand auf dem Zimmerplatz erfolgen, wobei zwei oder mehr Leute die Schrotsäge handhaben. Man sägt dann entweder über Sägegruben, wobei ein bedeutendes Heben der Stämme wegfällt oder unter Benützung von Sägegerüsten, die etwas mehr wie Mannshöhe haben. Beides hat seine Vor- und Nachteile. Um das Schneiden zu erleichtern, werden im Verlauf der Arbeit Keile in den Sägespalt getrieben, um die Fuge zu erweitern. Dies hat aber mit Maſs und Ziel zu geschehen, damit das Holz nicht über den Angriff der Säge hinaus aufgesprengt wird.

Da das Zopfende stets schwächer ist, als das Stammende, so ist der Querschnitt des erstern ausschlaggebend. Das Aufreifsen der Querschnitte ist verschieden, je nachdem der fertige Balken **vollkantig** sein soll, oder auf die ganze oder teilweise Länge **baumkantig** (rind- oder schälkantig) sein darf.

Man hat von alters her die betreffende Einteilungsgeometrie in gewisse Näherungsregeln niedergelegt, die wir ebenfalls kurz anführen:

1) Soll ein Rundstamm **vollkantig-quadratisch** beschlagen oder beschnitten werden (Fig. 51a) so verhält sich die Quadratseite zur Diagonale oder zum Durchmesser am Zopfende ungefähr wie 5 zu 7. (Genau wie $1:\sqrt{2}$, d. h. wie $1:1,4142\,..$)

2) Soll er **baumkantig-quadratisch** beschlagen oder beschnitten werden (Fig. 51b), so wählt man statt dessen das Verhältnis 6 zu 7.

3) Soll der Rundstamm **vollkantig-rechteckig nach der gröfsten Tragfähigkeit** beschlagen oder beschnitten werden (Fig. 51c), so müssen sich die Seiten des Rechtecks, wie weiter oben schon angeführt wurde, verhalten, ungefähr wie 5 zu 7, genauer wie $1:1,4142\,..$ Da der Durchmesser zur Höhe und Breite des Rechtecks sich verhält wie $3:\sqrt{6}:\sqrt{3}$ oder wie $1:0,8165:0,5773$, so kann man aus dem Durchmesser die Höhe finden, wenn man denselben mit $^4/_5$ oder 0,8 vervielfacht und umgekehrt aus der Höhe den Durchmesser durch Vervielfachung mit $^5/_4$ Ein einfacheres, etwas weniger genaues Verhältnis von Durchmesser zu Höhe und Breite ist $5:4:3$. Hierbei beträgt dann das Seitenverhältnis des Rechtecks nicht $5:7$, sondern $5^1/_4:7$.

Der Querschnitt gröfster Tragfähigkeit mit dem Verhältnis von $1:\sqrt{2}$ hat aufserdem die merkwürdige Eigenschaft, dafs bei fortgesetzter Halbierung die Teile stets das nämliche Verhältnis behalten.

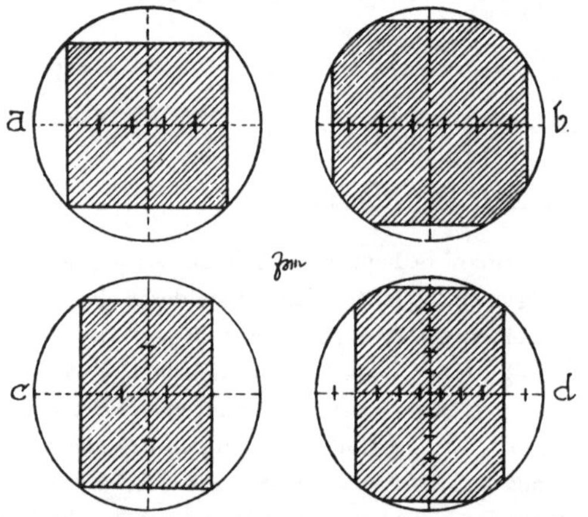

Fig. 51.
Querschnitte voll- und baumkantiger Hölzer.

4) Für den **baumkantigen Rechteckschnitt von gröfster Tragfähigkeit** (Fig. 51d) findet man die grofse Seite aus dem Durchmesser durch Vervielfachung mit $^{10}/_{11}$ und umgekehrt mit $^{11}/_{10}$. Ein annäherndes Verhältnis von Durchmesser zu Höhe und Breite ist $11:10:7$. Hierbei beträgt das Seitenverhältnis des Rechtecks also $10:7$ statt $10:7,071$.

Wir geben hier anschliefsend 4 Tabellen, aus welchen das Betreffende ohne weitere Rechnung zu entnehmen ist, indem wir gleichzeitig auf die bereits gebrachte Tabelle VII (Seite 50) verweisen. Die Zopfdurchmesser verstehen sich dabei ohne die Rinde, und für den baumkantigen Beschlag oder Verschnitt ist die Rinden- oder Schälpartie am Zopfende zusammengerechnet gleich ungefähr $^1/_4$ des Umfanges.

TABELLE XVI. (Vollkantig-quadratisch.)

Durchmesser / Diagonale } am Zopfende in cm . . .	15	16	17	18	19	20	21	22	23	24	25	26
Quadratseite in mm	106	113	120	127	134	141	148	156	163	170	177	184

Durchmesser / Diagonale } am Zopfende in cm . . .	27	28	29	30	31	32	33	34	35	36	37	38
Quadratseite in mm	191	198	205	212	219	226	233	240	247	254	262	269

Durchmesser / Diagonale } am Zopfende in cm . . .	39	40	41	42	43	44	45	46	47	48	49	50
Quadratseite in mm	276	283	290	297	304	311	318	325	332	339	346	354

TABELLE XVII. (Baumkantig-quadratisch.)

Durchmesser am Zopfende in cm . . .	15	16	17	18	19	20	21	22	23	24	25	26
Balkenstärke in mm	120	128	136	144	152	160	168	176	184	192	200	208

Durchmesser am Zopfende in cm . . .	27	28	29	30	31	32	33	34	35	36	37	38
Balkenstärke in mm	216	224	232	240	248	256	264	272	280	288	296	304

Durchmesser am Zopfende in cm . . .	39	40	41	42	43	44	45	46	47	48	49	50
Balkenstärke in mm	312	320	328	336	344	352	360	368	376	384	392	400

Vollkantig-rechteckig von gröſster Tragfähigkeit.
(Vergleiche Tabelle VII, Seite 50.)

TABELLE XVIII. (Baumkantig-rechteckig von gröſster Tragfähigkeit.)

Durchmesser am Zopfende in cm . . .	15	16	17	18	19	20	21	22	23	24	25	26
Höhe des Balkens in mm	140	149	159	168	177	187	196	205	215	224	233	243
Breite „ „ in mm	99	106	112	119	125	132	139	145	152	158	165	171

Durchmesser am Zopfende in cm . . .	27	28	29	30	31	32	33	34	35	36	37	38
Höhe des Balkens in mm	252	261	271	280	289	299	308	317	326	336	345	355
Breite „ „ in mm	178	185	191	198	205	211	218	224	231	238	244	251

Durchmesser am Zopfende in cm . . .	39	40	41	42	43	44	45	46	47	48	49	50
Höhe des Balkens in mm	364	373	383	392	401	411	420	429	439	448	457	466
Breite „ „ in mm	257	264	271	277	284	290	297	304	310	317	323	330

TABELLE XIX.

Vollkantig, quadratisch und rechteckig von verschiedenen Verhältnissen.

Die quadratischen Querschnitte und die rechteckigen gröſster Tragfähigkeit sind fett gedruckt.

Balkenhöhe cm	Balkenbreite in cm.																								
	15	16	17	18	19	20	21	22	23	24	25	26	27	28	29	30	31	32	33	34	35	36	37	38	39
	Zopfdurchmesser des Rundholzes in Millimeter.																								
15	**212**																								
16	219	**226**																							
17	227	233	**240**																						
18	234	241	248	**255**																					
19	242	248	255	262	**269**																				
20	250	256	262	269	276	**283**																			
21	**258**	264	270	277	283	290	**297**																		
22	266	**272**	278	284	291	297	304	**311**																	
23	275	280	**286**	292	298	305	311	318	**325**																
24	283	288	**294**	300	306	312	319	326	332	**339**															
25	292	297	302	**308**	314	320	326	333	340	346	**353**														
26	300	305	311	**316**	**322**	328	334	341	347	354	361	**368**													
27	309	314	319	324	**330**	336	342	348	355	361	368	375	**382**												
28	318	322	328	333	338	**344**	350	356	362	369	375	382	389	**396**											
29	327	331	336	341	347	352	**358**	364	370	376	383	389	396	403	**410**										
30	334	340	345	350	355	361	**366**	372	378	384	391	397	404	410	417	**424**									
31	—	348	354	358	364	369	374	**380**	386	392	398	405	411	418	424	431	**438**								
32	—	357	362	367	372	377	383	388	**394**	400	406	412	418	425	432	439	446	**453**							
33	—	—	371	376	381	386	391	397	**402**	**408**	414	420	426	433	439	446	453	460	**467**						
34	—	—	380	385	389	394	400	405	410	**416**	422	428	434	440	447	453	460	467	474	**481**					
35	—	—	—	394	398	403	408	413	419	424	**430**	436	442	448	455	461	468	474	481	488	**495**				
36	—	—	—	402	407	412	417	422	427	433	438	**444**	450	456	462	469	475	482	488	495	502	**509**			
37	—	—	—	—	416	421	426	430	436	441	447	**452**	**458**	464	470	476	483	489	496	503	510	517	**523**		
38	—	—	—	—	425	430	434	439	444	449	455	460	**466**	472	478	484	490	497	503	510	517	524	531	**537**	
39	—	—	—	—	—	439	443	448	453	458	463	469	474	**480**	486	492	498	504	511	518	525	531	538	545	**552**
40	—	—	—	—	—	448	452	456	461	466	472	477	482	488	**494**	500	506	512	518	525	532	539	545	552	559
41	—	—	—	—	—	—	461	465	470	475	480	486	491	496	**502**	508	514	520	526	532	539	546	553	560	567
42	—	—	—	—	—	—	470	474	479	483	489	494	499	505	510	**516**	522	528	534	540	546	553	560	567	574
43	—	—	—	—	—	—	—	483	488	492	497	503	508	513	519	524	**530**	536	542	548	554	560	567	574	581
44	—	—	—	—	—	—	—	492	496	501	506	511	516	522	527	533	**538**	544	550	556	562	568	574	581	588
45	—	—	—	—	—	—	—	—	505	509	515	520	525	530	535	541	546	**552**	558	564	570	576	582	588	595
46	—	—	—	—	—	—	—	—	514	518	523	528	533	538	543	549	555	560	**566**	572	578	584	590	596	603
47	—	—	—	—	—	—	—	—	—	527	531	536	541	546	552	557	563	569	**574**	**580**	586	592	598	605	611
48	—	—	—	—	—	—	—	—	—	536	540	545	550	555	560	566	571	577	583	**588**	594	600	606	612	619
49	—	—	—	—	—	—	—	—	—	—	549	554	559	564	569	574	580	585	591	596	**602**	608	614	620	627
50	—	—	—	—	—	—	—	—	—	—	558	563	568	573	578	583	588	594	599	605	**610**	**616**	622	628	635

Aus der Tabelle XIX läfst sich entnehmen, wie stark der Rundholzstamm am Zopfende sein mufs, um einen vollkantigen rechteckigen Querschnitt von bestimmten Abmessungen in cm zu ermöglichen. Eine Tabelle für den umgekehrten Fall (die Holzstärken nach dem Durchmesser zu bestimmen) läfst sich nicht gut übersichtlich anfertigen, weil jedem Durchmesser viele Rechtecksquerschnitte entsprechen. Zur Not läfst sich hierfür aber auch die letzte Tabelle benützen, wenn man unter den Durchmesserzahlen die nächstliegenden aufsucht und nachsieht, zu welchen Kantholzstärken sie gehören. So habe z. B. ein Rundholzstamm am Zopfende 514 mm Durchmesser. Das Nachsehen ergiebt für

509 mm	Durchmesser	die	Kantholzabmessungen	36/36 cm
510 mm	„	„	„	35/37 cm
510 mm	„	„	„	34/38 cm
511 mm	„	„	„	33/39 cm
512 mm	„	„	„	32/40 cm
514 mm	„	„	„	31/41 cm
510 mm	„	„	„	29/42 cm
513 mm	„	„	„	28/43 cm
511 mm	„	„	„	26/44 cm
509 mm	„	„	„	24/45 cm
514 mm	„	„	„	23/46 cm

unter welchen man dann die Wahl hat. Die Sache ist nicht so umständlich, weil die annähernden Durchmesserzahlen alle auf einem Bogen liegen, der quer durch die Tabelle zieht. Wenn ganz schmale Baumkanten am Zopfende zulässig sind, kann man auch die nächst höher gelegenen Zahlen noch berücksichtigen, also z. B. 516 mm Durchmesser für 30/42 cm etc. Wo die Tabellen in ihren Zahlen nicht ausreichen, also für extra starke Stämme, da kann man sich, da alles proportional zunimmt, durch ein einfaches Rechenverfahren helfen. Angenommen, es werde in Tabelle XVI für einen Durchmesser von 64 cm die Seite eines vollkantig-quadratischen Schnittes gesucht. Die Tabelle reicht nicht so weit; nun heifst es: zu einem halb so grofsen Durchmesser gehört eine halb so grofse Seite; sehen wir also bei 32 cm nach und verdoppeln die 226 mm, giebt 452 mm als Quadratseite; wir hätten auch bei 16 nachsehen und die 113 mm mit 4 vervielfachen können, was dasselbe giebt etc.

Die Einteilung und Benennung des Bauholzes

ist in verschiedenen Gegenden verschieden und da wir nicht allem Rechnung tragen können, so geben wir die Einteilung nach der „Deutschen Bauzeitung“.

1) Extrastarkes Bauholz, über 14 m lang, mit mehr als 34 cm Zopfstärke.
2) Ordinärstarkes Bauholz, 12 bis 14 m lang, mit 29 bis 34 cm Zopfstärke.
3) Mittelbau- oder Riegelholz, 9 bis 12½ m lang, mit 21 bis 26 cm Zopfstärke.
4) Kleinbau- oder Sparrholz, 9 bis 11 m lang, mit 15 bis 21 cm Zopfstärke.
5) Bohlstämme, 7 bis 9 m lang, mit 13 cm Zopfstärke.
6) Lattstämme, 6 bis 7 m lang, mit 8 cm Zopfstärke.
7) Schwammbau- oder rindschäliges Holz, 9 bis 12½ m lang, mit 21 bis 26 cm Zopfstärke.
8) Sägeblöcke oder Sägeklötze (Abschnitte von Langholz), 4,5 bis 8 m lang, 36 und mehr cm Zopfstärke.

Das bearbeitete Holz

wird ebenfalls verschieden eingeteilt und benannt. Auch hierfür gelten keine allgemein gültigen Bestimmungen, so wertvoll dies auch wäre.

Man unterscheidet zunächst zwischen Verbandholz und Schnittholz oder Schnittwaren.

Je nachdem aus dem Stamm 1 Stück, 2 oder mehr Stücke geschnitten werden, wird das Verbandholz als Ganzholz, Halbholz oder Kreuzholz bezeichnet. (Vergleiche Fig. 52a, b und c.) Die Abmessungen von Ganzholz sind daher durchschnittlich die gröfsten, von Kreuzholz die kleinsten. Ganzholz und Kreuzholz haben Querschnitte, die sich zwischen dem quadratischen und demjenigen gröfster Tragfähigkeit bewegen. Die Querschnitte des Halbholzes dagegen bewegen sich in den Verhältnissen von 5:7 bis 5:10. Schwaches Ganzholz bezeichnet man zum Unterschied von Halb- und Kreuzholz als einstielig. Das einstielige Holz gleicher Stärke ist naturgemäfs wertvoller und leistungsfähiger als Halb- und Kreuzholz, obgleich das letztere, weil aus starken Stämmen gewonnen, besser ausgewachsen zu sein pflegt.

Zu den Schnittwaren zählen hauptsächlich Bohlen, Dielen, Bretter, Schwarten, Latten und Rahmenschenkel.

Bohlen, auch Planken oder Flecklinge genannt, haben eine Dicke von 100 bis 50 mm.

Dielen haben eine solche von 50 bis 30 mm.

Schleifdielen sind 36 mm stark, 29 cm breit und 4,56 m lang; sie gehen besonders nach Holland.

Sattelbretter oder Bettseiten sind 30 mm dick.

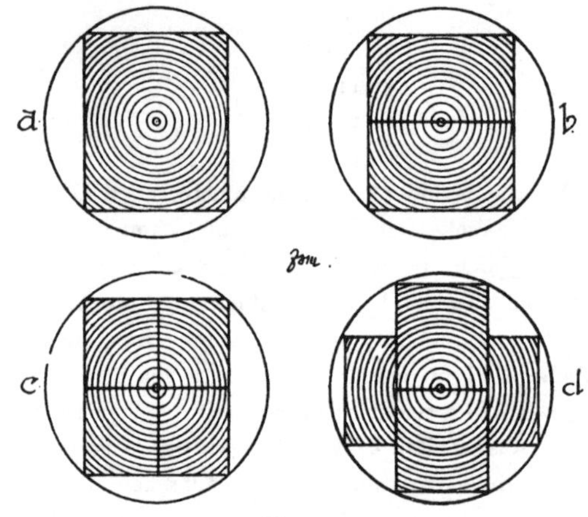

Fig. 52.
Ganzholz, Halbholz und Kreuzholz.

Bretter (süddeutsch) oder Bord (rheinisch) sind Dielen unter 30 mm Dicke; bei einer Stärke von 10 bis 12 mm werden sie als schwache Sorten bezeichnet.

Schwarten sind die äufsern Abfälle, die sich beim Schneiden des Holzes zu Balken oder Schnittwaren ergeben; sie sind also einerseits geschnitten, anderseits rindig oder rindschälig.

Rahmenschenkel sind schwache Balken oder schwaches Verbandholz, meist von quadratischem Querschnitt von 4 bis 12 cm Stärke und 4,5 m Länge.

Latten sind in Streifen zerlegte Bretter, gewöhnlich 24 auf 48 oder 25 auf 50 mm stark und 4,5 m lang. Die Deck- oder Fugenlatten haben bei gleicher Länge einen Querschnitt von 15 auf 50 mm und die Doppellatten einen solchen von 35 auf 50 mm.

Bohlen, Dielen und Bretter kommen meist gesäumt in den Handel, d. h. die Baumkanten an den Enden sind abgeschnitten. In der Schweiz und in Baden geht jedoch auch ungesäumte Ware.

In Bezug auf die Qualität unterscheidet man

1) reine oder ganz reine Dielen. Sie dürfen keine Aeste haben, das Holz mufs gleichfarbig sauber und schlicht sein;
2) halbreine Dielen dürfen wenige kleine und gut verwachsene Aeste zeigen;
3) ordinäre Dielen dürfen lose, schwarze, etwas gröfsere Aeste haben; die besten dieser Sorte gehen als „halbgeschlacht";
4) Brennbord, Schalbretter, Kistenbretter sind Bretter mit groben Aesten, Faulstellen und zerrissenen Partien ohne Fehlen eines Teiles;
5) Ausschufs ist der minderwertige Rest.

Die gangbare Länge der Dielen ist 4,5 m, die gangbarsten Stärken sind 12, 15, 18, 20, 24, 30, 36 und 48 mm, die gangbarsten Breiten $14\frac{1}{2}$, 17, 19, $21\frac{1}{2}$, 24, $26\frac{1}{2}$, 29, $31\frac{1}{2}$ und 34 cm Breite.

Die gangbarsten Rahmenschenkelstärken sind 4×5, 6×6, 7×7, 7×9, 9×9 und 9×12 cm.

Der Preis der Schnittwaren richtet sich nach Qualität und Stärke. Die stärkeren Sorten sind verhältnismäfsig billiger, weil der Preis der schwächern durch vermehrten Schneidelohn und Holzverlust durch Sägefugen erhöht wird.

Das Schneiden des Holzes zu Dielen und Brettern erfolgt auf verschiedene Weise. (Fig. 53.) Wird der Stamm ohne Rücksicht auf Jahresringe etc. durch parallele Schnitte zerlegt, so erhält man ungesäumte Ware und zwei Schwarten. Schneidet man erst zwei Schwarten ab, kantet den Klotz um und verfährt wie vorher, so erhält man gesäumte Ware und vier Schwarten. Bei starken Stämmen werden aufser den Schwarten noch zwei äufsere Dielen abgetrennt und dann erst wird gekantet. Für die neuerdings sehr beliebten Riemen- oder Schiffböden zieht man Dielen mit senkrechten Jahresringen vor, weil sie viel dauerhafter sind, als die gewöhnliche, ohne Rücksicht hierauf geschnittene Ware. Der Verschnitt gestaltet sich dann nach den drei letzten Darstellungen der Fig. 53. Die Riemen haben gewöhnlich eine Breite von 12 bis 15 cm bei einer Stärke, so dafs einseitig gehobelt 30 mm verbleiben. Dafs diese letztere Art des Verschnittes teurer ist, als der gewöhnliche, ist ohne weiteres klar. Der Mehraufwand wird aber reichlich durch die gröfsere Dauerhaftigkeit aufgewogen.

Die neuzeitigen Sägewerke mit ihren mannigfachen Holzbearbeitungsmaschinen begnügen sich nicht mit der Lieferung der sogen. „kuranten" Ware; sie tragen auch weitergehenden Bedürfnissen Rechnung

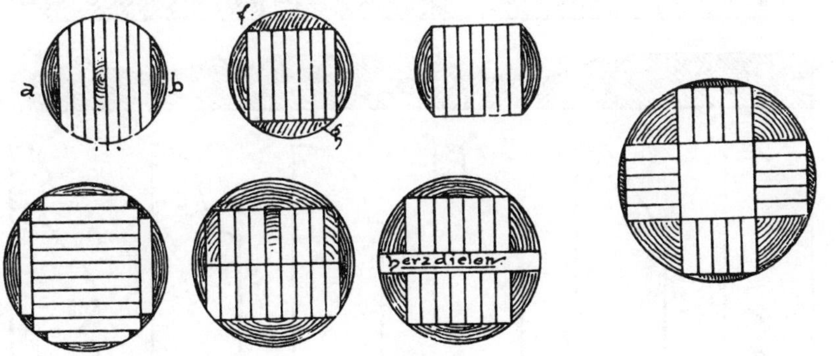

Fig. 53.
Der Schnitt des Holzes auf Dielen.

und liefern die Riemen vollständig fertig zum Verlegen, gehobelt, gefalzt, genutet oder gespundet etc. Sie fertigen aufserdem Friese, Schalbretter, Fufssockel, Profilleisten etc. Die Figur 54 giebt eine Abbildung derartiger Erzeugnisse. Aufserdem befassen sich verschiedene Fabriken mit der Erzeugung von Zierleisten, wie sie hauptsächlich in der Schreinerei Verwendung finden. Treppengeländerleisten und ähnliches können jedoch auch den Zimmermann interessieren, weshalb wir auf die Musterbücher von Nik. Eckel in Kaiserslautern (Generalvertreter A. Römhildt in Karlsruhe) und von Jaeger & Söhne in Efslingen verweisen.

Nachdem von Rund-, Kant- und Schnittholz die Rede war, erübrigt noch des Spaltholzes zu gedenken. Es findet in der Zimmerei Anwendung in der Form der Stückhölzer oder Stakhölzer für die Windelböden und in der Form der Schindeln. Beide Formen werden neuerdings mehr und mehr durch anderes verdrängt. An Stelle der Stückhölzer verwendet man Schwarten und Bretter (Schub- und Stülpdecken). Die Schindeln zur Dichtung der Ziegeldächer sind durch Einführung besserer Eindeckungsarten nahezu verdrängt und die Schindelverkleidung von Wänden, Giebeln etc. ist nur vereinzelt und in holzreichen Gebirgsgegenden im Gebrauch und auch hier ist die gespaltene Ware durch Maschinenschindeln verdrängt. Die mit der Maschine hergestellten Schindeln sind hübscher, glatter und gleichmäfsiger und haben den weiteren Vorzug der Billigkeit; dagegen sind die gespaltenen weniger dem Werfen und Reifsen unterworfen.

4. Die Erhaltung (Konservierung) des Holzes.

Leider ist die Haltbarkeit des Holzes eine sehr beschränkte. Vollständig trocken gehalten erhält es sich ziemlich lange; stets nafs halten sich einige Hölzer, wie Eichen, ebenfalls sehr gut; aber dem

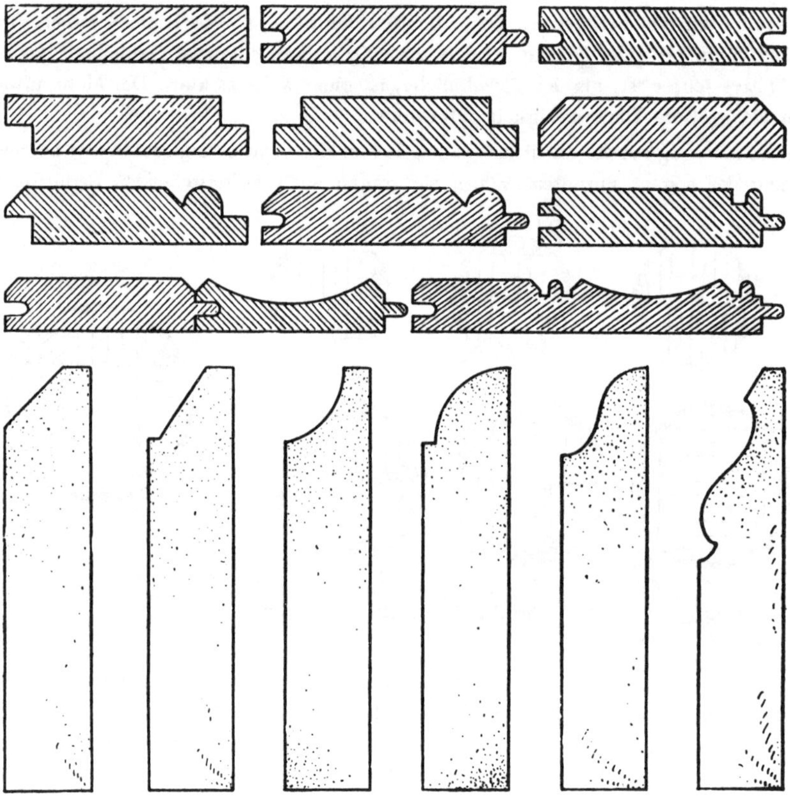

Fig. 54.
Profile verschiedener Friese, Fufssockel etc. des Hobelwerkes von Th. Berger in Holzkirchen, Oberbayern.

Wechsel von nafs und trocken widerstehen sie nicht lange. Bestimmte Dauerzeiten lassen sich nicht geben, weil zu verschiedene Umstände mitwirken. Ungeschützte Nadelhölzer gehen erfahrungsgemäfs im Freien im Zeitraum von 5 bis 20 Jahren zu Grunde. Was Wunder, dafs man längst bestrebt war, Mittel zu finden, welche geeignet sind, die Dauer zu erhöhen. Die dahinzielenden Versuche sind zum Teil geglückt, zum Teil haben sie sich als zu teuer, zu unpraktisch erwiesen. Die Schutzmittel sollen das Holz in seiner ganzen Masse oder wenigstens auf der Oberfläche schützen.

Einen bekannten und allgemein angewandten Schutz der letztern Art gewähren die verschiedenerlei Anstriche mit Oelfarbe, mit Firnifs, mit Leinöl, mit Teer etc. Diese Mittel, so zweckmäfsig sie an und für sich sind, haben nur einen Wert, wenn sie auf völlig trockenes Holz aufgebracht werden; dann schützen sie wirklich; andernfalls können sie mehr schaden, als gut machen, weil sie die natürliche Austrocknung verhindern. Abgesehen von künstlicher Trocknung könnten diese Anstriche also sicher wirksam erst nach Jahren aufgebracht werden, was vielfach nicht angeht.

Besser wirkend ist das Tränken mit Oelen und Harzlösungen unter Erhitzung auf etwa 200° C., wobei ein tieferes Eindringen möglich ist. Für Bauhölzer kann dieses Verfahren nicht in Betracht kommen, für Parketthölzer und ähnliches ist es jedoch in Anwendung.

Noch wirksamer ist das sogen. „Imprägnieren" mit fäulniswidrigen Stoffen, welche das Holz chemisch verändern. Derartige Stoffe sind Chlorzink, holzessigsaures Eisen, Kupfervitriol, Kreosot, Phenyl, Naphthalin und andere Nebenprodukte der Teer- und Gasbereitung, der Petroleumraffinerie etc. Diese Stoffe müssen unter Anwendung von starkem hydraulischen Druck in Lösung oder in Dampfform in das Innere des Holzes getrieben werden, was natürlicherweise besondere Einrichtungen erfordert. Immerhin schützt aber auch schon einigermafsen der blofse Anstrich mit Kreosot und andern Teerprodukten. Verschiedene Imprägniersalze haben die Eigenschaft, dafs nach der Behandlung die Anstriche nicht mehr haften; das Chlorzink macht eine Ausnahme; aufserdem ist dieses Mittel nicht kostspielig.

Die Versuche, die lebenden Stämme im Stand zu imprägnieren sind wissenschaftlich interessant, sind zum Teil geglückt, sind aber als unpraktisch wieder verlassen.

Als Schutz gegen das Befallen des Holzes durch den Hausschwamm und andere Pilze sind ebenfalls verschiedene Mittel im Handel, wie Antimerulion (Gustav Schallehn, Magdeburg und Wien) und Mycothanathon (Vilain & Cie.). Auch andere Mittel werden empfohlen, so z. B. eine konzentrierte Kochsalzlösung, die Lösungen von Kupfer- und Eisenvitriol, von Chlorzink etc. heifs aufgetragen, Petroleum und verschiedenes andere, was sich seiner Giftigkeit halber nicht empfiehlt. Als neuestes Mittel wird das Antinonnin angepriesen.

Auch gegen das Feuer, diesen hochgefährlichen Feind des Holzes, hat man das letztere zu schützen gesucht. Aus der Reihe der hierherzählenden Mittel seien die Wasserglasanstriche erwähnt, welche das Holz auf der Oberfläche gewissermafsen verkieseln sollen.

Manche dieser Mittel verändern das Holz in der Farbe, was nicht immer erwünscht ist, manche hinterlassen auf mehr oder weniger lange Zeit unangenehme Gerüche, wieder andere schädigen die damit in Berührung kommenden Farben und Tapeten etc. Sie haben also ihre guten und schlimmen Seiten und ein allgemein befriedigendes und billiges, leicht aufzubringendes Mittel mufs noch erfunden werden, was der modernen Technik und Chemie zweifellos auch noch glücken wird.

Ein altes Konservierungsmittel ist das Anbrennen oder Ankohlen. Die Kohle ist bekanntlich ein fäulniswidriges, aufsaugendes Mittel, und Pfähle und Stämme, die an den Enden, mit welchen sie in die Erde kommen, gekohlt sind, halten thatsächlich länger. Da die richtige Grenze nicht leicht einzuhalten ist, ersetzt man das Ankohlen vielfach durch Tränken mit Kreosot oder Karbolineum.

IV. DIE HOLZVERBINDUNGEN, FÜR SICH BETRACHTET.

Allgemeines. — 1. Die Hilfsmittel der Holzverbindung, Nägel, Schrauben etc. — 2. Die Verlängerung. — 3. Die Verbreiterung. — 4. Die Verdickung oder Verstärkung. — 5. Die Verknüpfung. (a. Ueberblattungen und Ueberschneidungen. b. Verzapfungen. c. Versatzungen. d. Verkämmungen. e. Aufklauungen. f. Verzinkungen.)

In diesem Abschnitte sollen die Holzverbindungen als solche besprochen werden. Ihre praktische Anwendung zu Holzverbänden wird der nächste Abschnitt behandeln.

Die Holzverbindungen sind bedingt entweder aus Gründen der Formgebung oder der Konstruktion (aus formalen oder technischen Gründen) oder aber durch die Unzulänglichkeit des zur Verfügung stehenden Materials. Aus konstruktiven Gründen werden insbesondere nötig die verschiedenen Arten der Verknüpfung und aus Gründen der Unzulänglichkeit diejenigen der Verlängerung, Verbreiterung und Verdickung, während zu Gunsten einer gefälligen Formgebung vielfach Verbindungen angeordnet werden, die weiter keinen Zweck haben. Da der Formgebung, der Verzierung des Holzes ein besonderer Abschnitt gewidmet ist, so wird an jener Stelle das Einschlägige gebracht werden.

Die Holzverbindungen der Zimmerei und der Schreinerei sind im grofsen ganzen die nämlichen; die Unterschiede liegen zum Teil nur im Mafsstab. Die Zimmerei benützt vorwiegend stabförmige Hölzer, die Schreinerei dagegen Bretter, was die Sache natürlich auch ändert. Das Hauptunterscheidungsmittel ist aber der Leim, den der Schreiner nicht, der Zimmermann wohl aber entbehren kann. Man hat deshalb von jeher in diesem Sinne die Grenzscheide zwischen Schreiner- und Zimmerarbeit gezogen.

Aber auch die Zimmerei kann gewisse Hilfsmittel der Holzverbindung nicht entbehren, wie Nägel, Schrauben etc., so dafs auch diese Dinge zu besprechen sein werden. Vielfach und der Hauptsache nach aber erfolgt die Verbindung durch entsprechende Gestaltung des Holzes selbst, was ja auch das Nächstliegende ist. Es sind zahlreiche und zum Teil recht scharfsinnige Dinge dieser Art schon seit alten Zeiten ausgesonnen und ausprobiert. Sie bilden heute noch den wesentlichen Bestand der Holzverbindungen. Immerhin hat sich aber doch manches geändert. Wir stehen in einer anderen Zeit; Verkehr und Technik haben ungeahnte Fortschritte gemacht; das Holz ist teurer, das Eisen ist billiger geworden und so ist das letztere gar oft an Stelle des ersteren getreten. Man kann dies vom idealen Standpunkt aus bedauern; vom praktischen Standpunkt aus wäre es thöricht, nicht mit der Zeit zu gehen. Was sich überlebt hat, soll ruhig über Bord. Dieser Gedanke soll bei Abfassung dieses Abschnittes mafsgebend sein. Er wird nur solche Verbindungen berücksichtigen, die heute in der That noch gemacht werden, weil sie nötig sind.

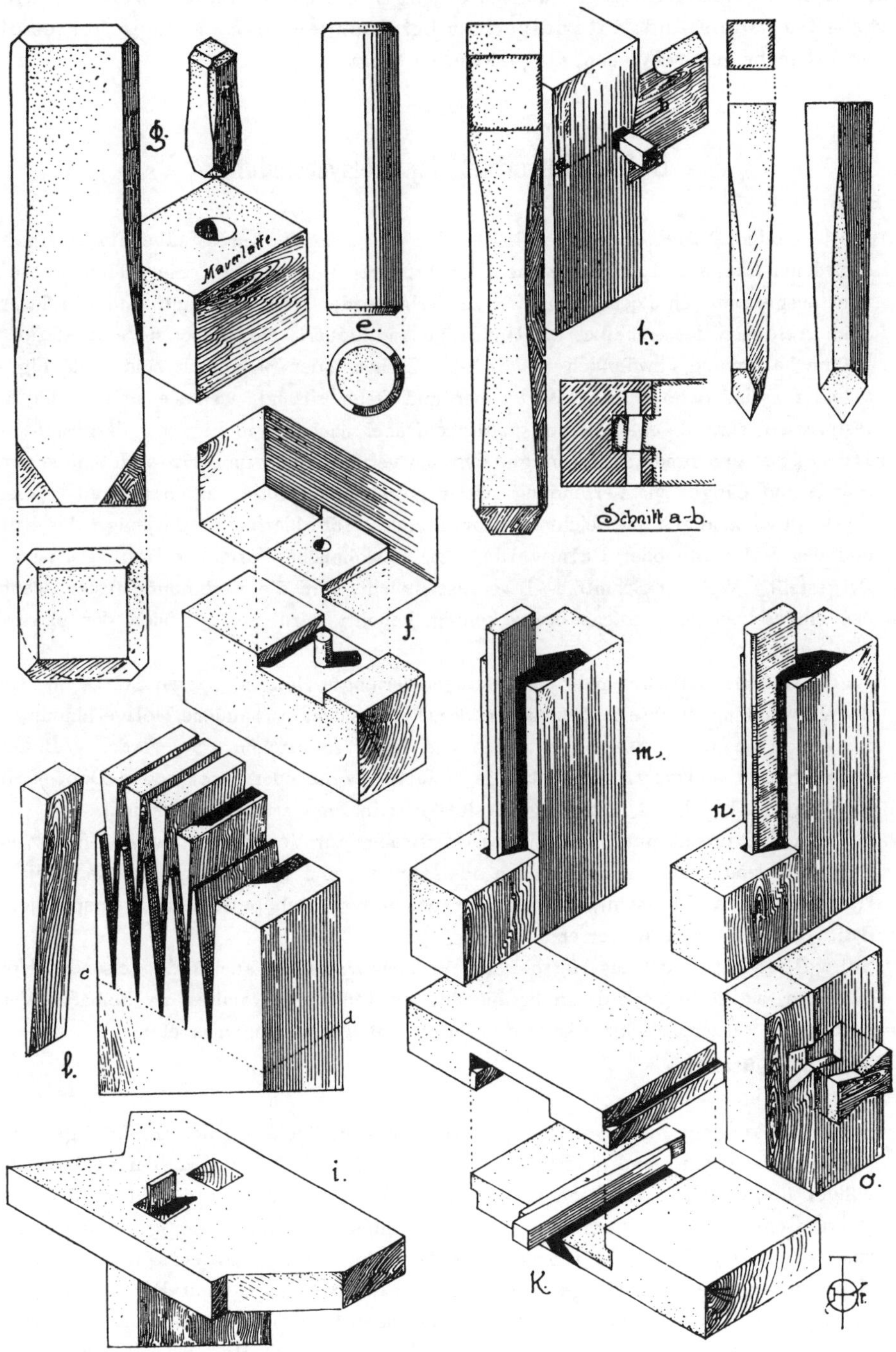

Fig. 55.
Hölzerne Hilfsmittel der Holzverbindung, Dübel, Nägel, Keile, Federn etc.

Als die besten Holzverbindungen können diejenigen bezeichnet werden, welche einfach, ohne grofsen Arbeitsaufwand und Materialverlust bei genügender Sicherheit herzustellen sind. Alles andere hat mehr geschichtlichen, als praktischen Wert.

---

1. Die Hilfsmittel der Holzverbindung.

A. Aus Holz:

a) Dollen oder Dübel sind cylindrische oder prismatische, kurze Stäbe aus Hartholz von verschiedener Länge und Stärke je nach der Art ihrer Verwendung. Sie greifen in die gebohrten oder ausgestemmten Löcher der zwei zu verbindenden Hölzer ein und sind u. a. in Anwendung beim Aufdollen des Gebälkes auf Unterzüge und Mauerlatten, wobei sie eine Stärke von 25 bis 30 mm haben und gewöhnlich aus Eichen-, Eschen- oder Birkenholz sind. Die Fig. 55 zeigt in e und f cylindrische Dübel. Wirksamer und fester sitzend, weil sie sich in die Ausbohrung festpressen, sind abgekantete, prismatische Dübel nach der in Fig. 55 g dargestellten Form.

b) Holznägel sind runde oder kantige, schwach verjüngte und zugespitzte Holzstäbe verschiedener Stärke und Länge, zur Verbindung zweier „verbohrter“ Hölzer durch Eintreiben dienend. Ein zähes, geschmeidiges und leicht zu bearbeitendes Holz hierfür ist dasjenige des Spitzahorns und der Salweide oder Palmweide. Die gewöhnliche Form der Holznägel ist in Fig. 55 h dargestellt. Wie der Schnitt a—b veranschaulicht, wird die Verbindung fester, wenn das Loch des eingeschobenen Zapfens etwas schräg gebohrt wird, so dafs sich der elastische Nagel pressen mufs.

c) Keile sind prismatische, mehr oder weniger verjüngte Holzteile, deren Stärke und Gestalt nach der Verwendung wechselt. Sie dienen dazu, eine schon vorhandene Holzverbindung durch Eintreiben an passender Stelle zu stärken und fester zu machen. So werden z. B. Grundzapfen, Hackenblätter und verzahnte Balken in einfacher Weise oder durch sogen. Doppelkeile verkeilt. (Fig. 55i und k.) Die Herstellung der Keile ist in Fig. 55 l veranschaulicht.

d) Federn sind prismatische, linealartige Holzstreifen zur Verbindung zweier Hölzer „auf Nut und Feder“ dienend. Sie sind gewöhnlich aus Hartholz, und zwar Langholzfedern (Fig. 55 m) oder Hirnholzfedern (Fig. 55 n), werden aber neuerdings auch gerne durch entsprechende Reif-, Band- oder Flacheisen ersetzt.

e) Schwalbenschwänze aus Hartholz zur Verbindung zweier aneinanderstofsenden Hölzer haben die Form, wie sie Fig. 55 o darstellt. Sie sind ein wenig angewandtes, zweifelhaftes Verbindungsmittel und werden zweckmäfsigerweise durch Eisenverbindungen ersetzt.

B. Aus Eisen oder Stahl:

1) Nägel. (Fig. 56a.)

Sie bilden das meist gebrauchte Verbindungsmittel und wurden früher allgemein durch die Nagelschmiede von Hand gefertigt (geschmiedete Nägel). Heute werden sie fabrikmäfsig weit billiger hergestellt in zahllosen Gröfsen und Arten und zwar in der Form der Drahtstifte (cylindrisch) und in der Form der früheren geschmiedeten Nägel (kantig-verjüngt). Die ersteren sind fast ausschliefslich, die letzteren nur da in Anwendung, wo es sich um besonders grofse Köpfe und um ein Umschlagen der Spitzen handelt (Latten- und Riementhüren etc.). Von handgeschmiedeten Nägeln kommen hauptsächlich in den Handel Sparren- oder Schiffsnägel, 120 bis 300 mm lang und länger, 10 bis 12 mm dick, Bodennägel, 96 bis 110 mm lang und 4 bis 5 mm stark, im Schaft quadratisch oder rechteckig, mit Flachköpfen, Querköpfen, abgedachten und pfeilförmigen Köpfen, Lattnägel, 84 bis 96 mm lang, halbe Lattnägel,

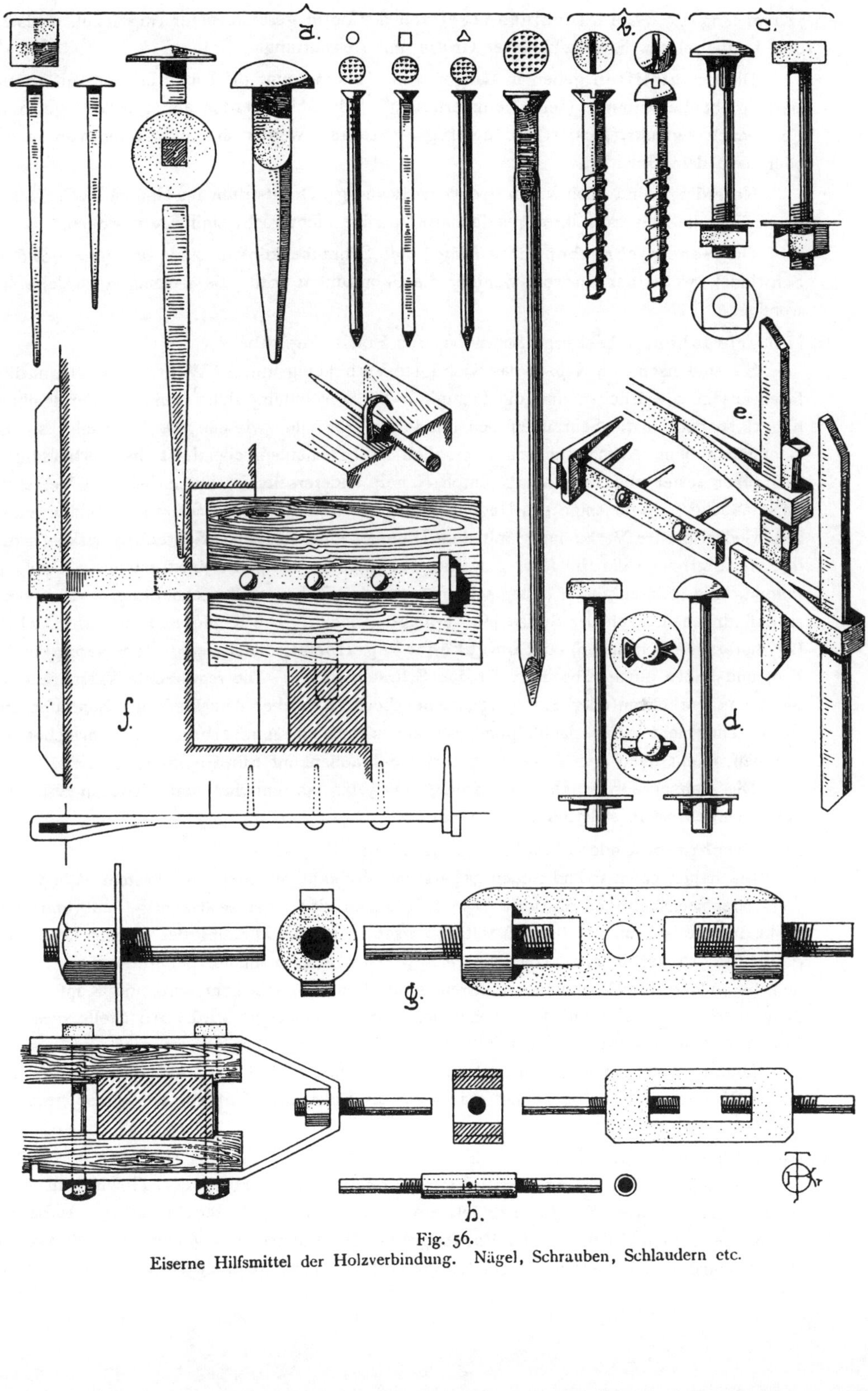

Fig. 56.
Eiserne Hilfsmittel der Holzverbindung. Nägel, Schrauben, Schlaudern etc.

72 mm lang etc. Die Maschinennägel von der Form geschmiedeter Nägel gehen als Kisten- und Lattnägel etc. in verschiedener Gröfse und Ausstattung.

Die Drahtstiften gehen in Längen von 9 bis 230 mm; die Dicke in mm, mit 10 multipliziert, giebt die Nummer (neue Nummerierung). Dieselben werden aufser in der gewöhnlichen Form auch verzinkt, lackiert etc. gefertigt. Verkauft werden sie in Paketen von 1000 Stück oder nach dem Gewicht.

Neuerdings sind auch kanneliert-dreikantige Drahtstiften im Handel (J. C. Havemann in Berlin), die sich trotz ihrer zweifellosen Vorzüge nicht recht einbürgern wollen.

Die Scheinschraubenstifte (Nägel mit Schraubenköpfen) sind ein ganz gewöhnlicher Schwindel, wobei der Vorwurf weniger die Fabrikanten trifft, als diejenigen, welche sie verwenden.

2) Holzschrauben, d. h. eiserne Schrauben für Holz. (Fig. 56b.)

Sie sind nach den Nägeln das wichtigste Verbindungsmittel. Während die Nägel die Holzfaser auseinanderdrücken und die Festigkeit der Verbindung dabei nur von der Reibung abhängt, so bohren die Schrauben sich mit ihrem Gewinde zwischen die Faserteile, so dafs ein Nachgeben ohne Abscherung nicht möglich ist. Dementsprechend ist die Verbindung durch Schrauben fester und sicherer als durch Nägel; andererseits ist die Arbeit des Verschraubens umständlicher, als diejenige des Nagelns. Regelrecht eingebohrte Schrauben bilden eine jederzeit wieder lösbare Verbindung; mit dem Hammer eingeschlagene Schrauben wirken wie Nägel, da beim Eintreiben die Holzfaser gewaltsam abgeschert wird, was einem nutzlosen Unfug gleichkommt. Die Holzschrauben haben scharfe Gewinde mit breiten Zwischenräumen auf einem nahezu cylindrischen, nach der Spitze hin verjüngten Schaft. Die Köpfe sind entweder halbkugelig (halbrunde Schrauben) oder umgekehrt kegelförmig (flachköpfige oder versenkte Schrauben) und haben einen Einschnitt für den Schraubenzieher. Die regelrechte Verschraubung bedingt das Vorbohren oder Einschlagen eines Loches, welches dem Kern der Schraube an ihrer Spitze entspricht. Für flachköpfige Schrauben hat ein Ausreiben des Bohrloches vorauszugehen, damit nach dem Einschrauben der Schraubenkopf bündig im Holze sitzt.

Die Holzschrauben gehen in Längen von 5 bis 150 mm und verschiedenen Stärken; verkauft werden sie in Paketen von 100 Stück.

3) Mutterschrauben oder Maschinenschrauben. (Fig. 56c.)

Sie haben einen cylindrischen Schaft und dreikantiges Gewinde (System Whitworth) mit vier- oder sechskantigen Muttern. Die Köpfe sind vier- oder sechskantig, halbrund oder versenkt und vielfach mit kantigen Ansätzen versehen, um die Drehung des Bolzens beim Anziehen der Mutter zu verhindern. Die letztere, sowie der Kopf kommen bei guter Konstruktion auf eine besondere Unterlagscheibe zu sitzen, damit das Holz geschont wird und Kopf und Mutter nicht in das Holz einschneiden, wobei der Verband gelockert wird. An Stelle dieser durchlochten Scheiben werden gelegentlich auch federnde Ringe benützt.

Die Mutterschrauben gehen in Stärken von 6 mm an aufwärts und in zahlreichen Längen. Grofse Mutterschrauben bezeichnet man auch als Schraubenbolzen und grofse geschmiedete Nägel als Spitzbolzen.

4) Splintbolzen. (Fig. 56d.)

Sie sind den Mutterschrauben im ganzen ähnlich, haben aber weder Gewinde noch Mutter, sondern einen glatten Schaft. Der letztere ist am freien Ende durchlocht zur Aufnahme des durchzusteckenden Splintes oder Vorsteckers. Die Vorstecker kommen auf Unterlagscheiben zu sitzen und sind kurze Rund- oder Kanteisenstücke oder, wenn ein Herausfallen zu befürchten ist, treten an ihre Stelle **doppelte Splinte**, d. s. umgebogene Bleche oder Bandeisen, welche wohl lösbar sind, aber von selbst nicht durchfallen können.

Bolzen und Splinte samt Zubehör sind ebenfalls im Handel, werden vielfach aber besonders angefertigt. Die Schrauben- und Splintbolzen finden in der Zimmerei häufig Anwendung, meist zur weiteren Sicherung schon vorhandener Holzverbindungen.

5) **Zugstangen, Anker und Schlaudern.**

Es sind dies eigentlich grofse, langgezogene Schrauben- und Splintbolzen, die für den vorliegenden Fall besonders geschmiedet werden. Schlaudern aus Kanteisen erhalten durch Umbiegen und Anschweifsen eine Art Oese, in welche der Ankerstift, Splint, Schlüssel oder Durchschub eingreift und, wenn nötig, festgekeilt wird. (Fig. 56e.) Die Befestigung der Schlauder am Holzwerk geschieht durch Nagelung und Spitzklammern. (Fig. 56f.) Zugstangen aus Rundeisen werden an den Enden gewöhnlich mit einem Schraubengewinde versehen, auf welches sich als Sicherung eine Mutter in gewöhnlicher Form oder in Gestalt einer Rosette aufsetzt. (Fig. 56g.) Auch für diese Dinge sind die sogen. **Anschweifsenden** mit Zubehör im Handel, insbesondere für die **Sperrstangen** der Dachkonstruktionen (rechtes Gewinde und linkes Gewinde mit gemeinsamer Schraubenhülse zum Anziehen und Nachlassen, meist flachgängig); für schwache Zugstangen genügt als Schlofs ein mit Muttergewinde versehenes Rohrstück. (Fig. 56h.)

6) **Nietnägel.**

Sie werden wenig verwendet, obgleich sie eine billige und feste, wenn auch nicht lösbare Verbindung sind. Es sind dies cylindrische Nägel mit Kopf, aber ohne Spitze. Es wird ein ent-

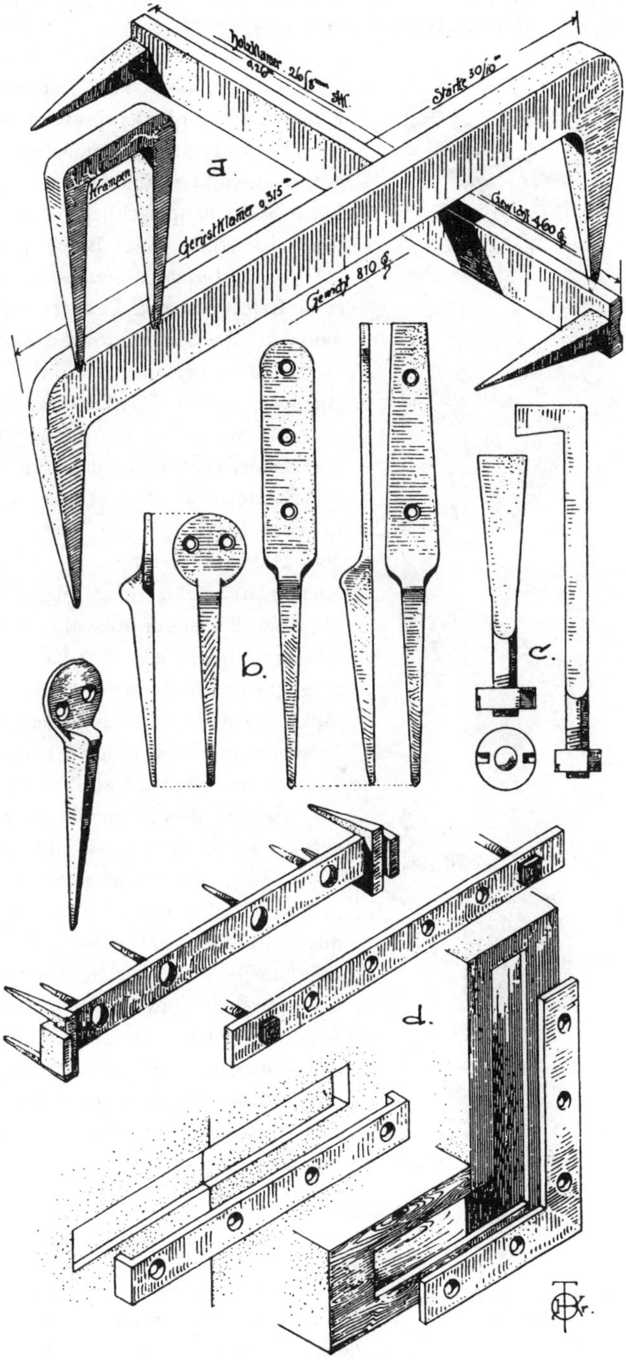

Fig. 57. Eiserne Hilfsmittel der Holzverbindung. Klammern, Bankeisen, Steinschrauben etc.

sprechendes Loch gebohrt; der Nietbolzen wird durchgesteckt, die Nietscheibe aufgebracht und das vorstehende Ende umgenietet.

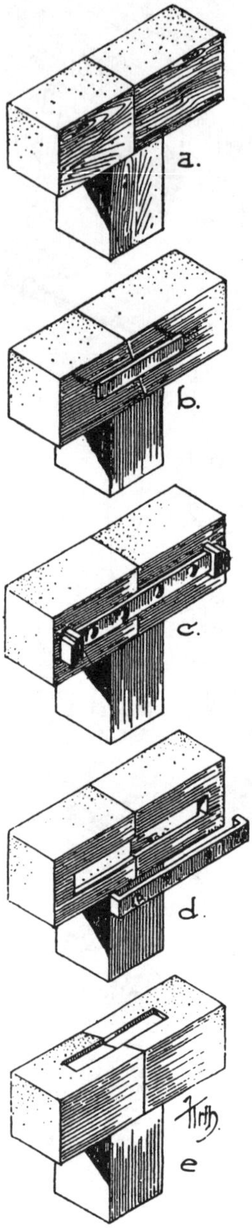

Fig. 58. Verschiedene Arten des Stofses.

Die Löcher für Bolzen jeder Art sind vorzubohren, nicht zu weit und nicht zu eng, damit kein Schlottern und kein Zersprengen des Holzes eintritt.

7) Klammern, Spitzklammern oder Krampen. (Fig. 57a.)

Es sind dies geschmiedete Kanteisen verschiedener Länge und Stärke mit rechtwinklig abgebogenen Spitzen an beiden Enden. Die gewöhnliche Form findet hauptsächlich Anwendung bei vorübergehenden Holzverbindungen, beim Gerüstbau, beim Beschlagen und Zurichten der Hölzer (zur Befestigung auf den Unterlagen etc. Gerüstklammer). Als bleibendes Verbindungsmittel (zum Befestigen von Eisenschienen etc.) nimmt die Klammer veränderte Formen an; die Spitzen werden verhältnismäfsig länger, auch gelegentlich mit Widerhaken versehen u. a. m.

8) Bankeisen oder Bankstifte. (Fig. 57b.)

Sie dienen zur Befestigung zweier Hölzer unter sich oder, was häufiger vorkommt, zur Befestigung von Holzteilen an Mauern. Das Bankeisen ist ein geschmiedeter Nagel mit rundem oder langgestrecktem Lappen, mit Löchern für Nägel oder Schrauben und mit einer Nase zum Eintreiben mit dem Hammer versehen.

9) Steinschrauben. (Fig. 57c.)

Sie dienen zur Befestigung von Holzteilen an der Mauer oder am Stein (Futterrahmen u. a.). Das kantige, nach hinten verbreiterte, umgebogene oder aufgehauene Ende wird in der entsprechenden Vertiefung festgekeilt, vergipst, verbleit etc. Das andere Ende ist mit Schraubengewinde und Mutter versehen und wird vielfach bündig in das Holz versenkt.

10) Schienen, Eckwinkel, Verbindungsplatten etc. (Fig. 57d.)

Es sind dies Eisenteile verschiedener Form, aus Flacheisen, Transversaleisen, starken Blechen, Winkeleisen etc. hergestellt. Sie dienen zur weiteren Befestigung nicht genügend sicherer Holzverbindungen. Sie werden meist paarweise aufgelegt oder — was besser ist — in das Holz eingelassen und mit demselben und unter sich durch eine genügende Zahl von Krampen, Schrauben- oder Splintbolzen verbunden. Weniger zuverlässig ist die Befestigung mit Spitzklammern allein.

11) Einlegbleche. Wo Hölzer mit den Hirnflächen aufeinanderstofsen unter der Voraussetzung eines starken Druckes, verhindert man das Ineinanderschieben der Holzfaser durch Einlegen von Blechstücken, z. B. beim Anfall der Strebe an die Hängesäule. Die betreffenden Verbindungsstellen werden vorher abgehobelt.

---

2. Holzverbindungen zur Verlängerung.

Dieselben sind ein Notbehelf, veranlafst durch die Unzulänglichkeit der Hölzer und sollten, wo immer thunlich, umgangen werden. Da sich dies nicht immer machen läfst, zählen wir nachstehend die gebräuchlichsten auf:

A. Verlängerungen in horizontaler Richtung:

1) Der gerade Stofs (Fig. 58a, c und d). Er ist an und für sich überhaupt keine Verbindung,

da die Hölzer stumpf aneinanderstoſsen, also das eine das andere weder halten noch tragen kann. Der gerade Stoſs wird deshalb nur über oder unter Pfosten angeordnet. Andernfalls hat eine weitere Sicherung gegen das Durchbiegen durch eiserne Schienen zu erfolgen, welche mit dem Holz durch Schraubenbolzen oder durch Nägel und Krampen verbunden werden. Auch im erstgenannten Falle ist es zweckmäſsig, den Stoſs durch eine eingeschlagene Klammer notdürftig zu schützen. (Fig. 58b.)

2) Der schräge Stoſs. Man versteht darunter gewöhnlich die Form der Fig. 58b. Da dieser Stoſs dem geraden kaum etwas voraus hat, so kann er als veraltet gelten. Schon eher ist die Form 58e zu empfehlen, weil die gestoſsenen Hölzer hierbei ein weiter eingreifendes Auflager erhalten.

3) Das gerade Blatt. (Fig. 59a.) Es ist eine einfache, gute und vielverwendete Verbindung. Gewöhnlich wird dieselbe zur weiteren Sicherung „verbohrt“, d. h. durch einen Nagel oder besser durch einen eisernen Schraubenbolzen verstärkt. Werden zwei Nägel verwendet, so sind sie wie in Fig. 59b anzuordnen, damit das Holz weniger leicht

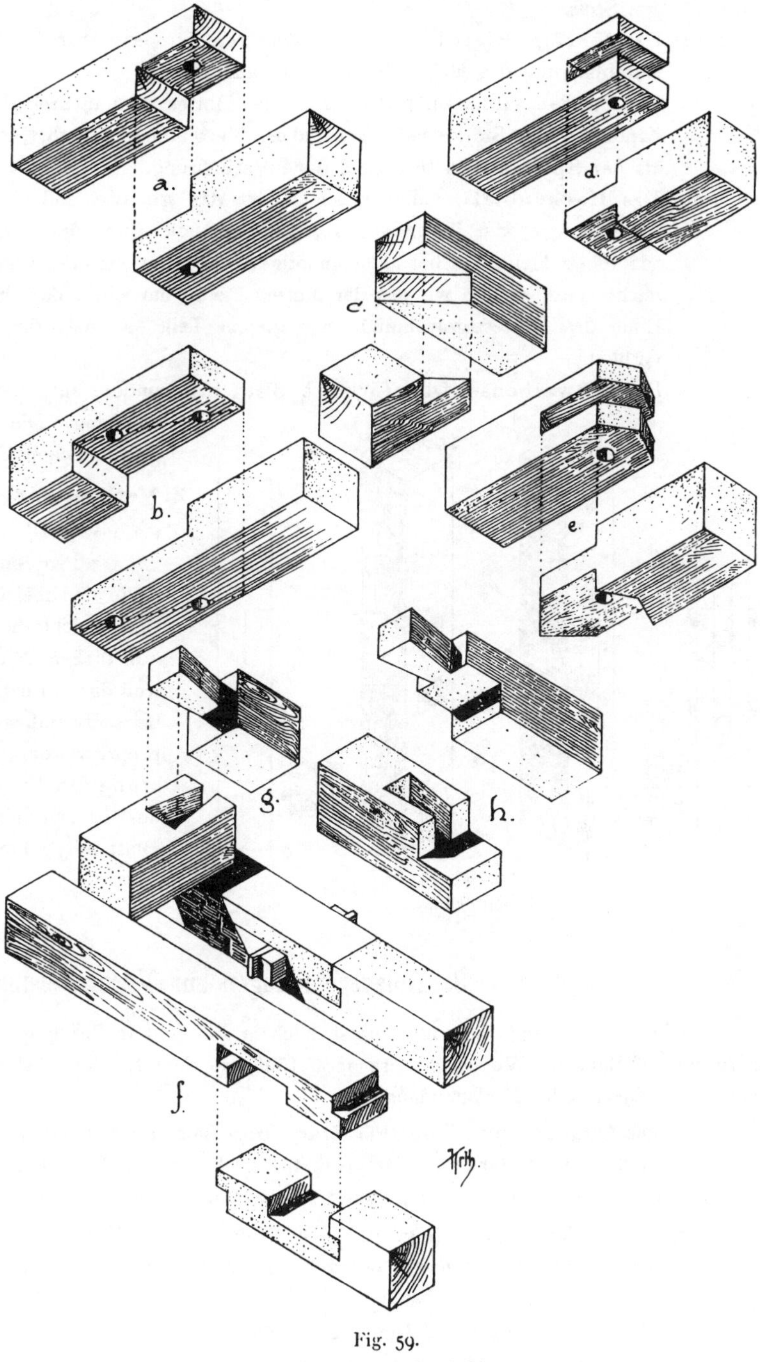

Fig. 59.
Verschiedene Arten der Anblattung.

aufgespalten wird. Vom schräg eingeschnittenen Blatt gilt dasselbe wie vom schrägen Stofs.

4) Das schräge Blatt (Fig. 59c) hat dem geraden gegenüber den Vorzug, dafs bei einer etwaigen Durchbiegung das Holz weniger leicht aufspaltet.

5) Der Zapfen. (Fig. 59d.) Die Höhe des Holzes wird in drei gleiche Teile geteilt, so dafs der Zapfen $^1/_3$ der Stärke hat. Wird diese Verbindung verbohrt, so ist sie einfacher und besser als der Spitzzapfen (Fig. 59e) ohne Verbohrung.

6) Das Hackenblatt. Man unterscheidet das gerade und das schräg eingeschnittene, das schräge oder französische, das versteckte und das verborgene Hackenblatt, alle mit oder ohne Keil. Da bei allen unnötigerweise Holz verloren geht, ohne dafs besonders viel erreicht wird, stellen wir aus der ganzen Reihe nur eines dar (Fig. 59f). Man teilt hierbei die Höhe des Holzes gewöhnlich in 5 gleiche Teile, so dafs für die Keilstärke das mittlere $^1/_5$ verbleibt.

7) Das schwalbenschwanzförmige Blatt, insbesondere für Mauerlatten und ähnliches in Anwendung. Die Figur 59 zeigt in g und h die gewöhnlichen Formen desselben.

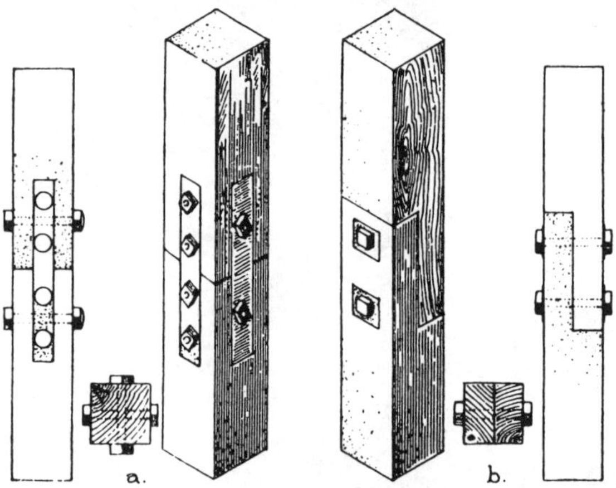

Fig. 60.
Propfungen.

B. Verlängerungen in senkrechter Richtung (Propfungen):

Die Propfungen lassen sich leicht umgehen, da in den meisten Fällen Hölzer zu beschaffen sind, welche die genügende Länge haben. Alle künstlichen Propfungen haben keinen Wert, weil das Erreichte nicht im Verhältnis zum Arbeitsaufwand steht. Mufs wirklich einmal gepropft werden, so wählt man am besten den stumpfen Propf mit einer weitern Sicherung durch Eisenschienen (Fig. 60a) oder das gerade Blatt mit Schraubenverbolzung. (Fig. 60b.)

---

3. Holzverbindungen zur Verbreiterung.

Die Verbreiterung kommt hauptsächlich in Betracht in Bezug auf Dielen und Bretter, weniger in Bezug auf Balken. Wo die letztere nötig fällt, wie bei den Spundwänden des Wasserbaues, benützt man die Quadrat- oder Keilspundung.

1) Die Quadratspundung (Fig. 61a). Jeder Balken erhält auf der einen Seite eine Nute, welche $^1/_3$ der Balkenstärke zur Breite und Tiefe hat, und auf der entgegengesetzten Seite eine angearbeitete Feder von der gleichen Abmessung.

2) Die Keilspundung (Fig. 61b). Die Nute, wie die Feder sind im Querschnitt gleichschenklig oder gleichseitig dreieckig mit gebrochener Spitze. In Fig. 61c und d sind zwei weitere Arten der Spundung veranschaulicht.

In Bezug auf Bretter und Dielen unterscheidet man:

3) stumpf gefügt (Fig. 62a). Von einer eigentlichen Verbindung kann nur geredet werden, wenn eine Verleimung, Vernagelung oder Verschraubung hinzutritt;

4) **verdübelt** (Fig. 62b und c), wenn die einzelnen Teile durch runde oder kantige Dübel verbunden werden, welche in entsprechende Löcher beider Teile eingreifen;

5) **überfälzt** (Fig. 62d), wenn beide Teile einen Falz erhalten, mit welchem sie übereinandergreifen;

6) **gespundet** (Fig. 62e), wenn die Teile Nut und Feder angearbeitet erhalten;

7) **auf Nut und Feder** verbunden (Fig. 62f), wenn die einzelnen Teile beiderseits Nuten haben, in welche getrennte Federn eingeschoben werden.

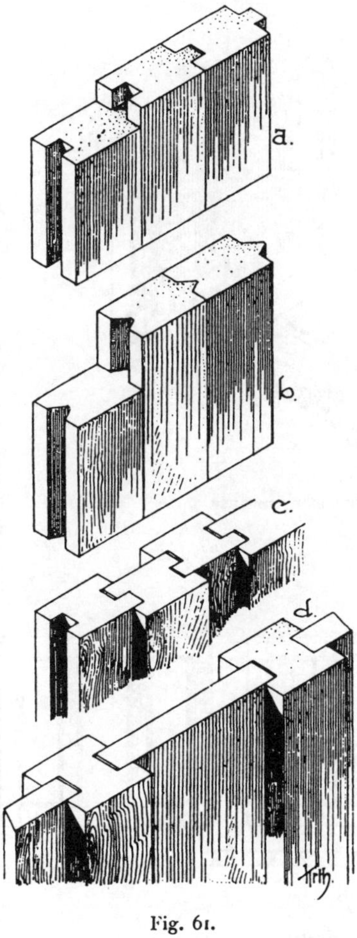

Fig. 61.
Verschiedene Arten der Spundung.

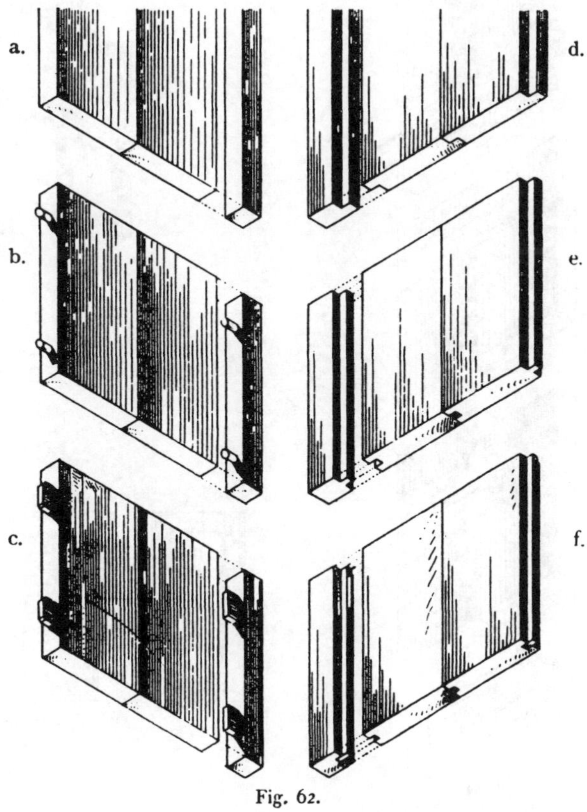

Fig. 62.
Verbindungen nach der Breite.

Weitere Hilfsmittel zur Befestigung und Verbindung nach der Breite sind:

8) **Grat- oder Einschubleisten** (Fig. 63). Sie werden in den Grat geschoben. Der Grat ist eine schwalbenschwanzartige Nute; sie wird hergestellt, indem nach dem entsprechenden Vorreifsen mit der Gratsäge Schnitte unter einem Winkel von etwa 75° bis auf ⅓ der Holzstärke gemacht werden, wonach das Holz zwischen beiden Schnitten mit dem Stechbeitel und Grundhobel entfernt wird.

9) Hirnleisten (Fig. 64a und b). Sie fassen, wie der Name andeutet, die Dielen am Hirnholzende und sind an den Enden zu verleimen. Sie können gleiche Stärke wie die Dielen haben, also bündig sein oder einerseits oder beiderseits vorspringen. Die Nut kann an der Leiste, die Feder an den Dielen angebracht werden oder umgekehrt. Die Hirnleisten sind meistens aus Hartholz und ebenso die Gratleisten.

10) Schwalbenschwänze (Fig. 64c), eine seltene und wenig sichere Verbindung.

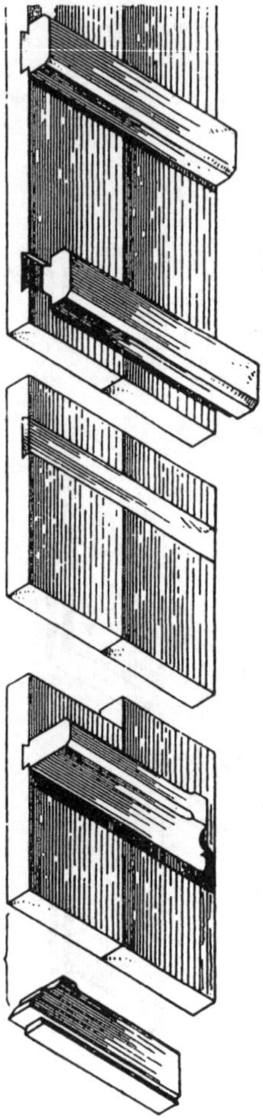

Fig. 63.
Grat- oder Einschubleisten.

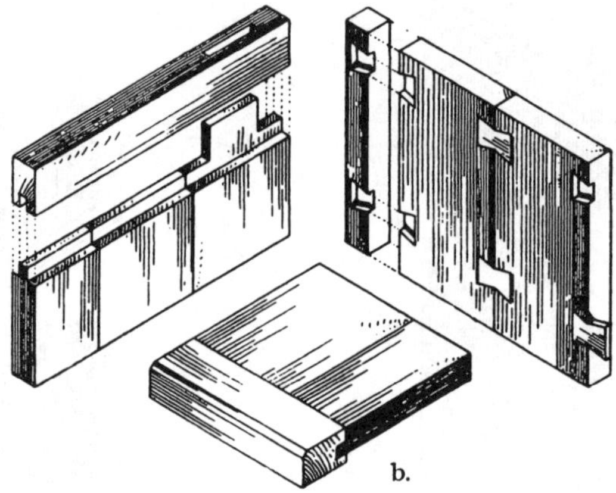

Fig. 64.
Hirnleisten und Schwalbenschwänze.

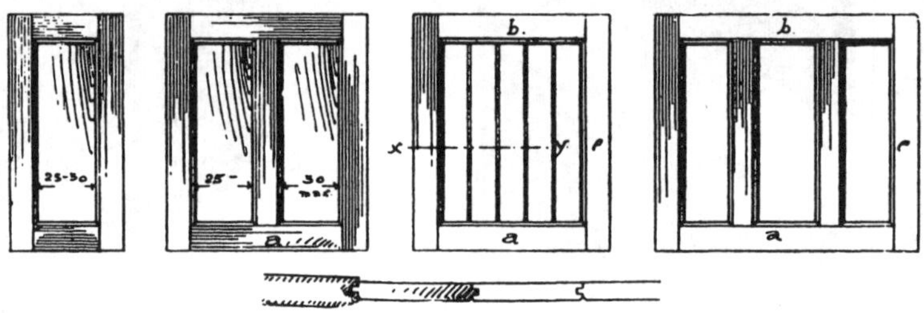

Fig. 65.
Gestemmte Arbeiten.

Die genannten Verbindungen haben alle das Mifsliche, dafs die erzielten Holzflächen bei feuchter Witterung infolge des Quellens, das dem Holze nun einmal eigen ist, nach der Breite wachsen, um bei trockener Luft wieder zu schwinden. In denjenigen Fällen, wo diese Breitenveränderung nicht stört oder schadet, wird man von den erwähnten Konstruktionen Gebrauch machen können; überall aber, wo das ständige Arbeiten, der Wechsel von Wachsen und Schwinden nicht erwünscht ist, greift man besser zur gestemmten Arbeit, wie sie für Thüren und Täfelungen heute allgemein üblich ist. Das Prinzip ist einfach und einleuchtend. Langholz schwindet wenig, Querholz bedeutend. Man bildet dementsprechend ein Rahmenwerk aus Langholz, dessen Lichtöffnungen für gewöhnlich nicht über 30 cm breit sind und setzt in dieselben Füllungen ein. Breitere Füllungen bestehen statt aus einem Stück aus überfälzten oder gespundeten Brettstreifen oder Riemen. (Fig. 65.)

Die Einzelheiten der Verbindung bei den gestemmten Arbeiten zeigt die Fig. 66. Die Ecken des Rahmens werden geschlitzt oder durch Keil- und Federzapfen gebildet. Die Füllungen werden befestigt:

a) indem man sie in einen Falz einlegt und — ohne ihr Arbeiten zu hemmen — dadurch am Ausfallen hindert, daſs Stäbchen oder Leisten auf das Rahmholz aufgenagelt werden (Fig. 66x);

b) indem man sie allseitig in Nuten eingreifen läſst, welche den Rahmenhölzern innenseitig angearbeitet werden (Fig. 66y);

c) indem man sowohl die Füllung als den Rahmen nutet und beide gegenseitig ineinandergreifen läſst (Fig. 66z).

Danach unterscheidet man in den Falz gelegte Füllungen, Füllungen in der Nute und überschobene Füllungen.

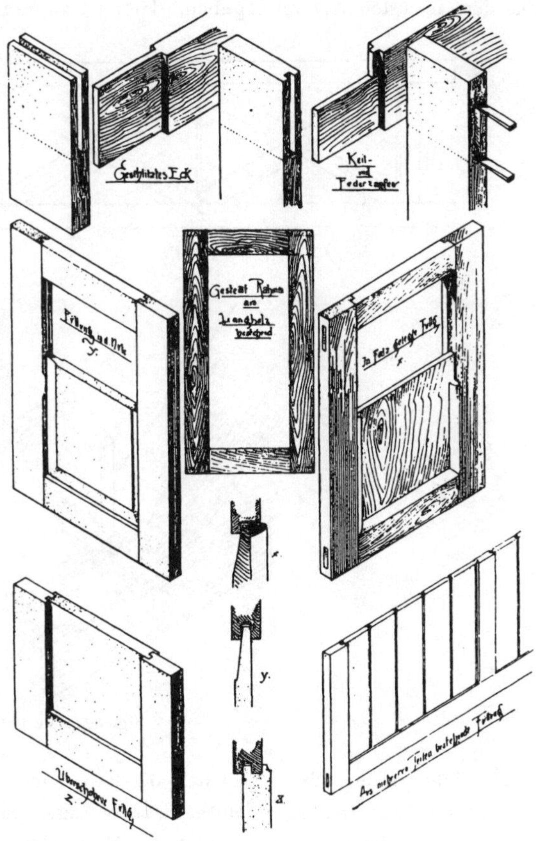

Fig. 66.
Einzelheiten der gestemmten Arbeit.

---

4. Die Verdickungen oder Verstärkungen.

Die Verstärkungen kommen hauptsächlich in Betracht für Hölzer in horizontaler Richtung. Bei groſsen Spannweiten und auſsergewöhnlichen Belastungen reichen die gangbaren Holzstärken vielfach nicht aus. Man hat deshalb eine gröſsere Zahl zum Teil sehr sinnreicher Konstruktionen ausgeklügelt, nach welchen verschiedene Balken derart fest in eins verbunden werden, daſs sie wie ein einheitlicher Träger betrachtet und berechnet werden können. Für diese Konstruktionen waren die Umstände maſsgebend, daſs die Festigkeit auf Durchbiegung im einfachen Verhältnis der Breite, aber im quadratischen Verhältnis der Höhe des Balkens steht und daſs die Querschnitte des Balkens nicht an allen Stellen gleich beansprucht sind. Man hat auf Grund dieses verzahnte, verdübelte, verschränkte, linsenförmige und andere „armierte" Träger erfunden und verwendet. Das war seiner Zeit ganz in Ordnung und sehr anerkennenswert. Heutzutage sind diese Dinge nur von geschichtlicher Bedeutung. Sie werden nur selten ausgeführt aus oft wenig stichhaltigen Gründen. Die Technik ist über diese Dinge zur Tagesordnung übergegangen und verwendet, wo die hölzernen Träger nicht ausreichen, gewalzte aus Eisen, was man früher nicht konnte, weil sie nicht zu haben waren.

Da wir uns aber vorgenommen haben, ein neuzeitiges Buch zu verfassen, so werden wir die genannten Trägerkonstruktionen nicht weiter beschreiben. Wer Veranlassung hat, sie heute noch zu verwenden, der findet in ältern Büchern über die Zimmerei das Betreffende in gewünschter Ausführlichkeit.

Eine der verschiedenen Konstruktionen aber möge doch erwähnt sein, weil sie verhältnismäfsig einfach, von grofser Leistungsfähigkeit und in holzreichen Gegenden unter Umständen billiger ist als eine solche aus Eisen; es ist dies

der vergitterte Träger (Fig. 67). Zwei parallele Balken werden durch sogen. Andreaskreuze versteift und durch genügend starke Schraubenbolzen verbunden. Ein solid und gut ausgeführter Träger leistet im Verhältnis zum Holzaufwand ganz bedeutendes. Seiner Höhe wegen ist er allerdings nicht überall anzubringen, aber immer noch eher als die linsenförmigen Träger, bei denen man nicht weifs, wo die Bogen untergebracht werden sollen.

Wie die Andreaskreuze unter sich und mit den beiden Hauptbalken zu verbinden sind, wird sich aus dem nächsten Artikel ergeben. Hier ist zu bemerken, dafs die beiden Hauptbalken möglichst wenig

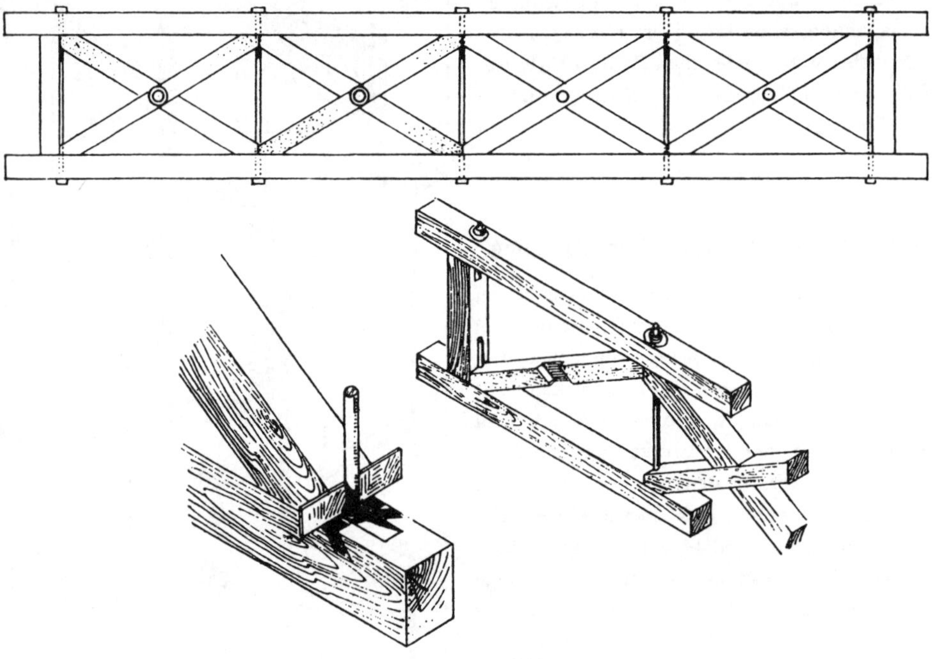

Fig. 67. Vergitterter Holzträger.

geschwächt werden dürfen und dafs die freie Länge derselben in den einzelnen Abteilungen je etwa das 10fache der kleinsten Querschnittsstärke betragen darf.

Verbindungen zum Zwecke der Verstärkung in senkrechter Richtung der Hölzer kommen noch weniger in Betracht. Wo es sich um Zug handelt, verwendet man, wo Holz nicht ausreicht, weitaus besser Schmiedeisen, und wo es sich um Druck handelt: Gufseisen.

5. Holzverbindungen zur Verknüpfung der Hölzer.

Die Verbindungen zum Zwecke der Verlängerung, Verbreiterung und Verstärkung sind im allgemeinen durch die Unzulänglichkeit der Hölzer bedingt. Nun giebt es aber noch zahlreiche Verbindungen, welche durch die Konstruktion bedingt sind, welche man haben mufs zur Herstellung der Verbände für Wände, Decken, Dächer etc., um denselben den nötigen Halt und die erwünschte Unverschiebbarkeit zu sichern. Alle hierher gehörigen Verbindungen bezeichnen wir zum Unterschied von den erstgenannten als Verknüpfungen, gleichgültig, ob es sich um 2 oder mehr zu verbindende Hölzer handelt und gleichgültig, ob die letztern in ein und derselben Ebene oder in verschiedenen Ebenen liegen. Nach der Art der Ausführung, nach der äufserlichen Form ergiebt sich eine Trennung in verschiedene Unterabteilungen.

a. Die Ueberblattungen und Ueberschneidungen.

Hierbei liegen die zu verbindenden Hölzer in einer Ebene, sie werden meist „bündig" verbunden; sie kreuzen sich (schräg- oder rechtwinklig $\times$ $+$), sie bilden ein Antoniuskreuz **T** oder ein Eck **L**, je nachdem beide, eines oder keines der Hölzer über den Verknüpfungspunkt hinausreichen.

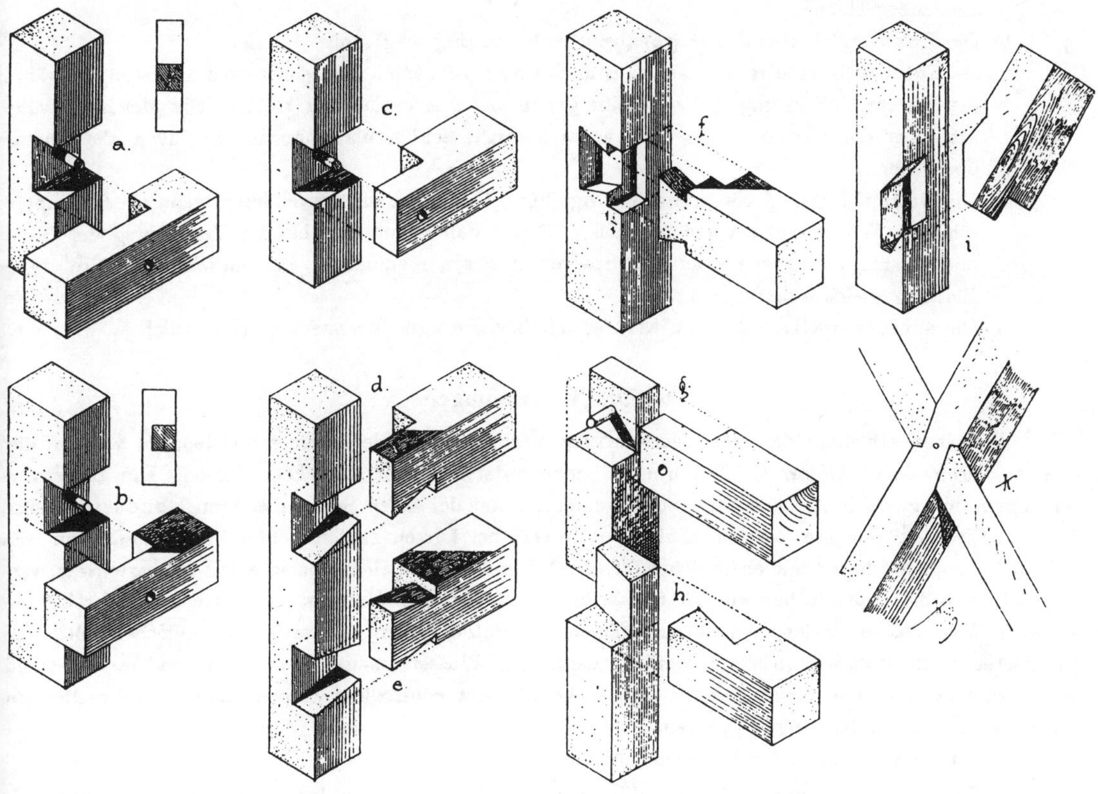

Fig. 68. Ueberblattungen.

1) Die kreuzweise gewöhnliche, bündige Ueberblattung oder Ueberschneidung. (Fig. 68a.) Aus jedem der beiden Hölzer wird bis zur halben Stärke die Breite des andern ausgeschnitten.

2) Die kreuzweise ungleiche Ueberblattung oder Ueberschneidung. Wenn beide Hölzer ungleiche Stärke haben, so braucht, um Bündigkeit zu erzielen, nicht aus jedem die Hälfte ausgeschnitten zu werden. Als Mafsstab für die richtige Verteilung gilt die Erwägung, welches der beiden Hölzer nach dem gegebenen Fall am meisten beansprucht ist. (Fig. 68b.)

Die versatzten, kreuzweisen Ueberblattungen haben keinen besonderen Wert, so dafs sie hier übergangen werden.

3) Die T förmige, einfache Ueberblattung. (Fig. 68c.) Bei gleicher Stärke wird jedes Holz zur Hälfte ausgeschnitten mit nachfolgender Verbohrung.

4) Dieselbe Ueberblattung mit Schwalbenschwanz. (Fig. 68d und e.) Die Verbindung nach d ist die bessere.

5) Die schwalbenschwanzförmige Ueberblattung mit Brüstung. (Fig. 68f.) Diese Verbindung, obschon nicht sehr einfach, wird vielfach verwendet, so z. B. beim „Auswechseln" der Gebälke, wenn die beiden durch den „Wechsel" zu verbindenden Balken zusammengehalten werden sollen. Der zu Grunde liegende Gedanke ist folgender: Das tragende Holz soll wenig geschwächt werden, deshalb erhält der Schwalbenschwanz blos $^1/_3$ Höhe. Das eingeblattete Holz soll an der gefährlichen Stelle aber auch genügend stark sein, daher der Brüstungsabsatz auf halber Höhe.

6) Die Ecküberblattung mit geradem Schnitt (Fig. 68g) und

7) die Ecküberblattung mit schrägem Schnitt (Fig. 68h). Bei genügender Belastung gewährt die letztere Verbindung mehr Gewähr gegen das Ausweichen der Hölzer. Die gleiche Gewähr erstreben die hacken- und die kammförmige Ecküberblattung, die wir auch als unnötig übergehen.

8) Die Gegenblattung oder Anblattung (Fig. 68i) kommt zur Anwendung, wenn ein Holz unter schiefem Winkel auf ein anderes stöſst. Dieser Fall kommt vor bei der Verbindung der Büge mit Pfosten und Pfette oder der Sparren mit den Kehlbalken etc. Gewöhnlich wird diese Blattung gleichzeitig versatzt.

9) Die schiefwinklige Ueberblattung mit beiderseitiger Versatzung. (Fig. 68k.)

b. Die Verzapfungen.

Dieselben zählen zu den meist verwendeten Verbindungen; sie kommen meistens da vor, wo die zwei zu verbindenden Hölzer in T-Form zu einander stehen oder eine Ecke bilden. Die Zapfenverbindungen sind gewöhnlich beiderseits oder wenigstens auf der einen Seite, die dann Bundseite heiſst, bündig. Die Verzapfungen werden häufig verbohrt; bei kurzen Zapfen geht es nicht immer an. Es werden horizontale Hölzer mit ebensolchen, senkrechte mit horizontalen, geneigte mit geneigten etc. verzapft. Liegen die Zapfenlöcher auf der Oberseite von horizontalen Hölzern, so bilden sie im Freien unliebsame Wassersäcke, welche Anlaſs zum Faulen des Holzes geben. Derartige Zapfenlöcher sollten an der tiefsten Stelle stets durchbohrt werden, damit das Wasser ablaufen kann. Ein anderer Miſsstand der Verzapfungen besteht darin, daſs die fertige Arbeit nicht kontrolliert werden kann, weil dieselben zu den versteckten Verbindungen gehören.

Die meist vorkommenden Fälle sind folgende:

1) Der einfache, gerade Zapfen (Fig. 69a) zur Verbindung der Pfosten mit den Schwellen und Pfetten dienend. Die Zapfenstärke beträgt gewöhnlich $^1/_3$ der Stärke des senkrechten Holzes, die Zapfenhöhe aber $^1/_3$ der Stärke des horizontalen Holzes. Bei geringer Zapfenhöhe ist eine Verbohrung wertlos.

2) Der Blattzapfen (Fig. 69b), eine sehr gute und zweckmäſsige Verbindung, ist hauptsächlich in Anwendung, wenn das senkrechte Holz stärker ist als das horizontale. Die Verbindung wird verbohrt oder besser verschraubt.

3) Der Blattzapfen mit Fortsatz. (Fig. 69c.) Das Blatt hat als Fortsatz einen weiteren Zapfen für ein drittes horizontales Holz. Diese und die vorige Verbindung können auch so angeordnet werden, daſs beiderseits ein Blatt stehen bleibt und sind dann besser als der gewöhnliche Doppelzapfen, den wir übergehen, weil er keinen besondern Wert hat.

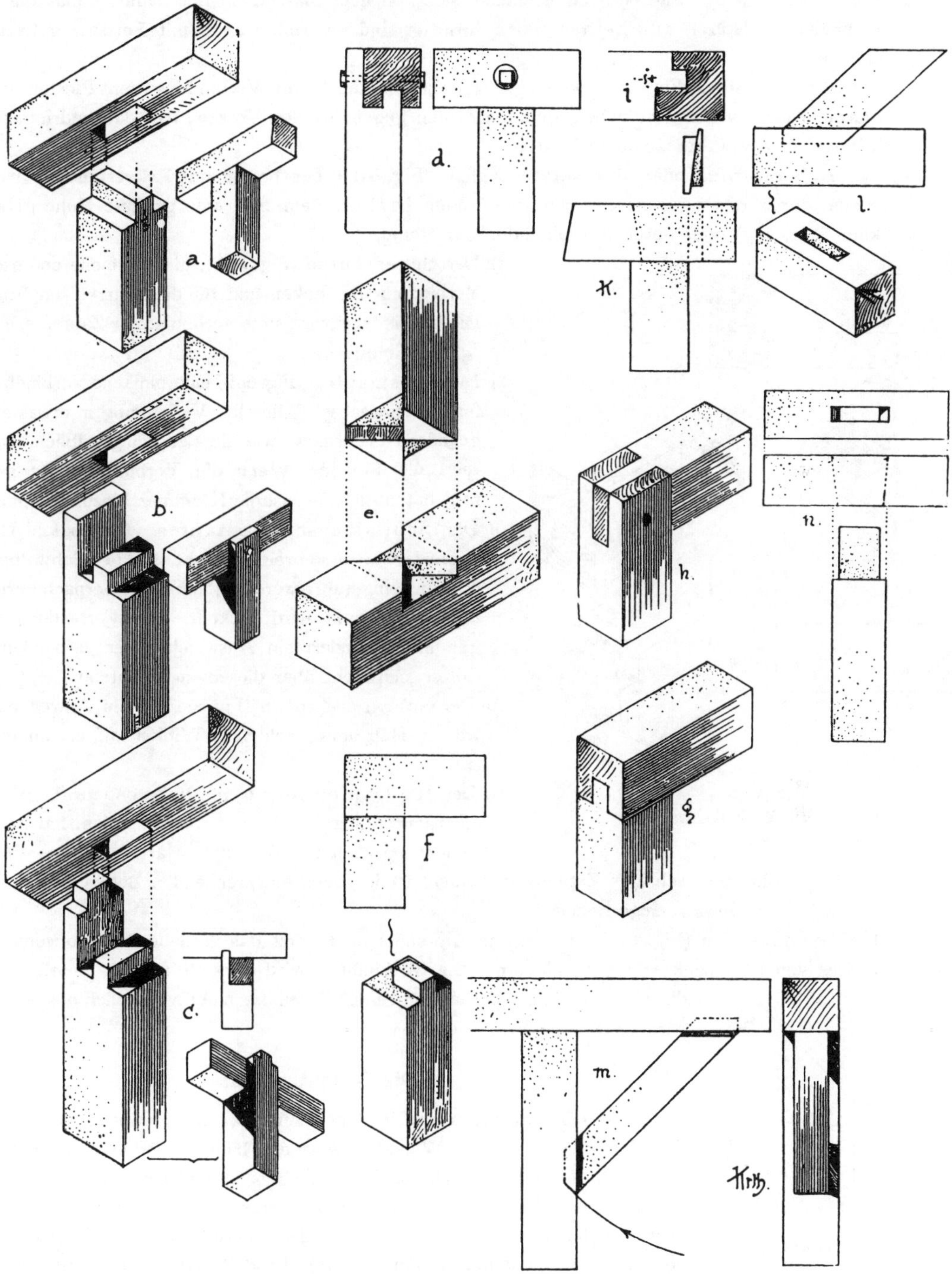

Fig. 69.
Verschiedene Arten der Verzapfung.

4) Der Seitenzapfen (Fig. 69d) unterscheidet sich von dem Blattzapfen nur dadurch, dafs die zu verbindenden Hölzer auf keiner Seite bündig sind. Er kann auch mit Fortsatz gefertigt werden.

5) Der Kreuzzapfen (Fig. 69e) empfiehlt sich hauptsächlich zur Verbindung von Pfosten und Schwelle und hat dem einfachen, geraden Zapfen gegenüber den Vorzug, dafs das eindringende Wasser ohne weiteres ablaufen kann.

6) Der Achselzapfen oder abgesetzte Zapfen. (Fig. 69f.) Die betreffende Eckverbindung wird besser durch den einfachen, verbohrten Zapfen bewirkt, dem man eine gröfsere Höhe geben kann (Fig. 69g) oder durch die folgende Verbindung.

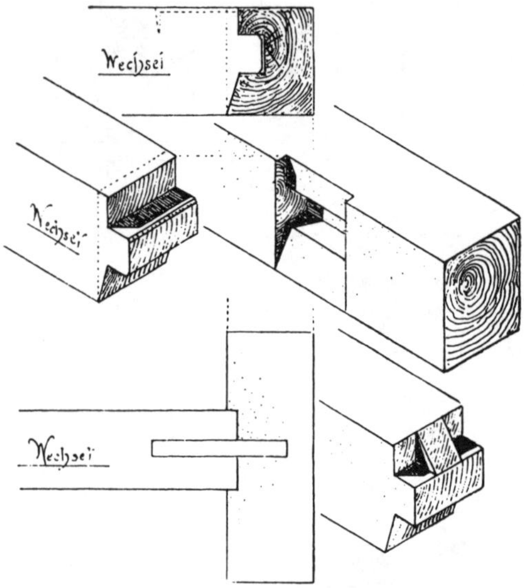

Fig. 70.
Brustzapfen für Balkenwechsel.

7) Der Scherzapfen (Fig. 69h), eine einfache und gute Verbindung für Ecken und für die Sparren am First. Die Verbindung wird stets verbohrt; der Zapfen erhält $^1/_3$ der Holzstärke.

8) Der Brustzapfen (Fig. 69i), eine einfache Verbindung für Balkenwechsel. Dieselbe Verbindung in etwas abgeänderten Formen, wie sie neuerdings üblich sind, zeigt die Fig. 70. Wenn die Verbindung gut sein soll, hat noch eine eiserne Klammer hinzuzukommen.

9) Der Schwalbenschwanzzapfen. (Fig. 69k.) Das Zapfenloch wird so breit gemacht, dafs der Schwalbenschwanz eingeführt werden kann. Der hernach übrigbleibende Raum wird verkeilt. Die Verbindung ist gut und verhindert ein Ausweichen der verbundenen Hölzer, schwächt aber dieselben bedeutend.

10) Der schräge Zapfen (Fig. 69 l) ist in Anwendung, wo ein Holz unter schiefem Winkel auf ein anderes trifft.

11) Der Jagdzapfen (Fig. 69 m), insbesondere für Büge, die nachträglich angebracht werden sollen, hat seine Benennung nach der Befestigungsart. Das eine Ende ist ein gewöhnlicher schräger Zapfen, das andere ist in einem entsprechenden Bogen gerundet und wird mit Gewalt eingetrieben.

12) Der Grundzapfen (Fig. 69n) ist selten in Anwendung. Er soll das Abheben des horizontalen Holzes von dem senkrechten verhindern. Die Verbindung wird verkeilt und ist dieselbe wie die eines Hammers auf seinem Stiel. Wenn sie nicht vorzüglich ausgeführt wird, hat sie keinen Wert.

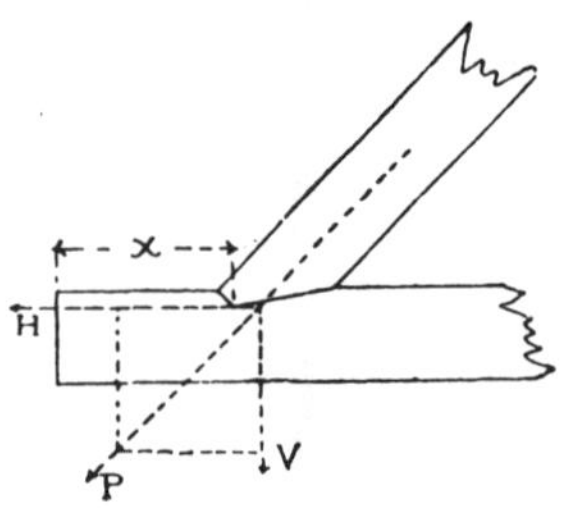

Fig. 71. Strebenversatzung.

c. Die Versatzungen.

Die Versatzungen sind in Anwendung, wo die beiden zu verbindenden Hölzer einen schiefen Winkel miteinander bilden. Sie kommen hauptsächlich in den Dachwerken vor als Verbindung der Streben mit den Balken und Pfosten. Aber auch im Fachwerk können schräg sich kreuzende Hölzer nach Art der Versatzung verbunden werden. Ferner kommen Versatzungen vor, wo es sich nur um ein einziges Holz handelt (Mauerversatzungen etc.). Zum Begriff der Versatzung gehört der Umstand, dafs das in Betracht kommende Verbandholz mit einem Teil seiner Hirnholzfläche einen gewissen Druck aufnimmt. Wenn beispielsweise die Strebe (vergl. Fig. 71) in ihrer Längsrichtung auf den darunter liegenden Balken drückt, so können wir die Kraft P zerlegt denken in eine vertikal auf den Balken wirkende Kraft V und eine horizontalschiebende Kraft H. Je kleiner der Winkel beider Hölzer ist, desto gröſser wird die Kraft H und es ist Sorge gegen das Ausweichen der Strebe und gegen das Abscheren des Balkens zu treffen. Zu diesem Zwecke benutzt man die Versatzung an Stelle des Zapfens oder in Verbindung mit demselben. Aehnlich verhält es sich mit den

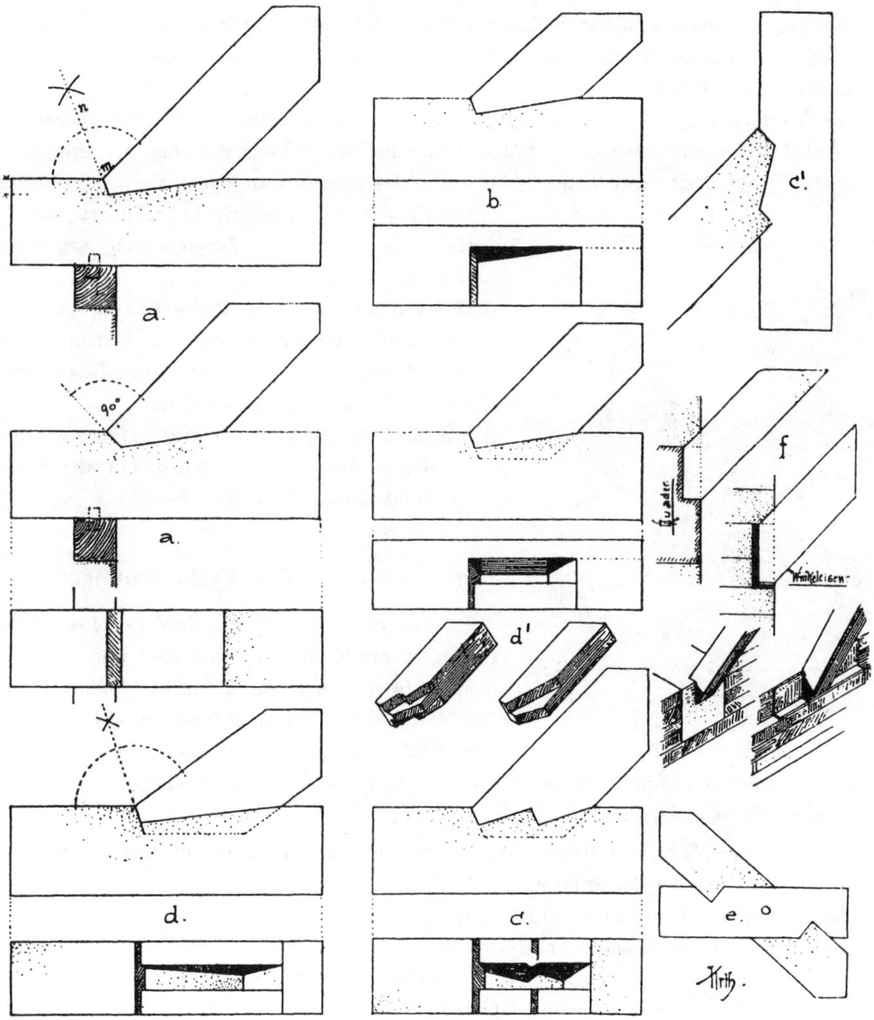

Fig. 72.
Verschiedene Arten von Versatzungen.

Versatzungen anderer Hölzer. Es wird anläſslich der angewandten Holzverbindungen Gelegenheit sein, auf die Versatzungen zurückzukommen, so daſs hier die verschiedenen Fälle kurz erwähnt werden können.

1) Die einfache Versatzung. (Fig. 72a.) Sie ist in Anwendung, wenn der Winkel beider Hölzer nicht sehr klein ist oder wenn eine weitere Sicherung durch Verschraubung, aufgelegte Winkel etc. erfolgt. Die Höhe der Versatzung beträgt $^1/_6$ bis $^1/_8$ der Höhe des ausgeschnittenen Holzes.

Der Schnitt in der Richtung m—n wird am besten so geführt, dafs er den stumpfen Winkel beider Hölzer halbiert. Der Einfachheit halber wird statt dessen die Strebe auch häufig senkrecht zur Längsrichtung abgeschnitten.

2) Die einerseits verdeckte Versatzung (Fig. 72b), in Anwendung bei ungleich starken Hölzern.

3) Die doppelte Versatzung. (Fig. 72c[1].) Sie kann in verschiedener Gestalt zur Ausführung kommen. Grundsatz ist dabei, dafs der Druck sich auf zwei Hirnholzflächen verteilt. Sie hat der einfachen Versatzung gegenüber nur dann Vorteile, wenn sie genau gearbeitet ist, was ohne weiteres einleuchten wird.

4) Die Versatzung mit Zapfen (Fig. 72d) ist in Anwendung, wenn die Hölzer einen kleinen Winkel bilden und wenn keine weitere Sicherung durch Verschraubung etc. erfolgt. Der Zapfen erhält $^1/_3$ der Breite und $^1/_3$ bis $^1/_2$ der Höhe des ausgeschnittenen Holzes. Die Verbindung kann natürlich auch entsprechend geändert für doppelte und einerseits verdeckte Versatzungen angewandt werden. (Fig. 72c und d[1].)

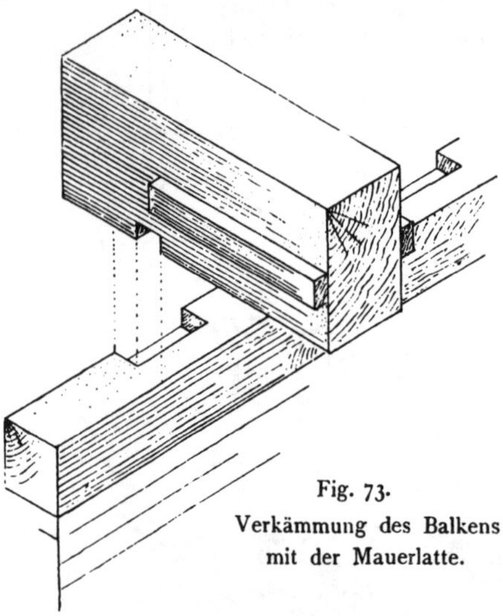

Fig. 73.
Verkämmung des Balkens mit der Mauerlatte.

5) Die Versatzung mit Ueberblattung. (Fig. 72e.) Sie wird wenig angewendet und hat keinen besonderen Wert. Ausgenommen sind die versatzten Büge, die bereits an anderer Stelle erwähnt wurden.

6) Die Mauerversatzung. (Fig. 72f.) Sie sollte nur angewendet werden, wenn ein entsprechender Steinbinder oder ein Winkeleisen als Lager dient.

d. Die Verkämmungen.

Sie haben den Zweck, zwei sich kreuzende horizontale Hölzer unverschiebbar zu verbinden und sind im Grunde genommen nichts anderes, als nicht bündige Ueberblattungen. Die Verbindung kann in Kreuzform ┼, in T form oder als Eckverkämmung in L form geschehen. Wenn keine andern Gründe vorliegen, genügt es, die Kämme, welche in entsprechende Ausschneidungen eingreifen, 2 bis 3 cm hoch zu machen. Es seien erwähnt:

1) Die gerade Verkämmung. (Fig. 73 und 74a), hauptsächlich in Anwendung als Verbindung der Balken mit der Mauerlatte.

2) Die Kreuzverkämmung. (Fig. 74b.)

3) Die Schwalbenschwanzverkämmung. (Fig. 74c.)

Für Verbindungen in T form hat nur der Schwalbenschwanzkamm Wert und für Eckverbindungen taugen alle drei nicht viel, weil zu wenig Holz stehen bleibt.

e. Die Verklauungen.

Diese verhältnismäfsig selten verwendeten Verbindungen kommen vor, wenn die zu verknüpfenden Hölzer nicht in einer Ebene liegen, also z. B. wenn ein geneigtes Holz auf ein horizontales stöfst und mit seiner Stirnfläche sich gegen eine Kante des letzteren anlehnt.

Der gewöhnliche Fall wäre demnach in Fig. 75a dargestellt. Man bricht gewöhnlich die scharfen Kanten nach Fig. 75b, wobei dann auch einiger Halt gegen seitliches Verschieben geboten ist. Will man eine weitergehende Sicherheit in dieser Beziehung, so kann man inmitten der Klaue einen Steg stehen lassen, so daſs die Stirnfläche die Form eines H annimmt. (Fig. 75c.) Diese nicht gerade sehr einfache und das Langholz schwächende Verbindung hat deshalb einige Berechtigung, weil eine Verschraubung der Verklauungen nach Lage der Sache nicht gut möglich ist.

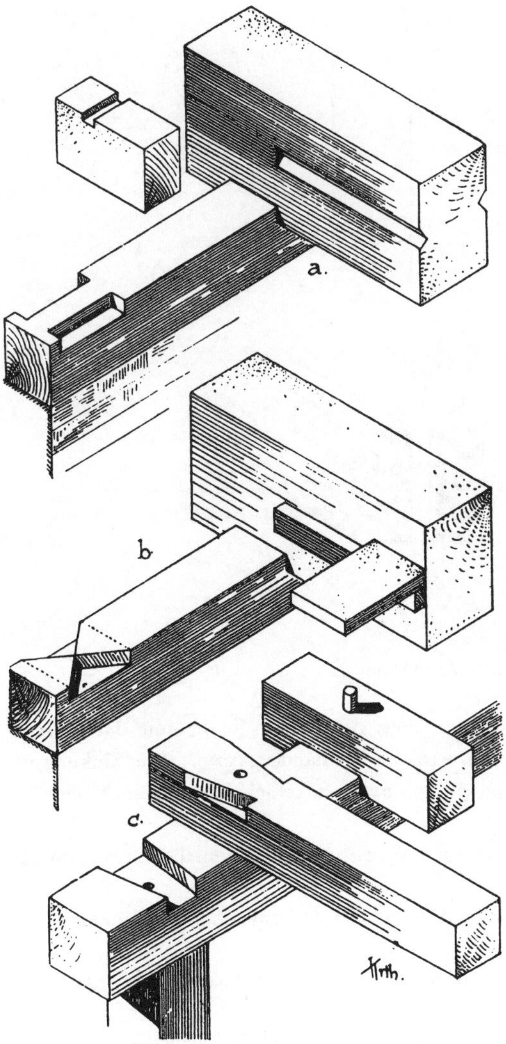

Fig. 74.
Verschiedene Arten von Verkämmungen.

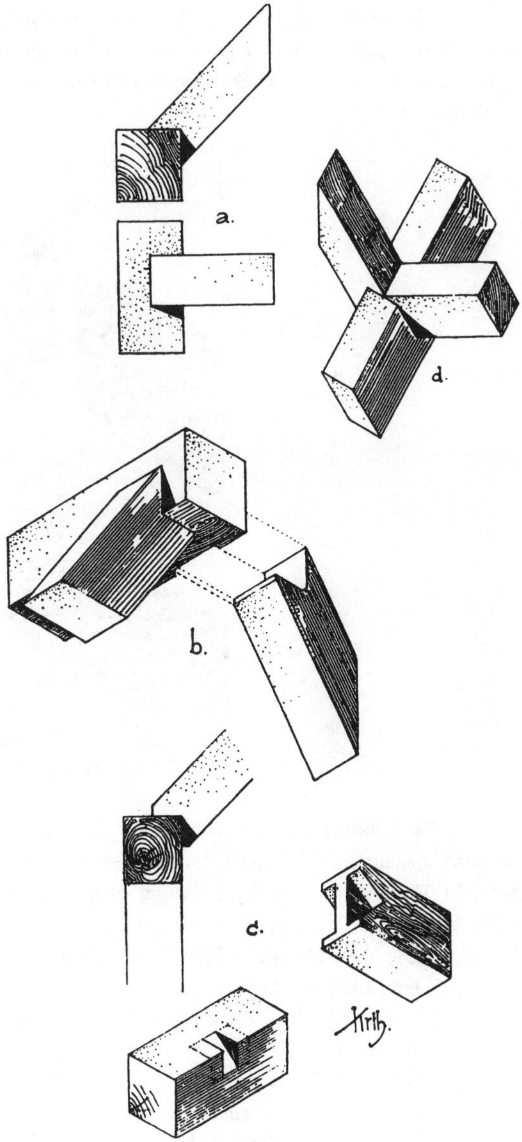

Fig. 75.
Verschiedene Arten der Verklauung.

Bei den genannten Verklauungen ist vorausgesetzt, daſs das eine Holz senkrecht zur Ebene steht, in welcher das andere liegt. Es kann nun aber auch der Fall vorkommen, wo dies nicht zutrifft, so z. B.

in Bezug auf Kehlsparren und Schifter. (Vergl. die angewandten Holzverbindungen.) Die Verklauung ist dann mehr eine Anpassung, als eine eigentliche Verbindung und die Unverrückbarkeit wird hierbei durch Leistnägel gesichert.

f. Die Verzinkungen.

Die Verzinkung ist eine bekannte und gute Eckverbindung, aber nicht für eigentliche Bauhölzer, sondern nur für Bretter, Dielen und Bohlen in Anwendung. Die Verzinkung ist die wiederholte oder gehäufte Anwendung der schwalbenschwanzförmigen Eckverbindung, wie sie in verschiedener Form bereits erwähnt wurde.

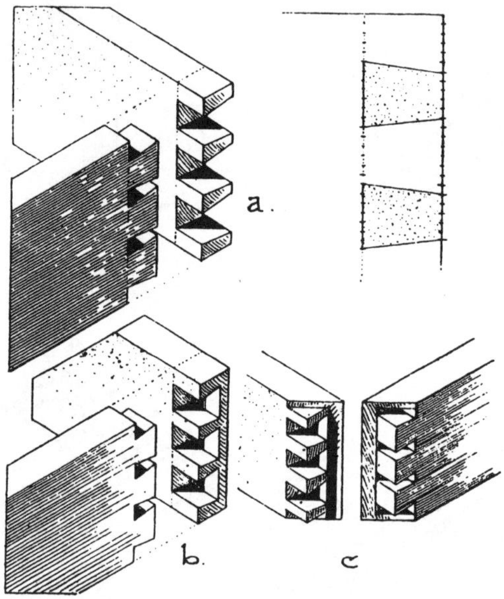

Fig. 76.
Verschiedene Arten der Verzinkung.

Die Zinkung ist ein Gradmesser für die Genauigkeit eines Arbeiters. Es kommt dabei weniger auf eine bedeutende Schräge der Zinken an, als auf ein exaktes Ineinanderpassen. Die Zinkung wird meist in Verbindung mit der Leimung angewendet. Ein gut gezinktes Eckstück ist aber auch ohne Leim schon eine solide Verbindung. Man unterscheidet:

1) Die gewöhnliche Zinkung (Fig. 76a), wobei auf beiden Aufsenflächen die Zinken im Hirnholz sichtbar sind.
2) Die verdeckte Zinkung (Fig. 76b), wobei nur auf einer der Aufsenflächen die Zinken sichtbar sind, und
3) Die Verzinkung auf Gehrung (Fig. 76c), wobei auf keiner der beiden Aufsenflächen die Zinken gesehen werden können.

Dafs die beiden letzten Verbindungsarten mehr Arbeit und Sorgfalt beanspruchen, als die gewöhnliche Zinkung, ist naheliegend.

V. DIE ANWENDUNG
DER
HOLZVERBINDUNGEN ZU HOLZVERBÄNDEN.

Allgemeines. — 1. Die Hänge- und Sprengwerke. — 2. Die Wandverbände (a. die Fachwerks- oder Riegelwand; b. die Sprengwand; c. die Bohlenwand; d. die Bretterwand; e. die Lattenwand; f. die Blockwand). — 3. Die Deckenverbände (a. die Balkenlagen oder Gebälke; b. die Balkenauflager, Anker etc.; c. die Deckenbildung). — 4. Die Dachverbände.

Die Verbindung verschiedener einzelner Hölzer zu einem konstruktiven Bauteil heifst man Holzverband. Die wichtigsten und meist vorkommenden Verbände sind die Hänge- und Sprengwerke, die Wandverbände, die Deckenverbände und die Dachverbände. Der konstruktive Teil derselben soll im vorliegenden Abschnitt besprochen werden; dem formalen Teil, der äufseren Ausstattung wird ein besonderer Abschnitt gewidmet werden.

Bevor wir uns den einzelnen Abteilungen zuwenden, werden einige allgemeine Bemerkungen am Platze sein.

Die wichtigste Rolle hinsichtlich der Holzverbände spielt das Dreieck. Diese einfache geometrische Figur hat die Eigenschaft der Unverschiebbarkeit. Aus drei gegebenen Seiten läfst sich nur ein bestimmtes Dreieck bilden. Anders ist dies beim Viereck und Vieleck. Aus vier gleichen Seiten läfst sich sowohl ein Quadrat als eine Raute bilden; aus zwei Paaren verschieden langer Hölzer kann sowohl ein gewöhnliches, wie ein verschobenes Rechteck hergestellt werden. Aus diesem Grunde wird ein aus vier Hölzern gebildeter Rahmen an und für sich nicht unverschiebbar sein. Er wird es erst werden durch genügend solide Eckverbindungen oder anderweitige Versteifungen. Da die ersteren in ausreichendem Mafse nicht immer geschaffen werden können und vielfach nur als Scharniere wirken, so ist man auf die Erzielung sogen. fester Dreiecke angewiesen; mit anderen Worten: man ordnet mit Hilfe von Streben, Bügen, Zangen etc. die Verbände derart an, dafs die Konstruktion da, wo es nötig erscheint, unverrückbar gemacht ist, wenngleich die betreffenden Verbindungen im einzelnen gewissermafsen nur lose sind. Dieses einfache aber wichtige Prinzip geht als Grundgedanke fast durch alle richtig angelegten Zimmerwerke, so dafs es angezeigt erschien, die Sache von vornherein hier festzunageln. Die Hänge- und Sprengwerke, die Fachwerkswände und die Dachverbände nützen diesen Grundgedanken reichlich aus; in Bezug auf die Deckenverbände ist jedoch meist schon auf andere Weise für die nötige Unverrückbarkeit gesorgt. Zur Veranschaulichung des Prinzips möge die Figur 77 dienen, die eine Perronhalle darstellt.

---

1. Die Hängewerke und Sprengwerke.

Wenn man einen weitgespannten Träger durch die übrige Konstruktion nicht weiter belasten will oder wenn sogar ein Teil seines Eigengewichtes durch die Konstruktion getragen werden soll, so greift

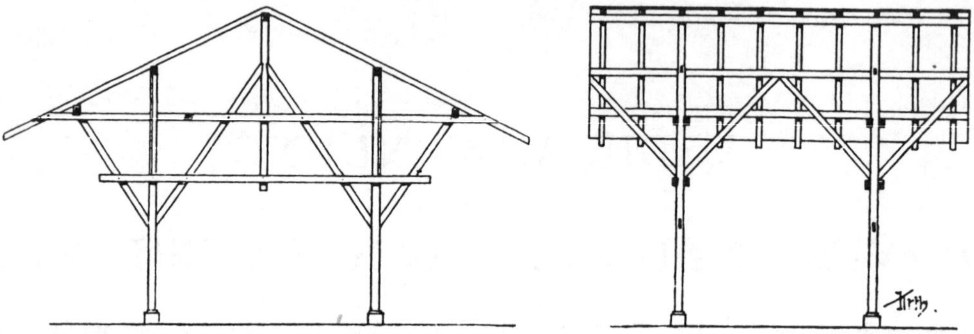

Fig. 77.
Perronhalle, konstruiert nach dem Prinzip unverschiebbarer Dreiecke.

man zur Bildung des Hängewerkes, des Sprengwerkes oder des vereinigten Hänge- und Sprengwerkes. Diese Konstruktionen sind vornehmlich in Anwendung in Bezug auf Dachwerke und Brücken.

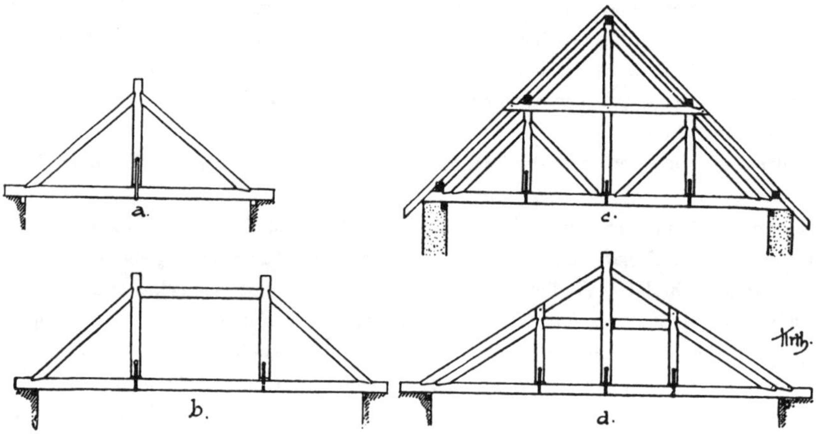

Fig. 78. Hängewerke.

a. Das Hängewerk.

Seine einfachste Form ist in Fig. 78a dargestellt. Dieser einfache Hängebock, wie die Konstruktion auch genannt wird, besteht aus dem Träger oder Tramen, den beiden Streben oder Hängestreben und der Hängesäule oder dem Hängestiel.

Der doppelte Hängebock ist in Fig. 78b dargestellt. Er besteht aus dem Träger, den beiden Streben, zwei Hängesäulen und einem Spann- oder Brustriegel.

Der einfache Hängebock ist in Anwendung bis zu Spannweiten von 10 m; bei gröfseren Weiten wählt man den doppelten Hängebock, und wo auch dieser nicht ausreicht, treten Hängewerke nach Fig. 78c und d in Anwendung oder noch mehr zusammengesetzte Formen, wobei von Aufhängepunkt zu Aufhängepunkt jeweils 4 bis 5 m zu rechnen sind.

Bei den Hängewerken wird die Last auf die Streben übertragen und diese übertragen dieselbe auf die beiden Enden des Trägers, wo wir uns eine Zerlegung in vertikal und horizontal wirkende Kräfte denken können. Die Vertikalkräfte werden durch die Auflager (Umfassungsmauern etc.) aufgenommen; die horizontalen Kräfte wirken beiderseits nach aufsen als Schub und beanspruchen deshalb den Träger auf Zug. Dafs die Verbindung der Streben mit dem Träger eine gute sein mufs, ist also ohne weiteres verständlich, und dafs im Falle einer gewöhnlichen Versatzung noch ein genügend langes Trägerende aufserhalb derselben verbleiben mufs, um Abscherung zu verhüten, ist ebenso naheliegend. Da die einfache und doppelte Versatzung, sowie die Versatzungen mit dem Zapfen bereits im vorigen Abschnitt gebracht wurden (Fig. 72), so sind hier nur noch die weiteren Sicherungen durch Schraubenbolzen vorzubringen. Die Fig. 79 zeigt in a bis d derartige Verbindungen. Die Bolzen können senkrecht zur Strebe (a) oder senkrecht zum Träger (b) stehen. Das erstere ist besser, weil sie mehr auf Zug als auf Biegung be-

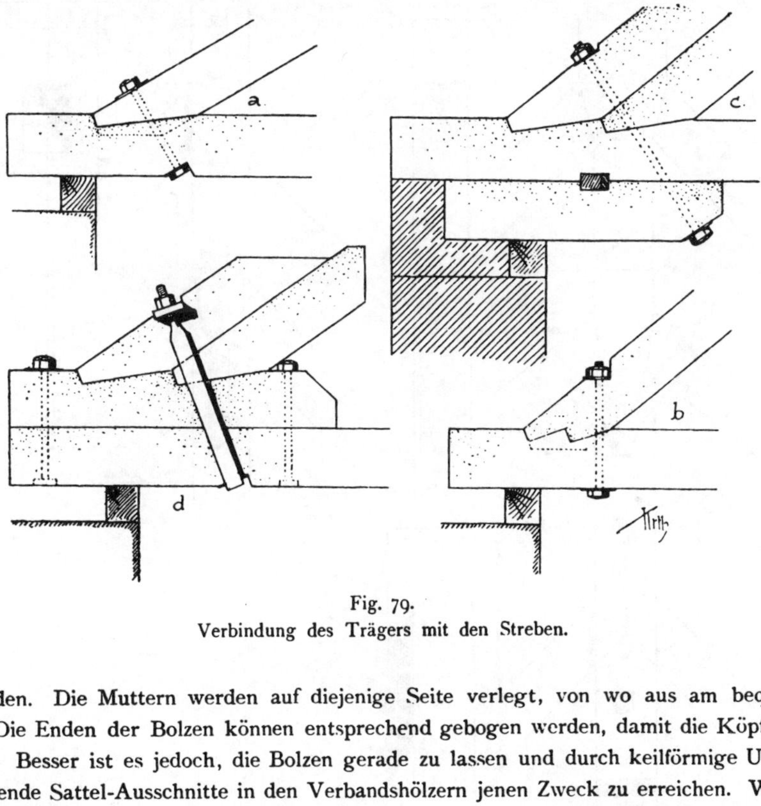

Fig. 79.
Verbindung des Trägers mit den Streben.

ansprucht werden. Die Muttern werden auf diejenige Seite verlegt, von wo aus am bequemsten beizukommen ist. Die Enden der Bolzen können entsprechend gebogen werden, damit die Köpfe oder Muttern glatt aufsitzen. Besser ist es jedoch, die Bolzen gerade zu lassen und durch keilförmige Unterlagscheiben oder entsprechende Sattel-Ausschnitte in den Verbandshölzern jenen Zweck zu erreichen. Wenn bei steilen Streben, wobei also der Vertikaldruck überwiegt, die Versatzung nach innen über die tragende Unterlage hinein fällt, also unter Umständen eine Durchbiegung oder ein Abbrechen des Trägerendes zu befürchten steht, verstärkt man dasselbe durch untergelegte Sättel (Fig. 79c) oder durch aufgelegte Schuhe. (Fig. 79d.) Da es sich hierbei um kleine Stücke handelt, so verwendet man hierzu am besten Eichen- oder ein anderes Hartholz.

Als Verbindung der Hängesäule mit den Streben dient ebenfalls die einfache oder doppelte Versatzung mit dem Zapfen. (Fig. 80a.) Wenn das zur Hängesäule bestimmte Holz zufällig dazu geeignet ist, dafs ohne unnötigen Holzverlust eine Verstärkung des Kopfes nach Fig. 80b angeordnet werden kann, so ist die Sicherung gegen ein Abscheren in erhöhtem Mafse vorhanden. Es ist überhaupt in vielen

Fällen nicht thunlich, der Hängesäule einen genügend verlängerten Kopf zu geben und in diesen Fällen greift man zu Sicherungen mittelst Eisen. Fig. 80c zeigt eine Verbindung durch geschmiedete Winkel und noch besser ist die Anordnung eiserner Kappen nach Fig. 80d. Da im letzteren Fall das Hirnholz

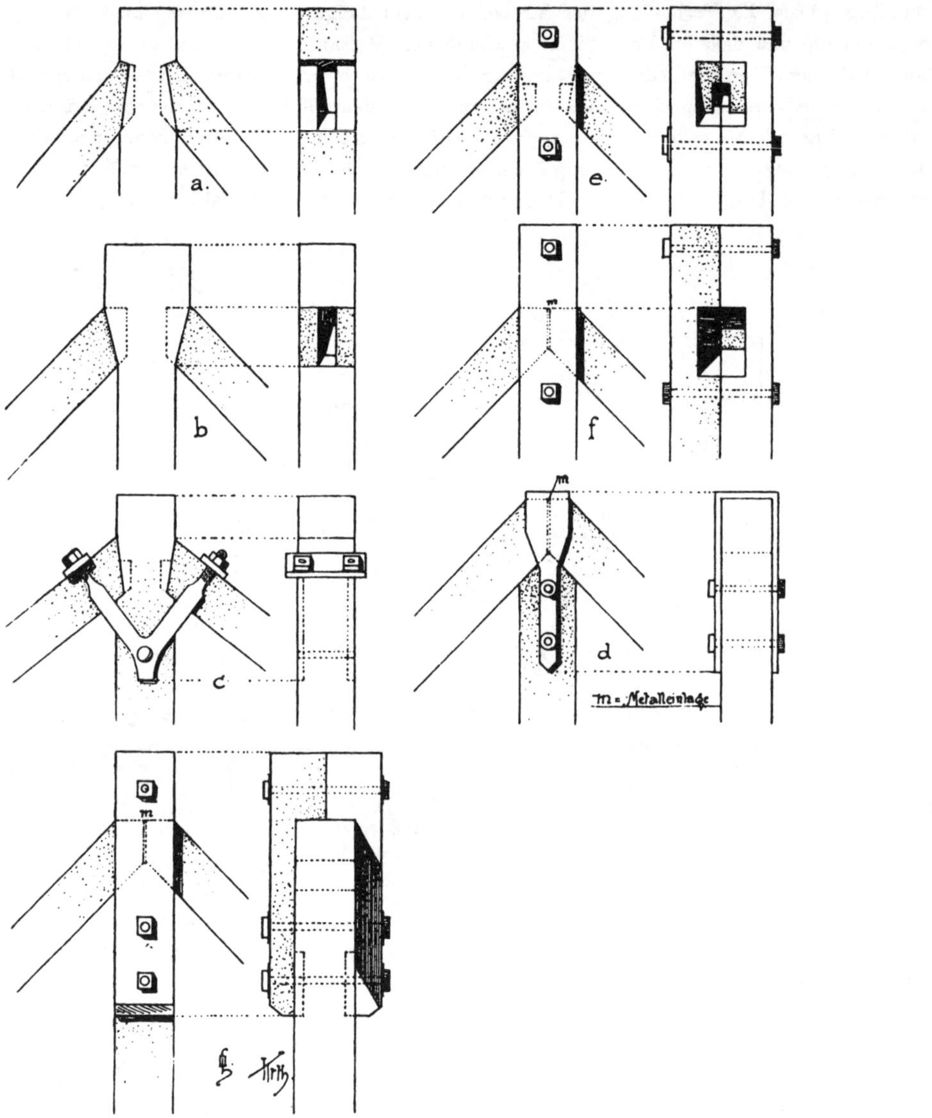

Fig. 80.
Verbindung der Hängesäule mit den Streben.

beider Streben gegeneinander stöfst, so empfiehlt es sich, zwischen beide ein starkes Zinkblech einzulegen, damit die Faser nicht ineinander geprefst wird. Vielfach ordnet man auch doppelte, aus zwei gleichen Hölzern gebildete Hängesäulen an, obgleich der Beanspruchung auf Zug in den meisten Fällen durch eine einfache Hängesäule genügt werden dürfte. Bei der doppelten Hängesäule läſst sich die Verbindung mit den Streben auf einfache und solide Weise bewerkstelligen, wie es die Fig. 80 in e und f zeigt. Die letztere Konstruktion ist die einfachere und bessere. Eine Art Mittelding ist in Fig. 80g dargestellt. Die Hängesäule ist einfach und es ist ein besonderer Kopf aus zwei gleichen Hölzern gebildet. Wenn die hackenblattartige Verzahnung genau gearbeitet wird, wobei man die Kopfstücke aus Hartholz fertigen kann, so ist die Verbindung nach erfolgter Verschraubung gut und sicher; sie hat aber etwas Plumpes und ist füglich entbehrlich.

Der Vorzug einer verdoppelten Hängesäule ist hauptsächlich darin zu suchen, daſs beim doppelten oder mehrfachen Hängewerk die übrigen Verbindungen sich leichter bewerkstelligen lassen.

Die Verbindung der Hängesäule mit der Strebe einerseits und dem Spann- oder Brustriegel andererseits geschieht ebenfalls durch Versatzung mit dem Zapfen, wobei abermals weitere Sicherungen durch Eisenteile hinzukommen können. Die Verbindungen a bis c der Fig. 81 erklären sich nach dem Vorausgegangenen von selbst. Als Regel der Zweckmäſsigkeit gilt, die Mittellinie von Strebe und Spannriegel inmitten der Hängesäule aufeinandertreffen zu lassen. Auf diese Weise heben die gegenseitigen Spannungen sich auf und das andernfalls sich bildende Drehungsmoment wird vermieden, allerdings auf Kosten einer beiderseitigen Schwächung der Hängesäule an ein und demselben Punkte. Dieselbe Figur zeigt in d die gewöhnliche Verbindung

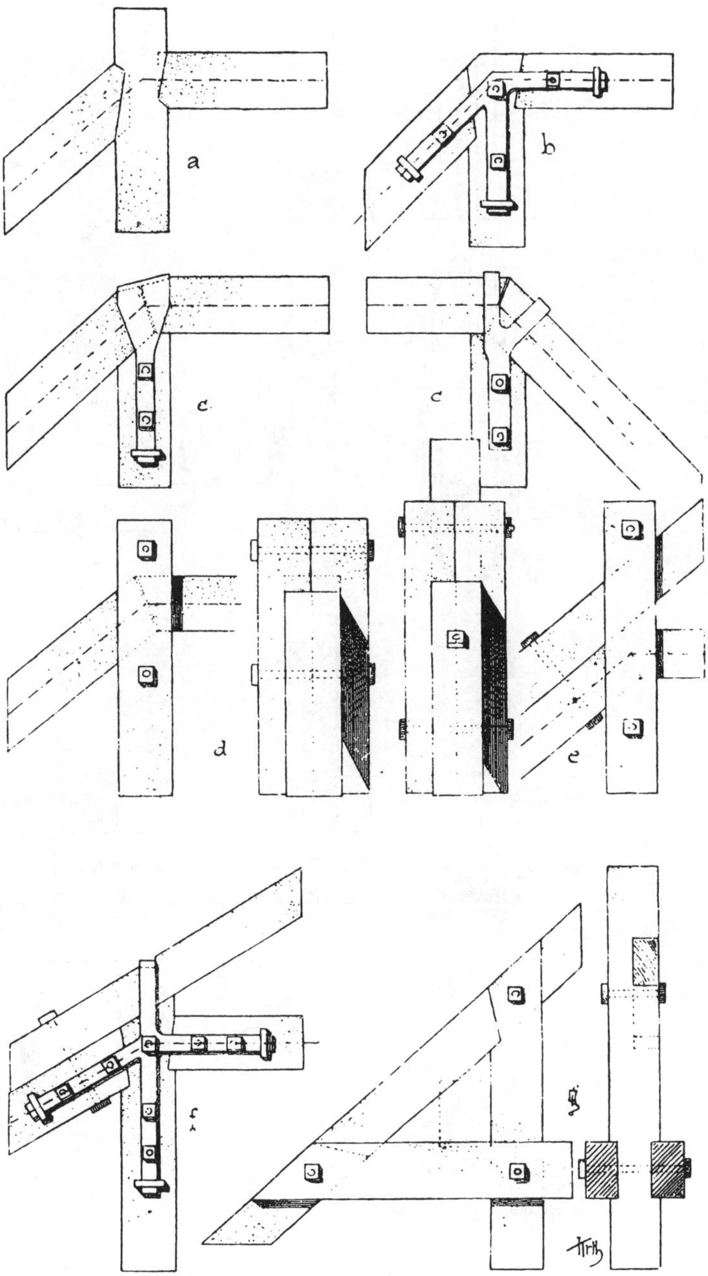

Fig. 81.
Verbindung der Hängesäule mit der Strebe und dem Spannriegel.

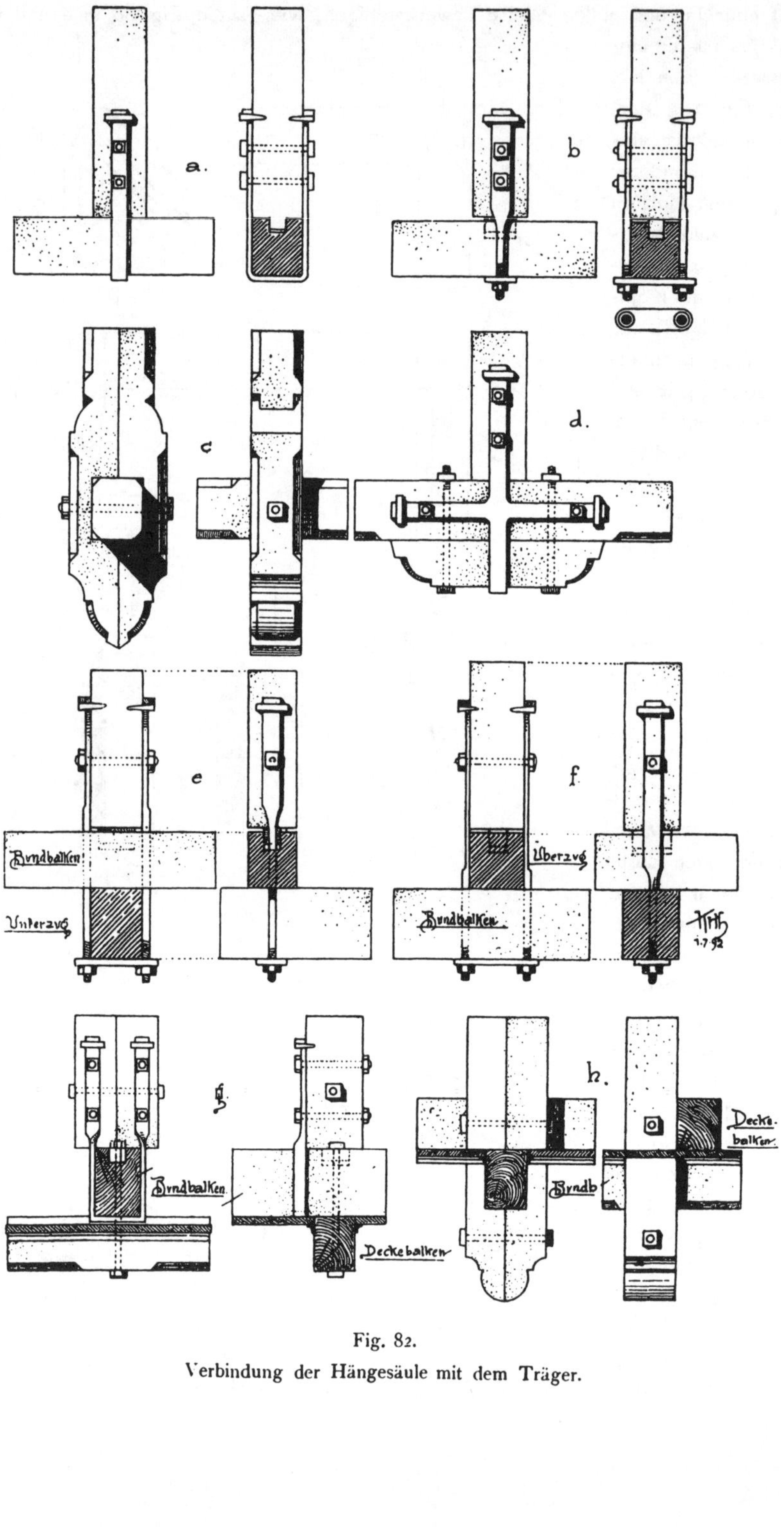

Fig. 82.

Verbindung der Hängesäule mit dem Träger.

bei doppelter Hängesäule, und in e und f ist gezeigt, wie die Sache sich bei doppelten Streben gestaltet. Die doppelten Streben, wie die doppelten Hängesäulen werden, damit sie als Ganzes wirken, gerne verdübelt, verschränkt oder verzahnt; viel wird jedenfalls dabei nicht gewonnen und wir für unseren Teil geben der Verschraubung mit Bolzen den Vorzug, schon der Einfachheit halber.

In besonderen Fällen, bei grofsen Spannweiten etc. und wenn sich die nämliche Verbindung vielemal wiederholt, ist es unter Umständen von Vorteil, geeignete Verbindungsstücke in Gufseisen herstellen zu lassen. Ihre Gestalt hängt vom gegebenen Fall ab, weshalb auf eine Vorführung verzichtet wird.

Man kann ferner bei einfacher Strebe und Hängesäule den Spannriegel verdoppeln, so dafs er jene umfafst. Diese Art der Verbindung kommt hauptsächlich in der Form der Figur 81g vor und hat mancherlei für sich, wenn die Knotenpunkte verschraubt werden, so dafs ein weiteres versteifendes Dreieck entsteht.

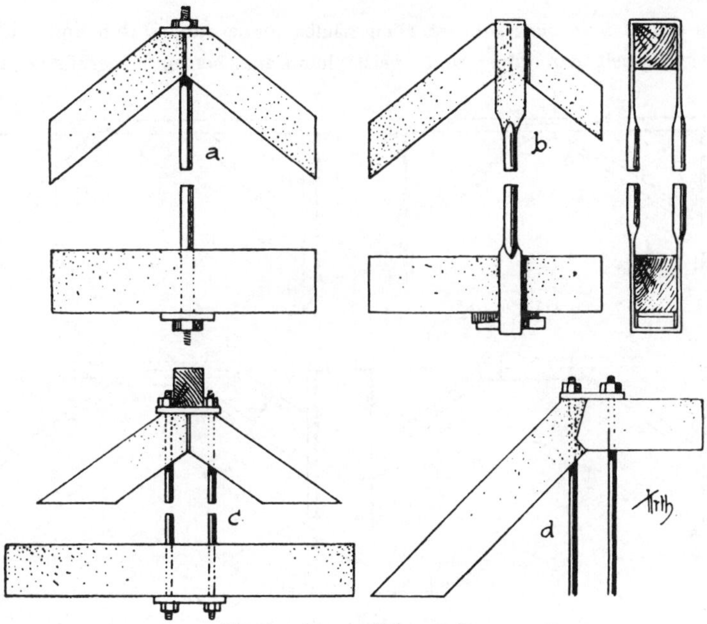

Fig. 83. Eiserne Hängesäulen.

Die Verbindung der Hängesäule mit dem Träger geschieht stets mit Hilfe von Eisen. Der einfachste Fall ist der, dafs ein Flacheisen von einer durchschnittlichen Stärke von 50 auf 10 mm zweimal rechtwinklig umgebogen und mit der Hängesäule verschraubt wird, wie Fig. 82a es zeigt. Es ist zweckmäfsig, das Eisen nicht scharf rechtwinklig, sondern in einer kurzen Rundung abzubiegen und die Kanten des Trägers dementsprechend abzuändern. Ein Nachziehen beim etwaigen Lockerwerden dieser einfachen Verbindung ist nicht thunlich, weshalb sie häufig nach Fig. 82b umgestaltet wird. Die beiden Flacheisen laufen hierbei in Schraubenbolzen zu und die Muttern sitzen auf einer gemeinsamen Unterlagplatte, wobei sie jederzeit nachgezogen werden können, was aber erfahrungsgemäfs selten geschieht.

Bei Anwendung einer doppelten Hängesäule ist es das Nächstliegende, den für den Träger nötigen Raum hälftig aus beiden Teilen auszuschneiden, so dafs der Träger von der Hängesäule umklammert wird. (Fig. 82c.) Die Verschraubung geschieht durch einen Bolzen auf halber Höhe des Trägers, oder wenn dieser nicht durchbohrt werden soll, oberhalb und unterhalb desselben mit zwei Bolzen.

Mufs der Träger gestofsen werden, so kann dies nur unter der Hängesäule geschehen und die Verbindung mufs eine gute sein, da der Träger auf Zug beansprucht ist. Vielfach wird das schräge Hackenblatt für diesen Fall benützt. Besser und sicherer ist jedenfalls eine Verbindung nach Fig. 82d, wobei der untergelegte Sattel zweckmäfsigerweise aus Hartholz gemacht wird. Selbstredend kann hierbei statt dem stumpfen Stofs auch die gerade Ueberblattung oder ein Hackenblatt mit verwendet werden.

Soll der Träger als Bundbalken eine Balkenlage tragen, so werden die einzelnen Balken auf denselben aufgelegt oder auf der Unterseite desselben angehängt und durch Schraubenbolzen befestigt. Dies gilt natürlicherweise für den Fall, dafs die Balkenlage quer zum Träger gerichtet ist. Soll die Balkenlage parallel zum Träger gelegt werden, so wird ein weiterer Träger als Unter- oder Ueberzug quer zum ersten nötig. Wird derselbe als Unterzug angeordnet, so gestaltet sich die Verbindung mit der Hängesäule nach Fig. 82e. Wird derselbe als Ueberzug angeordnet, so ergiebt sich die Fig. 82f. Aehnlich gestalten sich die entsprechenden Verbindungen unter der Voraussetzung einer verdoppelten Hängesäule. (Fig. 82g und h.)

Neuerdings ersetzt man die hölzernen Hängesäulen gerne durch Eisen und mit Recht, weil jene, wenigstens wenn sie doppelt angeordnet sind, meist plump aussehen und überflüssig stark gemacht wer-

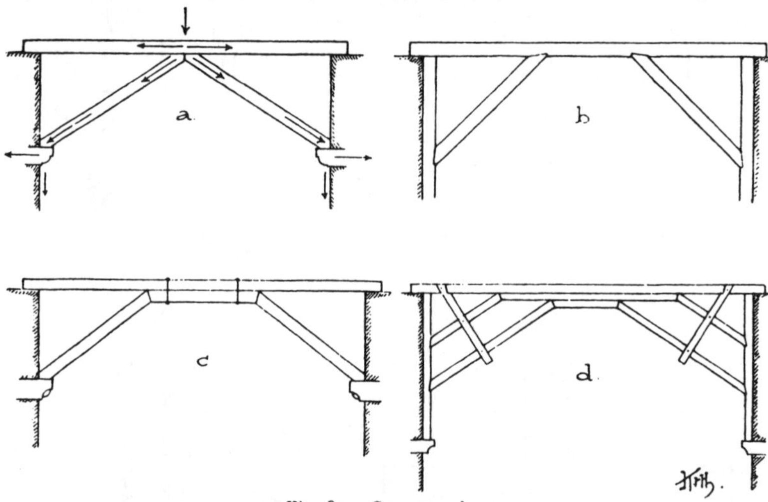

Fig. 84. Sprengwerke.

den müssen. Man verwendet dann Rundeisen, Kanteisen oder Rohr von genügender Stärke. Die Fig. 83a zeigt die Verbindung mit Streben und Träger bei Verwendung von Rundeisen oder Rohr, mit Schraubenmuttern auf Unterlagscheiben, während nach Fig. 83b das Rundeisen oben und unten dem Holz entsprechend flach geschmiedet ist, wobei ein nachträgliches Anziehen durch die Eintreibung von Keilen erfolgt. Hierbei wie nach den Beispielen 83c und d ist das einfache Rundeisengestänge durch ein Doppelgestänge ersetzt.

Die Hängewerksverbindungen sind mit dem Vorstehenden nicht erschöpft. Besondere Fälle und grofse Spannweiten können andere Anforderungen stellen. Immerhin aber wird es ermöglicht sein, mit Hilfe des Vorstehenden auch für besondere, hier nicht erwähnte Fälle das Passende anzuordnen, so dafs wir zu den Sprengwerken übergehen können.

b. Das Sprengwerk.

Es kommt im gewöhnlichen Hochbau seltener vor als das Hängewerk, immerhin aber kommt es vor und für die Konstruktion von Ueberbrückungen ist es ein Haupterfordernis.

In Fig. 84a bis d sind die einfacheren und gewöhnlicheren Sprengwerksformen abgebildet. Im Prinzipe läuft die Sache darauf hinaus, den Träger zu entlasten, d. h. die Last mit Hilfe von untergesetzten

Streben auf die stützenden Pfosten, Mauern etc. zu übertragen. Die senkrecht wirkende Last wird dabei zerlegt in Kräfte, die in der Richtung der Strebe nach abwärts wirken und in solche, welche in der Richtung des Trägers von seiner Mitte nach aufsen wirksam sind. Der Träger wird also in seiner Mitte nicht nur auf Biegung, sondern auch auf Zug beansprucht werden. Die Kraft in der Richtung der Strebe können wir uns am unteren Ende derselben wiederum zerlegt denken in eine Horizontalkraft und eine Vertikalkraft. Die letztere drückt auf die Unterlage, die erstere äufsert sich als Horizontalschub auf Mauer, Pfosten etc. Danach ist für den denkenden Techniker der Anhalt zur Anordnung der nötigen Sicherungen gegeben.

Das Sprengwerk besteht im einfachsten Fall aus dem Träger und zwei Streben. (Fig. 84a.) Es ist hierbei nicht nötig, dafs die Streben sich berühren. Die gewöhnliche Bugverbindung ist also im Prinzip auch schon ein Sprengwerk. (Fig. 84b.) Die Konstruktion wird aber weit sicherer und fester, wenn die Streben noch einmal unter sich durch einen Spannriegel verbunden werden. (Fig. 84c.) Wie

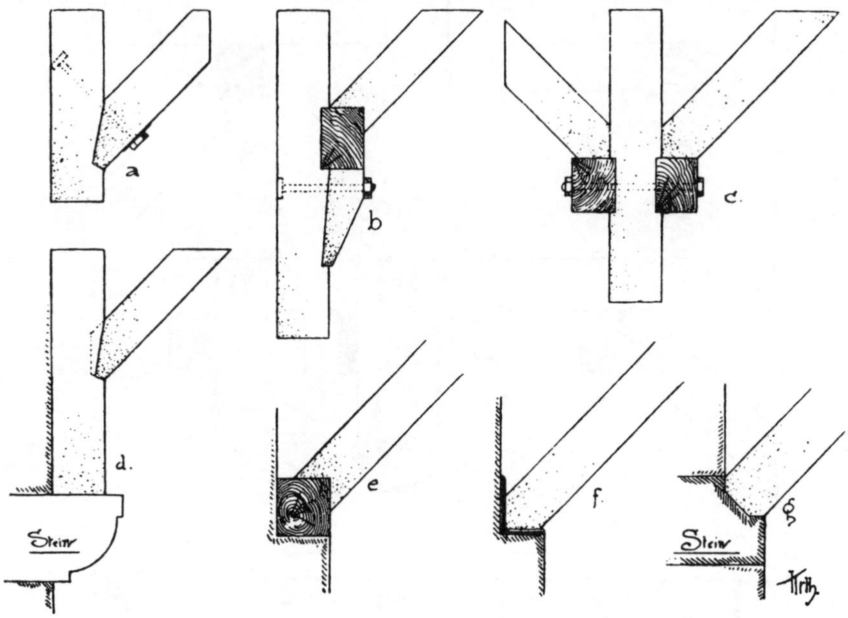

Fig. 85.
Verbindung der Strebe mit dem Pfosten oder mit der Mauer.

sich aus den Elementen des einfachen Hängebockes zusammengesetzte Hängewerke ableiten lassen, so lassen sich ebenfalls reichere Sprengwerke bilden durch die Verdoppelung oder Vervielfachung der Streben und Riegel. (Fig. 84d.) Die Streben werden hierbei, wenn sie zu lang werden, wieder unter sich verbunden, gewissermafsen zu einer Art Gitterträger. Bei den Sprengwerken mufs man im allgemeinen auf alle 3 bis 4 m auf eine Unterstützung bedacht sein.

Die Verbindung der Streben mit den Pfosten oder mit der Mauer erfolgt durch Versatzung, die je nach dem Fall verschiedene Gestalt annimmt.

Nimmt ein hölzerner Pfosten die Strebe auf, so erfolgt, wo die gewöhnliche Versatzung mit dem Zapfen nicht genügt, eine Verschraubung. (Fig. 85a.) Sind die Pfosten zweier parallel liegender Sprengwerke durch ein horizontales Holz verbunden, so kann die Strebe zweckmäfsig auf dieses aufgeklaut oder versatzt werden (Fig. 85b und c), wobei sich eine weitere Sicherung durch untergesetzte Knaggen empfiehlt. (Fig. 85b.) Freistehend kommen die Pfosten als Sprengwerksträger gewöhnlich nur zwischen zwei Jochen vor, so dafs die Streben beiderseits symmetrisch ansetzen. (Fig. 85c.) Nicht selten aber stehen die Pfosten vor einer Mauer, die den Horizontalschub aufnimmt, und diese Klebepfosten sitzen dann, wenn sie nicht bis zum Boden reichen, auf steinernen Konsolen oder Binderstein auf. (Fig. 85d.)

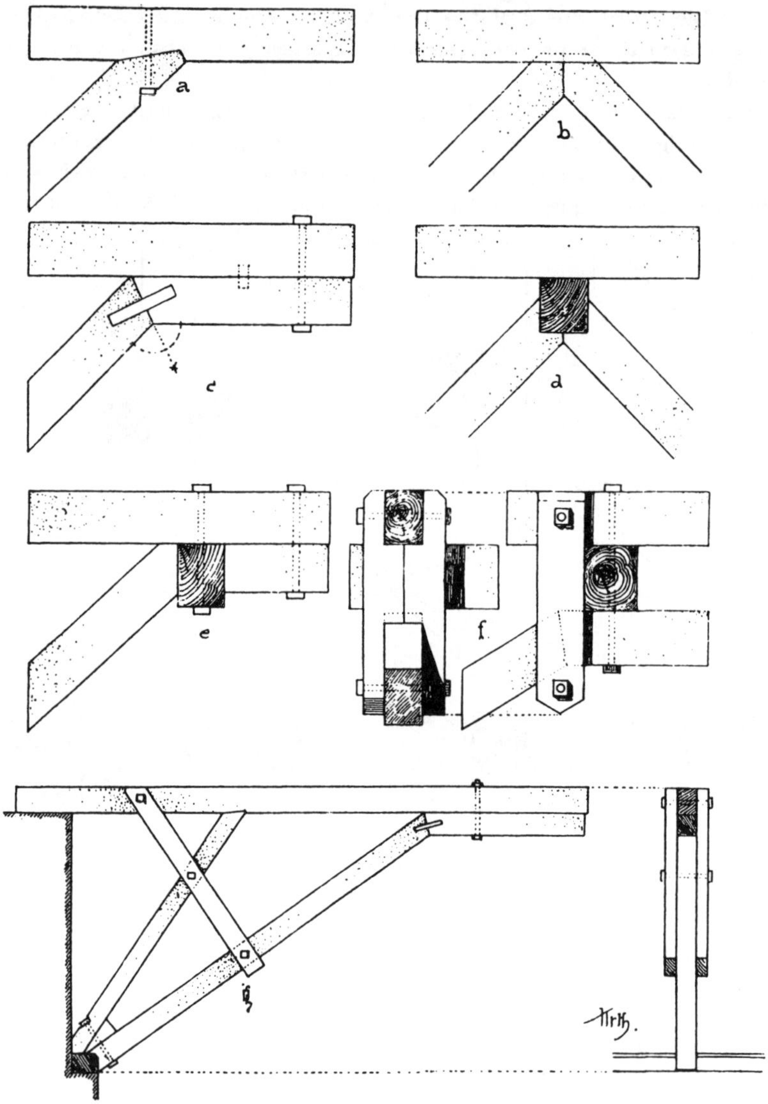

Fig. 86.
Verbindung der Strebe mit Träger und Spannriegel.

Was die Versatzung mit der Mauer betrifft, so ist es am besten, die Mauer abzusetzen un[d] die Streben auf eine hölzerne Schwelle aufzuklauen (Fig. 85e) oder in ein Winkeleisen eingreifen zu lasse[n] (Fig. 85f), wenn man nicht vorzieht, für jede einzelne Strebe einen entsprechend geformten Stein in di[e]

Mauer einzubinden. (Fig. 85g.) Die Streben in die Mauer selbst hineingreifen zu lassen, ist nicht zu empfehlen.

Die Verbindung der Strebe mit dem Träger ist eine verschraubte Versatzung (Fig. 86a), wenn kein Spannriegel vorhanden ist. Wenn beide Streben sich berühren, so werden sie stumpf gestofsen und verzapft. (Fig. 86b.) Ist dagegen ein Spannriegel vorhanden, so wird dieser mit dem Träger verdübelt oder verschraubt und mit der Strebe stumpf gestofsen, wobei die Stofsfuge den Winkel beider Hölzer halbiert. (Fig. 86c.) Es ist gut, die beiden Hölzer durch eine eingeschlagene Klammer weiter zu sichern.

Sind unter dem Träger Unterzüge angeordnet, so gestaltet sich die Verbindung etwas anders und zwar nach Fig. 86d, wenn der Spannriegel fehlt; nach Fig. 86e oder f, wenn ein solcher vorhanden ist. Im letzteren Fall treten Zangenverbindungen hinzu, was auch geschieht, wenn die Streben unter sich abgesteift werden sollen. (Fig. 86g.)

c. Das vereinigte Hänge- und Sprengwerk.

(Fig. 87.)

Werden die Streben eines Hängewerkes über den Träger hinaus nach unten hin fortgeführt bis auf ein entsprechendes Unterlager, so dafs sie gleichzeitig wie die Streben eines Sprengwerkes wirken und einen Teil der Last auf die Mauer übertragen, so entsteht das vereinigte Hänge- und Sprengwerk, von welchem sowohl im Brückenbau als in Bezug auf Dachwerke Anwendung gemacht wird. Sowohl der ein-

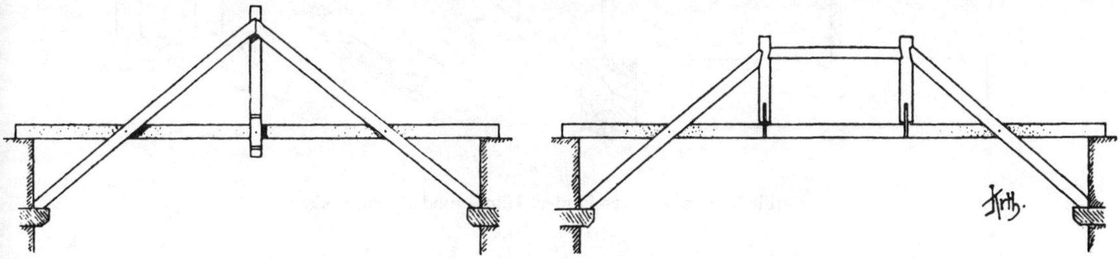

Fig. 87.
Vereinigte Häng- und Sprengwerke.

fache, wie der doppelte und mehrfache Hängebock können mit dem Sprengwerk vereinigt werden, wie unsere Fig. 87 zeigt. Das Prinzip dieser Konstruktion beruht auf dem Bestreben, bei grofsen Spannweiten die Vorteile beider Systeme auszunutzen.

Was die Einzelverbindungen des vereinigten Hänge- und Sprengwerkes betrifft, so sind sie die nämlichen, wie die bereits gebrachten, unter der Voraussetzung, dafs Strebe und Träger bündig überblattet werden. Will man diese wichtigen Verbandhölzer aber nicht auf die Hälfte schwächen, so kann man die Streben doppelt anordnen, so dafs sie den Träger und die Hängesäule umklammern, wobei sich also die Verbindungen etwa zu gestalten hätten, wie es Fig. 88 in a bis d zeigt. Je nach Lage des Falls ist es jedoch zweckmäfsiger, den Träger zu verdoppeln bei einfacher Strebe und Hängesäule, wobei sich dann die einfachen Verbindungen der Fig. 89a und b ergeben. Will man keines der Hölzer verdoppeln und eine Schwächung durch bündige Ueberblattung ebenfalls vermeiden, so mufs man eben Strebe und Hängesäule von einer Seite an den Träger anlegen nach c und d derselben Figur. Dann aber mufs die Verschraubung eine sehr gute sein und der Bolzen ist stärker als gewöhnlich zu halten, weil er in diesem Fall nicht nur der Abscherung, sondern auch der Durchbiegung an der Berührungsstelle je beider Hölzer genügenden Widerstand leisten mufs.

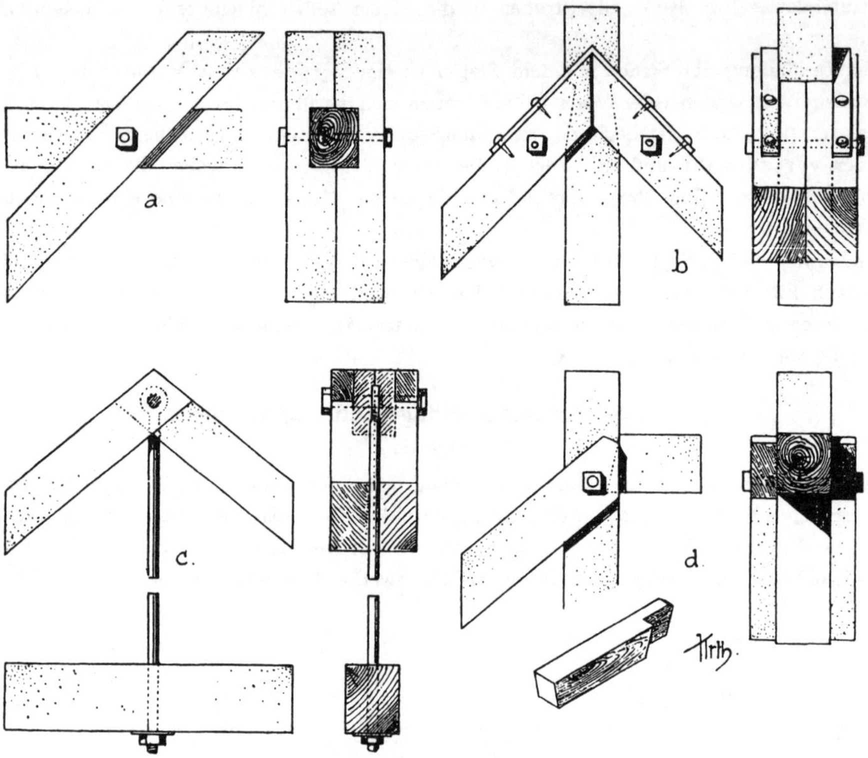

Fig. 88.
Verbindungen des vereinigten Häng- und Sprengwerkes.

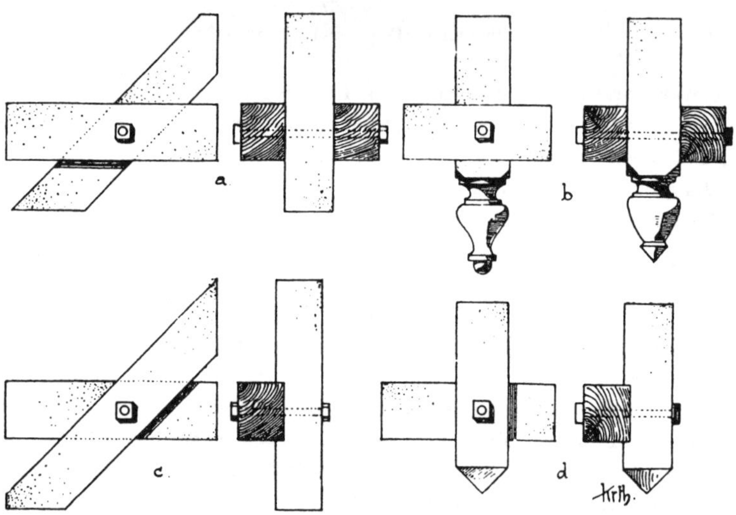

Fig. 89.
Verbindungen des vereinigten Häng- und Sprengwerke .

2. Die Wandverbände.

Sie spielen eine ganz bedeutende Rolle auf dem Gebiete der Zimmerei und haben in frühern Zeiten eine noch viel gröſsere gespielt. Im Mittelalter und zur Zeit der Renaissance war das Holzhaus die Regel, das Steinhaus die Ausnahme. Heute ist es im allgemeinen umgekehrt. Wenngleich aber unsere öffentlichen Gebäude und die Mietshäuser fast durchweg in Stein hergestellt werden und der Holzbau mehr untergeordneten Gebäulichkeiten vorbehalten bleibt, so werden immerhin doch auch aus verschiedenen Gründen recht ansehnliche Gebäude, wie Landhäuser, Kurhäuser, Bahngebäude u. a. m., ganz oder zum Teil im sogen. Fachwerksstil aufgeführt. Zum Teil sind hierfür Sparsamkeitsgründe maſsgebend, vielfach ist es auch der Umstand, daſs eine malerische Wirkung auf diesem Wege sich am leichtesten erzielen läſst. Während die Holzkonstruktion in Verbindung mit der Backsteinausmauerung also noch eine erhebliche Rolle spielt, sind ganz aus Holz hergestellte Wände, wenigstens als Umfassungswände, heute eine sehr seltene Erscheinung, und offene, nicht ausgemauerte Wände kommen eigentlich nur an Schuppen und bestimmten Zweckbauten, wie Ziegelhütten, Gradierwerken, Gerbereien, Tabakschuppen und ähnliches zur Anwendung. Als Zwischen- und Trennungswand im Innern wird die Holzwand schon ihrer Leichtigkeit wegen stets nie vollständig zu verdrängen sein, trotz aller Bestrebungen der Baupolizei, das moderne Wohnhaus möglichst feuersicher zu gestalten.

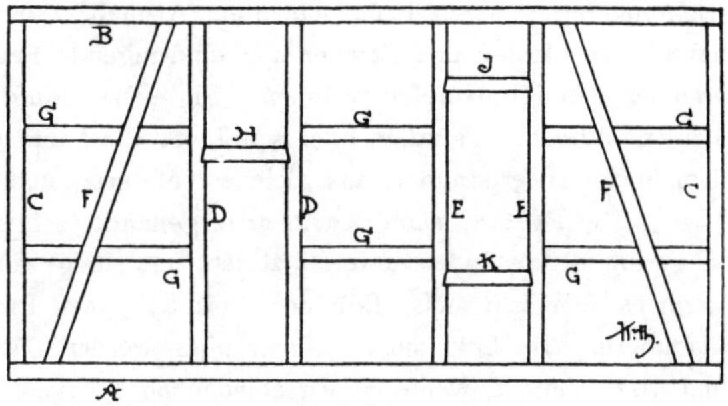

Fig. 90. Riegelwand.

a. Die Fachwerks- oder Riegelwand.

Sie hat den erstern Namen nach den zwischen den Hölzern stehenbleibenden Gefachen, den zweiten nach den verhältnismäſsig untergeordneten Querhölzern, die als Riegel bezeichnet werden. Wir geben, um das Prinzip zu erläutern, in Fig. 90 das Schema einer einfachen Riegel- oder Fachwerkswand. Sie setzt sich zusammen aus der Schwelle A, der Pfette B, den Pfosten C, D und E, den Streben F und den Riegeln G, H, I und K.

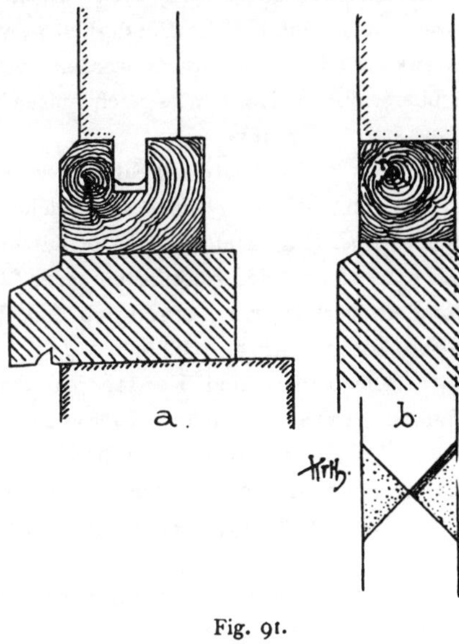

Fig. 91.
Grundschwelle im Querschnitt.

Die **Schwelle** bildet die Unterlage für den Aufbau der Wand; sie ist jedoch nicht als Träger aufzufassen, da sie im gewöhnlichen Fall der ganzen Länge nach auf der Untermauerung, einem steinernen Sockel etc. aufliegt oder durch eine Balkenlage in verhältnismäſsig kleinen Abständen gestützt und getragen wird. Im erstern Fall heiſst sie auch **Grundschwelle**, zum Unterschied vom zweiten Fall, wo sie über einem untern Geschoſs liegt und **Brustschwelle** oder **Saumschwelle** heiſst. Die Grundschwelle wird gerne aus Hartholz, gewöhnlich aus Eichen genommen, weil sie in erster Linie der Zerstörung durch Feuchtigkeit ausgesetzt ist, und da die letztere insbesondere auf der Unterseite zum Angriff kommt, so wählt man die Kernholzseite als die nach unten zu legende. Man macht die Grundschwelle gerne breiter wie hoch, damit sie gut aufliegt und ein besserer Stand für die Wand erzielt wird. (Fig. 91 a.) Da die

Breite dann die Stärke der übrigen Hölzer zu übersteigen pflegt, so wird der betreffende Vorsprung ins Innere oder nach aufsen verlegt. Vielfach aber giebt man der Grundschwelle auch die nämliche Stärke der übrigen Hölzer, was das Einfachste ist. (Fig. 91b.) Ist die Unterlage Bruchsteinmauerwerk, so deckt man dasselbe gerne durch eine Rollschicht aus Backsteinen ab, um ein besseres Auflager zu erhalten, oder, was viel besser ist, durch Sockelplatten aus Sandstein. Zweckmäfsig ist in allen Fällen eine weitere Dichtung durch sogen. Isolierschichten (Asphalt, Zement, Dachpappe etc.). Da die Zapfenlöcher zur Aufnahme der Pfosten und Streben die eindringende Feuchtigkeit ansammeln, so kann man auch als Verbindung den Kreuzzapfen wählen. (Fig. 91b.) Mufs eine Schwelle gestofsen werden, so geschieht es stumpf oder mit geradem oder schrägem Blatt und unter einem Pfosten. Die Brustschwellen sind mit dem übrigen Verbandholz aus gleichem Material und von gleicher Stärke oder gleich dick aber höher.

Die Pfette, auch Rahmholz genannt, schliefst die Wand nach oben hin ab. Da sie ebenfalls in geringen Abständen unterstützt ist, hat sie gewöhnliche Stärke. Sie bleibt am besten ungestofsen; wenn es aber sein mufs, fällt der Stofs auf einen Pfosten bei gerader Blattung oder stumpf mit Eisenklammern. Am Eck und an Kreuzungen werden die Pfetten überblattet, wenn sie gleichhoch liegen, und überkämmt, wenn sie verschieden hoch liegen.

Als Pfosten, Stiele oder Ständer bezeichnet man die Höhenstützen, die senkrechten Hölzer zwischen Schwelle und Pfette. Je nach der Stelle, an welcher sie Platz finden, werden sie verschieden benannt.

Der Eckpfosten steht am gemeinsamen Ende zweier Wände. Da er mehr zu tragen hat, als die übrigen Pfosten, da er durch die Verbindungen mehr geschwächt wird, als die übrigen und da er dem Wetter auf zwei Seiten ausgesetzt zu sein pflegt, so wird er nötigenfalls stärker gemacht als die übrigen Hölzer. Wenn hierbei die Bündigkeit gewahrt werden soll, so mufs er dann im einspringenden Eck „ausgewinkelt oder ausgeklinkt“ werden, wie es Fig. 92a im Querschnitt zeigt, wenn nicht vorgezogen wird, die überschüssige Holzstärke nach aufsen vorspringen zu lassen, was dann wieder eine breitere Schwelle voraussetzt. (Fig. 92b.)

Der Bundpfosten steht da, wo eine Wand senkrecht auf eine andere stöfst oder wo zwei Wände sich kreuzen. Wenn er nicht die gleiche Stärke wie die übrigen Verbandshölzer erhält, was immer das Einfachste ist (Fig. 93a), so wird er nur in der einen Richtung verstärkt, um das Auswinkeln zu umgehen. (Fig. 93b.) Liegt der Endpfosten einer Wand nicht in der andern, auf welche die erste stöfst, was insbesondere vorkommen kann, wenn eine Wand nachträglich eingezogen wird, so spricht man von einem Klebepfosten. (Fig. 94b.)

Die Thür- und Fensterpfosten sind die seitlichen Umrahmungen der betreffenden Wandöffnungen, welche durch ihre Breitenabmessungen die Stelle bedingen, an welchen jene Platz finden.

Als Zwischenpfosten bezeichnet man alle übrigen und ordnet sie nach Gutdünken derart an, dafs die Abstände von Pfosten zu Pfosten 0,9 bis 1,8 m betragen.

Die Verbindung der Pfosten mit der Pfette geschieht durch gewöhnliche Verzapfung mit Verbohrung.

Die Streben sind schräg stehende Verbindungshölzer zwischen Schwelle und Pfette und mit diesen verzapft. Sie bezwecken in Verbindung mit den Riegeln die Unverschiebbarkeit der Wand. Diesem Zweck entsprechend wären sie am besten in einer Neigung unter 45° anzuordnen. Da aber hierbei zu grofse Pfostenentfernungen die Folge wären und des bessern Aussehens halber stellt man dieselben wesentlich steiler, etwa unter 60° zu Schwelle und Pfette geneigt, wobei sie dann auch tragend mitwirken. Man begnügt sich für gewöhnlich mit zwei Streben, je eine an jedem Ende der Wand, weil die Ausmauerung rechteckiger Felder bequemer ist, als diejenige schräg begrenzter. Erforderlich sind sie eigentlich überhaupt nur, solange die Riegelwand nicht ausgemauert ist, da die Ausmauerung selbst die beste Versteifung ist. Legt man besonderes Gewicht auf eine Verstrebung gegen den Winddruck, so werden die

Streben am besten nach aufsen geneigt; ist dagegen die Pfette gestofsen, so müssen die Streben nach innen gegeneinander geneigt werden. Gekreuzte Streben (sogen. Andreaskreuze) haben nur den Wert eines besseren Aussehens. Werden die beiden sich kreuzenden Streben überblattet, so findet eine Schwächung

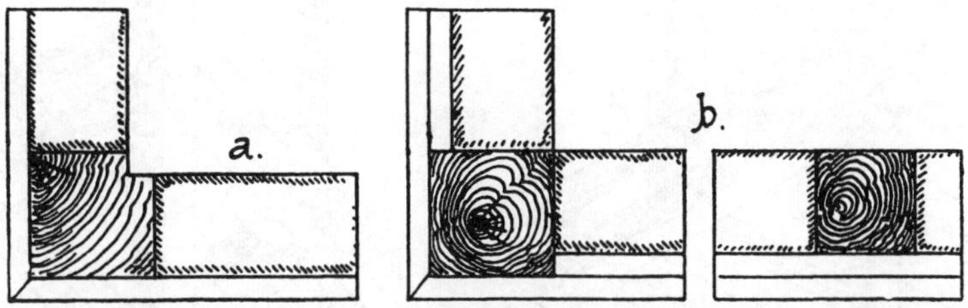

Fig. 92.
Eckpfosten im Querschnitt.

des Holzes statt, so dafs, konstruktiv betrachtet, nichts gewonnen wird. Man läfst deshalb vielfach die eine Strebe durchlaufen und fügt die andere als Verzierung in zwei getrennten Stücken ein. Die Zapfen-

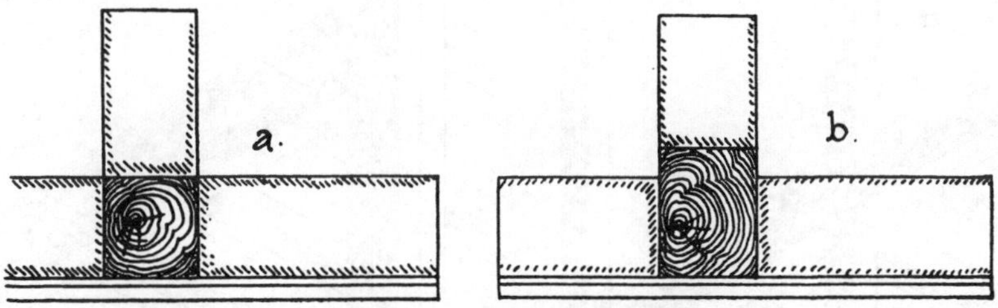

Fig. 93.
Bundpfosten im Querschnitt.

löcher der Streben sollten von denjenigen der Pfosten stets eine Entfernung von mindestens circa 15 cm haben. Die Holzstärke der Streben ist die gewöhnliche.

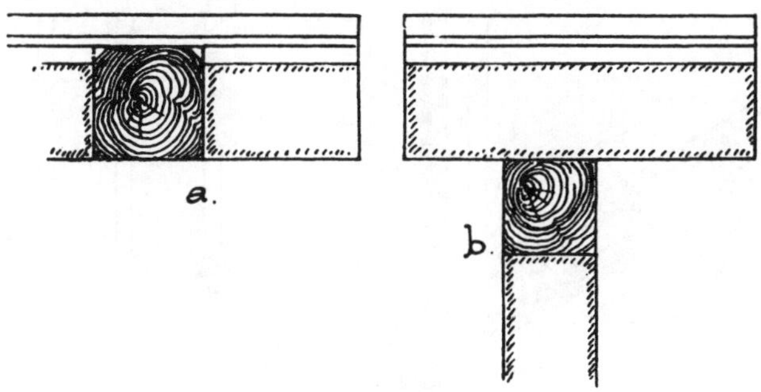

Fig. 94.
Klebepfosten im Querschnitt.

Als Riegel, nach welchem Verbandsstück die ganze Wand ihren Namen führt, bezeichnet man jedes horizontal laufende Versteifungsstück zwischen Pfosten und Streben. Der den Sturz der Thüren bildende Riegel heifst Thürriegel, der Sturz des Fensters dagegen Fensterriegel, während die Bank des letztern Brustriegel genannt wird. Die Anordnung der übrigen Riegel ist ziemlich willkürlich.

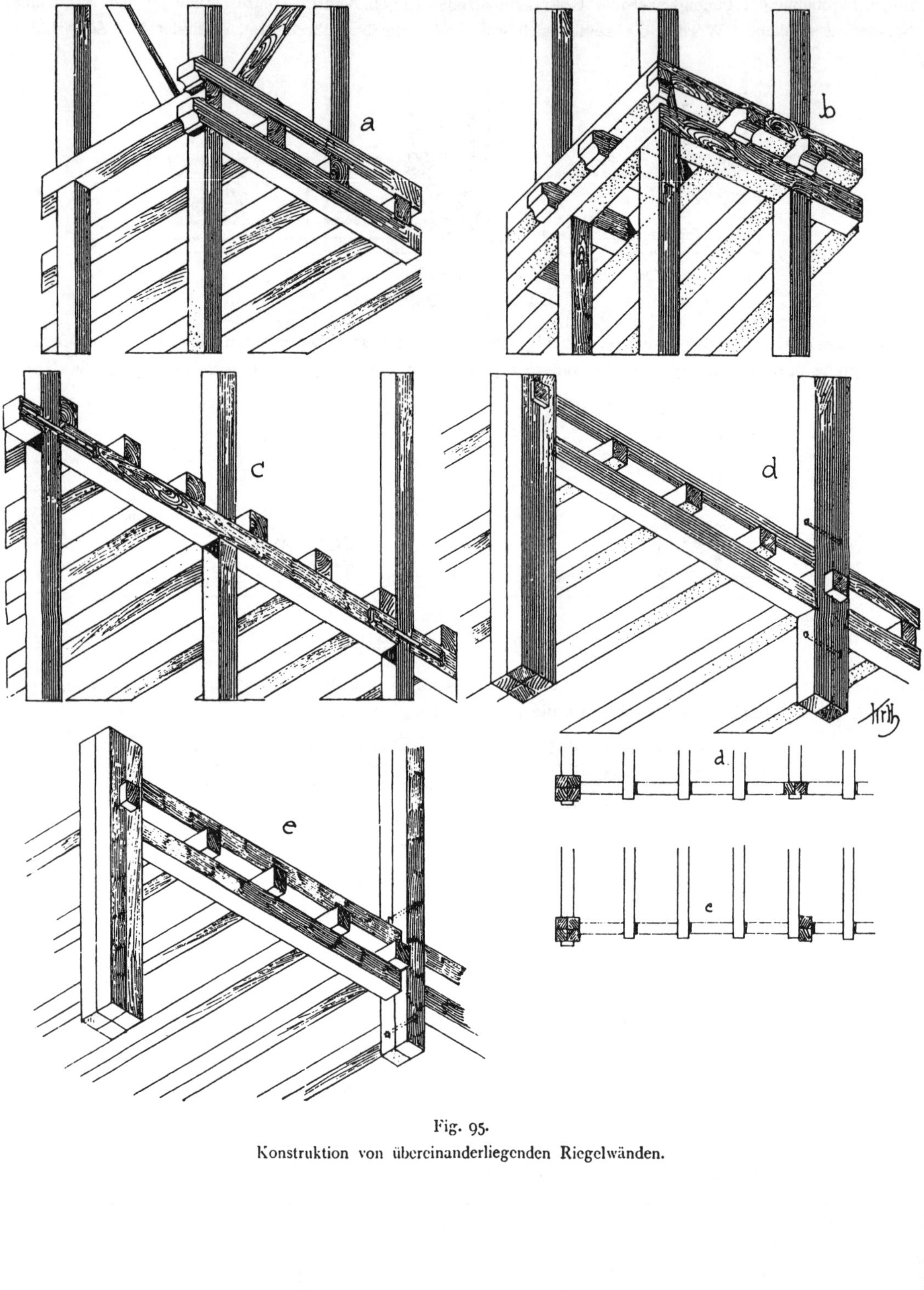

Fig. 95.
Konstruktion von übereinanderliegenden Riegelwänden.

Bei unverputzten Wänden richtet man sich nach dem guten Aussehen. Legt man Wert auf möglichst geringe Schwächung des Holzes, so geht man sparsam mit Anordnung der Riegel zu Werke und zapft sie auf beiden Seiten der Pfosten und Streben nicht auf gleicher Höhe ein. Im allgemeinen läſst man die einzelnen Riegelfache nicht über 2 □m groſs werden. Die Brustriegel der Fenster macht man vielfach aus Eichenholz oder harzreichem Kiefernholz, weil sie dem Einfluſs der Witterung am meisten preisgegeben sind. Die Riegel auſser der Verzapfung noch zu versatzen, hat nur bei Lichtöffnungen einen Wert und besonders dann, wenn der Riegel einen sogen. Entlastungsbogen zu tragen hat. Die Verzapfung zu verbohren, giebt wohl eine bessere Verbindung, hat aber den Nachteil, daſs, wenn die Holznägel im Regen quellen, die Pfosten und Streben gelegentlich aufreiſsen, was auch kein Vorteil ist. Die Riegel erhalten die Holzstärke der übrigen Verbandshölzer oder sie werden auch schwächer angenommen, indem man die Höhe verringert, was sich jedoch weniger empfiehlt, oder indem man sie mit der Ausmauerung bündig setzt, während Pfosten und Streben ausladen.

Die Stärke der Verbandshölzer einer Riegelwand wird im allgemeinen durch die Backsteinausmauerung bestimmt. Da die letztere für gewöhnlich ½ Stein stark ist, so ergiebt sich für unverputztes, bündiges Riegelwerk eine Holzstärke von 12 cm, bei sichtbarem Holz und beiderseits bündigem Verputz eine Stärke von 15 cm, ebensoviel bei unverputzten Gefachen mit vorspringenden Verbandhölzern etc.

Da ein Vorspringen der Verbandshölzer gut aussieht und so wie so gemacht werden muſs, wenn man die Holzkanten durch Abfasung verzieren will, so kann man auch eine Dicke der Hölzer von 16 und mehr cm anordnen, wenn die Stockwerkshöhen und übrigen Verhältnisse es wünschenswert erscheinen lassen. Die Breite der Verbandshölzer wählt man durchschnittlich ebenfalls

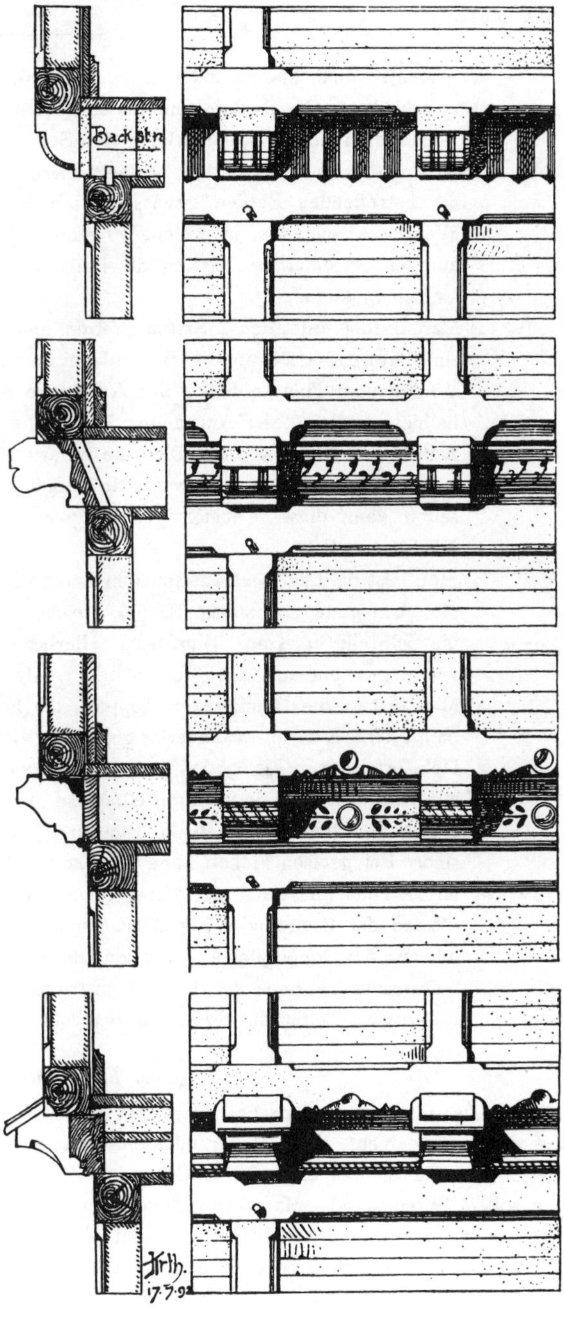

Fig. 96.
Ueberkragte Riegelwände.

zwischen 12 und 16 cm. Die Pfetten erhalten eine Höhe von 18 bis 20 cm, die Schwellen von 15 cm oder mehr.

Wo Riegelwände übereinander zu liegen kommen oder durch mehrere Stockwerke reichen, kann man sich verschiedener Konstruktionsmethoden bedienen, von denen jede ihre Vorteile und Nachteile hat.

1) Man ordnet auf 2 gegenüberliegenden Seiten Pfetten an, auf welche die Balkenlage aufgekämmt wird. (Fig. 95a.) Auf den beiden andern Seiten und für etwaige Zwischenwände bilden dann die betreffenden Balken gewissermaſsen für die untere Wand die Pfette und für die obere Wand die Schwelle, in welche Pfosten und Streben unmittelbar eingezapft werden, während auf den erstgenannten Seiten die Balkenköpfe im Hirnholz zwischen Pfette und Schwelle zum Vorschein kommen.

2) Man ordnet auf allen 4 Seiten Pfetten und Schwellen an (Fig. 92b), wobei dann auf 2 Seiten ein Stichgebälke an die Balkenlage anschlieſsen muſs. Die Stichbalken stehen im rechten Winkel zum Hauptgebälke mit Ausnahme derer im Eck, welche die Winkel des Grundrisses halbieren. Bei dieser Anordnung hat man es in der Hand, nach dem Vorbild alter Fachwerksbauten die obern Wände über die untern allseitig etwas vorkragen zu lassen, was bei der ersten Konstruktion nur zweiseitig möglich ist. (Vergleiche Fig. 96.) An den Stichbalkenseiten kann dieses Ueberkragen übrigens nur wenig betragen, weil die Sache sonst zu gefährlich wird.

3) Man läſst die Eck- und Bundpfosten durch beide Stockwerke hindurch reichen und setzt zwischen dieselben genügend starke Riegel, welche für die untere Wand die Pfette, für die obere aber die Schwelle ersetzen. (Fig. 95c.) Hierbei ist es nötig, diese Riegel auſser der Verzapfung zu versatzen und mit den Pfosten durch aufgelegte Eisenschienen zu verbinden.

4) Man ordnet die Bundpfosten doppelt, die Eckpfosten vierfach an, eine Konstruktion, die sich hauptsächlich durch ihre Stärke gegenüber den andern auszeichnet, aber naturgemäſs auch mehr Holz erfordert. (Fig. 95d.) Diese doppelten und vierfachen Pfosten werden gewöhnlich nicht auf Schwellen, sondern unmittelbar auf die steinerne Unterlage aufgesetzt, so daſs dann die einzelnen Schwellenteile in die Pfosten zu verzapfen oder mit diesen durch Eisen zu verbinden sind. Bei groſsen Höhen kann man nötigenfalls die Pfosten stoſsen, aber natürlicherweise nur im Verband und unter der Voraussetzung einer Verschraubung mit Bolzen. Ob man die Bundpfosten der Breite oder der Tiefe nach verdoppelt, ist ziemlich einerlei. Im erstern Fall umschlieſst der Doppelpfosten einen Balken (Fig. 95d), im andern Fall Pfette und Schwelle (Fig. 95e). Selbstredend können bei diesen Konstruktionen auch die obern Schwellen fortfallen, so daſs die Pfette gleichzeitig die Stelle der Schwelle für den obern Teil der Wand einnimmt.

b. Die Sprengwand.

Dieselbe ist nur eine besondere Art der Fachwerks- oder Riegelwand. Wenn die letztere nicht auf einem Fundament, einer Mauer oder einer unter derselben liegenden Riegelwand aufsitzt, wie es die Regel ist, sondern über einen hohlen Raum zu liegen kommt, so muſs sie „abgesprengt“ werden und wird zur sogen. Sprengwand. Man kann dieselbe heute füglich entbehren, da die gewalzten Eisenträger in genügender Stärke das einfachste Mittel sind, eine freiliegende Riegelwand zu tragen. Da aber immerhin und trotzdem gelegentlich noch Sprengwände angeordnet werden, so mögen sie in Kürze beschrieben sein.

Da die Sprengwand nicht durch Pfosten unterstützt ist, so wird die Last der Wand auf die Nähe der Umfassungswände übertragen, wozu sich die Konstruktion des Hängewerks am besten eignet. Die Wand wird mit anderen Worten an einen einfachen oder mehrfachen Hängebock aufgehängt. Kommt die Sprengwand auf einen vorhandenen Balken aufzusitzen, so ist der Fall sehr einfach. Kommt sie aber quer zur

Balkenlage zu stehen, so mufs erst eine Schwelle als Unterlage der Wand über das Gebälk gelegt werden. Wenn die Wand keine Thüröffnungen erhält, so ist der Fall ebenfalls in Ordnung, während dagegen die Thüranordnung in einer quergestellten Sprengwand das Mifsliche hat, dafs die Schwelle über den Fufsboden vorsteht. Man kann dies umgehen, indem man die Schwelle der Sprengwand als Unterzug des Gebälks anordnet. Dann wählt man aber besser einen eisernen Träger und konstruiert in gewöhnlicher Weise. Wenn die Sprengwand durch zwei Stockwerke reicht, kann man die Konstruktion für beide gemeinsam wählen. In Figur 97 sind zwei verschiedene Sprengwände dargestellt. In a ist der einfachste Fall gezeigt, b zeigt den doppelten Hängebock mit einer Thür. Die Streben und Hängesäulen der Sprengwände laufen ungeschwächt durch, die Anordnung der übrigen Verbandshölzer ist, weil von der Konstruktion nicht abhängig, ziemlich willkürlich; die Riegel und übrigen Verbindungsstücke werden gewöhn-

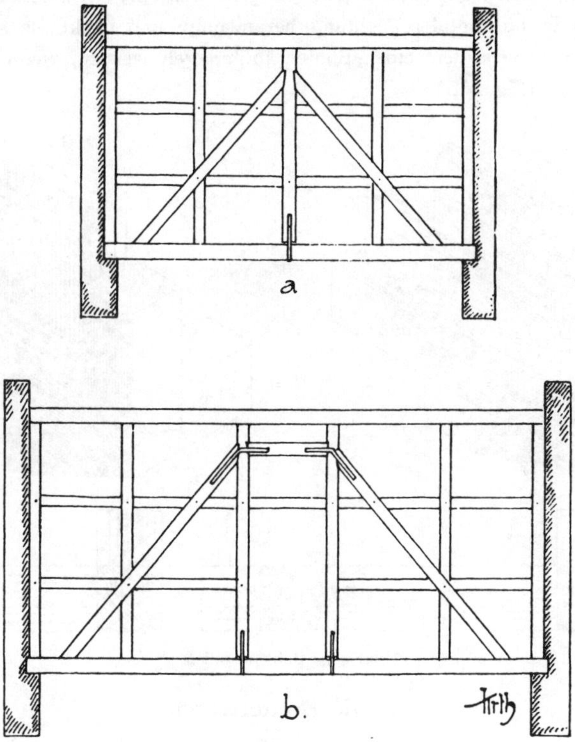

Fig. 97. Sprengwände.

lich nur stumpf eingebunden und aufgenagelt. Die Sprengwände werden, um sie möglichst leicht zu machen, gewöhnlich in den Gefachen nicht ausgemauert, sondern beiderseits mit Brettern verschalt, was zur Versteifung wesentlich beiträgt.

Um die Hohlwand weniger schalldurchlassend oder „hellhörig", wie der technische Ausdruck lautet, zu machen, werden die Hohlräume der Gefache zweckmäfsigerweise mit Häcksel oder mit Schlackenwolle ausgefüllt.

c. Die Bohlenwand.

Sie ist ebenfalls eine Riegelwand, bei welcher jedoch die Streben und schräglaufenden Verbandshölzer wegfallen. Die rechteckigen oder quadratischen Gefache werden nicht ausgemauert, sondern mit

Bohlen oder starken Dielen geschlossen. Sollen die Bohlen horizontal laufen (Fig. 98a), so erhalten die Pfosten Nuten von der Stärke der Bohlen und die letzteren werden überfalzt, gespundet oder mit Nut und Feder verbunden, wenn nötig unter Anwendung einer weiteren Dichtung durch Werg, Moos etc. Je nach dem Zweck der Wand richtet sich die Stärke der Bohlen und nach dieser das Meistmaſs der Pfostenabstände, welches 2,5 m nicht wohl übersteigt. Die Horizontalfugen über der Schwelle und unter der Pfette werden durch vorgenagelte Leisten geschlossen. Ein Gleiches gilt von den übrigen horizontalen Verbandshölzern. Daſs die Leisten an diese und nicht an die Bohlen zu befestigen sind, ist wohl selbstverständlich.

Sollen die Bohlen senkrechte Lage erhalten, so werden die Schwelle, die Pfette und etwaige andere horizontale Verbandhölzer genutet, die Bohlen werden von der Seite eingeschoben und an den Pfosten beiderseits durch Leisten geführt, welche auf jene aufgenagelt werden. Gewöhnlich läſst man dann diese Leisten auch in horizontaler Richtung herumlaufen und deckt die senkrechten Bohlenfugen ebenfalls durch Leisten, welche je dem einen Bohlen aufgenagelt werden, wenn sie beim Schwinden der Wand nicht reiſsen sollen. (Fig. 98b.)

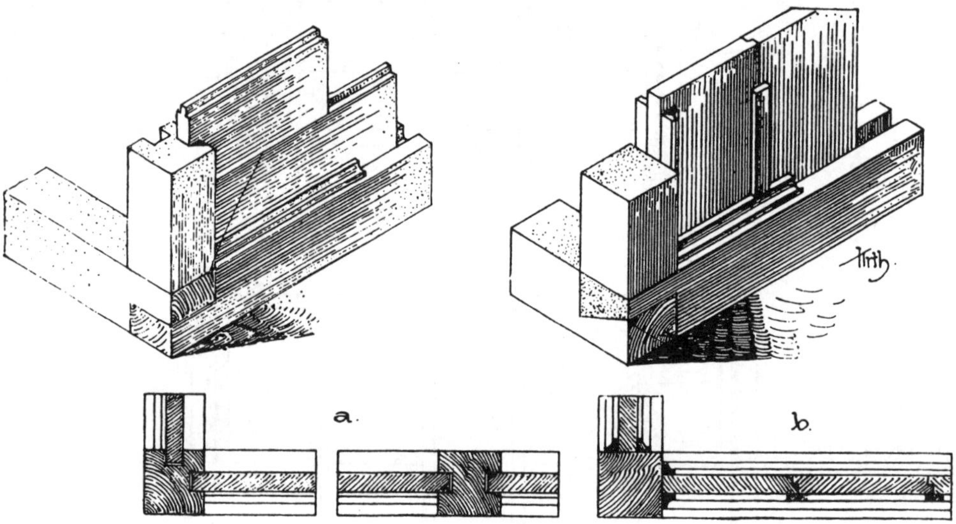

Fig. 98. Bohlenwände.

d. Die Bretterwand.

Sie ist entweder eine verschalte Riegelwand oder, wenn sie besonders leicht sein soll, wird ein riegelwandähnliches Gerippe aus Rahmenschenkeln hergestellt, welches einerseits oder beiderseits verschalt wird. Schlieſslich werden auch kleinere Bretterwände ohne Gerippe hergestellt zum Unterschlagen oder Abteilen von Zimmern und anderen Räumen.

Die nicht ausgemauerte, auſserhalb verschalte Riegelwand ist häufig in Anwendung für Schuppen, Kegelbahnen und ähnliche Bauten. Ebenso werden auch ausgemauerte Kniewände, Giebel etc. nicht selten verschalt. Die Schalbretter werden hierbei senkrecht angeordnet, überfalzt und mit Deckleisten versehen und den Verbandshölzern der Riegelwand aufgenagelt, welche deshalb so anzuordnen sind, daſs durchschnittlich von 1 m zu 1 m eine Nagelung möglich ist. Bei Zierbauten werden die Schalbretter nach unten hübsch ausgeschnitten und auch anderweitig verziert, wie weiter unten gezeigt werden wird (Fig. 99a).

Die Bretterwand mit dem Rahmenschenkelgerippe ist, einerseits verschalt, gebräuchlich zur Abtrennung untergeordneter Räume, in Magazinen, Speichern, Kellern etc. Die Schalbretter erhalten dann gewöhnlich senkrechte Lage, werden stumpf gestoſsen oder überfalzt und dem Gerippe aufgenagelt. Wird das letztere beiderseits verschalt, wobei die Gefache gewöhnlich hohl bleiben, wenn nicht des Schalles halber eine Ausfüllung mit Moos, Schlackenwolle oder ähnlichem Material beliebt wird, so können die Schalbretter auch in schräger Richtung aufgenagelt werden, von beiden Seiten gegeneinander geneigt, wobei sie dann wie Streben die Wand versteifen helfen. Wird eine derartige Wand nachträglich verrohrt und verputzt, so kreuzt die Verrohrung wieder die Schalung, die letztere wird nicht gehobelt und

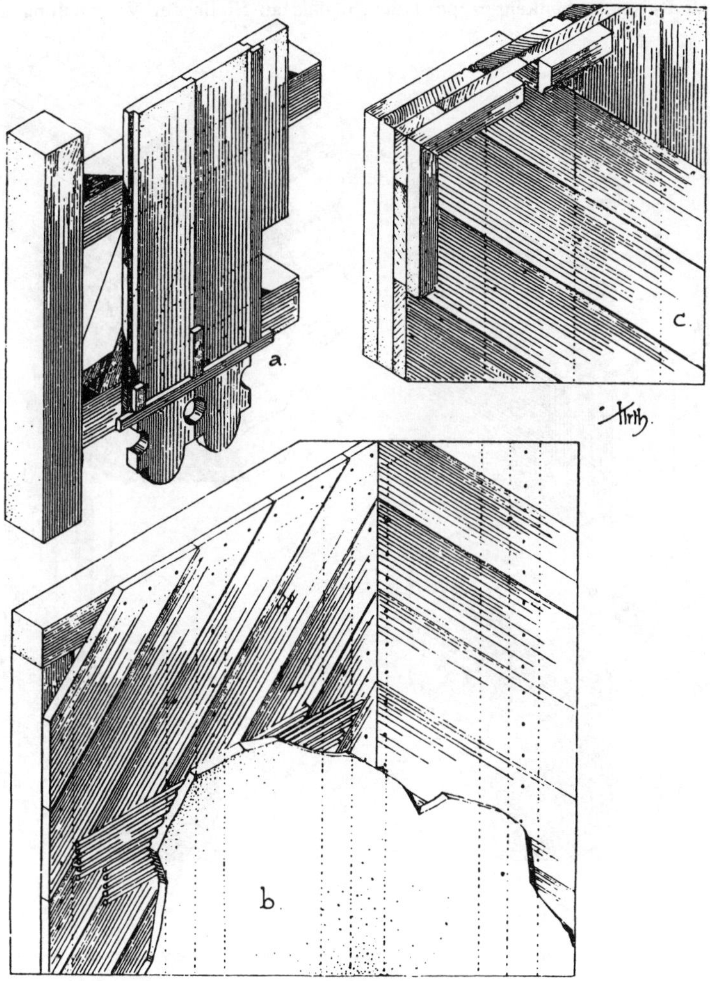

Fig. 99. Bretterwände.

die Bretter behalten von vornherein absichtlich offene Fugen, um bei etwaigem Quellen das Reiſsen des Verputzes zu vermindern (Fig. 99b). Aus dem gleichen Grunde nimmt man die Schalbretter schmal, höchstens 15 cm breit oder man schlitzt sie absichtlich mit dem Beil auf und nagelt sie in Riemen fest.

Die Bretterwand ohne Gerippe wird an den Rändern durch beiderseitige Leisten gehalten, welche dem Boden, der Decke und den Wänden aufgenagelt werden. Die Wand selbst wird aus zwei Lagen Brettern hergestellt, welche sich kreuzen, und die Befestigung untereinander geschieht durch Nägel, deren

Enden umgeschlagen werden. Da derartige Wände fast immer verputzt werden, so gilt in dieser Hinsicht das oben Erwähnte (Fig. 99c). Erhält eine derartige Wand eine Thüröffnung, so wird dieselbe ausgeschnitten, in der Leibung mit Thürzargen versehen und auf beiden Seiten mit einer Thürverkleidung umrahmt.

e. Die Lattenwand.

Sie dient zur Abteilung von Magazin-, Keller- und Speicherräumen und unterscheidet sich von der Bretterwand mit Rahmenschenkelgerippe dadurch, daſs an Stelle der Verschalung senkrecht laufende

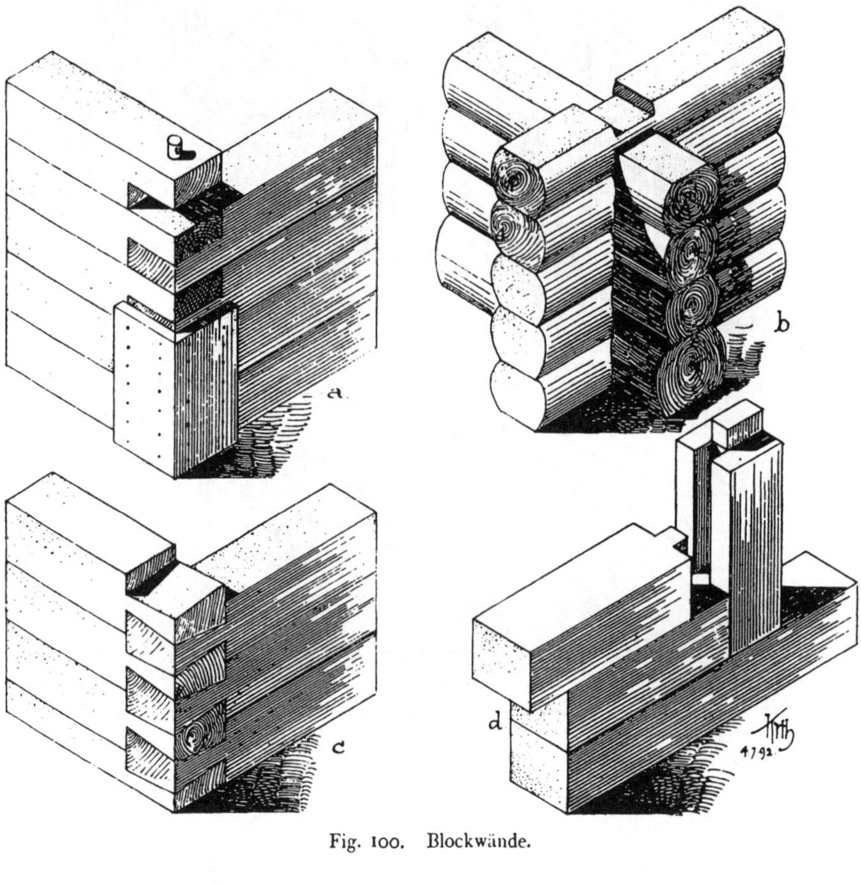

Fig. 100. Blockwände.

Latten aufgenagelt werden, um noch einigermaſsen Licht durchzulassen oder die Uebersicht des Raumes von auſsen zu ermöglichen. Die Latten erhalten üblicherweise einen solchen Abstand, daſs die Lattenbreite gleich ist der Zwischenraumsbreite. Sockel-, Wand- und Deckenleisten bleiben meist fort und die Thüren werden ebenfalls als Lattenthüren behandelt. Eine einfache Lattenthüre ist auf Tafel 80 dargestellt nebst einigen anderen einfachen und verdoppelten Thüren, welche sich für untergeordnete Räume eignen.

f. Die Blockwand.

Die Blockwand ist des groſsen Holzverbrauches wegen bei uns eine seltene Erscheinung. Während in den holzreichen Gegenden des Nordens und der Gebirge Blockhäuser noch häufig aufgeführt werden, so geschieht es bei uns nur gelegentlich, in Anbetracht ihrer malerischen Wirkung, in Anwendung auf die Schutzhütten von Aussichtspunkten etc.

Die Blockwand setzt sich zusammen aus horizontal aufeinandergeschichteten Balken, deren Stärke von der Gröfse des Bauobjektes abhängt. Die Balken werden entweder vierkantig zugerichtet, oder sie bleiben auf der äufseren Seite, auch wohl auf der äufseren und inneren Seite, waldkantig, während sie nur auf den Lagerflächen beschlagen werden. Die Lagerfugen werden mit Moos gedichtet oder es werden mit Teer getränkte Stränge aus Werk eingetrieben etc. Um das Werfen der Balken zu verhüten, werden die Balken in Abständen von 1,5 bis 2 m aufeinander verdübelt. Die Verbindung an den Ecken und wo Wände im Inneren aufeinanderstofsen, geschieht durch Ueberblattung, Ueberkämmung oder Verzinkung.

Bei der Ueberblattung (Fig. 100a) wird jeder Balken zur halben Höhe ausgeschnitten und die Enden werden verdübelt. Zum Schutze der Hirnholzflächen werden senkrechte Bretter vorgenagelt. Die Lagerfugen zweier angrenzenden Hölzer liegen gleichhoch.

Bei der Ueberkämmung (Fig. 100b) wird jeder Balken oben und unten auf ein Viertel ausgeschnitten (wenn die Hölzer gleichstark sind, was übrigens nicht unbedingt nötig ist); am Balkenende bleibt ein sogen. Vorstofs stehen, was zur Verstärkung beiträgt, aber mehr Holz erfordert, als die Ueberblattung und Verzinkung. Die Lagerfugen auf zwei angrenzenden Wänden liegen nicht gleichhoch, sondern abwechselnd auf halber Höhe, weshalb die eine Wand mit halb- oder anderthalbhohem Balken beginnen und nach oben schliefsen mufs. Die Konstruktion der Ueberkämmung giebt die beste malerische Wirkung der Vorstöfse wegen; auch eignet sich dieselbe am besten, wenn die Wand aufsen oder aufsen und innen in unbehauenem Zustande verbleiben soll.

Die Verzinkung ist die umständlichste, aber auch die solideste Verbindung (Fig. 100c). Während bei der gewöhnlichen Zinkung, wie sie für Bretter üblich ist, die Verbindung nur nach einer Seite die Hölzer unverschiebbar macht, weil ja sonst ein Einfügen nicht möglich wäre, so kann die Zinkung hier die Verschiebung beiderseits verhindern, weil jeder Balken nur einen Zinken erhält und die Schwalbenschwänze also beiderseits der Eckkante angeordnet werden können, wie es die Figur zeigt.

Soll die Blockwand Thüren und Fensteröffnungen erhalten, so benützt man die entsprechenden Balken als Schwelle, Bank und Sturz und schiebt seitlich gleichstarke Pfosten als Gewände ein, welche oben und unten eingezapft und seitlich mit einer Nute versehen werden, in welche die Balken mit einer entsprechenden Feder eingreifen. (Fig. 100d.)

---

3. Die Deckenverbände.

Der Zweck der horizontalen Abteilung zweier übereinander gelegenen Geschosse, wobei für den untern Raum eine Abdeckung, für den obern ein Boden geschaffen wird, kann auf verschiedene Weise erzielt werden, insbesondere aber durch gewölbte Decken und durch Balkendecken. Hier kommen nur die letztern in Betracht. Im allgemeinen wird die Decke nicht nur sich selbst, sondern auch die durch die Bewohnung und den Verkehr hervorgerufenen Lasten zu tragen haben (Eigenlast und Nutzlast) und die Wichtigkeit einer soliden Konstruktion leuchtet ohne weiteres ein. Nachdem weiter oben, anläfslich des Kapitels über die Festigkeit der Hölzer, die Belastungsfrage bereits erörtert wurde, werden wir uns direkt dem konstruktiven Teil zuwenden und zunächst die Gebälke als solche besprechen. Daran anschliefsend soll das Nötige über Balkenauflager, Balkensicherungen etc. gebracht werden, und schliefslich wird der eigentlichen Deckenbildung, der Ausstattung des Deckengerippes zu gedenken sein.

a. Die Balkenlagen oder Gebälke.

Als Balken bezeichnet man horizontal verlegte Kanthölzer. Der Querschnitt ist meist ein hochgestelltes Rechteck, dessen Breite nicht unter 15 cm beträgt. Im übrigen sind die Stärken sehr verschieden und durch den Zweck und die übrigen Abmessungen bedingt. Eine Reihe parallel laufender Balken heifst Balkenlage oder Gebälk. Die solideste Balkenlage entsteht, wenn die einzelnen Balken sich berührend nebeneinander gelegt und unter sich verdübelt werden. Dieses, in früherer Zeit nicht gerade seltene, sogen. Dübelgebälke kommt für unsere heutige Zeit einer Holzverschwendung gleich und wird deshalb nicht mehr ausgeführt. Man legt die Balken heutzutage durchschnittlich in Abständen von 0,6 bis 1,2 m, von Mitte zu Mitte gerechnet. In Süddeutschland legt man die Balken in Wohngebäuden, deren Zimmertiefe 4,5 bis 5 m beträgt, durchschnittlich im Abstand von 0,6 bis 0,8 m. Bei gröfseren Abständen schlägt sich der Fufsboden von gewöhnlicher Stärke leicht ein. Da man bei gröfseren Balkenabständen die Balken selbst stärker im Holze nehmen mufs, so wird gerade nicht viel gespart und

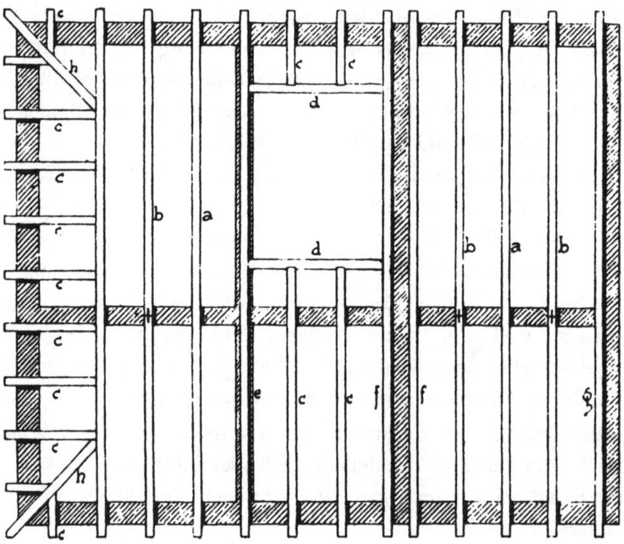

Fig. 101.
Balkenlage zur Erklärung der Benennung einzelner Balken.

einem gediegenen Fufsboden zu lieb läfst sich schon ein übriges thun. Bei Gebäuden, deren Raum über der Decke unbenützt bleibt (Kirchen, Festhallen etc.) kann die Balkenentfernung ohne Schaden gröfser werden und sich nötigenfalls bis zu 1,2 m erstrecken. In Norddeutschland und in holzärmeren Gegenden überhaupt legt man die Gebälke in der Regel auch in Wohngebäuden thunlichst weit, womit dann eine Verstärkung der übrigen Konstruktionen sich zu verbinden pflegt.

Balkenlagen zwischen zwei Geschossen oder Stockwerken bezeichnet man als Stockwerks- oder Zwischengebälke, Balkenlagen zwischen dem obersten Geschofs und dem Dachraum benennt man als Dachgebälke; Balkenlagen innerhalb des Daches selbst, also etwa auf halber Höhe, wobei sie nicht immer eine wirkliche Decke bilden, heifst man Kehlgebälke.

Nach ihrer Lage und Richtung in Bezug auf die Umfassungs- und Zwischenwände oder unter sich betrachtet, führen die einzelnen Balken verschiedene Namen. Wird dann diesen Namen, um anzugeben, in welchem Gebälke sie liegen, noch die Bezeichnung „Stock-“ oder „Zwischen-“, „Dach-“ oder „Kehl-“ vorgesetzt, so ist der Balken derart benannt, dafs ein Irrtum ausgeschlossen erscheint.

Bezugnehmend auf die Figur 101 mögen die hauptsächlich vorkommenden Balken erklärt werden. Man unterscheidet:

1. Ganze Balken, durchlaufende Balken, die von einer Umfassungswand bis zur gegenüberliegenden reichen und auf beiden aufliegen. (Fig. 101a.) Es sind insbesondere die Binder- und Ankerbalken, die Bundbalken in Dachgebälken und alle auf Zug in Anspruch genommenen Balken, welche als ganze Balken anzuordnen sind und nicht gestofsen werden. Bei solider Ausführung eines Gebäudes soll mindestens jeder dritte Balken ein durchlaufender sein und beiderseits Maueranker erhalten.

2. Gestofsene Balken, aus 2 oder mehr einzelnen Balken der Länge nach aneinandergestofsen. (Fig. 101b.) Der Stofs kann nur auf einer Mauer, einer Schwelle, einem Unterzug etc. erfolgen. Balken können, wenn sie nicht auf Zug und Schub in Anspruch genommen sind, besonders in Zwischengebälken gestofsen werden, wenn ganze Balken in der betreffenden Länge nicht wohl zu haben sind. Ueber jedem Balkenstofs ist eine eiserne Klammer einzuschlagen.

3. Stichbalken oder ausgewechselte Balken, welche einerseits auf der Mauer aufliegen und

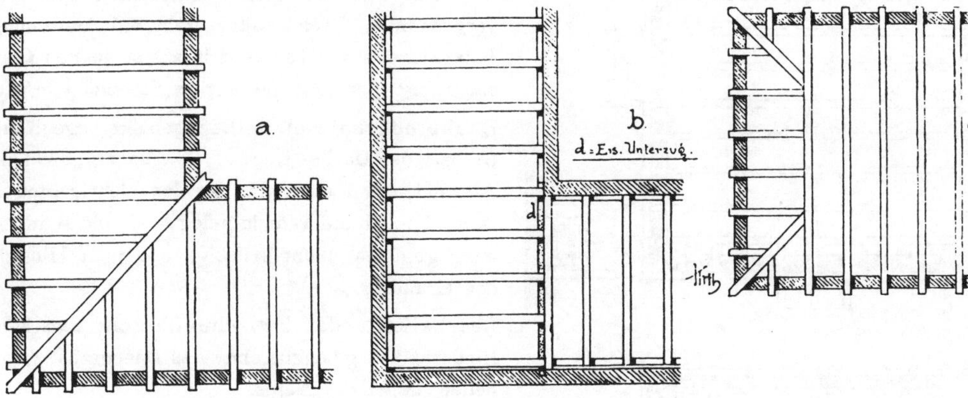

Fig. 102.
Dachgebälke über einem Grundrifs mit Widerkehr und für ein Walmdach.

am andern Ende in einen querlaufenden Balken (Wechsel) mittelst Brustzapfen eingreifen. (Fig. 101c.) Die Auswechselung von Balken wird meist durch die Gebälklücken für Treppen und Kamine bedingt, sowie durch die Anbringung von Holzbalkonen. (Fig. 103.)

Es kommen übrigens auch Stichgebälke vor, welche längs einer ganzen Umfassungsmauer liegen, bedingt durch komplizierte, unregelmäfsige Grundrisse, oder wenn bei Fachwerksbauten an zwei aneinander liegenden Seiten Pfetten und Schwellen unter und über der Balkenlage angeordnet werden sollen; ferner bei den Ueberkragungen oberer Stockwerke von Fachwerksbauten. (Fig. 95b, 96, 102c und 103.)

4. Wechsel, das sind Balken oder Balkenstücke, welche, quer zur Balkenlage laufend, an beiden Enden mittelst Brustzapfen in Balken eingreifen. (Fig. 101d.) Im allgemeinen haben sie den Stichbalken als Auflager zu dienen. Ferner spricht man auch von Wechseln zwischen Wechseln. Eine Auswechselung ist überhaupt nur dann zu machen, wenn sie nicht umgangen werden kann, denn sie kommt stets einer Schwächung des Gebälkes gleich.

5. Wandbalken, welche der Länge nach auf einer Zwischenmauer aufliegen. (Fig. 101e.) Diese Balken haben das denkbar beste Auflager, aber auch den Nachteil, dafs man die Deckenver-

schalung nicht ohne weiteres anbringen kann und auch den Boden nicht, wenn sie in der Mauer liegen, was an sich schon ungünstig ist.

6. **Streichbalken**, welche, um Boden und Decke befestigen zu können, längs einer Zwischenmauer gelegt werden. (Fig. 101 f.) Sie können geringere Breite haben als die übrigen Balken und es empfiehlt sich, zwischen ihnen und der Mauer einige Centimeter Abstand zu lassen. Wenn die Mauer abgesetzt ist, kann der Streichbalken zum Teil oder in der ganzen Breite aufliegen.

a.

b

c.

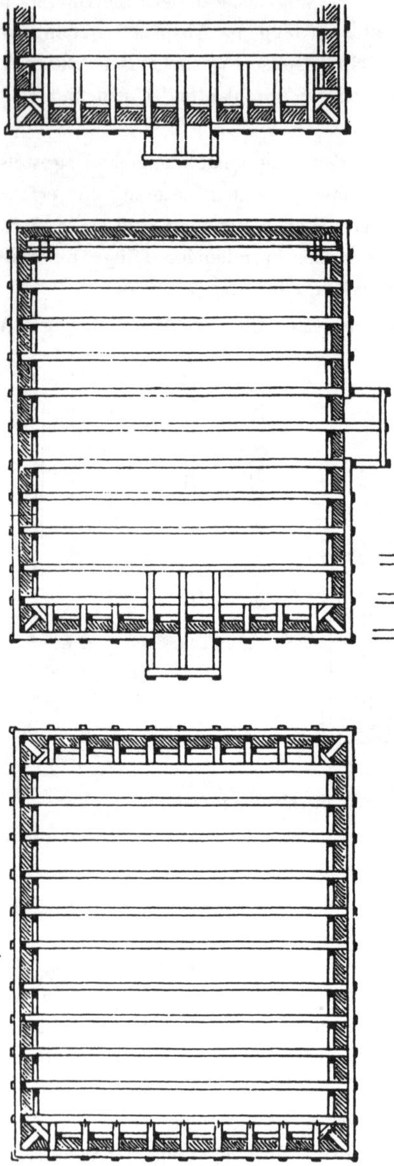

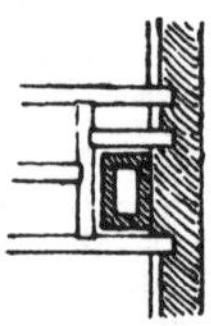

Fig. 103. Stichgebälkanlagen.

7. **Ort- oder Giebelbalken**, die letzten Balken nach aufsen. (Fig. 101 g.) Neben oder auf abgesetzten Steinmauern laufend, sind sie dasselbe wie Streichbalken; in Fachwerksgiebeln liegend sind sie Bundbalken und müssen volle Stärke haben.

Von den Ort- oder Giebelbalken und von den vorgenannten Streichbalken geht die Anordnung der Balkenlage aus. Sie werden zuerst in den Grundrifs eingetragen, worauf die übrige Einteilung erfolgt.

8. **Dachbinderbalken**, im Dachgebälke liegend und das Gerüste des Daches tragend. Sie liegen gewöhnlich in Abständen von 3 bis 5 m, werden nicht gestofsen und wenn thunlich auf Wände gelegt, d. h. die Binderanordnung geschieht nicht beliebig, sondern in Hinsicht auf den Grundrifs.

9. **Leerbalken oder Zwischenbalken**, zwischen den Binderbalken gelegen, ohne das Dachgerüst tragen zu helfen, daher der Name.

10. **Gratbalken**, nicht senkrecht, auf die Mauer laufend, sondern den Winkel aus- oder einspringender Ecken halbierend. Sie sind vielfach eine Art von Stich- oder Wechselbalken und nehmen selbst wieder Stichbalken auf. (Fig. 101 h und 102.) Da deren Sicherheit im letztern Fall, weil von den Zapfen abhängig, keine grofse ist, so empfiehlt sich ihre Anordnung höchstens für Dachgebälke, während für Stockgebälke Anordnungen nach Fig. 102 b vorzuziehen sind.

Für die Anordnung der Balkenlagen ist in erster Linie der Grundrifs des Gebäudes mafsgebend und nachdem dieser für die einzelnen Geschosse mit sämtlichen Mauern und Wänden, Kaminen und Treppenöffnungen festgestellt ist, können die Gebälke eingezeichnet werden. Nach unserer heutigen Bauweise pflegt der Dachfirst der Gebäudefront parallel zu laufen und daraus ergiebt sich, dafs das Dachgebälke der Tiefe nach zu legen ist, damit die Balken als Binderbalken benützt werden können. Dementsprechend liegen gewöhnlich dann auch die Zwischen- oder Stockgebälke, was jedoch nicht unbedingt notwendig ist. Für die genannte Lage spricht auch die Möglichkeit einer einfachen Verankerung der Umfassungsmauern. Holzersparnis und andere Zweckmäfsigkeitsgründe können das Abweichen von der Regel unter Umständen rechtfertigen. Man beginnt mit dem Einzeichnen der Ort-, Wand-, Streich- und Binderbalken und verteilt die übrigbleibenden Balken zwischen denselben in gleichen Abständen unter ungefährer Einhaltung der von vornherein beabsichtigten Balkenentfernung. Hierauf werden die Auswechselungen für Treppen und Kamine vorgenommen etc. Es ist selbstredend, dafs bei Anordnung des Grundrisses schon auf die

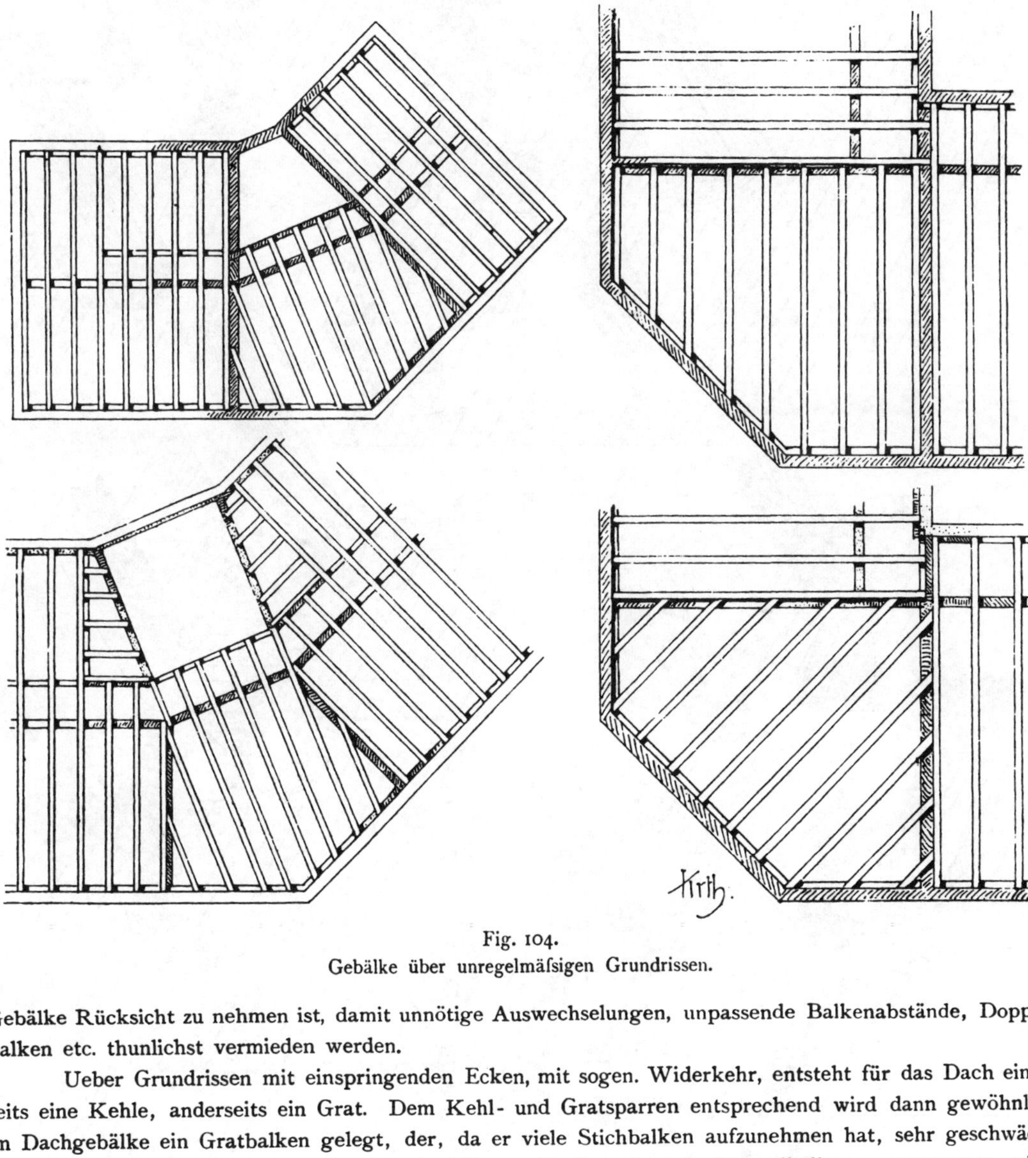

Fig. 104.
Gebälke über unregelmäfsigen Grundrissen.

Gebälke Rücksicht zu nehmen ist, damit unnötige Auswechselungen, unpassende Balkenabstände, Doppelbalken etc. thunlichst vermieden werden.

Ueber Grundrissen mit einspringenden Ecken, mit sogen. Widerkehr, entsteht für das Dach einerseits eine Kehle, anderseits ein Grat. Dem Kehl- und Gratsparren entsprechend wird dann gewöhnlich im Dachgebälke ein Gratbalken gelegt, der, da er viele Stichbalken aufzunehmen hat, sehr geschwächt wird und in Berücksichtigung dieses von gröfserer Breite oder als Doppelbalken angenommen wird. (Fig. 102a.) In den Stock- oder Zwischengebälken und bei Pfettendächern erhält die Balkenlage dagegen besser die in Fig. 102b angegebene Anordnung.

Fig. 105. Balkenauflager.

Bei der Anordnung von Walmdächern werden für die Gratsparren ebenfalls in ähnlicher Weise sogen. Gratstiche oder Gratstichbalken erforderlich. (Fig. 102c.)

Etwas weniger einfach gestaltet sich die Sache über unregelmäſsigen, nicht rechtwinkeligen Grundrissen. Wir geben in Figur 104 einige hierher zu zählende Gebälkanlagen ohne weitere Erläuterung, da die Figuren genügend für sich selbst sprechen.

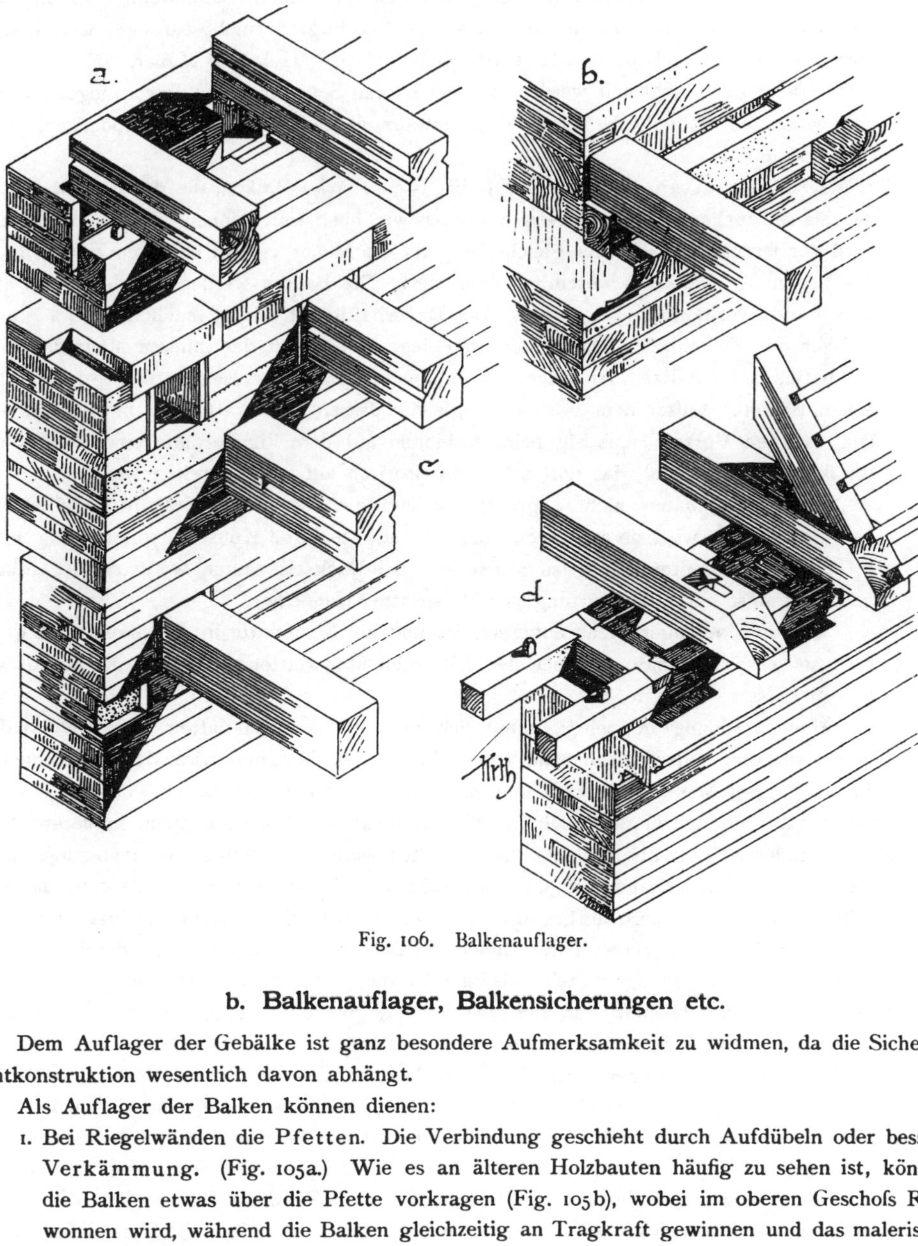

Fig. 106. Balkenauflager.

b. Balkenauflager, Balkensicherungen etc.

Dem Auflager der Gebälke ist ganz besondere Aufmerksamkeit zu widmen, da die Sicherheit der Gesamtkonstruktion wesentlich davon abhängt.

Als Auflager der Balken können dienen:

1. Bei Riegelwänden die Pfetten. Die Verbindung geschieht durch Aufdübeln oder besser durch Verkämmung. (Fig. 105a.) Wie es an älteren Holzbauten häufig zu sehen ist, können auch die Balken etwas über die Pfette vorkragen (Fig. 105b), wobei im oberen Geschoſs Raum gewonnen wird, während die Balken gleichzeitig an Tragkraft gewinnen und das malerische Aussehen ebenfalls gefördert wird.

2. Bei massiven Mauern:

a) Die Mauer selbst. Man legt das Balkenende auf plattenartige, eben und genau horizontal liegende Steine und läſst es gleich der Balkenhöhe, also nicht unter 18 cm in die Mauer eingreifen. (Fig. 105c.) Es empfiehlt sich, um dem Anfaulen der Balkenenden entgegen zu wirken, dieselben mit Kreosot oder Carbolineum zu tränken. Ein Anstreichen mit Teer oder ein Vernageln mit Teerpappe oder Bleiplatten ist nur dann ratsam, wenn das Holz im Innern vollständig trocken ist. Damit die Mauer die Feuchtigkeit nicht auf den Balken überträgt, läſst man seitlich und hinten kleine Abstände zwischen Holz und Mauer, welche mit gut gebrannten Ziegeln ausgefüllt werden; auf der oberen Seite kann man zwei Ziegelstücke schräg gegeneinander stellen oder einen dem unteren ähnlichen Stein zur Abdeckung benützen. (Fig. 105d.)

b) Sogen. Mauerlatten. Es sind dies 12 bis 15 cm starke Balken, die der ganzen Länge nach der Mauer aufliegen, und deswegen breiter wie hoch sein können. Durch die Mauerlatten wird der Druck des Gebälkes gleichmäſsig auf die Mauer verteilt und dem Zimmermann wird das Legen des Gebälkes wesentlich erleichtert. Die Balken werden mit der Mauerlatte verdübelt oder verkämmt. (Fig. 106a.) Der Dauerhaftigkeit wegen macht man die Mauerlatten vielfach aus Eichenholz. Die Mauerlatten liegen meist mit der inneren Mauerfläche bündig, am besten auf Absätzen der Mauer. Sie können beliebig gestoſsen werden, jedoch nicht unter einem Balken. Auſser dem Vorteil der gleichmäſsigen Druckverteilung bietet die Mauerlatte den weiteren Vorzug, daſs sie beim Abbinden auf dem Zimmerplatz eine ebene Unterlage für das Gebälke bildet, das dort schon provisorisch auf jene aufgelegt wird.

Wenn die Mauer nicht abgesetzt ist und die Mauerlatte nicht in dieselbe zu liegen kommen soll, so wird sie am zweckmäſsigsten auf steinerne Konsolen gesetzt (Fig. 106b), wie es an älteren Bauten häufig zu sehen ist. Bei Backsteinbauten werden gelegentlich auch ganze Gesimse zur Unterstützung der Mauerlatte vorgekragt.

Wenn die Mauer nicht abgesetzt ist und die Mauerlatte in die Mauer verlegt werden soll, so verwendet man an Stelle der hölzernen Mauerlatten am besten solche aus ⊏-Eisen oder I-Eisen. (Fig. 106c.)

Die Anordnung doppelter, unter sich verbundener Mauerlatten nach Fig. 106d ist ein selten vorkommender Fall und die Verwendung sogen. Mauerbänke, das sind Bohlen, welche in der ganzen Mauerbreite aufliegen, hat wenig Empfehlenswertes.

3. Unterzüge. Sie dienen den Balken, die sich nicht frei tragen können, in deren Mitte oder auch an anderer Stelle als Auflager. Nicht selten werden die Balken auf Unterzügen gestoſsen. Nach Lage der Sache sind also die Unterzüge verhältnismäſsig starke Balken, die entweder auf den Umfassungsmauern aufliegen oder durch Säulen oder Pfosten gestützt sind. Die Verbindung der Balken mit den Unterzügen geschieht durch Verdübelung, durch Verkämmung oder durch Verschraubung mittelst eiserner Bolzen. Bei der Unterstützung hölzerner Unterzüge durch Pfosten bedient man sich zweckmäſsigerweise der sogen. Sattelhölzer (Fig. 107a und b), d. h. man verdoppelt an der Unterstützungsstelle den Unterzug und macht ihn hiermit tragfähiger, schon deswegen, weil das Zapfenloch für den Pfosten im Unterzug fortfällt. Die Sattelhölzer werden mit dem Unterzug durch Bolzen verschraubt und am seitlichen Ausweichen durch Keile verhindert, wie die Figur es zeigt. Ist das Sattelholz einige Meter lang, so wird es mit dem Pfosten durch Kopfbänder oder Kopfbüge verbunden. (Fig. 107a und b.) Es ist dies eine ganz allgemein angewandte Konstruktion. Während Fig. 107 in a die Anwendung eines einfachen Pfostens als Stütze des Unterzuges zeigt, so ist in b die Verwendung eines verdoppelten Pfostens veranschaulicht.

Wird das die Balkenlage tragende Holz über statt unter dieselbe gelegt, so führt es im Gegensatz zu der Bezeichnung „Unterzug" die Benennung „Ueberzug". In diesem Fall müssen die Balken mit Schraubenbolzen an den Ueberzug aufgehängt werden.

Unterzüge und wohl auch Ueberzüge werden neuerdings vielfach statt aus Holz aus Walzeisen genommen, wobei das geeignetste Profil dasjenige des I- oder Doppel-T-Eisens ist.

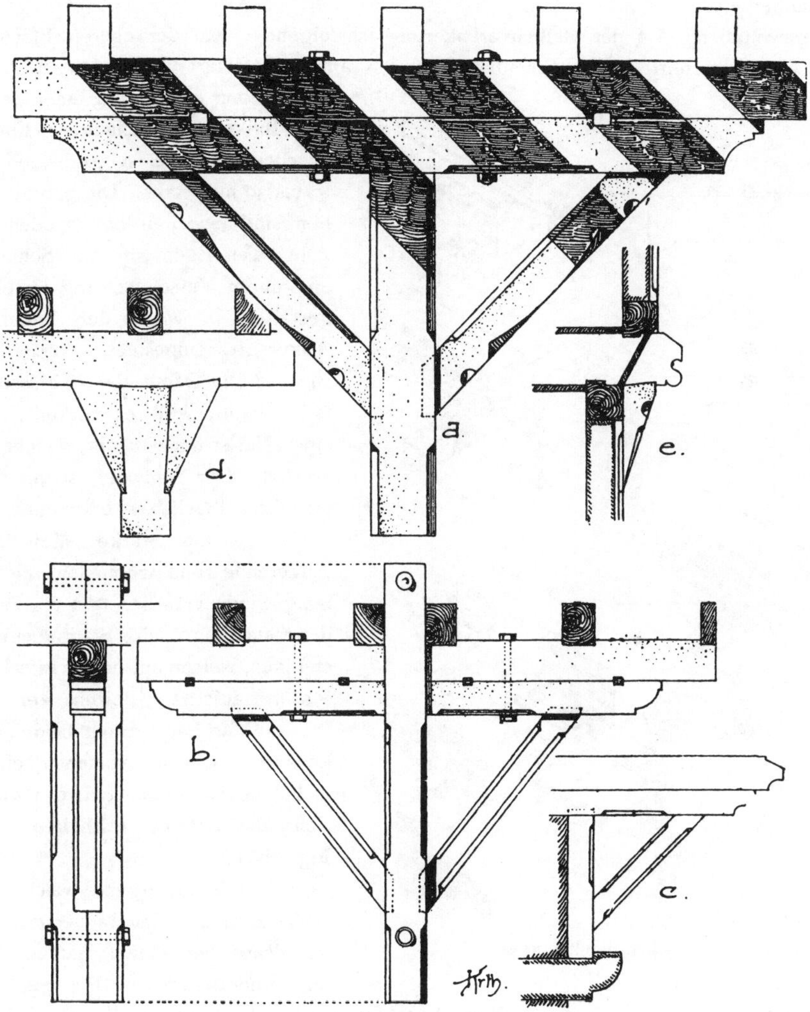

Fig. 107.
Sattelhölzer, Kopfbänder, Knaggen etc.

Kopfbänder und Sattelhölzer sind, nebenbei bemerkt, auch anderweitig in Anwendung, so z. B. an Holzbalkonen. Die vorerwähnte Konstruktion wird hier gewissermaſsen nur hälftig verwertet und der kurze Pfosten kommt auf einen Konsolstein aufzustehen. (Fig. 107c.)

An Stelle der Kopfbänder oder Büge treten häufig auch sogen. Knaggen, wie es in Fig. 107d und e veranschaulicht ist.

Die Balkenverankerungen haben den Zweck, die Balken mit den Umfassungswänden fest zu verbinden, wobei der verankerte Balken gewissermaſsen eine groſse Zugstange vorstellt, also selbstredend nicht gestoſsen werden darf. Auch einseitige Verankerungen kommen vor, um gewisse Bauteile fest mit dem Gebälke zu verbinden. Die Art der Verankerung kann überhaupt sehr verschieden sein und demnach unterscheidet man verschiedenerlei Anker, so z. B. Schlüsselanker, Bügelanker, Winkelanker, Stichanker, Gabelanker etc.

Die gewöhnliche Art der Balkenverankerung ist folgende: Auf der oberen Fläche des Balkens wird eine Eisenschiene mittelst Schraubenbolzen und Krampen befestigt (Oberanker, Fig. 108a) oder die Befestigung erfolgt auf einer der Seitenflächen des Balkens (Seitenanker, Fig. 108 b). Die Flacheisenschiene ist 40 bis 60 mm breit und 10 bis 30 mm stark. Die gebräuchlichsten Stärken sind jedoch 10 auf 50 oder 10 auf 40 mm. Am freien Ende wird die Schiene umgebogen und durch Verschweiſsung zu einer Art Oese gestaltet, in welche der Ankerschlüssel oder Ankerstift eingesteckt wird (Schlüsselanker, Fig. 108 b). Damit der Schlüssel nicht durchfallen kann, wird er verkeilt, oder er erhält eine „Nase“ angestaucht, welche auf der Oese aufsitzt. Der Schlüssel ist ein der Tiefe nach gestelltes Flacheisen oder auch ein Rundeisen von ca. 30 mm Stärke. Man kann auch das Ankerende rund schmieden, mit einem Schraubengewinde versehen und die Befestigung vor der Mauer durch eine Schraubenmutter bewerkstelligen, welche auf einer Unterlagscheibe oder Rosette aufsitzt. (Bolzenanker, Fig. 108a.)

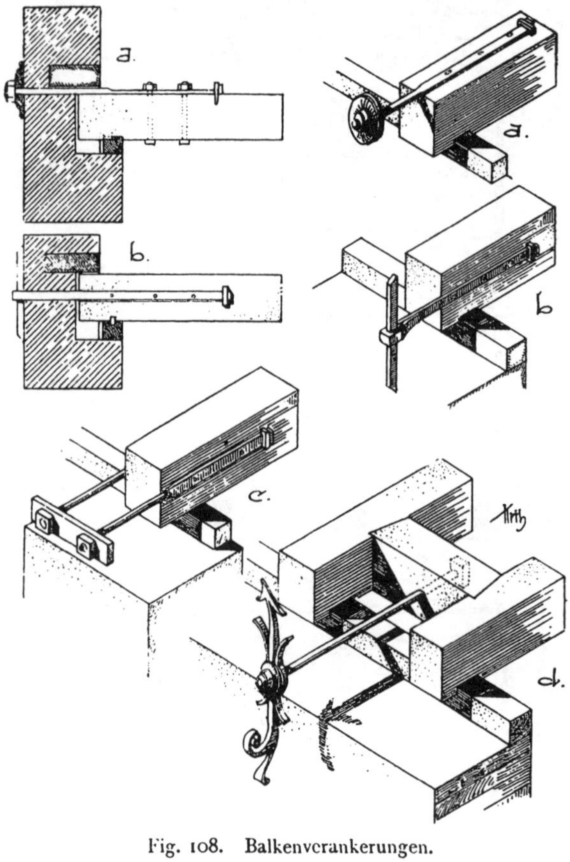

Fig. 108. Balkenverankerungen.

Man kann ferner beide Seiten des Balkens mit Schienen versehen, eine doppelt gelochte, gemeinsame Platte vorlegen und mit Schraubenmuttern festhalten. (Doppelanker, Fig. 108 c.)

Soll aus irgend welchen Gründen der Ankerkopf an eine Mauerstelle, welche nicht geradeaus vor einem Balken liegt, so kann eine Anordnung nach Fig. 108 d als Notbehelf dienen, Fig. 108d zeigt auch wie der Ankerschlüssel eine dekorativ wirkende Form erhalten kann. An alten Häusern sind derartige Ankerschlüssel in Gestalt von Buchstaben, Jahreszahlen etc. keine seltene Erscheinung. Neuerdings ist diese Verzierung wieder aufgegriffen worden. Vielfach werden die Ankerschlüssel aber auch in der Mauer versteckt. Daſs der Ankerstift möglichst groſse Steine faſst und nicht vor eine Stoſsfuge gelegt wird, ist Sache des Maurers. Bezüglich der Verankerung vergleiche auch Fig. 56.

c. Die Deckenbildung.

In den wenigsten Fällen bleibt die Balkenlage offen, wie z. B. im Kehlgebälke von Kirchen. In den weitaus meisten Fällen wird sie als Stock- oder Zwischendecke ausgenützt. Für untergeordnete Zwecke, in Speichern, Magazinen, Scheunen etc., genügt vielfach ein einfacher Dielenbeleg. Wo aber eine undurchlassende, die Wärme haltende und den Schall dämpfende Zwischendecke nötig erscheint, wie es zwischen bewohnten Geschossen der Fall ist, da kommen, abgesehen von einigen veralteten und selten angewendeten Konstruktionen, folgende Ausführungen in Betracht:

1. Der sogen. halbe Windelboden. Die Balken werden seitlich, 8 bis 10 cm unter der Oberkante keilförmig genutet (sogen. Spitznuten); in diese Nuten werden, quer von Balken zu Balken laufend, sogen. Stick- oder Staakhölzer aus gespaltenem Eichenholz eingetrieben und mit Strohlehm abgedeckt. (Fig. 109a.) Im Interesse der Deckenerhaltung ist darauf zu achten, daſs von den Stickhölzern die Rinde und der Splint entfernt werden, was vielfach nicht geschieht. Der zwischen dem Fuſsboden verbleibende Raum wird mit geröstetem Sand ausgefüllt. Der untere Raum bleibt in Stallungen und ähnlichen Räumen offen; in bewohnten Räumen wird die Unterfläche der Balkenlage verschalt, verrohrt und verputzt oder an Stelle der Ver-

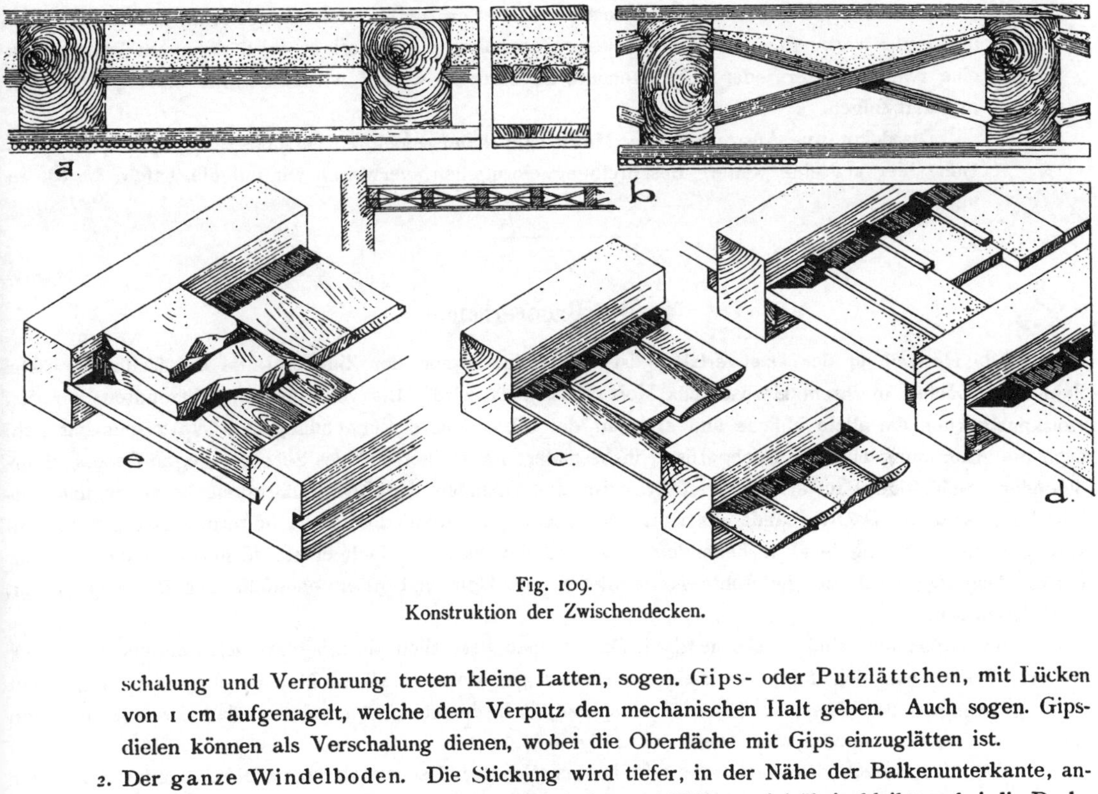

Fig. 109.
Konstruktion der Zwischendecken.

schalung und Verrohrung treten kleine Latten, sogen. Gips- oder Putzlättchen, mit Lücken von 1 cm aufgenagelt, welche dem Verputz den mechanischen Halt geben. Auch sogen. Gipsdielen können als Verschalung dienen, wobei die Oberfläche mit Gips einzuglätten ist.

2. Der ganze Windelboden. Die Stickung wird tiefer, in der Nähe der Balkenunterkante, angebracht, so daſs mehr Raum für Strohlehmbelag und Füllmaterial übrig bleibt, wobei die Decke die Wärme besser hält und den Schall weniger durchläſst, aber andererseits auch schwerer ist, weshalb die Konstruktion seltener angewandt wird.

3. Der Wickel- oder Wellerboden, bei welchem die Stickhölzer mit Lehm- und Langstroh umflochten werden. Diese früher allgemein übliche und bewährte Methode ist heute leider wenig mehr im Gebrauch.

4. Die Kreuzstickung. (Fig. 109b.) Sie empfiehlt sich nur bei schmalen und hohen Balken, welche durch die gekreuzten Stick- oder Sprenghölzer eine gute Versteifung erhalten. Hierbei

ist zu beachten, daſs die zwei oder drei letzten Balken (Endbalken) unter sich durch Schraubenbolzen oder Schlaudern verbunden werden, weil die Kreuzstickung einen Seitenschub ausübt.

5. Die Einschub- oder Stülpdecke. (Fig. 109c.) An Stelle der Stickhölzer werden Bretter oder Schwartenstücke eingeschoben. Damit dies geschehen kann, müssen an passender Stelle die Balken entsprechend genutet werden. Das Splintholz der Schwarten bringt häufig den Wurm in das Holz, weshalb Vorsicht geboten ist.

6. Die Einschneidedecke. (Fig. 109d.) Die Stickhölzer, Schwarten oder Bretter werden nicht in Nuten eingekeilt, sondern auf Latten oder Leisten aufgelegt, welche seitlich an die Balken genagelt werden. Statt der Schwarten und Bretter, auf welche wiederum Strohlehm und Sand aufgebracht wird, verwendet man neuerdings auch Gipsdielen und ähnliche Fabrikate oder benützt die letzteren an Stelle des Strohlehms. (Fig. 109 e.)

Die Einschneidedecke empfiehlt sich auch, wenn die Decke im Material des Holzes belassen werden soll. Die Balken werden dann auf der Unterseite gehobelt, abgefast etc., die Latten werden durch profilierte Leisten ersetzt; die Bretter werden ebenfalls gekehlt, gefalzt, mit Nut und Feder verbunden etc. Ueber dieser „façonnierten“ Bretterlage wird dann am besten noch eine zweite Bretter- oder Schwartenlage angeordnet, worauf wieder Strohlehmbelag und Füllmaterial folgen.

Die dekorative Ausstattung der Holzdecken kann jedoch auf verschiedenerlei Art geschehen. Ohne hier auf eine weitere Beschreibung einzugehen, verweisen wir auf die Tafeln 87, 88, 89 und 90.

---

4. Die Dachverbände.

Die Herstellung der Dachverbände ist die Hauptaufgabe der Zimmerei, da die weitaus gröſste Zahl aller Dächer in ihrem Gerüste aus Holz konstruiert wird. Bis vor wenigen Jahrzehnten war die Holzkonstruktion die allein übliche und erst mit der allgemeinern Verwendung des Walzeisens hat sich auch die Anordnung eiserner Dachgerüste, insbesondere für Hallen und des Schutzes gegen Feuersgefahr besonders bedürftige Bauwerke eingeführt. Ein aus Gründen der Zweckmäſsigkeit hervorgegangenes Mittelding sind die Dachverbände aus Holz und Eisen. Selbstredend sind die hölzernen Dachgerüste im vorliegenden Buch eingehend zu behandeln, während die eisernen Dachgerüste nicht in seinen Rahmen fallen. Dagegen wird die gemischte Konstruktion aus Holz und Eisen ebenfalls der Betrachtung zu unterziehen sein.

Im allgemeinen sind unsere heutigen Dachgerüste wesentlich einfacher und leichter, als diejenigen früherer Zeiten, was sich durch den steigenden Wert des Holzes erklärt. Man ist eben heutzutage weit mehr gezwungen als früher, an Material zu sparen, d. h. derart zu konstruieren, daſs das System nicht nur fest und sicher, sondern auch thunlichst billig wird.

Der Hauptzweck des Daches besteht in dem Schutze des darunterliegenden Gebäudes gegen die Einflüsse der Witterung. Neben dieser rein zwecklichen Anforderung geht die andere nebenher, dem Gebäude zu einem guten Aussehen zu verhelfen oder dasselbe wenigstens nicht zu beeinträchtigen. Die Form des Daches, von der später zu reden sein wird, wird also einerseits durch den Zweck, andererseits durch ästhetische Gründe bedingt. In Bezug auf untergeordnete Bauwerke, wie Schuppen und Fabrikgebäude, ist häufig nur der Zweck maſsgebend, während z. B. in Bezug auf Landhäuser, Kirchen etc. der zweite Grund den Ausschlag zu geben pflegt. Die Form oder richtiger gesagt das Aussehen des Daches hängt aber auch ab von der Neigung der Dachflächen und diese bestimmt sich für gewöhnlich durch die Wahl des Eindeckungsmaterials, das ja sehr verschieden sein kann.

Die Form ihrerseits bedingt dann wieder die Art der Konstruktion, welche zunächst sich selbst und dann auch die Eindeckung zu tragen hat. Aufserdem ist der Wind- und Schneedruck in Rechnung zu ziehen, wovon bereits im Abschnitt I die Sprache war. Wenn der Dachraum nicht unbenutzt bleibt, sondern wie beim Mansarddach noch Wohnräume aufnimmt oder als Magazin zu dienen hat, so ist ferner die betreffende Nutzlast ebenfalls für die Konstruktion in Betracht kommend. Aus diesen einfachen Erwägungen ergiebt sich schon die Wichtigkeit und Vielseitigkeit der Dachverbände. Thatsächlich wird in dieser Hinsicht kein anderes Gebiet der Zimmerei sich mit dem genannten messen können.

Die einfachste und nächstliegende Dachform ist das Pultdach mit einer geneigten Fläche; die symmetrische Verdoppelung des Pultdaches ergiebt das Satteldach mit zwei gleichmäfsig gegeneinander geneigten Flächen, welche im First zusammenstofsen. Aus dieser Dachform lassen sich schliefslich alle anderen ableiten. Es wird deshalb der Betrachtung der Dachverbände zu Grunde zu legen sein.

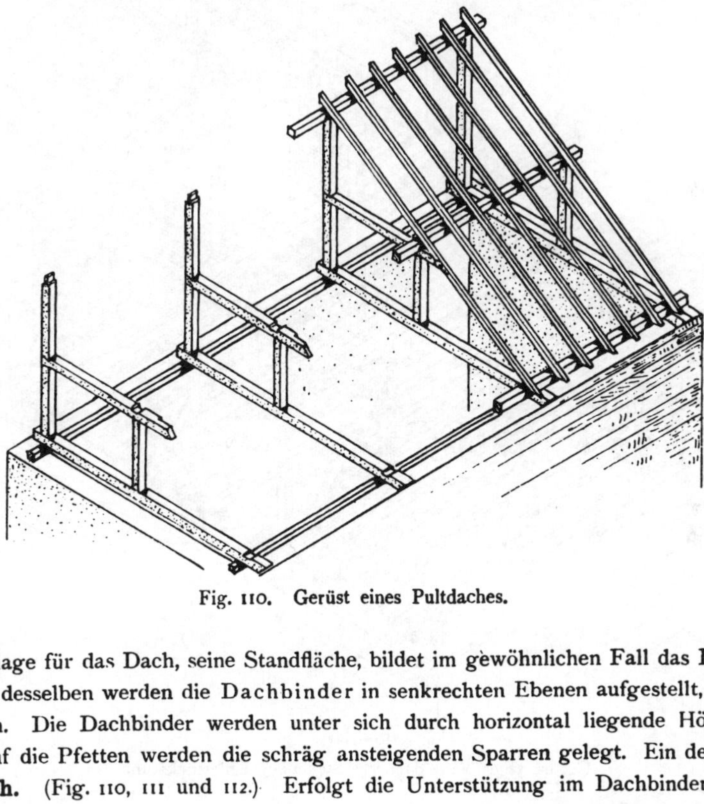

Fig. 110. Gerüst eines Pultdaches.

Die Unterlage für das Dach, seine Standfläche, bildet im gewöhnlichen Fall das Dachgebälke. Auf den Binderbalken desselben werden die Dachbinder in senkrechten Ebenen aufgestellt, welche das Gerüst des Daches bilden. Die Dachbinder werden unter sich durch horizontal liegende Hölzer, die Pfetten, verbunden und auf die Pfetten werden die schräg ansteigenden Sparren gelegt. Ein derartiges Dachwerk heifst **Pfettendach.** (Fig. 110, 111 und 112.) Erfolgt die Unterstützung im Dachbinder durch senkrechte Pfosten, welche auf den Binderbalken aufstehen, so heifst der Dachstuhl **stehender Stuhl.** In Fig. 110 ist ein stehender Pultdachstuhl, in Fig. 111 ein stehender Satteldachstuhl dargestellt. Erfolgt dagegen die Unterstützung durch schräg ansteigende Streben, so entsteht der **liegende Stuhl.** Die Fig. 112 zeigt einen liegenden Satteldachstuhl. Die stehenden und liegenden Pfettendachstühle sind heute die allgemein gebräuchlichen.

Werden die Sparren zwischen Dachfufs und First nicht auf Pfetten aufgelegt, sondern in jedem einzelnen Gespärre durch horizontale Querriegel verbunden, welche zusammen das sogen. Kehlgebälke bilden, so entsteht das Kehlbalkendach. Hier ruhen also die Kehlbalken auf den Zwischenpfetten und je nachdem diese durch Pfosten oder durch Streben unterstützt sind, liegt wieder ein stehendes oder ein liegendes Kehlbalkendach vor. Die erstere Form war früher sehr gebräuchlich. Das Kehlbalkendach hat, abgesehen von besonderen Fällen (Fig. 119), keine Dachbinder nötig und die Längsverbindung wird durch die Lattung oder Schalung bewirkt. Die Sparrenweite entspricht hier der Balkenweite, während beim Pfettendach die Sparrenweite an die Balkenlage nicht gebunden ist.

Werden die Sparren inmitten gar nicht getragen, was nur bei kleinen Dächern der Fall sein kann, so liegt das Sparrendach kurzweg vor.

Werden die Sparren nicht herab zum Dachgebälke geführt und ruht die Pfette am Dachfuſs, welche Sattelschwelle genannt wird, nicht auf dem Gebälke, sondern auf kurzen Pfosten, welche den Binderbalken aufgezapft sind (Kniestockpfosten), so liegt der **Kniestockstuhl** vor. (Fig. 111 und 112.)

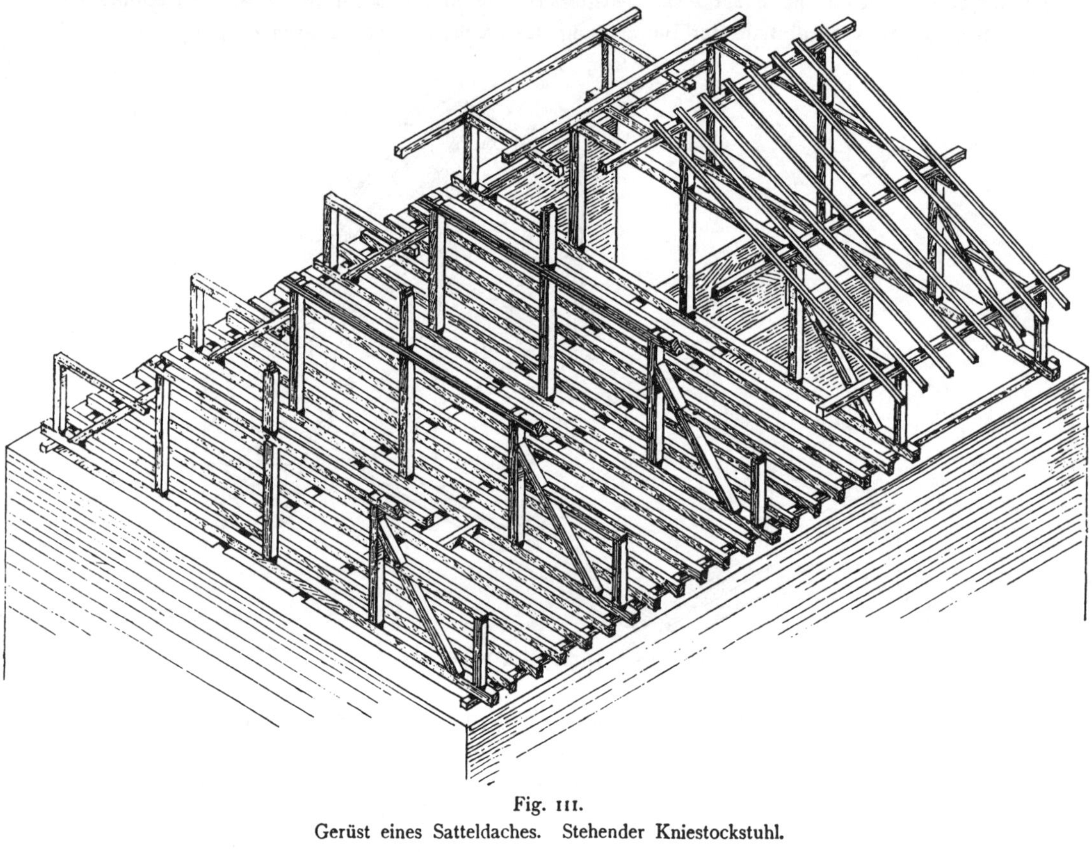

Fig. 111.
Gerüst eines Satteldaches. Stehender Kniestockstuhl.

Steigen beim freistehenden Haus die Dachflächen von allen vier Seiten an, so daſs die Verschneidung zweier Satteldächer, das sogen. Walmdach vorliegt, so werden auſser den Hauptbindern, ganzen oder durchgehenden Bindern zur Beschaffung des Dachgerüstes halbe Binder auf den Schmalseiten nötig, was die Fig. 113 veranschaulicht, zu der auch die Skizze der Fig. 114 gehört. Die Pfetten bilden beim Walmdach eine geschlossene Figur — bei rechteckigem Grundriſs ein Rechteck — den Pfettenkranz, dessen Ecken durch Gratbünde (Fig. 113c) unterstüzt sein können.

Nach diesen einleitenden, zum allgemeinen Verständnis nötigen Bemerkungen über die gebräuchlichsten Dachgerüste, welche sich in mannigfacher Weise zu weiteren Formen vereinigen lassen, gehen wir zur Besprechung der einzelnen Dachverbandshölzer und deren Verbindungen über.

a. Die gewöhnlichen Dachverbandshölzer und deren Verbindungen.

Zunächst mögen die hauptsächlich in Betracht kommenden Dachverbandshölzer namhaft gemacht werden, zu welchem Zwecke in Fig. 115 ein Dachverband im Querschnitt aufgezeichnet ist.

1. Die Sparren. Sie dienen der Schalung oder Lattung als Unterlage. Je zwei zusammengehörige Sparren, in einer senkrechten Ebene von der Traufe zum First schräg aufsteigend, bilden ein Gespärre. Die Reihung der Gespärre erfolgt in Abständen von 60 bis 85 cm, von Mitte zu Mitte gerechnet. Man legt sie zweckmäſsig nicht zu weit, damit sich die Lattung oder Verschalung nicht einschlagen kann, wobei dann der Querschnitt geringer sein darf. Die Sparren sind durch Eigengewicht und Deckmaterial auf Durchbiegung in Anspruch genommen. Ihr Querschnitt ist daher am besten das stehende Rechteck, dessen Abmessungen sich nach der

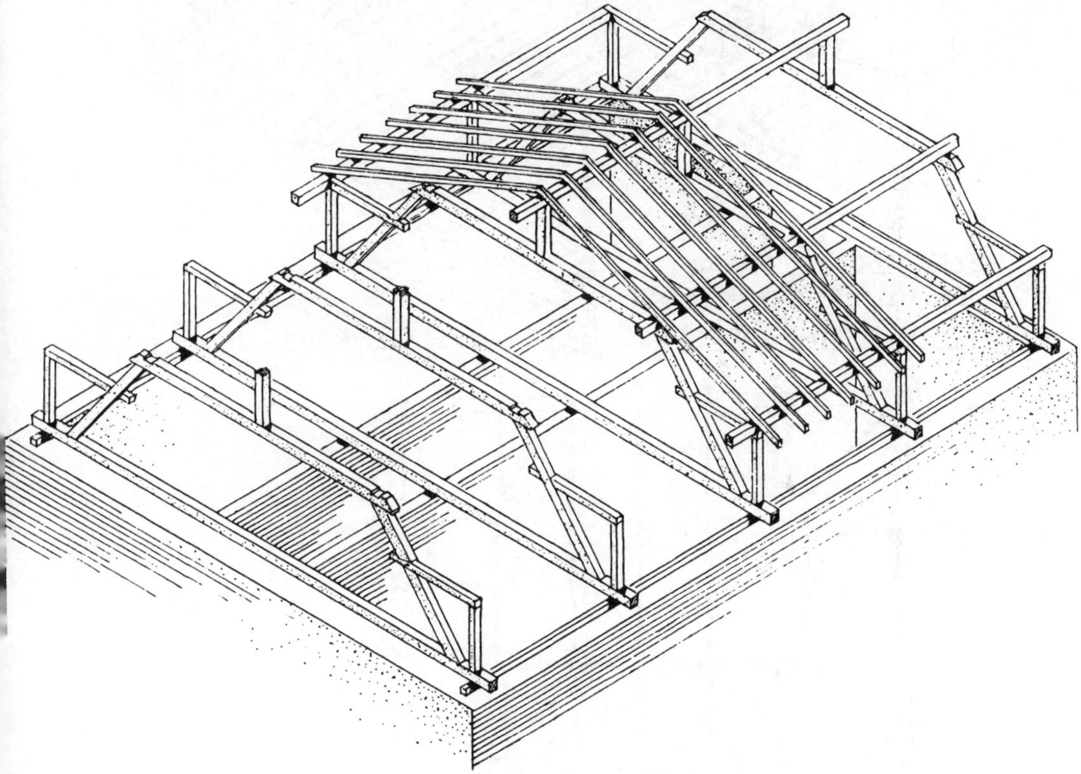

Fig. 112.
Gerüst eines Satteldaches. Liegender Kniestockstuhl.

Belastung, nach der Entfernung der Sparren, nach der freien Länge etc. richten; die Sparrenstärke beträgt 10 auf 12 bis 12 auf 15 cm. Die ununterstützte Länge der Sparren soll für gewöhnlich 3,5 bis 4 m nicht überschreiten.

In Abständen von 3 bis 5 m pflegen sich die Dachbinder zu wiederholen. Die auf dieselben fallenden Gespärre (Fig. 115A) heiſsen Bund- oder Bindergespärre zum Unterschied von den übrigen „Leergespärren".

2. Die Pfetten. Da sie ebenfalls auf Durchbiegung beansprucht sind, haben auch sie am besten das hochgestellte Rechteck als Querschnitt. Die Stärke ist je nach dem Fall verschieden, im Mittel etwa 15 auf 18 cm.

Je nach dem Ort der Verwendung spricht man von **Mittelpfetten**, **Zwischenpfetten** oder **Pfetten kurzweg** (Fig. 115B), von **Firstpfetten** (Fig. 115C) oder von **Sattelschwellen** (Fig. 115D).

Es giebt auch Dachkonstruktionen, bei denen die Pfetten der Schalung als Unterlage dienen, wobei sie sich dann in ähnlichen Abständen wiederholen, wie oben für die Sparren angegeben.

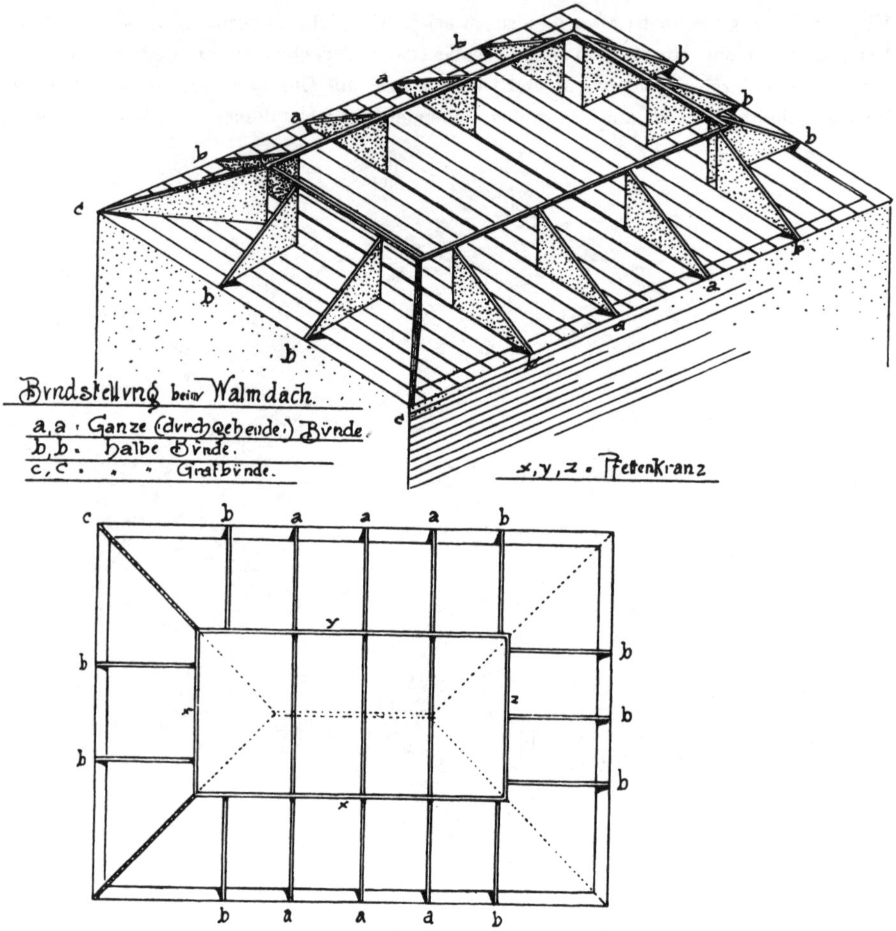

Fig. 113. Bundstellung im Walmdach.

3. **Pfosten oder Stiele.** Als solche bezeichnet man auch die im Dachwerk senkrecht stehenden, als Stützen dienenden und auf rückwirkende Festigkeit beanspruchten Hölzer von quadratischem oder rechteckigem Querschnitt und wechselnder Stärke je nach Lage des Falls. Wenn sie, wie gewöhnlich, in der Konstruktion des Bundes oder Binders auftreten, so werden sie auch als **Bund-** oder **Binderpfosten** benannt. Die Pfosten kommen hauptsächlich in den sogen. **stehenden Stühlen** und als **Kniewandpfosten** (Fig. 115E) in den **Kniestöcken** oder **Drempelwänden** zur Anwendung, d. h. in den über das Dachgebälke weiter geführten Umfassungswänden. Die Pfosten dienen teils den Pfetten, teils den Kehlbalken, Zangen etc. als Stütze, je nach der Konstruktionsart des Daches.

4. **Streben.** Als solche bezeichnet man im allgemeinen in der Binderkonstruktion liegende, schräg ansteigende, auf rückwirkende Festigkeit beanspruchte Verbandshölzer. Sie finden sich fast in allen, über das einfachste hinausgehenden Dachwerken, insbesondere aber in denjenigen, welche auf den Hänge- und Sprengwerken beruhen. (Fig. 115F.) Streben erhalten durchschnittlich einen ziemlich starken Querschnitt; vielfach werden sie auch verdoppelt.

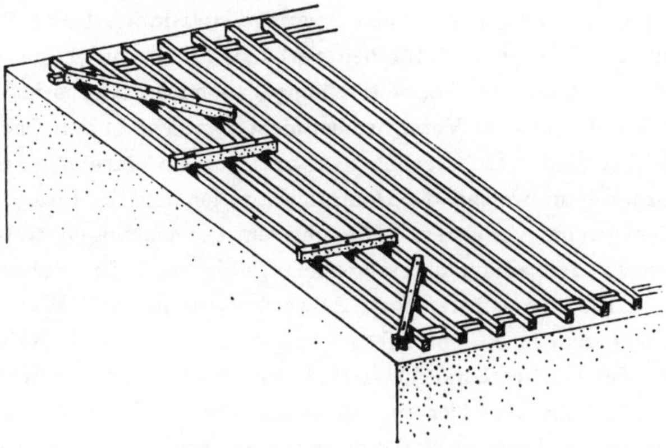

Fig. 114. Zu Fig. 113 gehörig.

5. **Zangen.** Es sind dies horizontal oder auch schräg laufende, auf Zug in Anspruch genommene Verbandshölzer. (Fig. 115G.) Sie werden gerne verdoppelt, wobei dann das einzelne Holz ausgesprochen rechteckigen Querschnitt erhält (Halbholz). Bei der Kniestockanordnung ver-

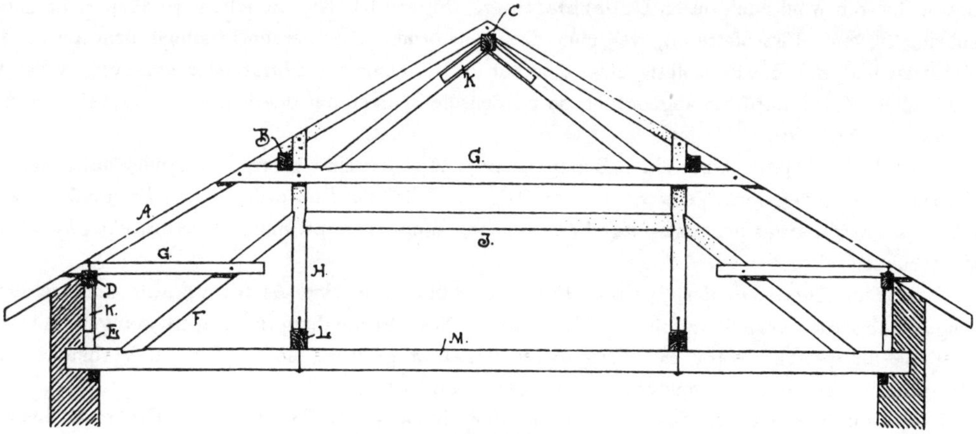

Fig. 115.
Dachverband zur Erläuterung der einzelnen Verbandshölzer.

bindet die Zange das Bundgespärre mit den Streben. Die im oberen Dachraum auftretenden, horizontalen Zangen, welche die Zwischenpfetten tragen, heißt man **Kehlbalkenzangen**, **Binderriegel** etc.; es ist dies verschieden je nach der Gegend.

6. **Hängesäulen** sind die senkrechten, auf Zug in Anspruch genommenen Hölzer (Fig. 115H), welchen vielfach die Aufgabe zufällt, das Dachgebälke tragen zu helfen. Sie werden nicht

selten, wie die Zangen, verdoppelt; d. h. wenn die letzteren doppelt sind, ist die Hängesäule einfach und umgekehrt.

7. Spannriegel sind horizontale, auf rückwirkende Festigkeit beanspruchte Hölzer zwischen Pfosten oder Hängesäulen, die anderseits abgestrebt sind. (Fig. 115I.)

8. Büge oder Kopfbänder dienen in verschiedener Lage zur Versteifung der Gesamtkonstruktion und zur Bildung unverschiebbarer Dreiecke. (Fig. 115K.) Da ihre Länge gewöhnlich nicht bedeutend ist, so genügt eine verhältnismäſsig geringe Holzstärke. Durch Büge werden insbesondere die Pfetten mit den Pfosten und Streben verbunden. Da die Büge schwächer sind, als die übrigen Hölzer, so werden sie einerseits bündig genommen oder beiderseits zurückgesetzt.

Es ist naheliegend, daſs mit dem Vorstehenden nicht sämtliche in den Dachwerken vorkommenden Hölzer namentlich aufgeführt sind. Es hat sich hier zunächst nur darum gehandelt, aus der Zahl derselben diejenigen herauszugreifen, welche die Hauptrolle spielen und in Bezug auf ihre Beanspruchung eine grundsätzliche Unterscheidung zulassen. Die übrigen Bezeichnungen werden sich im Laufe der weiteren Besprechung finden; einheitlich und allgemein gültig sind die Bezeichnungen schon deshalb nicht, weil jede Gegend darin ihre selbständigen Abweichungen macht. Was im Süden Pfosten sind, heiſst im Norden Stiele; was dem einen eine Pfette ist, gilt dem andern als Rähm etc.

Die Verbindungen der Dachverbandshölzer sind zum Teil bereits besprochen, so z. B. anläſslich der Hänge- und Sprengwerke; es kann also hier eine Beschränkung auf das bisher nicht Gebrachte eintreten und sollen zunächst nur die ganz allgemein vorkommenden Verbindungen erläutert werden, die besonderen Fälle einer gelegentlichen Erwähnung vorbehaltend.

Es kommen hauptsächlich die Verbindungen am First, die Verbindungen der Zwischenpfette und diejenigen am Fuſs des Daches in Betracht.

1. Die Verbindungen am Dachfirst.

Die Verbindung zweier Sparren am First geschieht durch den sogen. Scherzapfen (Fig. 116a), bei schwachen Sparren wohl auch durch Ueberblattung. (Fig. 116b.) Nur in seltenen Fällen sieht man von der Anbringung einer Firstpfette ab, weil ohne diese eine ordentliche, gerade Firstlinie nicht auf die Dauer zu erzielen ist und weil die Firstpfette auſserdem zur Anbringung der Blitzableiter etc. nötig wird. Wird, wie gewöhnlich, eine Firstpfette angeordnet, so werden die Sparren auf dieselbe aufgesattelt und auſserdem genagelt. (Fig. 116c.)

Wird die Firstpfette durch einen Bundpfosten gestützt, so sind beide miteinander auf gewöhnliche Weise verzapft, mit oder ohne Verwendung von Bügen. Wird die Pfette durch eine Hängesäule gestützt, so wird diese ebenfalls mit der ersteren auf gewöhnliche Weise verzapft und mit den Streben in bekannter Weise verbunden.

Statt dem Aufsatteln der Sparren (Fig. 116c) kann auch eine Aufkämmung und weitere Befestigung mit eisernen Nägeln erfolgen. (Fig. 116d.) Diese Verbindung ist jedoch weniger einfach und schwächt die Firstpfette. Wird die Pfette durch Streben gestützt, so erfolgt die Verbindung durch Aufklauen mit oder ohne Anwendung von Bügen. (Fig. 116e.)

Wenn die Streben den Sparren parallel sind, in welchem Fall sie auch Pfettenträger oder Hauptsparren heiſsen, so ergiebt sich die Verbindung nach Fig. 116f.

Beim Winkeldach, d. h. wenn Sparren und Streben sich rechtwinklig kreuzen (oder wenn die Abweichung hiervon wenig ausmacht), kann man mit Vorteil die Pfette auf die Kante legen, wobei sie dann quadratischen Querschnitt haben muſs. (Fig. 116g.)

2. Die Verbindungen an den Zwischenpfetten.

Beim stehenden Kehlbalkendach gestaltet sich die Verbindung nach Fig. 117a. Die Kehlbalken werden in die Sparren eingezapft und auf die Pfetten aufgekämmt. Die Pfosten werden mit der Pfette verzapft und wenn nötig durch Büge verbunden.

Eine andere Verbindung für den gleichen Fall zeigt Fig. 117 b, wobei der Kehlbalken mit dem Sparren überblattet statt verzapft ist.

Eine dritte, ebenfalls gute Verbindung ist in Fig. 117c dargestellt. Pfosten und Kehlbalken sind unter sich überblattet und ebenso mit dem Sparren. Die Pfette liegt seitlich (einerseits oder anderseits), greift in den Kehlbalken und den Pfosten ein und ist mit dem letzteren verschraubt.

Beim stehenden Pfettendachstuhl gestaltet sich die einfachste Verbindung nach Fig. 118a. Die Sparren werden der Pfette aufgesattelt oder aufgekämmt unter gleichzeitiger Vernagelung. Die

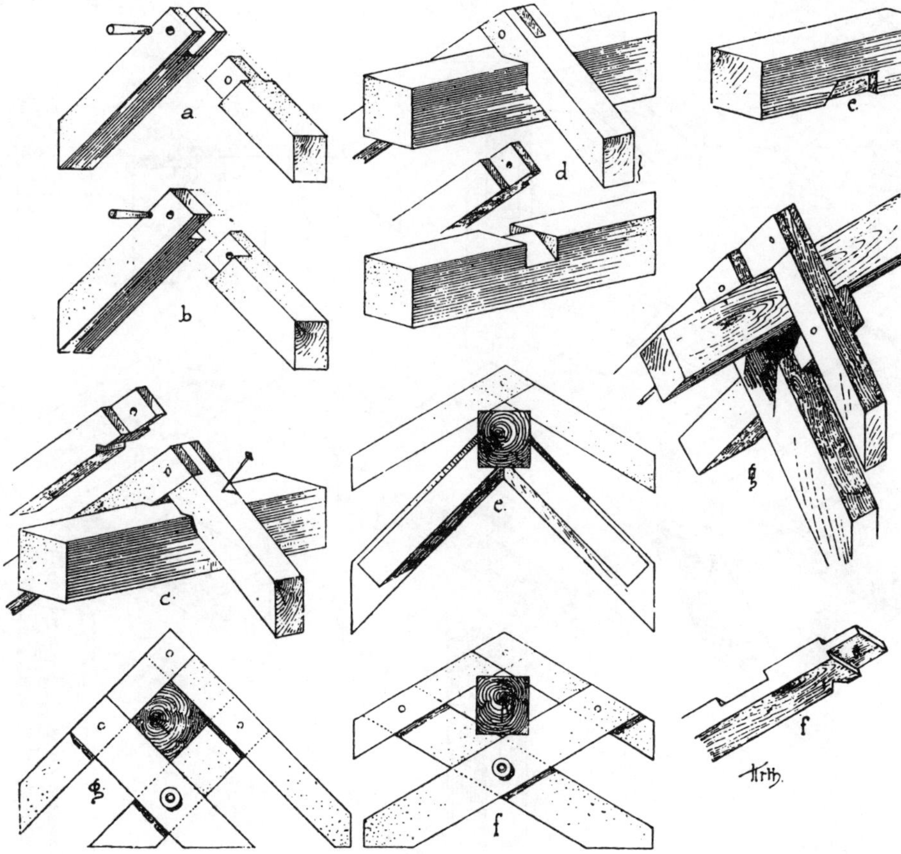

Fig. 116.
Verbindungen am Dachfirst.

an jedem Bund die Querverbindung bewirkende Zange (Riegel) wird mit dem Bundsparren überblattet, mit der darüberliegenden Pfette verkämmt und dem darunterstehenden Pfosten verzapft. Der Pfosten kann sowohl mit der Zange, als mit der Pfette verbugt werden.

Wird nach Fig. 118b auch der Pfosten mit dem Bundsparren überblattet, so legt sich die Pfette in das entstehende Dreieck und es genügt, die Pfette mit den Pfosten zu verbugen.

Diese Konstruktion läſst sich mit Vorteil dahin abändern, daſs entweder die Zange oder der Pfosten verdoppelt wird nach c und d der Figur 118. Etwaige im oberen Teil des Daches zur Stütze der Firstpfette vorhandene Streben werden mit der Zange versatzt und verzapft, wenn sie einfach ist (Fig. 118e); ist sie dagegen doppelt, so gestaltet sich die Verbindung nach f.

Streben im unteren Teil, wie sie beim doppelten Hängebock vorkommen, werden in die Pfosten versatzt. In Fig. 118g ist die einfache, gewöhnliche Konstruktion verzeichnet; eine bessere und festere giebt Fig. 118h.

Beim liegenden Kehlbalkendach gestaltet sich die Verbindung im Bundgespärre etwa nach Fig. 119a und b. Bei a werden die Pfetten durch Streben gestützt und durch einen Spannriegel in der

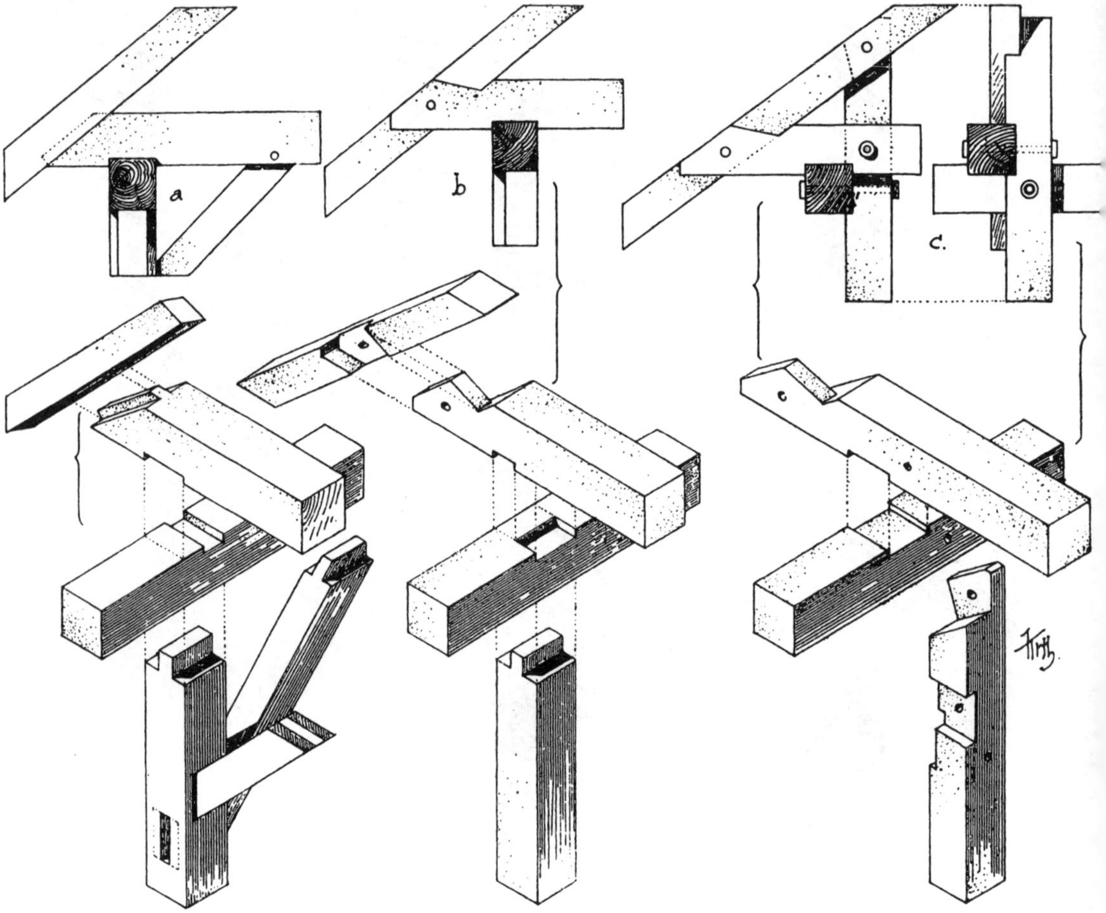

Fig. 117.
Verbindungen an den Zwischenpfetten. Stehendes Kehlbalkendach.

Quere verbunden. Büge oder Bugzangen machen das Paralleltrapez unverschiebbar. Bei b ist die Strebe mit dem Kehlbundbalken versatzt und verzapft. Die Pfette ruht auf einer Doppelzange und der versteifende Bug ist mit Strebe und Kehlbalken versatzt und verzapft und außerdem mit der Zange verschraubt, was ihn gegen das Herausfallen schützt.

In beiden Fällen erfolgt die Längsversteifung des Dachgerüstes am zweckmäßigsten durch Andreaskreuze, welche zwischen je zwei benachbarte Streben eingesetzt werden. Ist die Entfernung von Bund zu Bund hierfür zu groß, so verbugt man die Streben mit der Pfette und mit der Sattelschwelle.

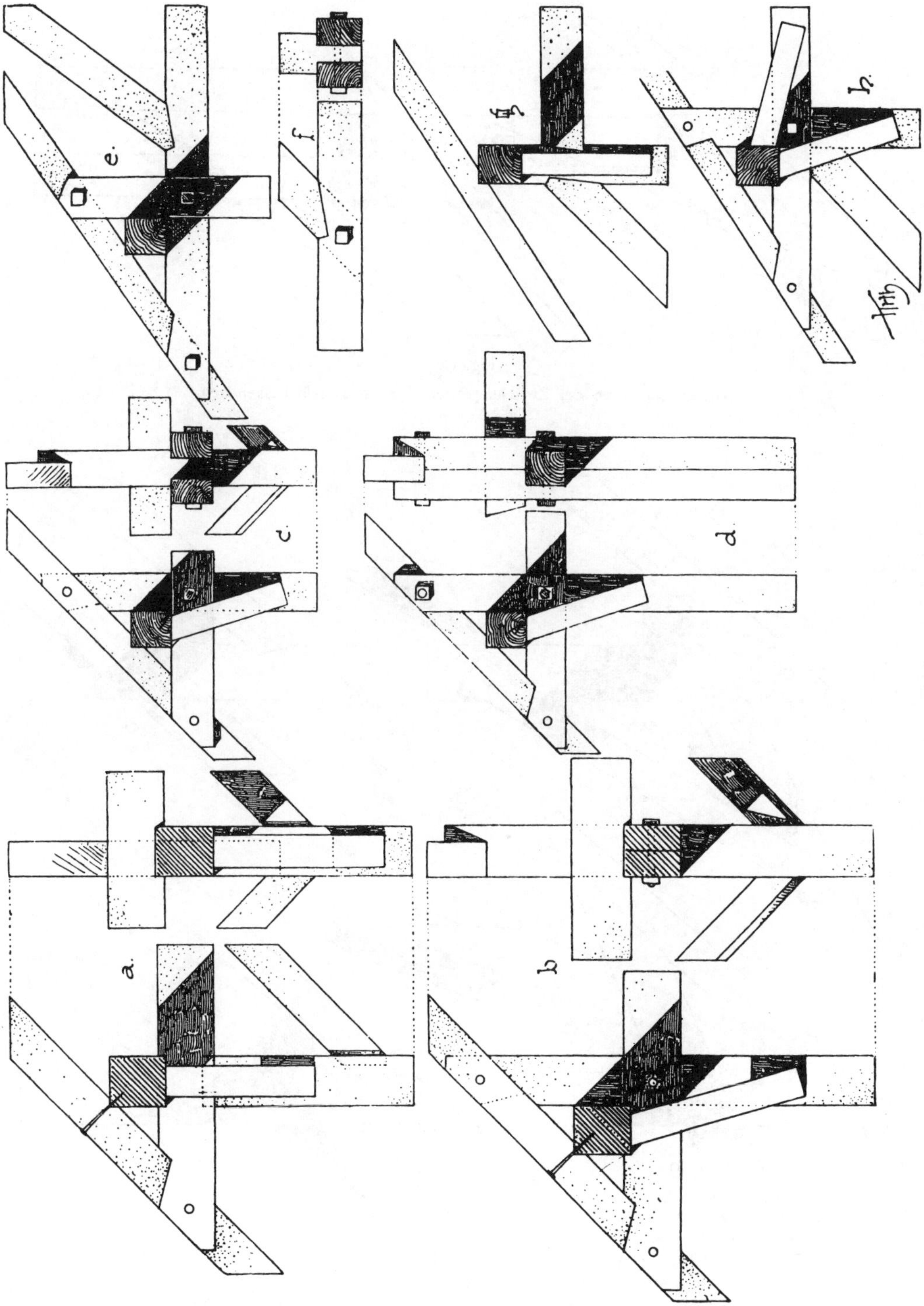

Fig. 118. Verbindungen an der Zwischenpfette. Stehender Pfettendachstuhl.

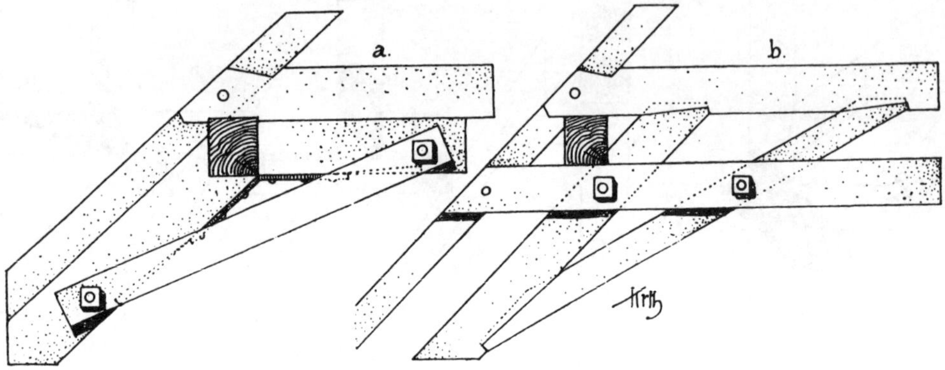

Fig. 119.
Verbindungen an der Zwischenpfette. Liegendes Kehlbalkendach.

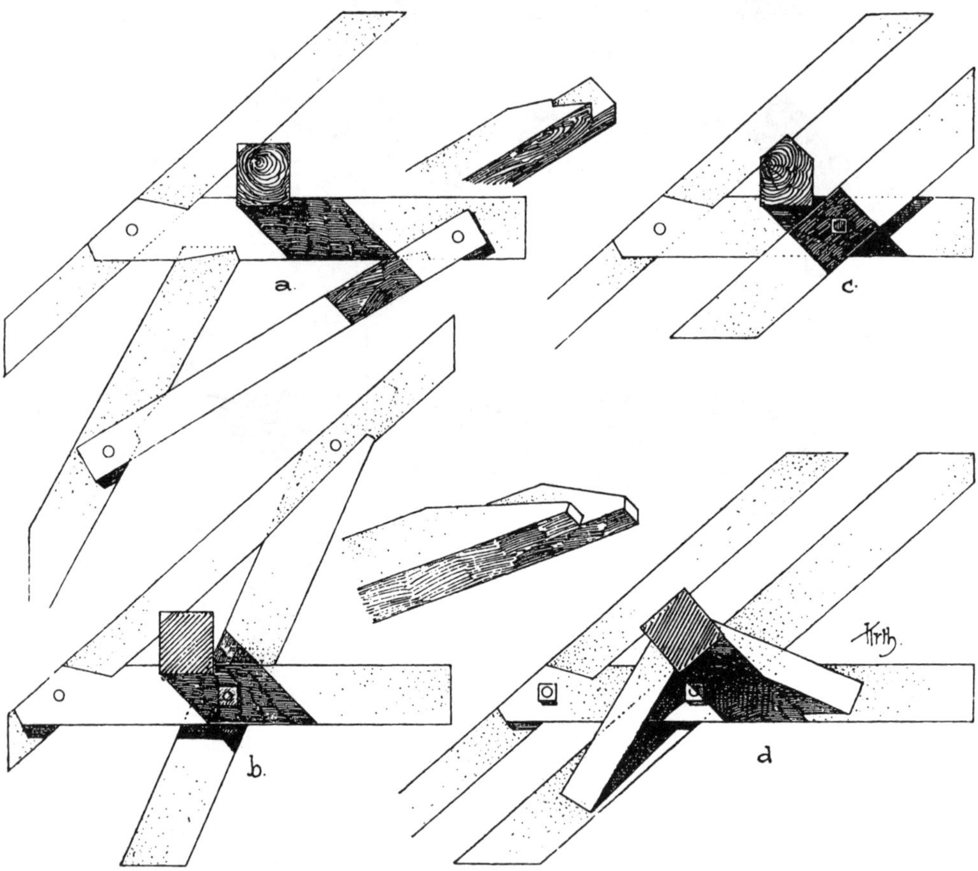

Fig. 120.
Verbindungen an der Zwischenpfette. Liegender Pfettendachstuhl.

Beim liegenden Pfettendachstuhl gestaltet sich die Verbindung etwa nach a, b, c oder d der Fig. 120 oder in ähnlicher Weise. Die Pfette ist in a mit dem Bundsparren und der Zange (Riegel) verkämmt. Die Strebe ist mit dem letztgenannten Holz versatzt und verzapft. Einfache oder verdoppelte Zangenbüge bewirken die Querversteifung.

Nach Fig. 120b sind Zange und Strebe mit dem Bundsparren versatzt und überblattet und unter sich verblattet und verbolzt. Die Längsversteifung erfolgt durch Büge zwischen Pfette und Strebe. Die Querversteifung durch Büge kann fortfallen.

Nach c derselben Figur ist die Pfette 5kantig, die Strebe verdoppelt.

In d ist gezeigt, wie auch die Mittelpfette auf die Kante gelegt werden kann, wenn beim Winkel-

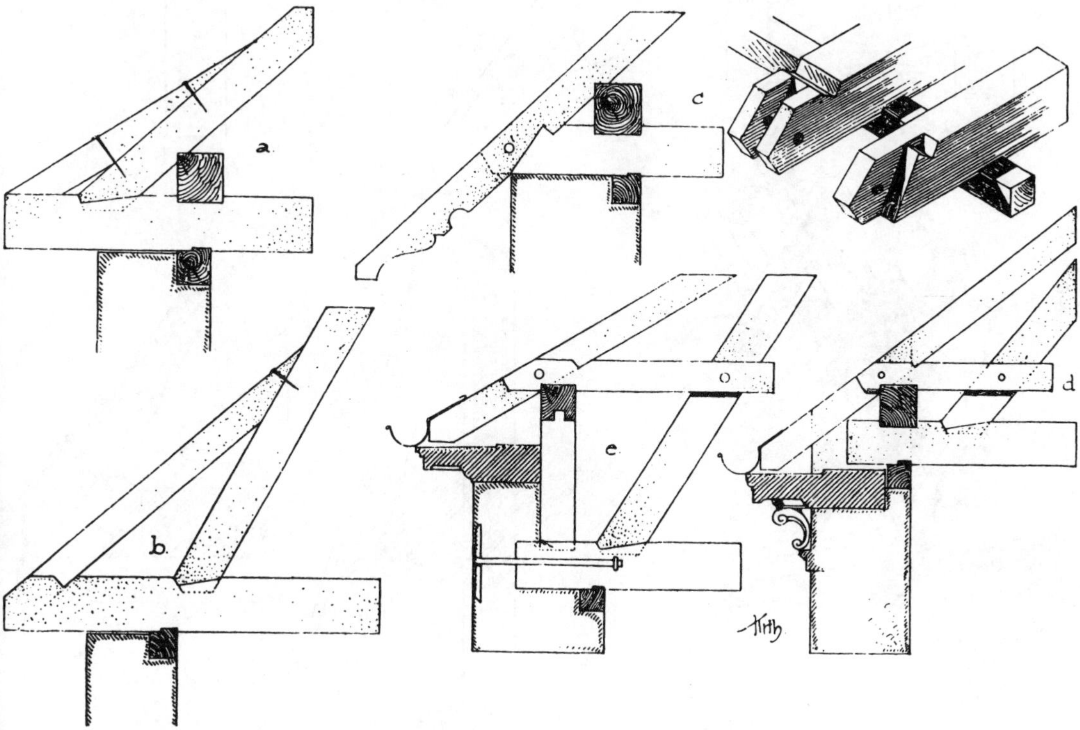

Fig. 121.
Verbindungen am Dachfuſs.

dach die Firstpfette ebenso liegt. Die Zange ist verdoppelt. Die Quer- und Längsversteifung erfolgt durch Verbugung der Pfette mit Strebe und Zange.

3. Die Verbindungen am Dachfuſs.

Werden die Sparren in die Balken verzapft und versatzt, wobei also der Balken über das Sparren-Ende vorsteht, so werden sogen. Aufschieblinge nötig, welche den Sparren aufgenagelt werden und wobei die Dachfläche einen sogen. Leistbruch erhält. (Fig. 121a und b.)

Reichen dagegen die Sparrenköpfe über die Balken hinaus, so empfehlen sich Verbindungen nach Fig. 121c.

In Fig. 121d ist eine Verbindung für den liegenden Stuhl im Bund und in e eine solche für den Kniestockstuhl dargestellt.

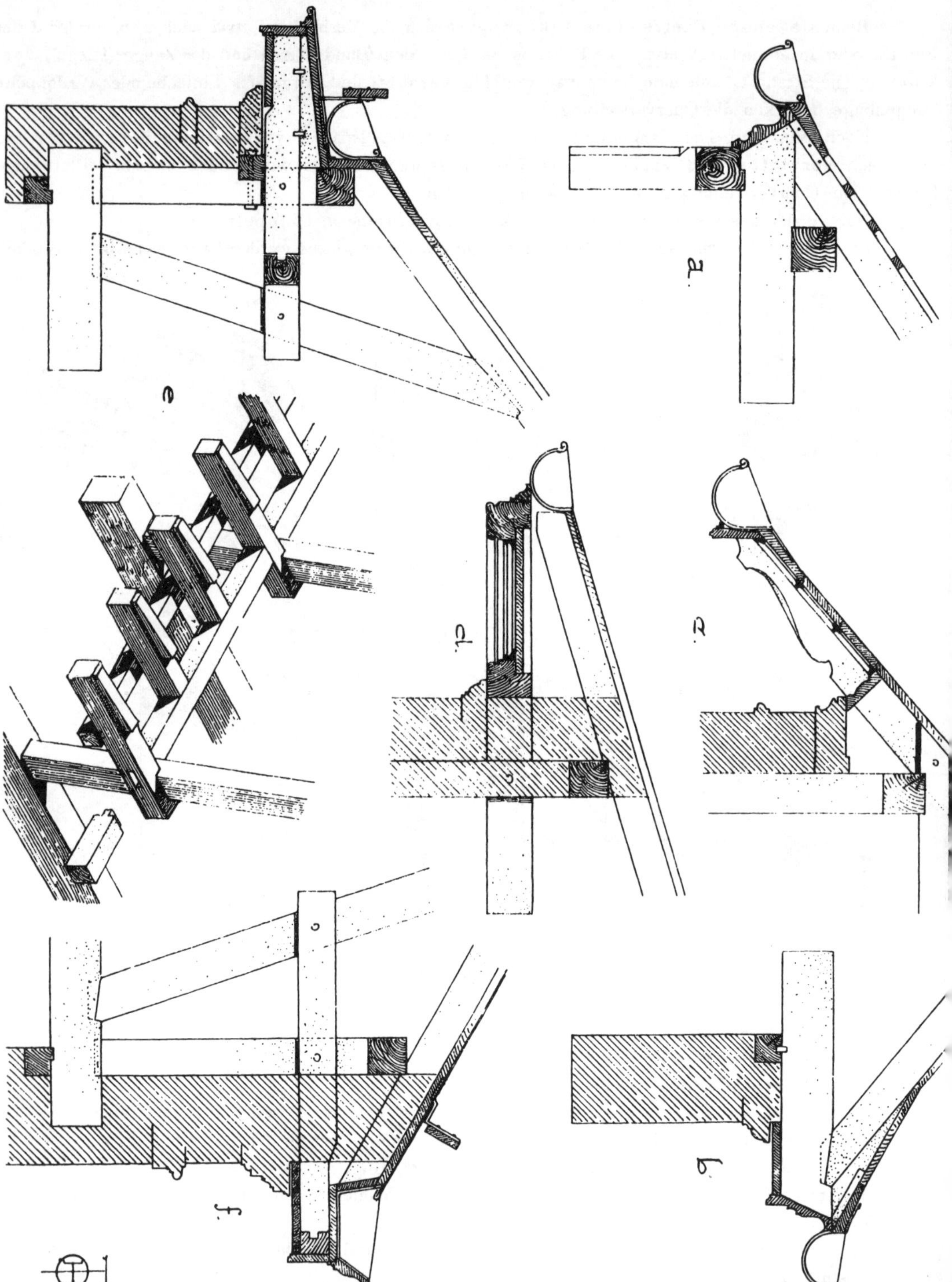

Fig. 122. Bildung des Gesimses und des Wasserablaufes.

Zu den Verbindungen am Fuſse des Daches oder an der Traufe gehören auch die Bildungen des Gesimses und des Wasserablaufs, so daſs dieselben an dieser Stelle gleich mit erwähnt sein mögen.

Das Gesimse hat den Zweck, dem Gebäude nach oben hin einen passenden, wirksamen Abschluſs zu geben. Bei einfachen Bauten gewöhnlich auch einfach, muſs es bei gröſseren und reichen Bauwerken eine entsprechende Durchführung erhalten. Das Gesimse wird je nach Lage des Falles in Stein oder in Holz gebildet. In Holz ausgeführt wird am besten der Charakter der Holzarchitektur zu wahren sein, wogegen in Holz nachgeahmte Steingesimse stets nur etwas Halbes sind. Man hat sich aber an die letztere Form so gewöhnt, daſs sie schlieſslich auch nicht mehr auffällt. Wir wollen hier auf die formale Ausstattung reicher Holzgesimse mit Bügen, Knaggen, Kehlen, Kassetten etc. nicht eingehen, sondern nur die gewöhnlichen Gesimsbildungen aufführen.

Bei ganz einfachen Bauten werden die Balken schräg abgeschnitten und den Balkenköpfen wird ein der Länge nach durchlaufendes Stirnbrett vorgenagelt, um sie gegen den Einfluſs der Witterung und das Anfaulen zu schützen (Fig. 122a). Der Dachkanal wird in sogen. Kanaleisen eingehängt, welche seitlich an die Sparren oder oben auf dieselben aufgeschraubt werden. Auf die genannte Weise entsteht jedoch

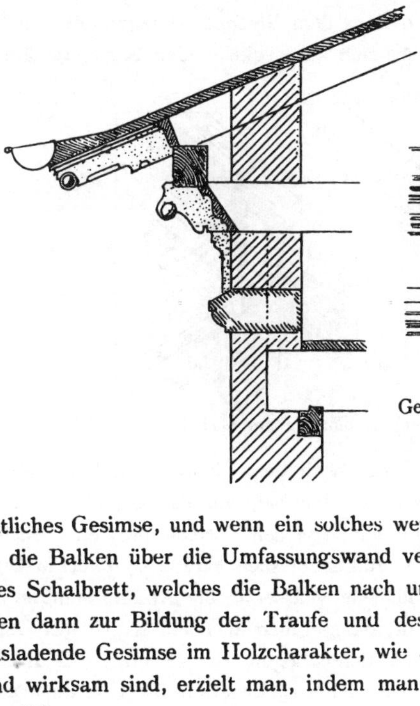

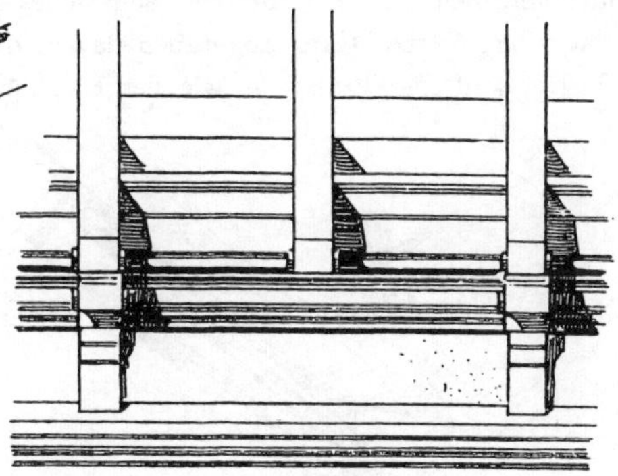

Fig. 123.
Gesimsbildung eines Kniestockstuhles mit verlängerten Sparren.

kein eigentliches Gesimse, und wenn ein solches wenigstens einigermaſsen ausladend gebildet werden soll, so werden die Balken über die Umfassungswand verlängert. (Fig. 122 b.) Zu dem Stirnbrett kommt dann ein weiteres Schalbrett, welches die Balken nach unten miteinander verbindet und abschlieſst. In diesem Fall werden dann zur Bildung der Traufe und des geordneten Wasserablaufes Aufschieblinge nötig. Weiter ausladende Gesimse im Holzcharakter, wie sie insbesondere an ländlichen Bauten und Villen angezeigt und wirksam sind, erzielt man, indem man entweder die Sparren oder die Balken entsprechend übergreifen läſst.

In Fig. 122 c sind die Sparren ausgeschnitten. Der Raum zwischen den einzelnen Sparren und der Schalung und Mauer ist durch ein eingeschobenes Brett geschlossen. Die Horizontalfugen der Schalung auf dem vorspringenden Teil des Daches sind nach unten mit Deckleisten geschlossen und den Sparrenköpfen ist ein längs laufendes Stirnbrett vorgenagelt, durch welches die Kanaleisen hindurchgreifen, wenn man nicht vorzieht, dieselben auf der Schalung zu befestigen.

In Fig. 122d ist das Gesimse durch Verlängerung der Balken erzielt. Die Balken sind in ein Gesimsholz eingezapft, welches also die Stelle des Stirnbrettes vertritt. Aehnlich profilierte Wechsel sind an der Mauer eingesetzt, so daſs auf diese Weise rechteckige oder quadratische Felder entstehen, welche als Kassetten ausgebildet werden, indem eine Holzfüllung sich in die Ausfalzung am oberen Ende der Balken, des Gesimsholzes und des Wechsels einlegt. Randleisten, Rosetten etc. besorgen das übrige, wie es die Figur angiebt.

In Fig. 122e und f sind Gesimsbildungen für Kniestockstühle veranschaulicht, wobei die hölzerne Verkleidung steinerne Formen nachahmt. In e ist mit der Zange ein Aufschiebling verbunden, auf welchem das mit Zink abgedeckte Traufbrett befestigt ist. Vor dem Dachkanal ist ein Schutzbrett gegen den abgleitenden Schnee angebracht (Schneefang). Die etwas abweichende Anordnung nach f ermöglicht die Unterbringung des Zinkkanals in einem Holzkanal. Das Schutzbrett gegen den Schneeabfall liegt hier oberhalb des Kanals.

Selbstredend kann auch beim Kniestockstuhl die Gesimsbildung mit Hilfe verlängerter Sparren erfolgen, wie es die Fig. 123 vorführt.

In Fig. 124 ist ein Sparrengesimse mit Dachkanal dargestellt, ähnlich dem in Fig. 122c abgebildeten, mit nebenstehender Veranschaulichung der Zinkeinbindung an der Giebelseite.

Die Dachkanäle sind aus Zinkblech; zur Versteifung derselben ist der Vorderrand mit einem rohrartigen Wulst versehen. Eisendraht oder schwaches Rundeisen in die umgerollte Partie einzulegen oder einzulöten hat wenig Wert. Ganz abgesehen davon, daſs es dem Blechner Gelegenheit zum Betrug giebt, ist es überflüssig, weil „die Wulst“ — wie der Blechner sich ausdrückt — den Kanal genügend versteift.

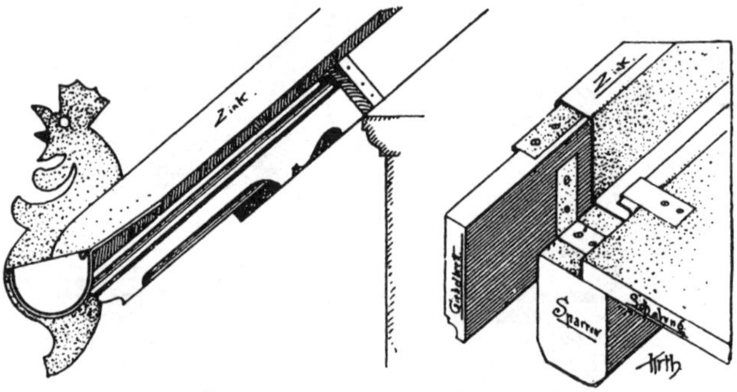

Fig. 124. Sparrengesimse und Einbindung am Giebel.

Wo es angeht, erhalten die Kanäle ein schwaches Gefäll nach den Abfallrohren hin. Wo die Kanäle des guten Aussehens wegen horizontal laufen müssen, werden sie, um das Gefälle zu erzielen, wohl gelegentlich verdoppelt. Diese Konstruktion hat, abgesehen von der Verteuerung, ihre Miſslichkeiten, so daſs ein einfacher, guter und starker Zinkkanal ohne Gefäll schlieſslich gerade so zweckmäſsig ist. Beim Aufhören des Regens treibt der Wind das stehengebliebene Wasser in die Abfallöffnungen oder es vertrocknet rasch, und während eines starken Regens läuft gelegentlich auch ein Kanal mit Gefäll über.

Die Vorderkante des Kanals muſs 2 bis 3 cm tiefer liegen als die hintere Kante, damit bei etwaigem Ueberlaufen das Wasser vorn abflieſst und nicht nach rückwärts in die Holzkonstruktion hineinläuft. Der hintere Rand liegt entweder frei auf der Schalung oder wird mit einem Falz in Haften gehängt, die der Schalung aufgenagelt oder aufgeschraubt sind. Damit der Kanal vom Wind nicht gehoben wird, greift vorn vom Kanaleisen aus eine sogen. „Hafte“ über den vorderen Wulst hinweg. Der Kanal kann auch beiderseits gewulstet sein, wobei an Stelle der Hafte eine doppelte „Feder“ tritt.

Eine Versteifung des Kanals gegen Verbiegung beim Anstellen von Leitern etc. wird bewirkt, indem in gewissen Abständen Rohrstücke, sogen. „Spreizen“, eingelötet werden, quer oben vom Vorderrand zum Hinterrand laufend, oder indem entsprechende, auf der Schalung befestigte Eisen über die Rinne greifen und den vorderen Wulst umfassen, wobei dann gleichzeitig auch der Schutz gegen das Heben durch den Wind erzielt ist.

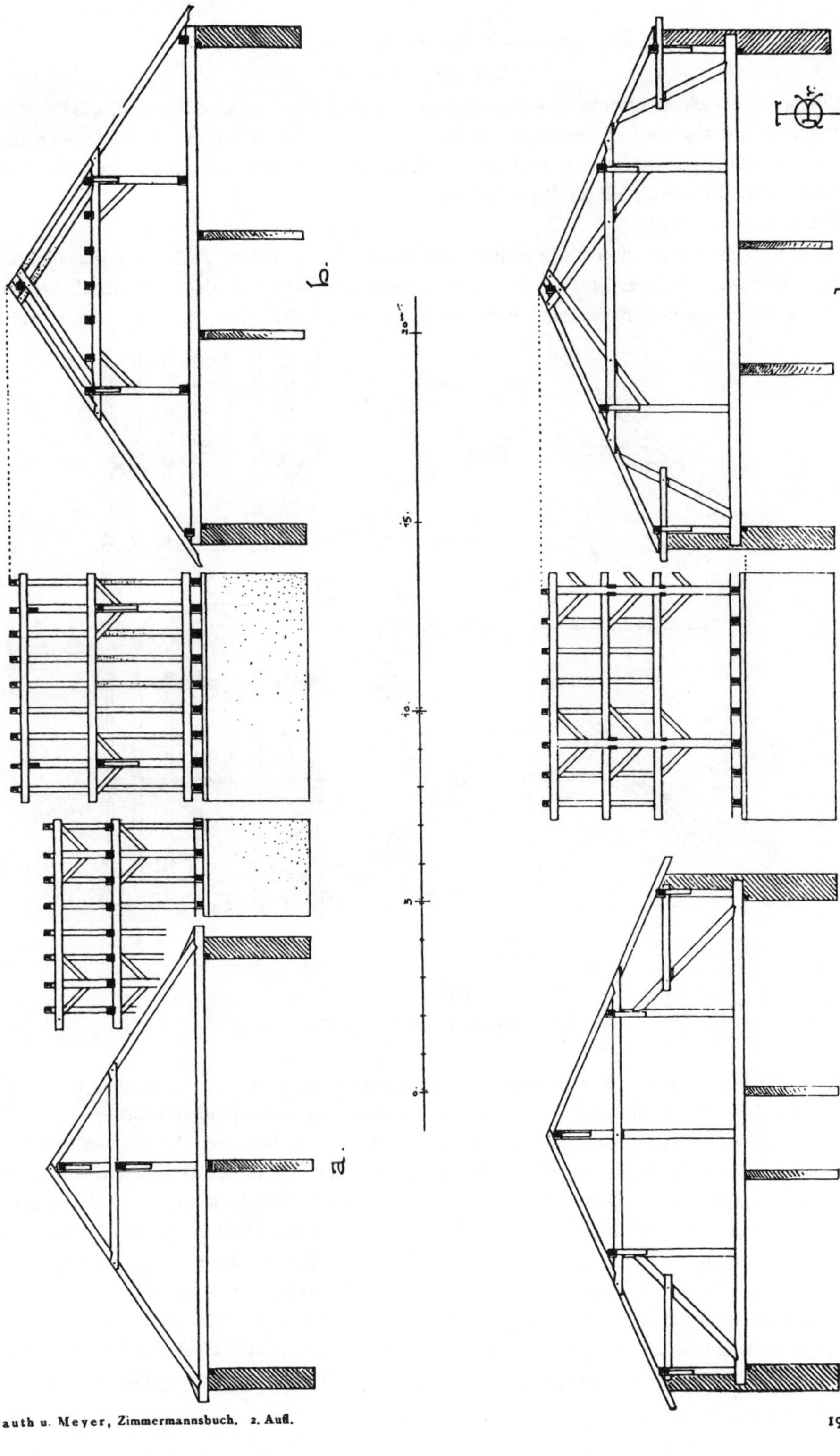

Fig. 125. Beispiele stehender Dachstühle.

b. Die gebräuchlichsten Dachstuhlformen.

(Tafel 1, 2, 3 und 4.)

Nachdem die einzelnen Dachverbindungen besprochen und veranschaulicht sind, dürfte es genügen, die gebräuchlichen und allgemeiner verwendeten Formen des gewöhnlichen Satteldachstuhles namentlich aufzuführen und durch kleine Skizzen zu erläutern, welche einerseits den Stuhl im Querschnitt, andererseits die innere Längenansicht von Bund zu Bund zeigen.

1. Der stehende Stuhl.

Er setzt eine genügend unterstützte Balkenlage voraus, ist in diesem Falle aber das nächstliegende, einfachste und solideste Dachgerüst, da die unmittelbare Unterstützung der Kehlbundbalken oder der Pfetten in jedem Bund durch senkrechtstehende Bundpfosten bewirkt wird, wie denn dieser Stuhl früher

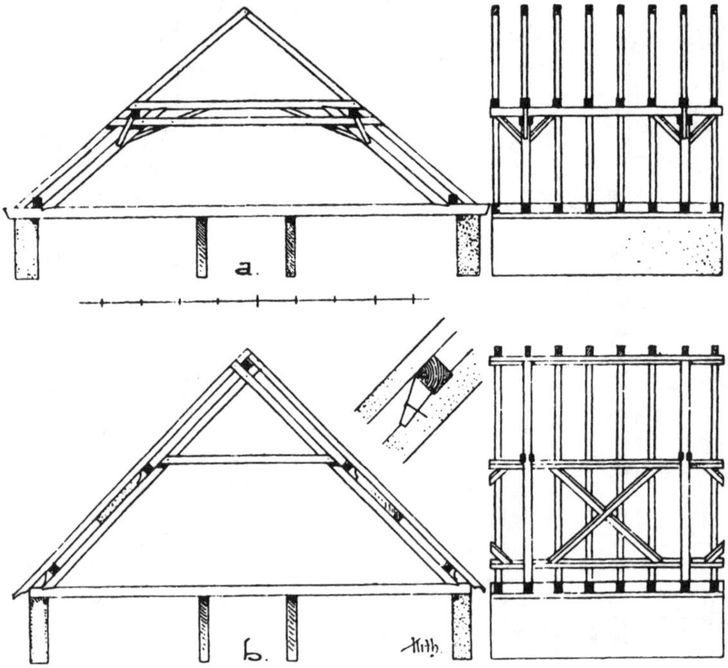

Fig. 126.
Beispiele liegender Dachstühle.

auch der allgemein übliche war. Man bezeichnet den stehenden Stuhl als einfach, doppelt oder dreifach, je nach der Anzahl der im einzelnen Bund zur Verwendung gelangenden Pfosten.

Fig. 125 zeigt in a einen einfachen Stuhl dieser Art. Sogen. Brustriegel verbinden jedes Gespärre zu einem unverschiebbaren Dreieck und bilden gleichzeitig ein Kehlgebälke (stehender Kehlbalkendachstuhl). Die Sparren sind in die Dachbalken versatzt. Die Längsverbindung geschieht durch eine Firstpfette und eine weitere, das Kehlgebälke in der Mitte unterstützende Pfette. Beide Pfetten werden mit den Pfosten verbugt, zum Schutz gegen Längsverschiebung der Konstruktion. Fig. 125 zeigt in b einen doppelten, stehenden Stuhl, bei dem die Sparren durch eine Firstpfette, eine Zwischenpfette und eine Sattelschwelle getragen werden. Die Firstpfette ist durch zwei sich kreuzende Streben gefaſst, welche am unteren Ende in die Zange (Riegel) versatzt sind. Die Zange trägt die Zwischenpfetten und wird selbst durch die Bundpfosten getragen, welche nach der Zeichnung in Schwellen verzapft sind, die quer über die Balkenlage ziehen, um den Druck zu verteilen. Ruht der Bunddachbalken auf einer Mauer, so wird der Pfosten einfacher direkt in jenen verzapft, wobei dann die Schwelle im Dachraum nicht hinderlich wird. Will man im Dachraum selbst ein Gebälke haben, so werden die Balken in diesem Fall, wie aus der Skizze ersichtlich ist, parallel zur Zwischenpfette (also quer zur Dachbalkenlage) gelegt. Die Längsverschiebung wird durch Büge verhindert, welche die Pfosten mit den Zwischenpfetten verbinden. Aufserdem kann eine Quersteifung durch Büge zwischen Pfosten und Zange erfolgen, wie sie ebenfalls eingezeichnet ist.

2. Der liegende Stuhl. (Fig. 126 und Tafel 4.)

Er setzt ebenfalls eine unterstützte Balkenlage voraus, wenigstens bei einer Spannweite, welche die gewöhnliche freitragende Balkenlänge überschreitet. Der liegende Dachstuhl hat gegenüber dem stehenden den Nachteil, dafs die Unterstützung durch schräg ansteigende Streben an Stelle der senkrechten Pfosten, weniger natürlich, solid und einfach ist. Dagegen hat er den Vorteil voraus, dafs ein freier, nicht durch Pfosten im Gebrauch gehemmter Dachraum erzielt wird. Der liegende Dachstuhl wird meist als Pfettenstuhl, seltener als Kehlbalkenstuhl angeordnet. Wir geben von jeder Art ein Beispiel.

Fig. 126 zeigt in a einen liegenden Stuhl mit Kehlgebälke, das letztere gebildet durch Brustriegel in jedem einzelnen Gespärre. Eine Firstpfette ist hier nicht vorhanden, kann aber bei Verlängerung der Streben bis zum First ebenfalls angebracht werden. Die Zwischenpfetten sind durch Bundzangen getragen, welche die Streben umfassen, die ihrerseits am unteren Ende in die Dachbundbalken versatzt und verzapft sind. Die weitere Querversteifung geschieht durch Büge, welche von der Strebe zum Brustriegel reichen und zwischenhinein mit der Zange verschraubt sind. Gegen die Längsverschiebung wirken Büge zwischen Strebe und Zwischenpfette.

Fig. 126 zeigt in b einen liegenden Pfettenstuhl, der als sogen. Winkeldach gezeichnet ist (Winkel der Sparren am First gleich 90°). Sämtliche Pfetten liegen auf der Kante und ruhen mit einer Fläche auf den durchlaufenden Streben auf. Die Firstpfette wird auf diese Weise in einfacher Art umklammert. Die übrigen Pfetten werden gegen das Abrutschen durch Aufnagelung und durch den Streben aufgenagelte und mit denselben versatzte Knaggen geschützt. Die Streben sind durch Zangen verbunden, wozu zur weiteren Querversteifung auch noch eine entsprechende Verbugung kommen könnte. Die Längsversteifung ist bei diesem Beispiel durch ein überblattetes Andreaskreuz bewirkt, welches sich zwischen die unteren Pfetten in einfacher Weise einzapft. Es ist selbstverständlich, dafs eine derartige Versteifung wirksamer ist, als eine Verbugung, wie sich dieser Dachstuhl überhaupt durch eine solide Einfachheit auszeichnet, so dafs er zur Ausführung nur bestens empfohlen werden kann.

3. Der stehende Kniestockstuhl. (Fig. 125c und d und Tafel 1 und 2.)

Das Kniestock- oder Drempelwanddach ist eine neuzeitige Errungenschaft. Für seine heute äufserst häufige Anwendung waren verschiedene Gründe mafsgebend, wie die Möglichkeit einer ausgiebigen Gesimsbildung, die Gewinnung an Dachraum, der noch für untergeordnete Wohnräume und Kammern ausgenützt werden kann etc. Das unterscheidende Merkmal des Kniestockstuhls besteht darin, dafs die Dachbalkenlage tiefer liegt als die Unterstützung der Sparren am Dachfufs. Der senkrechte Abstand beider, die Kniestockhöhe wird durch Weiterführung der Umfassungsmauer als Drempelwand ausgefüllt. Sowohl der stehende, als der liegende Stuhl, und ebenso der später zu erwähnende Hängewerkstuhl lassen sich unschwer der Kniestockbildung anpassen. Fig. 125 zeigt in d einen doppelten, stehenden Stuhl, welcher, da die Konstruktion am Dachfufs bereits besprochen wurde, nichts Neues bietet. Während hier die Firstpfette durch zwei in die Bundpfosten versatzte und verzapfte Streben getragen wird, so ruht sie nach c derselben Figur auf einem Mittelpfosten, da dieses Beispiel einen dreifachen Stuhl wiedergiebt. Während nach d die unteren Streben am oberen Ende in die Bundsparren versatzt und verzapft (oder mit denselben überblattet) sind, so greifen dieselben nach c in die Bundpfosten, so dafs dieser Stuhl gewissermafsen ein Mittelding zwischen einem stehenden Stuhl und einem Hängewerkstuhl vorstellt.

4. Der liegende Kniestockstuhl. (Fig. 127 und Tafel 4.)

Er bietet nicht wesentlich Neues gegenüber dem gewöhnlichen liegenden Stuhl. Während beim letzteren die Streben gewöhnlich parallel zum Bundsparren laufen, so ist dies hier des tieferen Ansetzens der Streben halber nicht möglich, so dafs die zur Längsversteifung nötige Anbringung von Bügen zwischen der Zange und der Strebe einerseits und der Zwischenpfette andererseits sich etwas abweichend von der gewöhnlichen Art gestaltet.

5. Das Hängewerksdach. (Fig. 128.)

Während die bis jetzt genannten Stuhlformen im allgemeinen eine unterstützte Balkenlage voraussetzen, so findet der Hängewerksstuhl seine Anwendung als sogen. freitragendes Dach für Hallen und ähnliche Bauten, bei denen eine Unterstützung der Balkenlage unthunlich ist. Das Prinzip dieser Konstruktion geht dahin, die Bundbalken und, wenn eine Balkenlage gewünscht wird, auch diese dem Dachgerüst anzuhängen, so dafs letzteres dieselben tragen hilft und gegen Durchbiegung sichert. Die Bundbalken werden an eine oder mehrere Hängesäulen angehängt, je nachdem der betreffende Hängebock

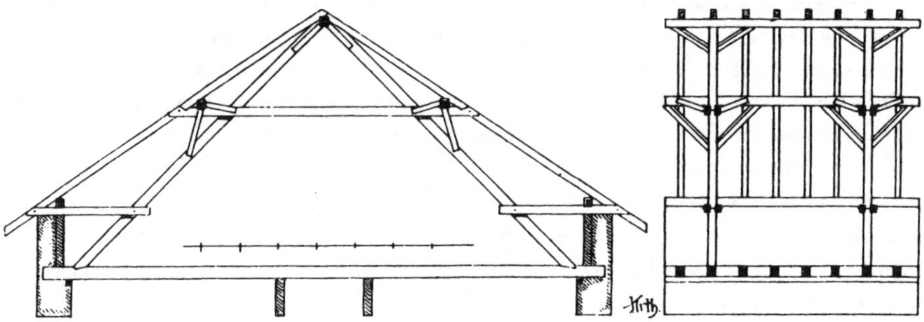

Fig. 127.
Liegender Kniestockstuhl.

einfach, doppelt oder mehrfach ist. Da die Hängewerkskonstruktion bereits an anderer Stelle eingehend besprochen ist, so ist hier wenig mehr anzufügen.

Fig. 128 zeigt in a ein Dachgerüst mit einfachem Hängebock für Kniestockanlage. Um die nicht im Bund liegenden Balken anhängen zu können, wird einerseits oder andererseits der Hängesäule (oder beiderseitig, wie in der Skizze) ein Ueberzug quer zur Balkenlage gelegt.

Fig. 128 zeigt in b ein Dachgerüst mit doppeltem Hängebock, wobei aufser den Streben ein Spannriegel im Bund erforderlich wird. Wenn eine Balkenlage gewünscht wird, so ist sie, wie in der Skizze, an die Ueberzüge anzuhängen, die neben die Hängesäulen gelegt werden.

Die Skizze zeigt aufserdem ein Kehlgebälke, gebildet durch die Zangen oder Riegel in jedem einzelnen Gespärre.

Fig. 128 zeigt in c ein Dachgerüst mit dreifachem Hängebock. Der Spannriegel kreuzt hierbei die mittlere Hängesäule und ist mit dieser in geeigneter Weise zu verbinden. Im unteren Teil des Daches kommen zwei Streben aufeinander zu liegen, die mit einander verbolzt werden. Da durch die zweimalige Strebenversatzung der Bundbalken geschwächt wird, so empfiehlt sich die in der Skizze berücksichtigte Anbringung von sogen. Sattelhölzern, welche mit dem Bundbalken verbolzt werden.

Die Längsversteifung, gleichgültig, ob es sich um den ein- oder mehrfachen Hängebock handelt, erfolgt durch Büge zwischen den Hängesäulen und Pfetten.

Dafs die Stärke der Verbandshölzer bei derartigen Dachgerüsten über das gewöhnliche Mafs hinausgeht, ist naheliegend. Sie richtet sich nach den Spannweiten, der Belastung etc., vor allem auch danach, ob die Konstruktion offen bleibt oder ob Balkenlagen angebracht werden.

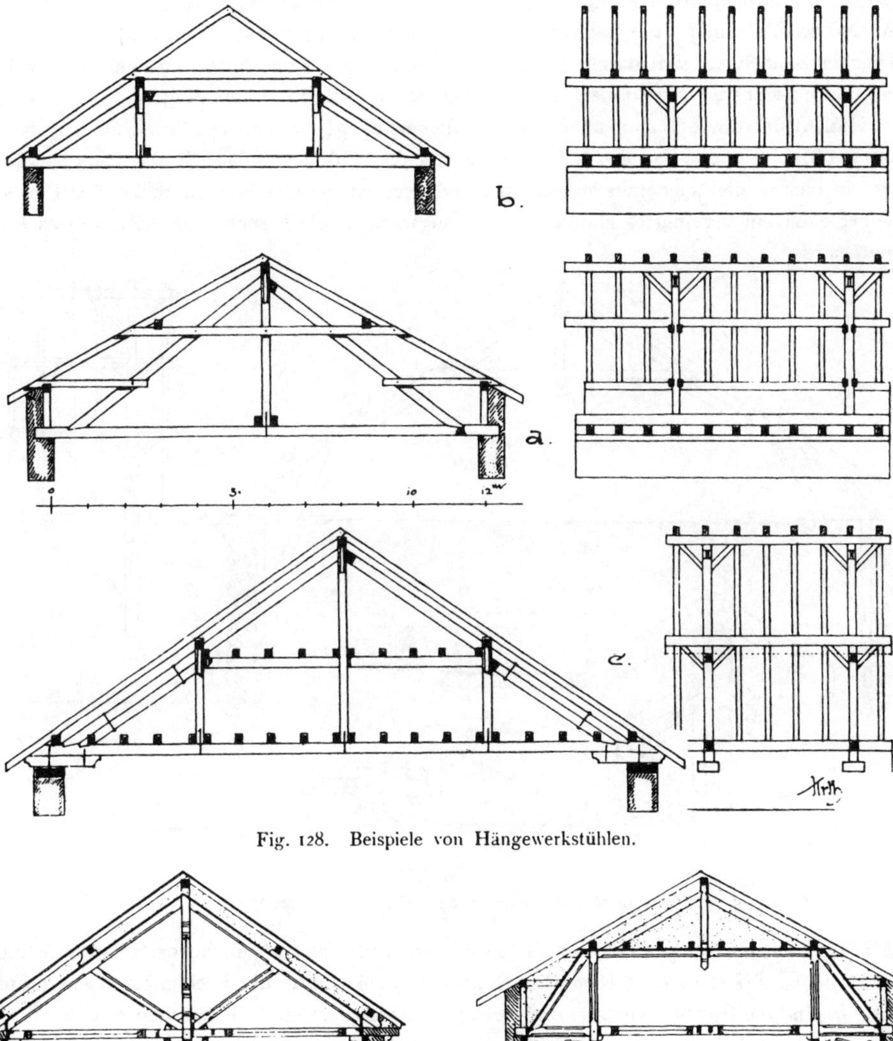

Fig. 128. Beispiele von Hängewerkstühlen.

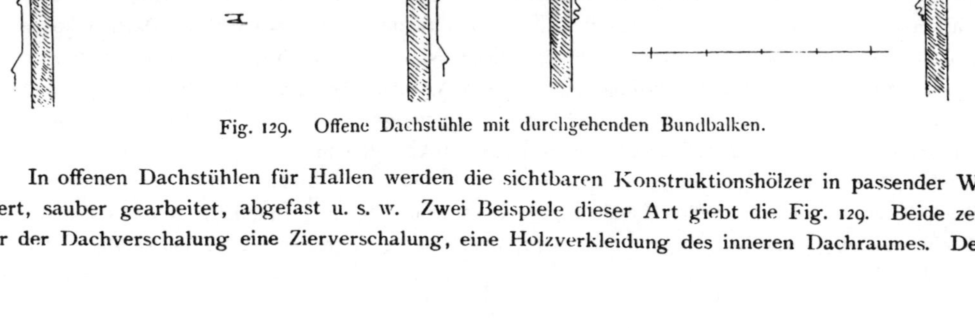

Fig. 129. Offene Dachstühle mit durchgehenden Bundbalken.

In offenen Dachstühlen für Hallen werden die sichtbaren Konstruktionshölzer in passender Weise verziert, sauber gearbeitet, abgefast u. s. w. Zwei Beispiele dieser Art giebt die Fig. 129. Beide zeigen aufser der Dachverschalung eine Zierverschalung, eine Holzverkleidung des inneren Dachraumes. Der in a dargestellte einfache Hängebock zeigt, wie die Hauptstreben durch Gegenstreben gestützt werden, welche von dem Kreuzungspunkt von Bundbalken und Hängesäule nach den Zwischenpfetten ansteigen. Nach b trägt der Spannriegel des doppelten Hängebockes ein Kehlgebälke, welches (zum Unterschied von Fig. 128b) parallel zu den Zwischenpfetten gelegt ist.

6. Dachstühle mit vereinigtem Hänge- und Sprengwerk. (Fig. 130.)

Hierbei handelt es sich durchschnittlich nur um offene Konstruktionen, um die Dachgerüste für Hallen der verschiedensten Art, ohne Gebälke. Da bei derartigen Hallen (Perron-, Ausstellungs-, Turn-, Reit- etc. Hallen) der obere Raum unbenutzt zu bleiben pflegt, so können die Streben meist anstandslos weit unter der Dachtraufe ansetzen. Während sie bei der Kniestockanlage in die Bundbalken eingreifen, so werden sie hier in die Klebepfosten verzapft und versatzt, welche hier an Stelle der Kniestockpfosten treten, wobei dann ein vereinigtes Hänge- und Sprengwerk in die Erscheinung tritt, wie es früher bereits besprochen wurde.

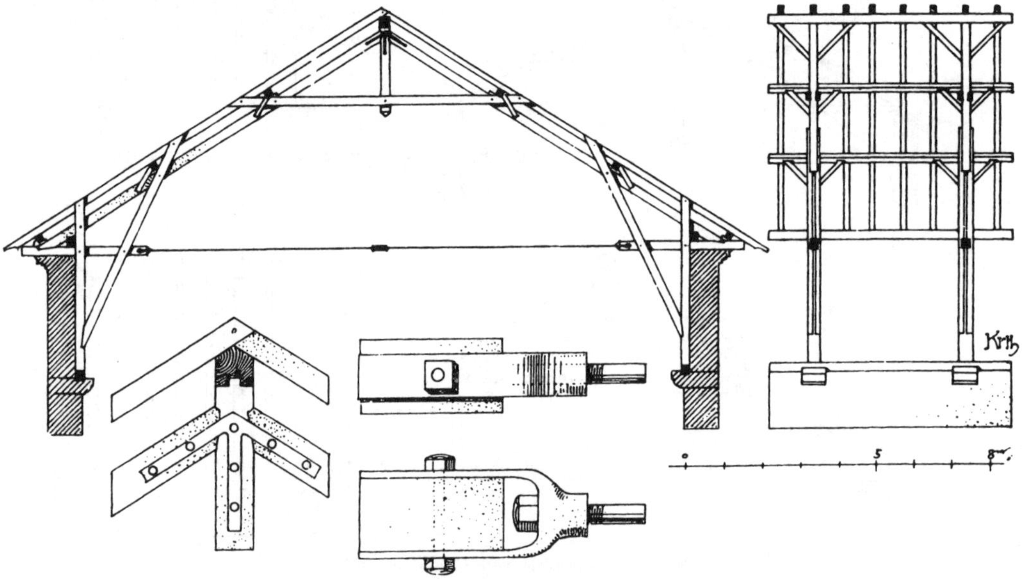

Fig. 130.
Dachstuhl mit vereinigtem Hänge- und Sprengwerk.

Fig. 130 zeigt ein solches Hallendach. Der obere Teil bietet als einfacher Hängebock nichts Neues. Im Unterteil liegen auf steinernen Konsolen Schwellen, in welche die Klebepfosten eingezapft sind. In diese letzteren sind die Streben versatzt und verzapft. Aufserdem sind die Streben mit drei weiteren Verbandshölzern verbunden und verholzt, mit der Zange, die nach der Skizze an Stelle des Bundbalkens tritt, mit der dem Sparren parallel laufenden Hauptstrebe und dem Bundsparren selbst. Auch der Klebepfosten ist mit diesen parallellaufenden Hölzern verbunden und zu diesem Zwecke bis zur Dachfläche nach oben verlängert. Bei einer derartigen offenen Konstruktion ist die Durchführung des Bundbalkens nicht unbedingt erforderlich. Sie sichert allerdings einen festern Verband des ganzen Stuhles, wogegen andererseits der Wegfall desselben und sein Ersatz durch eiserne Zugstangen ein besseres Aussehen und einen freieren Innenraum ergeben. Wo es auf besondere Festigkeit ankommt und wo man, wie in Turnhallen, Geräte an den Bundbalken befestigen kann, da wird man sie beibehalten. Andernfalls sind sie wie in der Figur zweckmäfsigerweise blos an beiden Enden in der Form von Zangen vorhanden, während das Mittelstück durch eine starke, eiserne Zugstange ersetzt wird, welche bei genügender Stärke und richtiger Befestigung den Horizontalschub des Daches ebenfalls aufzuheben geeignet ist. Wie aus der Skizze ersichtlich ist, sind im vorliegenden Beispiel die Klebepfosten, die unteren Streben und die obere Zange verdoppelt angenommen. Die Längsversteitung ist am First durch Büge zwischen Pfette und Hängesäule bewirkt, im unteren Teil durch Büge zwischen der Hauptstrebe und den Zwischenpfetten. Außerdem könnte man zwischen je 2 benachbarte Klebepfosten ein Andreaskreuz einsetzen.

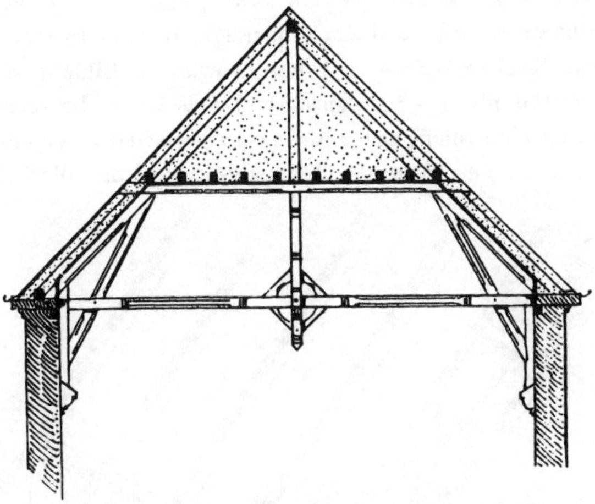

Fig. 131.
Dachstuhl, konstruiert nach dem Grundsatz des vereinigten Hänge- und Sprengwerks.

Die Fig. 131 zeigt ein ähnliches Dach, bei welchem der Bundbalken beibehalten ist. Das Kehlgebälke und die innere Verkleidung entsprechen der Fig. 129b.

Der in Fig. 132 dargestellte liegende Stuhl eines Pfettendaches kann der Konstruktion nach ebenfalls als ein vereinigtes Hänge- und Sprengwerk gelten, bei dem die Streben des Hängebocks mit den unteren Enden in die Kniestockstreben versatzt sind.

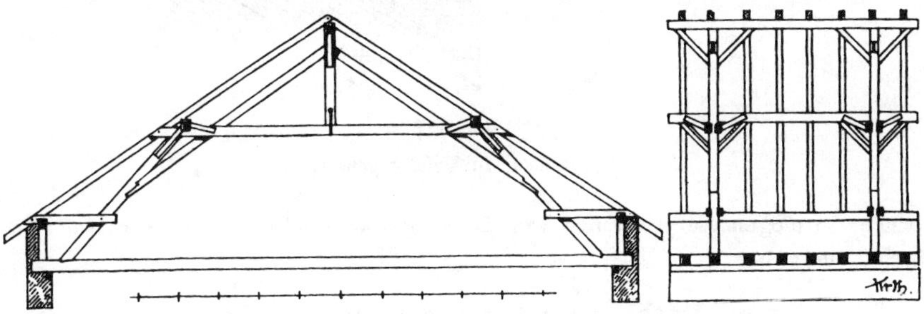

Fig. 132.
Liegender Stuhl eines Pfettendaches, nach dem Prinzip des vereinigten Hänge- und Sprengwerks konstruiert.

Die Tafeln 1 bis 4 behandeln den stehenden und den liegenden Kniestockdachstuhl in ausführlicher Weise. Die Tafeln 1 und 4 zeigen zunächst die entsprechenden Werksätze, d. h. die Grundrißanlage des obersten Stockgebälkes, die Stellung der Bünde, die Lage der Pfetten, Sparren, Büge etc.; sodann aber jeweils auch den Querschnitt und soweit möglich auch den Längenschnitt des Dachwerkes. Als

Grundsatz gilt bei derartigen Zeichnungen, die Schnitte und Ansichten so zu legen, daſs der Zimmermann ohne Umstände möglichst viel daraus entnehmen kann.

Die Tafel 2 enthält den Dachstuhl der Tafel 1 in isometrischer Darstellung, sowie die Einzelheiten der Bildung des Dachgesimses an der Traufe und am Giebel. Zu dieser Tafel gehört auch die isometrische Darstellung der Textfigur 133.

Auf Tafel 3 ist das Stockgebälke zu dem auf Tafel 4 abgebildeten liegenden Dachstuhl dargestellt nebst dem zugehörigen Eisenwerk, bestehend aus Schlaudern, Klammern etc. Auſserdem enthält die Tafel als Abwechselung noch ein Küchengebälke in Eisen, sowie die Bildung der Mauerlatte bei abgesetzten Umfassungsmauern und für den Fall gleichstarker Wände. Im letzteren Fall wird die hölzerne Mauerlatte zweckmäſsig durch eine solche aus Eisen ersetzt, wie die Zeichnung es angiebt.

Da wir nicht für alle zu besprechenden Dachstuhlformen die Werksätze nebst den Einzelheiten

Fig. 133.
Einzelheit, zu Tafel 2 gehörig.

beigeben können, so mögen die erwähnten vier Tafeln gewissermaſsen auch als Erläuterung und Anhalt für die übrigen Fälle gelten.

c. Dachkonstruktionen aus Holz und Eisen.

Nachdem bezüglich des in Fig. 130 dargestellten Dachstuhls dieses Gebiet bereits berührt worden ist, möge daran anschlieſsend das übrige erwähnt sein.

Mit der stets wachsenden Verteuerung des Holzes und der allgemeineren Anwendung des gewalzten Eisens ist das letztere auch immer mehr zur Herstellung der Dachverbände herangezogen worden. Die Verwendung des Eisens allein oder in Verbindung mit Holz erscheint insbesondere angezeigt für die offenen Konstruktionen der Hallendächer der freieren Durchsicht und des leichteren Aussehens wegen. Bei gleichzeitiger Verwendung von Holz und Eisen für die Dachkonstruktion bleibt das Prinzip der letzteren im allgemeinen das bis jetzt besprochene; die Aenderung besteht darin, dafs an Stelle von Verbandshölzern, die nur auf Zug beansprucht sind, sogen. Zugstangen aus Rund-, Rohr- oder Kanteisen treten, während die auf Druck und Durchbiegung beanspruchten Teile im Materiale des Holzes nach wie vor gebildet werden. Sollen auch Verbandshölzer durch Eisen ersetzt werden, welche rückwirkend beansprucht sind, so eignet sich hierfür das Schmiedeisen nicht, wohl aber das Gufseisen. Man giefst derartige Teile gewöhnlich mit kreuzförmigem Querschnitt oder mit sogen. Verstärkungsrippen.

Die Zugstangen erhalten gewöhnlich eine Kompensation, d. h. eine Vorrichtung zur etwa nötig werdenden Verkürzung. Diese wird bewirkt durch das Nachziehen von Schraubenmuttern, welche in die mit Gewinden versehenen Enden der Zugstangen eingreifen, oder durch sogen. Schlösser mit Gegengewinden. Da diese Hülsen ein rechts- und ein linkslaufendes Gewinde haben, so werden bei der Um-

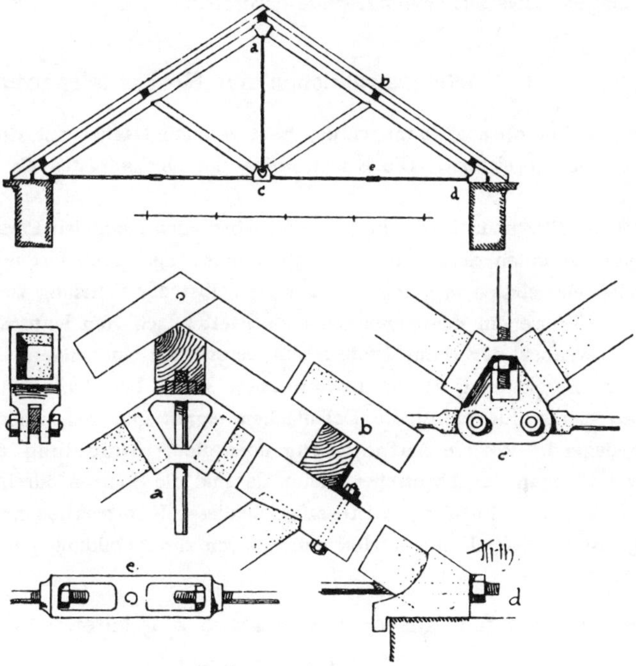

Fig. 134.
Dachkonstruktion in Holz und Eisen.

drehung desselben die zwei durch sie gefafsten, einander gegenüberstehenden Enden der Zugstangen einander genähert, also die gesamte Zugstange dabei verkürzt. (Vergl. Fig. 56.)

Der schwierige Punkt bei der Konstruktion in Holz und Eisen liegt in der richtigen Verbindung der einzelnen Teile. Man ist vielfach genötigt, zu diesem Zwecke besondere Schuhe und Hüte schmieden oder giefsen zu lassen, in welche die Holz- und Eisenteile in passender Weise eingreifen. Wo diese Dinge sich in derselben Form vielemal wiederholen, spielt die Anfertigung eines besonderen Gufsmodelles allerdings eine untergeordnete Rolle, während sie anderenfalls die Konstruktion verteuert. Wo verschiedene Eisenteile unter sich zu verbinden sind, z. B. zwei Zugstangen und eine gufseiserne Strebe, da werden gewöhnlich sogen. Knotenbleche konstruiert, d. h. diese Teile werden, um Schraubenbolzen drehbar, zwischen zwei starken, gleich gestalteten Blechen gefafst, welche unter sich zu einer Art Lasche verbunden sind.

Es würde hier zu weit führen, alle etwa vorkommenden Fälle besprechen zu wollen. Wir versuchen das Gesagte an einer Dachstuhlskizze unter Beigabe der betreffenden Einzelheiten zu erläutern. Fig. 134 zeigt einen verhältnismäſsig einfachen Dachstuhl, bei welchem die Streben der Bundgespärre in der Mitte durch Gegenstreben gestützt sind, die sich am unteren Ende in einen eisernen gemeinsamen Schuh (c) stellen. Dieser Schuh dient gleichzeitig den den Horizontalschub aufhebenden Zugstangen zur Befestigung und ist mittelst einer senkrechten Zugstange an den First aufgehängt. Zu diesem Zwecke greifen die Hauptstreben in einen gemeinsamen Hut (a), welcher für die Hängestange durchlocht ist. Am unteren Ende sitzen die Hauptstreben in Schuhen (d), die für die horizontalen Zugstangen ebenfalls durchlocht sind und mit einem Flansch über die innere Mauerkante greifen. In b ist gezeigt, wie die Zwischenpfetten durch Winkeleisen am Abrutschen verhindert sind, welche den Hauptstreben aufgeschraubt werden. In e ist das Zugstangenschloſs mit Gegengewinde dargestellt.

d. Dachkonstruktionen mit Horizontalsparren.

Wie bereits weiter oben erwähnt wurde, giebt es auch Dächer mit Horizontalsparren, gewöhnlich als „italienische" Dächer bezeichnet. Die Konstruktion des Dachgerüstes als solches erfährt dabei keine Aenderung.

Während beim Pfettendache die in gröſseren Abständen liegenden Pfetten die schräg ansteigenden Sparren aufnehmen, so fallen diese letzteren beim italienischen Dach fort und die Pfetten werden statt dessen in Abständen von circa 1 m gelegt, so daſs sie selbst der Schalung zur Befestigung dienen. Man würde also richtiger Weise ein derartiges Dach als Pfettendach zum Unterschied vom Sparrendach bezeichnen müssen. Da aber der Name Pfettendach bereits für eine andere Dachgattung in Anwendung ist, so wird man die Bezeichnung Horizontalsparren schon beibehalten müssen. Daſs sich das Dach mit Horizontalsparren nur für verschalte Dachflächen eignet und insbesondere für solche mit geringer Neigung, ist naheliegend. Wo die Aufnagelung oder die Aufdübelung der Horizontalsparren keine genügende Sicherheit gegen das Abrutschen bietet, da sind die Sparren durch versatzte und aufgenagelte Knaggen weiter zu sichern. Im übrigen ist bezüglich dieser Konstruktion nichts Neues vorzubringen.

In Fig. 137 ist ein Sägedach mit Horizontalsparren zur Abbildung gebracht.

e. Die übrigen, aus dem Satteldach abgeleiteten Dachformen.

(Taf. 5, 6, 7, 8, 9 und 10.)

Alle übrigen Dachformen lassen sich auf mehr oder weniger einfache Weise aus dem gewöhnlichen Satteldach (Fig. 135A) ableiten.

Das Pultdach (Fig. 135a) ist die einseitige Hälfte des Satteldaches.

Das Sägedach (Sheddach) (Fig. 135b) entsteht durch Reihung einzelner Pultdächer.

Das Mansarddach (Fig. 135c) ist die Verbindung zweier Satteldächer von ungleicher Neigung die steilere Fläche im unteren Teil.

Das Walmdach (Fig. 135d) ist gewissermaſsen eine Durchkreuzung zweier Satteldächer (immer nur von der Dachfläche, von der äuſseren stereometrischen Form geredet).

Das Zeltdach (Fig. 135e und f) ist ein Walmdach auf dem Grundriſs eines regelmäſsigen oder halbregelmäſsigen Vielecks. Geht das regelmäſsige Vieleck in einen Kreis über, so wird das Zeltdach zum Kegeldach. (Fig. 135g.)

Das Turmdach oder Helmdach (Fig. 135h, i, k, l, m) ist ein steiles Dach, meist auf regelmäſsigem Grundriſs. Auſser den einfachen Zelt- und Kegeldachformen kommen auch reichere Bildungen vor, Vereinigungen von Sattel- und Zeltdächern etc.

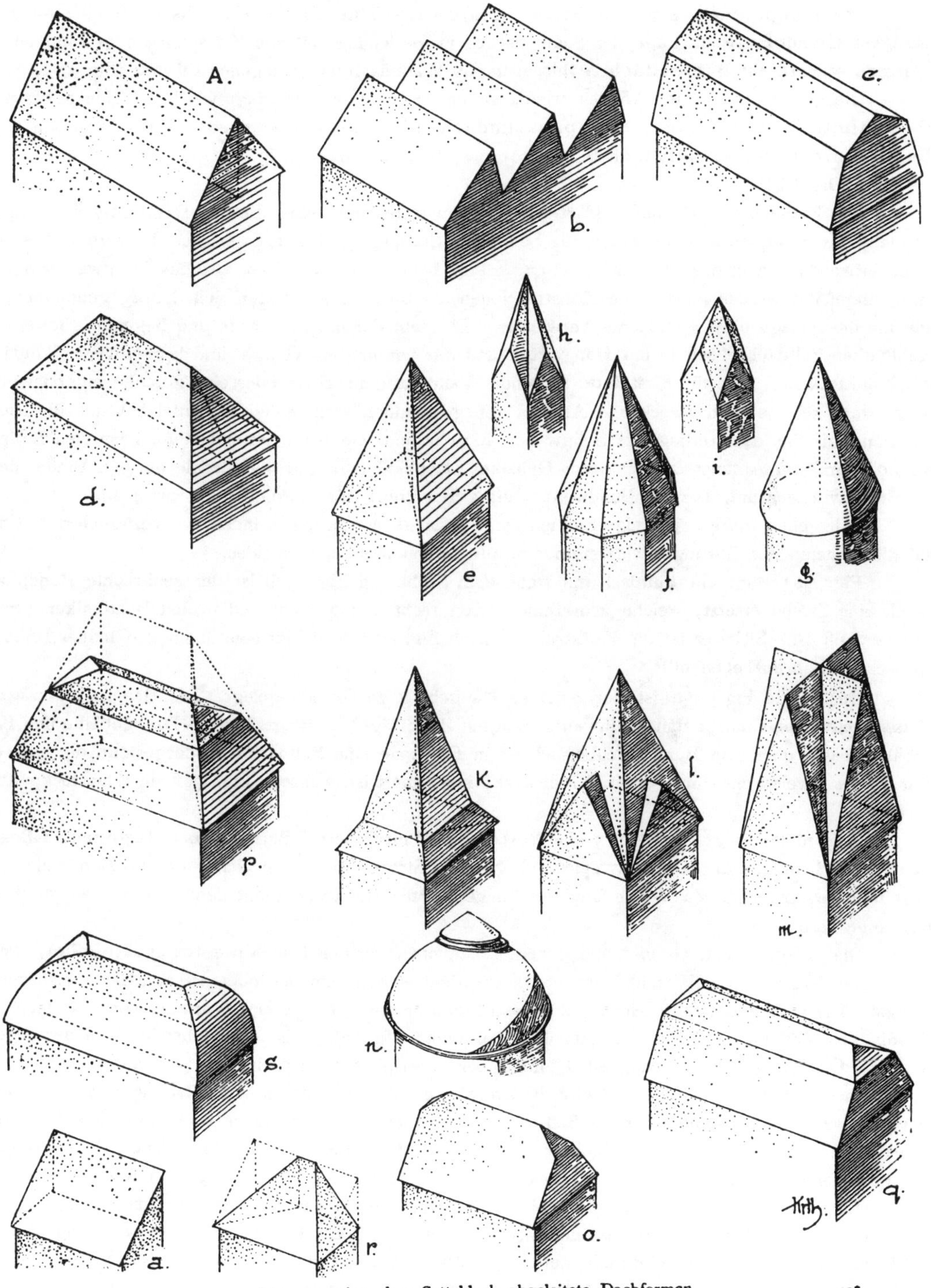

Fig. 135. Aus dem Satteldach abgeleitete Dachformen.

Das **Kuppeldach** (Fig. 135n) ist ein Dach von gewölbter Fläche, ebenfalls gewöhnlich auf regelmäſsigem Grundriſs. Nach Lage der Sache ist es in Beziehung auf die Konstruktion gewöhnlich kein Sparren-, sondern ein **Bohlendach**, wohin auch das Walmdach mit gebogenen Flächen (Fig. 135s) gehört.

Die genannten Formen können wieder zu neuen Bildungen vereinigt werden; dahin gehören das **abgewalmte Satteldach** oder **Krüppelwalmdach** (Fig. 135o), das **Mansard-Walmdach** (Fig. 135p), das **Mansard-Krüppelwalmdach** (Fig. 135q), das **Pultwalmdach** (Fig. 135r) u. a. m.

1. Das Pultdach.

Der Name dieses Daches erklärt sich ohne weiteres aus seiner Form. Das Pultdach ist in Anwendung für untergeordnete Gebäude, für Schuppen, Stallungen, Hinterhäuser etc. Es wird insbesondere dann notwendig, wenn diese Gebäulichkeiten an eine hohe Wand anlehnen, also das Traufwasser nur einseitig abgeleitet werden kann. Die Konstruktionen des Satteldaches lassen sich, hälftig genommen, fast alle für die Anlage eines Pultdaches verwenden. Es giebt demnach stehende und liegende, Pfetten- und Kehlbalken-Pultdächer, solche mit Hängewerk und mit vereinigtem Hänge- und Sprengwerk, Pultdächer mit Kniestock etc. Die die Firstpfette tragende Wand kann aus Stein oder eine geschlossene oder offene Riegelwand sein, je nach Zweck und Anlage. Im gewöhnlich vorkommenden Fall lehnt sich die Riegelfachwand an die dahinterliegende Steinwand. Man ordnet wie beim Satteldach (und bei den Krüppelwalmdächern) am Anfang und Ende des Gebälkes Dachbinder an und verteilt die übrigen Binder derart auf den Zwischenraum, daſs die Bundweite 3 bis 5 m beträgt (für gewöhnlich 3,5 bis 4 m).

Wir geben in Fig. 136 einige Skizzen von Pultdachkonstruktionen, indem wir bezüglich des übrigen auf die früheren Ausführungen verweisen, um Wiederholungen zu vermeiden.

Fig. 136a zeigt ein Pultdach mit stehendem Stuhl. In Fig. 136b ist der senkrechte Bundpfosten durch eine Strebe ersetzt, welche zum Bundsparren rechtwinklig steht und in den Bundbalken versatzt und verzapft ist. Sicherer ist die Konstruktion nach Fig. 136c, weil hier eine Zange auf halber Höhe den Horizontalschub aufheben hilft.

Der Skizze Fig. 136d ist der einfache Hängebock zu Grunde gelegt. Die Hängesäule trägt die Zwischenpfette und macht den an ihr aufgehängten Bundträger leistungsfähiger. Dachgebälke und Kehlgebälke liegen quer zum Bund. Schlieſslich ist in Fig. 136e eine Pultdachhalle dargestellt, die nach dem Prinzip des vereinigten Hänge- und Sprengwerks konstruiert ist, während Fig. 136f ein Kniestockpultdach vorführt.

Auſserdem bringt die Tafel 5 eine Anzahl von Pultdächern. Bei dem in a dargestellten Beispiel ist die Zwischenpfette durch zwei symmetrisch gestellte Streben gestützt, welche mit dem Bundbalken versatzt und verzapft sind. Zu Versteifung des Bundes ist der Bundbalken mit dem Bundpfosten durch eine Bugzange verbunden.

Die Beispiele Taf. 5b, c, d und e veranschaulichen verschiedene **Kniestockpultdächer**, wie sie häufig über Werkstätten, Waschküchen etc. angeordnet werden, um den oberen Raum noch ausnützen zu können. Die in b dargestellte Hängebockkonstruktion erweist sich als eine Variante von Fig. 136c. Die Bundbalken sind mit den Umfassungsmauern verankert. In Taf. 5c ist der stehende, in e der liegende Stuhl zu Grunde gelegt. Verdoppelt könnten beide Beispiele als Satteldächer verwendet werden. Bei der originellen Konstruktion Taf. 5d wird die Zwischenpfette wieder durch symmetrische Streben getragen. Der Kniewandpfosten steht auf einer Schwelle, welcher auf dem die Mauer überkragenden Bundbalken aufliegt. Am oberen Ende ist der Kniewandpfosten mit der äuſseren Strebe durch eine Zange verbunden.

Tafel 5 zeigt ferner in f und g zwei offene Pultdachhallen, für Schuppen, Lagerräume, Wartehallen etc. geeignet. Die Grundlage für beide Konstruktionen ist das vereinigte Hänge- und Sprengwerk bei g in symmetrischer, bei f in unsymmetrischer Anordnung. Bei f ist mehr auf die Leistungsfähigkei der Konstruktion, bei g dagegen mehr auf ein gefälliges Aeuſsere gesehen worden. Das Pultdach f lehn sich an eine Mauer, mit der es verankert ist. Das Pultdach g ist freistehend, weshalb die Sparren übe die hinteren Pfosten weiter geführt sind. Entsprechend verschalt oder ausgemauert kann dieses Beispiel als Wartehalle für Eisenbahnen Verwendung finden.

2. Das Sägedach (Sheddach).

Den ersteren Namen hat es von dem Umrifs, mit welchem eine derartige Anlage in der Seitenansicht erscheint. Die zweite Bezeichnung stammt aus dem Englischen und ist gleichbedeutend mit Werk-

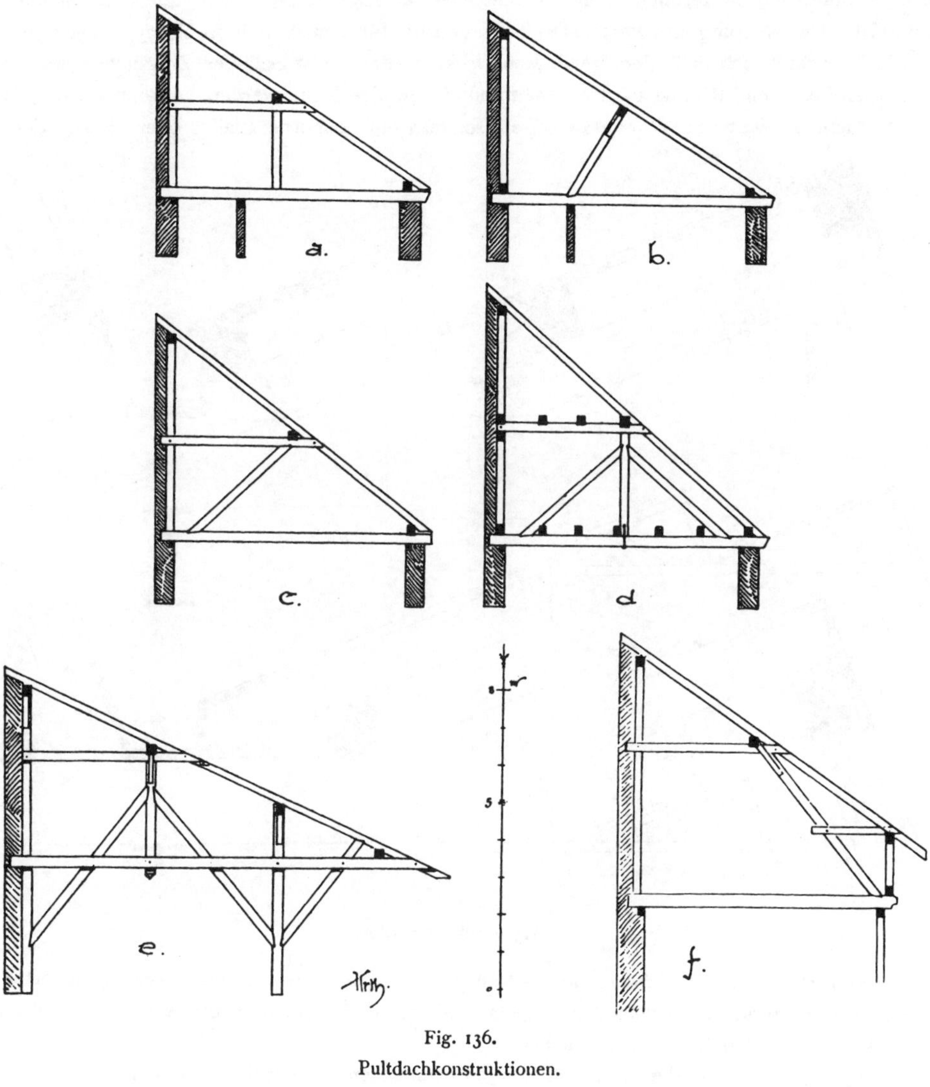

Fig. 136.
Pultdachkonstruktionen.

stättendach. Das Sägedach ist eine Errungenschaft der Neuzeit; was ihm in Bezug auf ein gefälliges Aeufsere abgeht, ersetzt es durch seine praktischen Vorteile. Es ist neuerdings vielfach in Anwendung für Werkstätten und Fabrikräume, sowie für Ausstellungshallen. Wir haben das Sägedach als eine Reihung einzelner Pultdächer bezeichnet; hierzu ist zu bemerken, dafs bei den neuzeitigen Ausführungen jedoch die senkrechte, die Fenster aufnehmende Fläche ebenfalls durch eine solche von geneigter Lage ersetzt wird, welche allerdings viel steiler ist, als die Neigung der eigentlichen Dachfläche. Man kann also das Sägedach als eine Reihung unsymmetrischer Satteldächer betrachten, wobei der einen Fläche die Dachdeckung, der anderen der Lichteinlaſs zufällt. Wird die Anlage so orientiert, daſs die steilen Flächen nach Norden gerichtet sind, so werden die in dieser Weise überdachten Räume auf die beste Weise beleuchtet, weil die Störungen durch direktes Sonnenlicht wegfallen. Diesem Vorteil gesellen sich als weitere bei: Raum- und Materialersparnis, so daſs eine derartige Anlage nicht nur zweckdienlich, sondern auch billig ist. Die Neigung des verglasten Teils beträgt für gewöhnlich 70 bis 75°, diejenige der eingedeckten Fläche richtet sich nach dem gewählten Deckmaterial (meist Schiefer, Zinkblech oder Dachpappe). Da vielfach groſse, offene Räume in der genannten Weise überdeckt werden, so kommen die Dachgerüstbinder auch vielfach nicht auf Wände zu liegen, sondern auf steinerne Pfeiler oder eiserne Säulen, wobei

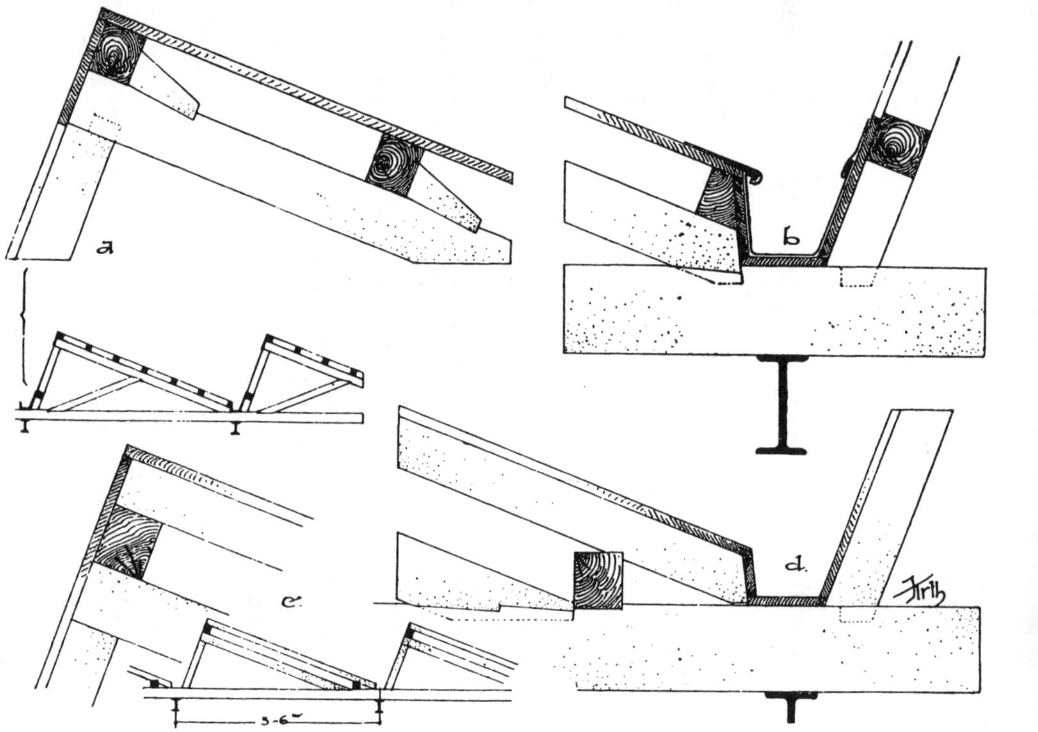

Fig. 137.
Sägedachkonstruktion.

dann auf einen genügenden Verband der betreffenden Träger und auf einen wohl gesicherten Stoſs z achten ist. Die Hauptschwierigkeit der Sägedachanlage ist in einem geordneten Wasserablauf in de Kehlen zwischen den Einzeldächern zu suchen.

In Fig. 137 geben wir die Konstruktion eines einfachen Sägedaches mit den Einzelheiten a und am First und am Dachfuſs. Wenn statt der Horizontalsparren, wie sie die Skizze zeigt, Pfetten mit an steigenden Sparren beliebt werden, so ändern sich die Einzelnheiten etwa nach den Figuren c und Selbstredend können derartige Dächer auch in Holz und Eisen oder ganz aus Eisen konstruiert werden et

3. Das Mansarddach.

Es hat seinen Namen nach seinem Erfinder, dem französischen Architekten François Mansa (1598 bis 1666). Grund zur Einführung dieses Daches waren gewisse polizeiliche Verbote bezüglich de

Anzahl der Stockwerke oder der Gebäudehöhe. Durch Unterbringung eines Stockwerkes im Dach wurden diese Vorschriften umgangen. Früher häufig in Anwendung, kam das Dach später außer Mode, wird aber heute — wenn auch in veränderter Art — vielfach wieder ausgeführt und es ist zweifellos, daß bei richtiger Wahl der Verhältnisse ein derartiges Dach einem Gebäude zur Zierde gereichen kann. Es wird mit demselben ein günstig wirkender Uebergang von der senkrechten Mauerfläche zur eigentlichen Dachfläche erzielt; insbesondere, wenn hübsche Dachfenster angeordnet werden, wofür heute in dem gedrückten oder gepreßten Zink ein geeignetes Material gegeben ist.

Das Mansarddach hat im unteren Teil eine starke, im oberen Teil eine geringere Neigung. Ueber die Bestimmung beider sind verschiedene Regeln aufgestellt worden, die jedoch keinen großen Wert haben und keine bindende Vorschrift sein können. Man giebt heute der unteren Dachfläche gewöhnlich eine Neigung von 70 bis 75° und bildet den oberen Teil je nach der gewählten Eindeckungsart als $^1/_3$ Dach, als $^1/_4$ Dach etc., d. h. die Höhe des oberen Teils beträgt ein Drittel, Viertel etc. der Breite auf der Höhe des Kehlgebälkes.

Das Mansarddach ist seiner Entstehung nach ein Kehlbalkendach und ist früher stets als solches ausgeführt worden; heute wird es allgemein als Pfettendach konstruiert wegen der Vorteile beim Aufschlagen und um mit der Sparrenweite nicht an die Balkenlage gebunden zu sein. Wie die Figuren der Tafel 6 zeigen, kann der Konstruktion sowohl der stehende als der liegende Stuhl zu Grunde gelegt werden und zwar für jeden Teil des Daches beliebig, da dieselben nicht wesentlich von einander abhängig sind. Auch das Sprengwerk läßt sich für das Mansarddach verwerten, wird aber kaum angewendet. Auch die Bildung einer Knie- oder Drempelwand ist nicht ausgeschlossen, wie die Beispiele der Tafel 6 zeigen.

Da man die schrägen Wände im Dachstockwerk gerne vermeidet, so werden neuerdings meist doppelte Wände angeordnet, so daß die äußere Seite eine geneigte, die innere eine senkrechte Fläche aufweist. (Vergl. Taf. 6d und b linke Seite.)

Taf. 6a zeigt ein Mansarddach, bei welchem die Dachwände nach dem System des liegenden, alles übrige in der Art des stehenden Stuhles konstruiert ist. Während hierbei eine niedrige Kniewand angeordnet erscheint, so zeigt die Fig. c die Variante ohne eine solche, und bei d ist im Vergleich mit c an Stelle der Strebe ein Pfosten getreten. Dem Beispiel b liegt im Oberteil der gewöhnliche liegende Stuhl zu Grunde; der Unterteil zeigt auf der linken und rechten Seite zwei Varianten.

Je nach der Konstruktion und Art der Gesimsbildung werden am Unterteil des Daches Aufschieblinge nötig (Tafel 6a, d und b rechts). Die schwierige Stelle des Mansarddaches ist der Uebergang beider Neigungen, weshalb in Bezug auf Konstruktion und Einbindung Vorsicht geboten erscheint. Früher war es allgemein üblich, die Kehlbalken in ein gekehltes Gesimsholz einzuzapfen, welches den Uebergang vermittelte. Heutzutage steht hierfür in dem façonnierten Zink ein willkommenes Material zu Gebote. Alles übrige dürften die Figuren der Tafel wohl ohne weiteres ergeben.

4. Das Walmdach. (Vergl. Fig. 113.)

Während das Satteldach nach zwei Seiten durch Giebelwände begrenzt wird, so gehört es zum Begriff des Walmdaches, daß auch von diesen beiden Seiten Dachflächen ansteigen. Das Satteldach wird abgewalmt und damit zum Walmdach. Dasselbe eignet sich also insbesondere für freistehende Bauten. Die Firstlinie wird bei diesem Dach wesentlich verkürzt. Auf quadratischem Grundriß fällt der First fort und das Walmdach wird zum Zeltdach. Die Linie, nach welcher sich die benachbarten Dachflächen schneiden, heißt Grat. Wenn, wie gewöhnlich, die Dachneigung allseitig gleich angenommen wird, so halbieren die Gratlinien in der Horizontalprojektion die Winkel des Grundrisses. Auf rechteckigem Grundriß bilden die Projektionen der Gratlinien demnach Winkel von 45° zur Umfassung.

Der Konstruktion nach ist das Walmdach gebildet wie das Satteldach mit den nötigen Abänderungen an den abgewalmten Enden. Die Enden der Firstlinie, also die beiden Stellen, wo die Walme an das Satteldach anstoſsen, heiſsen Anfallspunkte. Es ist zweckmäſsig, wenn auch nicht unbedingt nötig, die Binder so einzuteilen, daſs zwei derselben auf die Anfallspunkte fallen. Wo es angeht, verlegt man ganze Binder auf die Anfallspunkte und unterstützt im übrigen die Pfetten durch halbe Binder und Gratbinder (Fig. 113). Hierbei werden beim liegenden Stuhl zur Aufbringung der Streben kurze Ueberzüge nötig, welche dem Gebälke aufzukämmen sind. (Fig. 114.) Nach den Anfallspunkten laufen von den Ecken des Dachfuſses her die Gratsparren; diese sind also gewissermaſsen die verkörperten Gratlinien, an welche sich die übrigen Sparren, in diesem Fall Schiftsparren genannt, anlegen. Die Gratsparren erhalten stärkere Abmessung als die gewöhnlichen Sparren. Man giebt ihnen durchschnittlich 18 bis 20 cm Höhe und 15 bis 18 cm Breite. Gewöhnlich bestimmt man den Querschnitt, bezw. die Höhe nach demjenigen der übrigen Sparren, damit die Schift- und Gratsparren auf der Unterseite bündig werden. Die Art, wie sich die Gratsparren an das Anfallsgebinde oder Anfallsgespärre und wie sich die Schiftsparren an die Gratsparren anlegen, beziehungsweise die betreffenden Konstruktionen bezeichnet man als Schiftung.

Die Flächen, mit welchen sich die Grat- und Schiftsparren anlegen, nennt man Schmiegflächen oder kurzweg Schmiegen. Die Bestimmung der wahren Länge der Gratsparren, die sich weder aus dem Aufriſs noch aus dem Grundriſs direkt entnehmen läſst, bezeichnet man mit den Ausdrücken Heraustragen oder Ausmitteln. Zur Vornahme der Schiftung und des Heraustragens ist eine Horizontalprojektion, ein Grundriſs des Daches erforderlich, der sogen. Werksatz, mit Hilfe dessen und der gegebenen Dachneigung dann alles bestimmt werden kann. Allgemein gesagt, wird jede in der Projektion nicht direkt entnehmbare Länge gefunden, indem man ein rechtwinkliges Dreieck bildet, dessen eine Kathete die Horizontalprojektion, dessen andere die Höhe ist, wobei dann die Hypotenuse die wahre Länge des betreffenden Holzes ergiebt.

Praktisch wird der Fall auf folgende Weise erledigt: Die Dachbalkenlage wird auf dem Werkplatz, wie später an Ort und Stelle aufgelegt; wenn Mauerlatten vorhanden sind, auf diese. Der Anfallspunkt etc. wird bestimmt und die Projektionen der Gratlinien werden aufgeschnürt. Parallele Schnurschläge ergeben die Projektionen der Gratsparren. Das Anfallsgespärre oder Anfangsgebinde (es kann auch ein anderes sein) wird als „Lehrgebinde" aufgestellt oder „zugelegt", um zunächst die Länge der Grat- und Schiftsparren zu bestimmen. Man lotet den Anfallspunkt auf den darunterliegenden Balken und trägt von hier aus die Horizontalprojektion des Gratsparrens auf dem Balken zur Seite, zu welchem Zwecke er durch ein Holzstück verlängert wird. Auf diese Weise ergiebt sich die Länge des Gratsparrens, wie es Fig. 138 zeigt. Das obere Ende wird nach der Linie mn abgeschnitten; am unteren Ende wird die Linie rs aufgezeichnet, aber um so viel weiter nach auſsen abgeschnitten, als der Zapfen Holz beansprucht. Die Fläche mnop heiſst die Lotschmiege, die Fläche rstu dagegen die Fuſsschmiege; Schmiege ist dem Zimmermann überhaupt jede schräg abgeschnittene Fläche des Verbandsholzes. Das Aufzeichnen und Uebertragen von Maſsen und Winkeln geschieht gewöhnlich durch Anlegen des eisernen Winkels oder Winkeleisens. Die Winkel werden dabei übertragen, indem man rechtwinklige Dreiecke überträgt, welche dieselben enthalten. Die Uebertragung der Winkel kann jedoch auch durch Winkel- oder Schmiegmaſse erfolgen.

Fig. 139 zeigt die Bildung der Fuſsschmiege am Gratsparren und am Schiftsparren; die letztere ist dieselbe wie am Bundsparren. Der Gratsparren muſs auf der oberen Seite der Dachneigung entsprechend abgekantet werden. Zu diesem Zwecke wird die Mitte der Oberseite (der Rücken) aufgeschnürt; zwei weitere Schnurschläge auf der Seite bestimmen dann die Abkantung. Als Anhalt für die seitlichen Schnurschläge wird aus dem Grundriſs oder Werksatz das Maſs fh vom Eck der scharfen Kante der Fuſsschmiege einwärts getragen (f'h' in der isometrischen Darstellung). Die Schnurschläge auf dem Gratbalken des Werksatzes bestimmen die Aufsatzfläche des Gratsparrens und hieraus läſst sich unschwer der Querschnitt des Gratsparrens festsetzen, wie es der linke Teil der Figur im Aufriſs angiebt.

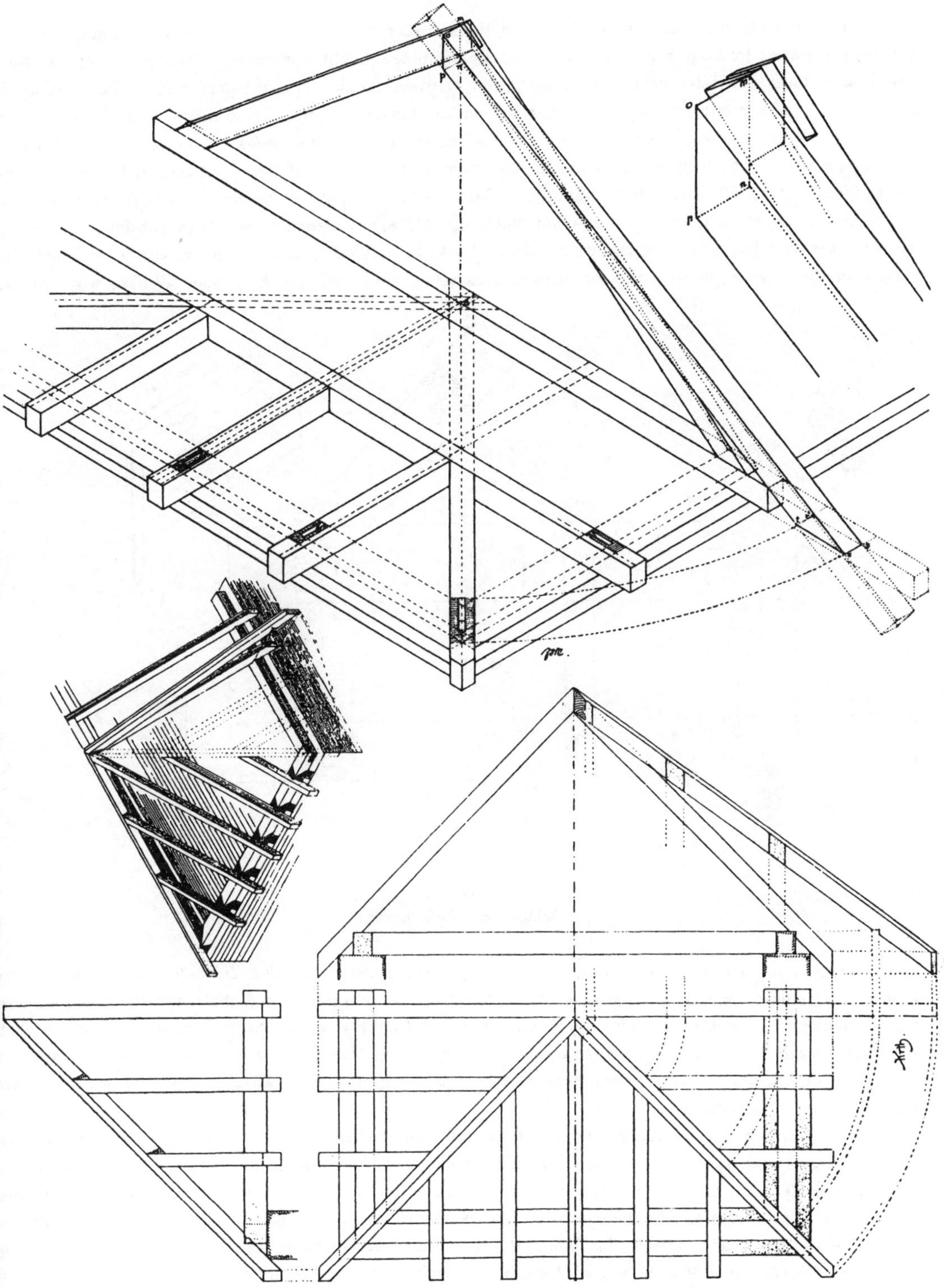

Fig. 138. Figur zur Erläuterung des Heraustragens der Gratsparrenlänge.

Fig. 140 zeigt die Bildung der Lot- und Backenschmiege. Was man unter Lotschmiege versteht, ist bereits erwähnt (m n o p Fig. 138). Von der Lotschmiege bleibt aber nur die mittlere Lotlinie stehen, diese Fläche mufs ebenfalls beiderseits abgekantet werden, damit der Gratsparren sich einerseits an den Bundsparren, andererseits an den Gegengratsparren anschmiegen kann. Diese beiden Schmiegflächen, die bei rechtwinkligem Grundrifs einen rechten Winkel zu einander bilden, heifsen **Backen- oder Wangenschmiegen.** Die Uebertragung der Lotschmiege vom Lehrgespärr auf den Gratsparren ist ohne weiteres verständlich (Fig. 140 D). Die Uebertragung der Backenschmiege auf den bereits mit der Rückenabkantung versehenen Gratsparren geschieht am einfachsten mit Hilfe des Grundrisses. Man entnimmt mittels des eisernen Winkels den Schnurschlägen auf dem Werksatz das Mafs x y und überträgt es auf den Gratsparren in der Weise, wie es die isometrische Zeichnung Fig. 140 E darthut. Der Winkel wird mit dem

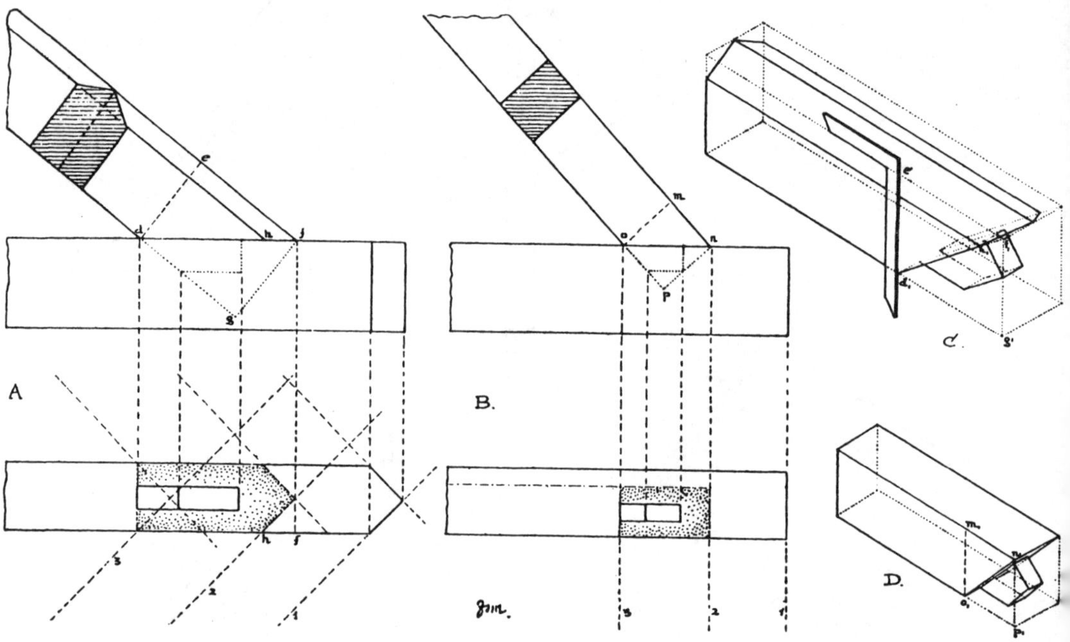

Fig. 139.
Bildung der Fufsschmiege.

einen Schenkel an der Lotkante anliegend so lange verschoben, bis das Zeichen y auf dem anderen Schenkel die stumpfwinklige Längskante trifft. Dieser Punkt y' giebt den Anhalt, um die Randlinien der Backenschmiegen aufreifsen zu können, indem man den Punkt y' auch auf die gegenüberliegende Seite überträgt, Parallele zu den Lotschmiegkanten zieht etc. Die Handgriffe derartiger Dinge sind schwerer zu beschreiben und mit Worten zu erklären, als sie sich durch einmaliges Zusehen erlernen, was wir jedem empfehlen, der sich dafür interessiert.

Die Bestimmung der Länge der Schiftsparren und die Bildung der Schmiegen geschieht in ganz ähnlicher Weise und ist noch einfacher. Die Lotschmiege wird erhalten, indem man auf dem Lehrbalken von aufsen nach innen die Grundrifslänge des Schifters aufträgt und das Ende auf den Lehrsparren lotet. Die Uebertragung der Backenschmiege aus dem Werksatz zeigt die Fig. 141. Dem Werksatz wird das Mafs a b entnommen und mittels des Winkeleisens durch Verschiebung an der Lotkante auf die obere Längskante übertragen. Von b' aus wird dann die Backenschmiege gebildet.

Die geschilderte Methode der Schiftung ist nicht die einzig mögliche, aber sie ist die handwerksmäſsig herkömmliche. (Vergleiche auch Fig. 141 rechts.)

Schlieſslich sei noch erwähnt, daſs man die Schiftsparren, wie die Sparren überhaupt, mit den Balken einerseits bündig zu legen pflegt, was seine Vorteile beim Abbinden hat. Auf welcher Seite sie bündig liegen ist ziemlich gleichgültig; es ist jedoch gebräuchlich, sie symmetrisch zur Mitte anzuordnen. Ein etwaiger Mittelschifter (er bleibt am besten weg) wird dann auf die Balkenmitte gelegt und die Verbindung am Anfallspunkt gestaltet sich nach Fig. 140 B.

Wie sich die Sache ändert, wenn die Sparren auf Sattelschwellen, statt auf den Balken aufsitzen, brauchen wir wohl nicht besonders auszuführen (vergleiche Fig. 138, untere Partie) und ebenso, wenn der

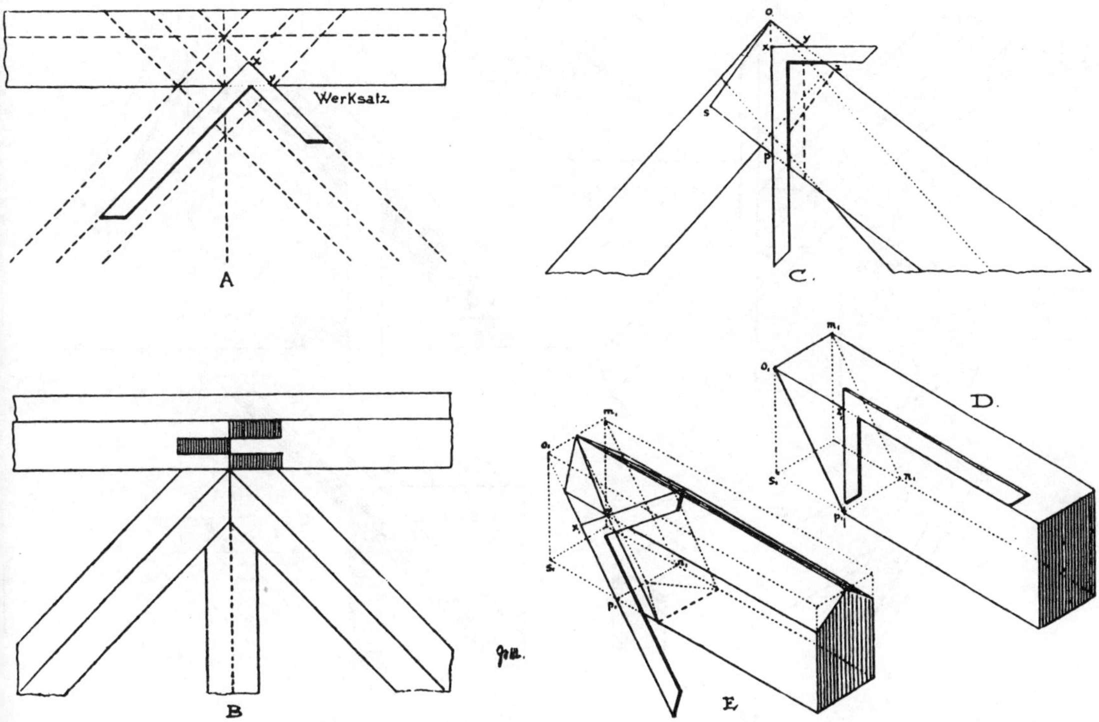

Fig. 140.
Bildung der Lot- und Backenschmiege.

Grundriſs schiefwinklig statt rechtwinklig ist. Ebenso ist naheliegend, daſs, wenn beide Walmseiten verschiedene Dachneigung haben, jede ein besonderes Lehrgespärre erfordert etc.

Das Walmdach eignet sich besonders für den Fall, in welchem die Sparren unmittelbar in die zugehörigen Balken eingezapft werden. Ist ein Kehlgebälke vorhanden, so kann auch dieses zur Aufhebung des Horizontalschubes der Schiftsparren dienen. Fehlen beide Bedingungen, so ist nötigenfalls dem Schub der Sparren durch zangenartige Verbindungen entgegenzutreten.

Da der auf den Anfallspunkt treffende Binder auch den Walm zum Teil zu tragen hat, so können die betreffenden Verbandshölzer entsprechende Verstärkung erfahren. Bei freitragenden Walmdächern ist doppelte Vorsicht nötig und bei groſsen Spannweiten sind dann im Walm selbst die Hängewerke etc. zu wiederholen, um eine genügende Unterstützung zu bieten.

Auf den Tafeln 3 und 4 sind die Balkenlage eines einfachen Wohnhauses und der zugehörige Dachstuhl aufgezeichnet. Da das Dach ein Walmdach ist, so mag es mit der Fig. 113 zur Erläuterung des vorgebrachten dienen.

5. Das Krüppelwalmdach.

Es ist ein Mittelding zwischen Satteldach und Walmdach, ein Satteldach, bei dem die Walmtraufe höher liegt als die Längstraufe. Bei gewissen ländlichen Bauten früher häufig, wird es heute der malerischen Wirkung halber gelegentlich ausgeführt. Seine Konstruktion bietet nichts Neues. In Bezug auf Austragen und Schiftung tritt hier gewöhnlich an Stelle des Lehrbalkens der Lehrkehlbalken. Beim Schwarzwaldhaus ist der Krüppelwalm über die Giebelwand vorgebaut und die Satteldachfläche ist von

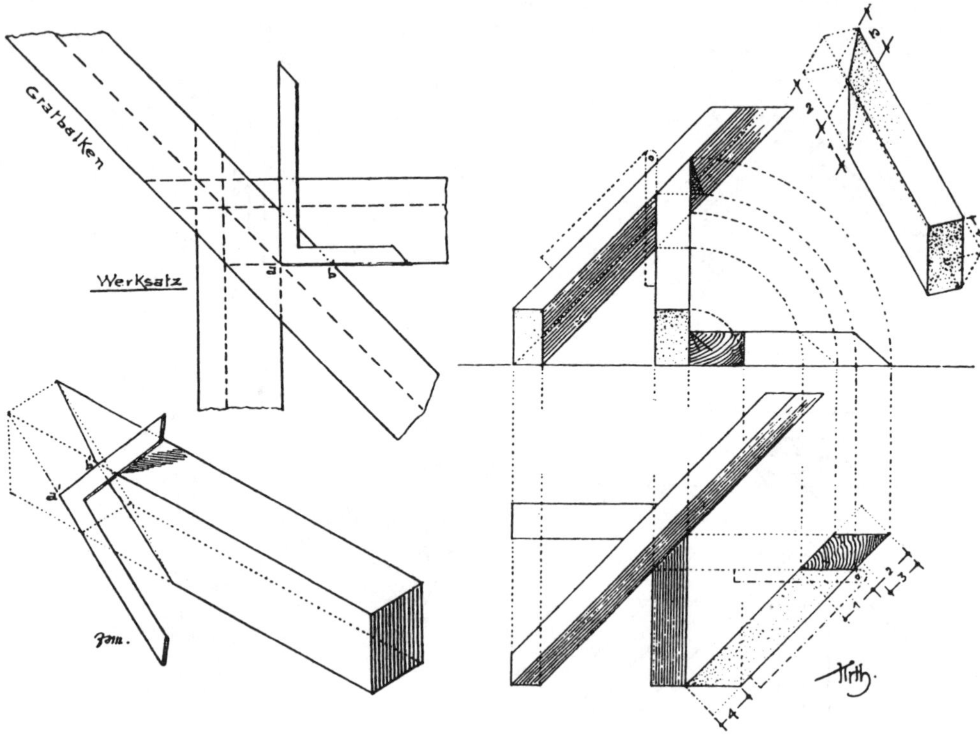

Fig. 141.
Bildung der Backenschmiege des Schiftsparrens.

der Walmtraufe schräg nach unten, dem Giebel zu, zurückgeschnitten, wobei für das Gebäude eine malerisch wirkende Sturmhaube gebildet wird. (Fig. 142.)

6. Das Pultwalmdach.

Es ist die Hälfte eines Walmdaches (halbiert nach der Firstlinie) und bietet ebenfalls nichts Neues. Es ist insbesondere in Anwendung für Veranden, als Abdeckung von Balkonen, als Schutzdach vor Thüreingängen etc.

7. Das Mansardwalmdach.

Das Mansarddach hat zwei verschiedene Dachneigungen, wovon beide oder nur die obere für die Walmung in Betracht kommen können. Im ersteren Fall entsteht das gewöhnliche Mansardwalmdach, im zweiten Fall eine dem Krüppelwalmdach ähnliche Form.. Beide Formen bieten nichts Neues von Belang und werden verhältnismäſsig selten ausgeführt. Da bei allen Walm- und Pultdächern eine gewisse

Einseitigkeit der Schub- und Druckverhältnisse kaum zu umgehen ist, so ist bezüglich aller zusammengesetzten Formen dieser Art der Konstruktion eine besondere Vorsicht zuzuwenden. Es kann dies hier nur im allgemeinen bemerkt werden, da es zu weit führen würde, alle möglichen Fälle einer eingehenden Betrachtung zu unterziehen.

8. Das Dach mit Widerkehr, das zusammengesetzte Dach.

Dächer auf schiefwinkligen Grundrissen, windschiefe Dächer und ähnl. sind verhältnismäfsig seltene Vorkommnisse, so dafs sie füglich übergangen werden können. Dagegen sind Dachanlagen über Grundrissen, welche sich aus einzelnen Rechtecken zusammenstellen, im modernen Bauwesen aufserordentlich häufig. Vorgebaute Mittelpartien, seitliche Anbauten, Hinterhäuser in Verbindung mit Hauptgebäuden, Eckhäuser mit Höfen und derartiges mehr sind alltägliche Erscheinungen, so dafs es angezeigt erscheint, etwas näher auf die betreffenden Dachbildungen einzugehen.

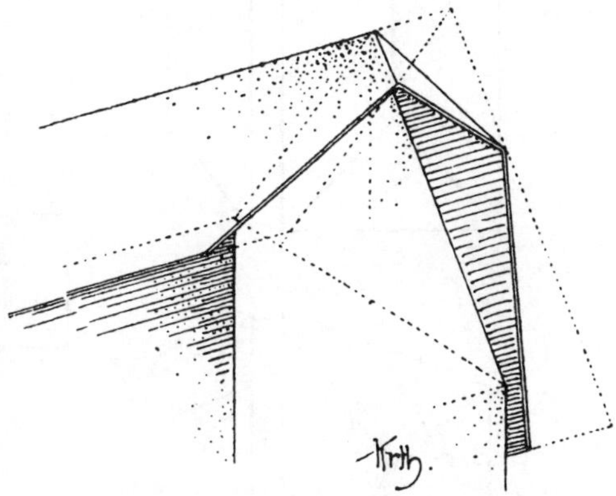

Fig. 142.
Krüppelwalm des Schwarzwaldhauses.

Die Verbindung der einzelnen Dachflächen über derart zusammengesetzten Grundrissen bezeichnet man als Dachzerfallung, wobei aus naheliegenden Gründen aufser den Verschneidungen nach Gratlinien auch solche nach Kehlen vorkommen, denen wir bis jetzt nicht begegnet sind. (Fig. 143.)

Die Ermittlung der Dachzerfallung ist eine praktische Anwendung der darstellenden Geometrie, da sie der Konstruktion des Schnittes verschiedener Ebenen gleichkommt. Die Sache bietet keine weitere Schwierigkeit und ist, wenigstens unter der Annahme allseitig gleicher Dachneigung, einfach, da die Gratlinien wie die Kehllinien dann die betreffenden Winkel des Grundrisses halbieren, also bei rechten Winkeln

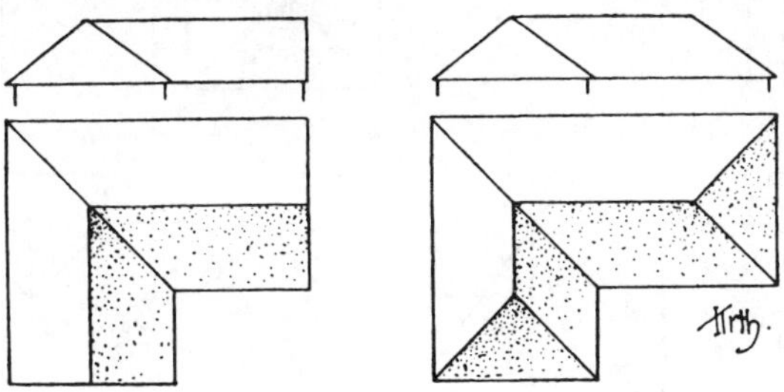

Fig. 143.
Dachzerfallung auf Grundrissen mit sog. Widerkehr.

unter 45° zur Umfassung laufen. Wir geben statt alles Weiteren in Fig. 144 eine Anzahl von ausgemittelten Dachzerfallungen in Grund- und Aufrifs, wobei sowohl Sattel-, als Pult- und Walmdachflächen berücksichtigt sind.

Wenn die ermittelten Dachzerfallungen für die Konstruktion gar zu umständlich oder für die äufsere Wirkung zu ungünstig ausfallen, so greift man zweckmäfsigerweise zu passenden Aenderungen. Hierfür bieten sich verschiedene Auskunftsmittel, so z. B. die Einführung von horizontalen, oder, richtiger gesagt, ganz wenig geneigten Dachflächen, der sogen. Plateaux, die mit Zinkblech gedeckt werden (Fig. 144k, Mitte des Daches), die Annahme verschiedener Dachneigungen, die Einfügung windschiefer

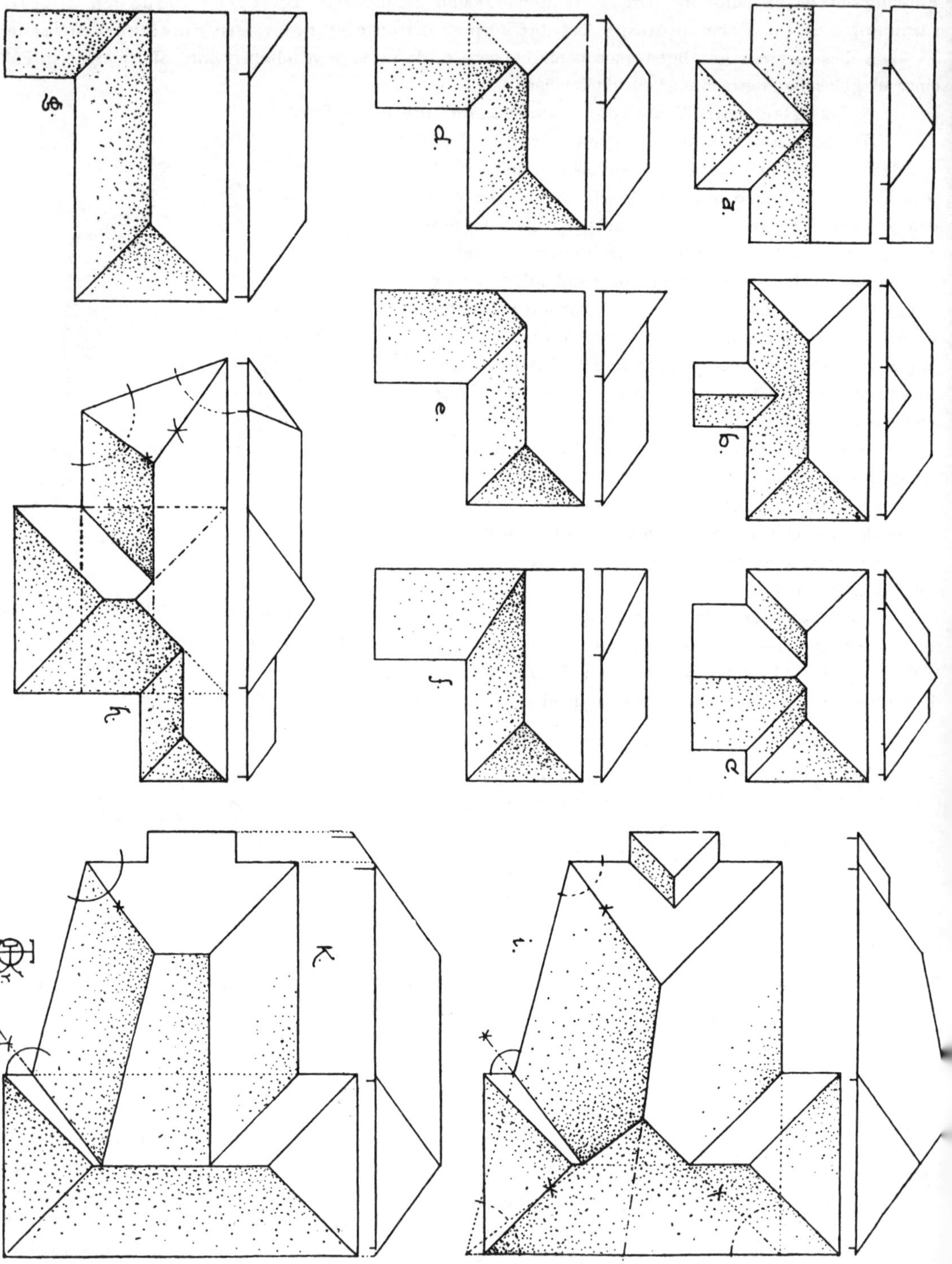

Fig. 144. Dachzerfallungen über zusammengesetzten Grundrissen.

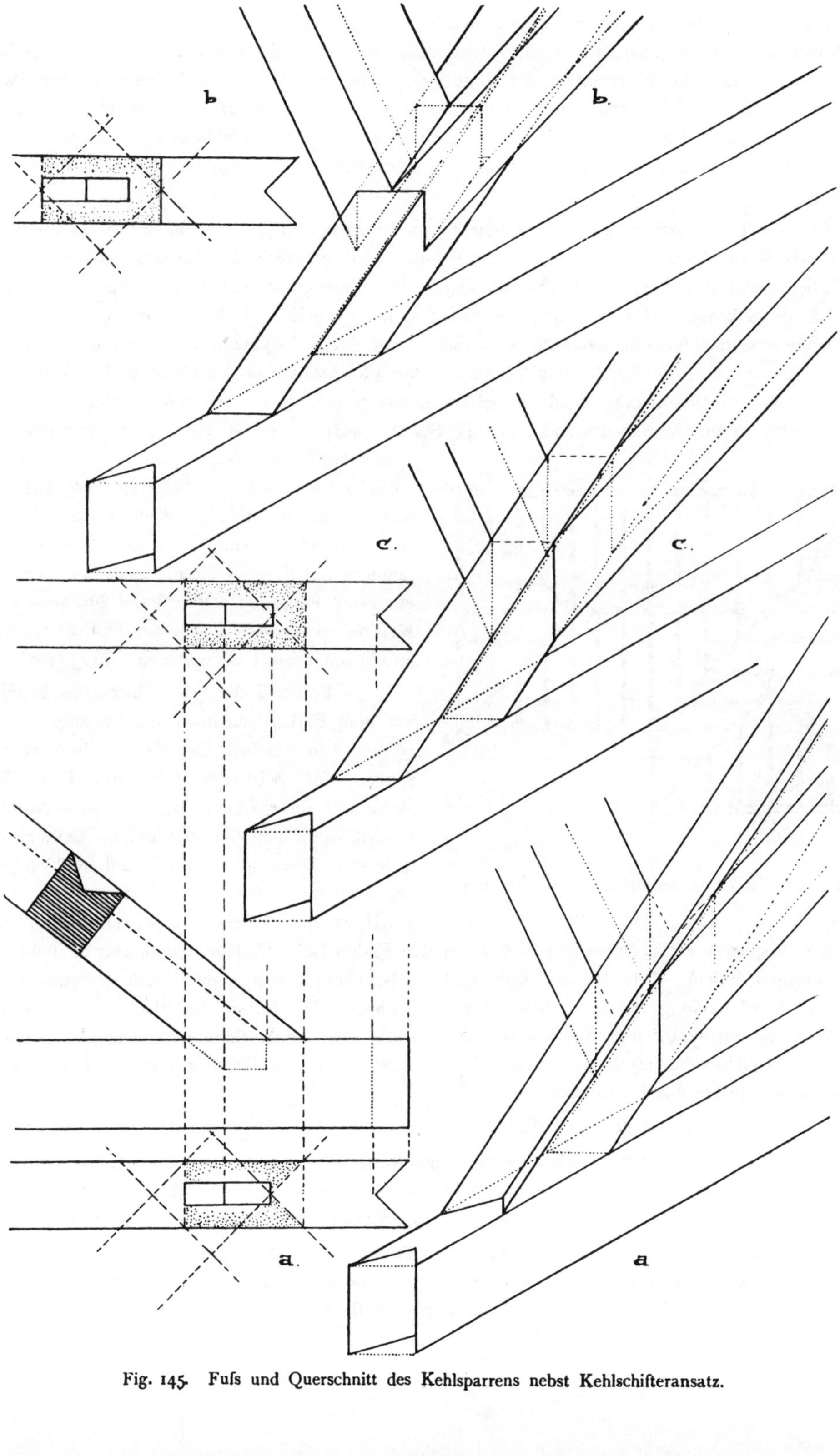

Fig. 145. Fuſs und Querschnitt des Kehlsparrens nebst Kehlschifteransatz.

Dachflächen, welche sich der stets mangelhaften Eindeckung wegen jedoch nicht empfiehlt etc. Ein einfaches Auskunftsmittel ergiebt sich vielfach dadurch, daſs man die Dachflächen überschieſsen läſst (Fig. 144 k links), also die Horizontale der Traufline nicht einhält oder daſs man mit der Dachfläche gewissermaſsen einen nicht vorhandenen Gebäudeteil überdeckt, wobei also die betreffende Umfassungswand zu erhöhen ist. Die Fig. 144 zeigt in i die regelrechte Dachzerfallung über zusammengesetztem Grundriſs und in k derartige auf Vereinfachung der Konstruktion und ein besseres Aussehen abzielende Aenderungen.

Was die Konstruktion der Kehlen betrifft, so ist zu erwähnen, daſs die wahre Länge der Kehlsparren mit Hilfe des Lehrgebindes gerade so bestimmt wird, wie diejenige der Gratsparren. Das Gleiche gilt bezüglich der Fuſs-, Lot- und Backenschmiege. Der Querschnitt des Kehlsparrens ist dagegen ein anderer, als derjenige des Gratsparrens, wie aus Fig. 145 a erhellt. Während der Gratsparren auf der oberen Fläche eine dachförmige Abkantung erfährt, erhält der Kehlsparren eine mehr oder minder flache Kehle oder Rinne. Um die Auskehlung zu sparen und gleichzeitig die Verbindung der Schifter zu verbessern, setzt man den Kehlsparren jedoch vielfach etwas zurück, so daſs er tiefer zu liegen kommt, giebt ihm einen rechteckigen Querschnitt und klaut die Schifter auf, wie es die Figur in b ebenfalls zeigt. In ähnlichem Sinne könnte man auch die Gratsparren zurücksetzen und die Schiftsparren aufschiften, statt sie anzuschiften. Dem Vorteil einer besseren Verbindung steht aber der Mangel eines genügenden Auflagers für die Schalung oder Lattung am Grat entgegen. Man kann übrigens auch den Kehlbalken ungekehlt belassen und die Schifter blos anschiften anstatt aufzuklauen. (Fig. 145 c.)

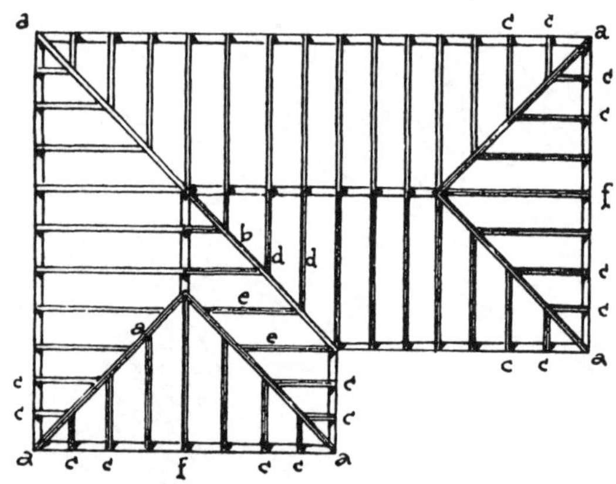

Fig. 146.
Werksatz mit Grat- und Kehlsparren samt Schiftern.

Während die Gratschifter des Walmdaches auf dem Balken aufsitzen und bis zum Gratsparren reichen, so reichen die Kehlschifter vom Kehlsparren der Widerkehr bis zum First. Bei Bestimmung ihrer Länge ist also vom Anfallspunkt anstatt vom Fuſspunkt auszugehen. Beim zusammengesetzten Dach mit Graten und Kehlen kommen neben den einfachen Schiftern auch Doppelschifter vor, das sind solche, welche sich zwischen Grat- und Kehlsparren einlegen, welche also an beiden Enden Schiftflächen zeigen, also an beiden Enden Backenschmiegen haben. Das Heraustragen und die Schiftung bietet aber trotzdem nichts Neues und kommt einer Verdoppelung des einfachen Vorganges gleich. Die Skizze der Fig. 146 zeigt einen einfachen Werksatz mit Grat- und Kehlsparren und den verschiedenen Schiftern. Die Gratsparren sind mit a, der Kehlsparren ist mit b, die Gratschifter sind mit c, die Kehlschifter mit d, die Doppelschifter mit e, die Mittelschifter mit f bezeichnet etc.

9. Das Zeltdach und das Kegeldach.

Das Zeltdach ist ein Walmdach über meist quadratischem oder regelmäſsig achteckigem Grundriſs. Die Firstlinie ist in Wegfall gekommen; die Dachflächen laufen in einem Punkt der Pyramidenspitze zusammen. Wird der regelmäſsige Grundriſs zum Kreis, so geht das Zeltdach in ein Kegeldach über.

Zeltdächer sind insbesondere in Anwendung für kleinere Gebäulichkeiten, für Gartenhäuser und ähnliches, in gröſserem Maſsstabe auch gelegentlich für Panorama-, Zirkus- und Theaterbauten, für Ausstellungshallen etc. Der Konstruktion nach kann das Zeltdach eine unterstützte Balkenlage haben mit stehendem oder liegendem Stuhl oder mit Kniestock; es kann freitragend sein; die Hängewerkskonstruktion kann zu Grunde gelegt werden u. a. m.

Man verlegt die Binder mit Vorteil in die Diagonalen des Grundrisses, so daſs die Gratsparren gleichzeitig Bindersparren sind. Ueber dem Kreis, der ja keine Diagonalen hat, ordnet man regelmäſsig verteilte Bindergespärre an, so daſs die Konstruktion derjenigen über einem regelmäſsigen Vieleck bezüglich des Hauptgerüstes gleichkommt. Die übrigen Sparren des Zeltdaches sind Schifter. Beim Kegeldach läſst man die Zwischensparren nur so weit nach oben reichen, als die Schalung oder Lattung es beansprucht, so daſs also kurze und längere Sparren vorhanden sind.

Da die Grat- oder Bindersparren beim Zelt- und Kegeldach in einen Punkt zusammenlaufen, so wird zu deren Befestigung ein senkrechtes Holz, die sogen. Helmstange nötig. Dieses Holz wird der Anzahl der Bindergespärre entsprechend abgekantet, nach unten zugespitzt oder knopfartig als Endigung ausgebildet, nach oben den Dachflächen entsprechend pyramidenförmig abgestutzt oder als Flaggenmastanfänger über Dach geführt. Die Verbindung der Sparren mit der Helmstange geschieht durch Verzapfen mit oder ohne Versatzung. (Fig. 147.)

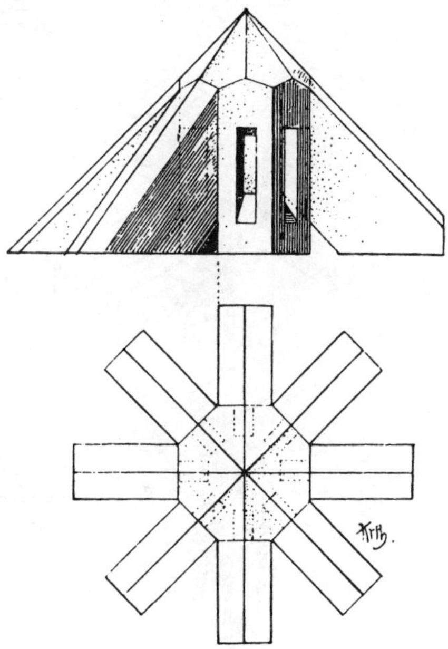

Fig. 147.
Verbindung der Helmstange mit den Sparren am Zeltdach.

Wir geben in Fig. 148 die Konstruktion eines Zeltdaches auf quadratischem Grundriſs. Der Konstruktion liegt der einfache Hängebock zu Grunde. Die Hängesäule wird von zwei sich rechtwinklig kreuzenden, übereinanderliegenden Doppelzangen (sogen. Balkenschloſs) umfaſst, welche den Pfetten zum Auflager dienen. Da die eine Zange tiefer liegt, so ist bei dieser eine Auffütterung nötig. Die Doppelzangen am Dachfuſs dienen den Sattelschwellen zum Auflager. In ihrer Mittelpartie sind sie durch eiserne Zugstangen ersetzt. Die äuſsersten kleinsten Schifter, welche nicht mehr auf der Sattelschwelle aufliegen, haben nur dekorativen Wert und können auch wegbleiben.

In Fig. 149 ist ein Zeltdach auf sechseckigem Grundriſs dargestellt. Das Zeltdach ruht auf einem Pfettenkranz, der durch Pfosten unterstützt und mit diesen durch Büge verbunden ist. An Stelle der Helmstange ist ein bis zum Boden reichender sechsseitiger Pfosten getreten, welcher die Gratsparren am oberen Ende eingezapft erhält. Ebenso sind dieser Stuhlsäule die Streben eingezapft, welche die Gratsparren inmitten ihrer Länge stützen. Diese einfache Konstruktion ist, wie man sieht, dieselbe wie beim Gestell des Regenschirmes und empfiehlt sich für die leichten Dächer von Musikpavillons etc.

Das Zeltdach und Kegeldach kommen auch hälftig in Anwendung als Abdeckung von Nischenanbauten, Choranschlüssen etc. Der durchgehende Binder fällt dann mit der Halbierungslinie zusammen.

Das Kegeldach ist wenig in Anwendung, weil die Kegelfläche schwierig einzuschalen ist. Nur ganz flache, groſse Dachflächen dieser Art können zur Not auf die gewöhnliche Weise geschalt werden. Steile Kegeldachflächen werden statt der Breite der Höhe nach verschalt, wobei die Schalbrettchen sich zuspitzen, d. h. die Form langgestreckter Dreiecke annehmen. Zur Befestigung der Schalung dienen in diesem Fall horizontale, ringförmige Kränze aus Bohlen. (Fig. 150.)

10. Das Turm- oder Helmdach.

Die Turm- oder Helmdächer sind meistens Zeltdächer von sehr steiler Dachneigung. Sie kommen in vielfachen Abmessungen vor vom kleinen Dachreiter an bis zum Kirchturmdach. Der Grundriſs ist meist ein Quadrat oder ein regelmäſsiges Achteck. Des bessern Aussehens wegen erhalten die Turmdächer im unteren Teil vielfach eine geringere Dachneigung, als im oberen, so daſs die Dachflächen sich also in horizontalen Kehlen brechen. (Leistbruch.) Aus dem gleichen Grunde findet häufig eine Ueber-

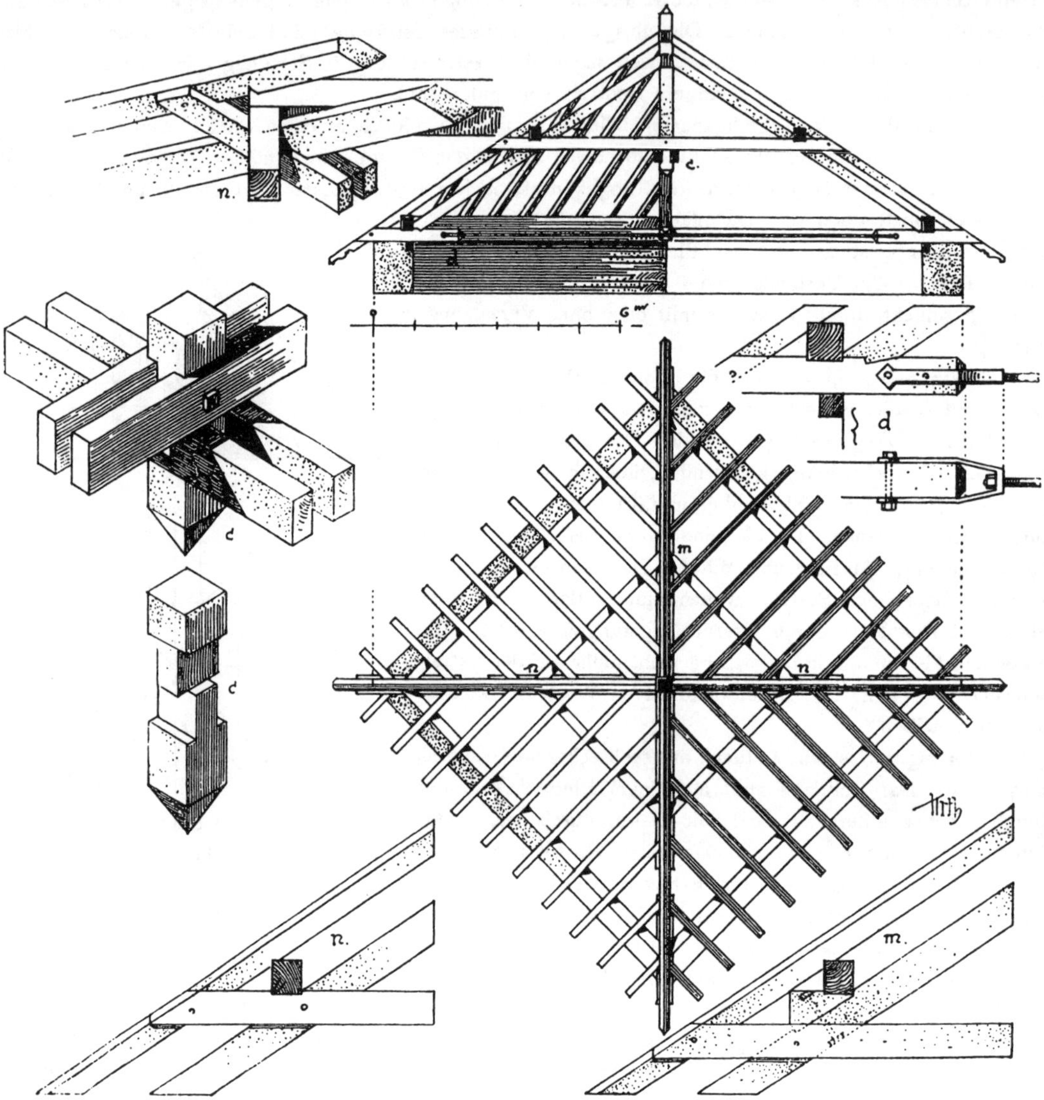

Fig. 148.
Zeltdach auf quadratischem Grundriſs.

führung vom Quadrat in das Achteck statt, so daſs das Dach der äuſseren Form nach als eine Durch dringung einer flachen vierseitigen und einer steilen achtseitigen Pyramide erscheint. Auſserdem könne den Dachflächen Giebel und Gaupen vor- und angebaut werden, so daſs der formalen Entwickelung ei reiches Gebiet eröffnet ist. Daſs die letztere die Hauptsache ist, geht schon daraus hervor, daſs es au

Zweckmäfsigkeitsgründen allein genügen würde, die Türme mit einem flachen vierseitigen Zeltdach abzudecken. Wir werden an anderer Stelle Gelegenheit haben, die Turmformen in Bezug auf die äufsere Erscheinung vorzuführen und können uns hier auf die Besprechung der Konstruktion beschränken.

In dieser Hinsicht sind vornehmlich zwei Systeme in Anwendung, ein älteres, in den letzten Jahrhunderten bis vor kurzem gebräuchliches und ein neueres auf Grundlage der mittelalterlichen Turmkon-

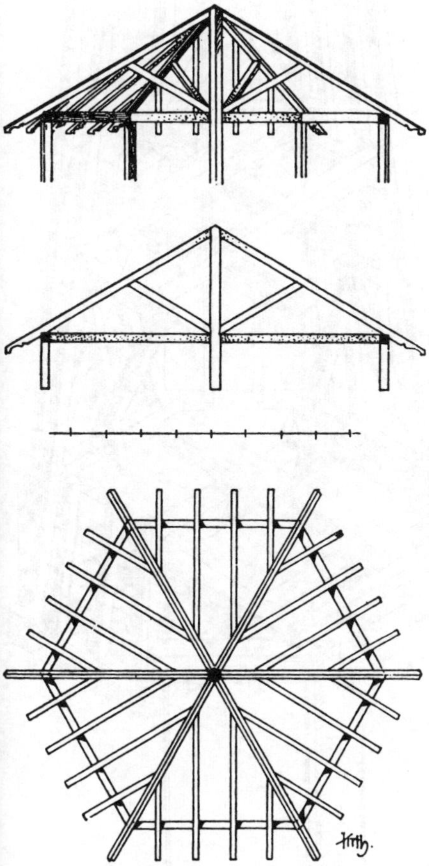

Fig. 149. Zeltdach mit Mittelsäule.

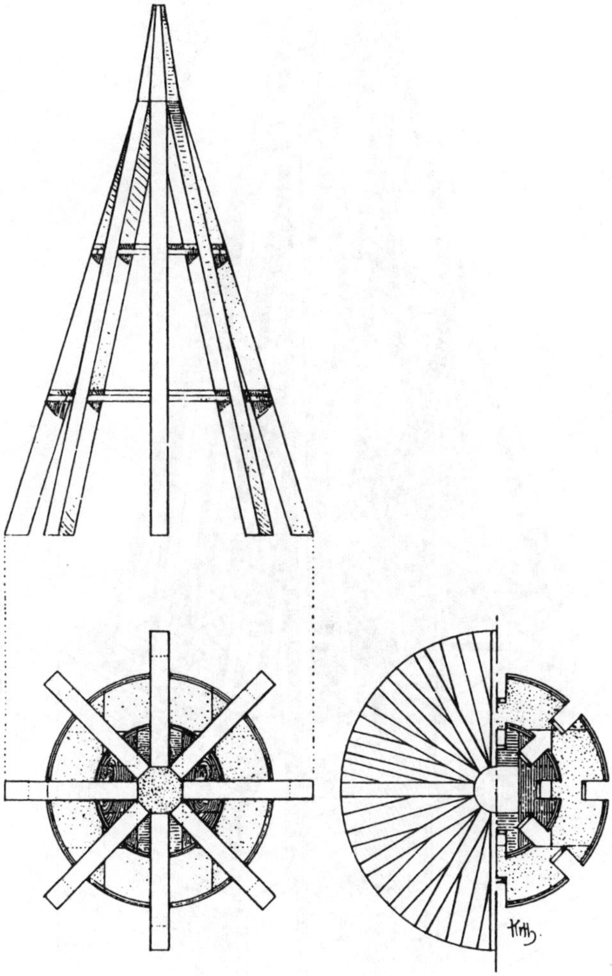

Fig. 150. Kegeldach.

struktion. Das erstere System besteht darin, den Turm aus einzelnen liegenden Stühlen aufzubauen, wobei die Stockwerke durch Zwischengebälke und Schwellenkränze abgeteilt werden. Mitten durch den Turm geht als Axe der sogen. Kaiserstiel. Dieser Hauptteil der Konstruktion reicht gewöhnlich bis zum Boden des obersten gemauerten Stockwerkes, ist mit den Balkenlagen der verschiedenen Etagen verstrebt und auf jeder Etagenhöhe durch Balkenschlösser verbunden, welche durch zwei sich kreuzende Spannbalkenpaare gebildet werden.

Dieses, nach mancher Richtung mangelhafte und sehr viel Holz beanspruchende System wurde auf Anregung Mollers verlassen zu Gunsten des neueren, das deshalb gewöhnlich auch als Mollersches System bezeichnet wird.

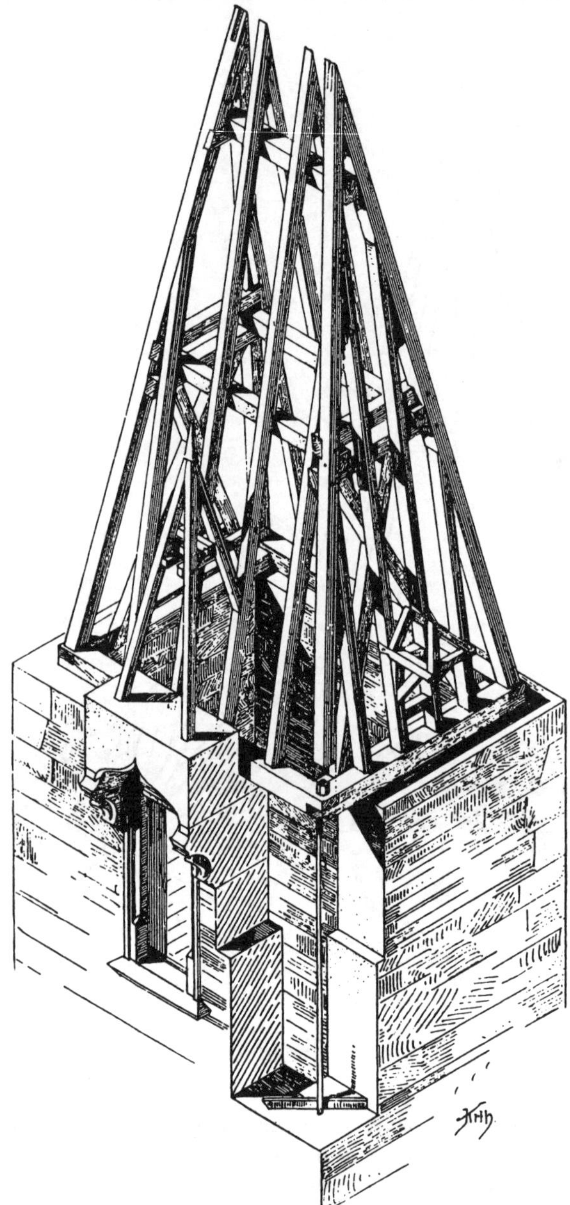

Fig. 151.
Isometrisches Detail zum Treppenturmdach der Tafel 7.

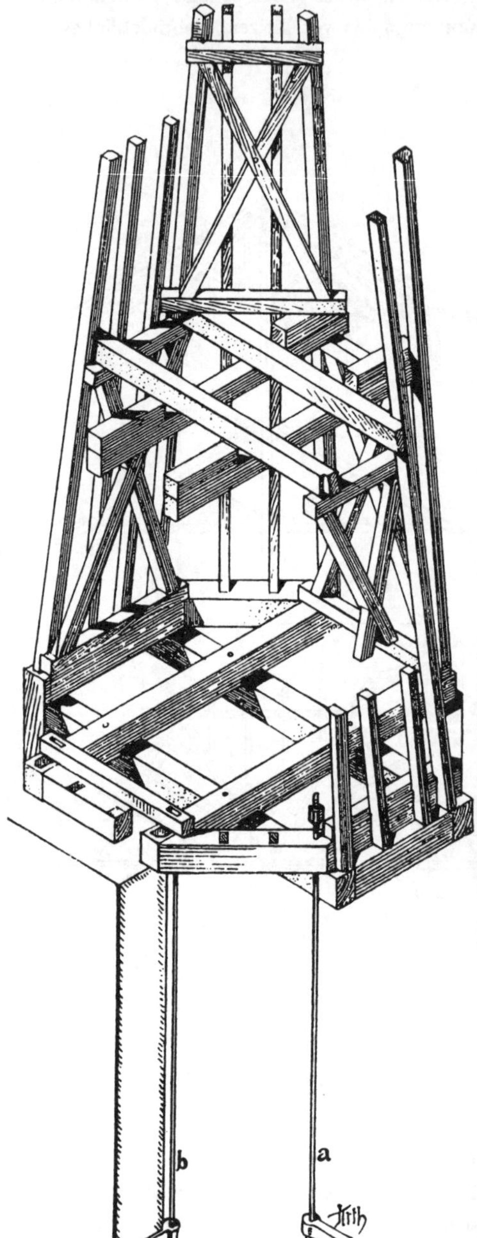

Fig. 152.
Isometrisches Detail zum Turmhelm der Tafel 8.

Diese neuere Konstruktion setzt das Turmdach unmittelbar auf den oberen Teil der Mauer ohne weitere Verbindung mit dem Mauerwerk, als sie in den anzubringenden starken, 4 bis 6 m langen Zugankern gegeben ist. An Stelle des Kaiserstiels tritt eine kurze, durch die beiden obersten „Sterne" reichende Helmstange zur Befestigung der Gratsparren. Die letzteren werden nicht durch horizontale Hölzer unterbrochen, sondern laufen in einem Stück von unten bis oben durch. In Abständen von 3 bis 4 m werden die Gratsparren mit auf je 4 Andreaskreuzen ruhenden, unter sich und mit den Gratsparren gut verschraubten Gebälksternen verbunden, welche sich je nach der Höhe des Daches in verschiedener Zahl wiederholen. Auf diese Weise entsteht eine einfache, wenig Holz beanspruchende, offene und doch solide Konstruktion, welche insbesondere auch das „Aufschlagen" sehr erleichtert. Um der Konstruktion möglichste Dauer zu sichern, vermeidet man thunlichst alle Zapfenlöcher, in denen sich Wasser ansammeln könnte, sieht von einem Einmauern der Balken und Mauerlatten ab und sorgt für Luftzutritt. Einer etwaigen Reparatur wegen und aus dem vorigen Grunde legt man die Horizontalhölzer nicht unter, sondern neben die Sparren; überhaupt richtet man die Konstruktion derart ein, dafs einzelne Teile ersetzt werden können, ohne bei der Wegnahme den ganzen Turm zu gefährden.

Bei der Konstruktion gröfserer Türme, die durch Treppen oder Leitern im Innern besteigbar sein müssen, ist bei Anlage der Kränze auf Anbringung dieser Rücksicht zu nehmen und ebenso auf eine genügende Beleuchtung durch Dachluken etc.

Die Höhe einer derartigen Turmkonstruktion kann das 4- bis 5fache der Grundbreite betragen, ohne dafs die Gefahr des Umgeworfenwerdens vorliegt. Dafs man für die Konstruktion eines Turmes nur Holz ausgesuchter und bester Qualität nehmen soll, und dafs den unerläfslich notwendigen Verankerungen und Verschraubungen die gröfstmögliche Sorgfalt gewidmet werden mufs, ist selbstredend.

Wir halten es für überflüssig, die ältere Konstruktionsart mit Abbildungen zu belegen, geben dagegen in den Figuren 151 und 152, sowie in den Tafeln 7, 8, 9 und 10 eine Reihe von neueren Turmdachkonstruktionen wieder, wobei sich die Figur 151 auf Tafel 7 und die Figur 152 auf Tafel 8 bezieht.

11. Das Bohlendach.

Sollen im Dachverband an Stelle gerader Hölzer gekrümmte verwendet werden, so sind dieselben aus einzelnen Bohlenlagen zusammenzusetzen.

Der Gedanke, an Stelle gerader Sparren gebogene zu setzen, um die Dachfläche zu wölben, wurde von Delorme, Gilly u. a. praktisch durchgeführt; da die Eindeckung gebogener Flächen stets etwas Mifsliches hat, so ist man von diesen Dingen wieder ziemlich abgegangen, so dafs die Bohlenkonstruktion zu den verhältnismäfsig seltenen Ausführungen gehört. Sie ist neuerdings nur in zwei Formen in Anwendung, einmal für eben gedeckte Dächer mit Bogenkonstruktionen im Innern des Dachraumes und andererseits, um ein gewöhnliches Turmdach nach aufsen derart zu verkleiden, dafs es in geschweiften Formen nach Art des bekannten „Zwiebeldaches" erscheint.

Betrachten wir zunächst den ersteren Fall, so wird den gekrümmten Hölzern gewöhnlich die Kreisform zu Grunde gelegt, so dafs die Wölbungslinie ein Halbkreis, ein Stichbogen oder auch ein Spitzbogen ist.

In Fig. 153A ist ein Bohlen-Hallendach dargestellt mit halbkreisförmigem Bundbogen. Dem Prinzip nach läuft die Konstruktion auf diejenige des vereinigten Häng- und Sprengwerks hinaus. Der Bohlenbogen ist aus drei Bohlenlagen mit verschränktem Stofs zusammengesetzt und wird von den Zangen umfafst. Die unteren Zangen sind doppelt; die Hängezange ist vierfach, weil sie auch die Firstpfette umklammert. Der Bohlenbogen steht auf konsolenartigen Vormauerungen, auf und hinter demselben steht ein Klebepfosten, welcher von der unteren Zange umschlossen sich mit Strebe und Sparren verblattet. Die unteren Zangen sind durch eine eiserne Zugstange verbunden und mit den Umfassungsmauern verankert.

Eine ähnliche, etwas reicher wirkende Konstruktion ist in B derselben Figur dargestellt. Aufser dem Hauptbohlenbogen in Halbkreisform sind seitlich zwei weitere Viertelkreisbogen eingeführt, die als Streben wirken, und weitere kleine Bogen sind in der Eigenschaft als Büge unter die Galerie gesetzt, welche die Längsversteifung des Dachwerkes bewirkt, wie es in der perspektivischen Skizze veranschaulicht ist. Die Hauptstreben des Bundes liegen dem grofsen Bohlenbogen flach auf, denselben in zwei Punkten berührend. Selbstredend können zur besseren Verbindung an diesen beiden Stellen Zangen an-

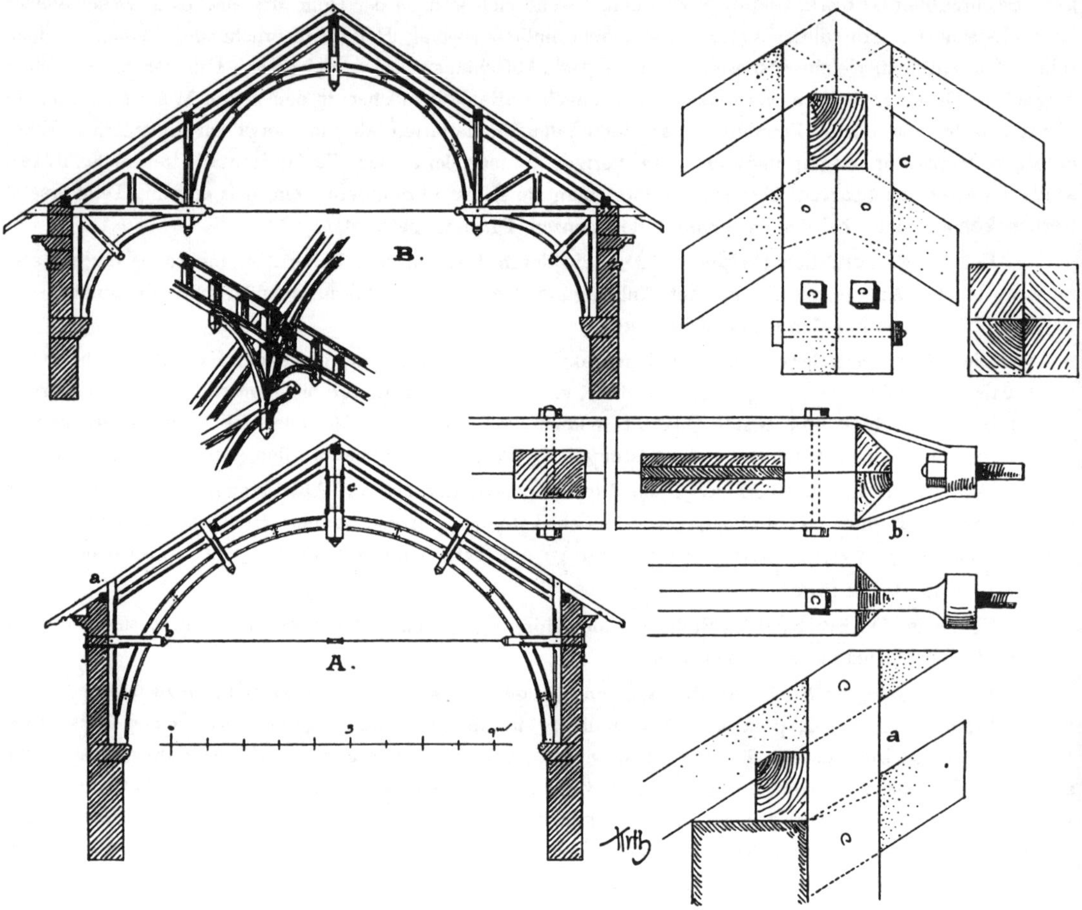

Fig. 153.
Bohlenkonstruktion zweier Hallendächer.

geordnet werden, wie es bei Beispiel A geschehen ist. Die in A und B abgebildeten Dachwerke eignen sich für Turn-, Reit-, Badehallen und ähnliches.

Die Bohlenlagen werden mit verschränktem Stofs gelegt und durch umgenietete Nägel oder durch Mutterschrauben verbunden. Die Stärke der Bohlen, die Breite der Bogenzone und die Anzahl der Lagen richten sich nach dem vorliegenden Fall, insbesondere nach der Spannweite der Halle. Die Stärke schwankt etwa von 6 bis 18 cm, bei einer Breite von 20 bis 50 cm für Spannweiten von 6 bis 18 m. Die Länge der Bohlenstücke richtet sich nach dem vorhandenen Material und dem Bogenhalbmesser und beträgt 1½ bis 2½ m. Die Verbindung der inwendig rauh belassenen Bohlen geschieht aufser der Vernietung oder Verschraubung an den Bohlenenden durch verkeilte Holznägel, von denen einer abgebildet ist. (Fig. 154 b.)

Man hat vorgeschlagen, anstatt nach der Delormeschen Art die Bretter radfelgenartig zusammenzusetzen und sie nach Art der Wagenfedern zu verbinden (Fig. 154 c, System Emy). Hierbei wird die Ausführung jedoch noch schwieriger, als sie so schon ist, und da man heutzutage mit Hilfe des Walzeisens billige und leicht aussehende Konstruktionen ausführen kann, haben die Bohlensysteme überhaupt wenig Wert mehr.

Was die Herstellung knopf- und zwiebelartiger Turmdächer mit Hilfe von Bohlen betrifft, so verweisen wir auf die Abbildung der Fig. 155. Da eine Rotationsfläche von derartigem Profil nicht abwickelbar ist, also im gewöhnlichen Sinn auch nicht verschalt werden kann, so gestaltet man die Oberfläche in der Weise, daſs jeder Horizontalschnitt als regelmäſsiges Vieleck erscheint, mit anderen Worten: man bildet ein Zeltdach mit geschweiften anstatt mit geraden Sparren. Anstatt aber den Sparren eine geschweifte Form zu geben, ist es einfacher, das Dachgerüst als gewöhnliche Zeltdachpyramide aufzubauen und den Sparren seitlich die gewünschte Schweifung in der Form ausgeschnittener Bohlen aufzunageln.

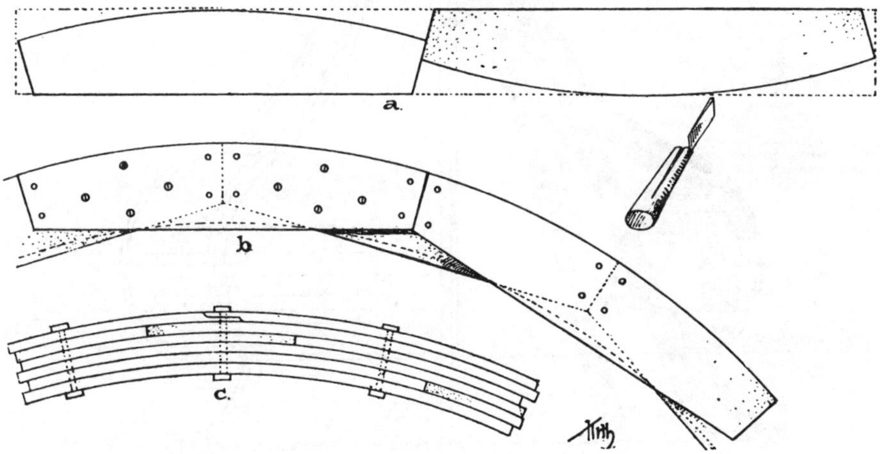

Fig. 154.
Konstruktion der Bohlenbogen.

Die Schalung, welche bei starken Schweifungen nicht aus Schalbrettern, sondern aus Latten gebildet wird, wird dann in horizontaler Lage diesen Bohlenrippen aufgenagelt. Wie sich diese Bohlenrippen aus einzelnen Stücken am besten zusammenfügen und in welcher Zahl sie sich zu wiederholen haben, richtet sich nach Lage des Falls und der Gröſse des Daches.

Will man ein derartiges Dach als wirklichen Rotationskörper erscheinen lassen, also kreisförmig im horizontalen Querschnitt, so bleibt als nächstliegendes Mittel die Zusammensetzung der Dachfläche aus aufeinander gelegten kreisförmigen Bohlenringen von wechselndem Halbmesser, wie das Kegeldach der Fig. 150 deren zwei zeigt. Da, auch wenn die Ringe nur geringe Breite erhalten, doch ein groſser Holzaufwand erforderlich ist, da die Konstruktion umständlich ist und das Dach unnötig schwer wird, so kann von derselben nur bei kleinen Abmessungen oder für einzelne Dachteile die Rede sein.

In ähnlicher Weise wie das Dach der Fig. 155 ist auch der Turmhelm konstruiert, welcher auf Tafel 10 dargestellt ist und von Baurat Behaghel in Heidelberg für die evangelische Kirche in Schwetzingen entworfen und ausgeführt wurde.

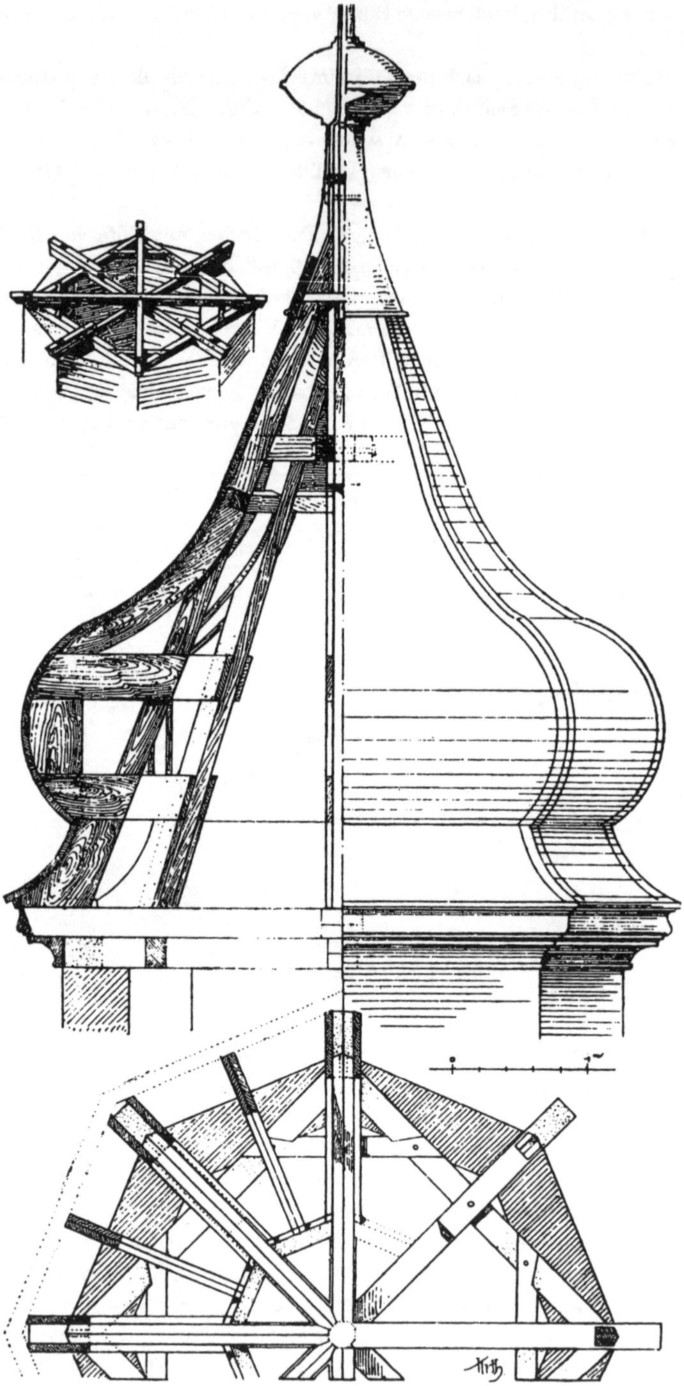

Fig. 155.
Turmdach von Zwiebelform.

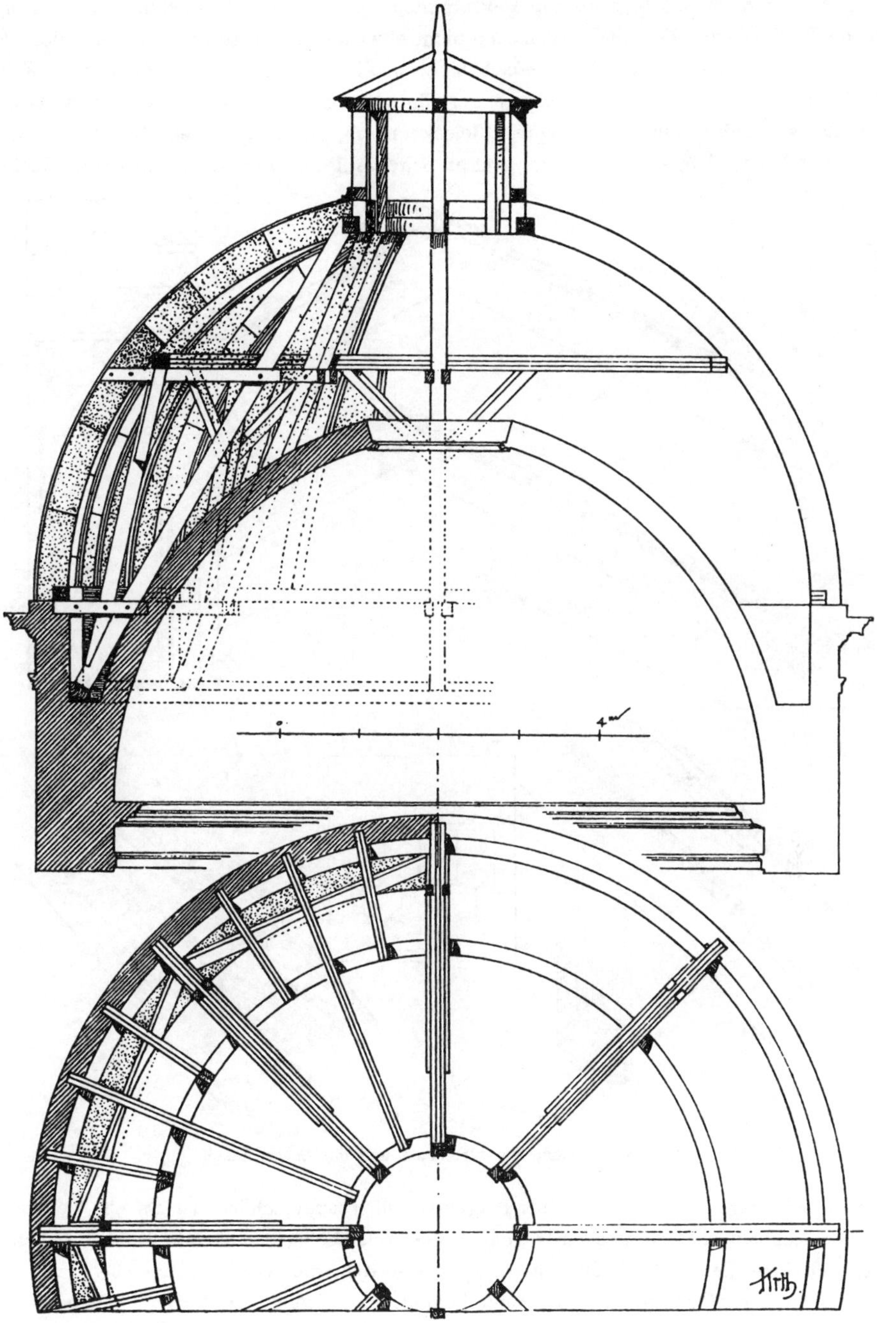

Fig. 156.
Kuppeldach.

12. Das Kuppeldach.

Es ist ein Zeltdach mit bogenförmig gekrümmten Sparren. Die Herstellung der letzteren ist dieselbe wie beim Bohlendach. Da eine Kugelfläche nicht abwickelbar ist, so empfiehlt sich der Verschalung wegen unter allen Umständen, dem Kuppeldach nicht wirkliche, sondern nur annähernde Kugelform zu geben, die Horizontale von Sparren zu Sparren geradlinig anzunehmen, so daſs der Horizontalschnitt des Daches kein Kreis, sondern ein regelmäſsiges Vieleck mit 16, 24, 32 oder mehr Seiten ist. Erhalten die Dachkanten vorstehende Rippen, so fällt bei groſser Seitenzahl der Unterschied überhaupt nicht auf, ganz

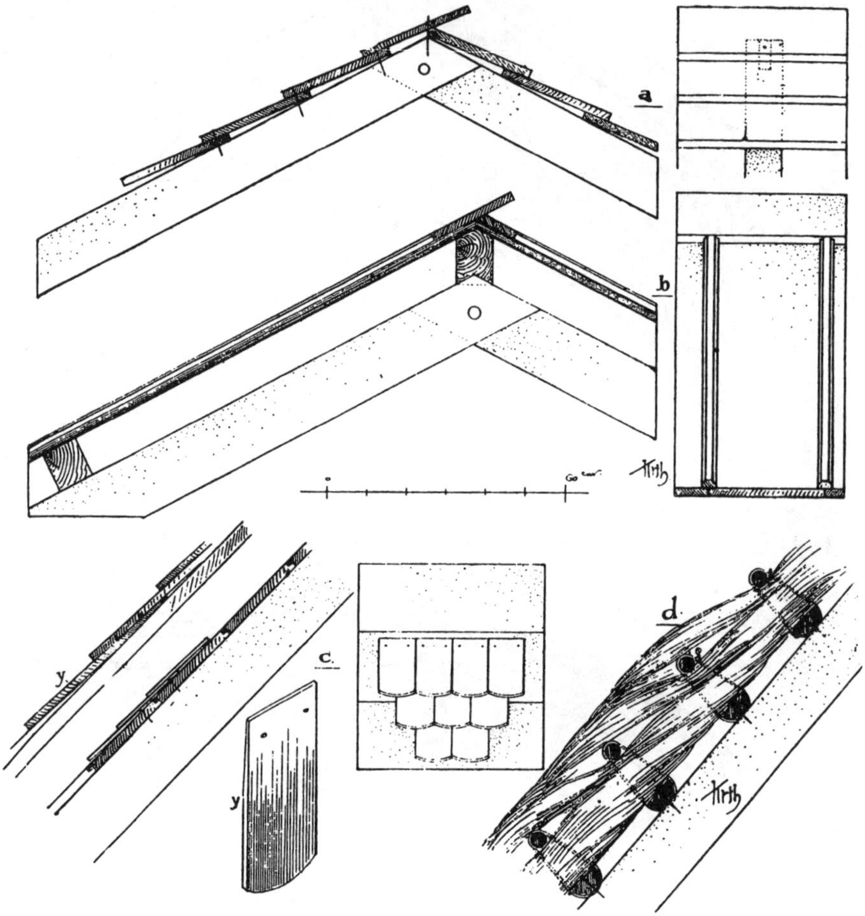

Fig. 157.
Das Bretterdach, das Strohdach und das Schindeldach.

abgesehen von der Frage, ob ein wirkliches Kugeldach überhaupt schöner ist als ein vielkantiges. Der Grundriſs eines Kuppeldaches ist also ein regelmäſsiges Vieleck, im einfachsten Fall ein Quadrat.

Praktisch liegt der Fall gewöhnlich so, daſs eine steinerne Kuppelanlage überdacht werden soll. Wenn nun blos die Zweckmäſsigkeit in Betracht kommt, so geschieht die Ueberdachung am einfachsten durch ein entsprechendes Zeltdach. Soll, der monumentalen Wirkung halber, die Kuppel auch äuſserlich zum Ausdruck kommen, so ist über der inneren Kuppel eine zweite sogen. Schutzkuppel als Dach anzuordnen. Wenn, wie es oft geschieht, die innere Kuppel im Scheitel eine Lichtöffnung erhält, dann hat die äufsere Kuppel eine sogen. Laterne mit seitlichem Oberlicht oder mit Glasdeckung. Nach Lage der Sache wird der äufseren Kuppel als Dachgerüst dann eine Häng- und Sprengwerkskonstruktion zu Grunde liegen müssen, die um so einfacher ist, je geringer die Spannweite und die um so umständlicher und holzreicher ausfallen wird, je gröfser die Abmessungen sind. Heutzutage wird man bei grofsen derartigen Bauten am besten wieder zum Walzeisen greifen und auf die Holzkonstruktion verzichten.

Fig. 156 zeigt ein kleines Kuppeldach im Grundrifs und im Querschnitt eines Bundes. Auf der kreisförmig angelegten Umfassungsmauer liegt ein kreisförmiger Ring als Sattelschwelle, hergestellt aus übereinander genagelten Bohlenstücken. Auf halber Höhe liegt ein kleinerer Ring, als Zwischenpfette dienend, und am Fufs der Laterne sind zwei derartige Ringe angeordnet, der eine als Dachpfette, der andere als Schwelle der Laterne. Diese Ringe sind verbunden durch 32 Bohlensparren in regelmäfsiger Verteilung. 16 derselben können an der Zwischenpfette aufhören, da sie der Schalung wegen von hier nach oben nicht mehr unbedingt erforderlich sind. 8 von den 32 Bohlensparren treffen auf die Binder des Dachgerüstes, wie sie im Aufrifs dargestellt sind. Der Bund bildet sich aus zwei Hauptstreben, welche auf dem Mauerwerk aufstehen und den Laternenring tragen, zwei Nebenstreben sind unten in die erstgenannten versatzt und mit denselben verschraubt und stützen die Zwischenpfette. Horizontale Doppelzangen vom Bundsparren umfassen die Streben und sind mit ihnen verschraubt. Gegen eine etwaige Verdrehung wirken Büge zwischen den kürzeren Streben und der Zwischenpfette. 8 Pfosten tragen das Zeltdach der Laterne. Alles übrige dürfte die Abbildung ergeben. Will man noch ein übriges thun, so kann man in rechtwinklig sich kreuzenden Bindern eiserne Zugstangen auf der Höhe der Zwischenpfette durchgreifen lassen. Bei grofsen Konstruktionen müfsten an dieser Stelle Balkenzangen durchgehen, die im Kreuzungspunkt einem Kaiserstiel für die Laterne als Fufs dienen würden etc. Wer sich für gröfsere Konstruktionen dieser Art interessiert, den verweisen wir auf die betreffenden Spezialwerke.

f. Die Dacheindeckung und die Dachneigung.

Die Konstruktion der Dachverbände ist wesentlich abhängig von der Neigung des Daches („Dachrösche") und für diese ist wiederum die Art der Eindeckung mafsgebend.

Die Zahl der Deckmaterialien ist eine ziemlich grofse und die Arten der Eindeckung sind ebenfalls mannigfach. In Bezug auf die wichtigsten derselben unterscheidet man:

1. Bretterdächer.
2. Schindeldächer.
3. Stroh- und Rohrdächer.
4. Hohlziegeldächer und Pfannendächer.
5. Ziegeldächer (Plattziegeldächer, Biberschwanzdächer).
    a) Einfaches Ziegeldach.
    b) Doppeltes „ ; Doppeldach.
    c) Kronen- oder Ritterdach.
6. Falzziegeldächer.
7. Schieferdächer.
8. Blechdächer (Zinkdächer).
9. Wellenblechdächer (Eisenwellendächer).
10. Teerpappendächer.
11. Holzzementdächer.
12. Asphaltdächer.

Das Bretterdach ist für Schuppen, Mefsbuden und andere untergeordnete und nicht bleibende Objekte in Anwendung. Die Bretter laufen quer zu den Sparren und jedes Brett greift über das nächstuntere weg (Fig. 157a) oder die Bretter laufen vom First zur Traufe, werden auf den Pfetten befestigt und über den Fugen mit Leisten gedeckt. (Fig. 157b.)

Das Schindeldach setzt Schalung oder Lattung voraus je nach Art und Gröſse der Schindeln (Fig. 157c.) Es ist seiner Feuergefährlichkeit halber fast überall verboten. Das Gleiche gilt von dem

Stroh- und Rohrdach, welches eine Lattung aus hälftig gespaltenen Stangen erhält. (Fig. 157d.)

Das Hohlziegeldach und das Pfannendach (Fig. 158a und b) sind veraltet. Diese schweren Dächer sind gewohnheitshalber noch auf dem Lande verschiedenerorts in Anwendung. Das Deckmaterial beansprucht eine Querlattung von ca. 30 cm Abstand von Oberkante zu Oberkante. Schwierige Stellen sind die First- und Gratlinien.

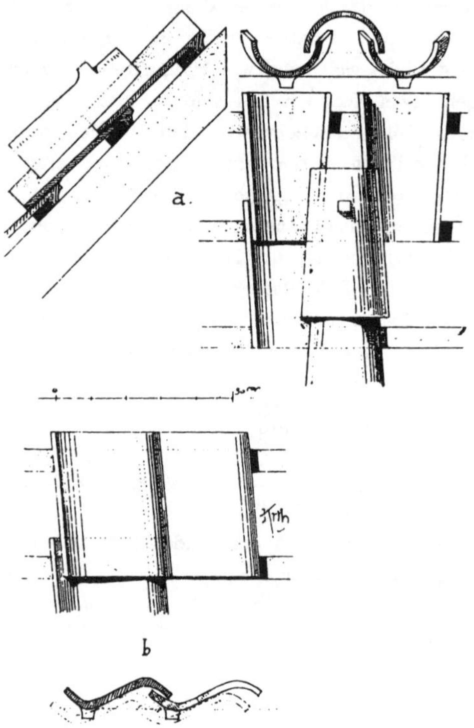

Fig. 158.
Das Hohlziegeldach und das Pfannendach.

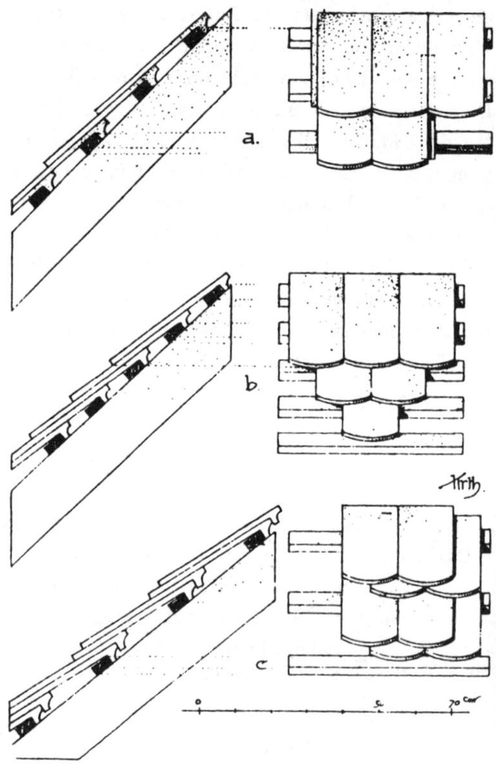

Fig. 159.
Das Ziegeldach.

Die Ziegeldächer, gebildet aus Plattziegeln oder Biberschwänzen, setzen Querlattung voraus. Das einfache Dach hat auf jeder Latte eine Reihe Ziegel; die Ziegel greifen etwa hälftig übereinander, da die Lattungsweite 18 bis 20 cm beträgt; die Stoſsfugen werden mit Schindeln (Splieſsen, Dachspäne) unterlegt. (Fig. 159a.)

Das Doppeldach hat auf jeder Latte ebenfalls eine Reihe Ziegel; die Lattungsweite beträgt aber nur 14 oder 15 cm, so daſs ein Uebergreifen auf nahezu ²/₃ stattfindet und die Ziegellage gröſstenteils dreifach ist. (Fig. 159b.) Beim Kronen- oder Ritterdach hängen auf jeder Latte zwei Reihen Ziegel übereinander. (Fig. 159c.) Die Lattung ist stärker als gewöhnlich und hat eine Weite von 24 bis 28 cm. Eine Unterlegung mit Schindeln ist beim Doppel- und beim Kronendach nicht erforderlich und auch nicht üblich. Beide Dächer sind gut aber schwer.

Das Falzziegeldach ist neuerdings sehr beliebt und nur wenig angebracht, wo viele Kehlen und Gratlinien vorhanden sind. Die Lattung hat 30 bis 33 cm Weite, immer von Oberkante zu Oberkante gerechnet. (Fig. 160.)

Das Schieferdach in der in Deutschland üblichen Form des Schuppendaches erhält eine Schalung. Es ist heute das meistübliche Dach besserer Gebäude und nicht schwer. (Fig. 161.)

Das Blechdach, neuerdings fast ausschliefslich mit Zinkblech Nr. 12 bis 14 gedeckt, ist ebenfalls geschalt. Bei Verwendung von starkem, gewelltem Zinkblech kann die Schalung fortfallen, wenn das Dach nicht begangen wird.

Das Eisenwellendach aus gewöhnlichem oder „bombiertem", d. h. in der Richtung der Wellen gebogenem Wellblech hat weder Schalung noch Lattung und meist eine Eisenkonstruktion als Gerüst.

Das Teerpappendach hat eine Schalung von 20 bis 25 mm Stärke. Die Teerpappe wird in Bahnen von ca. 1 m Breite aufgenagelt. Die Bahnen greifen 8 cm übereinander und werden mit Teer und Pech verklebt. Die Nagelung bleibt frei oder wird mit Leisten gedeckt. Die Dachfläche wird mit Teer gestrichen und gesandelt oder mit feinem Kies übersiebt. Das Dach ist leicht.

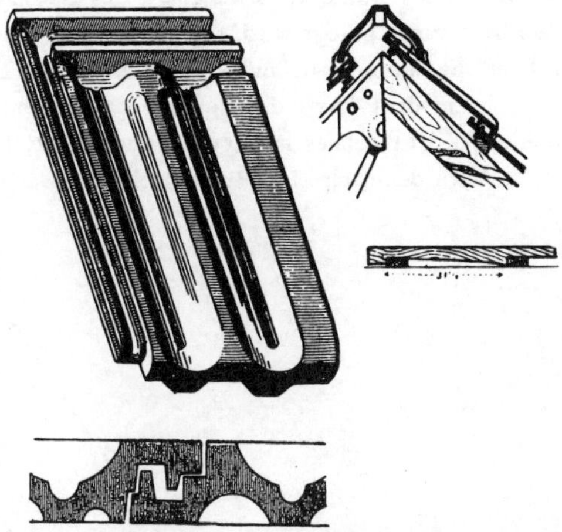

Fig. 160. Das Falzziegeldach.
(Nach dem Musterbuch dei Falzziegel- und Thonwarenfabrik von C. Ludowici in Ludwigshafen und Jockgrim, Pfalz.)

Das Holzzementdach (erfunden von S. Häusler in Hirschberg) ist neuerdings viel verwendet. Als Unterlage dient eine starke Schalung, eine gespundete Lattung oder Eisenwellblech. Dann folgen eine Lage feiner Sand und 4 Lagen Papier, getrennt durch den Holzzementauftrag (patentierte Masse) in Stärke von je 1 mm. Dem obersten Auftrag folgt eine Lage von feinem und grobem Kies in Gesamtstärke von 6 bis 8 cm. Dementsprechend ist das Dach schwer.

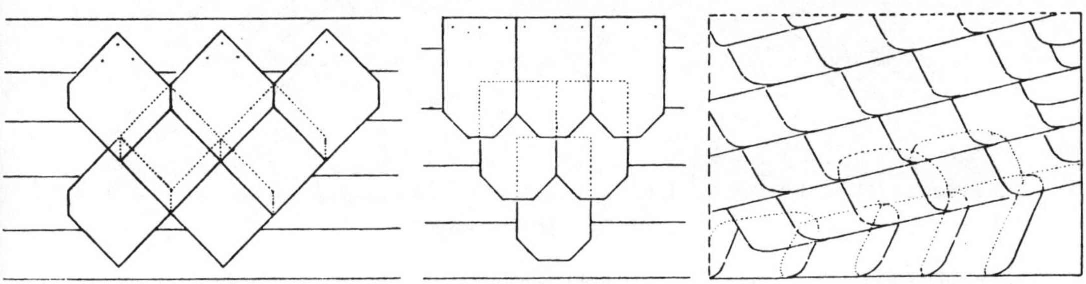

Fig. 161. Das Schieferdach.

Das Asphaltdach erhält starke Schalung oder Lattung mit Fugen von ca. 1 cm. Zunächst folgt eine Art Verputz aus Lehm und Lohe oder ähnlichem Gemisch in der Stärke von etwa 2 cm und hierauf ein Asphaltgufs von 1,5 cm Stärke, ähnlich hergestellt wie der Beleg der Gehwege. Grofse Hitze und grofse Kälte sind dem Dach von Schaden.

In Bezug auf die Dachneigung oder Dachrösche spricht man von steilen und von flachen Dächern, was übrigens sehr schwankende Begriffe sind. Man könnte das Winkeldach, dessen Flächen am First einen rechten Winkel bilden, dessen Neigung also 45° beträgt, als Grenzscheide annehmen. Es ist dies jedoch nicht üblich. Dächer von mehr wie 45° Neigung bezeichnet man wohl allgemein als steil; dagegen heiſst man durchschnittlich die Dächer blos dann flach, wenn ihre Neigung weniger als 15° beträgt.

Uebrigens ist es gebräuchlich und auch zweckmäſsig, die Dachneigung anstatt in Graden durch einen Bruch zu bezeichnen, dessen Zähler die Dachhöhe, dessen Nenner die Grundbreite in einfachen Zahlenverhältnissen angiebt. So ist z. B. beim sogen. Vierteldach die Höhe gleich ¼ der Breite. Man hat früher als Breite stets diejenige des Satteldaches angenommen. Da aber neuerdings auch das Pultdach zu Grunde gelegt wird, so ist in diese Benennung eine gewisse Konfusion gekommen, die es erforderlich macht, anzugeben, auf welches Dach der Bruch bezogen ist.

Ein dritte Art, die Neigung anzugeben, ist der Ausdruck in Prozenten. Man nimmt die Grundbreite des Pultdaches mit 100 an und drückt die Höhe in diesen Teilen als Prozente aus. Ein Dach von 100% wäre demnach ein Winkeldach, ein Dach von 50% wäre ein Viertel-Satteldach etc.

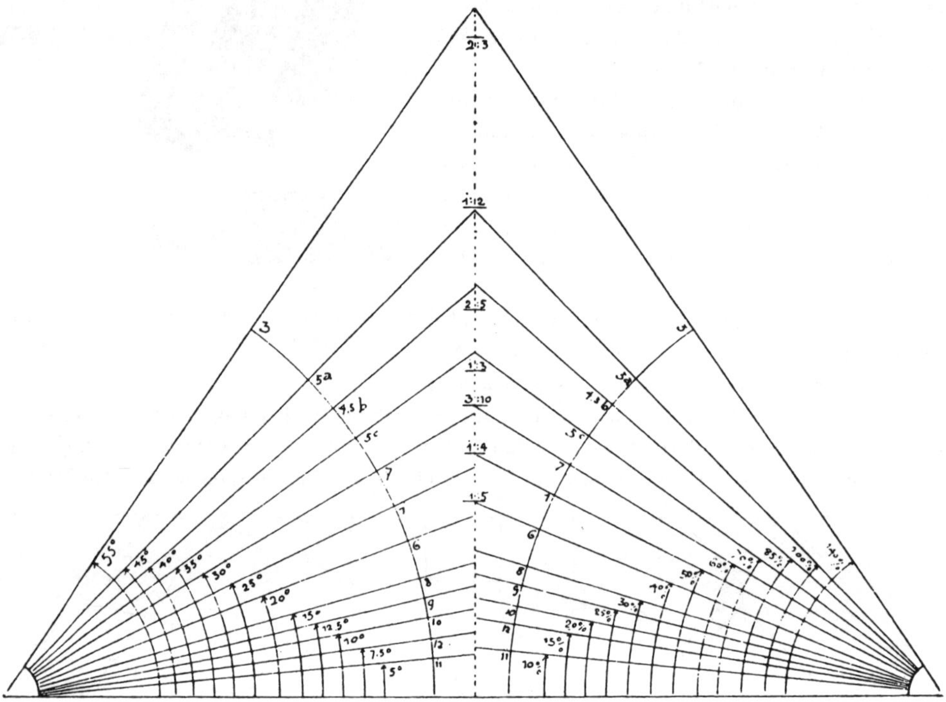

Fig. 162. Dachneigungen.

Im allgemeinen kann man ein Dach wohl beliebig steil, aber nicht beliebig flach machen. Die Neigung hat eine Mindestgrenze, die ohne Nachteil nicht überschritten werden darf. Dächer, deren Deckmaterial nicht genagelt wird, sind jedoch bezüglich der Neigung auch an ein gewisses Meistmaſs gebunden. Ein Holzzementdach kann nur flach sein, weil sonst der Kies abrutscht. Ein Teerpappendach darf nicht zu steil sein, weil sonst der Imprägnierstoff zu schnell sich auswäscht. Ein Ziegeldach darf nicht zu steil sein, weil der Wind die Ziegel abwerfen könnte etc.

Es bleiben also für die verschiedenen Eindeckungen gröſsere Spielräume zwischen den beiden als Grenze gegebenen Neigungen.

Wir geben nachstehend eine Tabelle, welche die üblichen Mindestneigungen der verschiedenen Dächer in Graden, in Prozenten und als Bruch ausgedrückt enthält, wobei die Werte sich annähernd decken. Außerdem sind diese Neigungen in Fig. 162 dargestellt. Unter besonderen Umständen, bei vorzüglichem Material etc., können die Neigungen auch noch verringert werden.

TABELLE XX. (Dachneigungen.)

Art der Eindeckung	Dachneigung, in Graden ausgedrückt	Dachneigung in Prozenten, auf das Pultdach bezogen	Dachneigung: Höhe durch Breite, auf das Satteldach bezogen
Stroh- nnd Rohrdach	55°	140 %	2/3
Einfaches Ziegeldach (Spließdach)	45°	100 %	1/2
Doppeldach, Hohlziegel- und Pfannendach	40°	85 %	2/5
Kronen- oder Ritterdach	35°	70 %	1/3
Schieferdach	30°	60 %	3/10
Bretterdach	25°	50 %	1/4
Falzziegeldach	20°	40 %	1/5
Zinkblechdach	15°	30 %	1/6 bis 1/8
Eisenwellendach	12 1/2°	25 %	1/8 bis 1/10
Teerpappendach	10°	20 %	1/10 bis 1/12
Asphaltdach	7 1/2°	15 %	1/12 bis 1/16
Holzzementdach	5°	10 %	1/20 bis 1/25

Selbstredend sind die Holzstärken des Dachgerüstes durch die Eindeckungsart beeinflußt. Schwere Dächer bedürfen ein stärkeres Gerüst als leichte Eindeckungen. Abgesehen von einer entsprechend verstärkten Schalung oder Lattung wird man für ein schweres Dach die Sparren etwas enger legen als für ein leichtes und in ähnlicher Weise wird ein steiles Dach eine weitere Sparrenlage haben können, als ein flaches derselben Art.

Zur Eindeckung nicht abwickelbarer Flächen eignen sich nur Ziegel, Schiefer und Schindeln oder ähnliche kleine Platten; für abwickelbare runde Flächen eignen sich außerdem Blech und Teerpappe, während die Falzziegel und ähnliches sich nur für Ebenen eignen.

Aus diesen wenigen Bemerkungen dürfte zur Genüge erhellen, wie Deckmaterial, Neigung und Gerüstkonstruktion in gegenseitigem Wechselverhältnisse zu einander stehen, was ein überlegender Techniker nicht außer acht lassen wird.

VI. DIE KÜNSTLERISCHE FORM
UND DIE
AUSSCHMÜCKUNG DER EINZELHEITEN.

Allgemeines. — 1. Balkenverzierungen, Kanten- und Flächenverzierung. — 2. Balken- und Sparrenköpfe. — 3. Büge und Knaggen (Kopfbänder). — 4. Pfosten und Hängesäulen. — 5. Docken und Geländerstäbe. — 6. Hängezapfen, Knöpfe und Rosetten. — 7. Giebel- und Traufleisten. — 8. Giebelblumen und Stirnbretter. — 9. Balustraden und Füllungen. — 10. Thür- und Fensterumrahmungen und Verdachungen.

Die Hauptanforderung, welche an die Werke des Zimmermanns gestellt wird, ist, dafs sie dem Zwecke entsprechen und die nötige Festigkeit und Sicherheit besitzen. Mit anderen Worten: die Hauptsache ist eine richtige Konstruktion. Als zweite Anforderung kommt in vielen Fällen hinzu, dafs das fertige Zimmerwerk auch ein gefälliges Aeufsere habe; zu der richtigen Konstruktion hat sich eine künstlerische Formgebung zu gesellen. Beide Anforderungen schliefsen sich gegenseitig nicht aus und beiden gleichzeitig gerecht zu werden ist das Moment, welches die Zimmerarbeit in die Reihe der Kunsthandwerke einstellt. Wenn man heute gewöhnt ist, die Zimmerei zu den Handwerken schlechtweg zu zählen, so rührt das nur daher, weil sich die Zimmerkunst bis jetzt das Ansehen und auch die Aufgaben nicht wiederverschaffen konnte, wie sie zur Zeit des Mittelalters und der Renaissance vorhanden waren. Vielen anderen Gewerken ist dies ja gelungen, insbesondere der sogen. Kleinkunst, und wenn der Ausführung von Prachtholzbauten im Sinne der Alten heutzutage auch nahezu alle Vorbedingungen fehlen, so ist immerhin zu erwarten, dafs der Nüchternheit der letzten Jahrzehnte auf dem Gebiete der Zimmerkunst ein Umschwung zum Besseren folgen dürfte und die Verfasser dieses Buches rechnen es zu ihrer Aufgabe, auch in diesem Sinne nach ihren bescheidenen Kräften beizutragen.

Für die künstlerische Formgebung eines Zimmerwerkes, wie eines Bauwerkes überhaupt, kommen vornehmlich zwei Faktoren in Betracht: erstens die malerische oder wenigstens gefällige Gesamtanlage und zweitens die Ausschmückung der Einzelheiten. In vielen Fällen ist heute der Zimmermann für keinen der beiden Faktoren verantwortlich, weil nicht er, sondern der ausführende Architekt die Anordnungen trifft und die betreffenden Pläne und Zeichnungen anfertigt. In vielen Fällen wird aber der Zimmermann auch ein Wort mitreden können, ganz abgesehen von den Fällen, wo er dem Architekten die Arbeit abnimmt, wie es eben früher mehr der Fall war als heute, und da das Zimmerbuch nicht nur für Zimmerleute, sondern auch für Bautechniker und solche, die es werden wollen, geschrieben ist, so ist ein Wort über die künstlerische Ausstattung um so eher am Platze.

Ueber die Gesamtanlage eines Bauwerkes lassen sich schwer Regeln aufstellen, weil eben zu vieles vom gegebenen Fall abhängt. Die richtigen Verhältnisse der Stockwerkshöhen zu einander, die richtigen

Verhältnisse der Lichtöffnungen zur Wandfläche und Pfeilerbreite, die richtig abgewogene Gröſse der Gesimse, Sockel und Gurten, wohlgewählte Ausladungen, ein Fernhalten von Nüchternheit einerseits und Ueberladung andererseits, eine dem Material entsprechende Ausdrucksweise, Einheitlichkeit in Bezug auf Stilart, Wahrung des dem Bauzweck entsprechenden Charakters u. a. m. spielen in dieser Hinsicht die Hauptrolle. Ein Bauwerk kann einfach, sogar armselig sein und doch eine gewisse malerische Wirkung erzielen (Fig. 163), wie umgekehrt die schönsten Einzelheiten einem Bau von schlechten Gesamtverhältnissen nicht zu einem guten Aussehen verhelfen können.

Für Holzhäuser ist ein gutwirkendes Mittel einfachster Art zur Erzielung einer malerischen Wirkung das Ueberkragen der Stockwerke (Fig. 164), und wenn man heute auch keine derartigen Wohnhäuser mehr bauen kann, so kann immerhin von dem Ueberkragen Gebrauch gemacht werden in Bezug auf

Fig. 163.
Rathaus in Weiler im Lauterthal.

Fig. 164.
Ehemaliges Fischer'sches Haus in Marburg.

Bahnwartshäuser, Portierhäuser, Landhäuser, elegante Stallungen etc. In diesem Sinne sei auf die Figuren 96 und 165 hingewiesen. Richtig angebrachte Balkone, Erker, Vordächer, Veranden und ähnliches tragen zum guten Gesamtausdruck der Bauwerke ganz wesentlich bei, weil sie eine wohlthätige Abwechslung und Unterbrechung in die glatten Fronten hineinbringen. Der malerische Eindruck alter Städte beruht ja gröſstenteils auf derartigen Dingen (Fig. 166 und 167). Auch solche Ausbauten lassen sich heute nicht blindlings nach alten Vorbildern kopieren. Der nächste Abschnitt, den wir u. a. diesen Dingen widmen werden, wird die Anpassung an unsere heutigen Anforderungen zur Geltung bringen.

Nicht zu unterschätzen in Bezug auf malerische Wirkung, insbesondere zur Erzielung eines guten Umrisses, sind die Dächer mit ihren Vorsprüngen, Verschneidungen, Dachgaupen, Dachreitern etc. Da die alten Dächer durchweg steiler angelegt wurden, als unsere heutigen (Fig. 168), so war die erwähnte Wirkung meist von selbst gegeben, während sie bei unseren Flachdächern erst durch künstliche Zuthaten erreicht werden muſs. Wie oftmals durch kleine, für den Kostenpunkt fast belanglose Zuthaten schon ein gewisser Aufputz erreicht werden kann, zeigt die Abwalmung einer Giebelspitze in Fig. 169.

Auch die Anordnung von Freitreppen, die ja meist in Stein, seltener in Holz ausgeführt werden, zählt hierher. Maſsgebend für den malerischen Reiz ist vielfach auch die Umgehung einer engherzigen Symmetrie. Wenn auch zugegeben werden muſs, daſs die Symmetrielosigkeit an alten Bauten häufig erst im Laufe der Zeit durch An- und Umbauten hervorgerufen ist, so steht doch auch fest, daſs man früher in dieser Hinsicht weniger ängstlich und schulmeisterlich von Haus aus war. In Fig. 170 ist ein altes Holzhaus zur Abbildung gebracht, von dem niemand behaupten wird, daſs es seine reizende Symmetrielosigkeit erst im Laufe der Zeit erhalten habe.

Daſs das Riegelfachwerk ein vorzügliches dekoratives Mittel für die Gesamtwirkung bildet, ist gewiſs schon frühzeitig erkannt worden. Das geht schon daraus hervor, daſs man nicht dabei stehen blieb, die konstruktiv nötigen Verbandshölzer zu verwenden, sondern weitere, rein als Zierat wirkende Kreuzstreben etc. dem Verband hinzufügte. Da der farbliche Gegensatz zwischen dem dunkeln Holz und dem

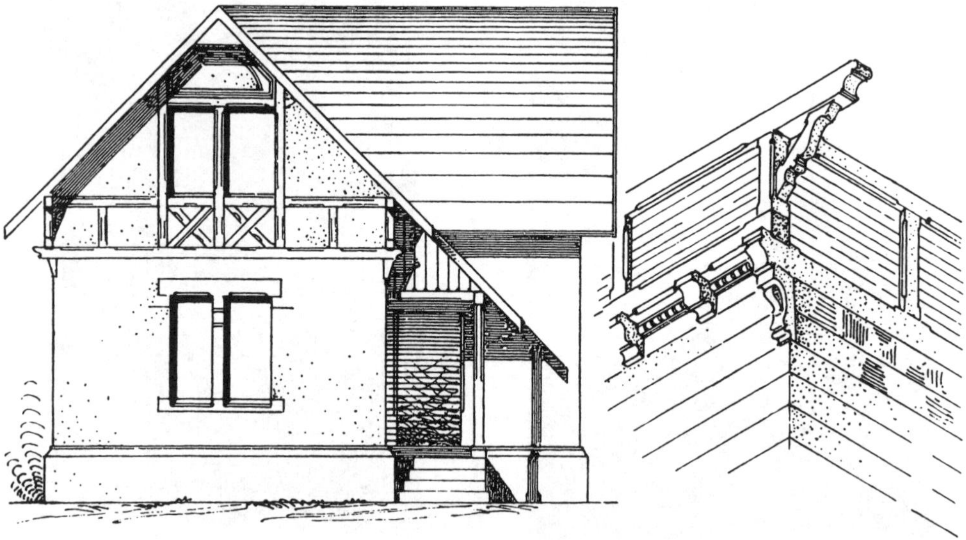

Fig. 165.
Kleines, neuzeitiges Haus mit Balkenüberkragung.

geweiſsten Mauerwerk vorhanden war, so lieſsen sich auf diese Weise wirkliche Flachornamente in groſsem Maſsstab erzielen, wie das Haus in Heldburg aus dem Jahre 1605 zeigt, das in Fig. 171 abgebildet ist. Hiermit ist gewissermaſsen der Uebergang gegeben zwischen der malerischen Gesamtanordnung und den verzierten Einzelheiten. Es soll ja nicht gesagt werden, daſs es an der Zeit sei, derartig reiche Riegelungen wieder einzuführen; immerhin aber läſst sich für unsere nüchternen und gelegentlich geradezu geschmacklosen Riegelwerke etwas aus der Sache lernen, um so mehr, da glatte Riegel noch keinen groſsen Kostenmehraufwand bedeuten.

Anders liegt der Fall bezüglich der Schnitzereien. Wir staunen die reichverzierten Holzhäuser an, wie sie in Hildesheim und anderen alten Städten zum Teil noch stehen, wir bewundern sie mit einem gewissen Neid, daſs unsere Vorfahren sich derartiges leisten konnten, während wir an ähnliche Ausführungen nicht denken dürfen. Wo die alten Bauherren sich wahre Schmuckkästchen als Häuser zusammenbauten (Fig. 172), da scheitern heute schon Dinge am Kostenpunkt, die gegen jene Prachtstücke gar nichts bedeuten. Hoffen wir, daſs das aufziehende neue Jahrhundert sich auch in dieser Beziehung besser anläſst, als das jetzige. Man mufs das „Knochenhaueramtshaus“ in Hildesheim, das Haus „am Sack“ in Braunschweig, das Northeimsche Haus in Eimbeck, den Ratskeller in Halberstadt und andere derartige Bauten aus der Zeit der Gotik und der Renaissance gesehen haben mit ihren Figuren- und Ornamentfriesen, ihren Inschriften etc., um sich einen Begriff vom Umfange der damaligen Zimmerkunst machen zu können.

Die roten Ziegelfache heben sich von dem Holzwerk an und für sich schon ab; ein weiterer farblicher Reiz ist aber durch die Bemalung, durch die Fassung des Holzwerkes erzielt. Das ist für uns ein Fingerzeig, den wir nicht unbenützt lassen sollen. Wenn diese reichen Dinge der farblichen Ausstattung

Fig. 166.
Partie aus Rothenburg an der Tauber.

Fig. 167.
Haus aus Münstermayfeld im Moselthal.

nicht entbehren durften, um wie viel angezeigter wird sie für die einfachen sein. Wir sollen daraus lernen, das Holz durch richtigen Anstrich in einen guten Gegensatz zum Mauerwerk zu bringen; wir sollen durch Fassen der gebrochenen Kanten in lebhaften Farben etc. wenigstens einigermafsen zu wirken suchen. Es steht doch nirgends geschrieben, dafs die Füllbretter denselben Anstrich haben müssen, wie die Rahmenhölzer und wenn man heute dem Mobiliar aus billigem Holze durch Bemalung ein besseres Aussehen zu geben sucht, warum soll denn dies nicht erst recht geschehen am Holzwerk der Bauten? Doch ist dies weit eher Sache des Anstreichers, als des Bautechnikers, weshalb auf die bezüglichen Einzelheiten hier nicht weiter eingegangen werden soll.

Wer sich für die Geschichte des dekorativen Holzbaues mehr interessiert, den verweisen wir hiermit auf C. Lachner, Geschichte der Holzbaukunst in Deutschland; Leipzig, E. A. Seemann. Dem genannten Werke sind auch die Abbildungen zu den vorstehenden Bemerkungen, sowie einige weitere Figuren im Text entliehen.

Was die Einzelheiten betrifft, welche hauptsächlich eine Verzierung erfahren, soweit es sich um neuzeitige Zimmerwerke handelt, so mögen dieselben nachfolgend einzeln aufgeführt und besprochen werden.

Fig. 168.
Häuserpartie aus dem Moselthal.

Fig. 169.
Abgewalmte Giebelspitze.

1. Balkenverzierung, Kanten- und Flächenverzierung.

Die Verzierung der Balken und der kantigen Verbandshölzer überhaupt kann sich auf die Kanten beschränken oder sich auf die sichtbar bleibenden Flächen erstrecken. Die einfachste Art der Kantenverzierung besteht in dem Abfasen, in dem Brechen der Kanten, was immerhin schon eine bessere Wirkung ergiebt, besonders wenn den Enden der Abfasungen einige Sorgfalt gewidmet wird. Die Fig. 173 zeigt eine Anzahl derartiger Abfasungen. An der rechtwinkligen Kreuzung zweier Verbandshölzer ist in acht verschiedenen Beispielen die übliche Art und Weise veranschaulicht. Die Mitte der Kreuzungstelle kann mit Vorteil eine gedrehte Rosette als weiteren Zierat aufnehmen. Weiter als in der in Fig. 173 gezeigten Weise wird heute selten gegangen, während an reich ausgestatteten älteren Bauwerken die Kanten der Hölzer vielfach in der Form von geschnitzten Wulsten nach Art gedrehter Taue behandelt wurden. Eine derartige Verzierung weist das unterste Beispiel der Fig. 96 auf.

Wenn die Flächen der Hölzer verziert werden, was heute kaum gemacht wird, früher aber vielfach geschah, so geschieht es in der einfachen Art des Flachschnittes oder des Kerbschnittes. Zickzackbänder (Fig. 174a), Flechtbänder (Fig. 174b), Rankenbänder (Fig. 174c) oder ähnliches bilden die Verzierungsmotive. Die Verzierung erfolgt, indem die Liniengänge als sogen. Spitznuten eingeschnitten werden, oder es werden, wie bei der Flachschnittornamentik des mittelalterlichen Mobiliars, die Umrisse senkrecht zur Fläche eingestochen mit Aushebung und Tieferlegung des Grundes. (Fig. 174c.) Der Kerbschnitt in seiner einfachsten Form wird ebenfalls verwendet für fortlaufende Borden und für eingeschnittene, zur Unterbrechung angebrachte Rosetten. (Fig. 175.) Da, wie gesagt, derartige Verzierungen heute kaum

Fig. 170.
Das Hütte'sche Haus in Höxter.

mehr ausgeführt werden, mögen die wenigen Beispiele genügen. Für die Dekoration im Innern, für Decken, Treppen und Täfelungen, wo ja schon etwas weiter gegangen werden kann, finden sich vorzügliche alte Vorbilder zusammengetragen in der von F. Paukert herausgegebenen Zimmergotik. (Leipzig, E. A. Seemann.)

2. Balkenköpfe und Sparrenköpfe.

(Tafel 11, 12 und 13.)

Da im Holzbau die Balken nicht nur mit ihren Seitenflächen, sondern auch mit ihren Enden sichtbar werden, so werden auch diese verziert und als sogen. Balkenköpfe ausgebildet. Da das Hirnholz sich schlechter präsentiert als das Langholz, so ist diese Verzierung auch ganz angezeigt. Im einfachsten

Fig. 171.
Haus aus Heldburg.

Fall wird oben eine Schräge für den besseren Wasserablauf angeschnitten und der übrige Teil wird nach irgend einem hübschen Profil glatt mit Nuten, Kehlen und Wulsten versehen. Selbstredend ist früher auch diesen Balkenköpfen eine reichere Ausbildung zu Teil geworden (Fig. 176); auch figürliche Verzierungen, Masken, Löwenköpfe u. a. m. waren keine seltene Erscheinung. Bezüglich der einfachen Balkenkopfverzierung verweisen wir auf die mehr erwähnte Fig. 96 und auf Taf. 11, wo ein Dutzend reicher gestalteter Balkenköpfe zur Abbildung gebracht ist.

Aehnlich verhält es sich mit den sogen. Sparrenköpfen. Wo das Sparrengesimse wenig ausladet, unterscheidet sich die Sparrenkopfverzierung wenig von derjenigen der Balkenköpfe. Bei gröſseren Ausladungen wird die betreffende Verzierung gewissermaſsen in die Länge gestreckt, wobei dann das Hirnholz nur noch in einzelnen kleinen Streifen erscheint. Die Sparrenköpfe bleiben auch heute selten unverziert; gewöhnlich werden sie allerdings blos nach irgend einer gefällig wirkenden Linie ausgeschweift (Fig. 177) und reichere Bildungen, wie sie auf den Tafeln 12 und 13 dargestellt sind, sind immerhin schon seltener, machen natürlicherweise auch mehr Arbeit.

---

3. Kopfbänder, Büge und Knaggen.

(Tafel 14 und 15.)

Als Kopfbänder bezeichnet man die Hölzer, welche zur Versteifung des Verbandes in die rechtwinklige Ecke eines horizontalen und eines senkrechten Verbandstückes eingeschoben werden. Geschieht dies nach Figur 179, so daſs ein offenes dreieckiges Feld entsteht, so spricht man von einem Bug; geschieht es aber nach den Figuren 178 und 180, so daſs die ganze Ecke ausgefüllt erscheint, dann führt das Kopfband die Bezeichnung „Knaggen". Büge und Knaggen sind in Anwendung zwischen Pfosten und Pfette, als Träger von Balkonen und Erkern und in vielen anderen Fällen. Da sie hierbei gewöhnlich freiliegen, so ist es angezeigt, ihnen eine gewisse Verzierung zu geben. Büge werden in der einfachsten Weise durch Abfasung verziert, und Knaggen indem man sie nach irgend einer hübschen Linie ausschneidet oder

Fig. 172. Salzhaus zu Frankfurt a. M.

schweift. Während Büge im allgemeinen aus Kantholz hergestellt werden, so verwendet man für Knaggen starke Bohlen oder entsprechend stärkere Holzstücke ähnlicher Art.

Die Büge und Knaggen reicherer Bauten werden entsprechend façonniert, auf der Aufsenseite nach einer gefälligen Form ausgeschnitten, mit Nuten, Kehlen, Kannelierungen etc. versehen, mit Rosetten und Knöpfen geschmückt etc. Dabei kann die Verzierung symmetrisch zur Mitte erfolgen oder unsymmetrisch nach Art der Sparrenkopfbildung. Fig. 179 zeigt in a, b und c symmetrische, in d und e unsymmetrische Behandlung. Bei a ist der Bug noch einmal von der Ecke her durch ein zweites Holz gefafst. Einige weitere Beispiele verzierter Büge sind auf Tafel 14 perspektivisch dargestellt.

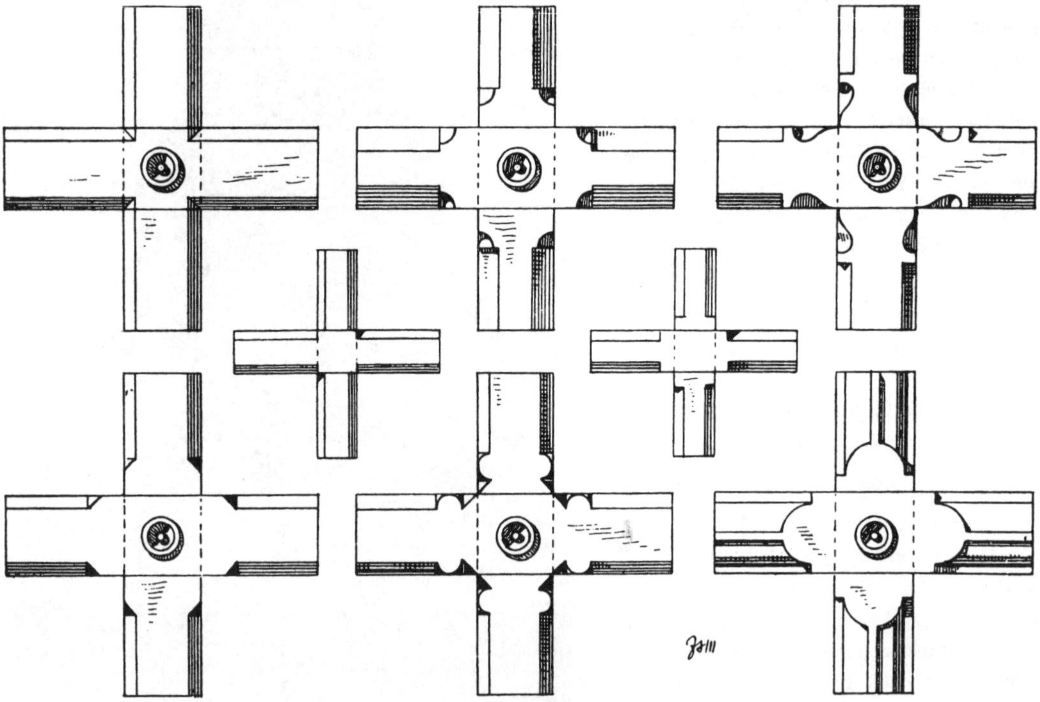

Fig. 173.
Kantenverzierung durch Abfasen.

Ein reichverzierter Knaggen aus der Renaissancezeit ist in Fig. 180 abgebildet und auf Taf. 15 sind sieben verschiedene Knaggenformen veranschaulicht, wie sie in ihrer Verzierungsweise der heute üblichen Bauart entsprechen. Dafs eine farbliche Nachhilfe durch entsprechende Bemalung hier von ganz guter Wirkung sein wird, ist einleuchtend.

Weitere Beispiele von Knaggen und Bügen sind in ihrer Verwendung vorgeführt durch die Tafeln 16, 17 und 18, sowie durch Fig. 182.

Welche Rolle den Kopfbändern bezüglich der Ausschmückung jener mehrerwähnten alten Holzhäuser zufiel, kann aus der Fig. 181 ersehen werden, welche eine Partie vom Knochenhaueramthaus in Hildesheim darstellt.

4. Pfosten und Hängesäulen.

(Tafel 16, 17, 18 und 19.)

Was die Verzierung der Pfosten betrifft, so ist zu unterscheiden, ob dieselben in der Mauer liegen und nur eine Fläche zeigen oder ob sie freistehend sind. Die moderne Verzierung der in der Wand

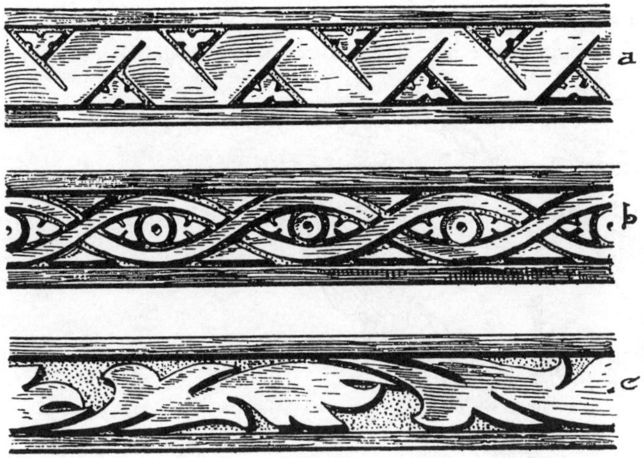

Fig. 174.
Flachschnittverzierungen.

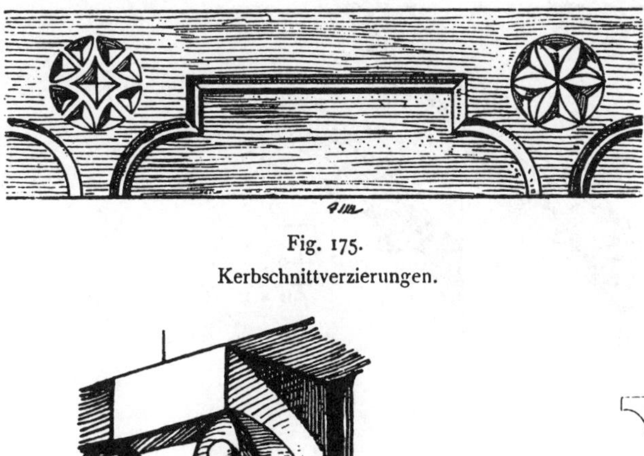

Fig. 175.
Kerbschnittverzierungen.

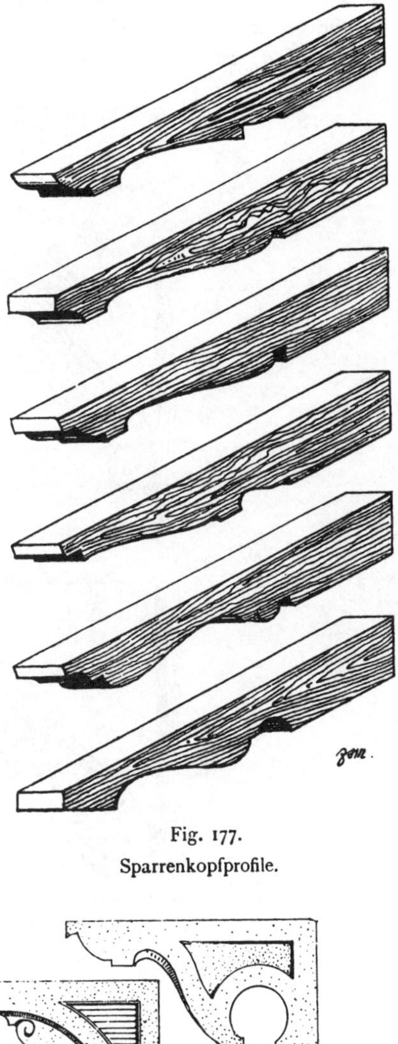

Fig. 177.
Sparrenkopfprofile.

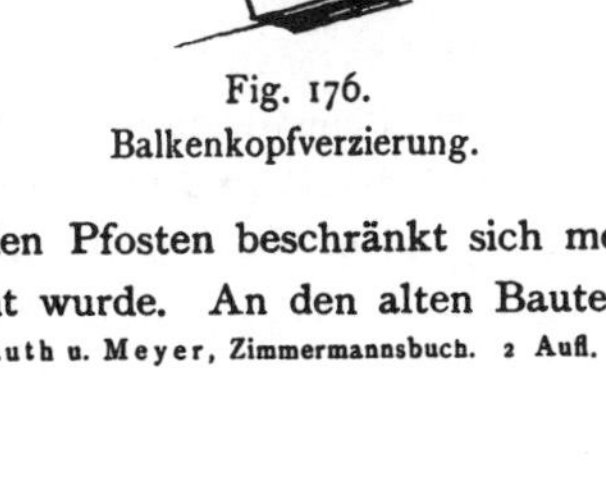

Fig. 176.
Balkenkopfverzierung.

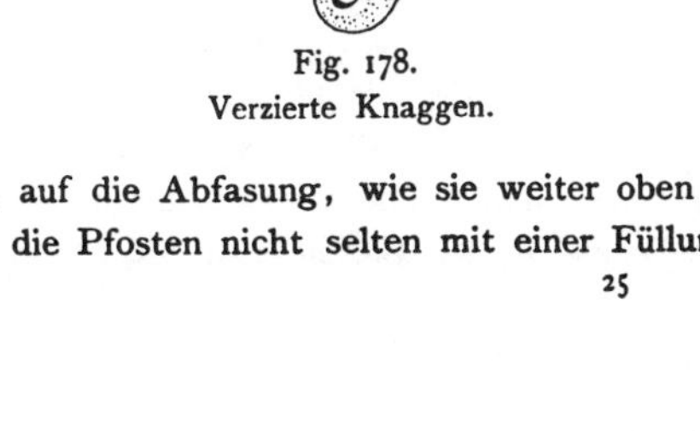

Fig. 178.
Verzierte Knaggen.

liegenden Pfosten beschränkt sich meist auf die Kanten, auf die Abfasung, wie sie weiter oben bereits erwähnt wurde. An den alten Bauten wurden dagegen die Pfosten nicht selten mit einer Füllung verziert, wohl auch mit Fuſs und Kapitälbildung versehen, so daſs sie auf diese Weise zum Pilaster wurden. (Vergl. das Frankfurter Salzhaus, Fig. 172.)

Wenn der Pfosten freisteht, wie es der Fall ist, wenn er als Stütze eines Unterzuges, eines Balkons etc. auftritt, dann ist die bloſse Abfasung ein wenig wirksames Verzierungsmittel, obgleich sie für gewöhnlich genügen muſs. Eine reichere Wirkung läſst sich unschwer erzielen, indem man den Pfosten gliedert, d. h. an einzelnen Stellen mit Nuten und Profilleisten versieht, indem man ihn einzieht und verjüngt, mit Schwellung versieht, vierkantige Teile mit achtkantigen wechseln läſst, indem man

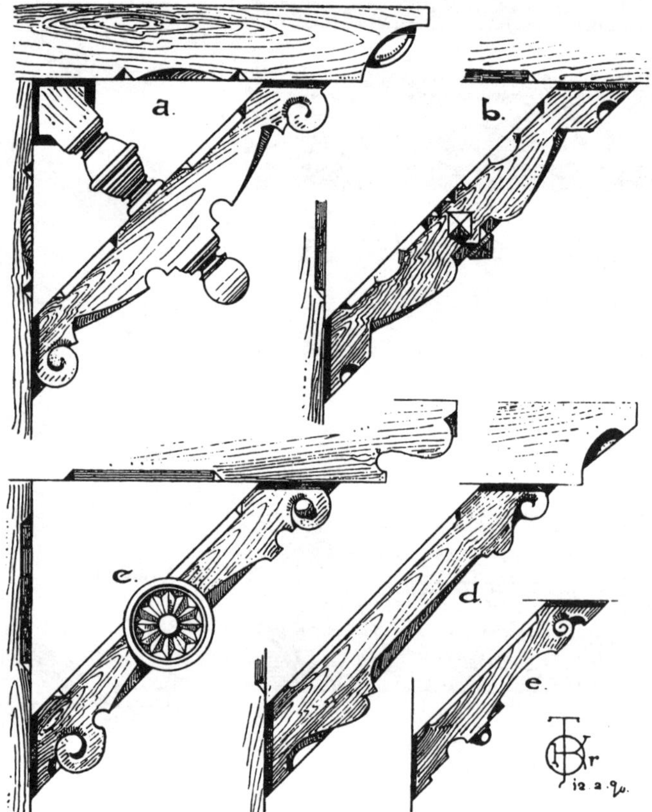

Fig. 179.
Verzierte Büge.

Rosetten und Spitzquader aufsetzt, Kanneluren einschneidet etc. Auf diese Weise lassen sich architektonisch sehr wirksame Formen erzielen, wenn anderseits auch nicht geleugnet werden kann, daſs die Herstellung umständlich und kostspielig ist und daſs die Tragkraft dabei nicht gewinnt.

Auf den Tafeln 16, 17 und 18 sind zusammen acht Beispiele reicherer Pfostenverzierung dieser Art gegeben in Verbindung mit den Anschluſsteilen, bestehend in Bügen, Knaggen, Balustraden und Geländern. Taf. 18 zeigt in c und d die perspektivischen Ansichten von a und b, weil derartige Dinge, über Eck gesehen, sich immer anders geben, als im geometrischen Aufriſs. Ebenso giebt die Fig. 182 perspektivische Details zu den Beispielen a und c der Taf. 17.

Verwandt und ähnlich der Pfostenverzierung ist diejenige der Hängesäulen, wo die letzteren sichtbar auftreten, wie es hauptsächlich bei den Giebelvordächern (Fig. 183) und in offenen Hallenkonstruktionen der Fall ist. Die Verzierung kann eine allseitige sein oder sie verlegt sich der Hauptsache nach auf die Vorderseite, wenn die Rückseite wenig gesehen wird oder sich gegen das Licht abhebt. Am unteren Ende schliefst die Hängesäule gewöhnlich mit einem Hängezapfen ab und eine ähnliche freie Endigung wird am oberen Ende nötig, wenn die Hängesäule als Krönung über den Giebel weitergeführt ist. Diese freien Endigungen können nach a auf Taf. 19, welche fünf verschiedene Beispiele von Hängesäulen vorführt, zentral, d. h. allseitig gleich verziert werden oder die Abschlüsse können nach Art von c und e ebenfalls blos eine verzierte Vorderseite haben. Selbstverständlich ist der obere Abschlufs an den unteren in dieser Hinsicht nicht gebunden, wie die Beispiele b und d zeigen.

Weitere einschlägige Beispiele finden sich in dem später folgenden Artikel über Vordächer.

Fig. 180.
Verzierter Knaggen aus der Renaissancezeit.

---

5. Docken und Geländerstäbe.

(Tafel 20, 21 und 22.)

Docken oder Baluster sind niedrige Pfosten oder Säulchen. Sie dienen im allgemeinen zur Bildung von Balustraden und Brüstungen, kommen gelegentlich aber auch anderweitig vor. Am Aeufseren der Gebäude sind sie im Material des Holzes eine seltene Erscheinung, dagegen werden sie im Inneren zum Abschlufs von Treppen, Vorplätzen etc. schon häufiger verwendet, wenn auch nicht mehr in dem ausgiebigen Mafse, wie es früher zu geschehen pflegte. Als Material dient häufig Hartholz, hauptsächlich Eichen. Die Docken haben eine durchschnittliche Höhe von 70 bis 80 cm, da die Brüstungen einschliefslich der Fufs- und Abdeckgliederungen gewöhnlich die Höhe von 90 bis 100 cm haben.

Die Docken werden vierkantig, mit quadratischem Querschnitt gebildet oder als Rotationskörper mit kreisförmigem Querschnitt. Kantige Docken geben die bessere Wirkung, sind aber in der Herstellung schwieriger und teurer. Aufserdem giebt es Dockenformen von abwechselnd vierseitigem und rundem Querschnitt Die runden Teile werden am einfachsten auf der Drehbank hergestellt. Ihrer Funktion als Stütze entsprechend erhalten sie, wenn auch nicht eine ausgesprochene Basis und ein Kapitäl, so doch eine Andeutung derselben und darauf hinweisende Gliederungen. Wie die acht Beispiele der Tafel 20 zeigen, kann die Anlage zur Höhenmitte symmetrisch sein (Taf. 20 g und h) oder es findet eine Verjüngung nach oben hin statt (Taf. 20 a, b und c). Wird die Verjüngung nach unten beliebt, wobei ein hermenartiges Aussehen entsteht, so ergeben sich Formen nach Taf. 20 e und f. Die Beispiele c und d können gerade so gut auch gestürzt verwendet werden.

Aehnlich verhält es sich mit den gedrehten oder runden Docken, von denen die Tafeln 21 und 22 in ihren unteren Teilen zehn verschiedene Beispiele aufweisen.

Geländerstäbe sind im allgemeinen schlanke, langgezogene, runde Docken, ganz oder teilweise auf der Drehbank hergestellt. Sie dienen ebenfalls zur Geländer- und Brüstungsbildung und haben dann die schon erwähnten Höhenabmessungen. Sie kommen aber auch gelegentlich zu Einfriedigungen anderer Art vor und können dann gröſsere Höhen aufweisen. Die Bildung kann wiederum symmetrisch zur Höhenmitte oder mit unsymmetrischen Verjüngungen erfolgen. Kantige Teile können mit gedrehten wechseln und die Profilierung wird feiner und zierlicher als bei den derberen Docken. An reicheren Beispielen wird

Fig. 181.
Partie vom Knochenhaueramthaus in Hildesheim.

wohl gelegentlich auch etwas Schnitzerei angebracht. Dies alles veranschaulichen die 14 verschiedenen Abbildungen moderner Geländerstäbe, wie sie in der oberen Hälfte der Tafeln 21 und 22 gegeben sind.

Die Geländerstäbe werden ebenfalls meist aus Hartholz gefertigt; sind sie aus Weichholz, so werden sie angestrichen und können dann mit Vorteil in einzelnen Teilen durch lebhaftere Farben gefaſst werden.

Schliefslich verweisen wir noch auf die Figur 184, welche die Anwendung von Docken oder Geländerstäben an einer alten Treppe vorführt.

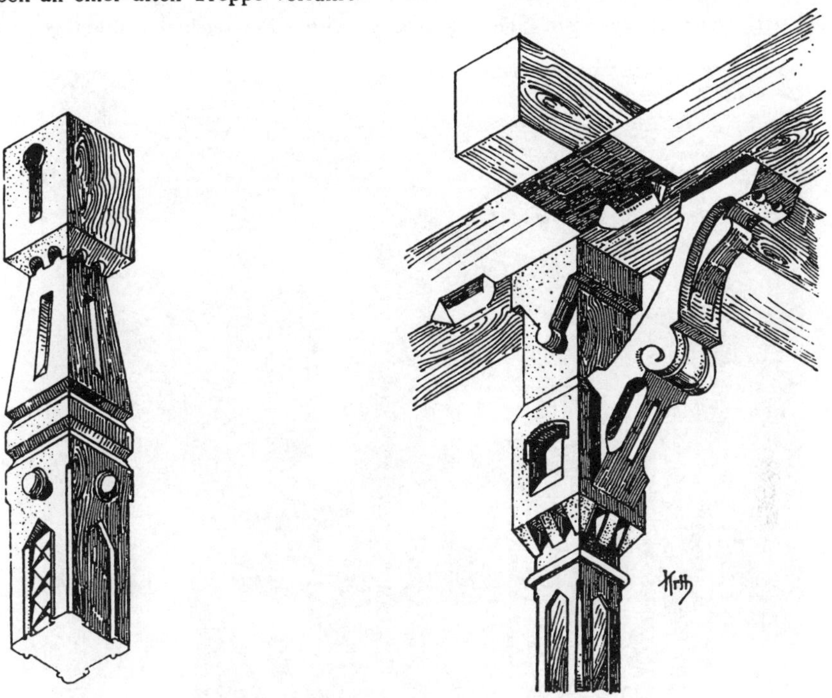

Fig. 182. Einzelheiten, zu Tafel 17 gehörig.

6. Hängezapfen, Knöpfe und Rosetten.

(Tafel 23, 24 und 25.)

Wenn ein senkrechtes Verbandsholz am unteren Ende eine Verzierung in der Form einer sogen. freien Endigung erhält, so bezeichnet man das gewöhnlich als Hängezapfen. Es sind in erster Linie die Hängesäulen, welche zur Anbringung eines Hängezapfens Veranlassung geben.

Der Hängezapfen kann dem betreffenden Holz angearbeitet sein und dies ist gewöhnlich dann der Fall, wenn die Form des Zapfens vierkantig ist oder, mit anderen Worten, quadratischen Querschnitt hat. (Fig. 185.) Der Hängezapfen kann aber auch für sich gebildet und mit dem Verbandsholz verzapft oder anderweitig verbunden werden. Das letztere ist meist dann der Fall, wenn der Hängezapfen runde Form, also kreisförmigen Querschnitt hat, wobei er dann am einfachsten auf der Drehbank hergestellt wird, in welche man das ganze Holz

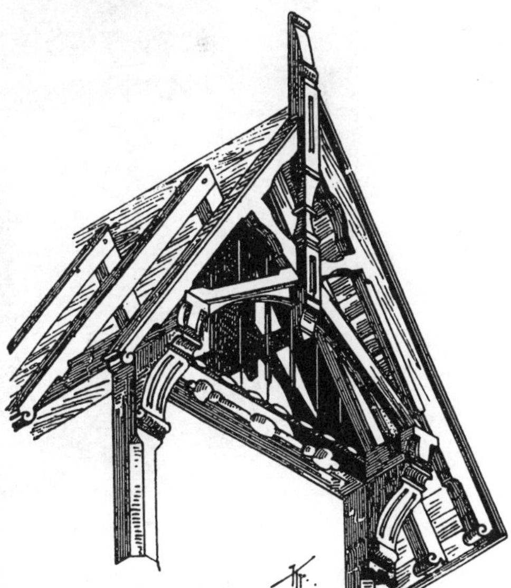

Fig. 183. Giebelvordach einer Dachgaupe.

nicht einspannen kann. (Fig. 186.) Man hat es in diesem Fall dann auch in der Hand, den Zapfen aus anderem Material, aus Hartholz herzustellen und man kann dem Zapfen eine gröfsere Ausladung geben, als dies möglich ist, wenn er aus dem Stück gearbeitet wird. Bei reicheren Bildungen, wie sie ge-

Fig. 184. Treppe aus dem Schunk'schen Hause zu Bruttig.

legentlich im Inneren an Decken, Galerien und Emporen, an Kanzeln, Baldachinen und Treppen vorkommen, wird wohl auch einmal die Schnitzerei und die Hand des Bildhauers in Anspruch genommen. Bei runden und achtkantigen Zapfen wird der Uebergang zum Vierkantholz gewöhnlich durch kugelige Abrundung des letzteren oder durch entsprechende Fasungen, Kehlungen und Kerbungen erzielt.

Die Fig. 185 bringt 9 Beispiele von vierkantigen Hängezapfen einfacher Art und in Fig. 186 sind ebensoviele runde Zapfen dargestellt, deren Herstellung ebenfalls keine Schwierigkeit bietet. Auf Taf. 23 sind dann außerdem 16 Beispiele von etwas reicherer Formgebung abgebildet, teils rund, teils vier- oder achtkantig.

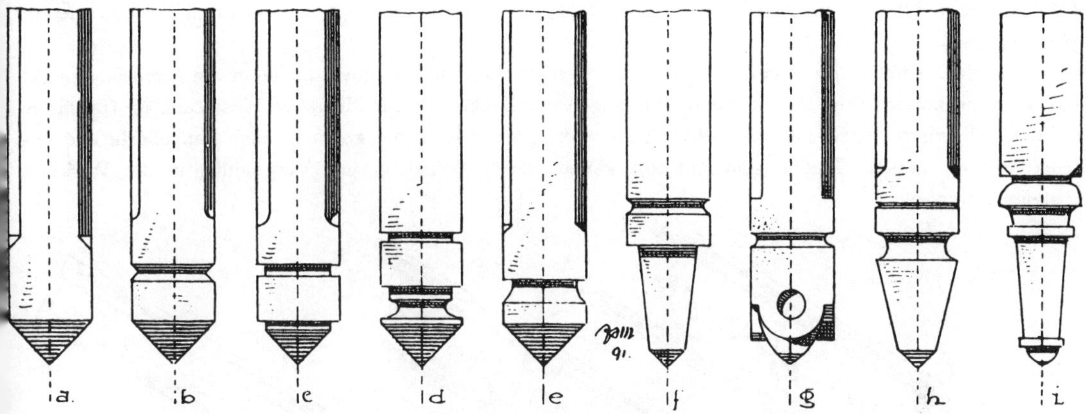

Fig. 185. Vierkantige Hängezapfen.

Knöpfe sind ähnliche Endigungen wie die Hängezapfen. Ihre Verwendung erfolgt statt in der Richtung nach unten meist nach oben hin, wobei der Knopf oder Knauf zur Krönung wird. Hängesäulen oder Pfosten, welche über Dach geführt werden, pflegen in Knöpfe zu endigen, außerdem Flaggen- und andere Ständer, Treppenpfosten u. a. m. Auch Knöpfe mit seitlicher Richtung werden gelegentlich angebracht, so z. B. zur Fassung von eisernen Zugstangen, als Uebergang vom dünnen Rundeisen in das

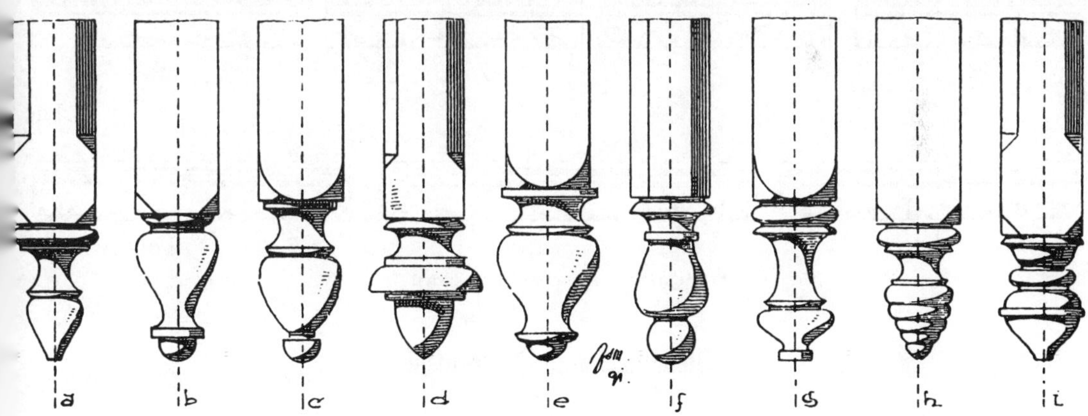

Fig. 186. Runde Hängezapfen.

stärkere Kantholz. Bezüglich der Herstellung der Knöpfe gilt dasselbe. was über die Hängezapfen bemerkt wurde. Sie können ebenfalls kantig oder rund sein. Vierkantige Knöpfe führen, wenn die Form danach ist, auch den Namen Obeliske. In vielen Fällen, aber nicht immer, können Knöpfe als Hängezapfen und umgekehrt verwendet werden, wenn man sie stürzt. Wer ein einigermaßen entwickeltes Form- und Stilgefühl besitzt, wird dies zugeben, wenn er die betreffenden Abbildungen unserer Figuren und Tafeln einmal in gewöhnlicher Weise und ein zweites Mal mit Umdrehung des Buches betrachtet.

Auf Taf. 24 sind 15 verschiedene, auf der Drehbank herstellbare Knöpfe zusammengestellt.

Ueber die Ausladung der Zapfen und Knöpfe gilt keine bestimmte Regel, gewöhnlich ist sie gröfser als der Durchmesser oder die Dicke des ansetzenden Kantholzes. Wird die Ausladung geringer als der Durchmesser, so geht die Form des Zapfens und Knopfes in diejenige der Rosette über. (Vergl. Tafel 25, auf welcher 29 verschiedene, auf der Drehbank herstellbare Rosetten samt ihren Profilen wiedergegeben sind.)

Rosetten finden im dekorativen Holzbau vielfach Anwendung, unter anderem am Kreuzungspunkt von Verbandshölzern (Fig. 173), auf den Unterzügen der Decken, in der Mitte von Kassetten, an Gesimsen, auf den Füllungen der Balustraden etc. Aufser den glatten Rosetten kommen auch kannelierte und geschnitzte vor. Zapfen, Knöpfe und Rosetten können durch Bemalung und Vergoldung in der Wirkung gesteigert werden.

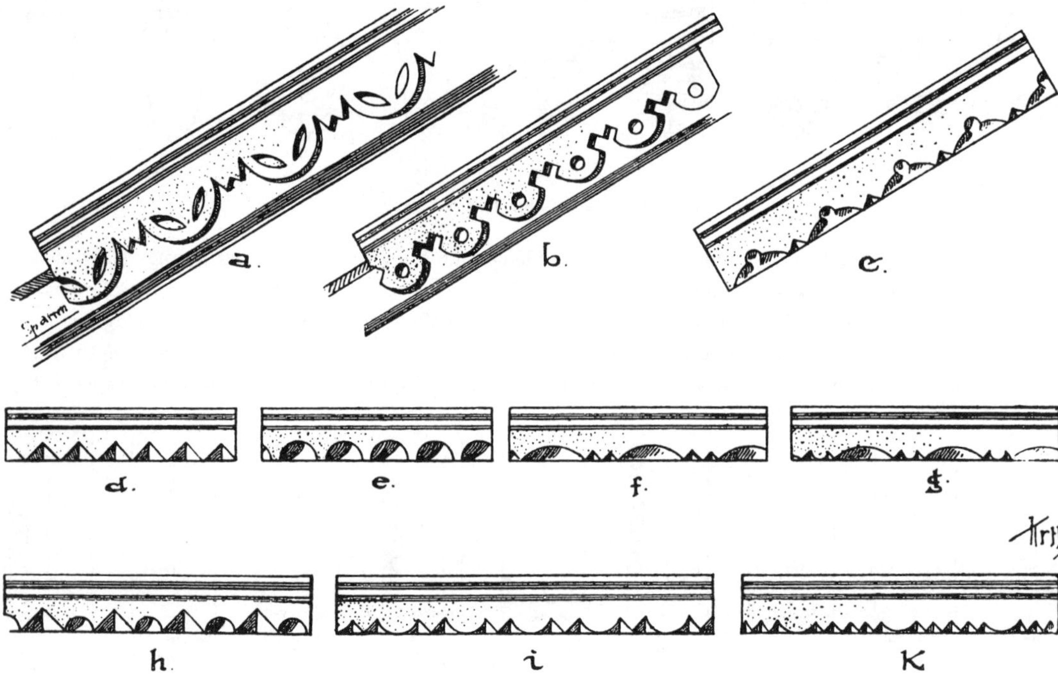

Fig. 187. Verzierte Giebelleisten.

7. Giebelleisten und Traufleisten.

(Tafel 26.)

Wie aus Fig. 124 ersichtlich ist, in welcher die übliche Dacheinbindung am Giebel gezeigt ist, wird an den Giebelsparren ein Giebelbrett oder eine Giebelleiste angeschraubt, die an reicheren Holzbauten dann auch als Verzierung ausgenützt wird. Die Giebelleiste besteht meist aus einem Brettstreifen, dem am oberen Rand ein profilierter Stab aufgenagelt wird. Der Brettstreifen wird im einfachsten Fall abgefast oder mit einer Viertelskehle versehen. Will man etwas reicher gehen, so werden Kehlungen und Kerben eingeschnitten, wie es Fig. 187 in c bis k zeigt. Eine kräftigere Wirkung läfst sich erreichen, wenn das Giebelbrett nach irgend einem Muster façonniert und ausgeschnitten wird. (Fig. 187a und b.) Das Muster mufs so gewählt sein, dafs die ausgesägten Teile nicht gar zu leicht abbrechen.

Das untere Ende des Giebelbrettes wird nicht selten besonders berücksichtigt, indem es zu einer kleinen Eckblume oder einer anderen entsprechenden freien Endigung ausgebildet wird. Eine dem Ende des Giebelbrettes aufgesetzte Rosette giebt ebenfalls einen guten Abschlufs. Auf Taf. 26 sind 8 verschiedene

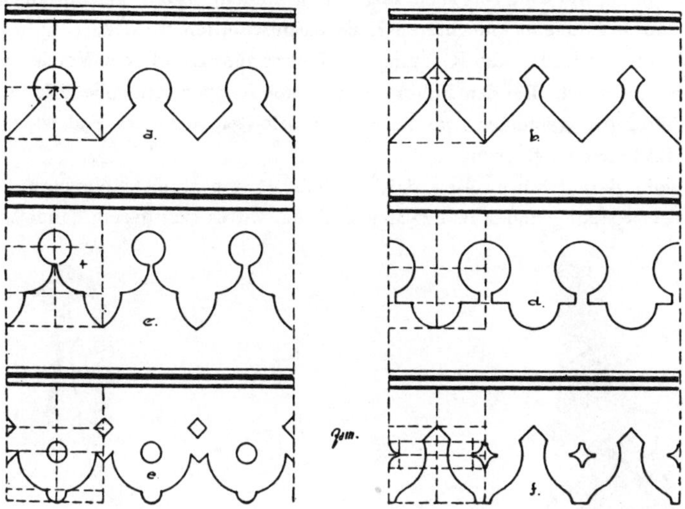

Fig. 188. Traufleisten.

Beispiele aufgezeichnet, deren an und für sich glatt belassene Giebelleisten derartige Ecklösungen aufweisen. Wo am First eine Giebelblume angebracht wird (vergl. den folgenden Artikel), da kann diese, hälftig genommen, etwas verkleinert und vereinfacht, das passende Motiv für die Eckbildung abgeben.

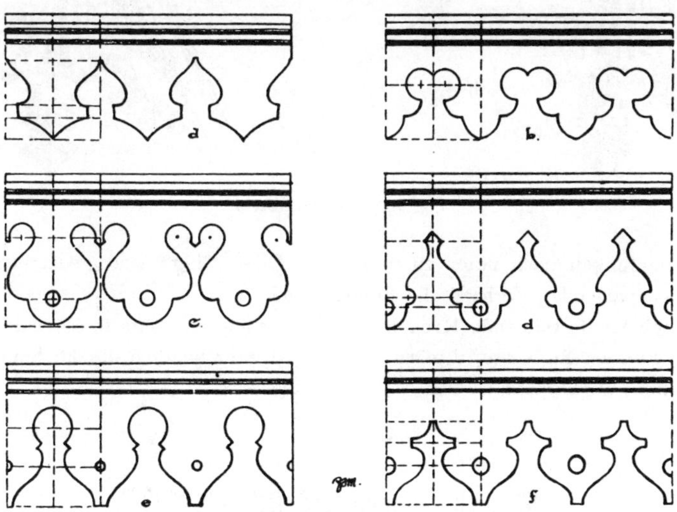

Fig. 189. Traufleisten.

Als **Traufbretter** oder **Traufleisten** bezeichnet man die Brettstreifen, welche längs der Trauflinie den Sparrenköpfen oder anderen Gesimsteilen vorgenagelt werden. Sie können wie die Giebelleisten glatt, mit Kerben versehen oder nach einem hübschen Muster ausgeschnitten sein. Die Figuren 188 und

189 bringen ein Dutzend derartiger Muster zur Abbildung. Auch hier ist in der Wahl des Musters und insbesondere auch in der Auswahl des zu verwendenden Holzes darauf zu achten, daſs die ausgeschnittenen Teile nicht gar zu leicht abbrechen und abgestoſsen werden.

Diese Muster sind, wie ein Vergleich zeigt, ähnlich denjenigen, welche entstehen, wenn die gereihten Füllbretter von Brüstungen am unteren Ende ausgeschnitten werden. (Fig. 202.) Der Unterschied beider Fälle besteht nur darin, daſs die Richtung des Holzes zum Umriſs der Verzierung nicht die gleiche, sondern um 90° verschieden ist. Bei den Füllbrettern ist der Rapport oder die Wiederholung des Musters an die Breite der Füllbretter gebunden, was bei den Traufleisten nicht der Fall ist, da die Verzierung in ein und demselben Brettstreifen fortläuft.

Es genügt wohl, darauf hinzuweisen, daſs den Traufleisten ähnliche Verzierungen auch an anderen Stellen im Holzbau Verwendung finden und zwar überall da, wo es sich darum handelt, horizontale Partien

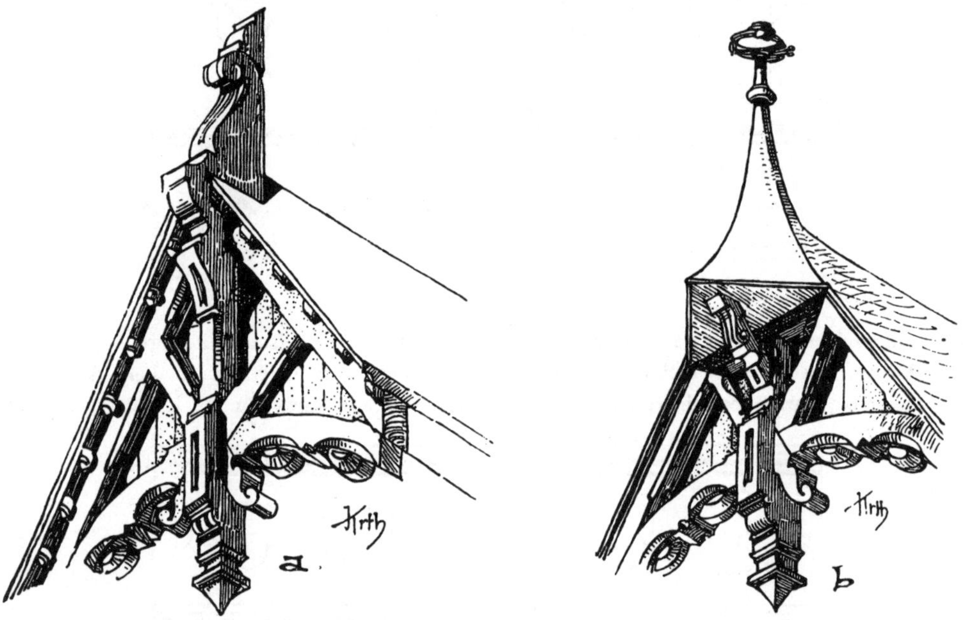

Fig. 190. Giebelspitzen.

mit fortlaufenden Endigungen nach unten zu verzieren. Diese Dinge sind gewissermaſsen im Holzbau das, was an einem Teppich oder Vorhang die Fransen sind.

Handelt es sich um fortlaufende Krönungen, die ja auch vorkommen, so sind die Motive ähnlich. So können z. B. die Formen Fig. 188 c, d, e und 189 b, c, d ganz wohl in diesem Sinne dienen, wenn sie umgedreht oder gestürzt angebracht werden.

---

8. Giebelblumen und Stirnbretter.

(Tafel 27 und 28.)

Es sind oft an und für sich unbedeutende und wenig ins Geld laufende Zuthaten, die ein Bauwerk auſserordentlich heben und herausputzen können. Dazu gehören vor allem die Giebelblumen und Dachspitzen. Ohne dieselben wirkt das Dach immer stumpf, während der vom lichten Himmel sich abhebende

Umriſs lebendig wird, wenn die Giebel-, Walm-, Turm- und Zeltdachspitzen eine richtige Krönung erhalten. Vielfach ergeben sich diese Krönungen in der Form von Blitzableiter- und Flaggenstangen, von Wetterfahnen etc. von selbst. Andernfalls erscheint es angezeigt, für passende Krönungsornamente zu sorgen. Dies kann nun in verschiedener Weise geschehen.

Fig. 191. Giebelspitzen.

An Gaupen und Vordächern kann man die Hängesäule, wenn eine solche vorhanden ist, über den First führen und sie als Krönung endigen lassen, wie es etwa Fig. 190 in a zeigt und wofür wir auf Taf. 19 einige weitere Beispiele gegeben haben. Wenn eine eigentliche Hängesäule nicht vorhanden ist, so kann

Fig. 192. Giebelblumen.

man den Sparren ein senkrechtes Holzstück vornageln, welches deren Stelle in dekorativer Hinsicht vertritt, und demselben nach oben und unten Endigungen in der Form von gedrehten Knöpfen und Zapfen anfügen. (Fig. 191.) Damit die Krönung weniger mager ausfällt, empfiehlt es sich, wie diese Figur zeigt, die Giebelleisten mit zur Verzierung heranzuziehen und die Giebelbretter entsprechend auszuschneiden.

Man kann auch nach russischer Bauart die Giebelsparren über den Kreuzungspunkt hinaus verlängern und ornamental endigen lassen.

Ein bei uns im Holzstil allgemein übliches Mittel der Giebelspitzenverzierung besteht ferner darin, dafs die Giebelleisten, wie unten in Eckblumen, oben in eine aus einem Brett ausgesägte und für sich

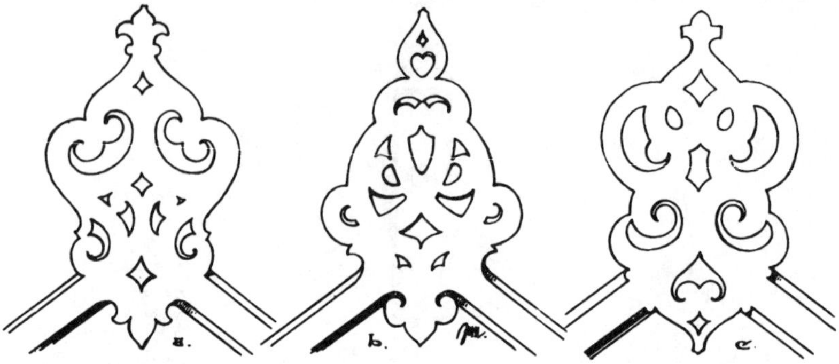

Fig. 193. Giebelblumen.

eingesetzte Giebelblume endigen. Wie das gemeint ist, zeigen die Darstellungen auf Taf. 27. Weitere Beispiele ähnlicher Art geben die Figuren 192, 193 und 194 wieder.

Die ausgesägten Giebelblumen müssen in erster Linie durch einen gefälligen Umrifs wirken. Das übrige geschieht durch Aussägen oder auch blofses Tieferschneiden einzelner Partien. Als Verzierungs-

Fig. 194. Giebelblumen.

motiv dienen meist Palmetten und Pflanzenornamente (Fig. 192) oder blofses Schnörkel- und Kartuschenwerk. (Fig. 193.) Auch das Motiv des Kreuzes kann zu Grunde gelegt werden (Fig. 194), und zwar, wenn es sich um Kapellen und ähnliche Bauten handelt, in ausgesprochener Weise. (Taf. 27 f.) Gelegentlich werden auch heraldische Motive, wie der Adler, zu Grunde gelegt. (Taf. 27 c.) In allen Fällen ist es angezeigt, ein tadelloses und widerstandsfähiges Holz zu wählen und die Verzierung so zu halten, dafs die nötigen Verbindungen oder Stege in genügender Weise stehen bleiben, damit die Blume nicht bald ein trauriges Ende nimmt. Ein passender Anstrich trägt nicht nur zur Erhaltung wesentlich bei, sondern

Fig. 195.
Dachspitzen aus Zink von Kraus, Walchendach und Peltzer; Stolberg.

auch zum guten Aussehen, insbesondere wenn Abfasungen, Kerben etc. in lebhaften Farben ausgefaſst werden.

An dieser Stelle mögen auch die Giebelspitzen aus Metall erwähnt sein. (Fig. 190 b.) Selbstredend ist das gedrückte Zinkblech weit widerstandsfähiger gegen die Einflüsse der Witterung als das vergängliche Holz, weshalb sich diese fabrikmäſsig hergestellten und verhältnismäſsig nicht teuren Dachspitzen rasch eingebürgert haben. Die Fig. 195 zeigt ein Dutzend Dachspitzen nach dem Musterbuch der Stolberger Zinkornamentenfabrik von Kraus, Walchenbach und Peltzer. (Die Muster sind zum Teil gesetzlich geschützt.)

Auch die Dachspitzen aus gebranntem Thon sind wetterbeständig. Sie sind naturgemäſs weniger zierlich als die Metallspitzen und passen auch eigentlich nur zu Ziegeldächern. Wir wollten sie aber nicht unerwähnt lassen und bilden einige Beispiele aus der Musterkarte der Ziegel- und Thonwarenfabrik von Carl Ludowici in Ludwigshafen und Jockgrim ab. (Fig. 196.) Durch farbige Glasur wird das Aussehen der Spitzen aus gebranntem Thon ebenfalls gehoben.

Fig. 196.
Dachspitzen aus Thon von C. Ludowici, Ludwigshafen und Jockgrim.

Den ausgeschnittenen Giebelblumen der Form und Herstellung nach verwandt sind die Stirnbretter. Man bezeichnet als solche die Bretter, welche den Balken- und Pfettenköpfen vorgenagelt werden, wenn letztere unverziert bleiben. Es wird dabei der doppelte Zweck verfolgt, das Hirnholz der Balken und Pfetten gegen die eindringende Feuchtigkeit zu schützen und anderseits ein weiteres Dekorationsmittel zu gewinnen. Dem ersteren Zweck kann ja auf einfachere aber wenig schöne Art genügt werden, wie Fig. 197 zeigt. Will man etwas mehr thun, so werden die Stirnbretter entsprechend façonniert und mit eingeschnittenen Verzierungen versehen. (Fig. 198.) Für die Pfettenköpfe im Giebel und besonders an Vordächern pflegt man das Stirnbrett ganz zu belassen, soweit es das Hirnholz deckt, und die ausgesägte Verzierung wird erst auf dem nach unten überhängenden Teil angebracht. Das ist auch insofern das einzig Richtige, als eine ausgesägte Partie vor dem Hirnholz dasselbe wenig schützen, unter Umständen sogar schädigen würde. Es handelt sich hierbei also in ornamentaler Beziehung um Abschlüsse mit der Richtung nach unten, wobei einfache Schnörkel, Kartuschen oder geometrische Motive der Verzierung zu Grunde gelegt werden, wie die Fig. 199 es veranschaulicht. Neun weitere Beispiele ähnlicher Art, auch mit Verwendung von aufgesetzten, auf der Drehbank hergestellten Rosetten, führt die Taf. 28 vor.

9. Balustraden, Brüstungen und Füllbretter.

(Tafel 29 und 30.)

Unter Brüstungen versteht man in der Architektur, gleichgültig aus welchem Material, Abschlüsse von Gängen, Treppenplätzen, Veranden, Balkonen, Emporen etc. zum Schutze gegen das Abstürzen. Die gewöhnliche Brüstungshöhe beträgt 80 bis 100 cm, selten mehr. Die Brüstungen können geschlossen oder durchbrochen sein. Im letzteren Falle sind die Oeffnungen derart zu bemessen, dafs nicht etwa Kinder durchkriechen und abfallen können. Im Holzbau sind durchbrochene Brüstungen eine alltägliche Erscheinung.

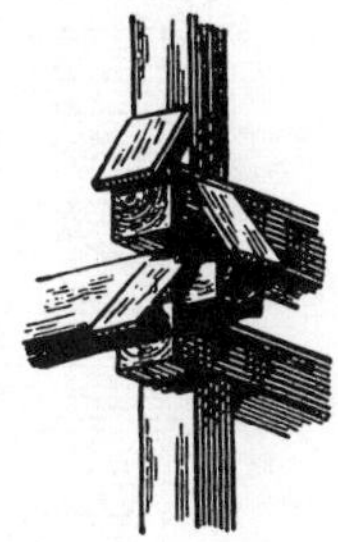

Fig. 197.
Schutzbretter für das Hirnholz der Balken.

Die Brüstungen werden zu Balustraden, wenn der Abschlufs durch Baluster oder Docken erfolgt, wie dieselben bereits besprochen worden sind. Im nicht wählerischen Sprachgebrauch geht das Wort Balustrade aber auch gelegentlich für andersartige Brüstungen.

Abgesehen von der Reihung von Docken kann die Brüstungsbildung auch in der Weise erfolgen, dafs Schwelle und Brüstungsholz (die unten und oben durchlaufenden Horizontalhölzer) in gewissen Abständen durch kleine Pfosten verbunden werden, wobei quadratische oder rechteckige Felder entstehen, die dann auf irgend eine Weise ausgefüllt werden. (Fig. 200.)

Für die etwaige Art der Ausfüllung sind auf Tafel 29 sechs verschiedene Beispiele gegeben und drei weitere durch die Fig. 200. Mit Hilfe von Zwischenpföstchen, Querriegeln, Knaggen, Bügen, Mittel-

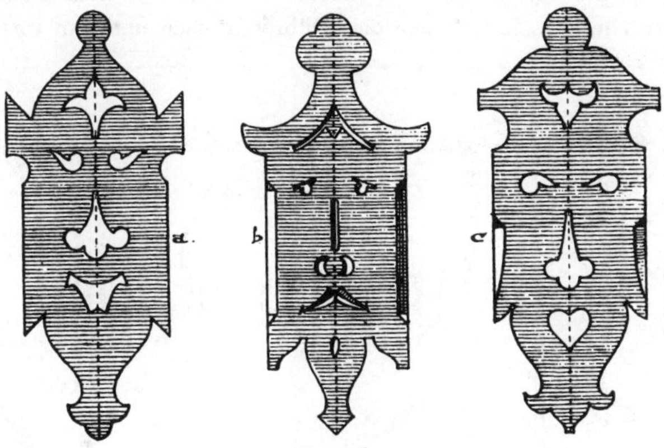

Fig. 198.
Verzierte Stirnbretter.

rosetten und speichenartigen, gedrehten Teilen lassen sich auf diese Weise für quadratische Felder ganz hübsche Lösungen finden, die durch richtige farbliche Behandlung ebenfalls nur gewinnen können. Selbstredend müssen bei derartigen Bildungen wieder Abfasungen, Kerbungen und Kannelierungen dabei sein. (Vergl. Fig. 201 mit den perspektivischen Einzelheiten zu Taf. 29a und b.) Da die Holzverbindungen bereits weiter oben besprochen sind, so mögen diese Andeutungen genügen.

Eine andere, ganz allgemein übliche Art der Ausfüllung, insbesondere für rechteckig gestaltete Felder, ist diejenige durch Reihung von ausgeschnittenen Füllbrettern, auf Taf. 30 in neun verschiedenen

Beispielen vorgeführt. Diese Art erscheint besonders dann angezeigt, wenn die Pfosten durchlaufen und das obere und untere Horizontalholz als Riegel zwischen dieselben eingezapft werden, wie es vornehmlich an Veranden vorzukommen pflegt. Die genannten Riegel werden dann in der Weise genutet, daſs die Füllbretter eingeschoben werden können. Liegt das untere Verbindungsholz des Wasserablaufes wegen

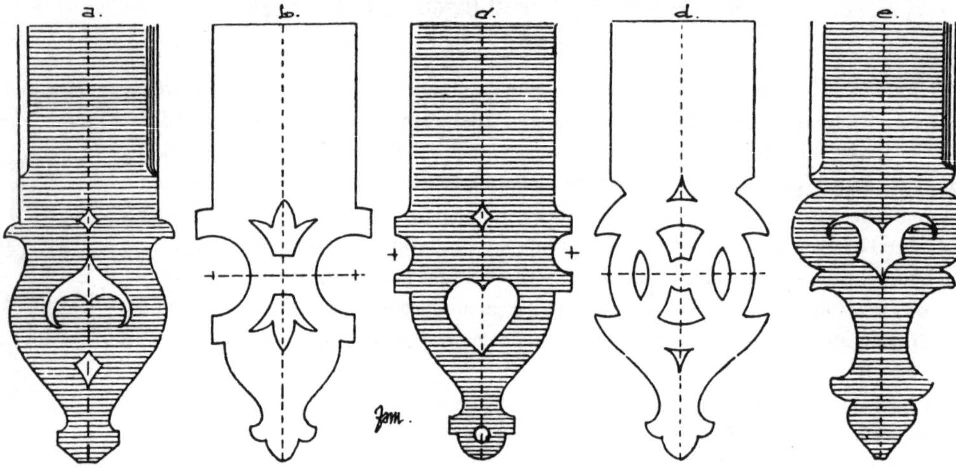

Fig. 199.
Stirnbretter in ausgesägtem Holze.

nicht auf dem Boden auf, so wird es am besten als zweiseitige Leiste gestaltet und die Füllbretter greifen nach unten durch die Doppelleiste hindurch. In diesem Fall sorgt man dann gewöhnlich für einen besseren Abschluſs in dekorativer Hinsicht, indem man die Füllbretter nach unten in irgend einer Schweifung aus-

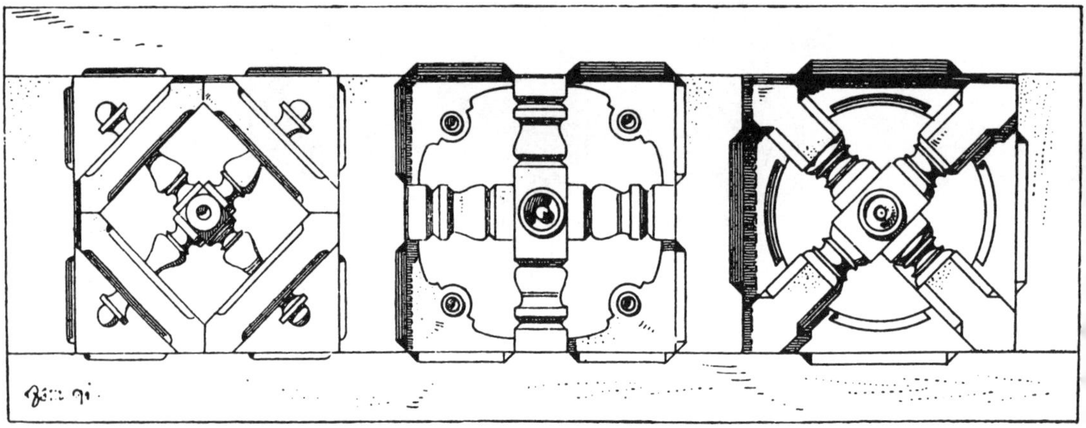

Fig. 200.
Brüstungen.

schneidet. Dies zeigt die Tafel 30 und auſserdem sind etwas weitergehende Endigungen solcher Art durch Fig. 202 vorgeführt.

Das Aussägen der Füllbretter darf der Zerbrechlichkeit wegen nur mit Maſs und Ziel erfolgen, da diese Dinge nicht nur dem Wetter, sondern auch anderen Beschädigungen ausgesetzt erscheinen. Es ist ferner darauf zu achten, dafs die Musterung derart ist, dafs nicht nur die Füllbretter einen hübschen Umrifs aufweisen, sondern dafs auch die entstehenden Leerräume eine geniefsbare Form haben, weil diese auch für sich wirken. An den Holzbauten ländlichen Charakters in der Schweiz, in Tirol etc. finden sich öfters ganz originelle und wohlgelungene Füllbrettformen. Wenn die Füllbretter einem Treppenlauf folgen, also ein Treppengeländer bilden, so müssen die Umrisse eine entsprechende Aenderung erleiden, weil die gewöhnlichen Bretter ansteigend gereiht nur zufällig ein gutes Muster ergeben würden. In dieser Beziehung verweisen wir auf die Figuren 203 und 204. Man gestaltet die Ausschnitte symmetrisch, dann werden die Füllbretter unsymmetrisch, was besser aussieht, als der umgekehrte Fall.

Auch an anderen Stellen werden öfters Füllbretter angeordnet, so z. B. in dem Dreieck, welches zwischen Pfosten, Pfette und Bug sich gestaltet, dann in den verschiedenartigen Feldern und Zwickeln, welche im Holzwerk der Vordächer und der offenen Hallen sich bilden. Man kann auch hier Brettstreifen aneinanderreihen und die Verzierung ähnlich derjenigen der besprochenen Brüstungsfüllbretter halten.

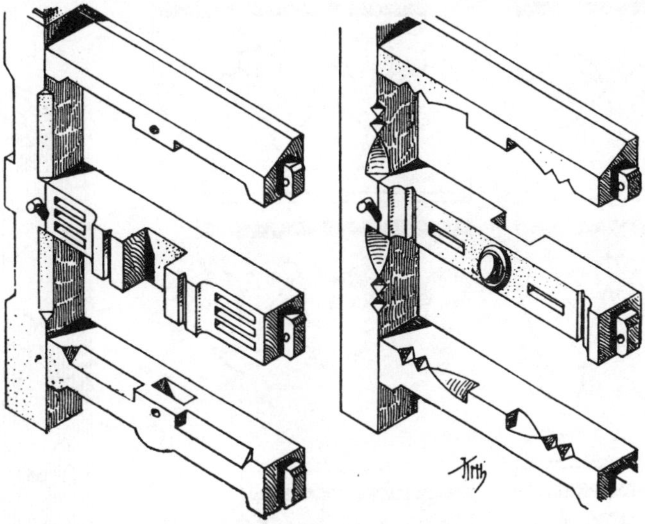

Fig. 201. Einzelheiten zu Tafel 29.

Dies geschieht gewöhnlich nur dann, wenn die betreffenden Felder verhältnismäfsig grofs sind. Kleinere Oeffnungen füllt man mit einem einzigen Brettstück, welches verleimt wird, wenn die gewöhnliche Dielenbreite nicht ausreicht. Diese Füllbretter werden dann nach einem abgepafsten Muster ausgesägt und werden auf diese Weise zur selbständigen Füllung. Die Fig. 205 zeigt ein über Eck gestelltes Quadrat und vier rechtwinklige Dreiecke, welche in diesem Sinne verziert sind. Auch hier ist wiederum auf festes Holz zu sehen und es müssen im Muster genügend viele Stege zum Zusammenhalt stehen bleiben.

Man kann die Verbandshölzer zur Aufnahme der Füllungen, welche dann gröfser als die Lichtöffnungen sein müssen, ausfalzen. Einfacher und allgemein üblich ist es jedoch, der Füllung die Gröfse der Lichtöffnung zu geben, dieselbe in das leere Feld einzupassen und beiderseits dem Rand entlang laufende Leisten oder profilierte Stäbe auf die Verbandshölzer aufzunageln oder aufzuschrauben. Auf diese Weise erhalten die Füllbretter einen guten Halt, auch für den Fall, dafs sie im Wetter aufreifsen und springen, und beim Schwinden der Füllung werden die Fugen nicht sichtbar. Die Füllungsbretter sitzen nur lose zwischen den Leisten und werden mit denselben nicht genagelt. (Vergl. Fig. 206.)

Unsere Tafeln und Figuren zum folgenden Abschnitt des Buches zeigen weitere Beispiele derartiger Füllungen in ihrer Anwendung auf ausgeführte Bauteile.

10. Thür- und Fensterumrahmungen und Verdachungen.

(Tafel 31 und 32.)

Die natürliche Umrahmung der Thür- und Fensteröffnungen bilden die betreffenden Pfosten, die Thür-, Fenster- und Brustriegel, welche in jene eingezapft werden. Die Fig. 207 zeigt ein Fenster, welches auf diese Weise umrahmt ist. Dabei bleibt es nun für gewöhnlich nicht. Es war früher gang und gäbe, die Pfosten und die oberen Riegel durch Kantenwulste zu verzieren und den Brustriegel der Fenster durch ein Simsbrett abzudecken, welches bei gröſserer Ausladung durch Konsolen oder Knaggen gestützt wurde. Im neuzeitigen Fachwerksbau beschränkt man sich vielfach darauf, Pfosten und Oberriegel abzufasen oder auszukehlen und auf dem Brustriegel ein einfaches abgeschrägtes Simsbrett aus Eichenholz

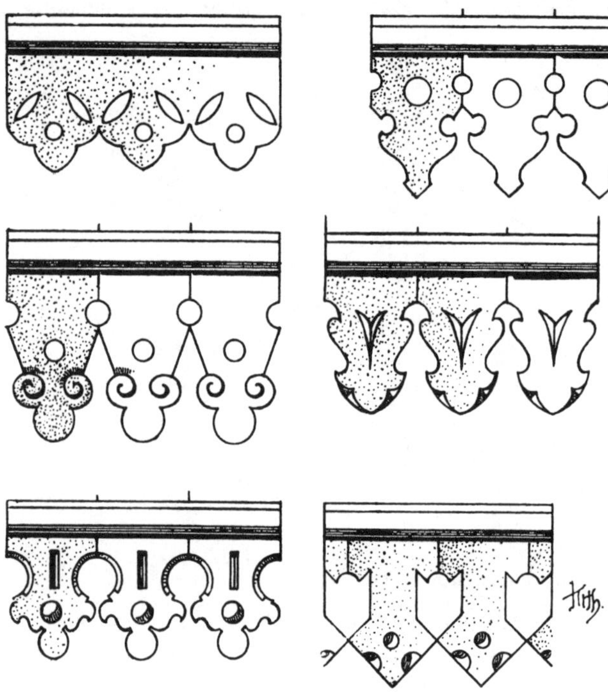

Fig. 202.
Füllbrettendigungen.

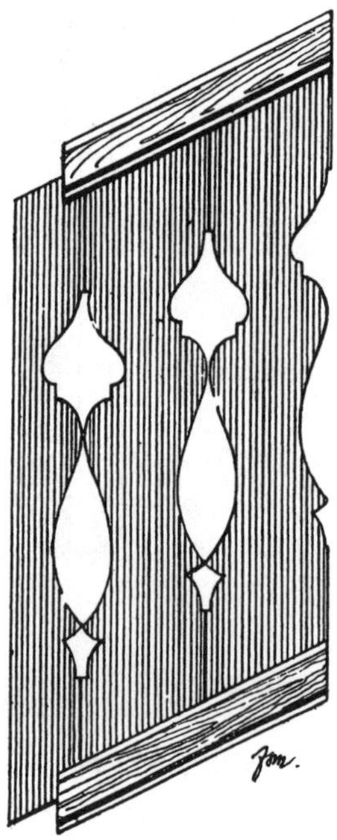

Fig. 203.
Füllbretter für Treppengeländer.

anzubringen, dem man des besseren Aussehens halber noch eine profilierte Leiste auf der Unterseite zugiebt. Die Sitte, reichere Umrahmungen mit Hilfe der Schnitzerei herzustellen, wie es Fig. 208 zeigt, ist vollständig fallen gelassen und ebenso die Gepflogenheit, die Fenster als selbständige Bildungen der Wand vorzubauen. (Fig. 209.) Wenn heute etwas weiteres zur Ausschmückung geschehen soll, so wählt man das Mittel der Verkleidung. Die Fensterpfosten und der Fensterriegel werden in der Leibung und auf den in der Wand liegenden Flächen mit gehobelten Brettern verkleidet und da der Brustriegel schon durch das Simsbrett gedeckt wird, so braucht ihm nur noch auf der Auſsenfläche ebenfalls ein Brett vorgenagelt zu werden, um das ganze Verbandsholz zu verstecken. Diese Verkleidung gewährt den nötigen Schutz; wenn sie aber unverziert bleibt, ist in dekorativer Hinsicht nichts gewonnen. Man pflegt deshalb die Verkleidungsbretter der Wandfläche am äuſseren Rand zu schweifen, so daſs nach oben eine Art

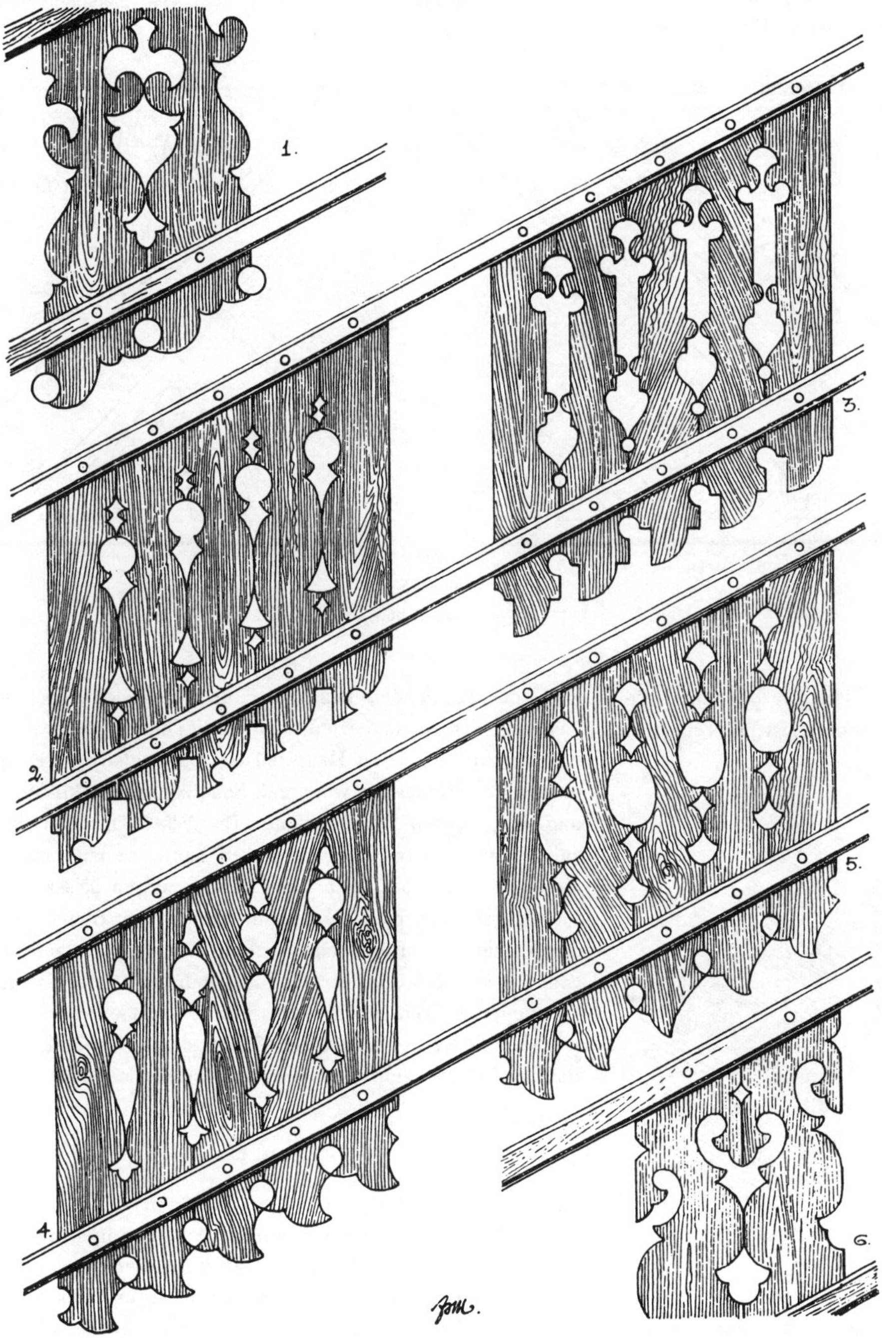

Fig. 204. Füllbrettbildungen für Treppengeländer.

Krönung und nach unten ebenfalls ein ordentlicher Abschlufs erzielt wird. Mit Hilfe von Abfasungen, Kehlungen, Ausschnitten und aufgenagelten Rosetten lassen sich auf diese Weise ganz geniefsbare und wenig Geld erfordernde Fensterumrahmungen gestalten. Die Tafel 31 stellt vier Beispiele von in diesem Sinne entworfenen Fensterumrahmungen zusammen.

Fig. 205.

Ausgesägte Füllungen.

Da auf die genannte Weise wohl das Rahmholz, nicht aber das Verkleidungsholz gegen das Wetter geschützt ist, so bringt man über dem Fenster und wohl auch über Thüren gerne eine besondere Verdachung an, deren Hauptteil ein pultdachartig geneigtes Brett ausmacht, welches zu weiterem Schutze mit Zinkblech abgedeckt und eingebunden werden kann. Da dieses Dach an und für sich zur Verschönerung wenig beitragen kann, so unterstützt man aus diesem Grunde und des besseren Haltes wegen dieses Brett beiderseits durch Konsolen, Knaggen oder kleine Büge, die dann für die Verzierung ausgenützt werden können etwa auf eine Weise, wie sie auf Tafel 32 zur Geltung gebracht ist. Derartige Verdachungen wirken, sauber ausgeführt, beispielsweise in der Form, wie sie die letzte Figur dieser Tafel zeigt, gewöhnlich ganz malerisch und tragen zum guten Gesamtaussehen nicht unwesentlich bei.

Fig. 206.

Befestigung der Füllbretter in Vordachgiebeln etc.

Wir schliefsen diese kurzen Ausführungen über die künstlerische Formgebung der Einzelheiten mit dem Bedauern, dafs der moderne Holzbau so wenig in der Lage ist, auf diesem Gebiete Erhebliches leisten zu dürfen. In Städten ist der Fachwerksbau überhaupt der Feuergefährlichkeit halber vielfach baupolizeilich untersagt und so verbleibt ihm als Anwendungsgebiet überhaupt nur ein sehr beschränkter Teil der neuzeitigen Bauthätigkeit. Gerade deshalb sollten unsere Architekten, wenn eine passende Gelegenheit

Fig. 207.
Partie eines Hauses in Cochem.

Fig. 208.
Gotische Thürumrahmung.

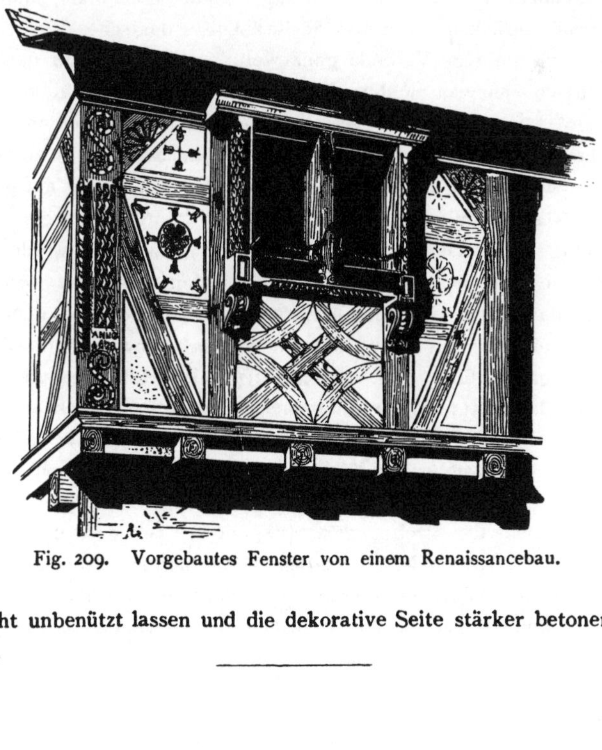

Fig. 209. Vorgebautes Fenster von einem Renaissancebau.

sich bietet, dieselbe nicht unbenützt lassen und die dekorative Seite stärker betonen, als es in den letzten Jahrzehnten üblich war.

VII. DIE DEKORATIVEN BEIWERKE DES AUSSENBAUES.

1. Veranden. — 2. Balkone. — 3. Erker. — 4. Vordächer. — 5. Dachgaupen. — 6. Dachreiter. — 7. Einfriedigungen. — 8. Thore.

---

1. Veranden oder Lauben.

(Tafel 33 und 34.)

Unter einer Veranda verstehen wir in Süddeutschland im Holzbau einen an das Hauptgebäude angelehnten, offenen, aber gedeckten Vorbau, der auf Pfosten ruht, die ihrerseits wieder auf einem Sockel oder steinernen Unterbau aufstehen. Die Veranda ist offenbar eine Erfindung südlicher Länder, wie schon die aus dem Italienischen oder Spanischen stammende Bezeichnung andeutet, die auf das lateinische „virens“, d. h. grünend, zurückzuführen sein dürfte. Unser deutsches Wort „Laube“ deckt den Begriff nicht vollständig, da wir uns eine Veranda ganz wohl auch ohne Grün denken können und da es auch Lauben giebt, die entschieden das nicht sind, was man als Veranden zu bezeichnen pflegt.

In den Figuren 210, 211 und 212 sind verschiedene Verandenanlagen in schematischer Weise zusammengestellt. Sämtliche Beispiele zeigen einen steinernen Unterbau, wie er an Wohnhäusern und Villen nötig wird, um den Boden der Veranda mit demjenigen des ersten Geschosses auf gleiche Höhe zu bringen, so dafs zur Verbindung blos eine Thüre notwendig ist. Man kann allerdings den Verandaboden auch tiefer anordnen und der Thür entsprechende Treppentritte vorlegen. Auch werden gelegentlich Veranden mit Holzböden gebaut, wobei dann die Pfosten bis zum Erdboden verlängert werden können. Es ist dies jedoch wenig zweckmäfsig, da es sein Mifsliches hat, den Unterbau offen zu lassen und ebenso, denselben zu verschalen. Ob die Veranda nur mit dem Hauptbau in Verbindung steht, oder ob gleichzeitig eine Treppe in den Hof oder Vorgarten führt (Fig. 210d und 211e), ist willkürlich und nebensächlich.

Die Höhe der Veranda richtet sich im allgemeinen nach der Stockwerkshöhe des Hauptbaues, kann jedoch auch niedriger sein. Die Breite und Tiefe sind sehr wechselnd, jedoch so, dafs die erstere stets überwiegt. Den vorderen, freistehenden Pfosten entsprechen gewöhnlich an die Wand angelehnte Klebepfosten. Der Tiefe nach werden nur bei gröfseren Anlagen Zwischenpfosten erforderlich. Bei ganz kleinen Veranden fehlen sie auch der Breite nach. (Fig. 210a.) Bei gröfserer Breite wird inmitten ein Zwischenpfosten angebracht (Fig. 210b) oder es werden deren mehrere angeordnet. (Fig. 210h.) Da ein Mittelpfosten gerade keine schöne Wirkung ergiebt, so verlegt man in die Mitte der Breite meist eine Oeffnung, läfst dieselbe dominieren und bringt zu beiden Seiten schmälere Oeffnungen an. (Fig. 210g und i; Fig. 211c und d.)

Auf Brüstungshöhe wird die Veranda immer geschlossen und zwar durch Backsteinmauerung oder durch Füllbretter mit Ausschnitten oder mit Deckleisten. Auch Brüstungsbildungen nach Fig. 200 und Tafel 29 sind nicht selten. Das hängt nur davon ab, inwieweit man gegen Wind und Wetter geschützt sein will. Zwischen Brüstung und Decke bleibt die Veranda offen, entweder im ganzen oder nur in einzelnen Teilen. Vielfach werden die Seiten geschlossen, während die Vorderseite offen bleibt. Kommen nach oben hin Querriegel zur Verwendung, so kann auch die obere Partie geschlossen werden, um das Ganze weniger luftig zu machen. (Fig. 210c und i.) Diese Ausfüllungen können ebenfalls durch Aus-

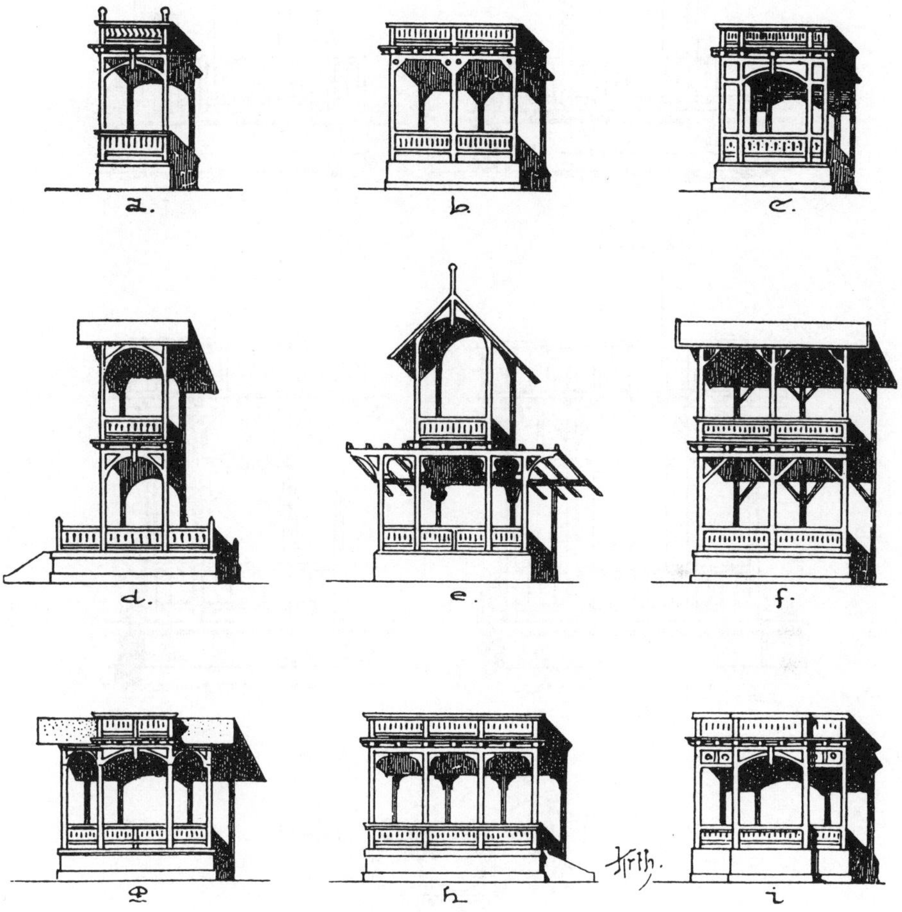

Fig. 210.
Veranden in schematischer Darstellung.

mauerung oder durch Verschalung oder Füllbretter mit Durchbrechung geschehen. Erfolgt ein vollständiger Abschluſs durch Verglasung, so geht die Veranda schon in einen Erker über, obgleich man auch von verglasten Veranden redet, wenn das übrige Aussehen danach ist.

Der Abschluſs der Veranda nach oben hin kann auf dreierlei Art geschehen:

1) durch eine offene Sparrenlage nach Art der italienischen Pergola oder des Laubenganges

Fig. 211. Veranden in Verbindung mit Altanen und als Thürvorbau.

(Fig. 210e, 211e, Fig. 214 und Tafel 34)*). Diese Abdeckungsart hat in unserem Klima jedoch wenig Verlockendes und empfiehlt sich nur dann, wenn die Veranda mit Kletterpflanzen umsponnen werden soll;

2) durch ein **wirkliches Dach**, welches dann meist die Form eines wenig geneigten Pultdaches mit oder ohne Walmen erhält (Fig. 210d und f) und mit Schiefer, Blech, Teerpappe etc. eingedeckt wird;

3) durch einen **Holz** oder **Asphaltboden**, welcher etwas Gefäll erhält. Dies geschieht dann, wenn der Veranda eine **Altane** aufgesetzt wird (Fig. 210a, b, c, h und i; Fig. 211, a bis d). Diese Altane, ebenfalls aus dem Süden stammend, erhält dann wiederum eine Brüstung und ist mittels einer Thür mit dem oberen Geschofs verbunden. Derartige Dinge sollten jedoch nur in geschützter Lage, wo sie dem Wetter wenig ausgesetzt sind, also nach Ost und Nord und niemals nach Südwest, angebracht werden, weil sie sonst Anlafs zu ewigen Reparaturen geben und dem Hauptgebäude selbst schädlich werden können.

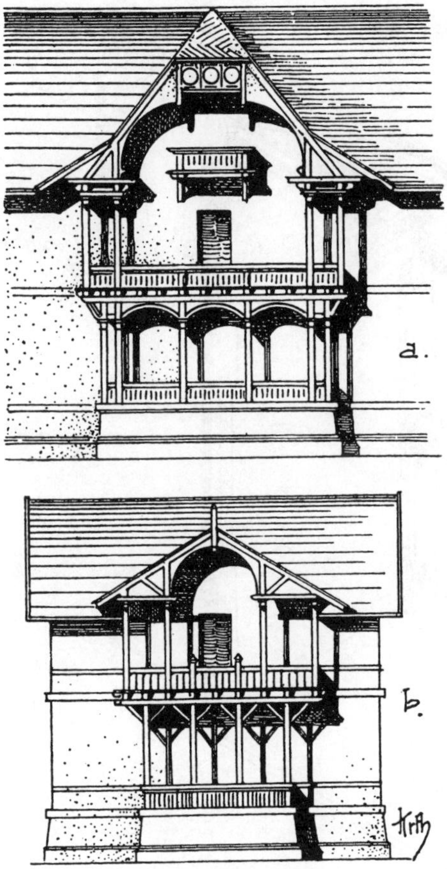

Fig. 212.
Veranden in Verbindung mit Vordächern.

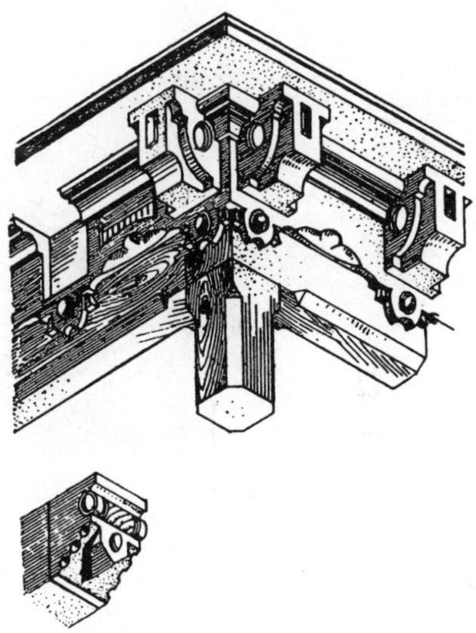

Fig. 213.
Einzelheit zu Tafel 33.

Werden die Pfosten der Altane weiter geführt, um ein Dach aufzunehmen, so haben wir die mehrstöckige Veranda (Fig. 210d, e und f) oder die Veranda in Verbindung mit einem Giebelvordach (Fig. 212 a und b), welches dann der Altane einigermafsen Schutz gewährt und derselben ein weniger rasches Ende sichert.

*) Diese Form wird auch in Norddeutschland als Veranda bezeichnet, während Veranden mit Dach dort als Vorhallen benannt werden.

Die Tafel 33 zeigt an zwei Beispielen die Ausstattung von reicher gehaltenen Veranden, deren Gesamtanlage durch die Skizzen c und d veranschaulicht wird. Die Fig. 213 giebt zu Tafel 33a ein perspektivisches Detail, aus welchem sich unter anderem ersehen läſst, wie auf der einen Seite des besseren Aussehens halber blinde Balkenköpfe eingesetzt werden.

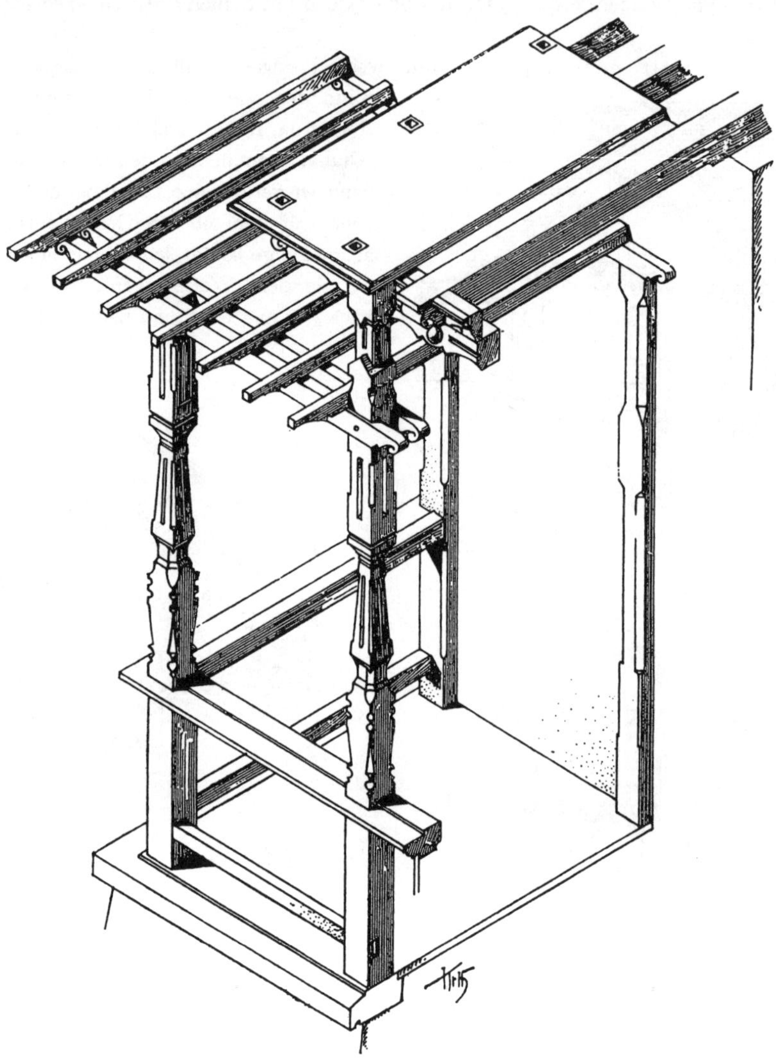

Fig. 214.
Einzelheiten zu Tafel 34.

Die Tafel 34 führt eine Veranda vor, welche dreiteilig ist, rechts und links nach Art einer Pergola gedeckt ist und in der Mitte eine Altane aufnimmt. Auch zu dieser Tafel ist in Fig. 214 eine perspektivische Erläuterung gegeben.

Da die Holzverbindungen und die Ausschmückung der Einzelheiten bereits weiter oben besprochen sind, so möge es genügen, darauf hinzuweisen, daſs die Pfostenbildungen der Tafeln 16, 17 und 18, sowie die Brüstungsbildungen der Tafeln 29 und 30 insbesondere auch zur Verwendung an Veranden geeignet sein dürften.

Die Veranden werden außer im Material des Holzes neuerdings auch vielfach aus Eisen hergestellt, wobei dann die Pfosten durch gegossene Säulchen, die Brüstungen durch schmiedeiserne Geländer ersetzt werden etc. Werden die Veranden im Materiale des Steins ausgeführt, wobei der luftige, leichte Charakter verloren geht, so spricht man dann auch meist nicht mehr von Veranden, sondern von Vorhallen etc. In ähnlichem Sinne geht der Ausdruck Veranda bei großer Ausdehnung in den Begriff Wandelgang über und die entsprechenden Altanen werden zu Galerien. Große, nicht abgedeckte oder mit Tüchern bespannte Veranden heißen Terrassen etc. Aehnlich wie in Bezug auf die Pergola oder den Laubengang werden auch Veranden im Material des Steins und Holzes ausgeführt; d. h. die Pfeiler, Säulen etc., unter Umständen auch die Brüstung werden in Stein gehalten, wogegen das Dach, Zwischenpfosten etc. aus Holz sind.

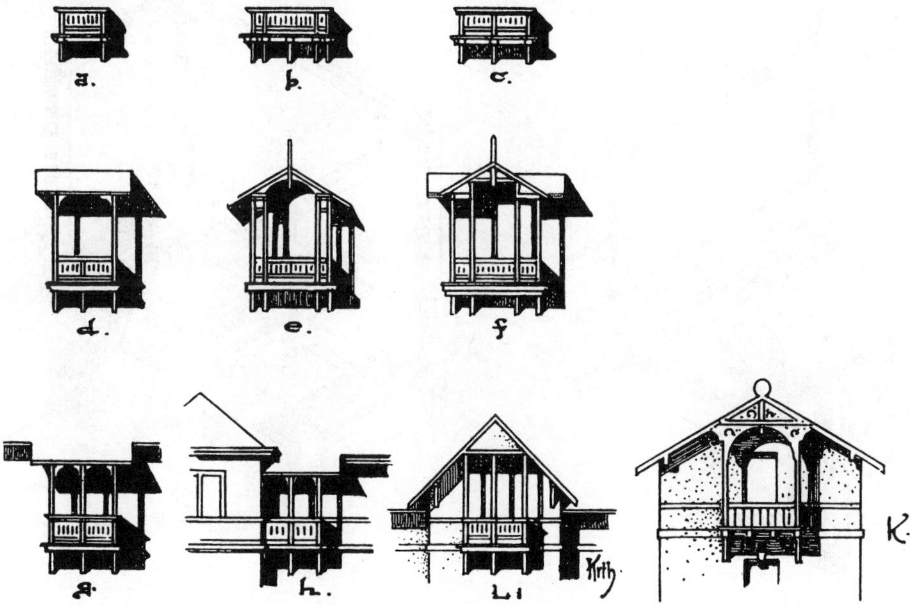

Fig. 215.
Balkone in schematischer Darstellung.

2. Balkone und Altanen.

(Tafel 35 bis 42 einschl.)

Als Balkone bezeichnet man offene, gedeckte oder ungedeckte Vorbauten, die, von Konsolen oder vorgekragten Balken getragen, nur in den oberen Stockwerken vorzukommen pflegen. Die Hauptbestandteile sind nebst den Trägern die Plattform und die Brüstung.

Die Sitte, an den Bauwerken Balkone anzubringen, dürfte aus dem Orient stammen und durch die Kreuzfahrer in das Abendland verpflanzt worden sein. Das Wort Balkon wird ebenfalls auf orientalischen Ursprung zurückgeführt. Die Ableitung aus der deutschen Bezeichnung für Balken hat wenig Sinn, weil das Mittelalter die Balkone nicht kennt und weil dieselbe Bezeichnung auch im Französischen und Italienischen vorkommt. Ein deutsches Wort, welches den Begriff deckt, ist nicht vorhanden.

Die Balkone kommen im Material des Steins, des Eisens und des Holzes zur Ausführung, wobei das letztere naturgemäfs das am wenigsten dauerhafte ist, obgleich es uns an dieser Stelle allein interessiert.

Die Balkonbildung kann erfolgen, indem einzelne Balken der allgemeinen Balkenlage über die Mauer hinaus weiter geführt und entsprechend unterstützt werden. Besser ist es, in Hinsicht auf Reparaturen den Balkon unabhängig von der Balkenlage zu konstruieren. Jedenfalls erscheint es angezeigt, im Interesse genügender Sicherheit gröfstmögliche Vorsicht bei der Konstruktion obwalten zu lassen, damit einem gelegentlichen Abstürzen im Laufe der Zeit vorgebeugt ist und es ist ohne weiteres begreiflich, dafs die hölzernen Balkone immer mehr durch solche aus Stein oder Eisen ersetzt werden oder dafs beide letzteren Materiale mit zur Bildung von Holzbalkonen beigezogen werden.

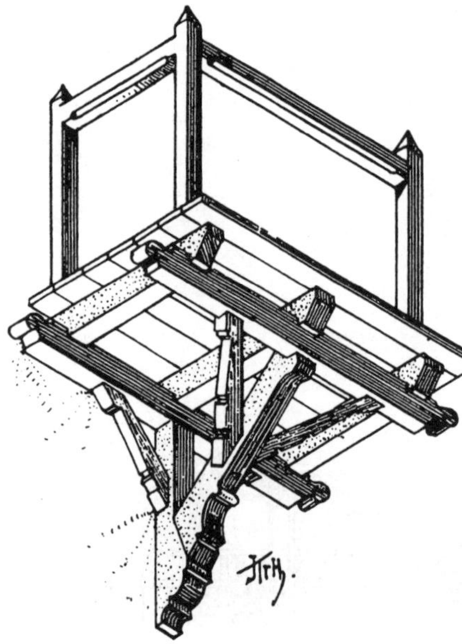

Fig. 216.
Zu Tafel 35 gehörig.

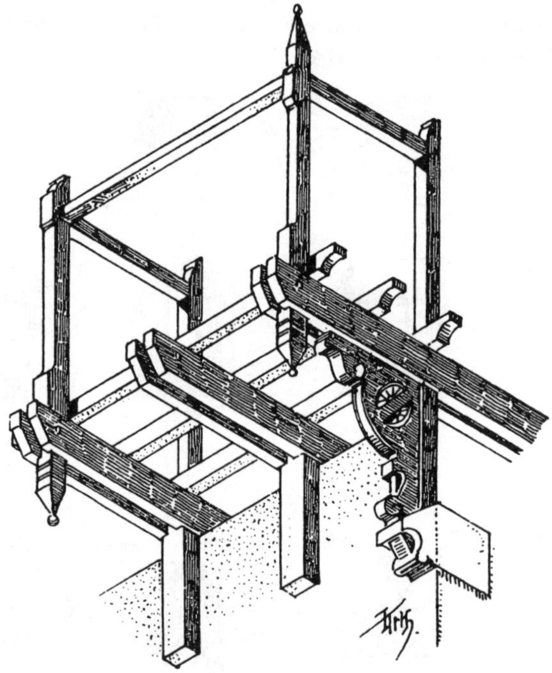

Fig. 217.
Zu Tafel 36 gehörig.

Die Figur 215 zeigt eine Anzahl von Holzbalkonen in schematischer Darstellung. In a, b und c sind Balkone ohne Verdachung, in d bis k solche mit Verdachung aufgezeichnet. Gewöhnlich fällt die Balkonmitte mit der Mittelfensteraxe zusammen, wobei dann das betreffende Fenster als Thüre behandelt wird, um den Balkon zugänglich zu machen. Bei Doppelfenstern genügt es, den einen Teil als Thüre auszubilden. Gröfsere Balkone umfassen wohl auch mehrere Fenster, wobei dann nur eines derselben zur Thüre wird, da man ins Freie führende Thüren möglichst zu umgehen sucht. Die Verlegung des Balkones in die Widerkehr, in das einspringende Eck eines Gebäudes, kommt selten vor (Fig. 215h) und ebenso das Herumführen eines Balkons um die ausspringende Ecke.

Die Bildung der Plattform erfolgt, indem einzelne Balken durch die Wand geführt und entsprechend verlängert werden. Liegt das Gebälke parallel zur Mauer, so wird ein Stichgebälke erforderlich. Besser aber ist es, wie bereits erwähnt, die Plattform selbständig für sich zu bilden und die betreffenden

Hölzer des Horizontalschubes wegen mit der Mauer zu verankern oder mit dem Stockgebälke zu verschrauben. Man legt den Boden, der am besten aus stumpf gestoſsenen, nicht gefalzten oder gefederten Dielen besteht, etwas tiefer als den dahinter liegenden Zimmerboden und giebt ihm etwas Gefäll nach auſsen, weshalb eine Ausklinkung der Balken stattfinden muſs, wenn das Stockgebälke selbst zur Bildung der Plattform benützt wird. Bei der selbständigen Bildung ist die Ausklinkung nicht erforderlich und die betreffenden Balkenstücke können tiefer als das Stockgebälke gelegt werden, so daſs noch eine Querbalkenlage über demselben angeordnet werden kann, auf welche dann erst der Boden zu liegen kommt. Die aus der Wand heraustretenden Balken werden am freien Ende in ein profiliertes Kopfholz eingezapft,

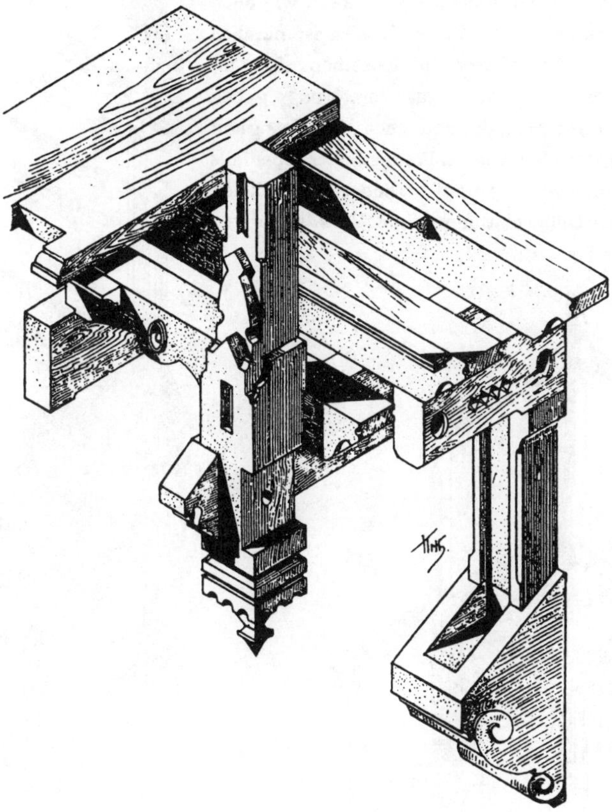

Fig. 218.
Zu Tafel 36 gehörig.

oder, was besser und hübscher ist, sie endigen als verzierte Balkenköpfe, zwischen welche Querwechsel eingezapft sind, die profiliert oder mit Leisten verziert werden. Werden diese Wechsel auch längs der Wand angeordnet, so bilden sich für die Unteransicht dekorativ zu verwertende Kassetten. Eine Durchsicht der Tafeln 35 bis 42 und der dazu gehörigen Figuren 216 bis 223 wird ergeben, auf wie mannigfache Weise die Plattformbildung überhaupt erfolgen kann.

Die Unterstützung der Plattform geschieht ebenfalls auf verschiedenerlei Weise. Bei den Blockhausbauten des Nordens, der Schweiz etc. ist es üblich, den Balkon nach den Blockwänden im Innern zu richten. Es können dann 2, 3 und mehr übereinander liegende Balken durch die Umfassungswand weitergeführt werden und eine abgetreppte, solide Vorkragung als Stütze bilden. Im gewöhnlichen Fachwerksbau benützt man Wandpfosten oder besonders zu diesem Zweck vorgestellte Klebepfosten zur Anbringung von stützenden Teilen. Bei geringen Balkonausladungen genügen hierzu gröfsere Knaggen, bei gröfseren Ausladungen kommen Büge oder Streben zur Verwendung, wobei das sich bildende Dreieck durch verzierte Füllungen geschlossen werden kann. Ist die unter dem Balkon liegende Wand eine Steinmauer, dann werden am besten Tragsteine als durchgehende Binder eingemauert, und auf deren konsolenartige Vorsprünge werden die Streben versatzt, wenn man nicht vorzieht, kurze Pfosten aufzusetzen und in diese die Knaggen oder Büge mit *Schlitz-* oder *Scherzapfen* einzusetzen. Bei diesen wie allen anderen am Balkon vorkommenden Verbindungen ist nämlich darauf zu achten, dafs kein Wasser in denselben sich ansammeln kann, welches den Anlafs zur Zerstörung geben könnte. Aus dem gleichen Grunde und auch der Festigkeit wegen werden die Pfosten für das Balkongeländer ebenfalls nicht in die Horizontalhölzer eingezapft, sondern umgekehrt (Fig. 220), oder es finden Ueberblattungen und Verkämmungen

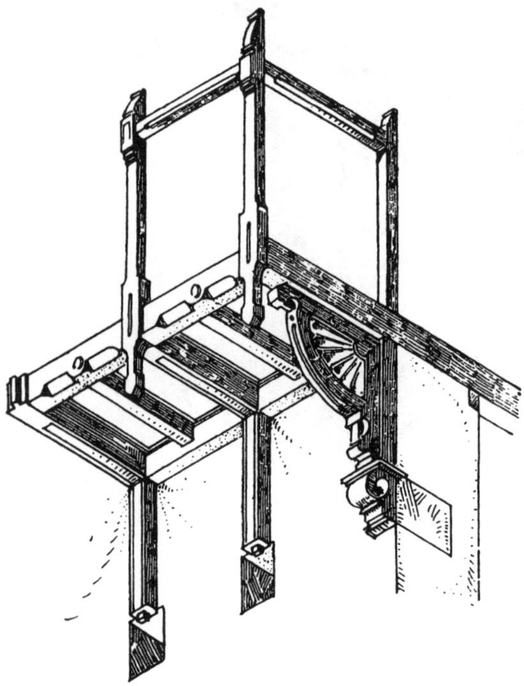

Fig. 219.
Zu Tafel 37 gehörig.

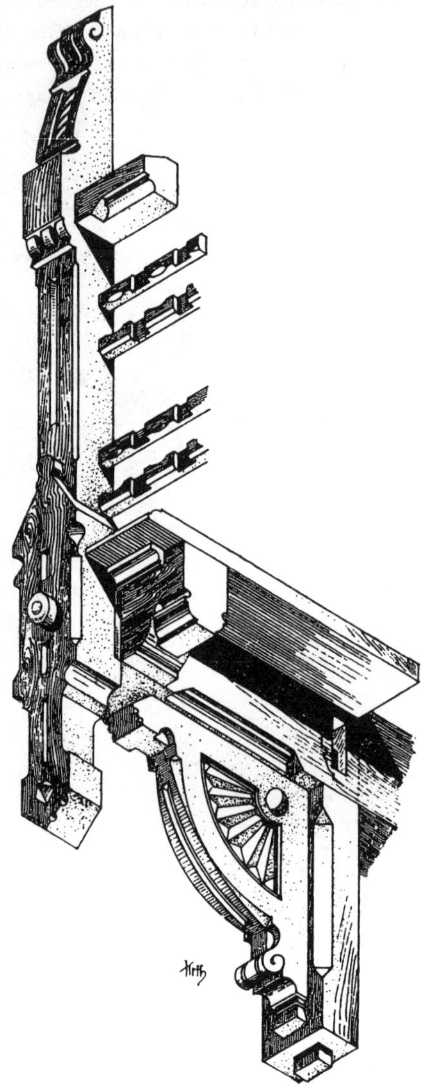

Fig. 220.
Zu Tafel 37 gehörig.

statt, wobei die Horizontalhölzer (oder auch die Pfosten) verdoppelt werden können. (Fig. 217, 218 und 221.) Eiserne Winkel, Schienen, Bolzen etc. müssen überall da zur weiteren Festigung beigezogen werden, wo dieselbe durch die Holzverbindung allein nicht genügend gesichert erscheint.

Die übrige Bildung der Brüstung bietet nichts Neues; man füllt die Felder meist mit gereihten, ausgeschnittenen Füllbrettern nach Tafel 35, 39, 40 und 41; seltener sind Gittermotive nach Tafel 36, 37 und 38. Das Geländer erhält nach oben eine Abdeckleiste, die ähnlich wie die Treppenhandleisten profiliert werden kann. Die Pfosten können als freie Endigung in der Form von Knöpfen ausgehen, wie es die Tafeln zeigen.

Wesentlich zur Erhaltung der Balkone trägt es bei, wenn dieselben überdacht werden, und gleichzeitig werden auch die den Balkon Benützenden gegen Wind und Wetter etwas geschützt. Damit

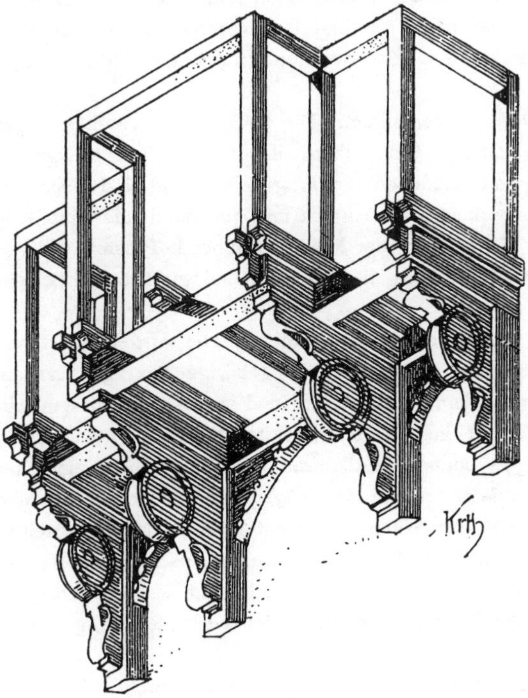

Fig. 221.
Zu Tafel 39 gehörig.

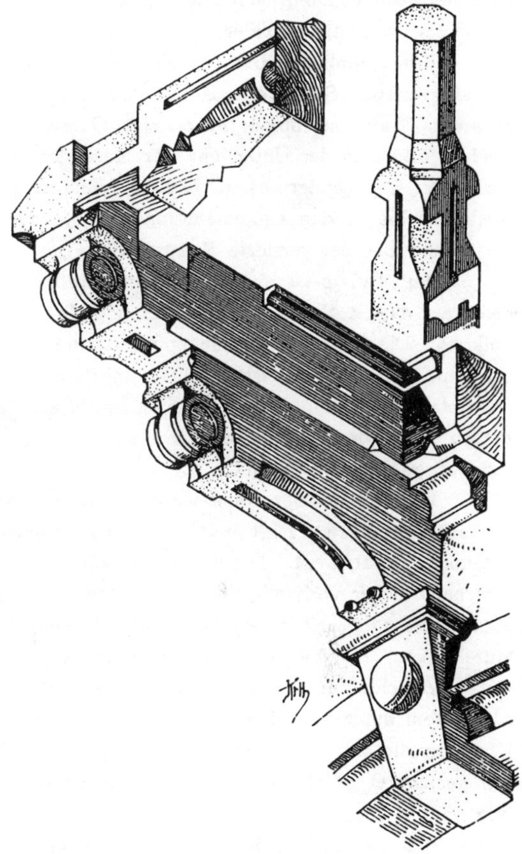

Fig. 222.
Zu Tafel 40 gehörig.

der Balkon nicht auch noch die Last der Bedachung zu tragen hat, empfiehlt es sich, für die Unterstützung der letzteren anderweitig Sorge zu tragen. Dies ergiebt sich von selbst, wenn die Verdachung blos ein vorspringender Teil des allgemeinen Daches vorstellt (Fig. 215 g, h, i und k), andernfalls (Fig. 215 d, e und f) kann man die Verdachung durch Balkenvorkragung, durch Knaggen, Büge und Streben in ähnlicher Weise stützen, wie den Balkon selbst. Die Geländerpfosten erfahren eine Erhöhung und werden dann gebildet wie die Verandapfosten.

Auf Tafel 35 ist ein kleiner Balkon dargestellt, dessen Konstruktion außerdem durch Fig. 216 erläutert wird. Das Geländer ist den Balken in gewöhnlicher Weise eingezapft. Die Balken ruhen auf 2 Unterzügen und sind mit dem Stockgebälke zu verankern. Als Unterstützung dienen ein kurzer, in die Wand eingelassener Pfosten und eine dazu gehörige Strebe, welche mit den beiden Unterzügen verbugt sind.

Tafel 36 nebst den Erläuterungsfiguren 217 und 218 zeigt einen dreifach unterstützten Balkon. Die Geländerpfosten sind von 3 Doppelzangen gefafst, welche durch die Wand greifen und entsprechend verankert oder mit dem Stockgebälke verbolzt sind. Auf diesen Balkenzangen ruht als Bodenträger ein leichtes Quergebälke. Die Unterstützung geschieht durch verzierte Knaggen, welche sich in das Eck zwischen Zangen und Pfosten einsetzen und mit den letzteren auf Kragsteinen aufstehen. Die hinteren Geländerpfosten laufen nach unten verstärkt bis zu den Kragsteinen durch. Diese Konstruktion ist natürlicherweise wesentlich solider als die vorhergehende.

Einen ähnlichen Balkon führt die Taf. 37 mit den Textfiguren 219 und 220 vor. Drei durch die Wand greifende Stockwerksbalken sind ausgeklinkt, um den Balkenboden unter den Zimmerboden zu bringen. Vorn und hinten setzen sich Querwechsel zwischen die Balken ein und zwei weitere Längswechsel bilden in der Untersicht vier Kassettenfelder. Die vorderen, nach oben und unten als Verzierung verlängerten Geländerpfosten sind mit dem Gebälke verbolzt; während die hinteren Brüstungspfosten wiederum bis zu den eingemauerten Kragsteinen herablaufen. Zur weiteren Unterstützung dienen auch bei diesem Beispiel verzierte Knaggen.

Auf Taf. 38 ist ein doppelt unterstützter Balkon aufgezeichnet. Die beiden Trägerbalken liegen tiefer als das Stockgebälke und drei denselben aufgekämmte Querbalken bilden die Bodenunterlage des Balkons. Die äufseren Brüstungspfosten sind verdoppelt, umfassen die Trägerköpfe und sind aufserdem mit dem Quergebälke verbolzt. Der mittlere Brüstungspfosten ist einfach und nur durch die Einteilung des Geländers bedingt. Selbständige, kurze, auf den Kragsteinen der Mauer aufruhende Pfosten mit verzierten Bügen besorgen die weitere Unterstützung. Der Bodenbeleg liegt selbstredend wie bei dem Beispiel der Taf. 36 der Tiefe nach.

Die Taf. 39 zeigt einen vierfach unterstützten Balkon, der in seiner Mittelpartie vorgebaut ist, wie die Grundrifsskizze c zeigt und wie es aufserdem durch die zu dieser Tafel gehörige Textfigur 221 anschaulich gemacht ist. Die 4 Hauptträger liegen unter dem Stockgebälke und werden mit diesem entsprechend sicher verbunden; über denselben, auf gleicher Höhe mit dem Stockgebälke (d. h. unten bündig, oben 3 bis 4 cm niedriger) liegen als Verdoppelung 4 doppelte Balkenzangen (nebst einem einfachen Mittelbalken) auf, bilden die Bodenunterlage und umklammern die Brüstungspfosten. Der vordere und hintere Abschlufs ist durch Querwechsel bewirkt. Vier Klebepfosten stehen auf ebensovielen Kragsteinen oder einem durchlaufenden Steingesims auf und bilden mit 2 grofsen und 2 weniger ausladenden, starken Knaggen die weitere Unterstützung. Mehr zur Verzierung als zur Versteifung sind weitere Knaggen von geringerer Stärke an der Wand anliegend und die Klebepfosten unter sich verbindend angeordnet. (Fig. 221.)

Auf Taf. 40 mit der zugehörigen Textfigur 222 ist ein überdachter Balkon dargestellt. Drei verlängerte Stockwerksbalken bilden die Träger. Der Balkonboden liegt auf gleicher Höhe wie der Zimmerboden; zwischen beide ist jedoch ein stärkeres abgeschrägtes Schwellbrett aus Eichenholz eingelegt. (Taf. 40 b.) Zur Verstärkung der Träger dienen in das Mauerwerk eingebundene Kraghölzer, deren mittleres auf dem Schlufsstein des unter dem Balkon befindlichen Fensters aufliegt, während die beiden äufseren vermittels kurzer Pföstchen nebst den zugehörigen Knaggen auf besonderen Kragsteinen aufsitzen. Mit den Trägern bündig laufen der Wand entlang Querwechsel, während das vordere Querholz den Trägern aufgekämmt ist, also höher liegt und oben eine Wasserschräge aufweist, wie denn auch die Balkenköpfe durch Ablaufbretter gedeckt sind. Die unten eingezapften und nach oben durchlaufenden 5 Pfosten tragen die Dachpfetten. Durch Querriegel und Mittelpföstchen, durch Zierbretter und Knaggen sind im oberen Teil die Lichtöffnungen etwas hübscher gestaltet. Das eigentliche Dach ist ein überschiefsender Teil des Hauptdaches. Eine horizontale Decke schliefst den erkerartigen Raum nach oben hin ab und die darüber seitlich in Ansicht kommenden Dreiecke sind des besseren Aussehens wegen und gegen das Hineinregnen mit Brettstreifen verschalt. Die Gesamtwirkung des ganzen Balkons zeigt Taf. 40 c.

Würde dieser Balkon, was ja keinen Anstand hat und wenig Aenderung bedingt, allseitig verglast und mit Fenstern versehen, so würde er dadurch zum Erker werden.

Der auf Taf. 41 dargestellte Balkon ist doppelt überdacht. Zunächst schützt ihn das allgemeine Giebelvordach und dann noch, wenigstens in seinem mittleren Teil, ein besonderes Pultdach, welches durch die verlängerten Brüstungspfosten gestützt ist. Im unteren Teil ist die Konstruktion ähnlich, wie beim vorherigen Beispiel. Da dieser Balkon auf einem gekuppelten Fenster aufsitzt und breiter als derjenige der Taf. 40 ist, so hat er statt 3 Träger deren 5.

Was die Taf. 42 darstellt, ist eigentlich kein Balkon, sondern eine Altane, da die konsolenartige Unterstützung fehlt und das Holzwerk auf einem vorgemauerten Steinerker aufsitzt. Die Umgestaltung zu einem Balkon bietet wenig Schwierigkeit. Es wären eben die Trägerbalken durch Büge oder Knaggen zu stützen wie an den vorangegangenen Beispielen und alles andere könnte bleiben. Selbstredend ist die Unterstützung durch den Erker weit solider, als sie bei einer Umgestaltung zum Balkon sein könnte. Auf dem Mauerwerk liegt zunächst ein aus 3 Hölzern gebildeter Schwellenkranz. (Vergleiche auch Fig. 223, die zu Taf. 42 gehört.) Auf der Vorderschwelle liegen die Balkenköpfe auf, unter sich verbunden durch Wechsel. Auf dieser Höhe ist allseitig eine Art von Konsolengesims gebildet durch vorgenagelte Knaggen und Zierleisten. Unterhalb der Träger ist eine Erkerdecke angebracht und über denselben ein doppelter Bodenbeleg mit Gefäll für den Wasserablauf. Anschließend an den Bodenbeleg bildet ein starkes eichenes Schwellbrett den Uebergang zum Stockwerksboden. Von den 7 Brüstungspfosten, denen ausgeschweifte Brettstreifen als Verzierung vorgenagelt sind, laufen 6 durch, um das Pultdach mit seinem Vorbau zu tragen. Um die innere Dachfläche zu verdecken, ist der Giebel im Vorsprung tonnengewölbartig verschalt und für den übrigen Teil ist eine Decke gebildet, wie der Schnitt zeigt.

Fig. 223.
Zu Tafel 42 gehörig.

3. Erker.

(Tafel 43.)

Als Erker bezeichnet man geschlossene Ausbauten mit konsolenartiger oder durch Vorkragung gebildeter Unterstützung. Auch bis zum Boden reichende Ausbauten werden vielfach als Erker bezeichnet, obgleich man ihnen besser einen anderen Namen beilegen sollte. Der Erker ist gewöhnlich nur einem Stockwerk vorgebaut, kann aber auch mehreren Stockwerken gemeinsam sein.

Wie sich die Erker in unser heimisches Bauwesen eingebürgert haben, ist schwer festzustellen. Da sich schon zu romanischer Zeit erkerartige Bildungen in der Architektur finden, so kann man wohl eine

Weiterentwickelung auf heimatlichem Boden annehmen, ohne auf Vorbilder aus dem Orient greifen zu müssen. Zur Zeit der Gotik und Renaissance sind Erker aufserordentlich häufig, teils in der Form von Ecktürmchen (Fig. 166 und 167), teils in der Art weit vorgebauter Fenster samt Brüstung und zwar im Material des Steins und des Holzes. Der Zweck des Erkers ist, einen Ausblick auf die Strafse zu gewähren, ohne ins Freie treten zu müssen, daher auch der Name „Lugaus". Gewisse runde und vieleckige Formen wurden früher als „Chörlein" bezeichnet. Für die Holzarchitektur, die hier allein in Betracht kommt, ist der rechteckige Grundrifs am besten geeignet. Die Unterstützung geschieht durch Verlängerung der Stockwerksbalken. Da der Erker geschlossen ist, so ist weniger Gefahr bezüglich einer Zerstörung durch das Wetter vorhanden. Die vorgekragten Balken werden dann durch weitere Kraghölzer, durch Büge und Knaggen gestützt, wie die offenen Balkone. Etwas anders gestalten sich die Brüstungen, da sie mit Holzwerk oder durch Ausmauerung vollständig geschlossen werden. Im oberen Teil werden zwischen den Pfosten die Fenster eingesetzt und es wird eine Decke gebildet. Das Dach kann ein Teil des Hauptdaches sein oder eine selbständige Bildung aufweisen nach der Form des Pultdaches, Satteldaches, Zeltdaches, Helmdaches etc. Auch eine offene Altane kann den oberen Abschlufs bilden.

Wir beschränken uns auf die Vorführung eines einzigen Beispieles (Taf. 43), indem wir bemerken, dafs die überdeckten Balkone der Tafeln 40 und 42 mit verhältnismäfsig geringen Aenderungen zu Erkern umgestaltet werden können.

Wenn der Erker 2 Personen Raum zum Sitzen gewähren soll, so mufs er mindestens eine Breite von 1,5 m bei einer Tiefe von etwa 0,75 m haben. Wenn man den Boden nicht als sogen. Einschneidedecke behandeln will, so wird man wenigstens einen doppelten Belag anwenden. Wenn die Brüstungsfache nicht mit Backsteinmauerwerk geschlossen werden, so wird man die Brüstungswände ebenfalls mit Vorteil verdoppeln und die Zwischenräume mit Schlackenwolle oder Moos ausfüllen. Das hängt alles davon ab, ob der Erkerraum durch eine Thür mit dem dahinterliegenden Zimmer verbunden ist, also einen verglasten Balkon vorstellt, oder ob die Thüre fehlt, so dafs der Erker eine zum Zimmer gehörige Nische bildet. Im letzteren Falle wird die Täfelung nur eine Fortsetzung derjenigen des Innenraumes sein. Die Fensterrahmen werden an den Pfosten und Riegeln befestigt, oder wenn dieselben façonniert sind, an einem hinter denselben angebrachten besonderen Rahmenwerk. Die Fenster können Flügel-, Klapp- oder Schiebfenster sein etc. Die Decke wird aus gefalzten oder gefederten Brettstreifen mit Deckleisten als Kassettendecke etc. behandelt. Wenn der Erker nach oben mit einer offenen Altane abschliefst, so ist der Deckenbildung besondere Vorsicht zu widmen; sie mufs verdoppelt, mit Zinkbelag und Lattenrost ausgestattet, oder mit einer Eisenplatte (Rippen-, Riffel- oder Waffelblech) belegt werden etc. Schliefst der Erker mit einem selbständigen Dach, so ist dasselbe mit der Mauer zu verankern und gut einzubinden, wie eine regelrechte Dichtung überhaupt bei allen derartigen Ausbauten eine Hauptschwierigkeit und deswegen auch eine Hauptaufgabe bildet.

---

4. Vordächer.

(Tafel 44 bis 58 einschliefslich.)

Wenn Dachteile oder das Dach im ganzen weiter über das Gebäude hinausragen, als dies durch die gebräuchliche Dach- und Gesimskonstruktion bedingt ist, so nennt man dies Vordächer. Ebenso heifsen aber auch selbständige, am Gebäude angebrachte Dächer über Eingängen, Lichtöffnungen, Balkonen etc. Wir unterscheiden darnach Giebelvordächer, Fenstervordächer, Thürvordächer und Balkon- und Verandavordächer.

Die Vordächer haben meist einen doppelten Zweck. Erstens sollen sie darunter liegende Gebäudeteile oder die Bodenfläche vor den Gebäuden schützen, und zweitens sollen sie mit zur Ausstattung zur besseren Wirkung des Gebäudes beitragen. Vielfach ist auch nur der eine oder andere der beiden Zwecke maſsgebend.

Betrachten wir zunächst die Giebelvordächer. Am Giebel bildet sich nicht von selbst, wie bei der Trauflinie des Daches, ein Vorsprung. Bei aneinander gebauten Häusern ist er auch nicht üblich und nötig. An freistehenden, villenartigen Bauten würde man ihn aber sehr vermissen. Zum bloſsen Schutze der Konstruktion würde es genügen, ein Giebel-, Sturm- oder Flugbrett anzubringen, wie es Fig. 124 zeigt, wobei der Vorsprung also nur der Stärke dieses Brettes und einer etwa demselben aufgenagelten Saumleiste gleichkommt. Ein etwas gröſserer Vorsprung, etwa bis zu 30 cm, läſst sich erzielen, wenn die Dachschalung oder Lattung um dieses Maſs über den Giebelsparren überschieſst, wie dies an einfachen, ländlichen Zweckbauten häufig vorkommt. Soll das ordentlich aussehen, so wird der Schalung oder Lattung ein Brett unternagelt nebst einer profilierten Leiste in der Kehle zwischen diesem Brett und dem Sparren. (Fig. 224.) Ist das Dach gelattet, so wird dem Rand entlang eine abgetreppte Stirnleiste nötig.

Für alle gröſseren Vorsprünge des Giebels werden Unterstützungen nötig. Diese werden in der einfachsten Weise erzielt, indem man die Pfetten des Daches und die Sattelschwellen über die Mauer hinaus verlängert. Beim Pfettendach dienen sie dann dem letzten Gespärre oder Flugsparrenpaar unmittelbar zum Auflager. Beim Kehlbalkendach muſs zwischen Sparren und Pfette ein Horizontalholz eingeschoben werden, dem Kehlbalken entsprechend. Liegt das vorletzte Sparrenpaar der Giebelwand auf und erhält das Fluggespärre den gewöhnlichen Sparrenabstand, was übrigens nicht eingehalten zu werden braucht, so ergeben sich auf diese Weise Vorsprünge von 60 bis 100 cm, die in den meisten Fällen genügen werden. Erhalten die verlängerten Pfetten keine weitere Unterstützung, so werden sie nach Art der Sparrenköpfe verziert. Um sie tragfähiger zu machen, vor dem Verdrehen zu sichern und dem statischen Gefühl zu genügen, werden dieselben jedoch meist durch Bugstreben mit der Giebelwand verbunden. (Fig. 225.) Beim Fachwerksbau greifen diese Streben oder Büge am unteren Ende in danach zu richtende Riegelwandpfosten; bei Giebelmauern sitzen sie auf steineren Konsolen oder Gesimsen auf.

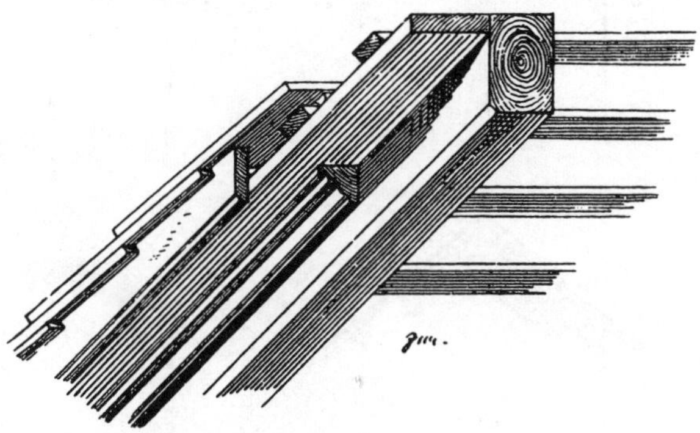

Fig. 224. Vorsprungbildung am Giebel.

Ein derartig vorgebautes Dach gewährt den erwünschten Schutz und giebt eine gute Schattenwirkung, aber im übrigen trägt es zur Ausschmückung des Bauwerkes noch wenig bei und es müssen andere Hilfsmittel beigezogen werden. Zu diesem Behufe kann man die Dachspitze abwalmen, also ein Krüppelwalmdach bilden (Fig. 225e und Taf. 48) oder man kann ein sogen. Giebelwinkelfeld anordnen (Fig. 225d, f und i), was im einfachsten Fall durch Einführung eines Zangenriegels in das Fluggespärre erfolgt, wobei das Dreieck ein Füllbrett erhält. Durch Hängesäulen, geschweifte Hölzer, Schräghölzer etc. kann das Giebelwinkelfeld belebt und in Einzelfelder geteilt werden. Man kann Strebenkreuze anordnen nach Fig. 225l oder Bogenlinien einführen nach derselben Figur g, h, k und m, und was ähnliches mehr ist. Damit sind wir bereits bei einer Bildung angelangt, welche man als schwebende Fachwerke zu benennen pflegt.

Gestaltet man das Fluggespärre ähnlich einem Bundgespärre oder einer gesprengten Riegelwand mit offenen Feldern, so ist leicht begreiflich, daſs einerseits eine wesentliche Versteifung erreicht wird und daſs andererseits auch in Bezug auf hübsches Aussehen viel gewonnen wird, wenn die Einteilung eine gefällige ist, wenn dekorierte Füllbretter eingesetzt werden, wenn offene Felder mit geschlossenen nach guter Wahl wechseln etc. Derartige schwebende Fachwerke sind in Fig. 226 a bis h schematisch dargestellt. Wird mit richtiger farblicher Behandlung nachgeholfen, so hebt sich das vorgebaute Fachwerk

Fig. 225.
Giebelvordächer in schematischer Darstellung.

günstig von der Giebelwand ab und das Schlagschattenspiel giebt ebenfalls vorzügliche Wirkungen, wie das schon aus den kleinen Skizzen ersichtlich ist.

Ein weiteres Mittel für eine reichere Wirkung liegt darin, dafs man das Dach im oberen Teil weiter auskragt als im unteren. Dies empfiehlt sich besonders bei „gedrückten“ Verhältnissen des Gesamtgiebels. Man kann dann unten ein Gespärre, oben aber zwei freilegen, wobei allerdings weitere Unterstützungen nötig werden. Hierher gehören auch die vorgebauten Dachspitzen, wie sie schon das Mittelalter und die Renaissance kennen. (Fig. 227 und 169 und Taf. 47 c.)

Um die schwebenden Fachwerke mit der Giebelwand zu verbinden, genügen vielfach die verlängerten Pfetten mit den dazugehörigen Bügen. Ist dies nicht der Fall, so werden besondere Verbindungshölzer eingeschaltet. Es können dies Horizontalhölzer sein, welche senkrecht zur Giebelfläche stehen oder aber auch, was eine weitere gute Wirkung giebt, Andreas-Kreuze, in horizontalen oder senkrechten Ebenen liegend.

Zur weiteren Ausstattung dienen dann ausgeschnittene Füllbrettter, Knaggen, Rosetten, Hängezapfen, Knöpfe, gedrehte Hölzer, verzierte Pfettenköpfe, Stirnbretter, Giebel- oder Flugbretter mit den zugehörigen Leisten, Eckblumen und Giebelblumen, Giebelhängesäulen, verlängerte Sparren, eiserne Zugstangen, Vergitterungen etc., wie dies unsere Tafeln 44 bis 58 zur Genüge zeigen.

Auch dadurch, daſs einzelne Teile der Tiefe nach verschalt werden (vergl. Taf. 48 B und Fig. 229), lassen sich gute Wirkungen erzielen. In gröſsere Anlagen dieser Art lassen sich Balkone und Galerien einbauen, wobei dann aber für eine selbständige Unterstützung zu sorgen ist, da diese Dinge nicht an das Dachwerk gehängt werden können. Gelegentlich werden auch senkrechte Hölzer im schwebenden Fachwerk über die Dachfläche hinaus verlängert, um eine gröſsere Verzierung oder eine Art Dachreiter zu bilden zur Aufnahme einer Uhr,

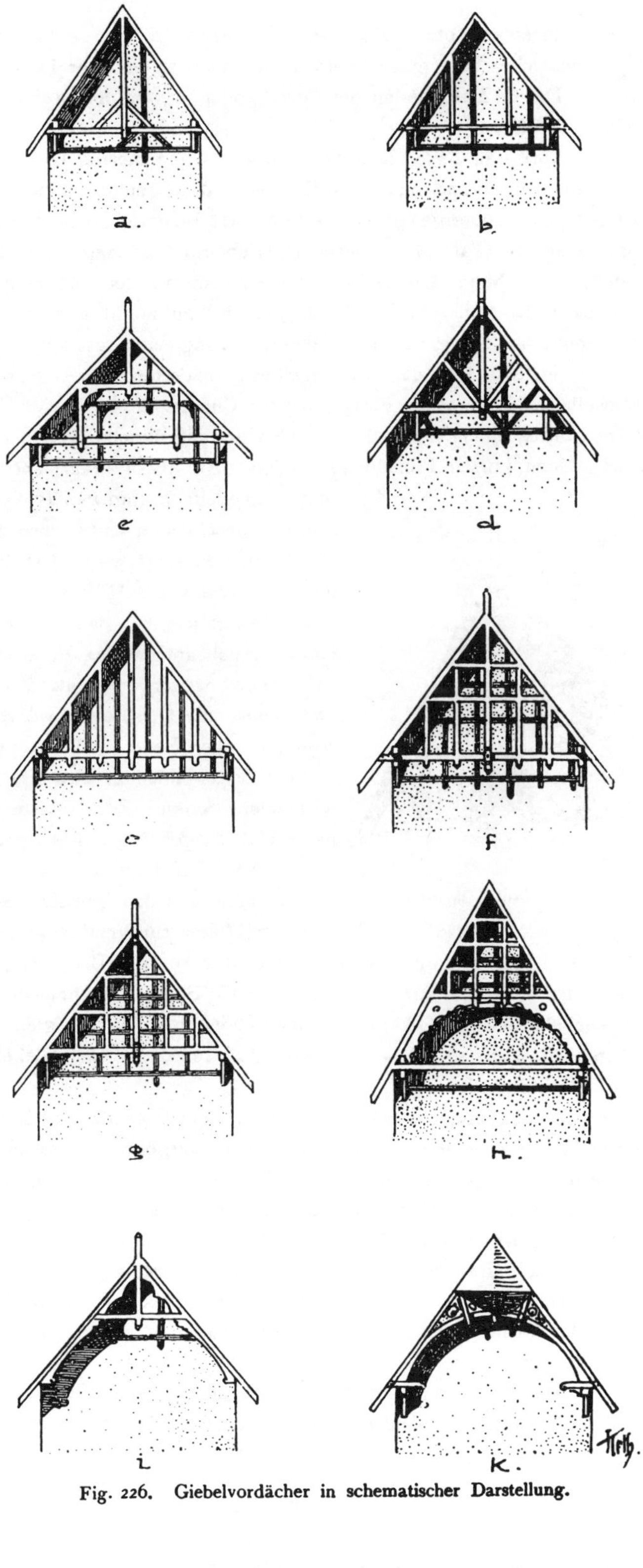

Fig. 226. Giebelvordächer in schematischer Darstellung.

eines Glöckchens etc. (Fig. 228.) Ebenso wird das senkrechte Mittelholz allein zur Aufnahme eines Flaggenstockes oder einer Wetterfahne nicht selten über Dach geführt.

Da die Einzelheiten der Formgebung weiter oben schon berührt wurden, wenden wir uns den einzelnen Tafeln zu.

Tafel 44 bringt das Vordach eines gemauerten Giebels. Die Firstpfette und die Sattelschwelle sind über die Wand hinaus verlängert und tragen das Flugsparrenpaar. Indem der Sattelschwelle ein weiteres Holz untergelegt ist, ist eine Art Konsole gebildet, die zu der Architektur der Lesine im Verhältnis steht. (Taf. 44 c.) Der dem Giebelrand entlang laufende Zahnschnitt ist nicht bis zur Spitze geführt, da er hinter dem schwebenden Fachwerk doch kaum gesehen würde, sondern läfst ein kleineres Giebeldreieck frei, welches ein Riegelwerk aufnimmt und mit verzierten Brettern verschalt ist. Durch Sparrenverlängerung ist eine Giebelverzierung nach russischer Art gebildet.

Tafel 45 zeigt das Vordach eines gemauerten Giebels in zwei Abwechslungen. Die verlängerte Sattelschwelle ist durch einen Knaggen oder Bug gestützt. Ein der Sattelschwelle paralleles Holz ist mit derselben durch einen Wechsel verbunden und auf dieselbe Weise gestützt. Dieses Holz ist mit dem Sparren durch einen kurzen Pfosten verbunden. Auf diese Weise entsteht am Dachfufs eine gefällig wirkende und auch vielfach angewandte Form. Das gebildete Dreieck ist mit Füllbrettern geschlossen und ebenso das Giebelwinkelfeld, welches durch eine Hängesäule halbiert wird. Die letztere ist über Dach geführt und bildet die Giebelblume mit Hilfe ausgeschnittener Bretter, welche an die Giebelleisten anschliefsen. Zwei ähnliche Giebelspitzen zeigt die Tafel in b und c. Auch am unteren Ende ist die Giebelleiste zur Auszeichnung der Ecke etwas weiter ausgebildet. Die Sparren sind durch Kerben verziert und ebenso die Querriegel, während die senkrechten Hölzer gefast sind. Auf der linken Seite ist die geradlinige Begrenzung eingehalten; auf der rechten Seite bilden geschweifte Knaggen einen im ganzen als Halbkreis wirkenden Bogen. Zur Unterbrechung der Linie und um den Knaggen mehr Halt zu geben, ist dem Sparren in seiner Mitte ein Knopf eingezapft.

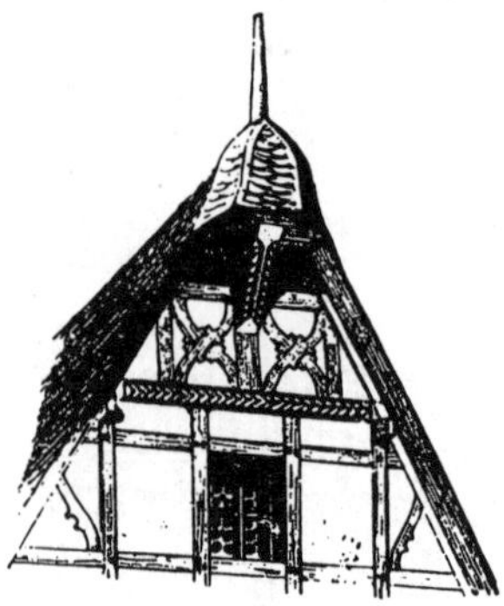

Fig. 227.
Vorgebaute Dachspitze.

Die Tafel 46 hat das nämliche Motiv bearbeitet. Das Dreieck am Dachfufs und das Giebelwinkelfeld sind hier offen belassen und haben gedrehte Hölzer zur Verzierung und Versteifung aufgenommen. Der obere Querriegel, die Knaggen und Pfosten des vorigen Beispiels sind hier in eins zusammengezogen, um wiederum einen Halbkreisbogen zu bilden. Seine Ausschmückung ist durch Rosetten bewirkt, wie auch die Giebelleisten am Eck mit solchen schliefsen. Taf. 46b giebt den Schnitt, an welchem auch die unterstützenden Büge zu sehen sind, und Taf. 46c zeigt eine Giebelblume ohne verlängerte Hängesäule als Variante.

Die Tafel 47 bringt das Vordach einer Giebelfachwerkswand mit Doppelfenster. Die Fachwerkswand ist etwas über das untere Stockwerk vorgekragt, was stets eine gute Wirkung giebt. Aufser den konstruktiv nötigen Hölzern sind im Fachwerk auch einige geschweifte zur Verzierung angeordnet. Das Vordachmotiv ist ähnlich dem der vorhergehenden Beispiele. An Stelle der Büge sind hier unterstützende Knaggen getreten, die auf den Riegelwandpfosten aufsitzen. Neu an diesem Beispiel ist die Bildung der Giebelspitze. Das Satteldach des Gebäudes ist im obersten Teil vorgebaut und abgewalmt und endigt zeltdachartig in eine Dachspitze aus Zink. Diese Dachhaube ist durch drei Knaggen gestützt, deren Profil aus dem Schnitt b zu entnehmen ist, während Tafel 47c die perspektivische Wirkung des Ganzen zeigt.

Tafel 48 bringt ebenfalls einen dem unteren Stockwerk überkragten Fachwerksgiebel. Aufser den notwendigen Verbandshölzern sind auch hier geschweifte Zierhölzer dem Fachwerk einverleibt. Das bekannte Dreieck am Dachfufs ist durch eine Strebe geteilt; die Felder b und c sind durch ausgesägte Füllungen geziert und die Unterstützung ist hier eine dreifache statt eine doppelte. Um dem Fenster das nötige Licht zu belassen, ist der Halbkreisbogen durch einen Stichbogen ersetzt. Die zu diesem Zweck geschweiften Büge bilden mit dem Horizontalriegel zwei Dreieckszwickel, die mit dem Füllbrett a geschlossen werden. Die Dachspitze ist der vorigen ähnlich; hier hat aber nur eine Abwalmung ohne Vorbauen stattgefunden. Der Walm schliefst nach unten mit einem Traufkanal, der bei kleinen Abmessungen wegbleibt, wie auch Tafel 47 keinen solchen aufweist, wo er übrigens, des Vorbaues wegen, auch weniger nötig war. Wie die Fig. A gezeichnet ist, stehen die Nägel der Verbohrungen etwa 2 cm aus dem Holz hervor und wirken derart wie kleine Rosetten. Die Figur B zeigt die perspektivische Wirkung des Ganzen. Sie zeigt auch, was an der Hauptfigur nicht zu sehen, die Verschalung nach der Linie der Pfosten und des Bogens, wobei eine Art Nische im Giebelvordach erzielt ist.

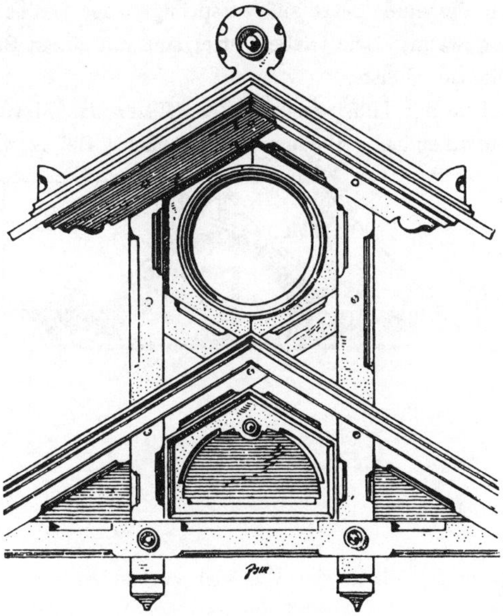

Fig. 228.
Giebelaufsatz.

Fig. 229.
Giebelvordach, zu Tafel 49 gehörig.

Tafel 49 bringt in a ein Giebelvordach, das in ausgesprochener Weise das vorstellt, was wir als schwebendes Fachwerk bezeichnet haben. Demselben liegt der doppelte Hängebock zu Grunde. Die Unterstützung ist eine einfache und das Vordach entspricht in seiner Konstruktion einem Kehlbalkendachstuhl, während die bisherigen Beispiele sich auf das Pfettendach bezogen. In b ist die perspektivische Skizze des oberen Teiles gegeben und d und e zeigen Varianten der Giebelkrönung. Die nämliche Tafel bringt in c ein zweites Giebelvordach einfacher Art. Die Sattelschwellen sind durch Büge einfach unterstützt und ebenso die verlängerten Zwischenpfetten. Die Büge der letzteren sind in Pfosten der Fachwerkswand verzapft. Das Giebelwinkelfeld ist gitterförmig ausgeriegelt und geschlossen. Die Unterseite ist verschalt, so dafs ein Gesamtbild entsteht, wie es die Skizze der Figur 229 vorführt.

Tafel 50 giebt ein Giebelvordach, in der Konstruktion wiederum dem Kehlbalkenstuhl entsprechend. Die Zangenstücke am Dachfufs werden (mit Fortfall der Büge oder Knaggen) von je zwei Horizontalhölzern getragen, die mit der Giebelmauer verankert sind. Das trapezförmige Feld, welches zwischen den beiden Pföstchen verbleibt, ist gitterartig ausgeriegelt und ebenso, dazu passend, das Giebelwinkelfeld.

In b ist ein perspektivisches Detail der Partie am Dachfufs gegeben, in c und d sind für die Hängezapfen Varianten dargestellt und e bringt ein in anderer Weise vergattertes Giebelfeld.

Tafel 51 bildet mit Hilfe von acht geschweiften Hölzern, welche von den Sparren her durch Zangen gefafst und verbunden sind, einen grofsen Halbkreisbogen und damit eine passende Umrahmung für das ebenfalls halbrunde Fenster des Giebels. Die Anordnung am Dachfufs bietet nichts Neues; dagegen ist die Bildung der Dachspitze anders als bei den schon gebrachten Beispielen. Das Giebelspitzendach baut sich mit einem Grat vor und hat ein rechtwinkliges Dreieck zum Grundrifs; der Gratsparren ist durch einen Bug abgestrebt. Um dem Schub des Buges zu begegnen, ist im Scheitel des Bogens eine horizontale Verbindung mit der Giebelmauer erforderlich. Da das Gesamtdach einen Traufbruch hat, so sind sogen. Aufschieblinge nötig. Tafel 51b giebt eine perspektivische Skizze. In Fig. c derselben Tafel ist ein Giebelvordach sehr einfacher Konstruktion dargestellt. Die verlängerten Sattelschwellen und Pfetten werden durch glatte Büge abgestrebt; das untere Paar derselben setzt auf Vorsprüngen der Lesinen an, das obere auf dem Fenstersturz. Die Giebelspitze ist abgewalmt. Die Giebelbretter sind mit einem Bogenmotiv geziert und schliefsen nach oben mit einer profilierten Leiste.

Tafel 52 zeigt zwei Giebelvordächer, an welchen mit Hilfe geschweifter Hölzer das Motiv des Spitzbogens verwertet ist. A entspricht einem Kehlbalkendach, B einem Pfettendach. Bei A ist die

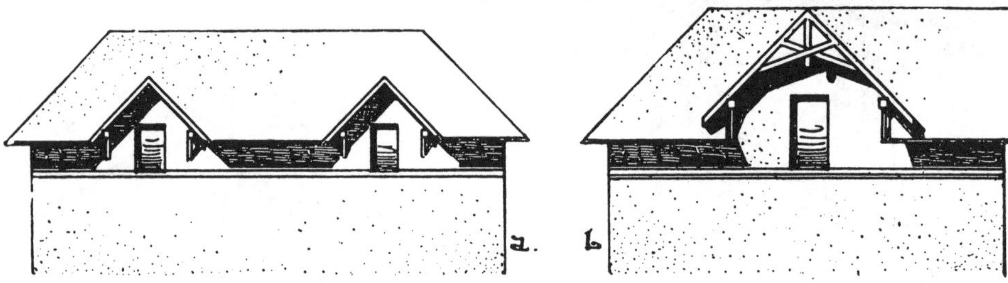

Fig. 230.
Fenstervordächer.

Horizontalzange ganz durchgeführt, bei B ist sie nur in Gestalt zweier Wechsel vorhanden, verdoppelt durch untergelegte Hölzer, welche die Knaggen aufnehmen. Bei A sind die geschweiften Hölzer durch Kerbung verziert, bei B ist ein besonderer Saum aus ausgesägten Brettstreifen gebildet. Die ausgeschnittenen Füllungen für die Felder beider Beispiele sind in a bis f gegeben.

Tafel 53 giebt drei verschiedene Giebelvordächer, alle von den bisher gebrachten Grundformen abweichend. Bei A läuft die Zange von Dachfufs zu Dachfufs durch und ist gefafst durch eine mittlere Hängesäule und zwei seitliche Streben. Knaggen zwischen den drei letztgenannten Hölzern und den Sparren bilden einen offenen Halbkreis, während die stumpfwinkligen Felder am Fufs durch die Füllung a geschlossen werden. Das Dach ist ein Kehlbalkendach mit Horizontalsparren.

In B derselben Tafel ist der Leist- oder Traufbruch des Daches für die Konstruktion ausgenützt. Die unteren Sparren gehen in Streben des Fachwerks über; die Horizontalzange am Fufs ist von einer Hängesäule in der Mitte gefafst. Der Kreuzungspunkt dient zwei weiteren Streben zum Ansatz. Die unteren vier Felder sind offen; die oberen sechs sind durch die ausgesägten Füllungen b, c und d verziert. Die Dachspitze ist mit einem Grat vorgebaut und durch einen Bug abgestrebt, der sich in die Hängesäule einsetzt.

In C derselben Tafel bilden sieben geschweifte, durch acht Zangen von den Sparren her gefafste und verbundene Hölzer einen Stichbogen. Die beiden untersten Zangen sind durch eine Eisenstange zu verbinden, welche auf der Figur weggeblieben ist. Der Giebelwinkel ist zu einem kreisförmigen Feld umgestaltet, das die Füllung f aufnimmt, während die beiden benachbarten Felder mit Füllung e geschlossen werden.

Damit sind die Giebelvordächer abgemacht und wir wenden uns den Fenstervordächern zu.

Ueber Fenstern, die im Giebel liegen, bilden, wie wir gesehen haben, die Giebelvordächer gleichzeitig die Fenstervordächer. Für Fenster auf der Traufseite, die im oberen Stockwerk liegen, bietet der Dachvorsprung für gewöhnlich genügenden Schutz. Soll ein übriges geschehen, so kann man in gewisser Breite das Dach überschiefsen lassen und die betreffenden Sparren entsprechend verlängern. Fenster in Kniestöcken oder Drempelwänden verlieren oft zu viel Licht durch den Dachvorsprung, so dafs man gezwungen ist, das Gesamtdach zu unterbrechen und über dem Fenster ein kleines Giebelvordach zu bilden (Fig. 230a). Aehnlich kann sich der Fall gestalten, wenn einzelne Dachräume zu Wohnräumen ausgenützt

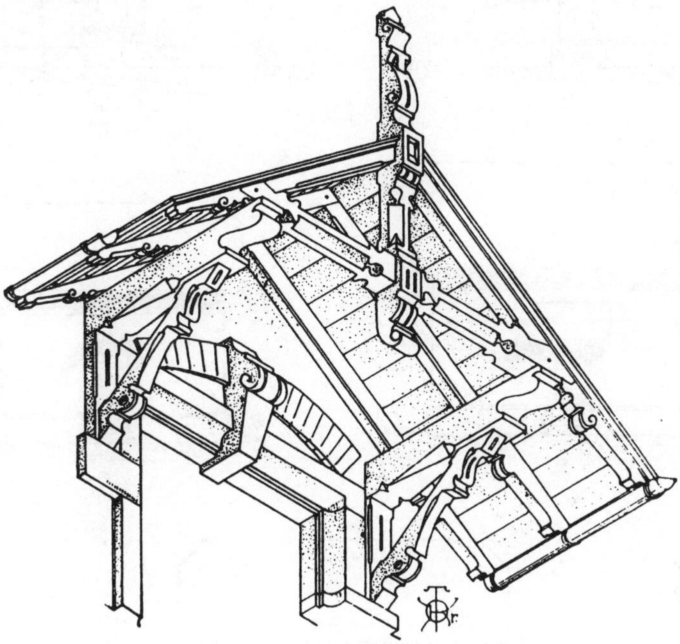

Fig. 231.
Fenstervordach, zu Tafel 54 gehörig.

werden sollen, während das übrige als Speicher verbleibt. (Fig. 230b.) Hierbei wird das Vordach etwas gröfser in der Anlage. Die Konstruktion bietet nichts Neues.

Handelt es sich um Fenster in tiefer liegenden Stockwerken, so nimmt das Vordach, wenn es aus irgend welchem Grunde gebildet werden soll, im allgemeinen die Gestaltung an, wie sie Tafel 54 und die zugehörige Figur 231 vorführen. Die Form ist diejenige eines Giebelvordaches im kleinen und die Konstruktion ist insofern eine andere, als die Horizontalhölzer, welche die Sparren tragen, in die Wand eingebunden und mit derselben verankert werden müssen, während sie beim Giebelvordach durchschnittlich Verlängerungen der Dachpfetten sind. Wir beschränken uns auf die Vorführung eines einzigen Beispieles, weil die oberen Teile von einigen der gebrachten Giebelvordächer mit wenig Aenderung auch zu Fenstervordächern umgestaltet werden können. (Vergl. Taf. 44, 45 und 49.) Auch das Thürvordach der Tafel 55 kann als Fenstervordach dienen, wenn die Pfosten durch Bugstreben ersetzt werden.

Was die **Thürvordächer** betrifft, so sind dieselben häufiger in Anwendung, als die Fenstervordächer. Balkonthüren im obersten Geschoß und Eingangsthüren bei einstöckigen Anlagen können ein Vordach erhalten, indem man das Hauptdach in entsprechender Breite überschießen läßt. (Fig. 232a und b.) Man kann aber auch selbständige Vordächer bilden, ähnlich den vorerwähnten Fenstervordächern (Fig. 232d) oder in der Form von abgewalmten oder nicht gewalmten Pultdächern (Fig. 232c). Die Thür-

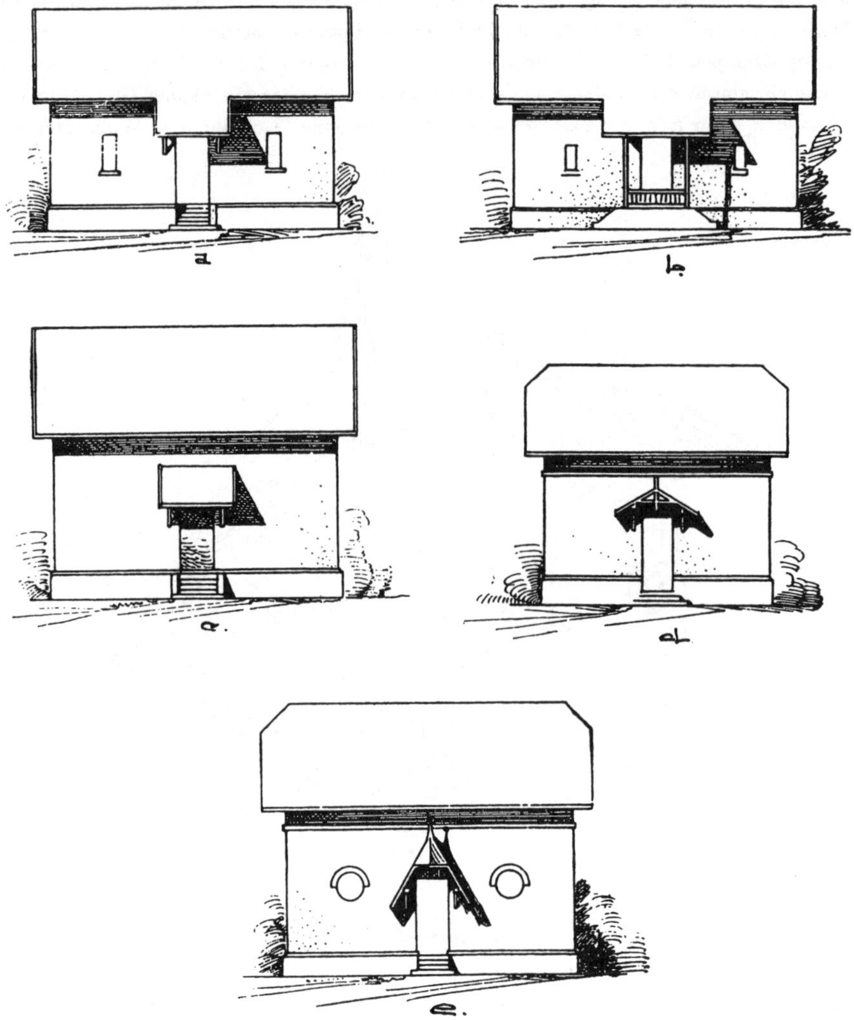

Fig. 232.
Thürvordächer.

vordächer können, wie die Fenstervordächer — und dann ist ein Unterschied nicht vorhanden — auf Konsolen oder Bugstreben vorgebaut sein, oder sie können auf Pfosten aufstehen. Ein Beispiel der letzteren Art giebt Taf. 55 in reicher Ausstattung, das sich aber unschwer auch vereinfachen läßt.

Die Tafel 56 bezieht sich auf den Fall, in welchem über der Eingangsthüre eine Altane angebracht ist. Die beiden übereinanderliegenden Thüren können dann mit Vorteil ein gemeinsames Vordach erhalten.

Im gegebenen Fall ist das Dach ein vorgebauter Teil des Hauptdaches; es kann jedoch auch selbständig auftreten. Zwei Paare gekuppelter Pfosten stützen die Altane und sind im unteren Teile durch ein Brüstungsgeländer verbunden, im oberen Teil durch kurze Riegel. Der Mittelpfosten der Altanenbrüstung ist nach unten verlängert und bildet nach Art der Schlufssteine den Ansatz für die Büge des Thürbogenmotivs. Die Figur 233 giebt die perspektivische Einzelheit zur Brüstung.

Es läfst sich noch eine weitere Gruppe der Thürvordächer unterscheiden. Wir meinen den Fall, in welchem die Thür sich in der Nähe des einspringenden Winkels an einem Gebäude mit Widerkehr befindet. (Fig. 234.) Das Vordach kann dann entweder durch Ueberschiefsenlassen des Hauptdaches gebildet werden (Fig. 234a) oder durch die Anlage eines selbständigen Pultdaches (Taf. 57a und b). Das Pultdach kann ferner einerseits abgewalmt werden (Fig. 234b und Taf. 57 f, g und h).

Die Tafel 57 verzeichnet aufserdem zwei weitere Beispiele. In c, d und e ist gezeigt, wie die Widerkehr blos im ersten Stockwerk vorhanden sein kann, so dafs über der Thür eine Art Erker gebildet wird, der gewissermafsen das Vordach ersetzt. In i, k und l ist gezeigt, wie die Widerkehr im Stockwerk vorhanden ist, während dieselbe für das Dachwerk fehlt oder verkleinert ist, so dafs die Stockwerksdecke die Verdachung bildet. Bei kleinen Abmessungen kann dann der Eckpfosten fortfallen oder noch in einem oberen Rest als dekorative Andeutung vorhanden sein. Bei gröfseren Ausladungen wird man ihn beibehalten müssen, wobei dann die Gestaltung wieder nach c, d und e ausfällt.

Auf Taf. 58 ist in a, b und c ebenfalls das Vordach einer Eingangsthür in der Nähe der Widerkehr behandelt. Das Vordach steht auf vier Pfosten, besitzt eine verhältnismäfsig grofse Breite und wird dadurch gewissermafsen zur Vorhalle. Das Dach ist auf der Höhe des Kehlgebälkes abgeschnitten, so dafs das letztere den Boden einer Galerie bildet, welche, mit Brüstung versehen, durch eine weitere Thür vom zweiten Stockwerk aus zugänglich ist. Der verbleibende Raum dieser Tafel ist für die perspektivische Skizze eines kleinen Pultdaches verwendet nach dem Schema der Fig. 232c.

Was die Vordächer über Balkonen und Veranden betrifft, so ist derselben bereits weiter oben Erwähnung geschehen. Die Konstruktion bietet nichts Neues und wir verweisen hiermit auf die schematischen Darstellungen der Figuren 235, 236 und 237. Nach Fig. 235a schiefst das Giebelvordach beiderseits über, um etwas zurückgesetzt, die beiden Veranden zu überdecken. Nach Fig. 235b ist die Veranda durch Ueberschiefsen des Hauptdaches an der Traufe gedeckt. Fig. 235c zeigt dasselbe für eine symmetrische Verandenanlage und Fig. 235d für eine in die Widerkehr eingebaute Veranda. Nach Fig. 236b ist ein Balkon durch ein Giebelvordach gedeckt, während nach a derselben Figur ein ähnliches Dach eine Altane und die darunter befindliche Veranda zum Teil abdeckt. Die beiden Beispiele der Fig. 237 zeigen eingebaute Balkone, deren Abdeckung das allgemeine Giebelvordach ist.

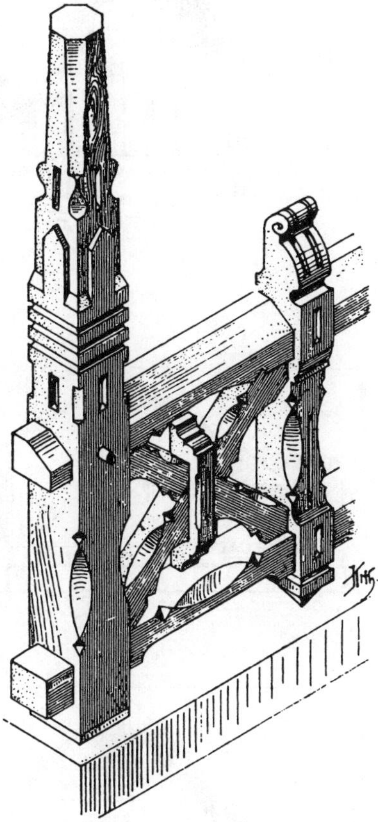

Fig. 233.
Brüstung, zu Tafel 56 gehörig.

5. Dachgaupen, Dachluken und Dachfenster.

(Tafel 59 bis 69 einschl.)

Als Gaupen bezeichnet man die luken-, fenster- oder erkerartigen Ausbauten der Dächer, wie sie schon vom Mittelalter ab gebräuchlich sind. Einmal sollen die Gaupen gewissen praktischen Bedürfnissen

Fig. 234.
Vordächer über Eingangsthüren.

Fig. 235.
Veranden-Vordächer.

genügen; sie sollen Licht und Luft in den Dachraum einlassen; sie sollen als Lugaus dienen, insbesondere an Türmen, oder zum Aus- und Einbringen von Waren etc. In der letzteren Eigenschaft führen sie den Namen Windeluken und waren früher eine häufige Erscheinung. (Fig. 238.) Bei gröfseren Abmessungen bilden sie wohl auch als sogen. Dacherker selbständige kleine Wohnräume. (Fig. 239.) Als Luken bezeichnet man im allgemeinen die kleineren, nicht verglasten Oeffnungen, während der Begriff Dachfenster die Verglasung voraussetzt. Zum anderen aber werden die Dachgaupen ausgenützt, um dem Dach eine Unterbrechung und ein besseres Aussehen zu geben; sie sind also gleichzeitig dekorativ.

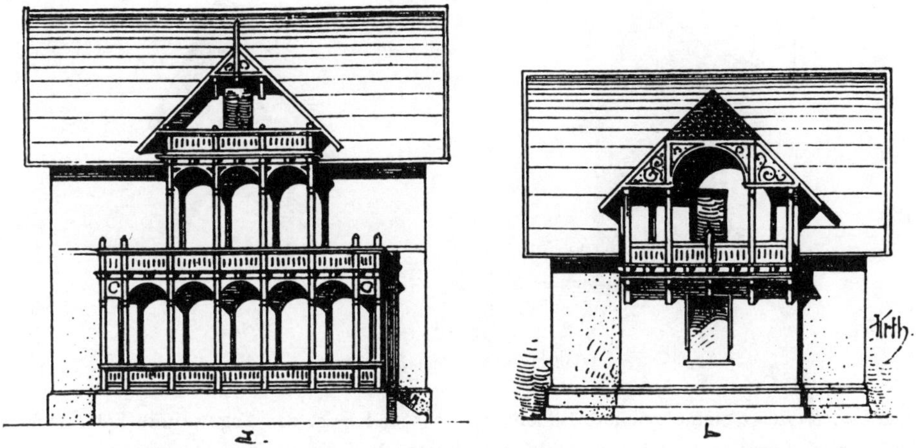

Fig. 236.
Balkon- und Veranda-Vordächer.

Die Bildung der Dachgaupen weist eine grofse Mannigfaltigkeit auf. Zu den einfachsten Formen gehören die Gaupen aus gebranntem Thon, welche an Stelle einiger Ziegel in die Dachdeckung eingesetzt werden, als sogen. „Kanonen". (Flachaufgelegte Fenster mit Eisenrahmen und Zinkeinbindung, wobei sich die Arbeit des Zimmermanns auf die Auswechselung der Sparren beschränkt, kann man nicht wohl als

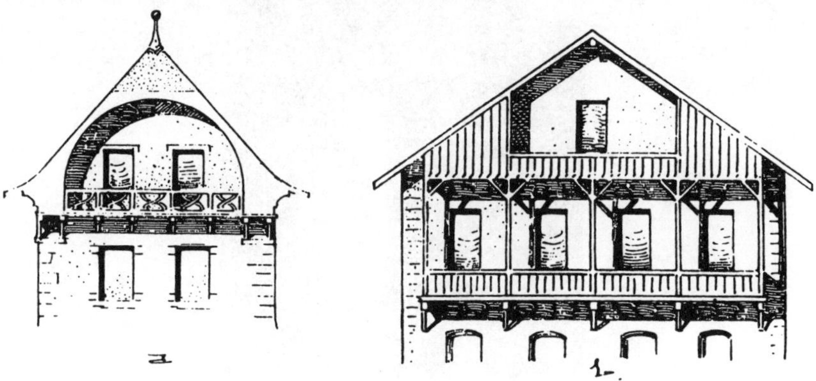

Fig. 237.
Giebelvordächer über Balkonen.

Gaupen bezeichnen.) Sobald die Gaupen einigermafsen gröfser werden, beanspruchen sie ein kleines Dachwerk für sich. In Fig. 240 sind die einfacheren Formen dieser Art zusammengestellt. In a ist ein kleines Satteldach gewöhnlicher Art, in b ein schräg zurückgeschnittenes, in e ein abgewalmtes zu Grunde gelegt, während c eine vorgebaute Dachspitze mit Grat zeigt. Während hierbei sich dreieckige Luken bilden, zeigen die übrigen Beispiele der Figur senkrechte Seitenwände, so dafs die Oeffnung ein symmetrisches Fünfeck, bezw. ein Rechteck mit aufsitzendem Dreiecksgiebel vorstellt. Während i einen vorgekragten Krüppelwalm gewöhnlicher Art hat, ist derselbe bei k vieleckig, zeltdachartig und bei l springt nicht nur die Deckung, sondern auch die Unterpartie mit Grat vor.

Fig. 238.
Windeluken aus dem Moselthal.

Die Fig. 241 zeigt einige reichere Bildungen. In a und b ist das abgewalmte Satteldach mit Zeltdachspitzen vereinigt und in c und d sind kleine Kuppeln als Gaupenspitzen aufgesetzt. Es wiederholen sich also hier im kleinen die Dachzerfallungen, wie sie seinerzeit für die Dachwerke überhaupt erwähnt

Fig. 239. Dacherker.

wurden. Die perspektivischen Skizzen der Figuren 242 bis 244 ergänzen das Material der Figuren 240 und 241.

Was die Konstruktion der Gaupen betrifft, so ist dieselbe, wie die Gaupen selbst, verschieden. In allen Fällen aber wird eine Auswechselung zwischen zwei oder mehr Sparren nötig, damit für die Oeffnung eine Bank gewonnen wird, wenn nicht zufällig eine vorhandene Pfette deren Stelle vertreten kann (Taf. 63 d). Am selben Beispiel ist zu sehen, wie zur Bildung der Decke des Gaupendaches gewöhnlich ein weiterer Sparrenwechsel erforderlich ist. (Vergl. auch Fig. 246.)

Bei niedrigen Luken können Knaggen den seitlichen Abschlufs bilden und das Gaupendach tragen (Fig. 245) oder Knaggen mit darüberliegenden kurzen Sattelschwellen. (Taf. 59 e, f, g.) Bei höheren Gaupen mit Seitenwänden werden Pfosten erforderlich, die in die Sparren eingezapft oder mit denselben verblattet werden, wenn sie nicht auf besonderen Schwellen aufsitzen. Am oberen Ende sind die Pfosten mit den Gaupenpfetten verzapft. Die letzteren sind mit den Sparren des Hauptdaches versatzt oder verblattet (oder auch mit den Sparrenwechseln) und überkragen die Pfosten meist nach vorn, um ein Vordach zu bilden. Bei gröfserer Ausladung werden dann im Eck wieder Büge oder Knaggen nötig. (Taf. 63 d.) Das Gaupendach bildet sich aus einigen kleinen Gespärren, die keine weiteren Pfetten bedürfen und durch die Schalung oder Lattung genügenden Halt bekommen. Die Walmung und Schiftung wiederholt sich im kleinen und in einfacher Weise, wie an grofsen Dächern. Die Seitenwände, welche ein rechtwinkliges Dreieck bilden, werden bei grofsen Abmessungen durch Riegelwerk versteift, ausgemauert, verschalt, verschindelt, mit Schiefer gedeckt, mit Zinkblech verkleidet etc. Die Fensterbank erhält die nötigen Simsbretter. Die Gaupenpfetten oder die Pfosten werden durch einen Querriegel verbunden, welcher den Sturz der Oeffnung bildet und mit den Pfosten und der Bank zur Befestigung des Fensterrahmens dient. Das Giebelfeld wird ausgemauert, verschalt oder mit zierenden Holzteilen gefüllt, oder ebenfalls verglast etc. Die dekorative Ausschmückung des Gaupenvordaches wiederholt im kleinen und entsprechend vereinfacht, was wir am Giebelvordach im grofsen kennen gelernt haben. Nach diesen einleitenden Bemerkungen wenden wir uns den diesem Artikel gewidmeten Tafeln zu.

Tafel 59 bringt 3 Beispiele, eine gröfsere Gaupe mit Seitenwänden (Taf. 59 a), eine kleine Luke mit Kleeblattmotiv (Taf. 59 b, c und d), eine Dreiecksluke mit gebrochener Spitze und Krönung aus Metall. (Taf. 59 e, f u. g.)

Tafel 60 bringt ebenfalls 3 Beispiele; in a und b eine niedrige Gaupe mit Satteldach und verschaltem Giebelfeld, in c eine einfache Luke (vergl. Fig. 245) und in d eine reichere Gaupe mit Rundfenster und Kuppeldach, deren Konstruktion aus e ersichtlich ist.

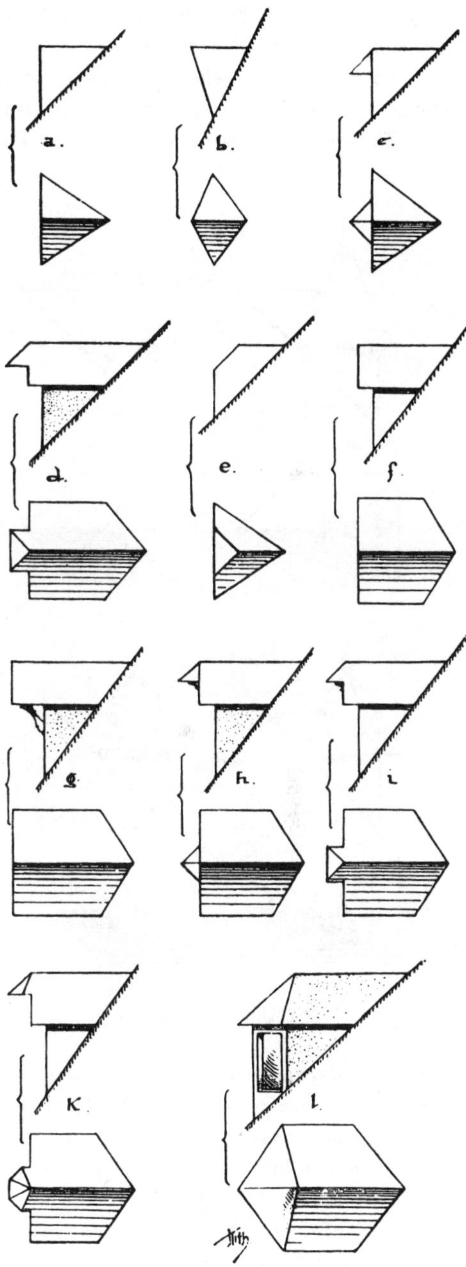

Fig. 240.
Einfache Gaupenformen.

Tafel 61 giebt 3 weitere Beispiele. Der in a und b dargestellten Doppelluke mit abgewalmten Satteldach ist in Fig. 246 ein perspektivisches Bild der Konstruktion beigegeben. Die zwei weiteren Bilder geben Gaupen für zweiflügelige Fenster. In c ist der Leistbruch für die Vordachbildung benützt. Bei d ist dem verschalten Giebelfeld eine Hängesäule mit Strebenkreuz vorgelegt. Gaupen dieser Art sind die am meisten vorkommenden, weshalb

Tafel 62 sechs weitere Varianten perspektivisch vorführt. Für deren Konstruktion und die Behandlung der Einzelheiten kann das übrige den folgenden paar Tafeln entnommen werden.

Die Tafeln 63, 64, 65 und 66 geben Dachgaupen gewöhnlicher Art und Gröfse in reicherer Aus-

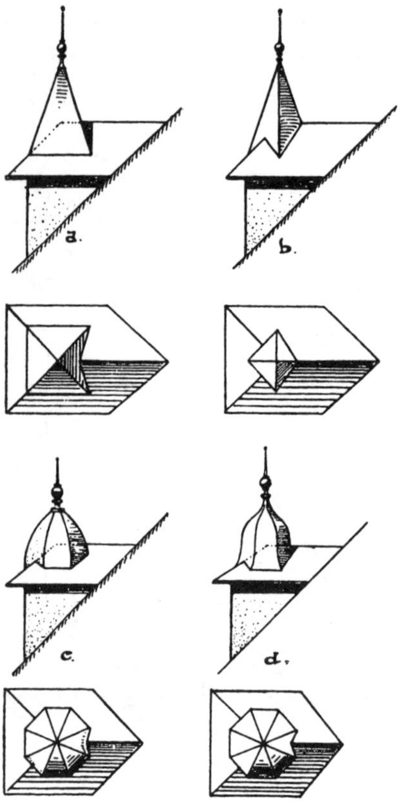

Fig. 241.
Reichere Gaupenanlagen.

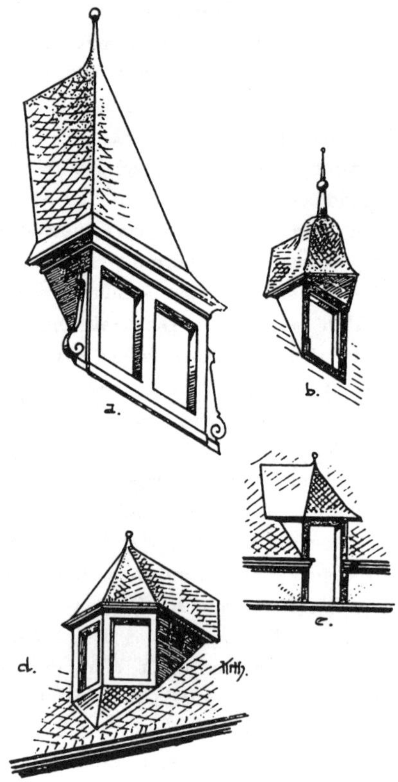

Fig. 242.
Dachgaupen, perspektivisch dargestellt.

stattung mit geschnitzten Pfosten, verzierten Gesimsen etc. Das Gaupendach ist bei allen 4 Beispielen zunächst ein abgewalmtes Satteldach. Dem ersten ist eine kleine Dachspitze zugegeben; dem zweiten ist ein Zeltdach aufgesetzt, so dafs ein Traufbruch gebildet wird; dem dritten ist ein über Eck gestelltes Zeltdach angefügt und das vierte trägt eine achtseitige Bohlenkuppel. Bei den 3 letzteren wird also ein Helm- oder Kaiserstiel nötig.

Die Tafel 67 bringt eine gotisierende Gaupe mit Vordach- und Krüppelwalm, deren Konstruktion durch einen Schnitt und ein perspektivisches Detail erläutert wird.

Die Tafeln 68 und 69 geben Doppelfenstergaupen. Aufser den seitlichen Pfosten wird ein Mittelpfosten erforderlich, der in seiner Verlängerung die Firstpfette tragen kann (Taf. 68 b), die bei der größeren Breite der Anlage nicht überflüssig ist. Beide Fenster haben je ein gemeinsames, verschaltes Giebelfeld. Tafel 68 zeigt eine mit Grat vorgebaute Giebelspitze, Tafel 69 einen Krüppelwalm mit auf-

Fig. 243. Dachgaupen.

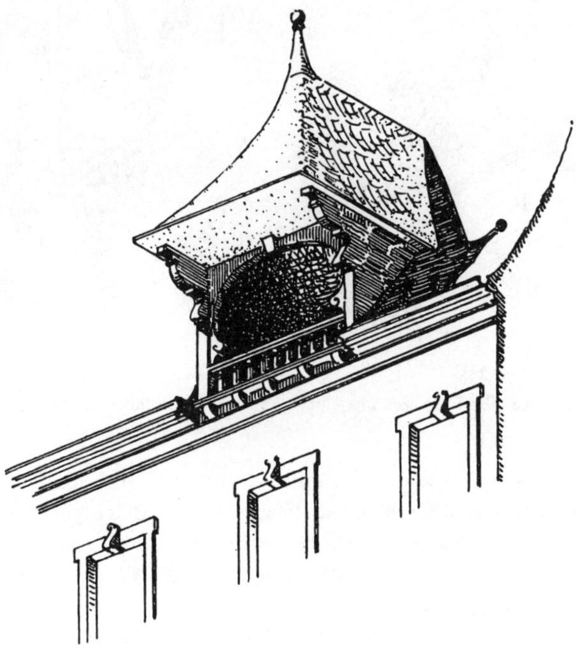

Fig. 244.
Dachgaupe mit Unterbrechung des Hauptgesimses.

gesetzter Spitze. Die Fenster des letzteren Beispiels haben durch Kämpfer und Setzhölzer eine weitere Teilung erfahren.

6. Dachreiter und Laternen.

(Tafel 70 und 71.)

Als Dachreiter bezeichnet man kleinere, selbständige, auf dem First des Hauptdaches aufsitzende Türmchen und Dächer. Was in dekorativer Hinsicht die Gaupen für die Dachfläche sind, das sind die Dachreiter für den First. Da sich die Dachreiter, deren Name sich von selbst erklärt, von der Luft abheben, so vermögen sie den Umrifs des Gebäudes wesentlich malerischer zu gestalten, vorausgesetzt, dafs sie am richtigen Ort angebracht werden und selber hübsch sind. Der zweckliche Teil ist gewöhnlich von geringerer Bedeutung. Man pflegt in den Dachreitern Uhren und Glocken unterzubringen, vielfach blos zur Motivierung ihres Daseins. Demnach finden sich Dachreiter insbesondere auf den Dächern von Kirchen, Kapellen, Schulhäusern, Rathäusern, Stadtthoren etc., aber auch an villenartigen Privatbauten. Je nach

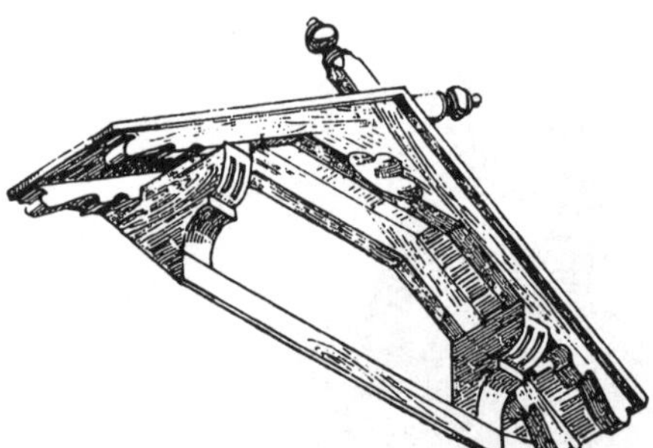

Fig. 245.
Dachluke, zu Tafel 60 gehörig.

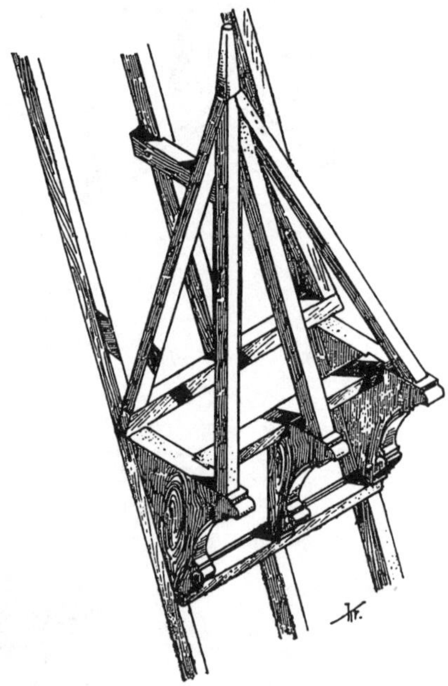

Fig. 246.
Doppelluke, zu Tafel 61 gehörig.

dem Stil, dem Charakter und der Gröfse des Bauwerkes ändern sich auch die Dachreiterformen. Für kirchliche Bauten und Turmdächer sind die schlanken, langgezogenen Bildungen bevorzugt (Fig. 247 und 248), für Profanbauten wählt man auch kürzere, gedrungene Formen. (Fig. 249.) Die Anlage des Dachreiters ist meistens zentral, d. h. nach allen Seiten gleich (Fig. 247 und 248); es kommen jedoch auch Bildungen vor, die nur symmetrisch sind. (Fig. 249.)

Gröfsere Dachreiter können im Innern durch Treppen zugänglich sein, kleinere sind es nur durch Leitern oder gar nicht. Gröfsere Dachreiter erhalten Fenster, Laden, Gaupen etc., kleinere bleiben auch vielfach offen. Danach ist die Konstruktion auch sehr verschieden. Der einfachste Dachreiter entsteht, indem zwei Pfosten, rechts und links der Firstpfette über Dach geführt werden. (Fig. 250.) Diese Pfosten werden durch Riegel verbunden, durch Andreaskreuze verstrebt und tragen ein kleines Satteldach oder Zeltdach. Man setzt die Pfosten auf dem Kehlgebälke oder auf einem darüber gelegten Ueberzug auf, lehnt sie an ein Gespärre und verbolzt sie mit demselben oder legt sie zwischen ein zu diesem Zwecke angeordnetes Doppelgespärre. (Fig. 250 a.) Da diese kleinen offenen Anlagen keine grofse Angriffsfläche für den Wind bieten, so genügt dies für gewöhnlich. Solider wird die Konstruktion schon, wenn die Pfosten mit den Ueberzügen oder Schwellen, auf welchen sie aufstehen, beiderseits verstrebt werden. (Fig. 250 b.) Bei geschlossenen Dachreitern werden vier Pfosten, zu zwei Paaren symmetrisch des Firstes liegend, in zwei Schwellen eingezapft (Taf. 70), nach allen vier Seiten abgestrebt, an die Gespärre gelehnt und mit diesen verbolzt etc. Durch die Verbindung der Pfosten mit Riegeln und Pfetten am oberen Ende entsteht dann der vierseitige Unterbau für den Reiterhelm. Eine solide Konstruktion hierfür zeigt die

Fig. 247. Dachreiter.

Taf. 70. In das äufsere Pfostengestell ist ein zweites inneres eingestellt. Der Uebergang ist durch vier gaupenartige Giebel vermittelt. Ein sogen. Balkenschlofs stützt und fafst den Kaiserstiel. Die Pfosten gröfserer Reiter werden nicht nur bis zum Kehlgebälke, sondern bis zum Dachgebälke herabgeführt. (Taf. 70 b.) Wenn die Streben erst aufserhalb des Hauptdaches mit den Pfosten versatzt und verbolzt werden (Taf. 70 b), so können sie zur Aufnahme der Schalung des unteren Dachreiterteils dienen, wobei dann die pyramidenartig verjüngte Form einen guten Uebergang abgiebt. Da die Tafel aufser dem Aufrifs einen Schnitt, einen Grundrifs und zwei Perspektiven giebt, so ist alles übrige zur Genüge ersichtlich.

Die Tafel 71 zeigt in c und d einen Dachreiter, der ähnlich zu konstruieren ist, wie derjenige der Taf. 70. Hier müfste in das vierseitige äufsere Gestell ein achtseitiges inneres eingesetzt werden.

Der zur Aufnahme einer Uhr und Glocke bestimmte, für ein Rathaus oder Schulhaus geeignete Dachreiter, welchen Taf. 71 in a und b darstellt, zeigt insofern eine abweichende Anlage, als er dreiteilig ist und sich auf rechteckigem Grundrifs entwickelt. An Stelle von vier Pfosten treten deren acht. Die vier mittleren sind zur Bildung des Helmes weitergeführt, während die übrigen das Gespärre für das abgewalmte Satteldach tragen, das sich an die Mittelpartie anlegt. Auch hierbei sind die Streben benützt, um die Unterpartie pyramidenartig verjüngt aus dem Hauptdach treten zu lassen.

Auf ähnliche Weise, wie es die Tafeln 70 und 71 zeigen, konstruieren sich die Reiter der Figuren

Fig. 248. Dachreiter.

247, 248 und 249. Bezüglich 247b müfste der Schwellenkranz diagonal zum Gebälke gelegt werden und die Abstrebung wird etwas umständlicher.

Wenn die Dachreiter nicht auf dem First eines Satteldaches aufsitzen, sondern im Scheitel eines Kuppel- oder Zeltdaches, so heifst man sie gewöhnlich Laternen, auch wenn die Formen den vorgeführten gleich sind. Ueber vieleckigen Kuppel- und Zeltdächern erhält die Laterne dann meist die gleiche Seitenzahl und setzt sich der allgemeinen Form nach zusammen aus einem prismatischen Unterteil und einer Zeltdachpyramide. Wenn bei offenen Dachkonstruktionen die Pfosten nicht auf das Gebälke herabgeführt werden können, so sitzen sie auf einem Pfetten- und Schwellenkranz auf. (Vergl. Fig. 156.) Da die Laternen im letzteren Fall verglast zu werden pflegen, so gestalten sich die einzelnen Seiten der vieleckigen Anlage etwa wie die Vorderseiten der im vorangegangenen Artikel besprochenen Dachgaupen.

Es ist naheliegend, dafs die Ausführung der Dachreiter und Laternen mit peinlicher Sorgfalt zu geschehen hat. Die Konstruktion und das Einbinden erfordern alle Schutzmafsregeln gegen Winddruck und die zerstörenden Einflüsse der Witterung um so mehr, da diese Dinge schwer zugänglich sind und selten auf Reparatur nachgesehen werden.

---

7. Einfriedigungen.

(Tafel 72 und 73.)

Als Einfriedigung bezeichnet man die zaun-, gitter-, geländer- und wandartigen Abschlüsse von Plätzen, Gärten, Höfen, Bahnlinien, Ausstellungen etc. Sie werden in Stein, Eisen und Holz ausgeführt. Hier kommen nur die letzteren in Betracht.

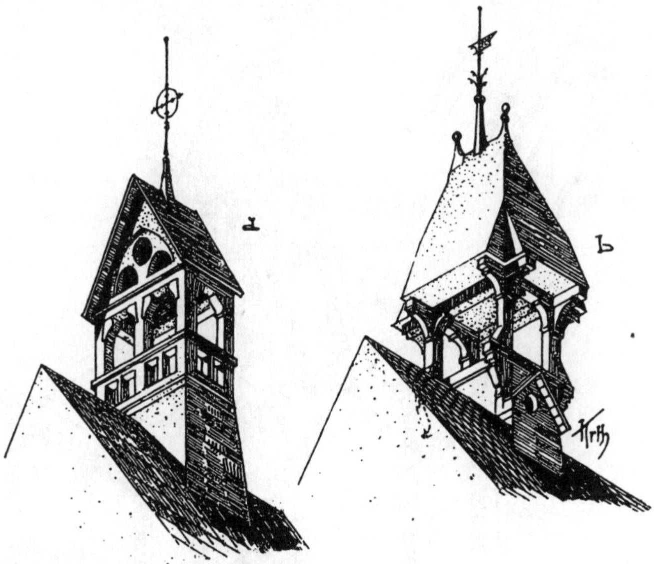

Fig. 249. Dachreiter.

Die Höhe und die Art der Ausführung hölzerner Einfriedigungen ist je nach Zweck und Verwendungsort verschieden. Raseneinfriedigungen, die gewissermafsen nur als Verbot wirken, sind gewöhnlich ganz niedrig und werden mit Vorliebe aus Naturholz gefertigt. Den Einfriedigungen von Wegen, Bahnlinien etc. giebt man häufig die sogen. Brüstungshöhe, insbesondere, wenn sie in Verbindung mit einem lebendigen Zaun gebracht sind. Gärten, Parkanlagen und ähnliches erhalten Einfriedigungen mit durchschnittlichen Höhen von 1,5 bis 2 m in durchbrochener, durchsichtiger Behandlung. Höfe, Bauplätze, Ausstellungen etc. friedigt man meist geschlossen ein bei Höhen von 2 m und mehr.

Nach dem verwendeten Material und der Form unterscheidet man Bretter-, Schwarten-, Latten-, Staketen-, Gitterzäune etc.

Zur Befestigung der Zäune benützt man mehr oder minder starke Pfosten aus Stein oder Holz, neuerdings auch Walzeisen. Hölzerne Pfosten werden bei kleineren Abmessungen, unten zugespitzt, in den Boden eingeschlagen; gröfsere Pfosten beläfst man unten meist waldkantig oder rund, gräbt sie ein und stampft sie mit Erde oder Letten fest, verkeilt sie mit Steinschroppen etc. Der besseren Haltbarheit wegen kohlt man die unteren Enden an, streicht sie mit Teer an oder tränkt sie mit Carbolineum und anderen fäulniswidrigen Mitteln. Es empfiehlt sich übrigens, auch die oberen Teile zu schützen, sei es auf die letztgenannte Weise oder durch Oelfarbenanstrich. Glatt gearbeitete Zäune halten sich länger als rauhbelassene, weil das Wasser besser abfliefst. Die Konstruktion ist allenthaben so einzurichten, dafs das Wasser nirgends stehen bleibt, und dafs nafs gewordene Stellen alsbald wieder trocknen können. Aus

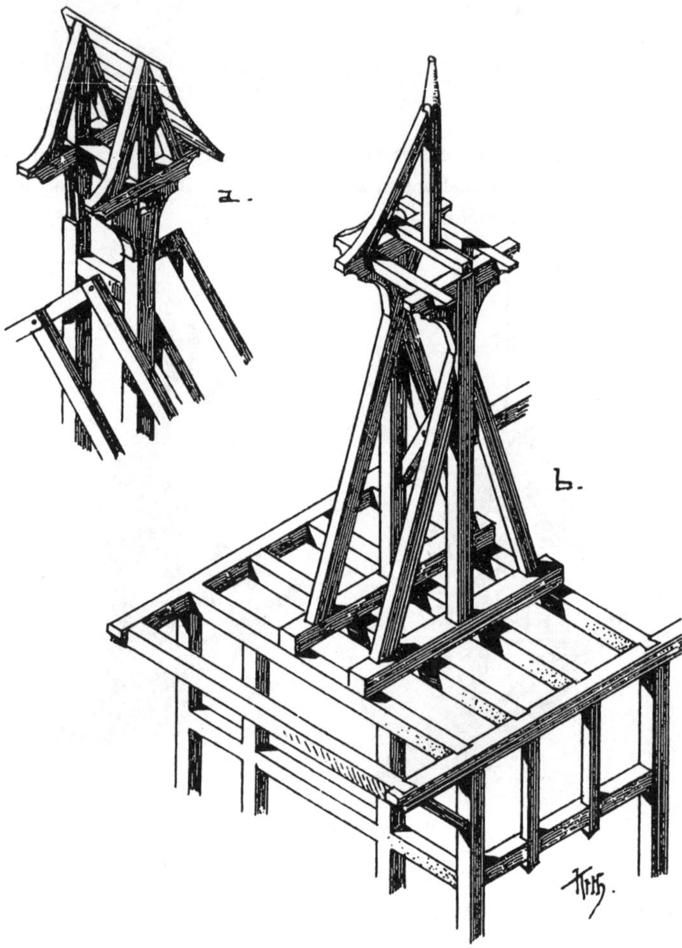

Fig. 250.
Konstruktion kleiner Dachreiter.

diesem Grunde schneidet man z. B. die oberen Enden der Pfosten, Latten und Bretter schräg oder spitzt sie zu. Oder man nagelt dem Hirnholz der Pfosten Schutzbretter oder Blechkappen auf und deckt die Latten und Staketen mit horizontalen Traufleisten ab. Ebenso läfst man die Latten, Bretter etc. nicht bis auf die Erde reichen, sondern läfst einige cm Abstand, damit sie vom Boden keine Feuchtigkeit ansaugen. Bei Bretterzäunen läfst man zwischen den einzelnen Streifen ebenfalls etwas Abstand und wenn sie undurchsichtig sein müssen, deckt man die Fugen mit Schutzleisten. Man kann die Bretter auch horizontal laufend aufnageln und sie nach Art geschlossener Jalousien übereinander greifen lassen. Bezüglich des Herstellungsmaterials ist zu bedenken, daſs Kiefernholz eine längere Dauer hat als Fichtenholz, daſs gewisse Hölzer im Boden besonders lange halten, wie Eichen und Erlen, und sich also gut zu Pfosten eignen.

Auf Tafel 72 geben wir in a bis d einige Raseneinfriedigungen, ca. 50 cm hoch. Die Pföstchen sind etwa 10 auf 10 cm stark, am besten aus Hartholz, gehobelt, gefast und abgedacht. Bei a sind die Pföstchen durch ein Flacheisen von etwa 10 auf 50 mm Stärke verbunden. Das Flacheisen wird durch einen ausgestemmten Schlitz des Pfostens geschoben und durch Nietung verlängert. Der Pfostenabstand beträgt etwa 2 m. Nach Taf. 72b sind zwei Rundeisen von etwa 15 mm Stärke durchgeschoben. Nach

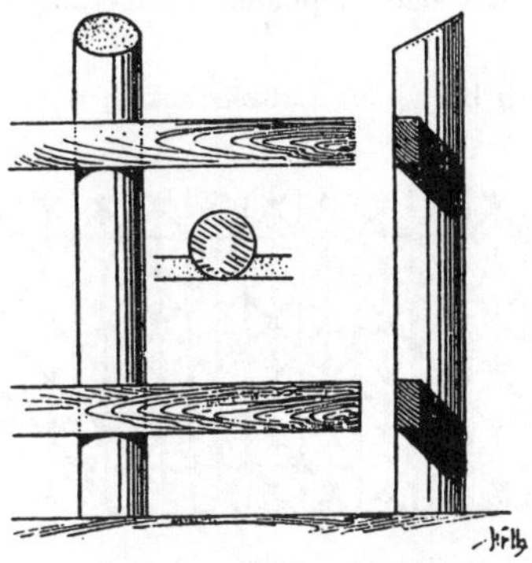

Fig. 251.
Brüstungszaun aus Rundholz und Latten.

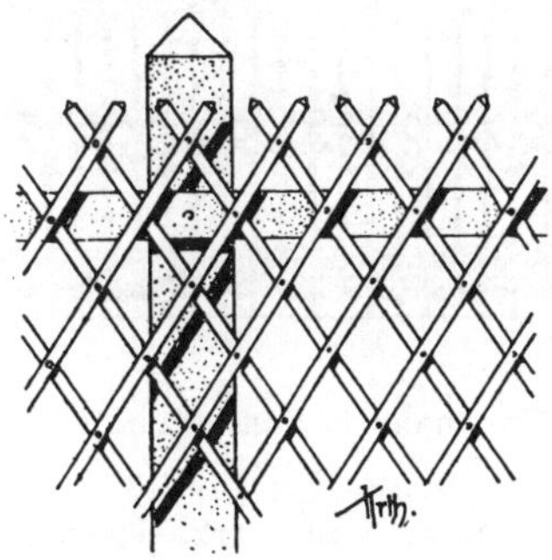

Fig. 252.
Eichener Gitterzaun.

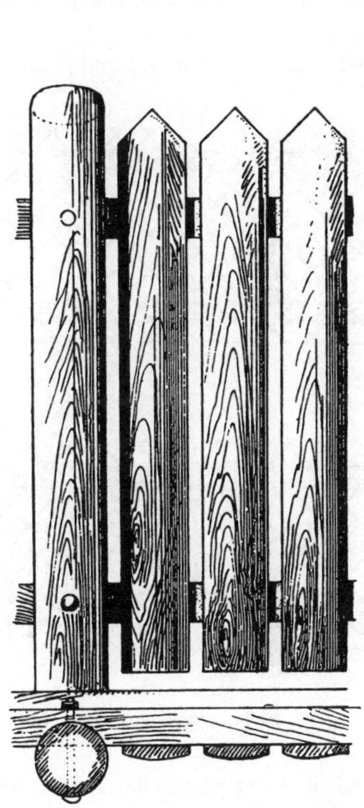

Fig. 253.
Schwartenzaun.

Taf. 72c und d werden die Pföstchen durch gefaste Latten verbunden, die einerseits oder beiderseits aufgeschraubt und ganz oder zum Teil in die Pfosten eingelassen werden. Der Lattenstoſs erfolgt mit Ueberblattung vor dem Pfosten.

Die Fig. 251 zeigt einen Zaun von Brüstungshöhe (75 bis 100 cm). Die Rundholzpfosten sind etwa 12 cm stark und oben schräg abgeschnitten. Die beiden Latten, etwa 4 auf 8 cm stark, sind in die Pfosten eingelassen und mit denselben vernagelt und verschraubt.

Die Figur 252 zeigt einen Gitterzaun, für Gartenanlagen geeignet, durchsichtig genug und Hunde etc. abhaltend; zum Bespinnen mit wildem Wein und anderen Schlingpflanzen besonders zweckmäſsig. Pfosten aus Eichenholz, etwa 12 auf 12 cm; Querlatten etwa 3 auf 6 cm; Gitter aus geschlitztem

Eichenholz von ca. 20 auf 20 mm Stärke im Abstand von etwa 10 cm im Licht. Gesamthöhe des Zauns etwa 1,5 m. Die Gitter aus geschlitztem Eichenholz werden sauber und billig fabrikmäfsig hergestellt und sind auch in reicheren Ausstattungen zu haben. Eine Bezugsquelle ist Carl Schliefsmann in Kastel-Mainz. Diese Firma liefert den laufenden Meter Gitter, 1 m hoch, mit Leinölfirnis oder Carbolineum getränkt zu 2 bis 5 Mark, je nach dem mehr oder minder reichen Muster. (Fig. 254.)

Die Figur 253 zeigt einen Schwartenzaun von etwa 1,5 m Höhe. Die Rundholzpfosten im Abstand von 2 bis 2,5 m sind 18 bis 20 cm stark. Die Pfosten sind durch Rahmenschenkel von 8 bis 10 cm Stärke verbunden mit Einlassen und Verbolzung. Die gesäumten Schwarten, etwa 15 cm breit, sind oben im Dreieck abgeschnitten und mit Belassung eines Zwischenraumes von etwa 3 cm gereiht. Die Befestigung an den Rahmenschenkeln geschieht durch Nägel mit nachfolgender Vernietung (Umschlagen der Spitze).

Die Tafel 72 zeigt in e, f und g Lattenzäune. Höhe 1,2 bis 1,5 m; Lattenstärke 3 oder 4 auf 10 cm;

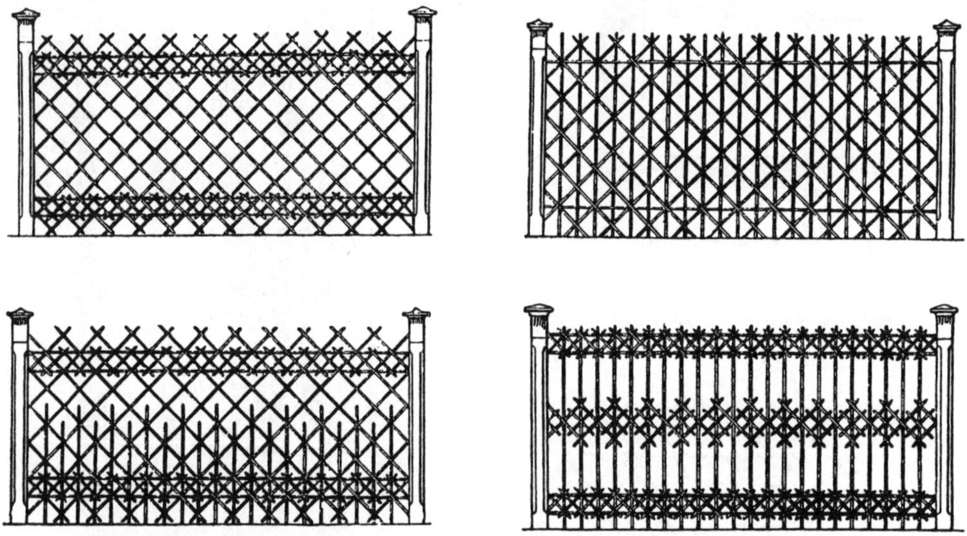

Fig. 254.
Einfassungen aus dem Musterbuche von C. Schliessmann in Kastel-Mainz.

Lattenabstand im Licht gleich der Lattenbreite. Querhölzer ca. 10 auf 5 cm stark, einerseits oder beiderseits angeordnet; Pfosten 15 bis 18 cm stark im Abstand von etwa 2 m.

Dieselbe Tafel bringt in h, i und k sogen. Staketengeländer. Die Staketen sind Hölzer mit quadratischem Querschnitt, 4 oder 5 cm stark, in gewöhnlicher Weise oder über Eck oder wechselnd gestellt in Abständen von 10 bis 20 cm von Mitte zu Mitte. Bei weiten Stellungen empfiehlt sich im Unterteil eine Verdoppelung (Taf. 72 i). Die Querlatten werden beiderseits angebracht und wie in anderen Fällen am besten oben schräg gefast. Als Pfosten eignen sich Formen, wie sie Taf. 73 in f und h abbildet.

Die Tafel 73 giebt in f, g und k drei sogen. Plankenzäune. Die Pfosten, 18 bis 20 cm stark, in Abständen von 2 bis 2,5 m, werden durch Rahmenschenkel, etwa 10 auf 10 cm stark, verbunden. Den Rahmenschenkeln werden glatte oder verzierte Brettstreifen von 12 bis 20 cm Breite aufgenagelt oder aufgeschraubt, zwischen sich einen Abstand von 3 bis 5 cm belassend. Die Rahmenschenkel werden vielfach nicht fest mit den Pfosten verbunden, sondern blos in ausgestemmte Oeffnungen der Pfosten eingesetzt (Taf. 73 f.) Wenn die Felder zeitweise beseitigt werden sollen, so trifft man eine Vorrichtung zum Ein-

und Aushängen nach der Art, wie es Pfosten h veranschaulicht. Zum Ausheben bestimmte Felder werden zweckmäſsigerweise durch ein Andreaskreuz abgesteift, welches mit den horizontalen Rahmenschenkeln versatzt und verzapft wird. Die Planken werden gefast, oben und unten nach einem gefälligen Umriſs ausgeschnitten (Taf. 73a bis f), oder sie werden auch längs der Kanten nach einem hübschen Muster ausgeschnitten, so daſs sowohl die Bretter als die Zwischenräume ordentlich aussehen (Taf. 73g und k). Derartige Musterungen haben wir als Brüstungsfüllungen bereits kennen gelernt. Der Unterschied besteht nur in der weiteren Reihung und in der Zugabe eines Abschlusses nach oben, weil hier die Brüstungsleiste fehlt. Die betreffenden Abbildungen können sich also gegenseitig ergänzen.

Zu verzierten Planken gehören auch einigermaſsen verzierte Pfosten. Die Verzierung wird durch Fasung, Nutung, Kerbung etc. bewirkt. Der obere Abschluſs wird als Knopf gebildet (Taf. 73h) oder durch Ausschneiden auf der Straſsenseite in einer Weise, wie es i zeigt. Rosetten und Nagelköpfe können als weiteres Ausstattungsmittel sowohl für die Pfosten, wie für die Planken in Betracht kommen.

8. Einfriedigungsthore, Barrièren und Schlagbäume.

(Tafel 74, 75, 76 und 77.)

Als Einfriedigungsthore bezeichnen wir diejenigen, welche in die Einfriedigungen eingesetzt werden, dieselben unterbrechen und den dahinter liegenden Hof, Platz, Garten etc. zugänglich machen, also Thore im Freien.

Wie die hölzernen Einfriedigungen immer mehr durch eiserne verdrängt werden, so ist es auch in Bezug auf diese Thore der Fall. Thor und Einfriedigung sollen zu einander passen. Man kann nicht wohl das eine aus Eisen, das andere aus Holz fertigen und so kommen der Einfriedigung zu lieb auch Einfriedigungsthore aus Holz zur Anwendung, insbesondere in den holzreichen Gegenden. Das Thor wiederholt gewöhnlich die Art und den Grundgedanken der Einfriedigung, obgleich dies nicht unbedingt notwendig erscheint. Zu einem Einfriedigungsgitter paſst also am besten ein Gitterthor, zum Lattenzaun ein Lattenthor etc. Im einfachsten Fall behält man die Einfriedigungshöhe auch für das Thor bei. Vielfach wird aber das letztere auch höher veranlagt, selten aber umgekehrt. Die Breite der Thore ist nach dem Zweck verschieden. Zweiflügelige Thore macht man meist nicht unter 2 m breit. Ein übliches Maſs ist 2,4 m im Licht; es genügt zur Not auch für Fuhrwerke. Wo die letzteren aber häufig aus- und einkommen, macht man die Breite gleich 4 m oder mindestens gleich 3,20 m. Das Thor sitzt meist zwischen steinernen Pfosten, auch dann, wenn die übrigen Geländerpfosten aus Holz sind, und mit Recht, weil die Thorpfosten mehr auszuhalten haben. Eine Ausnahme wird in Hinsicht auf kleine und leichte Thore gemacht und auch dann, wenn die Pfosten erhöht werden, um ein Thordach zu tragen. Man verstärkt dann durch Vervielfachung die Pfosten im Unterteil. (Vergl. Taf. 76 und 77.)

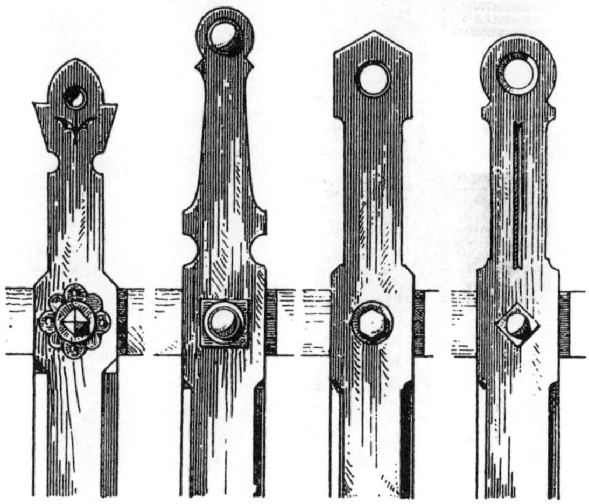

Fig. 255.
Endigungen von Thor- und Zaunplanken oder -Latten.

Was die Konstruktion dieser Thore anbelangt, so bildet man im allgemeinen durch Rahmenschenkel das unverschiebbare, gut versteifte Gestell oder Gerippe und setzt demselben die Zuthaten auf, wie sie an der Einfriedigung vorhanden sind. Das Gerippe pflegt man auf die Innenseite zu verlegen, damit es nicht zum Uebersteigen benutzt werden kann. Von besonderer Bedeutung ist ein gutes, starkes Beschläge. Für gewöhnlich besteht dasselbe aus Lang- oder Winkelbändern, einem am Boden angebrachten Anschlageisen (auf der Schwelle oder einem besonderen Stein zu befestigen) einem senkrechten Schubriegel mit Schutzvorrichtung gegen unbefugtes Oeffnen, einer Spreizstange mit Hängeschlofs oder Schliefse, einem Schlofs und bei grofser Höhe einem weiteren horizontalen Schubriegel.

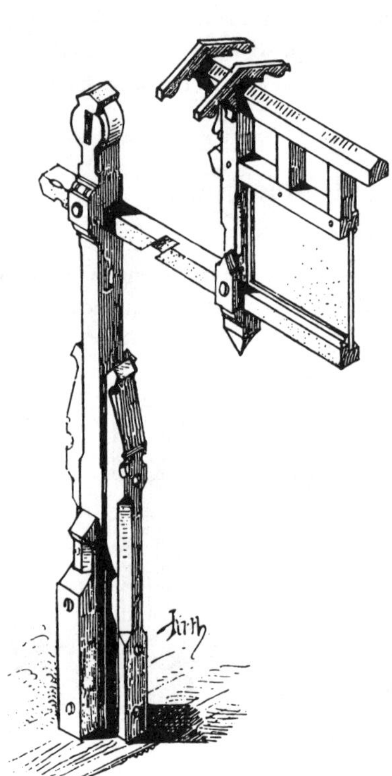

Fig. 256.
Zu Tafel 76 gehörig.

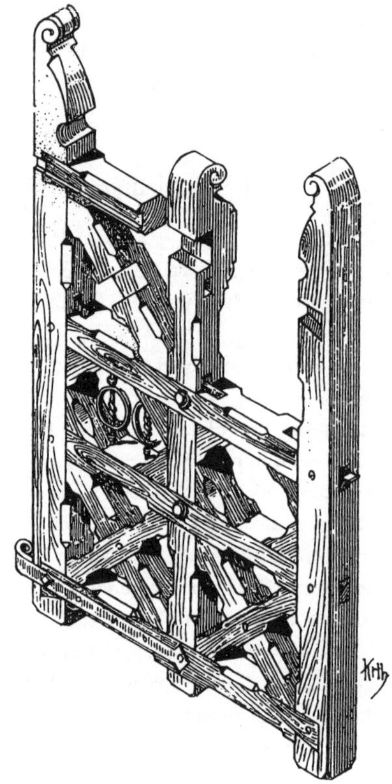

Fig. 257.
Zu Tafel 77 gehörig.

(Vergl. Tafel 75.) Grofse, schwere Thore werden auch gerne wie die eisernen mit Zapfenbändern und Halsbändern befestigt.

Auf Tafel 74 sind sechs verschiedene Einfriedigungsthore aufgezeichnet mit Höhen von 1,5 m bis 2,10 m und mit Breiten im Licht von 2,4 m und 3,2 m. Die Thorpfosten sind alle in Stein angenommen. Das Beschläge ist der Einfachheit halber nicht mit aufgezeichnet. Die Thorflügel sind in allen Beispielen mit Schlagleisten versehen, die unter Umständen auch fortfallen können. Die Gerippe sind aus gehobelten Rahmenschenkeln von 10 auf 10 oder 12 auf 12 cm. Einzelne Rahmhölzer haben bei gleicher Stärke eine gröfsere Breite. Die Verzierung ist durch Fasung, Kerbung etc. bewirkt. Aufserdem sind die Setzhölzer nach oben verlängert und ausgeschnitten. Das Beispiel Tafel 74a zeigt vier Felderreihen; die drei unteren sind durch gefalzte oder gefederte Riemen geschlossen; die obere ist offen, das Einzelfeld ist durch ein eingesetztes Kreuz in vier kleinere Felder geteilt. Das Beispiel b zeigt ein einfaches Gerippe mit Diagonalversteifung. Es kann offen bleiben oder mit Riemen, Latten etc. benagelt werden. Etwas reicher ist Beispiel c. Die quadratischen Felder der beiden unteren Reihen sind durch einen Rahmen von Profilleisten verkleinert. Die obere Felderreihe ist durch eingesetzte Knaggen zur Bogengalerie gestaltet. Das Beispiel d zeigt zwei Reihen quadratischer Felder, unten mit geschweiften Hölzern, oben mit Andreaskreuzen verstrebt. Das Beispiel e hat oben offene Felder, die unteren Teile sind durch Riemen geschlossen, welche in Nuten der Rahmenhölzer eingeschoben werden oder sich von innen her in Falze legen und durch Randleisten befestigt werden. Das Beispiel f hat unten vergitterte Quadratfelder, im oberen Teil ein Staketengeländer. An Stelle des oberen Rahmholzes treten zwei Latten, welche die Staketen fassen, wenn man nicht kantige Löcher zum Durchschieben ausstemmen will. Das mittlere Rahmholz erhält entsprechende Vertiefungen (etwa 2 cm tief).

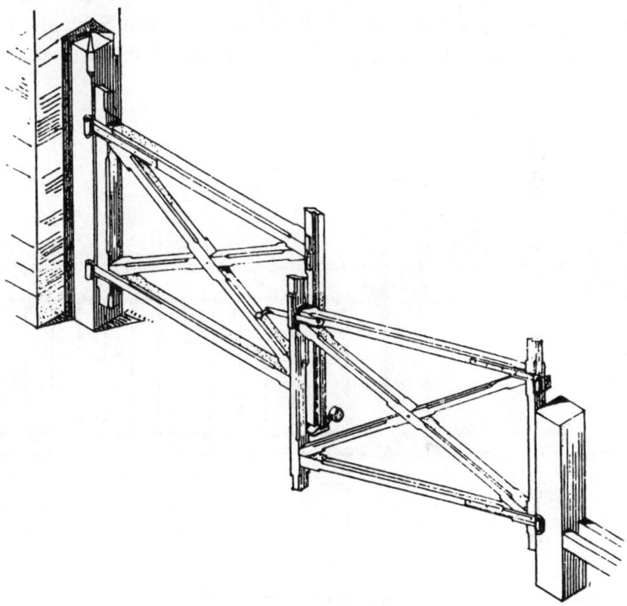

Fig. 258. Barrière.

Die Tafel 75 zeigt ein Lattenthor von 3 m Breite und 2,25 m Höhe. Links ist die äufsere Seite, rechts die Innenseite dargestellt. Aufser den Horizontal- und Setzhölzern zeigt das Gerippe in jedem Flügel eine Strebe, welche das „Einsacken" verhindern soll. Die Flügel sind überfalzt. Die 3 auf 10 cm starken Latten sind mit Belassung von 5 cm Abstand durch Schrauben befestigt. Die Rahmhölzer sind gehobelt und gefast, die Latten ebenfalls und oben nach der Form freier Endigungen ausgeschnitten und mit Rosetten geziert. Die Setzhölzer zeigen eine ähnliche, aber höher hinaufreichende Verzierung. Dieses Beispiel kann auch als Vorbild für ein Plankenthor gelten. Die Latten werden dann durch breitere Brettstreifen ersetzt, während sonst alles gleich bleibt.

In Fig. 255 sind einige weitere freie Endigungen für Latten und Planken zu Thoren und Einfriedigungen gegeben.

Die Tafel 76 zeigt ein Thor von 4 m Weite nebst der anschliefsenden Einfriedigung. Die Thorflügel verwerten zum Gerippe ein Gittermotiv; der untere Teil ist mit gefasten Riemen verschalt, die einen kleinen Abstand zwischen sich belassen. Die Thürpfosten sind aus Holz, 20 auf 20 cm stark und im Unterteil dadurch verstärkt, dafs nach jeder der vier Seiten ein kürzerer Pfosten vorgestellt ist. Die Verbindung mit dem Mittelpfosten erfolgt durch Schraubenbolzen, deren einer gleichzeitig das Halsband angeschmiedet erhält, während unten der Thorflügel mit Zapfen in Pfanne läuft. Die verlängerten Pfosten tragen eine Thorverdachung mit Firmenschild. Es wird damit eine Art von Portal gebildet und das Thor hebt sich auffälliger aus der Einfriedigung ab. Die Konstruktion des Aufsatzes ist aus den Zeichnungen der Tafel zur Genüge ersichtlich und wird aufserdem durch die Textfigur 256 erläutert.

Die Tafel 77 zeigt ein in ähnlicher Weise überdachtes Thor. Der Hauptunterschied beruht darin, dafs es dreiteilig ist. Zur Rechten und Linken des zweiflügeligen Mittelthores von 2,8 m Weite sind Einzelthüren von je 1 m Breite angeordnet. Es ist dies eine bekannte und vielfach recht zweckmäfsige Lösung. Der Mittelweg wird dem Fuhrwerk und besonderen Anlässen vorbehalten; der Personenverkehr benutzt die seitlichen Thüren. Für gewöhnlich wird dem Bedürfnis die eine derselben genügen; die zweite ist also mehr der Symmetrie wegen da. Im übrigen bietet dieser Eingang nichts Neues. Die Tafel erklärt die Konstruktion und für die Thürbildung ist aufserdem das Nötige aus Fig. 257 ersichtlich.

Als Barrièren bezeichnet man niedrige, aber breite, offene Konstruktionen von Einfriedigungsthoren. Insbesondere werden die Eisenbahnübergänge durch Barrièren geschlossen. Die Höhe ist meist Brüstungshöhe, also etwa 1 m. Die Breite ist verschieden und beträgt nicht selten 4 bis 6 m und mehr. Das solid verbundene und gut versteifte Gerippe bleibt offen, bildet sich aus Hölzern von quadratischem Querschnitt, deren Stärke nach der Gröfse der Anlage wechselt, und erhält ein starkes Beschläge von Winkel- oder Langbändern, Eckwinkeln etc. Die Schlagleiste fehlt; der Verschlufs erfolgt durch Horizontalriegel oder durch sogen. Ruder, grofse Vorreiber etc. Auf Strafsen bleibt das Anschlageisen, weil

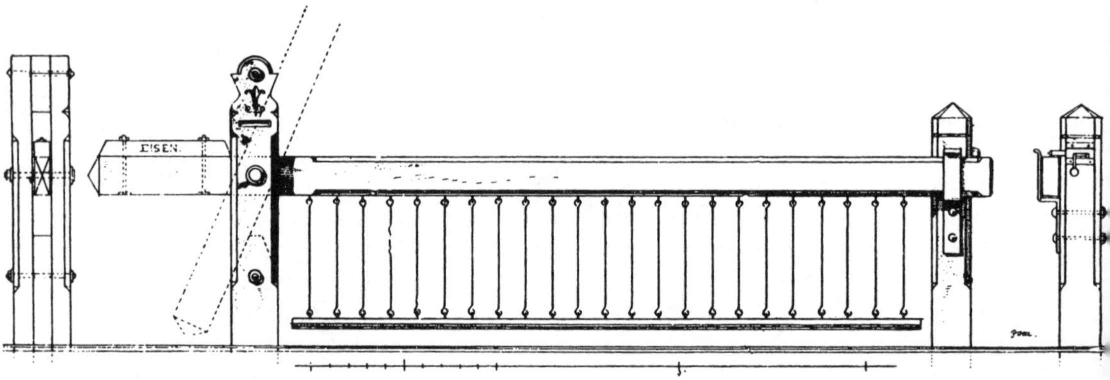

Fig. 259. Schlagbaum.

hinderlich, meist weg, dagegen werden die bekannten eisernen Einkipp-Festhaltungen für den offenen Zustand angeordnet. Die Pfosten zur Befestigung sind aus Stein und besonders stark, da der grofse Hebelarm auch gröfsere Erschütterungen bedingt. Wir geben in Fig. 258 eine kleine Barrière wieder, die an Holzpfosten auf gewöhnliche Art und Weise angeschlagen ist.

Barrièren, welche einen breiten Mittelweg und zwei schmälere Seitenwege absperren sollen, wie dies häufig vorkommt, ändert man dahin ab, dafs die beiden Flügel nicht am Ende, sondern in ihrer Mitte angeschlagen werden. Die zwei einander zugekehrten Hälften verschliefsen dann den Mittelweg, wie eine zweiflügelige Barrière, während die abgekehrten Hälften die seitlichen Wege von der entgegengesetzten Seite her abschliefsen.

Die Hölzer der Barrièren werden gehobelt, gefast, oben abgeschrägt und mit Oelfarbe gestrichen. Neuerdings verdrängen die Barrièren, aus Winkeleisen gebildet, die hölzernen immer mehr.

Zum zeitweiligen Absperren von Wegen und Bahnüberführungen benützt man auch die Schlagbäume. Ein Kantholz oder auch ein Rundholz wird als zweiarmiger Hebel mit ungleich langen Armen nach Art eines Wagebalkens in einem Pfostensystem drehbar befestigt. Der kurze Arm wird zur Erzielung des ungefähren Gleichgewichts durch eine angehängte Eisenkugel, durch ein aufgenageltes Eisenbahnschienenstück oder anderweitig beschwert. Der längere Hebelarm, welcher die Sperrung besorgt, legt sich in den entsprechenden Ausschnitt eines zweiten Pfostens oder in einen passend geformten, aufgeschraubten Eisenflansch. Wird der Schlagbaum nicht durch eine Drahtzugvorrichtung, sondern von Hand geschlossen, so wird ein Riegel oder ein grofser Vorreiber zum Geschlossenhalten nötig, für längeren, sicheren Verschlufs in Verbindung mit Vorlegeschlofs etc. Soll das Durchkriechen unter dem Schlagbaum verhindert werden, so ordnet man ein schwebendes Geländer aus beweglichen Eisenstäben mit Sockelstange an, wie es unsere Figur 259 zeigt. Dieses Beispiel giebt eine der verschiedenartigen Ausführungen, die überhaupt in Betracht kommen können.

VIII. EINIGES AUS DEM INNENBAU.

Allgemeines. — 1. Böden. — 2. Thüren. — 3. Decken. — 4. Treppen. — 5. Emporen.

Die Innenausstattung der Bauten, soweit sie Holz betrifft, ist im grofsen Ganzen nicht Sache des Zimmermanns, sondern diejenige des Schreiners. Dem ersteren fällt die gröbere Arbeit des Rohbaues, dem letzteren die feinere des Ausbaues zu. Doch giebt es heute in dieser Hinsicht keine scharfgezogenen Grenzen und die Abtrennung ist verschiedenerorts verschieden. Die Herstellung der Decken im Rohen ist überall Sache des Zimmermanns; in einzelnen Gegenden legt er auch die Böden, während es anderwärts durch den Schreiner oder besondere Bodenleger geschieht. Aehnlich verhält es sich mit den Balken-, Kassetten- und Felderdecken. Die Thüren fertigt der Schreiner, die Thürgestelle aber der Zimmermann. Thüren einfacherer Art, wie Lattenthüren, Hofthore etc. können füglich ganz wohl auch vom Zimmermann übernommen werden. Die Treppen werden in Süddeutschland meistens vom Zimmermann gefertigt, der hierfür die Zeit ausnützt, in welcher das übrige Baugeschäft zu ruhen pflegt; aber dies geschieht nicht immer und überall, vielfach ist diese Arbeit wenigstens zum Teil an den Schreiner übergegangen. Podien, Emporen und ähnliche Einbauten werden teils dem einen, teils dem anderen zugeteilt, je nach Art und örtlicher Gepflogenheit. In fast allen Fällen sind Zimmermann und Schreiner aufeinander angewiesen und von einander abhängig. Es kann keinem von ihnen einerlei sein, was der andere macht und wie er es macht.

Aus diesen Gründen sehen wir uns veranlafst, der Vollständigkeit halber dem Zimmermannsbuch in einem besonderen Abschnitt Einiges aus dem Innenbau einzuverleiben. Dasselbe findet sich zum Teil schon in dem von uns herausgegebenen Schreinerbuch*), welchem wir einige Tafeln und Figuren entnehmen.

---

1. Fufsböden.

(Tafel 78 und 79.)

An einen ordentlichen Fufsboden werden hauptsächlich folgende Anforderungen gestellt: 1) er soll genügend tragfähig und fest sein, sich nicht biegen und nicht knarren; 2) er soll eben und horizontal sein; 3) er soll einen dichten Beleg ohne klaffende Fugen bilden. Als vierte Anforderung kommt bei feineren Böden noch ein schönes Aussehen dazu.

*) Krauth und Meyer, das Schreinerbuch. I. Teil: Die Bauschreinerei. II. Teil: Die Möbelschreinerei. Leipzig, E. A. Seemann.

Der ersten Anforderung wird genügt, indem man dem Beleg die nötige Holzstärke giebt. Die letztere ist aber abhängig von der Weite der Balkenlage. Erfahrungsgemäſs genügen für gewöhnlichen Dielenbeleg unter der Annahme nicht auſsergewöhnlicher Belastung:

24 mm Stärke bis zu einer lichten Balkenweite von 0,6 m
30 mm „ „ „ „ „ „ „ 0,8 m
36 mm „ „ „ „ „ „ „ 1,0 m
48 mm „ „ „ „ „ „ „ 1,5 m
60 mm „ „ „ „ „ „ „ 2,0 m.

Der stumpf gestoſsene Beleg wird selbstredend etwas weniger fest sein, als der überfälzte, gespundete oder gefederte.

Der zweiten Anforderung wird genügt, indem die Balkenlage möglichst genau gelegt wird, also für sich schon eine horizontale Ebene bildet. Ergiebt die mit der Setzlatte und Wasserwage geführte Untersuchung, daſs dies nicht der Fall ist, so muſs das Gebälke entsprechend aufgefüttert oder aber abgedexelt werden, d. h. die zu tief liegenden Stellen werden durch Aufnageln von Holzteilen erhöht, die zu hoch liegenden werden durch Holzwegnahme mittels des Dexels in die allgemeine Ebene gebracht. Die Untersuchung hat von der Treppe aus zu erfolgen, nach welcher die übrigen Räume sich richten müssen. Liegt der Treppenaustritt höher als das Gebälke im ganzen, so muſs dieses auch in seiner Gesamtheit aufgefüttert werden, wenn man nicht der Einfachheit halber vorzieht, den Boden zu „verziehen“, d. h. ihm in der Richtung von der Treppe aus etwas Gefäll zu geben. Liegt der Treppenaustritt dagegen zu tief, was schlimmer ist, so muſs das ganze Gebälke abgedexelt werden, oder als Aushilfsmittel ergiebt sich ein Verziehen in umgekehrter Richtung, wobei der Boden von der Treppe ab schwach ansteigt. Diese zeitraubenden, kostspieligen und bei genauer Ausführung zu umgehenden Nacharbeiten kommen bei Holztreppen weniger vor als bei Steintreppen, weil das Maſs zu ersteren erst an Ort und Stelle genommen wird, wenn das Gebälke bereits liegt.

Der Anforderung auf Dichtigkeit kann auf verschiedene Weise genügt werden; oder, richtiger gesagt, es müssen alle in Betracht kommenden Umstände berücksichtigt werden, um jene zu erzielen. Vor allem ist zu betonen die Verwendung gut trockenen Holzes, welches möglichst wenig „schwindet“ und „arbeitet“; ungenügend getrocknetes Holz läſst alle Vorsicht in Bezug auf die Konstruktion vergeblich erscheinen.

Im übrigen hat man bis in die Neuzeit sich der Ansicht zugeneigt, die beste Lösung in einem Boden zu suchen, welcher aus möglichst wenig Stücken bestand und somit auch nicht viel Fugen erhalten konnte. Als den vollkommensten Boden in dieser Beziehung kann man somit den in allen Fugen verleimten Patentfuſsboden bezeichnen, welcher seinerzeit groſses Aufsehen machte. Derselbe wurde, da er nicht genagelt werden konnte, durch an die Balken seitlich angenagelte Laufleisten, in welche er eingeschoben war, gehalten, und es wäre gegen diese Art der Befestigung nichts einzuwenden gewesen wenn sie sich in praxi nicht als sehr schwierig und kostspielig erwiesen hätte. Man kam somit auch bald von dieser Bodenart ab und verleimte nicht mehr sämtliche Dielen eines Zimmers, sondern nur je zwei zu einer Tafel, wonach der Boden den Namen Tafelfuſsboden erhielt. Heute ist man auch von ihm abgekommen, denn dieser Boden muſs mit einer ganz ungeheuren Sorgfalt in der Trocknung des Holzes, wie beim Legen behandelt werden, wenn keine groſsen Fugen entstehen sollen; kleinere entstehen immer, und diese sind dann offen, da die Fugen stumpf sind. Heute ist man sogar zum Extrem übergegangen; man verleimt nicht nur die Dielen nicht mehr, sondern man trennt sie sogar nochmals in der Mitte in zwei Teile, in Riemen, spundet oder verbindet sie auf Nut und Feder miteinander und erzielt so den Riemenboden. Die Riemen sind nur ca. 10 bis 15 cm breit und können vermöge ihrer geringen Breite nur wenig schwinden. Es entstehen somit im schlimmsten Fall nur ganz schwache Fugen, welche zudem nicht offen, sondern durch die Spundung oder Federung geschlossen sind.

Für die Erzielung eines dichten und die Erhaltung eines dicht bleibenden Bodens ist ferner erforderlich, dafs die Stickung oder Staakung, die Wickelung etc. gut trocken ist, dafs zum Ausfüllen ein richtiges Material, am besten gewaschener und auf Blechplatten über Feuer gerösteter Sand verwendet wird und dafs dieses Füllmaterial erst aufgebracht wird, wenn alles gut ausgetrocknet ist, also unmittelbar vor dem Bodenlegen. Auch die Jahreszeit, welche zum Bodenlegen benützt wird, ist von Belang.

Um einen guten Boden zu erhalten, ist zunächst erforderlich, ein gutes, solides Auflager für denselben zu schaffen. Dieses Auflager ist in den oberen Stockwerken das Gebälke. Im Erdgeschofs dagegen fehlen die Balken überall, wo keine Balkenkeller vorhanden sind. Hier werden über den Scheitel der Gewölbe hinweg sogen. Bodenrippen oder Bodenlager gelegt und befestigt. Diese Bodenrippen, auch Ripphölzer oder kurzweg Rippen genannt, werden, wo es nicht auf den Preis ankommt, am zweckmäfsigsten aus gut getrocknetem Eichenholz (von dem aber der Splint zu entfernen ist) gefertigt; in den weitaus meisten Fällen aber begnügt man sich mit Tannen-, Fichten- oder Forlenrippen, welche ganz wesentlich billiger sind als solche aus Eichen, und deren Dauer für diesen Zweck fast die gleiche ist, wie die der letzteren. Die Stärke der Rippen ist, wo man sehr sparen mufs, die der gewöhnlichen Rahmenschenkel, 9/9, besser jedoch 10/10 oder 10/12 cm. Gelegt werden sie am zweckmäfsigsten in reinen, gewaschenen und gedörrten Kies, auf welchen eine Schichte reinen trockenen Sandes zum dichten Abschlufs und zur Schalldämpfung aufgebracht wird. An den Enden werden sie gegen das Mauerwerk verspannt, d. h. verkeilt. Da diese Befestigungsart aber im Widerspruch steht mit den Vorkehrungen, welche gegen Schwammbildung empfohlen werden — durch die Berührung mit der Mauer soll leicht Feuchtigkeit in das Holz geleitet werden — so thut man gut, an die Mauer kleine, ca. 20/20 cm grofse Stücke von Asphalt-Isolierpappe einzuschieben und gegen diese die Rippen zu verkeilen (Fig. 260). Eine andere Art der Befestigung ist die, in das Gewölbe verschieden lange Steinschrauben einzulassen, die Rippen zu durchbohren und mit der Unterlage zu verschrauben. Die Solidität der Konstruktion leuchtet sofort ein, doch wird sie der kostspieligen Ausführung wegen nur selten gewählt. Auf irgend welche Weise mufs die Befestigung erfolgen, ein blofses Einbetten in Kies oder Sand genügt nicht, um auf ein solches Unterlager einen Boden gerade und eben legen zu können bezw. ebenso zu erhalten. Die Entfernung der Bodenrippen von einander soll 60 cm von Mitte zu Mitte nicht übersteigen. Schliefslich wird hier noch besonders betont, dafs im Erdgeschofs die Sorgfalt in der Ausführung die gröfste sein mufs, da hier die Gefahr einer Schwammbildung am nächsten liegt. Entwässerung des Hauses und Unterkellerung desselben, trockenes Mauerwerk, trockenes Füllmaterial und trockenes Holz sind unerläfsliche Bedingungen, um dasselbe gesund zu erhalten; will man noch ein übriges thun, so kann man die Rippen mit Kreosotöl oder Carbolineum anstreichen.

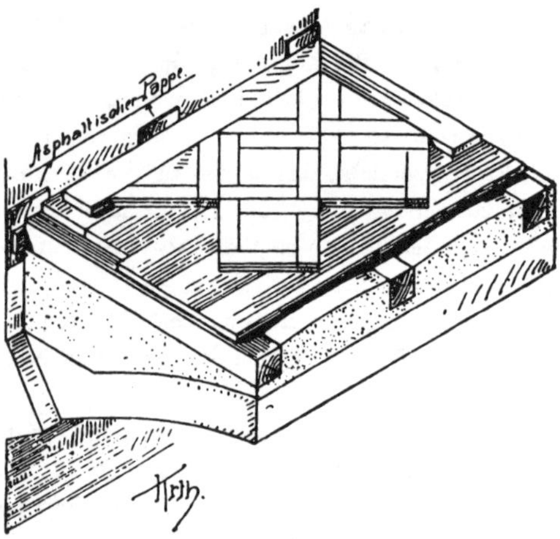

Fig. 260.
Das Legen der Bodenrippen.

Holzfufsboden auf die blofse Erde zu legen, ist verwerflich, da Fäulnis und Schwamm denselben in kurzer Zeit zerstören; dagegen läfst sich nichts einwenden, wenn ein ca. 8 bis 10 cm starker Zementboden beschafft, der Holzboden auf diesen in Asphalt gelegt und aufserdem Vorkehrung getroffen wird, dafs seitlich keine Feuchtigkeit an ihn gelangen kann. Wo es sich aber irgendwie machen läfst, sollte man darauf bedacht sein, unter Räumen, welche aus irgend welchem Grunde nicht unterkellert werden können, unter dem Gebälke wenigstens einen zu lüftenden Hohlraum von 50 bis 80 cm Höhe zu beschaffen, um das Holzwerk vor Zerstörung zu schützen und die schädlichen Bodendünste von den Wohnräumen abzuhalten.

Nachdem der Bodenleger sich Gewifsheit verschafft hat, dafs alles in Ordnung ist, nachdem die Bodenlagen und Gebälke, wenn nötig, aufgefüttert und abgedexelt sind, wird der Sand in die Fächer eingebracht und geordnet, der überflüssige entfernt, der fehlende ergänzt. Es genügt jedoch nicht, das Füllmaterial in den Balkenfächern glatt zu streichen. Es soll in der Mitte der Felder etwas höher liegen, also eine schwach gekrümmte, cylindrische Fläche bilden, damit nach dem Nageln des Bodens derselbe in allen Teilen fest und satt aufliegt, damit sich keine Hohlräume bilden können und der Boden beim Begehen nicht hohl klingt. (Fig. 261.)

Die Zeit zum Legen der Fufsböden ist eine beschränkte. Wenn die Böden gut werden sollen, dürfen sie eigentlich nur in der wärmsten Jahreszeit, von Juni bis September, gelegt werden, und zwar unter allen Umständen erst dann, wenn der Verputz trocken ist und die Fenster eingesetzt und verglast sind. Zu allen anderen Zeiten mufs in dem betreffenden Raum mehr oder minder geheizt werden, damit das Holz nicht zu viel Feuchtigkeit aufnimmt und später schwindet. Wünschenswert ist, dafs vor dem Bodenlegen die Zimmerdecken gestrichen oder gemalt sind, damit eine Beschädigung der Böden durch die Maler und ihre leider unvermeidlichen Farbentöpfe ausgeschlossen ist. Unbedingt erforderlich ist dies, wo die Böden naturfarben hell bleiben oder wo Parketten gelegt werden. In letzterem Fall legt man zuerst

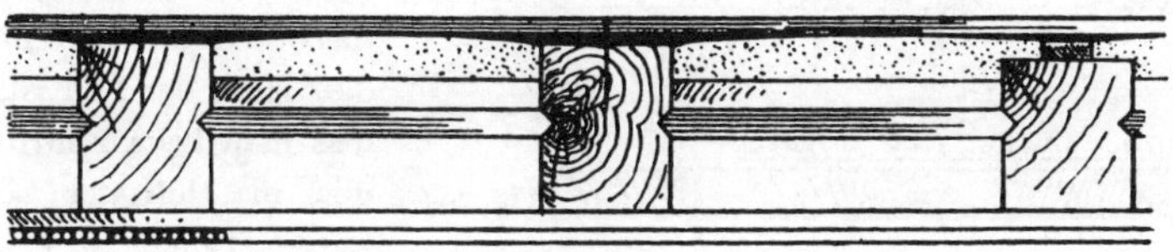

Fig. 261.
Fufsböden. Auffüllung der Balkenfächer.

den Blindboden, läfst dann malen, und erst nachdem auch die Tapezierarbeiten vollendet sind, legt man das Parkett.

In Bezug auf die Konstruktion der Böden unterscheiden wir:

1) Blindboden, als Unterlage für Fischgrat- und Parkettboden;
2) Rauhen Dielenboden, stumpf oder gefälzt als Speicherboden;
3) Gehobelten Dielenboden, stumpf, gefälzt, gespundet oder gefedert für Magdkammern, Speicherzimmer etc.;
4) Tafelfufsboden, gehobelt, stumpf;
5) Riemenboden (in langen Riemen), Schiffboden;
6) Fischgrat- oder Kapuzinerboden (kurze Riemen);
7) desgleichen in Asphalt;
8) Tafelparketten.

1) Blindboden (Taf. 78h und i). Er ist der einfachste Holzfufsboden und dient als Unterlage für das Parkett oder die Riemen- und Friesböden. Er besteht aus 16 bis 22 cm breiten, 24 mm starken, ordinären, gleichdicken Brettern, welche weder gehobelt, noch gefügt werden. Des Arbeitens wegen legt man ihn gern mit schwachen Fugen.

2) Rauher Dielenboden aus ordinären, 20 bis 25 cm breiten, 24 mm starken Brettern, welche entweder stumpf aneinander gestofsen oder gefälzt werden, um zu verhindern, dafs Staub durch die Fugen dringt und allenfalls aufzubringendes Getreide oder dergleichen durchfällt. Jeder Dielen wird auf jedem

Balken mit je drei Nägeln befestigt, die einzelnen Dielen werden vorher fest aneinander gekeilt, da in den heifsen Dachräumen immer ein erhöhtes Schwinden zu gewärtigen ist. Die Art der Nagelung ist in Fig. 262 angedeutet.

3) Gehobelter Dielenboden (Taf. 78 a 1). Er ist in Stärke und Breite wie der rauhe Dielenboden, im übrigen gehobelt und gefügt, also stumpf oder gefälzt wie Fig. 262, gespundet oder gefedert wie Fig. 263. Die Dielen können ordinär oder halbrein sein, je nach dem Zweck des betreffenden Raumes. Bei der Nagelung ist aufserdem, wie in den Skizzen angedeutet, darauf zu achten, dafs sie des Aussehens halber in schön gerader Linie erfolgt. Die Nägel werden mit dem Versenker versenkt und die Löcher, nachdem etwaige kleine Unebenheiten an den Fugen mit dem Doppel- oder Verputzhobel ausgeglichen sind, sauber verkittet.

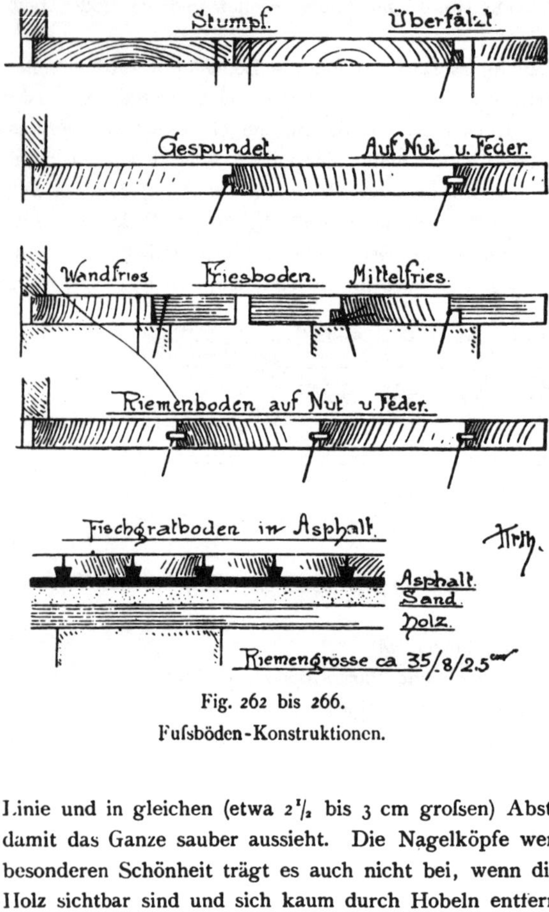

Fig. 262. Fig. 263. Fig. 264. Fig. 265. Fig. 266.

Fig. 262 bis 266.
Fufsböden-Konstruktionen.

4) Tafelfufsboden (Taf. 78 a 2 und b). Aus ganz- oder halbreinen, 24 mm starken und 24 bis 27 cm breiten, gehobelten, tannenen Brettern bestehend, von denen je zwei zu einer Tafel zusammengeleimt werden. Die Richtung, in welcher die Tafeln gelegt werden, ist meist durch das Gebälke bestimmt; wo dies nicht der Fall ist, wählt man sie so, dafs man beim Eintritt ins Zimmer quer über die Holztafeln schreitet. Die Fuge zweier Tafeln ist eine stumpfe. Der Vorgang beim Legen ist der gleiche, wie der beim gehobelten Dielenboden: Nachdem der Sand in den Balkenfächern schön geebnet bezw. gewölbt ist, wird die erste Tafel sorgfältig aufgelegt, doch so, dafs ihre Enden den Verputz der Wandflächen nicht berühren und hiernach auf ihre Breite mit 5 bis 6 Stiften genagelt. Dabei ist gleichfalls zu beachten, dafs die Nägel schön in gerader Linie und in gleichen (etwa 2½ bis 3 cm grofsen) Abständen von den Fugen aus eingeschlagen werden, damit das Ganze sauber aussieht. Die Nagelköpfe werden versenkt, deren Löcher sauber verkittet. Zur besonderen Schönheit trägt es auch nicht bei, wenn die Hammerschläge auf und leider oft auch in dem Holz sichtbar sind und sich kaum durch Hobeln entfernen lassen!

Ist die erste Tafel gelegt, so wird mit dem Hammerstiel so viel Sand als möglich unter die Tafel hinuntergestopft, damit sie überall dicht aufliegt. Hierauf kommt die zweite Tafel an die Reihe, welche durch zwei Holzkeile (an eine in den Balken oder die Rippe eingeschlagene Eisenklammer angelegt) an die erst verlegte angeprefst und nun wie diese genagelt und unterstopft wird. (Fig. 267.) Auf diese Weise wird der ganze Boden gelegt. Ist das Zimmer in seinen Dimensionen gröfser als die gewöhnliche Dielenlänge von 4,50 m, also etwa 5,50 m lang, so hilft man sich, indem man an beiden Enden der 4,50 m langen Tafeln je eine solche quer legt, oder dafs man die Tafeln verschränkt stöfst, d. h. nicht sämtliche Fugen auf einen Balken treffen läfst. Beide Legungsarten lassen in schönheitlicher Beziehung zu wünschen übrig, so dafs man, wo die Mittel es irgendwie erlauben, lieber einen vollständigen Fries in Tafelbreite (Taf. 78 b) herumlegt, so dafs der ganze Boden ein geschlossenes, umrahmtes Ganzes vorstellt. Es kann die letztere Art um so mehr empfohlen werden, als sich die Kosten gegenüber dem Boden mit den zwei Friesen nur unwesentlich höher belaufen, indem ja die Einlage der punktierten Balkenwechsel in den beiden Fällen die gleiche ist. Was schliefslich die Zweckmäfsigkeit und den Wert des Tafelfufsbodens betrifft, so fürchtet man heute die sicher kommenden, mehr oder minder grofs werdenden Fugen dieses Bodens und zahlt lieber einen etwas höheren Preis, um diese nicht zu erhalten. Das Gleiche gilt von dem sogen. ausgespänten Boden (ein Boden, bei dem die Fugen künstlich durch Späne geschlossen sind, d. h. durch schmale, nach unten verjüngt gehobelte Holzleistchen, welche in die Fugen eingeleimt und genagelt werden), bei welchem die Späne beim Gehen klappern oder Anlafs zum Stolpern geben.

5) Friesboden. Unter einem Friesboden versteht man einen Tafelfufsboden, welcher von Friesen, schmäleren oder breiteren, ringsum an den Wänden oder auch kreuz und quer durch den Boden laufenden Holzstreifen eingefafst oder in regelmäfsige geometrische Formen geteilt ist. Die Verwendung dieser Friese ist eine sehr mannigfaltige. Man hat Friesböden mit nur sogen. Wand- oder Ortfriesen, also Friese, die nur ein Gesamtfeld einfassen; sodann Böden mit Wand- und Kreuzfriesen (Taf. 78 c), bei welchen der eigentliche Fond durch die beiden sich kreuzenden Friese in vier gleiche Teile zerlegt wird. Man hat ferner Böden, wie die Beispiele Taf. 78 d und Taf. 78 e; ja man ging sogar zeitweise soweit, die Böden durch Friese so oft zu teilen, dafs die dabei entstandenen Felder nicht mehr gröfser als 70 bis 80 cm waren, wodurch der Uebergang zum Tafelparkett bewirkt war. Bis vor 20 Jahren zählte man den Friesboden zu den feinsten der Wohnhausböden, sein Aussehen war vielfach dem des Parketts gleich; heute hat man ihn verlassen und nur noch vereinzelt wird solch ein Boden gewünscht.

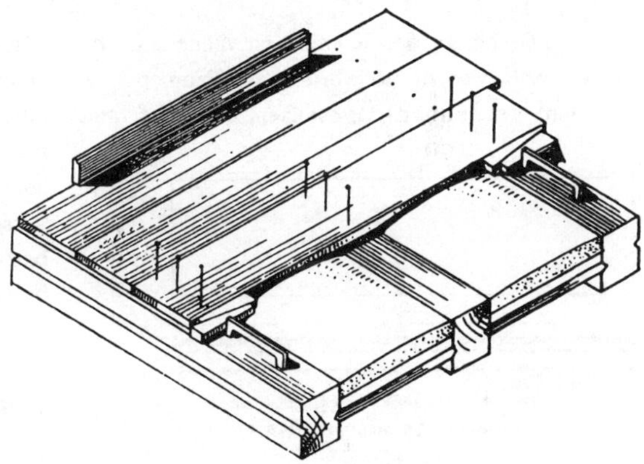

Fig. 267.
Das Festkeilen und Nageln des Fufsbodens.

Die Herstellung des Friesbodens ist im allgemeinen folgende: Nachdem das Unterlager für die sämtlichen Friese, soweit dieselben nicht auf Balken treffen, durch Einlegen von Wechseln (kleine Querbälkchen, welche von Balken zu Balken reichen), oder bei reicheren Friesböden zweckmäfsiger durch Legen eines Blindbodens geschaffen ist, werden die Friese genau nach Zeichnung und im Winkel gelegt und zwar stumpf nach Taf. 78 c, d und e linke Seite, oder auf Gehrung nach Taf. 78 e rechte Seite. — Die letztere Art erfordert wesentlich mehr Holz und Arbeit, da durch die Gehrungsschnitte viel Friesholz verloren geht, ohne dafs die Konstruktion solider wird. Die Nagelung erfolgt bei stumpfen Fugen von oben, bei gefälzten Friesen (Fig. 264) meist vom Falz aus. Der Zweck der letzteren ist, die Nagelung nicht sehen zu lassen, doch darf man dabei nicht vergessen, dafs diejenige der Füllungen auf alle Fälle von oben sichtbar bleibt, die Absicht somit nur halb erreicht wird. Anderseits aber besitzt der Falz nicht genügende Festigkeit, um den Boden zu halten, und so nagelt man eben in allen Fällen, wo ein fester, sicherer Boden gewünscht wird, auch die Friese von oben. Das Zulegen der Felder geschieht in derselben Weise wie das Legen des Tafelbodens, nur ist dabei ein Augenmerk auf genaues Einpassen der Tafelstücke zu richten, deren Kanten man zweckmäfsig leicht unterstöfst, d. h. schräg hobelt, damit nach dem Einlegen der Tafel die Fuge schön dicht wird. Die Breite der Friese ist im allgemeinen 10 bis 15 cm; nach diesen haben sich die Lager oder Rippen zu richten, wobei bemerkt wird, dafs die Tafeln doch mindestens ein Auflager von $2^{1}/_{2}$ bis 3 cm erhalten müssen. Nachdem alle Felder zugelegt sind, werden auch die noch offenen Fensternischen mit Tafelfufsboden versehen, zu dessen Nagelung, falls nicht Balken vorhanden sind, kleine Wechsel eingelegt und verspannt werden. Die Nagelköpfe werden vorsichtig versenkt und die vorhandenen Unebenheiten mit dem Verputzhobel ausgeglichen bezw. die Flächen sauber verputzt und die Nagellöcher ausgekittet. Bei den auf Tafel 78 abgebildeten Friesböden sind die Balken und Wechsel gestrichelt angedeutet.

6) Riemenboden (in langen Riemen), Schiffboden. Der Riemenboden ist zwar kein neu erfundener, wohl aber ein erst in der Neuzeit (Ende der 60er Jahre) zur allgemeinen Verwendung gekommener Zimmerboden, welcher sich einer steigenden Beliebtheit erfreut. Die Riemen sind 10 bis 15 cm breit und 30 bis 35 mm stark; die gewöhnliche Bordstärke genügt nicht, um sie vor dem Durchbiegen oder Einschlagen zu schützen. Die Verbindung derselben ist entweder stumpf, gespundet oder auf Nut und Feder; die beiden letzteren Verbindungsarten sind vorzuziehen, weil sie die Riemen stärker und tragfähiger machen (richtiger: die Last auf verschiedene Riemen verteilen) und keinen Staub durchdringen lassen. (Fig. 265.)

Die Länge der Riemen ist meist 4,50 m. Ist der zu belegende oder zu dielende Raum länger als 4,50 m, z. B. 7,00 m, so werden die Riemen (sofern man nicht vorzieht, sie auf dieses Mafs besonders zu bestellen) verschränkt gestofsen, d. h. auf mindestens zwei Balken (Taf. 78f). Auf diese Weise kommen nicht nur nicht sämtliche Fugen auf einen Balken, sondern sie werden auch fast unsichtbar gemacht; sie verschwinden in den übrigen Fugen und Linien. Wird besonderer Wert auf schönes Aussehen gelegt, so bringt man ringsum Wandfriese an, die man auf Gehrung, zweckmäfsiger aber, aus dem beim Friesboden angegebenen Grund, stumpf an den Ecken verbindet. Das Material ist Eichen-, Forlen- oder Tannenholz; die beiden letzteren Holzarten sind die gebräuchlichsten zu Wohnhauszwecken, während die Eichenriemen sich als vorteilhaft für Wirtschaftslokale, Wartesäle etc., überhaupt für Räume bewährt haben, deren Fufsböden sehr in Anspruch genommen werden. Bei Tannen- und Forlenriemen sind die mit sogen. senkrechten Jahresringen die geeignetsten für diesen Zweck. Verlegt werden sie wie die Tafelfufsböden. Nachdem der erste Riemen verlegt, in der Nute oder besser von oben genagelt und unterstopft ist, wird der zweite, in welchem die Feder (deren Kanten des leichteren Einstreifens wegen gebrochen sind) befestigt ist, in die entsprechende Nute des ersteren eingesteckt, mit dem Hammer und einer Zulage (ein glatt gehobeltes Brettstück, welches dazu dient, die Hammerschläge aufzunehmen) angetrieben, festgekeilt, sorgfältig genagelt und unterstopft. Nach Vollendung des ganzen Bodens und der Fensternischen (welche gewöhnlich auch mit Riemen zugelegt, in besseren Räumen auch gestemmt sind) wird der Boden mit dem Verputzhobel sauber verputzt und am besten sofort mit gekochtem Leinöl getränkt, wodurch verhindert wird, dafs grober Schmutz in die Poren eindringt. Auf diese Weise bleibt der Boden schön hell und behält seine Naturfarbe, oder es kann das Oelen als Untergrund für den nachfolgenden Oelfarben- oder Lackanstrich gelten, wenn nicht vorgezogen wird, den Boden nochmals zu ölen und dann geölt zu belassen. Sämtliche drei Konservierungsarten haben für den Boden sowohl als auch für die Gesundheit der Bewohner grofse Vorteile, wenn auch der Oelfarbe und dem Lack weitaus der Vorzug über das Oel gebührt. Sämtliche gestatten eine feuchte Reinigung, ohne dafs der Boden Wasser aufsaugt und längere Zeit feucht bleibt, wobei also die Holzfaser und somit der

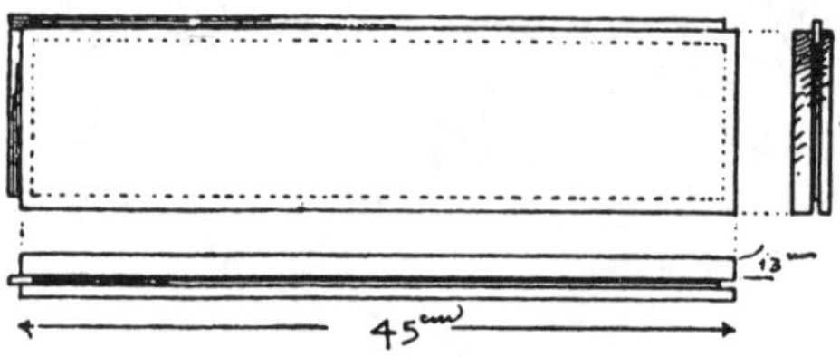

Riemengröfse ca. 45/ 1/2,4 cm.
Nut-Breite 3,5 mm, von oben 13 mm.
Fig. 268.
Riemen von Fischgratböden.

Boden selbst geschont wird. Es kann daher dieser Boden als einer der besten in jeder Beziehung bezeichnet und empfohlen werden.

Der Name Schiffboden stammt von den Schiffen, zu deren Deckung er sich längst bewährt hat.

7) Fischgrat-, Kapuziner- oder Stabfufsboden. Er verlangt Blindboden und besteht aus 35 bis 60 cm langen, 6 bis 11 cm breiten und ca. 24 mm starken, auf Spundung oder Nut und Feder verbundenen Eichenholzriemen (Fig. 268), welche nicht parallel mit den Zimmerwänden, sondern unter einem Winkel von 45° zu diesen laufen und verschränkt ineinander gebunden sind (Fig. 269 und Taf. 78 h). Der Boden mufs, wenn er fest werden soll, ringsum mit Wandfriesen versehen sein, welche auf Gehrung oder stumpf verbunden sind. Die Federn können an die Riemen angestofsen (Spundung) oder besonders eingesetzt werden; auf alle Fälle aber müssen es Hartholzfedern sein. Hirnholzfedern (aus Querholz geschnitten) sind kräftiger, aber etwas teurer als Langholzfedern. Wichtig ist, dafs die Riemen von gleicher Stärke oder Dicke sind, damit keine besonderen Unterfütterungen nötig fallen und der Boden später nicht „graunzt", d. h. beim Begehen eigentümlich knarrt. Für den Bodenleger gilt als Hauptregel, die Arbeit mit gröfster Genauigkeit zu beginnen und unter keiner Bedingung von den mit Maschinen genau bestofsenen Riemen irgend einen Hobelstofs wegzunehmen. Befolgt er diese Regel nicht, und hobelt er an einem Riemen nach, so mufs er, um diesen fehlenden Hobelstofs wieder auszugleichen, am zweiten Riemen mehr, am folgenden noch mehr nachholen und das so fort, bis der ganze Boden, wie man sagt, verhobelt, d. h. verdorben ist.

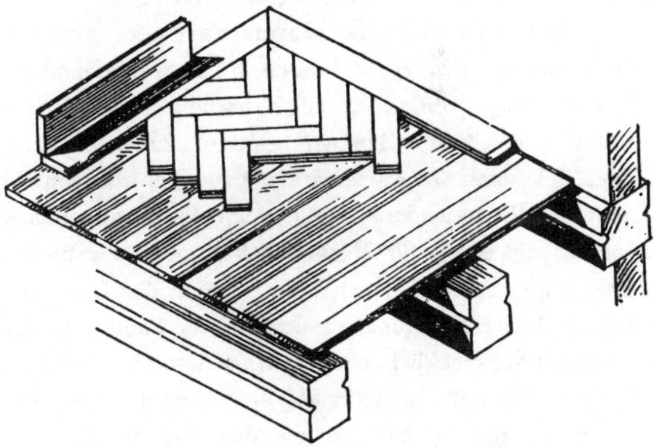

Fig. 269.
Das Legen des Fischgratbodens.

Sind die Friese verlegt, so wird mit dem Legen der Riemen und zwar in einem Eck des Zimmers begonnen (Fig. 269) und von da ab bahnenweise der ganze Raum zugelegt. Die Riemen erhalten auf je einer Lang- und einer Querseite Federn, welche in die Nuten der vorher verlegten Riemen eingreifen; genagelt wird in den Nuten. Die Fensternischen werden mit einem Boden aus nebeneinandergelegten Friesen versehen (Taf. 78 h 1) oder gestemmt (wie Taf. 78 i 10 und 12), oder der Zimmerboden greift in die Nischen direkt ein (Taf. 78 h 2). Ist die letzte Bahn der Riemen von oben genagelt oder besser geschraubt, so werden die dadurch entstandenen Löcher mit kleinen, sauber eingepafsten und eingeleimten Holzstückchen ausgeflickt; hierbei ist zu beachten, dafs die letzteren von gleicher Farbe sind wie die Riemen, was leider oft nicht berücksichtigt wird. Der Boden wird hierauf mit dem Verputzhobel verputzt und mit der Ziehklinge abgezogen. Dafs hierbei jeweils mit der Holzfaser und nicht quer über sie zu fahren ist, wird wohl kaum besonders erwähnt werden müssen. Im Interesse des Bodens ist es sodann, denselben nach gründlicher Entfernung des Staubes sofort zu wachsen und zu wichsen. Zu diesem Behufe wird die ganze Fläche mit einer Mischung von Wachs und Terpentin — welche man heute auch fertig zubereitet in Droguenhandlungen kaufen kann — mittels einer Bürste oder besser eines wollenen Lappens satt eingerieben. Diese Arbeit wird nach Verlauf von 6 bis 8 Stunden nochmals wiederholt, da sehr viel Wachs in die Poren eindringt. Nachdem auch dieser zweite Anstrich 12 bis 20 Stunden getrocknet, wird mittels eines sogen. Bleistrupfers — eine grofse, möglichst rauhe, auf der Rückseite mit einem Blei- oder Eisenstück beschwerte Bürste, welche an einem Stiel befestigt ist, — oder mit einer gewöhnlichen starken Bürste so lange nach der Faserrichtung gebürstet, bis der Boden schön im Glanz erstrahlt.

(Man bereitet eine einfache Bodenwichse, indem man 1 Teil weifses Wachs in einem irdenen Gefäfs an geschlossenem Feuer langsam zerfliefsen läfst, demselben nach Abheben vom Feuer 4 Teile Terpentinöl zusetzt und die Mischung nochmals unter Beobachtung der gröfsten Vorsicht am Feuer schön warm werden läfst. Vorteilhaft ist, diese Wichse warm auf den Boden aufzutragen, weil sie in diesem Zustande dünnflüssig ist und daher leicht in die Poren eindringt.)

Aufser den eichenen Kapuzinerböden giebt es noch schräg gelegte Riemenböden aus Forlen- oder Tannenholz, wie die auf Tafel 78g dargestellten. Dieselben haben keinen Blindboden nötig; die aus mindestens 36 mm starkem Holz (Schleifdielen) gefertigten, ca. 15 cm breiten, gespundeten oder gefederten Riemen liegen unmittelbar auf den Balken auf, woselbst sie auf Gehrung zusammenstofsen oder an Friese angeschnitten sind. Die Arbeit solcher Böden, namentlich solcher mit Friesen auf jedem Balken (Taf. 78g1), ist eher bedeutender wie die der Kapuzinerböden, während der erreichte Effekt kein besonderer ist. Aus diesem Grund haben sich diese Böden auch keiner häufigen Verwendung zu erfreuen; denn für einfache Böden genügt der billigere und solidere Riemen- oder Schiffsboden, und in besseren Zimmern stellt der eichene Kapuzinerboden, dessen Preis zudem nur ganz unwesentlich höher ist, doch viel mehr vor. Verlegt werden diese Böden wie der gewöhnliche Riemenboden (doch ohne Keilung); genagelt werden sie trotz der Nuten am zweckmäfsigsten von oben.

8) Der Fischgrat-, Kapuziner- oder Stabfufsboden in Asphalt, aus eichenen oder in neuerer Zeit buchenen, circa 35 cm langen, 8 cm breiten und 24 mm starken Riemen bestehend, welche in heifsen Asphalt verlegt werden, ist eine Erfindung der Neuzeit und der dichteste Holzfufsboden, in gesundheitlicher Beziehung der beste, den wir besitzen. Derselbe kann auf Beton wie auf Holzdielen gelegt werden und eignet sich somit für Parterreräume sowohl, als auch für obere Stockwerksböden. Seine Undurchlässigkeit macht ihn für besondere Zwecke, wie für Krankenhäuser, sehr wertvoll, doch findet er seine Hauptverwendung als Beleg für Verkaufslokale, Restaurationen, Cafés etc., überhaupt für Räume, die im Erdgeschofs liegen und bei denen man nicht in der Lage ist, das regelrechte Austrocknen der Gewölbe abzuwarten. Die Herstellung dieses Bodens kann nur durch besonders eingeübte Arbeiter erfolgen, da es besonderer Geschicklichkeit bedarf, den rasch erkaltenden Asphalt richtig aufzutragen und die Riemen zu verlegen. Es kann somit von einer Beschreibung der Legung Umgang genommen werden. Angefügt wird noch, dafs im Erdgeschofs der Asphalt direkt auf den vorher beschafften Zementbeton aufgelegt wird, während in den oberen Stockwerken auf den Holzboden zunächst eine etwa 2 cm hohe Sandschicht aufzubringen ist, welche verhindert, dafs der Asphalt am Holz anklebt. Die Holzriemen erhalten beiderseits nach unten eine schräge Ausfalzung (Fig. 266), in welche der heifse Asphalt in Form eines Schwalbenschwanzes eingreift und so dieselben festhält; die Stärke der Asphaltschicht ist ca. 1 cm. Nach dem Legen des ganzen Bodens wird dieser ebenfalls verputzt und entweder geölt oder gewichst.

9) Tafelparketten oder Parkettboden (Taf. 78i). Unter diesem Namen begreift man einen aus 24 mm starken, quadratischen Tafeln von 35 bis 40 cm Seite bestehenden Fufsboden, welcher auf einen Blindboden verlegt wird. Die Tafeln sind aus mehreren kleineren Stücken auf Nut und Feder zusammengesetzt, wodurch das Arbeiten des Holzes verhindert bezw. unschädlich gemacht, dem Boden selbst aber eine schöne Zeichnung gegeben werden soll. Dieselben werden heute nur noch aus Hartholz gefertigt und zwar aus einer Holzart, gewöhnlich Eichen, oder aus mehreren, namentlich verschiedenfarbigen Hölzern, wie: Eichen und Ahorn, Eichen und Nufsbaum, Eichen mit Palisander-, Amarant- und Ebenholz-Einlagen oder -Adern etc.

Wo verschiedene Hölzer zu einer Tafel vereinigt werden, ist darauf zu achten, dafs ihre Härte eine gleiche ist, damit sie sich gleichmäfsig abnützen, ein Umstand, dem bei der früheren Parkettenfabrikation oft nicht genügend Rechnung getragen wurde, indem man Tafeln konstruierte, die Hartholzfriese und Tanneneinlagen vereinigten. Eichenholz spielt seiner Härte, seines angenehmen hellgelben Tones und seines nicht übermäfsigen Preises wegen immer die Hauptrolle. Ahorn ist für grofse Flächen zu teuer und auch zu hell und Nufsbaum zu dunkel, obgleich sonst dessen Naturton (ohne Beizung) ein sehr schöner und angenehmer ist.

Je nach der Reinheit und Schönheit des Holzes unterscheidet man bei allen Eichenholzböden, Fischgrat- und Tafelparketten erste, zweite und dritte Wahl, wobei die erste die feinste ist.

Seines Preises und seiner verhältnismäfsig grofsen Zeichnung wegen wird der Tafelparkettboden für gewöhnliche Wohnräume nur in beschränktem Mafse, dagegen mit Vorliebe für bessere Wohnräume, namentlich der Gesellschafts- und Repräsentationsräume, Salons und Säle verwendet. Kleine Räume werden durch die Parkettbodenmuster scheinbar noch mehr verkleinert, während das Kapuzinermuster wie kein anderes das Gegenteil bewirkt. Das Aussehen des Tafelparketts ist in grofsen Räumen bei schöner Zeichnung, gutem Verlegen und tadelloser Instandhaltung entschieden ein stattliches und vornehmes, das von keinem anderen Boden erreicht wird. Nicht ratsam ist die Verwendung solcher Böden für Schlafzimmer, da diese, um den Staub möglichst fern zu halten, täglich mit einem feuchten Tuch gereinigt werden müssen, was bei einem gewichsten Boden nicht angeht.

Der Tafelparkettboden erfordert wie der Kapuzinerboden, seiner Festigkeit wie auch seines Aussehens wegen, Wandfriese, in welche die ringsum genuteten Tafeln mit Hartholz- (am besten Hirnholz-) Federn eingreifen. Auch das Legen desselben geht, soweit es sich um gewöhnliche Zimmer handelt, vor sich, wie das des Kapuzinerbodens; nur gilt hier das dort Gesagte in noch viel höherem Mafse. Genauester,

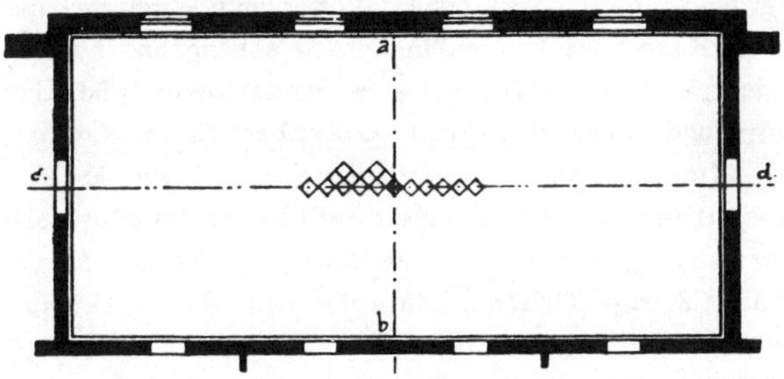

Fig. 270.

Das Legen von Parkettböden in grofsen Räumen.

sorgfältigster Beginn der Arbeit und Nichtnachhobeln der Tafeln ist Hauptregel. Vom Beginn der Arbeit hängt vielfach das Gelingen des Ganzen ab. Ist falsch oder ungenau angefangen oder wird nachgehobelt, so wird der Boden in seinen Linien krumm und verschoben, was sehr schlecht aussieht. Hat der Arbeiter den Boden in einem gröfseren Raum, etwa in einem Saal, zu legen, so beginnt er nicht in einem Eck, sondern zweckmäfsiger wie in Fig. 251 dargestellt ist, in der Mitte des Saales, und zwar mifst er sich genau die Axen ab, hängt danach Schnüre aus und legt am Kreuzungspunkt die erste Tafel. Erst wenn diese genau und fest liegt, werden die seitlich anstofsenden nach der Hauptaxe gelegt, und von dieser mittleren Tafelreihe ausgehend wird alsdann nach allen Richtungen weiter gearbeitet. Der Vorteil, welcher aus dieser Art der Legung erwächst, ist, dafs die Axen richtig und in schöner gerader Linie durch den Saal laufen, was bei jeder anderen Legungsart niemals zutrifft. Ist der zu belegende Raum nicht rechtwinkelig, so nimmt man allgemein die Fensterwand als mafsgebend an, mit welcher man die Tafelreihen parallel legt. Nach dem Legen, Verputzen und Abziehen des Bodens wird derselbe gewichst wie der Kapuzinerboden.

Auf Tafel 78 sind unten vier Muster der gangbarsten Parketttafeln in Ansicht und Querschnitt dargestellt.

Tafel 79 stellt den Grundrifs eines Neubaues dar, wie derselbe jedem Unternehmer von seiten des Architekten ausgefolgt werden sollte, wenn Irrtümer und Mifsverständnisse und eine Unmasse von Aerger und Unannehmlichkeiten vermieden werden sollen. Vielfach besteht diese Uebung schon, doch lange nicht im gewünschten Umfange. Nur dadurch, daſs man dem Meister ganz genau, schriftlich oder durch Zeichnung, angiebt, was er zu machen und wie er dies oder jenes zu behandeln hat, kann der angedeutete Zweck erreicht und unter Umständen viel Geld erspart werden. Auf dem Plan sind sämtliche Räume mit Nummern versehen und seitlich von diesem die für jeden Raum bestimmten Arbeiten namentlich aufgeführt und im Maſs annähernd angegeben. Es bezieht sich dies auf die Zahl und Anordnung der Bodenrippen, sodann auf die Art des Fuſsbodens, der Friese und Fensternischen, auf die Anbringung der Fuſssockel, Lambris und Täfelungen mit Angabe ihrer Wiederkehren, auf die Zahl der Fensterbrüstungen und der Simsbretter, die Zahl und Gröſse der Thüren und die Richtung ihres Aufschlagens etc. etc., kurzum alles, was zu wissen nötig ist.

---

2. Thüren und Thürgestelle.

(Tafel 80, 81, 82, 83, 84, 85 und 86.)

Man unterscheidet und bezeichnet die verschiedenen Thüren nach ihrem Zweck, ihrem Verwendungsort oder ihrer Konstruktion. Die Eingangsthüren machen das Gebäude zugänglich, sperren es gegen unbefugtes Eindringen ab, schützen gegen Wetter und Wind etc.; die Zwischen- oder Verbindungsthüren setzen die Räume im Inneren in Zusammenhang und heben verschlossen die Verbindung wieder auf. Nach dem Verwendungsort giebt es Hausthüren und Hofthore, Magazin- und Scheunenthore, Balkon- und Verandathüren, Glasabschlüsse, Gang-, Speicher-, Keller-, Abort- und Stallthüren, Zimmer- und Küchenthüren etc. Nach der Konstruktion unterscheidet man Lattenthüren, Riementhüren, stumpfverleimte Thüren, verdoppelte Thüren, gestemmte Thüren, verglaste Thüren etc. Nach der Art der Bewegung und des Anschlagens giebt es Flügelthüren (ein-, zwei- und mehrflügelige Thüren), Schiebthüren, Rollenthüren, Pendelthüren, Fallthüren etc.

Die Gröſse der Thüren richtet sich im allgemeinen nach dem Zweck, hin und wieder nach der beabsichtigten architektonischen Wirkung, also nach den Verhältnissen der übrigen Bauteile. Hausthüren macht man mindestens 1 m breit, Hausthore mindestens 2,2 m. Magazin- und Scheunenthore richten sich nach dem Bedürfnis und den einfahrenden Wagen, sie sind gewöhnlich 2,4 m oder mehr breit. Gang-, Speicher-, Keller-, Küchen-, Balkon- und Verandathüren sind gewöhnlich mindestens 1 m breit. Zimmer- und Wohnraumthüren sollen mindestens 0,9 m breit sein; bis zur Breite von 1,10 m bleiben sie einflügelig; bei einer Breite von 1,10 bis 1,60 m werden sie zweiflügelig, wobei der eine Flügel aber mindestens 0,75 m breit sein muſs. Abort-, Wandschrank-, Tapetenthüren u. ähnl. werden gelegentlich sehr schmal, jedoch nicht unter 60 cm breit gemacht. Schiebthüren macht man möglichst breit und hoch.

Die Höhe der Thüren richtet sich nach dem Bedürfnis und nach einem ordentlichen Verhältnis zur Breite. Sie beträgt mindestens 2 m und wächst bei zunehmender Breite, wenn auch nicht im gleichbleibenden Verhältnis. Allgemein übliche Zimmerthürmaſse sind in Deutschland für die einflügelige Thüre 0,90 auf 2,10 m, für die zweiflügelige Thüre 1,4 auf 2,4 oder 1,5 auf 2,5 m.

Eingangsthüren, Stallthüren, Hof- und Scheunenthore, Keller- und Speicherthüren etc. werden im einfachsten Fall direkt an die Stein- oder Holzpfosten angeschlagen und zwar stumpf, überfälzt oder ganz im Falz liegend, wie es Fig. 271 veranschaulicht.

Bei besserer Ausführung wird der Anschlag auf besonderem Futterrahmen bewirkt, um die Thüre dichter schlieſsend zu machen, die Erschütterung auf das ganze Gestell zu übertragen und das Geräusch zu vermindern. Der Futterrahmen wird 4 bis 5 cm stark gemacht, überdeckt den Gewändevorsprung in seiner ganzen Breite und steht noch etwa 2 cm ins Licht vor. Er wird auf Stein durch starke

Steinschrauben mit versenkten Muttern befestigt (Fig. 272), wobei zwischen Stein und Futterrahmen eine Schichte Haarkalk eingebracht wird.

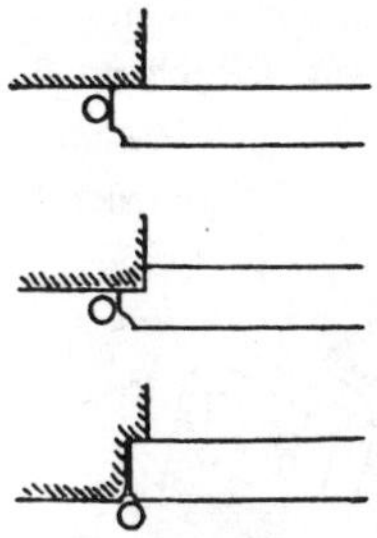

Fig. 271. Anschlag der Thüren.

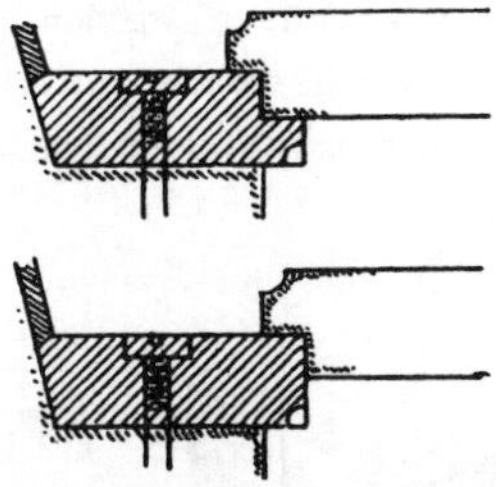

Fig. 272. Bildung des Futterrahmens.

Bei Eingangsthüren ist am Thürfufs die nötige Sicherung gegen Eindringen des Regenwassers zu treffen. Der Anschlag an der Schwelle ist so weit nach hinten zu verlegen, dafs das an der

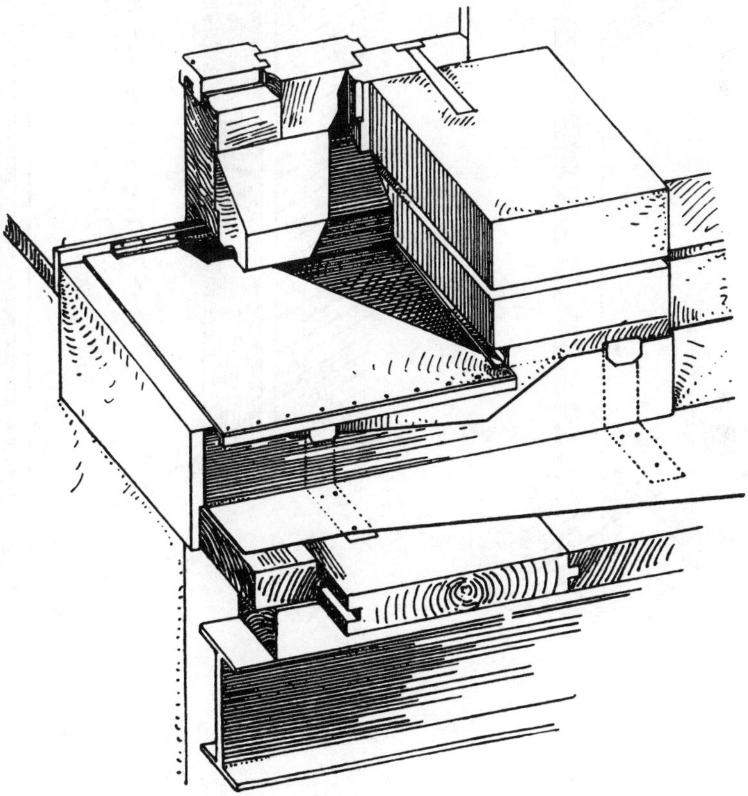

Fig. 273. Verwahrung der Balkonthürschwelle.

Hinterkante des Futterrahmens herablaufende Wasser noch vor diesem Anschlag abtropft und nach aufsen abfliefsen kann. Von Vorteil ist die Anbringung eines sogen. Wasser- oder Wetterschenkels am Fufs der Thüre.

Balkon- und Verandathüren schützt man in dieser Hinsicht durch Anlage einer doppelten Thür oder durch Anbringung eines Eisenblechbeleges mit angenietetem Winkeleisenbesatz. (Vergl. Fig. 273, auf welcher auch ein Wetterschenkel verzeichnet ist.)

Stall- und Kellerthüren werden häufig auch nach auſsen aufgehend angelegt, wobei der Anschlag alsdann auf der Auſsenseite der Thürpfosten, der Schwelle und des Sturzes erfolgt. Hierbei beschränkt sich die Sicherung am Thürfuſs dann auf ein leichtes Abschrägen der Schwelle nach auſsen.

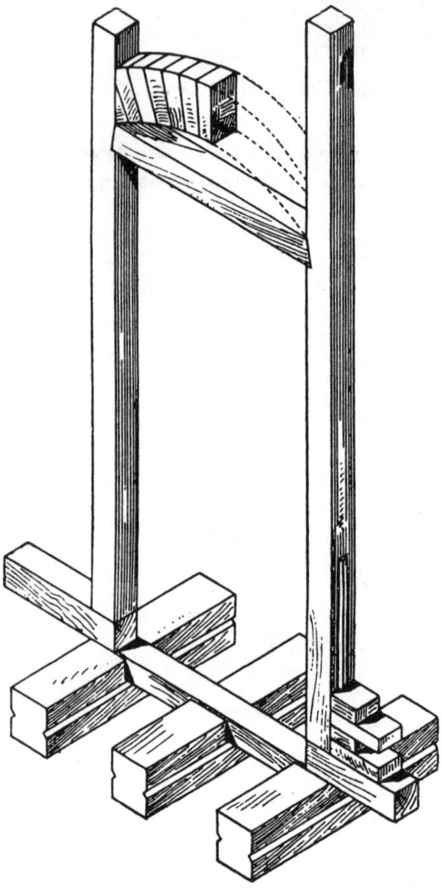

Fig. 274.
Thürgestell in Riegelwänden.

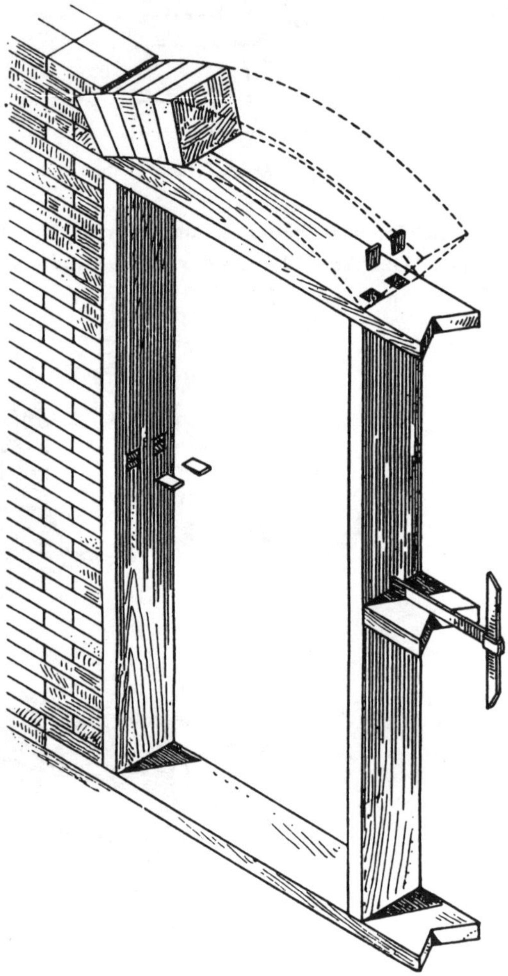

Fig. 275.
Bohlenthürgestell.

Während für äuſsere Thüren die Gestelle meist aus Stein sind, so sind sie für Thüren im Inneren aus Holz. Bei der Riegel- oder Fachwerkswand bilden die Pfosten und der Thürriegel in Verbindung mit der Schwelle oder einem Schwellenwechsel das zur Wand gehörige Gestell (Fig. 274); bei steinernen Mauern muſs ein besonders gebautes Thürgestell eingesetzt werden. Ist die Mauer 1 Stein (25 cm) stark, so wird das Gestell aus 6 cm starken Bohlen konstruiert. (Fig. 275.) Die Querhölzer oben und unten sind zu sogen. Ohren verlängert, welche in die Wand eingreifen. Auch auf halber Höhe werden zwei weitere Ohren angesetzt, gelegentlich auch eiserne Schlaudern.

Weniger gut und nicht zu empfehlen ist das Anschlagen des Thürfutters an sogen. Mauerklötze und obere Querdielen. (Fig. 276.) Die Mauerklötze bieten, auch wenn sie statt mit rechteckigem Quer-

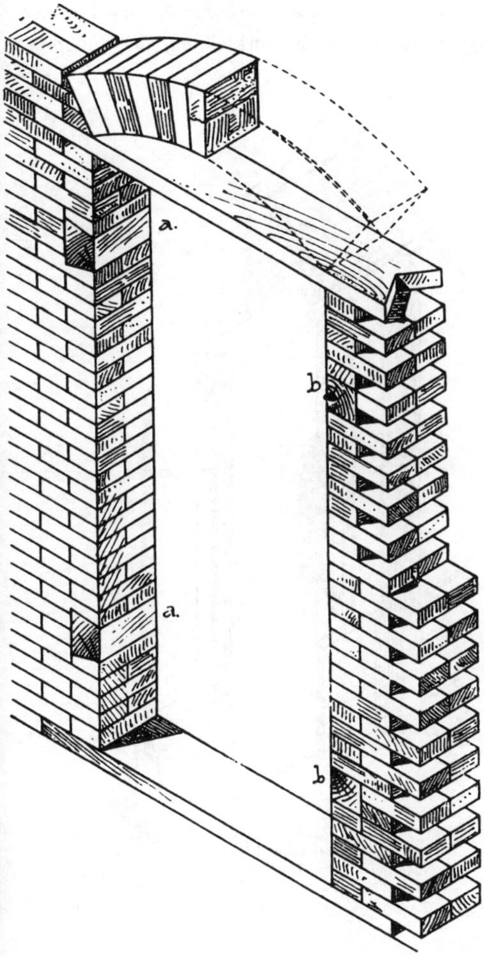

Fig. 276.
Mauerklötze und Querdielen zur Thürbefestigung.

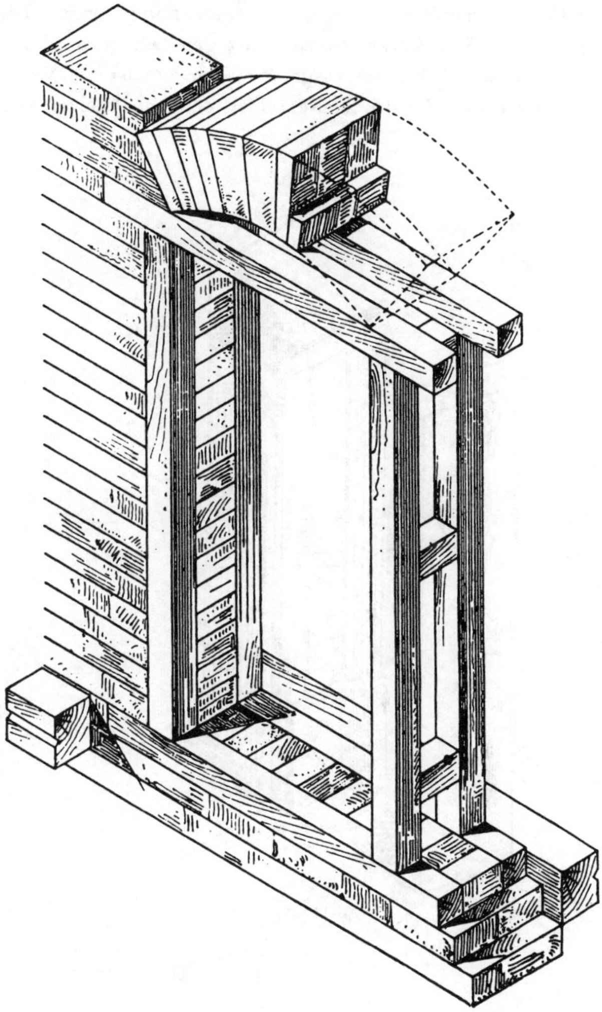

Fig. 277.
Pfostenthürgestell.

schnitt als Schwalbenschwänze eingreifen, zu wenig Halt und lösen sich beim Einschlagen der Nägel zu leicht aus dem Verband.

Für Mauerdicken über 25 cm verwendet man sogen. Pfostengestelle (Fig. 277) aus Rahmenschenkeln von 9 bis 12 cm Stärke je nach der Gröfse der Thür. Die lichte Oeffnung des Thürgestelles, die Leibung, wird mit einem Thürfutter ausgekleidet. Um das letztere genau in Winkel und Senkel unabhängig vom Thürgestell einbauen zu können, läſst man zwischen beiden von vornherein einen Zwischenraum von einigen cm. (Fig. 278.) Diese Zwischenräume werden auf der Höhe, auf welche die Bänder zu sitzen kommen, hinterfüttert, d. h. mit Brettstücken ausgefüllt. (Fig. 278 links.) Die zwischen dem Gestell und dem Futter verbleibenden Zwischenräume werden durch die beiderseitige Verkleidung geschlossen, welche auf den Kanten des Futters befestigt wird. Die Verkleidung hat den weiteren Zweck, die Thüre schön zu umrahmen und den Verputz abzugrenzen. Die Verkleidung kann glatt oder profiliert sein (Fig. 278). Die Stärke derselben ist gehobelt etwa 22 mm, die Breite macht man gewöhnlich gleich $^1/_7$ oder $^1/_8$ der Thürbreite. Auf der Thürseite ist die Verkleidung im Licht etwas gröſser als das Futter, damit ein Falz für den Thüranschlag entsteht (Falzverkleidung), während die Zierverkleidung der anderen

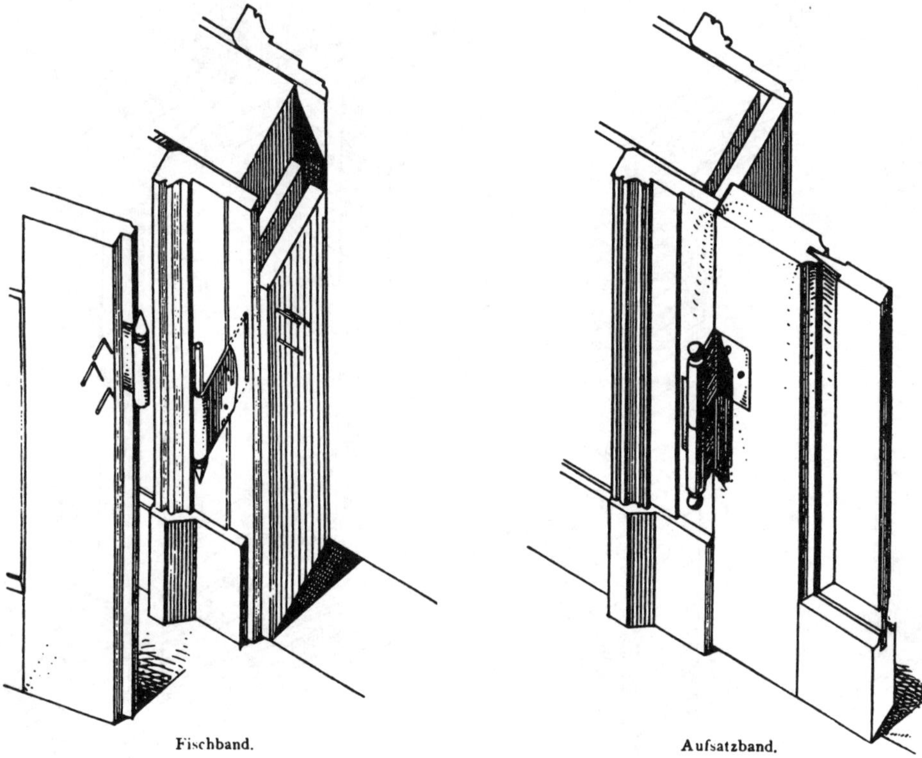

Fig. 278.
Das Anschlagen der Thüren.

Seite die gleiche Oeffnung wie das Futter aufweist. (Fig. 278.) Die Zusammensetzung der 3 Verkleidungsteile geschieht stumpf auf Gehrung oder auf Gehrung überblattet. Die Profilierung läuft bis zum Boden herab oder erhält einen Sockel.

Das Thürfutter, meist aus Weichholz, bleibt bis zu einer Wanddicke von 25 cm glatt, bei gröſserer Breite wird es, zur Thür passend, gestemmt. Das Schwellbrett, meist aus Eichen, wird bei groſser Breite ebenfalls, aber bündig gestemmt. Es liegt zwischen zwei Zimmern bündig (Durchgangsschwelle); zwischen Gang und Zimmer wird es wohl auch etwas höher gelegt (10 bis 15 mm). Kommt die Schwelle nicht auf einen Balken zu liegen, so wird ein Schwellenwechsel erforderlich. (Fig. 274.)

All das Erwähnte und verschiedenes andere, was auf die Konstruktion der Thüren im Innern Bezug hat und hier nicht weiter ausgeführt werden soll, ist ersichtlich aus den Tafeln 81, 82 und 83, die unserem Schreinerbuche entnommen sind und dort eine eingehende Besprechung gefunden haben.

Da die Ausführung der gestemmten Thüren, der Hausthüren und der reicheren Thüren überhaupt Sache des Schreiners ist, so werden wir nachstehend nur die einfach herstellbaren Thürformen berücksichtigen, wie sie gelegentlich auch vom Zimmermann gefertigt werden.

a. Die Lattenthüre.

Sie findet hauptsächlich Verwendung für Holzremisen, Speicher- und Kellerabteilungen. Sie ist meist rauh, d. h. nicht gehobelt und im allgemeinen die billigste der Thüren, doch wird sie nicht immer aus Sparsamkeit verwendet, sondern es ist für manche Zwecke wünschenswert, Luft und Licht in den betr. Raum zu bringen, wie z. B. in Holzremisen, Schwarzwaschkammern etc., oder beim Vorbeigehen sich durch einen Blick überzeugen zu können, ob in dem Raum noch alles in Ordnung ist. Sie wird gefertigt, indem man vorn und hinten statt einer einfachen Latte Friese in halber Bordbreite anbringt und den verbleibenden Zwischenraum so mit den Latten ausfüllt, dafs jeweils annähernd die Lattenbreite als Zwischenraum verbleibt. Nach der Quere erhält sie ihren Zusammenhalt durch aufgenagelte Querleisten in halber Bordbreite (15 cm) und gegen Verschieben schützt sie die Anbringung von aufgenagelten Bugleisten. Zum Nageln der Latten wie der Querleisten bedient man sich geschmiedeter Nägel, welche auf der Rückseite um-, bezw. quer über die Faser in das Holz eingeschlagen werden. Die Thüre hat kein Futter, schlägt vielmehr stumpf auf den Stein- oder Holzpfosten an. (Taf. 80a.)

b. Die Riementhüre.

Sie ist entweder rauh oder gehobelt und gefügt, etwas besser als die vorige, und besteht aus schmalen, meist $^1/_2$ Bord breiten Riemen, welche entweder stumpf aneinander gestofsen oder besser auf Nut und Feder oder durch Spundung miteinander verbunden sind. Ihre Festigkeit erhält sie ebenfalls wie die Lattenthüre durch aufgenagelte Querleisten; sie ist wie diese auch ohne Futter und Verkleidung. (Taf. 80b.)

c. Die stumpf verleimte Thüre.

Sie besteht aus gehobelten, schmalen oder geschlitzten Bord, welche gefügt und zu einer Tafel verleimt werden. Diese Thüre hat also keine offenen Fugen. Da sich bei dieser Konstruktion der einzelne Riemen nicht mehr frei bewegen kann, sondern nur die ganze Thüre, so ist es unzulässig, genagelte Querleisten anzubringen. An deren Stelle treten jetzt in den Grat eingeschobene Leisten, welche dem Holz gestatten, zu schwinden und zu quellen; dieselben dürfen nicht geleimt werden. (Taf. 80c.) Bei ihrer Verwendung als Abschlufs von Dienstbotenzimmern etc. ist die Thüre mit Futter und einfacher, glatter Verkleidung (Taf. 83 1) versehen. Die scharfen Kanten der Quer-, Bug- und Einschiebleisten der drei besprochenen Thüren werden gebrochen oder abgefast. Das Thürbeschläge besteht aus je zwei Langbändern, Kloben in Stein, auf Platte oder in Holz, sowie einem Riegel- oder Kastenschlofs mit Eisendrückern und Schliefskloben.

Die Latten-, die Riemen- und die stumpf verleimte Thüre bezeichnet man als einfache Thüren.

Soll der Abschlufs dichter und zugleich fester und widerstandsfähiger werden, was besonders bei ins Freie führenden Thüren, bei Hausthüren, wünschenswert ist, so wendet man die verdoppelten Thüren an.

d. Verdoppelte Thüren.

Nicht nur für äufsere, sondern auch für innere Abschlüsse, bei welchen die Thüre auf beiden Seiten verschiedener Temperatur oder mehr oder minder feuchter Luft ausgesetzt ist, wie dies z. B. bei Kellerthüren, Stall- und Waschküchenthüren der Fall ist, erfreut sich die Konstruktion allgemeiner Beliebtheit. Eine solche verdoppelte Thüre besteht im wesentlichen entweder:

aus zwei einfachen Thüren, welche in allen Teilen fest aufeinander genagelt sind,

oder aus der eigentlichen, der inneren, meist einfachen, gespundeten oder gefederten Thüre und der äuſseren aufgenagelten oder aufgeschraubten Schutzschalung, der Verdoppelung. Die letztere kann mannigfache Gestalt, vornehmlich aber eine solche erhalten, welche den Regenschlag rasch abzuleiten im stande ist.

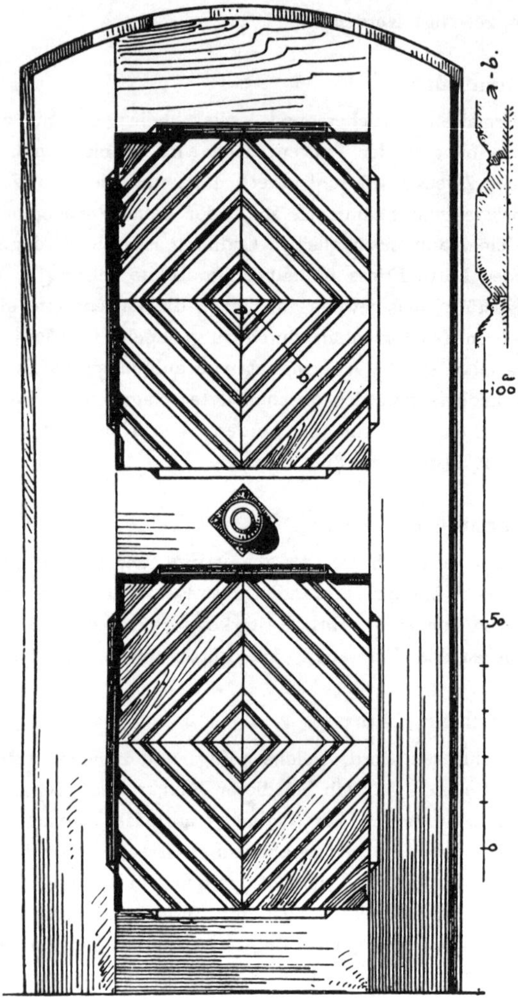

Fig. 279.
Verdoppelte Thüre.

Dabei ist zu beachten, daſs die Holzfasern der äuſseren Thüre quer oder schräg zu denen der inneren laufen, damit das verschiedene Arbeiten des inneren und äuſseren Holzes gegenseitig ausgeglichen wird.

Behufs dichteren Anschlusses an das Steingewände oder den Pfosten — nur in seltenen Fällen ist ein Futterrahmen vorhanden — versieht man die Thüre mit einem Falz, indem man die Verdoppelung 2 bis 3 cm zu beiden Seiten und oben geringer im Maſs anordnet, als die eigentliche Thüre. Bei Thüren, die von auſsen anschlagen, tritt der umgekehrte Fall ein.

Für gewöhnliche Thüren besteht die beliebteste und billigste Art der Verdoppelung in Riemen von verschiedenen Formen und Lagen, wobei entweder die Kanten leicht abgefast oder mit Profilhobel versehen sind. Durch Anordnung verschiedener Felder, welche sich leicht durch einen äuſseren Rahmen mit Quer- und Mittelfriesen herstellen lassen, sowie durch Profilierung derselben sind hübsche, ja sehr reiche Muster zu erzielen. (Taf. 80f bis k.)

Die Stärke der einzelnen Holzlagen ist meist diejenige gewöhnlicher Bretter, also rauh 24 mm, die der ganzen Thür somit 42 bis 45 mm. Auf die Nagelung, welche, wie bei den besprochenen einfachen Thüren, mittels geschmiedeter Nägel geschieht, muſs groſse Sorgfalt verwendet werden. Die Nägel dürfen nicht planlos in das Holz eingeschlagen werden, sondern es muſs — damit deren sichtbare Köpfe zusammen eine schöne geometrische Figur bilden, die Anordnung mit Ueberlegung und nach einer genauen Einteilung erfolgen. Erhöht kann die Wirkung noch werden durch Verwendung verschiedener Nagelsorten, d. h. solcher mit verschiedenartig geformten Köpfen. Das Beschläge einer gewöhnlichen verdoppelten Thüre, z. B. einer Hausthüre, besteht aus zwei, oder bei schweren Thüren aus drei starken Lang- oder Winkel- und Kreuzbändern mit Kloben in Stein und einem überbauten Zweitourschloſs mit starken Messing- oder Eisendrückern und Schlieſskloben.

Tafel 80d und e können als die inneren Hälften, als die Rückseiten verdoppelter Thüren gelten, während f bis k deren Aufsenseiten zeigen. Die Stallthüre h ist in halber Höhe geteilt, wodurch die Möglichkeit geboten ist, während des Sommers oben in den Stall Luft und Licht eindringen zu lassen, währenddessen der untere, festgeriegelte Teil noch als Abschlufs des Stallraumes dient. Dieselbe Anordnung findet sich auf dem Lande auch häufig an Hausthüren.

Die Figuren 279 und 280 zeigen ebenfalls verdoppelte Hausthüren.

Fig. 280.
Verdoppelte Hausthüren.

e. Das Magazin- und Scheunenthor.

Seine Gröfse hängt von dem Bedürfnis und dem Zweck, welchem es zu dienen hat, ab. So ist z. B. für ein Scheunenthor das Mafs eines geladenen Heuwagens von 2,50 m Breite und 3,00 bis 3,30 m Höhe zu Grunde zu legen, welchem man den nötigen Spielraum noch zuschlägt. Bei Magazinthoren läfst sich dies ohne genaue Kenntnis der Bedürfnisse nicht angeben. Gewöhnlich macht man sie zweiflügelig, da die Breite zu bedeutend ist, um sie einflügelig machen zu können. Ja man geht sogar noch weiter und trifft bei einem schweren Thor gern Vorkehrung, um durch dasselbe ein- und ausgehen zu können, ohne jeweils den ganzen Flügel in Bewegung setzen zu müssen. Dies geschieht, indem man in einen der grofsen Flügel einen kleineren, leicht beweglichen einfügt und mit Beschlägen versieht, wie dies durch Fig. 281 gezeigt ist.

Die Bewegung der Flügel geschieht durch Drehen und durch Schieben; in neuerer Zeit neigt man sich mehr der letzteren Art zu, da bei ihr die Flügel — falls sie einmal geöffnet — auch wirklich beseitigt sind und nicht vom Winde zugeschlagen werden können. Wenn sich bisher noch eine gewisse Zurückhaltung in der Wahl des Schiebthores kundgab, so ist diese teils auf die vielfach unvollkommene Konstruktion des Beschläges zurückzuführen; übrigens kann das Schiebthor auch nicht überall angebracht werden.

Ein Thorflügel besteht aus einem gut abgesteiften, d. h. gegen das Verschieben gesicherten Pfostengerippe von 8×10 oder 10×10 oder 10×12 cm starkem Holz, je nach der Gröfse des Flügels. Das Gerippe wird auf der Aufsenseite mit senkrecht laufenden gespundeten und gut genagelten Dielenriemen verkleidet. Der hintere Pfosten (Wendesäule) des Gerippes ist bei Flügelthoren meist etwas stärker, weil an ihm das ganze Thor seinen Halt findet; beim Schiebthor fällt dieser Unterschied weg. Die Entfernung der Querriegel, der Streben und Büge voneinander hängt von der Dielenstärke ab; je stärker die Dielen, desto weniger oft ist eine Nagelung erforderlich. Die gewöhnliche Entfernung ist 1,00 bis 1,30 m. Beim Schiebthor wie beim Flügelthor fehlt gewöhnlich die mittlere Schlagleiste; der Schlufs daselbst sowie die Deckung der Fuge wird durch Ueberfälzung erzielt.

Tafel 85 stellt zwei Thorarten dar, ein Schiebthor und ein Flügelthor. Das Beschläge des letzteren besteht aus vier starken, eingelassenen oder aufgeschraubten Winkelbändern und zwei Kreuzbändern, Kloben in Stein, eventuell vier Eckwinkeln, einem oberen und unteren starken Schubriegel und einem überbauten Schlofs, oder einem drehbaren Ueberlagseisen mit Hängeschlofs. Statt der Winkel- und Kreuzbänder verwendet man auch gern starke Zapfenbänder, ebenso statt der Riegel Schwengelverschlufs oder Triebbasküle. Das Schiebthürbeschläge besteht aus vier Winkelbändern, an deren oberen Verlängerungen sich grofse, abgedrehte Metallrollen befinden, welche auf einer durch Steinschrauben an dem Thorsturz befestigten Eisenschiene sich bewegen. Die Schiene ist an beiden Enden aufgebogen, um das Thor am Weiterlauf zu hindern; zur Feststellung beim Schliefsen ist am einen Flügel unten ein Schubriegel angebracht. Damit das Thor sich bei Wind nicht bewegt, befindet sich an der unteren Kante zu beiden Enden je ein Stift, welcher in einer entsprechend geformten und in der Steinschwelle befestigten Schiene läuft und dadurch die senkrechte Haltung des Thores bewirkt. Geschlossen wird dieses Thor mittels eines Schiebthürschlosses oder durch ein Hängeschlofs, welches man durch zwei an den vorderen Höhenfriesen angebrachte Oesen zieht.

Die Laufrollen unten anzubringen, hat sich nicht bewährt, da sich denselben zu leicht Hindernisse in Form von Staub und Schmutz entgegenstellen, welche den Gang zu hemmen geeignet sind.

f. Das Haus- oder Hofthor.

Ein Thor legt man, falls nicht eine ortspolizeiliche Bestimmung ein solches verlangt, bei Wohngebäuden nur da an, wo das Bedürfnis vorliegt, in den Hofraum mit einem Wagen fahren zu können. Die polizeiliche Forderung wird aber in vielen Städten bei allen fest eingebauten Gebäuden gestellt, zu welchen gröfsere bewohnte Hintergebäude gehören, um die Möglichkeit zu schaffen, bei allenfallsigem Brandunglück mit der Feuerspritze in den Hofraum gelangen zu können. Zu diesem Zwecke mufs das Thor, bezw. die Einfahrt mindestens 2,30 m breit sein, ein Mafs, welches im allgemeinen als Minimalmafs für sämtliche Thore gelten kann. Dieses Wohnhausthor, das nur in seltenen Fällen als Schiebthor angelegt werden kann, ist meist als Flügelthor behandelt. In diesem Fall ist es entweder nur zweiflügelig oder es hat ähnlich wie das Scheunenthor noch einen dritten, kleinen Durchgehflügel, der an den einen Thorflügel angeschlagen ist. So gefällig sich auch eine derartige Thoranlage ausnimmt und so praktisch sie zu sein scheint, so große Nachteile hat dieselbe doch, welche ihre Ausführung oft beschränken, wenn nicht gar unmöglich machen. Durch das Ausschneiden des dritten Flügels leidet nämlich die Festigkeit des Ganzen in erheblichem Grade Not, und es bedarf der gröſsten Sorgfalt und Anstrengung seitens des Schlossers, wenn das Thor seinen Zweck erfüllen soll. Die Flügel schlagen eben in der Mitte nicht mehr

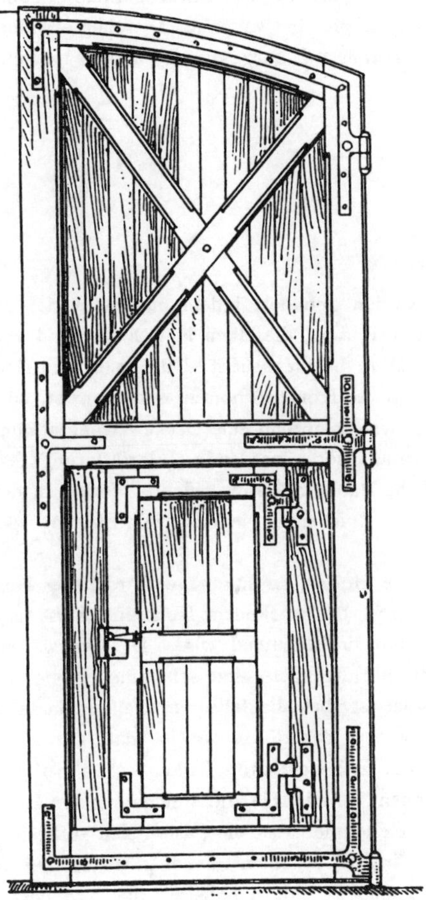

Fig. 281.
Scheunenthorflügel mit Schlupfthürchen.

Fig. 282.
Einfahrtsthor mit beweglichem Kämpfer.

auf- oder übereinander und der verschiedenartige Anschlag oben und unten läſst das Thor auch nicht fester werden. Dazu kommt noch, daſs sich die Flügel infolge ihres Gewichtes senken oder einsacken, und zwar des ungleichen Gewichtes wegen ungleichmäſsig, wodurch der Verschluſs undicht wird. Es ist daher bei der Konstruktion darauf zu achten, daſs durch Anbringung eines durchgehenden Kämpfers an dieser Stelle das Thor einen Halt findet, was sehr einfach ist, sobald die Höhe bis zum Kämpfer als Thürhöhe genügt, so daſs dieser fest bleiben kann, schwieriger dagegen, wenn auch er beweglich sein muſs. Fig. 282 stellt die Skizze eines derartigen Thores dar, bei welchem der Kämpfer, mit dem linken Flügel verschraubt, sich über den anderen Flügel, das letzte Drittel, legt und durch zwei starke Schraubenbolzen oder durch eine ähnliche Konstruktion befestigt wird. Anschlageisen an der Thorschwelle und starke, obere und untere Schubriegel vervollständigen das Ganze. Es ist vorteilhaft, statt der Riegel zwei starke Schwengelverschlüsse anzuwenden, weil man bei ihnen über eine viel gröſsere Kraft verfügt, um das Thor festzustellen.

Auf Tafel 86 ist rechts das neue Rathausthor zu Lindau dargestellt, welches unten durchweg geschlossen, oben mit der ähnlichen Art Holzgitter versehen ist, wie die auf Tafel 84 abgebildete Thüre. Das Thor ist natureichen ausgeführt, das Beschläge und die Nagelköpfe sind verzinnt. Die eben erwähnte Tafel 84 zeigt, nebenbei bemerkt, noch eine durchbrochene Gartenthür mit ausgesägten Planken und eine gestemmte Abortthüre aus dem Rathaus in München.

---

3. Decken.

(Tafel 87, 88, 89 und 90.)

Die Holzdecken können verschiedener Art sein. Sie werden gebildet, indem man entweder die Konstruktion, die tragenden und ausfüllenden Teile, sichtbar läſst, dieselben in richtiger und verständiger Weise schmückt, und dadurch erst recht zum Ausdruck zu bringen sucht. Oder man verkleidet diese Teile mit einem feineren, edleren Material, wobei aber noch die Konstruktion zu erkennen ist, oder man fertigt schlieſslich eine blinde Decke, d. h. eine Täfelung, welche irgend eine Decke nachahmt, und schraubt sie einfach unten an die Deckenbalken, bezw. die allenfalls nötig werdende Unterfütterung fest. Im ersten Fall ist das verwendete Material meist das gewöhnliche Bauholz, Tanne, Fichte, Forle. In den beiden anderen Fällen wählt man ein besseres Holz, Eichen oder Nuſsbaum, vielleicht mit Eschen- oder Ahornfüllungen.

Von besonderer Wichtigkeit ist die richtige Trocknung des Holzes, da ungenügend trockenes Holz an der warmen Luft der Decke schwindet und reiſst. Aber selbst bei trockenem Holz sind Risse und Sprünge nicht ganz ausgeschlossen, wenn die Hitze in dem Raum zu bedeutend wird. Die Ofenwärme, namentlich die der Füllöfen, und die von den Gaskronen ausgestrahlte Hitze sind schlimme Feinde der Decken, und man thut gut daran, alles vorzusehen, was geeignet ist, bei allenfallsigem Reiſsen dasselbe erträglich zu machen. Zu diesem Zweck richtet man die Dekoration der Hölzer so ein, daſs durch die Risse die Gesamtwirkung nicht beeinträchtigt oder gestört wird. Bei sichtbaren Balkendecken hobelt, fast und kehlt man daher die Balken und Unterzüge und versieht sie mit Riefen, welche mit den Holzfasern parallel laufen, vermeidet möglichst alle Verzierungen, welche quer über die Fasern sich ausbreiten und bei allenfallsigem Reiſsen unschön aussehen. Können aus irgend welchem Grunde diese Hölzer an ihren sichtbaren Flächen nicht gehobelt werden, so verkleidet man sie mit gehobelten und profilierten Brettern und Kehlleisten (Taf. 87e und f).

Kann die Reliefwirkung in bescheidenen Grenzen bleiben oder konstruiert man eine sogen. blinde Decke, so bildet man die Balken aus hohlen Kästchen, wie Fig. d auf Tafel 87 zeigt, und befestigt sie an der eigentlichen, den Raum nach oben abschlieſsenden Decke.

Die Füllungen mache man schmal oder fertige sie, wenn dies nicht angehen sollte, aus schmalen gespundeten Riemen, bei welchen man die Fugen absichtlich durch Anstoſsen eines kleinen Kehlhobels hervorhebt. Schwinden dann die Füllungen, so werden höchstens die Fugen etwas gröſser, was nicht auffällt; im übrigen sind aber Risse vermieden. Auf Tafel 88 sind in Decke III und IV derartig behandelte Füllungen verwendet. Werden die Felder breiter, so muſs man die Füllungen stemmen, sie also in die Nuten der Friese einstecken, damit sie arbeiten können.

Fig. 283. Holzdecke aus dem Stifte Sekkau in Steiermark.
Aufgenommen von R. Bakalowits.

Fig. 284. Holzdecke aus dem Stifte Sekkau in Steiermark.
Aufgenommen von R. Bakalowits.

Fig. 285. Holzdecke aus dem Schlosse Velthurns in Tirol.
Aufgenommen von F. Paukert.

Fig. 286. Holzdecke aus dem Schlosse Velthurns in Tirol.
Aufgenommen von F. Paukert.

Fig. 287. Holzdecke aus dem Rathaus zu Görlitz.
Aufgenommen von M. Bischof.

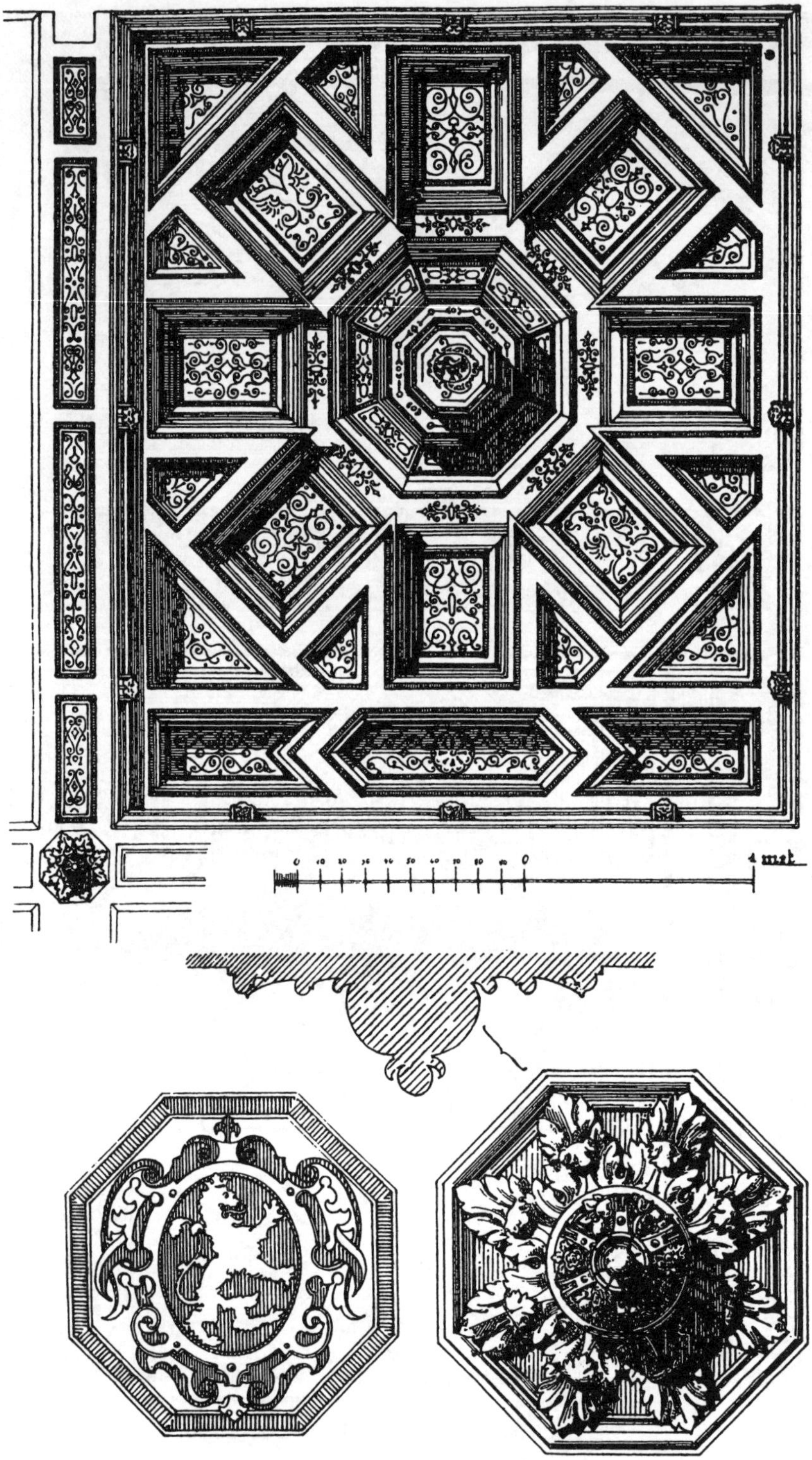

Fig. 288. Holzdecke aus der Feste Koburg.
Aufgenommen von M. Bischof.

Fig. 289. Holzdecke aus dem Rathause zu Augsburg.
Aufgenommen von L. Leybold.

Fig. 290. Einzelheit, zu Fig. 289 gehörig.

Bei fast allen Holzdecken, die allereinfachsten, alten Decken (Tafel 88, I und II), oder deren Nachahmungen (Tafel 88, III) ausgenommen, schliefst man die Fugen zwischen Füllungen und Balken mit mehr oder minder starken, profilierten Leisten und bildet dadurch sanfte Uebergänge vom Senkrechten in das Wagerechte. Sind die nötigen Mittel vorhanden, so lassen sich auch noch ganze Gesimse mit Zahnschnitten, Konsolen etc. einlegen. (Tafel 87, Fig. m bis p.)

Die Höhe, auf welche die Füllungen zu liegen kommen, ist gewöhnlich die untere Deckenfläche, und zwar liegen sie dann entweder in einer Ebene, wie dies bei Tafel 87, a bis n, bei Tafel 88, I—IV, Tafel 89, a, c und e und Tafel 90, a, c, g, h und i der Fall ist, oder man legt bei reicheren Decken ein Feld oder auch einige Felder tiefer an als die übrigen, und erzielt dadurch eine viel lebhaftere Wirkung des Ganzen. Die Tafel 89 zeigt in b, d, f und g, die Tafel 90 in f Decken mit verschieden hohen Feldern. Um sie solid herstellen zu können, ist — falls man sich nicht wie bei dem Beispiel h auf Tafel 87 helfen kann — eine Unterfütterung erforderlich. Man versteht darunter ein nach dem Deckenprofil in Holz ausgeführtes Gerippe, welches, fest mit der Tragdecke verbunden, den Grund bildet, auf welchem die blinde Decke befestigt wird. Wie dieselbe konstruiert werden mufs, läfst sich allgemein nicht sagen, da dies von der Zeichnung der Decke wie von dem Profil derselben abhängt. Darf ein wohlgemeinter Rat aber hier angebracht werden, so sei es der, an Eisenwerk, namentlich an durchgehenden Mutterschrauben nicht zu sparen, da nur sie allein die erwünschte Sicherheit zu geben im stande sind — und ferner besorgt zu sein, dafs für alle schwereren, an der Decke zu befestigenden Teile oder Gegenstände, wie schwere Rosetten, Gaskronen etc., starke Wechsel in das Hauptgebälke eingelassen werden, woran jene dann zu befestigen sind.

Beim Entwurf einer Decke ist zu beachten:

a) die Gröfse des Raumes. Von den Abmessungen desselben, namentlich von der Höhe, kann zuweilen die ganze Wirkung abhängen. Das Deckenmotiv mufs mit denselben im Einklang stehen: für grofse Räume grofse Muster, für kleinere umgekehrt; für bedeutende Höhen kräftige Gesimse, für niedrige Räume feinere und zierliche Gliederungen;

b) die Form der Decke. Dieselbe ist teilweise bedingt durch die Grundform des betr. Raumes. Die gewöhnliche, das Rechteck, ergiebt ein schönes Gesamtbild, wenn sein Verhältnis 1 : 1½ bis 1 : 2 ist. Anderen Verhältnissen, wie 1 : 3 oder 1 : 4, welche zu lang, zu riemenartig erscheinen, nimmt man das Unschöne, indem man sie durch wirkliche oder blinde Unterzüge in zwei oder mehrere kleine Decken teilt und jede für sich behandelt. Die Quadratform ist, wenn die Abmessungen nicht zu bedeutend sind, für Holzdecken immer eine schöne Form. Das Gleiche gilt vom Sechs- oder Achteck;

c) die äufsere Gestalt. Hiernach unterscheiden wir:

1) die Balkendecke, auch Fachdecke genannt; 2) die Kassettendecke; 3) die Felderdecke.

1) Die Balkendecke.

Sie ist Konstruktionsdecke. Bei ihr sind die Balken echt oder doch nur verkleidet, die Füllungen sind zugleich die untere Deckenschalung oder besonders angebracht. Die Balken liegen an den Wänden meist auf einem sie zusammenfassenden architrav- oder balkenartigen Gesims oder auf Konsolen und Tragsteinen auf, deren Zweck ist, teils den Uebergang von der Wand nach der Decke weniger hart erscheinen zu lassen, teils die Tragfähigkeit derselben wirklich oder nur scheinbar für das Auge zu erhöhen. Bei Fig. I und II, Tafel 88 (Rathaus zu Lindau) ist dieses Wandgesims um jedes Balkenende herumgekröpft, während es bei den Fig. III und IV sich jeweils an den Balkenkonsolen „totläuft", d. h. ohne Verkröpfung endigt.

Die Balkendecke beginnt entweder mit einem ganzen oder einem halben Balken oder aber mit einem Teil eines solchen, welcher ermöglicht, ihn dekorativ so zu behandeln, wie die ganzen Zwischenbalken. Wie dies zu geschehen hat, sowie auch die Füllungsgestaltung, zeigen in verschiedener Weise die Details auf Tafel 87 und 88, sowie die Figur a auf Tafel 89. Aufserdem sind auf Tafel 87 in Fig. i bis l einige Unterzugsbildungen mit Konsolen etc. dargestellt.

2) Die Kassettendecke.

Sie ist zwar keine Konstruktionsdecke, sucht aber den Schein einer solchen zu wahren. Die Kassette kann quadratische, vieleckige oder kreisrunde Form haben; ebenso kann sie nur in einerlei oder in mehrerlei Form an einer und derselben Decke vorkommen. In der Mitte der Kassette befindet sich gewöhnlich eine Rosette; absolut erforderlich ist sie nicht. Die Verbindungspunkte des Gerippes werden durch Rosetten, Diamantquader oder Knöpfe hervorgehoben und ausgezeichnet. Die Profilierung der Rippen ist verschieden; sie richtet sich sowohl nach den vorhandenen Mitteln, wie nach der Entfernung, aus welcher die Decke gesehen wird. Aus diesem Grunde wurde absichtlich vermieden, ganz genau bestimmte Profile und Mafse anzugeben, da bei nicht verständiger Behandlung der Effekt doch niemals der richtige sein wird.

Im allgemeinen werden die Rippen so gebildet, dafs man sie unten mit einem kleinen seitlichen Profil versieht, welches sie leichter erscheinen läfst; im übrigen zeigen die Figuren n, o, p, q und r auf Tafel 87 verschiedene Formen gleich und ungleich tiefer Kassettenrippen-Profile, während Tafel 90 in Fig. g, h und i einige ganze Kassettendecken darstellt. Von den Raumverhältnissen wird es auch abhängen, ob man — die gewöhnliche Kassettendecke ausgenommen — mit halben oder ganzen Kassetten beginnen wird. Für die erstere Art spricht der Umstand, dafs die mittleren Kassetten freier erscheinen und besser zur Geltung kommen. Auf die Ausschmückung der Füllungen wird grofses Gewicht gelegt. Für sie eignet sich sowohl Malerei, als auch Intarsia und reiche Stemmarbeit, drei Arten, auf welche prächtige Wirkungen erzielt werden können.

3) Die Felderdecke.

Während die Balkendecke in mehr und die Kassettendecke in weniger freier Weise eine Fortsetzung nach zwei Richtungen gestattet, ist dies bei der Felderdecke nur unter bestimmten Voraussetzungen der Fall. Dieselbe ist eine für sich abgeschlossene, abgepafste Decke, von der man ohne Schädigung der Gesamtwirkung keinen Teil hinwegnehmen, noch einen solchen zugeben kann. Sie ist keine Konstruktionsdecke, sondern will nur Nachbildung sein. Mit wenig Ausnahmen ist bei ihr ein Haupt- oder Mittelfeld geschaffen, an welches sich die kleineren Felder anschliefsen. Dieses Mittelfeld kann dominierend geformt sein, wie bei den Beispielen Tafel 89, b, d, e, g und Tafel 90 b, d, e, f, so dafs es sofort und kräftig in die Augen fällt, oder es hält sich mehr in der Art und Weise der übrigen Felder, wie bei den Beispielen Tafel 89 c und Tafel 90 a und c, wodurch die Decke ruhiger wirkt.

Seiner Bedeutung entsprechend, ist dieses Mittelfeld entweder reicher dekoriert, mit Konsolengesims, Zahnschnitten, Eierstäben oder kräftigen Profilstäben versehen, oder es ist tiefer gehalten, d. h. seine Decke liegt nicht bündig mit denen der kleinen Felder, oder es hat nur allein eine Rosette oder die bedeutendste der sämtlichen, kurzum nach jeder Weise ist man bedacht, es auszuzeichnen. Wie die Profile in jedem einzelnen Fall sein müssen, läfst sich zum voraus ebensowenig, wie bei den Kassettendecken sagen, weshalb auch hier nur einige allgemein gehaltene Gesimse mit gleich- und ungleich tiefen Feldern auf Tafel 87 m bis r angedeutet sind. Die Rippen können hier die gleichen Profile erhalten, wie bei den Kassetten; sie können unten glatt, profiliert oder mit Rosetten und Knöpfen dekoriert sein.

Aufser den auf unseren Tafeln dargestellten Decken und Deckeneinzelheiten bringen wir im Text acht weitere Figuren, welche alte, mustergültige Holzdecken abbilden. Die Figuren 283 und 284 zeigen reich gegliederte Kassettendecken aus dem Stift Sekkau in Steiermark. Die Decken der Figuren 285, 286 und 287 aus Velthurns in Tirol und aus dem Rathaus in Görlitz sind eigentlich ebenfalls Kassettendecken, können aber der reichen Anlage und der einsäumenden Friesfelder halber auch zu den Felderdecken gezählt werden. Figur 288 giebt eine Felderteilung wieder, wobei jedoch das Motiv, durch Unterzüge getrennt, sich wiederholt, so daſs gewissermaſsen eine Kassettendecke entsteht, bei der die einzelnen Kassetten als Felderdecken ausgestaltet sind. Eine ausgesprochene Felderdecke aus dem Fürstenzimmer des Rathauses zu Augsburg bringt Fig. 289 nebst dem zugehörigen Detail der Fig. 290. Diese reiche und den Holzcharakter schon verlassende Decke erinnert an ähnliche Beispiele der Kirchen und Paläste der italienischen Renaissance.

---

4. Treppen.

(Tafel 91, 92, 93, 94, 95 und 96.)

Unter einer Treppe versteht man die gangbare Verbindung eines tiefer gelegenen Fuſsbodens mit einem höher gelegenen. Die Haupterfordernisse einer solchen sind Sicherheit und Bequemlichkeit.

Jede Treppe besteht aus einer Anzahl aufeinanderfolgender Stufen von gleicher Höhe. Ebenso ist die Breite der Stufen entweder überall, oder aber doch in der Mittellinie des Grundrisses die gleiche. Die einzelne Stufe heiſst Trittstufe oder Tritt; die horizontale Breite derselben, von der Vorderkante der einen Stufe bis zur Vorderkante der nächstfolgenden gemessen, heiſst Auftritt, die senkrechte Höhe der Stufe heiſst Steigung. Tafel 91 (Fig. XXIII und XXIV). Die erste Stufe einer Treppe, auch die eines jeden Stockwerks, bezeichnet man als Antrittsstufe oder Antritt, die letzte Stufe als Austrittstufe oder Austritt. Eine Anzahl in gerader Richtung aufeinanderfolgender Stufen wird Treppenarm oder Treppenlauf genannt, daher ein-, zwei- und mehrarmige Treppen. Die seitlichen Begrenzungen der Trittstufen — falls solche überhaupt vorhanden sind — heiſsen Zargen oder Wangen. Unter Laufbreite oder Breite des Treppenarms versteht man die Länge der Trittstufen nebst den Zargenstärken. Die Laufbreite beträgt bei Stocktreppen mindestens 1,00 m, bei Neben- oder Lauftreppen mindestens 0,75 m. Die Mittellinie des Grundrisses der Treppe, auf welcher die Auftritte eingeteilt werden, nennt man Teilungs- oder Lauflinie, und die Summe der Auftritte eines Stockwerkes, auf dieser Lauflinie gemessen, heiſst Grund. Die Vorkehrung zur Verhinderung des seitlichen Herabstürzens von der Treppe nennt man Geländer, bestehend aus a) dem Geländerpfosten, b) den Staketen, Docken, Stäben etc. und c) dem Handgriff. Oft ist auch ein Handgriff an der Wandseite angebracht.

Das Begehen einer Treppe, selbst der bestangelegten, ermüdet mehr als das einer horizontalen Ebene. Nehmen wir den mittleren menschlichen Geheschritt zu 60 bis 65 cm an, so muſs derselbe beim Treppensteigen — da hier auch die Steigung zu überwinden ist — wesentlich verringert werden, soll er nicht den Begehenden auſserordentlich ermüden. Diese Reduktion ist erfahrungsgemäſs genügend, wenn man die Steigung, also die Höhe, auf welche man den Fuſs senkrecht heben muſs, doppelt in Anrechnung bringt, so daſs z. B. bei einem Auftritt von 30 cm und einer Schrittgröſse von 62 cm eine Steigung von 16 cm sich ergiebt. Hierauf basiert die Formel: zwei Steigungen und ein Auftritt sind gleich 60 bis 65 cm. Eine gröſsere Steigung als 17,5 cm, sowie ein geringerer Auftritt als 22 cm ist bei Haupttreppen unzulässig; ebensowenig wählt man für Keller- und Speichertreppen im allgemeinen einen steileren Neigungswinkel als 45°. Erfahrungsgemäſs steigen sich gut: 15,5:29, 16:29, 16,5:28, 17:26, 17:29 und 17:31 cm.

Um das Begehen der Treppe weiter zu erleichtern, legt man nach einer gewissen Anzahl Stufen eine breitere — einen sogen. Podest — an, auf welchem man einen oder zwei oder mehrere Schritte in horizontaler Richtung machen und sich etwas erholen kann. Bei zwei- oder mehrarmigen Treppen erhält der Podest meist die Rechtecksform und zwar nimmt man die Podestbreite allgemein gleich der Laufbreite an, obgleich ein breiterer Podest viel weniger Anlaſs zu Beschädigungen beim Transport von

Möbeln etc. ergiebt. Die Zahl der Trittstufen eines Laufes soll nicht mehr als 12 bis 15 und nicht weniger als 3 betragen; eine oder zwei Stufen sind störend, unter Umständen sogar gefährlich. Eine Treppe mit Podest heiſst Podesttreppe.

In Bezug auf die Führung der Treppe bezw. die Form der aufeinanderfolgenden Trittstufen unterscheiden wir:

a) Die gewöhnliche Treppe, welche nur aus gleich breiten Trittstufen besteht, die mit oder ohne Unterbrechung durch einen Podest aufeinander folgen. Bei richtigem Steigungsverhältnis ist sie die bequemste aller Treppen.

b) Die gemischte Treppe mit verschiedenen Stufen. Reicht bei einer Treppenanlage der vorhandene Grund nicht aus, um eine schöne Podesttreppe anzulegen, so kann man zur Not den Podest etwas verringern und einige Wendelstufen, d. h. ungleich breite, im allgemeinen nach einem Zentrum laufende Trittstufen anbringen, wie Tafel 91, Fig. XI es zeigt. Zu gering darf aber der Podest auch nicht werden und eine Grenze in dieser Richtung ist geboten. Kann derselbe nicht die in Tafel 91, XI dargestellte Form erhalten, so entspricht er seiner eigentlichen Bestimmung nicht mehr. Man verzichtet in diesem Fall dann besser ganz auf den Podest und verwendet den dadurch gewonnenen Grund zu einem besseren Steigungsverhältnis der ganzen Treppe, wonach sich die Form XII ergiebt. Die Wendelstufen dieser Treppe laufen sämtlich nach einem Mittelpunkt und werden dadurch sehr schmal und spitz, so daſs ein Begehen derselben an diesen Stufenenden unmöglich oder doch nicht gefahrlos ist. Da aber die Erfahrung lehrt, wie nur alte Leute sich ihre Lauflinie den Wandzargen entlang wählen, während Kinder an den mittleren, freien Zargen, also an den gefährlichsten Stellen, auf und ab gehen, so erwächst hieraus für den Techniker die Verpflichtung, dafür zu sorgen, daſs diese Stufen verbreitert werden, um Unglück zu verhüten. Zu diesem Zweck „verzieht" man die Treppe, d. h. die spitz zulaufenden Tritte werden auf Kosten der gleichbreiten soweit verbreitert, daſs man sie zur Not begehen kann. Diese Verbreiterung hat nach bestimmter Proportion zu erfolgen, damit die Form der Zargen, welche sich nach den Stufen richtet, eine schön geschwungene wird. Je weiter eine Treppe verzogen ist, um so besser ist sie zu begehen, um so schwieriger wird aber auch ihre Anfertigung, da die Zargen geschweift, d. h. gekrümmt und nicht mehr gerade sind.

Auf Tafel 93 ist die Konstruktion des Verziehens dargestellt: Nachdem der Grundriſs der Treppe im allgemeinen angelegt ist, die Laufbreite und Zargenstärke bestimmt und die Trittstufen auf der Lauflinie eingeteilt sind — wozu bemerkt wird, daſs wir aus Schönheits- wie aus technischen Gründen die Treppen, wo es irgend angeht, symmetrisch anlegen — konstruiert man nach Fig. F mit Hilfe der seitlich aufgetragenen Steigungen zunächst ein schematisches Profil der gleich breit bleibenden Stufen, welches bis a reicht. Hierauf verbindet man die Vorderkanten dieser erhaltenen Stufen, errichtet auf dem Endpunkt dieser Linie eine Senkrechte und ermittelt den letzten Punkt f im Aufriſs. Derselbe liegt auf der Höhe zwischen 9 und 10, im übrigen aber horizontal so weit von a entfernt, als die Strecke a f im Grundriſs, verstreckt aufgetragen, beträgt. Verbindet man a mit f und errichtet in der Mitte derselben eine Senkrechte, so erhält man den Mittelpunkt g, von welchem aus der Kreisbogen a f gezogen wird. Derselbe schneidet die einzelnen Steigungen in Punkten, deren Horizontalprojektion, an den betreffenden Stellen der Zarge im Grundriſs abgetragen, die Breite der Stufen daselbst ergiebt. Man hat nun für jede Wendelstufe zwei Punkte und kann sie somit konstruieren; für den oberen Teil des Treppengrundrisses, welcher symmetrisch mit dem unteren ist, braucht die Konstruktion selbstredend nicht wiederholt zu werden.

c) Die gewundene Treppe, auch gewendelte Treppe oder Wendeltreppe genannt, mit unter sich gleichen, aber ungleich breiten Stufen, entsteht, wenn die Richtungsänderung stetig und gleichmäſsig von Stufe zu Stufe statt von Podest zu Podest erfolgt. (Tafel 91, XIX, XXI und XXII.) Dieselbe läſst sich sowohl in kreisrunden, wie in quadratischen und vieleckigen Räumen anbringen und gestattet den Austritt an beliebigen Stellen des Umfangs. Sie nimmt den geringsten Raum ein und paſst auf jede Schrittgröfse, hat aber den Nachteil, dafs man bei geringem Durchmesser des Treppenhauses eine ziemlich hohe Steigung zu nehmen gezwungen ist, um nicht den Kopf an den Hinterkanten der darüber liegenden Stufen anzuschlagen und dafs man der fortwährend sich ändernden Richtung wegen leicht schwindelig wird. Bei gröfseren Anlagen fällt dieser Mifsstand weg. Erfahrungsgemäfs kann man zwei volle Umdrehungen durchlaufen, ohne von Schwindel befallen zu werden.

Man unterscheidet zwei Arten von Wendeltreppen:

α) Die Spindeltreppe. Sie ist die eigentliche Wendeltreppe. Sie besteht aus Trittstufen und Futterbrettern, welche, wie bei den übrigen Treppen, einerseits in eine Zarge (Wandzarge), anderseits in die sogen. Spindel, eine Holzsäule, auch Mönch genannt, eingestemmt werden. Der Zusammenhalt des Ganzen erfolgt durch durchgehende Mutterschrauben. Zu den Spindeltreppen gehören die Beispiele XXI und XXII.

β) Die Hohltreppe. Sie ist eine Wendeltreppe mit zwei gewundenen Zargen, im übrigen aber konstruiert wie eine geradarmige Zargen- oder Wangentreppe. (XIX.)

Reicht der zur Verfügung stehende Raum nicht aus, um eine volle oder ganz gewundene Wendeltreppe anzuordnen, so wird man in vielen Fällen eine halbgewundene Treppe anlegen können (Taf. 91, XVII). Sie hat lauter gleiche Stufen, die nach einem gemeinsamen Mittelpunkt gerichtet sind. Auch die Ellipse und ihre Näherungskonstruktion, der Korbbogen, lassen sich als Grundrifsform verwerten (Taf. 91, XX). Die Stufen sind dann nicht alle gleich und richten sich nach verschiedenen Punkten. Es können ferner Zusammensetzungen von geradläufigen und gewundenen Anlagen gemacht werden (Taf. 91, XVI und XVIII). Man wird diese gemischten Formen als gemischte Treppen kurzweg oder als gemischte Wendeltreppen bezeichnen können, je nachdem die gleichbreiten oder die ungleichbreiten Stufen in der Ueberzahl sind.

In Bezug auf die Anzahl der Arme unterscheidet man einarmige, zwei- und mehrarmige Treppen; ein Mittelding zwischen den ein- und zweiarmigen Treppen sind die recht- oder schiefwinklig gebrochenen (VI und VII). Den auf Tafel 91 zusammengestellten Grundformen entsprechen nach dem Vorausgeschickten folgende Bezeichnungen:

I. geradläufig, einarmig;
II. „ mit oberer (oder unterer) Viertelswendung;
III. „ mit oberer und unterer Viertelswendung nach einer Seite;
IV. „ „ „ „ „ „ „ zwei Seiten;
V. „ mit leichter, zum Begehen einladender Wendelung am Beginn;
VI. rechtwinkelig gebrochen mit Wendelstufen im Eck;
VII. „ „ „ Podest im Eck;
VIII. und IX. zweiarmig, mit parallelen, gleichlangen Armen, ohne und mit Krümmling;
X. zweiarmig mit parallelen, ungleichlangen Armen;
XI. zweiarmig, gemischt, mit Podest;
XII. „ „ ohne Podest;
XIII. „ mit schräg zu einander liegenden Armen und mit Podest;
XIV. und XV. dreiarmig, ohne Podeste und mit Podesten, gemischt und geradläufig;
XVI. gemischt, ähnlich wie III;
XVII. halb gewunden, halbrunde Wendeltreppe;
XVIII. gemischt, an den Enden halb gewendelt, in der Mitte geradläufig;
XIX. Wendeltreppe; Hohltreppe;
XX. gemischt-gewendelt; Korbbogentreppe mit drei Mittelpunkten;
XXI. Spindelwendeltreppe auf kreisrundem Grundrifs;
XXII. „ „ vieleckigem Grundrifs;

In Bezug auf die Konstruktion der Treppen unterscheidet man:

a) die eingeschobene Treppe;

b) die gestemmte Treppe;

c) die aufgesattelte Treppe.

a) Die eingeschobene Treppe. Sie ist die einfachste Treppe und wird daher nur zu untergeordneten Zwecken, als Speichertreppe etc., verwendet. Sie besteht aus zwei, ca. 6 cm starken, 22 bis 27 cm breiten Zargen oder Wangen, in welche von vornen die etwa 5 cm starken Trittstufen in den Grat eingeschoben werden. Die Treppe hat keine Futterbretter und bringt daher beim Begehen ein Gefühl von Unsicherheit hervor, da man durch die Stufen hindurch nach unten sieht. Figur 291 B zeigt eine der-

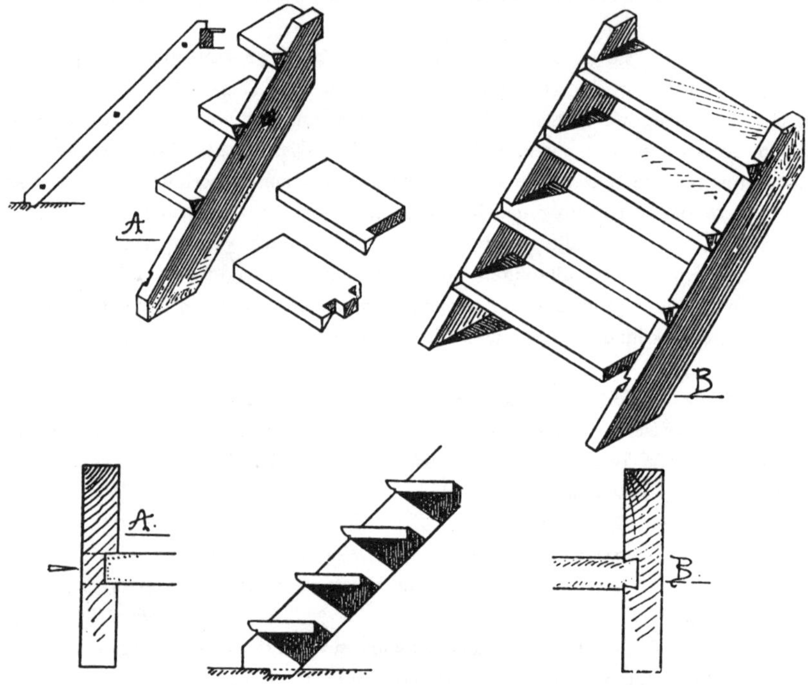

Fig. 291.
Eingeschobene Treppen.

artige Treppe. In Figur 291 A ist eine ältere Konstruktion dargestellt, bei welcher die Stufen nur in Nuten eingesetzt waren. Um aber der Treppe den nötigen Zusammenhalt zu geben, wurden einzelne Stufen mit Zapfen versehen, welche man durch die Zargen durchgehen liefs und von aufsen verkeilte.

b) Die gestemmte Treppe, auch Zargen- oder Wangentreppe genannt (Tafel 92, I), ist die gebräuchlichste Wohnhaustreppe. Sie hat Zargen, Auftritte und Futterbretter. Die ersteren können gleichstark sein; zweckmäfsiger ist es jedoch, die innere, sich freitragende Zarge etwas stärker zu machen als die Wandzarge, welche man so oft als nötig mittels Eisenwerks an der Wand befestigen und unterstützen kann. Die gewöhnliche Stärke der Wandzarge ist 6 cm, die der mittleren Zarge 7,5 cm. Die Höhe oder Breite derselben wird allgemein so bestimmt, dafs man das Treppenprofil, bestehend aus Auftritt und Futterbrett, konstruiert und von der Vorderkante eines Trittes senkrecht auf die Treppenschräge 4 cm aufwärts und von der betreffenden Hinterkante 4 cm nach abwärts aufträgt und durch die beiden so gewonnenen Punkte Parallelen mit der Treppenschräge zieht. (Tafel 91, Figur XXIV.) Eine solche Zarge bietet bei guter Ausführung und gesundem Holz hinreichend Festigkeit, um auf ihr alle zu einem Haushalt gehörigen Gegenstände transportieren zu können. Nur bei aufsergewöhnlichen Verhältnissen, bei aufsergewöhnlicher Lauflänge oder wo der Transport besonders schwerer Lasten in Betracht kommt, ist eine besondere Verstärkung der Zargen erforderlich.

Auf die gleiche Weise bestimmt man auch die Form der geschweiften Zargen oder Wangen der auf Tafel 93 dargestellten gemischten Treppe. Auch hier wird aus dem Grundrifs unter Zuhilfenahme der seitlich aufgetragenen Steigungen ebenfalls das Profil zusammengestellt, von jeder Vorder- bezw. Hinterkante der Stufen werden 4 cm auf- bezw. abgetragen und die hierdurch erhaltenen Punkte durch eine schöne Kurve verbunden. Um den letzten Punkt im Eck genau zu erhalten, mufs man den einen Teil des Ecktrittes herumklappen, da die Steigung sich auf dessen ganze Breite gleichmäfsig verteilt.

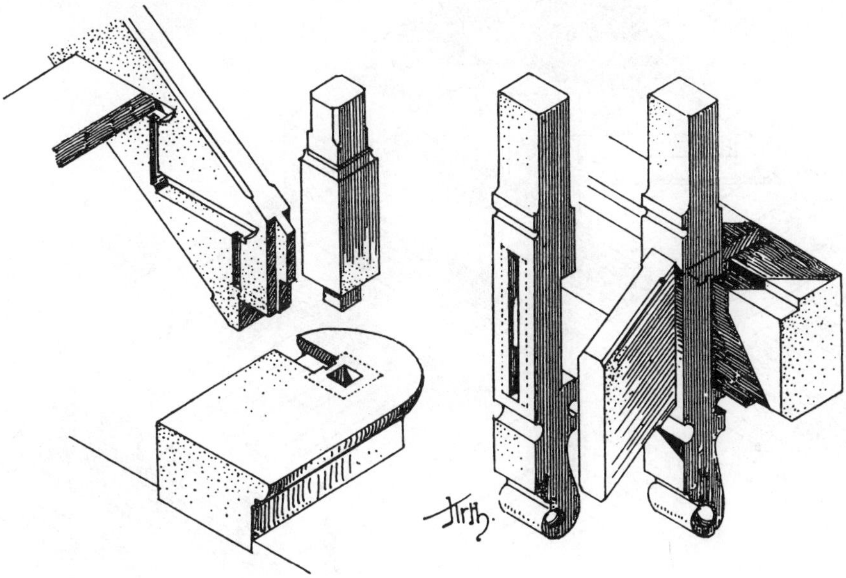

Fig. 292.
Anfall der Zargen am Antritt, am Podest und am Austritt.

Die Zargenober- und -Unterkanten sind stets rechtwinkelig gearbeitet. Allgemein bemerkt sei noch, dafs man der solideren Konstruktion wegen gewöhnlich eine Trittstufe ins Eck legt und dafs man, wenn irgend möglich, bestrebt ist, die mittleren Zargen durch Pfosten zu unterstützen, damit die Treppe sich nicht einsenkt oder einsackt.

Die Auftritte werden 5 bis 6 cm stark gemacht, ihre Breite richtet sich nach dem Profil und dem Auftrittsmafs. Die Futterbretter sind gehobelt, $1^1/_2$ bis 2 cm stark und in die Nuten der Auftritte eingeschoben oder von hinten angenagelt. (Taf. 91, Fig. XXVIII.) In die Zargen stemmt man die letzteren nur ca. 2 cm tief ein, während man die Auftritte 3 cm eingreifen läfst. Zusammengehalten wird der Treppenlauf durch eiserne Mutterschrauben, welche alle 5 bis 6 Stufen eingelegt werden, so dafs auf den Lauf einer gewöhnlichen Stockwerks-Podesttreppe 3 Schrauben kommen. Dieselben können durchgehend und mit versenkten Muttern versehen sein, oder sie reichen nur auf eine Länge von ca. 25 bis 30 cm von aufsen herein, so dafs der Tritt selbst als Zugschlauder dient. (Taf. 94.)

Der Anfall der Zargen am Antritt, am Podest und am Austritt ist auf Taf. 93 ersichtlich und außerdem in der Textfigur 292 dargestellt. Soll das Geländer z. B. bei der zweiarmigen, gestemmten Treppe auf Tafel 92 fortlaufend herumgeführt werden, so ist es nötig, einen sogen. Krümmling anzubringen, d. h. ein Holz, welches so geformt ist, daſs es die obere Fläche der unteren Zarge in schöner Form auf die obere Zarge überleitet. Diese Form ist, da der Grundriſs des Krümmlings meist die Halbkreisform zeigt, die einer gewöhnlichen windschiefen Schraubenfläche. In diesen Krümmling sind die beiden Zargen eingezapft, er selbst ist in den Podestbalken eingelassen und aufgesetzt; alle drei zusammen sind durch starke Mutterschrauben miteinander verbunden. Die Konstruktion des Krümmlings und der

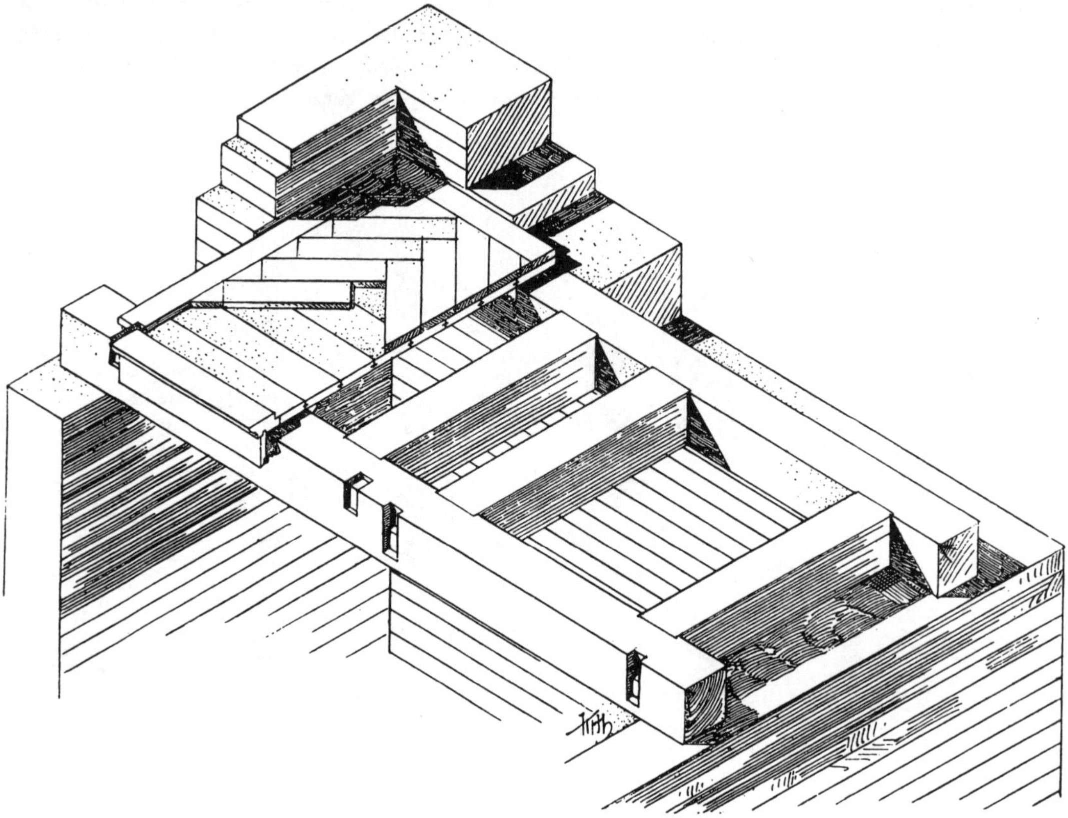

Fig. 293. Podestkonstruktion mit Bodenbeleg.

zu seiner Herstellung erforderlichen Schablonen ist die gleiche, wie die in Fig. 294 dargestellte und weiter unten beschriebene.

Der Podest (Fig. 293) besteht aus mindestens zwei Podestbalken, welche, ca. 20 cm in die Mauer eingreifend, durch eine entsprechende Anzahl Podestwechsel oder Stiche versteift werden, so daſs ein Nachgeben des Ganzen unmöglich ist. Eine Stärke für diese Balken hier als Regel anzugeben, ist unthunlich, da dieselbe von den Verhältnissen abhängt. Dagegen kann nicht genug auf die Wichtigkeit und Sorgfalt dieser Konstruktion hingewiesen werden. Bedenkt man, daſs der eine dieser Balken an zwei Stellen sehr stark belastet wird und zwar gerade da, wo er durch Zapfenlöcher geschwächt ist, so wird man diese Vorsicht begreifen. Sehr zu empfehlen ist die Anlage eines sehr starken, über das gewöhnliche Mafs hinausgehenden Podestbalkens, oder eine Verstärkung desselben durch einen Unterzug. Die gleiche Vorsicht ist beim Austritt auf Stockhöhe geboten, sofern sich ein neuer Lauf des oberen

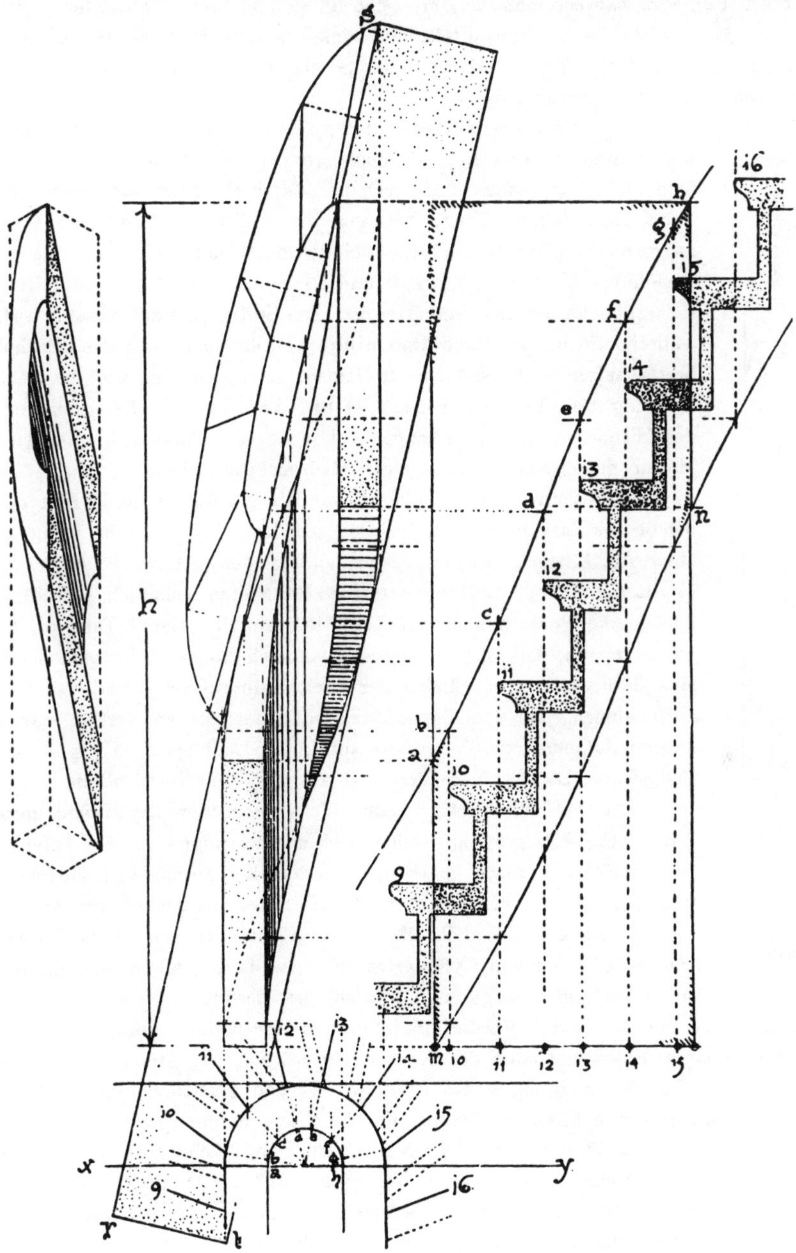

Fig. 294. Heraustragen der Krümmlings-Schablonen.

Stockwerkes dort aufstützt. Die Balken selbst sowie die Wechsel sind entweder gehobelt und gefast oder profiliert oder mit Brettern und Profilleisten verkleidet.

Der Podestboden mufs stark und undurchlässig sein, weshalb man ihn aus starken Dielen fertigt und ihn spundet oder federt. Auch legt man oft bei besseren Ausführungen einen Blindboden und auf diesen ein Parkett (Fig. 293), während man die Untersicht für sich als blinde Decke fertigt und anschraubt. Auf Tafel 92 sind zwei solche Decken dargestellt und einige weitere Beispiele finden sich auf Tafel 95.

Die Austrittsstufe auf dem Podest oder auf der Stockhöhe wird der Ersparnis halber meist nur in einer Breite von 10 bis 12 cm hergestellt.

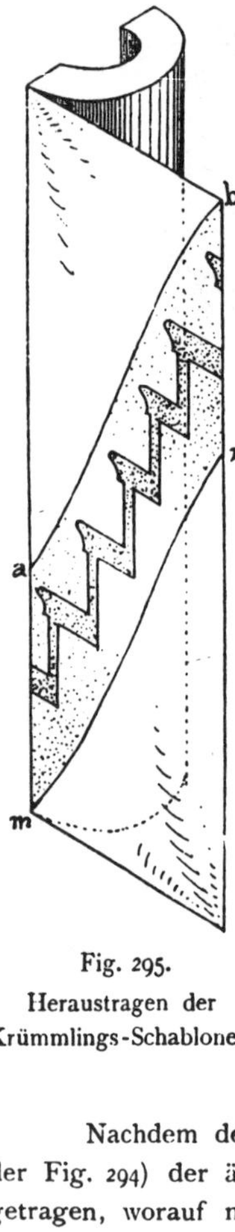

Fig. 295.
Heraustragen der Krümmlings-Schablonen.

c) Die aufgesattelte Treppe. (Taf. 92, II.) Sie ist unstreitig schöner und eleganter, aber auch kostspieliger als die gestemmte oder Wangentreppe. Von dieser unterscheidet sie sich nur durch die Form und Befestigung der mittleren, freitragenden Zarge, während die Auftritte, Futterbretter und Wandzargen die gleichen sind wie bei der gestemmten Treppe. Die mittlere Zarge, gewöhnlich 8 bis 10 cm stark, befindet sich nur unterhalb der Trittstufen, weshalb sie treppenförmig ausgeschnitten ist. Die Stufen sind auf dieselbe aufgeschraubt, während sie in die Wandzarge eingestemmt sind. Um das Hirnholz des Futterbretts aufsen nicht sichtbar zu lassen, setzt man es, wie die Zarge selbst, auf Gehrung ab. Weniger ratsam ist das Ansetzen von Langholzprofilen an Stelle des Hirnholzes der Auftritte, da bei nicht völlig übereinstimmender Färbung der Hölzer die Zusammensetzung von oben sichtbar wird.

Wesentlich anders als bei der Wangentreppe ist die Art der Befestigung der oberen Zargenenden an den Podestbalken. Während die Wandzargen sich mit einer Art Klaue über die Podestbalken legen, lehnen die Mittelzargen der aufgesattelten Treppe, weil nur unterhalb der Stufen befindlich, sich günstigsten Falles nur an die Podestbalken an. Ein Blick auf das Detail Tafel 92, Fig. II genügt, um zu zeigen, dafs hier ein aufsergewöhnlich hoher Podestbalken oder zwei übereinanderliegende und miteinander verschraubte Balken nötig sind, um die Zarge aufzunehmen. Um die Konstruktion solid herzustellen, fertigt man daher das die Zargen aufnehmende Podestholz aus Eichen und lehnt es gegen den eigentlichen Podest an. Die Art der Zapfen ist aus dem Detail ersichtlich.

Schliefslich erübrigt noch, die Konstruktion des Krümmlings Fig. 294 (zu Taf. 91, Fig. XII gehörig), welche sich mit derjenigen des auf Tafel 94 behandelten Zargenstücks C, sowie überhaupt mit der aller gewundenen Zargen deckt, zu besprechen. Es gilt als Grundsatz, die Holzfaser mit der Längsrichtung des Krümmlings laufen zu lassen. Zu allen diesen Konstruktionen ist die Abwickelung des äufseren oder inneren Cylindermantels (jeweils desjenigen, auf welchem die Stufen zum Einstemmen vorgerissen werden) erforderlich.

Nachdem der Grundrifs mit den Vorder- und Futterbretter-Kanten gezeichnet ist, wird (im Fall der Fig. 294) der äufsere Halbkreis nebst der Horizontalprojektion der Stufen seitlich verstreckt aufgetragen, worauf mit Hilfe der Steigungen das Profil der Treppe gezeichnet wird. Hierauf wird wie bei der Zargenbestimmung der gemischten Treppe die obere und untere Begrenzungslinie des Krümmlings gesucht. Aus dem Grundrifs und der erhaltenen Abwickelungsfläche läfst sich nunmehr leicht der Aufrifs des Krümmlings konstruieren und zwar, indem man durch die Vorderkanten der Trittstufen im Grundrifs radiale, in der Abwickelung dagegen senkrechte Schnitte legt, wodurch man eine Anzahl Rechtecke erhält, deren Endpunkte, miteinander verbunden, den Aufrifs des Krümmlings angeben.

Von da ab giebt es zwei Konstruktionen. Die erstere und einfachere ist die, aus einem Stück Holz einen halben Hohlcylinder auszuschneiden, dessen Querschnitt gleich dem Grundrifs des Krümmlings und dessen Länge gleich der Höhe desselben, gleich h ist. Legt man an diesen (Fig. 295) die zuerst ermittelte und auf Papier aufgezeichnete Abwickelung so an, dafs der Punkt m an das untere Eck, die Kante m a bündig mit der Krümmlingskante zu liegen kommt, schneidet man ferner nach der Kurve der Abwickelung das Holz winkelrecht ab und stemmt die Stufen ein, so ist der Krümmling im allgemeinen fertig. Bei dieser ersten Konstruktion liegen die Holzfasern lotrecht. (Fig. 295.)

Anders dagegen verhält sich dies bei der zweiten Konstruktion. (Fig. 294.) Nachdem der Grundrifs, die Abwickelung und mit diesen beiden der Aufrifs gefunden ist, wird die Holzstärke bestimmt. Die Dicke ist einfach im Grundrifs abzugreifen; sie ist bestimmt durch die beiden an die äufseren Punkte angelegten Parallellinien. Die Breite findet man, indem man beiderseits an die Kurven des Aufrisses parallele Tangenten so zieht, dafs der ganze Krümmling innerhalb derselben zu liegen kommt. Die Länge wird schliefslich durch die Verlängerung der äufseren senkrechten Aufrifskanten bis zu deren Schnitt mit der Holzkante bestimmt (Punkt s und t).

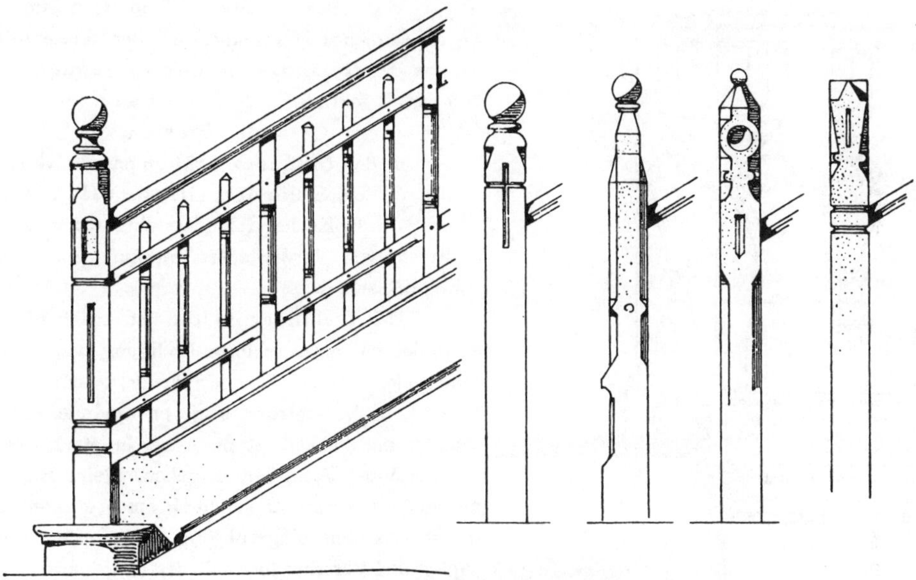

Fig. 296.
Treppengeländer und Treppengeländerpfosten.

Aus dem Dargelegten geht hervor, dafs die Holzfaser nicht senkrecht, sondern mit der Längsrichtung des Krümmlings läuft, und der Grundrifs nicht kurzweg zum Ausschneiden des Hohlcylinders benützt werden kann, sondern zuvor der Umänderung bedarf. Diese Aenderung ist eine Dehnung, ein Strecken nach der Länge. Zu diesem Zweck bringen wir sämtliche äufseren und inneren Punkte des Grundrisses hinauf auf die Holzkante r s und tragen die betreffenden Entfernungen derselben von der Grundrifskante x y senkrecht daselbst auf und erhalten eine Anzahl neuer Punkte, welche, miteinander verbunden, die Schablone ergeben. Legen wir dieselbe nun auf das Holz so auf, dafs sie auf der einen Seite oben, auf der anderen dagegen unten bündig liegt, und verbinden wir die Punkte miteinander, so ist der ganze Krümmling vorgerissen und wir können ihn als halben Hohlcylinder ausschneiden. Nachdem dies geschehen, wird die ursprüngliche Abwickelung auch auf diese Mantelfläche aufgelegt, vorgerissen und das Ganze rechtwinkelig nach der erhaltenen Kurve ausgeschnitten.

In gleicher Weise wird die Schablone für das Zargenstück C der Hohltreppe auf Tafel 94 konstruiert. Nachdem ein Stück des Grundrisses — dessen Länge man nach der verfügbaren Holzstärke so bemifst, dafs der Stofs auf die Mitte eines Trittes zu liegen kommt — gezeichnet hat und nachdem die Abwickelung sowie der Aufrifs gefunden ist, wird die Schablone genau ebenso ermittelt wie die des vorbesprochenen Krümmlings. Hierbei ist nur zu beachten, dafs die abzuwickelnde Mantelfläche nicht die äufsere, sondern die innere ist, während bei der inneren Zarge sich dies wieder umgekehrt verhält.

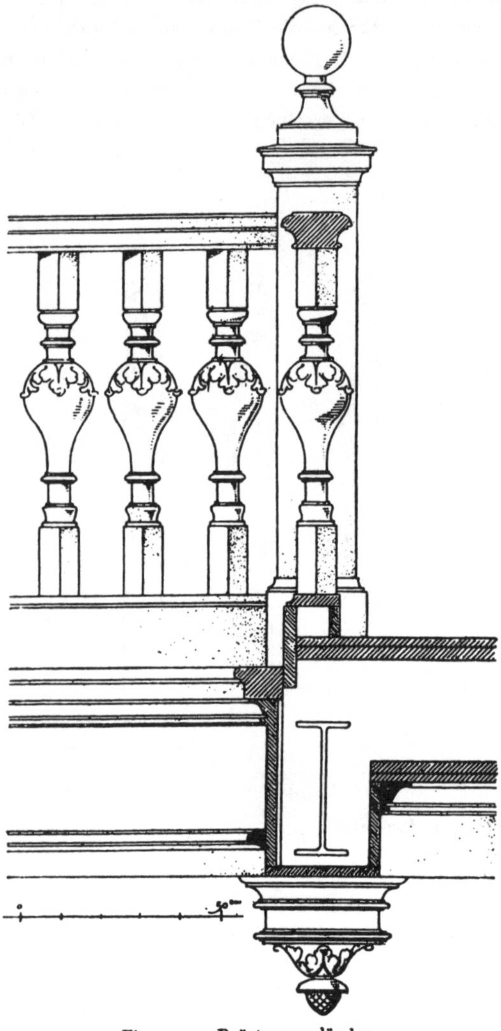

Fig. 297. Brüstungsgeländer, entworfen von Kayser und von Groszheim in Berlin.

Die Verbindung der Zargen durch Ueberplattung, Federung und durchgehende Mutterschrauben ist in den Figuren F—J auf Taf. 94 dargestellt.

Auf Taf. 95 sind verschiedene Podestdecken, zu geradläufigen und gemischten Treppen gehörig, in der Untersicht dargestellt.

Wie oben bemerkt, bringt man zum Schutz gegen seitliches Herabfallen an der Aufsenseite der Treppe das Geländer an, welches genügend hoch und stark sein mufs. Es besteht aus:

a) dem Geländer-Pfosten;

b) den Geländer-Stäben oder Staketen und

c) dem Geländergriff, dem Handgriff.

Die Höhe des Geländers nimmt man allgemein zu 85 cm von Vorderkante Trittstufe bis Oberkante Handgriff an.

Der Geländerpfosten ist meist höher und entweder mit einer schönen Endigung nach oben versehen oder zu einem Kandelaber etc. gearbeitet. Seine Form kann verschieden sein, ebenso wie sein Querschnitt; mafsgebend ist nur, dafs er stark genug ist, dem Geländer Festigkeit zu geben. Seine Befestigung am steinernen Antritt ist durch einen unteren Zapfen, der in den Stein eingreift (Fig. 292), sowie durch Verzapfen und Verschrauben mit der Zarge bewirkt. Beim Austritt mufs man — falls nicht die beste, in Fig. 292 und auf Taf. 93 dargestellte Konstruktion gewählt wird, bei welcher der ganze Treppenarm sich gegen den Pfosten stemmt und ihn festhält — zu Eisenwinkeln greifen, da der gewöhnliche in den Boden eingreifende Zapfen nicht ausreicht, um genügende Festigkeit zu geben.

Die Geländerstäbe, entweder einfach vierkantig gehobelte und übereck gestellte oder gedrehte Stäbe sind entweder unten und oben in die Zarge bezw. den Griff eingestemmt oder eingebohrt oder sie sind nur unten auf diese Art festgemacht, oben dagegen mittels einer nach der Oberfläche der Zargen abgebogenen Flacheisenschiene zu einem Ganzen verbunden. Die Staketen werden im letzteren Fall nach der Schmiege schräg abgeschnitten und durch eine Holzschraube mit der Schiene verschraubt. Die Entfernung der Stäbe voneinander ist allgemein so, dafs zwei Stäbe auf einen Tritt kommen, also ca. 13 bis 15 cm von Mitte zu Mitte, so dafs kleine Kinder nicht durchfallen können. Bei der aufgesattelten Treppe

Fig. 298.
Partie von einem Treppengeländer im Rathaus zu Bremen. Renaissance.

können die Staketen von oben eingebohrt oder seitlich angebracht sein, wie die auf Taf. 96 in A und B gezeichneten Beispiele zeigen.

Der Handgriff, meist aus Hartholz bestehend, ist dazu bestimmt, dem Ganzen Festigkeit zu geben. Er erhält gewöhnlich eine Stärke von 5 auf 6 cm und ein leicht mit der Hand zu umfassendes Profil. Befestigt wird er an den Geländerpfosten und den Staketen und aufserdem, wenn eine Eisenschiene vorhanden, noch mit dieser. Die Schiene wird auf der Unterseite des Handgriffes eingelassen und mit ihm verschraubt. Die Oberfläche des Griffes wird poliert oder doch gut geglättet.

Auf Tafel 96 sind einige gedrehte Geländerpfosten, Stäbe und Griffe dargestellt, welche das Gesagte illustrieren; dieselben sind dem Schulwerk: Kircher, Vorlagen für den gewerblichen Fachunterricht (Karlsruhe, Bielefeld) entnommen. Einige weitere Einzelheiten bringt die Fig. 296, während Fig. 297 ein Brüstungsgeländer nach dem Entwurf der Architekten Kayser und von Grofzheim in Berlin darstellt, welches ebensowohl als Treppengeländer Verwendung finden kann.

Wie auf allen Gebieten der Zimmerkunst, so ist auch auf demjenigen der Treppen in früheren Zeiten mehr geleistet worden als heute, soweit es sich um eine reiche Ausstattung und künstlerische Durchführung handelt. Zur Bekräftigung dieser Behauptung geben wir in Fig. 298 die Abbildung eines Treppengeländers im Rathaus zu Bremen. Sowohl die Zargen, als die Geländerstäbe und die Handleiste erscheinen hier im reichsten figürlichen und ornamentalen Schmuck der Holzschnitzerei.

---

5. Emporen, Podien, Balkone etc.

(Tafel 97.)

Unter Emporen oder Emporbühnen versteht man altanartige Einbauten im Inneren der Gebäude. Sie sind hauptsächlich in Anwendung für Kirchen, um die Orgel unterzubringen und den Sängern einen erhöhten Stand zu gewähren, aufserdem in hohen Tanz- und Festsälen als Platz für die Musikanten. Die Empore hat meist rechteckigen Grundrifs und ist auf einer oder auf drei Seiten mit den Umfassungswänden in Zusammenhang. Die kleinen Musikemporen der Tanzsäle werden gelegentlich auch in eine Ecke verlegt, so dafs sie mit zwei Seiten die Wand berühren. Die Emporen sind durch Treppen zugänglich, die vielfach aufserhalb des Raumes liegen, in welchem sich die Empore selbst befindet. Die Gröfse und die Gesamthöhe sind je nach Zweck und Art verschieden. Abgesehen von den Unterstützungen besteht die Empore aus dem Boden und der Brüstung oder dem Geländer. Die Balkenlage ruht auf Unterzügen, die durch Pfosten oder Säulen getragen werden, und ist mit der Wand verankert. Die Balken werden gewöhnlich etwas überkragt, um ein Gesims zu bilden. Wo die Empore nur mit einer Seite anliegt, werden dann seitliche Stichgebälke angeordnet. (Fig. 299 d.) Der Boden (meist ein gewöhnlicher Dielenbelag oder Riemenboden) bildet entweder im ganzen eine horizontale Ebene oder er wird terrassenförmig abgetreppt aus Gründen, die mit der Konstruktion nichts zu thun haben. In diesem Falle mufs das Gebälke verdoppelt oder verdreifacht werden, wie es Fig. 299 in b und c zeigt. Zwischen die einzelnen Bodenbelege wird dann eine senkrechte Verschalung eingeschoben, unter Umständen (wie nach b) mit Vorlegung eines weiteren Trittes, wenn sonst die Steigung zu hoch ausfällt. Erhält die Unterseite der Balkenlage keine Decke, so ist der Boden zu überfälzen oder zu federn. Wird eine Decke gebildet, so geschieht es in der Art der Treppenpodestdecken. Die Brüstung bildet sich aus Schwellhölzern, Brüstungspfosten und Abdeckhölzern, die öfters abgeschrägt werden, um Bücher auflegen zu können. (Taf. 97 b.) Die Felder der Brüstung werden in Kirchen gewöhnlich geschlossen gestaltet. Bei einfachen Musikemporen sind auch ausgeschnittene Füllbretter in Uebung. Die Brüstungsbildung ist ähnlich wie bei den Balkonen und ebenso die Vorkragung, die Anbringung von Konsolen, Knaggen etc. Die Pfosten oder Säulen werden, dem Uebrigen entsprechend, verziert und meist auf Sockelsteine gestellt und mit denselben verzapft oder verdübelt. (Tafel 97 d.)

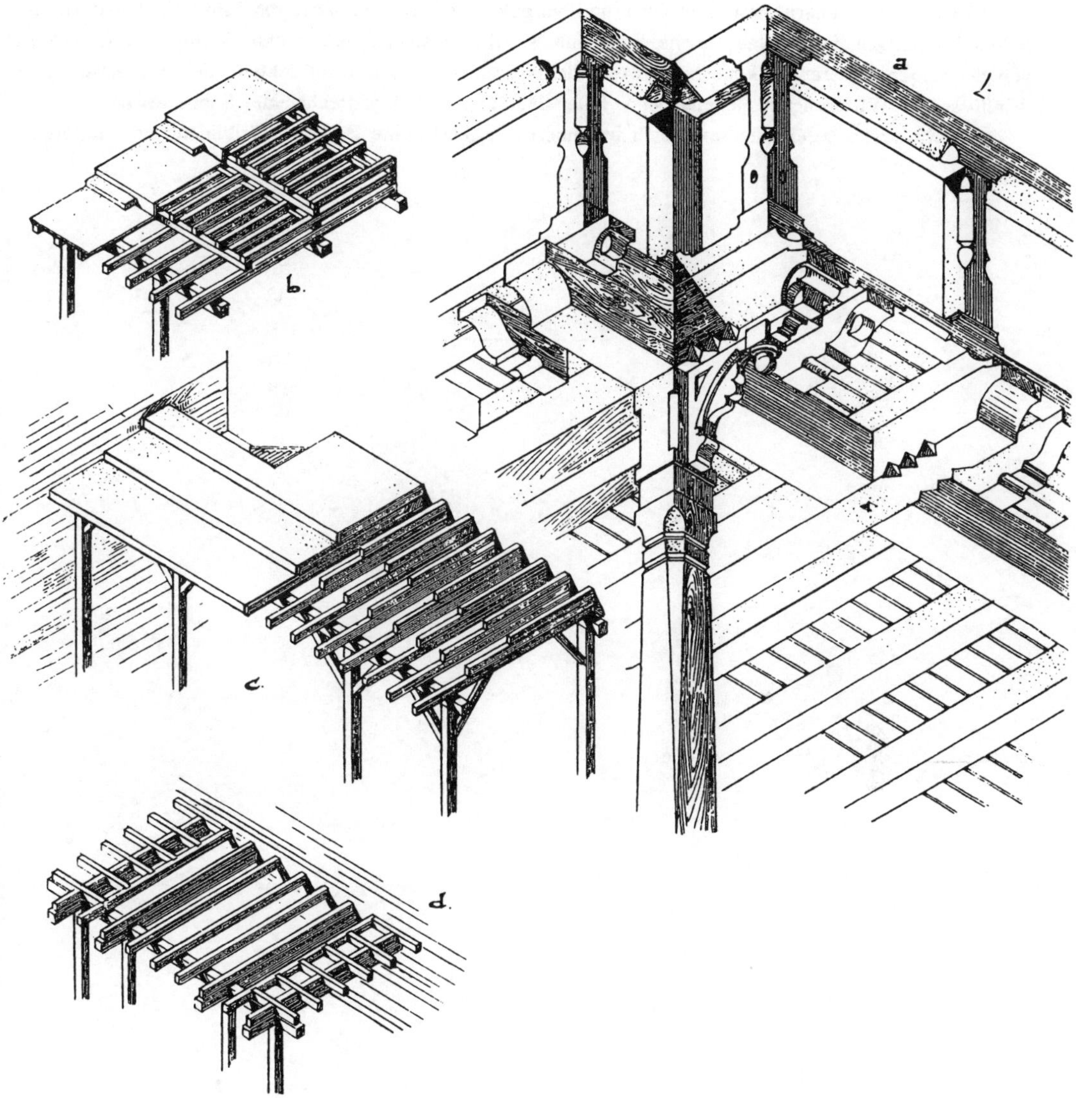

Fig. 299.
Einzelheiten der Emporenbildung.

Wir geben auf Tafel 97 und in den zugehörigen Einzelheiten, Fig. 299 a, die Ausstattung und Konstruktion einer ziemlich reich gehaltenen Empore, wie sie sich etwa für eine neuzeitige Kirche eignen dürfte. Die Abbildungen sind so gehalten, daſs eine weitere Beschreibung überflüssig erscheint.

Als Podien oder Tribünen bezeichnet man ähnliche Einbauten niedriger Art, wobei dann gewöhnlich auch der Unterbau im Holzwerk geschlossen oder mit Tüchern bespannt wird. Für diese Dinge liegen die zuführenden Treppen meist im Innern der Gebäude und stehen mit der ganzen Anlage in unmittelbarem Zusammenhang, sind derselben zu beiden Seiten vorgelegt etc.

Balkone im Innern, von Konsolen und vorgekragten Balken getragen, sind in Theatern und ähnlichen Bauten ebenfalls keine seltene Erscheinung. Ihre Konstruktion, wenn sie im Holzstil erfolgt, ist von derjenigen äufserer Balkone nicht wesentlich verschieden. Die Rücksichten, die am Aeufseren auf die Einflüsse der Witterung zu nehmen sind, fallen hier fort und vereinfachen die Sache etwas.

Als Galerien bezeichnet man auch im Innern langgestreckte Balkone, Tribünen und Emporen.

IX. SELBSTÄNDIGE ZIMMERWERKE.

Allgemeines. — 1. Kapellen. — 2. Gartenhäuser. — 3. Laubengänge. — 4. Verkaufsbuden. — 5. Wartehallen. — 6. Aborthäuschen. — 7. Wirtschaftshallen. — 8. Ausstellungshallen, Theater- und Cirkusbauten. — 9. Kegelbahnen. — 10. Badehäuser. — 11. Vogelhäuser. — 12. Tribünen. — 13. Turn- und Spielgeräte. — 14. Verschiedenes (Wetterhäuschen, Glockenständer, Anschlagtafeln, Wegweiser, Laternen, Bänke, Brunnen etc.).

Was bis hierher im Zimmerbuche besprochen und mit Abbildungen belegt wurde, bezog sich fast ausschliefslich auf einzelne Bau- und Konstruktionsteile, wie sie an gröfseren Bauwerken auftreten, an denen der Zimmermann, wenn auch hervorragend, so doch nicht allein beteiligt ist. Daran anschliefsend, sollen in diesem Abschnitte nun verschiedene selbständige Zimmerwerke behandelt werden, die meist von bescheidenem Umfange sind und vom Zimmermann auf eigene Faust und Verantwortung ohne Hilfe eines bauleitenden Architekten ausgeführt werden können. Dahin gehören die am Kopf des Abschnittes aufgeführten Dinge, die teils auf die Dauer berechnet sind, teils vorübergehenden Zwecken dienen, wie sie anläfslich der Feste und Ausstellungen vorzuliegen pflegen. Was sich als besondere Abteilung nicht wohl aufführen liefs, ist in bunter Zusammenstellung zu Schlufs des Abschnittes unter „Verschiedenes" eingereiht worden. Es sind dies an und für sich unbedeutende Dinge, die der Vollständigkeit halber und besonders deshalb aufgenommen sind, weil sie sich in anderen Werken über Zimmerei nicht zu finden pflegen.

Der Grundgedanke des ganzen Buches ist auch für diesen Abschnitt mafsgebend gewesen. Es sollen nicht neue Konstruktionen und aufsergewöhnliche Zimmerwerke vorgeführt werden; sondern das, was für gewöhnlich vorzukommen pflegt, soll in einer gefälligen Form sich geben.

---

1. Kapellen.

(Tafel 98, 99 und 100.)

Auch in unseren Tagen, in denen der Glaubenseifer früherer Zeiten nicht mehr voll zur Geltung kommt, findet sich gelegentlich ein frommer Stifter, welcher, seinem Herzen zu genügen, am einsamen Wege oder an traulicher Waldesecke eine bescheidene Holzkapelle erstehen läfst. Sie braucht nicht viel Raum, denn nur wenige betreten sie, ein paar Quadratmeter reichen vollauf. Sie braucht schliefslich gar keine Thür zu haben, das Kruzifix im Hintergrunde oder die Madonna mit den Heiligen zur Rechten und Linken mahnen den gläubigen Wanderer auch über das Geländer weg zu einem frommen Gedanken, zu einem stillen Gebet, wenn er überhaupt gemahnt sein will. Bescheiden ist die Ausstattung, wie die Mittel zu derselben es waren. Die Umgebung mufs ein übriges thun; die Baumgruppen, in deren Schatten das Kapellchen liegt, müssen es malerisch machen helfen. Der Weg, der zu ihm emporklettert, mufs den Besucher schon anziehen mit seinem duftigen Heidekraut zur Seite und dem sammetweichen Sande.

In gewöhnliche Prosa übersetzt, heifst das: die Hauptvorfrage ist ein geeigneter Platz, sonst bleibt die Kapelle besser ungebaut. Ist dieser Platz gefunden, so wird er ordentlich eingeebnet und das steinerne Fundament wird aufgemauert. Dem Rand entlang wird ein Schwellenkranz gelegt und in diesen werden die Pfosten eingezapft. Auf die Pfosten werden die Pfetten gelegt, die das leichte Gespärre des Dachwerks tragen. Die Seitenwände und die Rückwand werden ausgeriegelt, beiderseits bleibt eine Fensteröffnung und die Vorderwand nimmt eine Thüre auf oder bleibt ganz fort. Eine kleine Vorhalle mit Brüstungsgeländer und vorspringendem Dach oder einem Krüppelwalm schützt gegen das Wetter. Ein schwebendes Giebelfachwerk trägt zum guten Aussehen bei und der aufgesetzte kleine Dachreiter putzt das Bauwerk ganz besonders heraus, wenn er auch wackelt, so oft das in ihm aufgehängte Glöckchen zum Ave läutet.

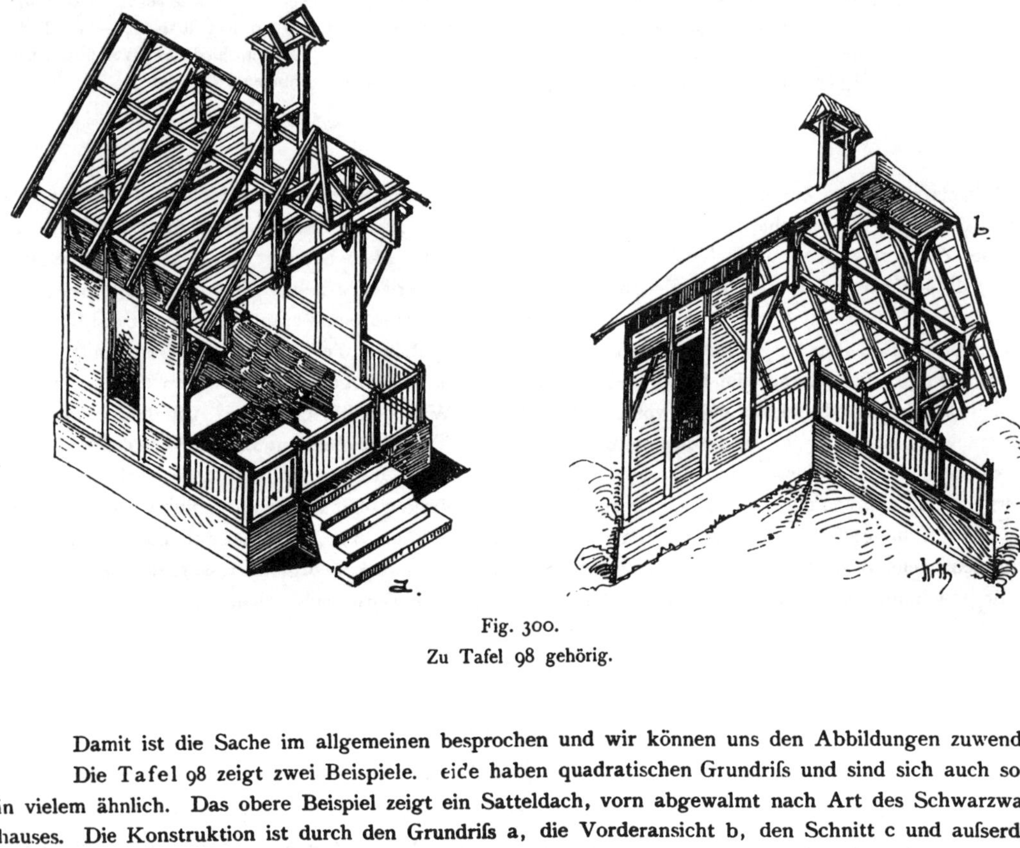

Fig. 300.
Zu Tafel 98 gehörig.

Damit ist die Sache im allgemeinen besprochen und wir können uns den Abbildungen zuwenden.

Die Tafel 98 zeigt zwei Beispiele. Beide haben quadratischen Grundrifs und sind sich auch sonst in vielem ähnlich. Das obere Beispiel zeigt ein Satteldach, vorn abgewalmt nach Art des Schwarzwaldhauses. Die Konstruktion ist durch den Grundrifs a, die Vorderansicht b, den Schnitt c und aufserdem durch die perspektivischen Skizzen der Textfigur 300, in a von oben, in b von unten gesehen, wohl genügend erläutert, so dafs nach den früheren Ausführungen von einer weiteren Beschreibung abgesehen werden kann. Das untere Beispiel der Tafel 98 zeigt ein Zeltdach, in dessen Vorderfläche ein Vordach einschneidet. Die Helmstange endigt in ein die Krönung bildendes Kreuz. Da eine Vorderwand nicht vorhanden ist, so genügen die kleinen Rautenfenster vollständig und sind mehr Verzierung als zum Lichteinlafs. Auch dieses Kapellchen ist durch Grundrifs, Vorder- und Seitenansicht, sowie durch die perspektivische Zeichnung der Textfigur 301 genügend erläutert und die betreffenden Abmessungen lassen sich an dem beigegebenen Mafsstabe abgreifen. Das Brüstungsgeländer kann vorn eine Thüre erhalten oder geschlossen sein, wobei es dann überstiegen werden muſs, wenn es gelegentlich im Innern etwas zu thun giebt.

Die Tafel 99 bringt eine etwas veränderte Form. Der Grundriſs ist ein der Tiefe nach gelegtes Rechteck. Die Kapelle hat zwei Fenster und eine Thür. Vor der letzteren befindet sich ein Vorplatz mit Brüstungsgeländer und vorgebautem, schwebendem Fachwerk, geziert durch ausgesägte Füllungen. Das Satteldach ist auf der hinteren Seite abgewalmt. Ueber dem Gebälke des Vorplatzes erhebt sich ein Dachreiter, der durch zwei Paare scherenartig sich kreuzender Strebepfosten getragen wird, eine Konstruktion, die bis jetzt nicht erwähnt wurde. Am Aeuſseren der Kapelle finden sich beiderseits unter dem Schutze des überspringenden Daches einfache Sitzbänke angebracht; denn schlieſslich verschlägt es auch nichts, wenn am Saume der geweihten Stätte eine arme Holzleserin ihre Bürde absetzt oder ein Liebespaar sich ewige Treue schwört.

Etwas gröſser und reicher ist die Kapelle der Tafel 100. Der Grundriſs ist ein quergelegtes Rechteck. (Tafel 100 a.) Zu beiden Stirnseiten befinden sich Fenster und vorn mitten ist ein breiter Eingang offen gelassen. Vor demselben liegt die Treppe mit Vorplatz. Ueber letzterem ist ein durch Pfosten gestütztes Vordach angeordnet. Das Hauptdach ist links und rechts nach Art des Schwarzwaldhauses abgewalmt und die Dachmitte schmückt ein pyramidenartig verjüngter Dachreiter. Soweit die Konstruktion nicht schon aus den Darstellungen a bis d der Tafel 100 ersichtlich ist, wird sie klar veranschaulicht durch die isometrische Zeichnung, welche die Textfigur 302 giebt. Der Maſsstab der Tafel 100 gilt für diese Skizze, sowie für die dortigen Vorder- und Seitenansichten, während die Abbildungen Tafel 100 a und d nur halb so groſs wiedergegeben sind.

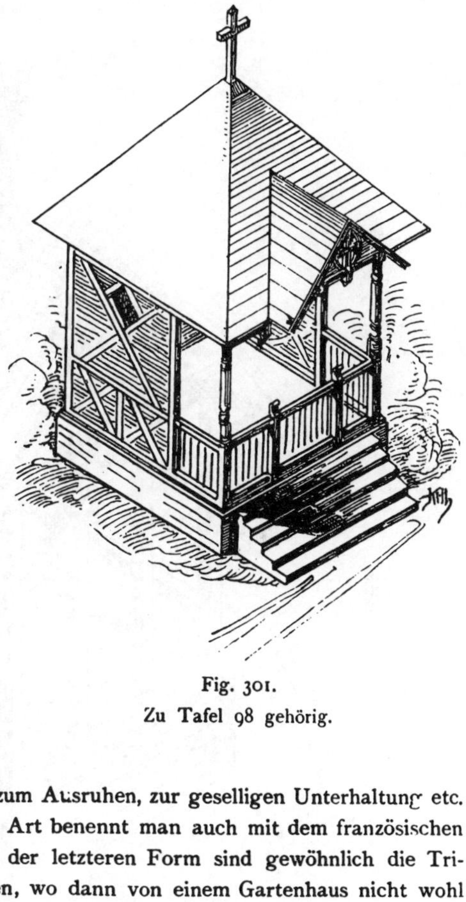

Fig. 301.
Zu Tafel 98 gehörig.

2. Gartenhäuser.

Als Gartenhäuser oder Gartenhäuschen bezeichnet man kleine, meist offene Bauten auf quadratischem, rechteckigem oder auch vieleckigem Grundriſs, die in Gärten und Parkanlagen errichtet werden, um zur guten Jahreszeit zum Ausruhen, zur geselligen Unterhaltung etc. zu dienen. Die zeltartig gedeckten, gröſseren Bauten dieser Art benennt man auch mit dem französischen Wort „Pavillon“ oder mit dem türkischen „Kiosk“. In der letzteren Form sind gewöhnlich die Tribünen für Musikaufführung auf öffentlichen Plätzen gehalten, wo dann von einem Gartenhaus nicht wohl die Rede sein kann. Ein Gleiches gilt für Aussichtshäuschen auf Bergspitzen, an Berghalden, für die Schutzhütten im Walde etc. und in weinreichen Gegenden sind die Rebhäuschen eine ähnliche Erscheinung wie die Gartenhäuschen.

Was bezüglich der Kapellen über den Platz gesagt wurde, gilt bis zu einem gewissen Grade auch hier. Ein günstiger Platz kann derartige Bauwerke ganz bedeutend herausheben. Wenn immer thunlich, verlegt man den Platz auf erhöhte Punkte oder verschafft sich künstliche Erhöhungen. Hübsche Baumgruppen als Hintergrund verfehlen auch hier ihre Wirkung nicht. In Verbindung mit den Vorgärten villenartiger Bauten verlegt man die Gartenhäuser auch gerne an den Rand von Terrassen oder in die Ecke der Stützmauern (vergl. Fig. 303), um die Aussicht auf die Strafse zu beherrschen, was durch vorgebaute Erker und Balkone in erhöhtem Mafse erreicht wird.

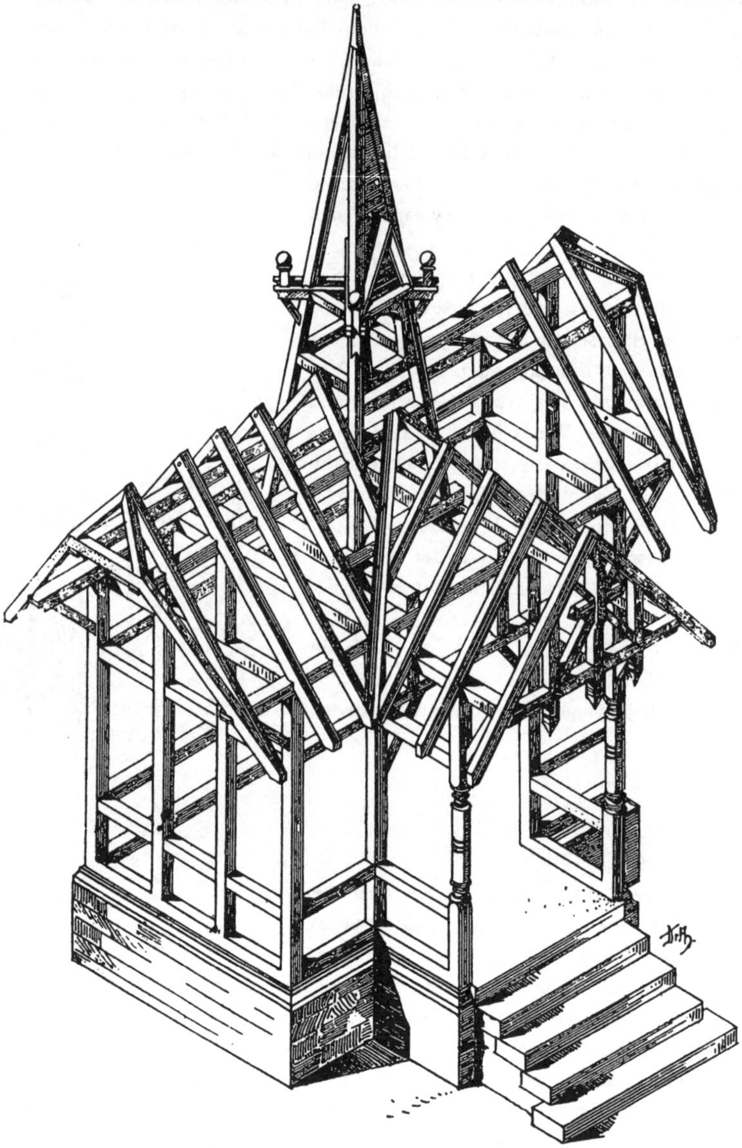

Fig. 302.
Zu Tafel 100 gehörig.

Auch wenn die Gartenhäuser zu ebener Erde liegen, wird ein Fundament aufgemauert und ein steinerner Sockelkranz als Unterlage für die Holzkonstruktion gelegt. Der Boden wird in Zement, Asphalt oder als Plattenbeleg gebildet. Geschlossene Gartenhäuser haben gelegentlich auch hölzerne Böden, wobei dann Bodenrippen zur Befestigung gelegt werden. In allen Fällen sollte der Boden mindestens 15 bis 20 cm über der Erde liegen, so daſs die Sockelsteine den Tritt der Thüre bilden. Ist die Untermauerung höher, so muſs durch Vorlegen einiger Steintritte eine Zugangstreppe geschaffen werden, wenn man nicht vorzieht, den zum Gartenhaus führenden Weg langsam ansteigen zu lassen.

Die Brüstung der Gartenhäuser ist meist geschlossen, verschalt oder aus durchbrochenen Füllbrettern gebildet. Die obere Partie ist vielfach offen oder mit Holzgittern versehen. Einzelne Wände werden zum besseren Schutz gegen Wind und Wetter auch im ganzen verschalt oder in den Gefachen

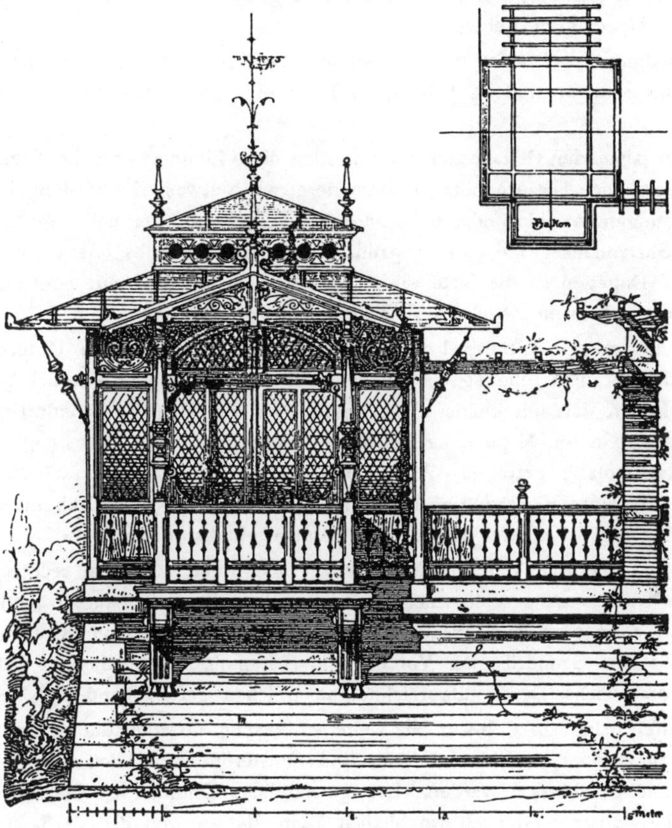

Fig. 303.
Gartenhäuschen mit Balkon.

mit Backsteinen ausgemauert. Das Gitterwerk empfiehlt sich besonders, wenn die Gartenhäuser als Lauben mit Schlingpflanzen umrankt werden sollen, was zum guten Aussehen wesentlich beiträgt und die Verbindung zwischen Natur und Kunst herstellt, während andererseits dadurch die Dauer des Bauwerks gewöhnlich beeinträchtigt wird.

Ein gefälliges Dach ist ebenfalls nicht unwesentlich; man giebt demselben meist eine verhältnismäſsig groſse Ausladung und setzt Giebelblumen, Laternen, Dachspitzen, Flaggenmaste oder Wetterfahnen als krönende Abschlüsse auf. Als Deckmaterial dienen Schiefer, glasierte Ziegel, Dachpappe oder Zinkblech. Ein Traufkanal wird gewöhnlich, weil unnötig, nicht angebracht.

Die Abmessungen sind sehr verschieden, je nach Fall und Zweck. Kleinen Häuschen zum Ausruhen für einzelne Personen oder Paare ist mit 3 oder 4 Quadratmeter Bodenfläche schon genügt, während ein Kiosk für eine vollzählige Militärkapelle andererseits schon etwa 40 Quadratmeter erfordert, was bei achtseitiger Anlage einem Durchmesser von 6 bis 7 m gleichkommt. Gröfsere Anlagen kommen jedoch vielfach nicht in Holz, sondern in Eisen zur Ausführung, wobei das Bauwerk luftiger gehalten werden kann, als es in Holz möglich ist. Die Höhe vom Boden bis zur Sattelschwelle des Daches — eine Decke ist meistens nicht vorhanden — beträgt ungeachtet der übrigen Abmessung 2,5 bis 3,5 m, selten mehr. Es genügt dies auch vollständig, wenn man nicht eine gröfsere Höhe vorzieht, um dem Aeufseren ein weniger gedrücktes Aussehen zu geben.

Da die Schalung des Daches meist die natürliche Decke bildet, so ist sie entsprechend sauber auszuführen und die Sparren sind zu hobeln, zu fasen etc., gleich den Pfosten, Riegeln und übrigen Verbandshölzern.

Durch einen passenden Oelfarbenanstrich werden diese Zimmerwerke im Freien nicht nur wesentlich geschützt, sondern auch herausgeputzt, insbesondere, wenn etwas Abwechslung in die Farbe gebracht wird, wenn die Fasungen rot, blau oder grün ausgelegt, die Füllbretter heller gestrichen werden als die Rahmhölzer etc. Gartenhäuser im ganzen grün zu streichen, wie es öfters vorkommt, ist eine Geschmacksverirrung. Dagegen ist die Sitte, sie in Naturholz zu konstruieren, wohl berechtigt und werden wir auf diesen Fall im nächsten Abschnitt zurückkommen.

Die Tafel 101 zeigt ein Beispiel mit quadratischem Zeltdach. Der Unterbau ist symmetrisch sechseckig, wodurch über dem Eingang ein mit dem Grat vorspringendes Vordach gebildet wird. Es ist ohne weiteres ersichtlich, dafs mit kleiner Abänderung auch der Unterbau quadratisch sein kann, wobei dann die Eingangsthür in die Mitte einer Seite zu verlegen ist. Die Helmstange ist durch ein sogen. Balkenschlofs aus Halbhölzern getragen. Alles übrige wird an sich schon verständlich sein, um so mehr, da Tafel 102 in e die ganze Konstruktion isometrisch darstellt. Die vier Eckfiguren dieser Tafel zeigen Varianten bezüglich des Daches, welches auch sechsseitig sein kann.

Auf Tafel 103 sind zwei Beispiele dargestellt. In a, b und c ist über rechteckigem Grundrifs ein luftiger, nur durch Gitterwerk geschlossener Bau aufgeführt mit vorgebautem Satteldach. Eine Thüre ist nicht vorhanden, kann aber nach Wunsch gebildet werden, wobei dann die Hängesäule des Giebels zu kürzen wäre. Zu dem Grundrifs, der Vorder- und Seitenansicht, welche die Tafel giebt, ist in der Textfigur 304 ein isometrisches Detail aufgezeichnet, aus welchem der Verband noch besser ersichtlich wird.

Dieselbe Tafel bringt in d bis g ein weiteres Beispiel über quadratischen Grundrifs. Vorn ist eine Thüröffnung angeordnet, rechts und links sind Fensteröffnungen belassen, das übrige kann vergittert, die Rückwand geschlossen werden. Das gewöhnliche Zeltdach ist hier durch ein solches mit Laterne ersetzt, die selbstredend auch wegbleiben kann, da sie, von der Verbesserung des Aussehens abgesehen, keinen Zweck hat. Die Pfosten der Laterne ruhen auf zwei Paaren sich kreuzender Hölzer, wie es nebst der übrigen Konstruktion durch die Isometrie (Taf. 103 f) veranschaulicht ist. Zum Aufsetzen der Helmstange genügt bei der Kleinheit des Laternendaches ein einfaches Horizontalholz.

Tafel 104 giebt drei Beispiele über quadratischem Grundrifs und ein solches von rechteckiger Anlage. Das zu a und b gehörige Dach bildet sich durch die Verschneidung zweier Satteldächer mit dem Zeltdach (Taf. 104 c), während für das in d und e dargestellte Beispiel blos zwei Satteldächer sich kreuzen. Der Eingang ist bei diesem zweiten Beispiel der Konstruktion zu liebe auf die Seite der Vorderwand verlegt, während er beim ersteren in deren Mitte liegt.

Bei dem in f, g und h dargestellten Gartenhaus liegt er wiederum zur Seite, kann aber beliebig in jedes andere Gefach verlegt werden, also auch in die Mitte der Langseite, wobei sich dann das das Satteldach anschneidende Vordach mitverlegt.

Zu dem in i gegebenen quadratischen Grundrifs sind je zwei Vorder- und Seitenansichten als Abwechslungen aufgezeichnet. Der Eingang kann von der Mitte der Giebelseite auch nach der Traufseitenmitte verlegt werden und da das Bauwerk durch ein einfaches Satteldach gedeckt ist, so kann der Grundrifs auch zu einem Rechteck verlängert oder verkürzt werden, wobei sich selbstredend die Pfostenstellung entsprechend ändert, bezw. die Pfostenzahl zu vermehren ist.

Die Tafel 105 giebt in a einen rechteckigen Grundrifs mit vorgelegtem Eingang. Der vorgelegte Teil kann seitlich offen oder ebenfalls vergittert sein, wie das übrige. Das Satteldach setzt sich, entsprechend abgestutzt, über den vorgebauten Eingang als Vordach fort. Die nach oben verlängerte Hängesäule im Giebel bildet eine Krönung einfachster Art. Wird der Eingang auf die entgegengesetzte Seite verlegt, so entsteht ein Gartenhaus mit einer Art Nische oder Alkov, und das Vordach fällt weg.

Dieselbe Tafel zeigt in d für ein weiteres Beispiel den regelmäfsig achteckigen Grundrifs. Das Zeltdach könnte eine regelmäfsig achtseitige Pyramide sein, ist auf der Darstellung aber der Einfachheit halber nur quadratisch, so dafs es in den Ecken mit Grat überspringt. Die sieben den Eingang umschliefsenden Gefache können alle gleich sein oder es können der Thüröffnung entsprechende Fensteröffnungen mit den unter den Ecken des Zeltdaches liegenden Gefachanordnungen wechseln. Ebensowohl kann der Eingang auch in ein Eck verlegt werden, wobei sich nur die Brüstungen verschieben, während die Gesamt-Konstruktion dieselbe bleibt, die in f isometrisch vorgeführt ist.

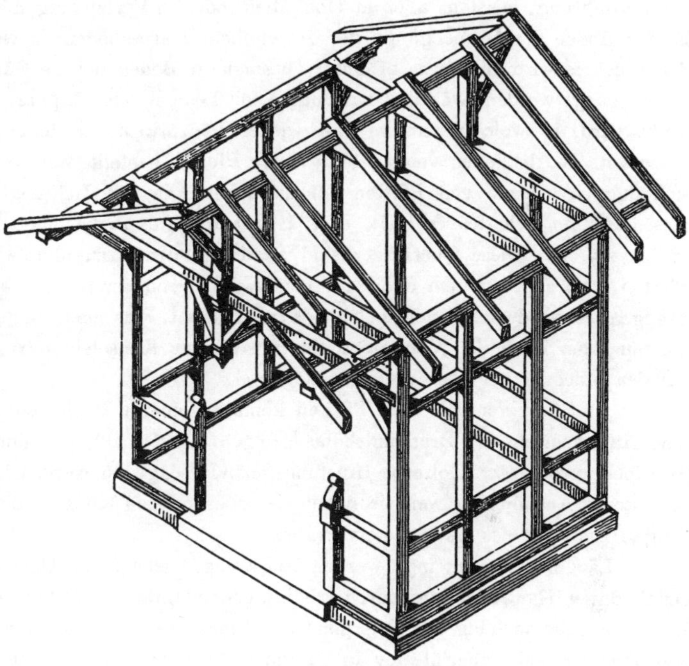

Fig. 304.
Zu Tafel 103 gehörig.

Die Tafel 106 bringt drei Gartenhäuser, darunter zwei, die auf Terrassen liegen und durch Steintreppen zugänglich sind. Das in a, b und c dargestellte Beispiel ist durch Vergitterung, das in f und g dargestellte durch Verglasung geschlossen. Beide haben seitliche Vorhallen und Vordächer, die sich mit dem Hauptsatteldach verschneiden. Beide Anlagen sind derart, dafs sie als kleine Restaurationshallen in Biergärten oder bei Verlängerung der Vorhallen zu Kegelbahnen dienen können.

In d und e derselben Tafel ist ein offener Pavillon auf quadratischem Grundrifs aufgezeichnet mit schwebenden Fachwerken und abgetrepptem Zeltdach. Die vier Eckpfosten sind hier etwas stärker als gewöhnlich anzunehmen, da auf ihnen die ganze Konstruktion ruht. Man wird ihnen eine Stärke von 18/18 oder 20/20 cm geben, während für gewöhnlich Stärken von 15 cm oder noch weniger genügen.

Gartenhäuser ohne Dacheindeckung, bei denen rankendes Laubwerk für die Beschattung zu sorgen hat, benennen wir kurzweg als Lauben. Entweder fallen blos Schalung und Deckmaterial fort und die übrige Konstruktion bleibt dieselbe, oder es wird eine horizontale Decke gebildet durch eine Gebälklage schwacher Hölzer, ähnlich derjenigen der Laubengänge, von denen der folgende Artikel handelt.

3. Laubengänge, Laubenthore, Spaliere und ungedeckte oder eigentliche Veranden.

(Tafel 107, 108, 109 und 110.)

Laubengänge sind seitlich und oben offene oder weit vergitterte oder gelattete Gerüste oder Hallen, die mit Wein oder anderen kletternden Pflanzen übersponnen werden. In der einfachsten Form haben sie den Zweck, den Kletterpflanzen als Halt zu dienen, in reicherer, architektonischer Ausstattung gereichen sie gröſseren Gärten und Parkanlagen zur Zierde und Unterbrechung. Im Süden, wo die Laubengänge länger im Jahr zu benützen sind und auch besser den zerstörenden Einflüssen des Wetters standhalten, ist wohl die Heimat und die Entstehung zu suchen. Dafür spricht auch die bei uns übliche, italienische Bezeichnung „Pergola“ für Laubengang. Diese Laubengänge kommen in Stein, Holz und Eisen zur Ausführung, meistens aber in Holz allein oder in Verbindung mit steinernen Unterbauten. Entweder ist der Boden der Laubengänge der gewöhnliche Gartenboden, in welchen die Pfosten eingegraben werden, oder es wird ein etwas erhöhter, besonderer Boden für die Gänge gebildet, indem seitlich Sockelsteine gelegt werden, während das Innere mit Zement oder Asphalt, mit Platten- oder Dielenbelag abgedeckt wird, in welch letzterem Fall wieder Bodenrippen zu legen sind. Auf die Sockelsteine werden beiderseits in Abständen von 2.5 bis 3 m die Pfosten gestellt, welche die Decke tragen. Die letztere bildet sich durch Auflegen von Pfetten auf die Pfosten in der Richtung des Ganges und durch ein quer zu diesen Pfetten gelegtes Gebälk oder Horizontalgespärre aus schwachen Hölzern in Abständen von 50 bis 100 cm. Diese Querhölzer sind an den Enden sparrenkopfartig ausgebildet und überkragen die Pfetten etwa 40 bis 60 cm und zwar beiderseits, wenn der Laubengang frei angeordnet ist, nur einerseits dagegen, wenn derselbe sich an eine Wand anlehnt, was auch häufig vorkommt. Anstatt durch Klebepfosten kann dann die Wandpfette durch steinerne Konsolen getragen werden oder das Gebälke kann auf den Mauerdeckeln der Wand aufliegen.

An Stelle der hölzernen Pfosten können steinerne Pfeiler oder Säulen treten (Tafel 107 a); es kann eine Ausmauerung auf Brüstungshöhe erfolgen (Tafel 107 e); es können durchbrochene Steingeländer angeordnet werden etc. Hölzerne Brüstungsgeländer dagegen werden kaum beliebt, wenigstens nicht in geschlossener Ausführung, weil sie neben der oben offenen Konstruktion nicht gut wirken und einen pferchartigen Eindruck des Ganzen hervorrufen.

Längere Laubengänge werden langweilig, wenn keine Unterbrechung erfolgt. Die letztere wird erzielt durch Thorbildungen, durch erhöhte oder verbreiterte Mittel- und Seitenpartien, durch kuppel- oder zeltartige Ueberdachung der „Vierung“ sich kreuzender Gänge, durch Bildung einer Absis am Ende, durch Ausmündung und Ueberführung in Pavillons (Fig. 303) und ähnliche Hilfsmittel architektonischer Lösung. Eine gute Unterbrechung ergiebt sich bei der Anlage auf ansteigendem Boden durch terrassenartige Abtreppung, der die Holzkonstruktion folgt. (Tafel 109.) Die Breite der Gänge ist verschieden, bewegt sich für gewöhnlich aber zwischen 2 und 3 m. Die Höhe beträgt 2,5 bis 4 m. Danach richtet sich dann auch die Stärke der Hölzer. Für die Pfosten und Pfetten genügen Stärken von 12 bis 15 cm, für die Büge und die Gebälkhölzer oder Sparren ist ein Querschnitt von etwa 60 bis 100 Quadratcentimeter ausreichend. Da man den Querschnitt der Horizontalsparren meist als hochgestelltes Rechteck nimmt, so wären also entsprechende Maſse: 6 auf 10, 6 auf 12, 7 auf 12, 8 auf 12 cm oder 7 auf 14 cm. Bei kleinen Abmessungen genügen schlieſslich hochkantig gelegte Latten und für Pfosten und Pfetten Rahmenschenkel.

Während die Laubengänge sich auf zwei Reihen von Pfosten aufbauen, giebt es auch Bildungen mit einer Pfostenreihe. Da von Gängen hierbei nicht die Rede sein kann, mögen sie als Spaliere bezeichnet werden. Ein derartiges Spalier, welches als Abschluſs- oder Trennungswand wirkt, und in Bezug auf Zweck und Aussehen den Laubengängen verwandt ist, zeigt Tafel 109 in a. Hinsichtlich einer zweckmäſsigen Unterbrechung ist ähnlich zu verfahren, wie weiter oben angedeutet wurde.

Insbesondere sind es Laubenthore, die in diesem Sinne ausgestaltet zu werden pflegen. Es handelt sich hierbei gewissermaſsen um lebendige, bleibende Ehrenpforten, für welche das römische Triumphbogenmotiv mit seiner Dreiteilung die meistbenützte Grundlage bildet. (Tafel 107.)

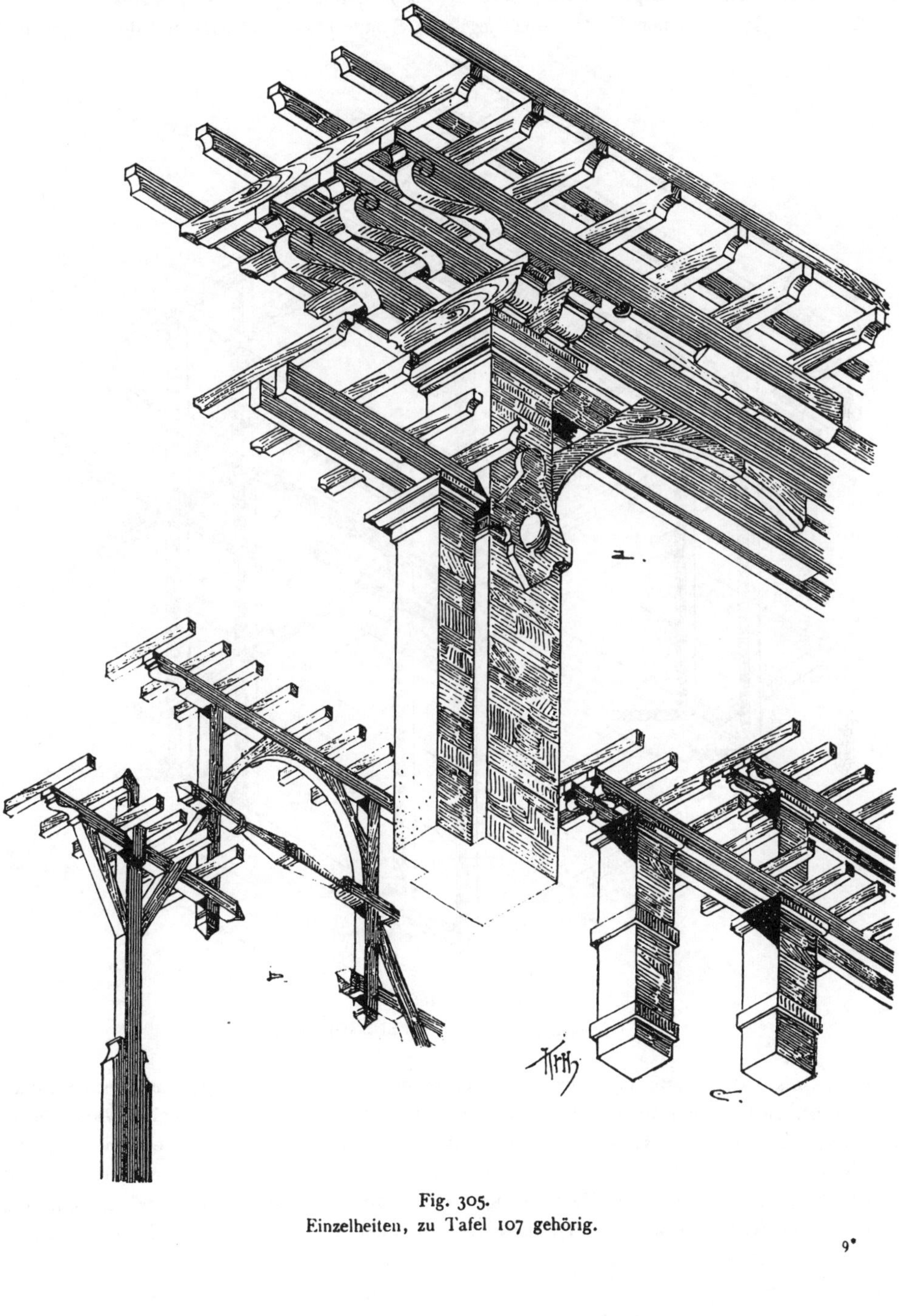

Fig. 305.
Einzelheiten, zu Tafel 107 gehörig.

Schliefslich können des gleichartigen Aussehens halber auch die Veranden ohne Dach hier mit aufgeführt werden. (Tafel 110.) Sie unterscheiden sich von den gewöhnlichen Veranden, die bereits in Abschnitt VII besprochen worden sind, nur durch die fehlende Eindeckung. An Stelle der ansteigenden Sparren treten hier Horizontalsparren ohne Schalung nach Art derjenigen der Pergola.

Da alle diese Dinge dem Wetter ohne jeglichen Schutz ausgesetzt sind und da die grünende Um-

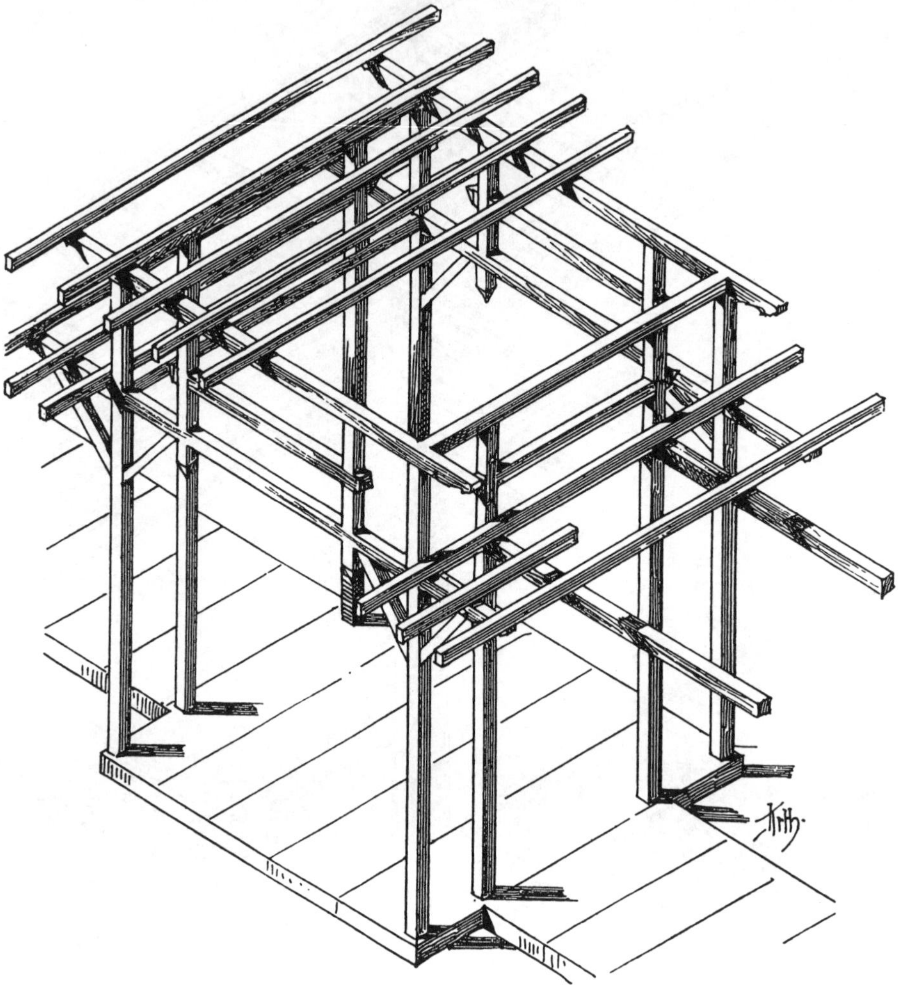

Fig. 306.
Isometrische Darstellung zu Tafel 108 a.

kleidung die Gefahr der Zerstörung noch wesentlich vermehren hilft, so ist möglichst gesundes und dauerhaftes Holz erforderlich. Bei allen Verbindungen ist darauf zu achten, dafs sich keine Wassersäcke bilden können; die horizontalen Verbandshölzer sind dachartig abzuschrägen, die senkrechten zuzuspitzen etc. Ein Tränken des Holzes mit fäulniswidrigen Mitteln oder ein stets rechtzeitig zu erneuernder Oelfarbenanstrich sind aus dem gleichen Grunde angezeigt. Besonders gefährdete Stellen sind mit Zinkblech einzubinden; für die Klettergewächse sind Drähte zum Anbinden zu spannen, die einigen Abstand von der

Holzkonstruktion halten und was derartige Vorsichtsmafsregeln mehr sind. Doch geht das mehr den Besitzer als den Zimmermann an.

Tafel 107 zeigt in a und b ein Laubenthor. Aur den steinernen Pfosten liegen Doppelpfetten und quer zu diesen beiderseits überkragende Gebälkhölzer von etwa 1,2 m Länge. (Vergl. auch Fig. 305c.)

Das Laubenthor Tafel 107 c und d ist ganz aus Holz: Die Pfosten sind unten verdreifacht und der

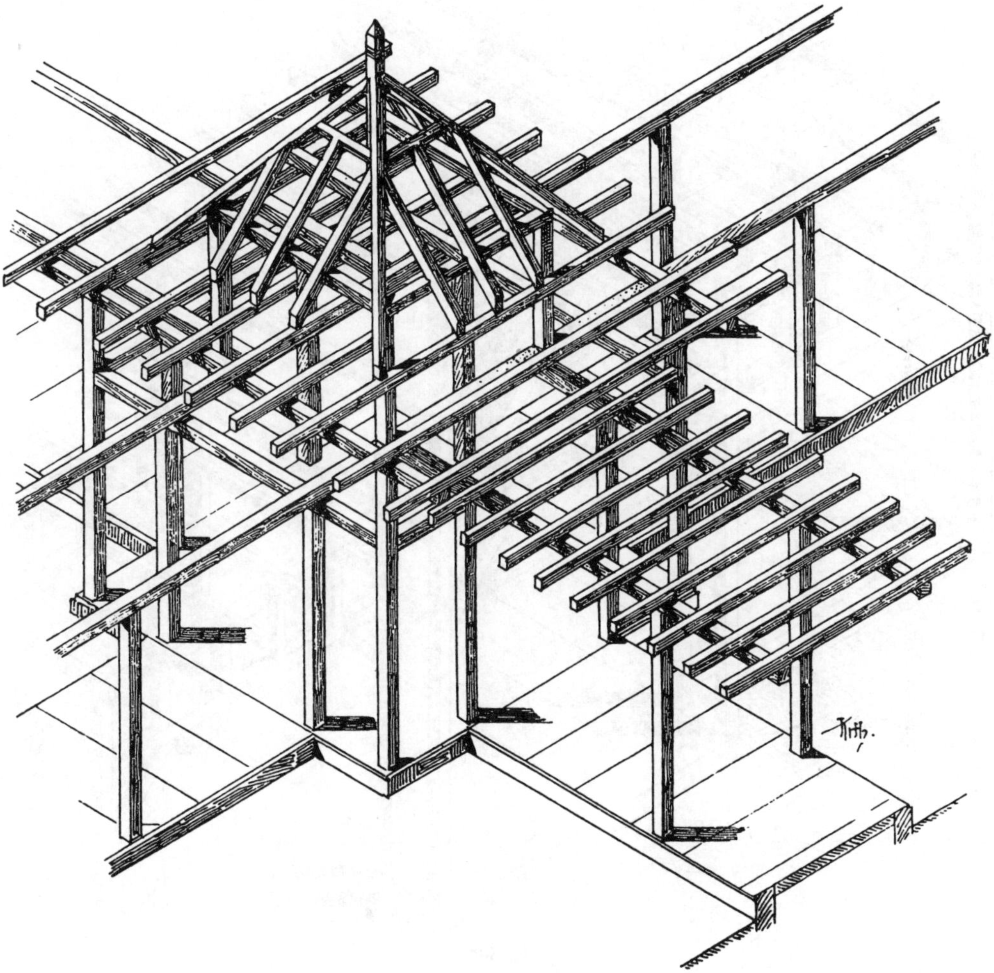

Fig. 307.
Perspektivische Einzelheit zu Tafel 108 c.

Bogenbildung liegt das vereinigte Hänge- und Sprengwerk zu Grunde. Da die Pfetten hier nur einfach sind, so sind die Gebälkhölzer auch nur etwa 80 cm lang und sind gut zu befestigen. (Vergl. auch Fig. 305 b.)

Das auf Tafel 107 in e und f aufgezeichnete Thor ist im Unterbau aus Stein. Auf den Pfeilerkapitälen liegen zunächst Sattelhölzerpaare, um eine gröfsere Grundfläche als Auflager für die drei Pfetten zu gewinnen, welche den Sturz des Thores bilden. (Vergl. auch Fig. 305a.) Auf diesen liegt ein Quergebälke und auf letzterem wiederum ein Längsgebälke, das auch fortfallen kann. Zwei Knaggen unter der Mittelpfette bilden einen Halbkreisbogen. An die Thorpfeiler schlieſsen sich Brüstungsmauern an, auf welcher kleinere Pfeiler stehen und eine ähnliche aber einfachere Abdeckung tragen, wie das Thor.

Tafel 108 bringt drei Laubengänge. Der in a und b, sowie in Fig. 306 dargestellte hat eine offene

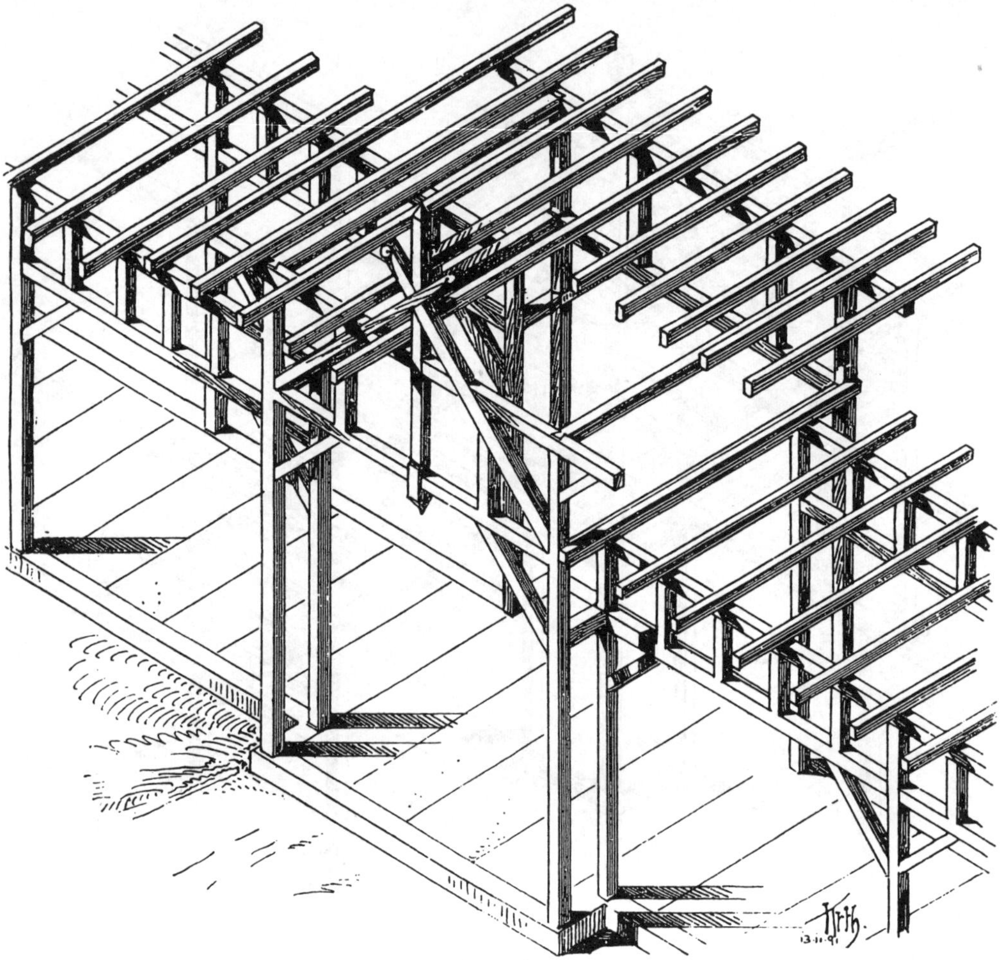

Fig. 308.
Perspektivische Einzelheit zu Tafel 108 e.

Brüstung und ist durch erhöhte Durchgänge ohne eine solche unterbrochen. Eine Variante dieses Beispiels giebt Tafel 108 e und f nebst der zugehörigen Textfigur 308.

Das auf Tafel 108 in c und d, sowie durch die Isometrie der Fig. 307 veranschaulichte Beispiel zeigt die Bildung eines offenen Zeltdaches über der Kreuzung oder Vierung zweier Laubengänge.

Auf Tafel 109 ist in e und f ein terrassenartig ansteigender Laubengang vorgeführt, welcher auf der höchsten Stelle pavillonartig abschlieſst. Dieser Abschluſs hat kreuzförmigen Grundriſs. Wie ähnliche Abschlüsse mit runder oder vieleckiger Absis zu bilden sind, ergiebt sich aus den Grundrissen c und d.

Tafel 109 zeigt aufserdem in a und b eine Spalierwand. Soweit der Boden horizontal, ist die Konstruktion nur aus Holz, während beim ansteigenden Erdreich eine abgetreppte Steinmauer die Weiterführung bildet, deren Mauerdeckel das verbreiterte Gebälke tragen. Die Uebergangstelle ist in Fig. 309 perspektivisch veranschaulicht.

Die Tafel 110 bringt schliefslich sechs verschiedene Veranden ohne Dach. Nachdem, was in Abschnitt VII über die Veranden überhaupt und im vorstehenden über die Laubenganggebälke ausgeführt wurde, bieten diese Beispiele nichts Neues und sind durch die Zeichnungen zur Genüge klar gestellt.

---

4. Verkaufsbuden und Sodawasserhäuschen.

(Tafel 111, 112 und 113.)

Die Verkaufsbuden genügen entweder dem Augenblick, wie auf Messen und Jahrmärkten, oder sie sind auf Wagen fahrbar, wie die Fleischerbuden der Wochenmärkte, oder drittens sie sind bleibend und haben ihren festen Platz. Die Jahrmarktbuden erhalten meist ein Lattengerüst, das mit Dielen gedeckt und verkleidet wird. Vielfach werden sie auch zum Auf- und Abschlagen, zum Auseinandernehmen eingerichtet, wobei dann die Ausstattung schon etwas besser zu sein pflegt, insbesondere, was die Festigkeit und den Schutz gegen die Witterung betrifft. Für Messen und länger dauernde Märkte werden die Buden verschliefsbar gebaut mit Thüren und Laden. Die letzteren sind meist um eine horizontale Axe drehbar. Die Vorderwand der Bude ist auf Brüstungshöhe fest, dann folgt ein Laden, der herabgeklappt als Tischplatte und Auslage dient. Ist darüber ein zweiter Laden vorhanden, so wird er aufwärts geklappt und oben angehängt. An der Rückwand werden Schäfte etc. für die Waren angeordnet; die Thüre wird in die eine Seitenwand verlegt. Das Dach, meist ein nach hinten abfallendes Pultdach, wird durch horizontallaufende Dielen in der Weise abgedeckt, dafs der obere jeden unteren etwas überdeckt (Fig. 157 a) oder die Dielen werden ansteigend der Tiefe nach gelegt und die Fugen mit Deckleisten geschlossen. Des bequemeren Aufschlagens und Aufbewahrens wegen werden meist einzelne Tafeln gebildet, die gestofsen und mit Deckrinnen gedeckt werden. (Fig. 310.) Diese Teile werden auf der oberen Fläche der Dauerhaftigkeit wegen wohl auch mit Zink beschlagen. Die Wände erhalten ein Gerippe aus Rahmenschenkeln, werden innen oder besser aufsen verschalt und durch eiserne Beschläge miteinander verbunden (Sturmhaken, Einhängehaken nach Art der sogen. Betthaken, Riegel etc.). Da bei besseren Buden auch ein Holzboden erforderlich ist, so wird am besten ein fester Rost aus Rahmenhölzern gebildet und mit Dielen benagelt. Der Rand dieses Rostes dient dann zum Einzapfen der Wände. Andernfalls sind die Pfosten der Wände nach unten zu verlängern, stehen auf dem Erdboden auf und der Fufsboden wird gebildet, indem man der Tiefe nach Bodenrippen legt, die der Breite nach mit Dielen belegt werden oder umgekehrt. Nach diesen kurzen Bemerkungen über die zerlegbaren Buden wenden wir uns, die fahrbaren übergehend, den festen und bleibenden Einrichtungen dieser Art zu. Hierher gehören zunächst die Verkaufsbuden für Efswaren und Getränke, wie sie auf Marktplätzen, verkehrsreichen Strafsen, in öffent-

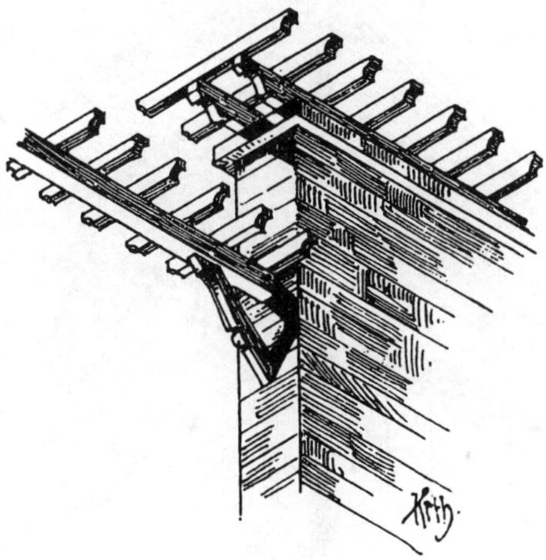

Fig. 309.
Zu Tafel 109 gehörig.

lichen Gärten, vor Bahnhöfen, Theatern, Fabriken etc. aufgestellt werden. Es sind insbesondere die Sodawasserhäuschen, die sich in den letzten Jahrzehnten eines gröfseren Andranges zu erfreuen hatten und deshalb allerorts zu finden sind. Aehnliche Häuschen finden sich aber auch zu anderen Zwecken, so z. B. zur Billetausgabe an Badeanstalten, Brücken, Bahnhöfen, vor Ausstellungen und Vergnügungslokalen; zur Kontrolle an Fabrikeingängen; neben Brückenwagen; zur Verbrauchssteuererhebung; als Schutzraum für den Bootwart an Seen und Flüssen u. a. m. Die Häuschen enthalten meist nur einen Raum von wenigen Quadratmetern. Nicht selten ist ein kleinerer Raum durch einen Vorhang oder eine dünne Wand zur Toilette, für Vorräte, Geräte etc. abgetrennt. Das Häuschen ist gewöhnlich durch eine Thür auf der Rückseite zugänglich. Gegenüber auf der Vorderseite befindet sich ein grofses Fenster oder eine Fensterwand. Die beiden Seiten sind geschlossen oder haben ebenfalls Fenster. Den Wänden entlang sind schmale Tische und Schäfte angeordnet je nach dem Zweck.

Der Grundrifs ist quadratisch, rechteckig, vieleckig, oder er nimmt infolge von Vorbauten eine zusammengesetztere Form an. Das Häuschen erhält eine Untermauerung und Sockelsteine, die etwa 20 cm aus dem Erdboden vorstehen und gleichzeitig die Thürschwelle bilden. Der Boden wird aus Zement, Asphalt, mit Bodenplättchen oder auch als Holzboden auf Bodenrippen hergestellt. Auf die Sockelsteine kommt ein Schwellenkranz zu liegen, auf diesen werden die Pfosten gestellt. Die Fache werden ausgeriegelt und verschalt oder ausgemauert. Ein Pfettenkranz nimmt die leichte Dachkonstruktion auf, die gewöhnlich zeltdachartig ist. Als Deckmaterial dienen Schiefer, Zinkblech oder Teerpappe. Dachspitzen krönen das kleine Bauwerk. Ueber Thüren und Fenstern werden Vordächer angebracht oder man läfst das Dach überschiefsen. Die Höhe vom Boden bis zum Dach beträgt 2 bis 3 m. Eine besondere Decke wird meist nicht angeordnet. Die Verbandshölzer sind den geringen Abmessungen entsprechend nur 8 bis 12 cm stark. Sie werden sauber gehobelt, gefast etc. und mit Oelfarbe gestrichen; gelegentlich wird auch Eichen verwendet, das dann naturfarben belassen werden kann, bezw. geölt oder gefirnist wird. Wenn die Füllungen aus Holz sind, so werden sie aus überfalzten Riemen mit Deckleisten gebildet oder auch in gestemmter Arbeit. An Sodawasserhäuschen und reicheren Verkaufsbuden werden die Tischplatten aus Marmor hergestellt; an Stelle einfacher Laden und Fenster treten Rollladen und Schiebfenster. Zum Schutz gegen die Sonne werden Blenden angebracht und zur Verzierung ausgeschnittene Giebel- und Traufleisten, First- und Eckblumen. Zur Ableitung des Regenwassers werden kleine Traufkanäle nötig nebst einem dünnen Abfallrohr.

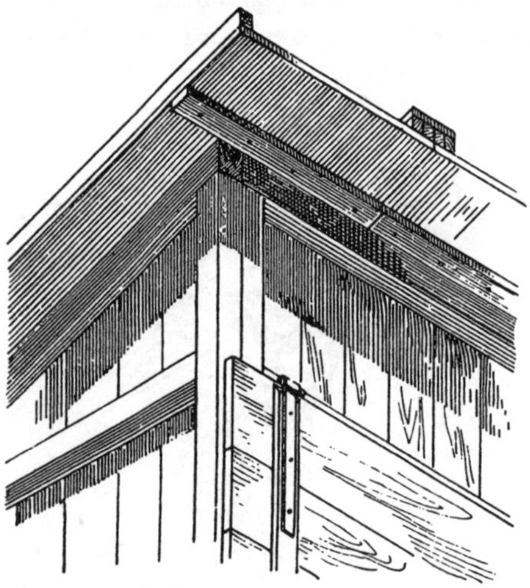

Fig. 310.
Dachdeckung zerlegbarer Marktbuden.

Die Tafel 111 bringt vier solcher Häuschen in einfacher Ausstattung, alle mit 5 bis 6 Quadratmeter Bodenfläche und Wandhöhen von 2 bis 2,5 m. Das Fachwerk ist ausgemauert gedacht, kann aber auch mit Holz geschlossen werden. In die Grundrisse sämtlicher Beispiele sind die Thüren mit a, die Fenster mit d, die Tische mit c und die Schäfte mit b eingezeichnet. Selbstredend können auch andere Anordnungen getroffen werden.

Das Beispiel mit dem rechteckigen Grundrifs hat ein abgewalmtes Satteldach, welches über das Fenster der Vorderwand vorschiefst.

Zu dem Grundrifs des achtseitigen Häuschens sind zwei verschiedene Aufrisse gezeichnet. Nach F ist ein ebenfalls achtseitiges Zeltdach angenommen, während dasselbe nach E blos vierseitig ist, also auf vier Seiten des Häuschens mit Grat vorspringt und außerdem über dem Mittelfenster als Vordach überschießt.

Zu dem quadratischen Grundriß G des dritten Beispiels sind eine Vorderansicht H und eine Seitenansicht J gezeichnet. Das vierte Beispiel weist einen kreuzförmigen Grundriß auf, da das Mittelfenster und die Thüre schon in der Grundanlage vorgebaut sind. Wie die Vorder-, Seiten- und Rückansicht zeigen, bildet sich das Dach durch die Verschneidung eines quadratischen Zeltdaches mit einem abgewalmten Satteldach.

Die Tafel 112 reiht an diese einfachen Beispiele ein reicher ausgestattetes an. Die Bude ist 4 m lang und 1,6 m tief, bedeckt also 6,4 Quadratmeter Grundfläche. Die Thür befindet sich seitlich; die

Fig. 311.
Seitenansicht der auf Tafel 112 dargestellten Verkaufsbude.

Vorderseite hat zwei große Fensteröffnungen, durch Rollladen verschließbar. Das Simsbrett ist als Tischplatte ausgebildet. Wie die Betrachtung des Grundrisses a ergiebt, kann die Bude auch in halber Größe, mit einem Fenster ausgeführt werden. Der Aufriß b zeigt die Verzierung der Pfosten und übrigen Verbandshölzer, die Bildung eines Stichbogens mittels Knaggen, die Füllung der Gefache mit Riemen und Zierleisten etc. Der Querschnitt c zeigt die Bildung des Bodens, eines Fußstrittes, des Tisches, der Decke, die Anbringung des Rollladens und die Konstruktion des Daches. Das letztere, ein Satteldach, springt mit Flugsparren über die Schmalseiten der Bude 50 cm vor, überdeckt mit der einen Dachfläche die Bude und bildet mit der anderen ein weitausladendes Schutzdach über den Fenstern der Vorderseite, zu welchem Zwecke von den Pfosten aus Büge und Knaggen ansetzen. Um das Dach vor Umkippen zu sichern, ist die Firstpfette durch ein Pfettenpaar ersetzt, wobei die eine Pfette über der Vorderwand, die andere über dem Innenraum liegt. Der Horizontalschnitt d zeigt die Führung der Rollladen in U förmigen Eisenrinnen, sowie die Befestigung der Füllbretter mit Randleisten auf der Aufsen- und Innenseite. Wird die Bude als Sodawasserhäuschen gebaut, so werden die Wasserbehälter in den Raum unter dem Tischbrett verlegt.

Eine Seitenansicht der Bude mit der im Mittelfeld verglasten Thüre giebt die Fig. 311 im Texte.

Die Tafel 113 zeigt ein Sodawasserhäuschen, welches etwa 8 Quadratmeter Grundfläche bedeckt. Von dem Hauptraum ist ein Teil als Nebenraum abgeschnitten: die Trennung geschieht durch seitliche Wände und einen Mittelvorhang. Die Thür mündet von der Rückseite in den Nebenraum. Zu beiden Seiten sind grofse Fensteröffnungen belassen und das Fenster der Vorderseite hat einen erker- oder balkonartigen Vorbau mit entsprechendem Vordach und verziertem Giebelfeld. Die Wände sind auf der Innenseite mit senkrecht laufenden Riemen verschalt, deren Fugen mit Deckleisten benagelt sind. Die ganze Konstruktion, die kaum etwas Neues bietet, dürfte durch den Grundrifs, die Vorder- und Seitenansicht sowie durch die perspektivische Skizze genügend erläutert sein, so dafs von einem Schnitt abgesehen werden konnte.

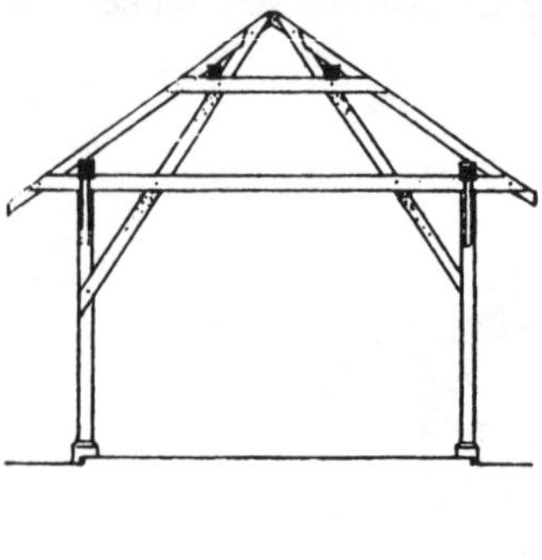

Fig. 312.
Konstruktion kleiner Perronhallen im Bund.

5. Warte- und Einsteighallen.

(Tafel 114.)

Es ist allgemein üblich, dafs die Verwaltungen der Eisenbahnen, der Pferdebahnen und gröfseren Omnibuslinien zum Schutze des auf die Abfahrt wartenden Publikums gegen Wetter und Wind mehr oder weniger gut eingerichtete Wartehallen errichten.

Die Gröfse dieser Gebäude ist abhängig von derjenigen des durchschnittlichen Verkehrs, wonach sich dann wieder die Konstruktion zu richten hat. Auf verkehrsreichen Stationen haben die Bahnhöfe allerorts ihre Wartesäle und es genügt, auf den Bahnsteigen offene Perronhallen zu errichten, die neuerdings meist aus Eisen konstruiert werden. Die Hallen lehnen sich entweder an die Bahngebäude an oder sie sind auf den sogen. Inselperrons freistehend. Wo die Konstruktion in Holz beliebt wird, ist dieselbe, wenigstens bei bescheidenen Abmessungen, verhältnismäfsig einfach. Bundkonstruktionen, wie sie Fig. 312 für 5, 4 und 2 m Weite zeigt, werden in Abständen von 3 bis 5 m gereiht und durch die Dachpfetten verbunden, wobei dann noch Büge gegen die Längsverschiebung zu wirken haben. Ein weiteres Beispiel für den Bund einer Perronhalle wurde weiter oben in Fig. 77 gebracht.

Auf kleinen Stationen mit durchlaufenden Doppelgeleisen befindet sich gewöhnlich im Bahngebäude ein Warteraum, der für die Fahrt in einer Richtung genügt, während auf der gegenüberliegenden Seite eine Wartehalle nötig fällt. Diese ist dann meist auf der der Bahn zugekehrten Seite offen, auf der Rückseite und den Stirnseiten jedoch geschlossen.

Eine derartige Halle stellt die Tafel 114 dar. Das Gebäude mifst 3 auf 6 m bei 4 m Pfostenhöhe. Das Fachwerk der Rückwand und der Seitenwände ist mit Backsteinen ausgemauert, kann aber auch verschalt sein. Die Vorderseite hält mitten den Eingang frei und füllt die beiden seitlichen Oeffnungen mit Brüstungsgeländern, die auch fortbleiben können. Die oben durch Ausriegelung entstehenden Felder sind vergittert. Die Giebel sind verschalt und springen im Dach vor. Die Art der Verzierung ist aus den beigegebenen Einzelheiten klar ersichtlich. Auch die den Wänden entlang laufende Sitzbank ist in der Seitenansicht wiedergegeben. Der beigegebene Maſsstab gilt nur für den Grundriſs, die Vorder- und Seitenansicht des Ganzen.

Auch Hallenkonstruktionen mit stark ausladenden Dächern sind beliebt und in diesem Sinne kann die Figur 311 mit geringen Aenderungen zur Wartehalle umgeschaffen werden.

6. Aborthäuschen.

(Tafel 115 und 116.)

Im allgemeinen liegen die Aborte im Innern der Gebäude als Bestandteil derselben. Vielfach werden aber aus verschiedenerlei Gründen selbständige Abortanlagen gewünscht, die dann als kleine Bau-

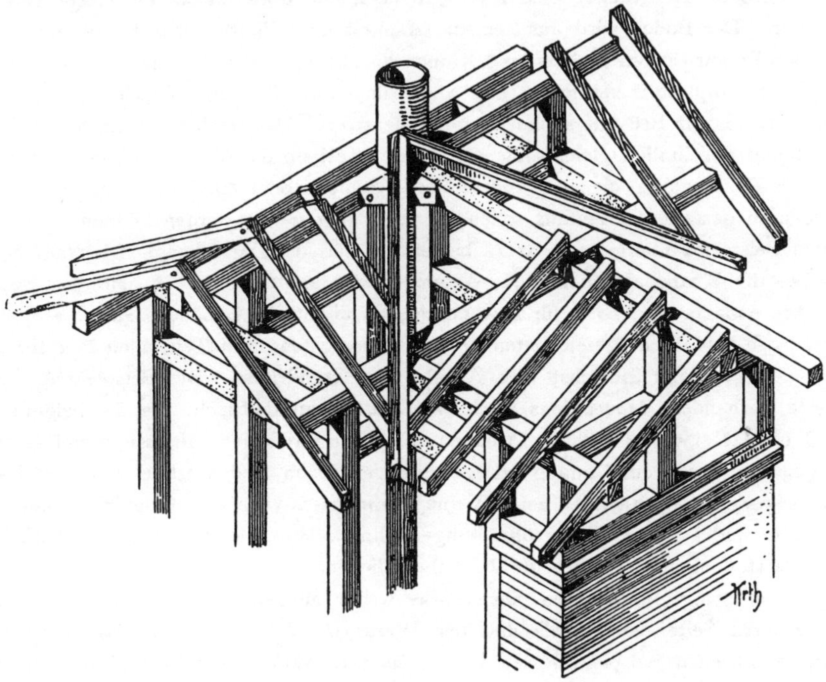

Fig. 313.
Isometrisches Detail, zu Tafel 115 gehörig.

werke in Stein, Holz oder Eisen im Freien errichtet werden. So verlegt man neuerdings die Aborte der Schulen und der öffentlichen Gebäude überhaupt gerne in die Hofräume. Aehnlich verhält es sich in Bezug auf Bahnhöfe, Wirtshäuser, Biergärten und Ausstellungen. Auch in öffentlichen Gärten und Anlagen, auf Plätzen und verkehrsreichen Straſsen werden Aborthäuschen aufgestellt, seit man eingesehen hat, daſs diese weniger Miſslichkeiten zur Folge haben als das Fehlen derselben. Selbstredend ist dabei die Vorsorge für Reinhaltung und genügende Aufsicht. In dieser Hinsicht läſst sich jedoch schon viel durch die Art der Anlage selbst erreichen.

Die Aborthäuschen sollen einen Platz erhalten, an welchem sie möglichst wenig stören und auffallen, die Umgebung nicht belästigen und dennoch leicht gefunden werden. Sind die Aborte für beide

Geschlechter bestimmt, so sind die betreffenden Eingänge thunlichst auseinander zu legen und abzutrennen, wobei für ausreichende Bezeichnung zu sorgen ist. In Gärten und öffentlichen Anlagen thuen Sträucher und Gehölzgruppen hierbei gute Dienste. Auf Bahnhöfen und bei ähnlichen Gebäuden wird, wenn nicht überhaupt örtlich getrennte Anlagen beliebt werden, meist ein gröfseres Pissoir zwischen die Aborte beider Geschlechter eingeschoben. Die Aborte sollen mit selbstthätigen Spülvorrichtungen, mit selbstschliefsenden Thüren, mit Dunstabzügen, mit ausreichender Beleuchtung etc. versehen sein. Den Eingängen der Pissoirs werden zweckmäfsigerweise 2 m hohe Holzwände, sogen. Blenden, vorgesetzt, etwa im Abstand von 1 m von der Thüre.

Da hier nur die Anlagen aus Holz in Betracht kommen, so beschränken wir uns auf die Angaben über diese. Auf das Fundament und die Sockelsteine werden die Pfosten gestellt mit oder ohne Bildung eines Schwellenkranzes. Die durch Ausriegelung entstehenden Gefache werden mit Backsteinen ausgemauert oder mit Brettern verschalt. Jedenfalls sind die Wände auszumauern, an welche die Pissoirstände verlegt werden. Die Wände sind 2 bis 3 m hoch und etwa im oberen Viertel nur durch Gitterwerk geschlossen. Der Boden wird aus Zement, Asphalt oder Plattenbeleg hergestellt, da Holz hierfür nicht taugt. Den Pissoirwänden entlang sind Rinnen anzubringen. Die Pissoirwände werden mit Marmor-, Schiefer- oder Zementplatten verkleidet und abgeteilt. Eine ähnliche Verkleidung auch der übrigen Wände wenigstens bis zur Brüstungshöhe ist empfehlenswert. Das Dach ist je nach Art der Anlage verschieden und bildet gewöhnlich gleichzeitig die Decke, weshalb die Verbandshölzer und die Schalung zu hobeln sind. Als Deckmaterial dienen glasierte Ziegel, Schiefer oder Zinkblech. Zwischenwände im Innern sind geschlossen zu gestalten, jedenfalls sollen sie nicht überstiegen werden können.

Zu den Beispielen übergehend ist zu bemerken, dafs die Darstellungen sich auf Schüleraborte beziehen, wobei die Knabenaborte mit K, diejenigen der Mädchen mit M, und das Pissoir mit P bezeichnet ist. Die Anlage der Aborte für Erwachsene, für öffentliche Gebäude, Gärten etc. ist nicht wesentlich verschieden, so dafs die aufgezeichneten Beispiele, wenigstens zum Teil, auch hier für gelten können.

Die Tafel 115 bringt zunächst eine Anzahl von Grundrissen. Die Beispiele A und C sind Anbauten an eine vorhandene Mauer; das Dach wird dabei zum Pultdach, wie die beigegebenen Aufrisse zeigen. In B und D sind freistehende Anlagen ähnlicher Gröfsenverhältnisse gegeben, während in F und G Anlagen von gröfserem Umfange dargestellt sind. Den beiden letzteren Grundrissen sind ebenfalls Aufrisse beigegeben. Schliefslich zeigt E eine symmetrisch-vieleckige Grundrifsanlage. In die Grundrisse D, E und G sind auch die Dunstrohre eingezeichnet. Was die Ausführung betrifft, so mögen die vergröfserten Darstellungen der Tafel 116 als Anhalt dienen.

Diese Tafel bringt links unten einen etwas weiter ausgeführten Grundrifs, darüber den Schnitt und auf der rechten Seite den Aufrifs und den Werksatz. An diesem von Bauinspektor Kredell in Baden-Baden entworfenen Beispiel, dessen bis ins kleinste wohl durchdachte Konstruktion sich in jeder Beziehung als gut bewährt hat, ist die Gestaltung des Aeufseren, sowie die Anlage der Sitze und Pissoirstände, der Dunggrube und des Abzugsrohrs klar ersichtlich. Aufserdem giebt die Figur 313 ein isometrisches Detail des Dachwerks. Es dürfte nicht schwer fallen, danach die Ausführung der zu den Grundrissen auf Tafel 115 gehörigen Aborthäuschen zu gestalten.

---

7. Wirtschaftshallen.

Sie sind entweder für die Dauer, oder vorübergehend, auf kürzere Zeit. Danach unterscheidet sich auch die Ausführung, die im ersteren Fall reicher und weitergehend ist und Fundamente und Ausmauerungen erfordert, während bei vorübergehenden Bauten die Pfosten in die Erde gegraben werden und die Hallen vielfach offen bleiben. An Stelle der Fenster und Thüren bei ersteren treten bei letzteren öfters blos Rollvorhänge und Portièren, wenn die Konstruktion im übrigen verschalt ist. Dauernde Wirtschaftshallen grofsen Mafsstabes haben meist steinerne Umfassungsmauern und kommen selten als Fachwerksbauten oder ganz in Holz zur Ausführung; wohl aber kleinere Hallen in Biergärten, die bei schlechtem Wetter als Unterschlupf dienen müssen. Die Ausstattung der letzteren ist ähnlich derjenigen der gröfseren Gartenhäuser und können die auf Tafel 106 gebrachten Beispiele unter entsprechender Verlängerung der Grundrisse hierfür benützt werden. Ein weiteres Beispiel soll in dem, die Kegelbahnen behandelnden Artikel 9 gebracht werden.

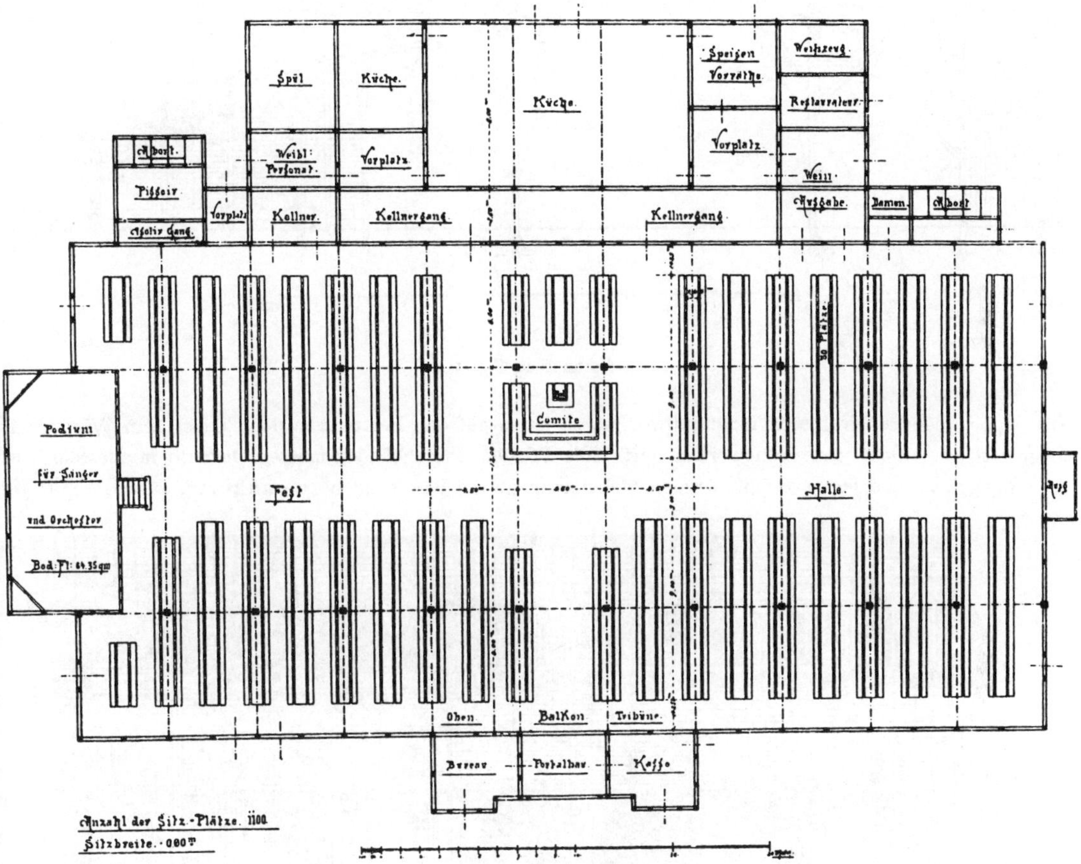

Fig. 314.

Grundrifs der grofsen Festhalle vom Karlsruher Schützenfest 1891.

Architekt Fritz Benzinger.

Vorübergehende Wirtschaftshallen werden bei Schützen- und Sängerfesten, bei Festen überhaupt und bei Ausstellungen erforderlich. Um Geld zu sparen, um rasch fertig zu werden und um das Holz des abgetragenen Gebäudes möglichst wieder verwenden zu können, wird gewöhnlich von Verzierungen, vom Abfasen der Hölzer etc. abgesehen und in Bezug auf die Holzverbindungen werden Verschneidungen, Ueberblattungen etc. thunlichst umgangen. Man verlangt von dem Bauwerk nur genügende Festigkeit und hilft dem guten Aussehen durch Behängen mit Tüchern und Guirlanden, durch Flaggenschmuck, durch Verkleidung mit Tannenreis u. a. nach.

Die vorübergehenden Hallen sind meist auf grofsen Menschenandrang berechnet und haben demnach nicht selten bedeutende Abmessungen. (Man rechnet für die Person 1 qm Grundfläche.) Die grofsen Spannweiten erfordern dann starke Verbandshölzer und wenn das Dach, welches gewöhnlich mit

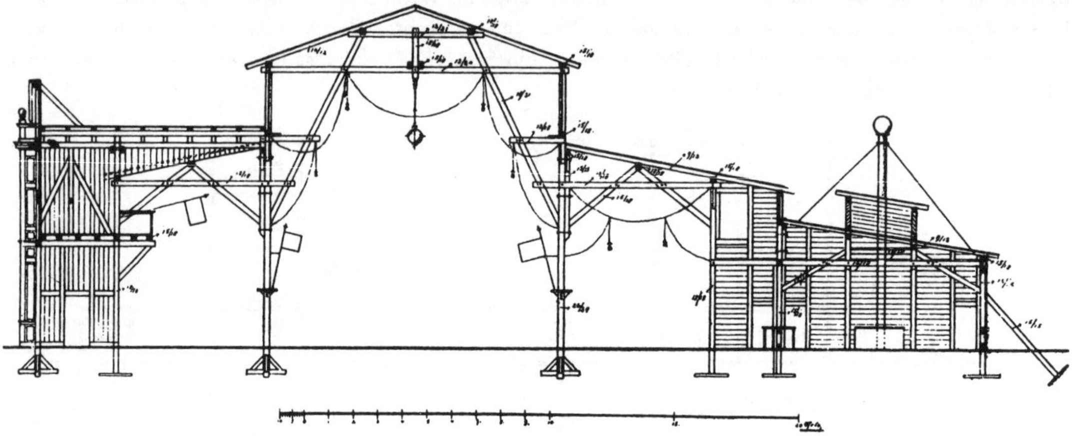

Fig. 315.
Querschnitt zu Fig. 314.

Teerpappe gedeckt wird, auch nicht schwer ist, so ist es auf den Festplätzen doch meist dem Winddruck ausgesetzt, was nicht vergessen werden darf. Die Pfosten oder Ständer müssen deshalb mindestens 1 m tief eingegraben und festgestampft werden, wobei man sie am besten noch „verankert“, wie es Figur 315

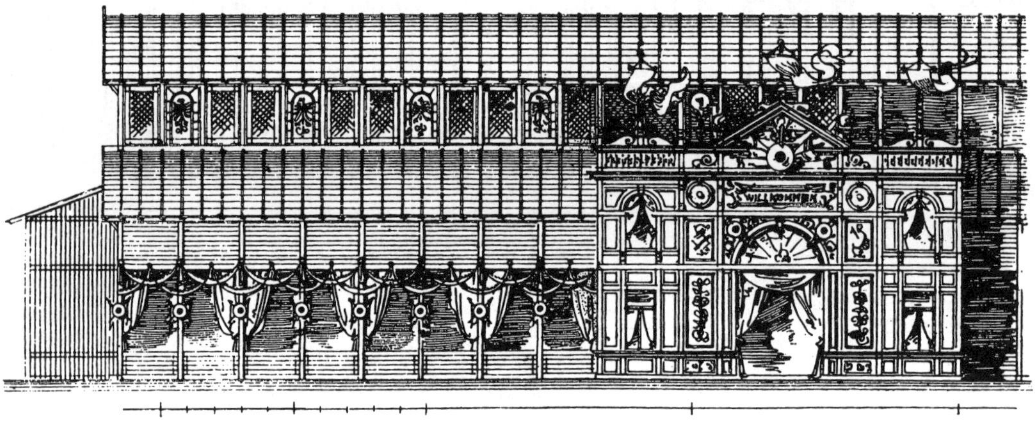

Fig. 316.
Ansicht zu den Fig. 314 und 315.

zeigt. Diese Fufsbildung der Ständer ersetzt gewissermafsen die Fundamente und verhindert das Einsinken der Konstruktion in den Boden. Nicht unzweckmäfsig ist es ferner, abgesehen von den Verstrebungen im Innern, auch äufsere Schutzstreben anzuordnen und dieselben ebenfalls im Boden zu verankern. (Vergl. Fig. 315 rechts.) Die wesentlichste Versteifung des Ganzen wird allerdings durch die Bretterverschalung erreicht, wobei aber auch die Angriffsfläche für den Wind wieder vergröfsert wird.

Tische, Bänke, Rednertribünen, Musikestraden und andere Inneneinrichtungen sind gewöhnlich, dem übrigen sich anpassend, auch äufserst einfach. Tische und Bänke werden im einfachsten Fall ge-

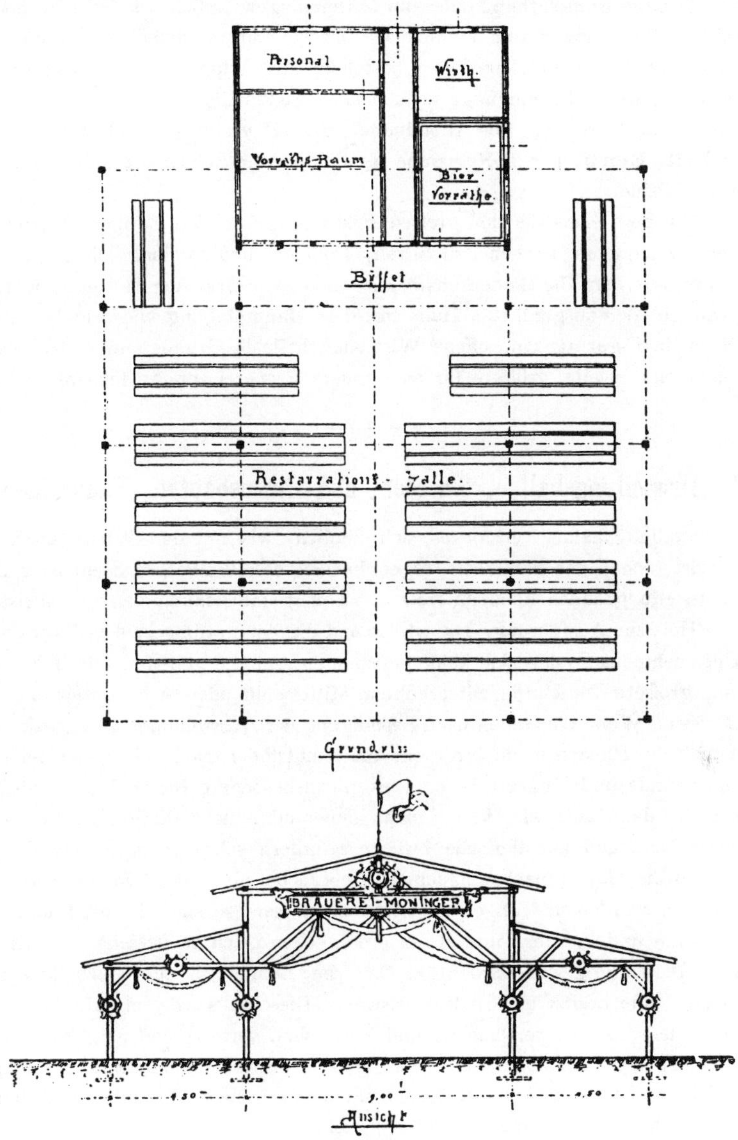

Fig. 317.

Offene Wirtschaftshalle vom Karlsruher Schützenfest 1891.

Architekt Fritz Benzinger.

bildet, indem man Pfähle in den Erdboden schlägt und Bretter aufnagelt. Der Boden selbst wird vielfach blos festgeschlagen und mit Kies und Sand bestreut. Sind die Wände oder die Brüstungen verschalt, so werden die Fugen am Boden mit Moos oder Rasen gedichtet. An Stelle der Fenster können auch Rahmen eingesetzt werden, die, mit Papier oder leichtem, hellem Stoff bespannt, transparente Malereien erhalten. Der Lüftung und besseren Beleuchtung halber und auch des besseren Aussehens wegen werden geschlossene dreischiffige Hallen im Mittelteil gewöhnlich überhöht, wobei in den Wänden über den Seitendächern Oeffnungen zum Lichteinlafs und zur Lüftung belassen werden. Auf den Giebelfeldern werden im Innern die Hauptdekorationen, bestehend aus Wappen, Flaggenfächern u. a., angebracht und am Aeufseren auch, wenn die Eingänge an den Giebelseiten liegen.

Wir geben zu dem Gesagten vier Abbildungen, die auf vorübergehende Hallen Bezug haben, wie sie von Architekt Fritz Benzinger in Karlsruhe für das dortige Schützenfest des Jahres 1891 entworfen und ausgeführt worden sind.

Figur 314 giebt den Grundrifs der grofsen Festhalle nebst den nötigen Anbauten für die Wirtschaft, mit den eingezeichneten Tischen und Sitzen, Tribünen und Podien. Die Figur 315 zeigt den zugehörigen Querschnitt, aus dem die Binderkonstruktion und die Stärke der Hölzer ersichtlich ist, während Fig. 316 die Längsansicht der ausgeführten Halle mit dem Haupteingang wiedergiebt.

Schliefslich ist in Figur 317 eine offene Wirtschaftshalle in Grund- und Aufrifs dargestellt, wie in ähnlicher Weise noch eine zweite, gröfsere für eine andere Brauerei zur Ausführung gelangte.

8. Ausstellungshallen, Theater- und Cirkusbauten, Panoramen.

Mit den Ausstellungshallen verhält es sich ähnlich, wie mit den Wirtschaftshallen. Bleibende Gebäude werden meist, schon der Sicherheit gegen Feuersgefahr halber, in Stein oder Eisen ausgeführt. Vorübergehende Ausstellungshallen kommen trotz der Feuergefährlichkeit dagegen meist als Fachwerksbauten oder ganz in Holz zur Ausführung. Die Gröfse und die Ausstattung sind bedingt durch den Umfang und die Art des Unternehmens, so dafs sich keine bestimmten Anhalte geben lassen. Kleine Hallen sind gewöhnlich einschiffig, gröfsere dreischiffig mit erhöhtem Mittelschiff oder mehrschiffig mit Verwendung von Sägedachkonstruktionen. Wenn die Hallen nach Beendigung der Ausstellung sofort wieder abgetragen werden sollen, gräbt man die Pfosten in die Erde ein und benützt den natürlichen, eingeebneten Boden zum Aufstellen der Gegenstände und für die Gänge. Dies gilt insbesondere für landwirtschaftliche und Gartenbauausstellungen, wobei dann auch die Wände nicht immer oder nicht allseitig geschlossen werden. Ausstellungen für gewerbliche und künstlerische Zwecke erfordern schon mehr Schutz, beanspruchen einen Holzboden etc. Sollen die Hallen nach gemachtem Gebrauche für andere Zwecke erhalten bleiben, solange sie nicht baufällig werden und abgetragen werden müssen, so sind sie mit Fundamenten und Ausmauerungen, mit Thüren und Fenstern und einem ordentlichen Dach zu versehen, erhalten also schon im ganzen eine bessere Ausstattung und werden mit Oelfarbe, Leinölfirnis oder Carbolineum gestrichen.

Eine derartige Halle besitzt die Stadt Karlsruhe. Dieselbe wurde im Jahre 1877 errichtet, später öfters zu den verschiedensten Zwecken benützt und schliefslich versetzt und umgebaut und so ist sie zur Zeit noch im Gebrauch. Die von Oberbaurat Dr. Warth entworfene Halle zeigte ursprünglich einen rechteckigen Grundrifs und war an den vier Ecken mit quadratischen Einbauten und niedrigen Türmen versehen, zwischen welche sich die Haupteingänge legten.

Die Figur 318 zeigt die Ansicht der einen Giebelseite in der ursprünglichen Gestalt. Späterhin wurde die Halle versetzt und der Länge nach in der Mitte getrennt unter Einfügung eines quadratischen Mittelbaues, der oben in ein regelmäfsiges Achteck übergeführt ist mit entsprechendem Zeltdach und einer Laterne. Dieser von Stadtbaumeister Strieder ausgeführte Mittelbau wird abwechselnd als Sommertheater und als Cirkus benützt und für gelegentliche Ausstellungen werden die betreffenden Einbauten ebenfalls wieder geändert und den vorliegenden Bedürfnissen angepafst, was anläfslich der Gartenbauausstellung 1892 eine ganz glückliche Lösung ergab.

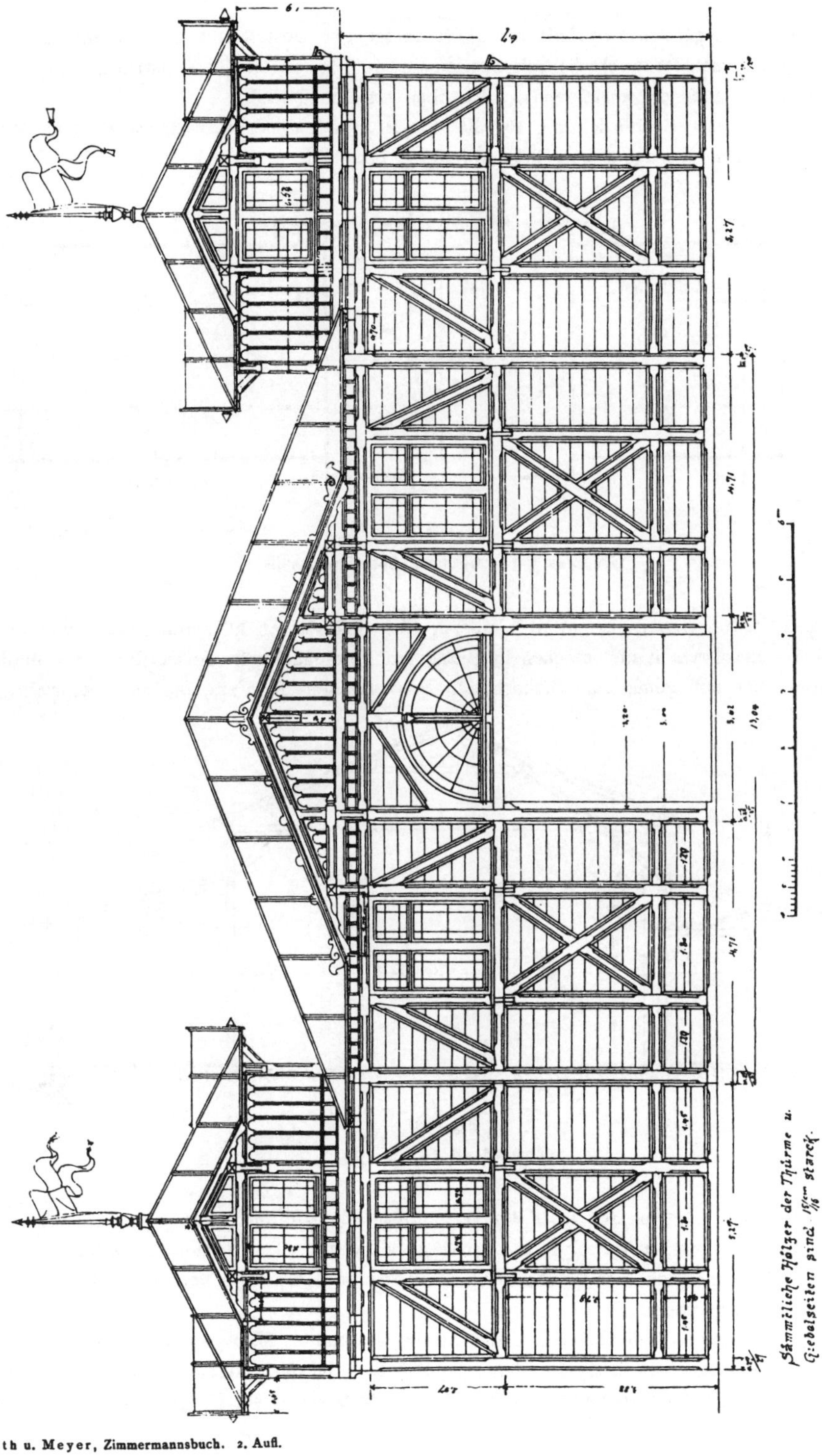

Fig. 318. Vorderansicht der Karlsruher Ausstellungshalle.
Entworfen von Oberbaurat Dr. Warth.

Die Figur 319 zeigt den Grundrifs der Halle in jetziger Gestalt mit dem eingefügten Mittelbau. Fig. 320 giebt den Querschnitt durch die Seitenhallen und in Fig. 321 ist die Konstruktion des Mittelbaues veranschaulicht, wobei auch die ansteigenden Sitzreihen ersichtlich sind.

Die Figur 322 zeigt die Einrichtung für die Zwecke des Sommertheaters, während die Figuren 323 und 324 sich auf die Umänderungen zur Cirkusaufnahme beziehen.

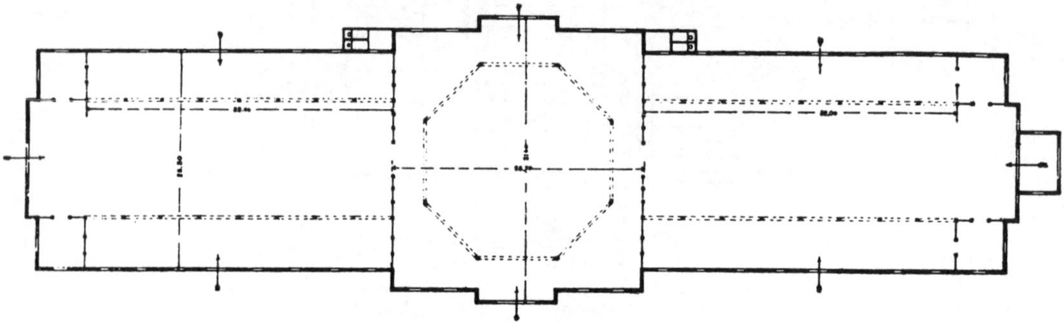

Fig. 319.
Grundrifs der Karlsruher Ausstellungshalle.

In grofsen Städten finden sich meist bleibende Cirkushäuser; an kleineren Plätzen werden sie vorübergehend nach Bedarf erbaut und machen in Bezug auf geschmackvolle Ausstattung gewöhnlich keine Ansprüche, wohl aber auf genügende Sicherheit gegen etwaigen Einsturz, die sich bei richtiger Kon-

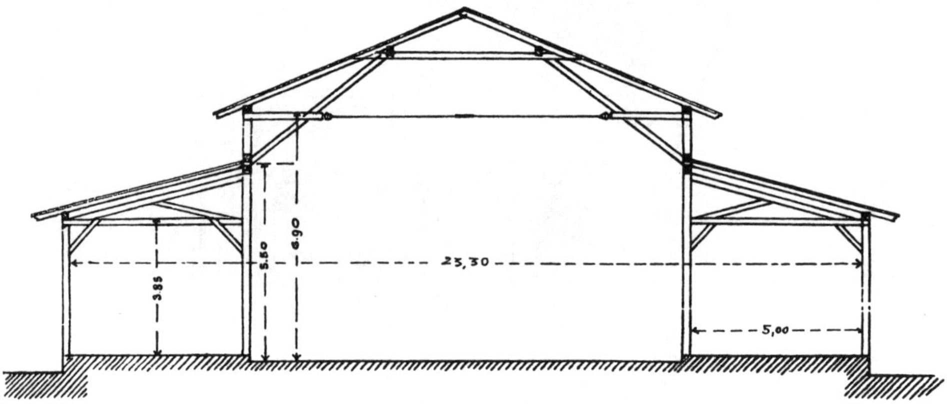

Fig. 320.
Querschnitt zu Fig. 319.

struktion auch unschwer erzielen läfst trotz der verhältnismäfsig grofsen Spannweite. Die Cirkusanlagen sind kreisrund, beziehungsweise vieleckig mit grofser Seitenzahl. Der Grundrifs zerlegt sich in zwei Hauptteile, einen mittleren Kreis, der die Reitbahn, Arena oder Manege vorstellt und in den um diese herum liegenden Zuschauerraum.

Die Manege ist aus verschiedenen Gründen an ein bestimmtes Mafs gebunden, gleichgültig, ob der Cirkus grofs oder klein ist. Der lichte Durchmesser derselben beträgt allgemein 13 m. Dann folgt eine niedrige, etwa 50 cm hohe, gepolsterte Schranke und aufserhalb dieser ein Umgang von etwa 1 m Breite.

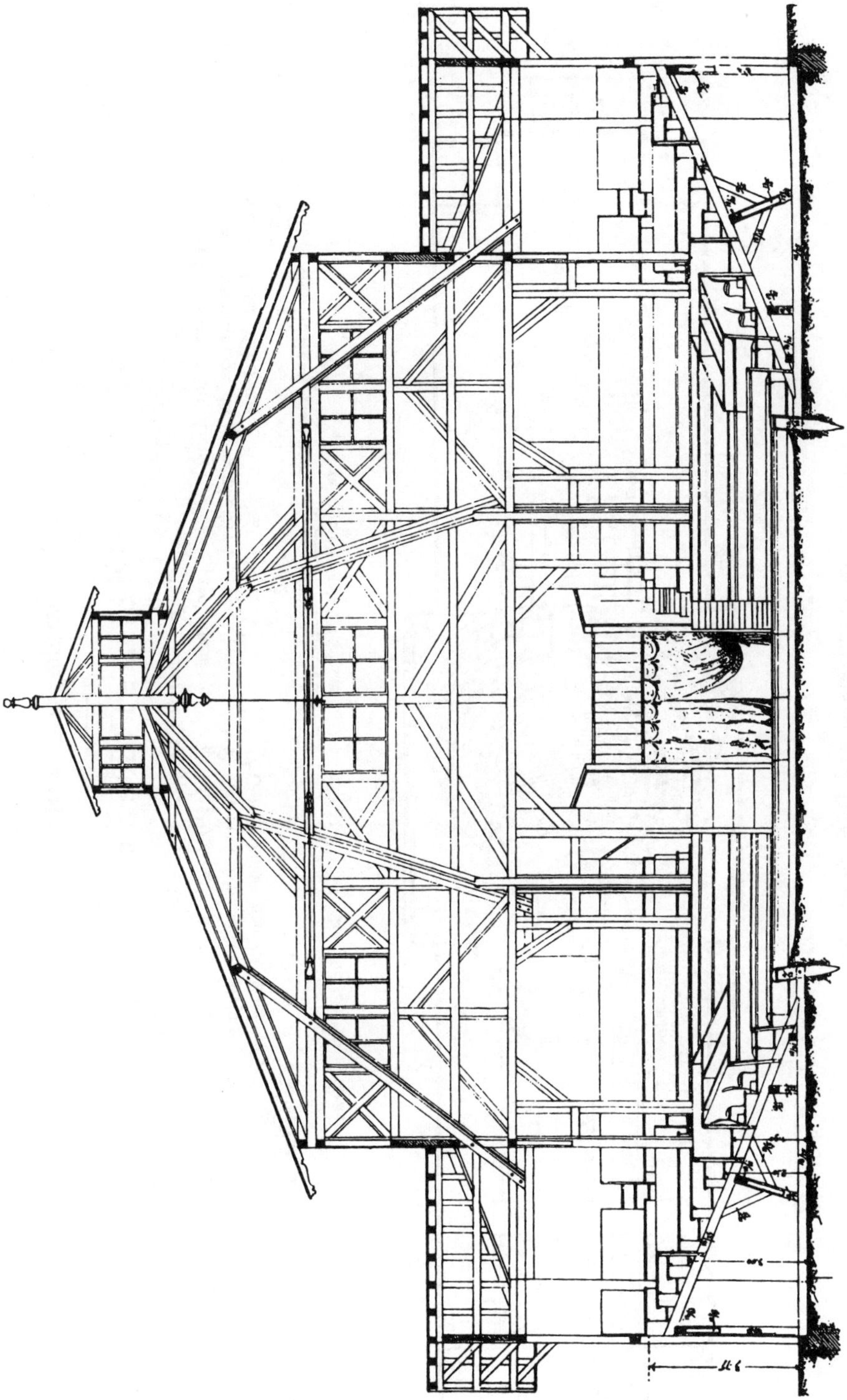

Fig. 321. Mittelbau der Karlsruher Ausstellungshalle.
Entworfen von Stadtbaumeister Strieder.

Ausstellungshalle Karlsruhe.

Sommertheater.

Einteilung.

a) Parterre, Sperrsitze in der Arena	220	Sitzplätze
b) 2 Reihen Sperrsitze um die Manege	72	„
c) 1 Reihe auf der Manege	36	„
d) Logen	52	„
e) und f) I. und II. Rang zusammen	150	„
zusammen:	530	Sitzplätze

g) Im Parterre	50	Stehplätze
h) Galerie gegenüber der Bühne	120	„
i) Galerie hinter dem II. Rang	150	„
zusammen:	320	Stehplätze

Im Ganzen 850 Plätze.

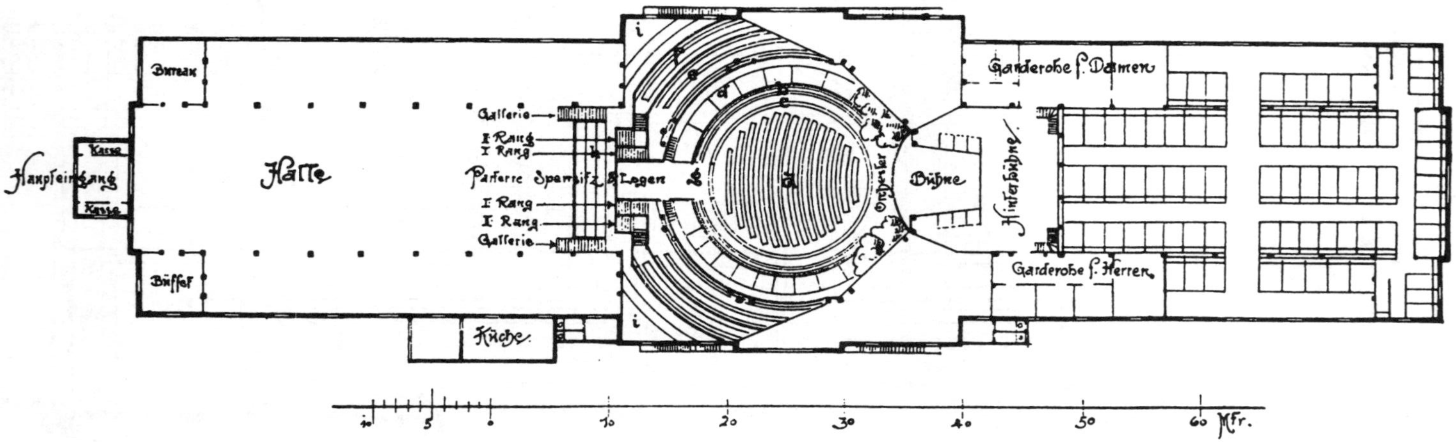

Fig. 322. Benutzung der Ausstellungshalle als Sommertheater.

Von hier aus beginnen die Sitzreihen, schräg ansteigend durch konzentrische und strahlenförmige Abteilungsgänge getrennt. Die Zahl der Sitzreihen ist verschieden, je nach der Gesamtgröfse und der Besucherzahl, mit der gerechnet wird. Sind die Plätze in Ränge geteilt, so werden konzentrische Abtrennungswände von Brüstungshöhe erforderlich. Als Unterstützung des Bodens dient eine aufsteigende, strahlenförmige Balkenlage, getragen durch Unterzugkränze, die durch Pfosten oder Streben gestützt werden. Genügende Holzstärke und solide Konstruktion ist hierbei Haupterfordernis. Die Steigung beträgt höchstens 30°, mindestens aber 20°, gewöhnlich ist das Verhältnis aber 1 : 2, was einem Winkel von 26° gleichkommt. Dem Gebälke folgt der schräge Bodenbeleg, wobei jedoch für die Sitzreihen und konzentrischen Gänge Abtreppungen mit horizontalem Beleg erforderlich sind und gewöhnlich auch für die ansteigenden Gänge verlangt werden. Als Platzbreite sind 0,5 bis 0,55 m zu rechnen, als Platztiefe 0,65 bis 0,75 m; da die vornehmeren Ränge die unteren sind, so wird in diesen gewöhnlich die gröfsere Breite, in den oberen eine geringere angenommen. Bezüglich der Stehplätze rechnet man auf den Quadratmeter vier Personen. Die Höhersitzenden müssen über die Tiefersitzenden wegsehen können; hinter konzentrischen Gängen ist die Sitzreihe höher als sonst zu legen, damit man auch über die Vorübergehenden hinwegsehen kann. Die Gangbreite beträgt 0,8 m.

Die Dachkonstruktion stützt sich auf zwei konzentrische Pfostenreihen, von denen die äufsere die Umfassungswände bilden hilft, während die innere die Sitzreihen durchbricht. Es wird meist ein erhöhter Mittelbau angeordnet, um einen Fensterkranz für die Beleuchtung anbringen zu können. Die Höhe des Cirkus ist von der Konstruktion und insbesondere von der Gröfse abhängig, beträgt aber durchschnittlich 10 bis 15 m.

An die Rotunde schliefst sich einerseits der Eingang als besonderer Anbau an, der gleichzeitig die Kasse, die Wirtschaft und die Galerietreppen aufzunehmen pflegt. Am entgegengesetzten Ende wird ein zweiter Anbau erforderlich für den Aufsitzraum, für die Ankleideräume, die Schneidereien, die Futter- und Geräteräume. Sollen die Pferde im Cirkus selbst untergebracht werden, so sind aufserdem Stallanbauten erforderlich nebst Zubehör, oder dieselben werden unter das Gebälke der Sitzreihen verlegt. In der Axe der

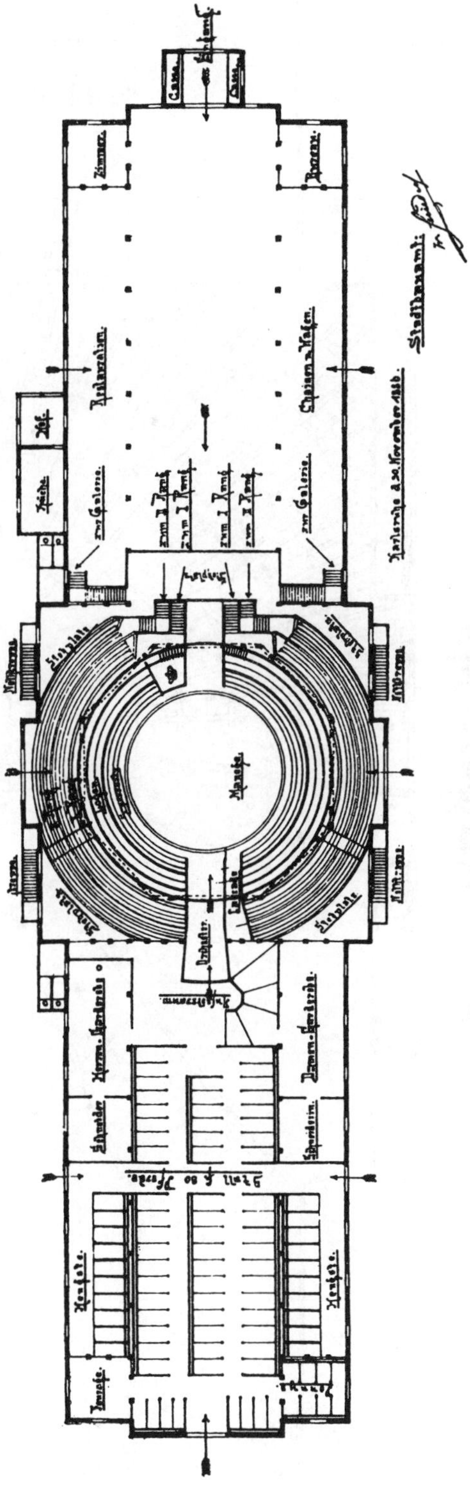

Fig. 323. Benutzung der Ausstellungshalle als Cirkus.

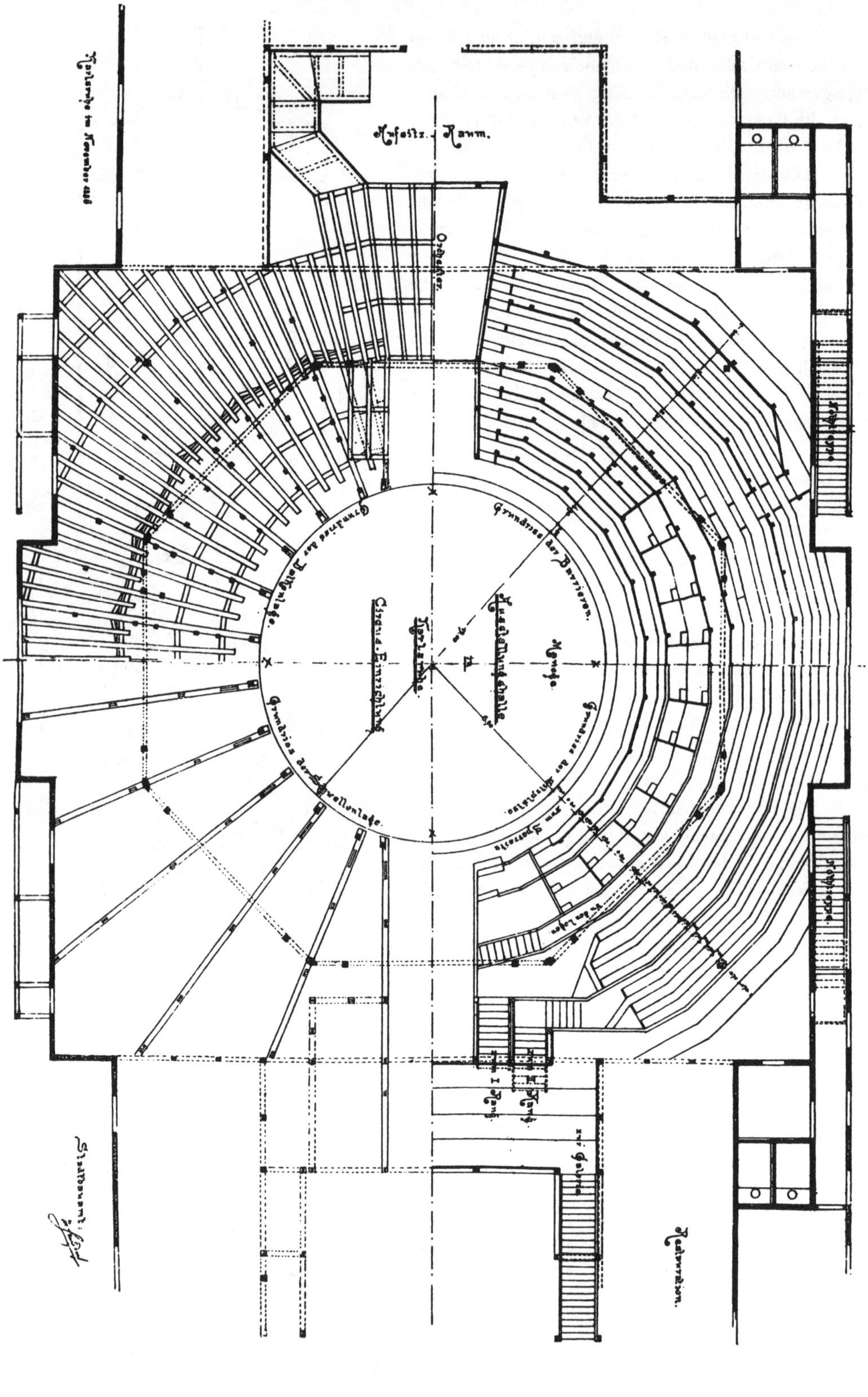

Fig. 224. Zu Fig. 323 gehörig.

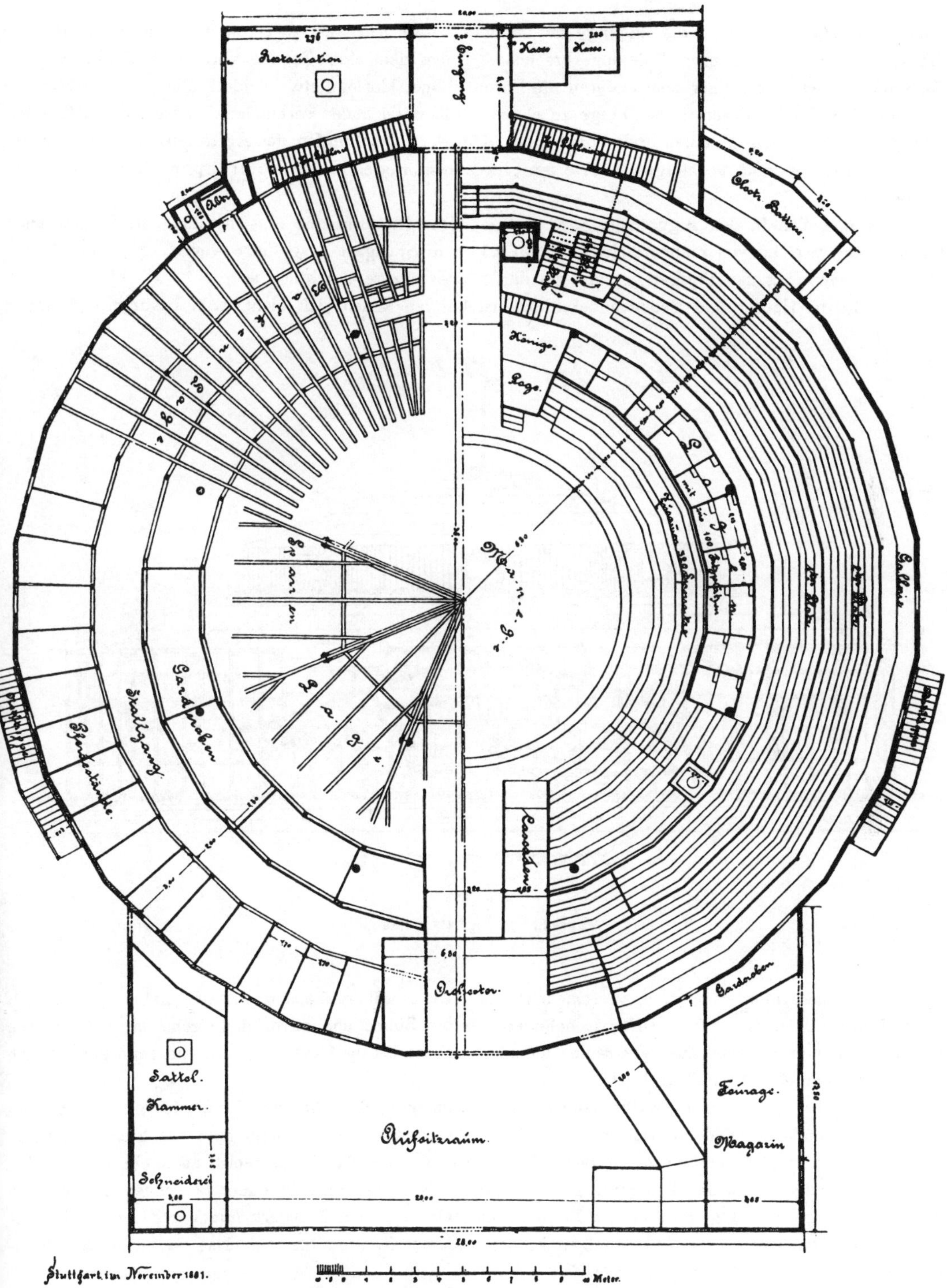

Fig. 325. Cirkus-Grundriſs.

Erbauer: Zimmermeister J. Hofacker in Stuttgart.

genannten Anbauten liegen die Zugänge der Manege, etwa 3 m hoch und 3 m weit, die Sitzreihen und Gänge wenigstens im unteren Teile unterbrechend. Ueber dem einen Zugang wird dann die Tribüne für das Orchester errichtet, über dem anderen die Ehrentribüne, Hofloge etc. Beide Zugänge sind unterhalb des Gebälkes durch konzentrische Gänge zu ebener Erde miteinander verbunden. Dieser sogen. Reitergang ermöglicht den am einen Ende abgehenden Künstlern und Pferden das Auftreten am anderen Ende.

Aufserdem sind die nötigen Aborte am Cirkus anzubringen, sowie Nottreppen für etwaige Fährlichkeiten.

Wir geben in den Figuren 325, 326 und 327 den Grundrifs, die Ansicht und den Schnitt einer Cirkusanlage, welche von Zimmermeister J. Hofacker in Stuttgart ausgeführt wurde. Aus diesen Abbildungen, sowie aus den Figuren 323 und 324 dürfte alles übrige ersichtlich sein.

Für die Häuser und Buden anderer Schaustellungen lassen sich nicht wohl bestimmte Angaben

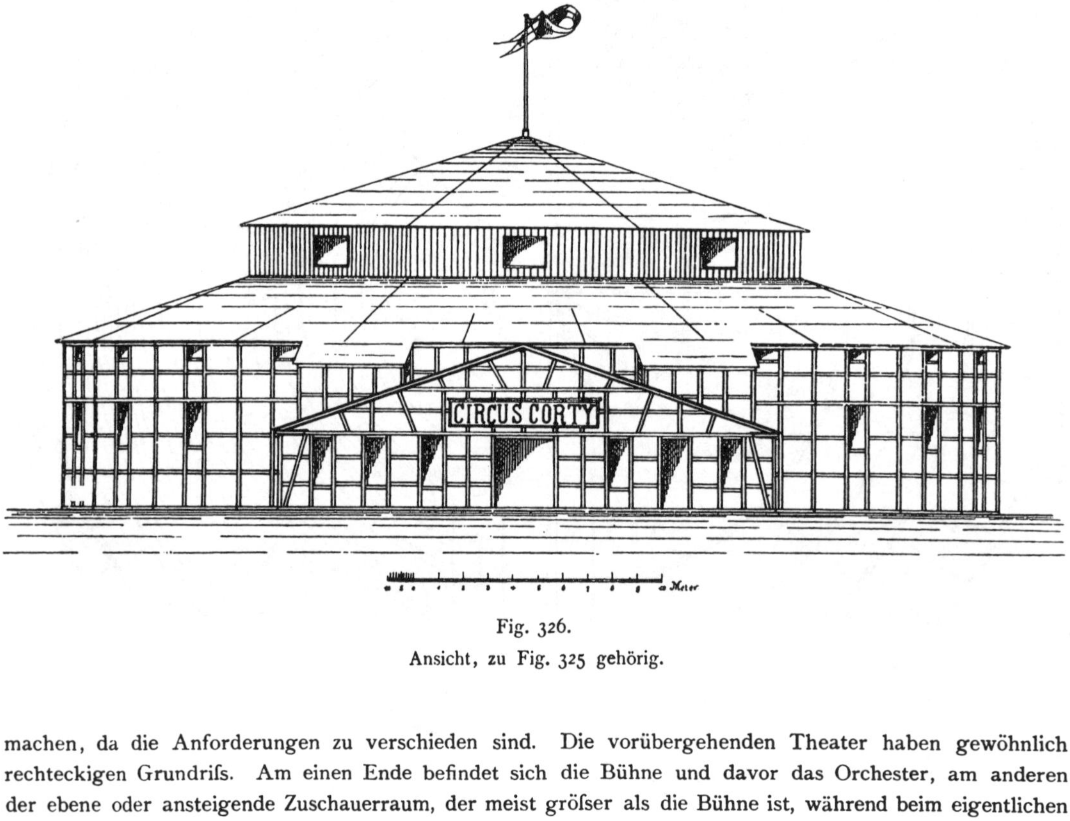

Fig. 326.
Ansicht, zu Fig. 325 gehörig.

machen, da die Anforderungen zu verschieden sind. Die vorübergehenden Theater haben gewöhnlich rechteckigen Grundrifs. Am einen Ende befindet sich die Bühne und davor das Orchester, am anderen der ebene oder ansteigende Zuschauerraum, der meist gröfser als die Bühne ist, während beim eigentlichen Theater der umgekehrte Fall vorliegt.

Was die Panoramen betrifft, so ist vorauszuschicken, dafs ihre Errichtung für gewöhnlich den Zimmermann nicht erheblich beschäftigt, weil die Umfassungswände aus Stein oder aus Stein und Eisen (sogen. Eisenfachwerk) gebildet zu werden pflegen, wobei dann das Dach meist auch ein eisernes ist. Nur in den Fällen, wenn das Panorama auf eine verhältnismäfsig kurze Zeitdauer berechnet ist, oder wo der Holzpreis gering ist gegenüber den Eisenpreisen, wird man das Bauwerk mit Vorteil aus Holz konstruieren können, wenn seine Abmessungen in bescheidenen Grenzen bleiben. Das ist Sache der Rechnung und geht die Unternehmer an.

Das Prinzip des Panoramas kann als bekannt vorausgesetzt werden, nachdem in den letzten Jahrzehnten in allen gröfseren Städten Panoramen erstanden sind, deren gemeinsames Urbild das von Hittorf im Jahre 1839 für die Champs Elysées in Paris entworfene Bauwerk ist. Die Leinwand des Bildes bildet einen Hohlcylinder oder genauer genommen eine hyperboloidisch eingezogene Fläche (infolge des Eigengewichtes und der zur Spannung dienenden Belastung). In geringer Entfernung hinter dem Bilde befinden sich die Umfassungswände, meist über einem regelmäfsigen Zwölf- oder Sechzehneck errichtet und ein entsprechendes Zeltdach tragend. Der Bau gleicht also im allgemeinen demjenigen eines Cirkus, abgesehen von der inneren Einrichtung. Das Dach ist wie bei dem letzteren meist freitragend, kann unter Umständen aber auch durch einen Mittelpfosten gestützt werden. Inmitten des Panoramas wird eine erhöhte Plattform erbaut, rund oder wieder regelmäfsig vieleckig, um die Beschauer aufzunehmen. Der Zugang zu dieser Plattform geschieht vom Eingang her durch gedeckte Gänge und Treppen, deren

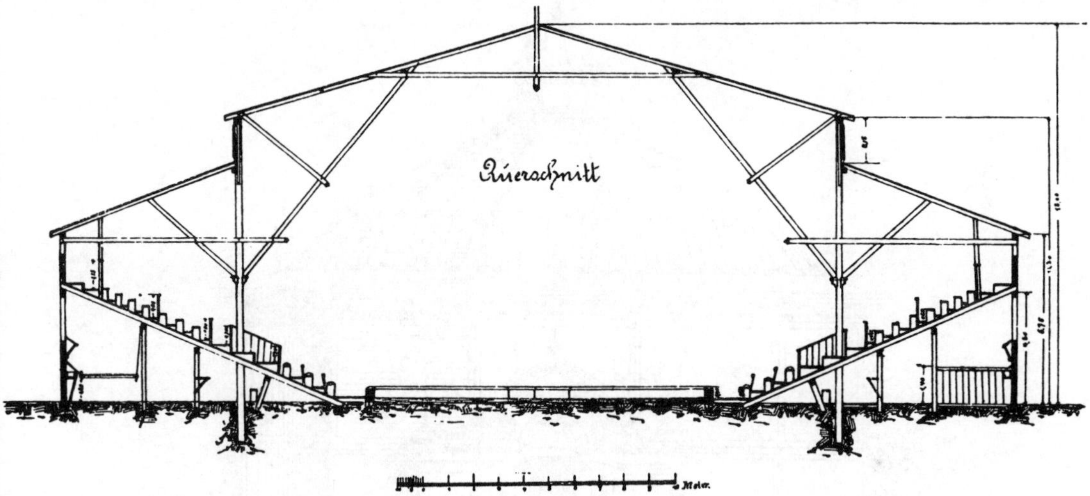

Fig. 327.
Zu den Figuren 325 und 326 gehörig.

Anordnung verschieden sein kann. Sie werden geschlossen gebildet, damit das aus dem Dunkel kommende Auge lichtempfindlicher und empfänglicher für den Eindruck des Bildes ist. Am Fufs des Bildes wird gewöhnlich ein plastischer Uebergang zum Fufsboden (durch Erdanschüttung, Gesträuch etc.) erzeugt und die untere Begrenzung des Bildes für den Beschauer hat der nach aufsen überschiefsende Boden der Plattform zu bilden, während ein geschlossenes Geländer den zu betretenden Teil der letzteren begrenzt (Fig. 329).

Die Beleuchtung des Bildes erfolgt durch eine ringförmige Glaszone in der Dachdeckung Durch sie fällt das Licht zunächst auf den sogen. Reflektor, d. i. eine im Dachraum cylindrisch aufgehängte weifse Leinwand. Von dieser fällt der Widerschein auf das Bild, dessen obere Begrenzung für das Auge durch das Velum erreicht wird. Das letztere ist entweder eine kreisförmige Abdeckung der Plattform mit oder ohne Randbehang, ein flaches Zeltdach, aus Stoff gespannt, mit Mittelöffnung zum Zwecke des Luftabzuges etc. Für die Anbringung des Velums wird gewöhnlich das Zugstangensystem der Dachkonstruktion ausgenützt und ebenso können unter Umständen konstruktive Teile im Dachwerk zur Anheftung des Reflektors dienen.

Die Abmessungen sind innerhalb gewisser Grenzen schwankend. Der Grundrißdurchmesser beträgt 30 bis 40 m, die Höhe des Bildes 10 bis 15 m, die Höhe des ganzen Baues 20 bis 30 m, die Höhe der Plattform vom Boden je nach dem gewählten Horizont 3 bis 5 m, der Plattformdurchmesser, im Geländer gemessen, 10 bis 12 m, die Breite der Gänge und Treppen ungefähr 2 m.

Dem Hauptbau wird gewöhnlich ein kleinerer Bau als Eingang vorgelegt, welcher dann die Kasse, die Garderobe etc. enthält.

Zu den vorstehenden Bemerkungen geben wir drei Abbildungen, welche einen Panoramabau darstellen, wie er 1894 in Karlsruhe von Architekt Karl Augenstein ausgeführt worden ist. Die Um-

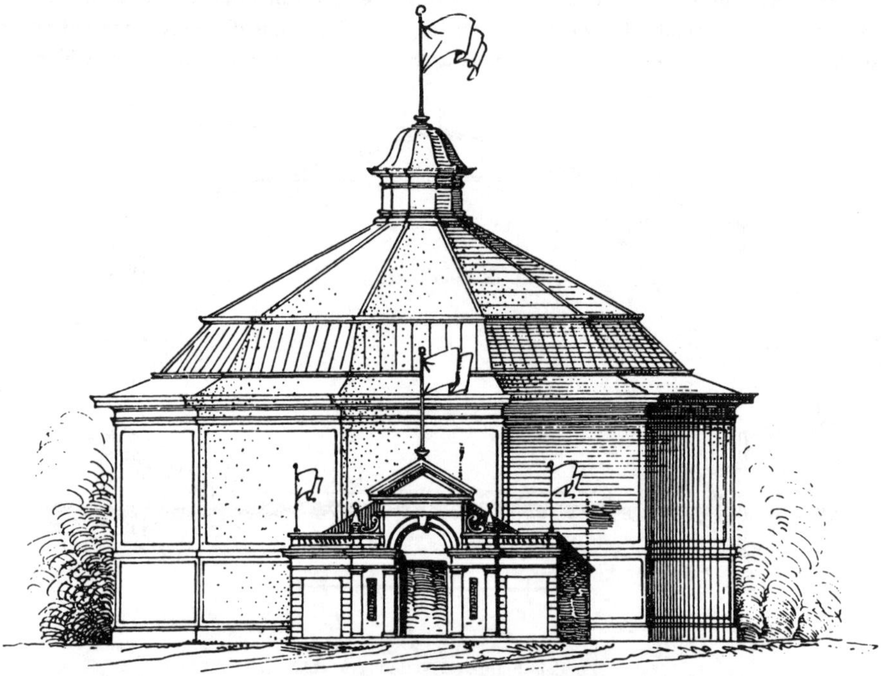

Fig. 328. Panoramagebäude in Karlsruhe.
Erbaut von Architekt Karl Augenstein daselbst.

fassungswände sind in Holzfachwerk gebildet und stehen auf eingerammten Grundpfählen. Sie sind mit Backsteinen ausgemauert, verputzt und bemalt. Das Hauptgesimse ist aus Holz. Die Dachkonstruktion ist der Hauptsache nach aus Tannenholz mit Verwendung von Eisen für Zugstangen und Sicherungen und von Eichenholz für die Helmstange. Gedeckt ist das Dach mit gepreßten Metallziegeln. Die Dauer des Bauwerkes ist auf 10 Jahre angenommen.

Die Figur 328 zeigt das Aeußere mit dem Eingangsportal. Die Figur 329 bringt den Schnitt und den Grundriß in verkleinertem Maßstabe. Der Einfachheit halber ist nur ein Dachbinder in den Schnitt eingezeichnet. Die Figur 330 giebt einige Einzelheiten mit den eingeschriebenen Holzstärken. Da die Buchstabenbezeichnung auf die betreffenden Stellen der vorangegangenen Figur hinweist, dürfte eine weitere Auseinandersetzung der interessanten Konstruktion überflüssig sein.

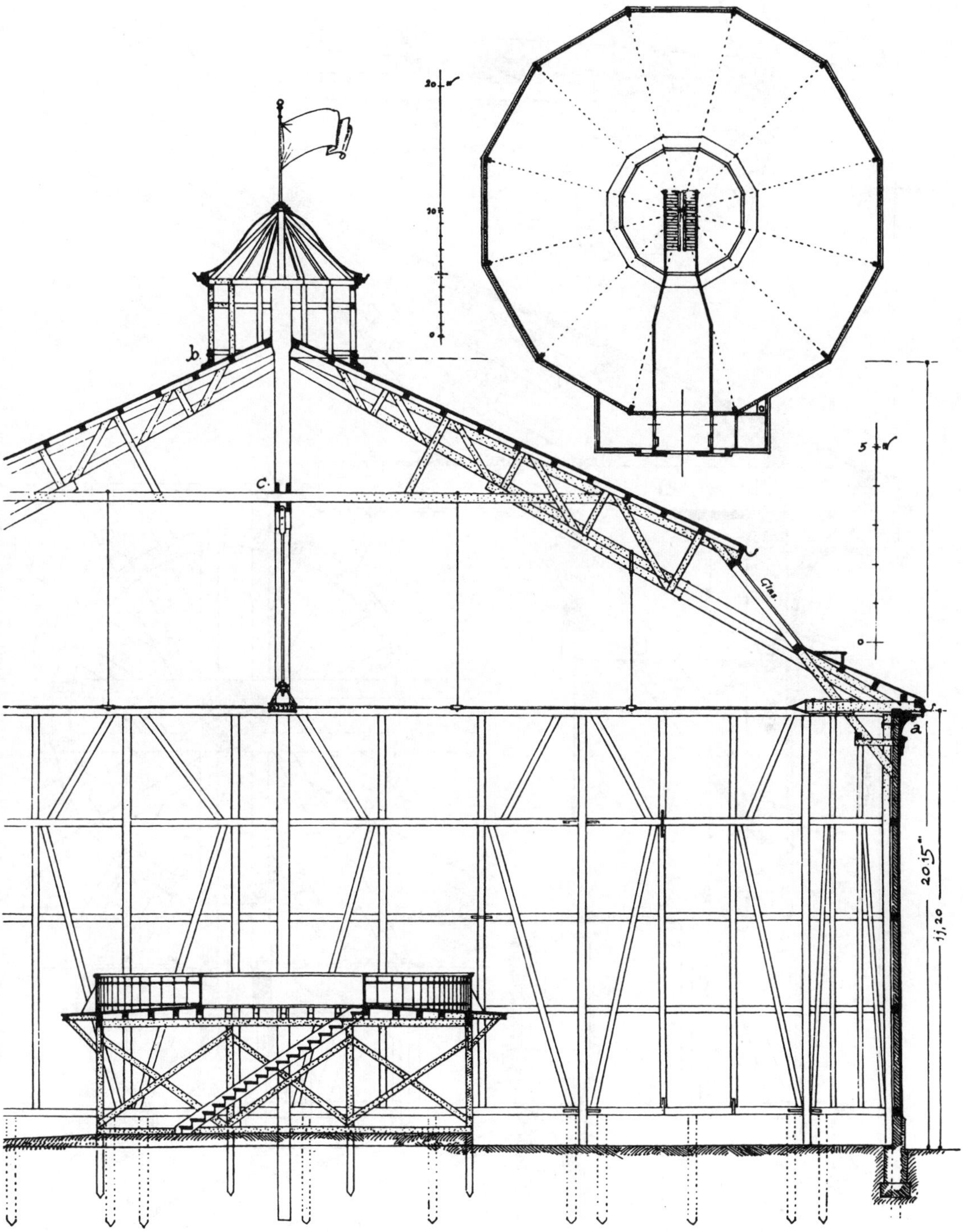

Fig. 329. Schnitt und Grundriſs eines Panoramagebäudes. Zu Fig. 328 gehörig.

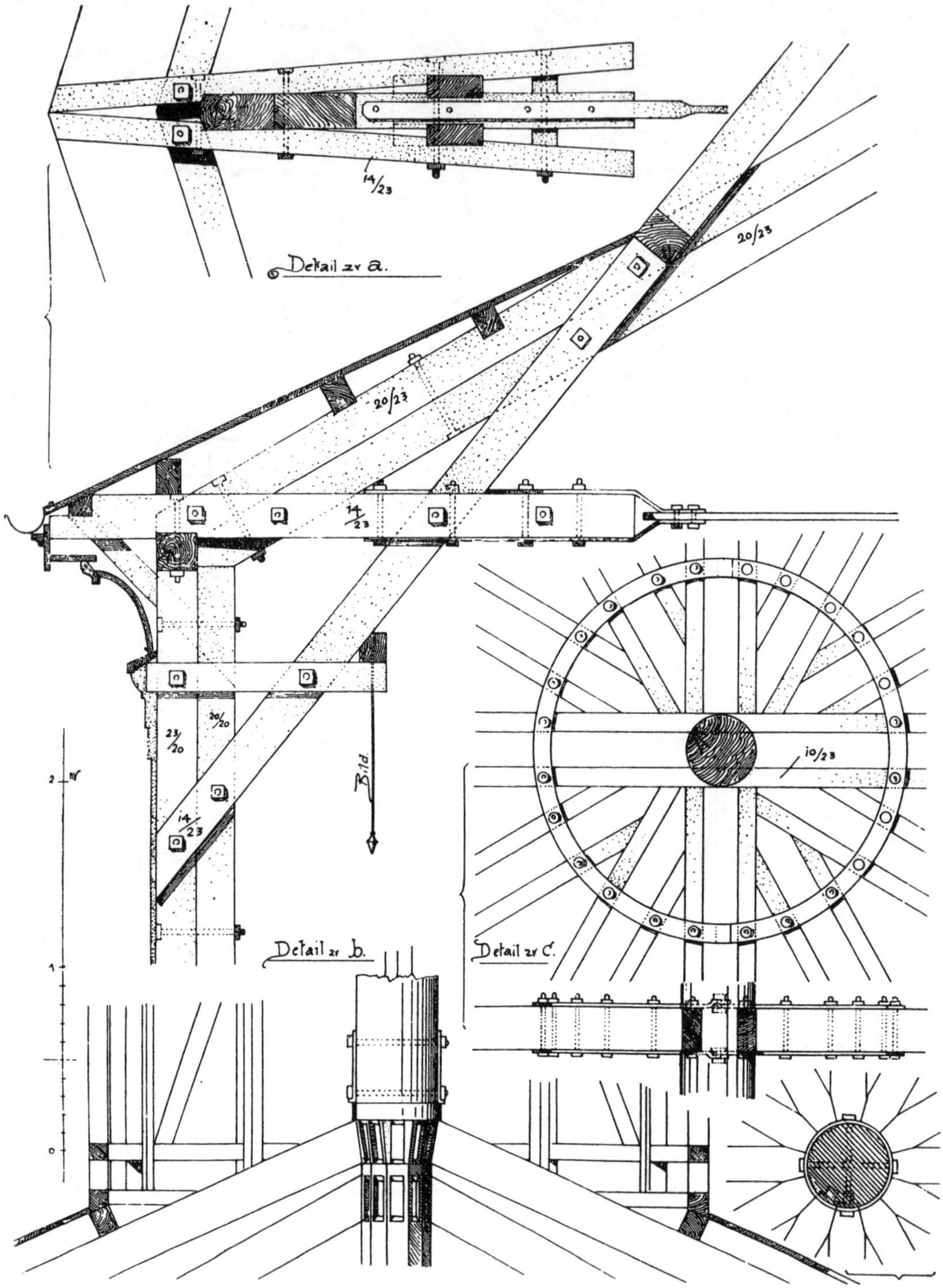

Fig. 330. Einzelheiten zu den Figuren 328 und 329.

9. Kegelbahnen.

(Tafel 117 und 118.)

Das Kegelspiel, früher hauptsächlich auf dem Lande geübt, erfreut sich neuerdings auch in den Städten einer gröfseren Beliebtheit und zwar mit Recht, da es für die zum langen Sitzen gezwungenen Personen einer wohlthätigen körperlichen Erholung gleichkommt. Das Spiel hat sich aus einfachen Anfängen entwickelt, die offenbar im Altertum und Mittelalter zu suchen sind. Aehnlich der jetzigen Spielweise wird es bereits zur Zeit der Renaissance in Deutschland getrieben, wie aus vereinzelten Darstellungen jener Zeit zu ersehen ist. Das Spiel mit 9 Kegeln in der heute üblichen Stellung ist bis in das 16. Jahrhundert zurück zu verfolgen. Die Bahnen und die übrige Ausstattung waren allerdings viel einfacher und die vorübergehende, zu festlichen Anlässen gehörige Einrichtung ist eine stehende, bleibende geworden. Den unbegrenzten älteren Sandbahnen sind die eingehegten offenen Estrichbahnen gefolgt und diesen wiederum die gedeckten. Früher wurde nur zur Sommerszeit gespielt, heute spielt man auch im Winter und so haben sich den gedeckten Bahnen die geschlossenen, heizbaren angereiht.

Im allgemeinen befinden sich die Kegelbahnen in Wirtschaftsgärten, seltener eingebaut in Wirts- und Vereinshäuser. In den Gärten liegt dann die Anlage entweder frei zwischen Bäumen und Gesträuchen oder sie lehnt sich an eine Umfassungsmauer an. Im ersteren Fall ist beiderseitige Beleuchtung vorhanden; im letzteren solche von einer Seite. Man legt die Kegelbahnen des beim Spielen entstehenden Gepolters halber wenn thunlich an entlegene Plätze oder sorgt, so gut es angeht, für Verminderung des Geräusches. Aus dem gleichen Grunde werden die Kegelbahnen im Innern von Gebäuden fast ausnahmslos in das Erd- oder Kellergeschofs verlegt. In den letzten Jahrzehnten sind verschiedenerorts sehr reich ausgestattete Bahnen dieser Art entstanden; hier handelt es sich jedoch nur um die in Holz herstellbaren Anlagen für Gärten.

Die Kegelbahn besteht aus zwei Teilen, der eigentlichen Bahn und der damit verbundenen Kegelstube, d. i. ein Wirtschaftsraum für die kegelnden Gäste.

Die Bahn hat eine Breite von 1,5 bis 2 m und eine Länge, die das zehn- bis zwölffache der Breite, also 15 bis 24 m beträgt. Verhältnismäfsig kurze Bahnen läfst man gerne etwas ansteigen, lange haben es nicht nötig.*)

Von den aus gestampftem Lehm hergestellten Estrichbahnen ist man abgekommen und ebenso von den mit Dielen belegten. Häufiger trifft man noch sogen. Lattenbahnen, hergestellt aus hochkantig im Verband gelegten, auf Bodenrippen genagelten Latten. Cement hat sich wenig als Beleg bewährt, wohl aber Asphalt in 3 cm starkem Auftrag auf einer Betonunterlage von 10 bis 12 cm. Die Asphaltbahnen sind bei guter Ausführung haltbar, elastisch, wenig Geräusch verursachend und deshalb allgemein bevorzugt. Auch Schiefer- und Marmorplatten hat man als Beleg benützt. Derartige Bahnen sehen hübsch aus und sind ebenfalls haltbar, wenn die Platten nicht zu dünn genommen und solid verlegt werden. Ob das in Asphalt gelegte Kapuzinerstabparkett schon als Beleg versucht wurde, wissen wir nicht, halten den Versuch jedoch für angezeigt, wo es sich um ganz feine Ausstattung handelt. Am einen Ende der Bahn befindet sich das Wurfbrett, am anderen das Riefs oder Leg, d. h. das aufgestellte Spiel.

Das Wurfbrett, Anwurfbrett oder kurzweg Brett ist die meistgefährdete Stelle der Bahn, weil hier die Kugeln aufgesetzt werden. Es liegt inmitten der Bahnbreite und wird gewöhnlich aus einem Hartholzbohlen — meist nimmt man Eichen — von 30 bis 40 cm Breite, 3 bis 6 m Länge und 5 bis 10 cm Stärke hergestellt. Befestigt wird das Brett durch Aufschrauben auf Querrippen oder auf einen der

*) Ist der vorhandene Raum für eine gewöhnliche Bahn zu kurz, so kann sie auch wie eine römische Rennbahn umgebogen werden (Rundbahn, System Kiebitz) oder die Bahn setzt sich aus 2 horizontalen oder schwach steigenden Strecken zusammen, zwischen welche ein kurzes stark steigendes Stück eingesetzt ist.

Länge nach liegenden Stamm. Wenn thunlich soll das Brett aus einem Stück, also nicht gestoſsen sein. Da das Brett sich rasch abnützt, werden besser einige Hartholzbohlen hochkantig nebeneinander gelegt und durch Schraubenbolzen unter sich verbunden. (Vergl. Taf. 117h.) Es ist aus verschiedenen Gründen nicht zweckmäſsig, das Brett an den Asphaltbeleg grenzen zu lassen. Man legt an beiden Stirnenden des Brettes eichene Querschwellen oder Rahmenschenkel und füllt die Fläche beiderseits des Brettes mit Holzriemen oder hochkantig gestellten Latten (um die Gefahr des Ausrutschens und Fallens der Kegler zu vermindern). Bei Marmorbahnen tritt an Stelle des Brettes eine starke Marmorplatte von abstechender Farbe. Wo die Kosten nicht ins Gewicht fallen, kann man das Brett mit Vorteil durch eine gehobelte, 4 cm starke Guſseisenplatte (Schmiedeisen taugt nicht) ersetzen, die auf einen Stamm aufgeschraubt wird. Derartige Platten haben einerseits den Vorteil unbegrenzter Dauer, während das Brett aus Holz öfters erneuert werden muſs. Andererseits ist der Wurf sicher, d. h. die Kugel läuft, wie sie aufgesetzt ist, was bei einem ausgeworfenen Brett nicht zutrifft, auf dem die best veranlagte Kugel schlieſslich „verläuft", während eine schlecht geworfene treffen kann.

Das Rieſs oder Leg (vergl. Taf. 118a und d) am anderen Ende der Bahn kann auf verschiedene Weise gebildet werden. Entweder wird ein quadratischer Rahmen mit zwei sich kreuzenden Wechseln aus sogen. Rahmenschenkeln zusammengesetzt und bündig in den Asphalt eingelassen. Auf den Kreuzungsstellen der Rahmenhölzer werden dann runde Eisenscheiben bündig eingelassen und verschraubt, um den Kegeln als Stand zu dienen. Oder man setzt mit Weglassung des Rahmens ähnliche Scheiben auf Stielen bündig in den Asphaltbeleg ein, wobei die Stiele im Beton ihren Halt finden. Eine dritte Art besteht darin, am Ende der Bahn eine Granitplatte in der ganzen Breite zu legen und die Aufsatzstellen der Kegel etwas zu vertiefen. Aehnliche Platten werden wohl auch als Uebergang vom Brett zum Asphaltbeleg eingeschoben. Sandsteinplatten haben keinen Wert, da sie sich zu rasch abnutzen. Hinter dem Stand des letzten Kegels verbleibt für die Bahn noch ein Fortsatz von 30 bis 50 cm, dann folgt bei Asphaltbeleg ein abschlieſsendes Querholz und hinter diesem liegt der Boden 10 bis 15 cm tiefer, damit die von der Bahn abgeflogenen Kegel und Kugeln nicht mehr auf dieselbe zurückrollen können. Dieser tiefer liegende Teil ist meist quadratisch im Grundriſs, jedenfalls soll ein freier Raum von 60 cm nach Aufhängen der Matratze oder der Pendelhölzer verbleiben. Damit die Kegel und Kugeln die Rückseite der Bahn nicht beschädigen und selbst weniger Schaden leiden, hängt man hinter dem Rieſs eine Matratze auf und polstert wohl auch die Umgebung. Ein anderes Verfahren besteht darin, an einer Eisenstange pendelnde Hölzer aufzuhängen (vergl. Taf. 118g), welche dem Anprall nach dem Prinzip des ballistischen Pendels entgegenwirken. Soll das Geräusch möglichst vermieden werden, so wird man am besten beide Verfahren vereinigen, wobei die Matratze vor oder hinter die Hölzer kommen kann. Die Bahn wird beiderseits eingesäumt durch die Banden, welche mindestens 15 cm hoch sein müssen. Wo die Spielregeln das Bandeln oder Randeln nicht zulassen, da können die Sockelsteine der einschlieſsenden Wände, glatt gearbeitet, die Banden vorstellen. Anderenfalls, oder wenn Sockelsteine überhaupt nicht vorhanden, müssen die Banden aus starken Brettstreifen hergestellt werden. Die Kegel werden aus Weiſsbuchenholz gedreht; minder gut ist Platanenholz; andere Hölzer eignen sich kaum. Die Form ist am besten im unteren Teil walzig, oben beliebig verjüngt. Der König (der mittlere der neun Kegel) wird gewöhnlich etwas höher gehalten, was sich jedoch im Interesse des raschen Aufsetzens nicht empfiehlt und im Sinne der Spielenden nicht nötig erscheint. Am unteren Ende sind die Kegel etwas verdünnt und zweckmäſsigerweise ausgehöhlt, wie die Flaschenboden, weil auf der Ringfläche ein sicherer Stand erzielt wird. (Vergl. Taf. 118f.) In der Mitte stark ausgebauchte Kegel nutzen sich zu rasch ab. Die Kugeln werden aus Weiſsbuchenholz gedreht (sogen. Holzkugeln) oder aus Pockholz oder Eisenholz (sogen. Eisenholzkugeln). Wo fein und mit Berechnung gekegelt wird, sind beide Arten nötig. Die Kugeln haben Durchmesser von 12 bis 25 cm. Kleinere Kugeln bleiben ohne Löcher (Vollkugeln); gröſsere erhalten meist drei Vertiefungen zum besseren Anfassen eingebohrt (Lochkugeln).

Man giebt den Löchern eine Weite von etwa 30 mm und legt die Mittelpunkte derart, daſs ein Dreieck von 11 auf 11 auf 8 cm entsteht. (Taf. 118e.) In Bezug auf Kegel, Kugeln und Kegelabstand herrschen groſse Willkürlichkeiten, nicht zum Vorteil der Sache. Es mag deshalb nicht überflüssig erscheinen, hier gewisse Anhalte zu geben.

Zwischen den Banden und den Eckkegeln zur Rechten und Linken muſs soviel Abstand bleiben, daſs auch die gröſste Kugel ohne Berühren durchsausen kann. Der Abstand zwischen den Kegelreihen muſs derart sein, daſs wohl die kleineren, nicht aber die ganz groſsen Kugeln ohne zu berühren durchkommen. Nach diesen Gesichtspunkten und dem Vorausgegangenen läſst sich nachstehende Tabelle als maſsgebend aufstellen.

TABELLE XXI.

Bahnbreite m	Bahnlänge m	Kegelstärke cm	Kegelhöhe cm	Kugeldurchmesser cm	Abstand von König- und Eckkegelmitte cm
1,5	15 bis 18	10	36	12 bis 20	47
1,6	16 bis 19	10	38	12 bis 21	51
1,7	17 bis 20	11	41	13 bis 22	55
1,8	18 bis 22	11	43	13 bis 23	58
1,9	19 bis 23	12	46	14 bis 24	62
2,0	20 bis 24	12	48	15 bis 25	66

Zu beiden Seiten der Bahn ruhen auf den Fundamenten und Sockelsteinen die Pfosten und auf diesen die Pfetten für das Satteldach oder Pultdach. Durch Ausriegelung wird eine Brüstung gebildet. Bei offenen Anlagen werden die Brüstungsfelder verschalt, die darüberliegenden vergittert. Bei heizbaren Anlagen werden die Gefache ausgemauert und mit Fenstern versehen. Die Höhe vom Boden bis zum Dach beträgt 2 bis 2,5 m. An die eine Längswand wird der Kugelkanal verlegt, dessen Herstellung alle Aufmerksamkeit erfordert, weil ein schlechter Kanal zu ständigen Störungen Anlaſs giebt. Der Kanal liegt am Rieſs etwa 1,2 m, am Brett etwa 0,2 m über dem Boden. Das Gefälle ist so anzuordnen daſs es in der Nähe des Rieſses stark ist, in der Mitte der Bahn schwächer wird und am Brett gleich Null ist. Dadurch wird der Rücklauf der Kugeln geregelt, d. h. die nach dem Fallgesetz zunehmende Geschwindigkeit wird durch das abnehmende Gefälle wieder vermindert. Man bildet die Kanäle häufig durchbrochen aus Latten oder Flacheisen. Sie müssen dann aber oft und in geringen Abständen gestützt und befestigt werden, weil die Latten und noch mehr das Eisen sich im Lauf der Zeit nach unten ausbiegen, so daſs die Kugeln sitzen bleiben. Besser sind deshalb die Kanäle aus Brettern. (Tafel 118c.) Um das Rollen weniger geräuschvoll zu machen, werden die Rinnen gepolstert oder mit weichem, grobem Stoff ausgelegt. Die in unmittelbarer Nähe des Wurfbrettes liegende Kanalpartie wird gewöhnlich zu einer Art Trog verbreitert. Ebenso kann man alle anderen Teile, die Anlaſs zu Geräusch geben, polstern oder mit Stoff überziehen. Offene Bahnen sind in der Umgebung des Rieſses innenseitig genügend stark zu verschalen; auch empfiehlt sich eine Verschalung der Wände in der Nähe des Brettes. Neben dem Rieſs ist ein seitlicher Ausbau mit Bank für den Kegeljungen anzubringen. Der Raum dieses Ausbaues miſst gewöhnlich 1 m auf 1 m im Grundriſs und muſs von auſsen zugänglich sein.

Der Bahn vorgelegt ist die Kegelstube. Ihre Gröſse hängt von dem Besuch ab; da sie meist 20 bis 40 Quadratmeter überdeckt, so wird ihre Höhe etwas gröſser genommen als diejenige der Bahn. Man legt die Axen beider Teile gewöhnlich nicht zusammen, sondern läſst die eine Wand der Bahn auch für die Stube weiter laufen. Bei angebauten Anlagen ist dies selbstverständlich; bei freiliegenden würde man jedoch eine bessere Uebersicht auf das Spiel erzielen, wenn die Axen zusammenfielen. Um die

Uebersicht zu verbessern, werden gerne erhöhte Sitze auf Podien angeordnet. Die Einrichtung der Kegelstube, bestehend aus Tischen, Bänken, Podien etc. soll das Spiel nicht beengen. Jedenfalls ist vom Wurfbrett der Stube zu ein freier Abstand von 1,5 m zu belassen. Die Ausstattung der Stube wird meist mit derjenigen der Bahn in Einklang gebracht, kann aber auch besser und reicher sein. Der Bodenbeleg ist von demjenigen der Bahn unabhängig. Offene Kegelbahnen erhalten selten eine besondere Decke; die Dachschalung bildet die natürliche und einfachste Abdeckung. Bei heizbaren Anlagen dagegen wird eine Holz- oder Stuckdecke eingezogen.

Auf den Tafeln 117 und 118 ist eine offene Kegelbahn mit Zubehör abgebildet. Der Grundrifs, die Ansichten und der Schnitt sind auf Tafel 117a, b, c und d gegeben, während e die Partie am Brett vergröfsert zeigt, f den Lauf des Kugelkanals vorführt, g die Zuschauerbrüstung und h ein Brett aus verschraubten Bohlen im Schnitt darstellt. Auf Tafel 118 finden sich weitere Einzelheiten, und zwar in a die Partie am Riefs im Grundrifs, in b im Aufrifs gesehen, in c der Querschnitt des Kugelkanals, in d eine steinerne oder gufseiserne Riefsplatte mit Vertiefungen, in e und f Kegel und Kugeln und in g die perspektivische Ansicht der Matratze und Pendelhölzer nebst Umgebung.

Die Bahn hat die Minimalbreite von 1,5 m und ist ungefähr 18 m lang; die Kegelstube hat etwa 40 Quadratmeter Flächeninhalt. Die Verschalungen und Vergitterungen sind nicht eingezeichnet; sie können, wenn es gewünscht wird, auch in der Ausführung wegbleiben. Die Anlage ist für einen Besuch von 20 bis 30 Personen genügend.

10. Badehäuser.

(Tafel 119.)

Es handelt sich hier nicht um grofse Badeanstalten für die Allgemeinheit, sondern um die kleineren Badehäuser, wie sie am Ufer der Flüsse und Seen zum Privatgebrauch nicht selten erstellt werden. Man kann dieselben unterscheiden in stehende und schwimmende Anlagen. Die ersteren sind einfacher und mit weniger Aufwand herzustellen; die letzteren haben den Vorzug, dafs das Steigen und Fallen des Wasserspiegels für die Benützung nicht unbequem wird, weil sie demselben folgen können.

Die Gröfse dieser Badehäuschen ist sehr wechselnd je nach den Wünschen des Erbauers und nach der Frage, ob sie nur für eine Person oder für mehrere Personen gleichzeitig dienen sollen. Für eine Person und bescheidene Ansprüche genügt schliefslich ein Häuschen von zwei Quadratmeter Grundfläche, wenn es nur zum Auskleiden dienen soll und mit vier Quadratmeter, wenn auch der Baderaum im Inneren liegt. Häufig trifft man eine Verbindung derart, dafs neben einem geschlossenen Raum für windiges Wetter ein solcher liegt, der gegen die Wasserseite offen belassen ist, damit die Badenden sich sonnen können. (Fig. 331.)

Bei stehenden Badehäusern werden die Ständer oder Pfosten, die am besten aus Eichenholz sind, in den Boden gerammt, und an ihnen befestigt sich die übrige Konstruktion. Zunächst mufs durch Horizontalhölzer, die mit den Pfosten verbolzt oder verzapft sind, ein Auflager für das Gebälke geschaffen werden. Das Gebälke liegt gewöhnlich auf der Höhe des Ufers, damit die Zugangsbrücke keine Treppe erfordert. Wo der Boden, der auf das Gebälke zu liegen kommt, dem Regen ausgesetzt ist, giebt man ihm etwas Gefäll dem Wasser zu. Die oberen Enden der Pfosten sind durch Pfetten verbunden, die das Dach tragen. Das letztere, dessen Traufe 2 bis 2,5 m über dem Boden liegt, ist meist ein nach dem Ufer abfallendes Pultdach, gedeckt nach Fig. 157a oder 157b. Die Wände und etwaige Zwischenwände werden ausgeriegelt, mit Thüren und Fenstern oder Laden versehen und verschalt. Man verschalt entweder mit senkrechten Brettstreifen und überfälzt die Fugen oder deckt sie mit Leisten oder aber die Bretter laufen quer und überdecken sich jalousienartig.

Vom Boden führt eine Treppe ins Wasser (eine eingeschobene Holztreppe oder besser eine Eisentreppe); dieselbe kann fest oder oben eingehängt sein, damit sie im Winter entfernt werden kann. Ist ein geschlossener Baderaum vorhanden, so erhält er unterhalb des Bodens eine Verschalung, Verlattung oder Vergitterung und meist auch einen zweiten Bodenbeleg, der im Wasser liegt. Dieser zweite Boden mufs dann wiederum durch eine Treppe oder Leiter zugänglich sein. In diesem Raum über der Wasserfläche wird nicht selten eine Reckstange oder ein Schaukelreck angebracht. Liegt das Häuschen an einem begangenen Ufer, so wird die Verschalung unter Wasser als Jalousie gebildet, so dafs das Wasser durchfliefsen kann, ohne dafs man von aufsen in das Innere sieht. Flufsaufwärts wird vor dem Häuschen ge-

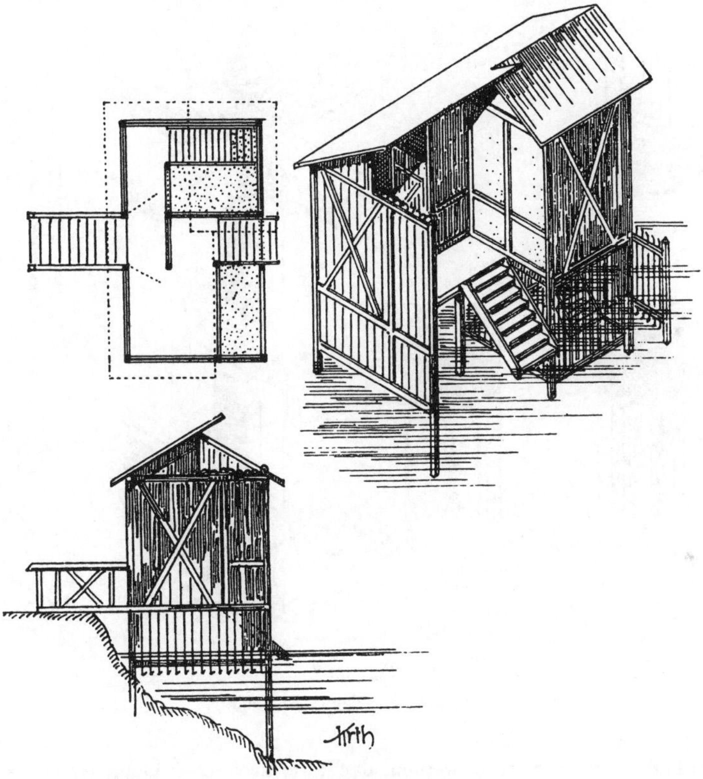

Fig. 331. Badehäuschen.

wöhnlich ein „Rechen" angebracht, d. h. eine selbständige Lattenwand zum Abhalten anschwimmender Gegenstände. Dieser Rechen wird zweckmäfsig schräg gestellt, so dafs ein selbständiges Ablenken nach der Flufsmitte erzielt wird und der Rechen nicht ständig gereinigt werden mufs. Im Inneren der Häuschen sind die erforderlichen Kleiderrechen, Sitze etc. anzubringen.

Ein einfaches Badehaus dieser Art mit offenem und geschlossenem Abteil, mit Rechen und Zugangsbrücke zeigt die Figur 331 in Grundrifs, Vorder- und Seitenansicht. Aehnliche kleine Bauwerke dieser Art kommen auch auf dem Land stehend vor. Sie dienen dann nur als Auskleideräume. Der Platz zwischen denselben und dem Wasser ist dann einzuebnen und mit Kies zu belegen; es ist eine ordentliche Böschungswand mit Treppen anzubringen und die Stirnwände des Häuschens sind als Abschlufs in das Wasser hinein zu verlängern, wobei deren Verschalung nach unten palissadenartig in das Wasser zu reichen pflegt. Aus dem oben angeführten Grunde wird die flußaufwärts gelegene Wand am besten wieder schräg gestellt.

Die schwimmenden Badehäuschen, die gegen das Abtreiben vom Wasser oder vom Ufer aus verankert werden müssen, kommen auf leere Tonnen, auf geschlossene Eisenrohre von großem Durchmesser, auf offene oder geschlossene Kähne oder Pontons aus Holz oder Eisen zu stehen. Als Grundlage zur Berechnung dient das Gewicht des Häuschens, die Nutzlast inbegriffen und der Umstand, daß für den Kubikmeter verdrängtes Wasser eine Belastung von einer Tonne oder 20 Zentnern angenommen werden kann. Die Tonnen oder Kähne sind dann zunächst durch einen unverschiebbaren Rost zu verbinden und auf diesem baut sich das Badehaus auf, dessen Anlage wiederum sehr verschieden sein kann. Die Zu-

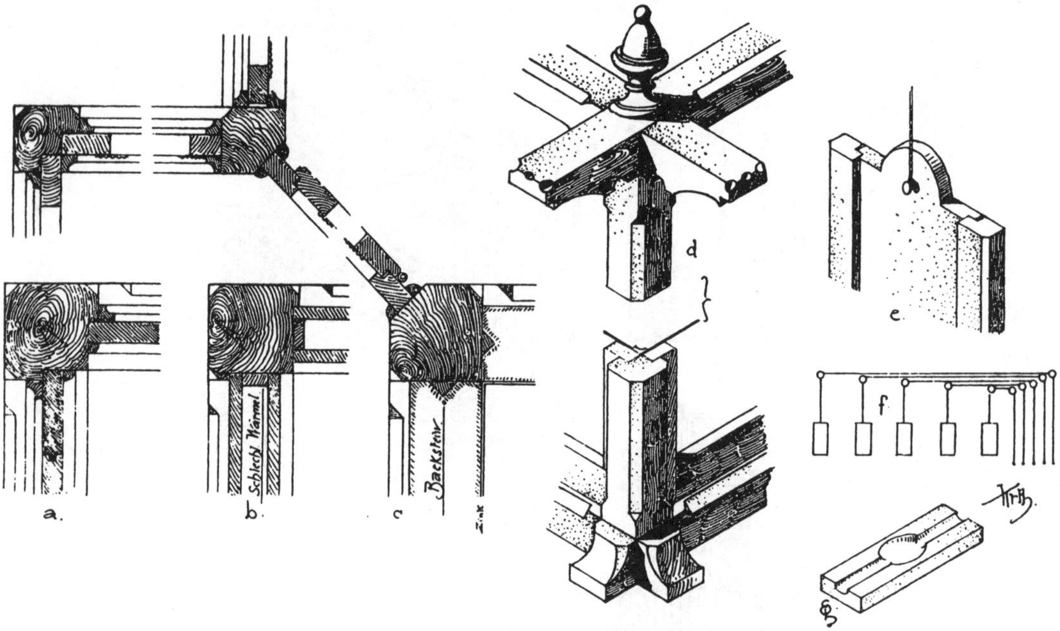

Fig. 332.
Einzelheiten, zu Tafel 120 gehörig.

gangsbrücke muß scharnierartig befestigt werden, damit sie nachgeben kann, wenn die Anstalt sich hebt oder senkt.

Auf Tafel 119 ist ein ausgeführtes Beispiel abgebildet. Das Bad wird durch acht Tonnen getragen, wobei aber die fünf starken Rundholzstämme des Rostes mittragen helfen. Der Rost ist mit Quergebälke, Bodenbeleg und Brüstungsgeländer versehen. Auf dem auf diese Weise sich bildenden Platz sind an beiden Enden Badehäuschen errichtet und durch eine gedeckte, kleine Halle verbunden. Der Boden ist auf die Hälfte der Häuschen ausgeschnitten. Leiterartige Treppen führen in die Badeverschläge, gebildet aus Rahmenhölzern mit Bodenbeleg und Lattenwänden. Dieses und alles Weitere dürfte aus dem hälftig gegebenen Grundriß, der Längsansicht und dem Querschnitt genügend ersichtlich sein. Der beiden Kabinen wegen mußte eine Auswechselung der Rundholzstämme vorgenommen werden.

Da die Tonnen von verhältnismäßig kurzer Dauer sind, werden neuerdings an den Enden geschlossene Eisenrohre größeren Durchmessers oder Pontons aus Eisenblech bevorzugt.

11. Geflügelhäuser und Taubenschläge.

(Tafel 120, 121 und 122.)

Geflügelhäuser finden sich in privaten und öffentlichen Gärten, insbesondere in den Tiergärten. Wo auf die Nutzbarmachung allein Wert gelegt wird, sind dieselben einfach aber zweckmäſsig zu gestalten; wo die Geflügelhäuser jedoch zur Schau dienen und mit zur Verschönerung beitragen sollen, da sind sie auch in eine entsprechende äuſsere Form zu bringen. Man darf dabei dann aber die Gepflogenheiten und Anforderungen der Tiere nicht auſser acht lassen, wenn sie gedeihen sollen.

Geflügelhäuser erfordern eine trockene, sonnige Lage, die im Winter gegen groſse Kälte und Sommers gegen übergroſse Hitze geschützt ist. Die offenen Teile liegen am besten gegen Süden oder Südwesten. Die Aufenthaltsräume sollen, die Bruträume ausgenommen, hell und luftig sein. Die Wände und das Dach sollen die Wärme halten, dürfen also nicht zu dünn sein. Bretterwände werden am besten verdoppelt und mit Schlackenwolle ausgefüllt. Die Fugen sind ordentlich zu dichten, damit sie keine Brutstätten für Läuse und anderes Ungeziefer werden. Der Boden ist am besten ein Cementbeleg mit Sand bestreut. Zur vollständig sicheren Fernhaltung alles Ungeziefers empfiehlt sich ein Verkleiden der Wände mit Zinkblech, wobei die Fugen zu verlöten sind. Als Unterlagen empfehlen sich Glasscherben zur Abhaltung der Ratten und Mäuse. Die Räume dürfen nicht zu klein sein. Enten, Gänse, Schwäne und andere schwimmende Vögel brauchen keine groſsen Häuser, wenn sie eine genügende Wasserfläche haben. Hühner, Fasanen und andere Laufvögel müssen einen Lauf von einigen Metern haben, der gewöhnlich als Vorraum der Häuser angebracht wird. Enten, Gänse, Schwäne werden zu ebener Erde untergebracht. Hühner etc. steigen gerne höher, weshalb der Boden höher gelegt wird unter Anbringung von Treppen oder Leitern. Diese Vögel bedürfen auch Sitzstangen, die am besten nicht übereinander, sondern nebeneinander angeordnet werden. Da die runden Stangen sich leicht drehen, wählt man kantige Stangen,

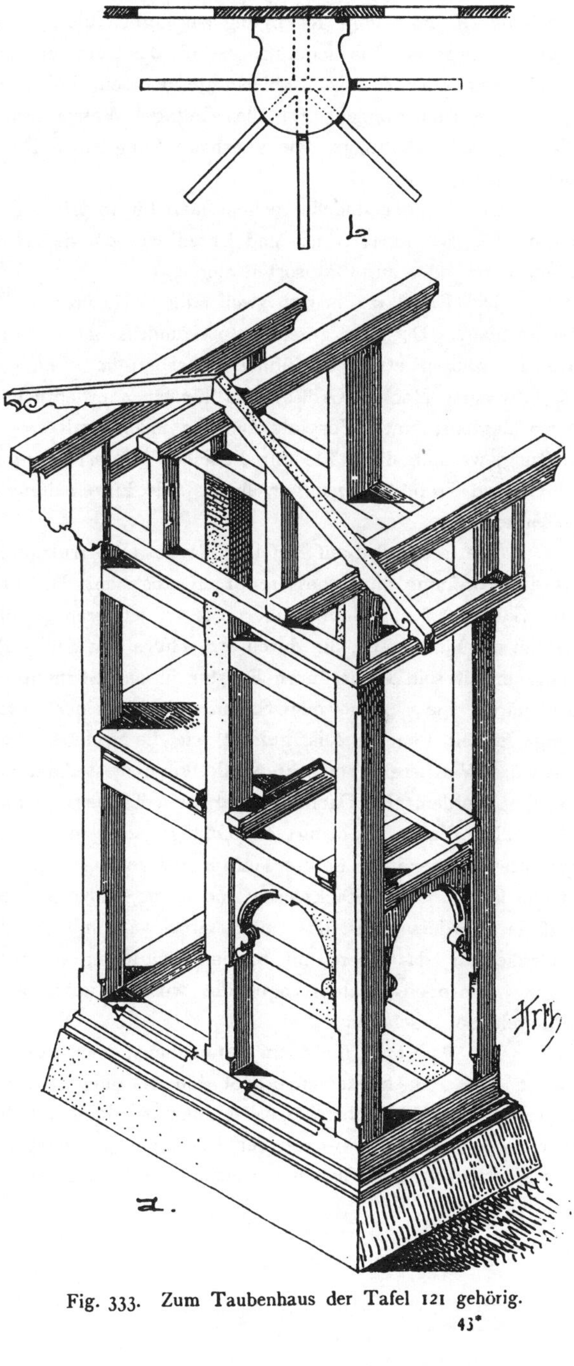

Fig. 333. Zum Taubenhaus der Tafel 121 gehörig.

die oben etwas abgerundet werden. Tauben werden möglichst hoch untergebracht. In allen Fällen empfehlen sich Sicherungen gegen Ratten, Marder, Raubvögel, Katzen etc. An Stelle der früher üblichen Staketen- oder Stabgittereinfriedigungen sind heute fast allgemein Drahtgeflechte getreten. Die Höhe der Räume, die an und für sich nicht sehr grofs zu sein braucht, wird am besten nicht unter 1,5 m gehalten, damit der Raum behufs Reinigung zugänglich bleibt, weshalb er auch eine dementsprechende Zugangsthüre haben mufs. Die Schlupfthüren für das Geflügel richten sich nach seiner Gröfse und werden meistens durch Holz- oder Zinkblechschieber geschlossen, die an Schnüren oder Kettchen hochgezogen und herabgelassen werden können. Da alles Geflügel Wasser braucht, so ist die Anbringung laufender Rinnen im Vorraum sehr angezeigt, wie überhaupt möglichste Reinhaltung schon bei der ganzen Veranlagung zu berücksichtigen ist.

An Stallgrundfläche rechnet man für 10 Hühner und Enten 1,5 qm, für 10 Gänse und Truthühner 3 qm. Für Schwäne, Gänse und Enten werden die Häuser gerne inmitten des Wassers auf Inseln und Landzungen oder auf Pfahlrosten angelegt.

Die Tafel 120 bringt zwei Hühnerhäuser, eine Zentralanlage und eine beliebig vergröfserbare Längsanlage. Der in a gezeichnete Grundrifs hat 5 Ställe aufzuweisen, 3 zu je 1 qm, 2 zu je 2 qm, kann also im ganzen etwa 50 Hühner beherbergen. Den 5 Ställen sind ebensoviele Vorräume zugewiesen mit etwa der 4fachen Gröfse, was für einen ordentlichen Lauf allerdings zu wenig ist. Das Haus hat einen Zugang, einen Vorplatz und für jeden Stall eine Thüre. Die Laterne des Zeltdaches dient zur Lüftung, weshalb die Ställe mit derselben in Verbindung zu setzen sind. Den Schlupfthüren der Aufsenseiten sind Treppenleitern vorgebaut. Die Einzelheiten der Konstruktion sind durch Fig. 332a, b und c näher erläutert.

Die in c und d auf Tafel 120 dargestellte Anlage ist weniger malerisch, aber um so zweckmäfsiger, da die Vorräume einen besseren Lauf abgeben. Die Laufgänge sind zur Hälfte unbedeckt, zur Hälfte vom Satteldach des Hauses überragt; im letzteren Raum sind Sitzstangen aufgemacht. Der Stallraum enthält die Einzelställe, die durch je 1 Thüre von dem dahinter liegenden Gang aus zugänglich sind. Der Gang erhält sein Licht durch Fenster in der Stirnseite. Die Laufgänge werden in ihrem ungedeckten Teil durch eine Cement- oder Steinrinne mit kleinen Bassins durchzogen. Die Figur 332 giebt in d bis g einige Einzelheiten. In f ist gezeigt, wie die Schieber alle von einem äufseren Punkt aus reguliert werden können. Wie bereits bemerkt wurde, kann diese Anlage auf eine beliebige Anzahl von Einzelställen ausgedehnt werden. Im Dachraum kann ein Taubenstall angelegt werden.

Die Tafel 121 bringt ein Geflügelhaus, in seinen beiden oberen Stockwerken für Tauben eingerichtet, während der untere Teil für andere Vögel, zur Unterbringung von Eichhörnchen, Stallhasen etc. dienen kann. Die 3 Stockwerke sind durch Laden von der Rückseite her zugänglich. (Taf. 121c und d.) Auf der Vorderseite ist das untere Stockwerk mit Drahtgeflecht vergittert, das mittlere durch Schieber verschliefsbar, das obere mit offenen Flugluken versehen. Das Flugbrett mit den Sitzstangen ist in Fig. 333 von oben gesehen abgebildet, woselbst auch das Gerippe der Gesamtkonstruktion perspektivisch aufgezeichnet erscheint.

Die Tafel 122 giebt ein Taubenhaus, mehr zur Zierde und zur Spielerei als zur Taubenzucht geeignet. Auf 2 Sockelsteinen erhebt sich das offene Gestell, welches das eigentliche Häuschen trägt. Das letztere hat etwas mehr wie 0,5 Kubikmeter Rauminhalt und kann etwa 12 Tauben beherbergen. Vor den Fluglöchern, die zwischen der Ausriegelung stehen bleiben, sind Treppen und Sitzstangen angebracht. Die Konstruktion und Zusammensetzung des Ganzen ist aus den 4 Figuren der Tafel genügend ersichtlich.

12. Tribünen.

(Tafel 123.)

Tribünen werden im Freien vorübergehend aus verschiedenen Anlässen errichtet, so z. B. für die Redner bei Festlichkeiten, für die Preisrichter bei Prämierungen, für die Zuschauer bei Paraden und öffentlichen Aufzügen. Die letzteren haben gewöhnlich gröfseren Umfang und es wird weniger auf hübsche Ausstattung als gute Plätze und genügende Festigkeit gesehen. Der Bodenbeleg dieser grofsen Tribünen ist ansteigend oder terrassenförmig; die Plätze sind durch Gänge getrennt und die Einrichtung ist ähnlich, wie sie weiter oben bei Beschreibung der Cirkusplätze erwähnt wurde. In Bezug auf kleinere Fest- und Ehrentribünen pflegt schon eher ein übriges zu geschehen.

Da die Bauten vorübergehend sind, wird von Fundamenten und Sockelsteinen abgesehen. Die Pfosten werden entweder in den Boden eingegraben oder auf einen Schwellenkranz gestellt, der dem Boden aufliegt. Etwa 60 bis 100 cm über dem Erdboden wird das Gebälke gelegt und mit Brettern bedeckt. Die Pfosten werden meist über den Tribünenboden weitergeführt, um ein Brüstungsgeländer zu bilden oder ein Dach zu tragen, um als Flaggenmaste zu gelten und zum Aufhängen von Guirlanden zu dienen. Der offene Teil der Tribüne unter dem Holzboden wird auf den Seiten durch Bretterverschalung oder durch aufgehängte oder gespannte Tücher geschlossen. Die Tribüne wird durch vorgelegte Treppentritte zugänglich gemacht. Statt des behauenen Holzes benutzt man auch gerne sogen. Naturholz, wobei dann die zu verdeckenden Teile mit Tannengrün benagelt werden.

Wir geben auf Tafel 123 zwei Tribünen. Die in a und b dargestellte ist vollständig überdacht, während die andere (c, d und e) nur über dem der Treppe gegenüberliegenden Ausbau gedeckt ist. Das Dach ist als halbcylindrisches Gewölbe aus Brettstreifen hergestellt, mit

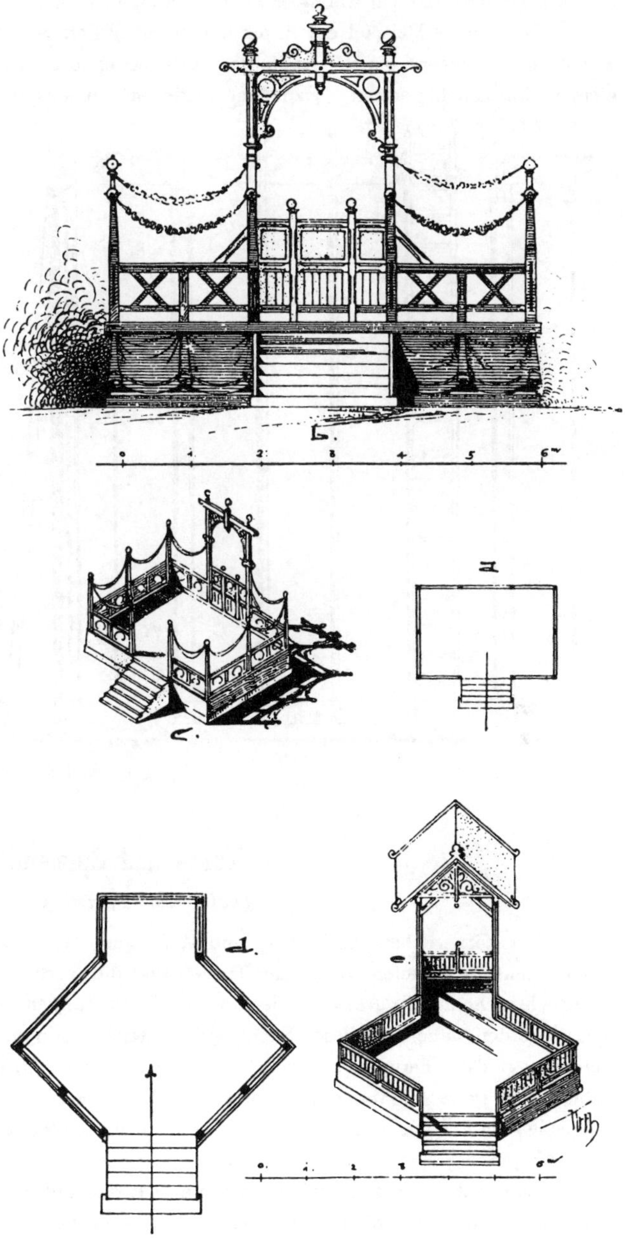

Fig. 334. Tribünen.

Giebelleisten versehen, und nimmt im Bogen beiderseits ein leichtes, schwebendes Fachwerk auf. Zur Befestigung der Dachschalung dienen beiderseits die lehrbogenartigen Füllungen der Giebel. Die Brüstung des Ausbaues ist mit Füllbrettern geschlossen, während die übrige Brüstung nur kreuzweise verstrebt ist.

Zwei weitere Beispiele giebt die Textfigur 334. Die in a, b und c dieser Figur dargestellte Tribüne ist ohne Dach. Die Brüstungspfosten sind zum Anhängen von Guirlanden erhöht und der Zugangstreppe gegenüber ist ein Ehrenbogen mit geschlossener, überhöhter Brüstung als Rednerplatz angeordnet.

Das zweite Beispiel der Figur hat ein über Eck gestelltes Quadrat zum Grundriſs. Der einen Ecke ist die Zugangstreppe vorgelegt; die gegenüberliegende ist als erkerartiger Ausbau gestaltet und mit einem kleinen Satteldach gedeckt. Damit ist wiederum ein ausgesprochener Ehrenplatz erzielt.

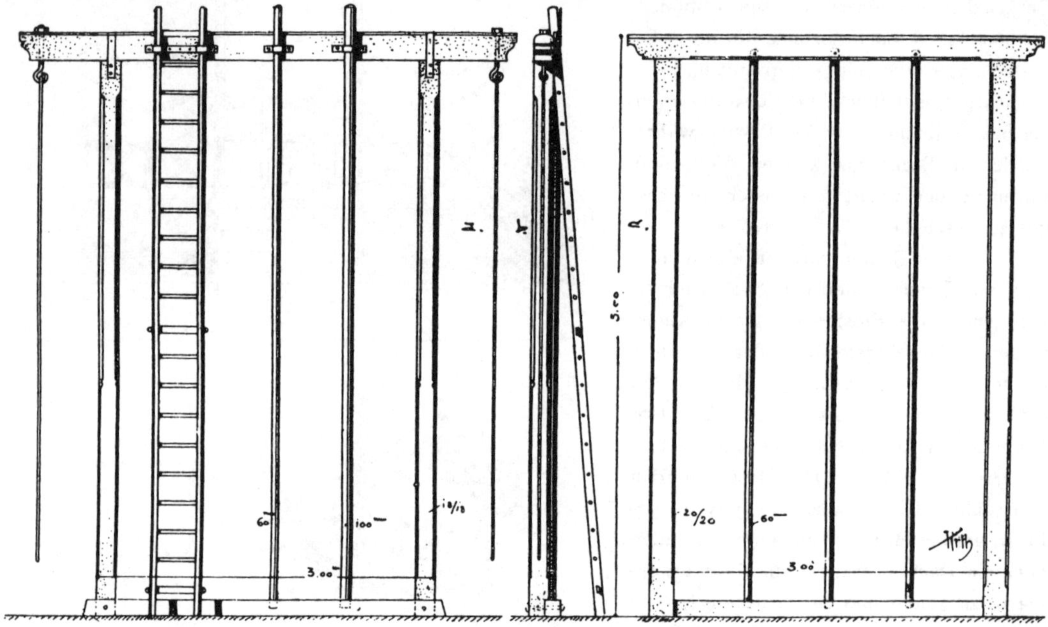

Fig. 335. Klettergerüste.

13. Turn- und Spieleinrichtungen.

(Tafel 124, 125, 126, 127 und 128.)

Zur körperlichen Ausbildung und Kräftigung der Jugend ist in den letzten Jahrzehnten viel geschehen und die Schulen haben das Turnen und die Turnspiele in ihren Lehrplan mit aufgenommen. Es ist jedoch nicht unsere Absicht, hier auf die Einrichtungen der Turnhallen näher einzugehen. Die Unterrichtsbehörden haben in dieser Sache gröſstenteils bestimmte Vorschriften gegeben und die Turngeräte werden von dazu berufenen Geschäften als Spezialität hergestellt. Immerhin aber soll das betreffende Gebiet nicht ganz umgangen werden, da der Zimmermann leicht in die Lage versetzt werden kann, Turn- und Spielgeräte fertigen zu müssen, sei es für die Höfe der Bemittelten, sei es für öffentliche Gärten und Anlagen.

Zunächst ist im allgemeinen zu bemerken, daſs alle Geräte ein möglichst gutes und leistungsfähiges Holz, sowie eine ganz solide und zuverlässige Konstruktion erfordern, denn einmal sind sie im Freien dem Wind und Wetter ausgesetzt und anderseits sind sie ständig Bewegungen und Erschütterungen unterworfen und wenn ein Kind beim Turnen oder Spielen zu Schaden kommt, so darf die Schuld nicht auf den Erbauer der Geräte zurückfallen. Die Pfosten der Gerüste sind genügend tief einzugraben, wenn nötig zu verbugen und verankern, gegen das Anfaulen mit Teer oder Carbolineum zu bestreichen, auf Steinplatten zu stellen, mit Steinschroppen zu verkeilen etc. Die Holzverbindungen sind durch Verschraubung, durch eiserne Schienen, Winkel und Bänder zu verstärken. Die Eisenteile sind bündig in das Holz einzulassen, um Beschädigungen der Turnenden und ihrer Kleider zu vermeiden. Am Holzwerk sind alle Kanten und Ecken thunlichst abzurunden aus den gleichen Gründen. Besondere Vorsicht ist der Befestigung der Schaukelrecke, der Rundlaufseile und der Leitern zuzuwenden. Man darf nicht aufser acht lassen, dafs die Jugend mit den Geräten umzugehen pflegt, als ob dieselben mit Gewalt zerstört werden sollten Die Holzteile sind glatt zu hobeln und im Interesse einer besseren Erhaltung mit Carbolineum oder Leinöl zu tränken oder soweit es zulässig ist, mit Oelfarbe zu streichen. Vorsteckstifte und ähnliche Beschlägteile sind an den Geräten anzuketten, damit sie nicht verschleppt werden und aus dem Fehlen derselben Anlafs zu Unfällen erwächst. Die Leitern erhalten in gewissen Abständen eiserne Sprossen, mittels welcher die Leiterbäume verbolzt werden. Damit sind die Schutzmafsregeln nicht erschöpft, aber wenigstens der Hauptsache nach angedeutet.

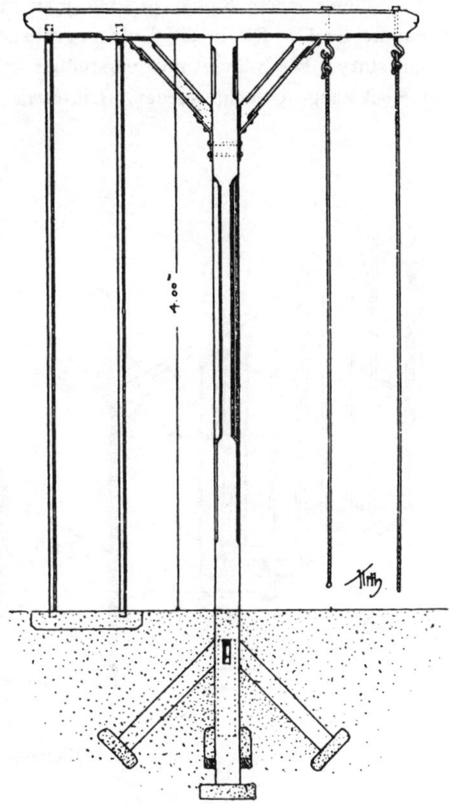

Fig. 336. Einfaches Klettergerüst.

Wir beginnen die Aufzählung der Geräte mit den Klettergerüsten. Man versteht unter denselben einen Galgen, gebildet aus zwei starken Rundholzständern, oben verbunden durch einen überliegenden, abgedachten oder abgerundeten Querbalken, an welchem Leitern, Kletterstangen, Kletterseile, Kletter- oder Strickleitern u. s. w. befestigt und aufgehangen werden. Die Höhe dieser Gerüste beträgt im Mittel 5 m, die Breite ist verschieden und danach auch die Stärke der Hölzer. Ein einfaches Gerüst mit drei Kletterstangen zeigt Fig. 335c. Die Stangen sitzen unten in Ausbohrungen einer Querschwelle und oben in solchen des Querbalkens. Unten ist eine weitere Sicherung kaum erforderlich. Oben mufs dieselbe durch Verbolzung erfolgen, wenn man nicht vorzieht, die Stangen ganz durch den Balken hindurchgreifen zu lassen, und etwas über denselben hinaus fortzusetzen. Die Kletterstangen sind am besten aus Eschenholz (oder aus Walzeisenrohr) und je nach der Gröfse des Gerüstes 60 bis 100 mm stark; sie können nach oben verjüngt sein.

Dieselbe Figur zeigt in a und b die Vorder- und Seitenansicht eines etwas reicher ausgestatteten Gerüstes. Der Querbalken ist den Ständern seitlich etwa 70 cm überkragt und an den Enden sind mittels starker Bolzenhaken Kletterseile aufgehängt. Innerhalb der beiden Ständer haben eine Leiter, eine dünne und eine dickere Kletterstange Platz gefunden. Da dieselben durch eiserne Bänder seitlich mit dem Querbalken verschraubt sind, so ist die Schwelle am Boden den Ständern ebenfalls seitlich vorgelegt und mit denselben verbolzt.

Die Figur 336 bringt ein Klettergerüst mit einem Ständer. Die Verbindung des Querbalkens erfolgt durch zwei Büge und aufgeschraubte Eisenwinkel, die nicht fehlen dürfen.

Der Ständer muſs tief in den Boden eingelassen werden oder er wird besser kreuzweise im Boden verstrebt, wie die Figur es zeigt. Der Galgen, der übrigens weniger hoch ist als die vorerwähnten Gerüste, hat einerseits zwei Kletterstangen, andererseits zwei Kletterseile aufgenommen. Ebensowohl kann eine symmetrische Anordnung erfolgen.

Ein gröſseres Klettergerüst mit vielen Stangen und Seilen giebt Tafel 124. Es ist mit zwei Recken in Verbindung gebracht und kann, wie die Punktierungen der Tafel und die Figur 337b zeigen, auch verdoppelt und mit einem Schutzdach versehen werden, wobei eine etwas teure, aber solide Anlage erzielt wird.

Unter einem Reck versteht man das aus zwei Pfosten und einer runden Querstange gebildete bekannte Gerät. Die in die Erde gegrabenen Pfosten sind über dem Boden 2,5 m hoch und mindestens 15 cm stark. Die Stange muſs verstellbar sein, weshalb die Pfosten in gewissen Abständen zur Aufnahme der Reckstange gelocht werden. Die etwa 35 bis 45 mm starken Stangen sind 1,5 bis 2,5 m lang je nach

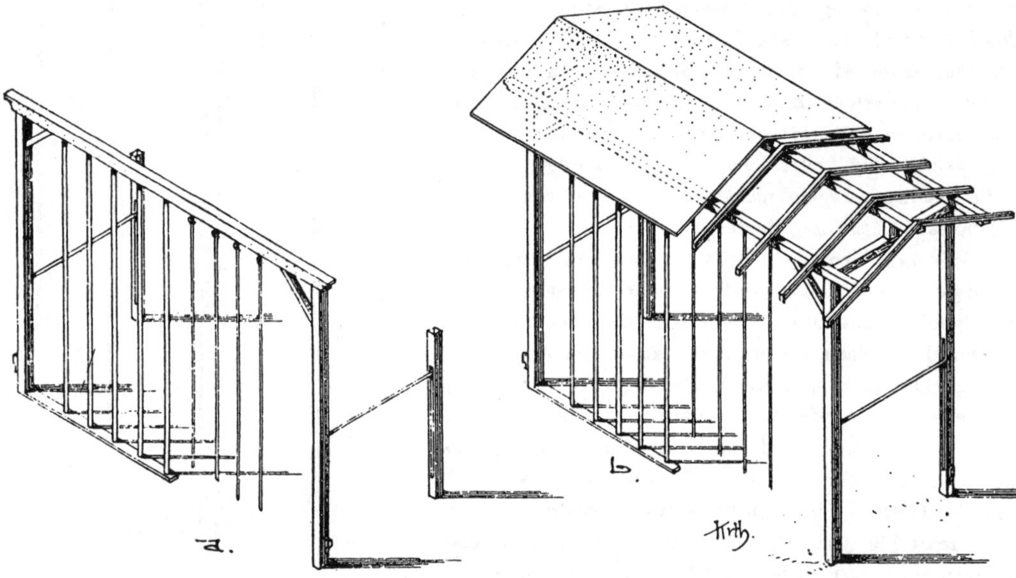

Fig. 337.
Klettergerüste, zu Tafel 124 gehörig.

der Entfernung der Pfosten und aus Eschenholz oder Schmiedeisen. Das letztere hat den Vorzug, daſs man weniger an bestimmte Abmessungen gebunden ist, die sich übrigens in erster Linie aus dem Alter der Turnenden ergeben. Da die Reckstangen sich nicht drehen dürfen, so sind sie beiderseits oder wenigstens einerseits vierkantig und passen in entsprechende Ausstemmungen der Reckpfosten. Die Befestigung kann auf verschiedene Weise erfolgen. Eine solche ist aus c und d Tafel 124 ersichtlich und eine einfachere zeigt Tafel 125 rechts, woselbst ein gewöhnliches Reck dargestellt ist. Um das Anspringen an die Reckstange bei hochgestelltem Stand zu erleichtern, können an den Pfosten Knaggen zum Aufsteigen angebracht werden. (Vergl. Taf. 124.)

Auſser dem eben erwähnten Reck zeigt die Tafel 125 ein Gerüste zum Schwingen. Es ist ähnlich dem Klettergerüst, nur bedeutend schmäler. Die beiden Bügelgriffe mit ihren drehbaren Rollen hängen an Stricken, die im Abstand von 60 bis 75 cm zu befestigen sind. Da das Gerüst beim Schwingen bedeutenden Erschütterungen ausgesetzt ist, so muſs es besonders gut konstruiert werden.

Das Gleiche gilt von dem Gerüst mit Schaukelreck. (Vergl. Taf. 126a und b.) Hier sind deshalb die Pfosten schräg nach aufsen gestellt und in der Richtung, in welcher das Schwingen erfolgt, beiderseitig abgestrebt. Die versatzten Streben sind mit den Pfosten unbedingt zu verschrauben. Die Abmessungen können dem beigegebenen Maſsstab entnommen werden.

Dieselbe Tafel 126 zeigt rechts in c und d den Rundlauf. Derselbe besteht aus einem starken Rundholzständer, der tief in den Boden zu graben ist und nach der Zeichnung mit Knaggen versteift werden kann (siehe auch die zugehörige Figur 338) nebst dem zugehörigen Aufsatz. Der letztere ist ganz aus Eisen. Eine runde Eisenplatte von gröſserem Durchmesser als der Ständer ist auf diesem drehbar vermittels einer eisernen Hülse befestigt, welche um eine in das Holz eingelassene Axe rotiert. Auſserdem läuft die Scheibe auf Rollen und ist mit einem kleinen Kegeldach gedeckt, damit der Apparat vor dem Rosten besser geschützt ist. Die Scheibe ist dem Rand entlang gelocht und in diesen Oesen hängen die Rundeisenstangen mit Bügeln. Diese Rundlaufkonstruktion ist nicht die einzig denkbare und kann auch anders gestaltet werden. Solid muſs sie in allen Fällen sein, da das Gerät viel auszuhalten hat, insbesondere bei einseitiger Belastung.

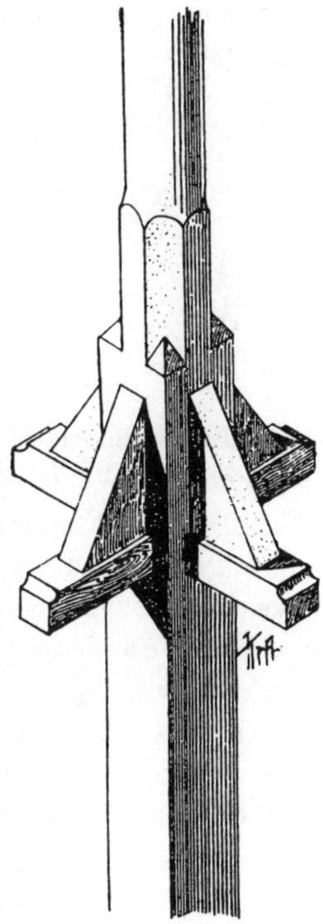

Fig. 338.
Zu Tafel 126 gehörig.

Ein wichtiges Turngerät ist ferner der Barren. Mit ihm befaſst sich die Figur 339. Der Barren besteht aus vier im Rechteck stehenden Pfosten, welchen der Länge nach zwei Holme aufgesetzt sind. Die Holme, ähnlich den Reckstangen aus Eschenholz, sind im Querschnitt elliptisch (Fig. 339c) oder blos oben abgerundet (Fig. 339d) und etwa 5 auf 7 cm stark bei einer Länge von 2 bis 3 m. Die Pfosten, meist vierkantig, verjüngen sich nach oben entsprechend. Die Befestigung der Holme durch Einzapfen genügt nicht. Die Verbindung muſs durch eiserne, bündig eingelassene Bänder erfolgen. Als Höhe gilt die Schulterhöhe der Turnenden, als Breite sind 45 bis 65 cm anzunehmen, je nach ihrem Alter. Je zwei Pfosten werden durch Kreuzstreben verbunden und mit dieser Verstrebung eingegraben. (Fig. 339a und b.) Es giebt übrigens auch tragbare Barren, deren Pfosten auf einem Holzrost genügend mit Eisenwinkeln zu befestigen sind. (Fig. 339f.)

Der Barren hat das Miſsliche, daſs er nicht für jeden paſst. Kleine Leute brauchen kleine, groſse Leute groſse Barren. Die Versuche, Barren zu bauen, welche sowohl der Breite als der Höhe nach verstellbar sind, haben nicht viel Brauchbares zu Tage gefördert, weil der Mechanismus zu teuer und umständlich wird, wenn er genügend solid sein soll. Was die Höhe betrifft, so läſst sich jedoch leicht helfen, indem man für kleine Leute schemelartige Podien einschiebt. (Fig. 339 f.) Bezüglich der Breite ist ein Notbehelf, wenn man ein Pfostenpaar enger, das andere weiter stellt, so daſs jeder die passende Weite aussuchen kann.

Die Geräte für die Sprungübungen sind einfacher Art. Die Figur 340 zeigt das Sprunggerüst. Zwei tragbare Ständer werden in gleicher Weise mit Holznägeln zum Auflegen der Sprungschnur versehen. Bei richtiger Handhabung fällt die Schnur leicht ab, für alle Fälle aber empfiehlt sich eine nicht zu kleine Standfläche der Ständer, damit sie nicht so leicht umgerissen werden. Das dazu gehörige Sprungbrett (zum Abspringen im Anlauf) ist ebenfalls einfachster Art, wie Fig. 341 darthut. Etwas umständlicher ist der Sprungkasten (Fig. 342). Er besteht aus einer Anzahl von Kränzen aus starken Dielen oder Bohlen, die am besten an den Kanten durch Zinkung verbunden werden. Die Breite beträgt etwa 50 cm, die Länge 1,5 cm. Der unterste Kranz ist mit zwei verlängerten Querhölzern versehen, die dem Sprungkasten einen sicheren Stand geben. Der oberste Kranz ist gepolstert und mit Leder überzogen. Die einzelnen Kränze, gewöhnlich 4 oder 5, haben verschiedene Höhe und können mit Abwechslung aufeinandergestellt werden. Zu diesem Zwecke haben die Stirnseiten halbrund ausgeschnittene Löcher als Handhaben und in den Ecken der Kränze sind starke Latten oder Leisten übergreifend eingeschraubt, wie die perspektivische Zeichnung c, der Längsschnitt a und der Querschnitt b der Fig. 342 es zeigen. Auf der Zeichnung sind zwei Kränze von je 30 cm und zwei weitere von je 20 cm angenommen, demnach können dem Geräte folgende Höhenstellungen im Gebrauche zukommen:

30 + 30 + 20 + 20 = 100 cm
30 + 30 + 20 = 80 cm
30 + 20 + 20 = 70 cm
30 + 20 = 50 cm.

Eine andere Zusammenstellung ergiebt sich bei Anwendung von 5 Kränzen zu 30, 25, 20, 15 und 15 cm Höhe:

30 + 25 + 20 + 15 + 15 = 105 cm
30 + 25 + 20 + 15 = 90 cm
30 + 25 + 15 + 15 = 85 cm
30 + 20 + 15 + 15 = 80 cm
30 + 25 + 15 = 70 cm
39 + 20 + + 15 = 65 cm
30 + 15 + 15 = 60 cm
30 + 15 = 45 cm.

Einen ähnlichen, mehr der Unterhaltung als der körperlichen Uebung geltenden Zweck haben die Spielgeräte. Wir erwähnen wie bei den Turngeräten nur die gebräuchlichsten.

Die Tafel 127 stellt eine sogen. Parallelogrammschaukel dar. Vier eingegrabene und verankerte Pfosten sind durch vier Horizontalhölzer am oberen Ende verbunden und durch Büge und Eisenwinkel sind die Verbindungen versteift. Jedes Pfostenpaar ist durch eine eiserne Welle verbunden und an diesen Wellen hängt an vier Holz- oder Eisenstangen beweglich das Schaukelbrett, ein starker, an den Enden mit Blech beschlagener Bohlen, dem auch Sitzlehnen beigegeben werden können. Das ganze Gerät ist aus der Zeichnung genügend ersichtlich. Wichtig ist, daſs die Pfosten der Breite nach weit genug stehen, damit die herabhängenden Beine der sitzenden Kinder nicht an denselben anschlagen, wenn der Apparat in Bewegung ist. Der Abstand zwischen Pfosten und Sitzbrett beträgt nach der Zeichnung 22 cm und sollte bei der Ausführung eher gröſser, jedenfalls nicht kleiner angenommen werden.

Die Tafel 128 bringt in k, l und m die gewöhnliche Kippschaukel, bestehend aus einem 1 m hohen Bock und dem Sitzbrett. Dieses ist etwa 4 m lang, 25 cm breit und 5 bis 6 cm stark. Es ist an beiden Enden zum bequemeren Sitzen ausgeschweift und mit Griffen zum Festhalten versehen. In der Mitte ist das Brett verdoppelt und um eine Eisenwelle drehbar im Bock befestigt. Auch dieses Gerät erfordert in allen Teilen eine solide Ausführung und feste Verbindungen. So wie es gezeichnet wurde, ist es vom Ort beweglich, kann aber auch eine feste Stelle erhalten, indem die Pfosten für die Welle in den Boden gegraben werden, etwa nach Fig. 339b.

Dieselbe Tafel giebt im oberen Teile zunächst eine einfache Vorrichtung zur Uebung im Gehen auf Rundholzbalken. Die geschälte und gehobelte Stange liegt, wie a im Aufriſs, b im Grundriſs zeigt, auf Lagern im Abstand von 2,5 m. Die Lager liegen dem Erdboden blos auf und bestehen aus zwei gekreuzten Hölzern nach c und d. Dieses Gerät dient zur Vorübung für die Benutzung des in e, f, g, h und i dargestellten Schwebebalkens. Die Rundholzstange ist am einen Ende festgefaſst (g) und liegt etwa in ihrer Mitte einem Lager auf (h). Die in g und h dargestellten Böcke werden in den Boden eingegraben und zwar fest genug, um beim Gebrauch des Gerätes nicht ausgezogen zu werden. Die Abmessungen des Schwebebalkens können kleiner oder gröſser sein, auch die Höhe vom Boden ist keine bestimmte. Wird die letztere gröfser als 50 cm genommen, so wird man zweckmäfsigerweise eine kleine Treppe zum Aufsteigen vorlegen müssen, die mit dem Bock g in irgend einer Art verbunden werden kann.

Bei Volksfesten kommen ähnliche Geräte zur Belustigung der Menge zur Ausführung: Kletterbäume, Drehwalzen, Wurstgalgen, Rutschbahnen, Pendelkegelspiele u. a. m.

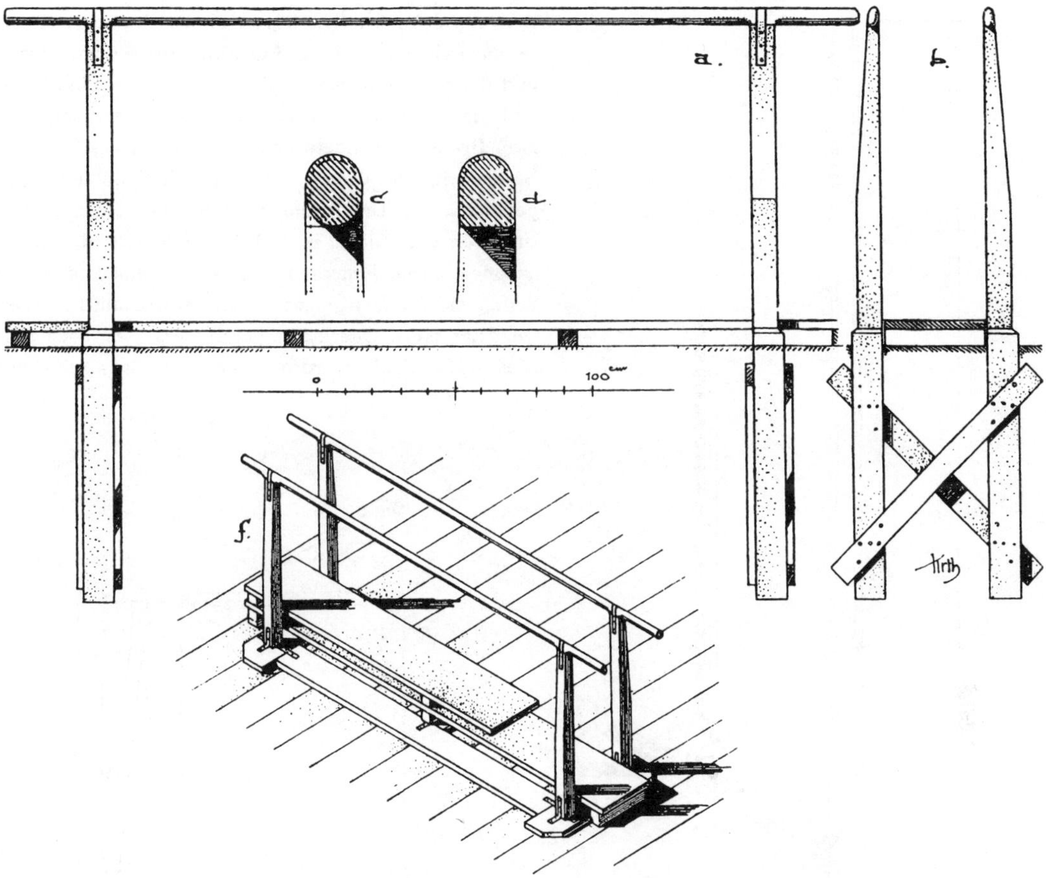

Fig. 339. Barren.

14. Verschiedenes.

(Tafel 129 und 130.)

Wetterhäuschen, Wettersäulen, Wetterständer sind kleine Bauwerke auf öffentlichen Plätzen und in Gartenanlagen, um den Vorübergehenden Gelegenheit zu geben, sich über den Wetterstand zu unterrichten. Die Ausrüstung derselben ist mehr oder minder reichhaltig. Wärmemesser (Thermometer), Luftdruckmesser (Barometer), Feuchtigkeitsmesser (Hygrometer) und Wetterberichte spielen die Hauptrolle. Da die Standorte, vom Gesichtspunkte des Metereologen betrachtet, gewöhnlich ungünstige sind und die Erwärmung des Häuschens den richtigen Stand der Instrumente, insbesondere des Thermometers beeinflufst und verändert, so haben diese Einrichtungen nur bedingten Wert; immerhin aber werden sie viel benützt und deshalb auch gerne angebracht. Gewöhnlich werden Stein und Eisen als Herstellungsmaterial bevorzugt, obgleich das Holz als schlechter Wärmeleiter sich weit besser eignen würde. Nur die verhältnismäfsig einfachen Ständer, wie Figur 343 einen solchen vorführt, pflegen in Holz zur Ausführung zu gelangen.

Der Ständer der Figur 343 ist 3 m hoch, 80 cm breit und aus Hölzern von 12 cm Stärke errichtet. Auf einem Sockelstein liegen zwei Schwellen, die zusammen ein T bilden, zur Aufnahme der beiden Pfosten und der Strebe dienend. (Siehe a und c.) Eine Pfette und ein einfaches Gespärre tragen das schmale, aus zwei Brettern gebildete und mit Zink zu beschlagende Satteldach, auf dessen First eine Giebelblume Platz gefunden hat. Der Raum zwischen den beiden Pfosten ist durch zwei Riegel in drei Felder geteilt; das untere ist offen, durch Knaggen verziert; das mittlere ist zur Aufnahme der Instrumente bestimmt und mufs bei Verwendung eines Quecksilberbarometers 1 m hoch sein. Dieses Mittelfeld ist vorn durch eine Glasscheibe und

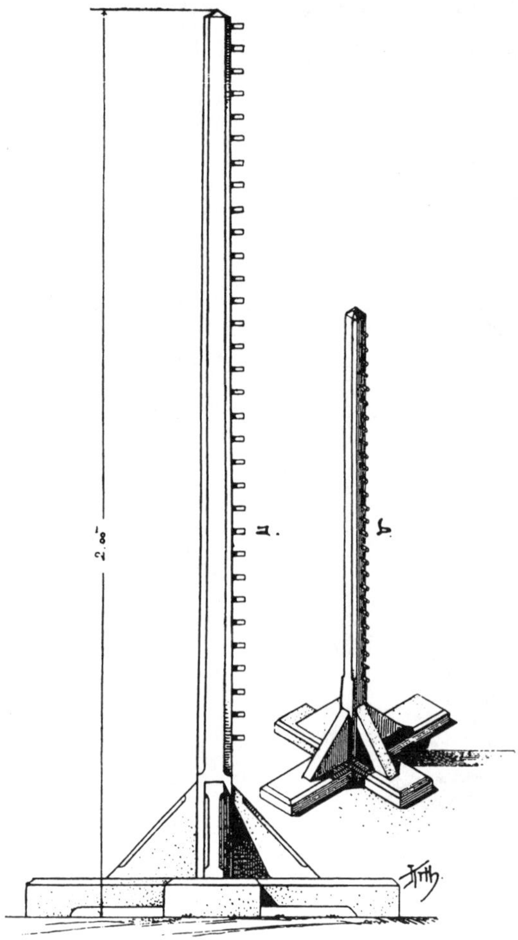

Fig. 340. Sprunggerüst.

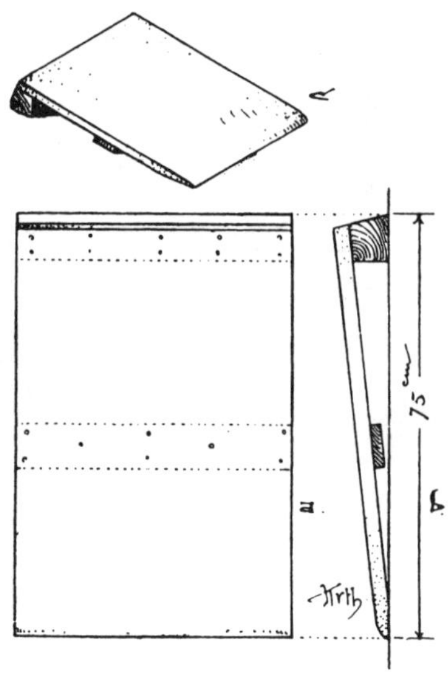

Fig. 341. Sprungbrett.

hinten durch eine Rückwand geschlossen. (Fig. 343d.) Es ist dafür zu sorgen, dafs in dem Zwischenraum die Luft sich erneuert, weshalb die Pfosten oder die Riegel oder alle vier Hölzer an einigen Stellen zu durchbohren sind. Das oben stehen bleibende Rechtecksfeld und das Giebeldreieck sind mit ausgesägten Füllungen verziert. Die Rückwand des Mittelfeldes wird am besten als Thüre mit Schlofs angeschlagen, damit die Instrumente gelegentlich nachgesehen und gereinigt werden können. Bei Verwendung eines besseren Holzes, bei sauberer Arbeit und Zuhilfenahme von Farbe für die Abfasungen etc. wird dieser Ständer sich ganz gefällig geben.

Mit entsprechenden Aenderungen läfst sich das Motiv auch für ein vierseitiges Wetterhäuschen verwerten, wobei dann ein Zeltdach oder zwei sich kreuzende Satteldächer mit Dachspitze aufzusetzen wären und der Mittelraum einen Boden und eine Decke erhalten würde.

Glockenständer finden Aufstellung in Fabrikhöfen, in öffentlichen Gärten, auf Bahnhöfen etc., um den Beginn und Schlufs der Arbeitszeit, um den Thorschlufs, die Zugankunft etc. durch Läuten der Glocke anzeigen zu können. Vielfach werden die Glockenträger mit den Wänden der Gebäude in Verbindung gebracht. Freistehende Anlagen können etwa nach Fig. 344 gebildet werden. Ein bestimmtes Mafs ist hier nicht gegeben, da kleine und gröfsere Glocken im Gebrauch sind und der Ständer zu diesen im ungefähren Verhältnis stehen soll. Unser Beispiel zeigt eine Sockelplatte und auf dieser ein doppeltes Schwellenkreuz (a). In die Schwellen sind die beiden Pfosten und die sechs Streben eingezapft. Die Pfosten sind am oberen Ende in eine Pfette verzapft, welche das kleine Satteldach mit seinen Giebelverzierungen trägt. Unmittelbar unter dem Dach ist die Glocke, um eine Welle drehbar, aufgehängt. Der untere Raum ist zur Versteifung und Verzierung ausgeriegelt und mit einem Kreuz aus gedrehten

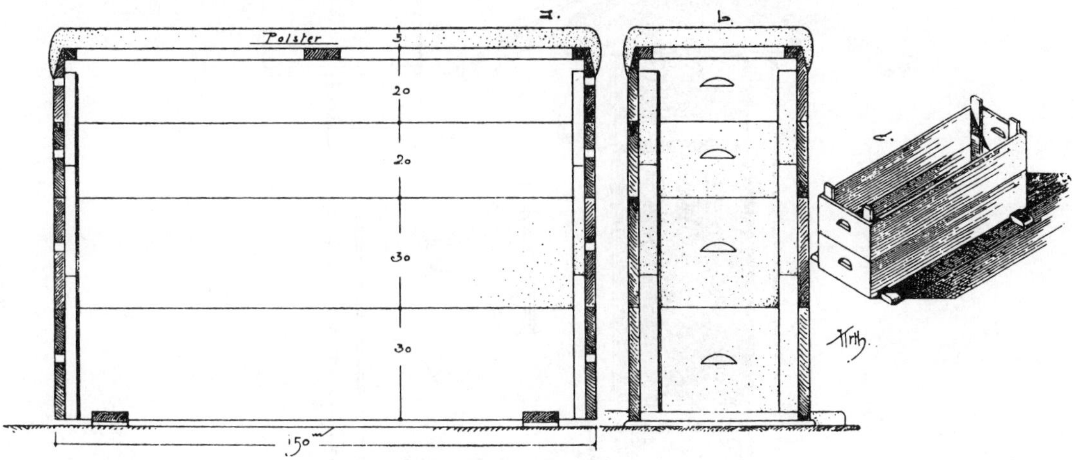

Fig. 342. Sprungkasten.

Hölzern verziert. Dieses Beispiel kann ebensowohl zu einem Wetterständer umgestaltet werden, als jenes der Fig. 343 zu einem Glockenständer umgebildet werden kann.

Anschlagtafeln oder Anschlagständer sind an den vorerwähnten Plätzen und anderweitig zu finden, um Fahrtenpläne, Besuchszeiten, Verbote und andere Anzeigen auffällig bekannt zu geben. Im einfachsten Fall wird ein Brett auf einen Pfosten genagelt oder geschraubt. Wo ein gefälliges Aussehen mit erwünscht ist, fast man die Pfosten, verstrebt sie unten und oben, fafst die Tafel in Rahmen und versieht sie mit einem kleinen Schutzdach. Eine derartige Tafel in besserer Ausstattung zeigt die Figur 345, wobei die beiden Felder verglast oder mit Glasthürchen versehen werden können. Das Dach ist der besseren Haltbarkeit wegen wieder mit Zinkblech zu verkleiden. Bestimmte Abmessungen sind auch in diesem Fall nicht geboten. Die Höhe richtet sich nach der Lesbarkeit der Schrift und die Gröfse der Tafel nach dem, was auf derselben Platz finden soll. Die Tafel 129 giebt in c und d sowie in e und f zwei weitere Beispiele besser ausgestatteter Anschlagtafeln, die aus der Zeichnung genügend klar sein dürften.

Bevor es gebräuchlich wurde, die Namen der Eisenbahnstationen auf den Bahngebäuden selbst in grofsen Lettern anzuschreiben, waren ähnliche Ständer mit den betreffenden Bezeichnungen im Gebrauch

Eine derartige Stationstafel, die übrigens auch für andere Zwecke verwendet werden kann, stellt die Figur 346 dar. Der in den Boden gegrabene Pfosten ist unten vervierfacht und nach oben verjüngt. Die Tafel, aus einem Brett mit Rahmhölzern bestehend, ist mit dem Pfosten verbugt und durch ein schmales Satteldach mit Giebelleisten abgedeckt. An den Stirnseiten der Tafel sind verzierte Stirnbretter gedacht, die auch wegbleiben können. Aehnliche, auf badischen Stationen noch heute zu findende Ständer geben mit wilden Reben umrankt ein ganz gutes Bild. Ein weiteres Beispiel einer Stationstafel hat

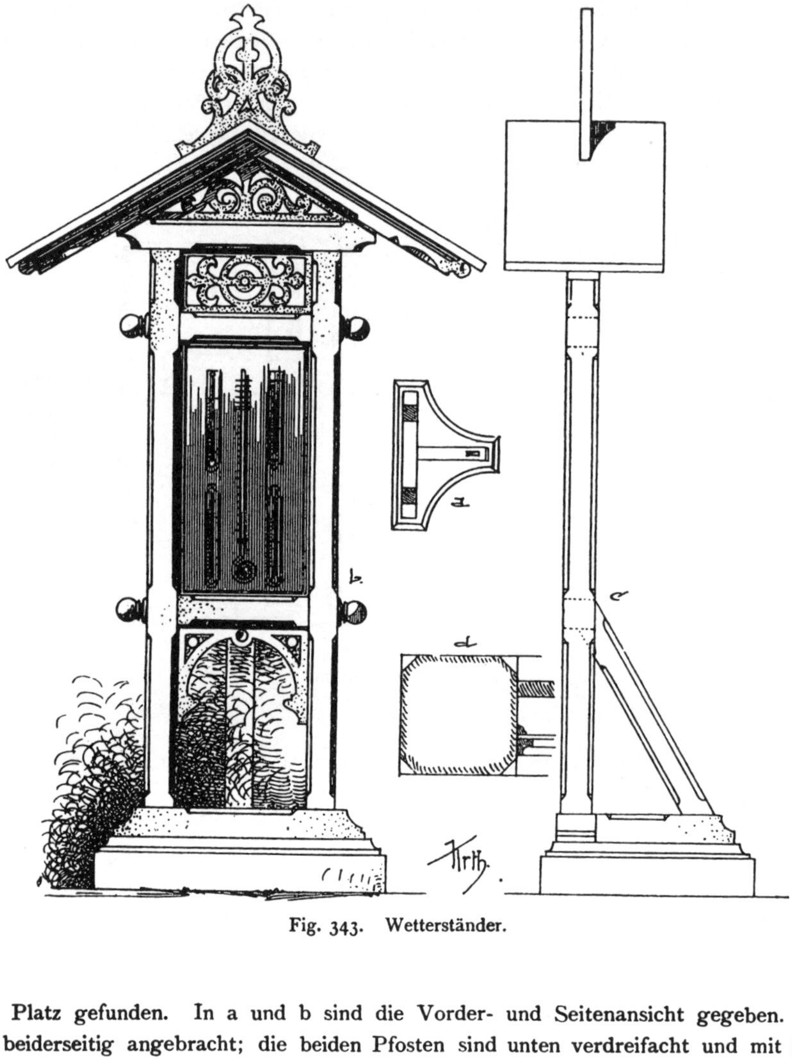

Fig. 343. Wetterständer.

auf Tafel 129 Platz gefunden. In a und b sind die Vorder- und Seitenansicht gegeben. Die Schriftschilder sind beiderseitig angebracht; die beiden Pfosten sind unten verdreifacht und mit Sitzbänken in Verbindung.

Was die vorerwähnten Tafeln für die Eisenbahn, das sind die gewöhnlichen Wegweiser für die Landstraſse. Sie haben in ihrer einfachen Ausstattung schon manchem unkundigen Reisenden aus der Not geholfen und wenn sie keinerlei Ansprüche auf eine schöne Durchbildung machen, so ist andererseits doch auch nicht nötig, daſs sie gerade häſslich sind. Die Figur 347 giebt zwei Beispiele. Wichtig ist ein dauerhaftes Holz und ein guter Anstrich. Die Pfosten werden etwa 1 m tief in die Erde gegraben und mit Steinschroppen festgekeilt. Da sie an dieser Stelle zumeist Not leiden, so sind sie anzukohlen, anzuteeren oder anderweitig gegen Fäulnis zu schützen. Als Anhalt für die Höhe gilt die Regel, die

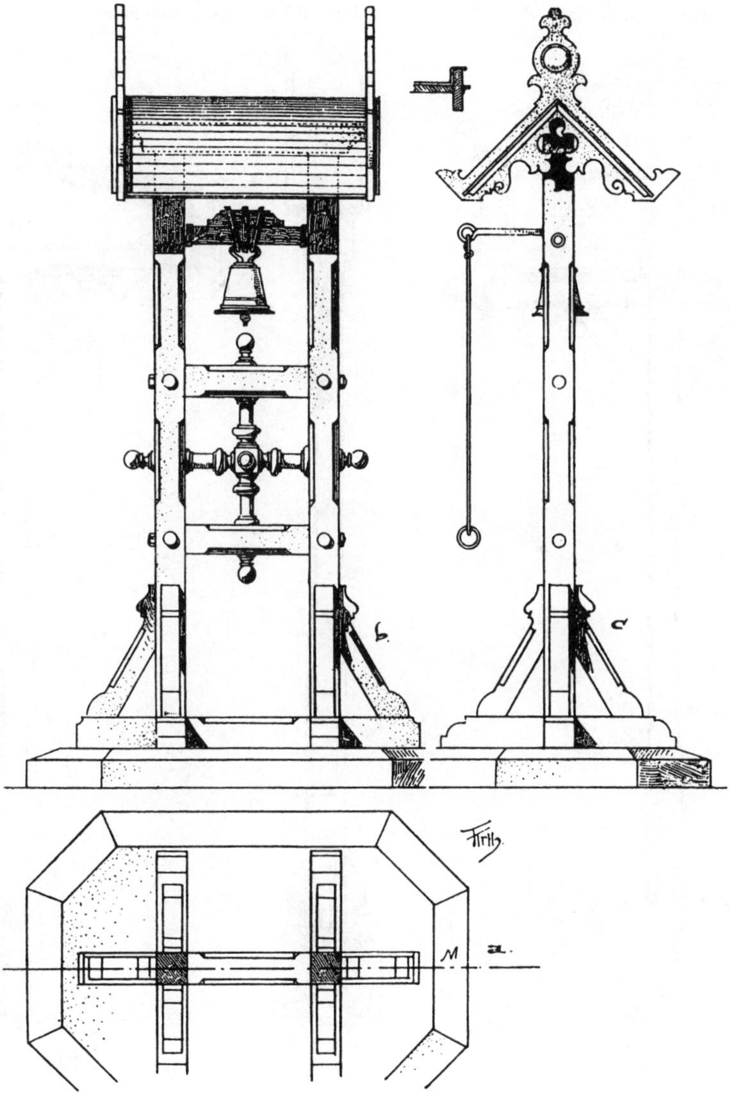

Fig. 344. Glockenständer.

Tafeln so hoch anzubringen, daſs sie weder mit der Hand noch mit Stöcken und Schirmen erreichbar sind, was einem Maſs von 3,2 m gleichkommt. Wichtig ist ferner eine genügende Befestigung der Tafeln, die am besten durchgeschoben oder eingelassen und verschraubt werden. Die Tafeln sollen die Richtung haben, die der zu bezeichnende Weg hat. Es ist dies eigentlich selbstverständlich, trotzdem häufig dagegen gesündigt wird. Wo die Wege also nicht unter rechten Winkeln zusammenlaufen, da wird man die Pfosten schräg ausschneiden und die Tafeln etwa nach Figur 347b befestigen. Dafs man die Pfosten und die Tafeln oben abschrägt, damit der Regen sofort abläuft, möge auch noch kurz erwähnt sein, obgleich es für einen denkenden Arbeiter ebenfalls selbstverständlich ist. Wichtig ist eine leicht leserliche Schrift und eine gute Haltbarkeit derselben, was jedoch Sache des Anstreichers ist. Lackierte Schriften

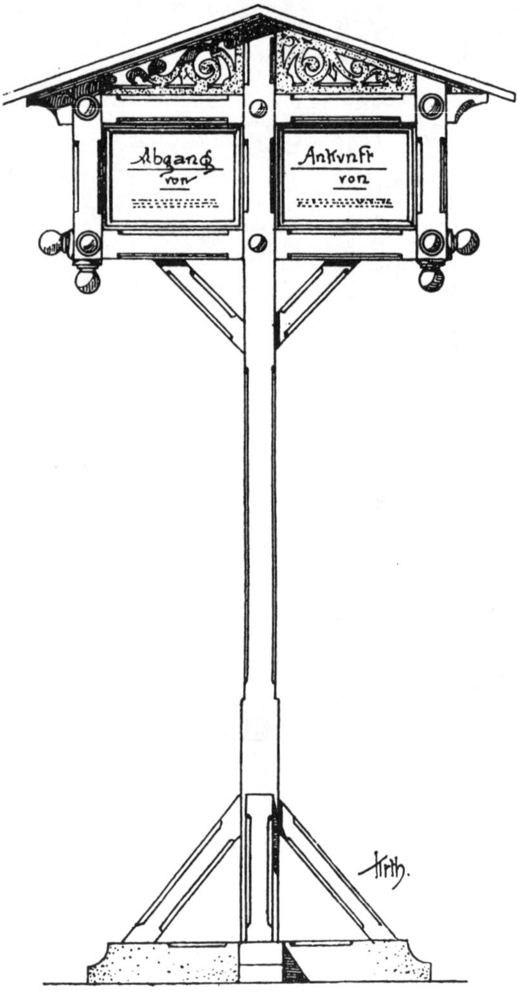

Fig. 345. Anschlagtafel.

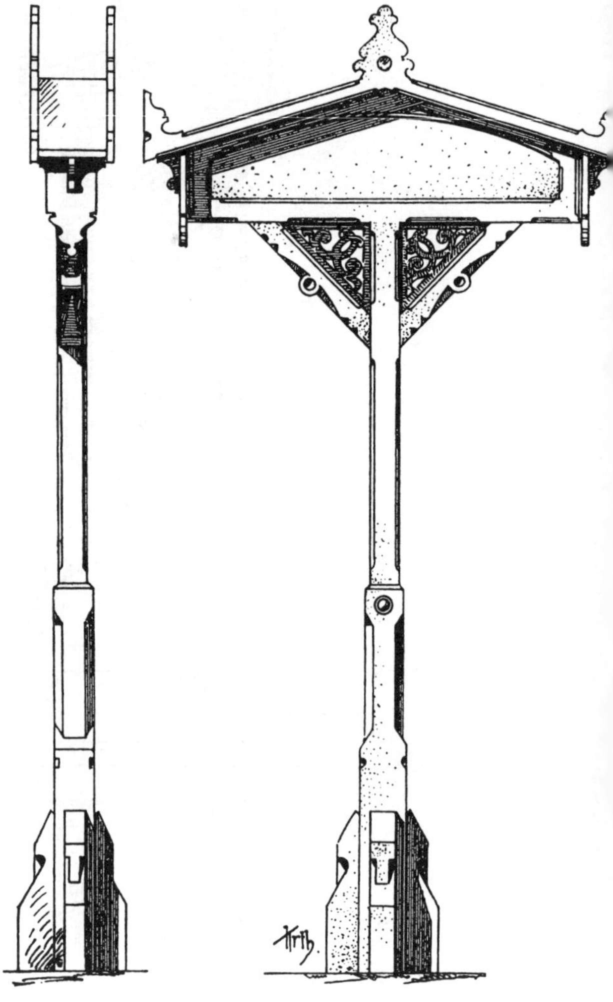

Fig. 346. Stationstafel.

werden schnell rissig und blind. Eine gute Oelfarbe ist immer das Beste, wenn man nicht emaillierte Blechschilde bevorzugt.

Laternenpfähle oder Laternenständer werden wenig mehr in Holz gemacht, seit es hübsche und billige Eisengufsständer giebt. Um dieses geschichtlich gewordene Stück nicht ganz zu umgehen, sind in Figur 348 zwei hölzerne Laternenständer aufgezeichnet. Das Beispiel a zeigt oben ein durchgeschobenes Querholz zum Anstellen der Leiter beim Anzünden und Reinigen der Laterne. Der Pfosten des zweiten Beispiels ist mehrmals durchlocht und mit Sprossen durchzogen, so daſs der Laternenpfahl selbst die Leiter vorstellt. Die letztere Einrichtung wird sich allerdings nur da empfehlen, wo die Gefahr des unbefugten Anzündens und Auslöschens nicht vorhanden ist.

Sitzbänke im Freien sind heutzutage keine seltene Erscheinung. Die Verwaltungen der Städte versorgen die öffentlichen Anlagen und Plätze mit solchen; die Verschönerungs- und Touristenvereine thuen ein Gleiches in Bezug auf Aussichtspunkte und den Wald und menschenfreundliche Behörden kommen in Hinsicht der viel begangenen Straſsen und Wege dem Ruhebedürfnis der Allgemeinheit entgegen.

Wo keine ständige Aufsicht ist, sind die betreffenden Einrichtungen allerdings auch dem Unfug ausgesetzt und es empfehlen sich schon aus diesem Grunde möglichste Einfachheit und Festigkeit. Während die beweglichen Bänke der Gärten fabrikmäſsig aus Eisen und Holz hergestellt werden, so ist das Material für die bleibenden Sitze Holz allein oder in Verbindung mit Stein.

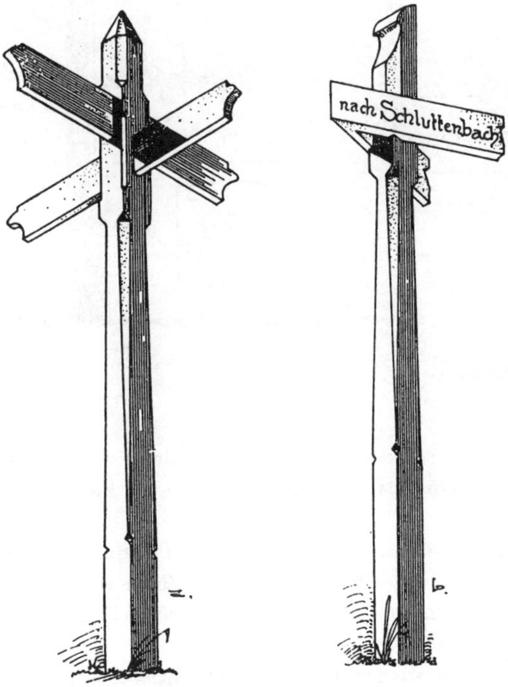

Fig. 347. Wegweiser.

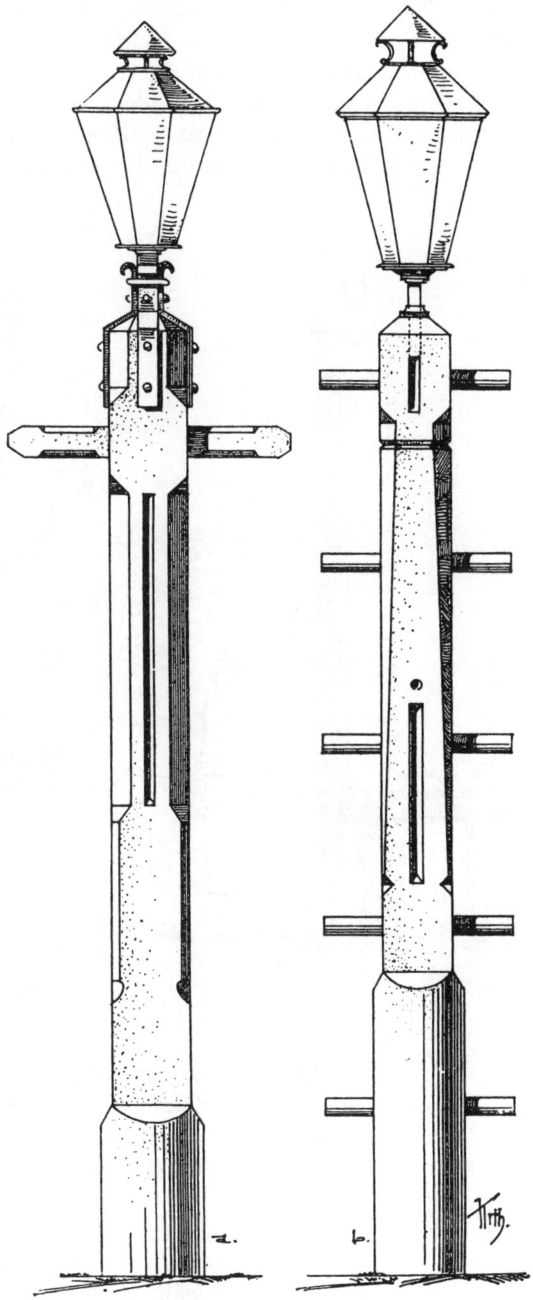

Fig. 348. Laternenständer.

Die Tafel 130 zeigt in a und b eine Sitzbank, gebildet aus zwei oder drei steinernen Stützen und einem aufgeschraubten Sitzbrett. Das letztere besteht aus einem starken, oben abgerundeten Bohlen. Die Befestigung geschieht durch Steinschrauben mit Muttergewinde. Aehnlich ist das in c und d dargestellte Beispiel. Der Sitz ist hier durch zwei nach innen geneigte Bohlen gebildet, wobei das Wasser ebenfalls abfliefsen kann, während andererseits eine bequemere Sitzfläche entsteht. Werden die Stützen statt aus Stein ebenfalls aus Holz gebildet, so mufs die gefährdete Kehle mit Zink ausgelegt werden, wie aus e ersichtlich ist, was bei Verwendung von Stein keinen Zweck hätte. Hölzerne Stützen sind jedoch gewöhnlich nicht aus einem Stück gearbeitet, sondern bilden sich aus je zwei Pfosten und einem Querholz nach den Abbildungen f und g. Dieselbe Tafel bringt in h, i und k eine empfehlenswerte Einrich-

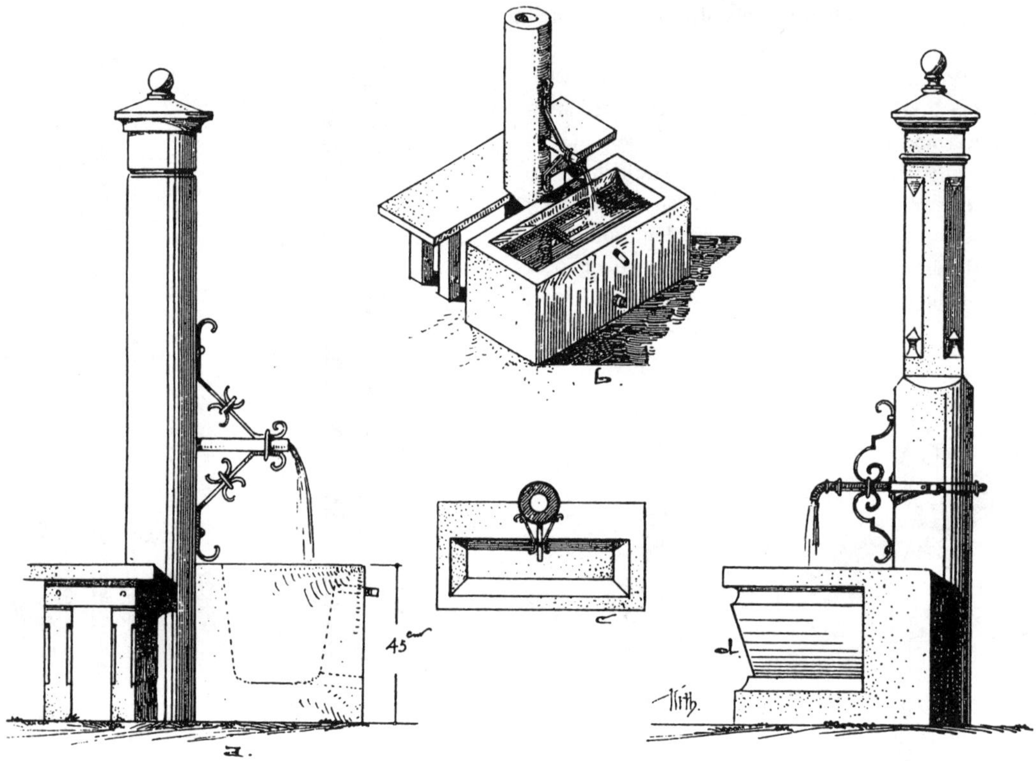

Fig. 349. Brunnen.

tung. Die Sitzbank ist in Verbindung gebracht mit einem starken Gestell zur Abstellung von Körben und anderen Traglasten. Die Konstruktion ist ohne weiteres klar und die Abmessungen können dem beigefügten Mafsstab entnommen werden.

Für Brunnenstöcke und Wasserleitungen war in früherer Zeit das Holz ein Hauptmaterial und das Ausbohren der Rundhölzer im Kern war eine hervorragende Beschäftigung des Zimmermanns, der gleichzeitig Brunnenmacher war. Heute hat auch auf diesem Gebiet das Eisen die Herrschaft an sich gerissen, so dafs hölzerne Brunnen eine vereinzelte Erscheinung sind.

Die Figur 349 hat zwei Beispiele abgebildet. Das linksseitige zeigt einen cylindrischen Stock mit gedrehtem Deckel, eingebaut zwischen den steinernen Trog und eine hölzerne Bank zum Aufstellen der

Geräte. Etwas reicher in Bezug auf den Holzstock und den Steintrog ist das Beispiel zur Rechten, zu welchem c den Grundriſs vorstellt. Die Ausfluſsröhren, früher auch meist aus Holz, werden mit Vorteil aus Metall hergestellt und durch schmiedeiserne Verzierungen mit dem Stock befestigt. Das Rohr erhält zweckmäſsig ein Gewinde angeschnitten, mit welchem es in das Holz unter Verwendung von Kitt eingeschraubt wird, damit die Verbindungsstelle nicht „schweiſst".

Fig. 350. Brunnen in Budapest.
Entworfen von Petschacher in Wien.

Einen hübschen Brunnen, von Petschacher in Wien entworfen für Budapest, stellt Figur 350 dar. Die Arbeit des Zimmermanns beschränkt sich dabei allerdings auf die Erstellung des glatten Stockes, während die Hauptaufgabe dem Schlosser anheimfällt.

X. NATURHOLZ-ARBEITEN.

(Tafel 131.)

Einfriedigungen. — Treppen. — Brücken. — Sitzbänke. — Futterhäuschen etc. — Aussichtsgerüste. — Ehrenpforten.

Als Naturholzarbeiten bezeichnet man diejenigen Zimmerwerke, bei welchen das zu verwendende Holz nicht vierkantig bearbeitet, sondern in seinem natürlichen, runden Zustande belassen wird und zwar mit oder ohne Rinde. Es sind gewöhnlich nicht Sparsamkeitsgründe, die von dem Behauen des Holzes Abstand nehmen lassen, und ebensowenig ist es die Ueberlegung, daſs unbehauenes Holz, weil ungeschwächt, konstruktiv leistungsfähiger ist, als vierkantiges von gleichem Querschnitt, sondern es sind meist auf eine malerische Wirkung hinarbeitende Erwägungen. Architektonische Gegenstände, besonders wenn sie klein sind, lassen sich in der Naturholz-Ausstattung durchschnittlich den Park- und Gartenanlagen leichter einfügen und anpassen, als im Gewande strengerer Form. Der Uebergang von Kunst und Natur tritt dabei weniger schroff in die Erscheinung, weil die Farbe und die Form an die Bäume der Umgebung anklingen.

Es gehört keine groſse Geschicklichkeit dazu, derartige Arbeiten richtig auszuführen, aber Geschmack und Verständnis für malerische Wirkung. Wenn die letzteren fehlen, kann die erhoffte Wirkung allerdings in das Gegenteil umschlagen und die Naturholzbauten können sich noch langweiliger geben, als in glatter, vierkantiger Ausführung.

Es sind meist nur kleine, bescheidene Werke, die in Naturnolz zur Ausführung kommen und infolgedessen haben die nötigen Hölzer auch meist geringe Stärken, die sich durchschnittlich von 15 cm abwärts halten. An Holzarten kommen vornehmlich folgende zur Benutzung:

Eichen, mit oder ohne Rinde. Die vielfach gekrümmten, knorrigen Aeste geben eine gute Wirkung, insbesondere, wenn es mehr auf malerische als architektonische Linien ankommt. Die graue, zerrissene Borke wirkt ebenfalls günstig. Aber auch das entrindete Eichenholz giebt sich gut und kernig und wo es bei der Eichenrindengewinnung gewissermaſsen abfällt, ist es auſserdem billig zu haben. Dazu kommt seine Festigkeit und Haltbarkeit, die allerdings im Boden gröſser ist, als über demselben.

Fichten, gewöhnlich nur mit der Rinde. Der gerade, cylindrische Wuchs macht es insbesondere geeignet, wo die strengen, architektonischen Linien beabsichtigt sind. Es ist leicht und leicht zu bearbeiten und die rotbraune Rinde giebt sich gut in der Wirkung. Wenn das Holz harzreich ist, widersteht es auch bis zu einem gewissen Grade der Zerstörung durch das Wetter.

Hainbuchen, mit der Rinde. Es ist weniger leicht und weniger leicht zu bearbeiten, aber seine Zähigkeit und sein eigenartiger Wuchs (unrund, spannrückig und drehwüchsig ist es ja fast immer) machen es in malerischer Hinsicht wohl geeignet, insbesondere für Einfriedigungen und Brüstungen.

Birken, mit der Rinde. Gegen seine Verwendung spricht die geringe Haltbarkeit, für dieselbe die Zähigkeit und Biegbarkeit bei schlankem, glattem Wuchs und vor allem die hübsch aussehende, weiſse Rinde mit ihren schwarzen Streifungen.

Hasel, mit der Rinde. Dieses schlank wachsende, wenig verästeltete, zähe und biegsame Holz empfiehlt sich insbesondere zu Deckstangen für die niedrigen Einfassungen der Beete etc.

Die Zahl der verwendbaren Holzarten ist hiermit keineswegs erschöpft. Es möge aber genügen, die hauptsächlichsten genannt zu haben.

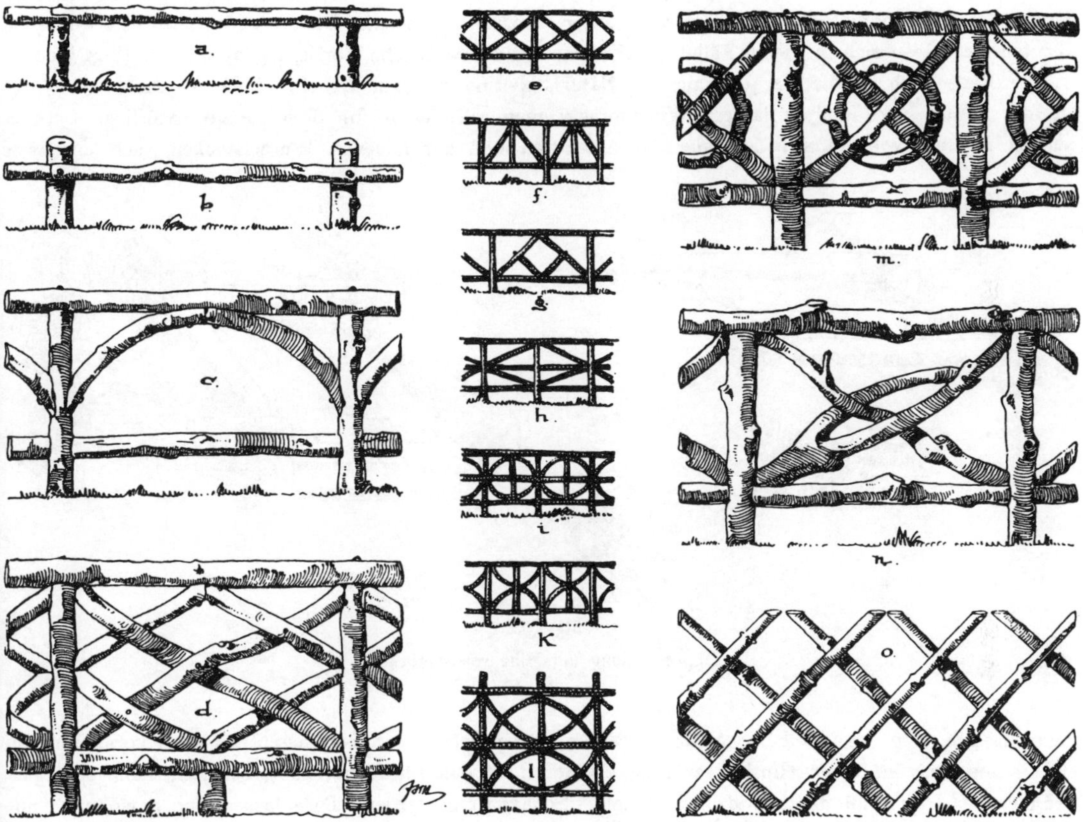

Fig. 351.
Einfriedigungen aus Naturholz.

Die Prinzipien der Konstruktion sind die nämlichen, wie bei der Verwendung von Kantholz, dagegen erleiden die Holzverbindungen mancherlei Abänderung, weil sich vieles hier nicht ausführen läſst, was im Kantholz möglich ist, oder schlecht aussehen würde, wie z. B. die gewöhnliche Ueberblattung. Man hilft sich dann leicht auf andere Weise, durch Hinterschiebung nach Art von Flechtwerk etc. (Fig. 351 d und n.) Wo ein Holz mit der Hirnfläche auf das Langholz eines anderen stöſst, wird es meist nur angeblattet; man konstruiert dabei selbstverständlich nicht erst die Schnittflächen, sondern paſst nach dem Augenmaſs und durch Probieren die Stücke so gut aneinander an, als es geht. Uebung macht auch hierin den Meister. Die Verbindungen werden alle genagelt, am besten mit geschmiedeten Nägeln. Wo nötig, werden die Nagelspitzen umgeschlagen (vernietet) und bei besonders gefährdeten Teilen können auch Schrauben, Mutterschrauben und Bolzen Verwendung finden.

Wo Bogenlinien beliebt werden, werden dieselben aus Stücken hergestellt, welche entsprechend gewachsen sind. Wer häufig Veranlassung hat, Naturholzarbeiten auszuführen, wird sich alles, was gelegentlich abfällt, auf eine etwaige spätere Brauchbarkeit ansehen und sammeln, damit im Bedarfsfalle nicht erst die groſse Suche angeht.

Gleichbedeutende Hölzer müssen natürlich auch annähernd gleiche Stärke haben. Untergeordnete Teile können unter sich wieder schwächer sein. Für Pfosten und Hängesäulen ist die Verjüngung kein Hindernis; horizontale Hölzer sollen im ganzen möglichst gleiche Dicke aufweisen. Verastungen, Knoten etc. lassen sich in vielen Fällen gewissermaſsen als natürliche Verzierung ausnützen. (Fig. 351 o.)

Bedenklich ist die Verquickung von Naturholz- und kantiger Arbeit. Auch die Anbringung gedrehter Zapfen und Knöpfe ist ein Widerspruch; man wird auch für diese Dinge natürliche Formen suchen müssen, wie sie sich in hübschen Astquirlen und zubehauenen Wurzelstöcken auch unschwer

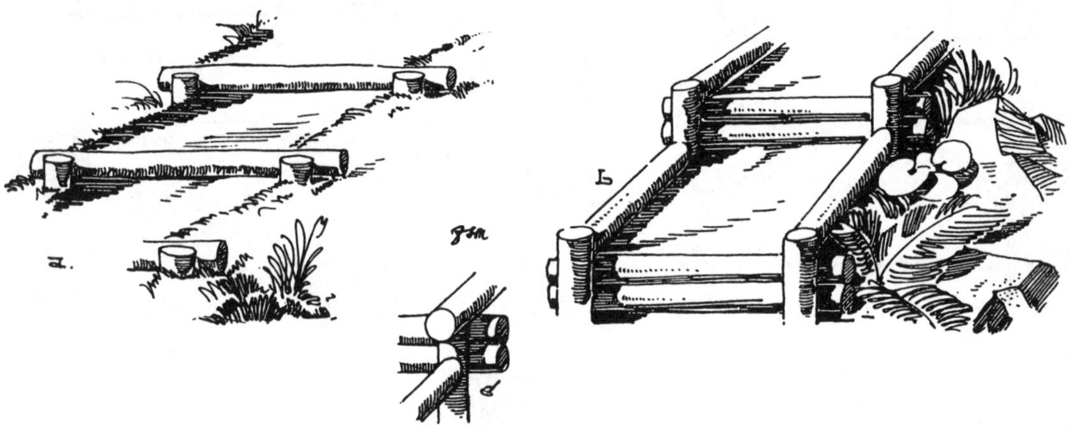

Fig. 352.
Treppenbildung mit Hilfe von Naturholz.

finden lassen. (Fig. 357 a und b.) Naturholzbauten anzustreichen, wie es gelegentlich auch vorkommt, ist ein Unding; was in dieser Hinsicht zulässig erscheint, ist das Firnissen von geschältem Holz oder das Tränken des Holzes mit fäulniswidrigen Mitteln. Schadhaft gewordene Teile lassen sich gewöhnlich unschwer durch neue ersetzen, ohne dem Gesamtaussehen zu schaden.

Die Abdeckungen gröſserer Naturholzbauten können auch nicht beliebig gewählt werden. Ziegel-, Schiefer- und Metalldächer wollen sich nicht gut anpassen, während Strohdächer, Schindeldächer, Pappdächer und ähnliches schon besser zum Naturholz stehen. Dem Aussehen nach das beste, wenn auch sonst bedenkliche Deckmaterial ist borkige Rinde, in Stücken aufgenagelt. Man hat es aber in der Hand, mit Pappe zu decken und dann erst die Rinde aufzunageln etc.

Wir gehen nach diesen allgemeinen Betrachtungen zur Erwähnung derjenigen Dinge über, die öfters eine Durchführung in Naturholz erfahren. Dazu gehören in erster Reihe die Einfriedigungen. Die Ränder der Rasenflächen, der Beete, der Gehölze und Wege werden in einfachster Weise eingefriedigt, indem man in passenden Abständen Pfähle in den Boden schlägt und denselben Stangen aufnagelt. (Fig. 351 a.) Der Stoſs erfolgt über einem Pfahl, durch Ueberblattung, wie die Figur es zeigt oder stumpf schräg geschnitten. Hat die Einfriedigung Kurven und starken Biegungen zu folgen, so werden die Pfähle enger gestellt und die Stangen von der Seite statt von oben befestigt. (Fig. 351 b.) Das Hirnholz der Pfähle schützt man in diesem Fall durch Abschrägen oder Zuspitzen, damit das Wasser abläuft. Werden die Einfriedigungen mehr als 30 cm hoch, so ersetzt man die einfache Stangenlinie durch eine doppelte. Bei einer Höhe von über 50 cm werden die Einfriedigungen, wenn sie über das rein Praktische

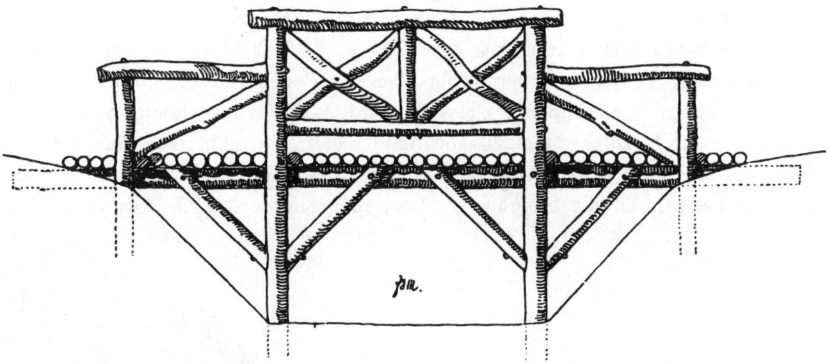

Fig. 353.
Kleine, stehende Brücke.

hinausgehen sollen, gitterartig gemustert. (Fig. 351 e bis l.) Die Pfähle erhalten eine Deckstange und werden in der Nähe des Bodens durch horizontale Riegel verbunden. Die so entstehenden Felder werden durch Andreaskreuze (Fig. 351 e), durch gekrümmte Hölzer (Fig. 351 c), durch Gittergeflechte (Fig. 351 d), oder anderweitig ausgefüllt. Man kann dabei mehr das Architektonische betonen (Fig. 351 m) oder sich

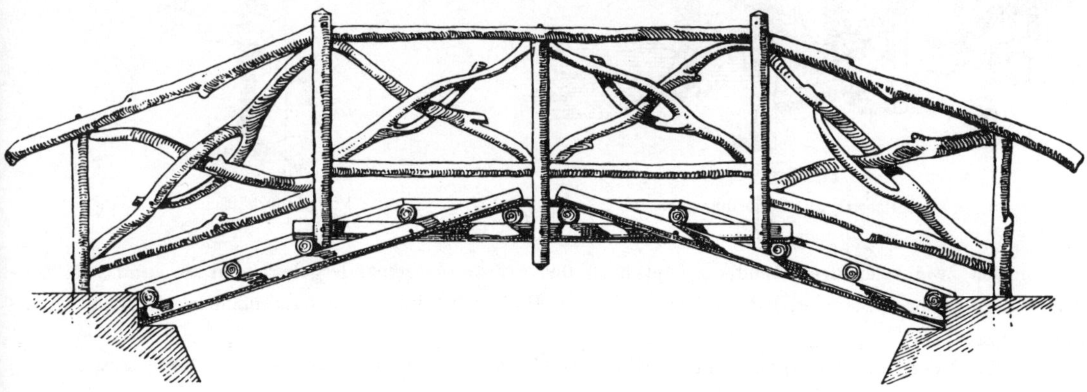

Fig. 354.
Sogen. kaukasische Brücke.

dem Naturalistischen zuneigen (Fig. 351 n). Auch Gitterbildungen ohne senkrechte und horizontale Hölzer, also ohne Rahmen, sind in Anwendung (Fig. 351 o). Die in diesem Fall am besten aus Fichtenholz hergerichteten Pfähle werden schräg in den Boden geschlagen, so daſs sie sich rautenförmig kreuzen. Die Kreuzungsstellen werden mit Vernietung genagelt. Dieses Muster empfiehlt sich besonders, wenn die Einfriedigung Schlingpflanzen als Halt dienen soll.

Wo die Einfriedigungen als Brüstungsgeländer dienen (90 bis 120 m hoch), so z. B. an Treppenwegen, an Brücken, vor den Tierhäusern der zoologischen Gärten, an Terrassen und am Wasser, da mufs besondere Rücksicht auf genügende Festigkeit genommen werden, weil aufser dem eigenen Halt noch der Druck durch Anlehnen von Menschen in Betracht kommt. Im gleichen Fall ist auch darauf zu sehen, dafs keine vorstehenden Aeste etc. Anlafs zum Zerreifsen der Kleider werden können.

Auch zur Anlage von Treppen ist das Naturholz ein bekanntes Mittel. Schon auf gewöhnlichen Waldwegen findet sich häufig eine Anordnung, wie sie Fig. 352 in a zeigt. Hinter zwei Pfähle, die seitlich des Weges eingerammt werden, und nur wenig über den Boden vorstehen, wird ein Rundholz gelegt (auf der Seite der Steigung). Durch dieses Querholz wird das Wasser seitlich abgeleitet, weshalb jenes etwas Gefäll erhält und durch Anschwemmung von Sand bildet sich schliefslich eine natürliche Trittstufe. Sauber ausgeführt und in Stand gehalten gereicht eine auf diese Weise gebildete Treppe auch in Gärten und Parkanlagen zur Zierde. Ist die Steigung gröfser, so gestaltet sich die Ausführung nach Fig. 352b.

Fig. 355.
Sitzbank aus Naturholz.

Fig. 356.
Vogelfutterhäuschen.

Es werden zwei oder drei Rundhölzer je nach der Stärke übereinandergelegt und es kann eine seitliche Begrenzung durch Ausriegelung von Pfahl zu Pfahl stattfinden entweder nach b oder nach c derselben Figur.

Brücken aus Naturholz sind in Gärten und Parkanlagen ebenfalls keine seltene Erscheinung. Sie überspannen gewöhnlich nur schmale Gräben und Wasserläufe, die von Springbrunnen oder Wasserfällen abfliefsen. Sie dienen nur für Fufsgänger und machen keine grofsen Anforderungen bezüglich der Festigkeit, so dafs man besser von Stegen sprechen würde. Immerhin mufs die Festigkeit aber derart sein, dafs sie dem genannten Zweck unter allen Umständen genügt, der Steg also nicht durchbricht, wenn so viele Personen auf ihm stehen, als überhaupt Platz haben.

Die Figur 353 bildet eine kleine, sogen. stehende Brücke ab. Sie überspannt einen Graben, der an der Sohle bis zu 2 m, oben an der Böschung 3 bis 4 m breit sein kann. Den Hauptteil bilden die horizontalen Rundholzträger, auf welchen der Beleg aufliegt, gebildet aus schwächeren Rundhölzern, die den ersteren aufgenagelt werden. Zwei starke Rundholzpfosten auf jeder Seite des Steges sind mit den

Trägern verbohrt und außerdem verbugt. Sie dienen außer zur Unterstützung der Träger mit vier weiteren, schwächeren Pfosten zur Befestigung des Brüstungsgeländers. Sind die Pfähle oder Pfosten nicht aus Eichen, sondern aus Fichten, Forlen etc., so werden sie an den unteren Enden mit Carbolineum oder ähnlichem zu tränken sein. Ist der Steg breiter als etwa 70 cm, so muß ein dritter mittlerer Träger eingelegt werden, was auch sonst nicht schadet, der dann wieder auf Riegeln von Pfosten zu Pfosten aufliegt etc.

Die Figur 354 zeigt eine Stegkonstruktion, bekannt unter dem Namen „Kaukasische Brücke" Die Konstruktion ist gut, sieht gefällig und leicht aus und hat etwas Außergewöhnliches. Notwendige Voraussetzung ist ein unbedingt festes Widerlager, da die Belastung auf ein sogen. Knie wirkt und fast ganz als Horizontalschub zur Geltung kommt. So wie der Steg gezeichnet ist, könnte er etwa eine Breite von 4 m überspannen. Die Langhölzer des Sprengwerkes sind mit den Querhölzern möglichst solid zu verbinden und unter sich zu verbolzen. Der Beleg ist ein Dielenbeleg, der zweimal gebrochen ist. Auf

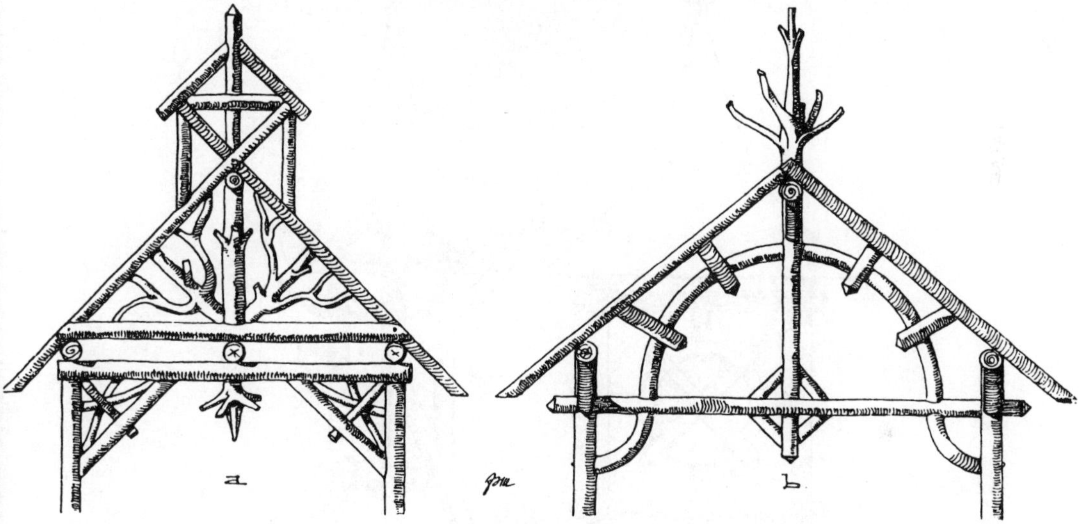

Fig. 357.
Naturholzgiebel.

der Bruchstelle oder besser unter derselben dürfte ein schützender Blechstreif sehr angezeigt sein. Die äußersten Geländerpfosten sind in den Boden gerammt, die drei mittleren finden ihren, allerdings nicht bedeutenden, Halt durch Befestigung an den Trägerhölzern. Da die Träger nicht wesentlich verstärkt werden können, ohne die Konstruktion überhaupt unmöglich zu machen (weil der Mittelteil zu sehr erhöht würde), so muß auf möglichst leistungsfähiges Holz gesehen werden.

Sitzbänke aus Naturholz sind im Wald und in Gärten ebenfalls häufig zu finden, obgleich sie eigentlich recht wenig taugen und mit demselben Aufwand durch Besseres zu ersetzen wären.

Wir beschränken uns auf die Wiedergabe eines Beispiels (Fig. 355), das wohl ohne weiteres verständlich sein dürfte. Die Sitzhöhe beträgt 45 bis 50 cm, die Sitztiefe ebensoviel; die Höhe der ganzen Bank ist etwa gleich 1 m, die Länge beliebig. Das Rundholz, welches die Sitzfläche bildet, muß schön gerade und frei von Aesten und Auswüchsen sein, die Nagelköpfe sind etwas zu versenken. Aus Mitleid für die Platzergreifenden und mit Rücksicht auf ihre Kleider kann der Beleg auch aus Halbrundholz gebildet werden, welches, die runde Seite nach unten, aufgenagelt wird. Dann kann man aber auch schlieſslich gerade so gut Latten oder Brettstreifen zur Sitzbildung verwenden. Ein kleiner Abstand für den Ablauf des Regenwassers muſs stets belassen werden. Auf ähnliche Weise lassen sich auch Tische, Fuſsschemel u. a. m. aus Naturholz bilden. Auch Blumentische werden gerne in diesem Material ausgeführt, was aber meist der Gärtner besorgt.

Zum Füttern der Vögel während der nahrungsarmen Winterzeit baut man kleine Futterhäuschen, die in ihrer offenen Konstruktion den Vögeln keine Scheu einflöſsen. Die Figur 356 zeigt ein solches, zunächst mit Brettern und darüber mit Rindenstücken abgedecktes Häuschen.

Von gröſseren Dingen, die in Naturholz zur Ausführung kommen, sind zu nennen Taubenhäuser, Hühnerhäuser und ähnliche kleine Bauwerke für Tiergärten, dann Gartenhäuser aller Art und

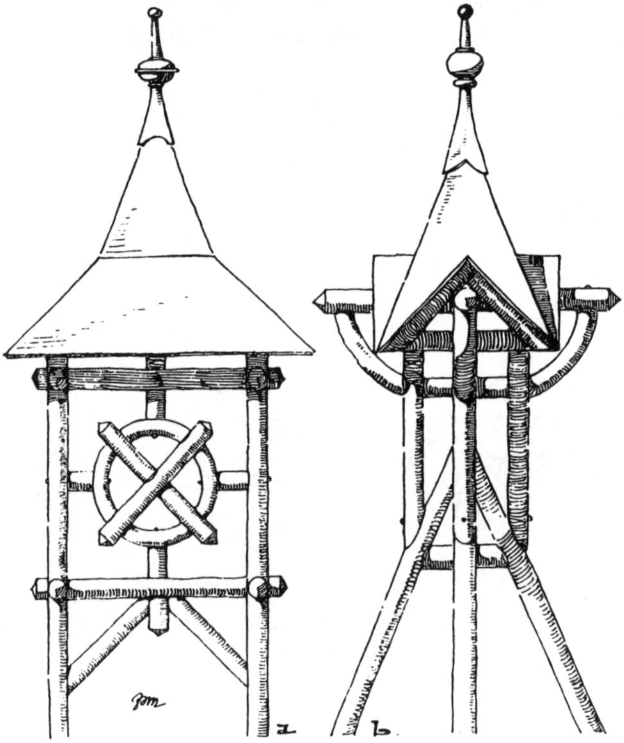

Fig. 358.
Ecktürmchen und Dachreiter.

Kapellchen. Da wir derartige Sachen, in Kantholz ausgeführt, bereits gebracht haben, wird es nicht schwer fallen, sie bei Bedarf in den Naturholzstil zu übertragen. Wir geben in Figur 357 zwei Giebelbildungen wieder, die eine derartige Anpassung zeigen und in Figur 358 finden sich zwei weitere Einzelheiten abgebildet, wie sie zum Aufputz gröſserer Anlagen Verwendung finden können. Figur 358a giebt ein kleines Ecktürmchen von quadratischem Grundriſs und Figur 358b bringt einen entsprechenden Dachreiter. Als Deckmaterial kann über einer Bretterverschalung wieder Borke oder Dachpappe dienen. Die Dachspitzen sind in Metall gedacht. Das zweckmäſsigste Material für solche architektonische Bildungen ist das Fichtenholz.

Von ganz großen Bauwerken, die gelegentlich in Naturholz gemacht werden, sind noch zu nennen die Aussichtsgerüste, welche in Kantholz ausgeführt, meist etwas Langweiliges und Steifes an sich tragen.

Wir geben in Figur 359 die ungefähre Skizze eines derartigen Bauwerkes. Es steht in der Nähe von Schwann, macht in seiner flotten Konstruktion und luftigen Durchbildung einen guten Eindruck und gereicht seinem — uns unbekannten — Erbauer zur Ehre. Das Material ist, abgesehen von Treppen, Bodenbeleg und Dachschalung, geschältes Eichenholz. Die vier Ständer stehen auf großen Steinklötzen, sind unten 35 cm und oben 25 cm stark. Der untere Abstand beträgt 4,3 m, der obere 2,2 m. Der Unterbau ist durch ein Geländer mit Eingangsthüre geschlossen. Auf halber Höhe bildet ein doppeltes Diagonalkreuz die Versteifung und dieses Balkenschloß umfaßt gleichzeitig den Kaiserstiel, der nach unten

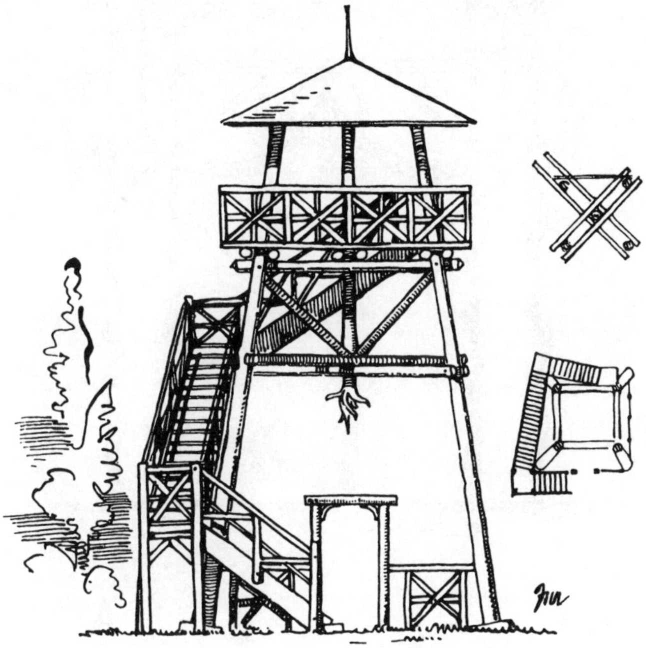

Fig. 359.
Aussichtsgerüst aus Naturholz.

in einen Wurzelstock endigt. Vom Balkenschloß aus gehen vier Streben nach den Ecken des Gebälkes, auf welchem ein Bodenbeleg von 6 cm Stärke aufliegt. Das Gebälke und die übrigen Verbandshölzer sind durchschnittlich 16 cm stark. Die etwa 80 cm breite Treppe hat drei Arme, die sich von außen, auf drei Seiten, der Verjüngung entsprechend anlehnen. Der erste Podest steht auf vier Pfosten. Der zweite Podest in der linken Hinterecke ruht auf der Verlängerung der Diagonalversteifung auf. Im ganzen sind 34 Tritte zu 17 cm Höhe vorhanden, und die Gesamthöhe des Gerüstes beträgt etwa 8 m. Die Treppe und der Bodenbeleg sind von Brüstungsgeländern aus Naturholz eingefaßt, wobei an Klammern, Schienen, Eckwinkeln etc. aus Eisen nicht gespart ist. Da derartige Bauwerke dem Wetter und insbesondere dem Winddruck in erhöhtem Maße ausgesetzt sind, so ist eine äußerst solide Verbindung in allen Teilen das Hauptlerfordernis gleichzeitig mit der Verwendung nur des besten Holzes.

Zum Schluß sei noch der Ehrenpforten gedacht, wie sie bei kirchlichen und weltlichen Festen die Straßeneingänge schmücken helfen. Größeren Schaustücken dieser Art giebt man das dreiteilige

Triumphbogenmotiv mit einem grofsen Mitteldurchgang und zwei kleineren Seitendurchlässen. Diese Triumphbogen werden ähnlich den Baugerüsten konstruiert, mit Brettern verschalt, mit Gesimsen ver-

Fig. 360. Ehrenpforten.

sehen, mit Tannengrün verkleidet etc. Die kleineren Ehrenpforten lassen sich dagegen ganz wirksam und dabei billig mit Verwendung von Naturholz herstellen. Man beläſst den frisch gefällten Nadelhölzern nicht nur die Rinde, sondern auch den oberen Teil der Krone. Mit Hilfe von Guirlanden, Flaggen, Draperien, Schriftschildern und Wappen lassen sich dann ganz genieſsbare Bildungen erzielen, welche in ihrer Natürlichkeit den Charakter einer vorübergehenden Dekoration meist besser zum Ausdruck bringen als die gekünstelten Bauwerke.

Es ist der Versuch gemacht worden, auf der Tafel 131 und in der Figur 360 einige Beispiele in diesem Sinne zu skizzieren. Die Hauptständer werden in die Erde gegraben, die übrigen Teile werden durch starke Nägel unter Zuhilfenahme von Stricken oder Draht befestigt. Die Befestigungsstellen und andere störende Punkte werden durch Laubgewinde maskiert. Es empfiehlt sich, derartige Ehrenpforten nicht vereinzelt aufzustellen, sondern dieselben mittels Guirlanden mit einer Allee kleinerer eingegrabener Bäume in Verbindung zu bringen, so daſs die Pforte gewissermaſsen nur der stärker betonte, der hervor-

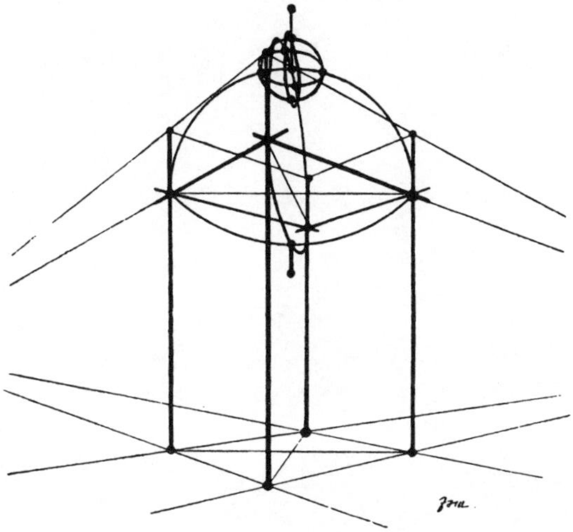

Fig. 361.
Dekorationssystem für eine Straſsenkreuzung.

gehobene Abschluſs der ganzen Straſsenausschmückung vorstellt. Was für den Straſseneingang oder die Mündung der Straſse auf einen freien Platz diese Ehrenpforten sind, das werden für Straſsenkreuzungen vierseitige Zentralanlagen ähnlicher Art.

Werden statt zwei Ständer, deren vier im Quadrat gestellt, und wird die in unseren Skizzen gegebene Dekoration auf vier Fronten wiederholt, so entsteht naturgemäſs eine viel reichere Wirkung. Das Innere der Vierung ist dann nach den Diagonalen ebenfalls mit Guirlanden zu behängen. Noch wirksamer läſst sich die Sache gestalten, wenn zwei halbkreisförmig gebogene Eisenstangen, mit Grün verkleidet, wie die Diagonalrippen eines Kloster- oder Kreuzgewölbes, zwischen die vier Ständer eingespannt und an denselben befestigt werden. Man kann dann im Scheitel, über der Kreuzungsmitte der Straſsen eine Krone oder andere freie Endigung anbringen, was einen guten Abschluſs giebt. Dieses Motiv ist mit wenigen Strichen durch die Figur 361 angedeutet.

DIE
BAU- UND KUNSTZIMMEREI

MIT BESONDERER

BERÜCKSICHTIGUNG DER ÄUSSEREN FORM

HERAUSGEGEBEN

VON

THEODOR KRAUTH

ARCHITEKT, GROSSH. PROFESSOR UND REGIERUNGSRAT IN KARLSRUHE

UND

FRANZ SALES MEYER

ARCHITEKT UND PROFESSOR AN DER GROSSH. KUNSTGEWERBESCHULE IN KARLSRUHE

MIT 131 VOLLTAFELN UND 361 WEITEREN ABBILDUNGEN IM TEXT

ZWEITE VERMEHRTE UND VERBESSERTE AUFLAGE

ZWEITER BAND: TAFELN

1895.

VERZEICHNIS DER TAFELN.

Tafel 1.

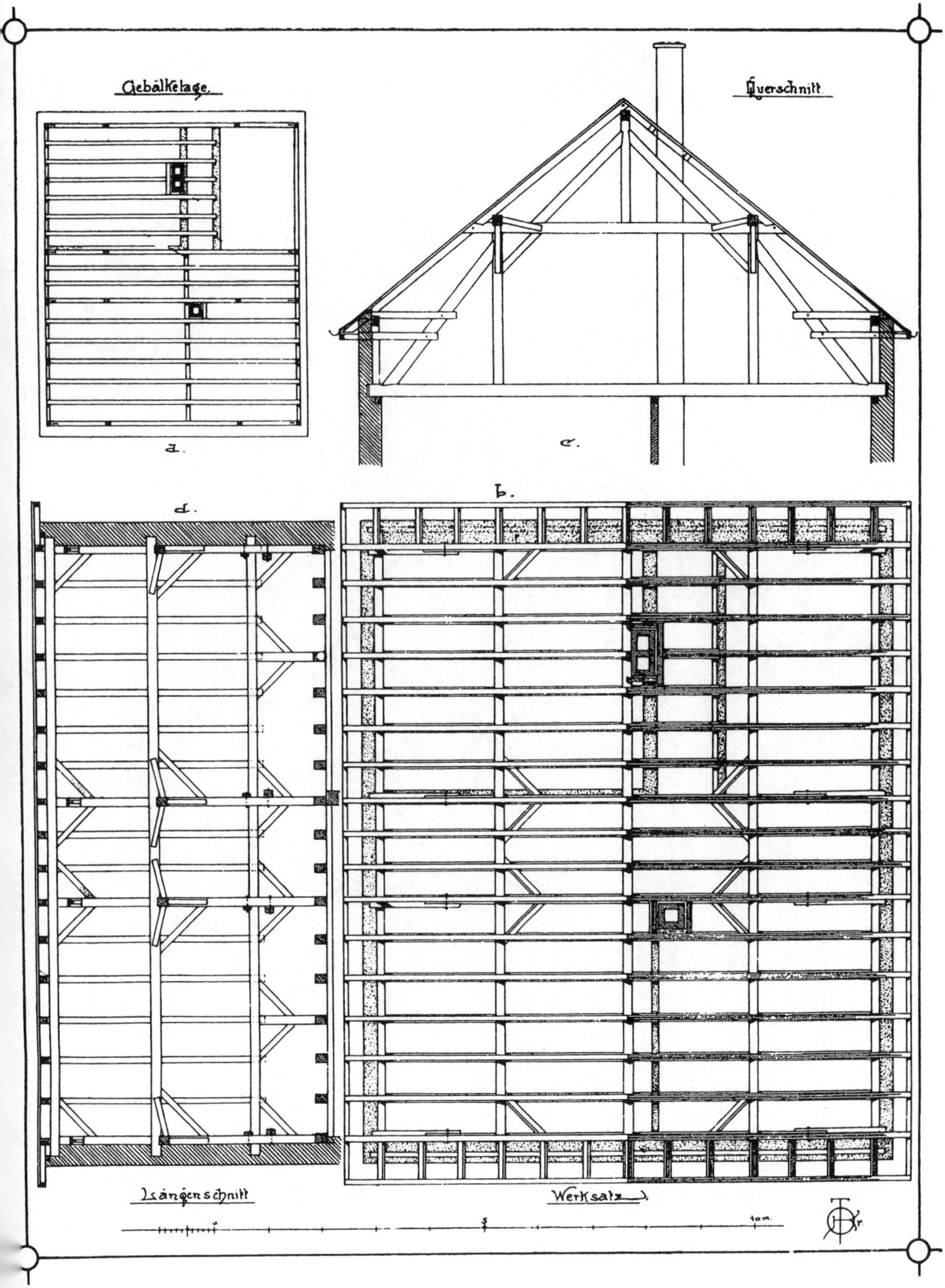

Werksatz eines stehenden Dachstuhles.

Tafel 2.

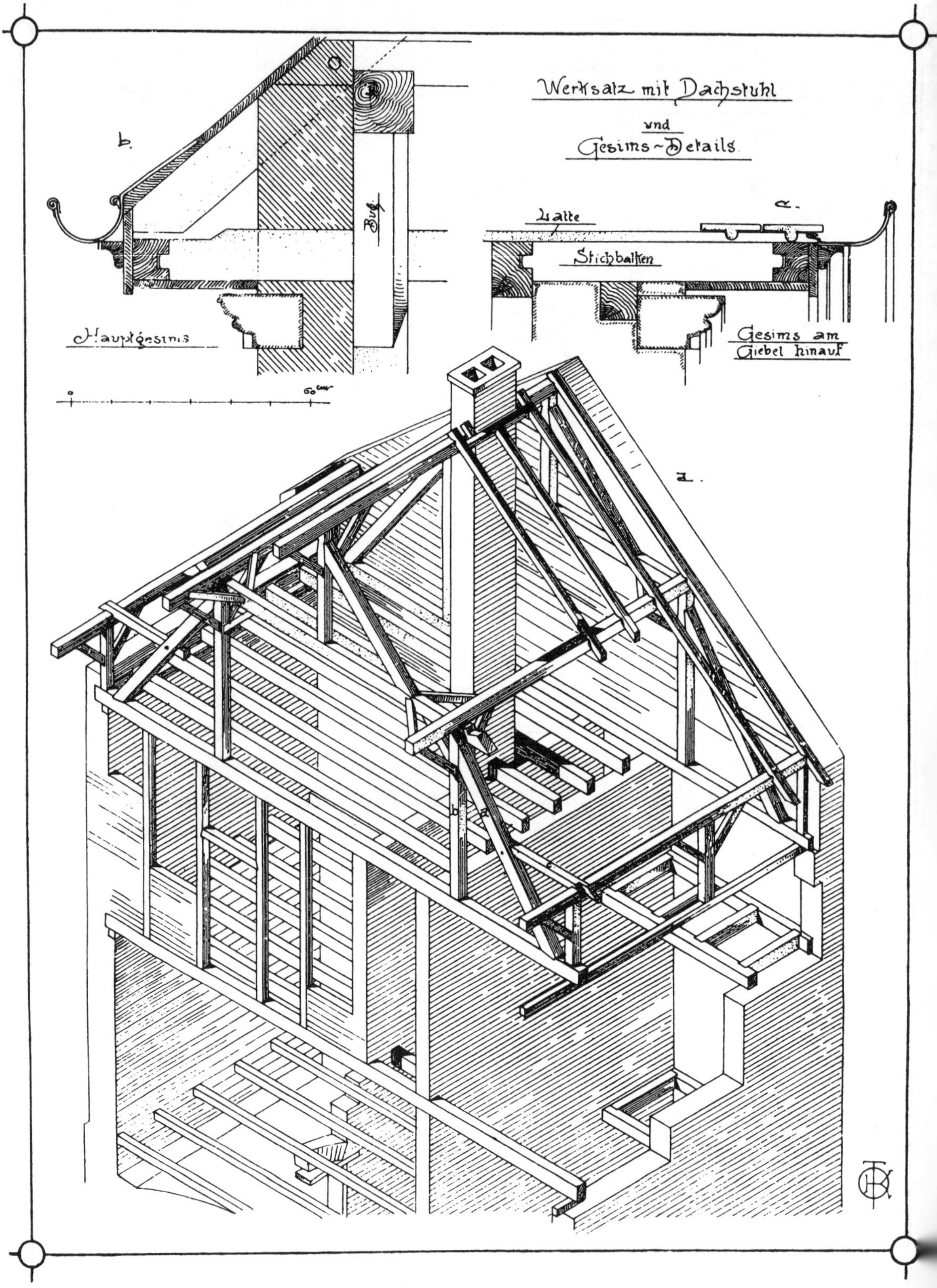

Einzelheiten zu Tafel 1.

Tafel 3.

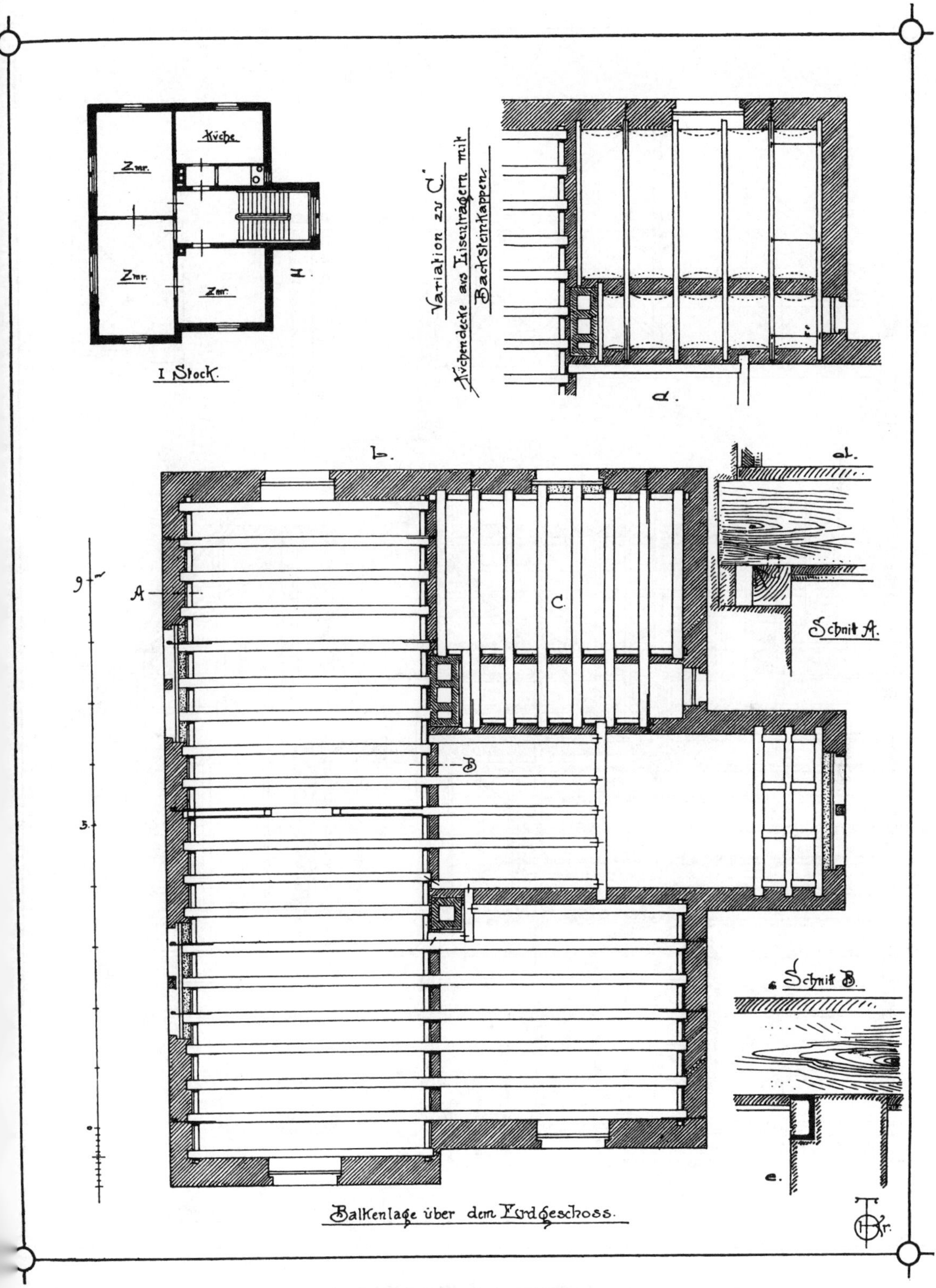

Balkenlage eines kleinen Wohnhauses.

Tafel 4.

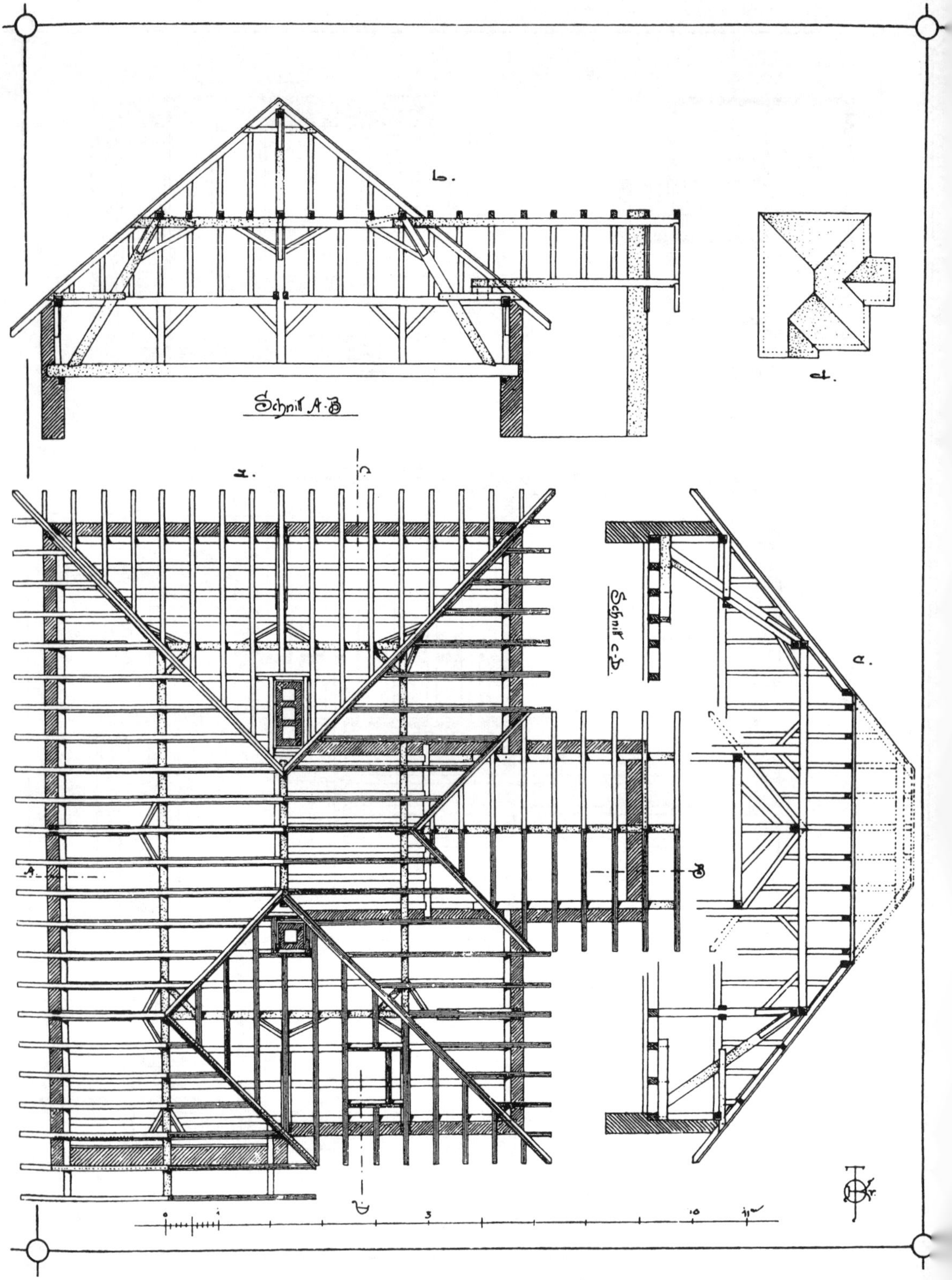

Werksatz, zu Tafel 3 gehörig.

Tafel 5.

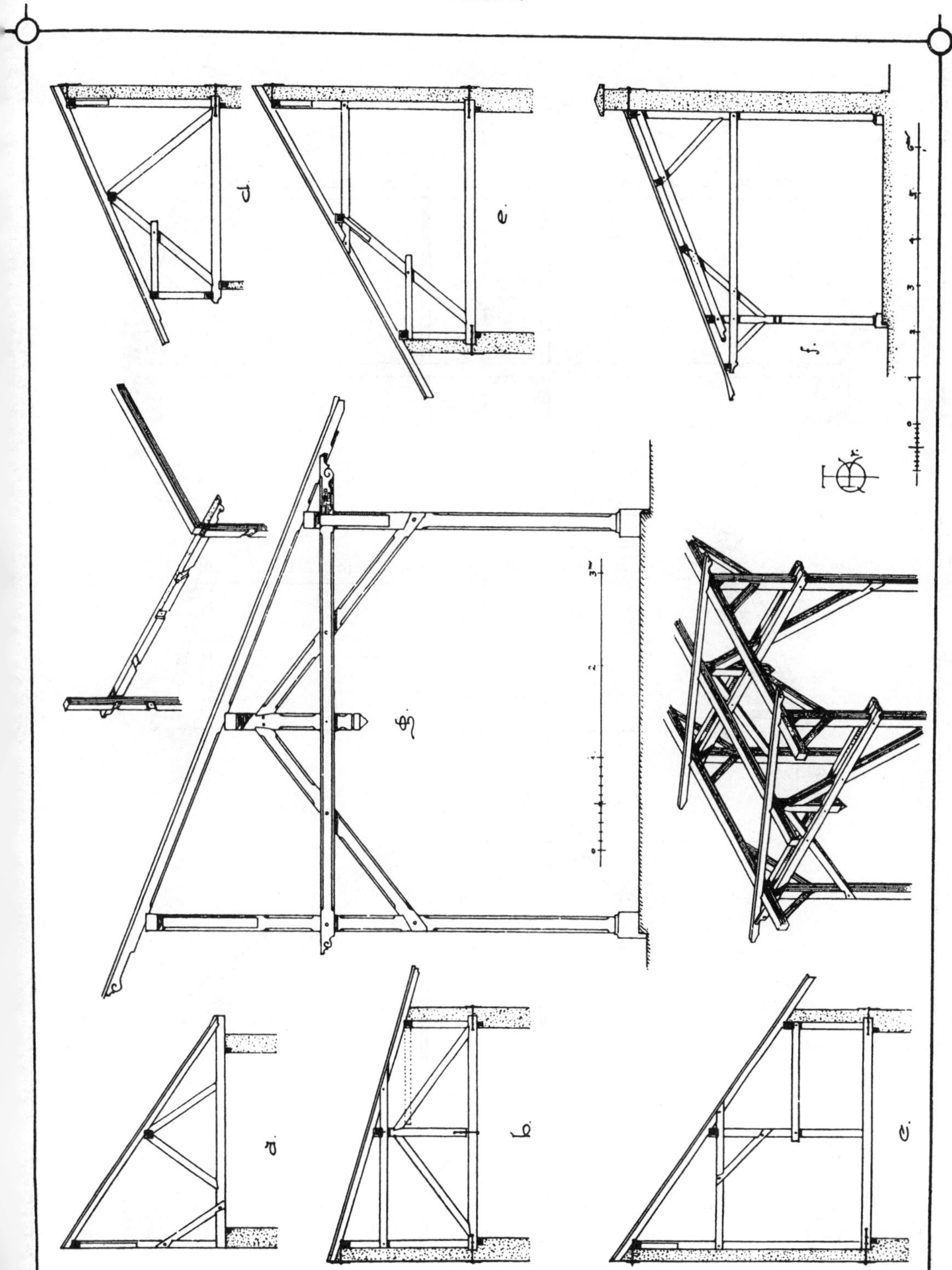

Pultdachkonstruktionen.

Tafel 6.

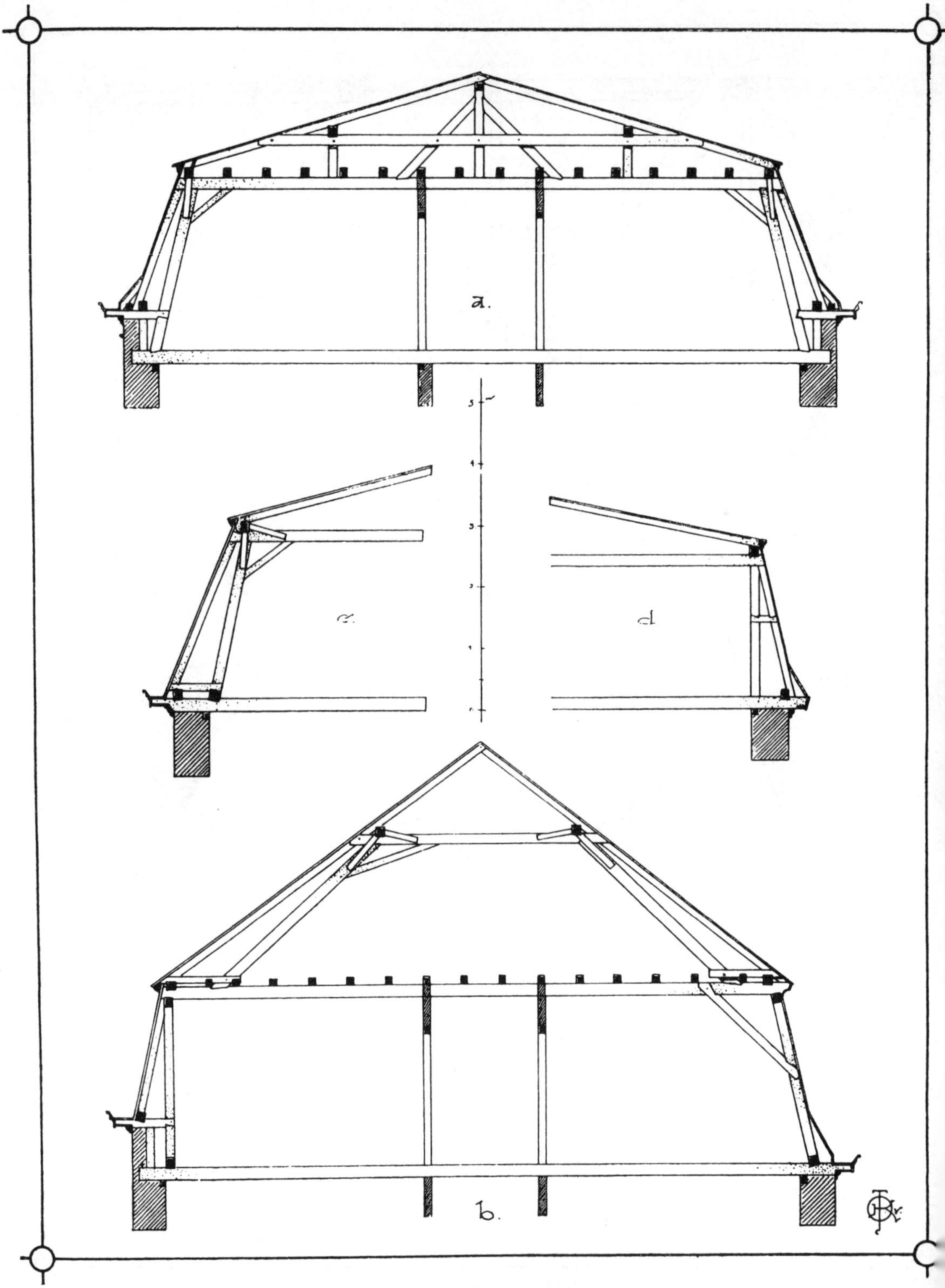

Mansarddachkonstruktionen.

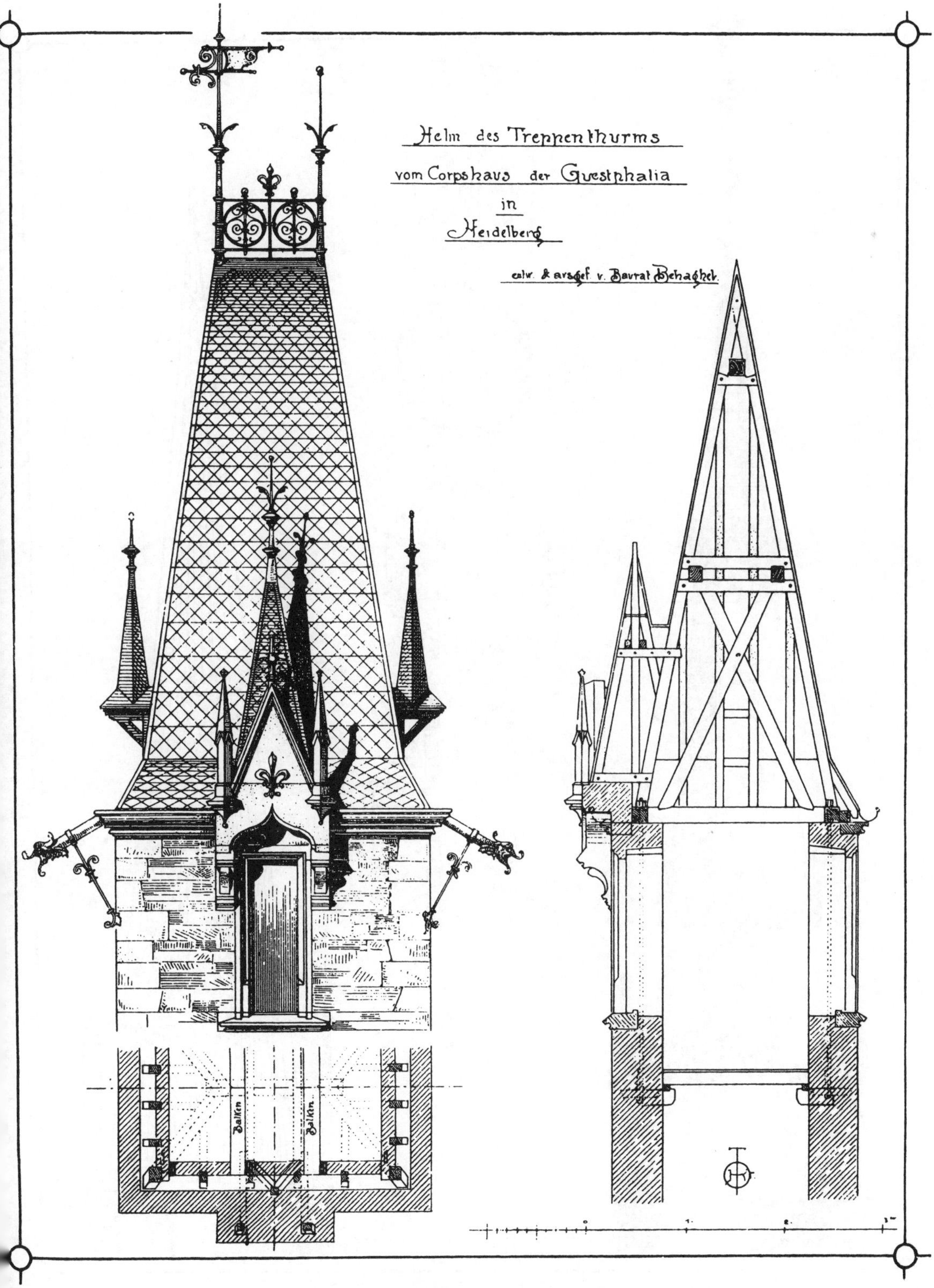

Treppenturmhelm.

Tafel 8.

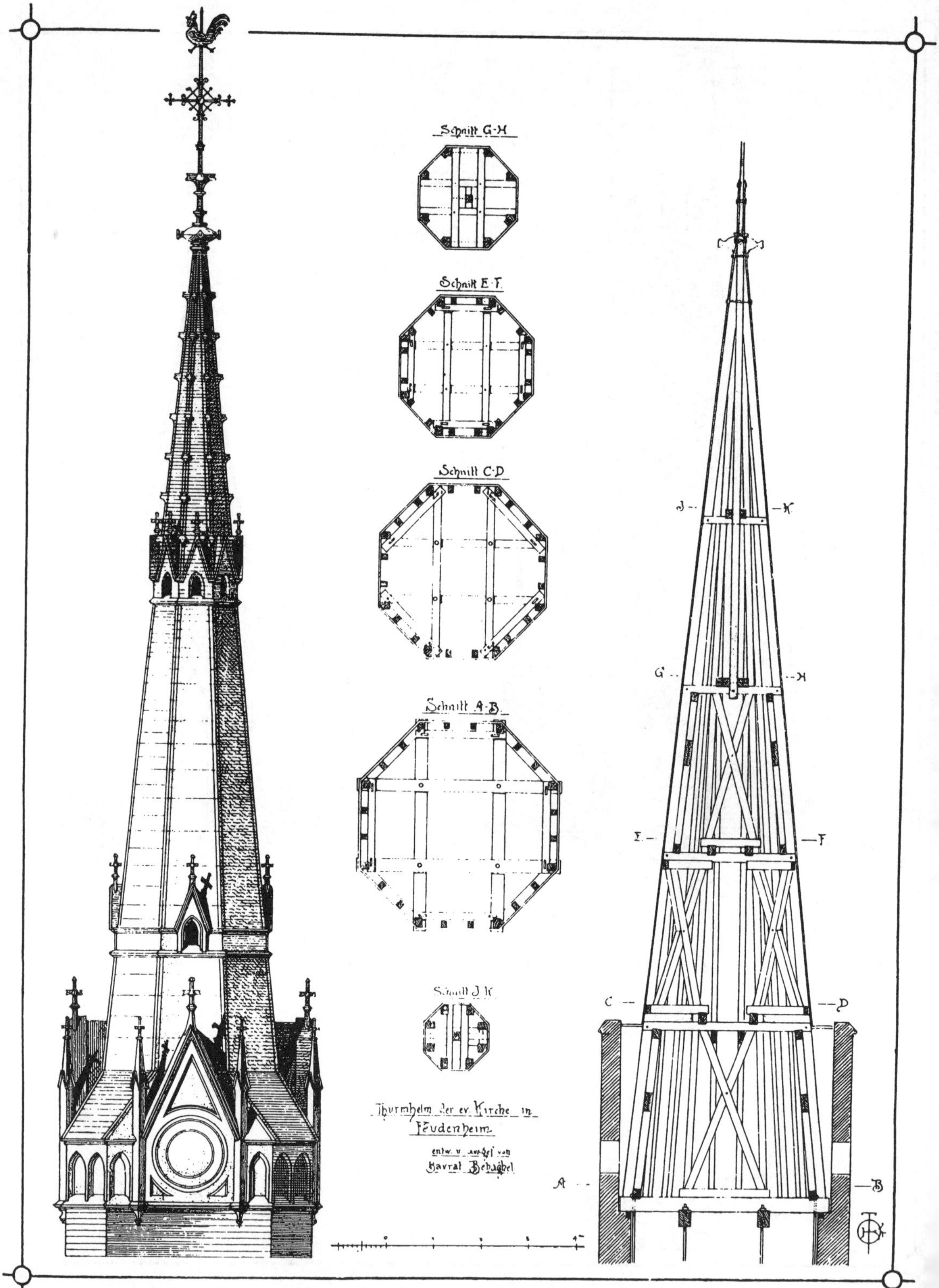

Kirchturmhelm. Feudenheim.

Tafel 9.

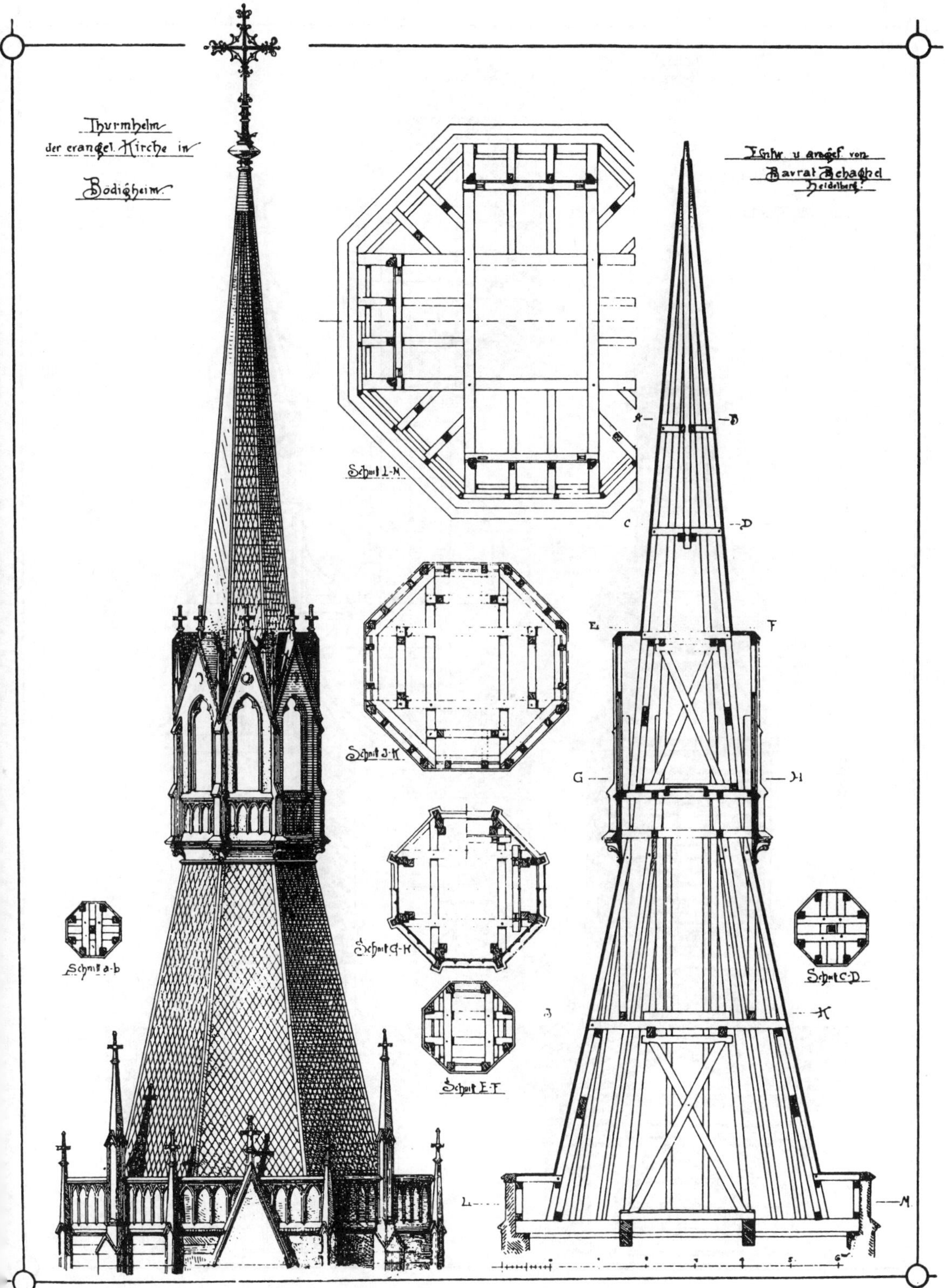

Kirchturmhelm. Bödigheim.

Tafel 10.

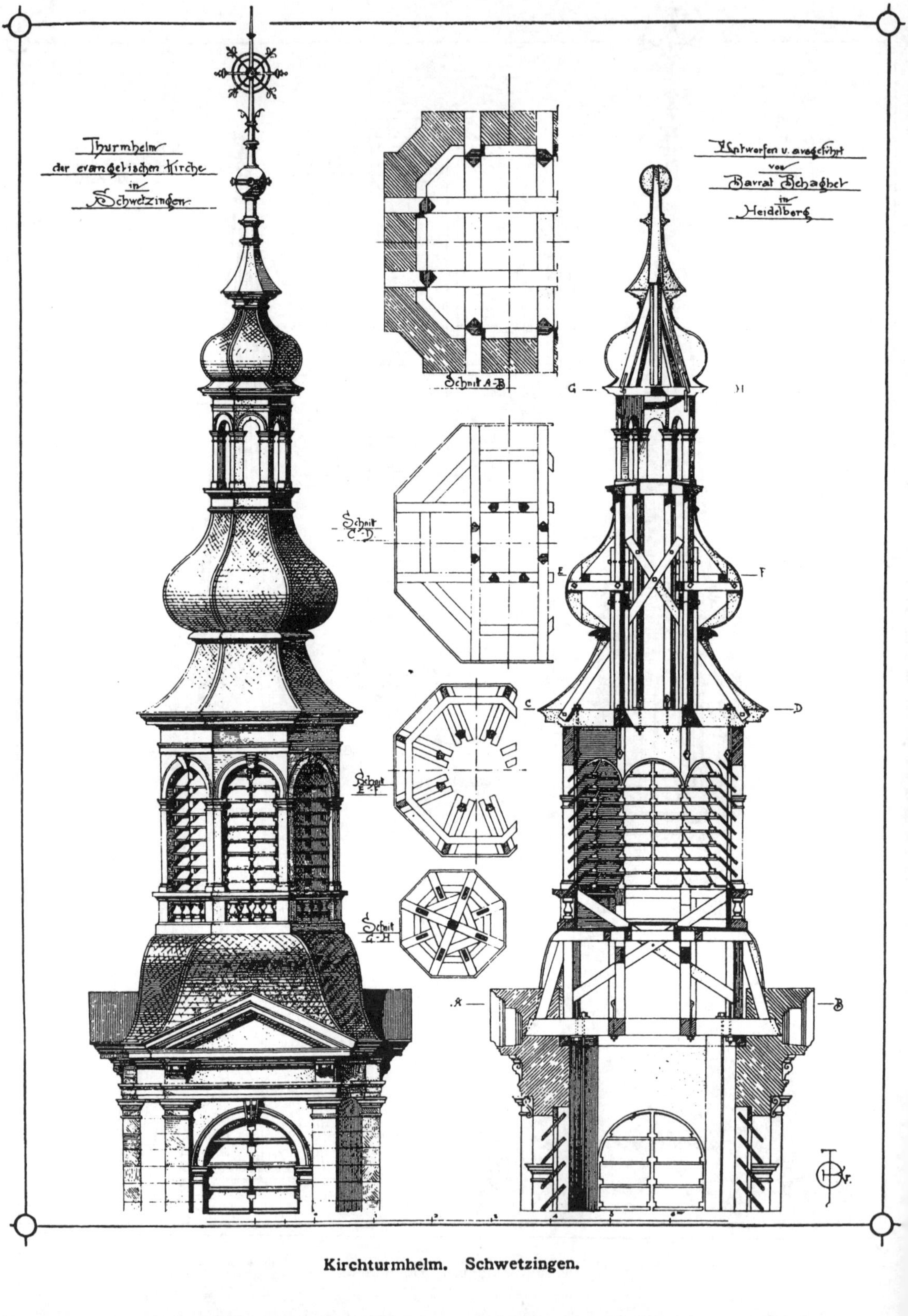

Kirchturmhelm. Schwetzingen.

Tafel 11.

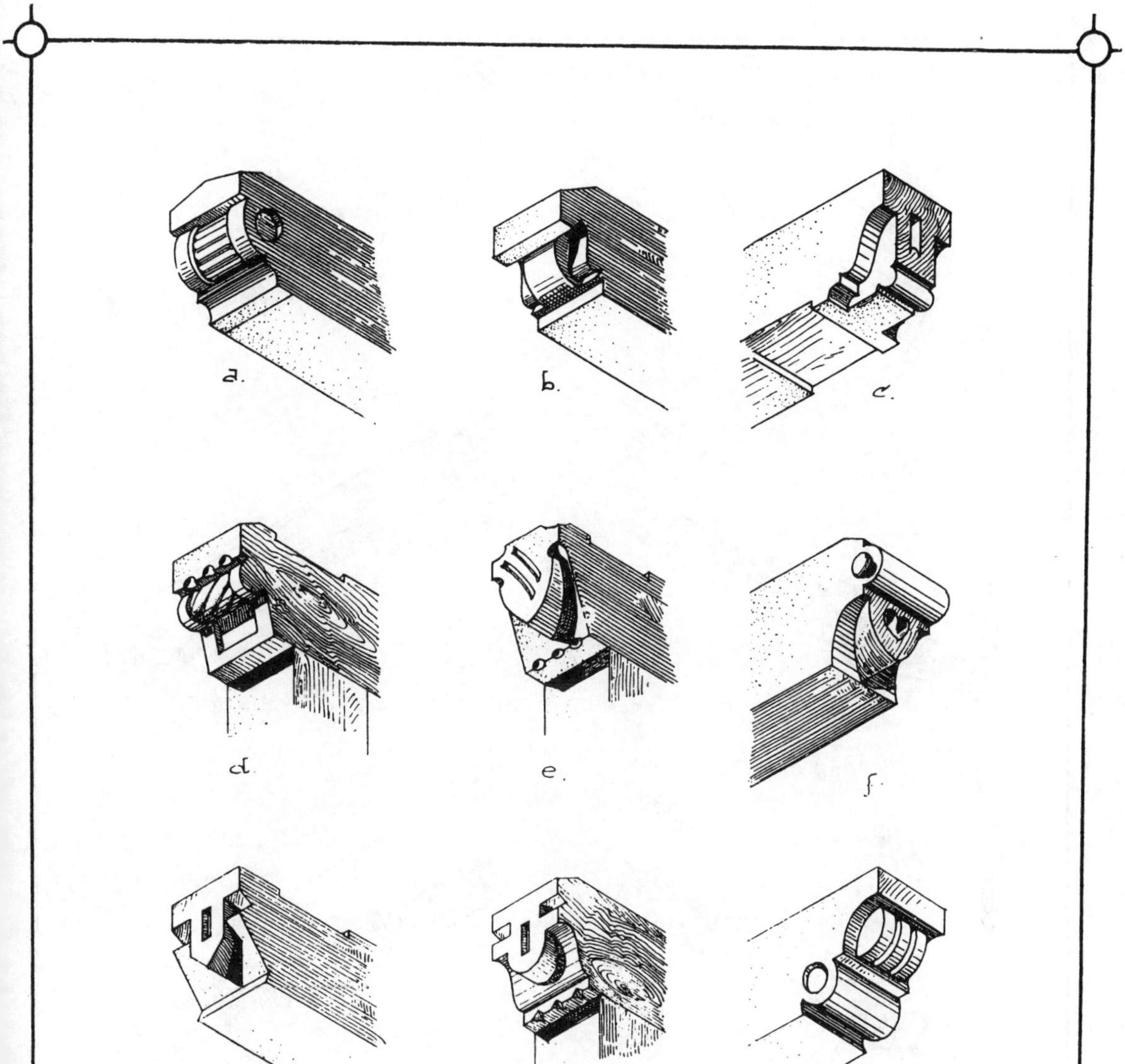

Verzierte Balkenköpfe.

Tafel 12.

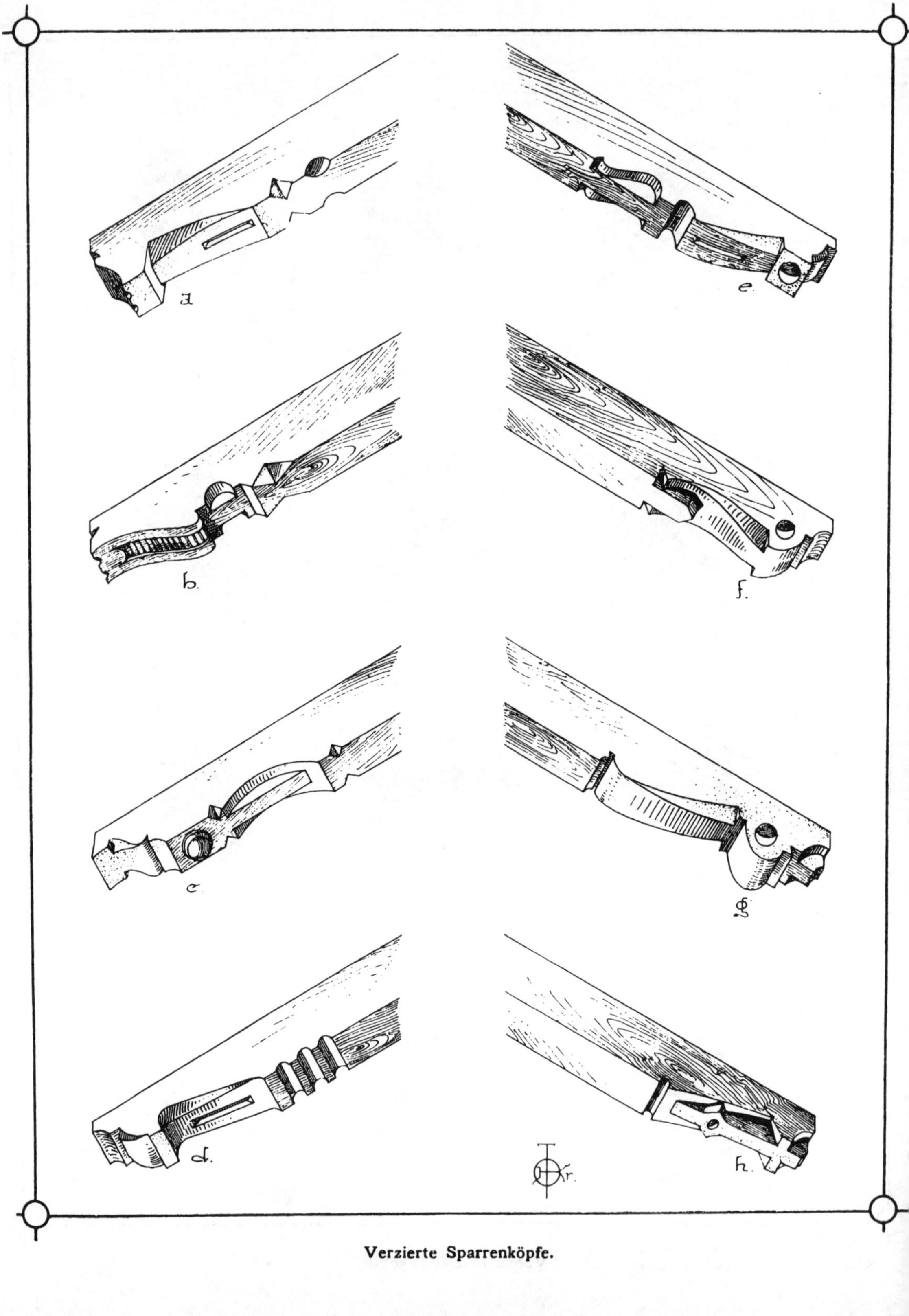

Verzierte Sparrenköpfe.

Tafel 13.

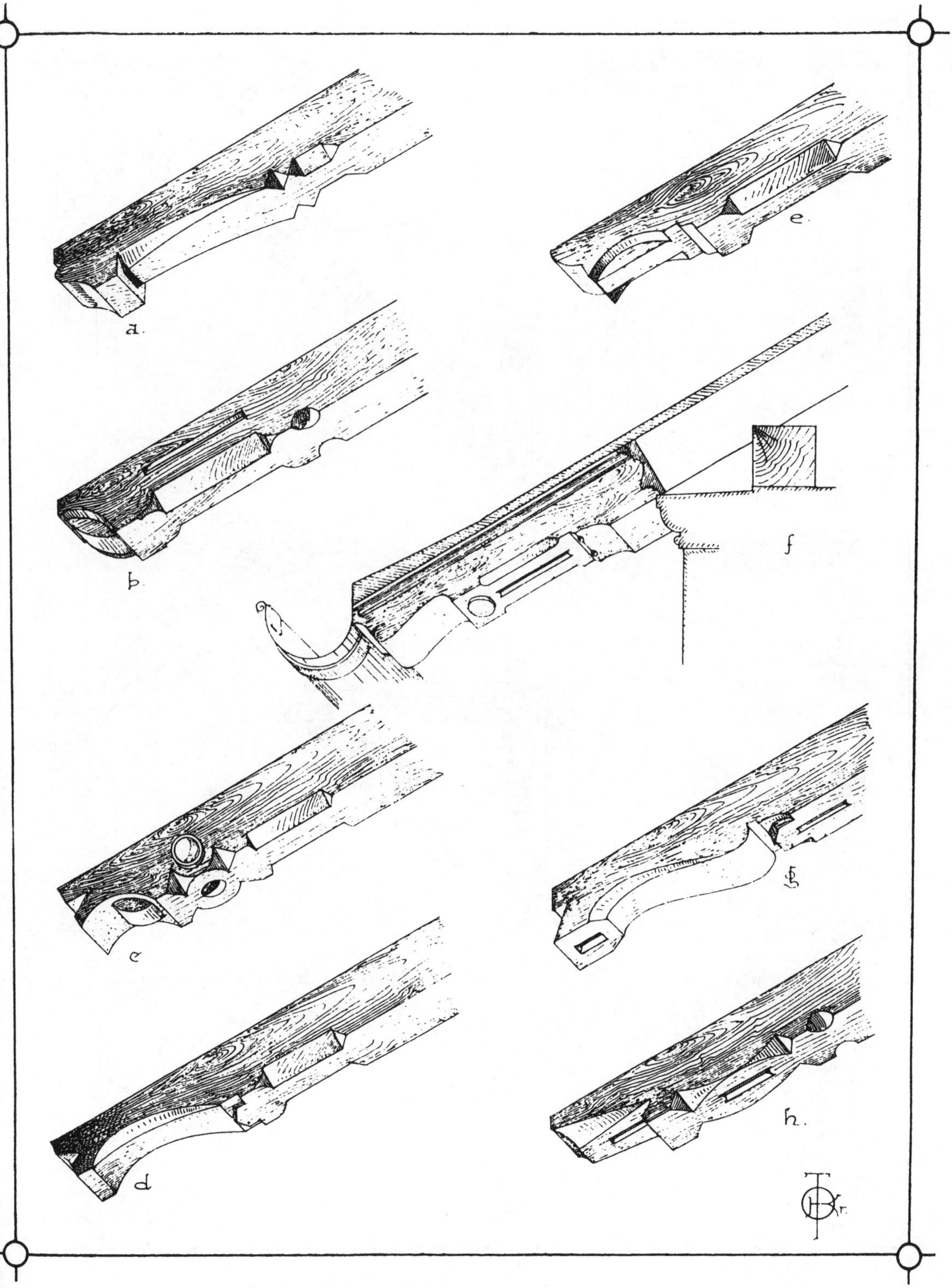

Verzierte Sparrenköpfe.

Tafel 14.

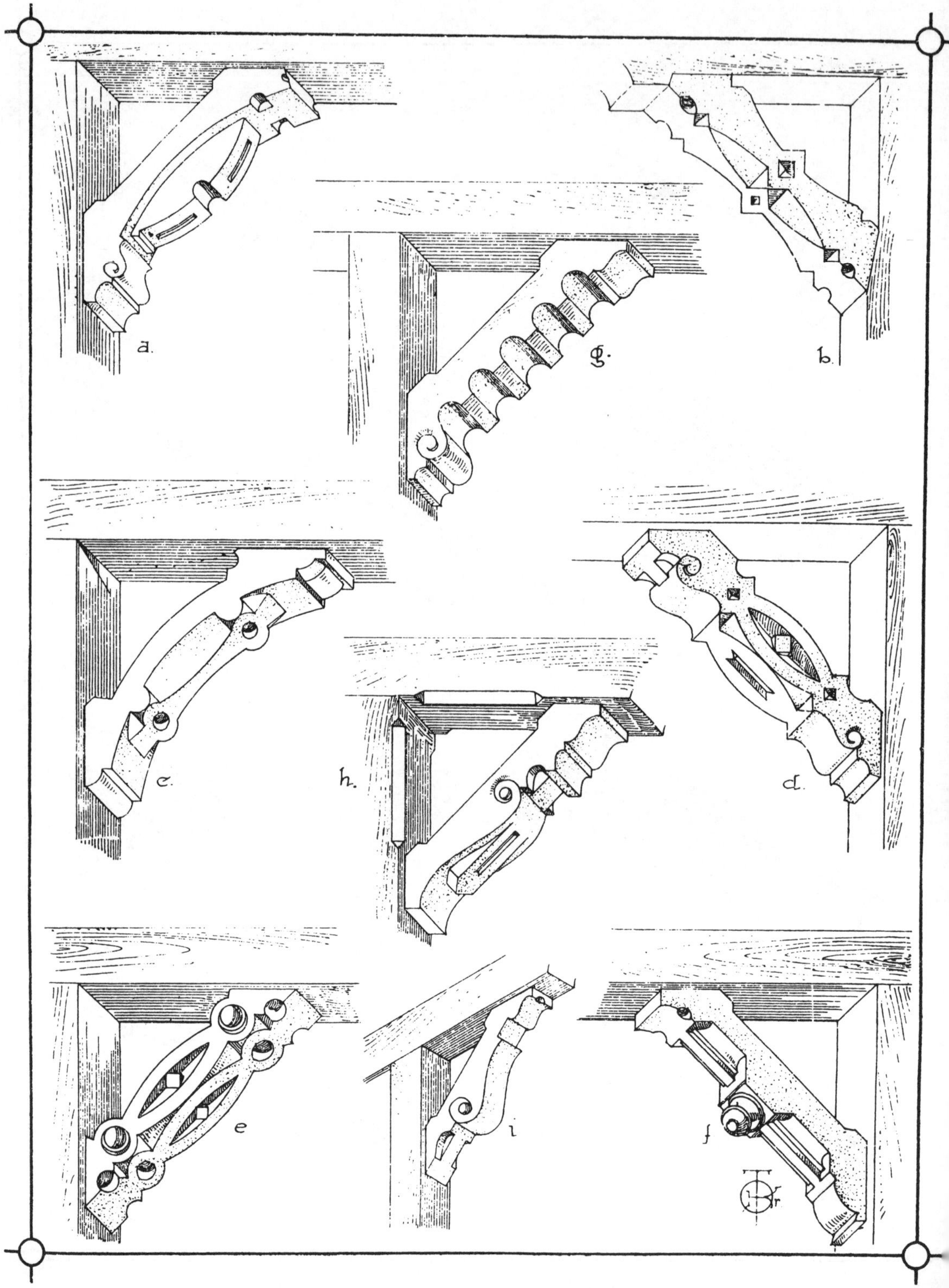

Verzierte Büge.

Tafel 15.

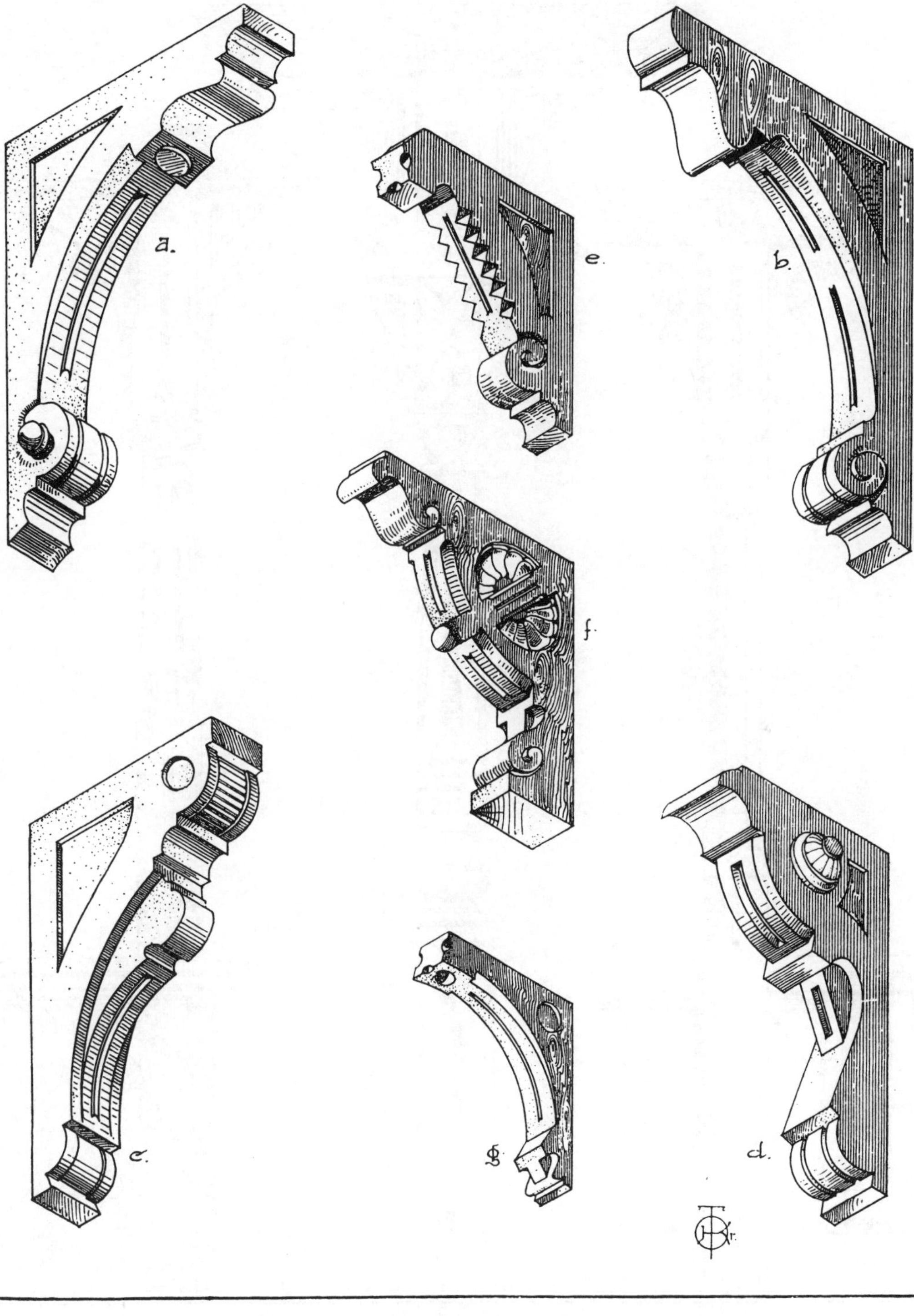

Verzierte Knaggen.

Tafel 16.

Verzierte Pfosten.

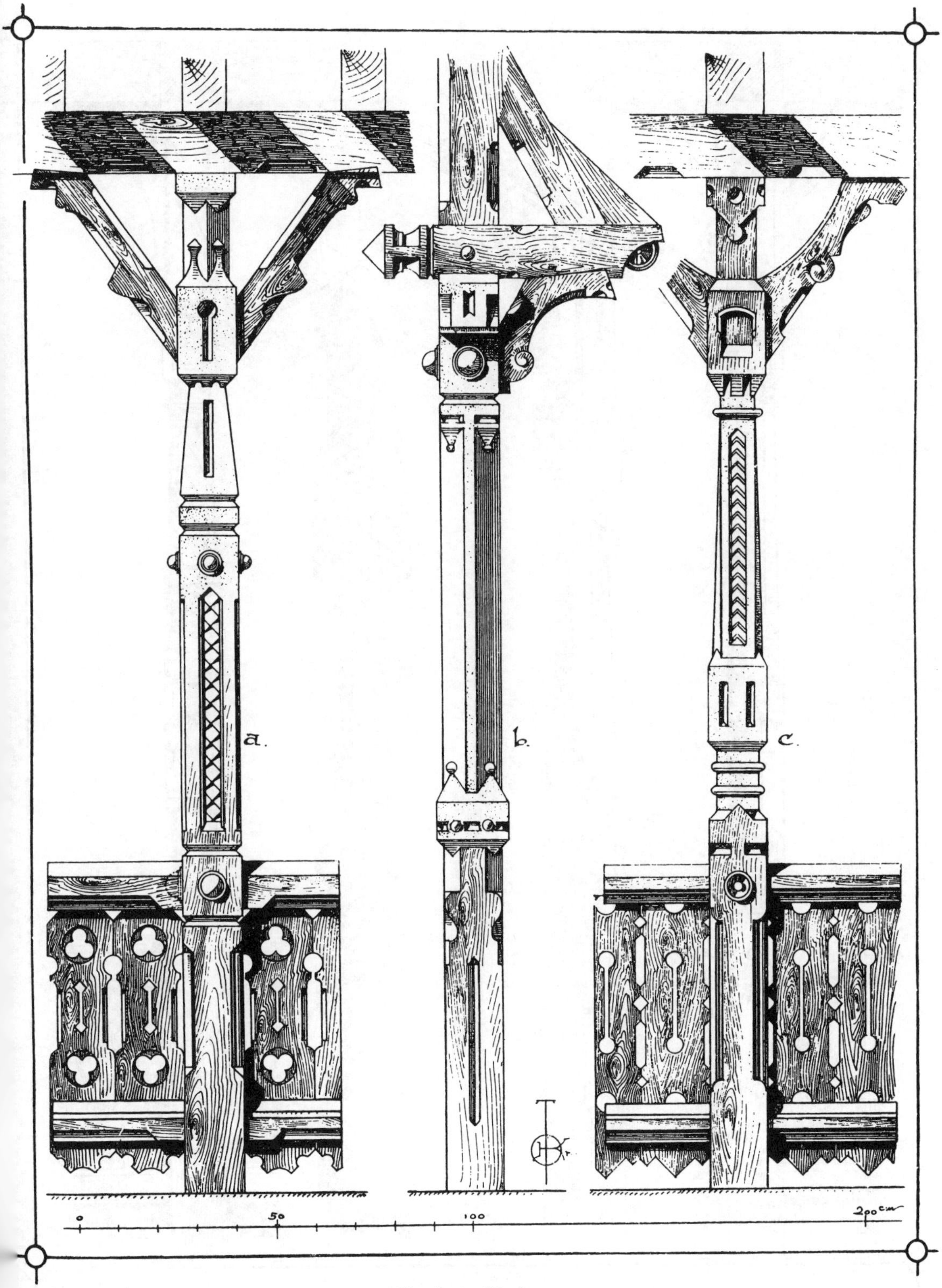

Verzierte Pfosten.

Verzierte Pfosten.

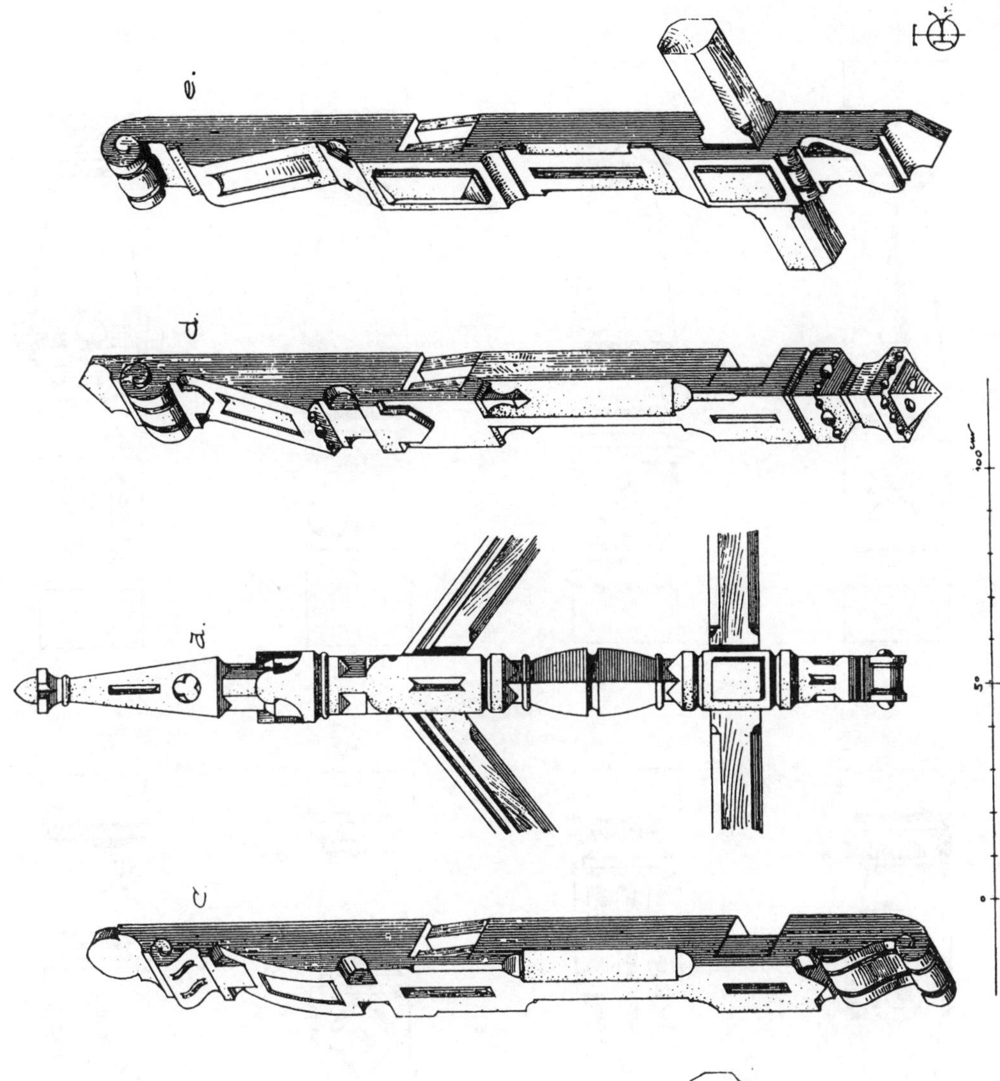

Verzierte Hängesäulen.

Tafel 20.

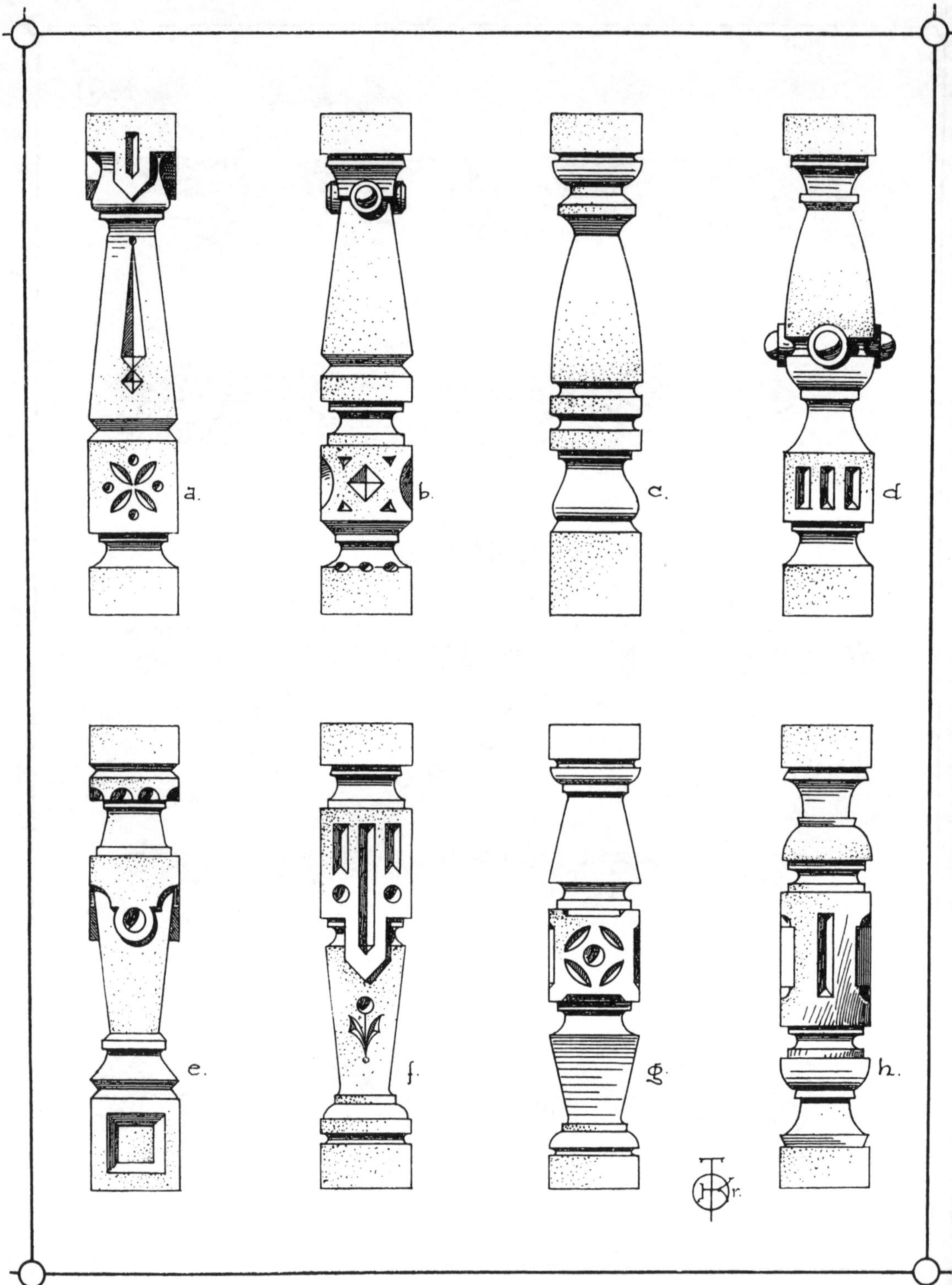

Docken.

Tafel 21.

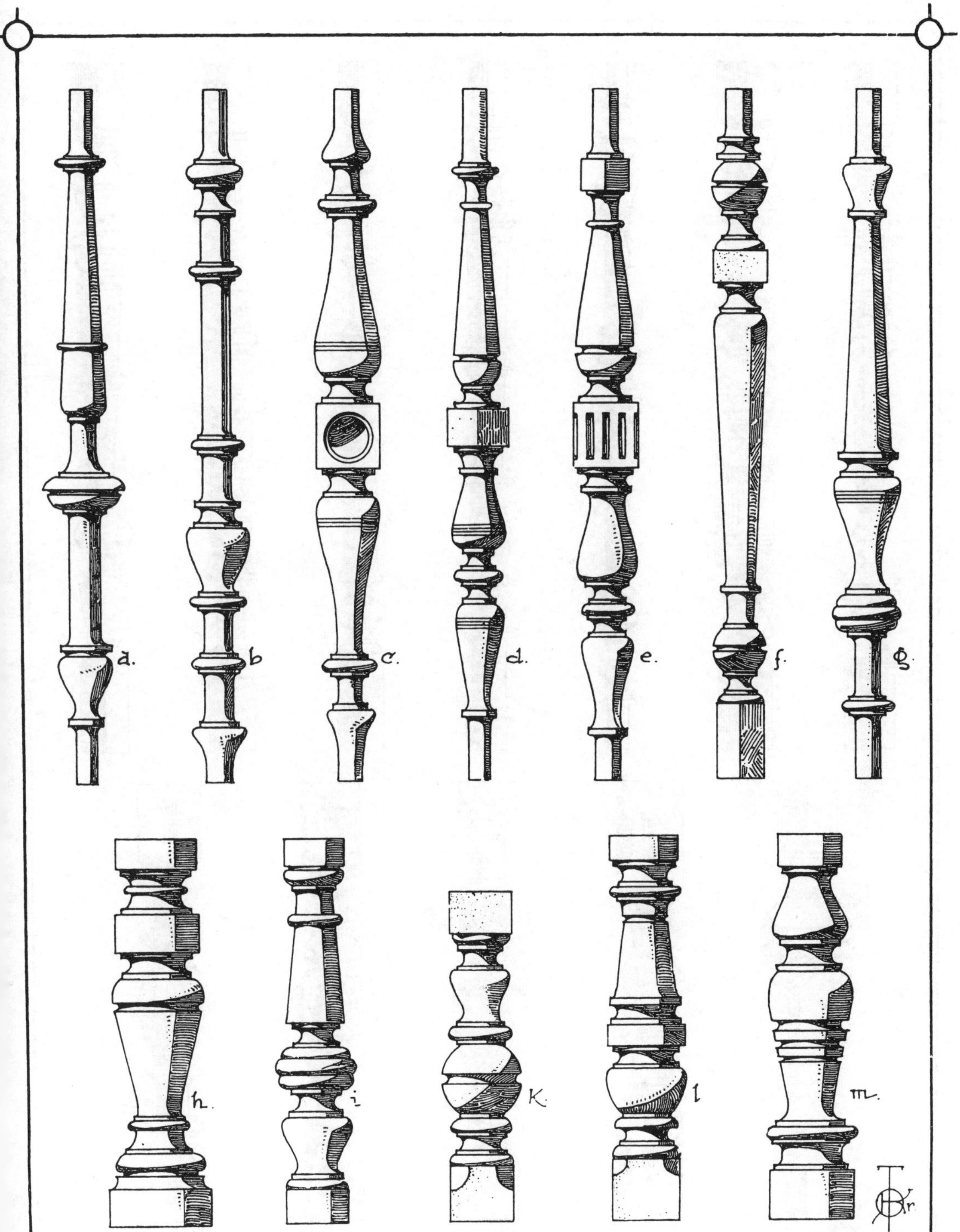

Geländerstäbe und Docken.

Tafel 22.

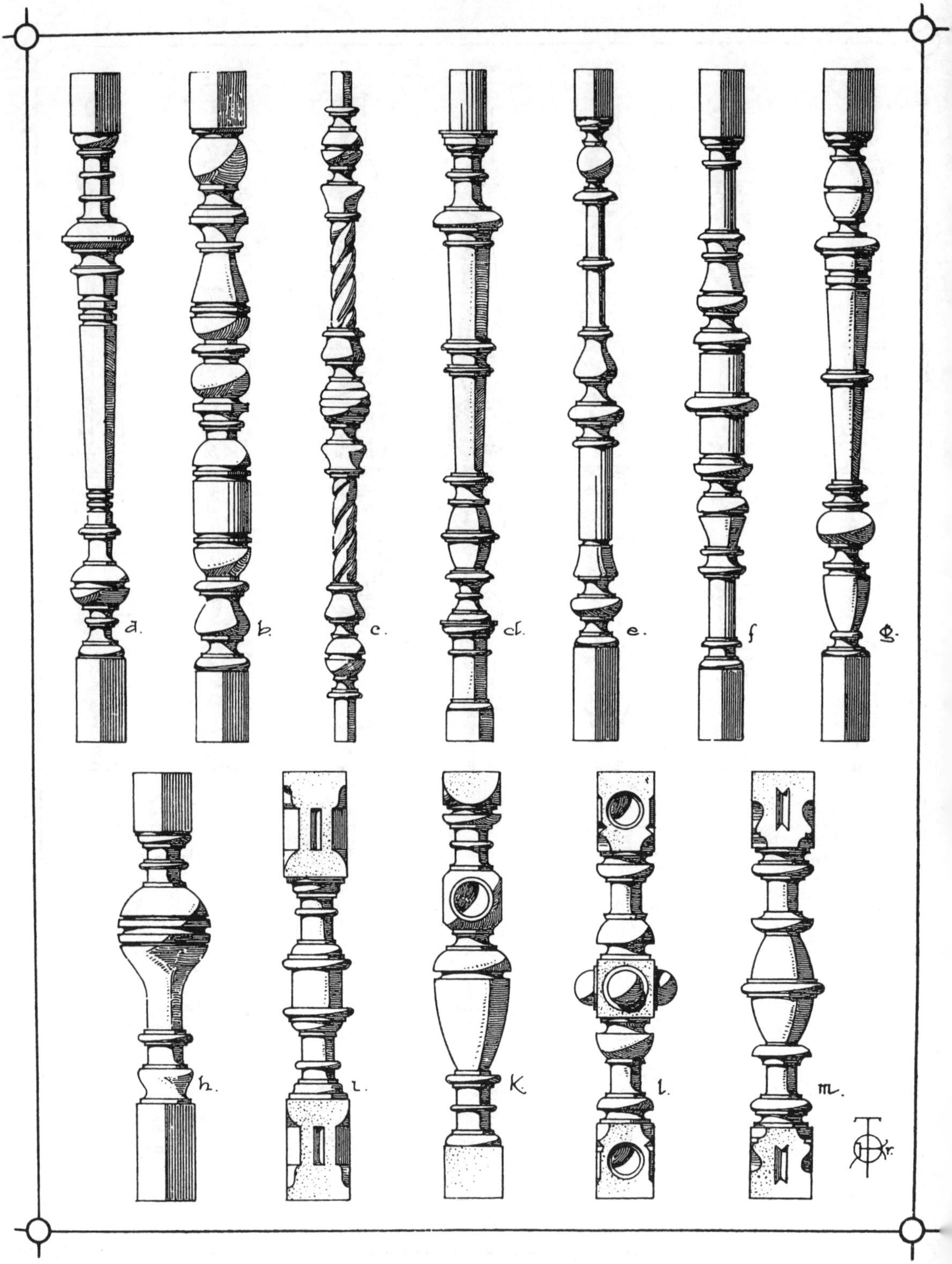

Geländerstäbe und Docken.

Tafel 23.

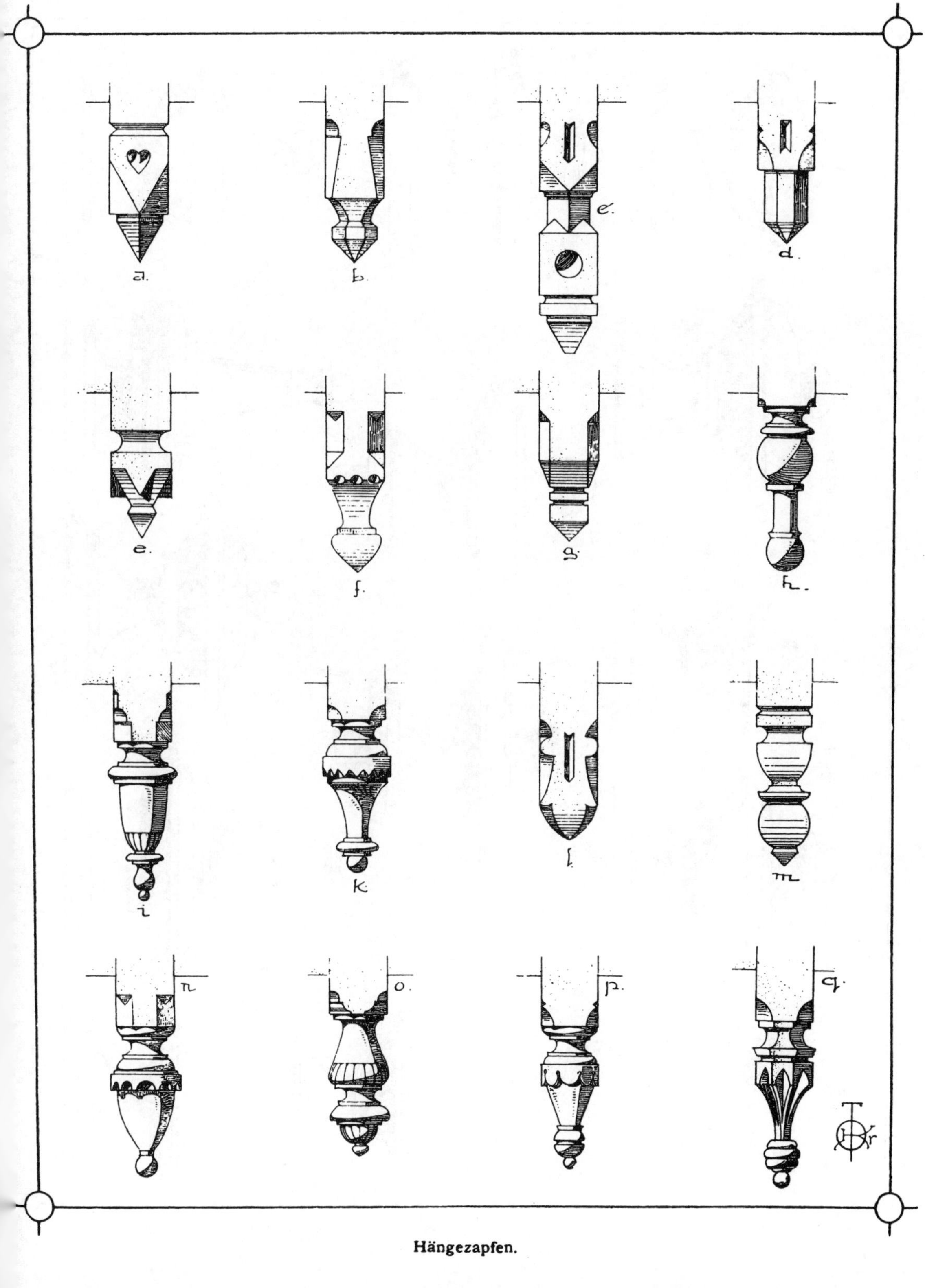

Hängezapfen.

Tafel 24.

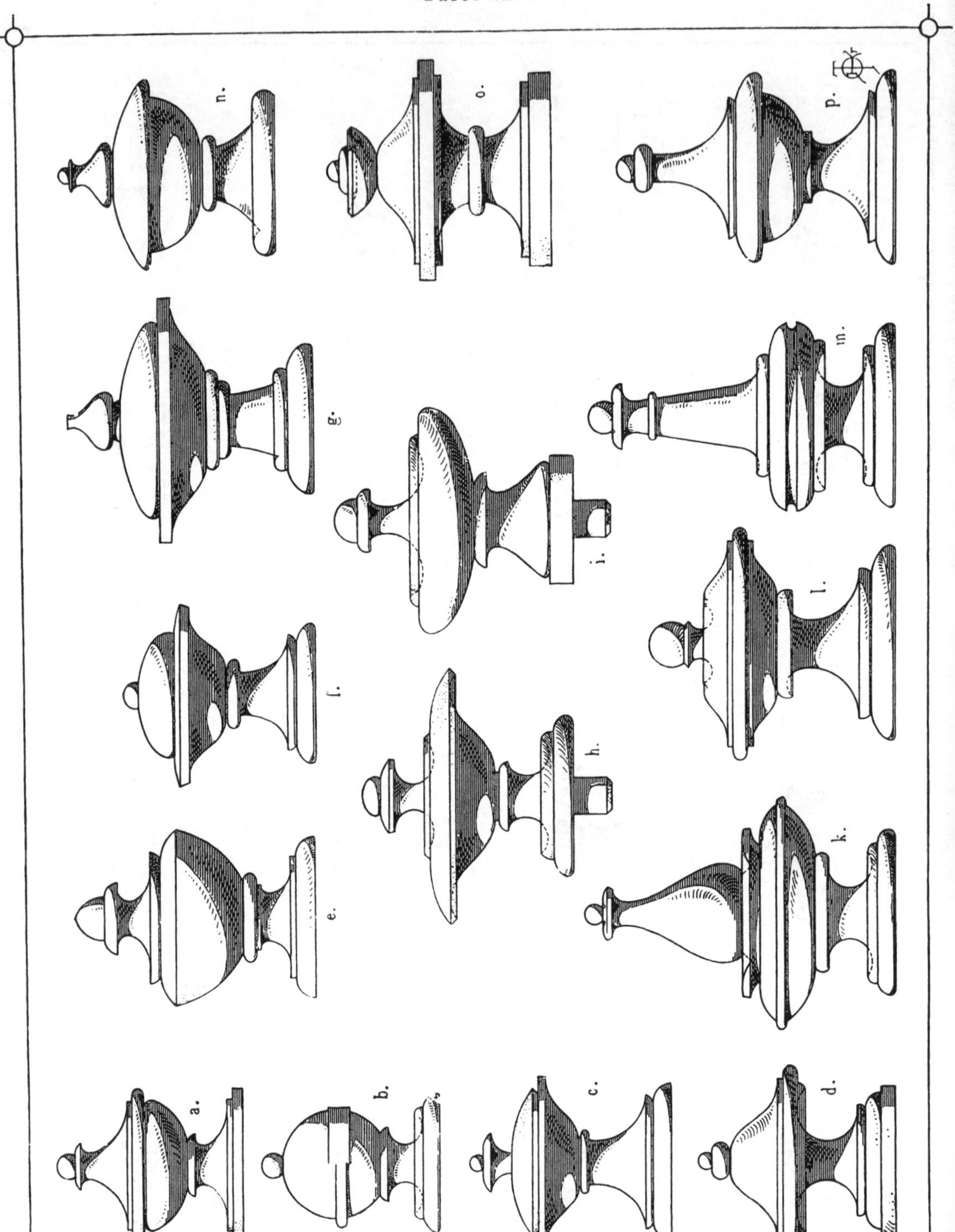

Tafel 25.

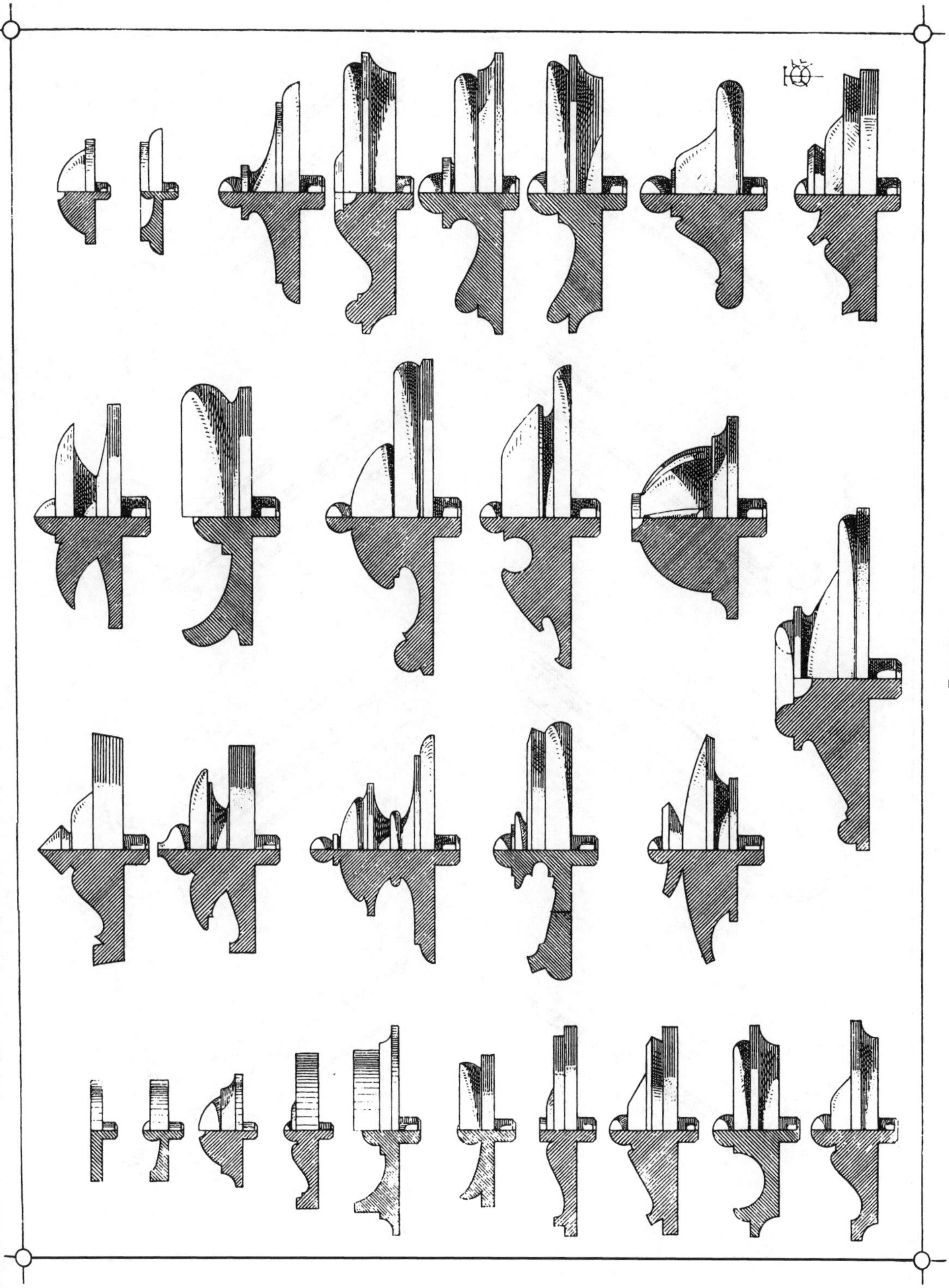

Rosetten.

Tafel 26.

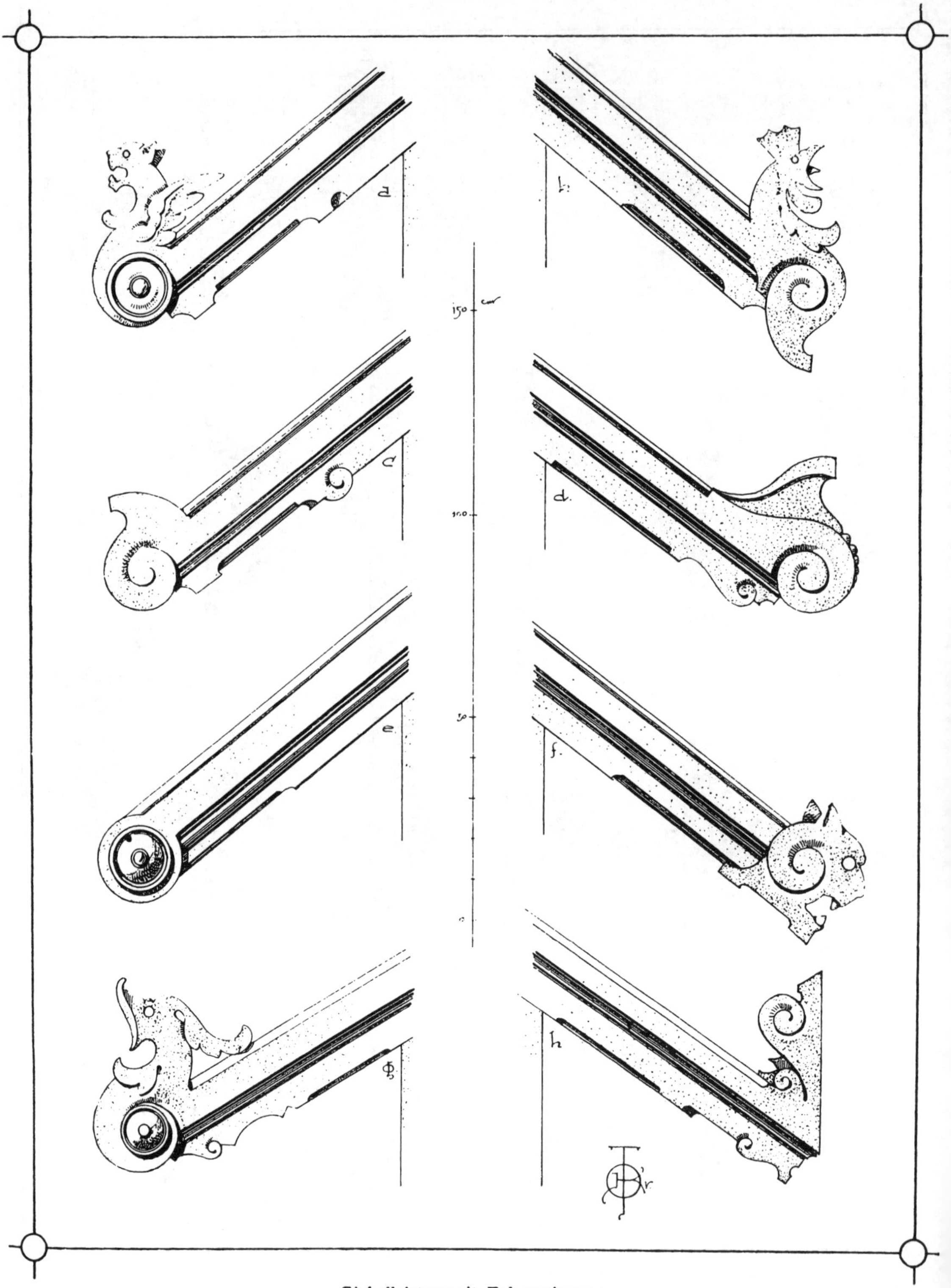

Giebelleisten mit Eckverzierung.

Giebelblumen.

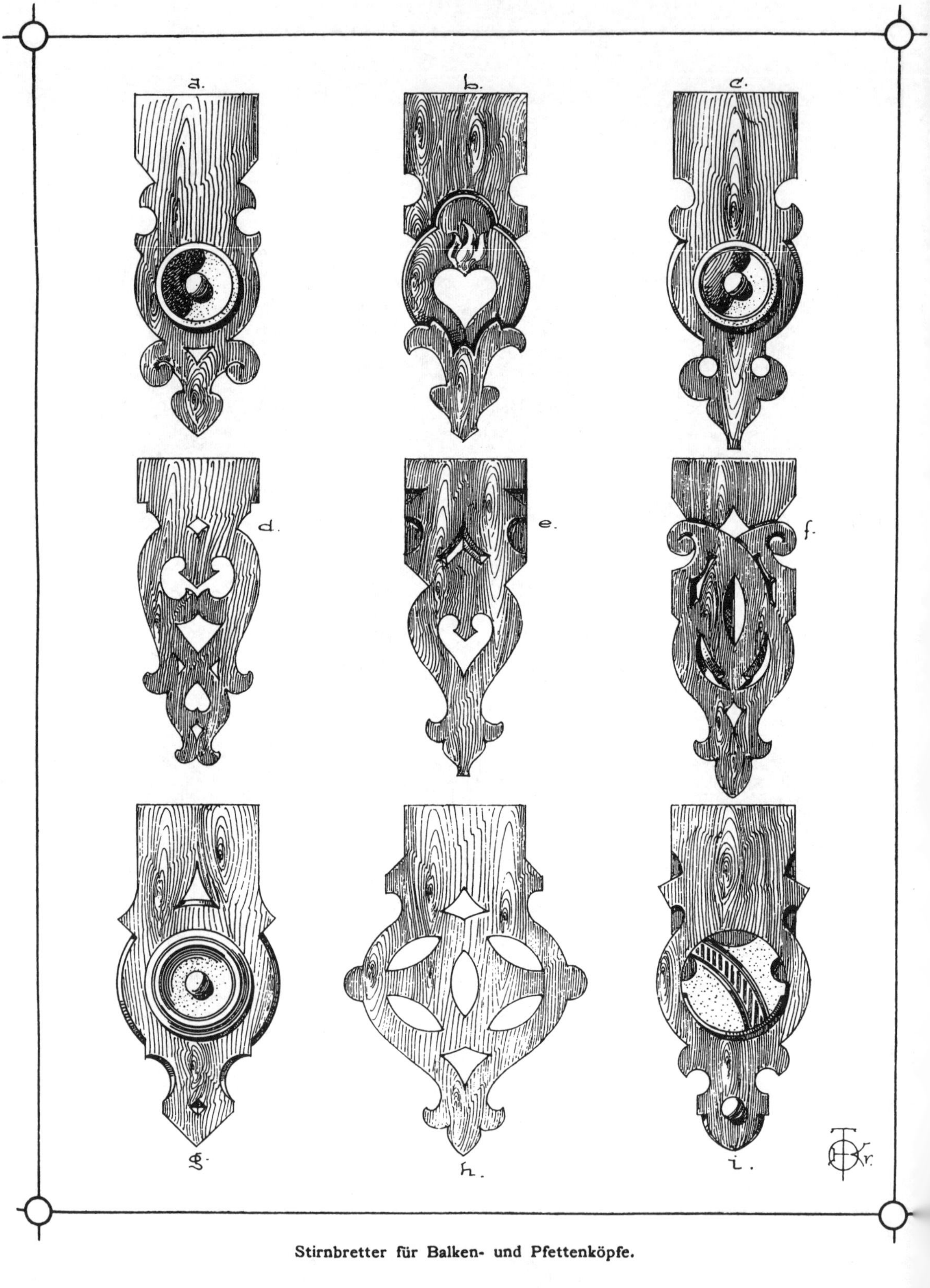

Stirnbretter für Balken- und Pfettenköpfe.

Tafel 29.

Brüstungsfüllungen.

Tafel 30.

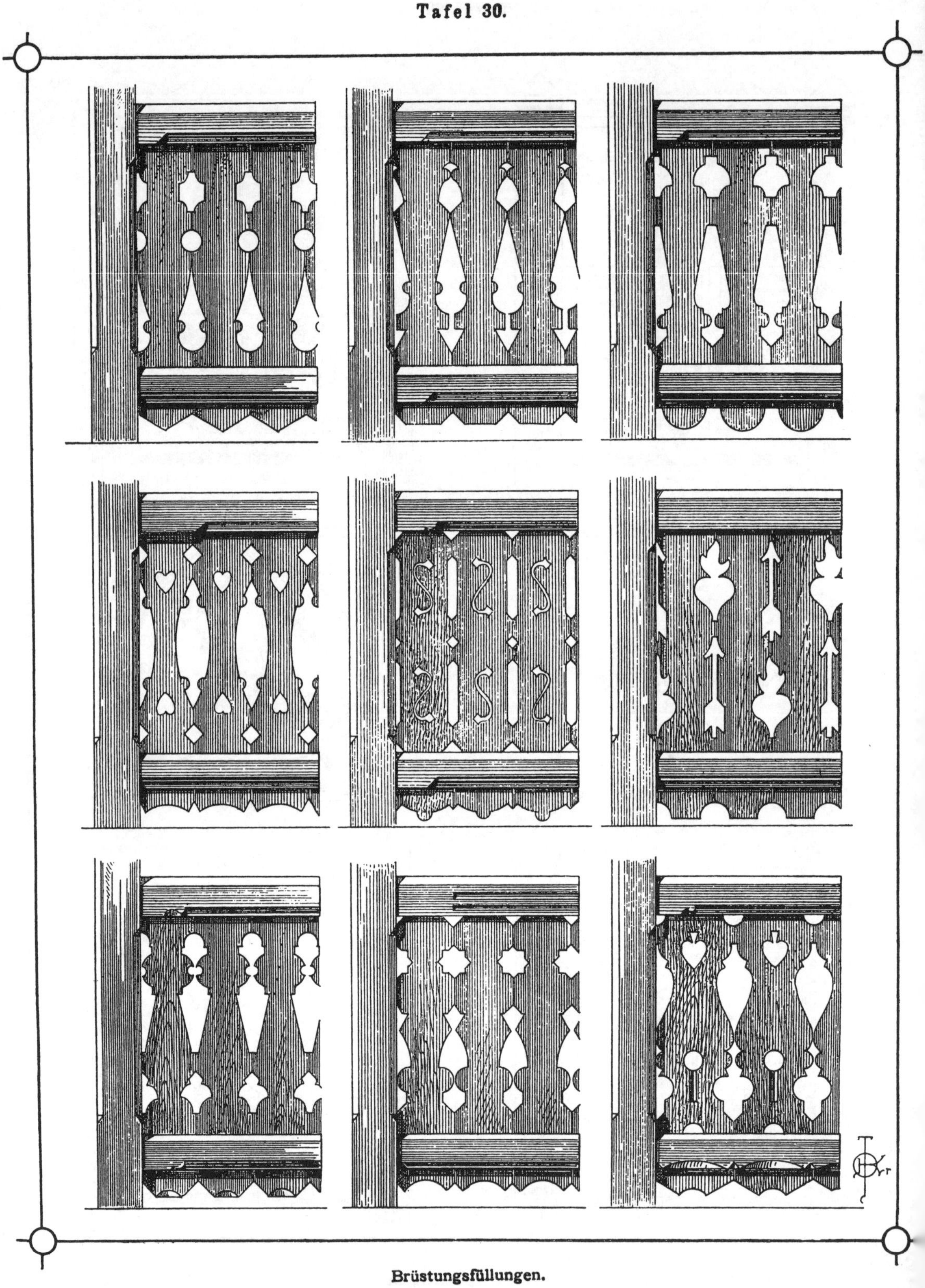

Brüstungsfüllungen.

Fensterumrahmungen.

Tafel 32.

Fensterverdachungen.

Tafel 33.

Veranden.

Tafel 34.

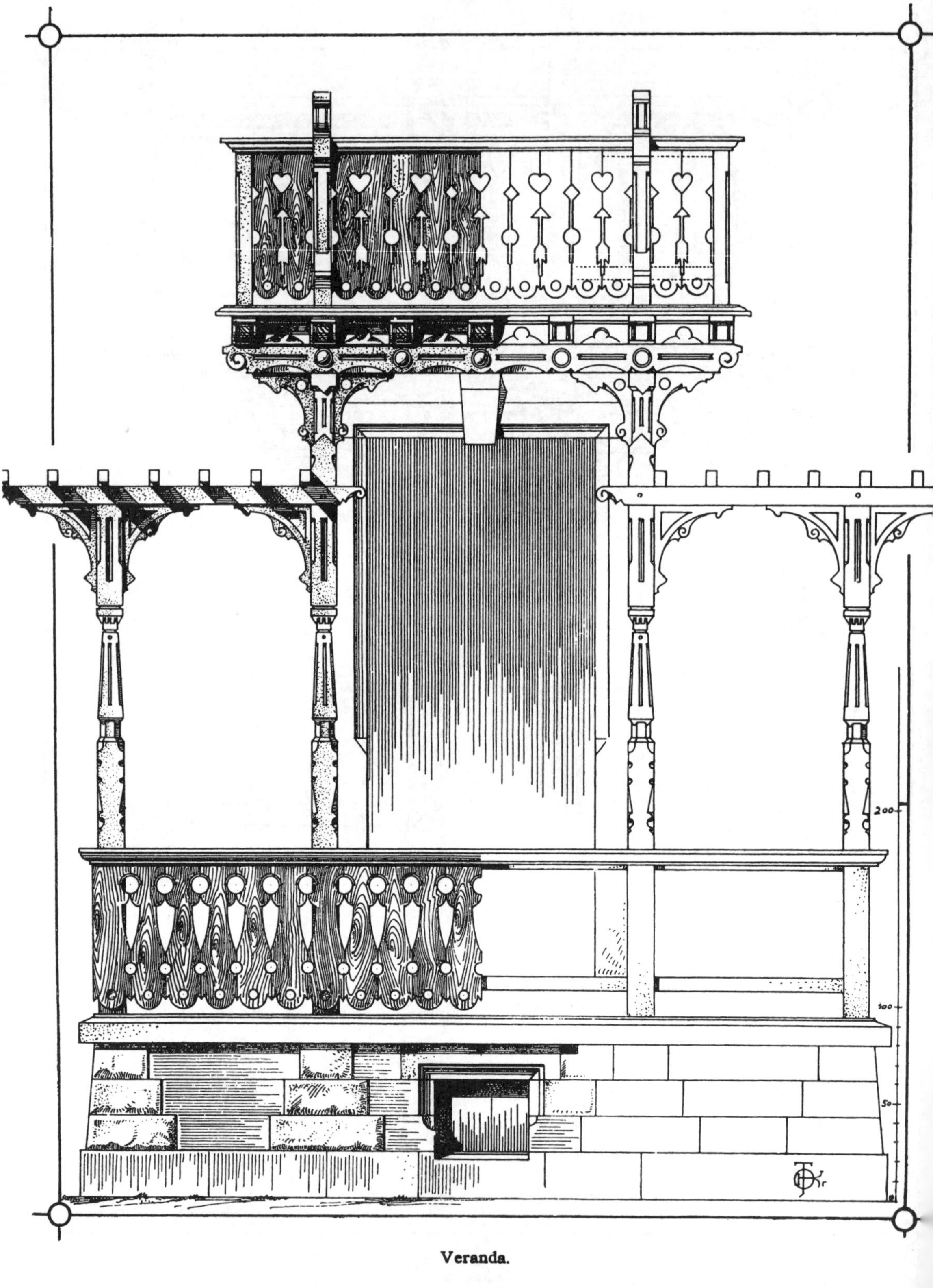

Veranda.

Tafel 35.

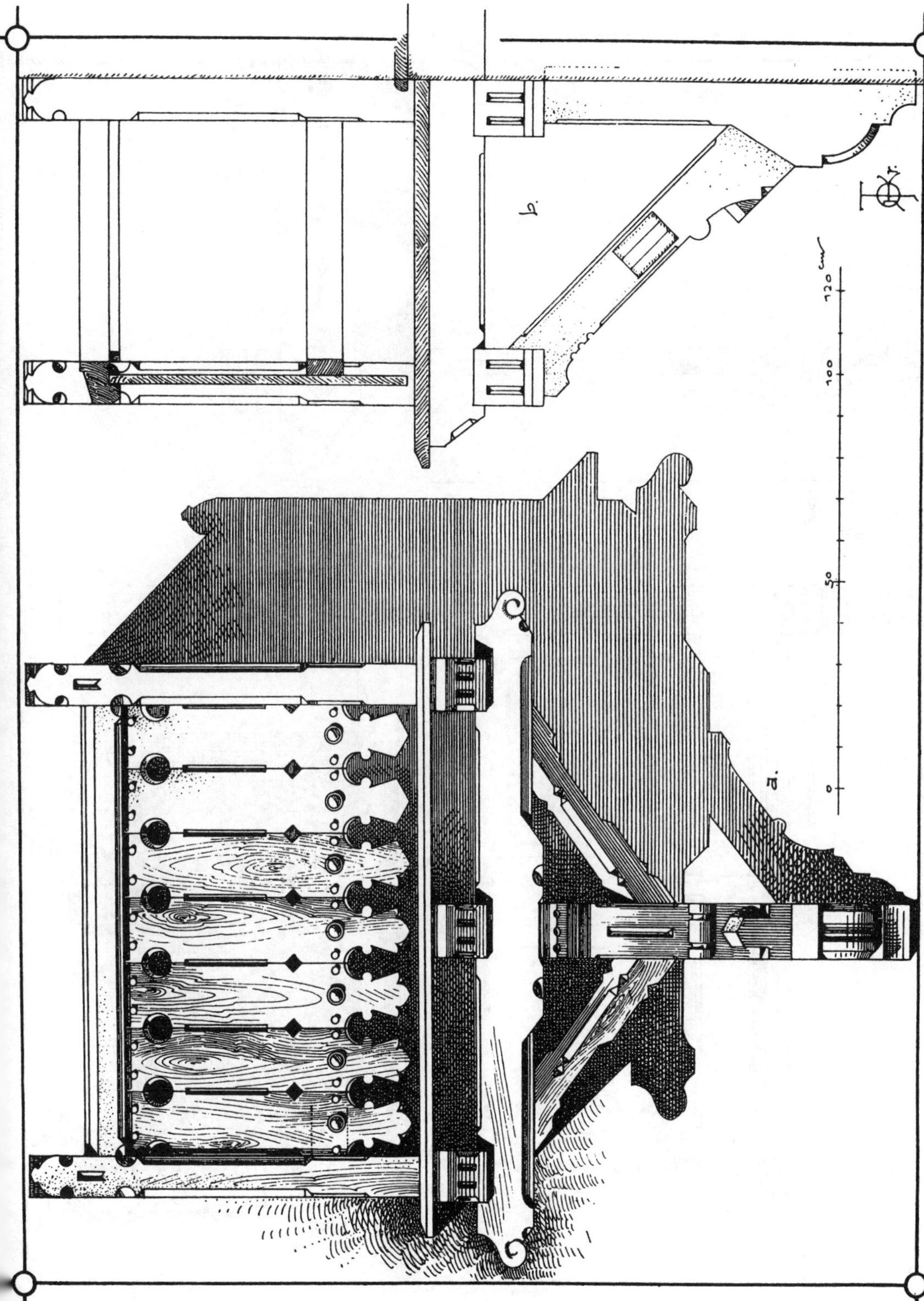

Balkon.

Tafel 36.

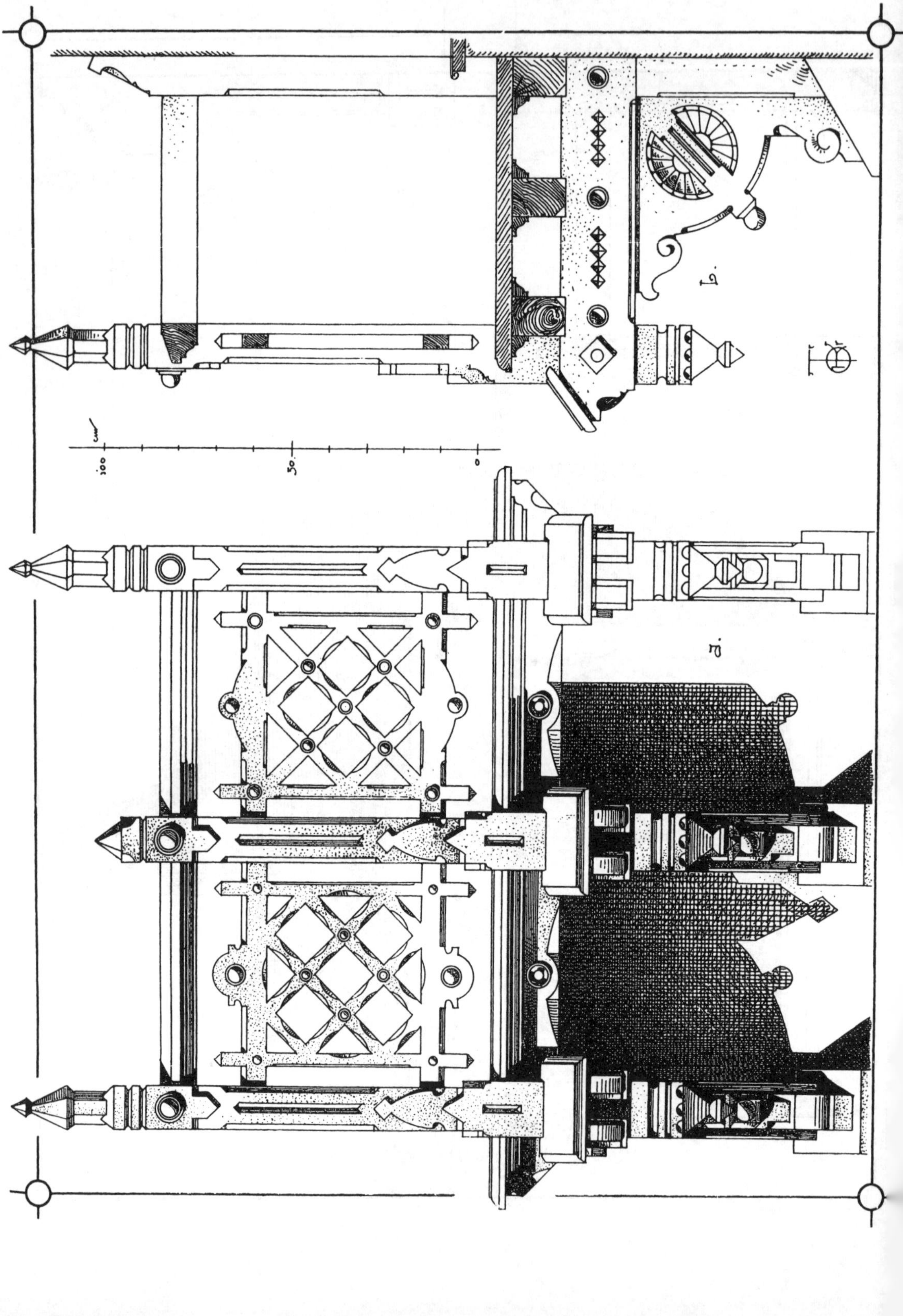

Tafel 37.

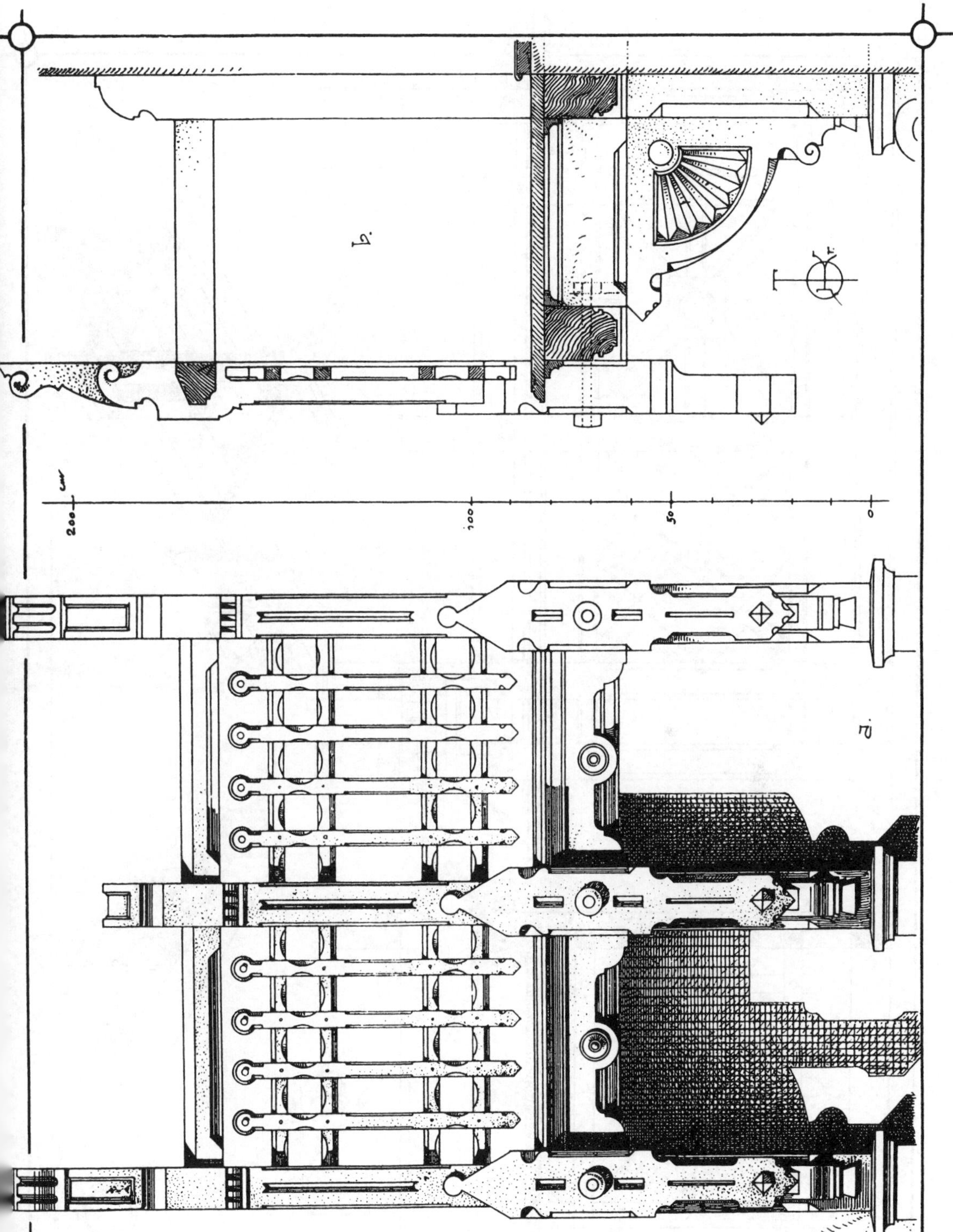

Balkon.

Tafel 38.

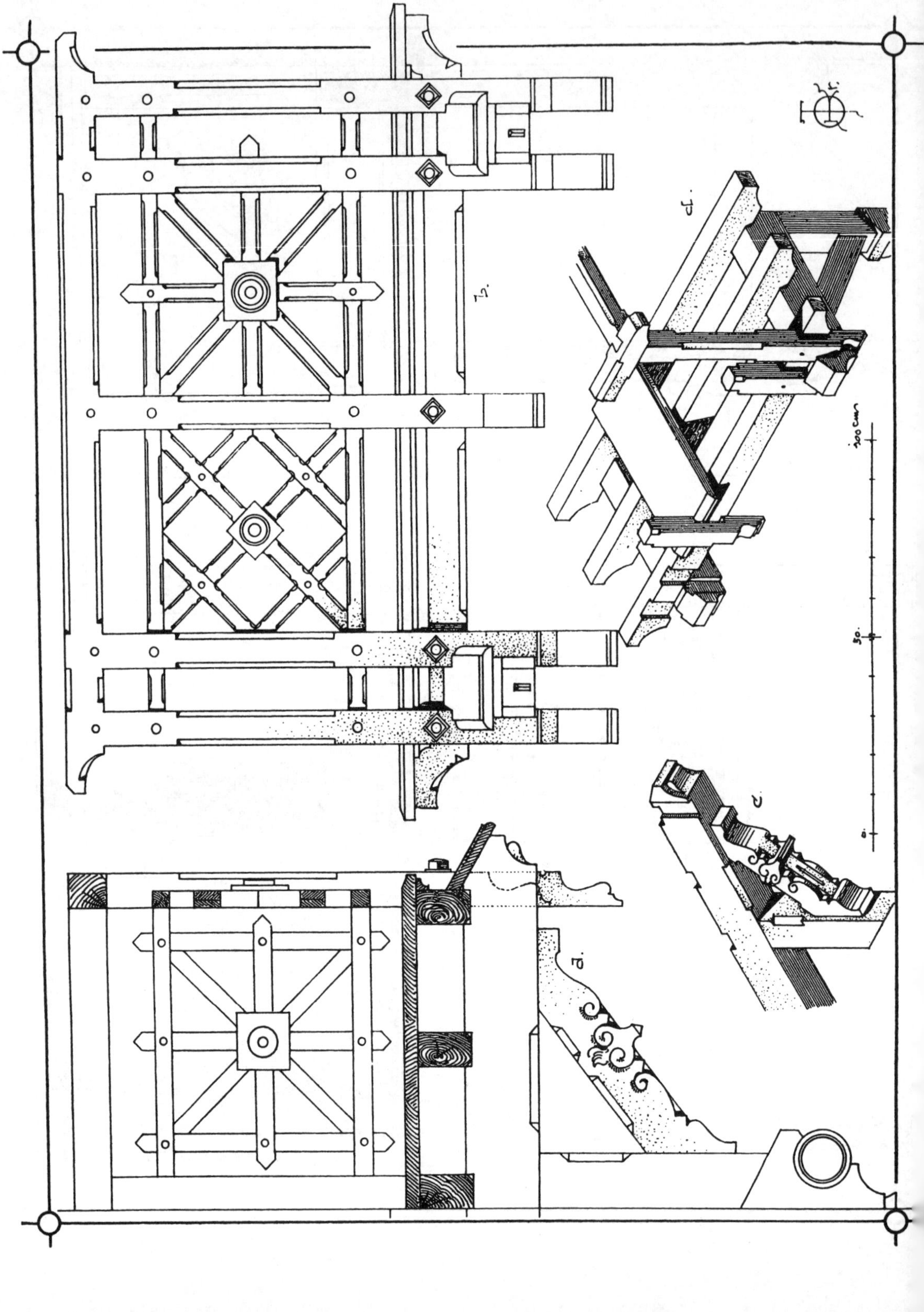

Tafel 39.

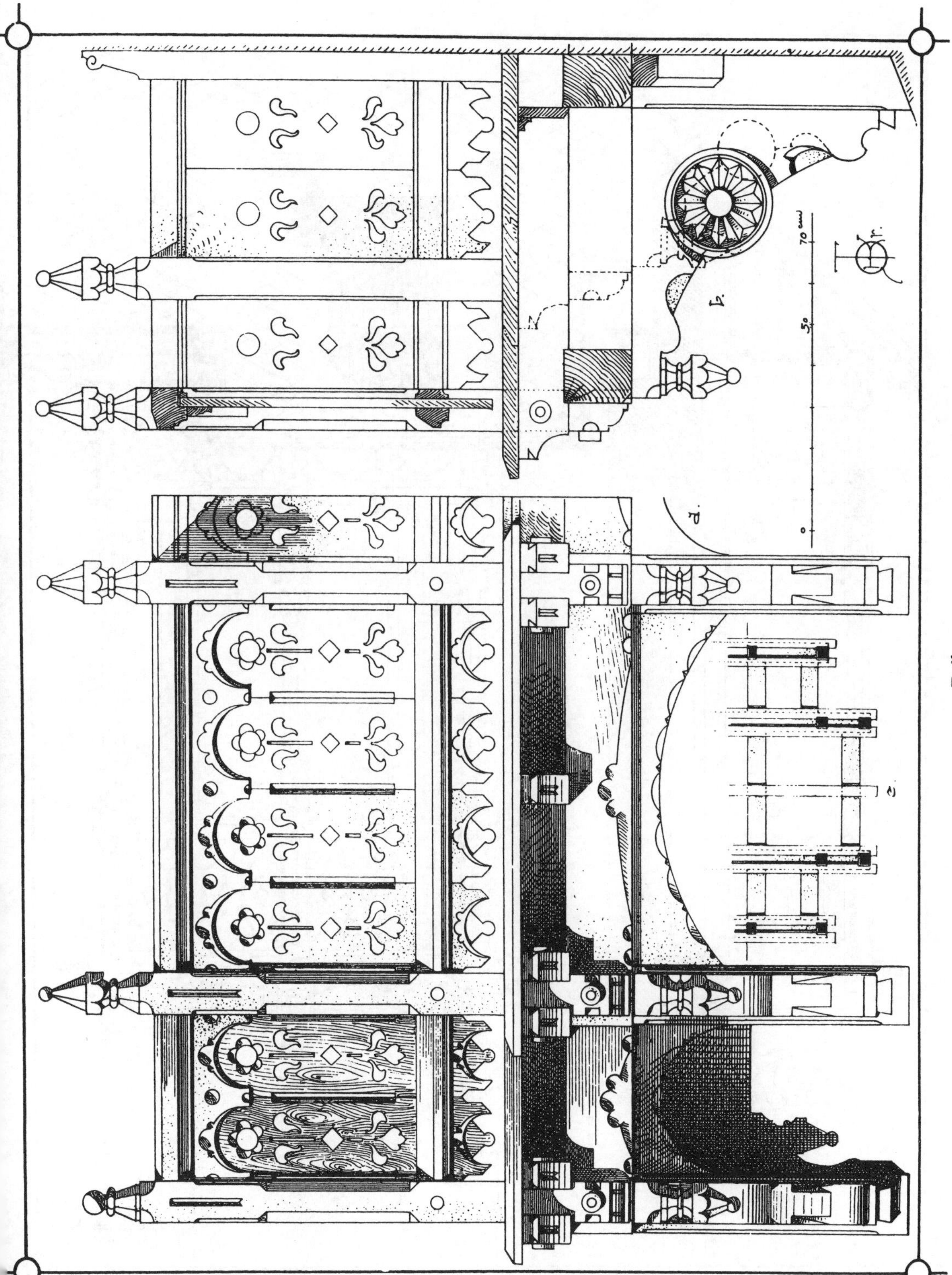

Balkon.

Tafel 40.

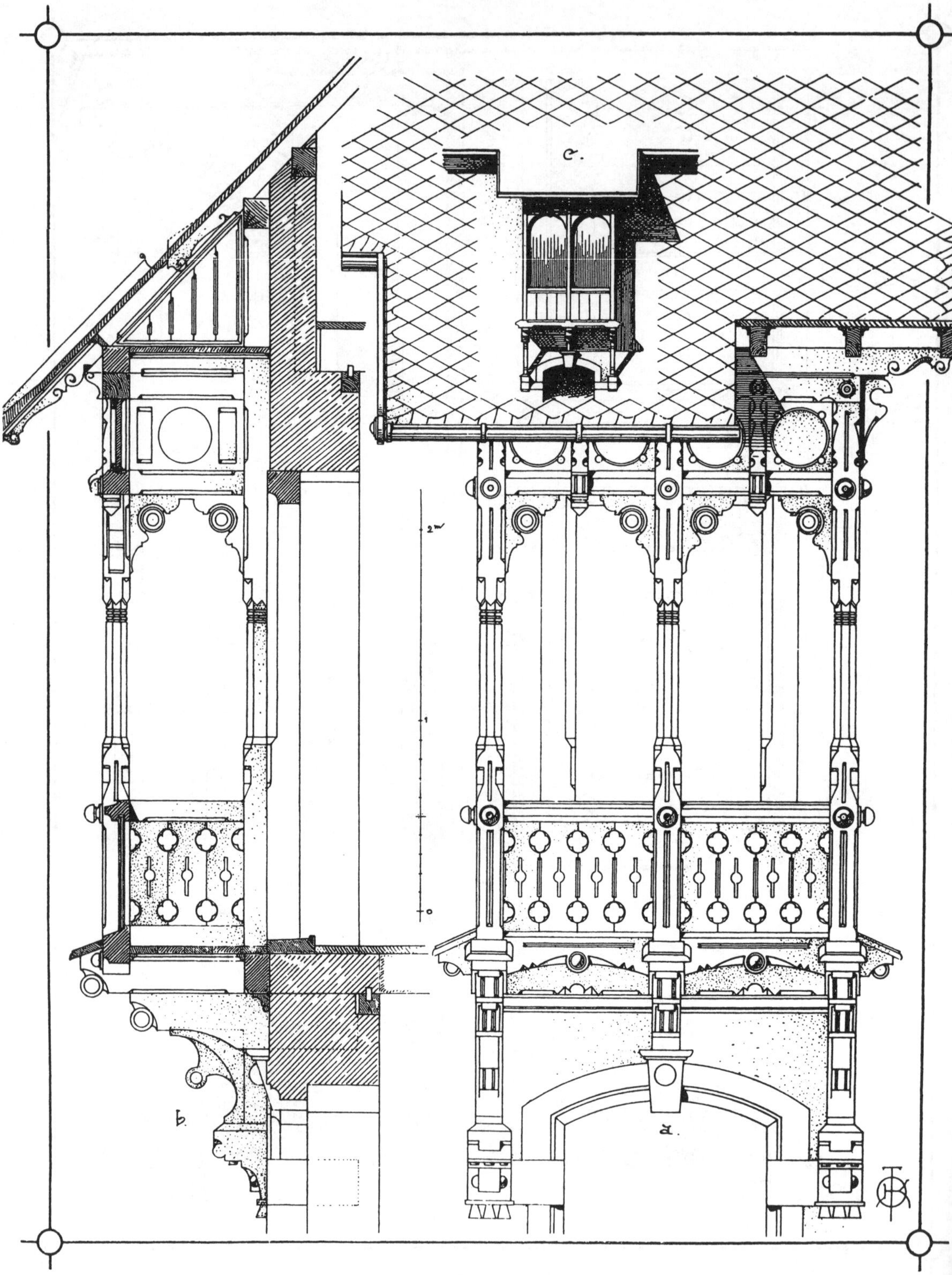

Balkon.

Tafel 41.

Balkon.

Tafel 42.

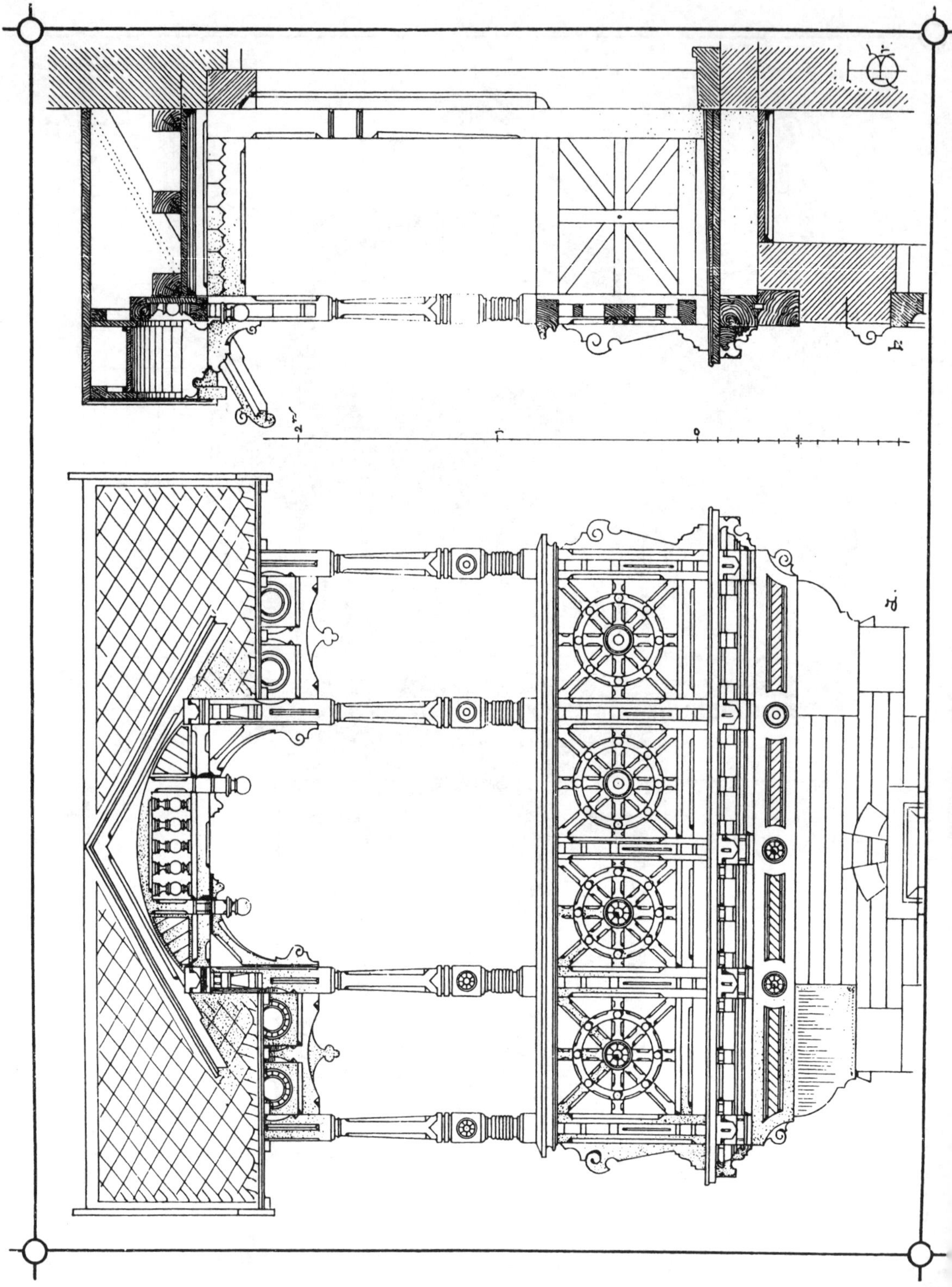

Erker.

Tafel 44.

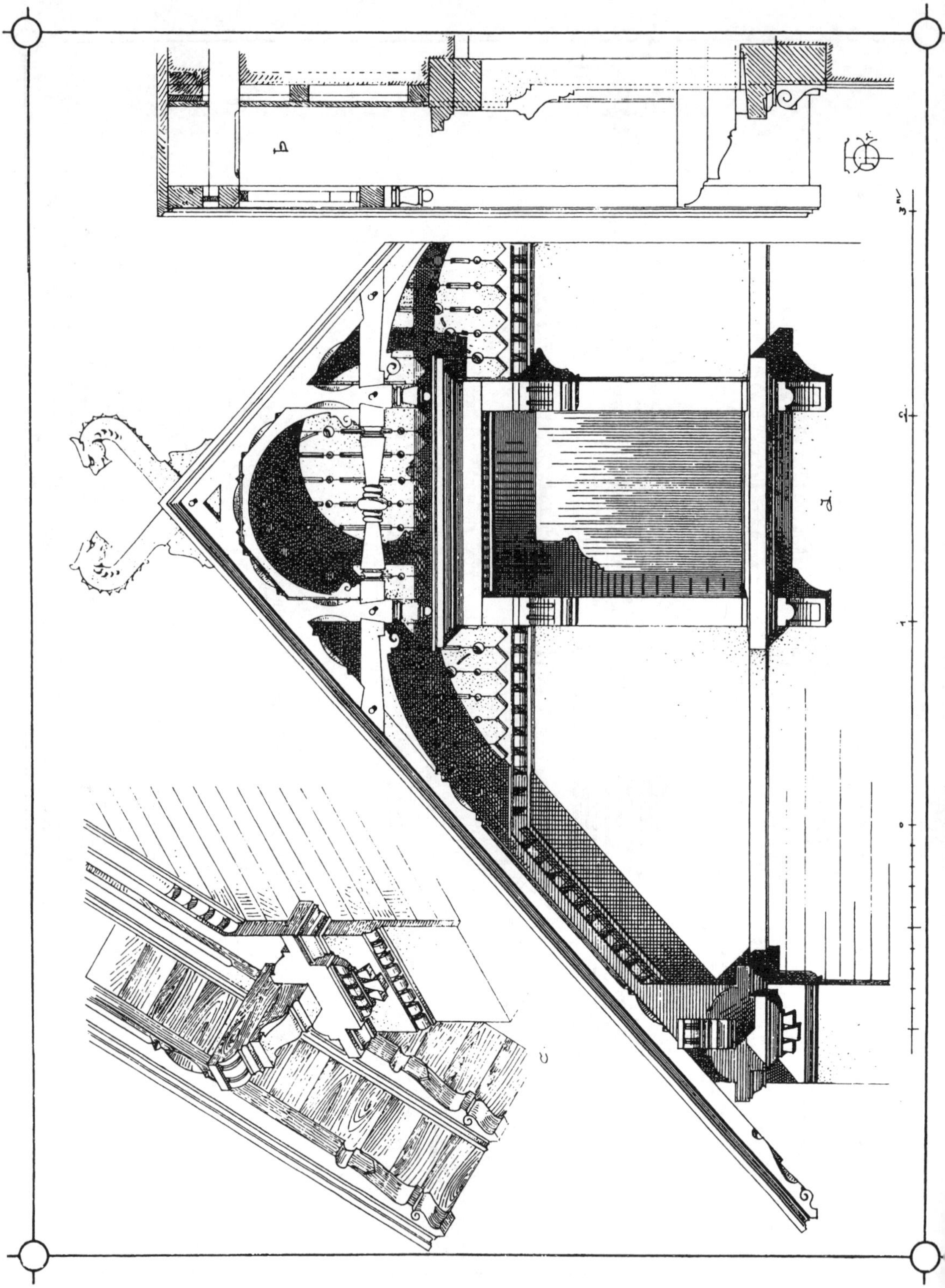

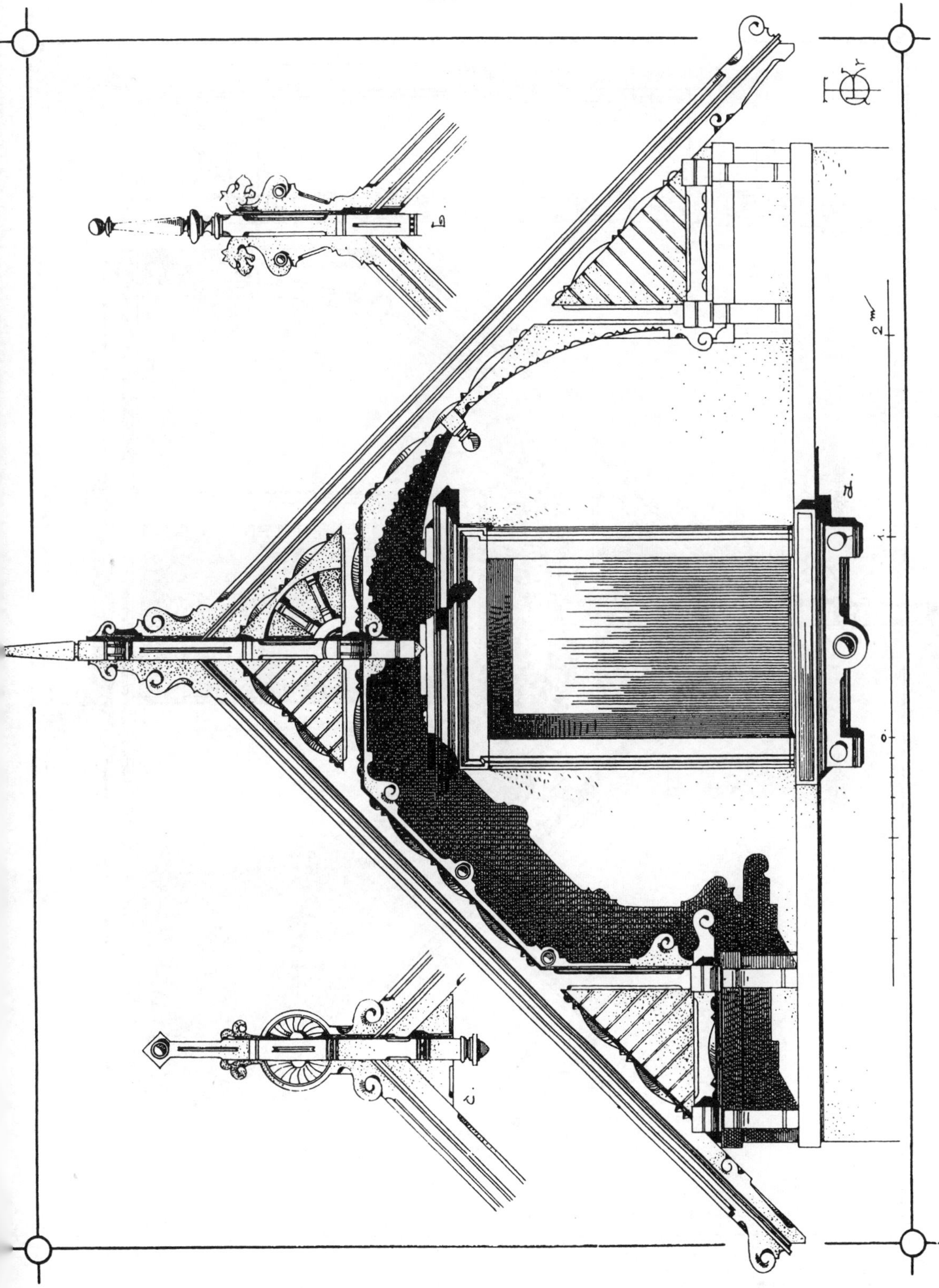

Giebelvordach.

Tafel 46.

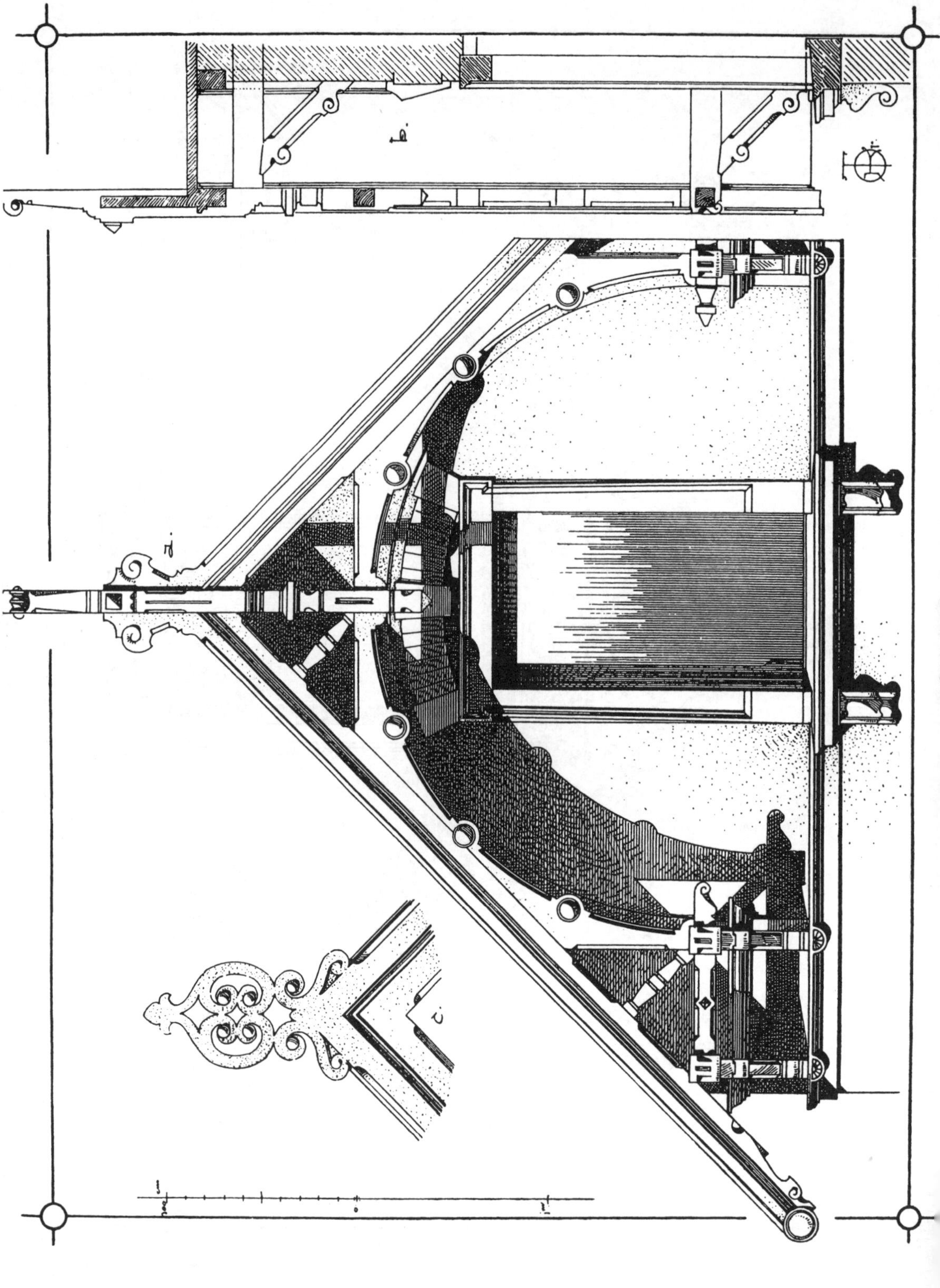

Tafel 47.

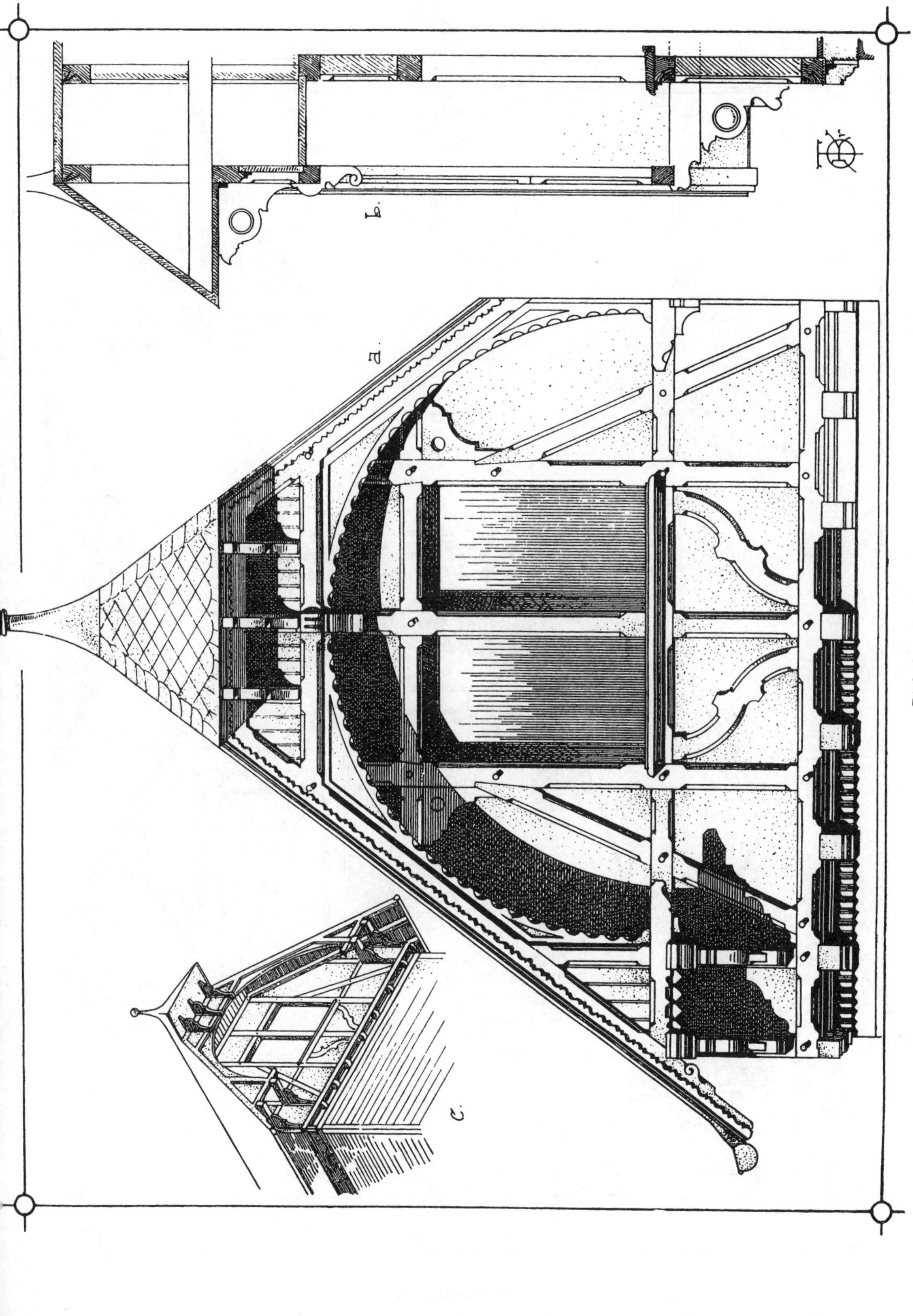

Giebelvordach.

Tafel 48.

Giebelvordach.

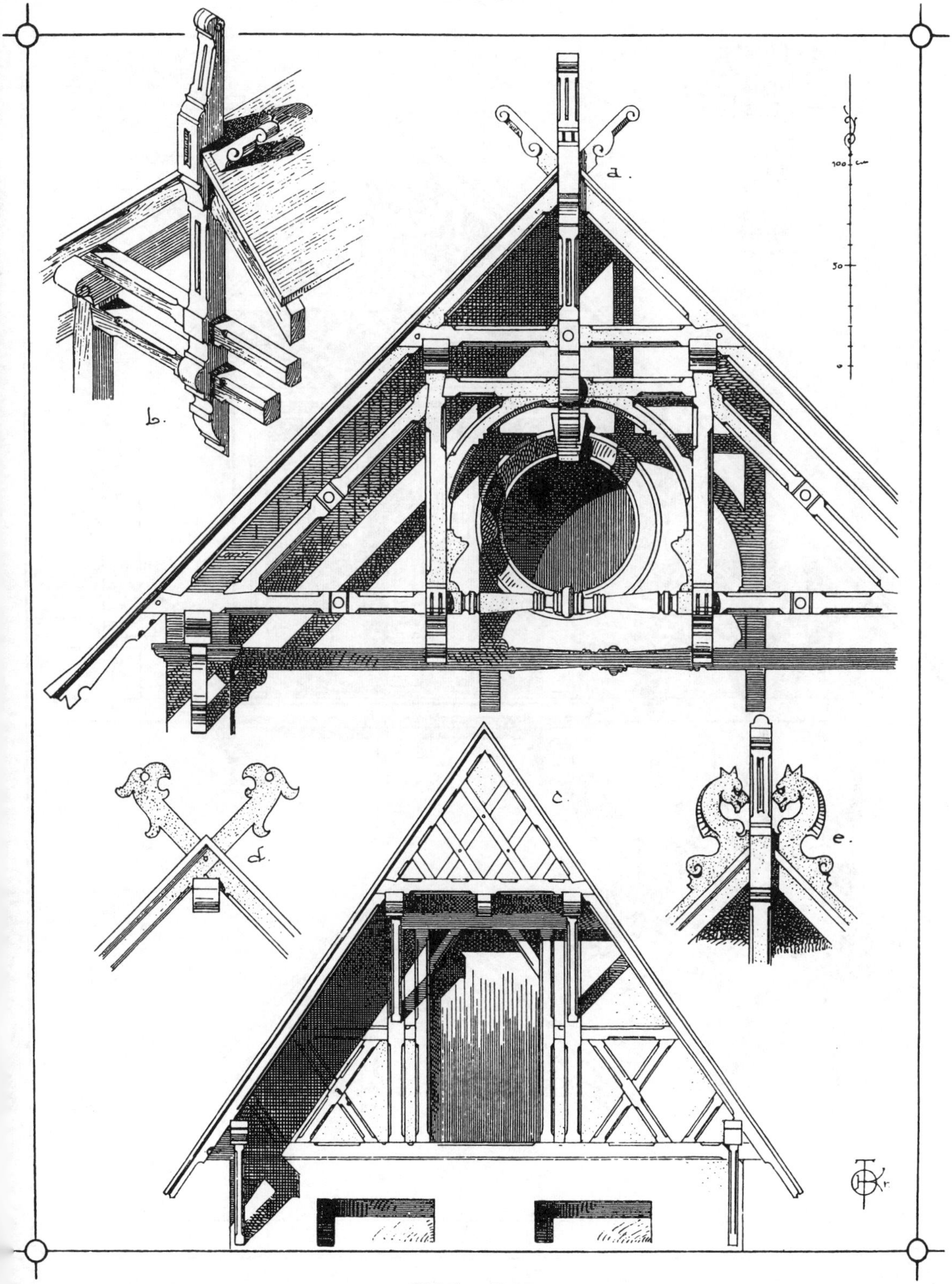

Giebelvordächer.

Tafel 50.

Giebelvordach.

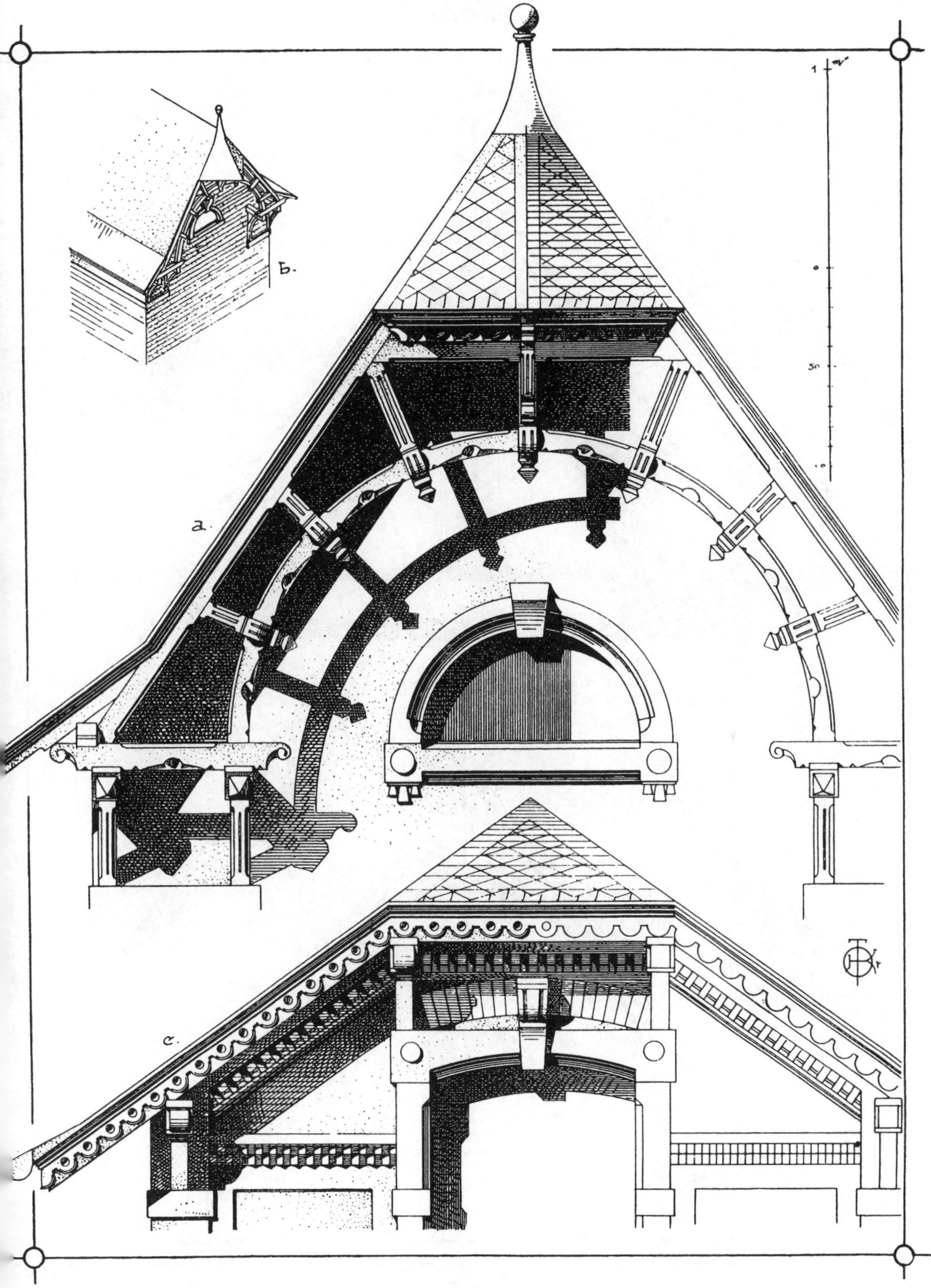

Giebelvordächer.

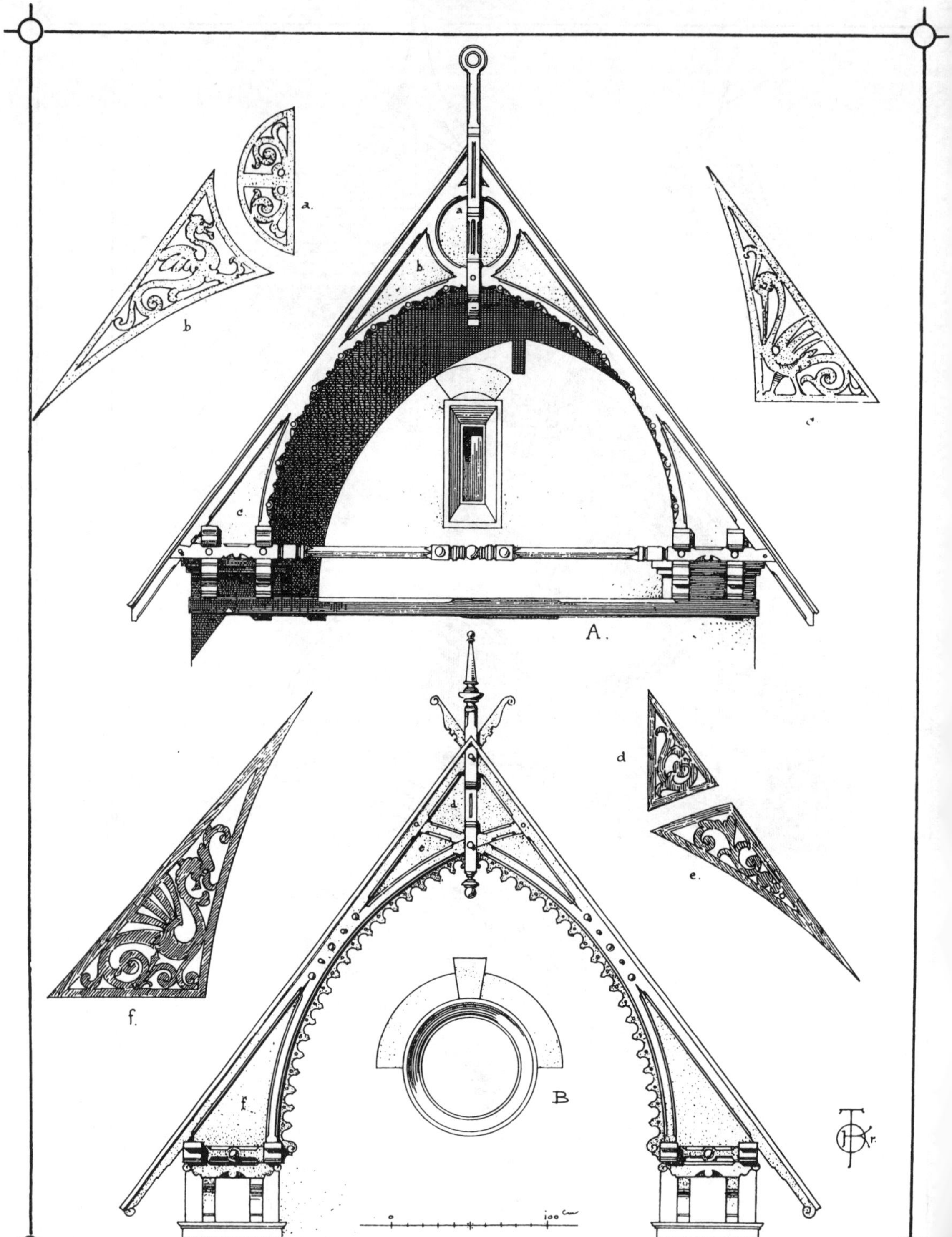

Giebelvordächer.

Tafel 53.

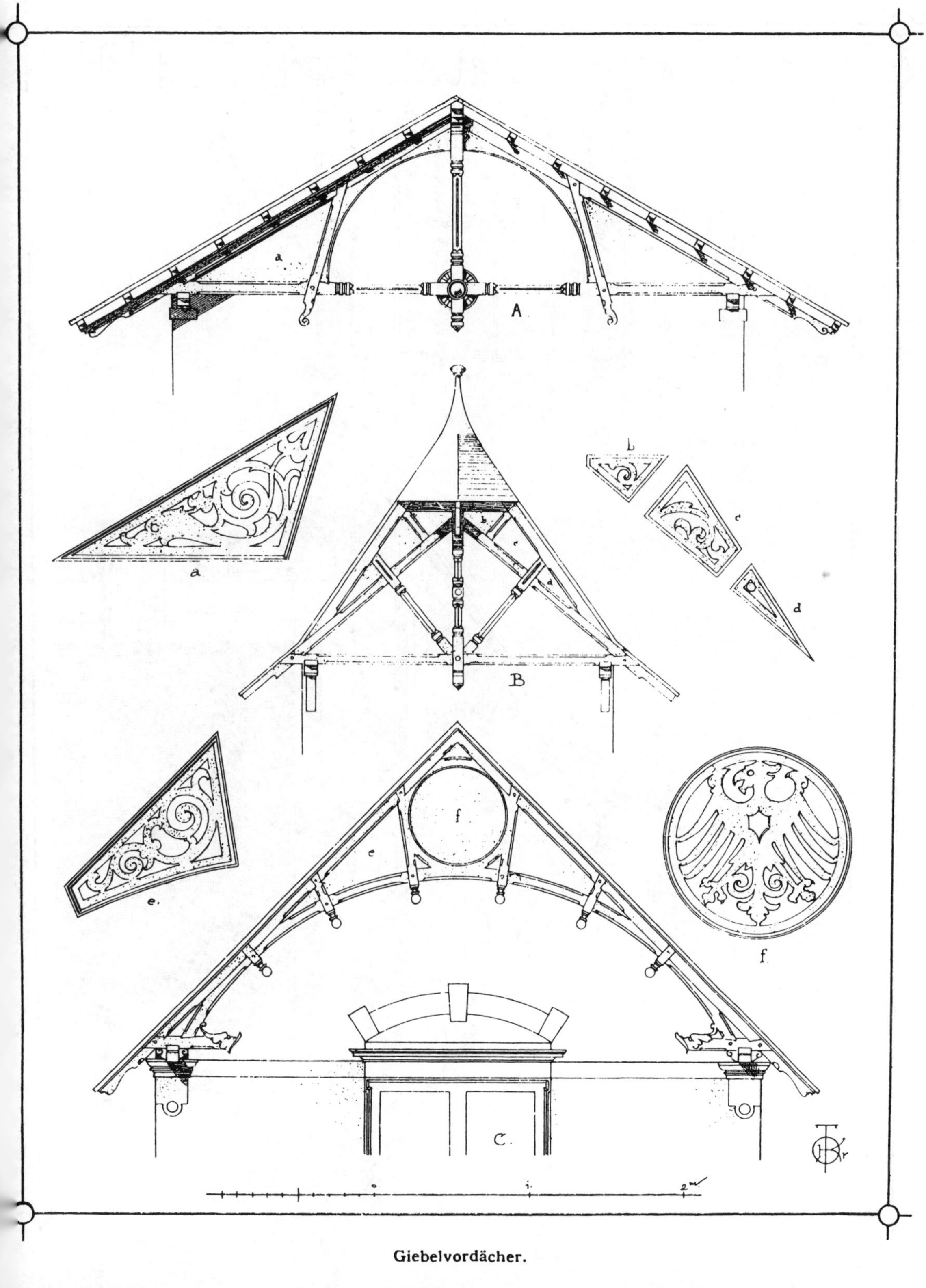

Giebelvordächer.

Tafel 54.

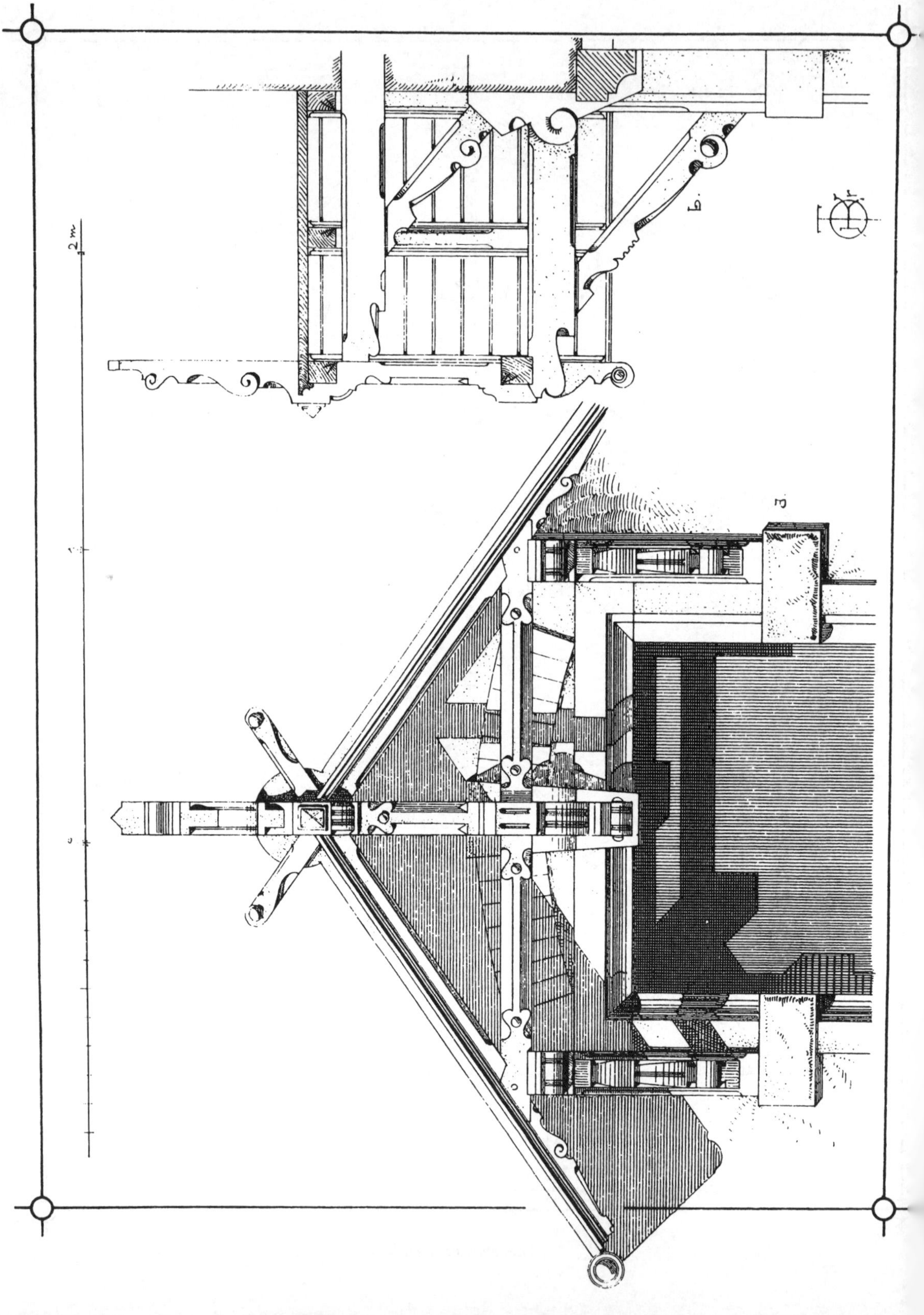

Thürvordach.

Tafel 56.

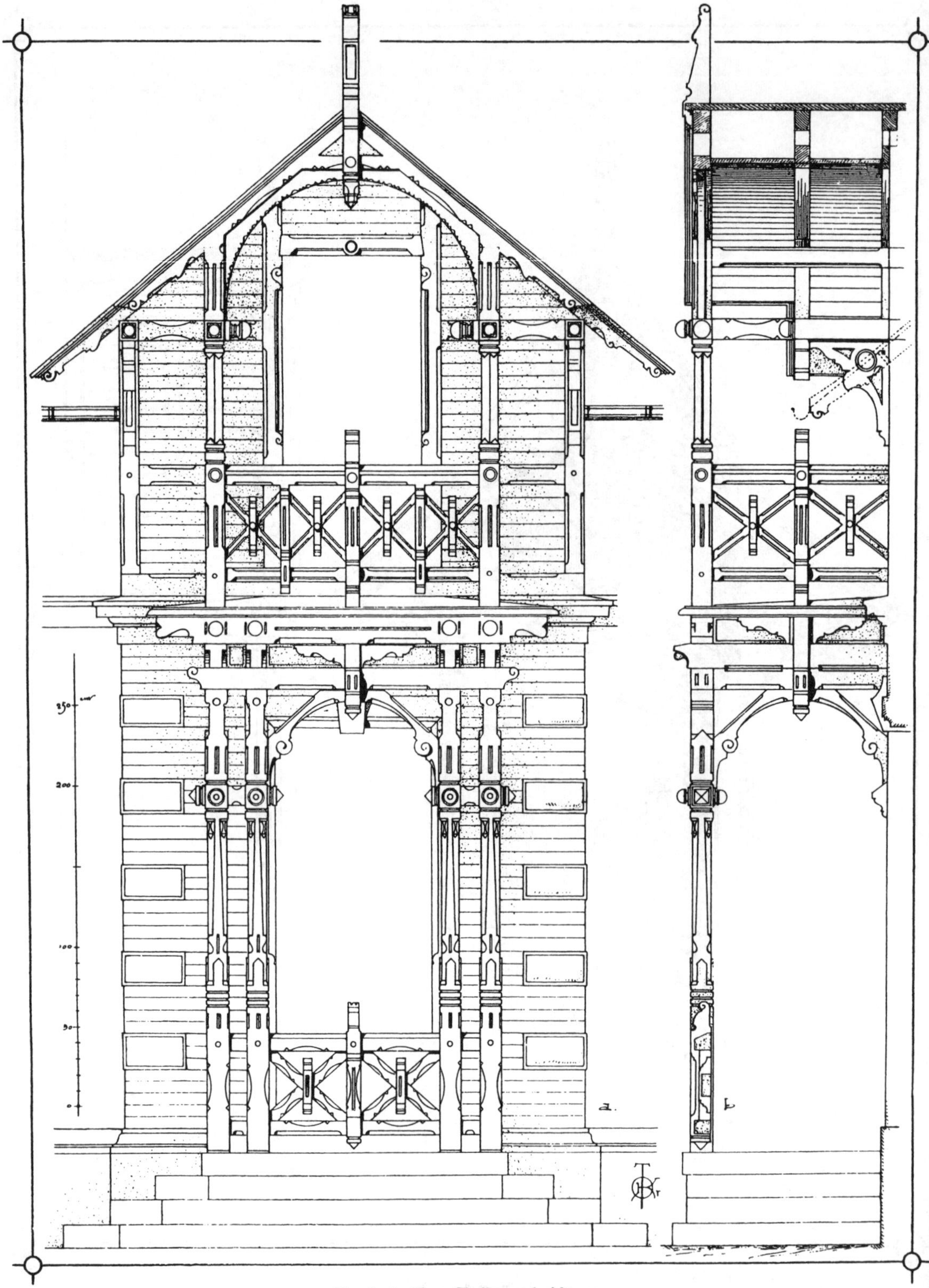

Vordach über Thür und Altane.

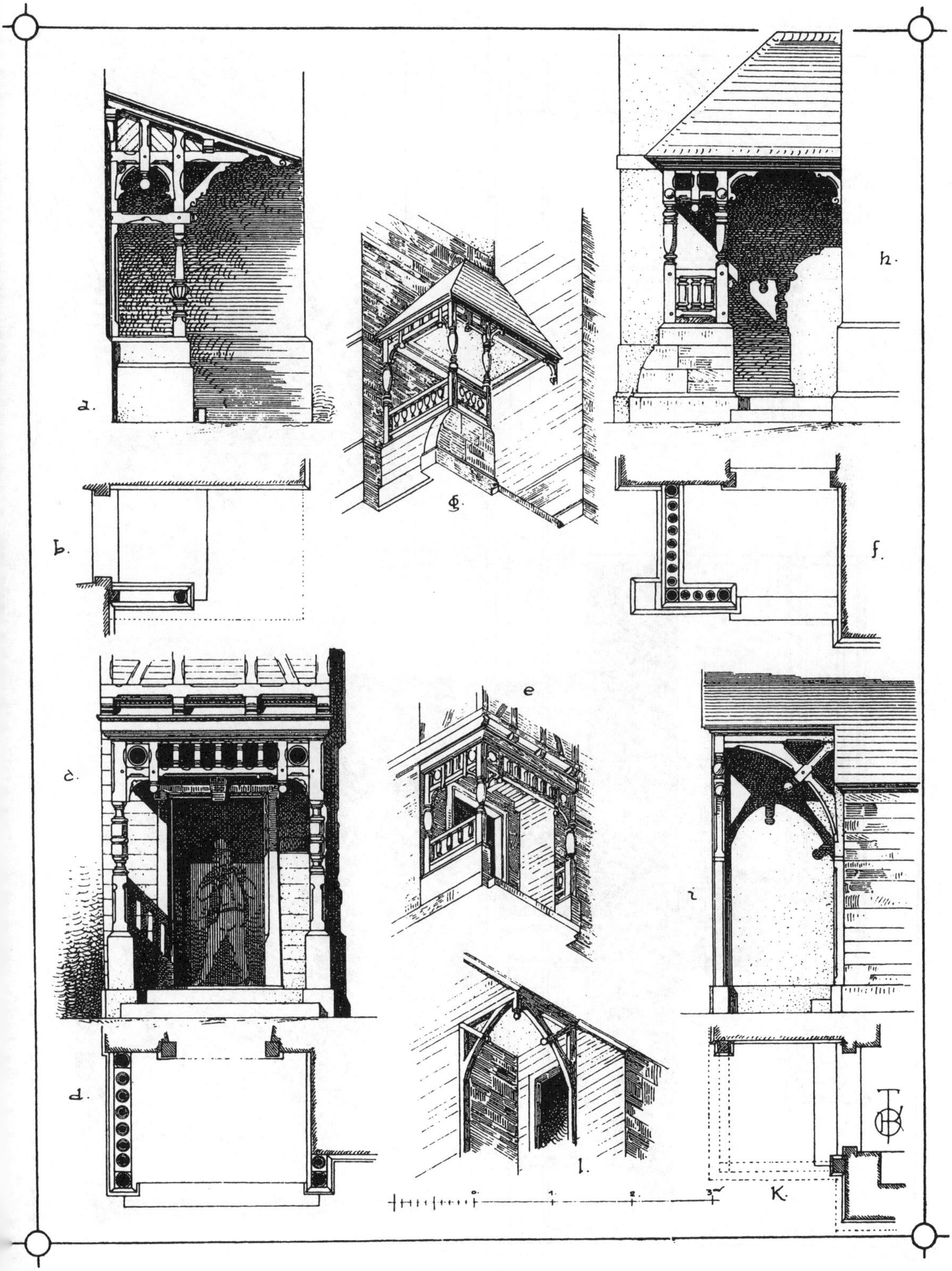

Thürvordächer.

Tafel 58.

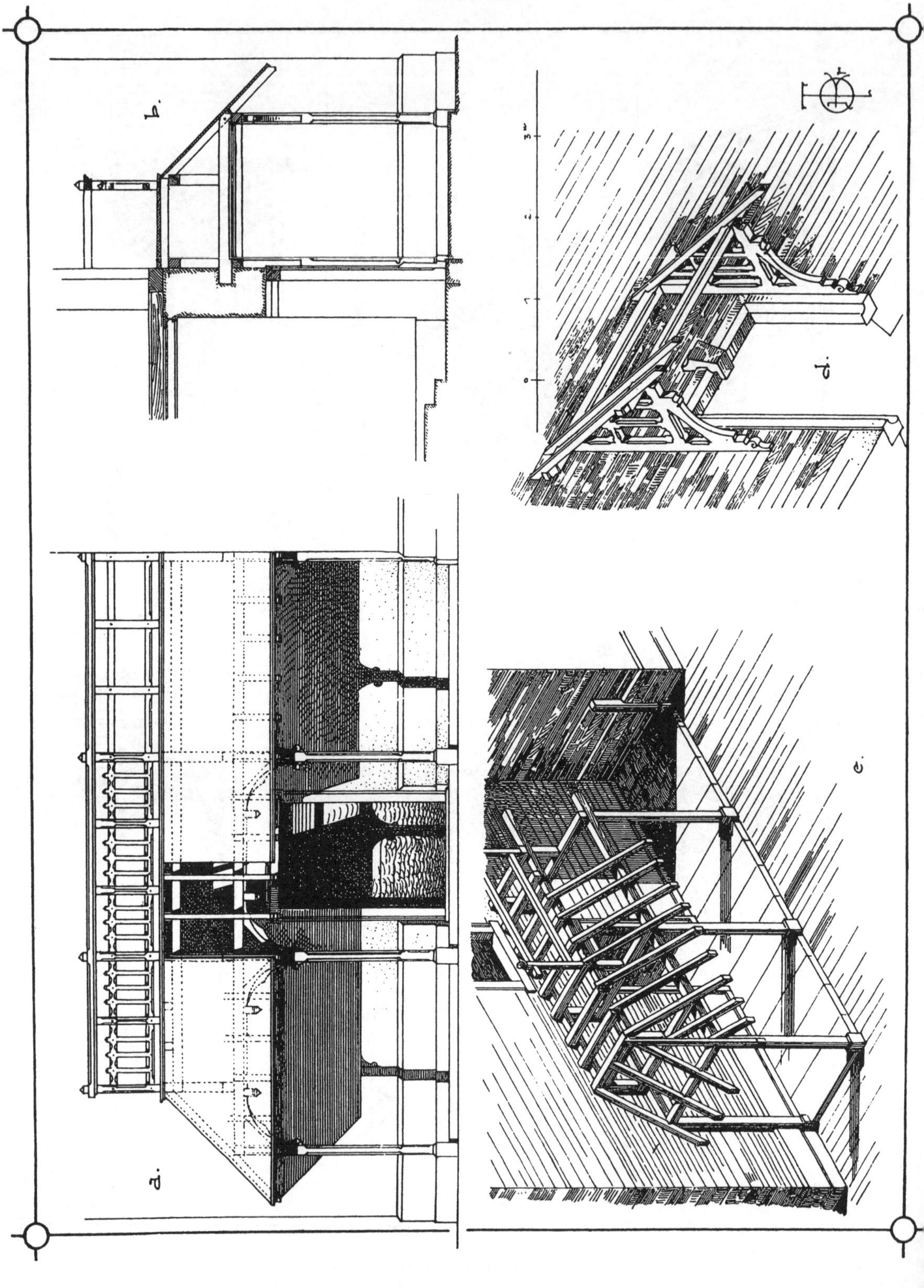

Tafel 59.

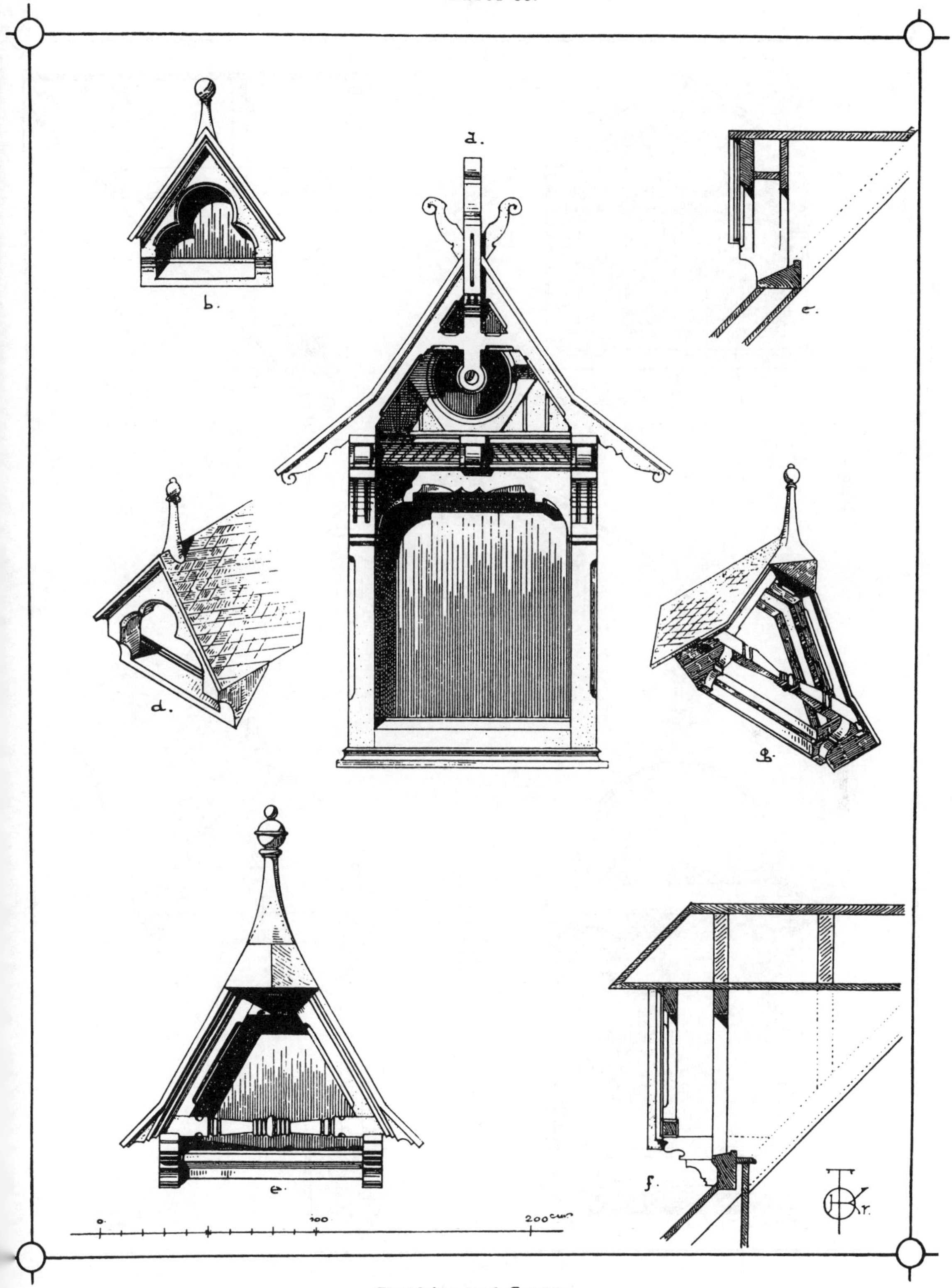

Dachluken und Gaupen.

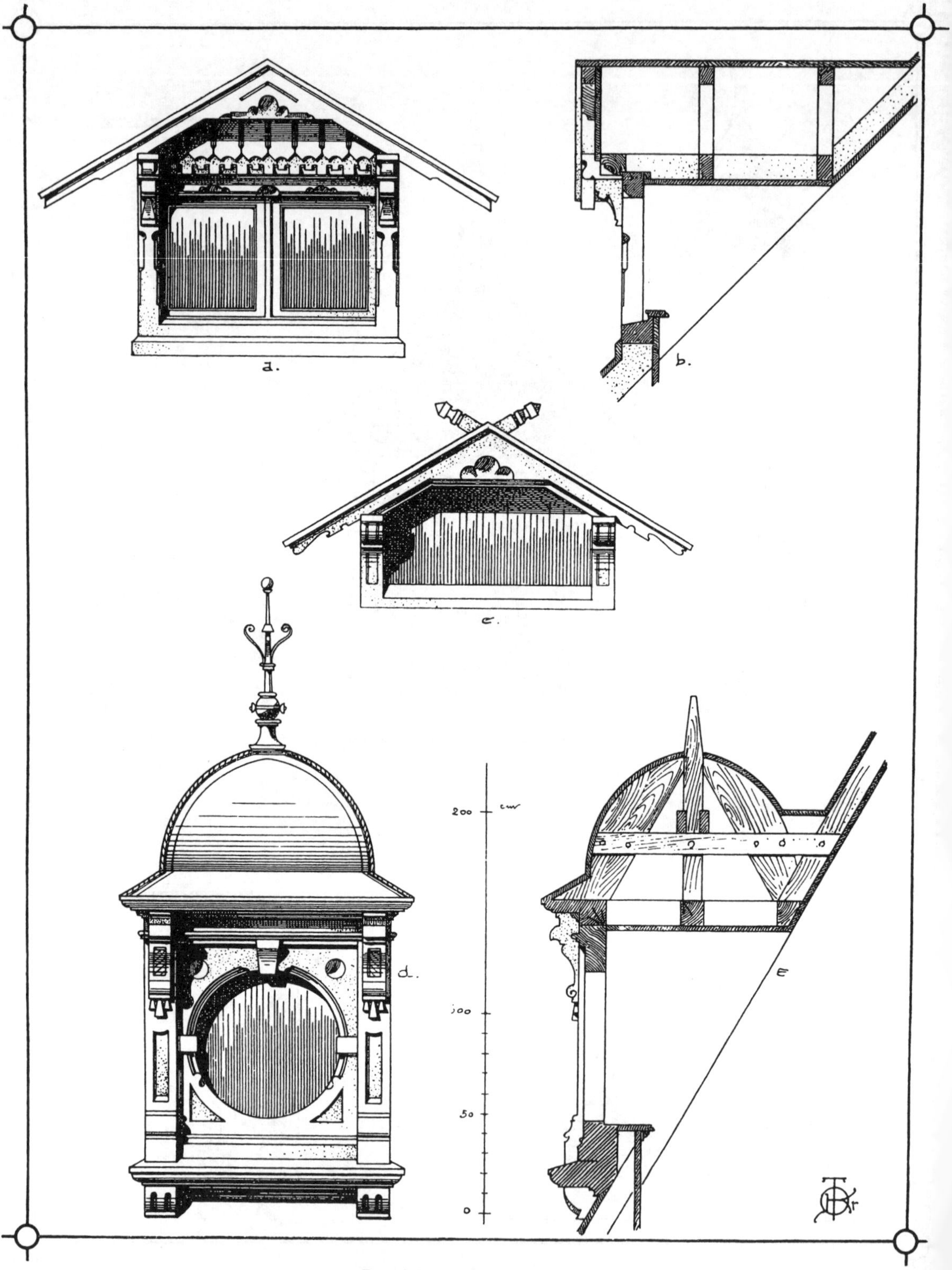

Dachluken und Gaupen.

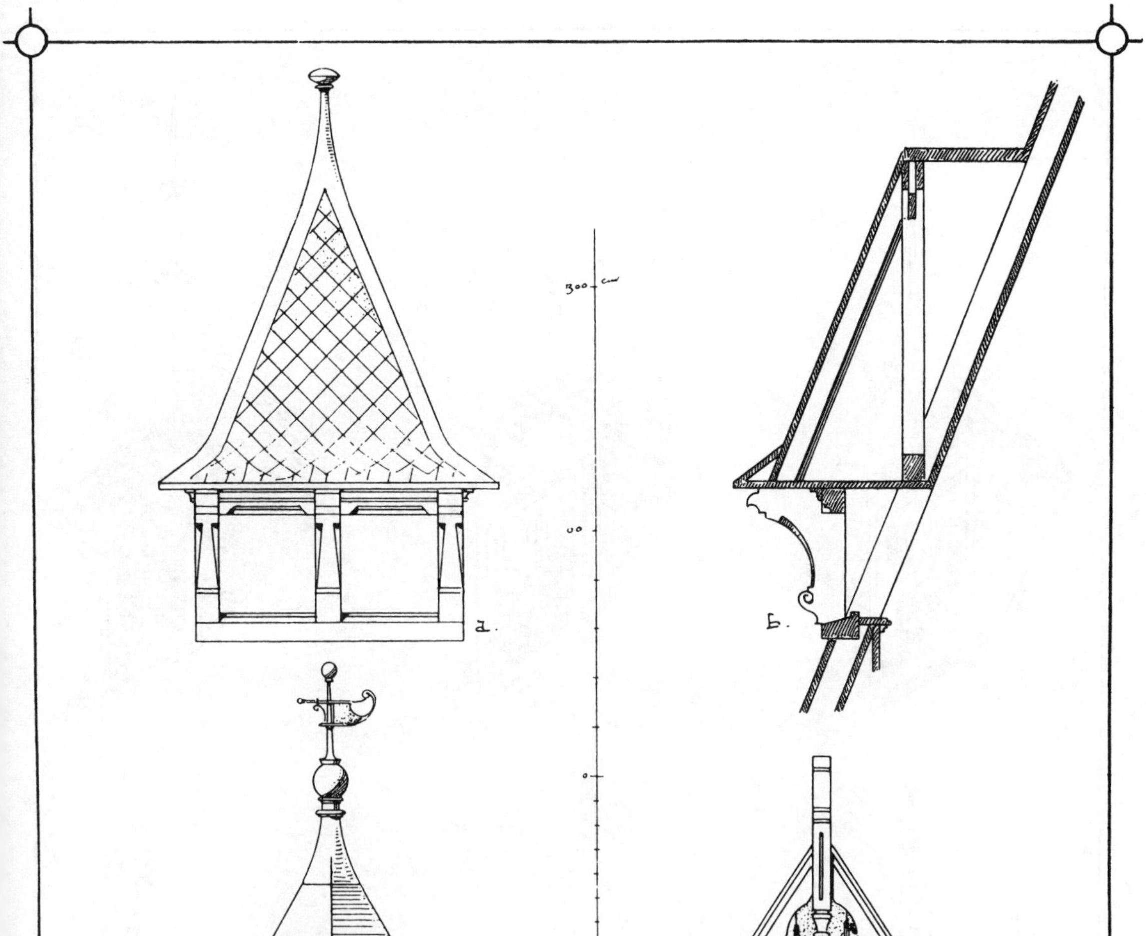

Dachluken und Gaupen.

Tafel 62.

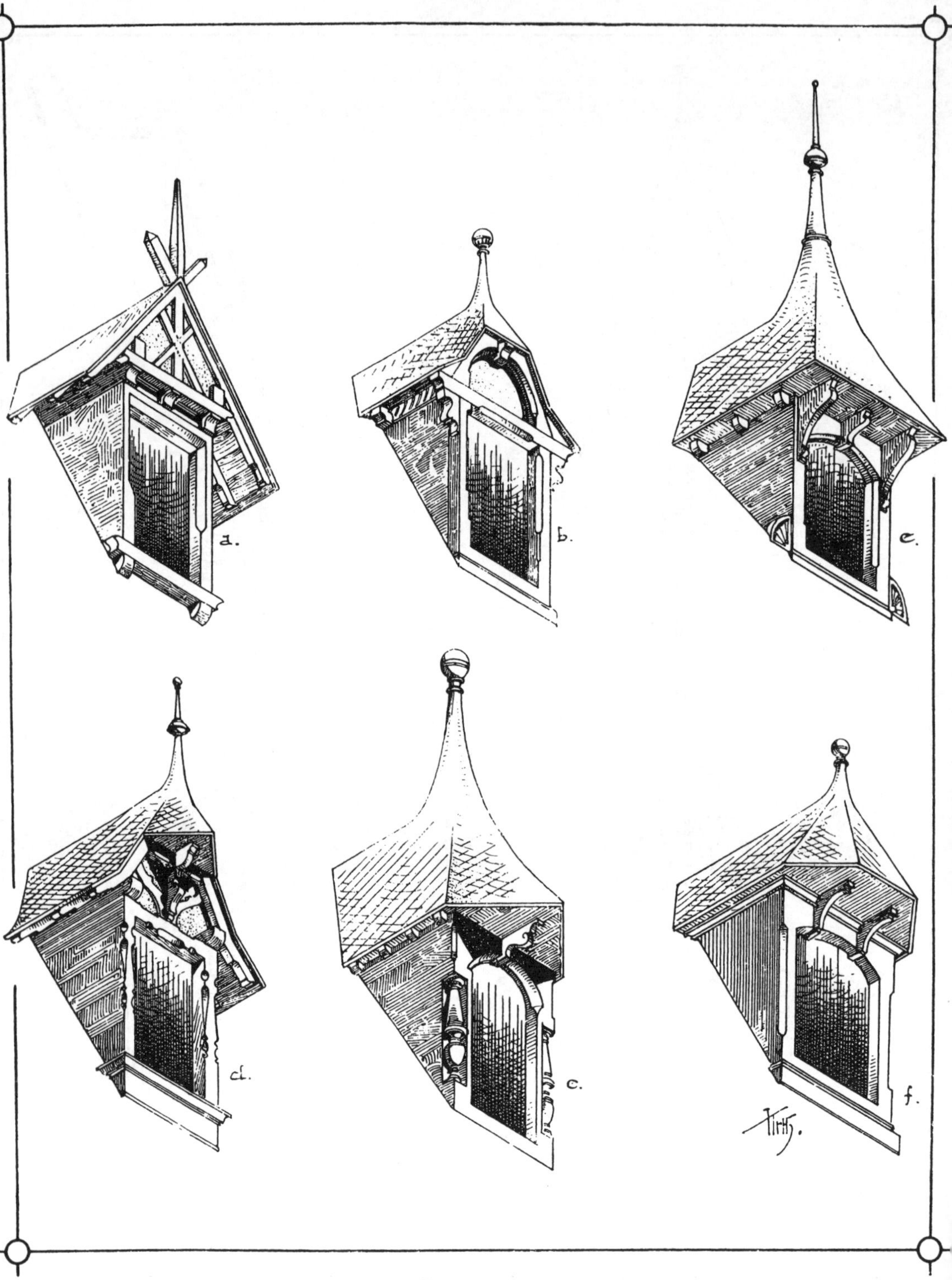

Dachgaupen.

Tafel 63.

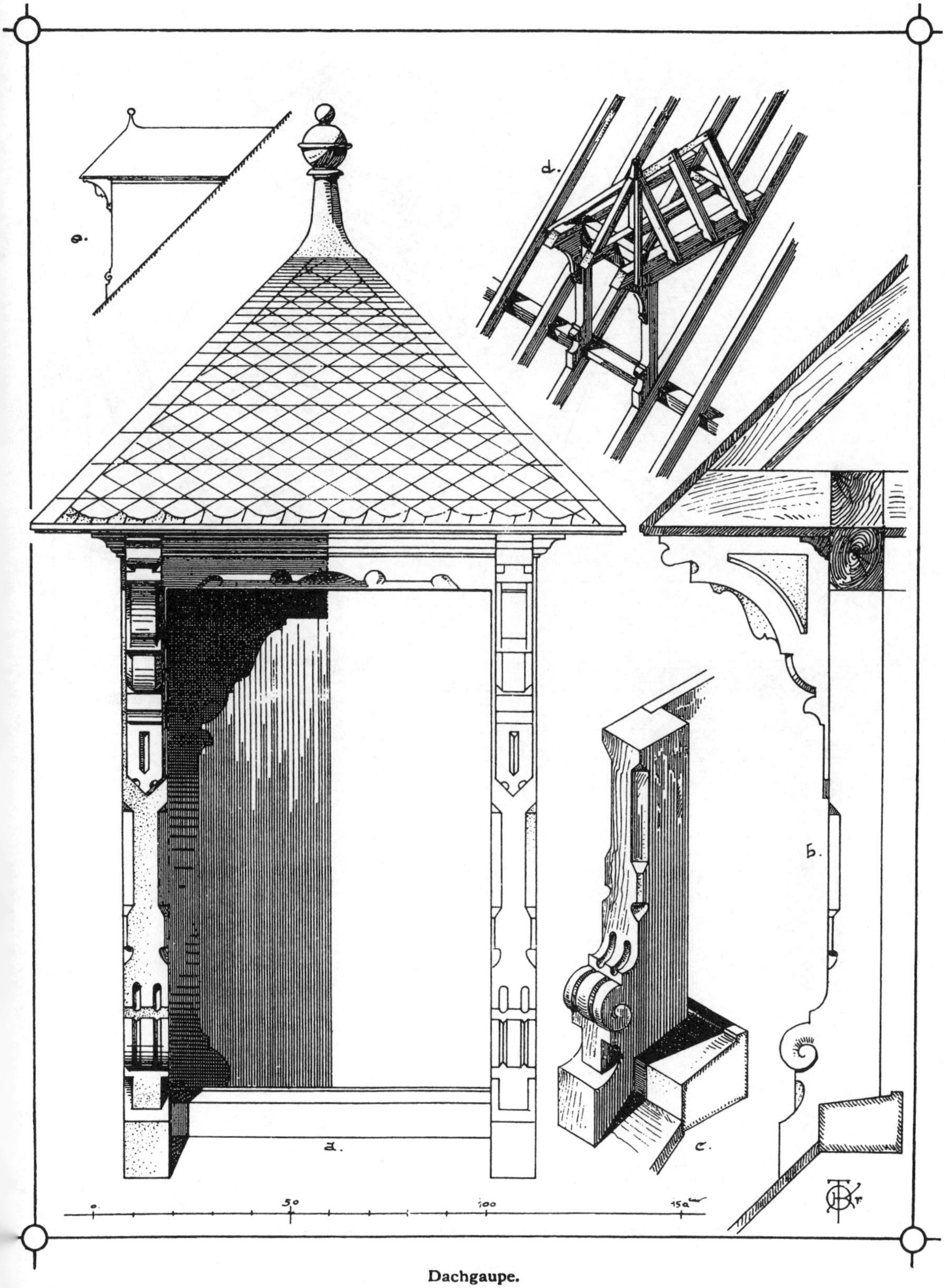

Dachgaupe.

Dachgaupe.

Tafel 65.

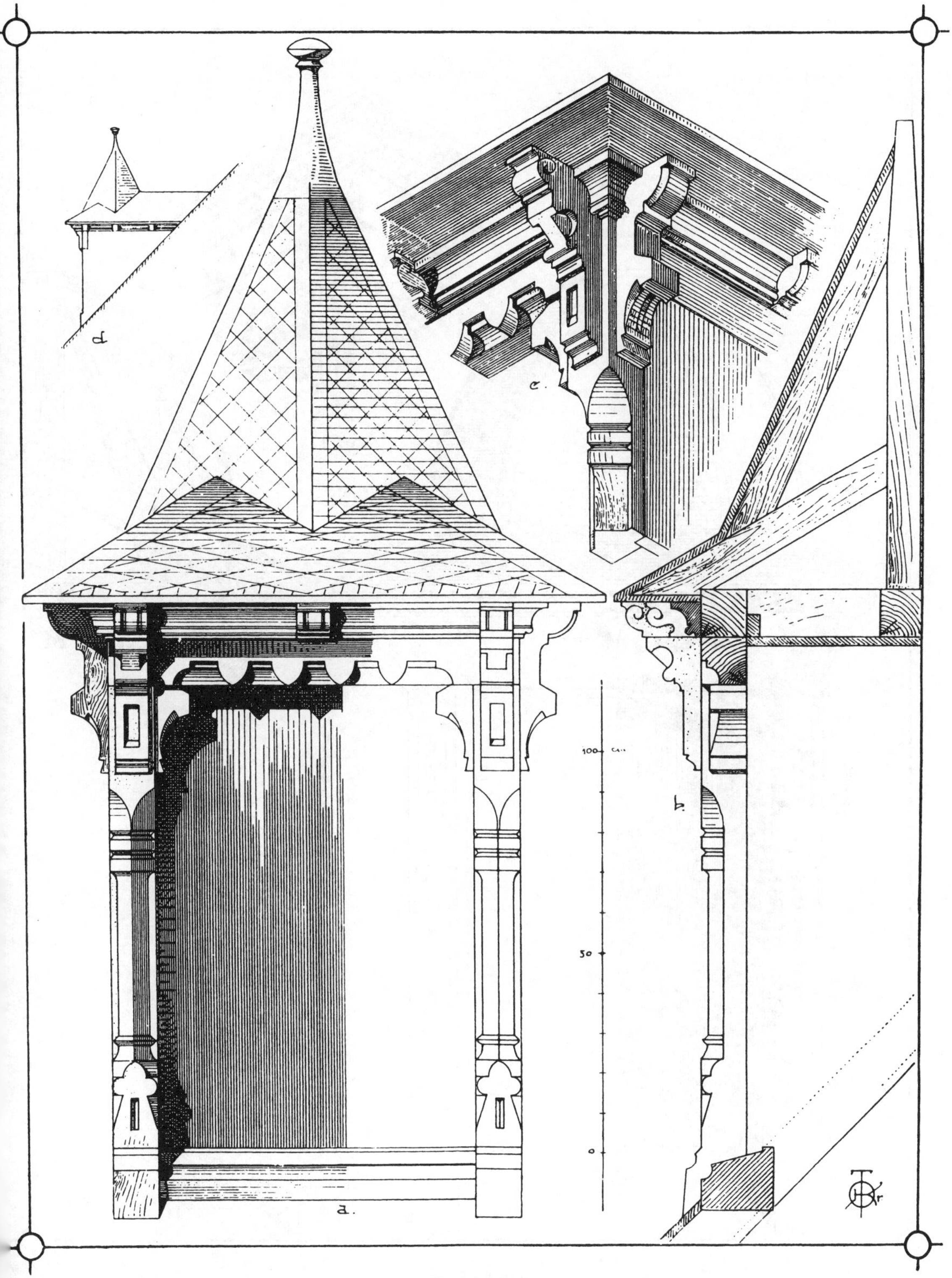

Dachgaupe.

Dachgaupe.

Tafel 67.

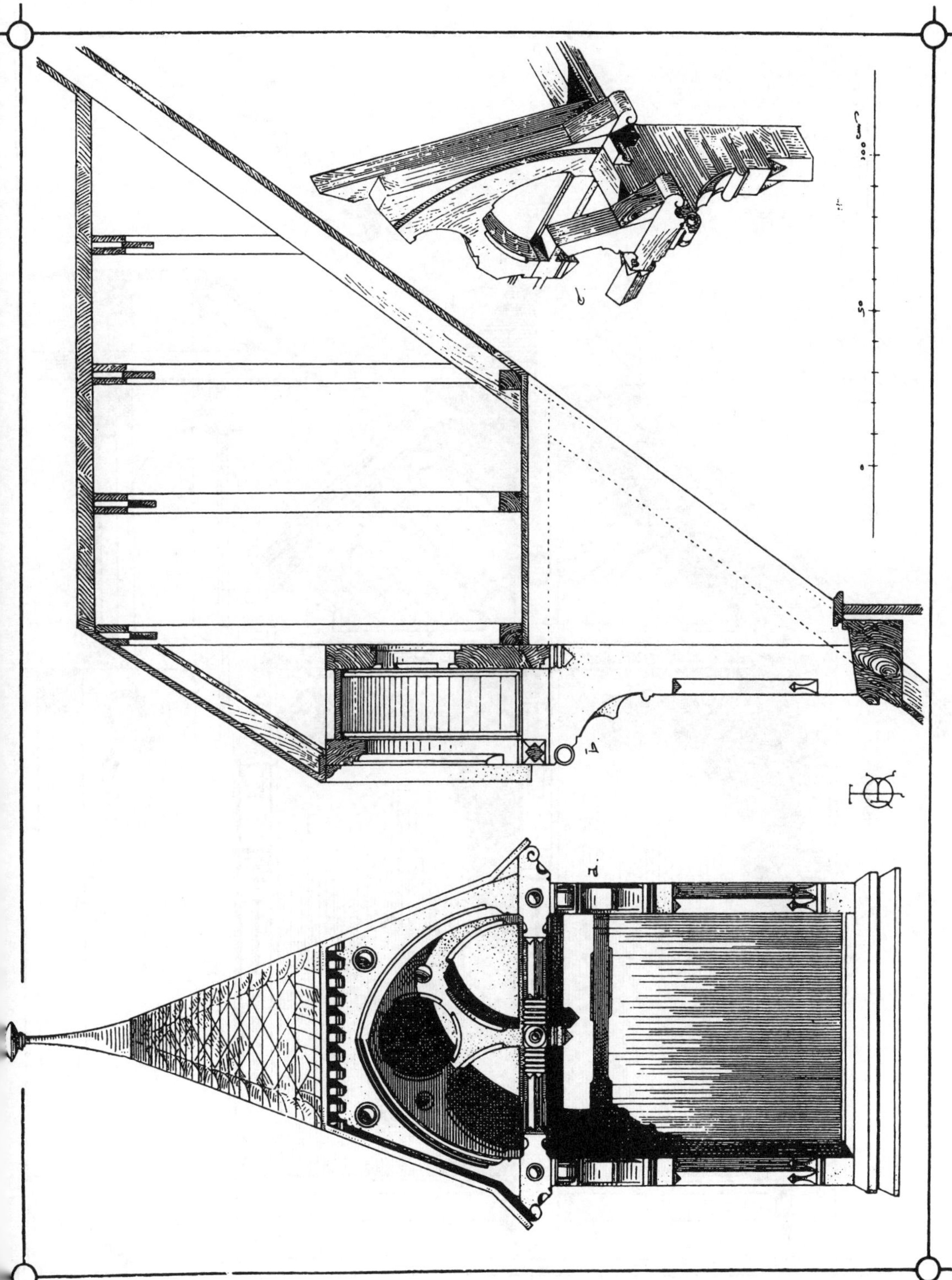

Dachgaupe.

Tafel 68.

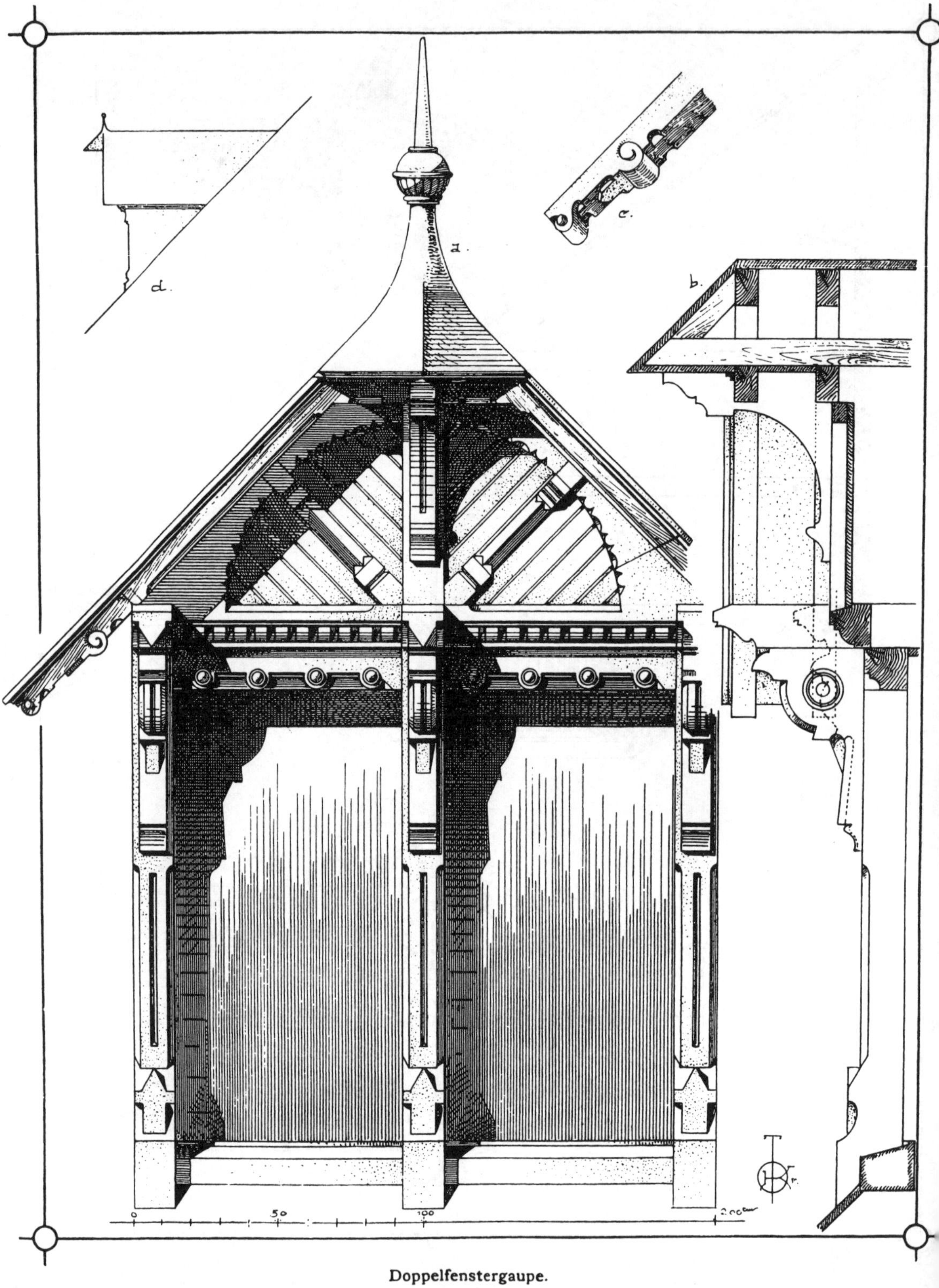

Doppelfenstergaupe.

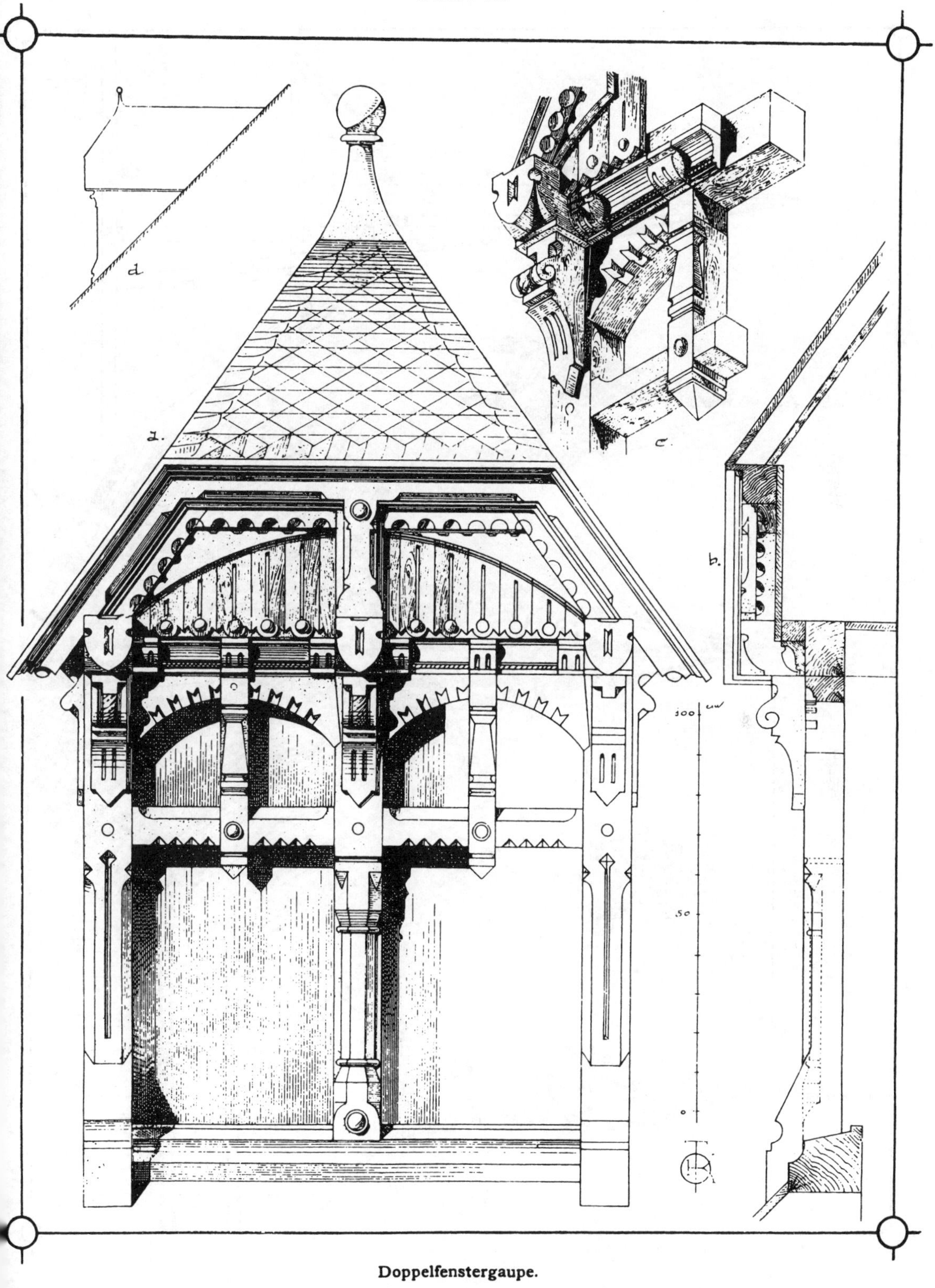

Doppelfenstergaupe.

Tafel 70.

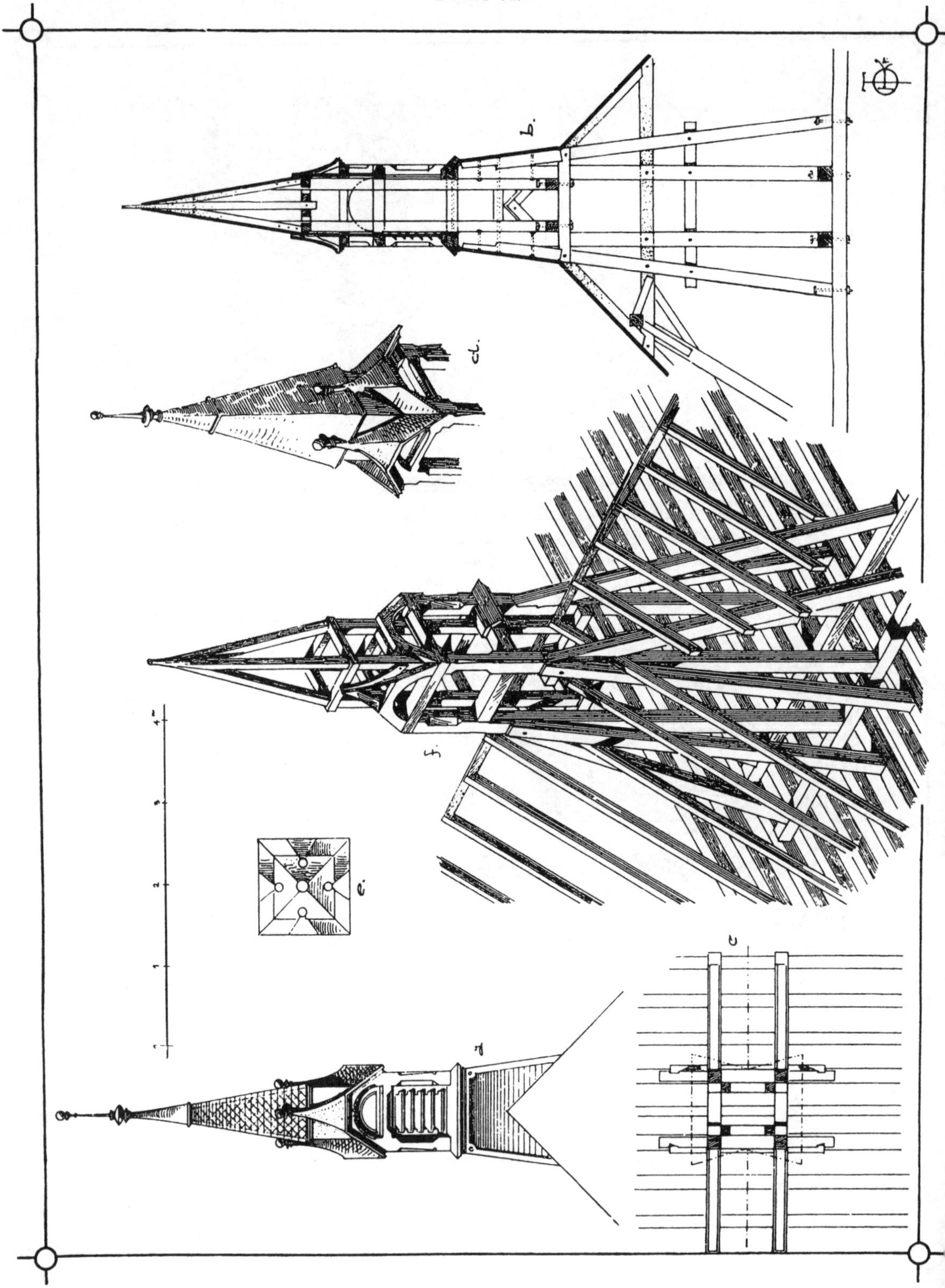

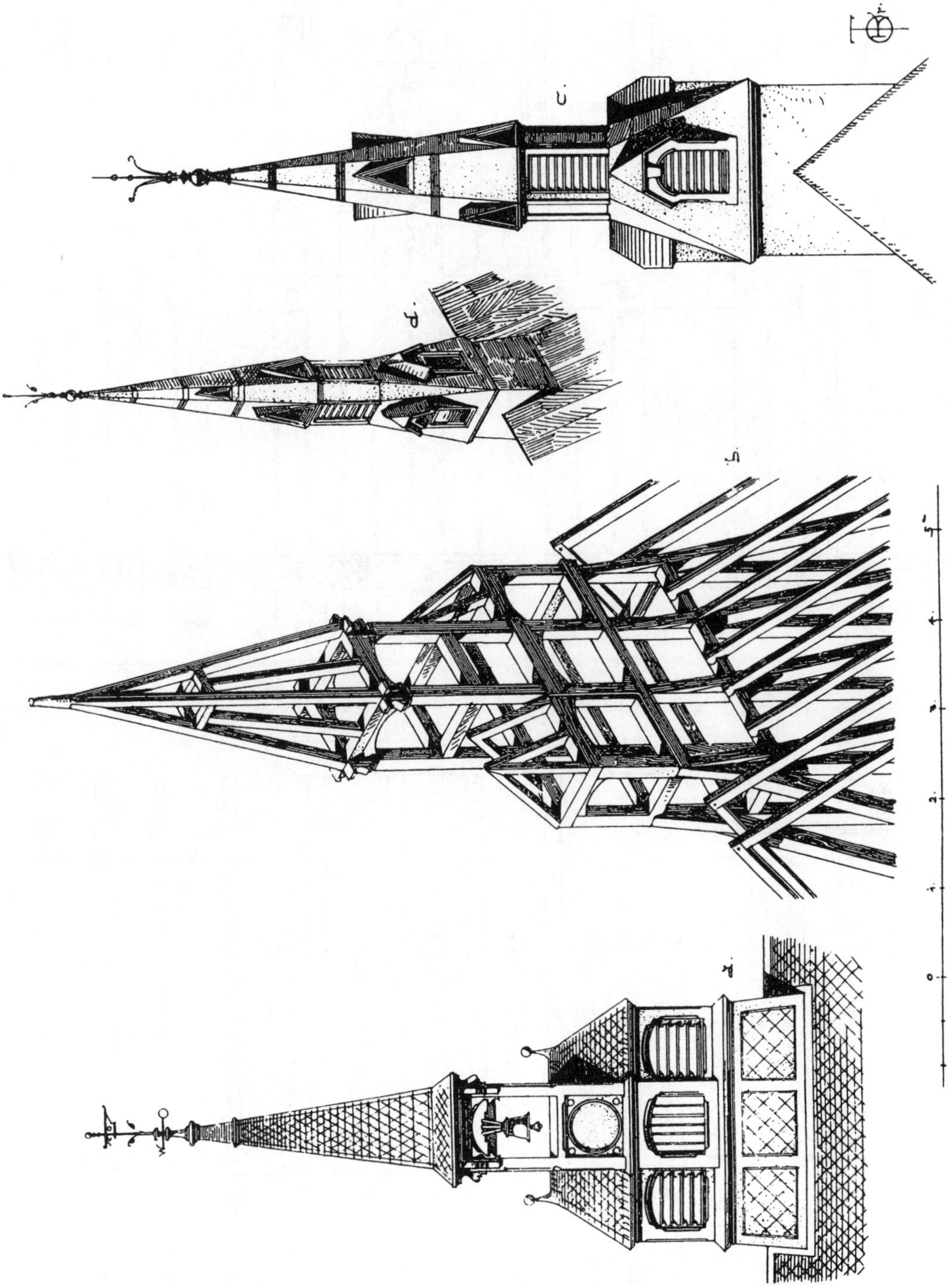

Dachreiter.

Tafel 72.

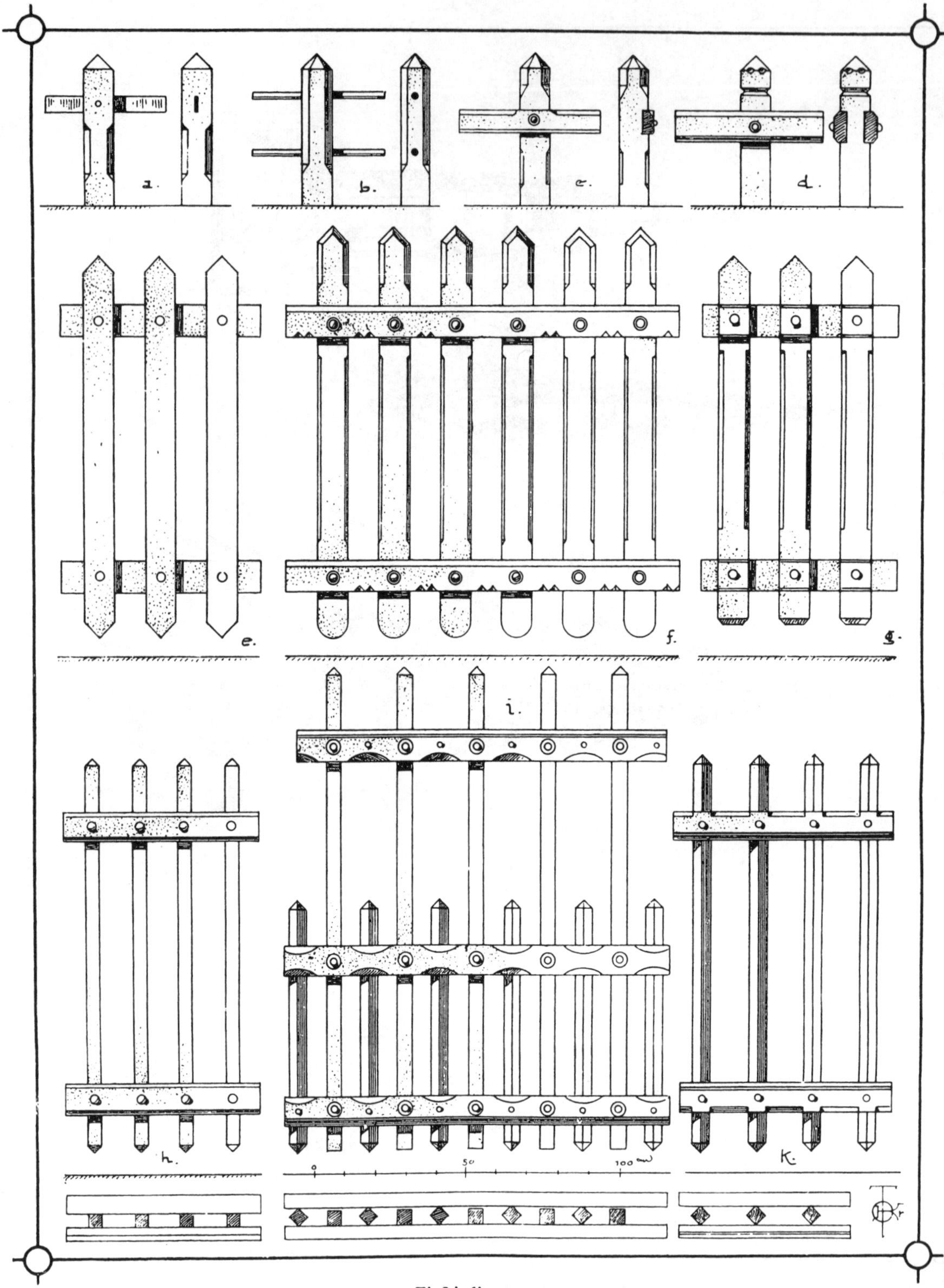

Einfriedigungen.

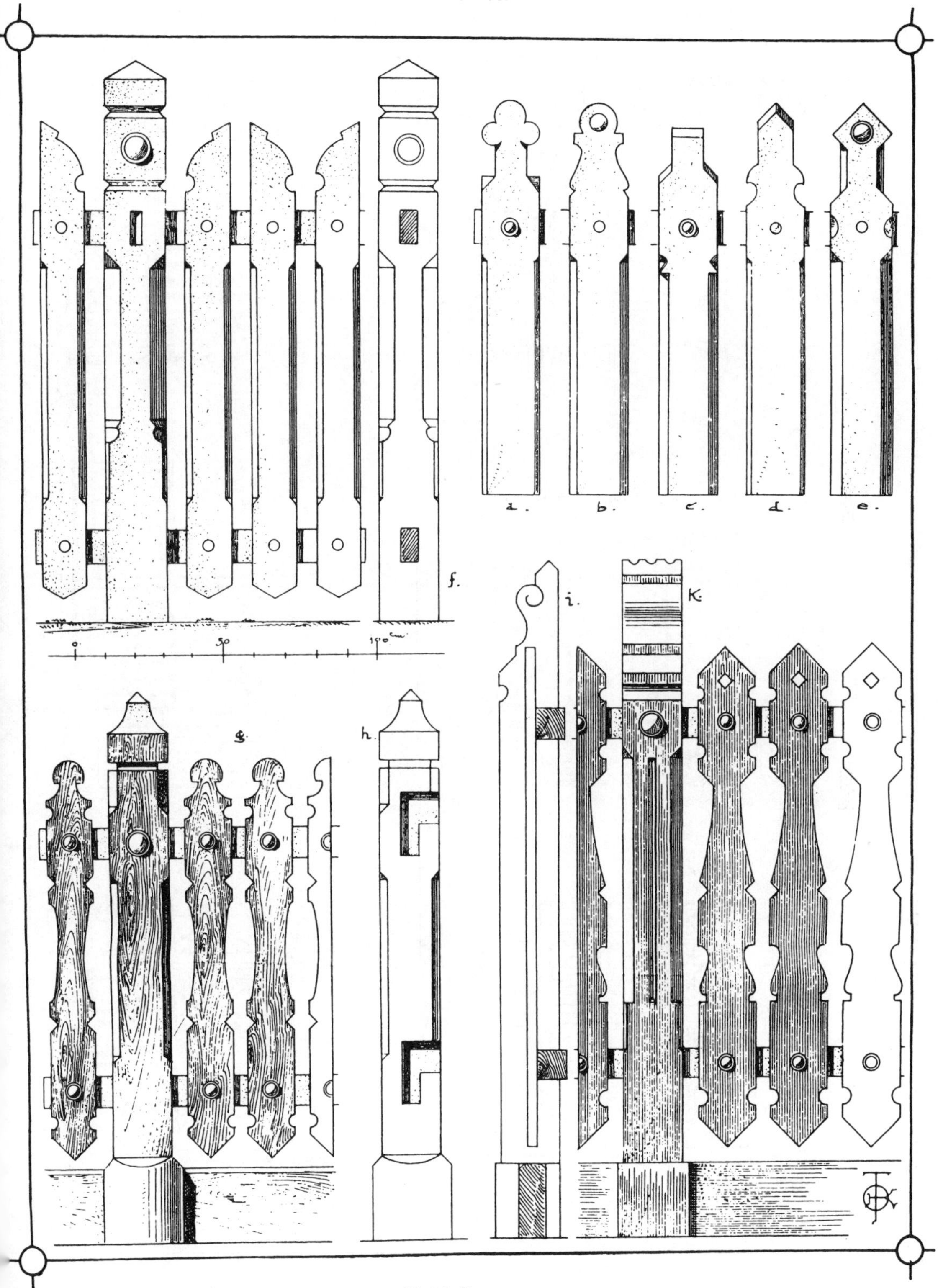

Einfriedigungen.

Tafel 74.

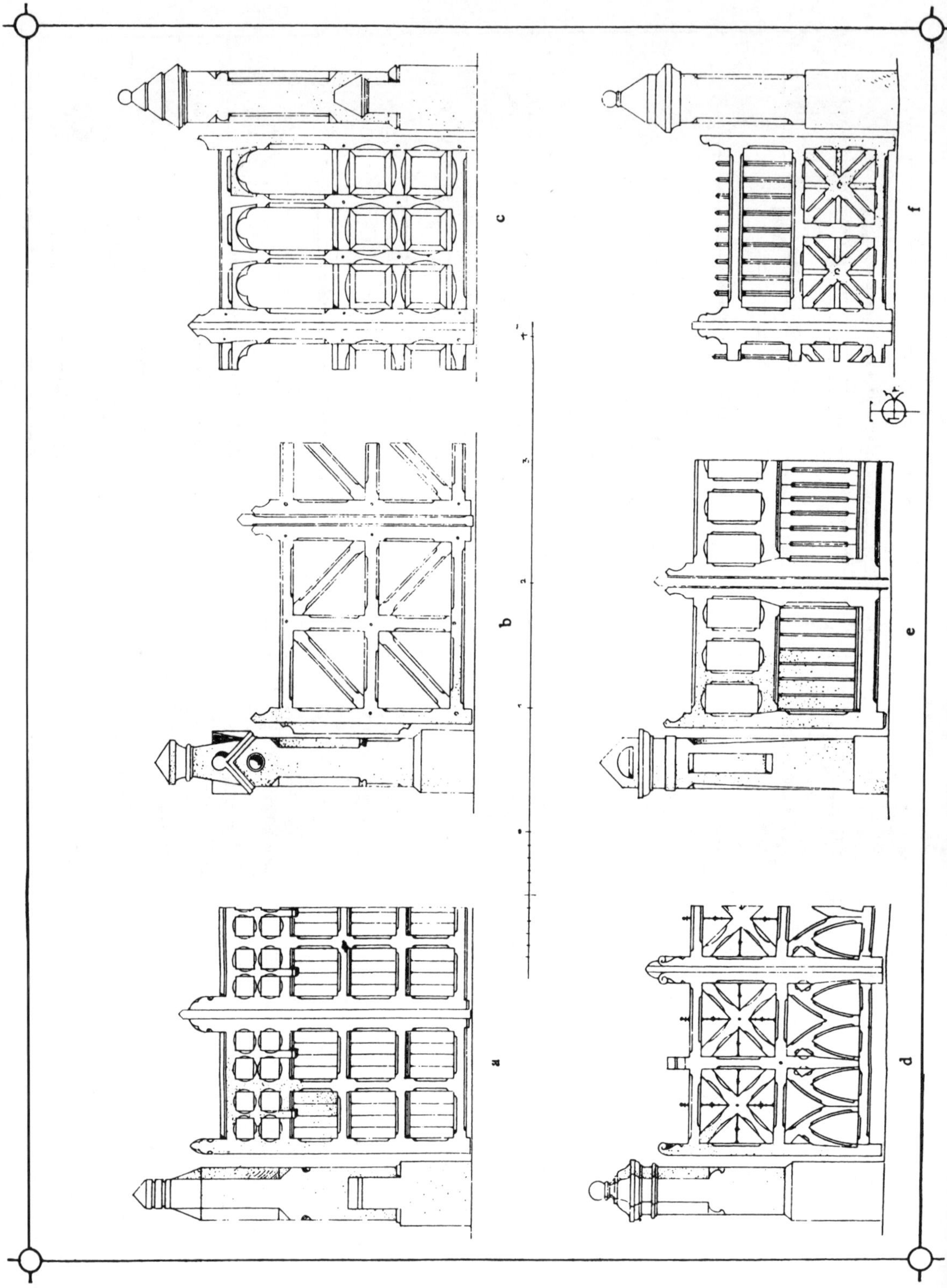

Tafel 75.

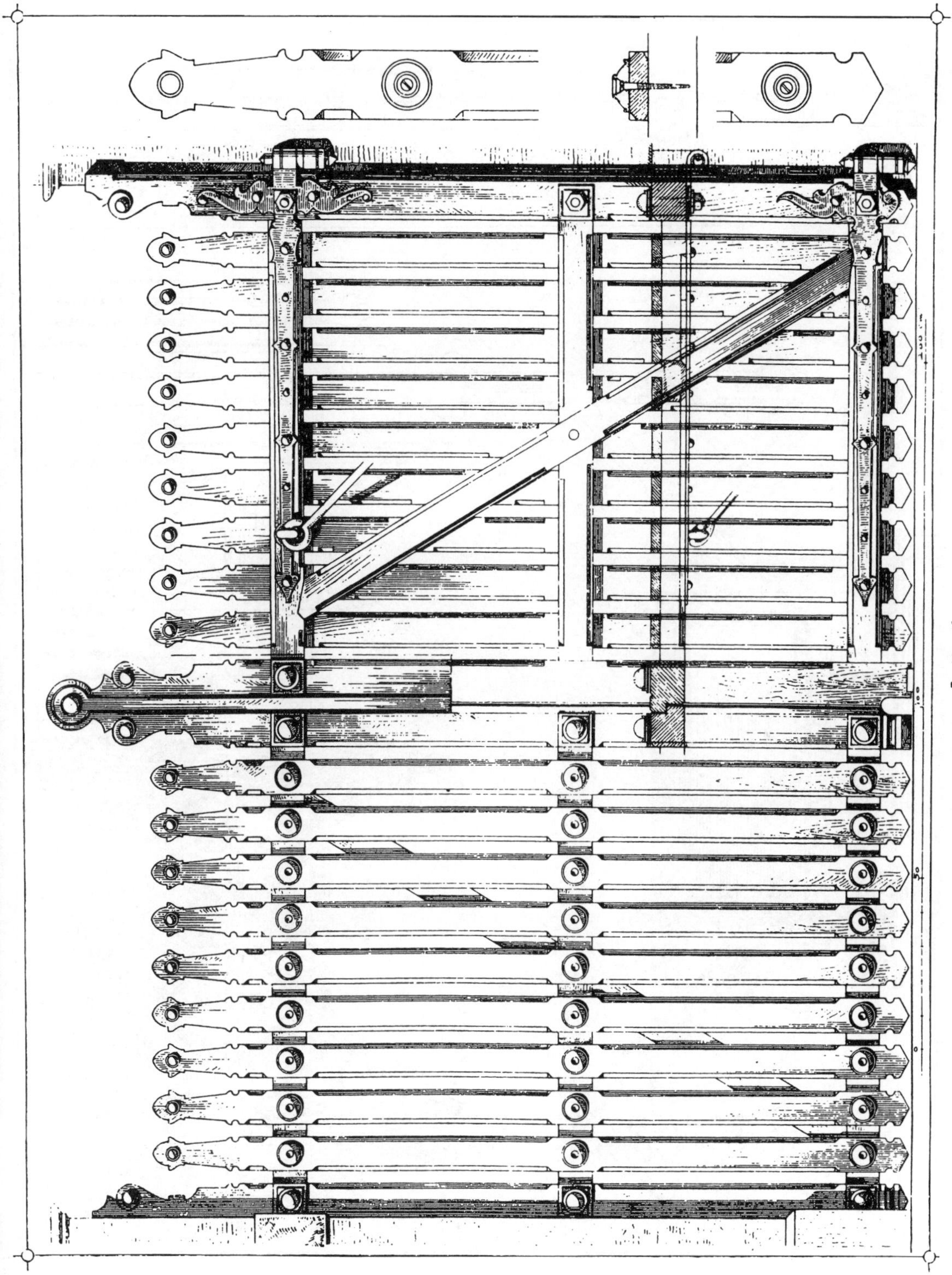

Lattenthor.

Tafel 76.

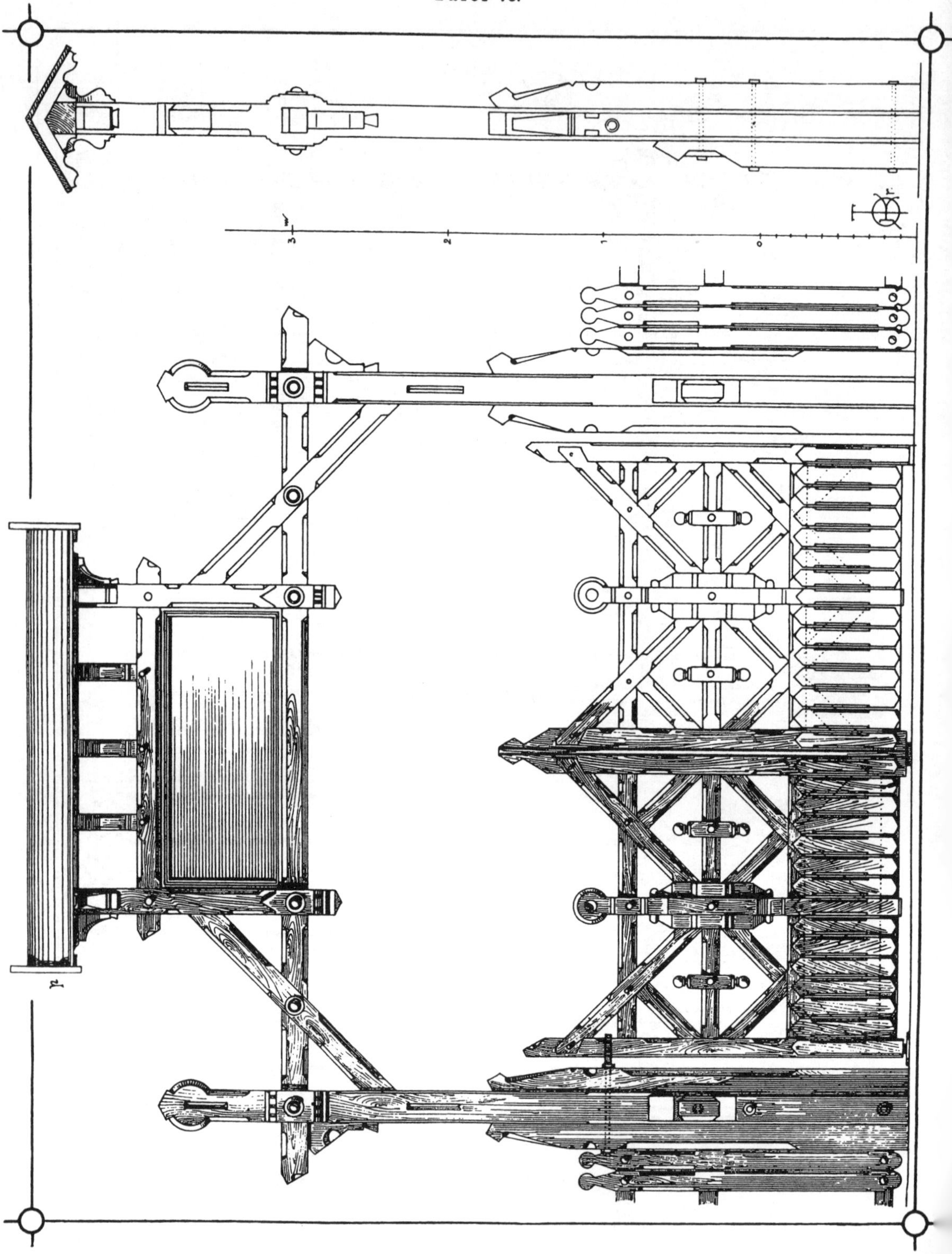

Tafel 77.

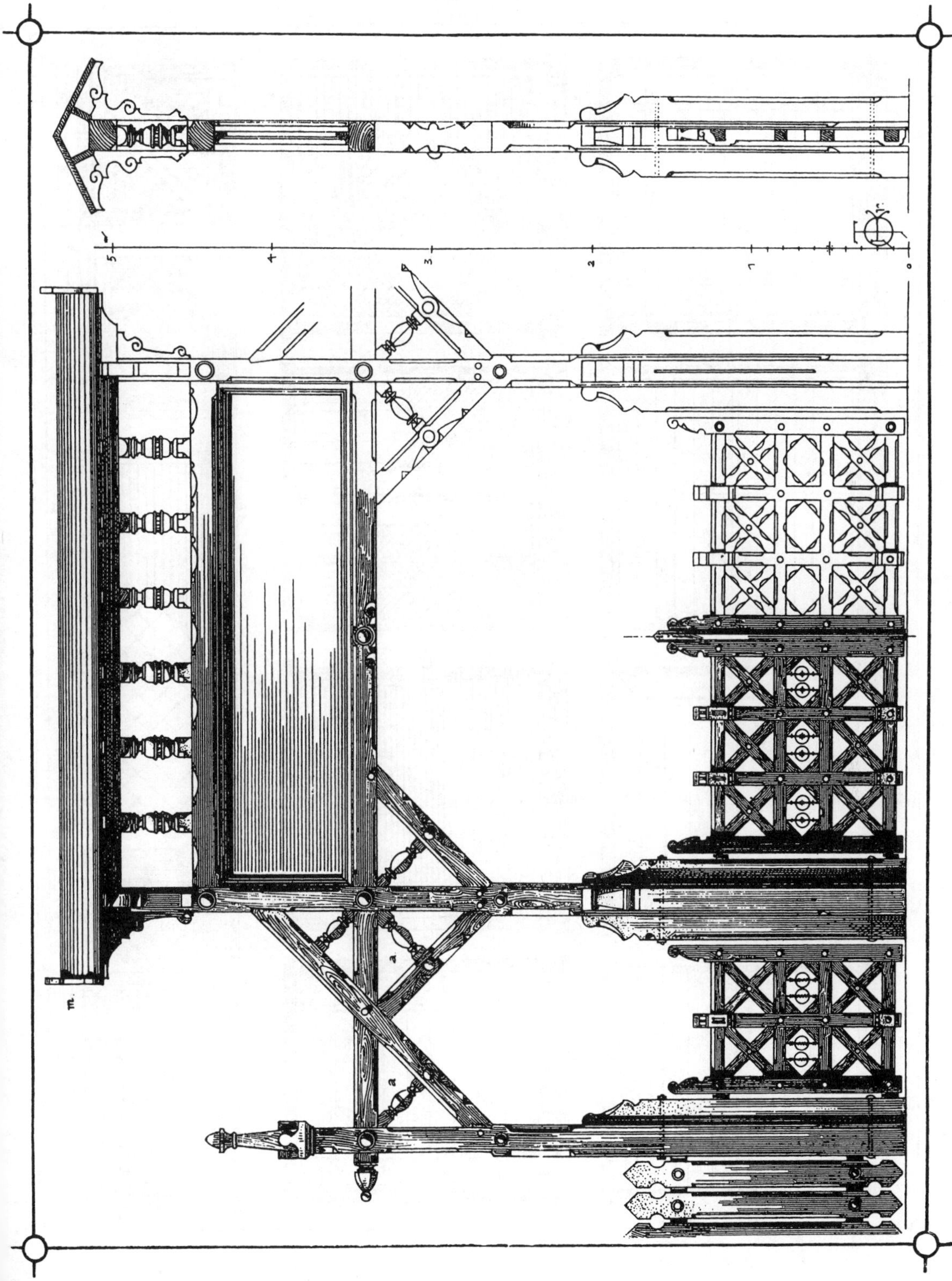

Thor mit Aufsatz.

Tafel 78

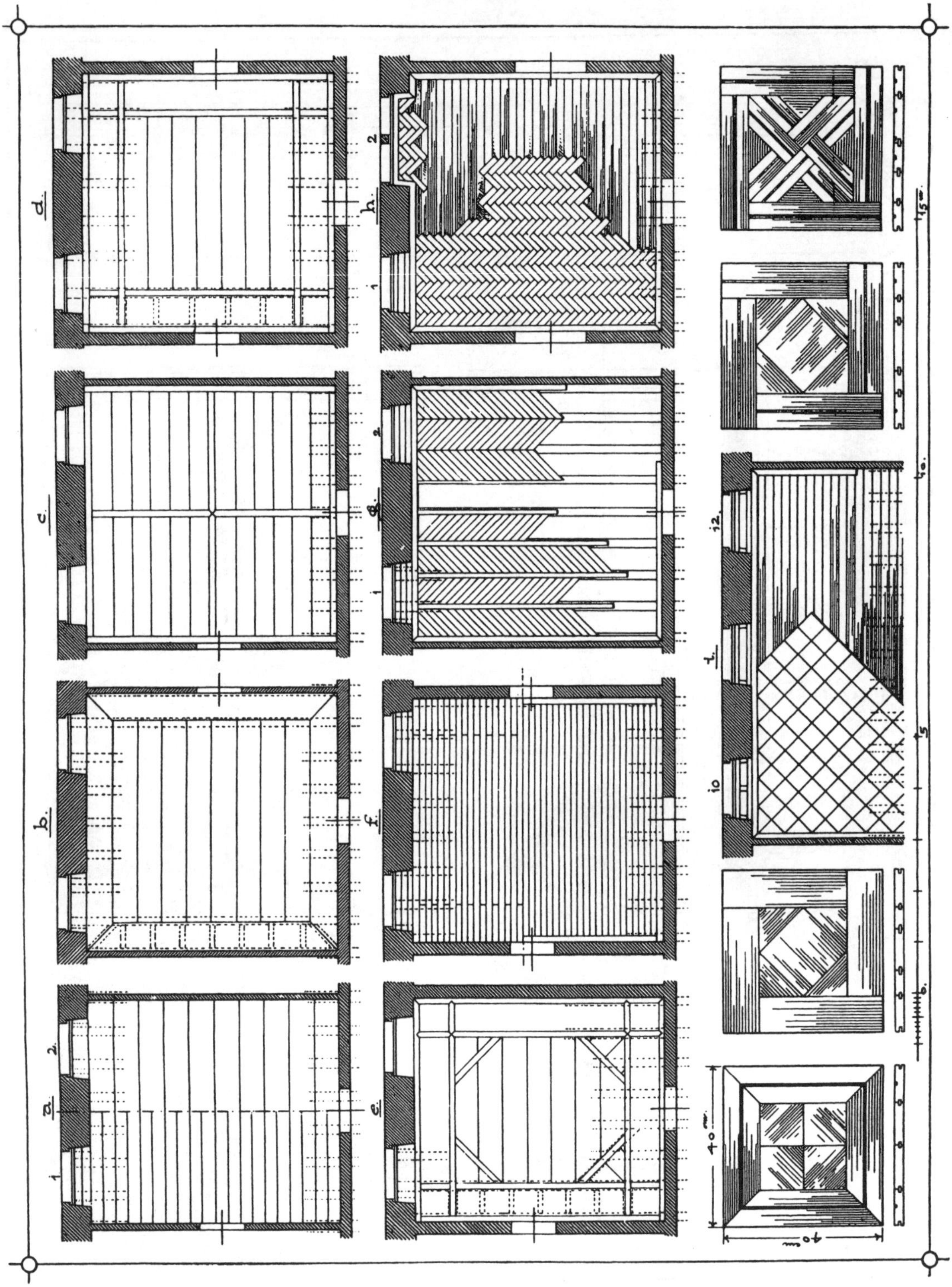

Fufsböden.

Die Mafse sind am Bau zu nehmen!

Neubau des Herrn N. N. in O.

Grundriss für die Schreinerarbeiten des Erdgeschosses.

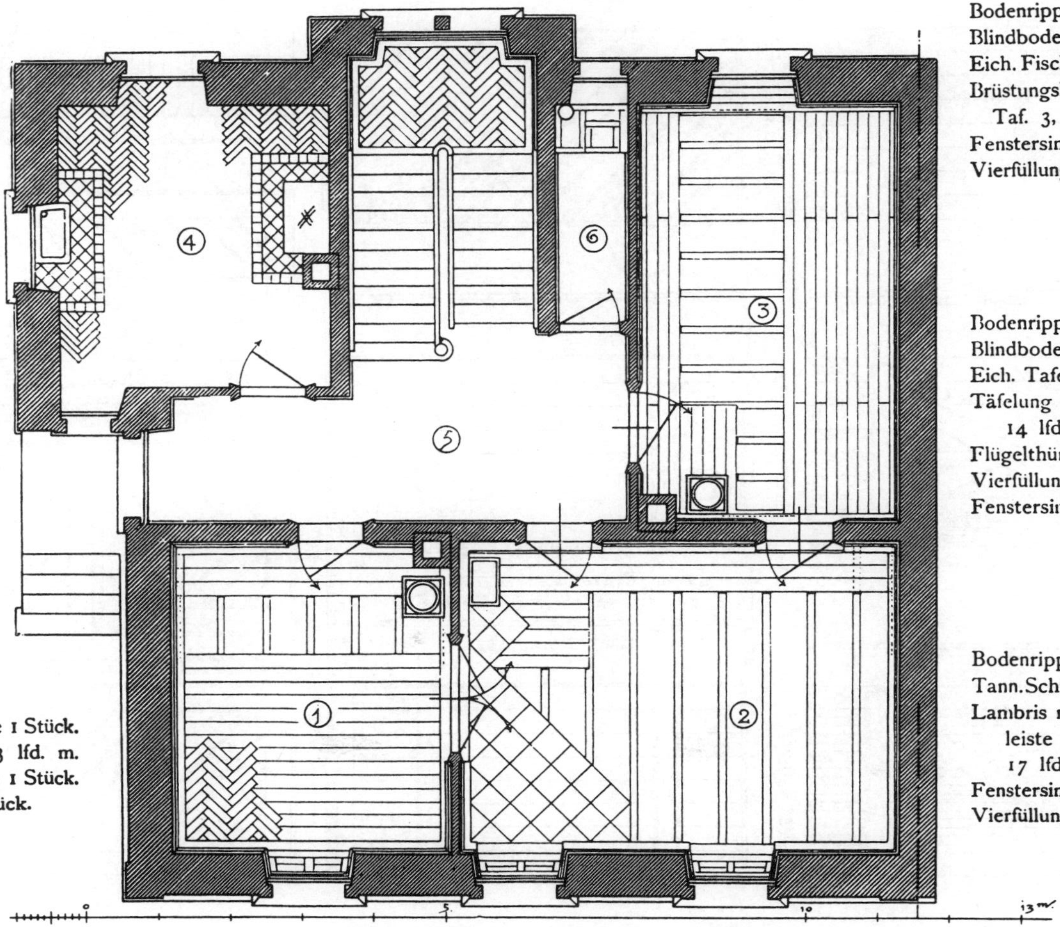

R. 1.

Bodenrippen ca. 31 lfd. m.
Blindboden ca. 17 qm.
Eich. Fischgratboden 17 qm.
Brüstungslambris Fig. „g“, Taf. 3, ca. 13 lfd. m.
Fenstersimsbrett 1 Stück.
Vierfüllungsthüre 1 Stück.

R. 2.

Bodenrippen ca. 50 lfd. m.
Blindboden ca. 27 qm.
Eich. Tafelparketten 27 qm
Täfelung Fig. „c“, Taf. 5, 14 lfd. m.
Flügelthür 1 Stück.
Vierfüllungsthüren 2 Stück.
Fenstersimsbretter 2 Stück.

R. 3.

Bodenrippen ca. 43 lfd. m.
Tann. Schiffboden ca. 22 qm.
Lambris mit Fufs- u. Deckleiste Fig. „d“, Taf. 3, 17 lfd. m.
Fenstersimsbrett 1 Stück.
Vierfüllungsthür 1 Stück.

R. 4.

Eich. Kapuzinerboden i. Asphalt zus. ca. 13 qm.
Fenstersimsbretter zusam. 3 Stück.
1 Vierfüllungsthür.
Fufssockel, 15 lfd. m.

R. 5.

Fufssockel in Vorplatz, Treppen, Podest etc. zus. ca. 20 lfd. m.
Fenstersimsbrett f. Doppelf. 1 St.
1 Hauseingangsthür.

R. 6.

Vierfüllungsthüre 1 Stück.
Fufssockel ca. 3 lfd. m.
Fenstersimsbrett 1 Stück.
Abtrittsitz 1 Stück.

Grundrifs mit eingezeichneten Fufsböden etc.

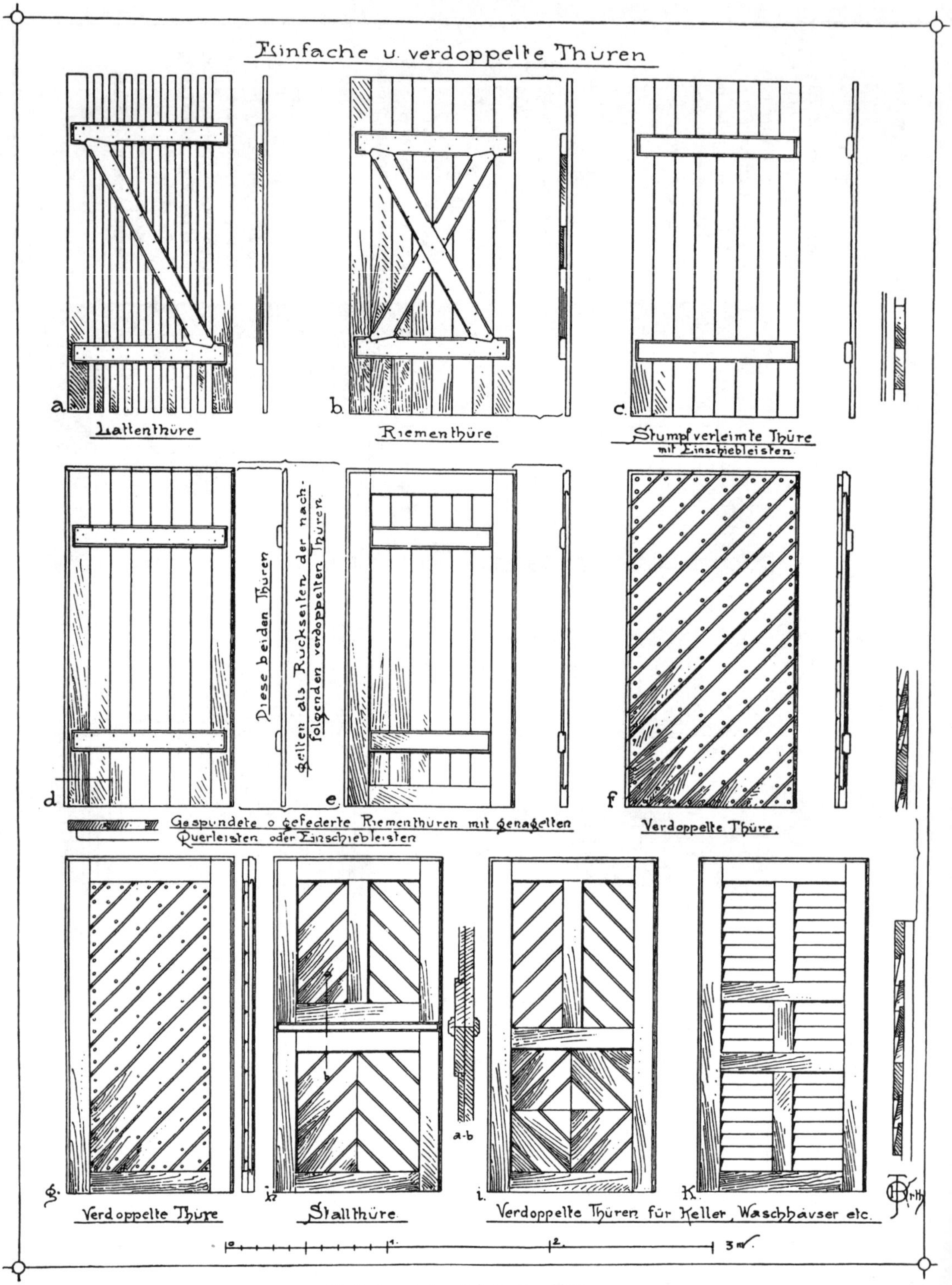

Einfache und verdoppelte Thüren.

Tafel 81.

Gestemmte Zimmerthüren.

Tafel 82.

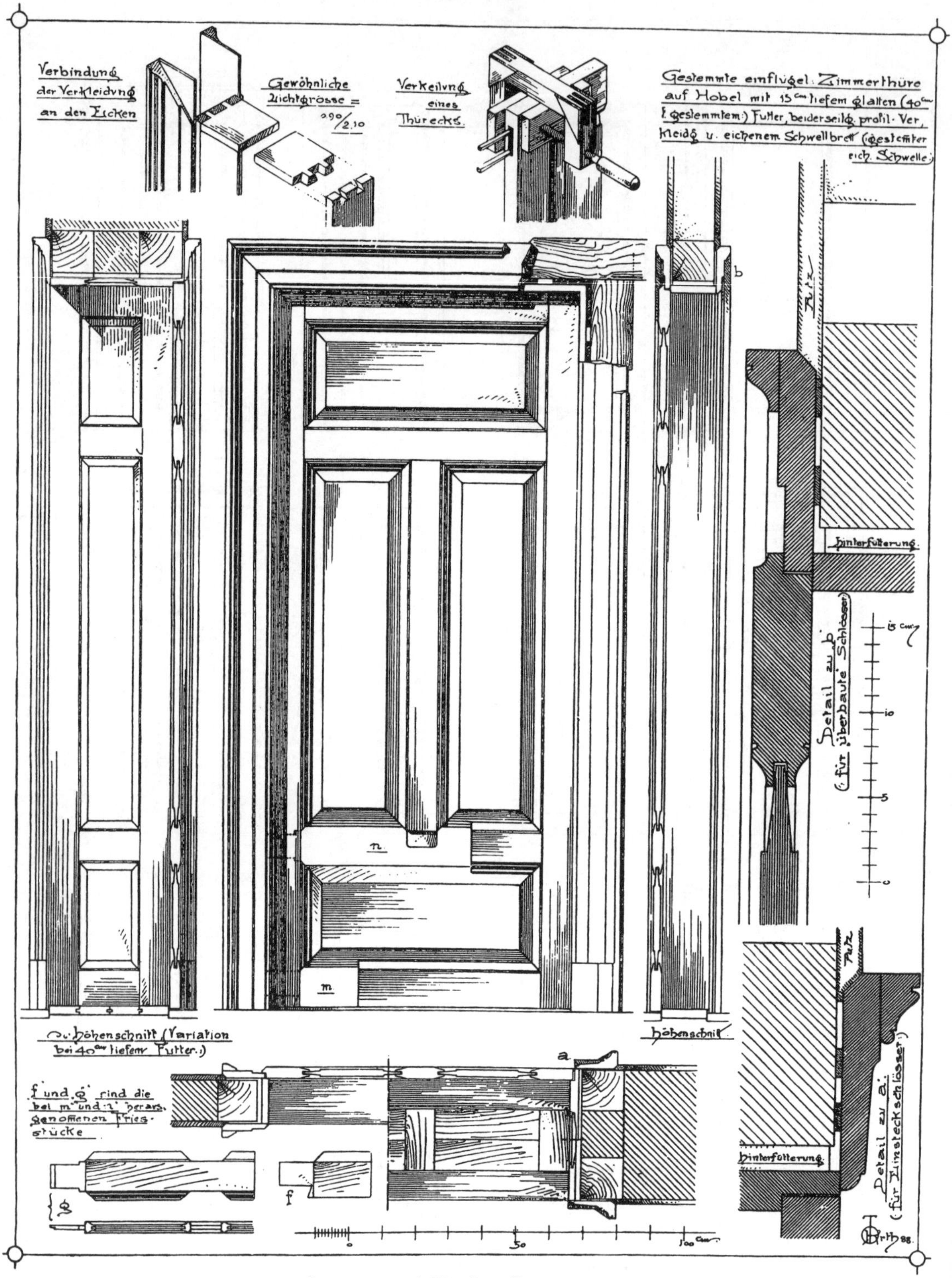

Gestemmte einflügelige Zimmerthüre.

Tafel 83.

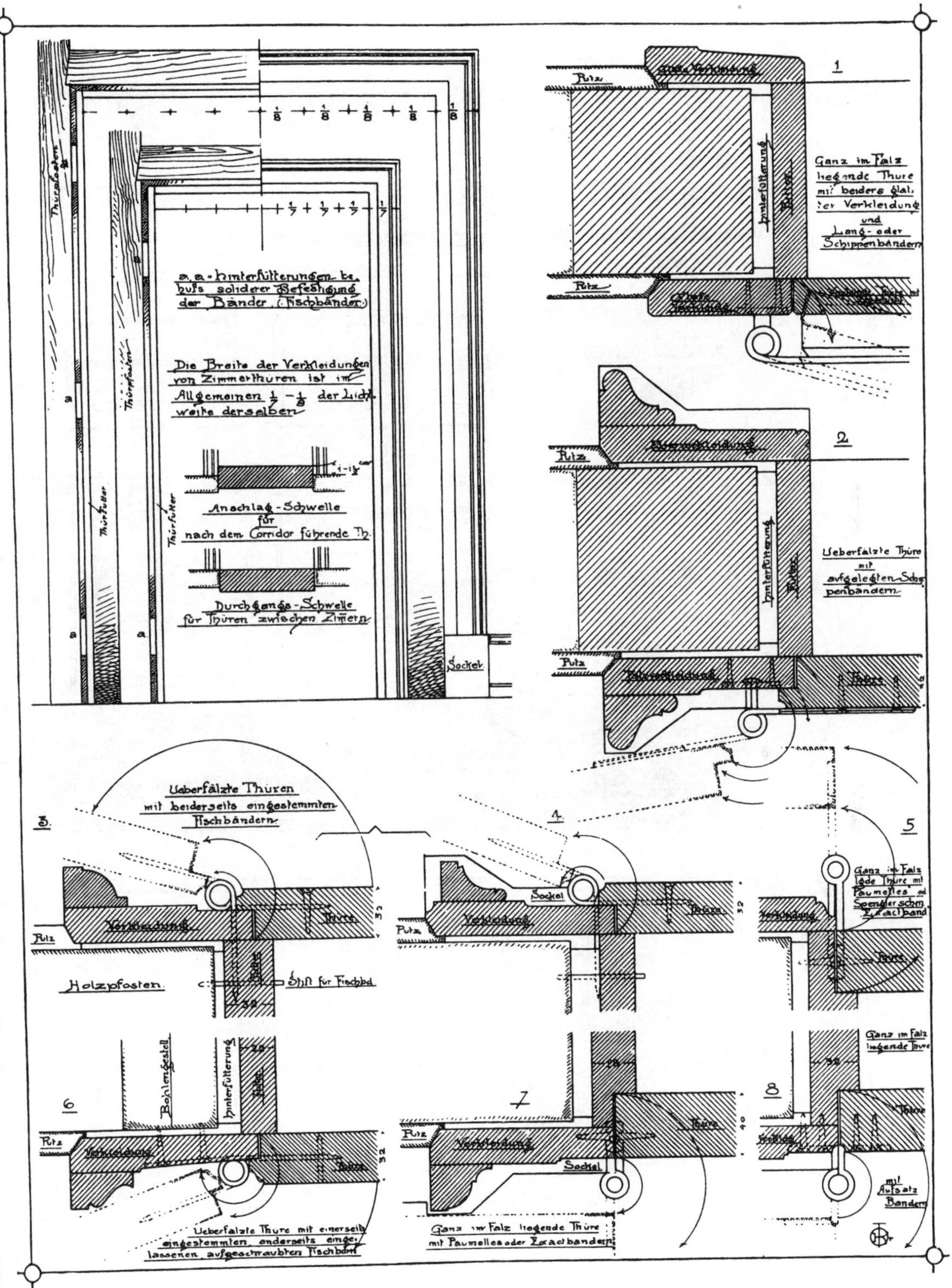

Thürverkleidungen.

Tafel 84.

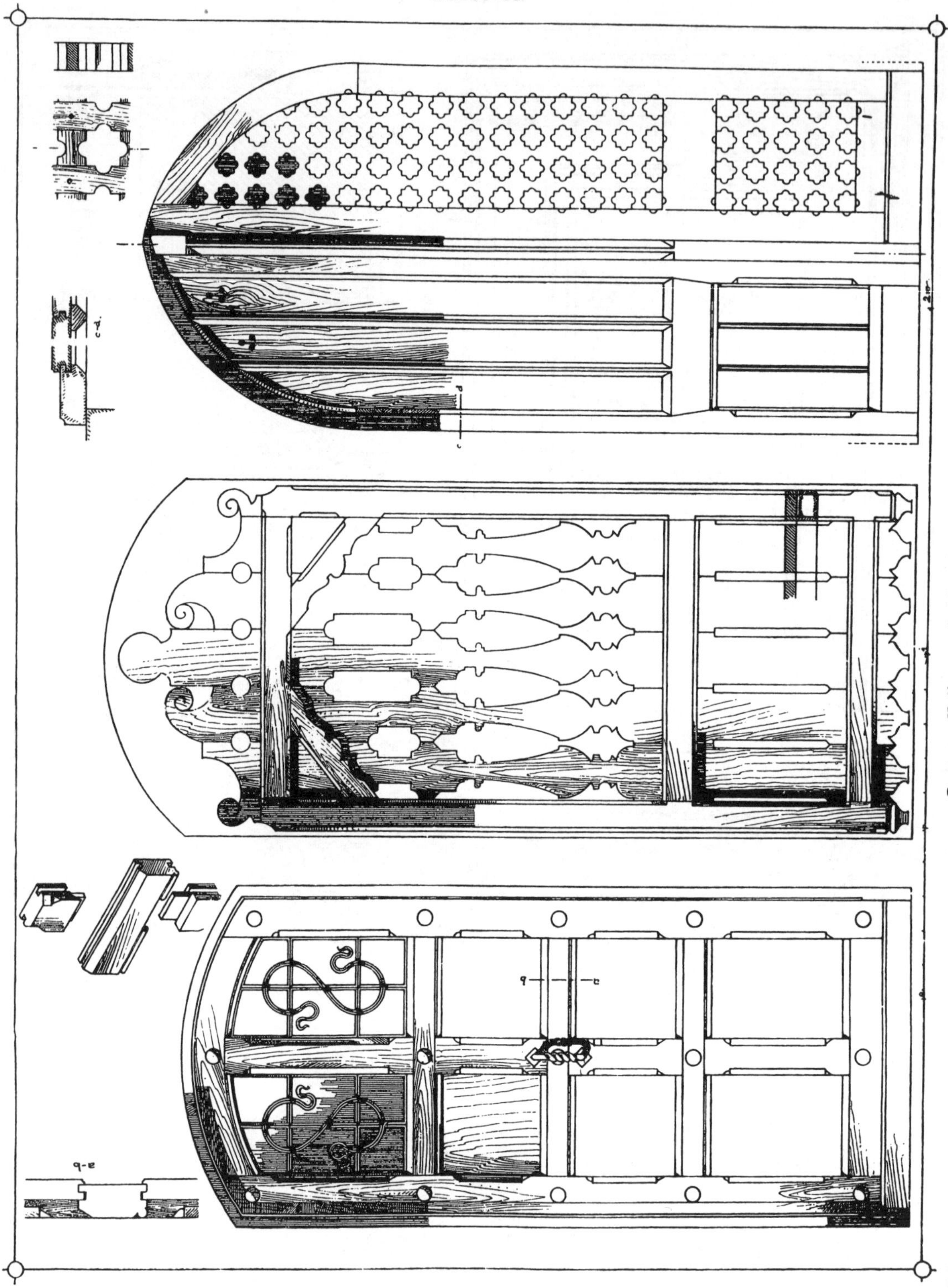

Garten-, Keller- und Aborthüren.

Magazin- und Scheunenthore.

Tafel 86.

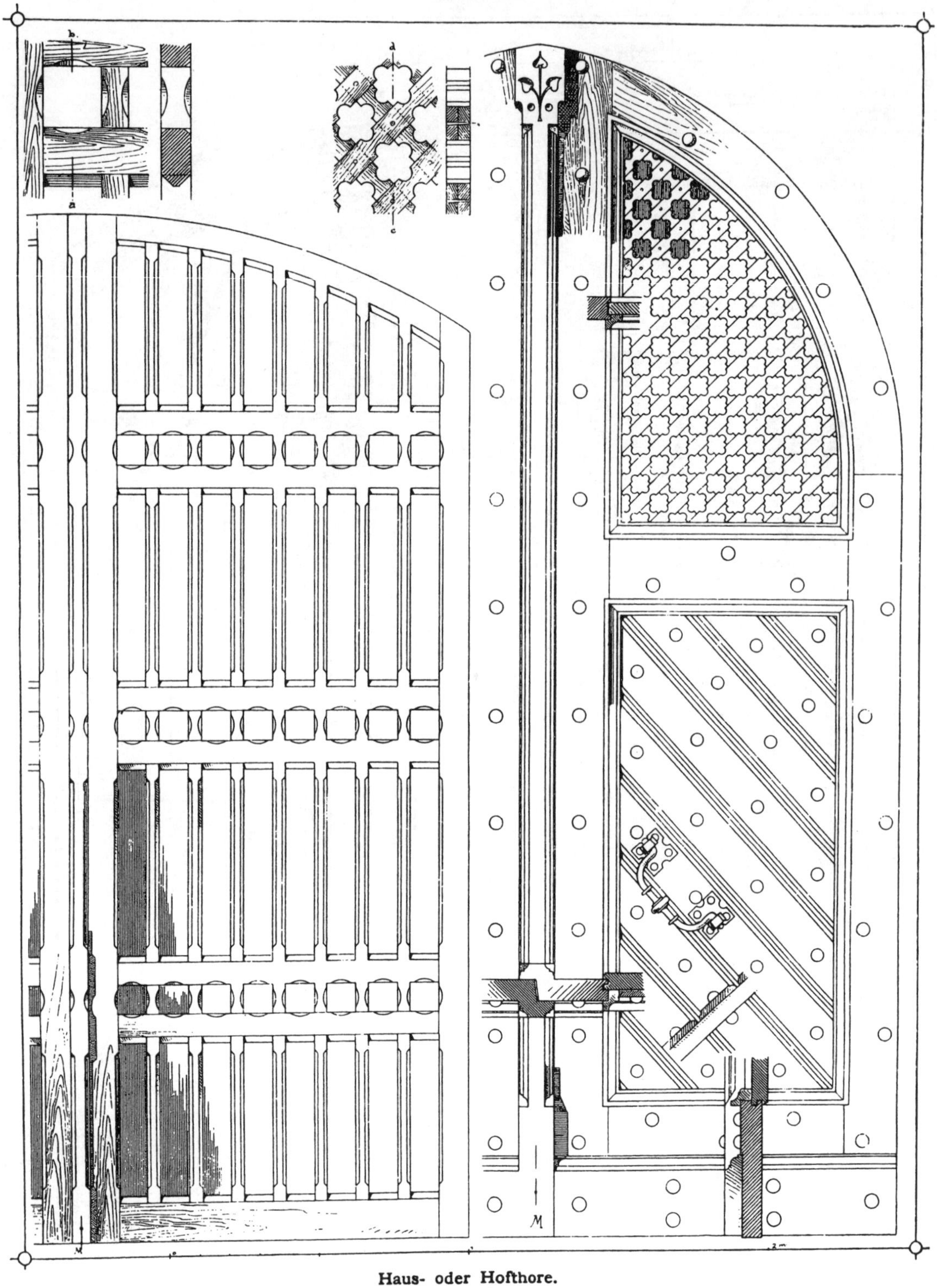

Haus- oder Hofthore.

Tafel 87.

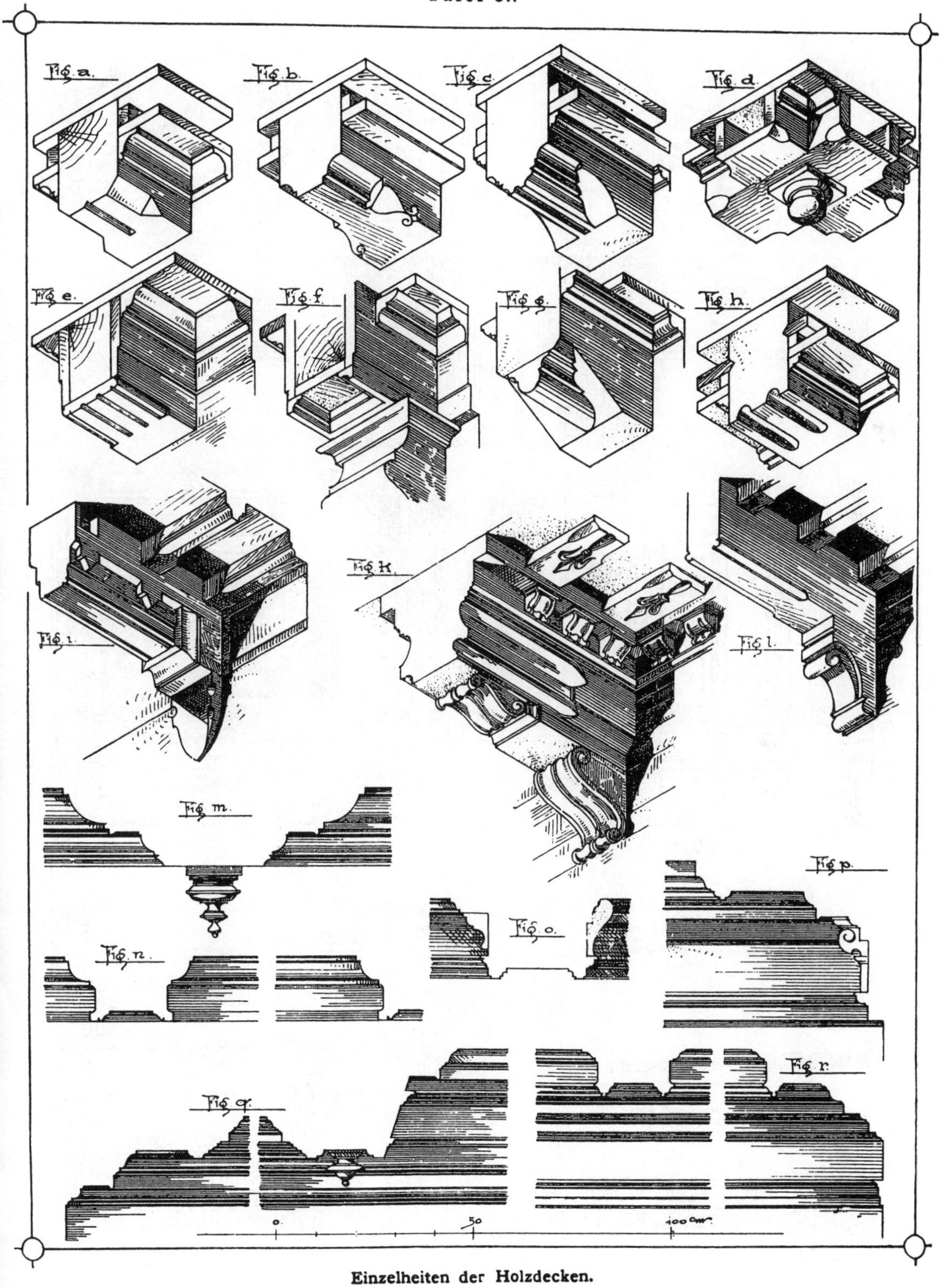

Einzelheiten der Holzdecken.

Tafel 88.

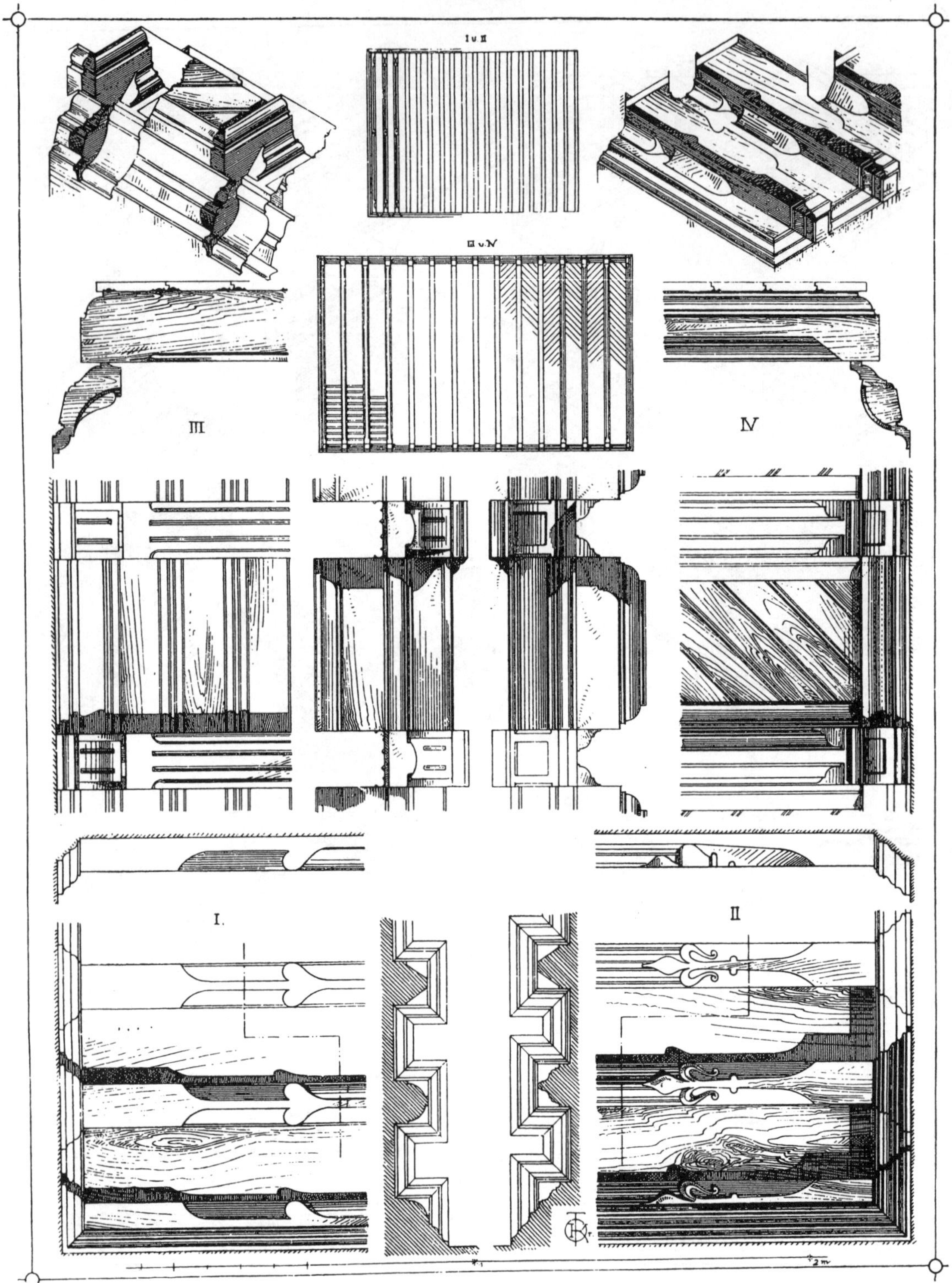

Einzelheiten der Holzdecken.

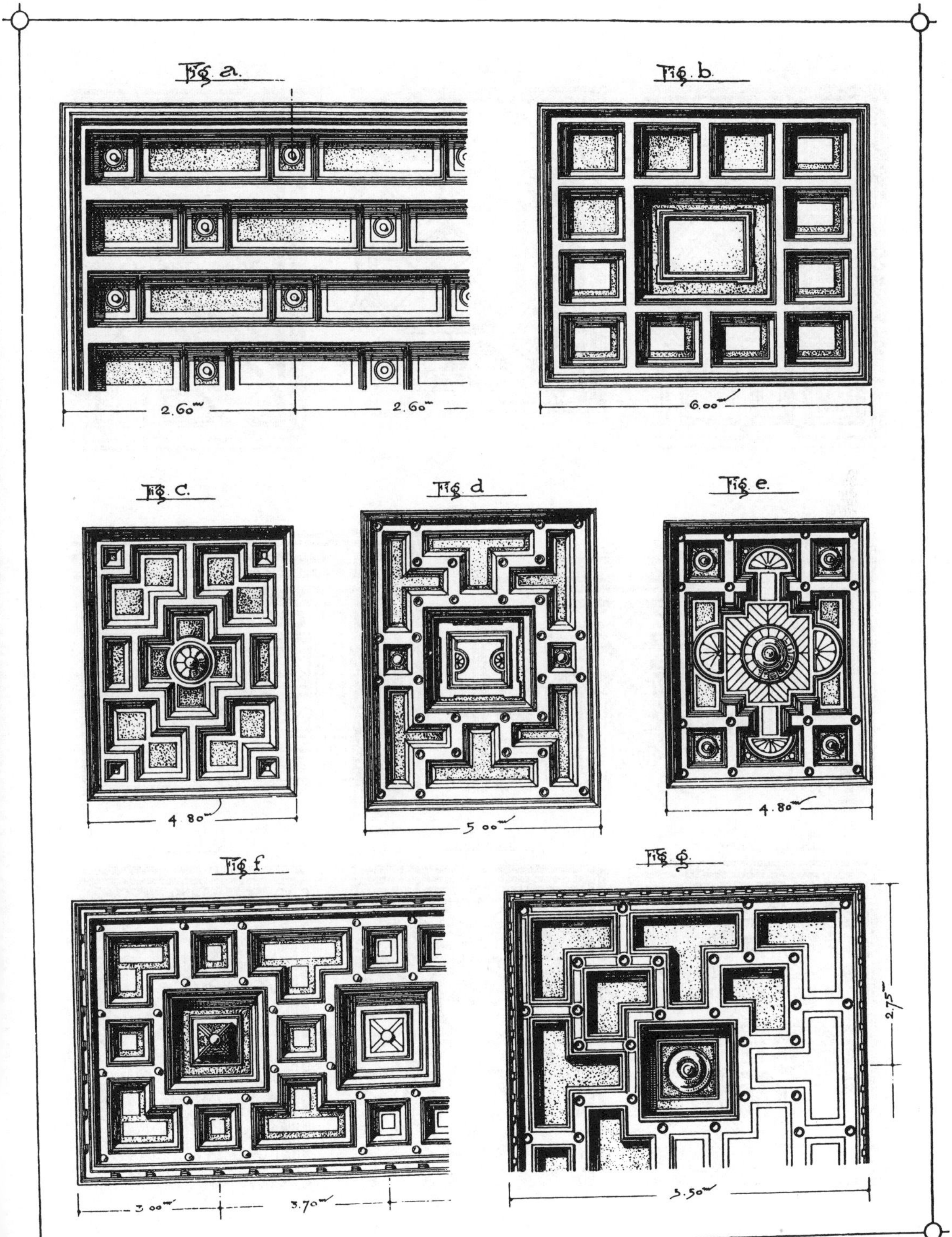
Fig. a.
2.60m
2.60m
Fig. b.
6.00m
Fig. c.
4.80m
Fig. d
5.00m
Fig. e.
4.80m
Fig. f.
3.00m
3.70m
Fig. g.
2.75m
3.50m

Holzdecken.

Tafel 90.

Fig. a.

Fig. b.

Fig. c.

Fig. d.

Fig. e.

Fig. f.

Fig. g.

Fig. h.

Fig. i.

Holzdecken.

Tafel 91.

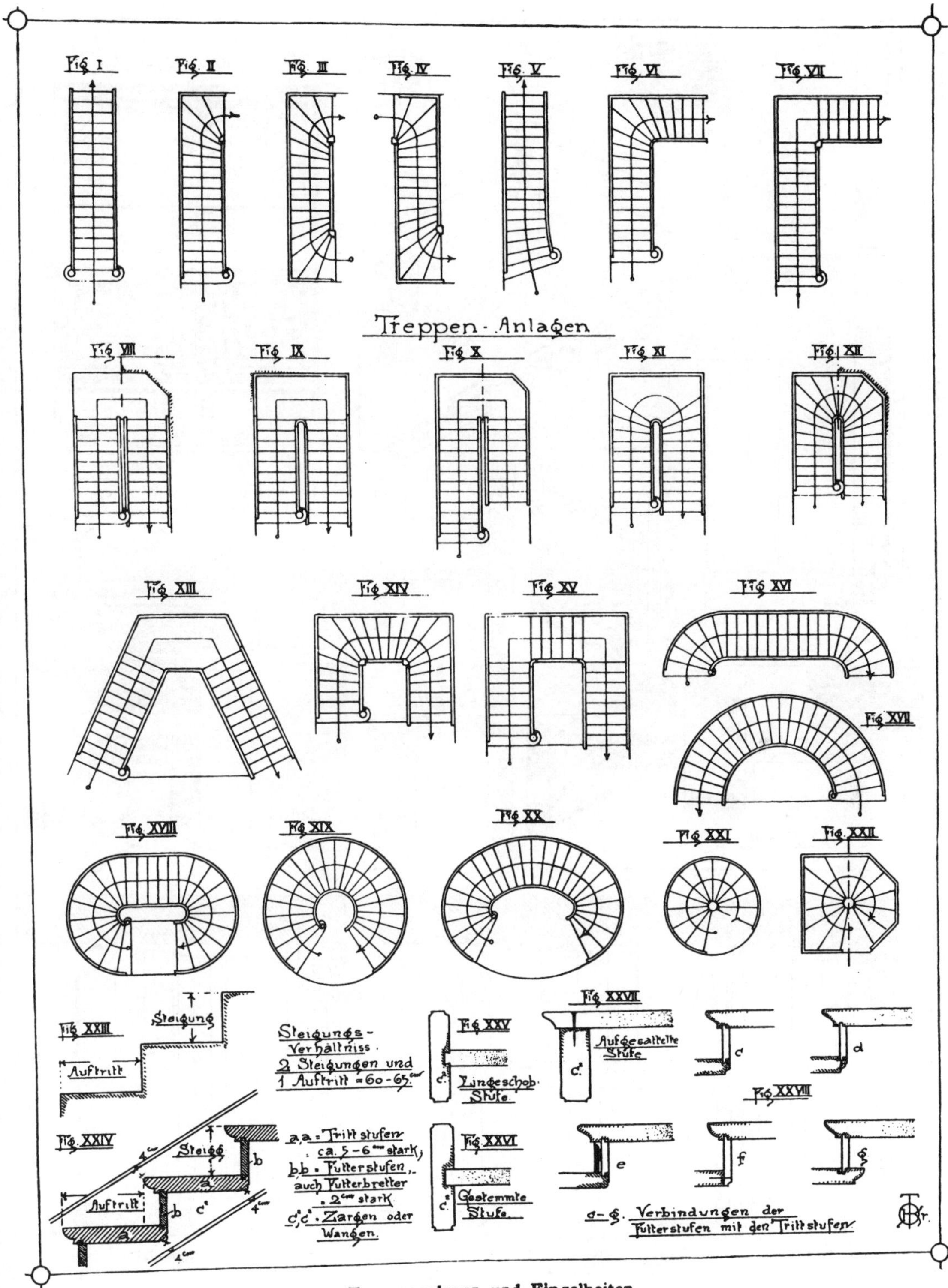

Treppenanlagen und Einzelheiten.

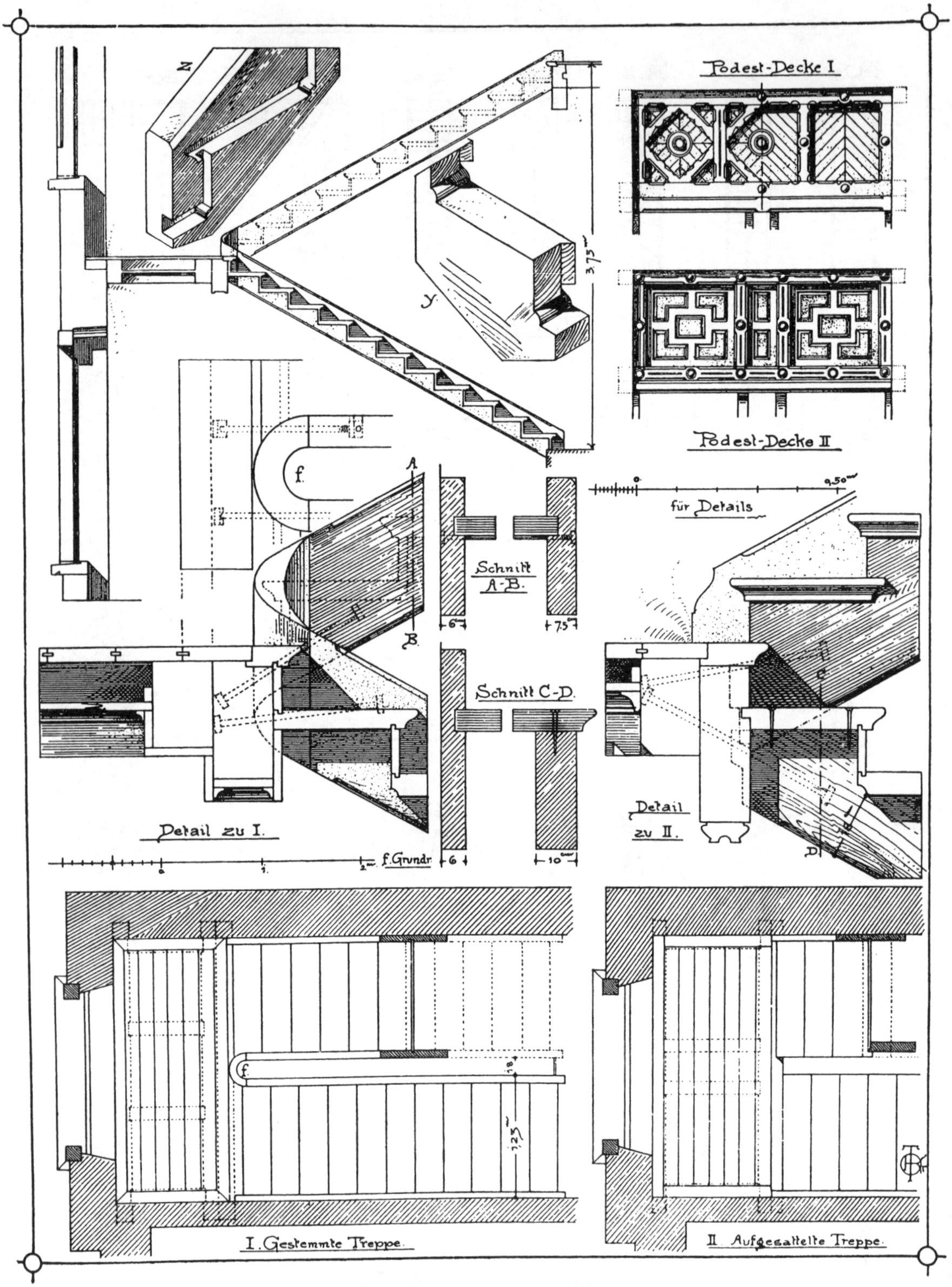

Einzelheiten der Treppenanlage.

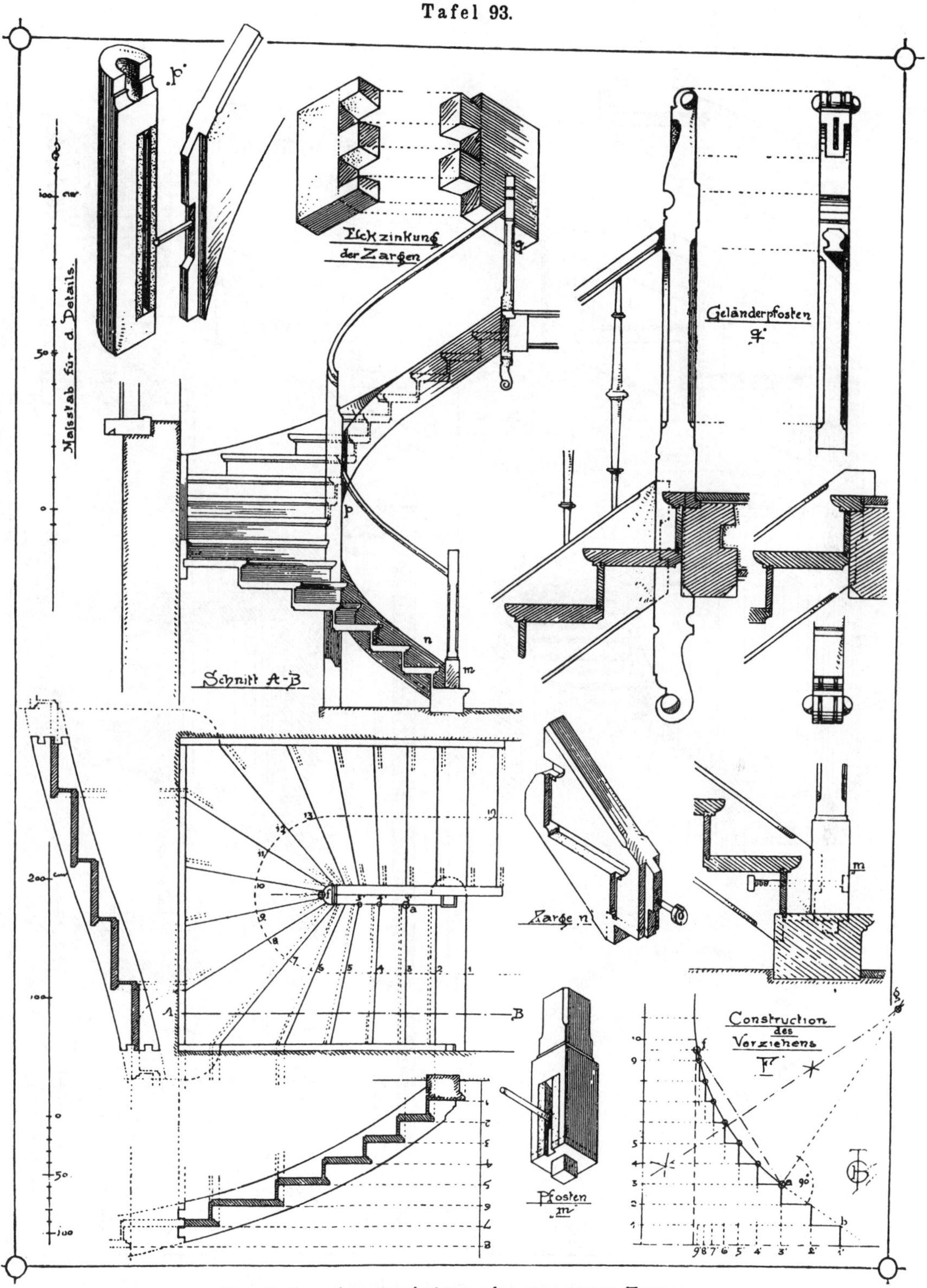

Einzelheiten einer gemischten oder verzogenen Treppe.

Tafel 94.

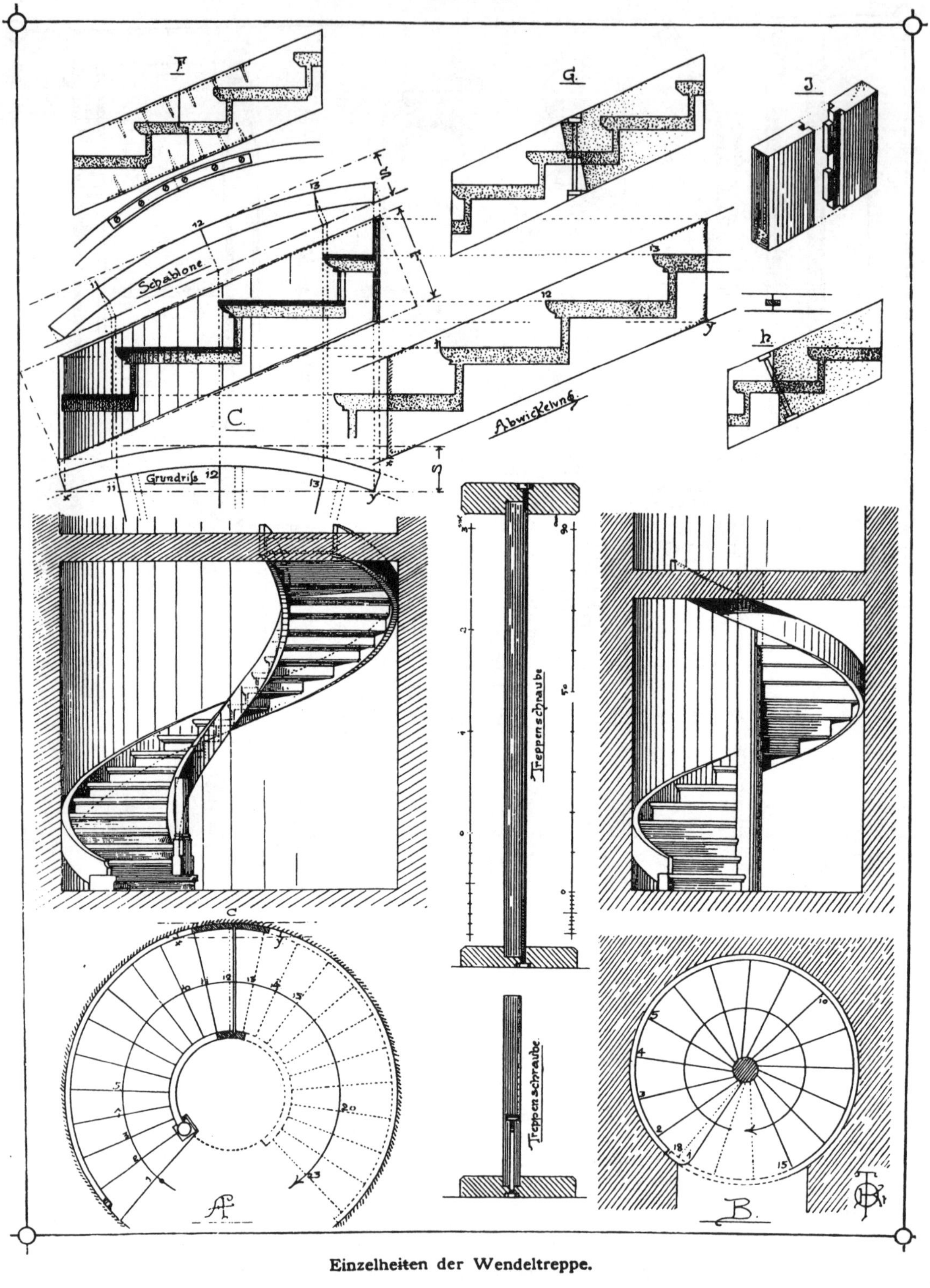

Einzelheiten der Wendeltreppe.

Tafel 95.

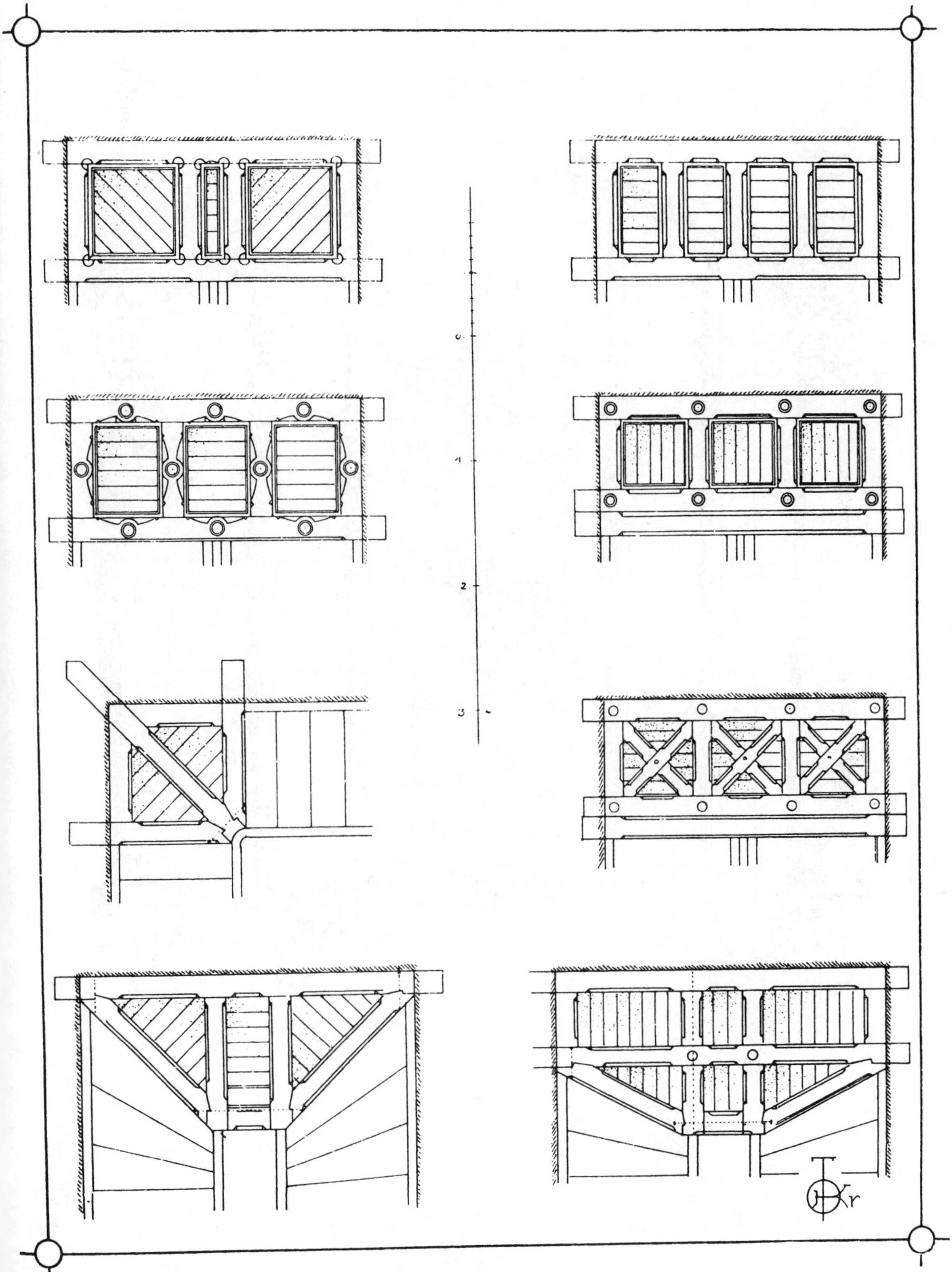

Treppenpodestdecken.

Tafel 96.

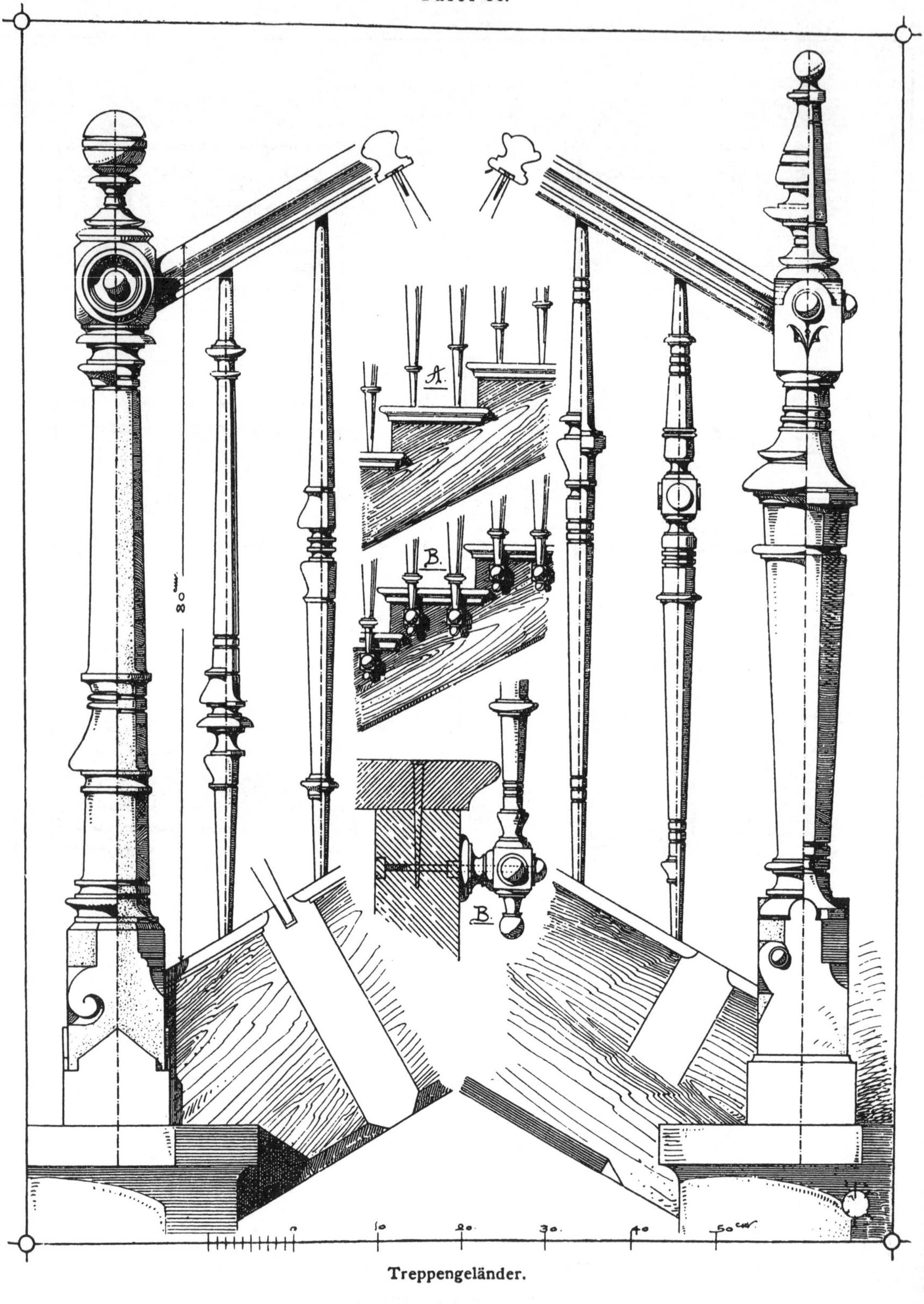

Treppengeländer.

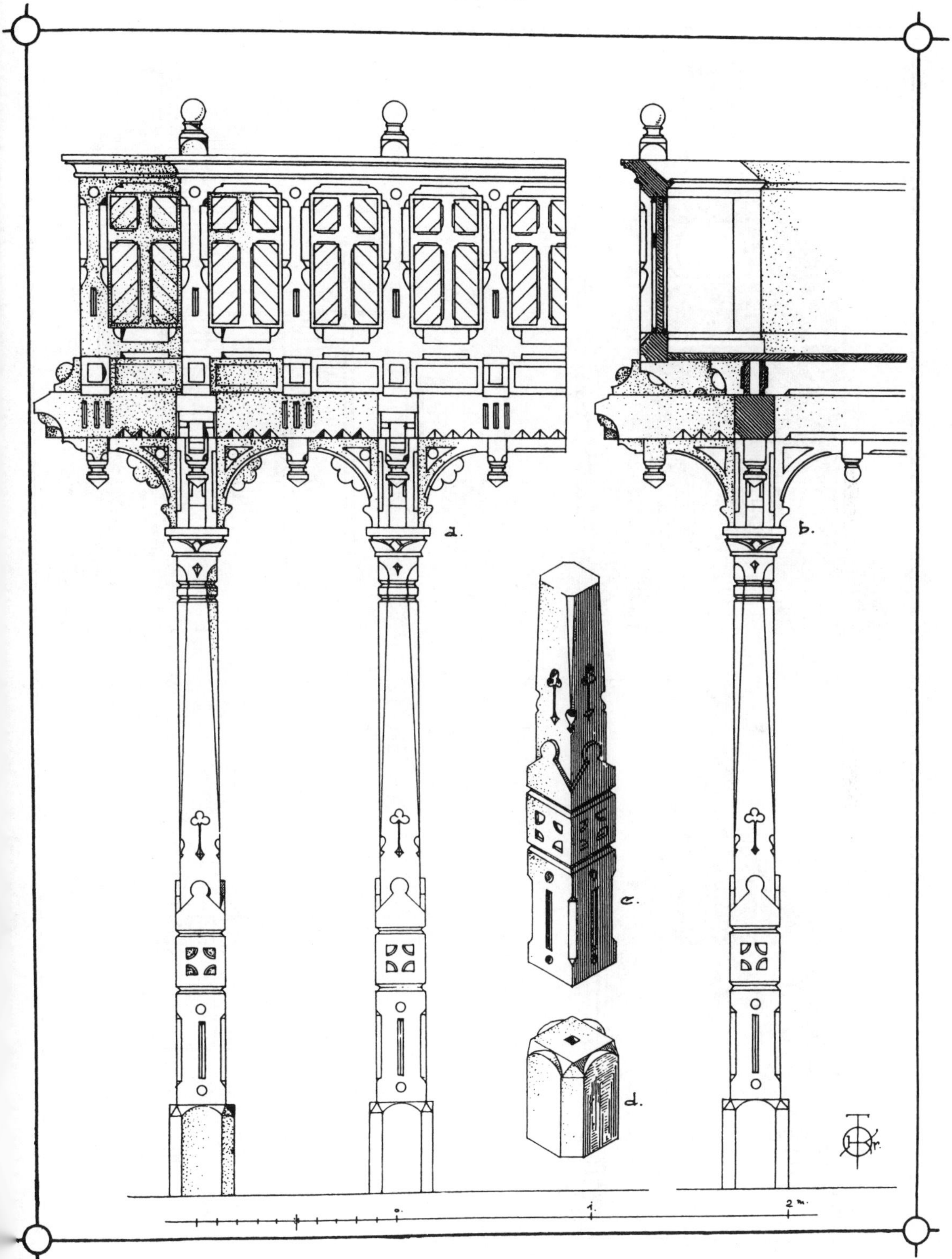

Empore.

Tafel 98.

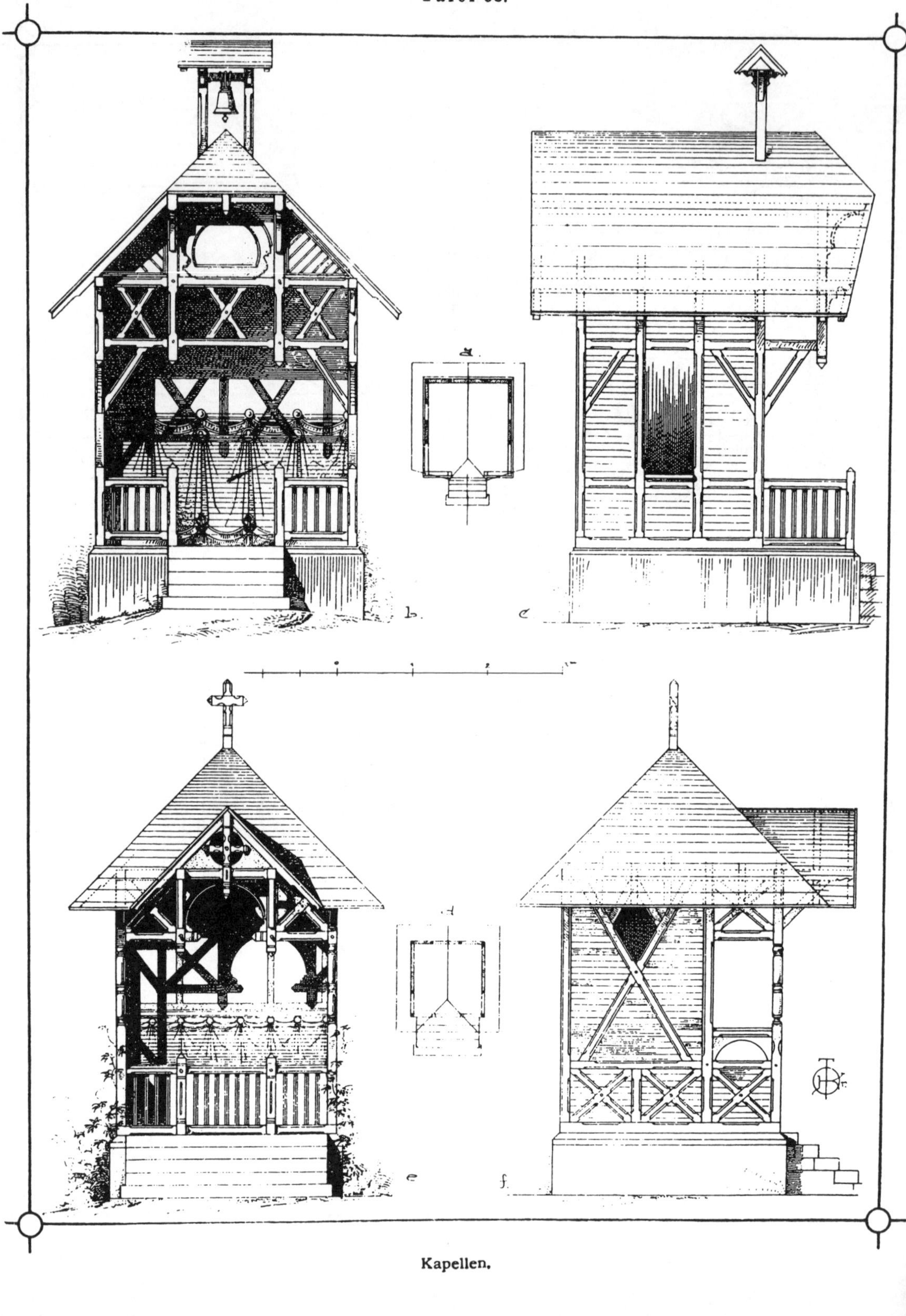

Kapellen.

Tafel 99.

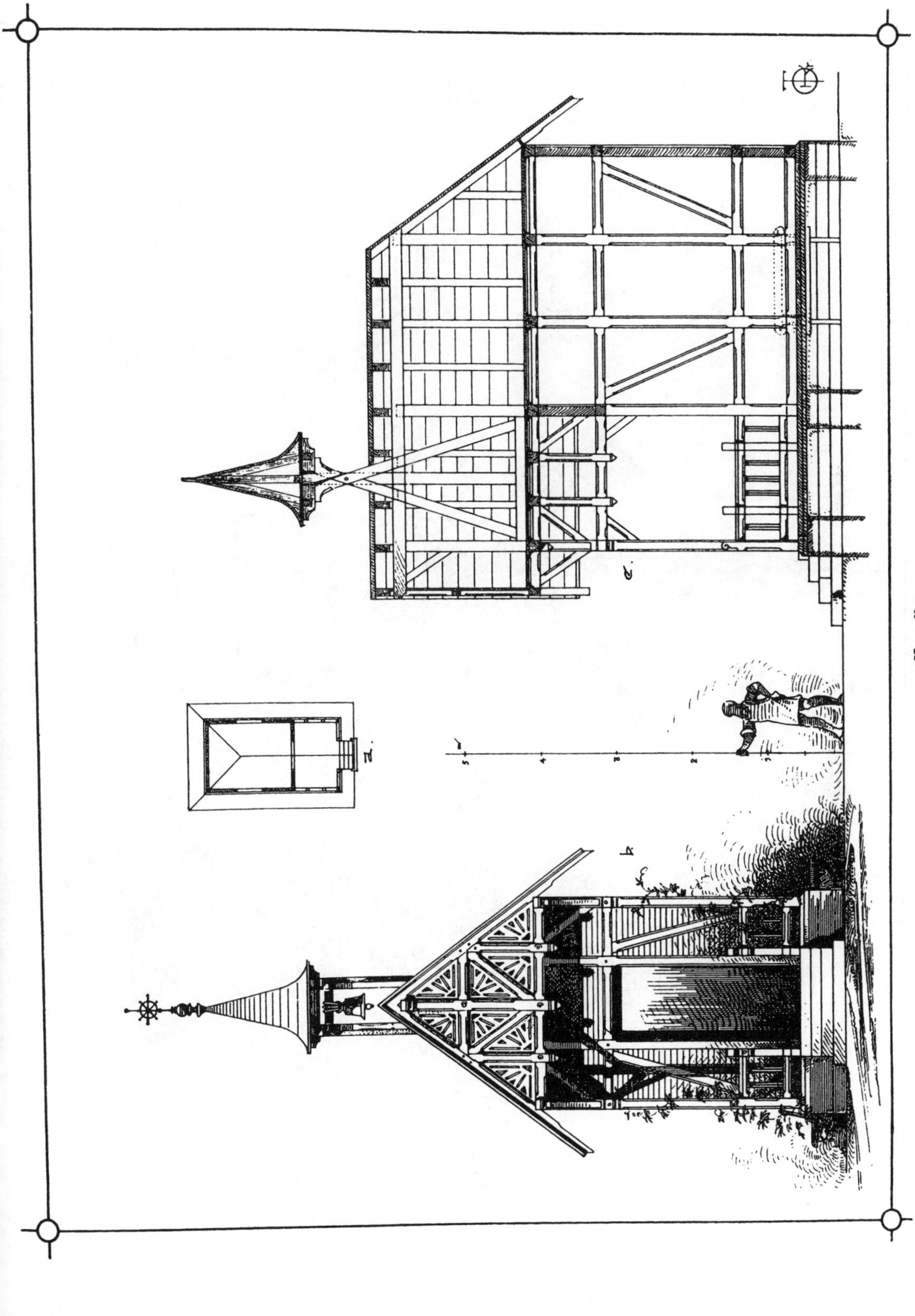

Kapelle.

Tafel 100.

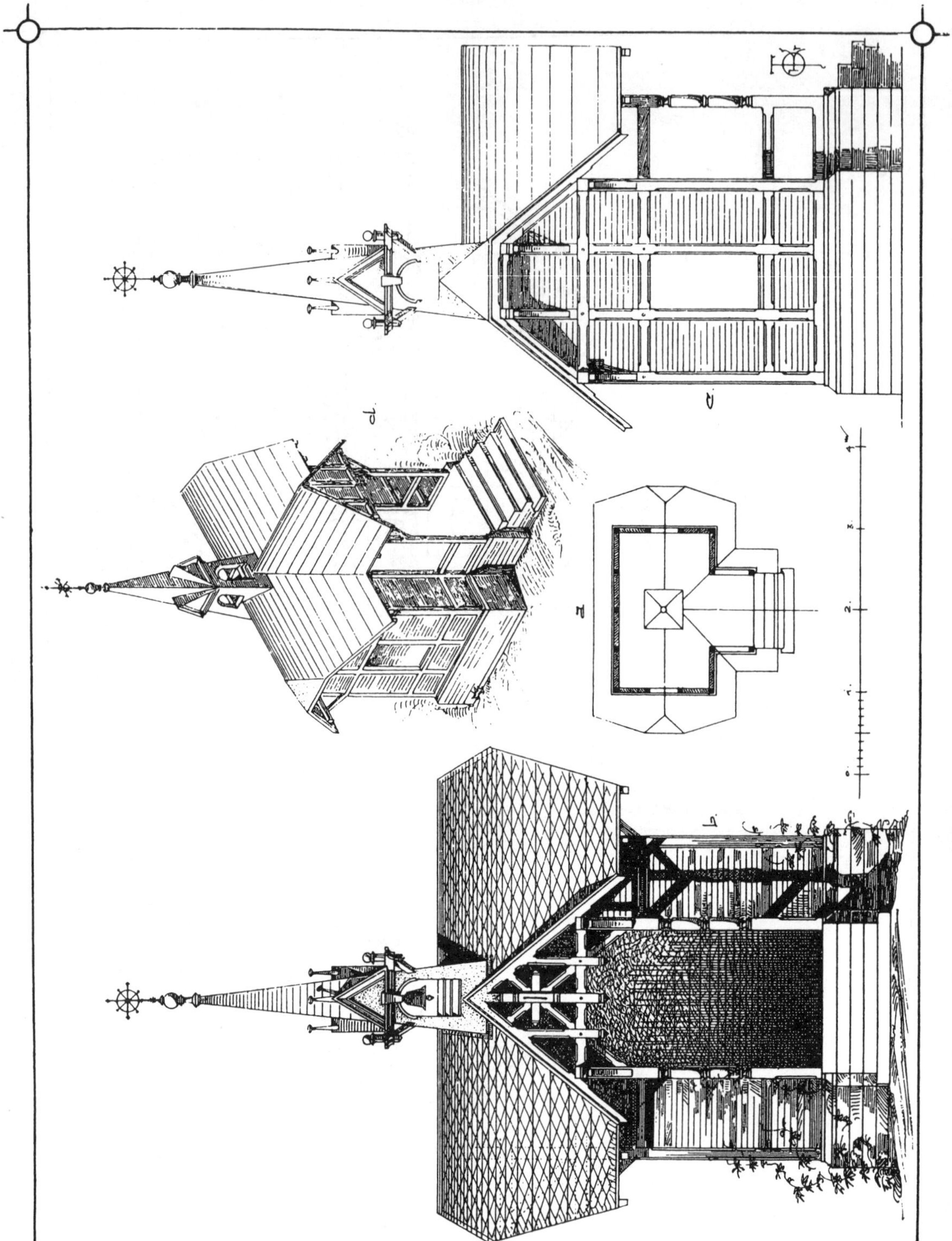

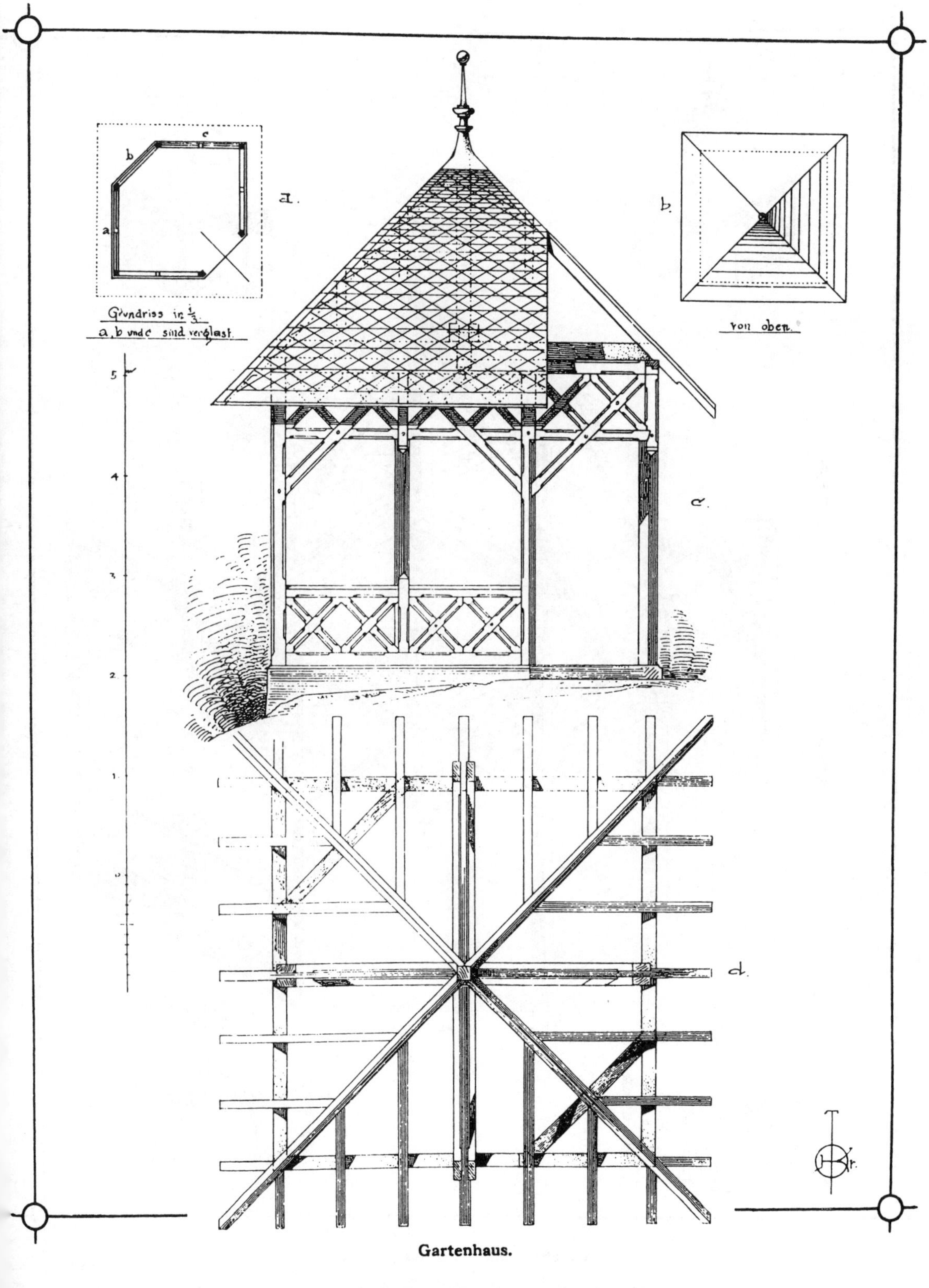
Grundriss in 1/3
a, b und c sind verglast.
a
b
c
a.
b.
c.
d.
von oben.
5
4
3
2
1
Kr.

Gartenhaus.

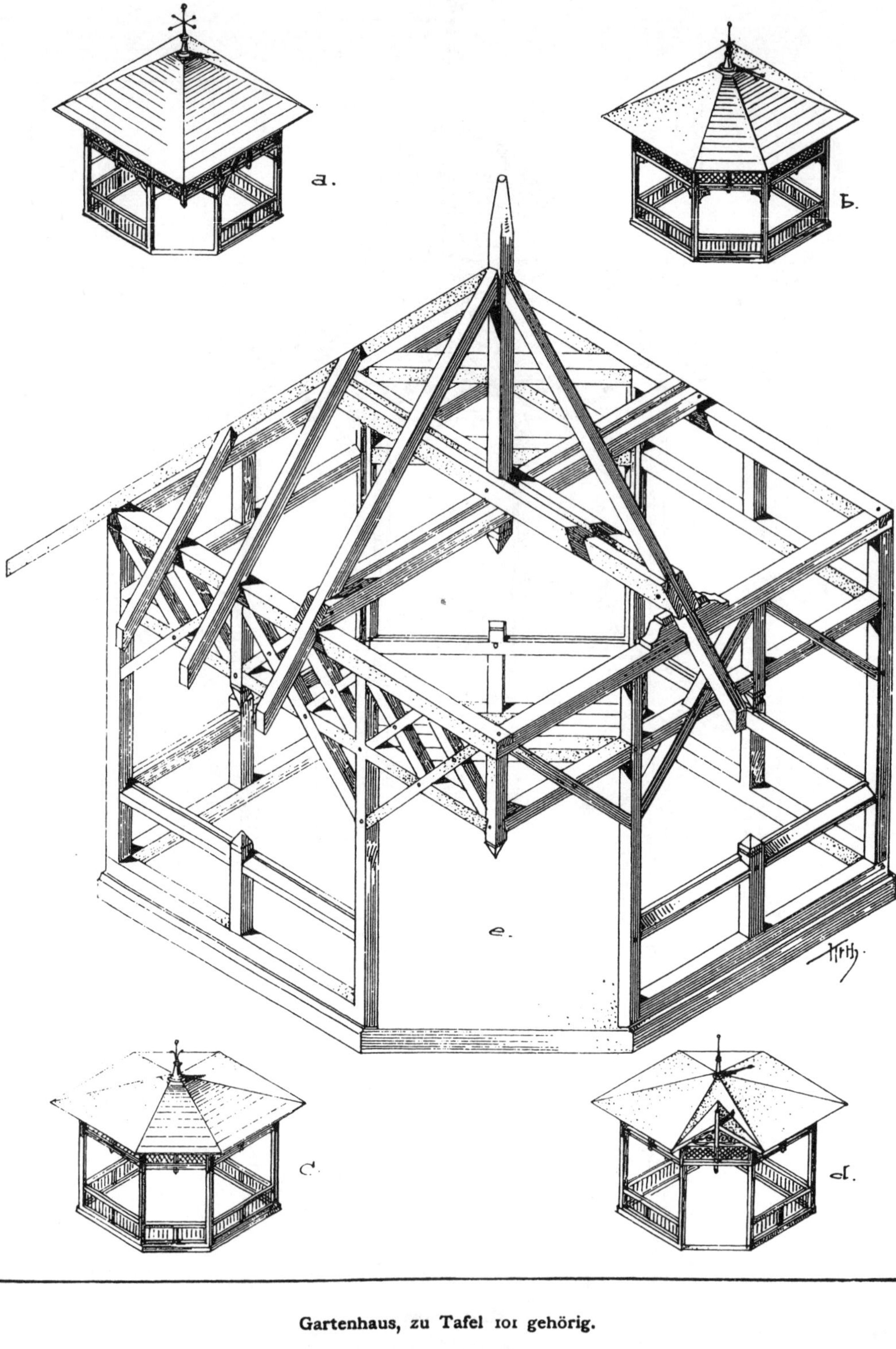

Gartenhaus, zu Tafel 101 gehörig.

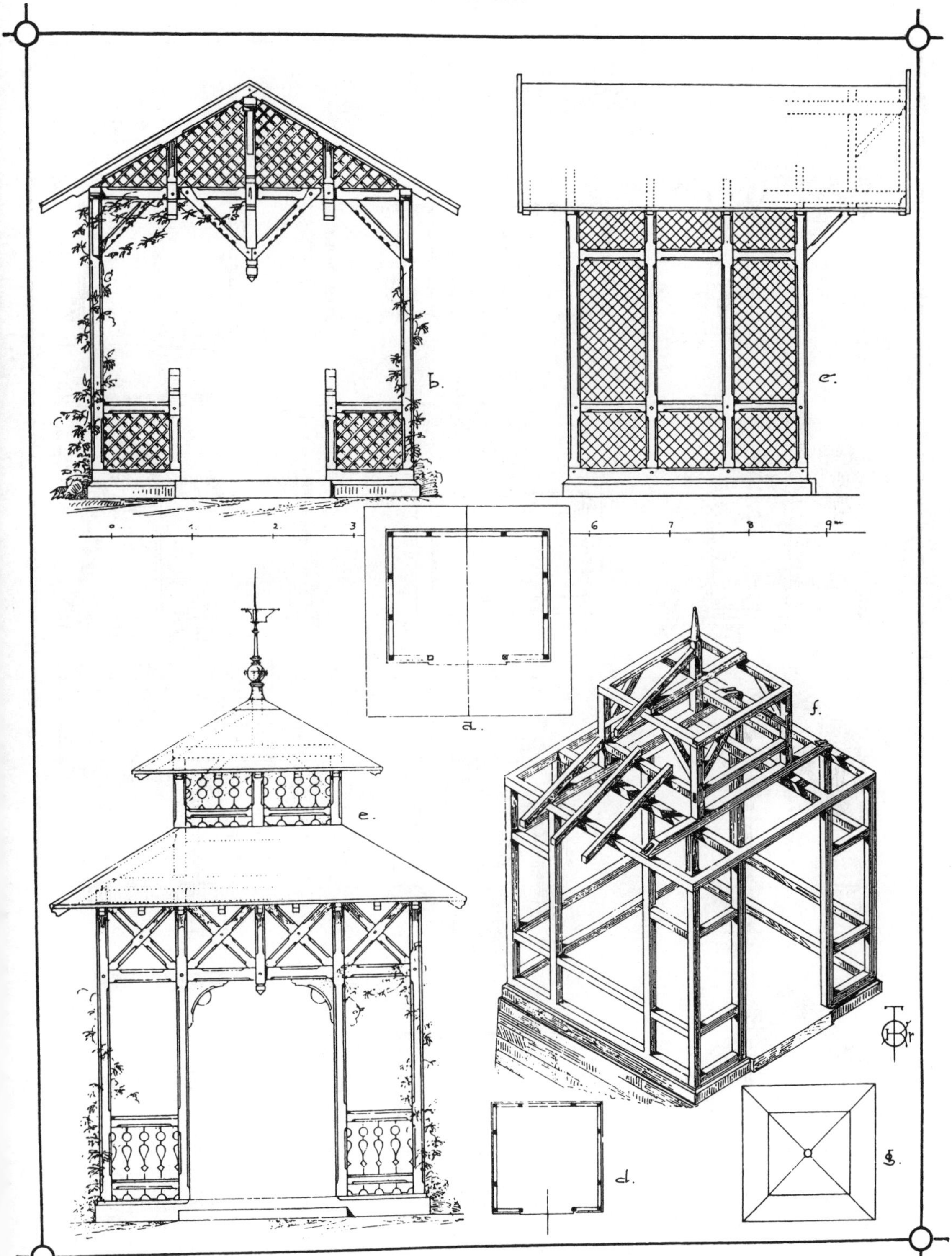

Gartenhäuser.

Gartenhäuser.

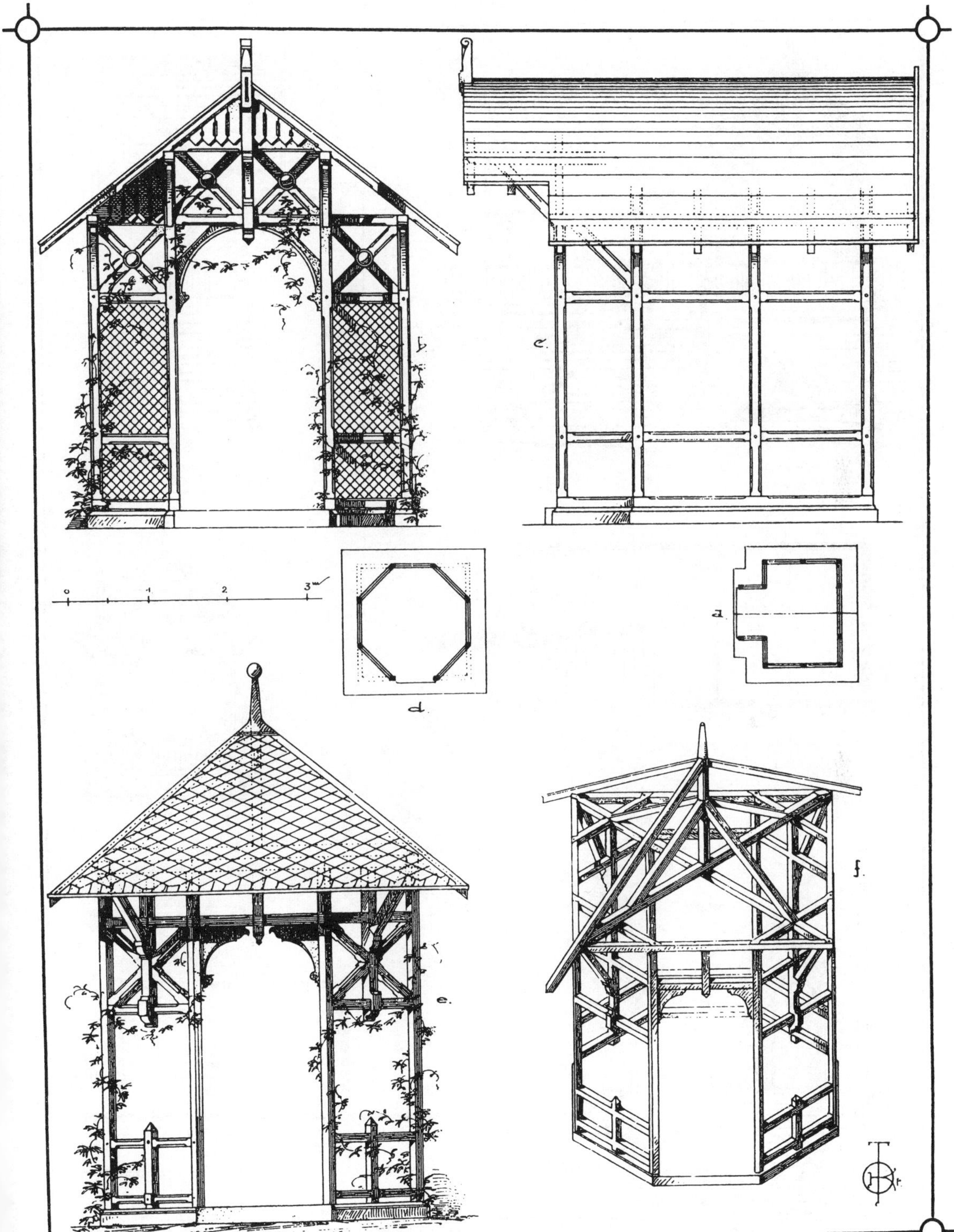

Gartenhäuser.

Tafel 106.

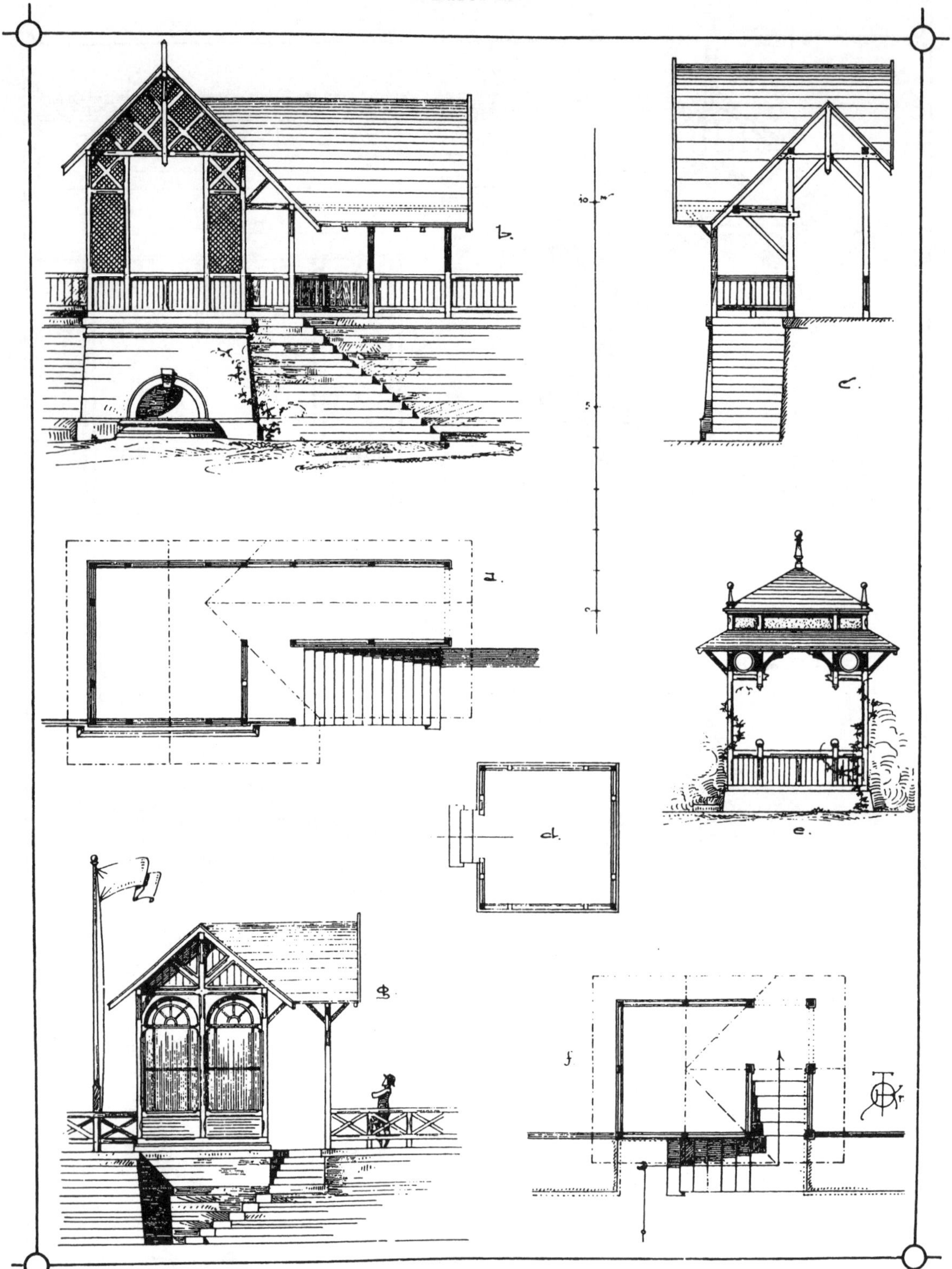

Gartenhäuser.

Tafel 107.

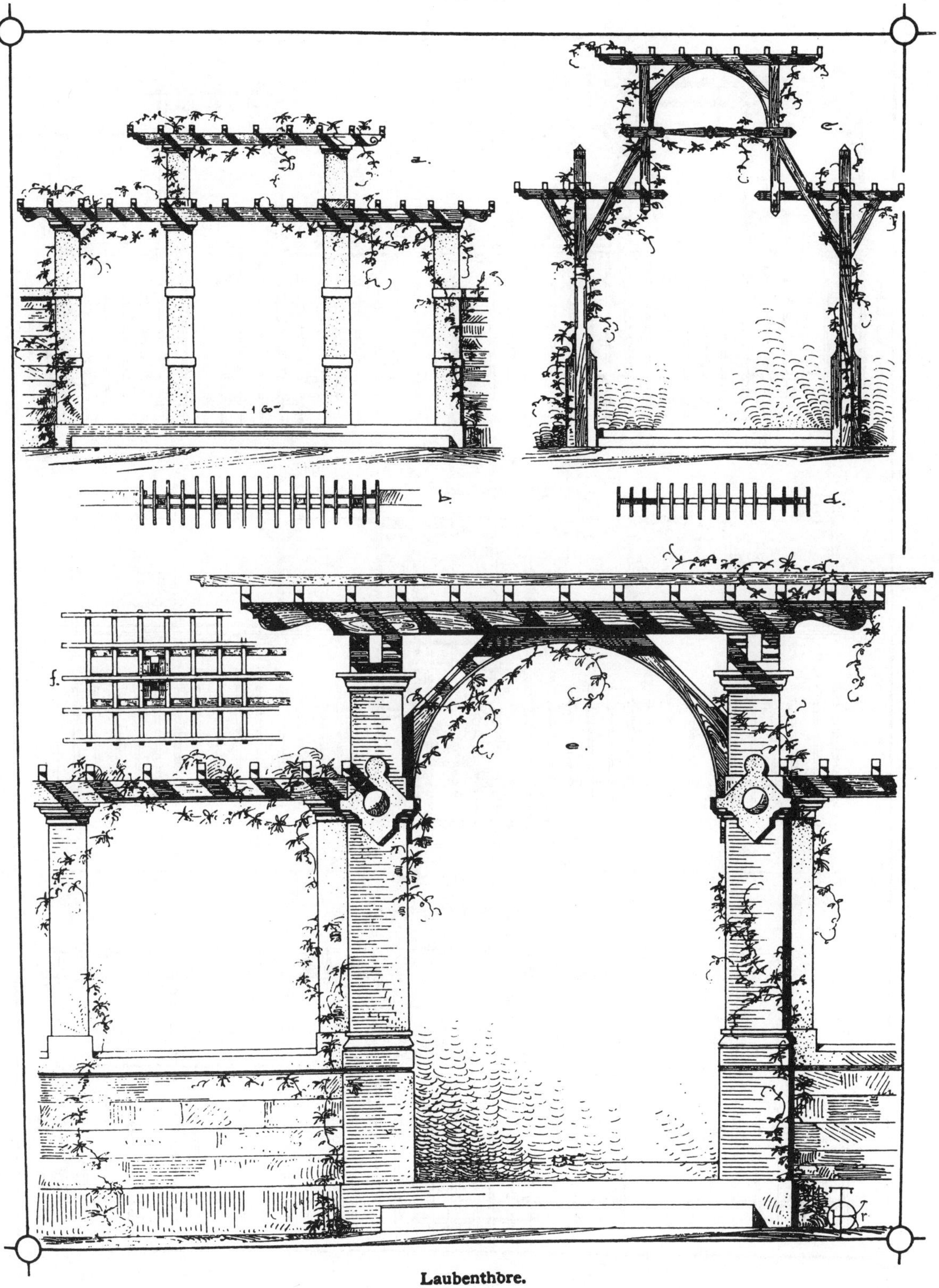

Laubenthöre.

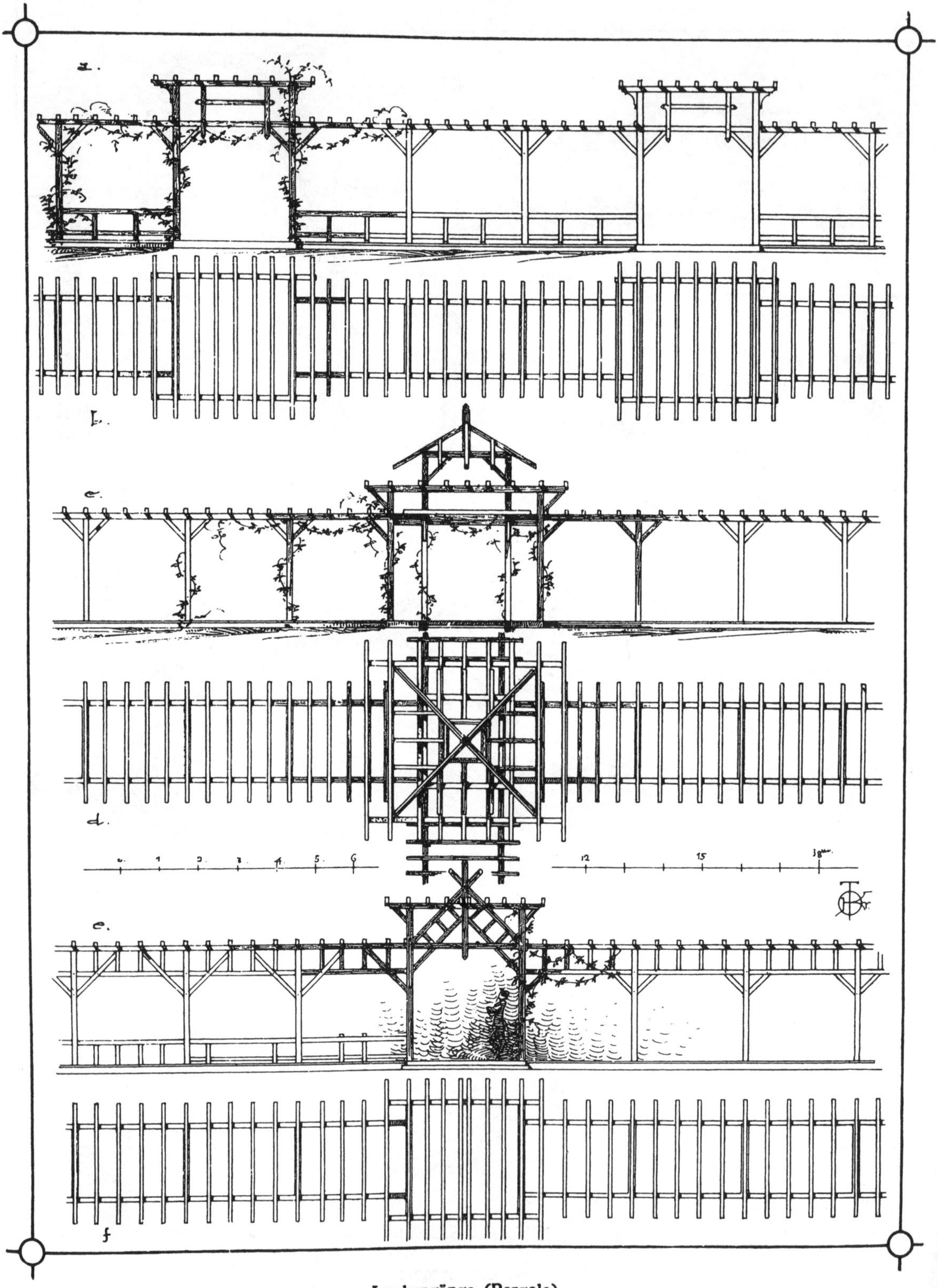

Laubengänge (Pergole).

Tafel 109.

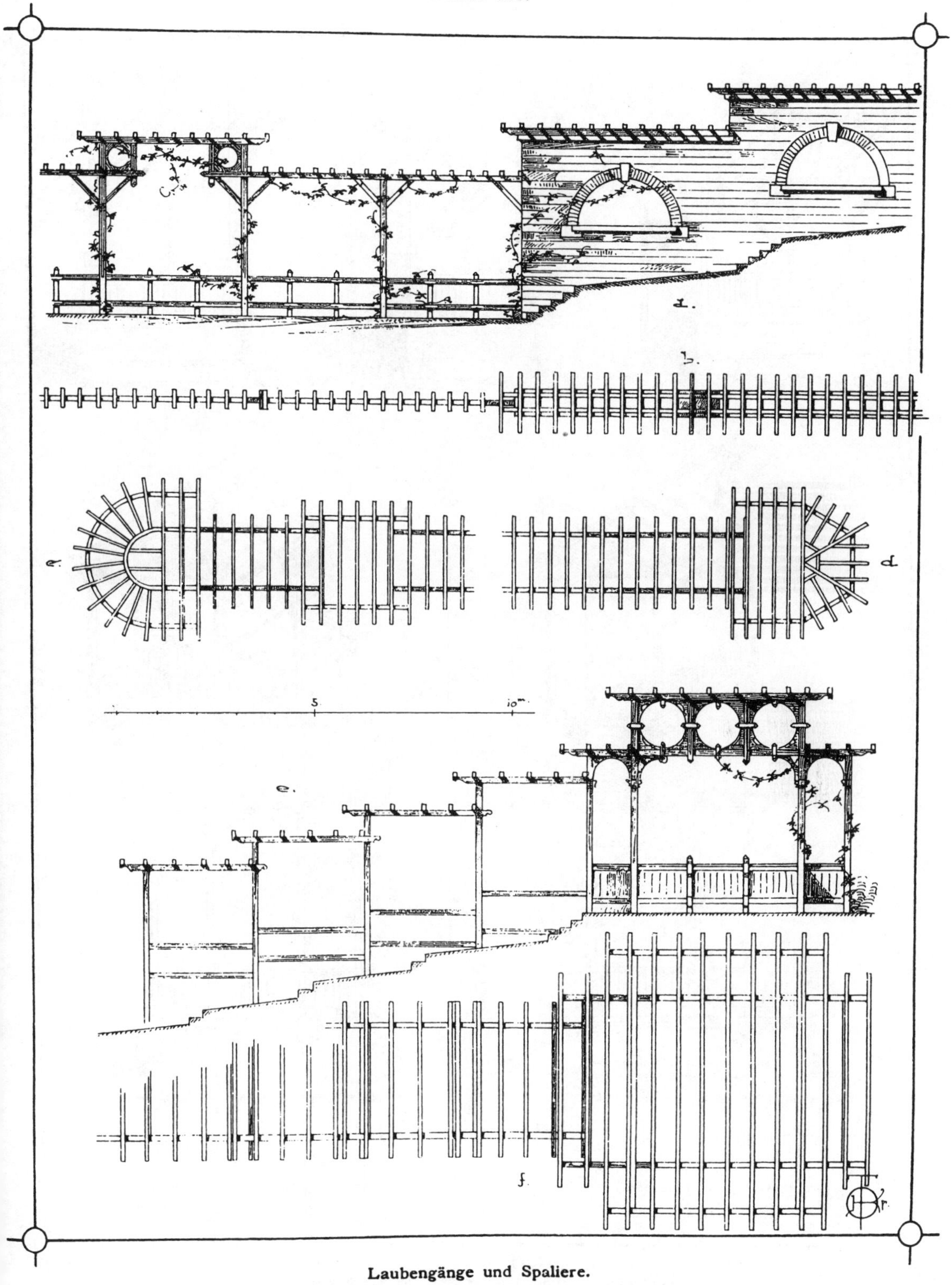

Laubengänge und Spaliere.

Tafel 110.

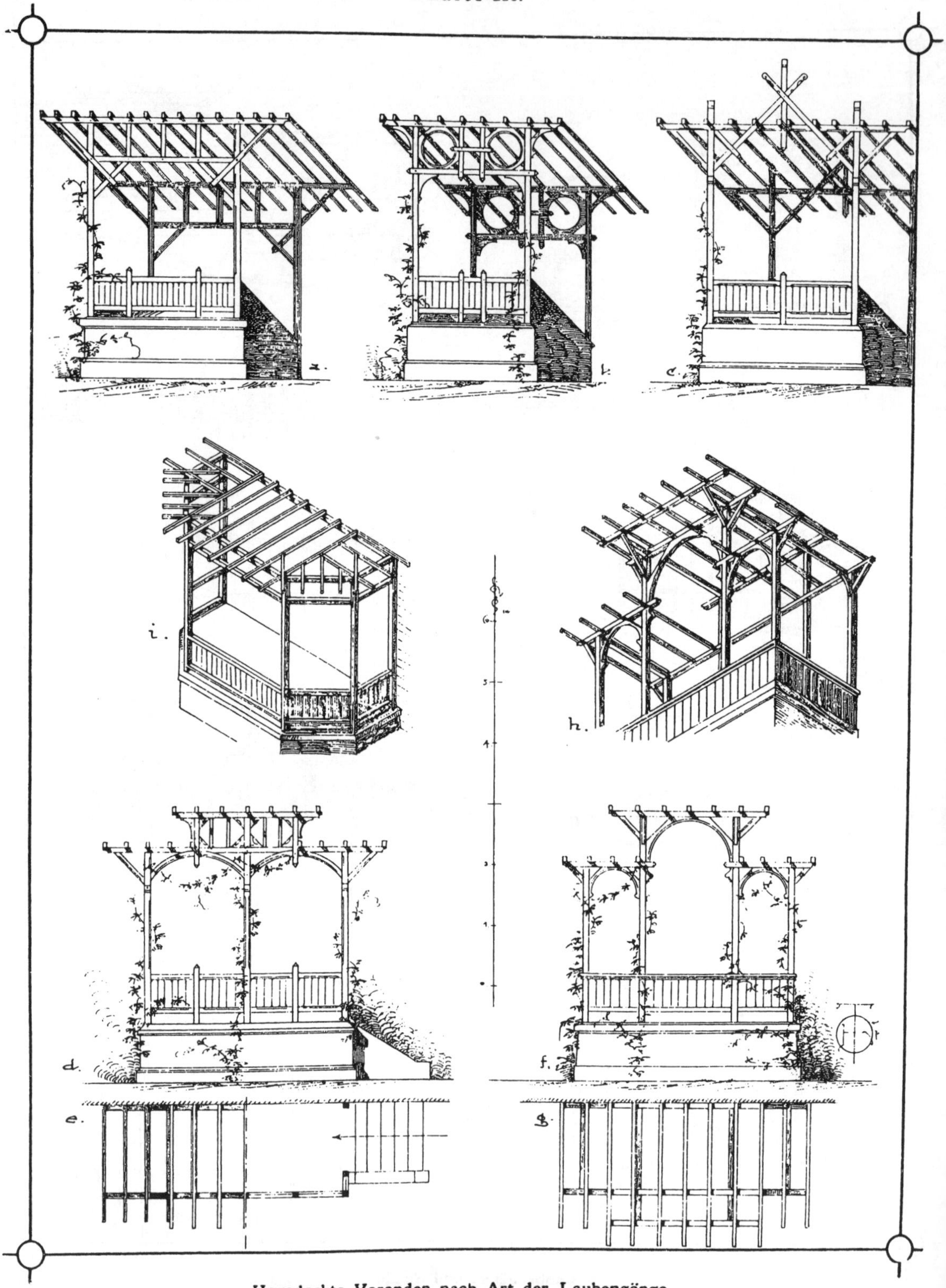

Ungedeckte Veranden nach Art der Laubengänge.

Tafel 111.

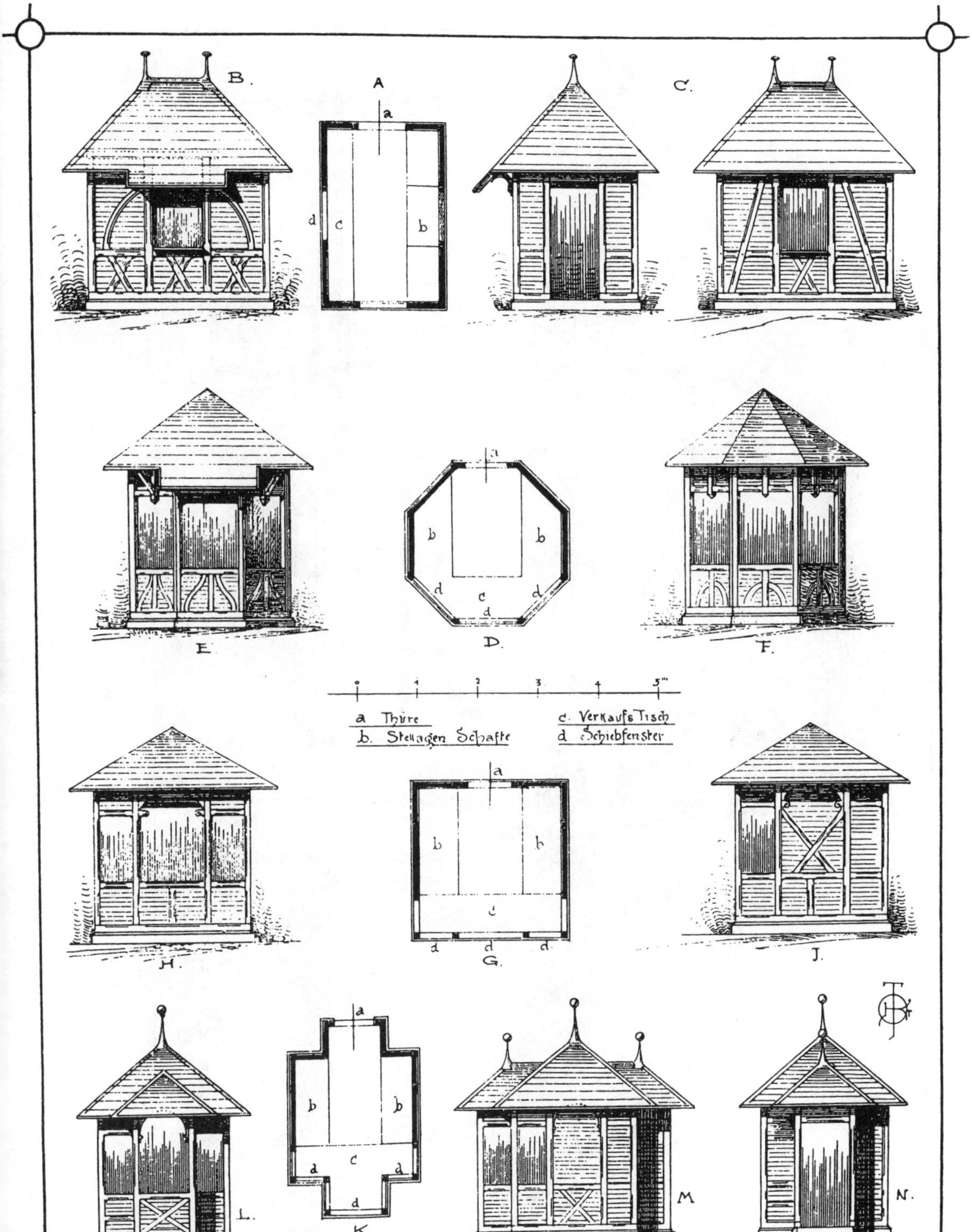

Verkaufsbuden.

Tafel 112.

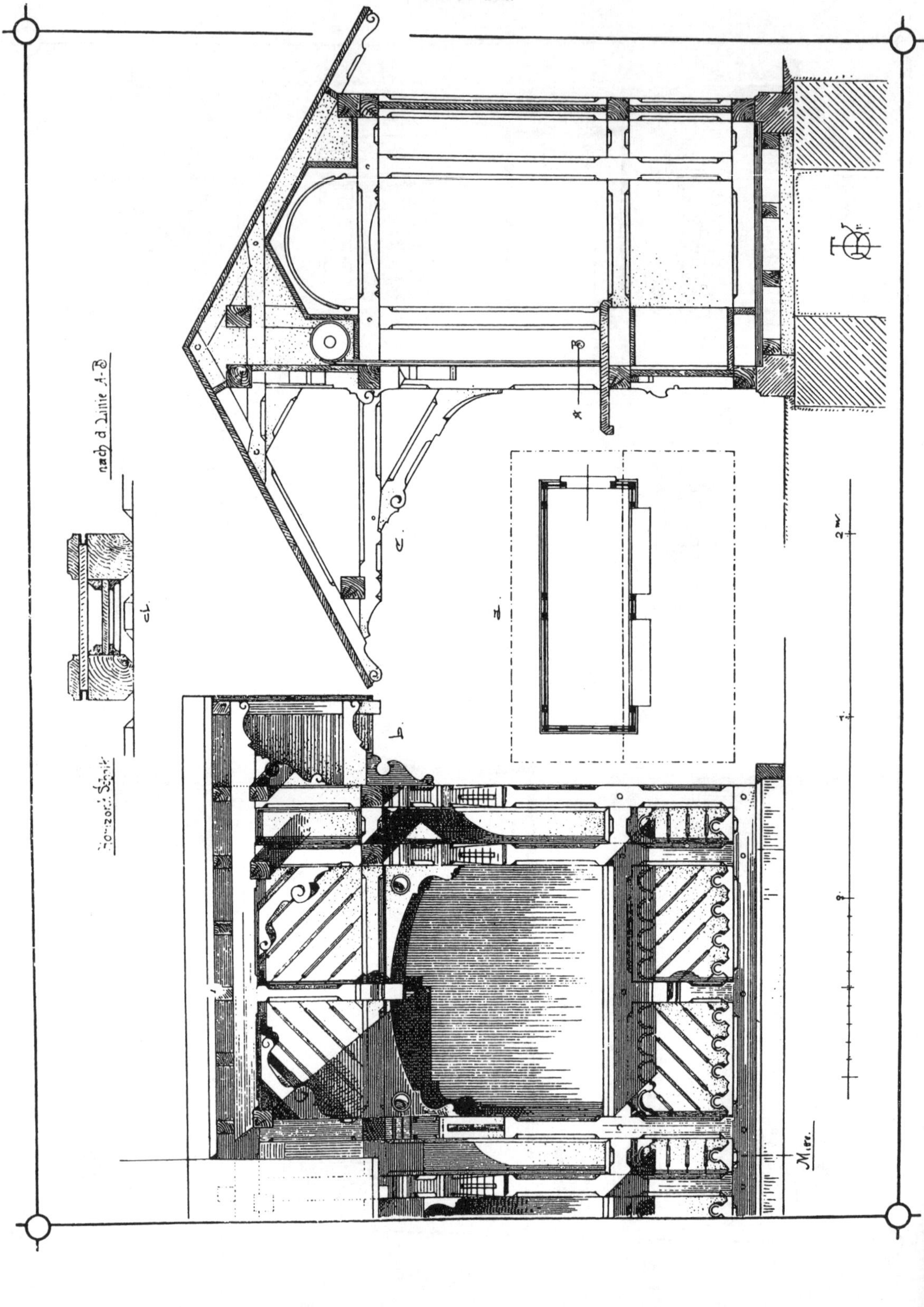

Tafel 113.

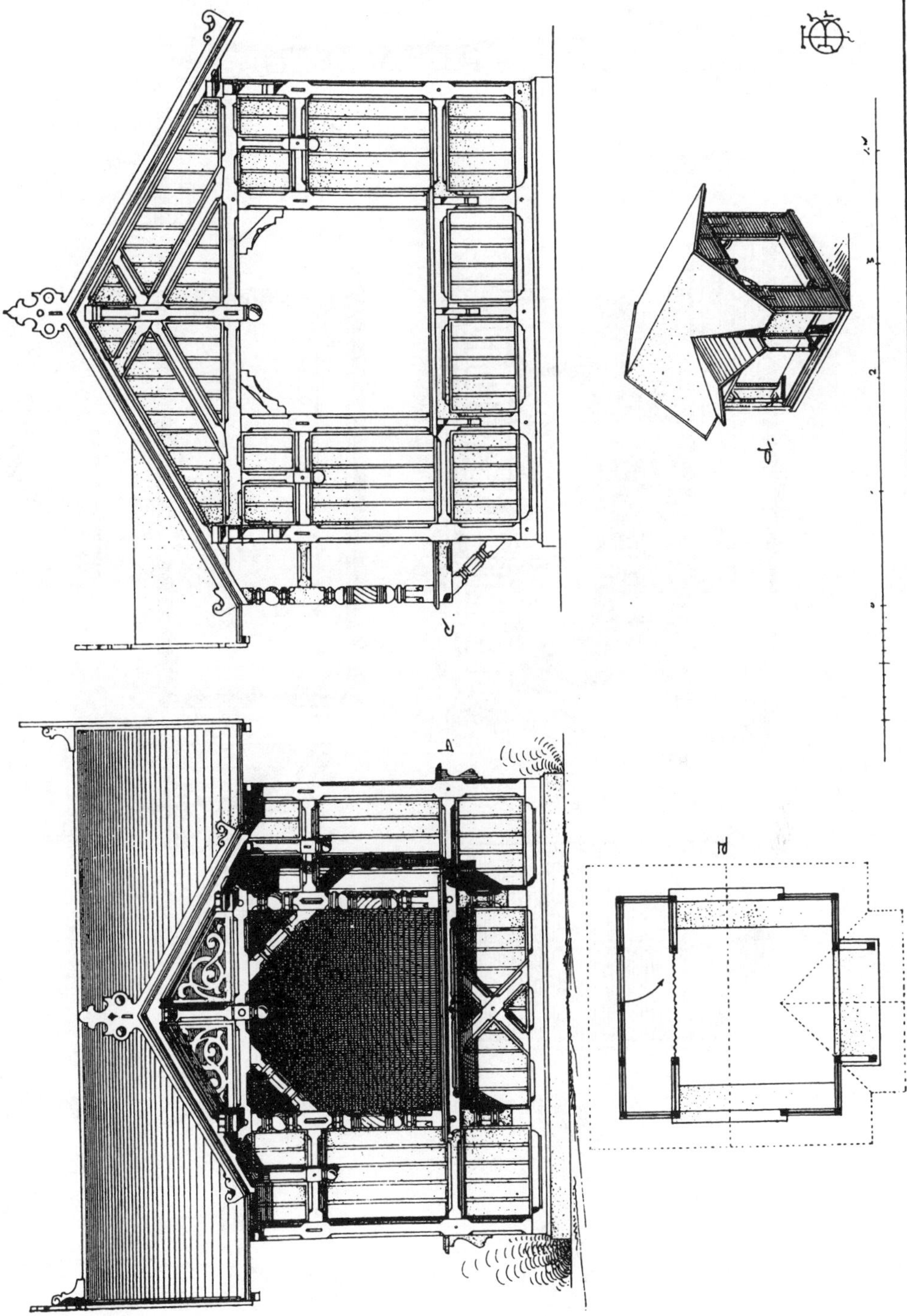

Sodawasserhäuschen.

Tafel 114.

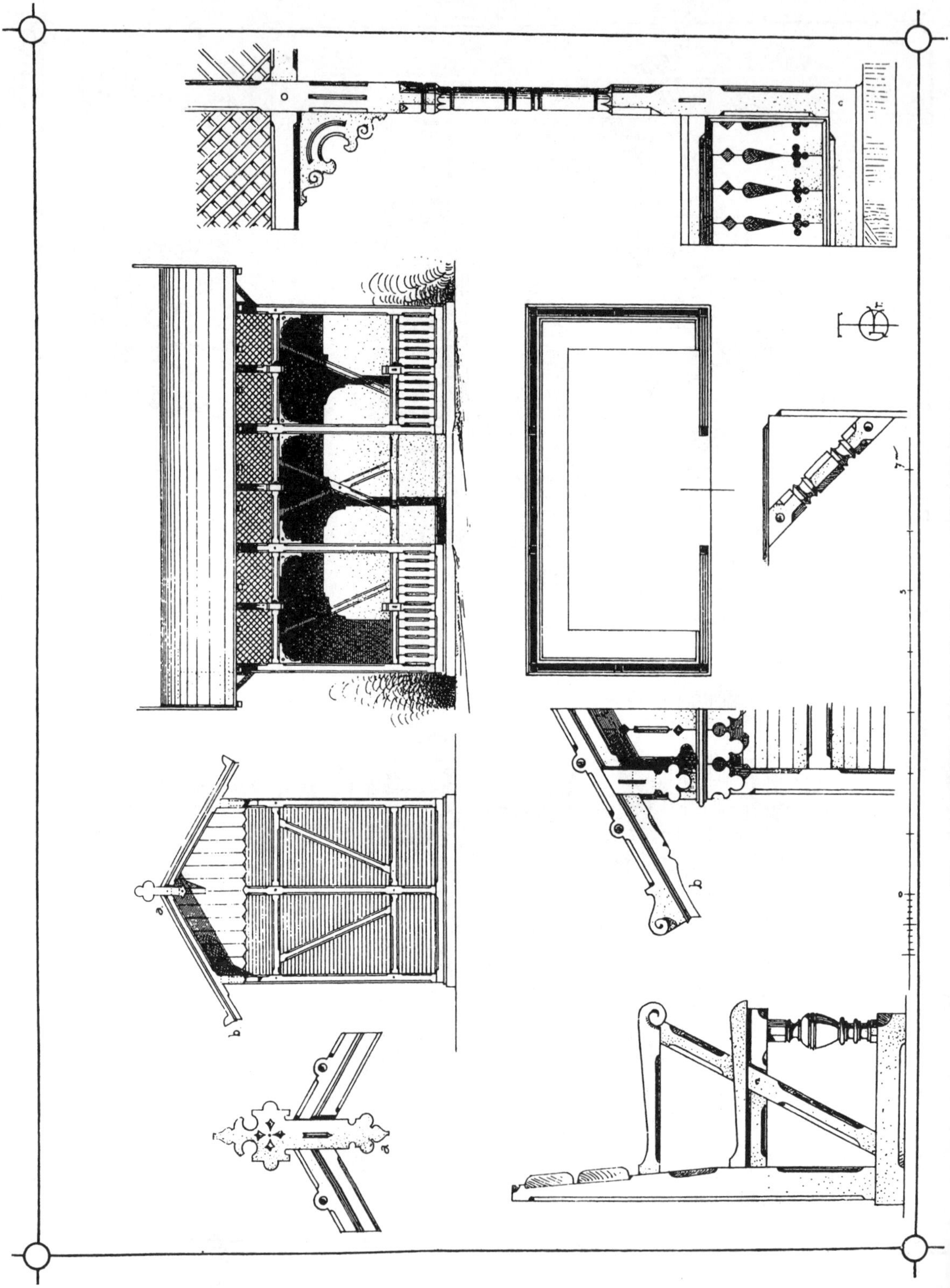

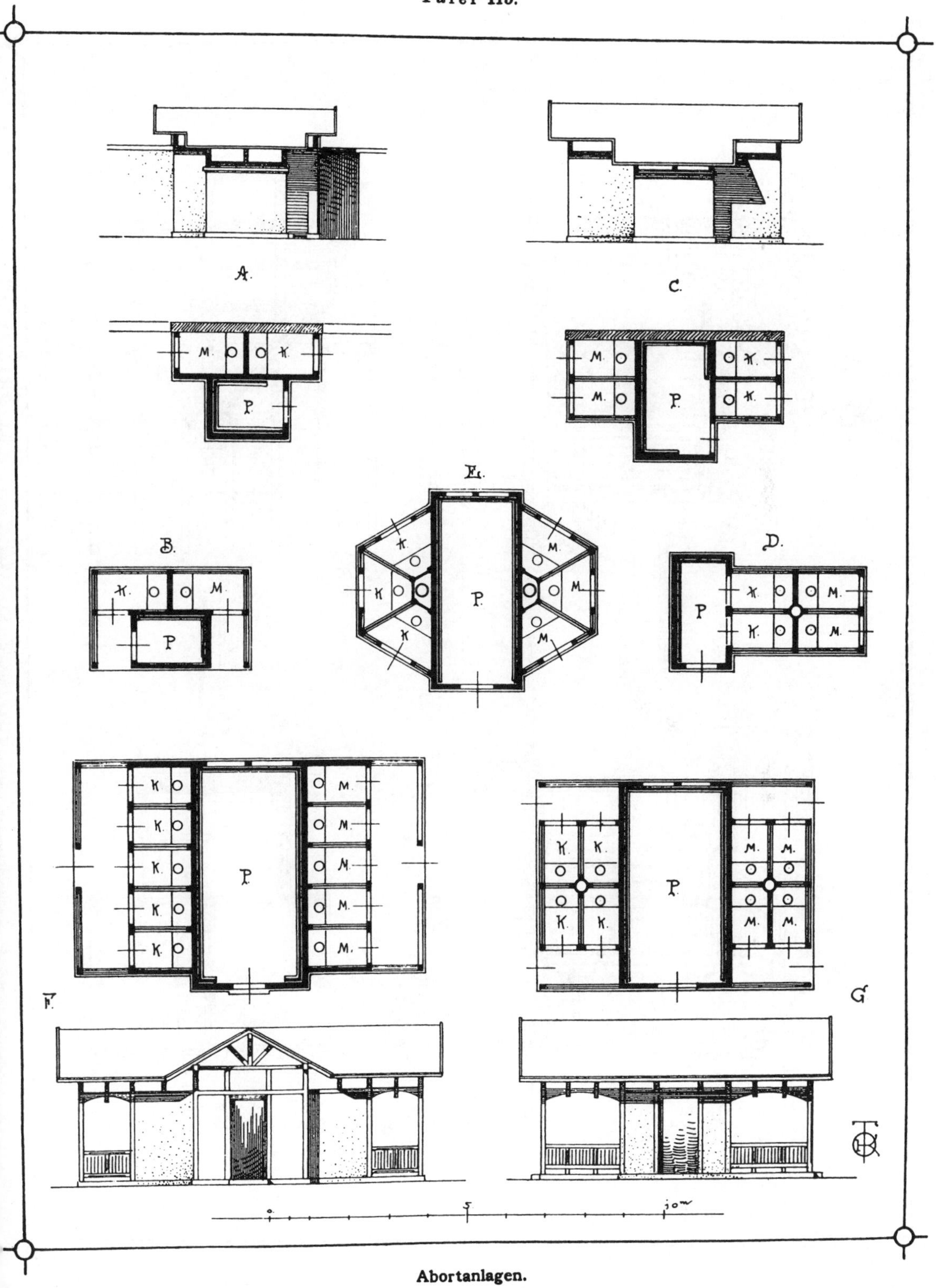

Abortanlagen.

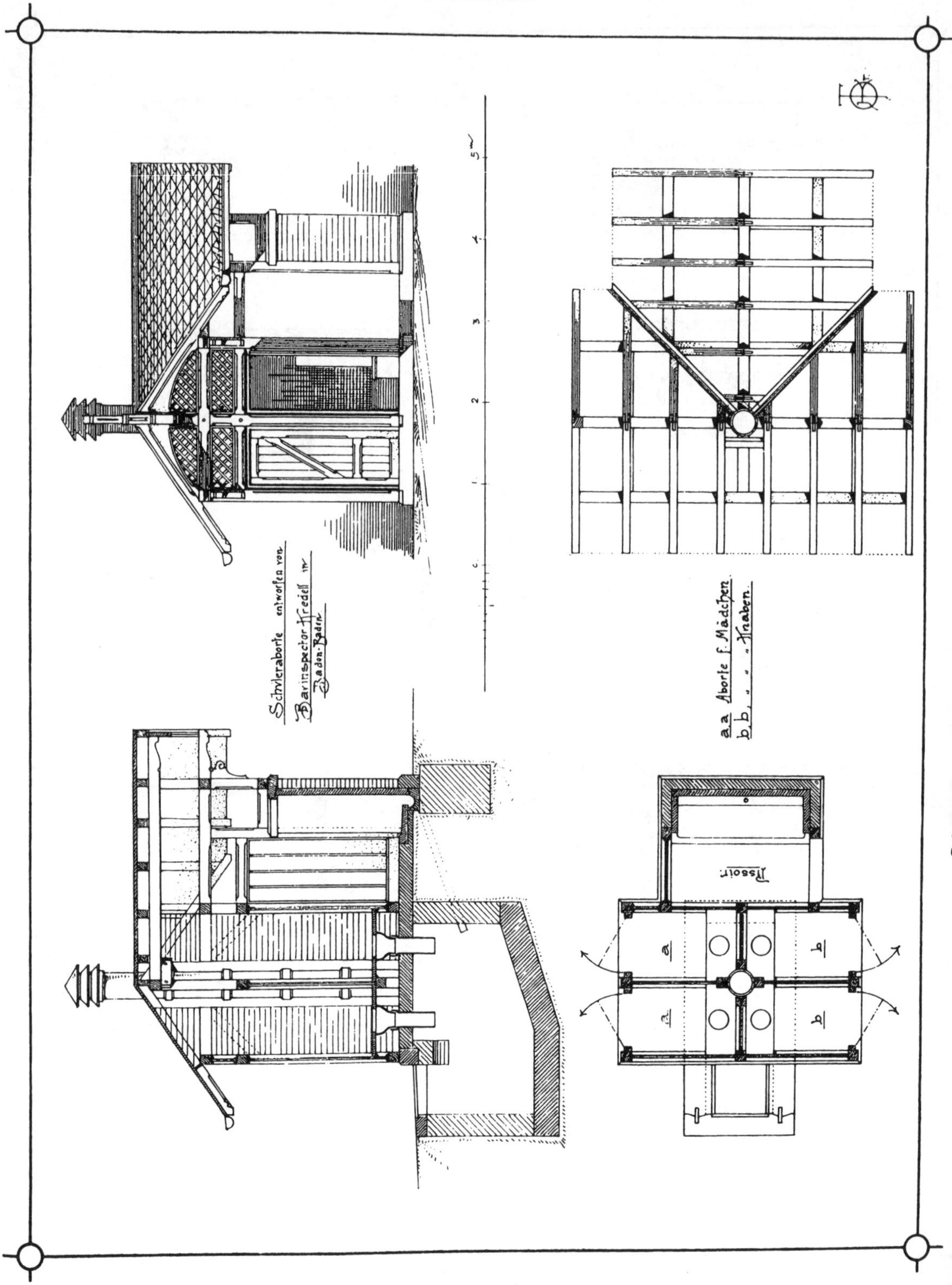

Schüleraborte, entworfen von Bauinspektor Kredell

Tafel 117.

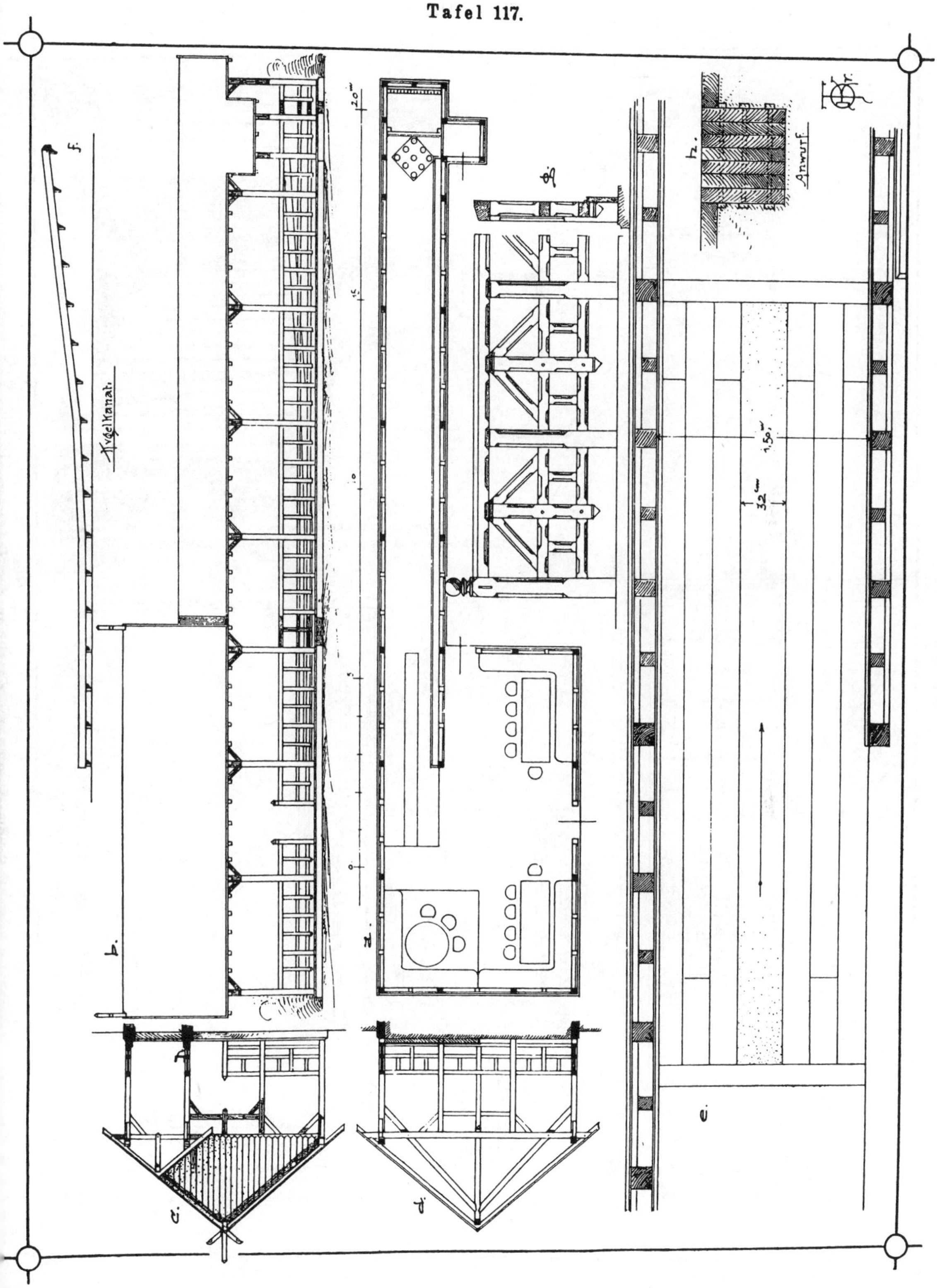

Kegelbahn.

Tafel 118.

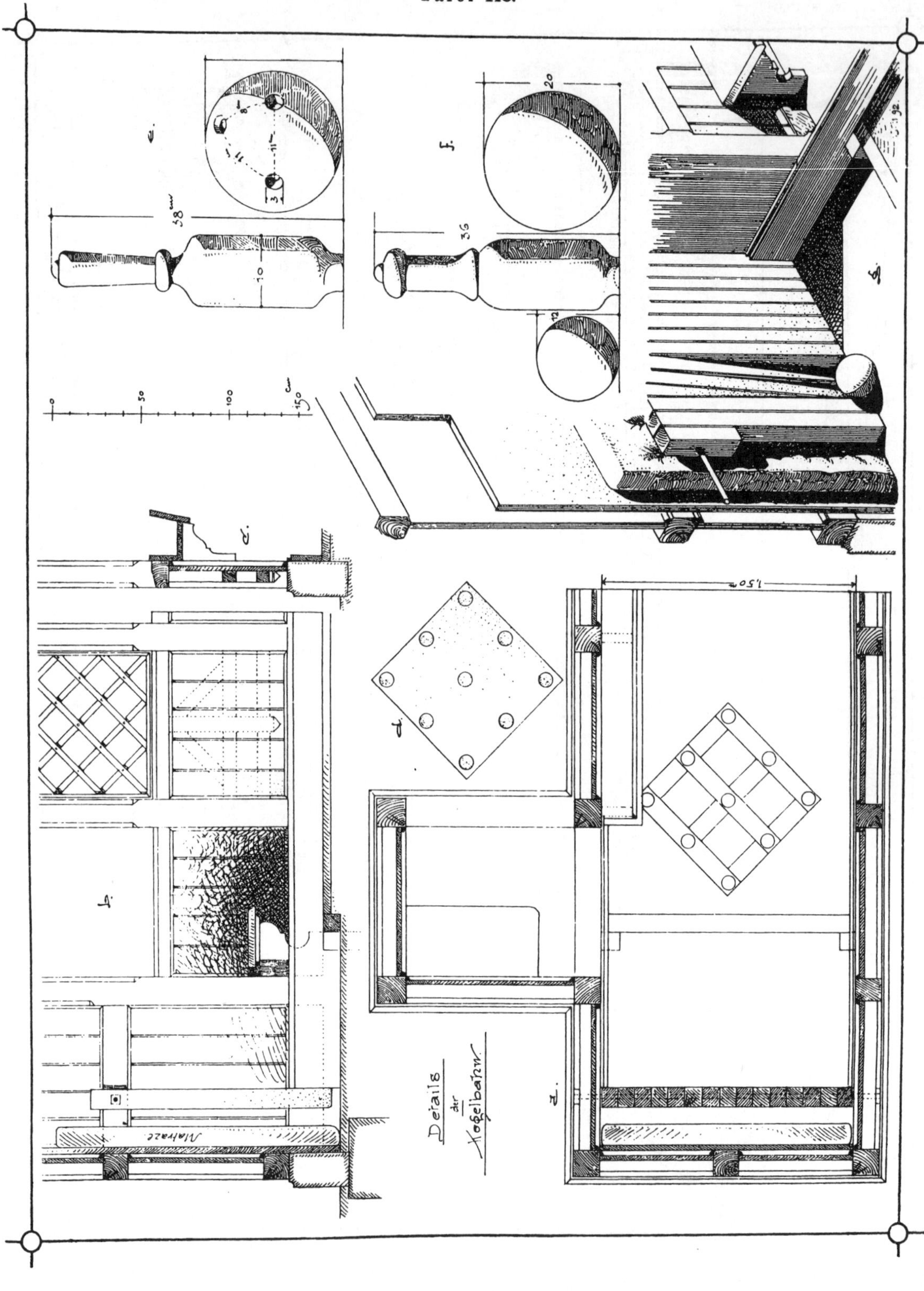

Einzelheiten zur Kegelbahn der Tafel 117.

Tafel 119.

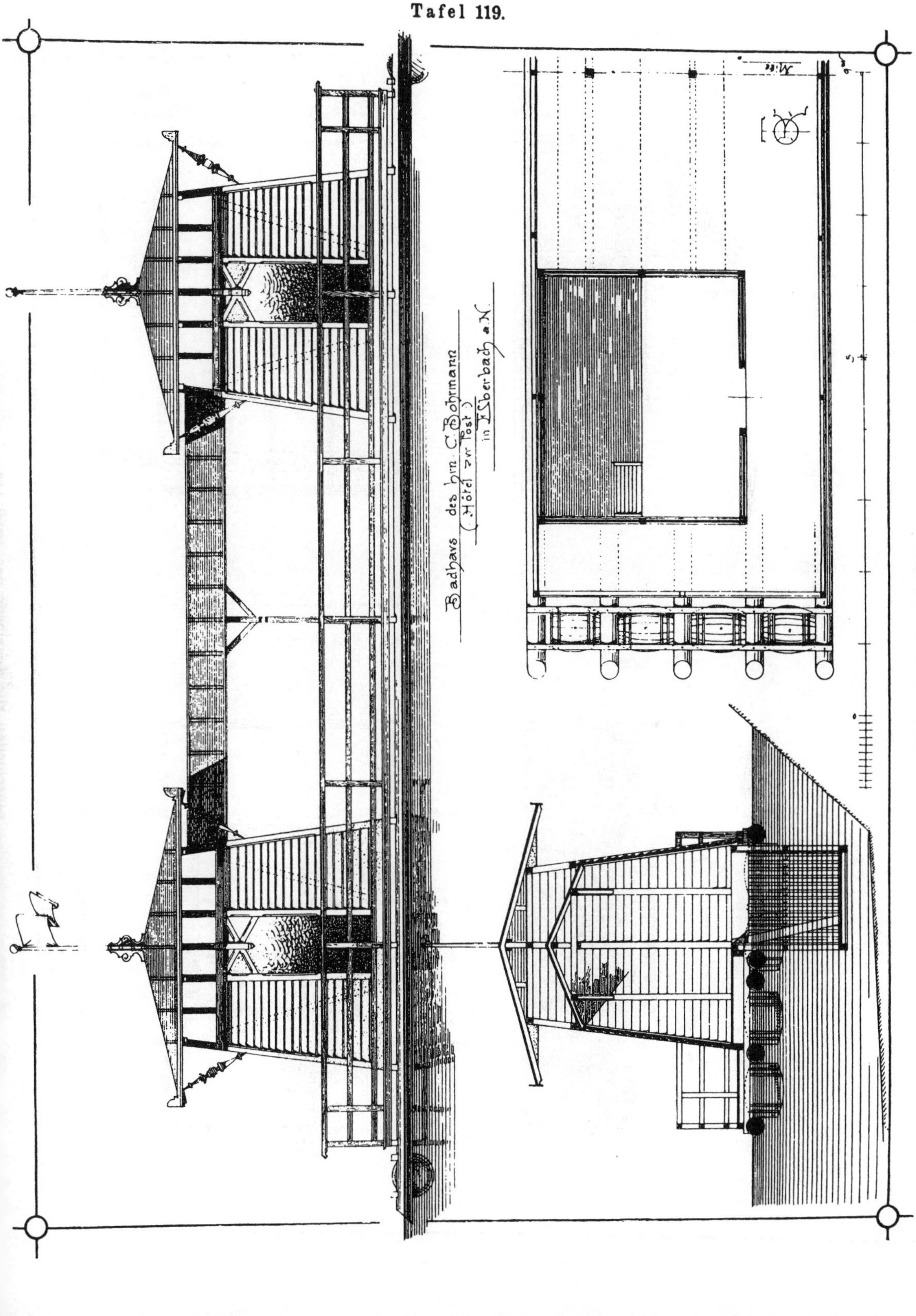

Schwimmendes Badehaus.

Tafel 120.

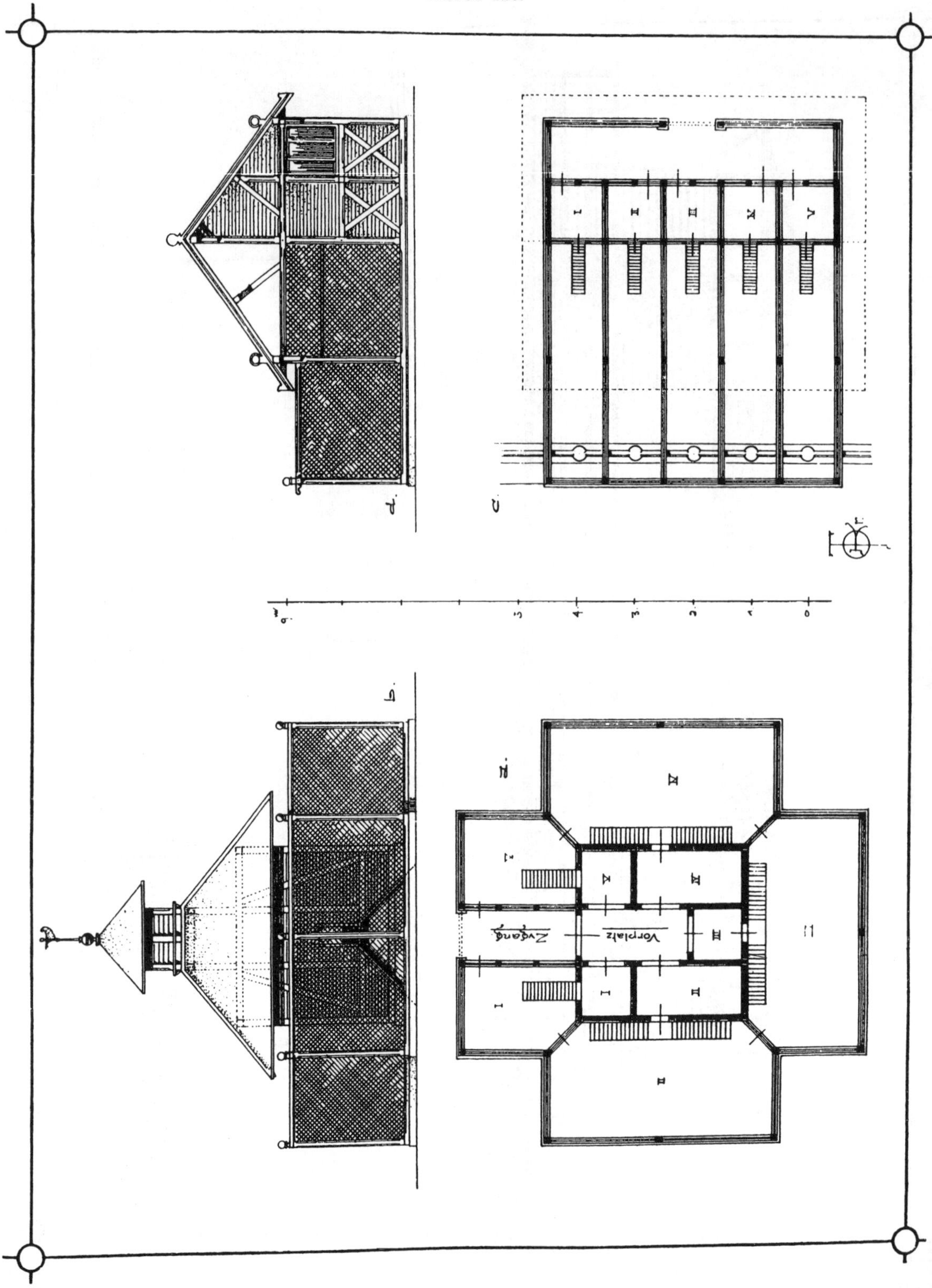

Geflügelhäuser.

Tafel 121.

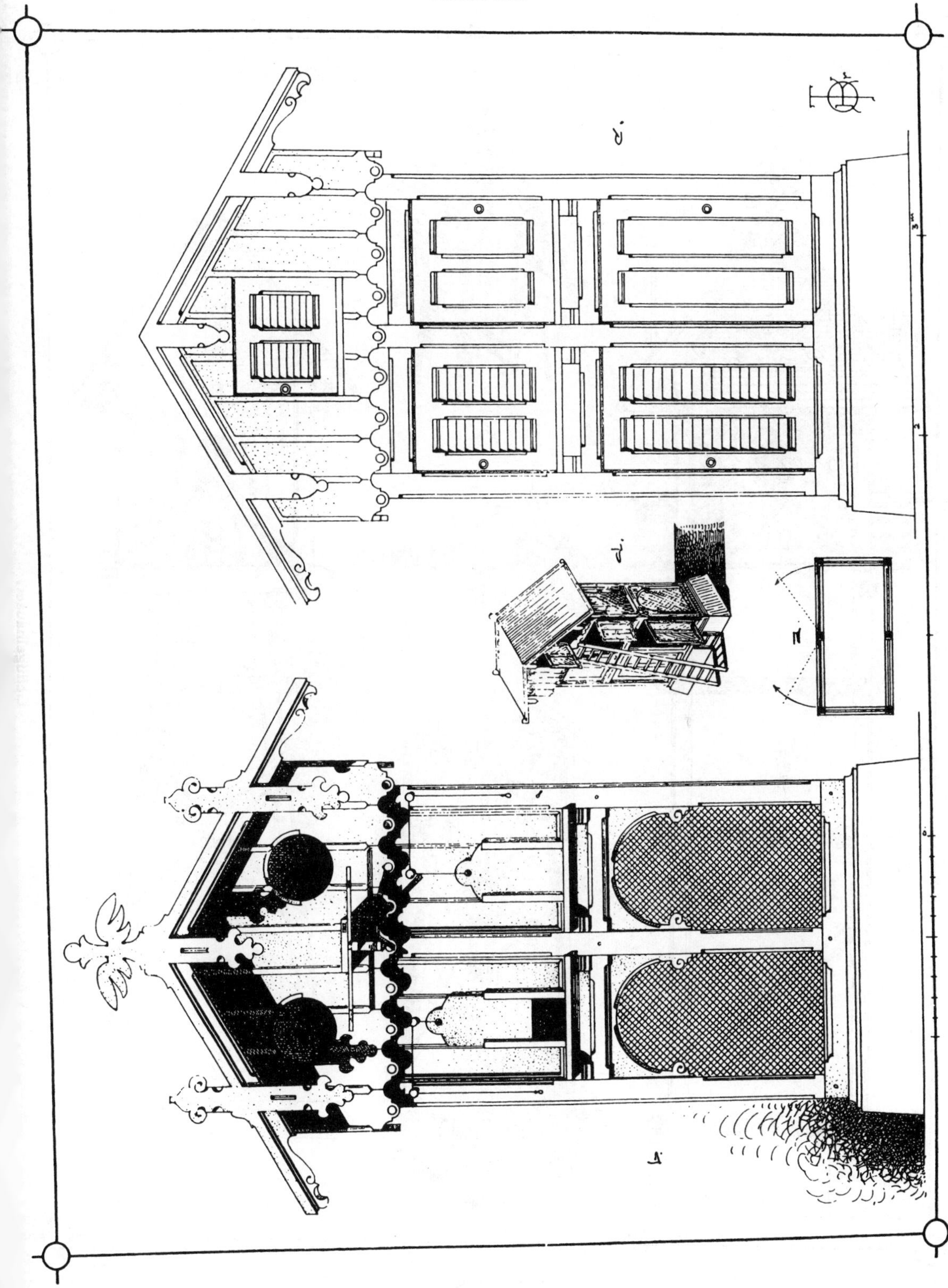

Taubenhaus.

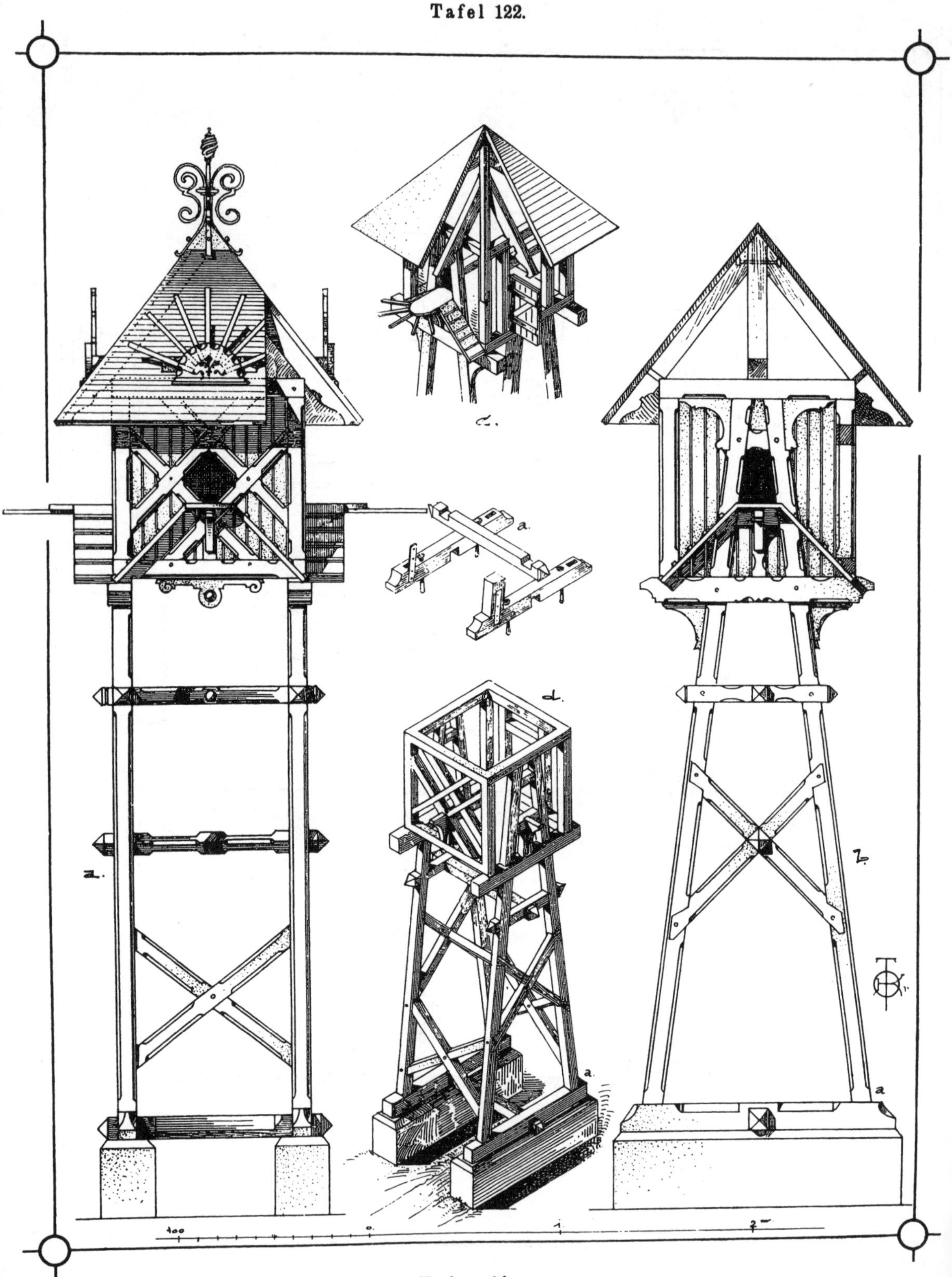

Taubenschlag.

Tafel 123.

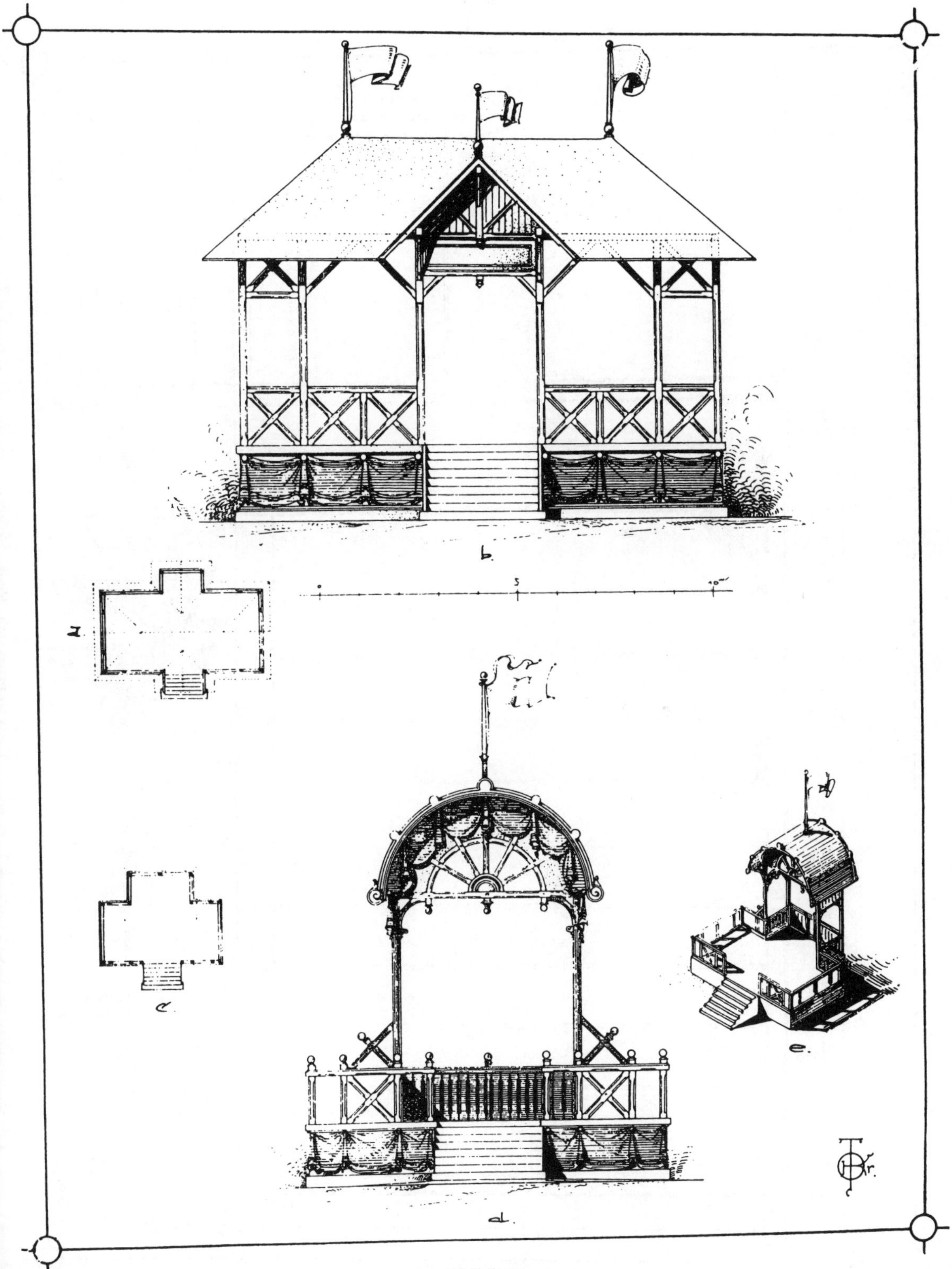

Tribünen.

Tafel 124.

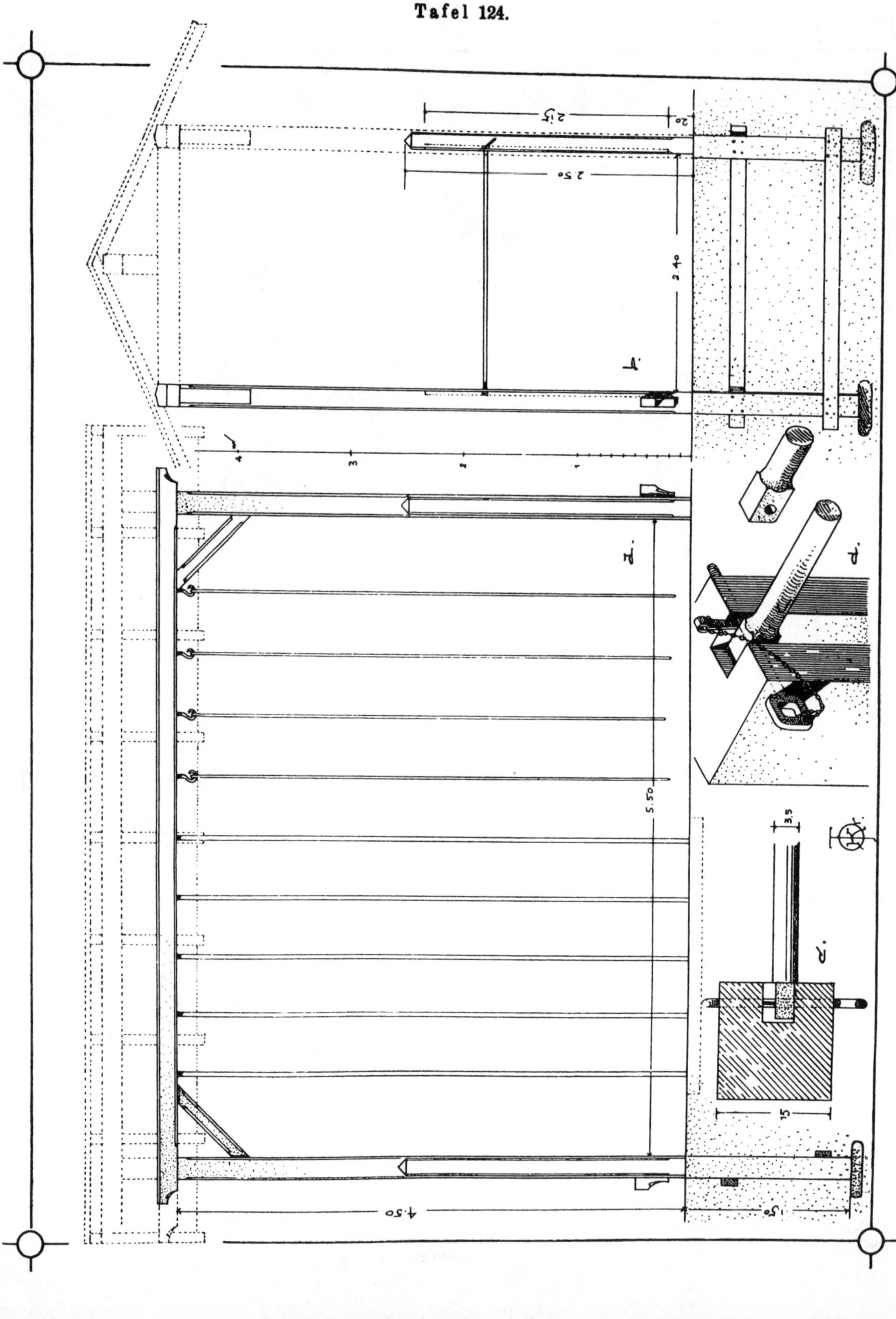

Klettergerüst mit Reck.

Tafel 125.

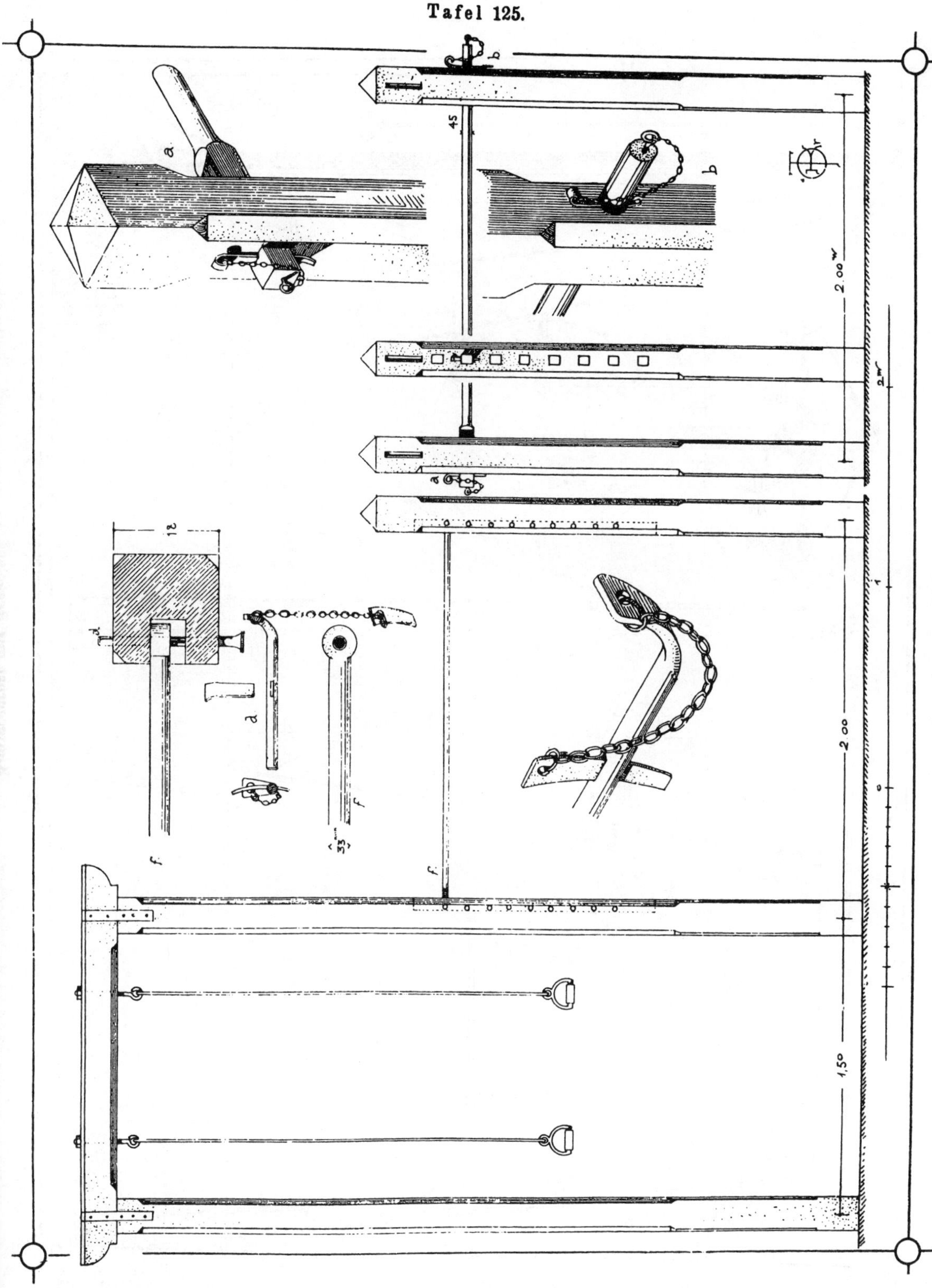

Schwinggerüst mit Reck.

Tafel 126.

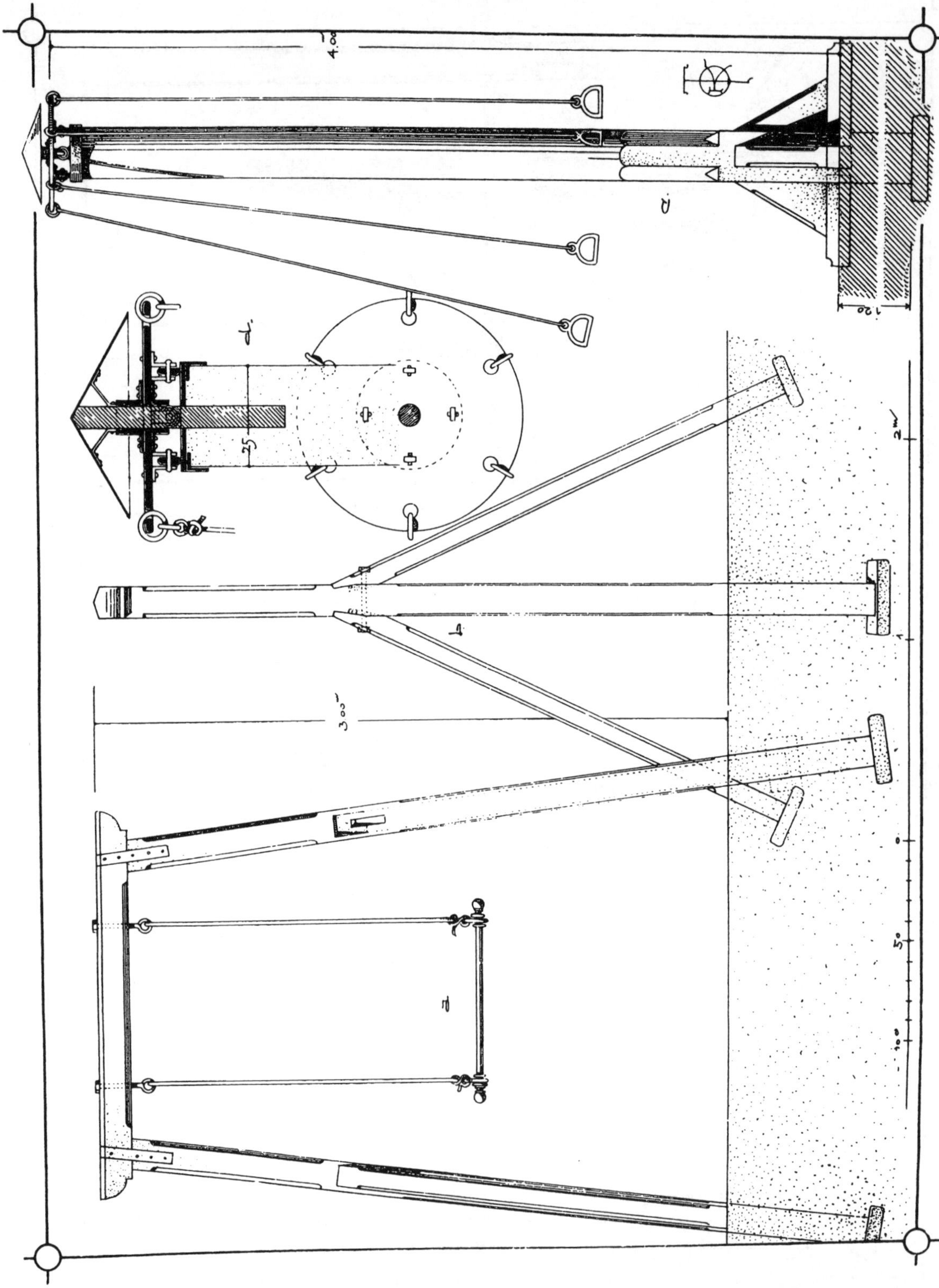

Schaukelreck und Rundlauf.

Tafel 127.

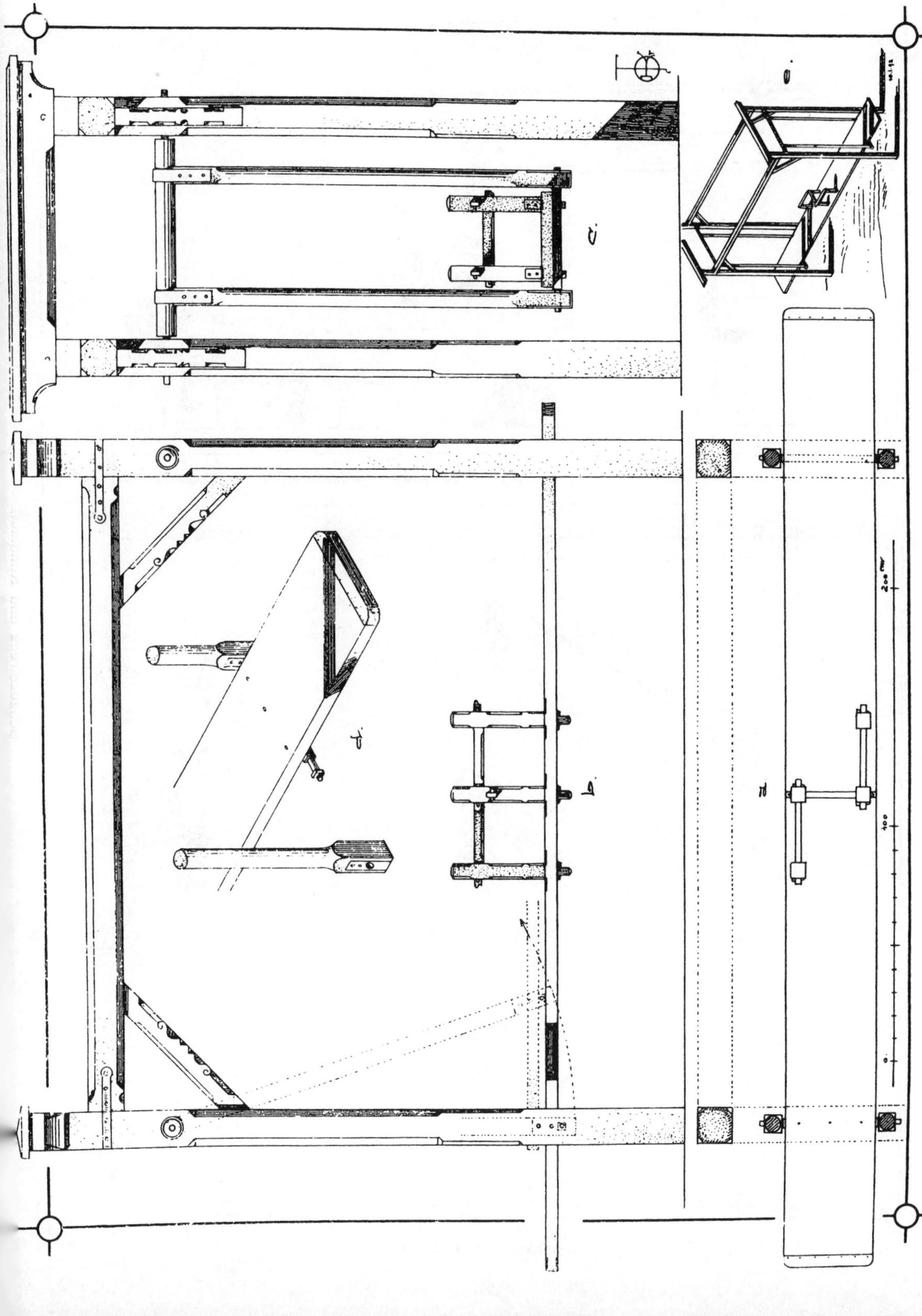

Parallelogrammschaukel.

Tafel 128.

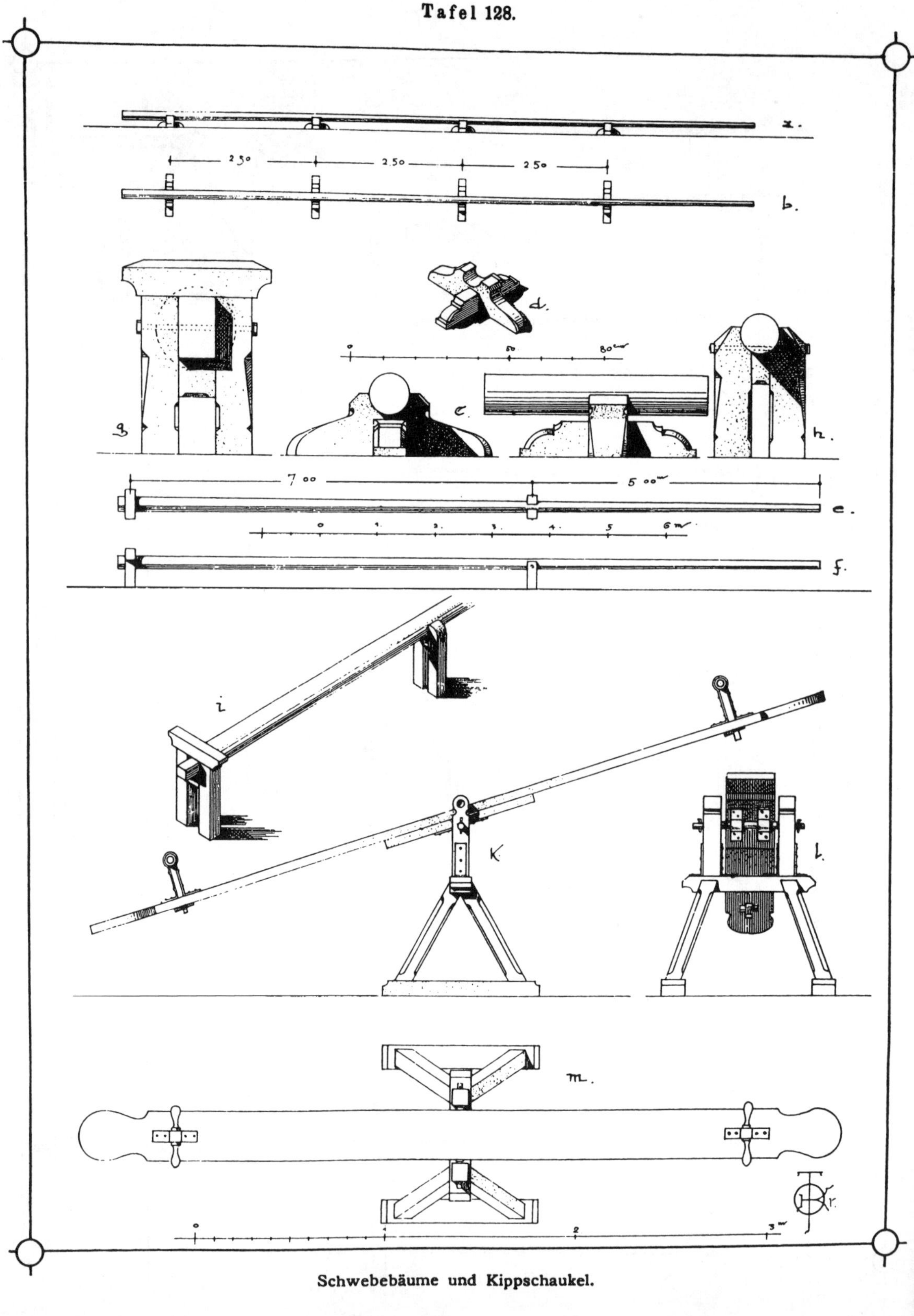

Schwebebäume und Kippschaukel.

Tafel 129.

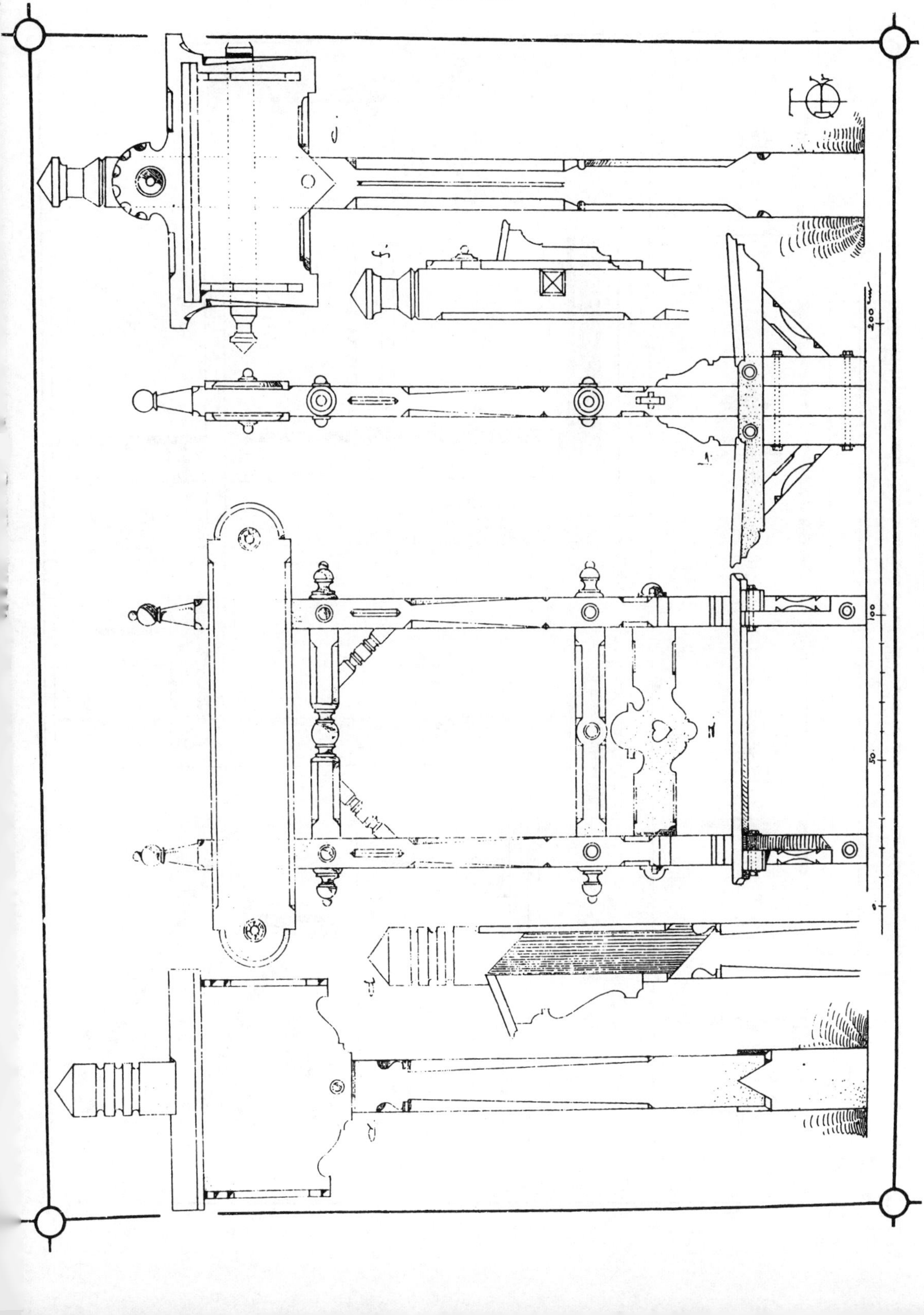

Anschlagtafeln.

Tafel 130.

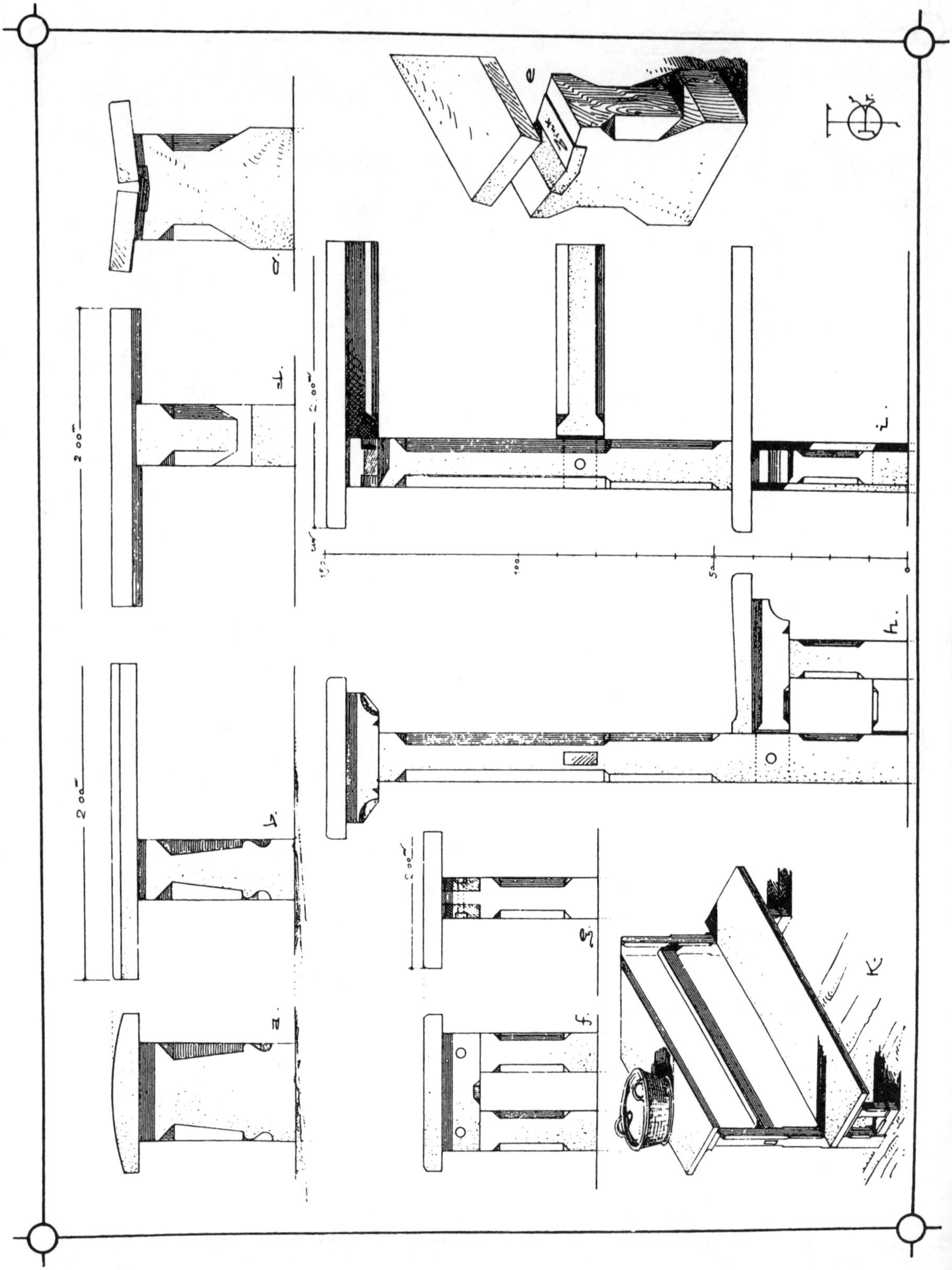

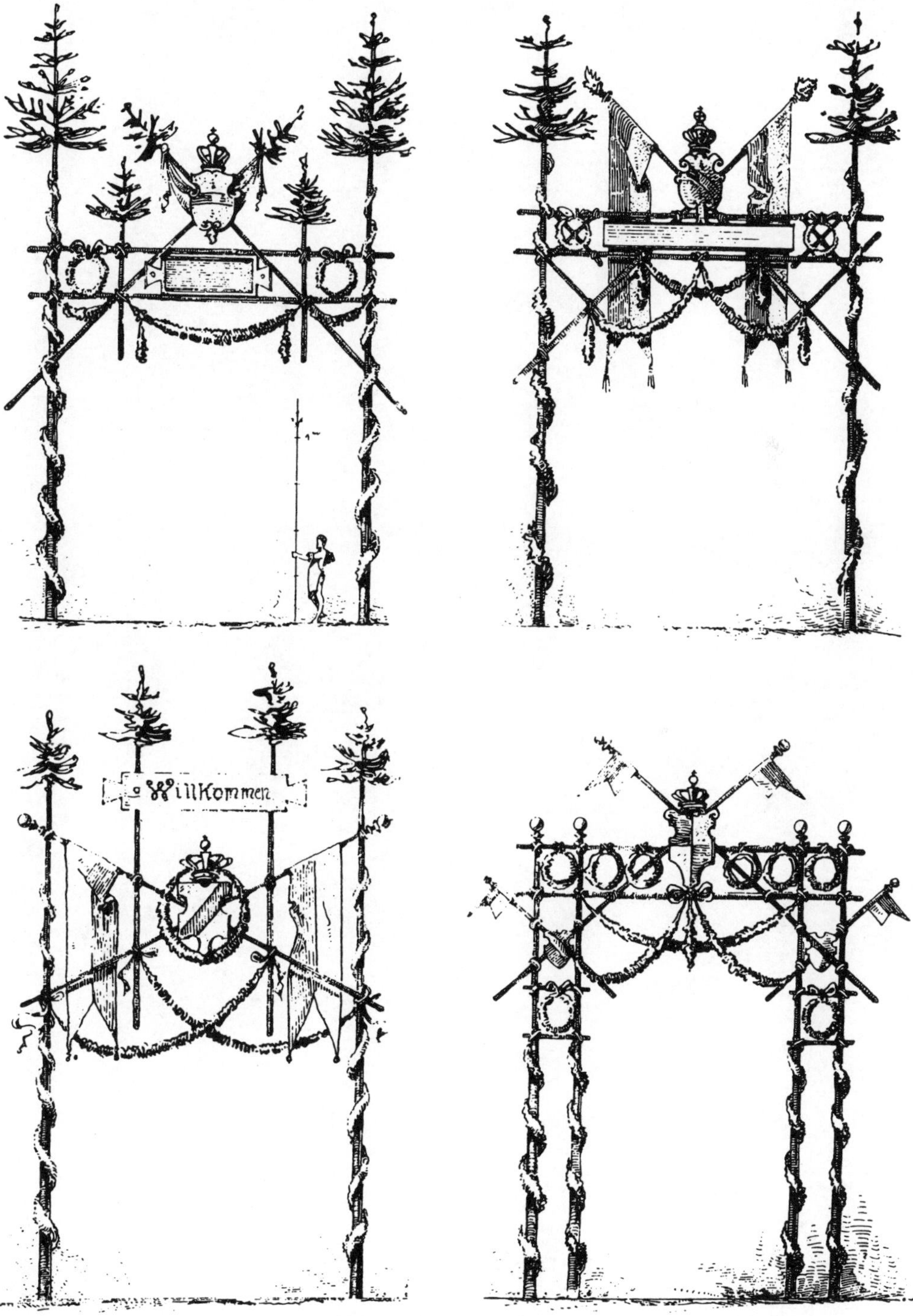

Ehrenpforten.